conecte LIVE

CADERNO DE ESTUDOS

CB137788

Matemática

CIÊNCIA E APLICAÇÕES

GELSON IEZZI

Engenheiro metalúrgico pela Escola Politécnica da Universidade de São Paulo.
Licenciado em Matemática pelo Instituto de Matemática e Estatística da Universidade de São Paulo.
Ex-professor da Pontifícia Universidade Católica de São Paulo.
Ex-professor da rede particular de ensino de São Paulo.

OSVALDO DOLCE

Engenheiro civil pela Escola Politécnica da Universidade de São Paulo.
Ex-professor da rede pública do Estado de São Paulo.
Ex-professor de cursos pré-vestibulares.

DAVID DEGENSZAJN

Licenciado em Matemática pelo Instituto de Matemática e Estatística da Universidade de São Paulo.
Professor da rede particular de ensino de São Paulo.

ROBERTO PÉRIGO

Licenciado e bacharel em Matemática pela Pontifícia Universidade Católica de São Paulo.
Ex-professor da rede particular de ensino.
Ex-professor de cursos pré-vestibulares em São Paulo.

NILZE DE ALMEIDA

Mestra em Ensino de Matemática pela Pontifícia Universidade Católica de São Paulo.
Licenciada em Matemática pelo Instituto de Matemática e Estatística da Universidade de São Paulo.
Professora da rede pública do Estado de São Paulo.

3

Editora Saraiva

Editora Saraiva

Direção geral: Guilherme Luz
Direção editorial: Luiz Tonolli e Renata Mascarenhas
Gestão de projeto editorial: Viviane Carpegiani
Gestão e coordenação de área: Julio Cesar Augustus de Paula Santos e Juliana Grassmann dos Santos
Edição: Thais Bueno de Moura
Gerência de produção editorial: Ricardo de Gan Braga
Planejamento e controle de produção: Paula Godo, Roseli Said e Marcos Toledo
Revisão: Hélia de Jesus Gonsaga (ger.), Kátia Scaff Marques (coord.), Rosângela Muricy (coord.), Ana Paula C. Malfa, Célia Carvalho, Daniela Lima, Luís M. Boa Nova, Maura Loria, Patricia Cordeiro, Patrícia Travanca, Raquel A. Taveira; Amanda Teixeira Silva e Bárbara de M. Genereze (estagiárias)
Arte: Daniela Amaral (ger.), André Gomes Vitale (coord.) e Claudemir Camargo Barbosa (edição de arte)
Diagramação: Setup
Iconografia: Sílvio Kligin (ger.), Roberto Silva (coord.), Carlos Luvizari (pesquisa iconográfica)
Licenciamento de conteúdos de terceiros: Thiago Fontana (coord.), Flavia Zambon (licenciamento de textos), Erika Ramires, Luciana Pedrosa Bierbauer, Luciana Cardoso Sousa e Claudia Rodrigues (analistas adm.)
Tratamento de imagem: Cesar Wolf e Fernanda Crevin
Design: Gláucia Correa Koller (ger.), Erika Yamauchi Asato, Filipe Dias (proj. gráfico) e Adilson Casarotti (capa)
Composição de capa: Segue Pro
Foto de capa: Nieuwland Photography/Shutterstock, Olesya Kuznetsova/Shutterstock e Junrong/Shutterstock

Avenida das Nações Unidas, 7221, 1º andar, Setor A – Espaço 2 – Pinheiros – SP – CEP 05425-902
SAC 0800 011 7875
www.editorasaraiva.com.br

2018
Código da obra CL 800852
CAE 627983 (AL) / 627984 (PR)
3ª edição
1ª impressão

Impressão e acabamento: Bercrom Gráfica e Editora

Uma publicação SOMOS EDUCAÇÃO

Apresentação

Caro estudante,

Este material foi elaborado especialmente para você, estudante do Ensino Médio que está se preparando para ingressar no Ensino Superior.

Além de todos os recursos do Conecte LIVE, como material digital integrados ao livro didático, banco de questões, acervo de simulados e trilhas de aprendizagem, você tem à sua disposição este Caderno de Estudos que o ajudará a se qualificar para as provas do Enem e de diversos vestibulares do Brasil.

O material foi estruturado para que você consiga utilizá-lo autonomamente, em seus estudos individuais além do horário escolar, ou sob orientação de seu professor, que poderá lhe sugerir atividades complementares às dos livros.

Para cada ano do Ensino Médio, há um Caderno de Estudos com uma revisão completa dos conteúdos correspondentes, atividades de aplicação imediata dos conceitos trabalhados e grande seleção de questões de provas oficiais que abordam esses temas.

No Caderno de Estudos do 3º ano, há ainda um material complementar com o qual, ao terminar de se dedicar aos conteúdos destinados a esse ano escolar, você poderá se planejar para uma retomada final do Ensino Médio! Revisões estruturadas de todos os conteúdos desse ciclo são acompanhadas de simulados, propostos para que você os resolva como se realmente estivesse participando de uma prova oficial de vestibular ou do Enem, de maneira que consiga fazer um bom uso do seu tempo.

Desejamos que seus estudos corram bem e que você tenha sucesso **Rumo ao Ensino Superior**!

Equipe Conecte LIVE!

Conheça este Caderno de Estudos

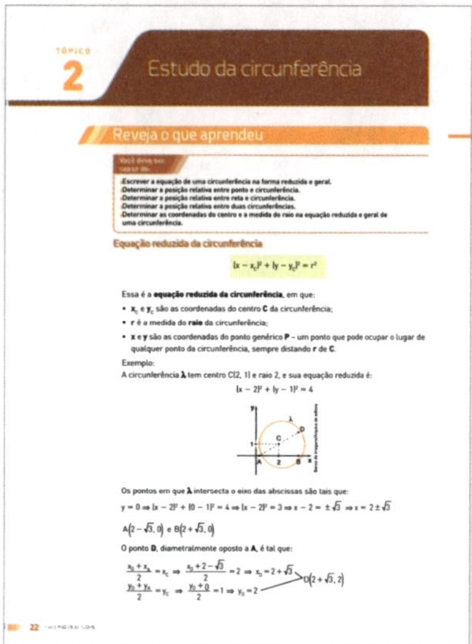

Reveja o que aprendeu

Nesta seção, os principais conceitos de cada tópico de conteúdo do livro são apresentados de maneira resumida, para que você tenha a oportunidade de, sempre que desejar, retomar aprendizagens que vem construindo ao longo do terceiro ano do Ensino Médio.

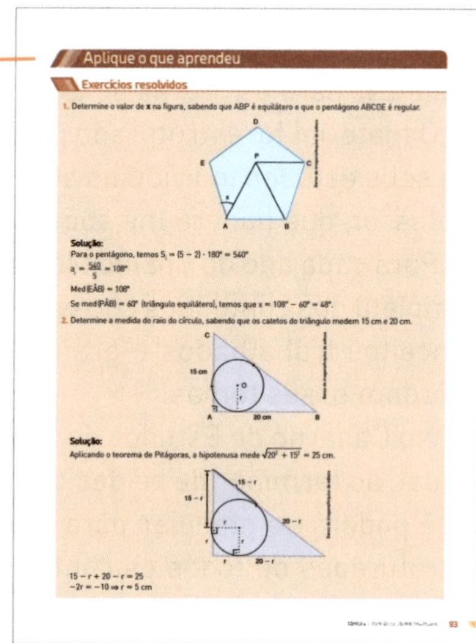

Aplique o que aprendeu

Depois de retomar os conceitos no **Reveja o que aprendeu**, é o momento de aplicar esses conceitos resolvendo atividades. A seção se inicia com **Exercícios resolvidos**, que trarão uma solução detalhada de uma questão. Em seguida, haverá uma seleção de atividades para você resolver. Ao final da seção, registre a quantidade de acertos que você teve em relação ao total de atividades. Se o seu desempenho estiver aquém de suas expectativas, verifique em quais páginas do seu livro-texto os conceitos são trabalhados e procure retomá-los, individualmente ou em grupos de estudo, dedicando mais tempo para se aprofundar neles.

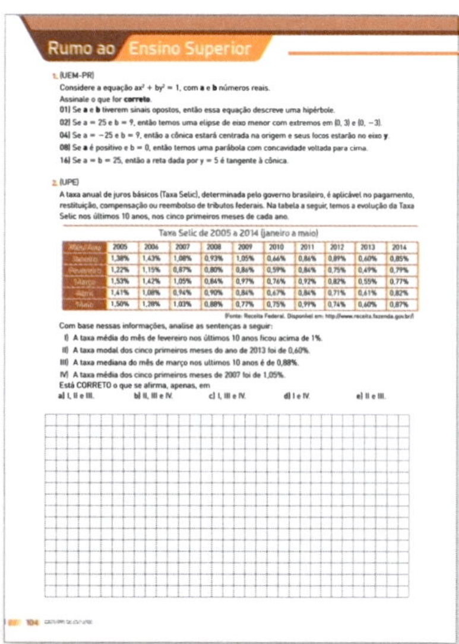

Rumo ao Ensino Superior

Esta seção apresenta uma seleção de atividades que envolvem conteúdos estudados ao longo de todo o terceiro ano do Ensino Médio. Você encontrará questões do Enem e de diferentes vestibulares do Brasil.

Sumário

Já revi este conteúdo   Já apliquei este conteúdo

Tópico 1
Estudo do ponto e da reta ... 6

- Reveja o que aprendeu ... 6
- Aplique o que aprendeu ... 10

Tópico 2
Estudo da circunferência ... 22

- Reveja o que aprendeu ... 22
- Aplique o que aprendeu ... 26

Tópico 3
Estudo das outras cônicas ... 38

- Reveja o que aprendeu ... 38
- Aplique o que aprendeu ... 40

Tópico 4
Estatística ... 54

- Reveja o que aprendeu ... 54
- Aplique o que aprendeu ... 56

Tópico 5
Números complexos, polinômios e equações ... 70

- Reveja o que aprendeu ... 70
- Aplique o que aprendeu ... 76

Tópico 6
Tópicos de Geometria plana ... 88

- Reveja o que aprendeu ... 88
- Aplique o que aprendeu ... 93

Rumo ao Ensino Superior ... 104

Respostas ... 190

TÓPICO

1 Estudo do ponto e da reta

Reveja o que aprendeu

Você deve ser capaz de:

- Localizar pontos no plano cartesiano.
- Determinar a distância entre dois pontos.
- Determinar as coordenadas do ponto médio de um segmento.
- Determinar as coordenadas do baricentro de um triângulo.
- Determinar a equação geral de uma reta.
- Determinar os coeficientes angular e linear de uma reta.
- Escrever a equação da reta na sua forma reduzida.
- Determinar quando duas retas são paralelas ou perpendiculares.
- Calcular a distância entre ponto e reta.
- Calcular a área de um triângulo dadas as coordenadas de seus vértices.
- Resolver inequações do 1º grau graficamente.

Ponto

Seja P(x, y) um ponto do plano cartesiano:

- Se **P** pertence ao eixo das abscissas, temos P(x, 0);
- Se **P** pertence ao eixo das ordenadas, temos P(0, y);
- Se **P** pertence à bissetriz dos quadrantes ímpares (reta $y = x$), então P(a, a), $a \in \mathbb{R}$;
- Se **P** pertence à bissetriz dos quadrantes pares (reta $y = -x$), então P(a, −a), $a \in \mathbb{R}$.

Distância entre dois pontos

Sejam $A(x_A, y_A)$ e $B(x_B, y_B)$, então a distância entre esses dois pontos é dada por:

$$d_{AB} = \sqrt{(x_A - x_B)^2 + (y_A - y_B)^2} \quad \text{ou} \quad d_{AB} = \sqrt{(\Delta x)^2 + (\Delta y)^2}$$

Por exemplo, a distância entre P(−2, 3) e Q(1, 5) é:

$$d_{PQ} = \sqrt{(-2-1)^2 + (3-5)^2} = \sqrt{13}$$

Ponto médio de um segmento

Sejam $A(x_A, y_A)$ e $B(x_B, y_B)$, sendo **M** o ponto médio do segmento $\overline{AB}$, **M** tem coordenadas:

$$M\left(\frac{x_A + x_B}{2}, \frac{y_A + y_B}{2}\right)$$

Mediana e baricentro

Chamamos **mediana de um triângulo** o segmento cujas extremidades são um dos vértices desse triângulo e o ponto médio do lado oposto a esse vértice.

O ponto **G** de encontro das três medianas de um triângulo é chamado **baricentro** do triângulo.

Se um triângulo tem vértices $A(x_A, y_A)$, $B(x_B, y_B)$ e $C(x_C, y_C)$, então as coordenadas de **G** são:

$$G\left(\frac{x_A + x_B + x_C}{3}, \frac{y_A + y_B + y_C}{3}\right)$$

Condições de alinhamento de três pontos

Três pontos distintos $A(x_1, y_1)$, $B(x_2, y_2)$ e $C(x_3, y_3)$ são colineares, se, e somente se:

$$D = \begin{vmatrix} x_1 & y_1 & 1 \\ x_2 & y_2 & 1 \\ x_3 & y_3 & 1 \end{vmatrix} = 0$$

Reta

Equação geral

É toda equação do tipo: $ax + by + c = 0$; com **a**, **b** e **c** reais tais que $a \neq 0$ ou $b \neq 0$ e (x, y) um ponto qualquer da reta.

Por exemplo, para obtermos a equação da reta que passa por (3, 1) e (1, 4), podemos tomar um ponto (x, y) genérico de reta e impor a condição de alinhamento de três pontos:

$$\begin{vmatrix} 3 & 1 & 1 \\ 1 & 4 & 1 \\ x & y & 1 \end{vmatrix} = 0 \Rightarrow -3x - 2y + 11 = 0$$

Casos particulares:

- Se $a = 0$ e $b \neq 0$, **r** é uma reta horizontal (paralela ao eixo das abscissas).
  Exemplo: $2y - 3 = 0 \Rightarrow y = \frac{3}{2}$.
- Se $b = 0$ e $a \neq 0$, **r** é uma reta vertical (paralela ao eixo das ordenadas).
  Exemplo: $3x + 6 = 0 \Rightarrow x = -2$.
- Se $c = 0$, **r** é uma reta que passa pela origem (0, 0).
  Exemplo: $2x - 5y = 0$.

Interseção de retas

Para determinarmos o ponto de interseção de duas retas concorrentes, basta resolver o sistema formado pelas equações dessas retas.

Coeficiente angular de uma reta

Seja α o ângulo de inclinação de uma reta e $m = \text{tg}\,\alpha$ seu coeficiente angular. Temos:

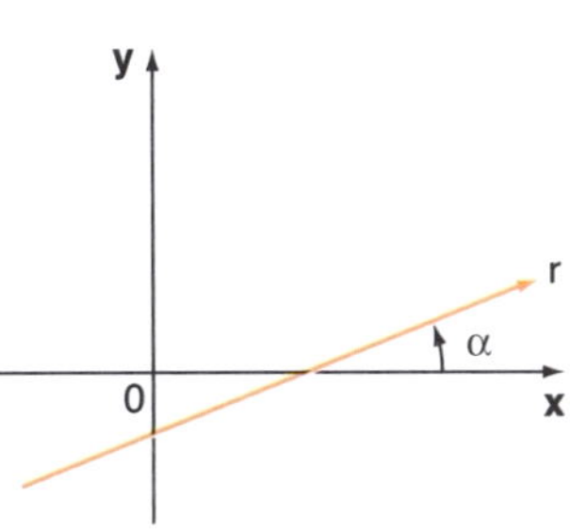

Banco de imagens/Arquivo da editora

α é agudo.
$m = \text{tg}\,\alpha > 0$

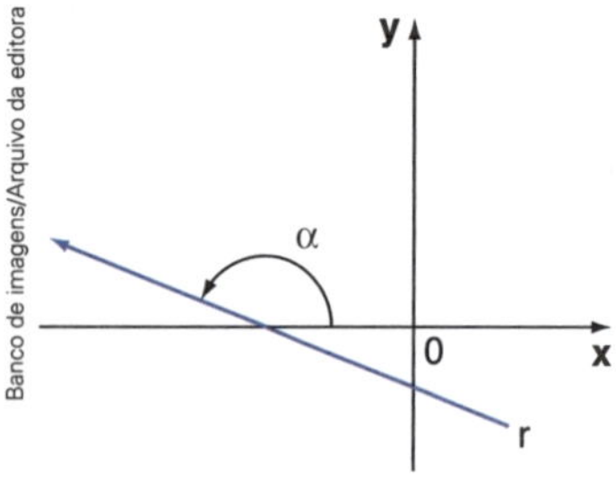

Banco de imagens/Arquivo da editora

α é obtuso.
$m = \text{tg}\ \alpha < 0$

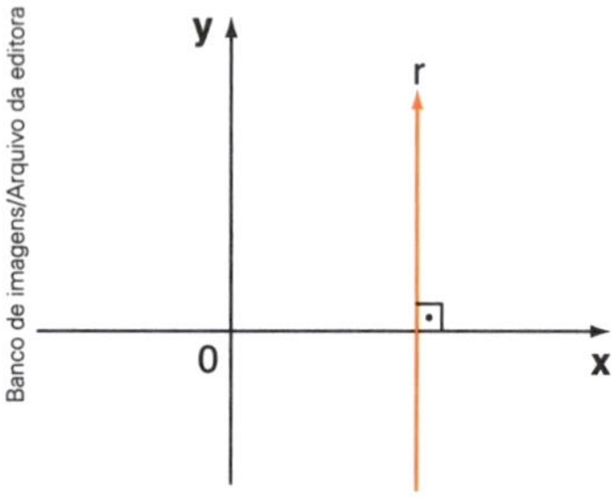

Banco de imagens/Arquivo da editora

α é reto.
Como não existe tg 90°, não é possível definir o coeficiente angular de **r**.

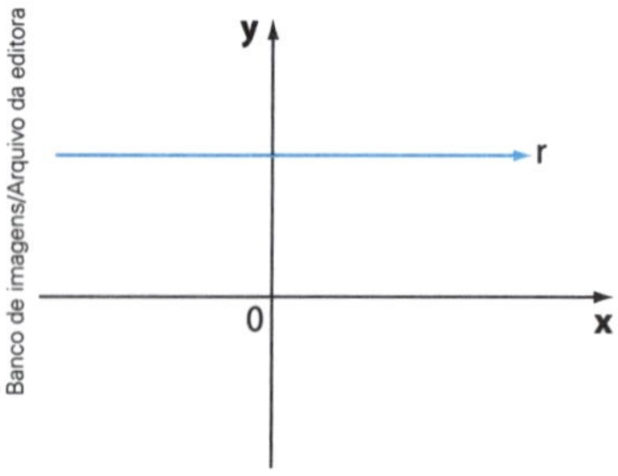

Banco de imagens/Arquivo da editora

$\alpha = 0°$
$m = \text{tg}\ 0° = 0$

Se a reta passa por $A(x_A, y_A)$ e $B(x_B, y_B)$, seu coeficiente angular é:

$$m = \frac{\Delta y}{\Delta x} = \frac{y_A - y_B}{x_A - x_B}$$

Equação reduzida

É uma equação do tipo:

$$y = mx + n$$

Em que $\{m, n\} \subset \mathbb{R}$ e:

- **m** é o coeficiente angular;
- **n** é a ordenada do ponto em que a reta intersecta o eixo **y** e é chamado **coeficiente linear**.

Exemplo:

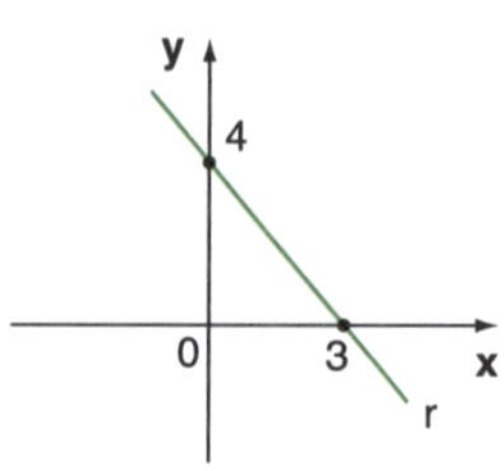

Banco de imagens/Arquivo da editora

- **r** passa pelos pontos (3, 0) e (0, 4).
- $m = \frac{\Delta y}{\Delta x} = \frac{4 - 0}{0 - 3} = -\frac{4}{3}$
- $n = 4$

Assim, a equação reduzida de **r** é: $y = -\frac{4}{3}x + 4$.

Uma reta com declividade (**m**) conhecida que passa por um ponto (x_0, y_0) conhecido tem equação:

$$y - y_0 = m \cdot (x - x_0)$$

Exemplo:
Se uma reta passa por (−2, 5) e tem coeficiente angular igual a 3, sua equação é:
$y - 5 = 3 \cdot (x + 2) \Rightarrow y = 3x + 11$

Paralelismo

Duas retas **r** e **s** são paralelas se $m_r = m_s$.

$$r_1 // r_2 \Leftrightarrow \text{tg}\ \alpha = m_1 = m_2$$

Por exemplo, sejam r: $y = -4x + 1$ e s: $px + 2y - 3 = 0$. Vamos determinar o valor de **p**.
$m_r = -4$
s: $2y = -px + 3 \Rightarrow y = -\frac{p}{2}x + \frac{3}{2}$; $m_s = -\frac{p}{2}$

r e **s** são paralelas se: $-\frac{p}{2} = -4 \Rightarrow p = 8$

Perpendicularidade

Se **r** e **s** são perpendiculares entre si, então $m_r \cdot m_s = -1$.

Distância entre ponto e reta

A distância **d** entre um ponto $P(x_0, y_0)$ e uma reta r: $ax + by + c = 0$ é dada por:

$$d = \frac{|a \cdot x_0 + b \cdot y_0 + c|}{\sqrt{a^2 + b^2}}$$

Por exemplo, para calcular a distância entre o ponto P(3, 5) e a reta r: $y = 2x - 5$, escrevemos **r** na forma geral: $2x - y - 5 = 0$.

Daí:

$$d = \frac{|3 \cdot 2 - 5 \cdot 1 - 5|}{\sqrt{2^2 + (-1)^2}} = \frac{|-4|}{\sqrt{5}} = \frac{4\sqrt{5}}{5}$$

Área do triângulo

Seja um triângulo MNP, em que $M(x_M, y_M)$, $N(x_N, y_N)$ e $P(x_P, y_P)$.
A área da superfície limitada pelo triângulo MNP é dada por:

$$A = \frac{1}{2} \cdot |D|, \text{ em que } D = \begin{vmatrix} x_M & y_M & 1 \\ x_P & y_P & 1 \\ x_N & y_N & 1 \end{vmatrix}$$

Inequações do 1º grau com duas incógnitas

São inequações do tipo $ax + by + c \geqslant 0$ (ou $\leqslant 0$ ou > 0 ou < 0).
Exemplo:
Vamos resolver graficamente a inequação $x + 3y - 2 \geqslant 0$.

1º passo: Construímos a reta **r** de equação: x + 3y − 2 = 0.

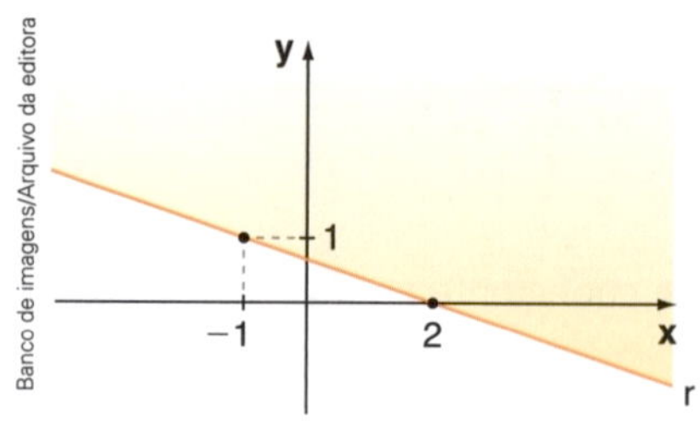

x	y
2	0
−1	1

2º passo: Escolhemos um ponto qualquer do plano (geralmente a origem) e substituímos suas coordenadas na equação de **r**.

$0 + 3 \cdot 0 - 2 = -2$ e $-2 < 0$

3º passo: O semiplano que satisfaz $x + 3y - 2 \geqslant 0$ **não** contém a origem e está destacado na figura acima.

Ângulo entre retas

A medida θ do ângulo agudo formado por $\mathbf{r}_1$ e $\mathbf{r}_2$ é tal que:

$$\text{tg}\,\theta = \left|\frac{m_1 - m_2}{1 + m_1 \cdot m_2}\right|$$

em que $\mathbf{m}_1$ e $\mathbf{m}_2$ são, respectivamente, os coeficientes angulares de $\mathbf{r}_1$ e $\mathbf{r}_2$.

Aplique o que aprendeu

Exercícios resolvidos

1. Os três vértices de um triângulo são A(−2, −1), B(0, 3) e C(2, 1).
Determine:
a) seu perímetro;
b) a medida da mediana relativa ao menor lado.

Solução:

a) $d_{AB} = \sqrt{(-2)^2 + 4^2} = 2\sqrt{5}$
$d_{AC} = \sqrt{4^2 + 2^2} = 2\sqrt{5}$ $\therefore$ Δ isósceles

$d_{BC} = \sqrt{2^2 + 2^2} = 2\sqrt{2}$

O perímetro é $4\sqrt{5} + 2\sqrt{2}$.

b) O menor lado é $\overline{BC}$.

Ponto médio **M** de $\overline{BC}$: $\left(\frac{0+2}{2}, \frac{3+1}{2}\right) = M(1, 2)$.

$d_{AM} = \sqrt{3^2 + 3^2} = 3\sqrt{2}$ é a medida da mediana relativa ao lado $\overline{BC}$.

2. Determine a equação da mediatriz do segmento cujas extremidades são A(1, 3) e B(0, 6).
Mediatriz de um segmento é a reta perpendicular do segmento, traçada pelo seu ponto médio.

Solução:

- O coeficiente angular de $\overline{AB}$ é $m = \frac{\Delta y}{\Delta x} = \frac{6-3}{0-1} = -3$; logo, o coeficiente angular da mediatriz é $\frac{1}{3}$, pois $\frac{1}{3} \cdot (-3) = -1$
- O ponto médio (**M**) de $\overline{AB}$ é: $\left(\frac{1+0}{2}, \frac{3+6}{2}\right) = \left(\frac{1}{2}, \frac{9}{2}\right)$

A equação da mediatriz é:

$y - \frac{9}{2} = \frac{1}{3} \cdot \left(x - \frac{1}{2}\right) \Leftrightarrow x - 3y + 13 = 0$

Questões

1. (Enem)

Observou-se que todas as formigas de um formigueiro trabalham de maneira ordeira e organizada. Foi feito um experimento com duas formigas e os resultados obtidos foram esboçados em um plano cartesiano no qual os eixos estão graduados em quilômetros. As duas formigas partiram juntas do ponto **O**, origem do plano cartesiano xOy. Uma delas caminhou horizontalmente para o lado direito, a uma velocidade de 4 km/h. A outra caminhou verticalmente para cima, à velocidade de 3 km/h.

Após 2 horas de movimento, quais as coordenadas cartesianas das posições de cada formiga?

a) (8, 0) e (0, 6)
b) (4, 0) e (0, 6)
c) (4, 0) e (0, 3)
d) (0, 8) e (6, 0)
e) (0, 4) e (3, 0)

2. (Insper-SP)

O Sr. Antônio resolveu construir um poço em seu sítio. Ele passou ao engenheiro o esquema ao lado, indicando a posição da piscina e do vestiário em relação à localização da casa.

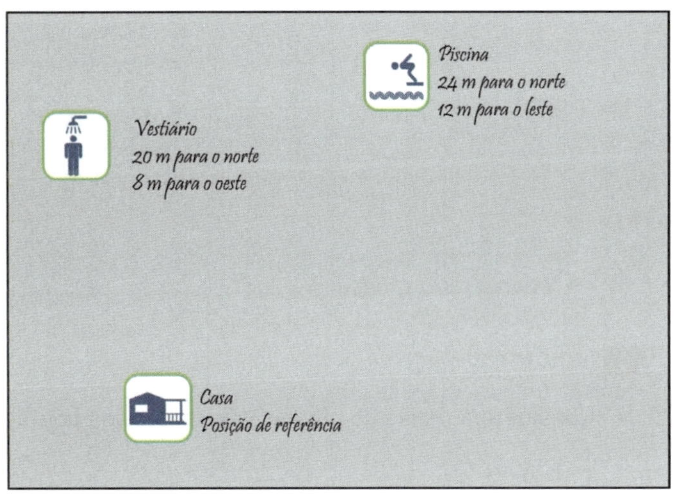

O Sr. Antônio disse ao engenheiro que queria o poço numa localização que estivesse à mesma distância da casa, da piscina e do vestiário. Para atendê-lo o engenheiro deve construir o poço na posição, em relação à casa, dada por, aproximadamente,

a) 4,2 m para o leste e 13,8 m para o norte.
b) 3,8 m para o oeste e 13,1 m para o norte.
c) 3,8 m para o leste e 13,1 m para o norte.
d) 3,4 m para o oeste e 12,5 m para o norte.
e) 3,4 m para o leste e 12,5 m para o norte.

3. (Enem)

Um construtor pretende murar um terreno e, para isso, precisa calcular o seu perímetro. O terreno está representado no plano cartesiano, conforme a figura, no qual foi usada a escala 1 : 500. Use 2,8 como aproximação para $\sqrt{8}$.

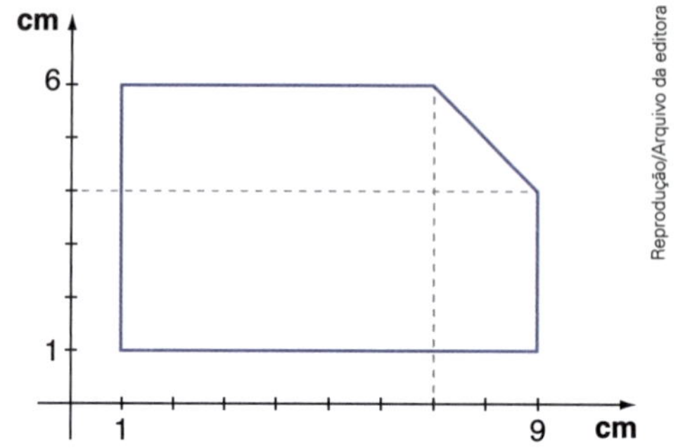

De acordo com essas informações, o perímetro do terreno, em metros, é

a) 110
b) 120
c) 124
d) 130
e) 144

4. (FGV-RS)

Considere a região do plano cartesiano cujos pontos satisfazem simultaneamente as inequações:

$$\begin{cases} x + 2y \leqslant 6 \\ x + y \leqslant 4 \\ x \geqslant 0 \\ y \geqslant 0 \end{cases}$$

A área dessa região é:

a) 6 b) 7 c) 8 d) 9 e) 10

5. (Unisc-RS)

Os pontos (0, −1), (1, 2) e (3, k) do plano são colineares. O valor de **k** é igual a

a) 0
b) 2
c) −2
d) 8
e) −8

6. (EEAR-SP)

Seja ABC um triângulo tal que A(1, 1), B(3, −1) e C(5, 3). O ponto ____________ é o baricentro desse triângulo.

a) (2, 1)
b) (3, 3)
c) (1, 3)
d) (3, 1)

7. (Unioeste-PR)

Dado o ponto A(−2, 4), determine as coordenadas de dois pontos **P** e **Q**, situados, respectivamente, sobre as retas y = 3x e y = − x, de tal modo que **A** seja o ponto médio do segmento PQ.

a) P(1, 3) e Q(−5, 5).
b) P(2, 6) e Q(4, −4).
c) P(0, 0) e Q(−5, 5).
d) P(1, 3) e Q(4, −4).
e) P(2, 6) e Q(0, 0).

8. (EEAR-SP)

O triângulo ABC formado pelos pontos A(7, 3), B(−4, 3) e C(−4, −2) é

a) escaleno
b) isósceles
c) equiângulo
d) obtusângulo

9. (Uern)

Uma reta tem coeficiente angular igual a −2 e passa pelos pontos (3, 4) e (4, k). A soma do coeficiente linear da reta com o valor de **k** é

a) 5.
b) 7.
c) 12.
d) 14.

10. (Cefet-RJ)

No plano cartesiano abaixo, a reta **r** passa pela origem e forma um ângulo θ com o eixo **x**. Escolhendo um ponto P(a, b) qualquer da reta **r**, e considerando $\theta = 40°$, podemos afirmar que:

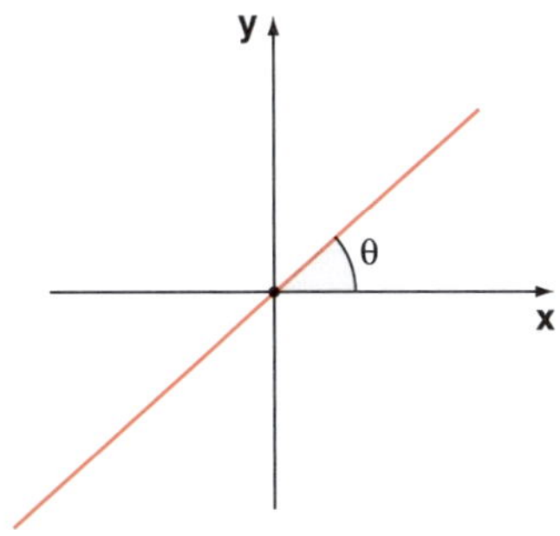

a) Se **P** pertence ao 1º quadrante, então $a = b$.

b) Se **P** pertence ao 3º quadrante, então $a < b$.

c) $a = b$ independente de qual quadrante estiver **P**.

d) Se **P** pertence ao 3º quadrante, então $a > b$.

11. (PUC-RS)

Considere a figura abaixo, onde um quadrado está representado no primeiro quadrante do plano xy.

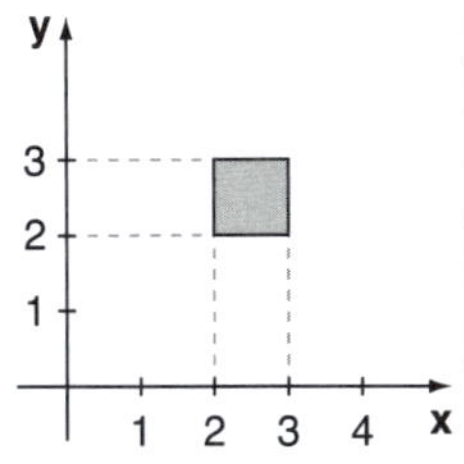

Para que uma reta da forma $y = x + m$ não intercepte qualquer ponto do quadrado, devemos ter

a) $m < 3$

b) $m < 0$

c) $m > 0$

d) $m > -1$

e) $m < -1$ ou $m > 1$

12. (Famema-SP)

Em um plano cartesiano, a parábola $y = -x^2 + 4x + 5$ e a reta $y = x + 5$ se intersectam nos pontos **P** e **Q**. A distância entre esses dois pontos é

a) $2\sqrt{3}$

b) $\sqrt{2}$

c) 3

d) $3\sqrt{2}$

e) 4

13. (Feevale-RS)

Na figura a seguir, o ponto **A** representa uma praça, e o ponto **B**, uma livraria.

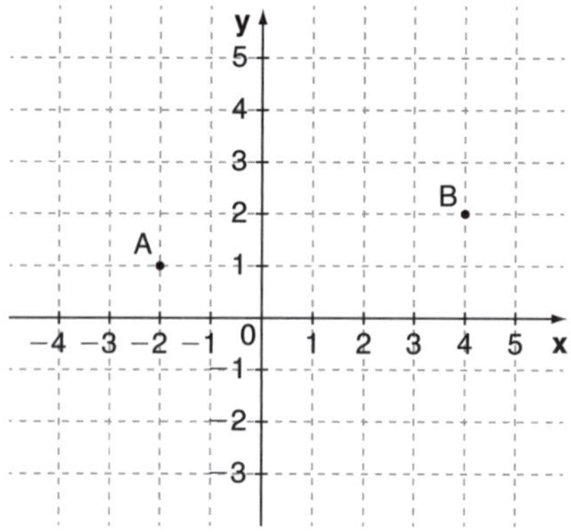

Reprodução/Arquivo da editora

Considerando quilômetro (km) como unidade de medida, a menor distância entre a praça e a livraria é de aproximadamente

a) 4 km

b) 5 km

c) 6 km

d) 7 km

e) 8 km

14. (PUC-RS)

O polígono ABCD, na figura abaixo, indica o trajeto de uma maratona realizada em uma cidade, sendo que as coordenadas estão representadas no sistema de eixos cartesianos abaixo. A reta que passa pelos pontos **A** e **C**, vértices desse polígono, possui coeficiente linear igual a

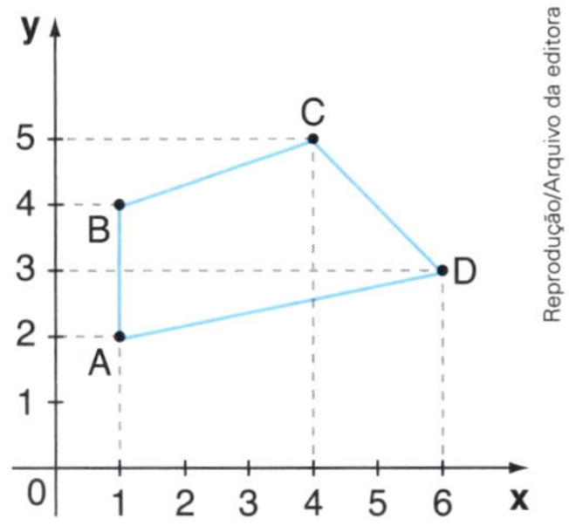

a) 0   b) $\frac{2}{3}$ c) $\frac{3}{4}$ d) $\frac{4}{5}$ e) 1

15. (UPE)

A reta **r** da figura possui equação $2x - 3y + 6 = 0$, e o trapézio OBCD tem área igual a 9 unidades de área.

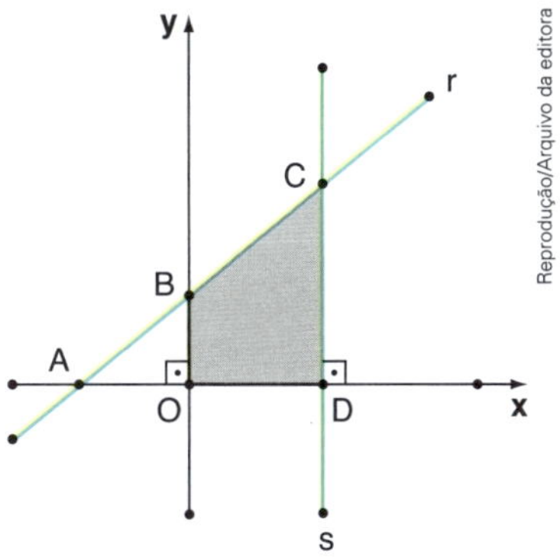

Qual é a equação da reta **s**?

a) $x - 2,5 = 0$
b) $x - 3 = 0$
c) $x - 3,5 = 0$
d) $x - 4 = 0$
e) $x - 4,5 = 0$

16. (Unisinos-RS)

A equação da reta que passa pelos pontos **A** e **B** da figura abaixo é dada por:

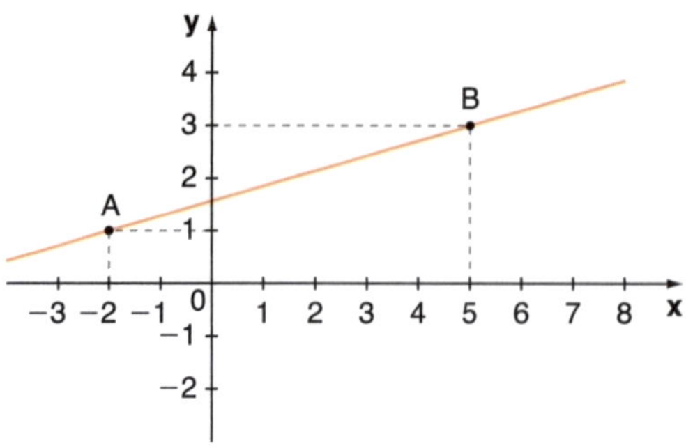

a) $2y - 7x = 11$

b) $2x - 7y = -11$

c) $2x - 7y = 11$

d) $2x - 3x = -5$

e) $2x - 3x = 1$

17. (UFPR)

Considere os conjuntos de pares ordenados $C = \{(-2, 2), (-1, 1), (-1, 4), (1, 1), (1, 5)\}$ e $Q = \{(4, 6), (5, 0), (5, 3), (6, 5), (7, 1)\}$.

Diremos que a reta **r** separa os pontos dos conjuntos **C** e **Q** quando nenhum elemento de **C** está à direita da reta **r** e nenhum elemento de **Q** está à esquerda da reta **r**.

Na figura ao lado, podemos ver que a reta de equação $y = 3x - 2$ separa os pontos de **C** e **Q**. Por outro lado, a reta de equação $y = -x + 4$ não separa os pontos de **C** e **Q**, pois o par ordenado (1, 5) pertence ao conjunto **C** e está à direita dessa reta.

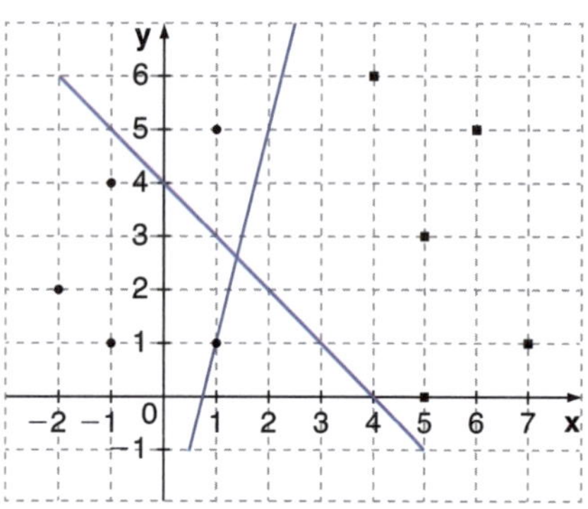

a) A reta de equação $y = 2x + 1$ separa os pontos dos conjuntos **C** e **Q**? Justifique sua resposta.

b) Para quais valores de $a \in \mathbb{R}$ a reta de equação $y = ax - 3$ separa os pontos dos conjuntos **C** e **Q**?

18. (Unisc-RS)

A equação da reta **r** que passa pelo ponto (16, 11) e que não intercepta a reta de equação $y = \frac{x}{2} - 5$ é

a) $y = \frac{x}{2} - 8$
b) $y = \frac{x}{2} + 11$
c) $y = \frac{x}{2} + 3$
d) $y = x - 8$
e) $y = x + 3$

19. (UPE)

No plano cartesiano, as interseções das retas de equações $x - y + 2 = 0$; $y = 4$; $y + x = -4$ determinam um triângulo, cujos vértices são pontos de coordenadas:

a) (2, 4); (−4, 4); (2, −4)
b) (−2, 4); (−4, 4); (−2, −4)
c) (−2, −4); (8, −4); (3, 1)
d) (4, 2); (4, −8); (−1, −3)
e) (2, 4); (−8, 4); (−3, −1)

20. (UFSJ-MG)

Dados o ponto P(−1, 2) e as retas **r**: $2x - 5y + 7 = 0$ e **s**: $2x + y + 7 = 0$, é CORRETO afirmar que

a) o ponto de interseção das duas retas tem coordenadas $\left(-\frac{7}{2}, 0\right)$.
b) o ponto **P** pertence à reta **r**.
c) as retas **r** e **s** são paralelas.
d) as retas **r** e **s** não têm ponto comum.

21. (UEM-PR)

Em um sistema de coordenadas cartesianas ortogonal no plano, considere três pontos: A(1, 3), B(5, 3) e C(3, 0). Então, é **correto** afirmar que:

01) A reta que passa pelos pontos **A** e **B** tem como equação $x = 3$.

02) A altura do triângulo ABC, em relação ao vértice C, mede $\sqrt{13}$.

04) A reta que passa pelos pontos **A** e **C** tem coeficiente angular igual a $-\frac{3}{2}$.

08) A área do triângulo ABC é 6.

16) O triângulo ABC é equilátero.

22. (PUC-RJ)

O triângulo da figura abaixo é equilátero e tem vértices **A**, B = (2, 4) e C = (8, 4).

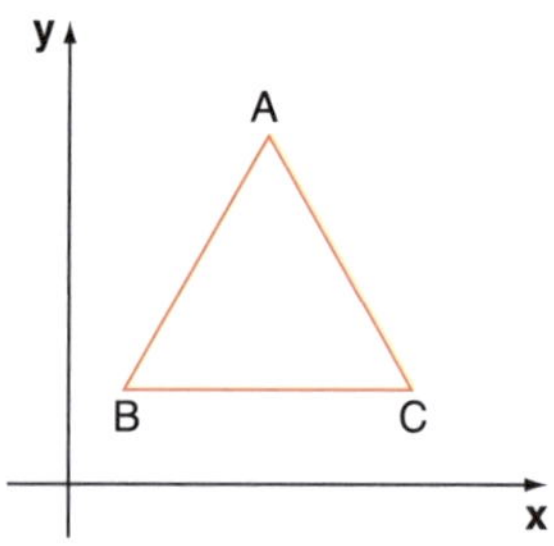

As coordenadas do vértice **A** são:

a) $\left(5,\ 4 + \sqrt{27}\right)$

b) (6, 4)

c) (8, 5)

d) $\left(6,\ \sqrt{27}\right)$

e) $\left(6,\ 5 + \sqrt{27}\right)$

23. (PUC-MG)

No final do ano de 2005, o número de casos de dengue registrados em certa cidade era de 400 e, no final de 2013, esse número passou para 560. Admitindo-se que o gráfico do número de casos registrados em função do tempo seja formado por pontos situados em uma mesma reta, é **CORRETO** afirmar que, no final de 2015, o número de casos de dengue registrados será igual a:

a) 580 b) 590 c) 600 d) 610

24. (Enem)

Um bairro de uma cidade foi planejado em uma região plana, com ruas paralelas e perpendiculares, delimitando quadras de mesmo tamanho. No plano de coordenadas cartesianas ao lado, esse bairro localiza-se no segundo quadrante, e as distâncias nos eixos são dadas em quilômetros.

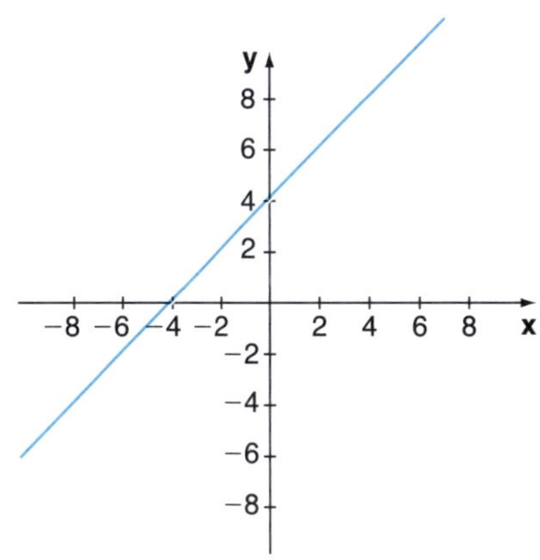

A reta de equação $y = x + 4$ representa o planejamento do percurso da linha do metrô subterrâneo que atravessará o bairro e outras regiões da cidade. No ponto $P(-5, 5)$, localiza-se um hospital público. A comunidade solicitou ao comitê de planejamento que fosse prevista uma estação do metrô de modo que sua distância ao hospital, medida em linha reta, não fosse maior que 5 km.

Atendendo ao pedido da comunidade, o comitê argumentou corretamente que isso seja automaticamente satisfeito, pois já estava prevista a construção de uma estação no ponto

a) $(-5, 0)$.
b) $(-3, 1)$.
c) $(-2, 1)$.
d) $(0, 4)$.
e) $(2, 6)$.

TOTAL DE ACERTOS ____/24

TÓPICO

2 Estudo da circunferência

Reveja o que aprendeu

Você deve ser capaz de:

- Escrever a equação de uma circunferência na forma reduzida e geral.
- Determinar a posição relativa entre ponto e circunferência.
- Determinar a posição relativa entre reta e circunferência.
- Determinar a posição relativa entre duas circunferências.
- Determinar as coordenadas do centro e a medida do raio na equação reduzida e geral de uma circunferência.

Equação reduzida da circunferência

$$(x - x_C)^2 + (y - y_C)^2 = r^2$$

Essa é a **equação reduzida da circunferência**, em que:

- $\mathbf{x_C}$ e $\mathbf{y_C}$ são as coordenadas do centro **C** da circunferência;
- **r** é a medida do **raio** da circunferência;
- **x** e **y** são as coordenadas do ponto genérico **P** – um ponto que pode ocupar o lugar de qualquer ponto da circunferência, sempre distando **r** de **C**.

Exemplo:

A circunferência λ tem centro C(2, 1) e raio 2, e sua equação reduzida é:

$$(x - 2)^2 + (y - 1)^2 = 4$$

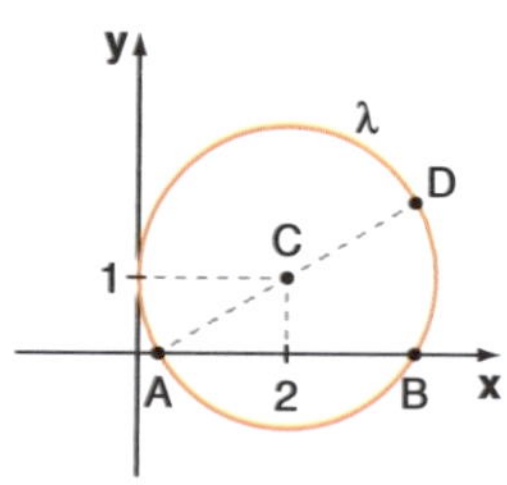

Banco de imagens/Arquivo da editora

Os pontos em que λ intersecta o eixo das abscissas são tais que:

$$y = 0 \Rightarrow (x - 2)^2 + (0 - 1)^2 = 4 \Rightarrow (x - 2)^2 = 3 \Rightarrow x - 2 = \pm\sqrt{3} \Rightarrow x = 2 \pm \sqrt{3}$$

$A\left(2 - \sqrt{3}, 0\right)$ e $B\left(2 + \sqrt{3}, 0\right)$

O ponto **D**, diametralmente oposto a **A**, é tal que:

$$\frac{x_D + x_A}{2} = x_C \Rightarrow \frac{x_D + 2 - \sqrt{3}}{2} = 2 \Rightarrow x_D = 2 + \sqrt{3}$$

$$\frac{y_D + y_A}{2} = y_C \Rightarrow \frac{y_D + 0}{2} = 1 \Rightarrow y_D = 2$$

$$D\left(2 + \sqrt{3}, 2\right)$$

Equação geral

Desenvolvendo a equação reduzida da circunferência $(x - x_C)^2 + (y - y_C)^2 = r^2$, obtemos:

$$x^2 + y^2 - 2x_Cx - 2y_Cy + \left(x_C^2 + y_C^2 - r^2\right) = 0$$

que é a equação geral de uma circunferência.

Para passar da forma geral para a reduzida, podemos **completar quadrados** ou **analisar seus coeficientes**.

Por exemplo, a forma geral de uma circunferência é: $x^2 + y^2 - 6x + 4y + 12 = 0$. Vamos obter seu centro e seu raio.

1º modo: Completando quadrados.

$x^2 - 6x + 9 + y^2 + 4y + 4 = -12 + 9 + 4$

$(x - 3)^2 + (y + 2)^2 = 1$

$C(3, -2)$ e $r = 1$

2º modo: Analisando os coeficientes de $Ax^2 + By^2 + Cxy + Dx + Ey + F$

$A = B \neq 0$ (os coeficientes de x^2 e y^2 devem ser iguais, mas não nulos)

$C = 0$ (não há termo em xy)

$$\left.\begin{aligned} x_C &= \frac{-D}{2A} \\ y_C &= \frac{-E}{2A} \end{aligned}\right\} \quad r = \frac{\sqrt{D^2 + E^2 - 4AF}}{4A^2}, \text{ com } D^2 + E^2 - 4AF > 0$$

Temos:

$A = B = 1; C = 0$

$$\left.\begin{aligned} x_C &= \frac{-D}{2A} = \frac{-(-6)}{2 \cdot 1} = 3 \\ y_C &= \frac{-D}{2A} = \frac{-4}{2 \cdot 1} = -2 \end{aligned}\right\rangle C(3, -2)$$

$$r = \sqrt{\frac{(-6)^2 + 4^2 - 4 \cdot 1 \cdot 12}{4 \cdot 1}} = \sqrt{1} = 1$$

Posição relativa entre ponto e circunferência

Para uma circunferência **λ** de centro $C(x_c, y_c)$, raio de medida **r** e um ponto **P** qualquer do plano, distinto de **C**, comparemos $\mathbf{d_{PC}}$ com **r**.

Há três possibilidades:

- Se $d_{PC} = r$, então **P** pertence à circunferência.

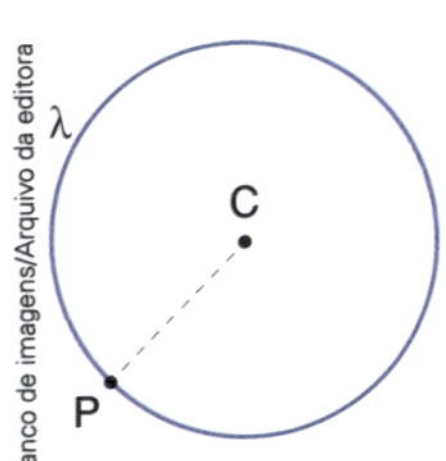

$d_{PC} = r \Rightarrow P \in \lambda$

- Se $d_{PC} > r$, então **P** é externo à circunferência.

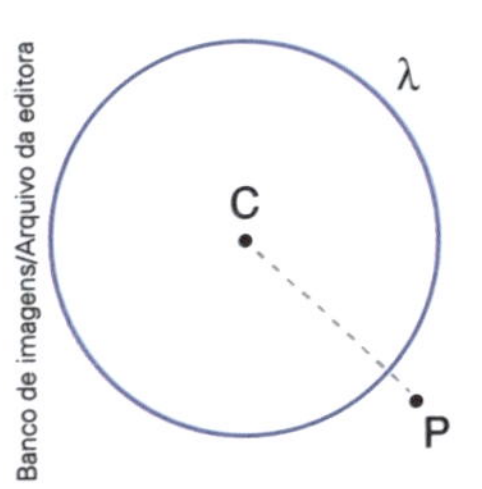

$d_{PC} > r \Rightarrow$ **P é externo a λ**

- Se $d_{PC} < r$, então **P** é interno à circunferência.

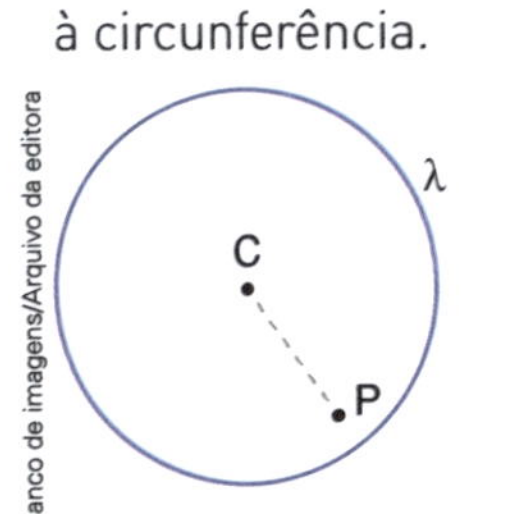

$d_{PC} < r \Rightarrow$ **P é interno a λ**

Outra maneira de analisar é substituir as coordenadas do ponto **P** na expressão $(x - x_C)^2 + (y - y_C)^2 - r^2$.

Se o número obtido for:

- negativo, **P** é interno à circunferência;
- nulo, **P** pertence à circunferência;
- positivo, **P** é externo à circunferência.

Exemplo:

O ponto $(4, -1)$ é interno à circunferência $x^2 + y^2 - 2x + 6y = 6$, pois $4^2 + (-1)^2 - 2 \cdot 4 + 6 \cdot (-1) - 6 = -3 < 0$.

Inequações do 2º grau com duas incógnitas

Dada a circunferência λ de equação $(x - a)^2 + (y - b)^2 = r^2$, definimos a função $f(x, y) = (x - a)^2 + (y - b)^2 - r^2$ e estudaremos três casos:

- $f(x, y) > 0$ corresponde aos pontos **exteriores a λ**;
- $f(x, y) = 0$ corresponde aos pontos de λ;
- $f(x, y) < 0$ corresponde aos pontos **interiores a λ**.

Exemplo:

Vamos resolver graficamente a inequação $x^2 + y^2 - 2x + 6y - 6 > 0$.

Organizamos os termos de $f(x, y)$ da seguinte maneira:

$$f(x, y) = x^2 - 2x \overbrace{+1} + y^2 + 6y \overbrace{+9} = 6 \overbrace{+1} \overbrace{+9} = (x - 1)^2 + (y - 3)^2 - 16$$

Então $f(x, y) = 0$ é a equação da circunferência λ de centro $C(1, -3)$ e raio 4.

Os pontos que satisfazem a inequação $(x - 1)^2 + (y + 3)^2 - 16 > 0$ são exteriores à circunferência λ de centro $(1, -3)$ e raio 4:

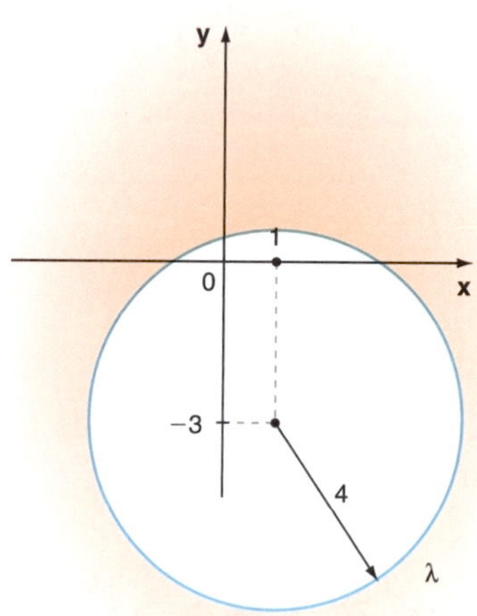

Banco de imagens/Arquivo da editora

Posição relativa de reta e circunferência

Seja uma circunferência λ de centro $C(x_C, y_C)$ e raio **r**. No plano existem retas que intersectam a circunferência em dois pontos, retas que tocam a circunferência em apenas um ponto e outras que não intersectam a circunferência em ponto algum. Essas retas são chamadas, respectivamente, **secantes**, **tangentes** e **externas à circunferência**.

Na figura:

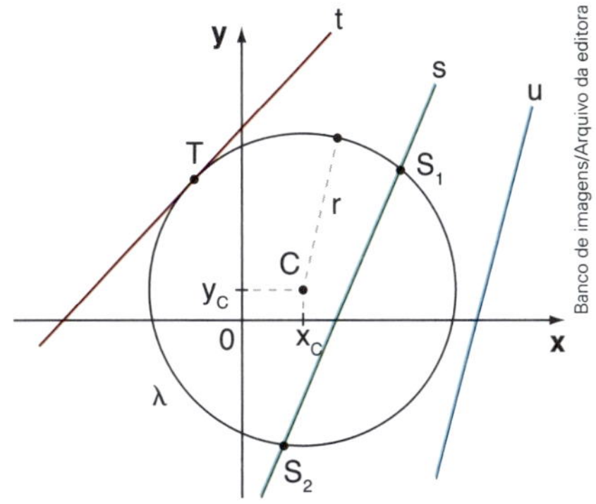

- $s \cap \lambda = \{S_1, S_2\}$, e **s** é secante à circunferência;
- $t \cap \lambda = \{T\}$, e **t** é tangente à circunferência;
- $u \cap \lambda = \varnothing$, e **u** é externa à circunferência.

Para saber qual é a posição, é preciso resolver o sistema formado pela equação da reta e pela equação da circunferência.

Se substituirmos o valor de uma das variáveis (isolada na equação da reta) na equação da circunferência, obteremos uma equação do 2º grau (na outra variável).

Calculando o discriminante da equação obtida, poderemos ter:

- $\Delta > 0 \Rightarrow$ a reta e a circunferência são secantes (há dois pontos de interseção);
- $\Delta = 0 \Rightarrow$ a reta e a circunferência são tangentes (há um único ponto de interseção);
- $\Delta < 0 \Rightarrow$ a reta é externa à circunferência (não há ponto de interseção).

Para encontrar os eventuais pontos comuns, basta prosseguir na resolução da equação.

Outra possibilidade é comparar a medida do raio com a distância do centro da circunferência à reta.

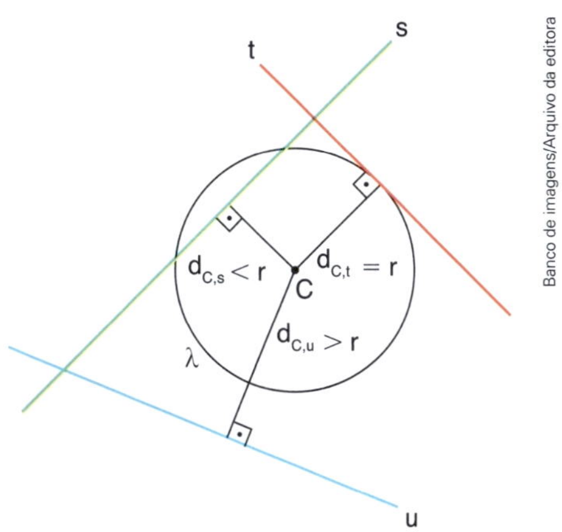

Observando a figura acima, temos:

- $d_{C,s} < r \Leftrightarrow$ **s** é secante a λ;
- $d_{C,t} = r \Leftrightarrow$ **t** é tangente a λ;
- $d_{C,u} > r \Leftrightarrow$ **u** é externa a λ.

Posição relativa entre duas circunferências

A posição relativa das circunferências $\boldsymbol{\lambda_1}$ (com centro $\mathbf{C_1}$ e raio de medida r_1) e $\boldsymbol{\lambda_2}$ (com centro $\mathbf{C_2}$ e raio de medida $\mathbf{r_2}$) pode ser determinada comparando-se a distância C_1C_2 entre os centros com soma $r_1 + r_2$ ou com o módulo da diferença $|r_1 - r_2|$ das medidas dos raios.

De acordo com a Geometria plana, são possíveis cinco casos distintos:

- 1º caso: λ_1 e λ_2 exteriores

$$C_1C_2 > r_1 + r_2$$

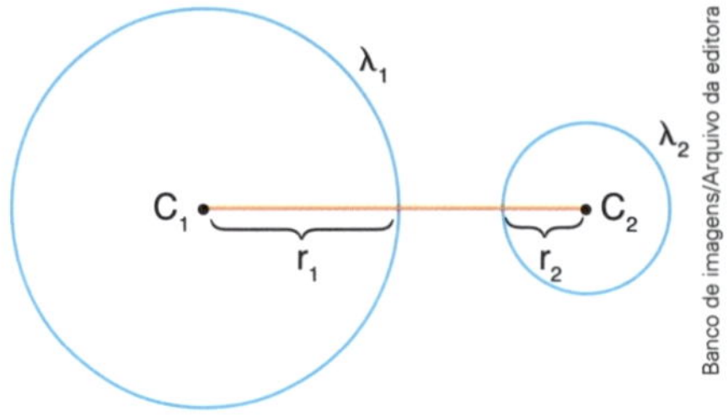

Banco de imagens/Arquivo da editora

- 2º caso: λ_1 e λ_2 tangentes exteriores

$$C_1C_2 = r_1 + r_2$$

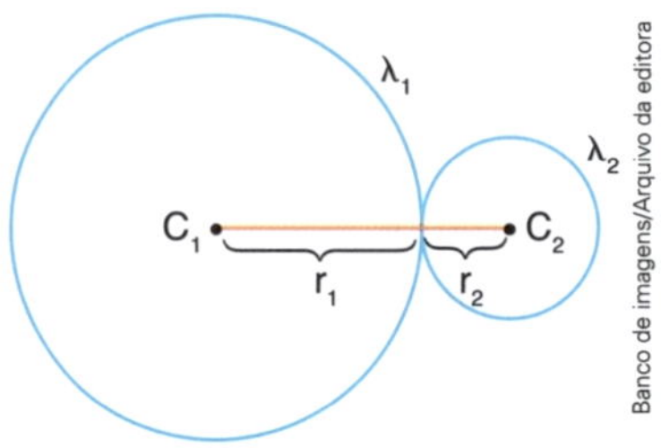

Banco de imagens/Arquivo da editora

- 3º caso: λ_1 e λ_2 tangentes interiores

$$C_1C_2 = |r_1 - r_2|$$

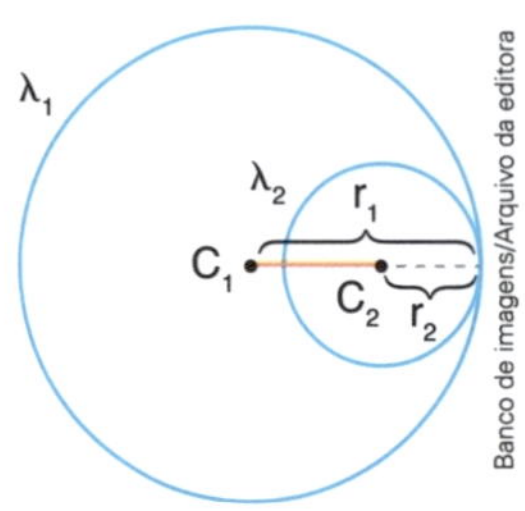

Banco de imagens/Arquivo da editora

- 4º caso: λ_1 e λ_2 secantes

$$|r_1 - r_2| < C_1C_2 < r_1 + r_2$$

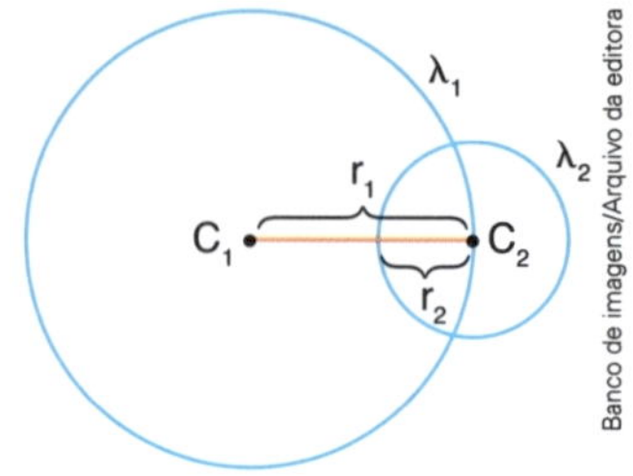

Banco de imagens/Arquivo da editora

- 5º caso: λ_1 e λ_2 uma interna à outra

$$0 \leq C_1C_2 < |r_1 - r_2|$$

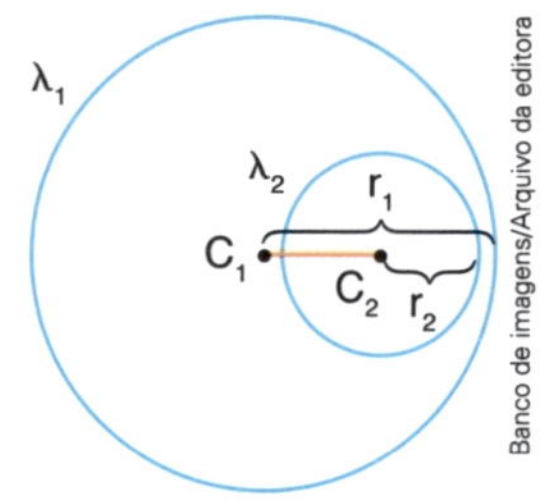

Banco de imagens/Arquivo da editora

Aplique o que aprendeu

Exercício resolvido

1. Determine a equação de uma reta paralela **r**: $3x + 4y - 5 = 0$ e tangente à circunferência λ: $(x - 1)^2 + (y - 2)^2 = 4$

Solução:

- Seja **s** a reta procurada; como $m_s = m_r$, temos:
  s: $3x + 4y + p = 0$; $p \in \mathbb{R}$
- A circunferência tem centro C(1, 2) e raio 2. Como **s** é tangente a λ, vem: $d_{C,S} = r \Rightarrow \dfrac{|3 \cdot 1 + 4 \cdot 2 + p|}{\sqrt{3^2 + 4^2}} = 2 \Rightarrow$
  $\Rightarrow |11 + p| = 10 \Rightarrow 11 + p = 10$ ou $11 + p = -10$, isto é, $p = -1$ ou $p = -21$.

Logo, **s**: $3x + 4y - 1 = 0$ ou **s**: $3x + 4y - 21 = 0$.

Questões

1. (Ufpel-RS)

O gráfico a seguir representa a função: $f(x) = x^2 - 5x + 6$.

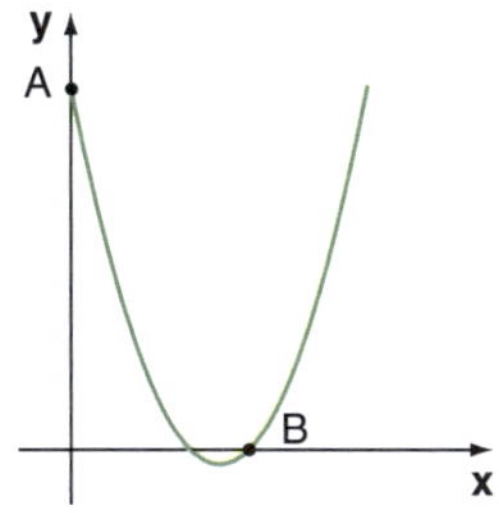

Com base nessas informações é CORRETO afirmar que a equação da circunferência que passa em **B** e tem centro em **A** é:

a) $(x - 6)^2 + y = 45$
b) $x^2 + (y - 6)^2 = 9$
c) $x^2 + (y - 6)^2 = 45$
d) $(x - 6)^2 + y^2 = 9$
e) $x^2 + (y - 3)^2 = 9$

2. (UFPR)

Considerando a circunferência **C** de equação $(x - 3)^2 + (y - 4)^2 = 5$, avalie as seguintes afirmativas:

1. O ponto P(4, 2) pertence a **C**.
2. O raio de **C** é 5.
3. A reta $y = \frac{4}{3}x$ passa pelo centro de **C**.

Assinale a alternativa correta.

a) Somente a afirmativa 1 é verdadeira.
b) Somente a afirmativa 2 é verdadeira.
c) As afirmativas 1, 2 e 3 são verdadeiras.
d) Somente as afirmativas 1 e 2 são verdadeiras.
e) Somente as afirmativas 1 e 3 são verdadeiras.

3. (PUC-RS)

A distância entre o centro da circunferência de equação $(x - 2)^2 + (y + 5)^2 = 9$ e a reta de equação $2y + 5x = 0$ é

a) −5
b) 0
c) 2
d) 5
e) 9

4. (Cesgranrio-RJ)

Uma circunferência passa pela origem, tem raio 2 e o centro **C** na reta $y = 2x$. Se **C** tem coordenadas positivas, uma equação dessa circunferência é:

a) $\left(x - \sqrt{5}\right)^2 + \left(y - 2\sqrt{5}\right)^2 = 4$

b) $\left(x - \frac{\sqrt{5}}{2}\right)^2 + \left(y - \sqrt{5}\right)^2 = 4$

c) $\left(x - \frac{\sqrt{3}}{2}\right)^2 + \left(y - \sqrt{3}\right)^2 = 4$

d) $\left(x - \frac{\sqrt{3}}{5}\right)^2 + \left(y - 2\frac{\sqrt{3}}{5}\right)^2 = 4$

e) $\left(x - 2\frac{\sqrt{5}}{5}\right)^2 + \left(y - 4\frac{\sqrt{5}}{5}\right)^2 = 4$

5. (FGV-SP)

Dada a equação $x^2 + y^2 = 14x + 6y + 6$, se **p** é o maior valor possível de **x**, e **q** é o maior valor possível de **y**, então, $3p + 4q$ é igual a

a) 73.
b) 76.
c) 85.
d) 89.
e) 92.

6. (Unisc-RS)

A equação $x^2 + Ay^2 + Bxy + 2x - 4y + C = 0$ representa uma circunferência cujo diâmetro mede 10 unidades de distância. Esta afirmação nos permite determinar o valor dos coeficientes reais **A**, **B** e **C** e também garantir que a expressão $A - B - C$ é igual a

a) −20.
b) −10.
c) 11.
d) 21.
e) 30.

7. (Fuvest-SP)

O segmento AB é diâmetro da circunferência de equação $x^2 + y^2 = 10y$. Se **A** é o ponto (3, 1), então **B** é o ponto

a) (−3, 9)
b) (3, 9)
c) (0, 10)
d) (−3, 1)
e) (1, 3)

8. (Uece)

No plano, com o sistema de coordenadas cartesianas usual, a distância do centro da circunferência $x^2 + y^2 - 6x + 8y + 9 = 0$ à origem é

u.c. = unidade de comprimento

a) 3 u.c.
b) 6 u.c.
c) 5 u.c.
d) 4 u.c.

9. (Ifal)

A equação da circunferência que tem um dos diâmetros com extremidades nos pontos $A(-1, 3)$ e $B(3, -5)$ é dada por:

a) $(x - 1)^2 + (y + 1)^2 = 20$
b) $(x + 1)^2 + (y - 1)^2 = 20$
c) $(x - 2)^2 + (y + 4)^2 = 80$
d) $(x - 1)^2 + (y + 1)^2 = 80$
e) $(x + 2)^2 + (y - 4)^2 = 20$

10. (Imed-RS)

No plano cartesiano Oxy, a circunferência **C** com centro no ponto $P(4, -2)$ é tangente ao eixo das ordenadas. Nessa situação, a equação geral dessa circunferência corresponde a:

a) $x^2 + y^2 + 8x + 8y + 4 = 0$
b) $x^2 + y^2 - 8x + 4y + 4 = 0$
c) $x^2 + y^2 - 8x - 8y - 4 = 0$
d) $x^2 + y^2 + 8x - 4y + 4 = 0$
e) $x^2 + y^2 - 8x - 4y - 4 = 0$

11. (UEG-GO)

Um espelho no formato de circunferência foi pendurado em uma parede. Considerando o canto inferior esquerdo como a origem de um sistema cartesiano, o espelho pode ser representado pela equação da circunferência $x^2 + y^2 - 4x - 4y + 7,84 = 0$. Dessa forma, constata-se que o espelho está a uma altura do chão de

a) 1,00 metros.
b) 1,55 metros.
c) 1,60 metros.
d) 1,74 metros.

12. (Uern)

O raio da circunferência determinada pela equação $x^2 + y^2 + 4x - 6y - 3 = 0$ é, em unidades de medida:

a) 1
b) 2
c) 3
d) 4

13. (FGV-SP)

Dada a circunferência de equação $x^2 + y^2 - 6x - 10y + 30 = 0$, seja **P** seu ponto de ordenada máxima. A soma das coordenadas de **P** é:

a) 10
b) 10,5
c) 11
d) 11,5
e) 1

14. (Insper-SP)

No plano cartesiano, considere o triângulo ABC, sendo A = (0, 0), B = $\left(3\sqrt{3}, 3\right)$ e C = (0, 6). Uma equação da circunferência circunscrita ao triângulo ABC é:

a) $\left(x-\sqrt{3}\right)^2+(y-3)^2=12.$

b) $\left(x-\sqrt{3}\right)^2+(y-3)^2=9.$

c) $\left(x-\dfrac{3\sqrt{3}}{2}\right)^2+(y-3)^2=\dfrac{27}{4}.$

d) $(x-3)^2+\left(y-\sqrt{3}\right)^2=9.$

e) $(x-3)^2+\left(y-\dfrac{3\sqrt{3}}{2}\right)^2=\dfrac{27}{4}.$

15. (ESPM-SP)

A circunferência de equação $(x + 1)^2 + (y - 1)^2 = 1$ tangencia os eixos coordenados nos pontos **A** e **B**. A circunferência λ, de centro **C**, passa pelo ponto **B** e tangencia o eixo das abscissas no ponto **D**.

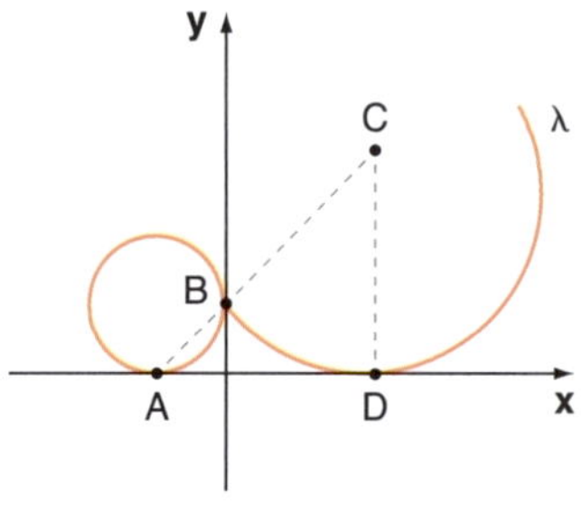

Se os pontos **A**, **B** e **C** estão alinhados, podemos concluir que a abscissa do centro **C** é igual a:

a) $2+\sqrt{2}$

b) $1+\sqrt{2}$

c) $2\sqrt{2}-1$

d) $2\sqrt{2}+1$

e) $2\sqrt{2}$

16. (UEL-PR)

Determine a equação da circunferência centrada no vértice da parábola $y = x^2 - 6x + 8$ e que passa pelos pontos em que a parábola corta o eixo **x**.

a) $(x - 2)^2 + (y - 4)^2 = 4$
b) $(x - 3)^2 + (y + 1)^2 = 2$
c) $(x - 1)^2 + (y - 3)^2 = 9$
d) $(x + 1)^2 + (y - 3)^2 = \sqrt{2}$
e) $(x - 2)^2 + (y - 3)^2 = 4$

17. (Unics-RS)

Observando o círculo abaixo, representado no sistema de coordenadas cartesianas, identifique, entre as alternativas apresentadas, a equação que o representa.

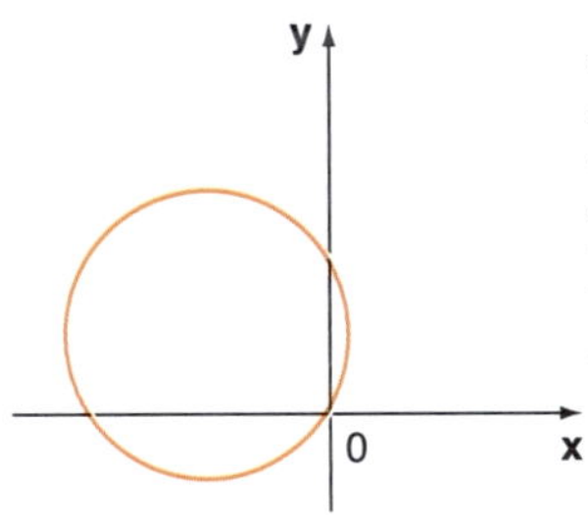

a) $x^2 + (y + 2)^2 = 10$.
b) $(x + 3)^2 + y^2 = 10$.
c) $(x + 3)^2 + (y + 2)^2 = 13$.
d) $(x + 3)^2 + (y - 2)^2 = 13$.
e) $(x - 3)^2 + (y + 2)^2 = 13$.

18. (Aman-RJ)

O ponto da circunferência $x^2 + y^2 + 2x + 6y + 1 = 0$ que tem ordenada máxima é

a) $(0, -6)$ b) $(-1, -3)$ c) $(-1, 0)$ d) $(2, 3)$ e) $(2, -3)$

19. (FGV-SP)

A representação gráfica da equação $(x + y)^2 = x^2 + y^2$ no sistema cartesiano ortogonal é

a) o conjunto vazio.

b) um par de retas perpendiculares.

c) um ponto.

d) um par de pontos.

e) um círculo.

20. (Ifal)

Considerando-se as equações do segundo grau com duas incógnitas a seguir,

I. Equação I: $x^2 + y^2 + 2x - 2y - 2 = 0$

II. Equação II: $x^2 - y^2 + 4x - 2y - 4 = 0$

III. Equação III: $x^2 + y^2 + 2x + 2y + 2xy - 2 = 0$

IV. Equação IV: $x^2 + y^2 - 4x - 5 = 0$

Marque a única alternativa verdadeira das indicadas abaixo.

a) Apenas uma das equações acima representa circunferência.

b) Três dessas equações representam circunferências.

c) A equação IV representa uma circunferência de raio 3 e centro $(0, 2)$.

d) A equação II representa uma circunferência de centro $(-2, 1)$ e raio 3.

e) A equação I representa uma circunferência de raio 2 e centro $(-1, 1)$.

21. (FGV-RJ)

No plano cartesiano, os pontos A(1, 2) e B(−2, −2) são extremidades de um diâmetro de uma circunferência; essa circunferência intercepta o eixo das abscissas em dois pontos. Um deles é:

a) (4, 0) b) $\left(\frac{7}{2}, 0\right)$ c) (3, 0) d) $\left(\frac{5}{2}, 0\right)$ e) (2, 0)

22. (Uepa)

Pilates é um sistema de exercícios físicos que integra o corpo e a mente como um todo, desenvolvendo a estabilidade corporal necessária para uma vida mais saudável. A figura ao lado mostra um dos exercícios trabalhados no Pilates e é observado que o corpo da professora gera um arco AB. Supondo que o arco gerado pelo corpo da professora seja um quarto de uma circunferência de equação $100x^2 + 100y^2 - 400x - 600y + 1\,075 = 0$, o valor aproximado da altura da professora é:

a) $0,24\pi$ u.c
b) $0,5\pi$ u.c.
c) $0,75\pi$ u.c.
d) $0,95\pi$ u.c.
e) $1,24\pi$ u.c.

Fonte: http://www.apontador.com.br

23. (UPE)

Em um sistema de coordenadas cartesianas ortogonais, os pontos A(−2, 4), B(6, −2) e C(−2, −2) são os vértices do triângulo ABC. Qual a equação da circunferência circunscrita a esse triângulo?

a) $x^2 - 12x + y^2 - 16y + 100 = 0$
b) $x^2 - 4x + y^2 - 2y - 95 = 0$
c) $x^2 - 4x + y^2 - 4y - 92 = 0$
d) $x^2 - 4x + y^2 - 4y - 17 = 0$
e) $x^2 - 4x + y^2 - 2y - 20 = 0$

24. (UEG-GO)

Considere num plano cartesiano duas retas **r** e **s**, perpendiculares. A reta **r** tem equação $y = 2x$ e a reta **s** intercepta o eixo **x** no ponto B(10, 0). Encontre a equação da circunferência que passa pelos pontos A(0, 0), B(10, 0) e **C**, que é o ponto de interseção das retas **r** e **s**.

25. (UEM-PR)

Considere S: $x^2 + y^2 - 2x - 4y = 4$ e assinale o que for correto.

(01) No plano cartesiano, esta equação descreve uma hipérbole.

(02) O conjunto **S** intercepta o eixo **x** em dois pontos, sendo um com abscissa negativa e outro com abscissa positiva.

(04) A reta $y = x$ é secante a **S**.

(08) A reta $x = -2$ é tangente a **S**.

(16) O ponto (0, 0) pertence a **S**.

26. (Uerj)

Considere a circunferência **C** de equação $x^2 + y^2 - 8x + 8 = 0$, representada graficamente ao lado.

Determine as equações das retas **r** e **s** que passam pela origem e são tangentes à circunferência.

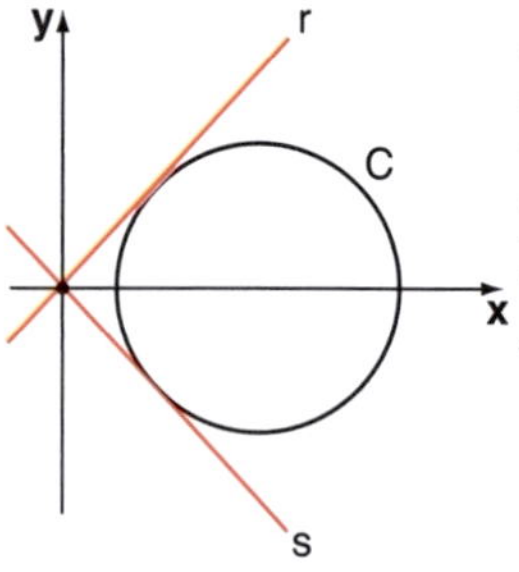

27. (Udesc-RS)

Considerando que as retas $y = -x + 4$, $y = -x$, $y = x - 2$ e $y = x + 2$ tangenciam a circunferência **C**. É correto afirmar que a equação de **C** é:

a) $(x + 1)^2 + (y + 1)^2 = \sqrt{2}$
b) $(x + 1)^2 + (y + 1)^2 = 2$
c) $(x - 1)^2 + (y - 1)^2 = 1$
d) $(x - 1)^2 + (y - 1)^2 = 2$
e) $(x - 1)^2 + (y - 1)^2 = \sqrt{2}$

28. (Uece)

No plano, com o sistema de coordenadas cartesianas ortogonal usual, a reta tangente à circunferência $x^2 + y^2 = 1$ no ponto $\left(\frac{1}{2}, \frac{\sqrt{3}}{2}\right)$ intercepta o eixo **y** no ponto

a) $\left(0, \frac{2}{\sqrt{3}}\right)$.
b) $\left(0, \sqrt{3}\right)$.
c) $\left(0, 2\sqrt{3}\right)$.
d) $\left(0, \frac{1}{\sqrt{3}}\right)$.

29. (Fuvest-SP)

No plano cartesiano, os pontos (0, 3) e (−1, 0) pertencem à circunferência **C**. Uma outra circunferência, de centro em $\left(-\frac{1}{2}, 4\right)$, é tangente a **C** no ponto (0, 3). Então, o raio de **C** vale

a) $\frac{\sqrt{5}}{8}$
b) $\frac{\sqrt{5}}{4}$
c) $\frac{\sqrt{5}}{2}$
d) $\frac{3\sqrt{5}}{4}$
e) $\sqrt{5}$

TOTAL DE ACERTOS ____ /29

TÓPICO 3

Estudo das outras cônicas

Reveja o que aprendeu

Você deve ser capaz de:

- Reconhecer os elementos principais da elipse, hipérbole e parábola.
- Escrever as equações reduzidas da elipse, hipérbole e parábola.

Cônicas

Elipse

Dados dois pontos distintos $\mathbf{F_1}$ e $\mathbf{F_2}$, pertencentes a um plano α, seja 2c a distância entre eles e **O** o ponto médio de $\overline{F_1F_2}$. **Elipse** é o conjunto dos pontos de α cuja soma das distâncias a $\mathbf{F_1}$ e $\mathbf{F_2}$ é igual à constante 2a $(2a > 2c)$:

$$\{P \in \alpha \mid PF_1 + PF_2 = 2a\}$$

Elementos principais:

- $\mathbf{F_1}$ e $\mathbf{F_2}$: focos;
- **O**: centro;
- $\overline{A_1A_2}$: eixo maior;
- $\overline{B_1B_2}$: eixo menor;
- $\overline{A_1A_2}$ e $\overline{B_1B_2}$ são perpendiculares entre si;
- 2c: distância focal;
- 2a: medida do eixo maior;
- 2b: medida do eixo menor;
- $\frac{c}{a}$: excentricidade.

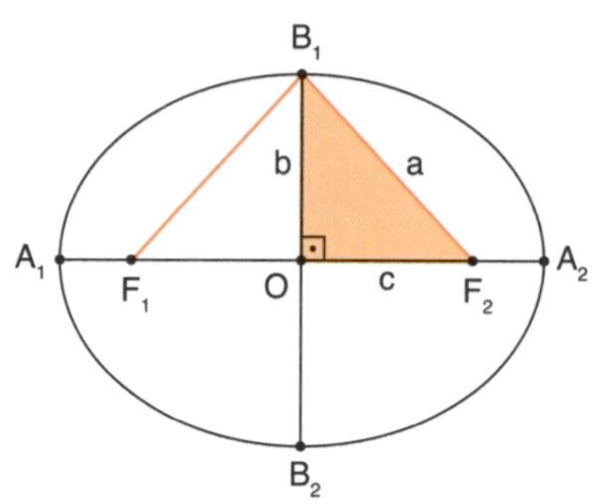

Banco de imagens/Arquivo da editora

Relação notável:

$$a^2 = b^2 + c^2$$

Equação reduzida da elipse com centro na origem:

$$\frac{x^2}{a^2} + \frac{y^2}{b^2} = 1, \text{ se o eixo maior está contido no eixo } \mathbf{x}.$$

$$\frac{y^2}{a^2} + \frac{x^2}{b^2} = 1, \text{ se o eixo maior está contido no eixo } \mathbf{y}.$$

Hipérbole

Dados dois pontos distintos $\mathbf{F_1}$ e $\mathbf{F_2}$, pertencentes a um plano α, seja 2c a distância entre eles e **O** o ponto médio do segmento $\overline{F_1F_2}$. **Hipérbole** é o conjunto dos pontos de α cuja diferença (em valor absoluto) das distâncias a $\mathbf{F_1}$ e $\mathbf{F_2}$ é igual à constante 2a (como $0 < 2a < 2c$):

$$\{P \in \alpha \mid PF_1 - PF_2 = 2a\}$$

Elementos principais:

- $\mathbf{F_1}$ e $\mathbf{F_2}$: focos;
- **O**: centro;
- $\overline{A_1A_2}$: eixo real ou transverso;
- 2c: distância focal, em que $c = OF_1 = OF_2$;
- 2a: medida do eixo real, em que $a = OA_1 = OA_2$;
- $\frac{c}{a}$: excentricidade.

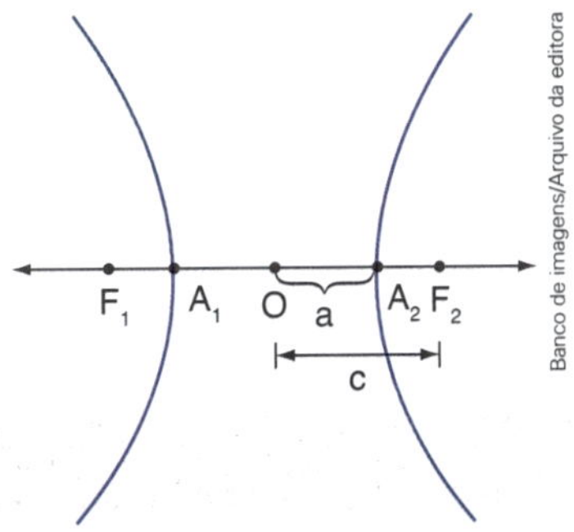

Equação reduzida de hipérbole com centro na origem:

$$\frac{x^2}{a^2} - \frac{y^2}{b^2} = 1, \text{ se o eixo real está contido no eixo } \mathbf{x}.$$

$$\frac{y^2}{a^2} - \frac{x^2}{b^2} = 1, \text{ se o eixo real está contido no eixo } \mathbf{y}.$$

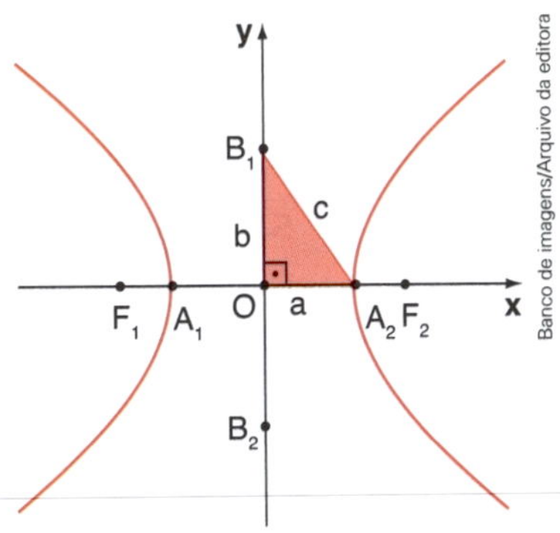

Relação notável: $c^2 = a^2 + b^2$

$\overline{B_1B_2}$: eixo imaginário

$B_1B_2 = 2b$: medida do eixo imaginário

Parábola

Dados um ponto **F** pertencente a um plano α e uma reta **d** contida em α, com $F \notin d$, seja **p** a distância entre o ponto **F** e a reta **d**. **Parábola** é o conjunto dos pontos de α que estão à mesma distância de **F** e de **d**.

$$\{P \in \alpha \mid PF = PP'\}$$

Elementos principais:

- **F**: foco;
- **d**: diretriz;
- **p**: parâmetro;
- **V**: vértice;
- $\overrightarrow{VF}$: eixo de simetria (é a reta que passa por **F** e é perpendicular à diretriz).

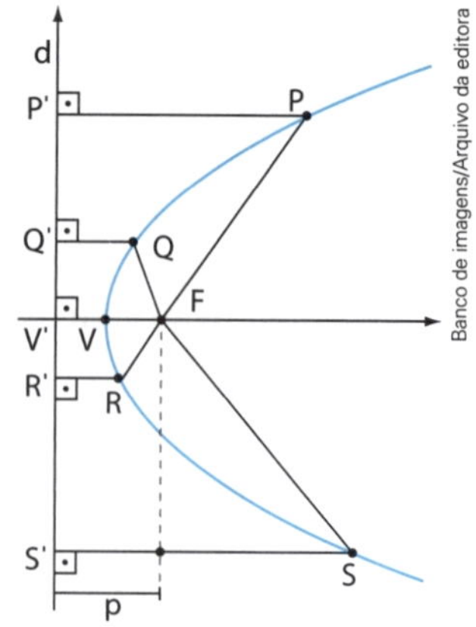

Relação notável:

$VF = \frac{p}{2}$, pois VF = VV'.

Equação reduzida da parábola com vértice na origem

$y^2 = 2p \cdot x$; se o foco pertence ao eixo **x**.

$x^2 = 2p \cdot y$; se o foco pertence ao eixo **y**.

No segundo caso, o eixo de simetria da parábola é paralelo ao eixo **y** (ou coincidente com ele) e a parábola representa o gráfico de uma função quadrática.

Aplique o que aprendeu

Exercícios resolvidos

1. Determine os focos da elipse: $x^2 + 3y^2 = 6$.

Solução:

$x^2 + 3y^2 = 6 \Rightarrow \frac{x^2}{6} + \frac{y^2}{2} = 1$ (eixo maior contido no eixo **x**)

$a^2 = 6$; $b^2 = 2 \Rightarrow c^2 = a^2 - b^2 = 6 - 2 = 4 \Rightarrow c = 2$;

os focos são (2, 0) e (−2,0)

2. Determine a equação da hipérbole a seguir.

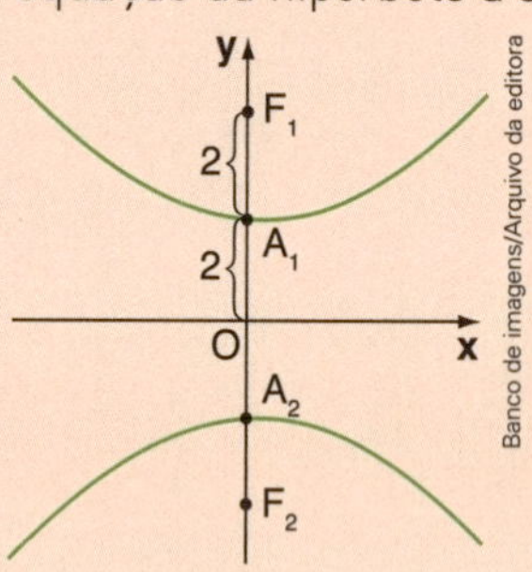

Solução:

$2a = 4 \Rightarrow a = 2$

$2c = 8 \Rightarrow c = 4$

$b^2 = c^2 - a^2 = 16 - 4 = 12$

Como o eixo real está contido no eixo **y**, temos:

$\frac{y^2}{4} - \frac{x^2}{12} = 1$

3. Determine a equação da parábola.

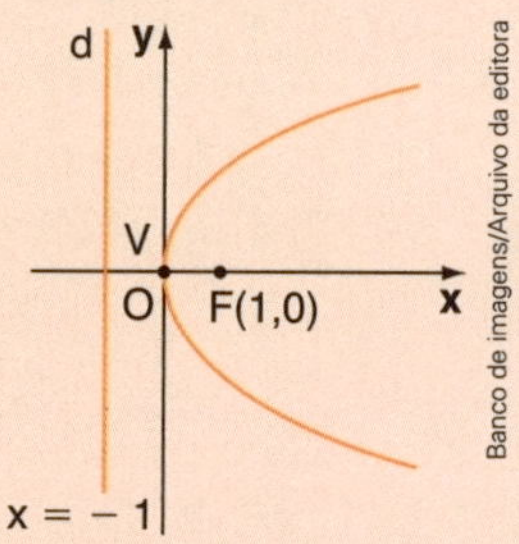

Solução:

O eixo de simetria é horizontal; a equação é do tipo $y^2 = 2px$.

p = 2 (distância do foco à diretriz)

A equação é $y^2 = 4x$.

Caso o foco estivesse à esquerda do vértice, teríamos $y^2 = -4x$.

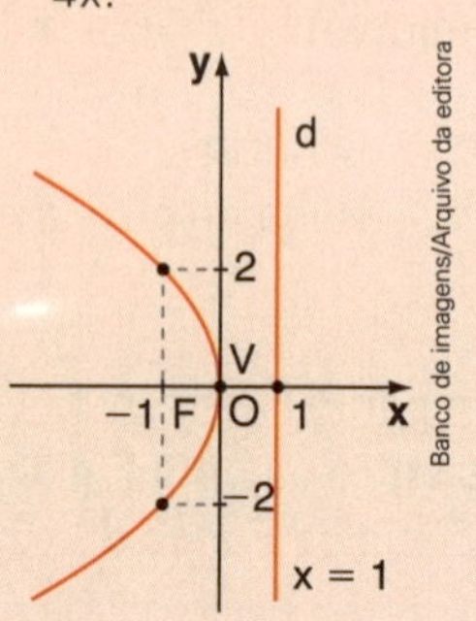

Questões

1. (IFCE)

A expressão $x^2 + y^2 - 2x - 4y + 4 = 0$ descreve a equação de um(a)

a) hipérbole.

b) parábola.

c) elipse.

d) círculo.

e) reta.

2. (Enem)

O fisiologista inglês Archibald Vivian Hill propôs, em seus estudos, que a velocidade **v** de contração de um músculo ao ser submetido a um peso **p** é dada pela equação $(p + a)(v + b) = K$, com **a**, **b** e **K** constantes.

Um fisioterapeuta, com o intuito de maximizar o efeito benéfico dos exercícios que recomendaria a um de seus pacientes, quis estudar essa equação e a classificou desta forma:

Tipo de curva
Semirreta oblíqua
Semirreta horizontal
Ramo de parábola
Arco de circunferência
Ramo de hipérbole

O fisioterapeuta analisou a dependência entre **v** e **p** na equação de Hill e a classificou de acordo com sua representação geométrica no plano cartesiano, utilizando o par de coordenadas (p; v). Admita que $K > 0$.

Disponível em: http://rspb.royalsocietypublishing.org. Acesso em: 14 jul. 2015 (adaptado).

O gráfico da equação que o fisioterapeuta utilizou para maximizar o efeito dos exercícios é do tipo

a) semirreta oblíqua.

b) semirreta horizontal.

c) ramo de parábola.

d) arco de circunferência.

e) ramo de hipérbole.

3. (Escola Naval-RJ)

Sejam $y = m_1x + b_1$ e $y = m_2x + b_2$ as equações das retas tangentes à elipse $x^2 + 4y^2 - 16y + 12 = 0$ que passam pelo ponto P(0, 0). O valor de $(m_1^2 + m_2^2)$ é

a) 1

b) $\frac{3}{4}$

c) $\frac{3}{2}$

d) 2

e) $\frac{5}{2}$

4. (UEM-PR)

Baseado em conhecimentos sobre cônicas, assinale o que for **correto**.

01) Elipse é o lugar geométrico dos pontos equidistantes de dois pontos distintos fixos chamados focos.

02) A equação $4x^2 - 9y^2 - 25 = 0$ determina uma hipérbole de focos no eixo **x**.

04) Seja **r** uma reta e **P** um ponto fora dela, ambos no mesmo plano. O lugar geométrico dos pontos equidistantes a **r** e a **P** será uma parábola.

08) A elipse de focos (−1, 0) e (1, 0), com seu eixo maior de extremidades em (−3, 0) e (3, 0), tem equação $\frac{x^2}{9} + \frac{y^2}{8} = 1$.

16) O eixo maior da elipse $\frac{x^2}{49} + \frac{y^2}{36} = 1$ tem extremidades (7, 0) e (−7, 0).

5. (EsPCEx-SP)

Os valores reais de **n** para os quais a reta (**t**) $y = x + n$ seja tangente à elipse de equação $2x^2 + 3y^2 = 6$ são iguais a

a) $-\sqrt{5}$ e $\sqrt{5}$ b) $-\sqrt{3}$ e $\sqrt{3}$ c) -3 e 3 d) -2 e 2 e) -5 e 5

6. (FGV-SP)

Na representação gráfica do sistema de equações $\begin{cases} x^2 + y^2 = 4 \\ 4x^2 - y = 2 \end{cases}$ no plano cartesiano, uma das soluções é $(0, -2)$. A distância entre os pontos que representam as duas outras soluções desse sistema é igual a

a) $\sqrt{14}$. b) $\frac{7}{2}$. c) $\frac{\sqrt{15}}{2}$. d) $\frac{\sqrt{14}}{2}$. e) $\frac{3}{2}$.

7. (IFPE)

Bira adquiriu uma cabra que pasta em um campo retangular. Para delimitar o gramado, ele pretende traçar uma elipse inscrita num terreno retangular de 10 m por 8 m. Para isso, ele deve utilizar um fio esticado preso por duas estacas **M** e **N**, conforme mostra a figura.

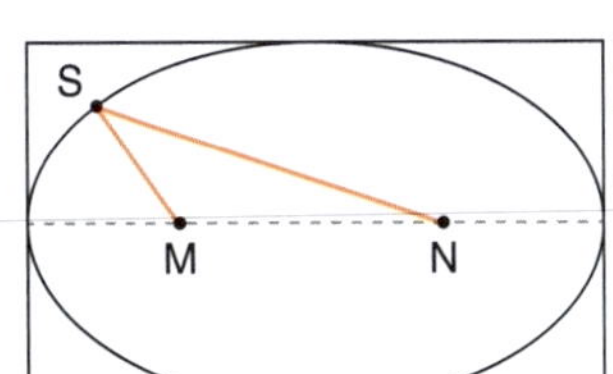

Reprodução/Arquivo da editora

Qual deve ser a distância entre as estacas **M** e **N**?

a) 5 b) 4 c) 8 d) 6 e) 9

8. (Unesp-SP)

Em um plano cartesiano ortogonal são dadas uma reta **d**, de equação x = −3, e um ponto **F**, de coordenadas (−1, 2). Nesse plano, o conjunto dos pontos que estão à mesma distância do ponto **F** e da reta **d** forma uma parábola. Na figura, estão nomeados dois pontos dessa parábola: o vértice **V**, de coordenadas (−2, 2), e o ponto **P**, de coordenadas $(0, y_P)$.

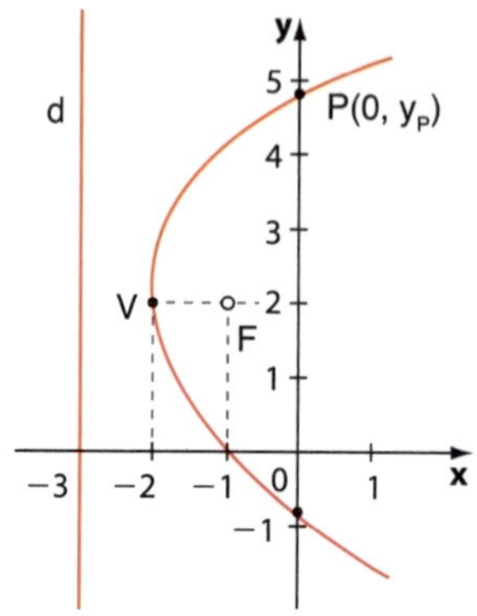

Determine as coordenadas de dois pontos quaisquer dessa parábola que sejam diferentes de **V** e de **P**. Em seguida, calcule $\mathbf{y_P}$.

9. (EsPCEx-SP)

Uma reta **t** passa pelo ponto A(−3, 0) e é tangente à parábola de equação $x = 3y^2$ no ponto **P**. Assinale a alternativa que apresenta uma solução correta de acordo com essas informações.

a) t: x − 10y + 3 = 0 e P(27, 3)
b) t: 2x − 15y + 6 = 0 e P(12, 2)
c) t: 2x − 15y + 6 = 0 e P(12, −2)
d) t: y = 0 e P(0, 0)
e) t: x + 6y + 3 = 0 e P(3, −1)

10. (IME-RJ)

Determine o produto dos valores máximo e mínimo de **y** que satisfazem às inequações dadas para algum valor de **x**.

$2x^2 - 12x + 10 \leq 5y \leq 10 - 2x$

a) −3,2
b) −1,6
c) 0
d) 1,6
e) 3,2

11. (UEPG-PR)

Uma reta e uma parábola se interceptam nos pontos (4, −5) e (1, −2). Se a abscissa do vértice da parábola vale 2, assinale o que for correto.

01) A reta intercepta o eixo **x** no ponto (−1, 0).
02) A reta forma com o eixo **x** um ângulo de 135°.
04) A parábola não intercepta o eixo **x**.
08) A ordenada do vértice da parábola vale −1.
16) A parábola tem a concavidade voltada para baixo.

12. (UFPE)

Para cada número real **a**, analise as proposições a seguir, referentes à representação geométrica da equação $x^2 + ay^2 + 2x - 2ay = 0$ em um sistema de coordenadas cartesianas **xOy**.

( ) Se a = 1, a equação representa uma circunferência.
( ) Se a = 0, a equação representa uma reta.
( ) Se a = 3, a equação representa uma hipérbole.
( ) Se a = −2, a equação representa uma elipse.
( ) Se a = −1, a equação representa a união de duas retas.

13. (EsPCEx-SP)

O ponto $P\left(a, \dfrac{1}{3}\right)$ pertence à parábola $x = \dfrac{y^2 + 3}{3}$. A equação da reta perpendicular à bissetriz dos quadrantes ímpares que passa por **P** é:

a) $27x + 27y - 37 = 0$
b) $37x + 27y - 27 = 0$
c) $27x + 37y - 27 = 0$
d) $27x + 27y - 9 = 0$
e) $27x + 37y - 9 = 0$

14. (IME-RJ)

Determine o valor da excentricidade da cônica dada pela equação $x^2 - 10\sqrt{3xy} + 11y^2 + 16 = 0$.

15. (IME-RJ)

Seja **M** um ponto de uma elipse com centro **O** e focos **F** e **F'**. A reta **r** é tangente à elipse no ponto **M** e **s** é uma reta, que passa por **O**, paralela a **r**. As retas suportes dos raios vetores **MF** e **MF'** interceptam a reta **s** em **H** e **H'**, respectivamente. Sabendo que o segmento **FH** mede 2 cm, o comprimento **F'H'** é:

a) 0,5 cm b) 1,0 cm c) 1,5 cm d) 2,0 cm e) 3,0 cm

16. (Epcar-MG)

No plano cartesiano, os pontos P(x, y) satisfazem a equação $\frac{(x-1)^2}{25} + \frac{(y+2)^2}{9} = 1$ da curva λ.

Se F_1 e F_2 são os focos de λ, tais que a abscissa de F_1 é menor que a abscissa de F_2, é INCORRETO afirmar que

a) a soma das distâncias de **P** a F_1 e de **P** a F_2 é igual a 10.

b) F_1 coincide com o centro da curva $x^2 + y^2 + 6x - 4y = 0$.

c) F_2 é exterior a $x^2 + y^2 = 25$.

d) o ponto de abscissa máxima de λ pertence à reta $y = x - 8$.

17. (UFSC)

Em relação às proposições abaixo, é correto afirmar que:

01) A catedral de Brasília foi projetada pelo arquiteto Oscar Niemeyer. Sua estrutura se destaca pela beleza e pela forma, um hiperboloide de rotação. A figura abaixo destaca os principais elementos da hipérbole associada à forma da catedral e é possível perceber que ela tem como base um círculo de diâmetro **d**. Supondo que a equação dessa hipérbole seja $\frac{x^2}{225} - \frac{y^2}{400} = 1$ e que a medida do diâmetro tenha 10 metros a mais que a distância focal, então a medida **d** será igual a 60 metros.

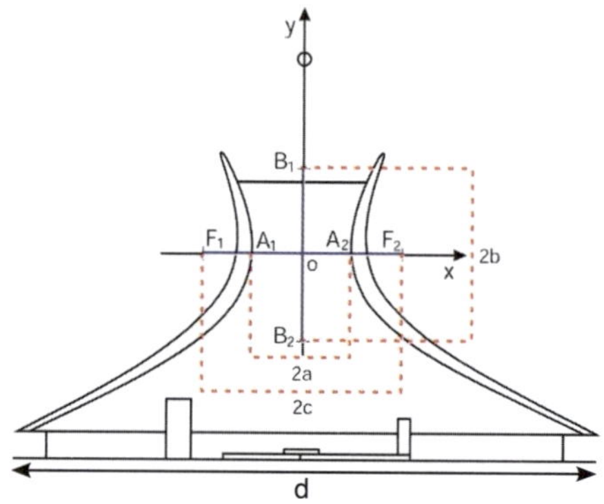

Disponível em: <http://download.inep.gov.br/educacao_superior/enade/provas/2011/MATEMATICA.pdf>. Acesso em: 20 out. 2016.

02) A excentricidade da elipse de equação $\frac{x^2}{25} + \frac{y^2}{4} = 1$ é $\frac{1}{3}$.

04) O valor de **k** na matriz $A = \begin{pmatrix} k & 1 \\ -1 & k \end{pmatrix}$ para que se tenha $A^{-1} = A^t$ é $k = 0$.

08) Se $A = \begin{pmatrix} 1 & 3 & 2 \\ 0 & 5 & -1 \end{pmatrix}$ e $B = \begin{pmatrix} 3 & 4 & 1 \\ 0 & -2 & 6 \end{pmatrix}$, então o $\det(A \cdot B^t)$ não existe.

16) Se em uma loja de moda masculina Júlio comprar um par de sapatos, duas calças e três camisas, ele pagará R$ 520,00. Se comprar, na mesma loja, um par de sapatos, três calças e cinco camisas, pagará R$ 760,00. Logo, na compra de um par de sapatos, de uma calça e de uma camisa, nessa mesma loja, Júlio pagará R$ 280,00.

18. (ITA-SP)

Sobre a parábola definida pela equação $x^2 + 2xy + y^2 - 2x + 4y + 1 = 0$ pode-se afirmar que

a) ela não admite reta tangente paralela ao eixo Ox.

b) ela admite apenas uma reta tangente paralela ao eixo Ox.

c) ela admite duas retas tangentes paralelas ao eixo Ox.

d) a abscissa do vértice da parábola é $x = -1$.

e) a abscissa do vértice da parábola é $x = -\frac{2}{3}$.

19. (Unifor-CE)

Uma bola é jogada dentro de uma cesta cuja superfície é obtida girando a parábola $y = x^2$ em torno do eixo **y**. O centro da bola ocupa um ponto de altura $y = 3$. O raio da bola é:

a) $\sqrt{11}$
b) $\frac{\sqrt{11}}{2}$
c) $\frac{\sqrt{11}}{3}$
d) $\frac{\sqrt{11}}{4}$
e) $\frac{\sqrt{11}}{5}$

20. (UEM-PR)

Sobre a cônica de equação $x^2 + 4y^2 = 9$, assinale o que for **correto**.

01) Trata-se de uma elipse.

02) A cônica intercepta o eixo das abscissas em (3, 0) e (−3, 0).

04) Se **A** e **B** são pontos da cônica que não são colineares com os focos **D** e **E** da cônica, os triângulos ADE e BDE possuem o mesmo perímetro.

08) A circunferência centrada na origem e de raio $\sqrt{2}$ tangencia essa cônica.

16) O ponto $\left(2\sqrt{2}, \frac{1}{2}\right)$ pertence à cônica.

21. (ESPM-SP)

Para efeitos práticos, a relação entre as grandezas **x** e **y** que, teoricamente, seria dada por $y = 1 + \frac{x^2}{4}$ e cujo gráfico cartesiano se vê abaixo, em linha tracejada, foi substituída pela relação linear representada pela reta que passa por **A** e **B**.

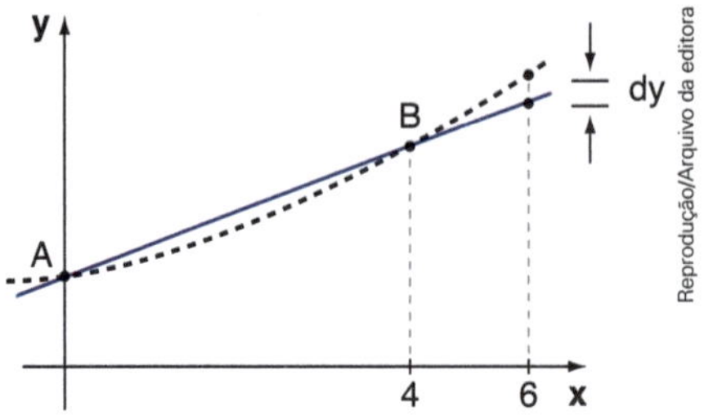

Dessa forma, a diferença **dy**, que se obtém quando x = 6, vale:

a) 1,5 b) 2,0 c) 2,5 d) 3,0 e) 3,5

22. (UFPE)

Esta questão refere-se à parábola com equação $y = x^2 + 5$ e à reta não vertical com inclinação **m** e passando pelo ponto (0, 1), que será designada por $\mathbf{r}_m$. Abaixo, ilustramos o gráfico da parábola e o gráfico das retas y = 2x + 1, y = 4x + 1 e y = 6x + 1.

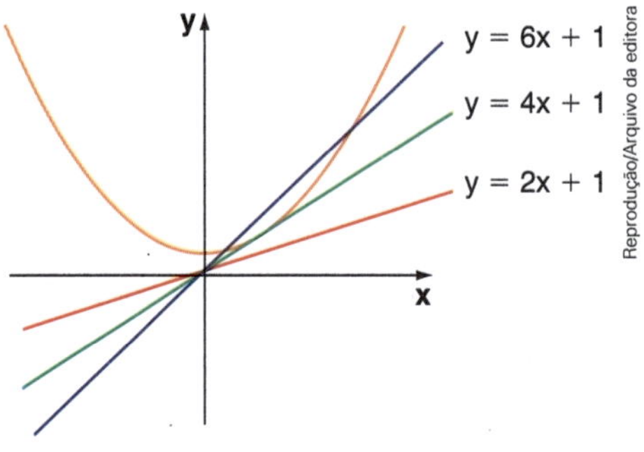

Admitindo esses dados, analise as afirmações seguintes.

( ) Uma equação de $\mathbf{r}_m$ é y = mx + 1.

( ) $\mathbf{r}_m$ intercepta a parábola em um único ponto se e somente se m = 4.

( ) Se $-4 < m < 4$, então, $\mathbf{r}_m$ não intercepta a parábola.

( ) Se $m < -4$, então, $\mathbf{r}_m$ intercepta a parábola em dois pontos diferentes.

( ) Se $m > 4$, então, $\mathbf{r}_m$ intercepta a parábola em um único ponto.

23. (EsPCEx-SP)

Num estádio de futebol em forma de elipse, o gramado é o retângulo MNPQ, inscrito na cônica, conforme mostra a figura. Escolhendo o sistema de coordenadas cartesianas indicado e tomando o metro como unidade, a elipse é descrita pela equação $\frac{x^2}{36^2} + \frac{y^2}{60^2} = 1$. Sabe-se também que os focos da elipse estão situados em lados do retângulo MNPQ.

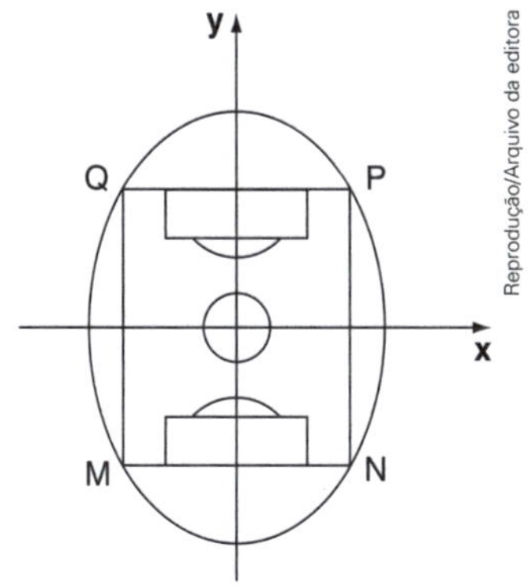

Assim, a distância entre as retas MN e PQ é

a) 48 m
b) 68 m
c) 84 m
d) 92 m
e) 96 m

24. (UFPR)

Alguns telescópios usam espelhos parabólicos, pois essa forma geométrica reflete a luz que entra para um único ponto, chamado foco. O gráfico de $y = x^2$, por exemplo, tem a forma de uma parábola. A luz que vem verticalmente, de cima para baixo (paralelamente ao eixo **y**), encontra a parábola e é refletida segundo a lei de que o ângulo de incidência é igual ao ângulo de reflexão. Essa lei implica que os raios de luz verticais, encontrando a parábola no ponto (a, a^2), serão refletidos na direção da reta $4ay + (1 - 4a^2)x = a$.

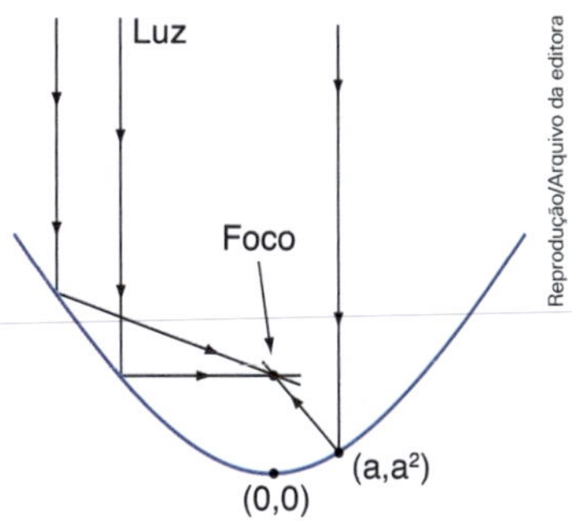

Sendo assim, calcule o ponto em que os raios de luz verticais refletidos em (1, 1) e (2, 4) se encontrarão.

25. (Udesc)

A área delimitada por uma elipse cuja equação é $\frac{x^2}{a^2} + \frac{y^2}{b^2} = 1$ é dada por $A = ab\pi$. Então a área da região situada entre as elipses de equações $16x^2 + 25y^2 = 400$ e $16x^2 + 9y^2 = 144$ é:

a) 12π u.a.
b) 20π u.a.
c) 8π u.a.
d) 256π u.a.
e) π u.a.

26. (Escola Naval-RJ)

A equação $4x^2 - y^2 - 32x + 8y + 52 = 0$, no plano **xy**, representa

a) duas retas
b) uma circunferência
c) uma elipse
d) uma hipérbole
e) uma parábola

27. (UFTM-MG)

Os pontos **P** e **Q** estão na parábola dada por $y = 4x^2 + 7x - 1$, e a origem do sistema de coordenadas cartesianas está no ponto médio de $\overline{PQ}$. Sendo assim, **P** e **Q** são pontos que estão na reta

a) $y = \frac{15x}{2}$.
b) $y = 7x$.
c) $y = \frac{13x}{2}$.
d) $y = 6x$.
e) $y = \frac{11x}{2}$.

28. (UFT-TO)

Considere $\mathbb{R}$ o conjunto dos números reais e $b \in \mathbb{R}$. Encontre os valores de **b**, tais que no plano cartesiano **xy**, a reta $y = x + b$ intercepta a elipse $\frac{x^2}{4} + y^2 = 1$ em um único ponto. A soma dos valores de **b** é:

a) 0

b) 2

c) $2\sqrt{5}$

d) $\sqrt{5}$

e) $-2\sqrt{5}$

29. (Udesc)

Analise as afirmações dadas a seguir, classifique-as como verdadeiras (V) ou falsas (F).

( ) A equação $x^2 - 2x + y^2 + 2y + 1 = 0$ representa uma circunferência que é tangente, tanto ao eixo das abscissas quanto ao eixo das ordenadas.

( ) A elipse de equação $9x^2 + 4y^2 = 36$ intercepta a hipérbole de equação $x^2 - 4y^2 = 4$ em apenas dois pontos, que são os vértices da hipérbole.

( ) O semieixo maior da elipse $9x^2 + 4y^2 = 36$ é paralelo ao eixo real da hipérbole $x^2 - 4y^2 = 4$.

Assinale a alternativa que contém a sequência correta, de cima para baixo.

a) V – V – V

b) V – V – F

c) F – V – F

d) F – F – V

e) V – F – F

TOTAL DE ACERTOS ____ /29

TÓPICO

4 Estatística

Reveja o que aprendeu

Você deve ser capaz de:

- Diferenciar população de amostra.
- Construir e analisar uma tabela de frequências.
- Calcular a média aritmética e a média aritmética ponderada.
- Determinar a moda e a mediana.
- Calcular a variância, o desvio padrão e o desvio médio absoluto.
- Analisar gráficos estatísticos.

Pesquisas estatísticas

Universo estatístico ou **população** é o conjunto de pessoas ou elementos que podem oferecer as informações que serão investigadas.

Amostra é a parcela da população que fornecerá as informações.

Etapas de uma pesquisa estatística

I. Planejamento – objetivos, tipo de pesquisa e seleção da amostra.
II. Coleta de dados.
III. Apuração ou contagem dos dados.
IV. Exposição dos dados.
V. Interpretação dos dados – esse estudo é conhecido como **inferência estatística** e mostra, por exemplo, com que margem de erro os resultados da amostra podem ser estendidos a toda a população.

Amostragem

Amostragem aleatória simples: nela cada elemento da população tem a mesma probabilidade de participar da amostra.

Amostragem proporcional estratificada: esse método é usado quando o universo estatístico está subdividido em estratos (ou subpopulações) sem elementos comuns. Dentro de cada estrato, supõe-se que o objeto de estudo apresenta comportamento relativamente homogêneo. Assim, de cada estrato retiramos uma amostra aleatória simples cujo tamanho é proporcional ao número de elementos do estrato.

Variável

Cada um dos itens investigados pela pesquisa é denominado **variável**.

Variáveis qualitativas: apresentam como resposta um atributo, qualidade, característica ou preferência do entrevistado.

Variáveis quantitativas: apresentam como resposta um número.

Tabelas de frequência

Frequência absoluta (Fa): número de vezes que cada uma das respostas da variável ocorre na pesquisa.

Frequência relativa (Fr): $Fr = \frac{Fa}{n}$; **n** é o número total de respostas.

Medidas de centralidade (ou de tendência central ou posição)

Média aritmética ($\overline{x}$)

Seja $\mathbf{x}_1, \mathbf{x}_2, ..., \mathbf{x}_n$ a relação dos valores assumidos por determinada variável quantitativa **x**. A média aritmética desses valores é dada por:

$$\overline{x} = \frac{x_1 + x_2 + ... + x_n}{n}$$

Média aritmética ponderada

Seja uma relação de valores formada pelos elementos $\mathbf{x}_1, \mathbf{x}_2, ..., \mathbf{x}_k$, com frequências absolutas respectivamente iguais a $\mathbf{n}_1, \mathbf{n}_2, ..., \mathbf{n}_k$. A média aritmética ponderada desses valores é:

$$\overline{x} = \frac{x_1 \cdot n_1 + x_2 \cdot n_2 + ... + x_k \cdot n_k}{n_1 + n_2 + ... + n_k}$$ (média ponderada pelas frequências absolutas)

$$\overline{x} = x_1 \cdot f_1 + x_2 \cdot f_2 + ... + x_k \cdot f_k$$ (média ponderada pelas frequências relativas)

Mediana (Me)

Sejam $x_1 \leqslant x_2 \leqslant ... \leqslant x_n$ os **n** valores ordenados assumidos por uma variável quantitativa **x**, em um conjunto de observações. Define-se mediana por meio da relação:

$$Me = \begin{cases} x_{\left(\frac{n+1}{2}\right)}, \text{ se } \mathbf{n} \text{ for ímpar.} \\ \dfrac{x_{\left(\frac{n}{2}\right)} + x_{\left(\frac{n}{2}+1\right)}}{2}, \text{ se } \mathbf{n} \text{ for par.} \end{cases}$$

A mediana corresponde ao valor central que divide o conjunto de dados em dois subconjuntos com o mesmo número de elementos.

Moda (Mo)

A **moda** de uma relação de valores é o valor que ocorre mais vezes na relação, isto é, aquele que possui maior frequência absoluta.

Medidas de dispersão ou variabilidade

Amplitude

Diferença entre o maior e o menor valor registrados (nesta ordem).

Variância (VarX ou σ^2)

Sejam $\mathbf{x}_1, \mathbf{x}_2, ..., \mathbf{x}_n$ a relação de valores assumidos por uma variável quantitativa **X** e $\overline{x}$ a média aritmética desses valores. A variância é dada por:

$$\sigma^2 = \frac{(x_1 - \overline{x})^2 + (x_2 - \overline{x})^2 + ... + (x_n - \overline{x})^2}{n}$$

Desvio padrão (DP(x) ou σ)

Sejam $\mathbf{x}_1$, $\mathbf{x}_2$, ..., $\mathbf{x}_n$ a relação dos valores assumidos por uma variável **X**. Chama-se desvio padrão de **X** a raiz quadrada da variância de **X**:

$$\sigma = \frac{\sqrt{(x_1 - \overline{x})^2 + (x_2 - \overline{x})^2 + ... + (x_n - \overline{x})^2}}{n}$$

Desvio médio absoluto (DM)

Sejam $\mathbf{x}_1$, $\mathbf{x}_2$, ..., $\mathbf{x}_n$ os valores assumidos por uma variável quantitativa **X** e $\overline{x}$ a média aritmética desses valores. O desvio médio é definido por:

$$DM = \frac{|x_1 - \overline{x}| + |x_2 - \overline{x}| + ... + |x_n - \overline{x}|}{n}$$

Dados agrupados

Quando a variável quantitativa apresenta valores agrupados em classes (ou intervalos), admitimos, na prática, que todos os valores do intervalo são iguais ao seu **ponto médio**.

Essa suposição permite o cálculo da média e variância dos dados.

Aplique o que aprendeu

Exercícios resolvidos

1. A tabela mostra o resultado de uma pesquisa sobre itens de conforto na residência, realizado com 60 pessoas:

Número de aparelhos de TV	Frequência absoluta
0	6
1	19
2	23
3	11
4	2

Determine a média, a mediana e a moda desses dados.

Solução:

$$\overline{x} = \frac{0 \cdot 6 + 1 \cdot 19 + 2 \cdot 23 + 3 \cdot 11 + 4 \cdot 2}{60} = \frac{106}{60} \simeq 1{,}77$$

- Me: como são 60 valores, a mediana é a média entre o 30º e o 31º valor da relação ordenada, isto é, $\frac{2+2}{2} = 2$.
- Mo = 2

2. Calcule o desvio padrão dos seguintes dados:

2 - 3 - 5 - 4 - 8 - 8

Solução:

$$\overline{x} = \frac{2+3+5+4+8+8}{6} = \frac{30}{6} = 5$$

$$\sigma^2 = \frac{(2-5)^2 + (3-5)^2 + (5-5)^2 + (4-5)^2 + 2 \cdot (8-5)^2}{6} = \frac{9+4+1+18}{6} = 5{,}\overline{3}$$

$$\sigma = \sqrt{5{,}\overline{3}} \simeq 2{,}31$$

Questões

1. (UEG-GO)

Na figura ao lado, vê-se o gráfico comparativo entre a quantidade de chuva esperada e a quantidade de chuva registrada no Sistema de Captação de Água Cantareira.

De acordo com o gráfico, o mês em que ocorreu a maior diferença entre o volume de chuva esperada e o volume de chuva registrada foi no mês de

a) dezembro de 2013
b) janeiro de 2014
c) março de 2014
d) janeiro de 2015

2. (UFSM-RS)

O Brasil é o quarto produtor mundial de alimentos, produzindo mais do que o necessário para alimentar sua população. Entretanto, grande parte da produção é desperdiçada.

O gráfico mostra o percentual do desperdício de frutas nas feiras do estado de São Paulo.

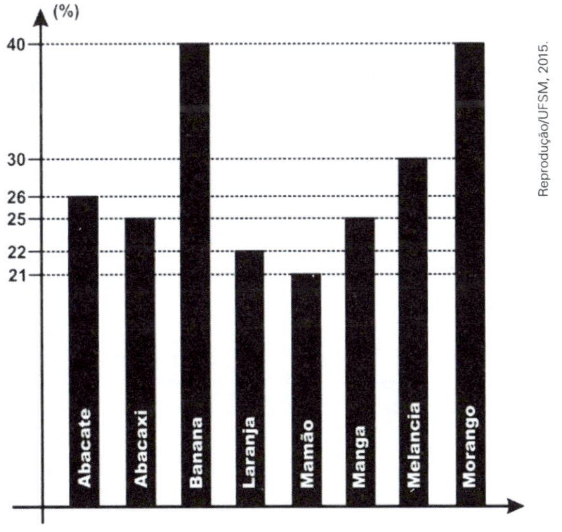

Disponível em: http://www.youtube.com/watch?uwXcErXvp1E. Acesso em: 10 set. 2014. (adaptado)

Considerando os dados do gráfico, a média aritmética, a moda e a mediana são, respectivamente,

a) 28,625; 25 e 40; 25,5.
b) 28,625; 25 e 40; 26.
c) 28,625; 40; 26.
d) 20,5; 25 e 40; 25,5.
e) 20,5; 40; 25,5.

3. (UEM-PR)

A quantidade de jogadores de ataque de um determinado time de futebol é igual ao dobro da quantidade de jogadores de defesa. Para avaliar o desempenho de cada setor, separaram-se os gols marcados em três tipos (**A**, **B** e **C**, conforme legenda abaixo) e computou-se a quantidade de gols de cada tipo marcado por cada setor, montando-se a seguinte tabela:

	Tipo A	Tipo B	Tipo C
Defesa	9	7	4
Ataque	7	8	15

Tabela: Número de gols de cada tipo marcado por cada setor

Legenda:

- tipo **A**: gols em cobrança de falta ensaiada.
- tipo **B**: gols em cobrança de falta direta.
- tipo **C**: gols em situação normal de jogo com a bola rolando.

Com base nas informações acima, assinale o que for **correto**.

01) A média de gols marcados pelos jogadores de defesa é maior do que a média de gols marcados pelos jogadores de ataque.

02) Os jogadores de ataque marcaram três quartos do total de gols do time.

04) A probabilidade de um gol ter sido marcado em uma cobrança de falta direta é 30%.

08) Sabendo-se que um gol foi marcado por um jogador de defesa, a probabilidade desse gol ter ocorrido em situação normal de jogo é igual a 8%.

16) Sabendo-se que um gol ocorreu numa cobrança de falta ensaiada, a probabilidade desse gol ter sido marcado por um jogador de ataque é menos de 50%.

4. (Udesc)

Em 2014, a Olimpíada Brasileira de Matemática das Escolas Públicas (OBMEP) comemorou 10 anos. A tabela mostra o desempenho dos alunos catarinenses na OBMEP nas 9 primeiras edições.

Quadro de premiação de Santa Catarina na OBMEP

Ano	Ouro	Prata	Bronze	Menção honrosa	Total
2005	5	15	15	1040	1075
2006	6	15	15	1526	1562
2007	3	16	78	1213	1310
2008	4	24	54	1296	1378
2009	8	27	54	1488	1577
2010	9	25	64	1567	1665
2011	11	15	49	1279	1354
2012	19	32	124	1707	1882
2013	26	29	190	1778	2023

Fonte: adaptado de http://www.obmep.org.br/obmep_em_numeros.html, acesso em 30/05/2014.

Analise as proposições acerca das informações da tabela, e assinale (V) para verdadeira e (F) para falsa.

( ) O crescimento percentual do número total de premiados catarinenses foi maior de 2005 para 2006, do que de 2011 para 2012.

( ) Sabe-se que 7 medalhistas de ouro de 2013 são do município de Joinville, logo, 24,13% dos medalhistas de ouro de 2013 de Santa Catarina são de Joinville.

( ) A proporção de medalhistas de bronze de 2013 por 2005 é de $\frac{38}{5}$.

( ) A média de medalhistas de prata de Santa Catarina é de 22 alunos nessas 9 primeiras edições.

Assinale a alternativa que contém a sequência correta, de cima para baixo.

a) V – F – F – V b) F – V – V – V c) F – F – V – F d) V – V – F – V e) F – V – F – V

5. (Uema)

Em um seletivo para contratação de estagiários, foram aplicadas duas provas: uma de Conhecimentos Gerais e outra de Conhecimentos Específicos, valendo de 0 a 10 pontos cada prova. A média foi calculada utilizando-se peso 2 para a primeira prova e peso 3 para a segunda prova. Essa média é denominada Ponderada e é calculada, segundo a expressão:

$$\frac{\text{Nota}(1) \times \text{Peso}(1) + \text{Nota}(2) \times \text{Peso}(2) + \ldots + \text{Nota}(n) \times \text{Peso}(n)}{\text{Peso}(1) + \text{Peso}(2) + \ldots + \text{Peso}(n)}$$

Um candidato, que obteve média 5,2 (cinco vírgula dois), solicitou o valor de suas notas em cada prova. Recebeu a seguinte resposta: A nota na prova de Conhecimentos Específicos foi 50% maior que a nota da prova de Conhecimentos Gerais.

Considerando a fórmula citada e as informações fornecidas ao candidato,

a) indique a expressão matemática utilizada para calcular as notas.

b) calcule as notas que o candidato obteve em cada prova.

6. (Enem)

Cinco amigos marcaram uma viagem à praia em dezembro. Para economizar, combinaram de ir num único carro. Cada amigo anotou quantos quilômetros seu carro fez, em média, por litro de gasolina, nos meses de setembro, outubro e novembro. Ao final desse trimestre, calcularam a média dos três valores obtidos para escolherem o carro mais econômico, ou seja, o que teve a maior média. Os dados estão representados na tabela:

Carro	Desempenho médio mensal (km/litro)		
	Setembro	Outubro	Novembro
I	6,2	9,0	9,3
II	6,7	6,8	9,5
III	8,3	8,7	9,0
IV	8,5	7,5	8,5
V	8,0	8,0	8,0

Qual carro os amigos deverão escolher para a viagem?

a) I
b) II
c) III
d) IV
e) V

TEXTO PARA A PRÓXIMA QUESTÃO:

O gráfico abaixo apresenta informações sobre os números de livros lidos no mês passado pelos alunos de uma determinada turma. Sabendo-se que a informação de todos os alunos consta nesse gráfico, e que não há aluno que leu mais de 3 livros, utilize-o para responder à(s) questão(ões). (modificação no gráfico, para melhor representar a ideia envolvida)

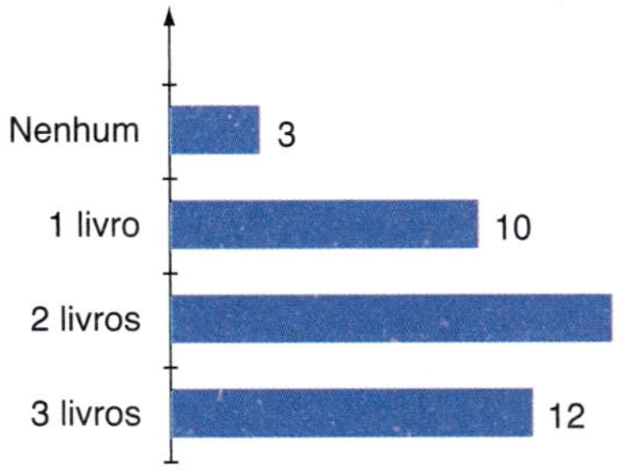

Banco de imagens/Arquivo da editora

7. (IFSP)

A média do número de livros lidos no mês passado por essa turma é exatamente:

a) 2,6.
b) 1,5.
c) 1,9.
d) 2,05
e) 1,73

8. (PUC-RJ)

Na escola de Alberto, Pedro e João, as notas das provas variam de 0 a 10,0.

a) Alberto faz três provas e tira notas 6,0 e 6,5 e 8,5. Se as provas têm o mesmo peso, qual é a média final de Alberto?
b) Pedro faz três provas de igual peso e tira 4,0 e 5,0 nas duas primeiras provas. Qual a nota mínima que Pedro precisa tirar para que a sua média seja maior ou igual a 6,0?
c) Numa disciplina com três provas de igual peso, João tira 3,0 na primeira prova. Qual a nota mínima que João precisa tirar na segunda prova para ainda ter chance de passar com média 6,0?

9. (Udesc)

Sejam **a** e **b** $\in \mathbb{R}$. O valor do desvio padrão, de modo que o conjunto de dados ordenados {14, 17, 22, a, b, 37} tenha média e mediana iguais a 24, é:

a) $\sqrt{59}$
b) $\sqrt{62}$
c) $\sqrt{58}$
d) $\sqrt{57}$
e) $\sqrt{\dfrac{19}{3}}$

10. (UPE)

Preocupada com o hábito de leitura na escola onde trabalha, uma bibliotecária aplicou uma pesquisa, num grupo de 200 estudantes escolhidos de forma aleatória, sobre a quantidade de livros que cada aluno havia solicitado por empréstimo no primeiro semestre de 2015. Os dados coletados na pesquisa estão apresentados na tabela a seguir:

Livros emprestados por aluno	
Número de livros	Número de alunos
3	90
2	55
1	30
0	25
Total	200

Para esses dados, a média, a moda e a mediana são respectivamente:

a) 1,50; 2,00; 3,00
b) 1,50; 3,50; 2,00
c) 1,50; 3,00; 3,00
d) 2,05; 3,00; 2,00
e) 2,05; 3,00; 3,00

11. (FGV-RJ)

Em uma prova de História, 20% dos alunos tiraram 5,0, 45% tiraram 6,0, 20% tiraram 7,5 e os demais tiraram 10,0.

A diferença entre a média e a mediana das notas dos alunos nessa prova foi

a) 0,5. b) 0,1. c) 0,7. d) 0,0. e) 0,3.

12. (UEPG-RS)

Em uma caixa há três varetas amarelas medindo 3 cm, 5 cm e 7 cm, e cinco varetas vermelhas medindo 2 cm, 3 cm, 4 cm, 5 cm e 7 cm.

Nesse contexto, assinale o que for correto.

01) A média aritmética e a mediana dos comprimentos de todas as varetas são iguais.

02) O desvio padrão do comprimento das varetas amarelas é maior que 3.

04) Escolhendo-se duas varetas ao acaso, sem reposição, a probabilidade de serem de cores diferentes é $\frac{13}{28}$.

08) Escolhendo-se ao acaso uma das varetas, a probabilidade de ser vermelha ou ter comprimento maior que 4 cm é $\frac{7}{8}$.

13. (UEG-GO)

Os números de casos registrados de acidentes domésticos em uma determinada cidade nos últimos cinco anos foram: 100, 88, 112, 94 e 106. O desvio padrão desses valores é aproximadamente

a) 3,6
b) 7,2
c) 8,5
d) 9,0
e) 10,0

14. (EEAR-SP)

A distribuição dos salários dos 20 funcionários de uma empresa está representada no quadro a seguir.

Salário (em reais)	Número de funcionários (f_i)	f_{ia}	f_r (%)
860	2	2	10
950	6	8	____
1 130	____	16	40
1 480	3	____	15
2 090	1	20	5

Os valores que completam corretamente as lacunas do quadro são

a) $f_i = 10$; $f_{ia} = 13$; $f_r = 30$
b) $f_i = 10$; $f_{ia} = 13$; $f_r = 20$
c) $f_i = 8$; $f_{ia} = 11$; $f_r = 20$
d) $f_i = 8$; $f_{ia} = 19$; $f_r = 30$

15. (ESPM-SP)

Seja A = {2x, x + 10, x, 3x + 10, 4x} um conjunto de 5 números positivos. Se o menor deles for retirado, a média aritmética desses valores aumenta em 7 unidades. Podemos afirmar que a diferença entre o maior valor e o menor valor dos elementos desse conjunto é igual a:

a) 50 b) 55 c) 60 d) 65 e) 70

16. (Enem)

Um dos principais indicadores de inflação é o Índice Nacional de Preços ao Consumidor Amplo (IPCA). O gráfico apresenta os valores do IPCA nos anos de 1994 a 2011.

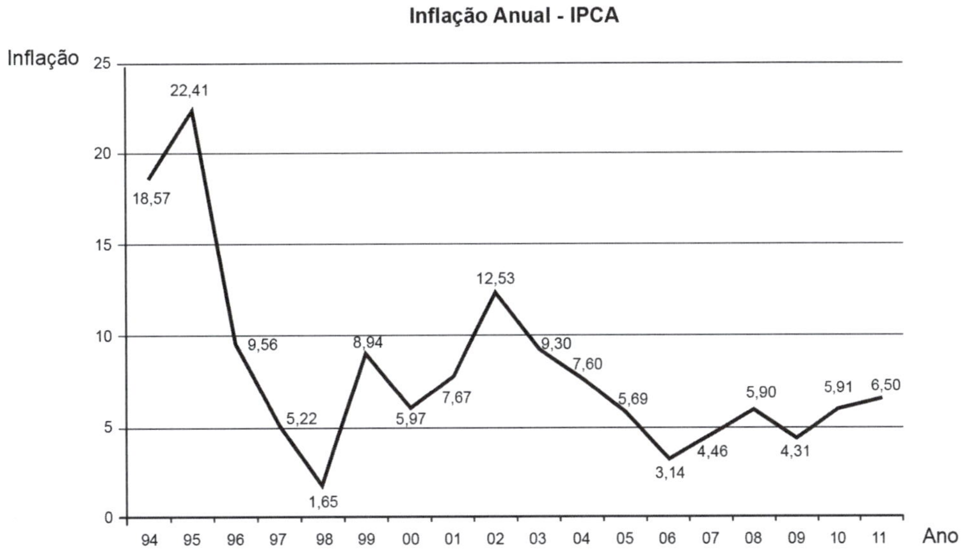

Disponível em: www.ibge.gov.br. Acesso em: 2 ago. 2012 (adaptado).

O valor mais próximo da mediana de todos os valores da inflação indicados no gráfico é

a) 5,97. b) 6,24. c) 6,50. d) 8,07. e) 10,10

17. (UEFS-BA)

Conhecidos os percentuais de aprovação, por parte da população, de 10 projetos viáveis para desenvolvimento sustentável em dez cidades de certa região, como 15%, 12%, 15%, 8%, 86%, 13%, 13%, 83%, 11% e 13%, quanto aos valores percentuais da mediana (Me) e da moda (Mo), é correto afirmar que

a) Me $<$ Mo.
b) Me $\leq$ Mo.
c) elas são equivalentes.
d) Me $>$ Mo.
e) Me $\geq$ Mo.

18. (EEAR-SP)

A tabela seguinte informa a quantidade de pessoas que compraram ingressos antecipados de um determinado show, cujos preços eram modificados semanalmente.

Valor do ingresso (R$)	Número de pessoas
50 ⊢ 75	300
75 ⊢ 100	640
100 ⊢ 125	500
125 ⊢ 150	1 310
150 ⊢ 175	850
	$\Sigma = 3\,600$

O percentual de pessoas que adquiriram o ingresso por menos de R$ 125,00 foi

a) 40% b) 45% c) 50% d) 55%

19. (FCMMG)

Apesar da aparente igualdade entre os sexos, os salários entre homens e mulheres continuam sendo diferentes. Uma forma de estudar o preconceito em relação às mulheres no mercado de trabalho consiste na comparação de valores salariais de ambos os gêneros. No Brasil, pesquisas sinalizam que a participação das mulheres no mercado de trabalho tem aumentado e isso se reflete também na remuneração delas. Contudo, observa-se que os homens ganham em média 30% a mais.

As curvas seguintes seguem a distribuição normal, relacionadas com as médias salariais líquidas por gênero em determinada localidade brasileira.

A linha pontilhada representa a situação do gênero masculino e a linha contínua, do gênero feminino. A variável representada no eixo horizontal indica o valor salarial em reais.

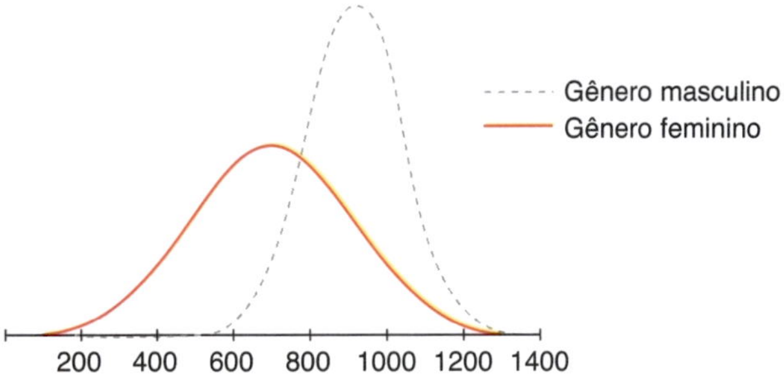

Banco de imagens/Arquivo da editora

Pelos dados dessa pesquisa, pode-se concluir que:

a) o salário médio do gênero feminino, na localidade estudada, vale 700 reais e o do gênero masculino vale 910 reais, aproximadamente.

b) a possibilidade de uma mulher, nesta localidade, receber mais que 1 400 reais é inexistente.

c) os homens residentes nesta localidade recebem mais que 400 reais mensais.

d) o salário médio dos trabalhadores desta localidade é de 800 mensais.

20. (Unifesp-SP)

Um estudo médico recrutou 160 pacientes homens com histórico de alterações no antígeno prostático específico (PSA). Os pacientes foram submetidos aos exames laboratoriais de PSA total e de PSA livre e, em seguida, a uma biópsia da próstata. A biópsia apontou, em cada caso, se a patologia era maligna ou benigna. A tabela apresenta os resultados das médias dos exames laboratoriais do grupo de pacientes com patologia maligna e do grupo de pacientes com patologia benigna.

PSA (média)	Biópsia com indicação de patologia maligna	Biópsia com indicação de patologia benigna
PSA total (ng/mL)	10	8
PSA livre (ng/mL)	1,9	2
PSA livre ÷ PSA total	0,19	0,25

Pedro foi um dos pacientes que participaram do estudo e seus exames indicaram PSA total = 9,5 ng/mL e PSA livre = 2,28 ng/mL.

a) Calcule o quociente entre o PSA livre e o PSA total de Pedro. Usando esse indicador como referência na comparação com os dados da tabela, indique se o resultado do exame de Pedro está numericamente mais próximo ao resultado médio do exame de quem tem a patologia maligna ou de quem tem a patologia benigna.

b) Sabendo que 40% dos pacientes foram diagnosticados com patologia maligna, calcule a média do PSA total dos 160 pacientes que participaram do estudo.

21. (UEM-PR)

O preço da barra de chocolate em mercados oscila muito. Em vista disso, realizou-se uma pesquisa que apresentou os seguintes resultados [ao lado] em relação a uma mesma marca.

Mercado	Peso	Valor
A	200 g	R$ 4,50
B	180 g	R$ 4,32
C	200 g	R$ 4,70
C	180 g	R$ 3,96
D	210 g	R$ 5,16

Assinale o que for **correto**.

01) O preço médio por 100 g é de R$ 2,34.

02) O produto mais barato por grama é do mercado **B**.

04) Na média dos produtos vendidos por mercado, **C** tem o menor preço por grama.

08) Se o mercado que cobra mais caro, por grama, fizer um desconto de 20%, ele ainda não será o mais barato.

16) O chocolate mais caro, por grama, tem valor 15% maior que o mais barato.

22. (Famerp-SP)

Sendo **x** um número inteiro, a mediana do conjunto {3, 7, 2, −3, 13, 9, −1, x} de oito números é igual a $\frac{7}{2}$. Dessa forma, **x** é igual a

a) 7. b) 3. c) 4. d) 6. e) 5.

23. (UEG-GO)

A tabela a seguir apresenta a distribuição dos pontos de uma avaliação realizada com 100 alunos.

Pontos	0	1	2	3	4	5	6	7	8	9	10
Alunos	2	5	8	10	15	17	15	12	8	4	4

Analisando-se os dados dessa tabela, a média do número de pontos desses alunos é igual a

a) 5,0 b) 5,1 c) 5,2 d) 5,4 e) 5,5

24. (Epcar-MG)

As notas de oito alunos numa prova de Matemática foram escritas pelo professor numa tabela como a que segue:

Aluno	A	B	C	D	E	F	G	H
Nota	6,5	10	8	9,4	8	6,4	x	7,4

Sabe-se que a média aritmética dessas notas é 8,2.

Considerando as notas dos oito alunos, é correto afirmar que a nota do aluno **G** é

a) igual à moda.
b) inferior a 9,8.
c) superior à mediana.
d) inferior à média aritmética das outras sete notas.

25. (UFPR)

Leonardo fez uma pesquisa sobre o preço da jarra de suco de laranja em algumas lanchonetes da região e obteve os seguintes valores:

Lanchonete	Preço
A	R$ 10,75
B	R$ 6,00
C	R$ 9,50
D	R$ 11,00
E	R$ 5,25
F	R$ 7,00
G	R$ 10,50
H	R$ 8,00

a) Calcule a média e a mediana dos preços apresentados na tabela.

b) Leonardo decidiu acrescentar duas lanchonetes em sua pesquisa. Ao considerar todos os 10 estabelecimentos, a média de preços passou a ser de R$ 8,45. Sabendo que essas duas novas lanchonetes cobram o mesmo preço pela jarra de suco, calcule esse valor.

26. (UEL-PR)

Um professor de Matemática combinou com os alunos que a nota final de cada bimestre seria calculada pela média ponderada das notas de três avaliações, como esquematizado no quadro a ao lado.

Avaliações	Peso
A	5
B	3
C	2

A partir dessas informações, responda aos itens a seguir.

a) Qual é a média ponderada a ser atribuída a uma aluna que obteve notas: quatro, na Avaliação **A**; seis, na Avaliação **B**; e nove, na Avaliação **C**?

Justifique sua resposta, apresentando os cálculos realizados na resolução deste item.

b) Considere que um aluno obteve as três seguintes notas: sete, na Avaliação **A**; três, na Avaliação **B**; e oito, na Avaliação **C**. A partir destas notas, ele efetuou o cálculo de uma média aritmética simples.

A média aritmética simples obtida pelo aluno é igual, menor ou maior que a média ponderada calculada corretamente pelo professor na nota desse aluno?

Justifique sua resposta, apresentando os cálculos realizados na resolução deste item.

TOTAL DE ACERTOS ____ /26

TÓPICO

5

Números complexos, polinômios e equações

Reveja o que aprendeu

Você deve ser capaz de:

- Identificar um número complexo.
- Realizar operações com números complexos na forma algébrica.
- Calcular potências de **i**.
- Representar um número complexo no plano de Argand-Gauss.
- Determinar o módulo de um número complexo.
- Determinar a forma trigonométrica de um número complexo.
- Calcular a potência e a radiciação de um número complexo na forma trigonométrica.
- Identificar o grau de um polinômio.
- Calcular o valor numérico de um polinômio para um certo **x**.
- Efetuar a divisão de polinômios.
- Decompor um polinômio em função de suas raízes.
- Reconhecer a multiplicidade de uma raiz em uma equação; reconhecer raízes complexas não reais.
- Aplicar relações de Girard para encontrar raízes de uma equação.
- Pesquisar raízes racionais em equações com coeficientes inteiros.

Números complexos

Chama-se **conjunto dos números complexos** o conjunto $\mathbb{C}$ definido por:

$$\mathbb{C} = \{a + bi;\ a \in \mathbb{R};\ b \in \mathbb{R} \text{ e } i^2 = -1\}$$

i: unidade imaginária dos números complexos.

Para $z = a + bi \in \mathbb{C}$, temos que:

- **a** é chamado **parte real de z** e é indicado por Re(z);
- **b** é chamado **parte imaginária de z** e é indicado por Im(z).
- Se $\text{Re}(z) = 0$ e $\text{Im}(z) \neq 0$, **z** é chamado **imaginário puro**.
  Exemplo: $z = 3i$, $z = -2i$, $z = i$, etc.
- Se $\text{Im}(z) = 0$, **z** é um número real.
  Exemplos: $z = -3$; $z = 5$; $z = \sqrt{3}$; etc.
  Note que $\mathbb{R} \subset \mathbb{C}$.

Equações de 2º grau em $\mathbb{C}$

Exemplo:

$x^2 - 4x + 5 = 0$

$\Delta = (-4)^2 - 4 \cdot 1 \cdot 5 = -4$; observe que $(\pm 2i)^2 = 4i^2 = -4$

Logo, $x = \dfrac{4 \pm 2i}{2} = 2 \pm i$

Igualdade entre números complexos

$a + bi = c + di \Leftrightarrow a = c$ (partes reais iguais) e $b = d$ (partes imaginárias iguais)

Operações na forma algébrica

Adição

$(a, b) + (c, d) = (a + c, b + d)$

Por exemplo, $(3 + 4i) - (1 - 2i) = \underbrace{3}_{Re} + 4i \underbrace{-1}_{Re} + 2i = 2 + 6i$

Multiplicação

$(a, b) \cdot (c, d) = (ac - bd, ad + bc)$

Por exemplo, $(3 + 4i) \cdot (1 - 2i) = 3 - 6i + 4i - 8\underbrace{i^2}_{-1} = 3 - 2i + 8 = 11 - 2i$

Divisão

Para se obter o quociente de dois números complexos, basta multiplicar numerador e denominador pelo conjugado $(\overline{z})$ do denominador. Então, se $z = a + bi$, $\overline{z} = a - bi$.

Por exemplo, $\dfrac{3+4i}{1-2i} = \dfrac{3+4i}{1-2i} \cdot \dfrac{1+2i}{1-2i} = \dfrac{3+6i+4i+8i^2}{1^2-(2i)^2} = \dfrac{-5+10i}{5} = -1 + 2i.$

Potências de i

$i^0 = 1$; $i^1 = i$; $i^2 = -1$; $i^3 = -i$

Para calcular $\mathbf{i}^n$, em que $n \in \mathbb{N}$, divide-se **n** por 4, e sendo **r** o resto dessa divisão, temos $i^n = i^r$.

Exemplo:

$i^{106} = i^2 = -1$

$$\begin{array}{r|l} 106 & 4 \\ \hline 26 & 26 \\ 2 & \end{array}$$

Plano de Argand-Gauss

Chama-se **conjunto dos números complexos** o conjunto $\mathbb{C}$ de todos os pares ordenados de números reais para os quais valem as seguintes definições:

(I) Igualdade: $(a, b) = (c, d) \Rightarrow a = c$ e $b = d$

(A) Adição: $(a, b) + (c, d) = (a + c, b + d)$

(M) Multiplicação: $(a, b) \cdot (c, d) = (ac - bd, ad + bc)$

Assim, $z \in \mathbb{C} \Rightarrow z = (a, b)$, em que $a \in \mathbb{R}$ e $b \in \mathbb{R}$.

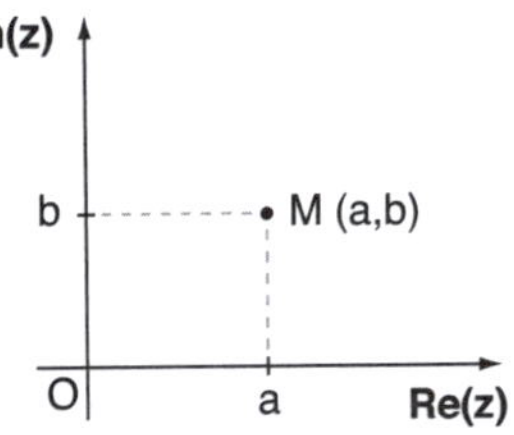

Banco de imagens/Arquivo da editora

- $z = (a, b) = a + bi$
- **M**: imagem ou afixo de **z**
- O plano ao qual **M** pertence é chamado plano de Argand-Gauss, ou plano de Gauss, e é determinado por dois eixos perpendiculares, denominados eixo real (Re(z)) e eixo imaginário (Im(z)).

Módulo de z

Dado o número complexo $z = a + bi$, com **a** e **b** reais, chama-se módulo de **z** o número real não negativo dado por:

$$|z| = \rho = \sqrt{a^2 + b^2}$$

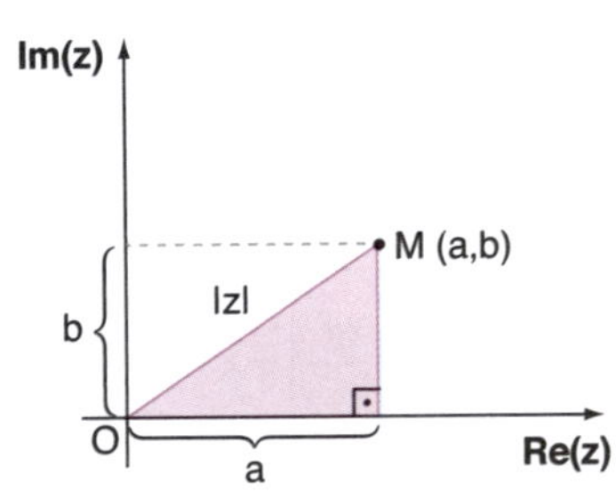

Banco de imagens/Arquivo da editora

Argumento principal (θ)

Se $0 \leqslant \theta < 2\pi$, diz-se que θ é o **argumento principal** de **z**.

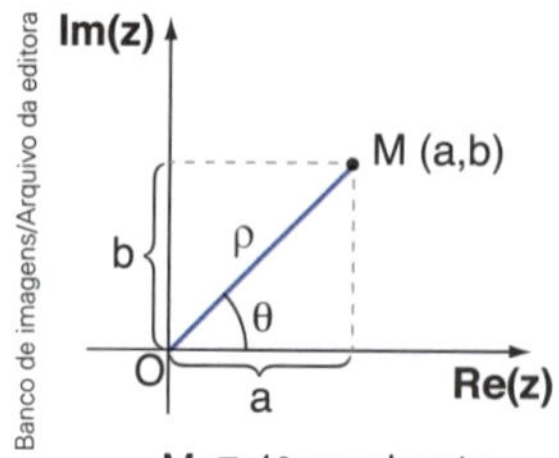

$$\begin{cases} \cos\theta = \dfrac{a}{\rho} \\ \text{sen}\,\theta = \dfrac{b}{\rho} \end{cases}$$

M ∈ 1º quadrante

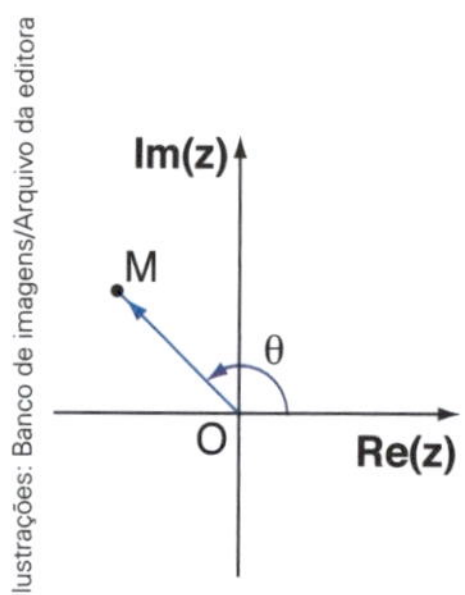

M ∈ 2º quadrante

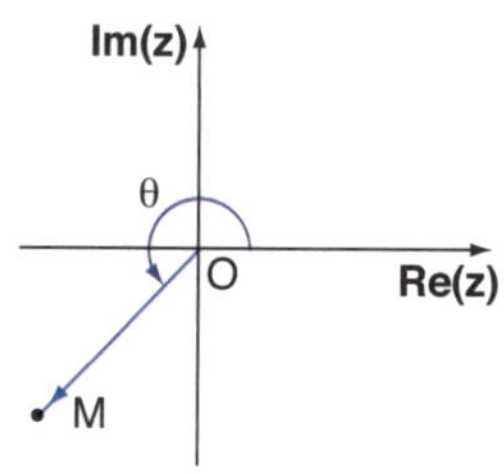

M ∈ 3º quadrante

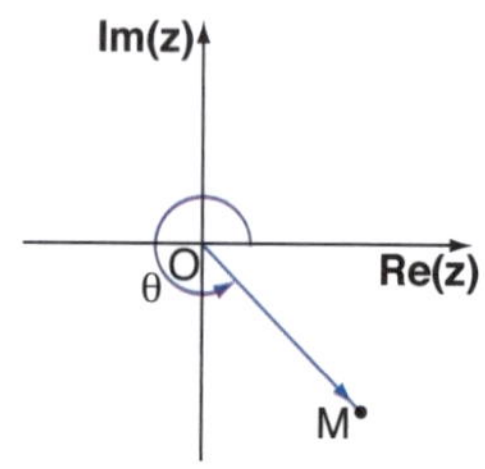

M ∈ 4º quadrante

Forma trigonométrica (ou polar) de z

$$z = \rho \cdot (\cos\theta + i \cdot \text{sen}\,\theta)$$

ρ: módulo;

θ: argumento

Exemplo: Vamos obter a forma trigonométrica de $z = -\sqrt{3} + i$.

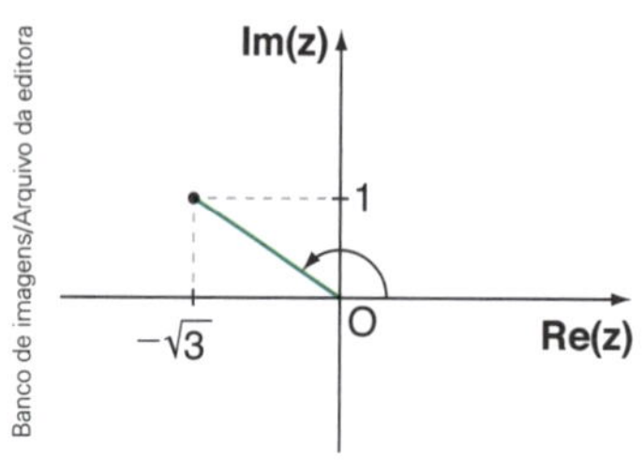

$$\rho = \sqrt{1^2 + \left(\sqrt{3}\right)^2} = 2$$

$$\left.\begin{aligned} \text{sen}\,\theta &= \frac{b}{\rho} = \frac{1}{2} \\ \cos\theta &= \frac{a}{\rho} = -\frac{\sqrt{3}}{2} \end{aligned}\right\rangle \theta = 150^\circ$$

$z = 2 \cdot (\cos 150^\circ + i\ \text{sen}\ 150^\circ)$

Potenciação em ℂ

Dado $z \in \mathbb{C}$, $z = \rho\,(\cos\theta + i\ \text{sen}\,\theta)$ e $n \in \mathbb{N}$, temos:

$$z^n = \rho^n \cdot [\cos(n \cdot \theta) + i\ \text{sen} \cdot (n \cdot \theta)]$$

Radiciação em ℂ

Dado $z_0 = \rho_0 \cdot [\cos(\theta_0) + i\ \text{sen}(\theta_0)]$, **z** é uma raiz n-ésima de z_0 se **z** é da forma:

$$z = \sqrt[n]{\rho_0} \cdot \left[\cos\left(\frac{\theta_0 + k \cdot 2\pi}{n}\right) + i\,\text{sen}\left(\frac{\theta_0 + k \cdot 2\pi}{n}\right)\right], \text{ para } k \in \{0, 1, 2, ..., n - 1)$$

Exemplo:

As raízes cúbicas de $z = 8 \cdot (\cos \pi + i \operatorname{sen} \pi)$ são de forma:

$$z = \sqrt[3]{8} \cdot \left[\cos\left(\frac{\pi + 2k\pi}{3}\right) + i \operatorname{sen}\left(\frac{\pi + 2k\pi}{3}\right)\right]; k \in \{0, 1, 2\}$$

- $k = 0 \Rightarrow z = \sqrt[3]{8} \cdot \left(\cos \frac{\pi}{3} + i \operatorname{sen} \frac{\pi}{3}\right) = 2 \cdot \left(\frac{1}{2} + i \cdot \frac{\sqrt{3}}{2}\right) = 1 + i\sqrt{3}$
- $k = 1 \Rightarrow z = \sqrt[3]{8} \cdot (\cos \pi + i \operatorname{sen} \pi) = 2 \cdot (-1 + i \cdot 0) = -2$
- $k = 2 \Rightarrow z = \sqrt[3]{8} \cdot \left(\cos \frac{5\pi}{3} + i \operatorname{sen} \frac{5\pi}{3}\right) = 2 \cdot \left(\frac{1}{2} - i \cdot \frac{\sqrt{3}}{2}\right) = 1 - i\sqrt{3}$

Polinômios

Seja $\mathbf{x} \in \mathbb{C}$, um polinômio é uma expressão do tipo:

$$a_n \cdot x^n + a_{n-1} \cdot x^{n-1} + \dots + a_2 \cdot x^2 + a_1 \cdot x + a_0$$

em que:

- $\mathbf{a_n}, \mathbf{a_{n-1}}, \dots, \mathbf{a_2}, \mathbf{a_1}, \mathbf{a_0}$ são números complexos chamados **coeficientes** do polinômio;
- todos os expoentes de **x**: **n**, n − 1, ..., 2, 1, 0 são números naturais;
- cada uma das parcelas, $a_n \cdot x^n$, $a_{n-1} \cdot x^{n-1}$, ..., $a_1 \cdot x$, a_0, corresponde a um termo do polinômio;
- o **grau** do polinômio é o número natural correspondente ao maior expoente de **x** cujo termo apresenta coeficiente não nulo;
- **x** pode assumir qualquer valor complexo.

Por exemplo, o grau do polinômio $p(x) = (x + 3)\, x^2 - 5x + 6$ é:

- 2, se $x + 3 \neq 0$, isto é, $x \neq -3$;
- 1, se $x + 3 = 0$, isto é, $x = -3$.

Polinômio nulo (ou polinômio identicamente nulo)

É aquele que possui todos os coeficientes iguais a zero.

Não se define grau de um polinômio nulo.

Valor numérico de um polinômio

Exemplo:

Seja $p(x) = x^3 + x^2 - x + 1$

$p(2) = 2^3 + 2^2 - 2 + 1 = 11$; dizemos que o valor numérico do polinômio para $x = 2$ é igual a 11;

$p(i) = i^3 + i^2 - i + 1 = -i - 1 - i + 1 = -2i$; $-2i$ é o valor numérico de $p(x)$ para $x = i$.

Raiz

Seja $\alpha \in \mathbb{C}$. Dizemos que α é raiz do polinômio $p(x) = a_n \cdot x^n + a_{n-1} \cdot x^{n-1} + \dots + a_1 \cdot x + a_0$ quando $p(\alpha) = 0$.

Exemplo:

i é raiz do polinômio $p(x) = 2x^3 - 3x^2 + 2x - 3$, pois:

$p(i) = 2i^3 - 3 \cdot i^2 + 2i - 3 = -2i + 3 + 2i - 3 = 0$;

1 não é raiz de $p(x)$, pois: $p(1) = 2 - 3 + 2 - 3 = -2$.

Igualdade de polinômios

Dois polinômios, **f** e **g**, são iguais (ou idênticos) se, e somente se, os coeficientes de **f** e **g** são ordenadamente iguais, isto é, os coeficientes dos termos de mesmo expoente são iguais.

$$f = g \Leftrightarrow f(x) = g(x), \forall x \in \mathbb{C}$$

Divisão de polinômios

Sejam dois polinômios f(x) e g(x), com $g(x) \neq 0$.

Dividir f(x) (dividendo) por g(x) (divisor) é determinar dois outros polinômios, q(x) (quociente) e r(x) (resto), que satisfazem as condições:

- $f(x) = g(x) \cdot q(x) + r(x)$
- grau de $r(x) <$ grau de $g(x)$ ou $r(x) = 0$ (isto é, r(x) é o polinômio nulo)

Método da chave

É o método mais geral, e pode ser usado em qualquer caso.

Exemplo: Vamos dividir $x^4 - 2x^3 + 5x^2 - 7x + 3$ por $x^2 - 3x + 1$.

$$\begin{array}{r|l}
x^4 - 2x^3 + 5x^2 - 7x + 3 & x^2 - 3x + 1 \\
\cline{2-2}
-x^4 + 3x^3 - x^2 & \underbrace{x^2 + x + 7}_{q(x)} \\
\cline{1-1}
x^3 + 4x^2 - 7x + 3 & \\
-x^3 + 3x^2 - x & \\
\cline{1-1}
7x^2 - 8x + 3 & \\
-7x^2 + 21x - 7 & \\
\cline{1-1}
r(x) \rightarrow 13x - 4 &
\end{array}$$

Divisões por x − a

Seja $\mathbf{a} \in \mathbb{C}$. Considerando como dividendo um polinômio **f** de grau **n** ($n \geqslant 1$), temos:

$$\begin{array}{c|l}
f(x) & x - a \\
\cline{2-2}
\downarrow & q(x) \\
r(x) &
\end{array}$$

O grau de q(x) é $n - 1$.

Como o grau do resto deve ser menor que o grau do divisor:

$$\text{grau } r(x) < 1 \Rightarrow \underbrace{\text{grau } r(x) = 0}_{\substack{r(x) = k \\ (k \in \mathbb{C},\ k \neq 0)}} \quad \text{ou} \quad \underbrace{r(x) = 0}_{\substack{\mathbf{r} \text{ é o} \\ \text{polinômio nulo}}}$$

Dispositivo prático de Brot-Ruffini

Exemplo: Vamos dividir $f(x) = 4x^3 - 5x^2 + x - 2$ por $g(x) = x - 3$.

coeficientes ordenados do dividendo

Raiz de g(x) ⟶ 3	4	−5	1	−2
	4	7	22	64

Assim, $\begin{cases} q(x) = 4x^2 + 7x + 22 \\ r(x) = 64 \end{cases}$

$4 \cdot 3 = 12$; $-5 + 12 = 7$, e assim por diante.

Teorema do resto

> O resto da divisão de um polinômio f(x) por x − a é igual a f(a).

Exemplo:
O resto da divisão de $p(x) = x^3 - x^2 + 5x + 1$ por $g(x) = x + 2$ é:
$r = p(-2) = (-2)^3 - (-2)^2 + 5 \cdot (-2) + 1 = -8 - 4 - 10 + 1 = -21$

Teorema de D'Alembert

> Um polinômio **f** é divisível por x − a se, e somente se, **a** for raiz de **f**.

Equações algébricas

Equação polinomial ou **algébrica** é toda equação redutível à forma p(x) = 0, em que:

$$p(x) = a_n x^n + a_{n-1} x^{n-1} + \ldots + a_1 x + a^0, \text{ com } a_n \neq 0$$

é um polinômio de grau **n**, sendo $n \geq 1$, com coeficientes em $\mathbb{C}$, e sua incógnita **x** pode assumir um valor qualquer em $\mathbb{C}$.

Teorema da decomposição

Seja p(x) um polinômio de grau **n**, $n \geq 1$, dado por:

$$p(x) = a_n x^n + a_{n-1} x^{n-1} + \ldots + a_1 x + a_0 \; (a_n \neq 0)$$

Então, p(x) pode ser decomposto em **n** fatores do 1º grau sob a forma:

$$p(x) = a_n \cdot (x - x_1) \cdot (x - r_2) \ldots (x - r_n)$$

em que $\mathbf{r_1}, \mathbf{r_2}, \ldots, \mathbf{r_n}$ são as raízes de p(x) e a_n é o coeficiente dominante de p(x).

Toda equação polinomial de grau **n**, $n \geq 1$, admite exatamente **n** raízes complexas.

Multiplicidade de uma raiz

O número complexo **r** é uma raiz de multiplicidade **m** ($m \in N$, $m \geq 1$) da equação p(x) = 0 se a forma fatorada de p(x) é:

$$p(x) = \underbrace{(x - r) \cdot (x - r) \ldots (x - r)}_{\textbf{m} \text{ fatores}} \cdot g(x)$$

Isto é:

> $p(x) = (x - r)^m \cdot q(x)$, com $q(r) \neq 0$

Se m = 2, **r** é raiz dupla (multiplicidade 2); se m = 3, **r** é raiz tripla (multiplicidade 3); e assim por diante.

Raízes complexas (não reais)

Se um número complexo z = a + bi, com $b \neq 0$, é raiz de uma equação com coeficientes reais, então seu conjunto $\overline{z} = a - bi$ também é raiz dessa equação.

Relações de Girard (relações entre coeficientes e raízes)

Equação de 2º grau: $ax^2 + bx + c = 0$; raízes: $\mathbf{r_1}$ e $\mathbf{r_2}$.

$$\begin{cases} r_1 + r_2 = -\dfrac{b}{a} \\ r_1 \cdot r_2 = \dfrac{c}{a} \end{cases}$$

Equação de 3º grau: $ax^3 + bx^3 + cx + d = 0$; raízes: $\mathbf{r_1}$, $\mathbf{r_2}$ e $\mathbf{r_3}$.

$$\begin{cases} r_1 + r_2 + r_3 = -\dfrac{b}{a} \\ r_1 \cdot r_2 + r_2 \cdot r_3 + r_1 \cdot r_3 = \dfrac{c}{a} \\ r_1 \cdot r_2 \cdot r_3 = -\dfrac{d}{a} \end{cases}$$

Equação de 4º grau: $ax^4 + bx^3 + cx^2 + dx + c = 0$; raízes: $\mathbf{r_1}$, $\mathbf{r_2}$, $\mathbf{r_3}$ e $\mathbf{r_4}$.

$$\begin{cases} r_1 + r_2 + r_3 + r_4 = -\dfrac{b}{a} \\ r_1r_2 + r_1r_3 + r_1r_4 + r_2r_3 + r_2r_4 + r_3r_4 = \dfrac{c}{a} \\ r_1r_2r_3 + r_1r_2r_4 + r_1r_3r_4 + r_2r_3r_4 = -\dfrac{d}{a} \\ r_1 \cdot r_2 \cdot r_3 \cdot r_4 = \dfrac{e}{a} \end{cases}$$

Teorema das raízes racionais

Seja a equação polinomial de coeficientes inteiros $a_nx^n + a_{n-1}x^{n-1} + ... + a_1x + a_0 = 0$, com $a_n \neq 0$.

Se houver alguma raiz racional, ela será da forma $\frac{p}{q}$, $p \in \mathbb{Z}$ e $q \in \mathbb{Z}^*$, com **p** e **q** primos entre si, em que **p** é divisor de $\mathbf{a_0}$ (coeficiente independente) e **q** é divisor de $\mathbf{a_n}$ (coeficiente dominante).

Aplique o que aprendeu

Exercícios resolvidos

1. Determine **m** e **n** reais a fim de que $x^4 + x^3 + mx^2 + nx - 3$ seja divisível por $x^2 + 2$.

Solução:

$$\begin{array}{l|l} \cancel{x^4} + x^3 + mx^2 + nx - 3 & x^2 + 2 \\ \hline -\cancel{x^4} \quad\quad - 2x^2 & x^2 + x + (m-2) \\ \quad \cancel{x^3} + (m-2)x^2 + nx - 3 & \\ \quad -\cancel{x^3} \quad\quad\quad - 2x & \\ \quad\quad \cancel{(m-2)x^2} + (n-2)x - 3 & \\ \quad\quad -\cancel{(m-2)x^2} \quad - 2\cdot(m-2) & \\ \quad\quad (n-2)x - 3 - 2\cdot(m-2) = & \\ \quad\quad = (n-2)x + (1-2m) & \end{array}$$

r(x) deve ser o polinômio nulo; daí:

$n - 2 = 0 \Rightarrow n = 2$ e $1 - 2m = 0 \Rightarrow m = \frac{1}{2}$

2. Determine $p \in \mathbb{R}$ de modo que $f(x) = x^3 - x^2 + px - 5$ seja divisível por $x - 2$.

Solução:

2 deve ser raiz de **f**, isto é, $f(2) = 0 \Rightarrow 2^3 - 2^2 + p \cdot 2 - 5 = 0$

$-1 + 2p = 0 \Rightarrow p = \frac{1}{2}$

3. Resolva, em $\mathbb{C}$, a equação $x^3 - x^2 - 10x - 8 = 0$, sabendo que -2 é uma de suas raízes.

O polinômio p(x) dado possui 3 raízes: -2, $\mathbf{r_2}$, $\mathbf{r_3}$.

$p(x) = 1 \cdot (x + 2) \cdot (x - r_2) \cdot (x - r_3) = (x + 2) \cdot q(x)$

Para obtermos q(x), dividimos p(x) por $x + 2$:

-2	1	-1	-10	-8
	1	-3	-4	0

(1, -3, -4: q(x))

As outras raízes seguem de: $x^2 - 3x - 4 = 0 = = x = 4$ ou $x = -1$

4. Resolva a equação $x^4 - 6x^3 + 10x^2 - 10x^2 - 6x + 9$ sabendo que **i** é uma de suas raízes.

Solução:

Se **i** é raiz, então **−i** também é raiz e o polinômio dado é divisível por $(x - i) \cdot (x + 1) = x^2 + 1$.

Fazendo a divisão pelo método da chave, obtemos, como quociente, $x^2 - 6x + 9$. Assim, as outras raízes vêm de: $x^2 - 6x + 9 = 0 \Rightarrow x = 3$ (raiz dupla); $S = \{i, -i, 3\}$.

5. Resolva a equação $x^3 + 3x^2 - 10x - 24 = 0$, sabendo que a soma de duas raízes é igual a -6.

Solução:

$r_1 + r_2 = -6$

Como $\underbrace{r_1 + r_2}_{\downarrow} + r_3 = -\frac{b}{a} = -3$, vem:

$-6 + r_3 = -3 \Rightarrow r_3 = 3$

3	1	3	-10	-24
	1	6	8	0

$\Rightarrow x^2 + 6x + 8 = 0 \Rightarrow x = -2$ ou $x = -4$

Questões

1. (Unicamp-SP)

Sejam **a** e **b** números reais não nulos. Se o número complexo $z = a + bi$ é uma raiz da equação quadrática $x^2 + bx + a = 0$, então

a) $|z| = \dfrac{1}{\sqrt{3}}$

b) $|z| = \dfrac{1}{\sqrt{5}}$

c) $|z| = \sqrt{3}$

d) $|z| = \sqrt{5}$

2. (EsPCEx-SP)

Na figura ao lado, está representado o plano de Argand-Gauss com os afixos de 12 números complexos, identificados de **A** a **L**. Sabe-se que esses afixos dividem a circunferência em 12 partes iguais e que $A = (1, 0)$.

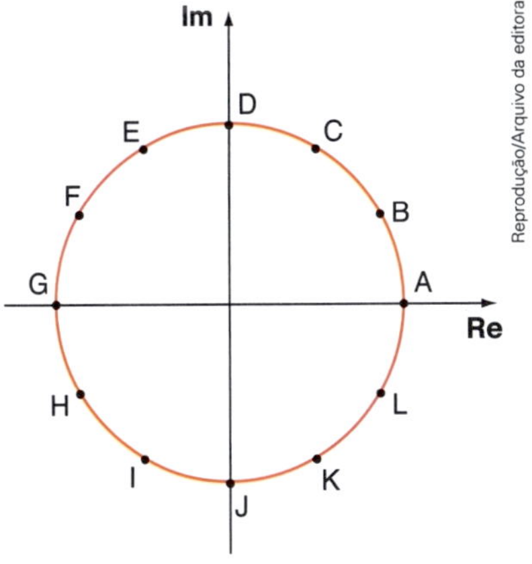

O polígono regular cujos vértices são os afixos de $\sqrt[4]{E}$ é

a) BEHK

b) CFIL

c) ADGJ

d) BDHJ

e) CEIK

3. (UFRGS-RS)

Considere as seguintes afirmações sobre números complexos.

I. $(2 + i)(2 - i)(1 + i)(1 - i) = 10$

II. $\left(\frac{7}{2} + \frac{1}{3}i\right) + \left(\frac{3}{2} + \frac{2}{3}i\right) = \frac{5}{2} + \frac{1}{2}i$

III. Se o módulo do número complexo **z** é 5, então o módulo de 2z é 10.

Quais afirmações estão corretas?

a) Apenas I.
b) Apenas II.
c) Apenas III.
d) Apenas I e III.
e) I, II e III.

4. (EsPCEx-SP)

Seja a igualdade $\frac{a}{3} - \frac{b}{5}i = \left(\cos\frac{\pi}{6} + i\,\text{sen}\frac{\pi}{6}\right)^4$, onde **i** é a unidade imaginária. Se **a** e **b** são números reais, então o quociente $\frac{a}{b}$ é igual a

a) $\frac{\sqrt{3}}{5}$.
b) $\frac{3\sqrt{3}}{5}$.
c) $-\frac{3\sqrt{3}}{5}$.
d) $-\frac{\sqrt{3}}{5}$.
e) $\frac{15\sqrt{3}}{4}$.

5. (UPM-SP)

Se $\frac{2+i}{\beta+2i}$ tem parte imaginária igual a zero, então o número real β é igual a

a) 4
b) 2
c) 1
d) −2
e) −4

6. (EEAR-SP)

Se **i** é a unidade imaginária, então $2i^3 + 3i^2 + 3i + 2$ é um número complexo que pode ser representado no plano de Argand-Gauss no __________ quadrante.

a) primeiro
b) segundo
c) terceiro
d) quarto

7. (Unicamp-SP)

Seja **i** a unidade imaginária, isto é, $i^2 = -1$. O lugar geométrico dos pontos do plano cartesiano com coordenadas reais (x, y) tais que $(2x + yi)(y + 2xi) = i$ é uma

a) elipse.
b) hipérbole.
c) parábola.
d) reta.

8. (Uece)

Para cada j = 1, 3, 5, 7, considere o número complexo $z_j = \cos\frac{\pi \cdot j}{4} + i\,\text{sen}\,\frac{\pi \cdot j}{4}$, onde **i** é o número completo tal que $i^2 = -1$. Em relação aos números $p = z_1 + z_3 + z_5 + z_7$ e $q = z_1 \cdot z_3 \cdot z_5 \cdot z_7$, é correto afirmar que

a) p = 0 e q = i

b) p = 1 e q = i

c) p = 0 e q = 1

d) p = 1 e q = 1

9. (PUC-RS)

Uma das criações na Matemática que revolucionaram o conceito de número foi a dos números complexos. O matemático italiano Rafael Bombelli (1526-1572) foi o primeiro a escrever as regras de adição e multiplicação para esses números, o que facilitou o estudo das raízes de um polinômio. Esse fato veio a contribuir para a resolução de problemas como o que segue.

Os pontos do plano complexo que são raízes de um polinômio de grau 4 com coeficientes reais são unidos por segmentos de reta paralelos aos eixos coordenados. Se duas dessas raízes são $2 + 3i$ e $-1 + 3i$, então a figura obtida será um

a) triângulo.

b) quadrado.

c) retângulo.

d) trapézio.

e) losango.

10. (Cefet-MG)

Considere as raízes complexas $\mathbf{w}_0$, $\mathbf{w}_1$, $\mathbf{w}_2$, $\mathbf{w}_3$ e $\mathbf{w}_4$ da equação $w^5 = z$, onde $z \in \mathbb{C}$, representadas graficamente por

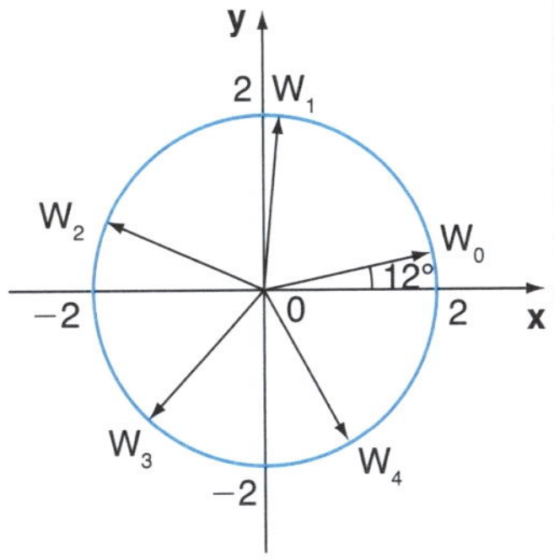

O número complexo **z** é

a) 16i
b) 32i
c) 16 + 16i
d) $16 + 16\sqrt{3}i$
e) $32 + 32\sqrt{3}i$

11. (UEL-PR)

Leia o texto a seguir.

Na virada do século XVIII para o século XIX, um agrimensor norueguês, Wessel (1798), e um desconhecido matemático suíço, Argand (1806), foram, aparentemente, os primeiros a compreender que os números complexos não têm nada de "irreal". São apenas os pontos (ou vetores) do plano que se somam através da composição de translações e que se multiplicam através da composição de rotações e dilatações (na nomenclatura atual). Mas essas iniciativas não tiveram repercussão enquanto não foram redescobertas e apadrinhadas, quase simultaneamente, por Gauss, grande autoridade daquele tempo que, já em vida, era reconhecido como um dos maiores matemáticos de todos os tempos.

Adaptado de: CARNEIRO, J. P. "A Geometria e o Ensino dos Números Complexos". *Revista do Professor de Matemática*. 2004. v. 55. p. 18.

Assinale a alternativa que apresenta, corretamente, uma composição de rotação dos pontos P(−3, 4) e Q(2, −3) representados pelos números complexos $z = -3 + 4i$ e $w = 2 - 3i$.

a) −18 + 17i
b) −6 − 12i
c) −1 + i
d) 5 + 7i
e) 6 + 17i

12. (Ifsul-RS)

Em 1823, Arthur Edwin (1861-1939) adotou o termo Impedância, bem como utilizou os **9** números complexos para os elementos dos circuitos elétricos em corrente alternada. Desde então, os números complexos são fundamentais para a Engenharia Elétrica, sendo que sem os mesmos todos os parâmetros de circuitos elétricos teriam que ser calculados através da álgebra e tudo seria extremamente difícil.

Disponível em: http://www.igm.mat.br/aplicativos/index.php?option=com_content&view=article&id=130%3Aaplicacoesee&catid=38%3Aconteudosfvc&Itemid=40 Acesso: 10 abr. 2015. (Adaptado)

Qual é o módulo do número complexo $z = \frac{2i}{i^{26} - i^{3}}$?

a) $2\sqrt{2}$

b) $\sqrt{2}$

c) $2\sqrt{3}$

d) $\sqrt{3}$

13. (EsPCEx-SP) Determine o valor numérico do polinômio $p(x) = x^4 + 4x^3 + 6x^2 + 4x + 2017$ para $x = 89$.

a) 53 213 009

b) 57 138 236

c) 61 342 008

d) 65 612 016

e) 67 302 100

14. (UEG-GO)

Os restos da divisão do polinômio $p(x) = 2x^4 - \frac{1}{\sqrt{2}}x^3 + 2x^2 - \frac{1}{\sqrt{2}}x + 1$ pelos polinômios $q(x) = x - \sqrt{2}$ e $h(x) = x - \sqrt{8}$ são **r** e **s**, respectivamente. Dessa forma, r + s é

a) 0

b) 10

c) 127

d) 137

e) 161

15. (UFRGS-RS)

As raízes do polinômio $P(x) = x^4 - 1$ são

a) $\{i, -i, 0\}$
b) $\{1, -1, 0\}$
c) $\{1, -1, i, -i\}$
d) $\{i, -i, 1 + i, 1 - i\}$
e) $\{i, -i, -1 + i, -1 - i\}$

16. (PUC-RS)

Os polinômios p(x), q(x), f(x), h(x) em $\mathbb{C}$, nessa ordem, estão com seus graus em progressão geométrica. Os graus de p(x) e h(x) são, respectivamente, 16 e 2. A soma do número de raízes de q(x) com o número de raízes de f(x) é

a) 24
b) 16
c) 12
d) 8
e) 4

17. (FGV-SP)

O polinômio $P(x) = x^3 - x - 1$ tem uma raiz real **r** tal que:

a) $0 < r < 1$
b) $1 < r < 2$
c) $2 < r < 3$
d) $3 < r < 4$
e) $4 < r < 5$

18. (Epcar-MG)

O polinômio $P(x) = x^3 + mx^2 + nx + 12$ é tal que $P(x) = 0$ admite as raízes x_1, x_2 e x_3.

Se $x_1 \cdot x_2 = -3$ e $x_2 + x_3 = 5$, então é correto afirmar que

a) $P(m) = 0$

b) $m - n = -13$

c) $m \cdot n = 20$

d) $n - 2m = -7$

19. (Acafe-SC)

O gráfico a seguir, que passa pelos pontos **A**, **B**, **C** e **D**, representa o polinômio P(x).

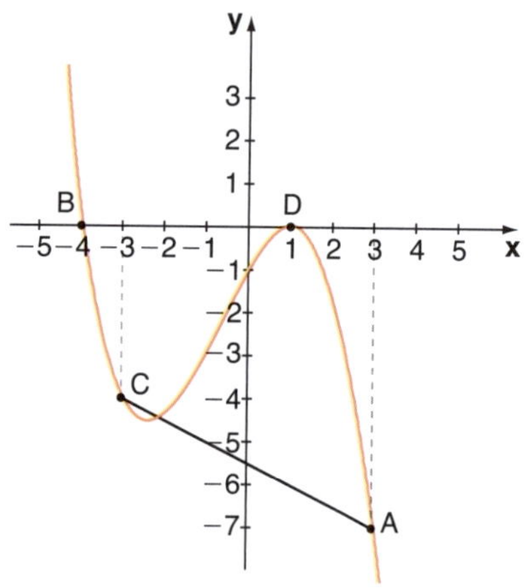

I. O polinômio P(x) é um polinômio do segundo grau.

II. O polinômio $D(x) = -\frac{3}{4}x - 3$ é divisor de P(x).

III. A reta que passa pelos pontos **A** e **C** intercepta o eixo das ordenadas no ponto $\left(0, -\frac{11}{2}\right)$.

IV. $P(2) = P\left(-\frac{1}{2}\right)$.

Todas as afirmações **corretas** estão em:

a) I – II – III

b) II – III – IV

c) III – IV

d) II – III

20. (Cefet-MG)

Considere os polinômios:

$P(x) = x^3 + x^2 + x + 1$ e $n(x) = c(x + 1)(x - 1)$, onde $c \in \mathbb{R}^*$.

Se $r(x) = ax + b$, com $a, b \in \mathbb{R}$, é o resto da divisão de $p(x)$ por $n(x)$, o valor da soma $(a + b)$ é igual a

a) 4
b) 3
c) 2
d) 1
e) 0

21. (FGV-SP)

A equação algébrica $x^3 - 7x^2 + kx + 216 = 0$, em que **k** é um número real, possui três raízes reais. Sabendo-se que o quadrado de uma das raízes dessa equação é igual ao produto das outras duas, então o valor de **k** é igual a

a) −64
b) −42
c) −36
d) 18
e) 24

22. (Uece)

A soma dos quadrados dos números complexos que são as raízes da equação $x^4 - 1 = 0$ é igual a

a) 8
b) 0
c) 4
d) 2

23. (Uece)

O polinômio $P(x) = ax^3 + bx^2 + cx + d$ é tal que as raízes da equação $P(x) = 0$ são os números -1, 1 e 2. Se $P(0) = 24$, então o valor do coeficiente **a** é igual a:

a) 10

b) 8

c) 12

d) 6

24. (UEFS-BA)

Sabendo-se que o polinômio $p(x) = 8x^3 - 4x^2 - 66x - 63$ tem uma raiz simples $x_1 > 3$ e uma raiz dupla x_2, é correto afirmar que

a) $x_2 < -\frac{7}{2}$

b) $x_2 < -3$

c) $x_2 < -\frac{5}{4}$

d) $x_2 > -\frac{3}{4}$

e) $x_2 > \frac{5}{2}$

25. (Uece)

O polinômio de menor grau, com coeficientes inteiros, divisível por $2x - 3$, que admite $x = 2i$ como uma das raízes e $P(0) = -12$ é

(Dado: **i** é o número complexo cujo quadrado é igual a -1.)

a) $P(x) = 2x^3 - 3x^2 - 8x - 12$

b) $P(x) = 2x^3 + 3x^2 - 8x - 12$

c) $P(x) = -2x^3 - 3x^2 - 8x - 12$

d) $P(x) = 2x^3 - 3x^2 + 8x - 12$

26. (Efomm-RJ)

Sabendo que $\frac{5}{2}$ é uma raiz do polinômio $P(x) = 2x^3 - 3x^2 - 9x + 10$, a soma das outras raízes é igual a:

a) -2

b) 0

c) 10

d) 1

e) -1

27. (Unicamp-SP)

Sejam p(x) e q(x) polinômios com coeficientes reais. Dividindo-se p(x) por q(x) obtêm-se quociente e resto iguais a $x^2 + 1$. Nessas condições, é correto afirmar que

a) o grau de p(x) é menor que 5.

b) o grau de q(x) é menor que 3.

c) p(x) tem raízes complexas.

d) q(x) tem raízes reais.

TOTAL DE ACERTOS ____ /27

TÓPICO

6

Tópicos de Geometria plana

Reveja o que aprendeu

Você deve ser capaz de:

- Reconhecer os pontos notáveis de um triângulo.
- Determinar a quantidade de diagonais de um polígono.
- Determinar a soma dos ângulos internos e externos de um polígono.
- Identificar as posições relativas entre retas e circunferências.
- Identificar quando um quadrilátero for circunscritível.
- Reconhecer ângulos em uma circunferência (central, inscrito e de segmento) e relacionar suas medidas com as dos arcos correspondentes.

Pontos notáveis de um triângulo

Mediana

Mediana de um triângulo é um segmento cujas extremidades são um dos vértices do triângulo e o ponto médio do lado oposto a esse vértice.

O ponto **G** de interseção das três medianas de um triângulo recebe o nome de **baricentro**.

Propriedade

G divide cada mediana na razão de 2 : 1, isto é, o segmento que contém o vértice mede o dobro do outro.

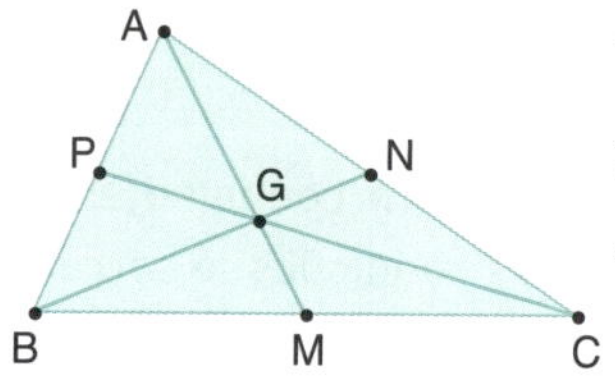

Banco de imagens/Arquivo da editora

G é baricentro; $AG = 2 \cdot GM$; $CG = 2 \cdot GP$ e $BG = 2 \cdot GN$.

Propriedade

A medida de mediana relativa à hipotenusa em um triângulo retângulo é metade da medida da hipotenusa.

Bissetriz

Se um ponto **P** pertence à bissetriz $\overrightarrow{OS}$, então **P** equidista dos lados do ângulo.

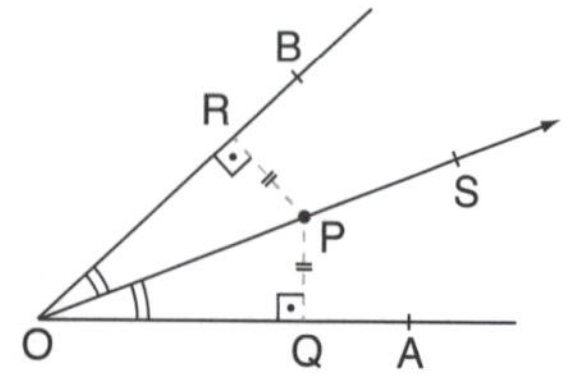

Banco de imagens/Arquivo da editora

Propriedade

As três bissetrizes internas de um triângulo intersectam-se em um mesmo ponto, chamado **incentro**, que está a igual distância dos lados do triângulo.

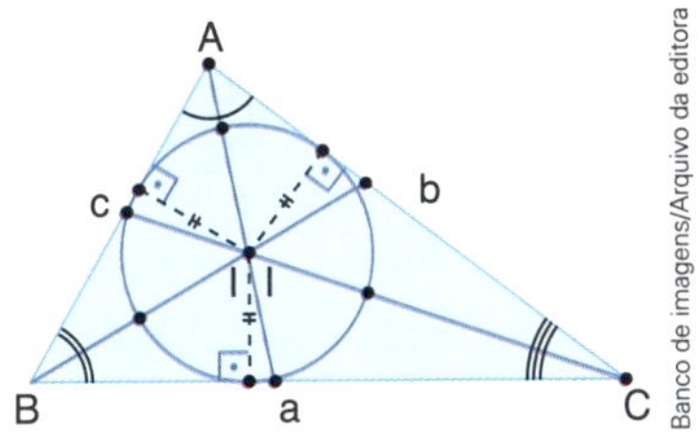

$a = \overleftrightarrow{BC}$; $b = \overleftrightarrow{AC}$ e $c = \overleftrightarrow{AB}$
I é incentro do $\triangle ABC$;
$d_{I,a} = d_{I,b} = d_{I,c}$
I é o centro da circunferência inscrita nesse triângulo.

Mediatriz

Mediatriz de um segmento é a reta perpendicular ao segmento traçada pelo seu ponto médio.

Propriedade

As mediatrizes dos lados de um triângulo intersectam-se em um mesmo ponto, chamado **circuncentro**, que está a igual distância dos vértices do triângulo.

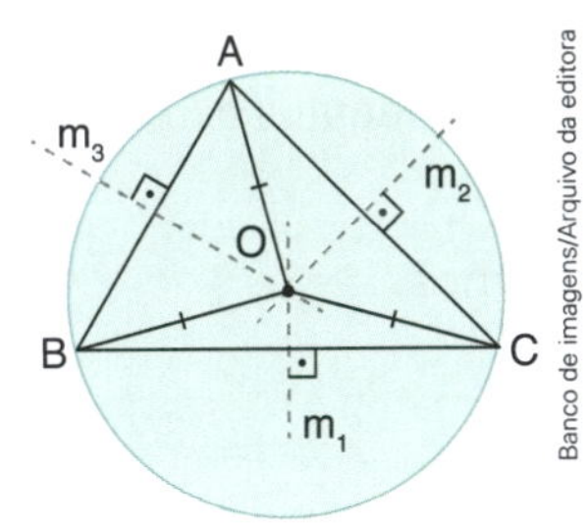

O é **circuncentro** do triângulo ABC; **O** é o centro da circunferência circunscrita a esse triângulo.

Altura

Altura de um triângulo é um segmento de reta perpendicular à reta suporte de um dos lados do triângulo traçado pelo vértice oposto a esse lado.

O ponto de interseção das alturas de um triângulo recebe o nome de **ortocentro** do triângulo.

Observação: em um triângulo isósceles ABC, de base $\overline{BC}$, a mediana, a bissetriz e a altura relativas à base coincidem.

$\overline{AM}$ é mediana;
$\overline{AM}$ é bissetriz interna de $B\hat{A}C$;
$\overline{AM}$ é altura relativa à base.

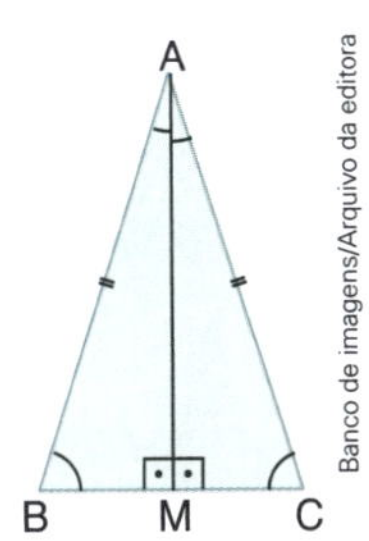

No triângulo equilátero, essa propriedade também é válida.

Polígonos

Número de diagonais

O número de diagonais de um polígono de **n** lados ($n \geqslant 3$) é dado por:

$$d = \frac{n \cdot (n - 3)}{2}$$

Soma dos ângulos internos (S_i)

A soma $\mathbf{S_i}$ das medidas dos ângulos internos de um polígono convexo de **n** lados é

$$S_i = (n - 2) \cdot 180°$$

Se o polígono for regular (lados e ângulos congruentes), teremos:

$$a_i = \frac{S_i}{n}$$

↑
medida do ângulo interno

Soma dos ângulos externos (S_e)

A soma $\mathbf{S_e}$ das medidas dos ângulos externos de um polígono convexo é 360°.

Se o polígono for regular, teremos:

$$a_e = \frac{360°}{n}$$

↑
medida do ângulo externo

Circunferência e círculo

Reta secante a uma circunferência

Se uma reta intersecta uma circunferência em dois pontos distintos, dizemos que essa reta é **secante** à circunferência.

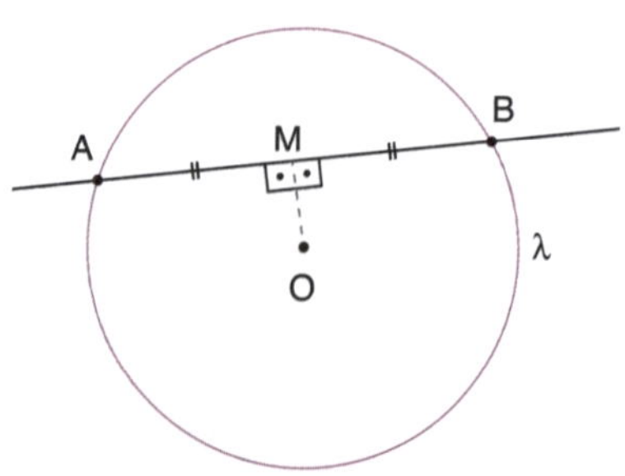

Banco de imagens/Arquivo da editora

$r \cap \lambda = \{A, B\}$

M é ponto médio de $\overline{AB}$ se, e somente se, $\overline{OM} \perp \overline{AB}$.

Reta tangente a uma circunferência

Se uma reta intersecta uma circunferência em um único ponto, dizemos que essa reta é **tangente** à circunferência.

Toda reta tangente a uma circunferência é perpendicular ao raio no ponto de tangência.

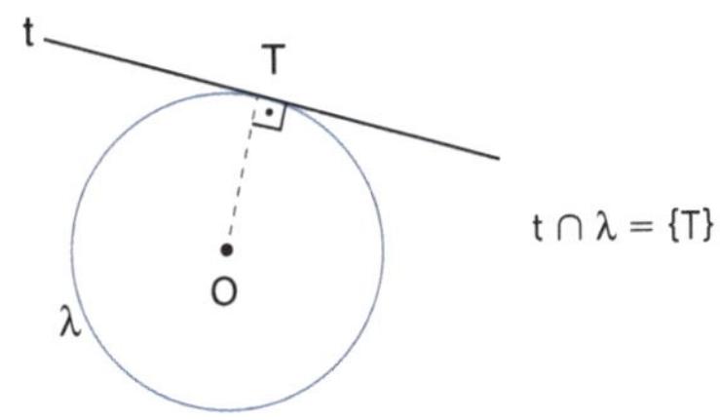

Banco de imagens/Arquivo da editora

Segmentos tangentes

P é externo à circunferência e $\overline{PA}$ e $\overline{PB}$ são tangentes. Então, PA = PB.

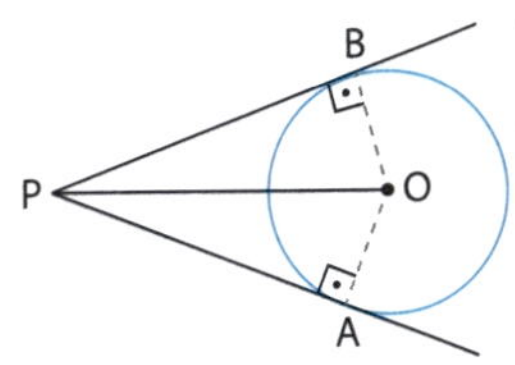

Banco de imagens/Arquivo da editora

Quadrilátero circunscritível

Dizemos que um quadrilátero convexo é **circunscrito** a uma circunferência, ou, ainda, que o quadrilátero é **circunscritível**, se seus quatro lados são tangentes à circunferência.

Em um quadrilátero circunscritível, a soma das medidas de dois lados opostos é igual à soma das medidas dos outros dois lados.

Então, PQ + SR = PS + QR.

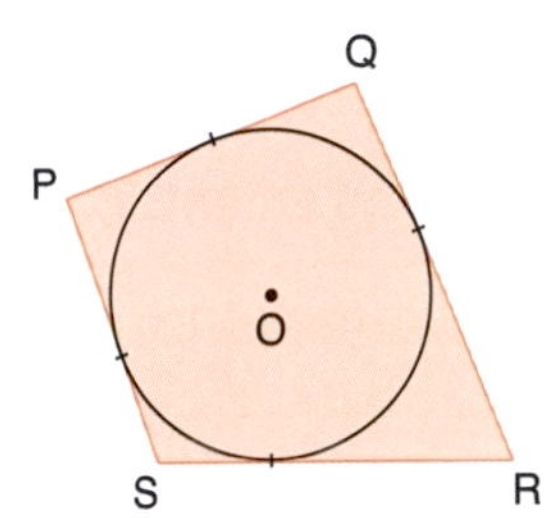

Banco de imagens/Arquivo da editora

Ângulos na circunferência

Ângulo central

Um ângulo é dito **central** se o seu vértice coincide com o centro da circunferência.

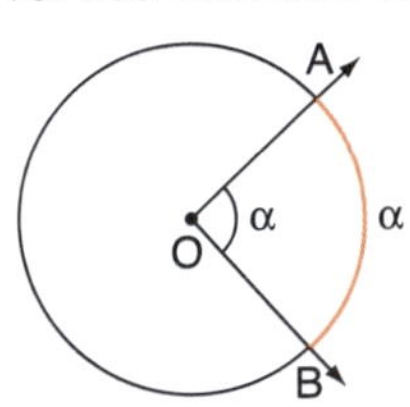

Banco de imagens/Arquivo da editora

A medida de um ângulo central é igual à medida do arco correspondente.

Ângulo inscrito

Um ângulo é dito **inscrito** se o seu vértice é um ponto da circunferência e seus lados são secantes a ela.

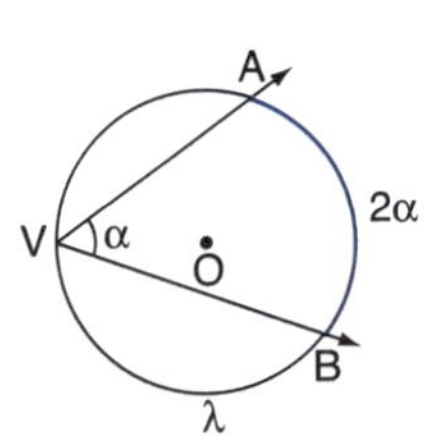

Banco de imagens/Arquivo da editora

A medida de um ângulo inscrito é igual à metade da medida do arco correspondente.

Todo ângulo inscrito numa semicircunferência é reto.

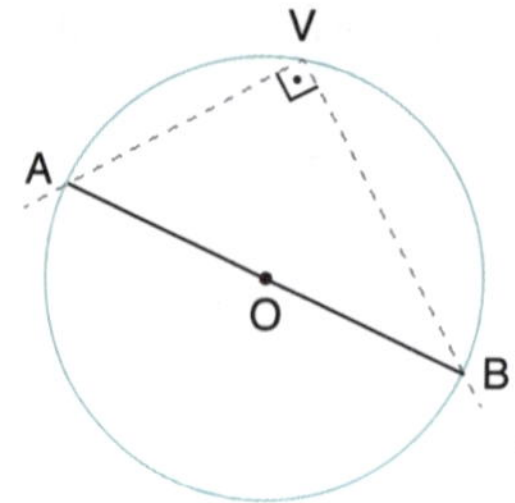

Banco de imagens/Arquivo da editora

Ângulo de segmento

Um ângulo é dito **ângulo de segmento** se o seu vértice é um ponto da circunferência, um dos lados é secante e o outro é tangente à circunferência.

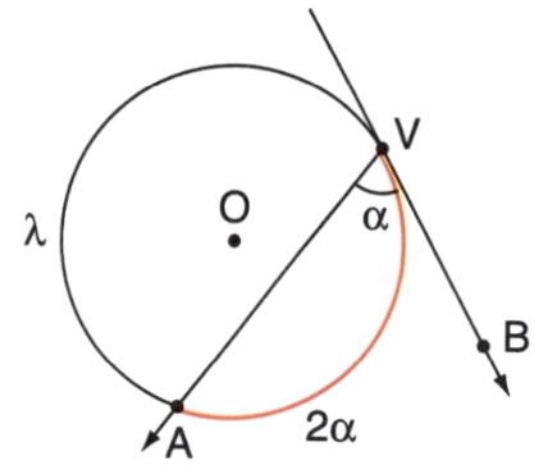

Banco de imagens/Arquivo da editora

A medida de um ângulo de segmento é igual à metade da medida do arco correspondente.

Ângulos excêntricos

Ângulo excêntrico interior

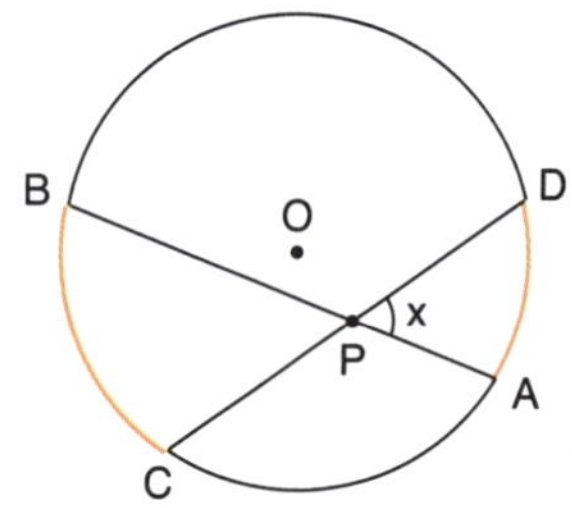

Banco de imagens/Arquivo da editora

$$x = \frac{med(\widehat{BC}) + med(\widehat{AD})}{2}$$

Ângulo excêntrico exterior

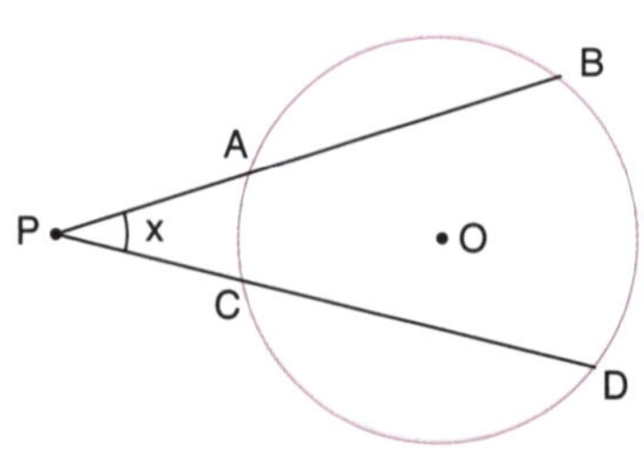

Banco de imagens/Arquivo da editora

$$x = \frac{med(\widehat{BD}) - med(\widehat{AC})}{2}$$

Aplique o que aprendeu

Exercícios resolvidos

1. Determine o valor de **x** na figura, sabendo que ABP é equilátero e que o pentágono ABCDE é regular.

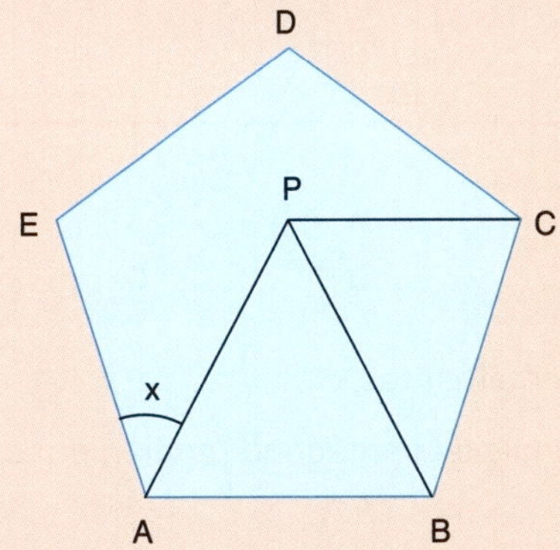

Banco de imagens/Arquivo da editora

Solução:

Para o pentágono, temos $S_i = (5 - 2) \cdot 180° = 540°$

$a_i = \dfrac{540}{5} = 108°$

Med (EÂB) = 108°

Se med (PÂB) = 60° (triângulo equilátero), temos que x = 108° − 60° = 48°.

2. Determine a medida do raio do círculo, sabendo que os catetos do triângulo medem 15 cm e 20 cm.

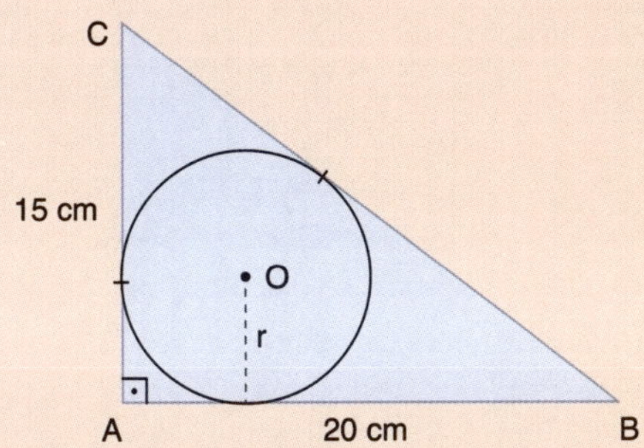

Banco de imagens/Arquivo da editora

Solução:

Aplicando o teorema de Pitágoras, a hipotenusa mede $\sqrt{20^2 + 15^2} = 25$ cm.

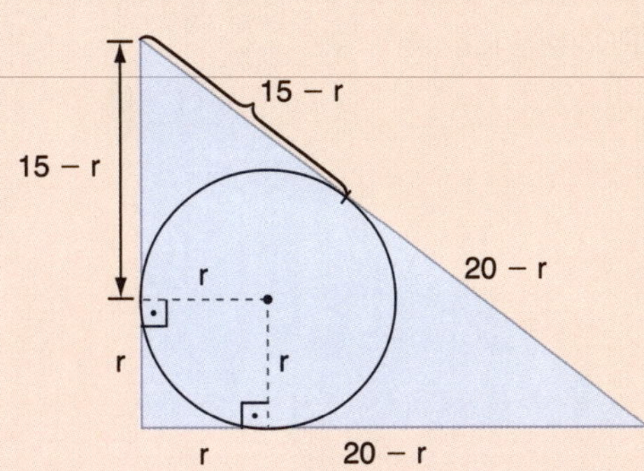

Banco de imagens/Arquivo da editora

$15 - r + 20 - r = 25$

$-2r = -10 \Rightarrow r = 5$ cm

Questões

1. (Epcar-MG)

A figura a seguir é um pentágono regular de lado 2 cm.

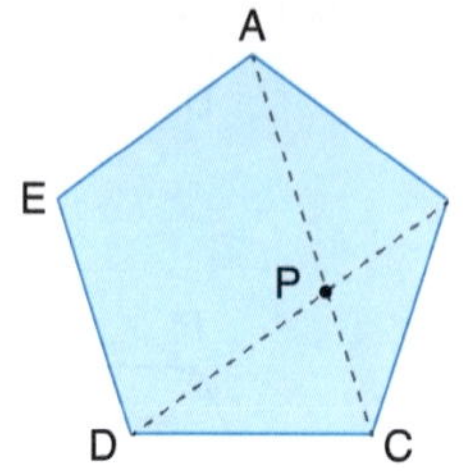

Os triângulos DBC e BCP são semelhantes.

A medida de $\overline{AC}$, uma das diagonais do pentágono regular, em cm, é igual a

a) $1 + \sqrt{5}$

b) $-1 + \sqrt{5}$

c) $2 + \dfrac{\sqrt{5}}{2}$

d) $2\sqrt{5} - 1$

2. (Uece)

Seja PQRS um trapézio isósceles cujas bases menor e maior são respectivamente os segmentos PQ e SR. Se **M** e **N** são respectivamente as projeções ortogonais de **P** e **Q** sobre SR e se a razão entre as medidas de SR e PQ é igual a três, então, pode-se afirmar corretamente que a razão entre a área do trapézio e a área do quadrilátero PQNM é igual a

a) 3,0 b) 1,5 c) 2,0 d) 2,5

3. (Uece)

Se, em um polígono convexo, o número de lados **n** é um terço do número de diagonais, então o valor de **n** é

a) 9 b) 11 c) 13 d) 15

4. (EEAR-SP)

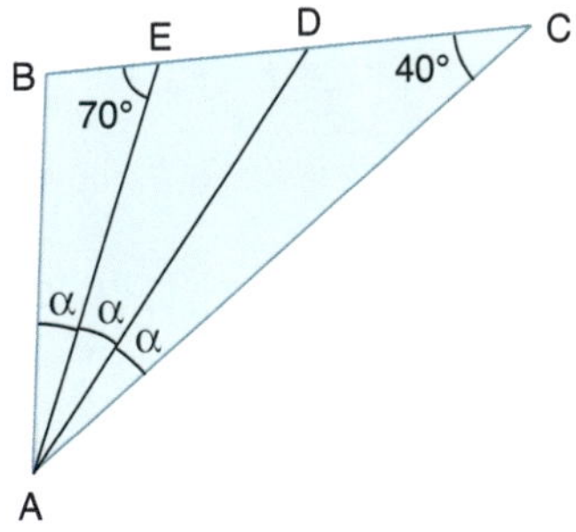

Se ABC é um triângulo, o valor de α é

a) 10° b) 15° c) 20° d) 25°

5. (Efomm-SP)

Num triângulo ABC, as bissetrizes dos ângulos externos dos vértices **B** e **C** formam um ângulo de medida 50°. Calcule o ângulo interno do vértice **A**.

a) 110° b) 90° c) 80° d) 50° e) 20°

6. (Uece)

No plano, seja XYZW um quadrado e **E** um ponto exterior a esse quadrado tal que o triângulo YZE seja equilátero. Assim, é correto afirmar que a medida do ângulo $X\hat{E}W$ é

a) 45°

b) 40°

c) 35°

d) 30°

7. (EEAR-SP)

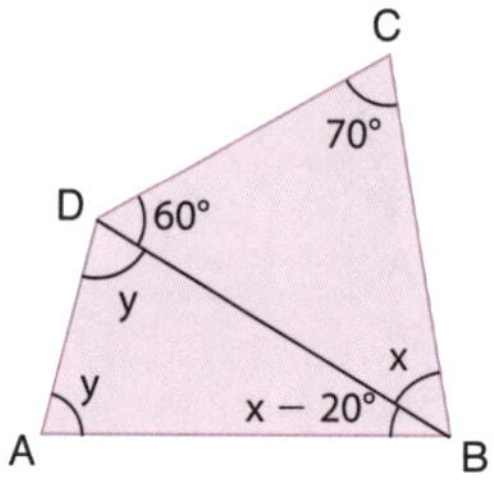

Reprodução/Arquivo da editora

No quadrilátero ABCD, o valor de y − x é igual a

a) 2x

b) 2y

c) $\frac{x}{2}$

d) $\frac{y}{2}$

8. (FGV-SP)

A figura representa um triângulo ABC, com **E** e **D** sendo pontos sobre $\overline{AC}$. Sabe-se ainda que AB = AD, CB = CE e que $E\hat{B}D$ mede 36°.

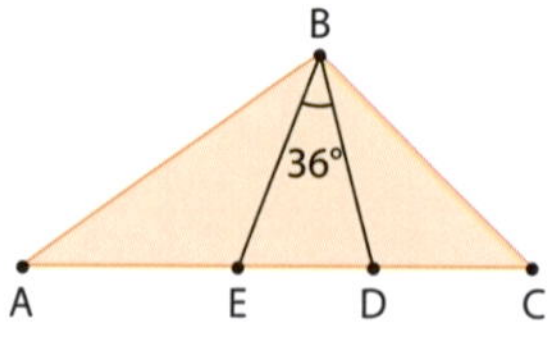

Reprodução/Arquivo da editora

Nas condições dadas, a medida $A\hat{B}C$ é

a) 102°

b) 108°

c) 111°

d) 115°

e) 117°

9. (Uece)

No triângulo OYZ, os lados OU e OZ têm medidas iguais. Se **W** é um ponto do lado OZ tal que os segmentos YW, WO e YZ têm a mesma medida, então, a medida do ângulo YÔZ é

a) 45° b) 42° c) 36° d) 30°

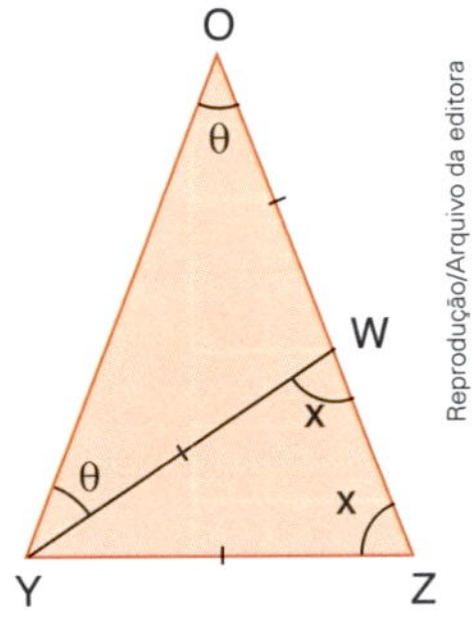

Reprodução/Arquivo da editora

10. (UFRGS-RS)

Um desenhista foi interrompido durante a realização de um trabalho, e seu desenho ficou como na figura abaixo.

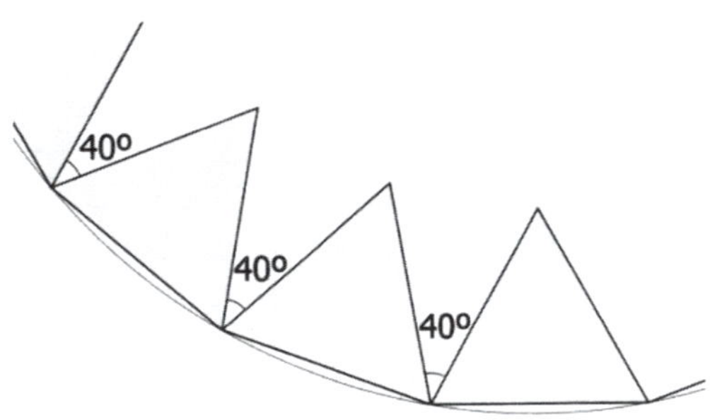

Reprodução/UFRGS, 2016.

Se o desenho estivesse completo, ele seria um polígono regular composto por triângulos equiláteros não sobrepostos, com dois de seus vértices sobre um círculo, e formando um ângulo de 40°, como indicado na figura.

Quando a figura estiver completa, o número de triângulos equiláteros com dois de seus vértices sobre o círculo será

a) 10
b) 12
c) 14
d) 16
e) 18

11. (UFG-GO)

Gerard Stenley Hawkins, matemático e físico, nos anos 1980, envolveu-se com o estudo dos misteriosos círculos que apareceram em plantações na Inglaterra. Ele verificou que certos círculos seguiam o padrão indicado na figura a seguir, isto é, três círculos congruentes, com centros nos vértices de um triângulo equilátero, tinham uma reta tangente comum.

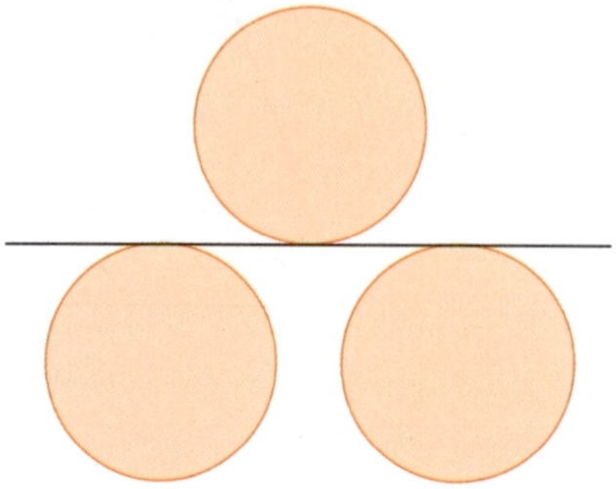

Nestas condições, e considerando-se uma circunferência maior que passe pelos centros dos três círculos congruentes, calcule a razão entre o raio da circunferência maior e o raio dos círculos menores.

12. (UEL-PR)

Com a finalidade de se calcular a quantidade de pessoas presentes em manifestações sociais em determinado trecho urbano, são utilizadas diferentes metodologias, sendo que uma delas consiste em quatro etapas:

1. estabelece-se a área **A** (em m^2) da região delimitada pelo trecho da manifestação;
2. posicionam-se alguns fiscais que ficam responsáveis, cada um, por uma sub-região fixa e exclusiva do trecho urbano, a fim de coletar, de maneira simultânea e periódica, quantas pessoas se encontram em sua sub-região no momento de cada medição;
3. calcula-se a média **M** de todas as medições realizadas por todos os fiscais;
4. ao final, declara-se que há $A \cdot M$ pessoas presentes na manifestação.

Suponha que uma manifestação ocorreu na região hachurada dada pelo setor de uma coroa circular de centro **O** (conforme figura) e que foi observada por 3 medições com 2 fiscais cada, cujas tabelas dos dados coletados encontram-se a seguir.

	Medição 1	Medição 2	Medição 3
Fiscal 1	3	3	4
Fiscal 2	2	4	5

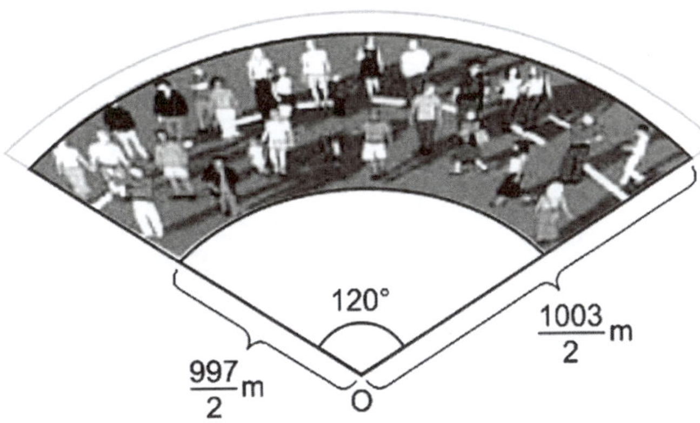

Considerando essa metodologia e a aproximação $\pi = \frac{22}{7}$, assinale a alternativa que apresenta, corretamente, a quantidade de pessoas que estiveram presentes na manifestação, naquele trecho.

a) 11 mil
b) 22 mil
c) 27 mil
d) 31 mil
e) 33 mil

13. (Enem)

Durante seu treinamento, um atleta percorre metade de uma pista circular de raio **R**, conforme figura a seguir. A sua largada foi dada na posição representada pela letra **L**, a chegada está representada pela letra **C** e a letra **A** representa o atleta. O segmento LC é um diâmetro da circunferência e o centro da circunferência está representado pela letra **F**.

Sabemos que, em qualquer posição que o atleta esteja na pista, os segmentos LA e AC são perpendiculares. Seja θ o ângulo que o segmento AF faz com o segmento FC.

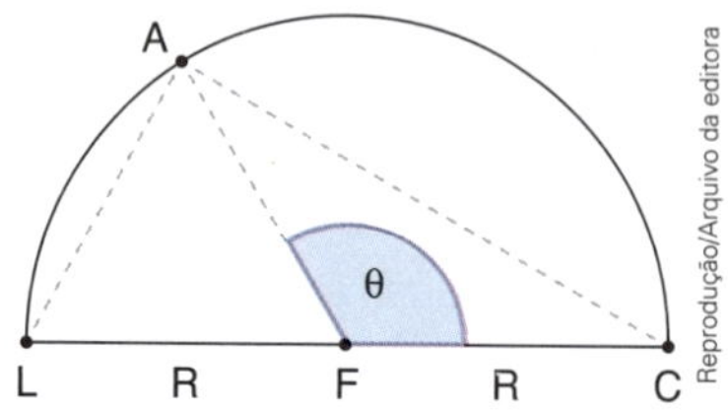

Quantos graus mede o ângulo quando o segmento AC medir **R** durante a corrida?

a) 15 graus

b) 30 graus

c) 60 graus

d) 90 graus

e) 120 graus

14. (ESPM-SP)

Num mapa, uma estrada retilínea passa sucessivamente pelas cidades **A**, **B** e **C** e uma cidade **D**, distante 120 km de **A**, está localizada de tal forma que o ângulo DÂB mede 36°. Um viajante fez o trajeto AB, BD e DC, percorrendo em cada trecho a mesma distância. Se ele tivesse ido diretamente de **A** até **C**, teria percorrido uma distância de:

a) 120 km

b) $60\sqrt{3}$ km

c) $(120 \cdot \cos 36°)$ km

d) $\dfrac{120}{\cos 36°}$

e) 140 km

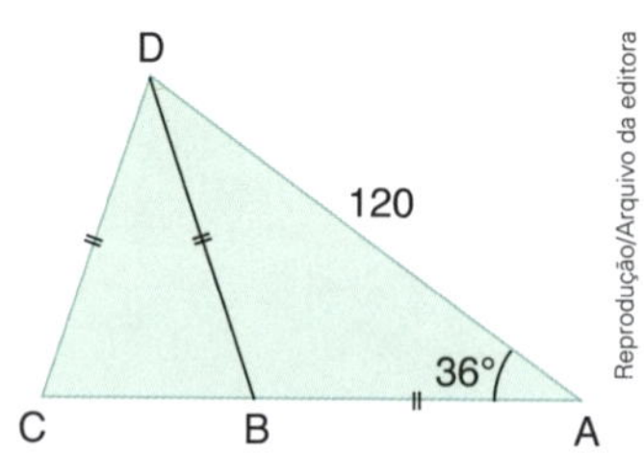

15. (EEAR-SP)

Os ângulos $\hat{A}$ e $\hat{B}$ são congruentes. Sendo $\hat{A} = 2x + 15°$ e $\hat{B} = 5x - 9°$. Assinale a alternativa que representa, corretamente, o valor de **x**.

a) 2° b) 8° c) 12° d) 24°

16. (Insper-SP)

No plano cartesiano ortogonal de origem O (0,0) estão representadas:

– uma circunferência λ, tangente à reta **r** em **T** e ao eixo das ordenadas;

– o triângulo retângulo OAT, com A(6, 0) e um ângulo externo de medida 120°.

Sabe-se, ainda, que **r** passa pela origem do plano.

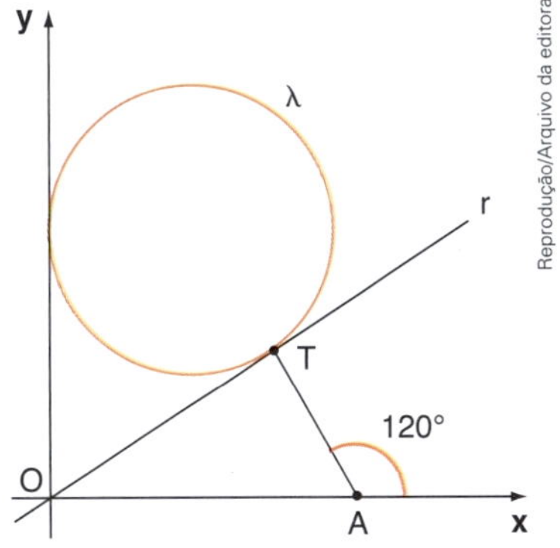

Nas condições dadas, o raio de λ tem medida igual a

a) $\frac{5}{2}$ b) $2\sqrt{2}$ c) 3 d) $\frac{3\sqrt{6}}{2}$ e) $\frac{2\sqrt{6}}{3}$

17. (Ulbra-RS)

Considere a construção representada na figura abaixo, sobre o eixo **x** dos números reais.

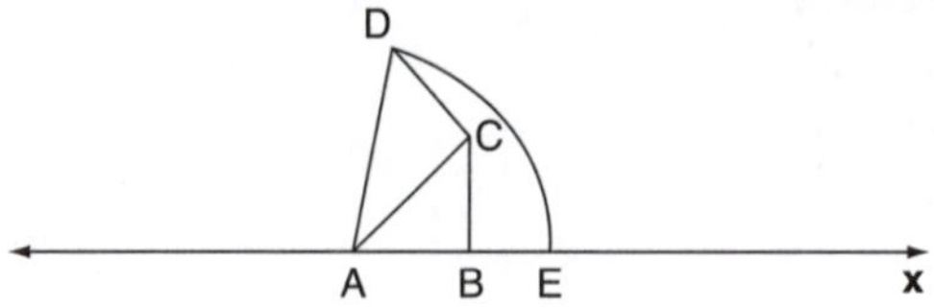

Os segmentos $\overline{AB}$, $\overline{BC}$ e $\overline{CD}$ medem 1 unidade cada um. DE é um arco de circunferência de centro em **A**. Qual número real está associado ao ponto **E**, no eixo **x**?

Sabe-se que **A** está na origem do eixo **x**, $\overline{AB} \perp \overline{BC}$ e $\overline{AC} \perp \overline{CD}$.

a) $\sqrt{6}$.

b) $\sqrt{2}$.

c) $\sqrt{5}$.

d) $\sqrt{3}$.

e) $\sqrt{8}$.

18. (Uece)

Se a partir de cada um dos vértices de um polígono convexo com **n** lados podemos traçar tantas diagonais quanto o total das diagonais de um hexágono convexo, então, o valor de **n** é

a) 9.

b) 10.

c) 11.

d) 12.

19. (PUC-RJ)

A medida da área, em cm^2, de um quadrado que pode ser inscrito em um círculo de raio igual a 5 cm é:

a) 20
b) $25\sqrt{2}$
c) 25
d) $50\sqrt{2}$
e) 50

20. (Enem)

Em um sistema de dutos, três canos iguais, de raio externo 30 cm, são soldados entre si e colocados dentro de um cano de raio maior, de medida **R**. Para posteriormente ter fácil manutenção, é necessário haver uma distância de 10 cm entre os canos soldados e o cano de raio maior. Essa distância é garantida por um espaçador de metal, conforme a figura:

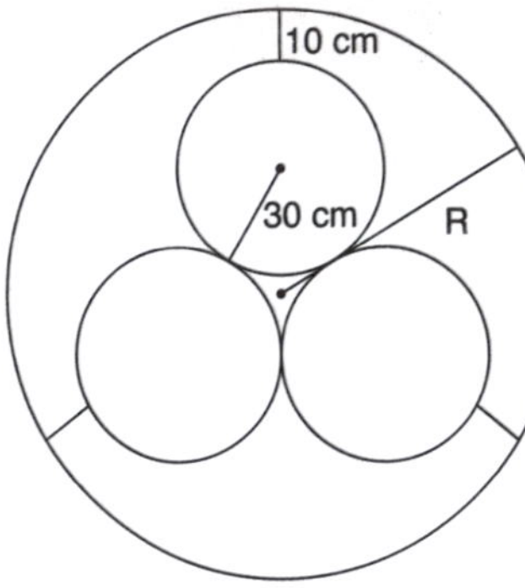

Reprodução/Arquivo da editora

Utilize 1,7 como aproximação para $\sqrt{3}$.

O valor de **R**, em centímetros, é igual a

a) 64,0.
b) 65,5.
c) 74,0.
d) 81,0.
e) 91,0.

TOTAL DE ACERTOS ____ /20

Rumo ao Ensino Superior

1. (UEM-PR)

Considere a equação $ax^2 + by^2 = 1$, com **a** e **b** números reais.

Assinale o que for **correto**.

01) Se **a** e **b** tiverem sinais opostos, então essa equação descreve uma hipérbole.

02) Se a = 25 e b = 9, então temos uma elipse de eixo menor com extremos em (0, 3) e (0, −3).

04) Se a = −25 e b = 9, então a cônica estará centrada na origem e seus focos estarão no eixo **y**.

08) Se **a** é positivo e b = 0, então temos uma parábola com concavidade voltada para cima.

16) Se a = b = 25, então a reta dada por y = 5 é tangente à cônica.

2. (UPE)

A taxa anual de juros básicos (Taxa Selic), determinada pelo governo brasileiro, é aplicável no pagamento, restituição, compensação ou reembolso de tributos federais. Na tabela a seguir, temos a evolução da Taxa Selic nos últimos 10 anos, nos cinco primeiros meses de cada ano.

Taxa Selic de 2005 a 2014 (janeiro a maio)

Mês/Ano	2005	2006	2007	2008	2009	2010	2011	2012	2013	2014
Janeiro	1,38%	1,43%	1,08%	0,93%	1,05%	0,66%	0,86%	0,89%	0,60%	0,85%
Fevereiro	1,22%	1,15%	0,87%	0,80%	0,86%	0,59%	0,84%	0,75%	0,49%	0,79%
Março	1,53%	1,42%	1,05%	0,84%	0,97%	0,76%	0,92%	0,82%	0,55%	0,77%
Abril	1,41%	1,08%	0,94%	0,90%	0,84%	0,67%	0,84%	0,71%	0,61%	0,82%
Maio	1,50%	1,28%	1,03%	0,88%	0,77%	0,75%	0,99%	0,74%	0,60%	0,87%

(Fonte: Receita Federal. Disponível em: http://www.receita.fazenda.gov.br/)

Com base nessas informações, analise as sentenças a seguir:

I) A taxa média do mês de fevereiro nos últimos 10 anos ficou acima de 1%.

II) A taxa modal dos cinco primeiros meses do ano de 2013 foi de 0,60%.

III) A taxa mediana do mês de março nos últimos 10 anos é de 0,88%.

IV) A taxa média dos cinco primeiros meses de 2007 foi de 1,05%.

Está CORRETO o que se afirma, apenas, em

a) I, II e III. b) II, III e IV. c) I, III e IV. d) I e IV. e) II e III.

3. (Uema)

Analise o quadro seguinte que apresenta o saldo da balança comercial brasileira em 2009. Os dados estão em US$ milhões.

Meses	Valores em US$ milhões
Janeiro	530
Fevereiro	1761
Março	1757
Abril	3695
Maio	2626
Junho	4604
Julho	2913
Agosto	3065
Setembro	1313
Outubro	1329
Novembro	613
Dezembro	2177

Fonte: BRASIL. (Ministério do Desenvolvimento, Indústria e Comércio Exterior). Disponível em: <www.mdic.org.br>. Acesso em: 21 ago. 2013. (adaptado)

O gráfico que representa a análise da balança comercial no segundo trimestre de 2009, de acordo com os dados apresentados, no quadro, é

a)
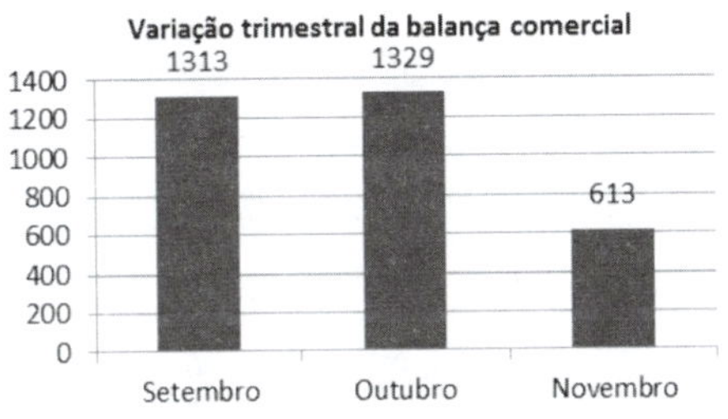

b)
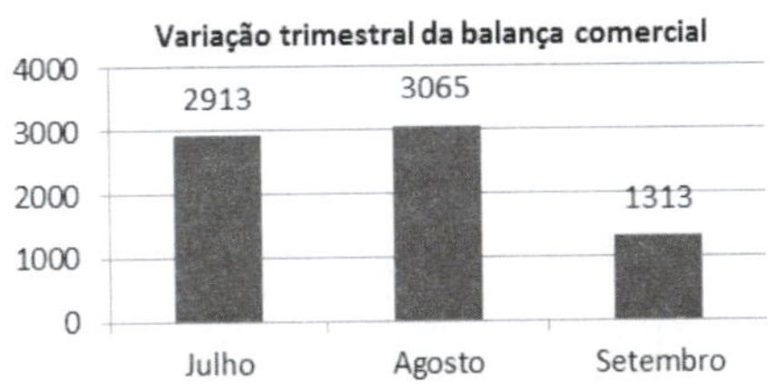

c)
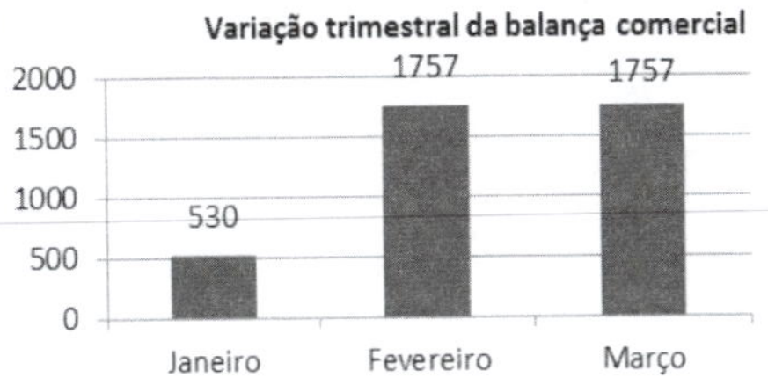

d)
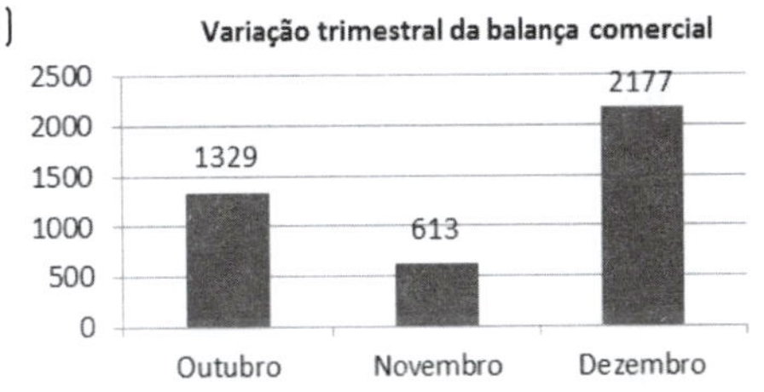

e)
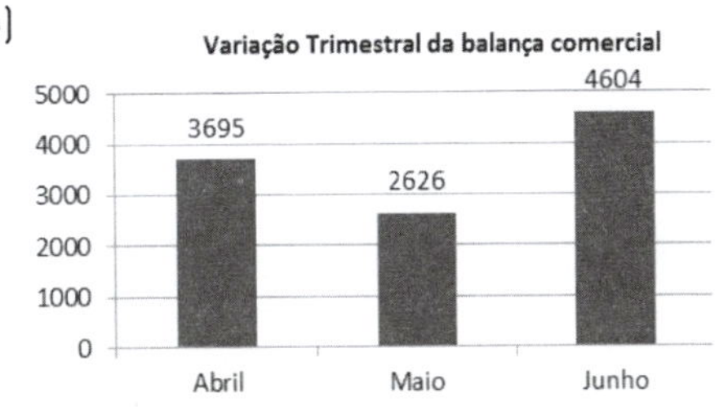

4. (Uece)

Em um plano, munido do referencial cartesiano usual, seja **A** o ponto de interseção das retas $3x + y + 4 = 0$ e $2x - 5y + 14 = 0$. Se os pontos **B** e **C** são respectivamente as interseções de cada uma destas retas com o eixo **x**, então, a área do triângulo ABC, é igual

a) $\frac{13}{3}$ u.a.

b) $\frac{14}{3}$ u.a.

c) $\frac{16}{3}$ u.a.

d) $\frac{17}{3}$ u.a.

5. (UFRGS-RS)

A altura de um triângulo equilátero é igual ao diâmetro do círculo de equação $x^2 + y^2 = 3y$.

Dois dos vértices do triângulo pertencem ao eixo das abscissas e o outro, ao círculo.

A equação da reta que tem inclinação positiva e que contém um dos lados do triângulo é

a) $y = 3x + \sqrt{3}$.

b) $y = \sqrt{3}x + 3$.

c) $y = \sqrt{3}x + 1$.

d) $y = \frac{\sqrt{3}}{3}x - 3$.

e) $y = \frac{\sqrt{3}}{3}x + 3$.

6. (PUC-SP)

Considere os números complexos $z_1 = -1 - i$, $z_2 = k + i$, com **k** um número real positivo e $z_3 = z_1 \cdot z_2$.

Sabendo que $|z_3| = \sqrt{10}$, é correto afirmar que

a) $|z_1 + z_2| = \sqrt{7}$

b) $\frac{z_2}{z_3} = \frac{-1 + i}{2}$

c) o argumento de z_2 é 225°.

d) $z_3 \cdot z_2 = -1 + 2i$

7. (Fuvest-SP)

Examine o gráfico.

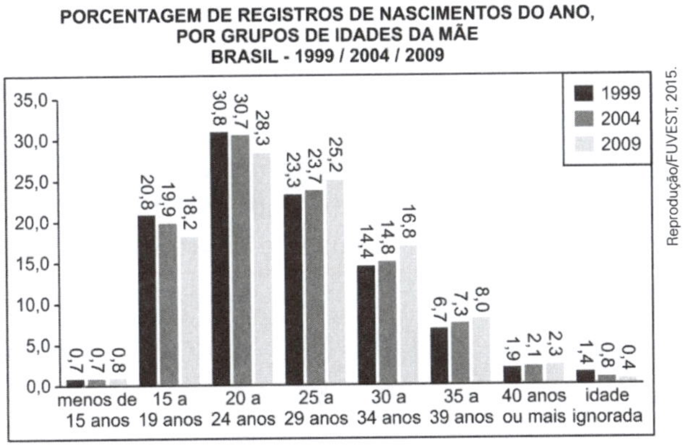

IBGE. Diretoria de Pesquisa.
Coordenação de População e Indicadores Sociais.
Estatísticas do Registro Civil. 1999/2004/2009. Adaptado.

Com base nos dados do gráfico, pode-se afirmar corretamente que a idade

a) mediana das mães das crianças nascidas em 2009 foi maior que 27 anos.
b) mediana das mães das crianças nascidas em 2009 foi menor que 23 anos.
c) mediana das mães das crianças nascidas em 1999 foi maior que 25 anos.
d) média das mães das crianças nascidas em 2004 foi maior que 22 anos.
e) média das mães das crianças nascidas em 1999 foi menor que 21 anos.

8. (UEG-GO)

Em uma eleição estão concorrendo os candidatos **A**, **B** e **C**. Realizada uma pesquisa de intenção de voto com 1 000 eleitores, obteve-se o seguinte resultado, ilustrado no gráfico de setores a seguir.

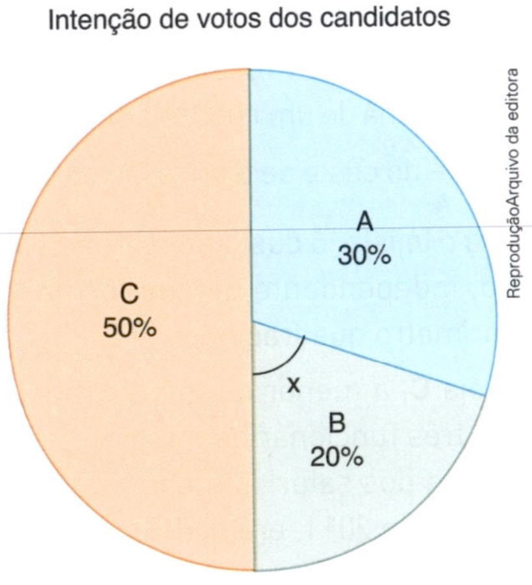

O valor do ângulo **x** do gráfico de setores é

a) 18 graus
b) 36 graus
c) 60 graus
d) 72 graus

9. (FGV-SP)

Um funcionário do setor de planejamento de uma distribuidora de materiais escolares verifica que as lojas dos seus três clientes mais importantes estão localizadas nos pontos A(0, 0), B(6, 0) e C(3, 4). Todas as unidades são dadas em quilômetros.

O setor de planejamento decidiu instalar um depósito no ponto P(x, y), de modo que as distâncias entre o depósito e as três lojas sejam iguais: PA = PB = PC.

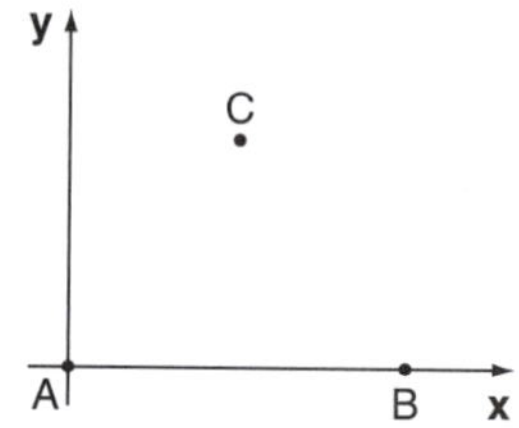

Uma pesquisa feita na Loja **A** estima que a quantidade de certo tipo de lapiseiras vendidas varia linearmente, de acordo com o preço de cada uma. O mesmo ocorre com o preço unitário de determinado tipo de agenda escolar e a quantidade vendida.

Preço de uma lapiseira	Quantidade	Preço de uma agenda	Quantidade
R$ 10,00	100	R$ 24,00	200
R$ 15,00	80	R$ 13,50	270
R$ 20,00	60	R$ 30,00	160

A Loja **B** monta dois tipos de estojos de madeira fechados. Um tipo, com 24 lápis de cor em cada estojo, é uma caixa que tem a forma de um paralelepípedo retângulo de base quadrada, de 16 cm de lado e volume igual a 576 cm³.

O outro tipo, com 18 lápis de cor em cada estojo, tem a forma de um cubo, e o seu custo de fabricação é $\frac{3}{4}$ do custo de fabricação do primeiro estojo.

Para o lojista, o custo de fabricação de cada estojo, independente de sua forma, é R$ 0,10 o centímetro quadrado.

A Loja **C**, a menor de todas, trabalha somente com três funcionários: Alberto, Beatriz e Carla. A soma dos salários mensais dos três, em dezembro de 2011, era de R$ 5.000,00.

Determine a quantos quilômetros da Loja **A** deverá ser instalado o depósito da distribuidora de materiais escolares. Aproxime a resposta para um número inteiro de quilômetros.

10. (FGV-SP)

No plano cartesiano, a reta tangente à circunferência de equação $x^2 + y^2 = 8$, no ponto **P** de coordenadas (2, 2), intercepta a reta de equação $y = 2x$ no ponto:

a) $\left(\frac{7}{16}, \frac{14}{6}\right)$

b) $\left(\frac{6}{5}, \frac{12}{5}\right)$

c) $\left(\frac{5}{4}, \frac{10}{4}\right)$

d) $\left(\frac{4}{3}, \frac{8}{3}\right)$

e) $\left(\frac{3}{2}, 3\right)$

11. (FGV-SP)

No plano cartesiano, a reta de equação $3x + 4y = 17$ tangencia uma circunferência de centro no ponto (1, 1).

A equação dessa circunferência é:

a) $x^2 + y^2 - 2x - 2y - 4 = 0$

b) $x^2 + y^2 - 2x - 2y - 2 = 0$

c) $x^2 + y^2 - 2x - 2y - 5 = 0$

d) $x^2 + y^2 - 2x - 2y - 3 = 0$

e) $x^2 + y^2 - 2x - 2y - 1 = 0$

12. (Unigranrio)

Sejam $\mathbf{x}_1$, $\mathbf{x}_2$ e $\mathbf{x}_3$ as raízes da equação $x^3 + 1 = 0$, tomando como base o conjunto dos números complexos. Ao representarmos geometricamente essas raízes no plano de Argand-Gauss, obtemos um triângulo, cujos vértices são os afixos de $\mathbf{x}_1$, $\mathbf{x}_2$ e $\mathbf{x}_3$. A área do triângulo é:

a) $\frac{\sqrt{3}}{4}$

b) $\frac{3}{4}$

c) $\frac{2\sqrt{3}}{4}$

d) $\frac{3\sqrt{3}}{4}$

e) $\frac{3}{2}$

13. (PUC-RJ)

Considere o quadrado ABCD como na figura. Assuma que A = (6, 13) e C = (12, 5).

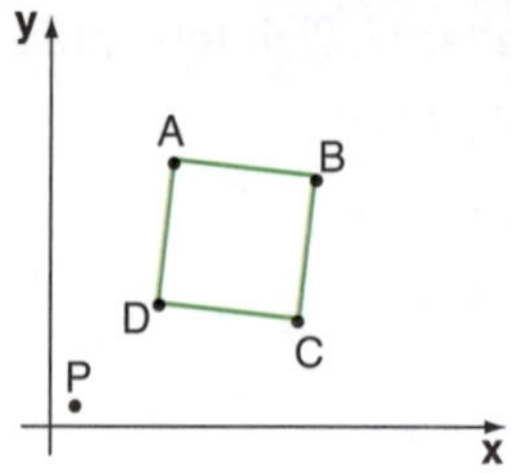

Reprodução/Arquivo da editora

a) Determine a equação da reta **r** que passa pelo ponto **M** (ponto médio de AC) e pelo ponto P(1, 1), justificando sua resposta.

b) Determine a medida do lado do quadrado ABCD, justificando sua resposta.

c) Aumentando em 50 por cento o comprimento dos lados do quadrado ABCD, em que porcentagem a área da nova figura será aumentada em relação à área do quadrado original? Justifique sua resposta.

14. (ITA-SP)

Sejam **m** e **n** inteiros tais que $\frac{m}{n} = -\frac{2}{3}$ e a equação $36x^2 + 36y^2 + mx + ny - 23 = 0$, que representa uma circunferência de raio r = 1 cm e centro **C** localizado no segundo quadrante. Se **A** e **B** são os pontos onde a circunferência cruza o eixo Oy, a área do triângulo ABC, em cm^2, é igual a

a) $\frac{8\sqrt{2}}{3}$ b) $\frac{4\sqrt{2}}{3}$ c) $\frac{2\sqrt{2}}{3}$ d) $\frac{2\sqrt{2}}{9}$ e) $\frac{\sqrt{2}}{9}$

15. (FGV-SP)

Seja **z** um número complexo cujo afixo **P** está localizado no 1º quadrante do plano complexo, e sejam I, II, III, IV e V os afixos de cinco outros números complexos, conforme indica a figura seguinte.

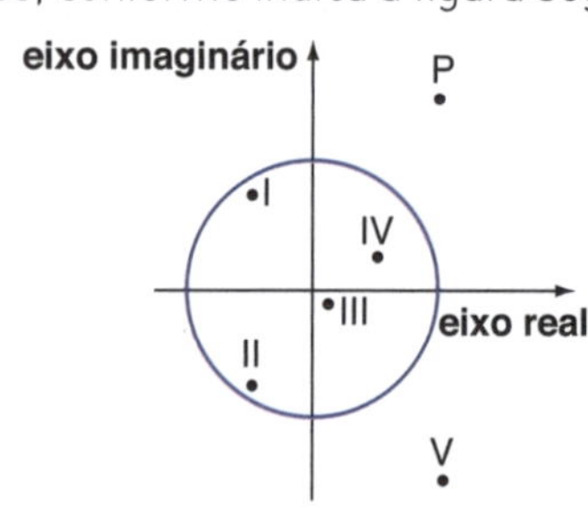

Reprodução/Arquivo da editora

Se a circunferência traçada na figura possui raio 1 e está centrada na origem do plano complexo, então o afixo de $\frac{1}{z}$ pode ser

a) I b) II c) III d) IV e) V

16. (UEL-PR)

Leia o texto a seguir.

A biometria é utilizada para a identificação pessoal e apresenta as seguintes características: universalidade, imutabilidade, facilidade de coleta e aceitação pública. A utilização das impressões digitais para reconhecimento biométrico oferece segurança e eficácia, podendo substituir os cartões e as senhas que se usa no dia a dia.

Adaptado de: MAZI, R. C.; PINO JUNIOR, A. Identificação biométrica através da impressão digital usando redes neurais artificiais. Anais do XIV Encita. 2008.

Suponha que esse processo seja constituído de duas etapas: na primeira, o usuário tem seu polegar digitalizado e a imagem gerada é transformada em um padrão matemático; na segunda, esse padrão é comparado em um banco de dados de usuários para se determinar a quem pertence a imagem digitalizada. Suponha também que o padrão matemático armazenado seja a equação da elipse central presente no polegar direito e que o banco de dados de usuários contenha as entradas a seguir.

Usuário	Padrão matemático
Bento Alves	$\sqrt{2}(x - 2)^2 + (y - 1)^2 = \text{sen}^2(7)$
Egbert	$2(x - 1)^2 + (y - \sqrt{2})^2 = \log_3(9)$
Macabéa	$(x - 1 - \text{sen}(3))^2 + (y - \cos(3))^2 = 2$
Marius	$(x - 1)^2 + \dfrac{(y - \sqrt{3})^2}{\sqrt{3}} = \sqrt{3} + 1$
Olímpico	$7(x - 1)^2 + \dfrac{5}{2}(y - \sqrt{2})^2 = 5\cos(0)$

Um desses usuários teve o polegar direito digitalizado e as propriedades da elipse central **E** (ilustrada na figura) são as seguintes:

Reprodução/UEL, 2017.

- A elipse **E** passa pelo ponto (1, 0);
- A elipse **E** não intercepta o eixo **y**;
- A elipse **E** intercepta o eixo **x** em apenas um ponto.

Assinale a alternativa que apresenta, corretamente, o usuário a quem pertence a digital.

a) Bento Alves.
b) Egbert.
c) Macabéa.
d) Marius.
e) Olímpico.

17. (Uece)

Se **x** é a média aritmética dos números reais **a**, **b** e **c**, **y** é a média aritmética de seus quadrados, então a média aritmética de seus produtos dois a dois ab, ac, bc, em função de **x** e **y** é

Sugestão: considere o quadrado da soma dos três números.

a) $\frac{3x^2 - y}{2}$.

b) $\frac{3x + y}{2}$.

c) $\frac{3x^2 + y}{2}$.

d) $\frac{3x - y}{2}$.

18. (UFPB)

O Governo pretende construir armazéns com o intuito de estocar parte da produção da safra de grãos, de modo que não haja desperdícios por situações adversas. A seção transversal da cobertura de um desses armazéns tem a forma de um arco de circunferência, apoiado em colunas de sustentação que estão sobre uma viga. O comprimento dessa viga é de 24 m e o comprimento da maior coluna de sustentação é de 8 m, conforme figura a seguir.

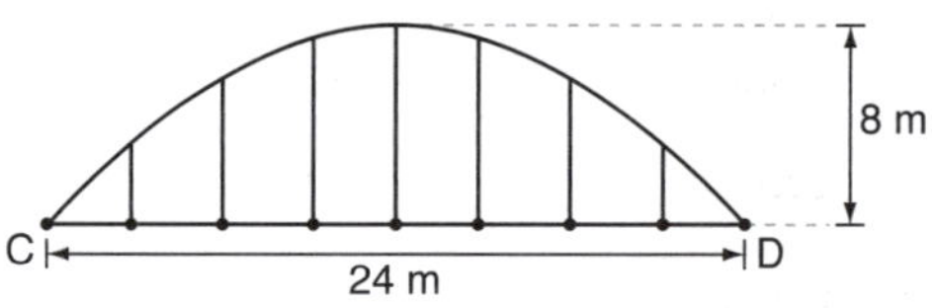

Reprodução/Arquivo da editora

Considerando um sistema cartesiano de eixos ortogonais xy, com origem no ponto **C**, de modo que o semieixo **x** positivo esteja na direção CD e o semieixo **y** positivo apontando para cima, é correto afirmar que a equação da circunferência que contém o arco CD da seção transversal do telhado, com relação ao sistema de eixos xy, é dada por:

a) $(x - 12)^2 + (y + 5)^2 = 169$

b) $(x - 12)^2 + (y - 7)^2 = 193$

c) $(x - 12)^2 + (y - 6)^2 = 180$

d) $(x - 12)^2 + (y + 6)^2 = 180$

e) $(x - 12)^2 + (y - 5)^2 = 169$

19. (Uece)

No plano, com o sistema de coordenadas cartesiano usual, as equações das retas tangentes à circunferência $x^2 + y^2 - 10y + 16 = 0$ e que passam pelo ponto (0, 0) são

a) $3x - 4y = 0$ e $3x + 4y = 0$

b) $2x - 3y = 0$ e $2x + 3y = 0$

c) $4x - 3y = 0$ e $4x + 3y = 0$

d) $3x - 2y = 0$ e $3x + 2y = 0$

20. (IME-RJ)

Calcule o determinante abaixo, no qual $\omega = \cos \dfrac{2\pi}{3}$ e $i = \sqrt{-1}$.

$$\begin{vmatrix} 1 & \omega & 0 & i \\ i & 1 & -i & \omega^2 \\ 1-i & \omega & i-1 & 1 \\ 0 & \omega & 1 & i \end{vmatrix}$$

21. (CPS-SP)

Um especialista, ao fazer um levantamento hidrográfico de uma região marítima, representou no plano cartesiano os dados obtidos. Ao terminar a sua tarefa observou que, em particular, as ilhas **A**, **B** e **C** formavam um triângulo conforme a figura.

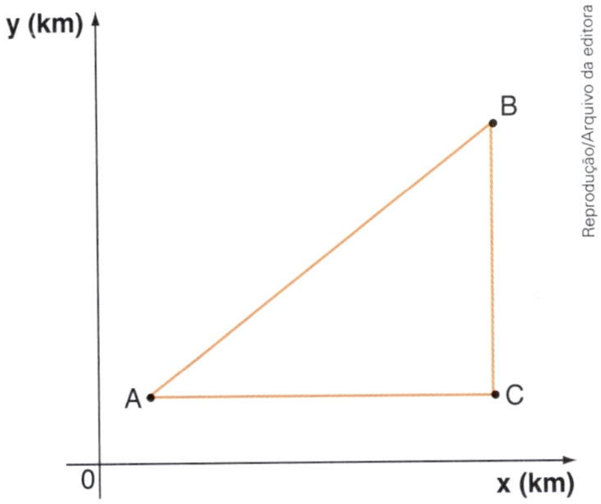

Sabendo que as coordenadas dos pontos que representam as ilhas são A(2, 3), B(18, 15) e C(18, 3), pode-se concluir que a tangente do ângulo BAC é

a) $\dfrac{3}{5}$.

b) $\dfrac{3}{4}$.

c) $\dfrac{4}{5}$.

d) $\dfrac{5}{4}$.

e) $\dfrac{4}{3}$.

22. (Insper-SP)

Os pontos A(−1, −3) e B(6, −2) pertencem a uma circunferência do plano cartesiano cujo centro é o ponto **C**. Se a área do triângulo ABC é $\dfrac{25}{2}$, então a medida do raio dessa circunferência é igual a

a) 5

b) $5\sqrt{2}$

c) $5\sqrt{3}$

d) 10

e) $10\sqrt{2}$

23. (UFSM-RS)

No plano complexo, o ponto z_0 representa o local de instalação de uma antena *wireless* na praça de alimentação de um *shopping*.

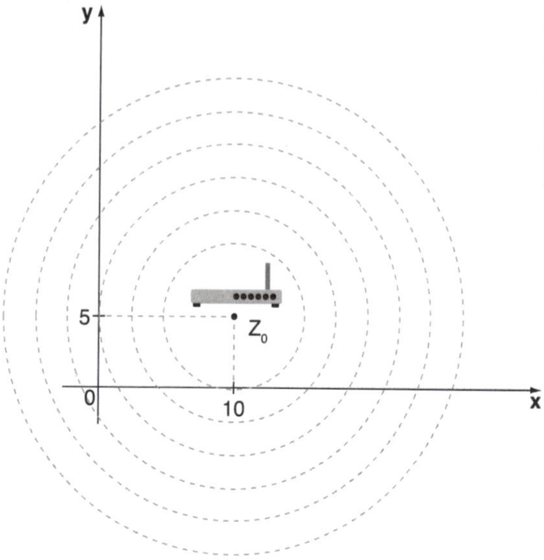

Os pontos $z = x + yi$ que estão localizados no alcance máximo dessa antena satisfazem a equação $|z - z_0| = 30$.

De acordo com os dados, esses pontos pertencem à circunferência dada por

a) $x^2 + y^2 - 20x - 10y - 775 = 0$

b) $x^2 + y^2 - 900 = 0$

c) $x^2 + y^2 - 10x + 20y - 775 = 0$

d) $x^2 + y^2 - 10x + 20y - 900 = 0$

e) $x^2 + y^2 - 20x - 10y - 900 = 0$

24. (Epcar-MG)

Seja $\lambda: 3x^2 + 3y^2 - 6x - 12y + k = 0$, uma circunferência que no plano cartesiano tem intersecção vazia com os eixos coordenados.

Considerando $k \in \mathbb{R}$, é correto afirmar que

a) $P\left(\frac{k}{3}, \frac{k}{3}\right)$ é interior a λ.

b) existem apenas dois valores inteiros para **k**.

c) a reta **r**: $x = k$ intersecta λ.

d) se **c** é o comprimento de λ, então $c > 2\pi$ unidades de comprimento.

25. (PUC-RJ)

Considere o círculo de raio 2 centrado na origem, e as retas verticais $x = 1$ e $x = -1$, como indicado na figura.

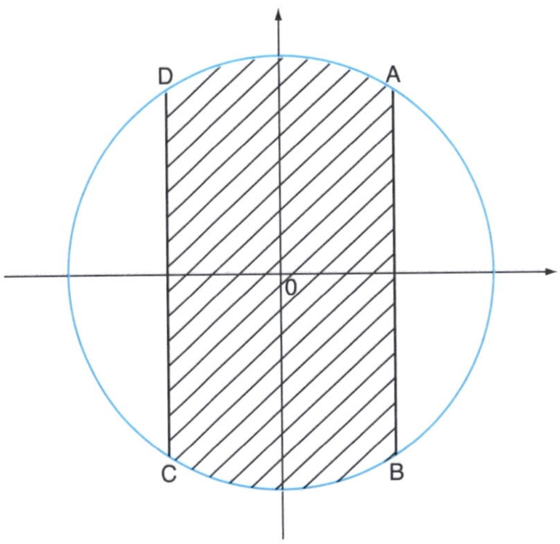

a) Encontre as coordenadas dos pontos de interseção **A**, **B**, **C** e **D** entre o círculo e as retas verticais.

b) Calcule a área da região interior ao círculo que fica entre as duas retas verticais.

26. (Vunesp)

O gráfico representa uma hipérbole, dada pela função real $f(x) = x + \frac{3}{2 - x}$. Sabe-se que ABCD é um retângulo, que $\overline{EC}$ é diagonal do retângulo EBCF e que a área da região indicada em rosa é igual a 4,7 cm².

a) Determine as coordenadas (x, y) do ponto **A**.

b) Calcule a área da região indicada em amarelo no gráfico.

27. (IFPE)

O *Candy Crush* é um dos jogos que virou febre nos últimos anos. Um joguinho no qual você precisa combinar doces simples e doces especiais que se encontram numa espécie de plano cartesiano. Há, na imagem abaixo, dois doces especiais: uma bomba colorida, que se encontra no ponto (8, 8); e uma rosquinha de coco, que se encontra no ponto (9, 2). Tomou-se como referencial o plano cartesiano indicado na imagem. Baseados nessas informações, podemos afirmar que a distância entre a bomba colorida e a rosquinha de coco, no plano cartesiano abaixo, é

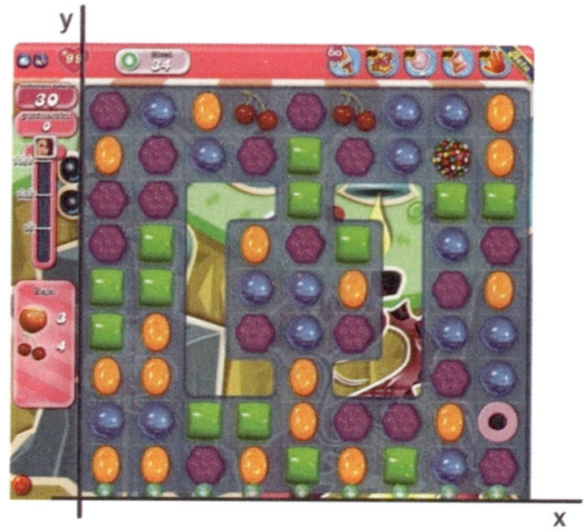

Disponível em: <https://www.dicascityville.com/wp-content/uploads/2013/02/vidas-infinitas-no-candy-crush-saga-dicas-cityville-tudo-sobre-jogos-sociais-300x258.jpg. Acesso em: 20 maio 2017.

a) $\sqrt{27}$.

b) $\sqrt{35}$.

c) $\sqrt{7}$.

d) $\sqrt{37}$.

e) 7.

28. (USF-SP)

A circunferência λ tem centro no ponto C(−2, y) e intersecta o eixo das ordenadas nos pontos A(0, 1) e B(0, −1). De acordo com esses dados, pode-se afirmar que uma equação para representar λ é

a) $x^2 + y^2 + 4x + 2y + 1 = 0$

b) $x^2 + y^2 - 4x + y + 1 = 0$

c) $x^2 + y^2 + 4x - 1 = 0$

d) $x^2 + y^2 - 4x - 1 = 0$

e) $x^2 + y^2 + 4x - 2y - 1 = 0$

29. (IFSP)

O gráfico abaixo apresenta o desmatamento da Amazônia, em km², durante o seguinte período: 1988-2011. Observe.

Fonte: Sistema Prodes/Inpe
Disponível em: <http://g1.globo.com/natureza/noticia/2012/06/amazonia-legal-tem-menor-indice-de-desmatamento-dos-ultimos-23-anos.html>. Acesso em 17 junho de 2016.

Considerando as informações do gráfico, assinale a alternativa correta.

a) O maior pico de desmatamento ocorreu no ano de 2004.

b) Entre os anos de 2008 e 2010, ocorreu o menor pico de desmatamento.

c) No ano de 1991, o desmatamento foi maior comparativamente ao ano de 1990.

d) Considerando os anos de 1992 e 1994, o desmatamento permaneceu constante.

e) A área desmatada apresenta queda entre os anos de 1996 e 1997, voltando a subir no ano de 1998.

30. (EEAR-SP)

Considere os pontos A(2, 8) e B(8, 0). A distância entre eles é de

a) $\sqrt{14}$

b) $3\sqrt{2}$

c) $3\sqrt{7}$

d) 10

31. (Unigranrio)

Se (p, q) são as coordenadas cartesianas do centro da circunferência $x^2 + y^2 - 4x - 2y - 4 = 0$, então é correto afirmar que $5p - 3q$ é igual a:

a) 7

b) 10

c) 13

d) 16

e) 19

32. (Cefet-RJ)

O arco de circunferência NP foi criado a partir de uma circunferência de raio MN, desenhada no plano cartesiano, conforme a figura a seguir, onde N = (0, 12) e P = (8, 0).

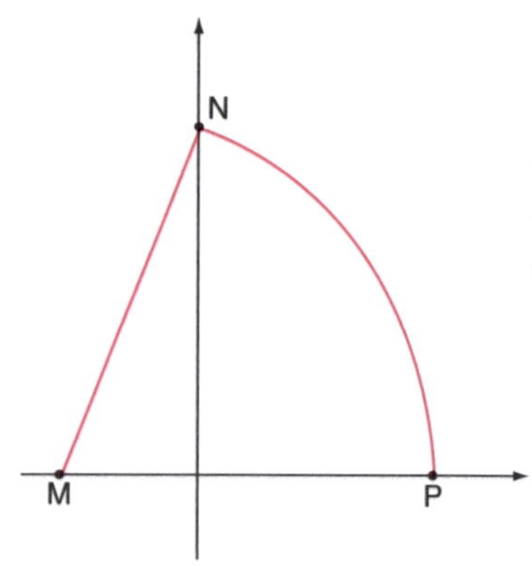

Quais são as coordenadas do ponto **M**?

33. (UFPR)

Considere o número complexo $z_0 = 4i + \dfrac{13}{2 + 3i}$.

a) Determine a parte real e a parte imaginária de $\mathbf{z_0}$.

b) Determine **a** e **b**, de modo que $z = 1 - i$ seja solução da equação $z^2 + az + b = 0$.

34. (Epcar-MG)

Um cursinho de inglês avaliou uma turma completa sendo que parte dos alunos fez a avaliação **A**, cujo resultado está indicado no gráfico abaixo.

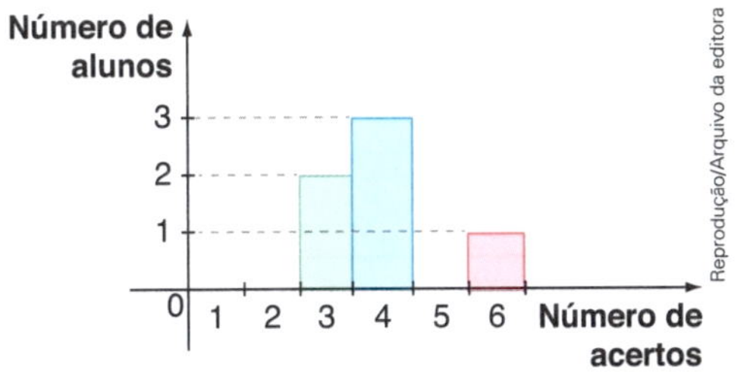

Os demais alunos fizeram a avaliação **B** e todos tiveram 4 acertos. Assim, o desvio padrão obtido a partir do gráfico acima ficou reduzido à metade ao ser apurado o resultado da turma inteira.

Essa turma do cursinho de inglês tem

a) mais de 23 alunos.
b) menos de 20 alunos.
c) 21 alunos.
d) 22 alunos.

35. (FGV-SP)

No plano cartesiano, M(3, 3), N(7, 3) e P(4, 0) são os pontos médios respectivamente dos lados $\overline{AB}$, $\overline{BC}$ e $\overline{AC}$, de um triângulo ABC. A abscissa do vértice **C** é:

a) 6
b) 7
c) 8
d) 9
e) 0

36. (Ifal)

Dados os pontos A(−1, 2) e B(0, 4), pertencentes a um sistema de eixos ortogonais num plano, podemos afirmar que:

I) A distância entre esses pontos é 5.

II) A equação da reta que passa por esses pontos é $2x - y = -4$.

III) A equação da circunferência que tem centro em **A** e passa por **B** é $(x + 1)^2 + (y - 2)^2 = 5$.

Das afirmativas anteriores, é(são) verdadeira(s)

a) apenas I.
b) apenas II.
c) apenas III.
d) I e II.
e) II e III.

37. (UFPA)

O gráfico abaixo, retirado do Boletim Epidemiológico 16 de 2016 do Ministério da Saúde, registra os casos de dengue por semana, no Brasil, nos anos de 2014, 2015 e início de 2016.

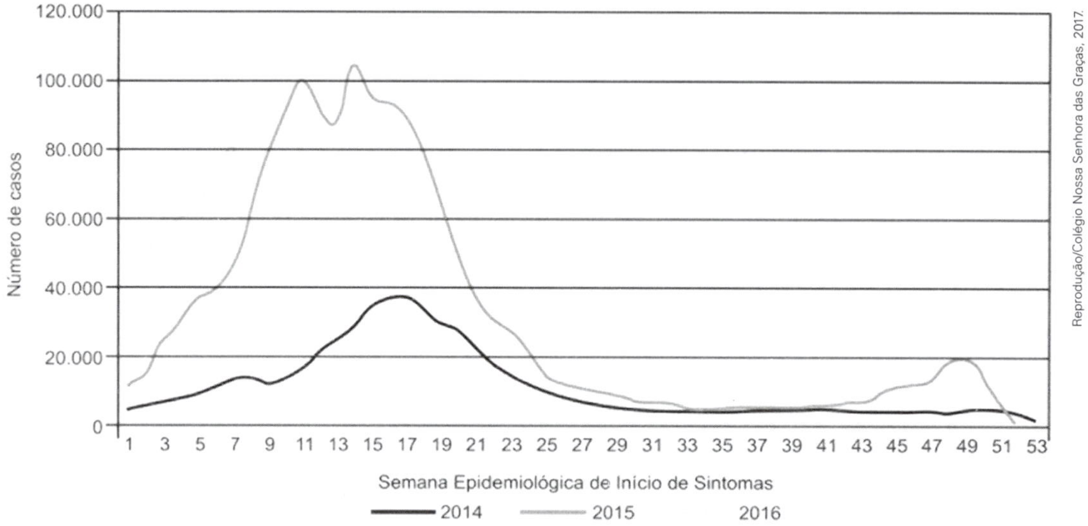

Fonte: Sinan *Online* (atualizado em [a]13/07/2015; [b]04/01/2016; [c]07/03/2016). Dados sujeitos a alteração.

Figura – Casos prováveis de dengue, por semana epidemiológica de início de sintomas, Brasil, 2014[a], 2015[b] e 2016[c].

Com base no gráfico, pode-se afirmar que

a) o maior número de casos de dengue ocorreu em 2014.

b) o número de casos de dengue tem comportamento crescente próximo da vigésima segunda semana.

c) os dados das 7 primeiras semanas de 2016 indicam uma diminuição do número de casos em relação a 2014 e 2015.

d) o gráfico de 2015 permite afirmar que houve mais de um milhão de casos em 2015.

e) o maior número de casos ocorre em cada ano na décima quarta semana.

38. (EEAR-SP)

Considere os segmentos de retas $\overline{AB}$ e $\overline{CD}$, onde A(0, 10), B(2, 12), C(−2, 3) e D(4, 3). O segmento $\overline{MN}$, determinado pelos pontos médios dos segmentos $\overline{AB}$ e $\overline{CD}$, é dado pelos pontos **M** e **N** pertencentes respectivamente a $\overline{AB}$ e a $\overline{CD}$.

Assinale a alternativa que corresponde corretamente a esses pontos.

a) $M\left(\frac{1}{2}, 1\right)$ e N(−1, 3)

b) M(−2, 10) e N(−1, 3)

c) M(1, −2) e N(−1, 3)

d) M(1, 11) e N(1, 3)

39. (Unesp-SP)

Os pontos **P** e Q(3, 3) pertencem a uma circunferência centrada na origem do plano cartesiano. **P** também é ponto de intersecção da circunferência com o eixo **y**.

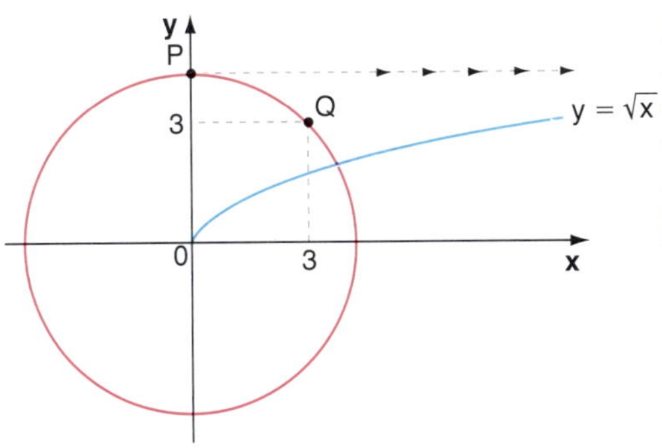

Reprodução/Arquivo da editora

Considere o ponto **R**, do gráfico de $y = \sqrt{x}$, que possui ordenada **y** igual à do ponto **P**. A abscissa **x** de **R** é igual a

a) 9

b) 16

c) 15

d) 12

e) 18

40. (ITA-SP)

Considere as afirmações a seguir:

I) O lugar geométrico do ponto médio de um segmento $\overline{AB}$, com comprimento ℓ fixado, cujos extremos se deslocam livremente sobre os eixos coordenados, é uma circunferência.

II) O lugar geométrico dos pontos (x, y) tais que $6x^3 + x^2y - xy^2 - 4x^2 - 2xy = 0$ é um conjunto finito no plano cartesiano $\mathbb{R}^2$.

III) Os pontos (2, 3), (4, −1) e (3, 1) pertencem a uma circunferência.

Destas, é (são) verdadeira(s)

a) apenas I.

b) apenas II.

c) apenas III.

d) I e II.

e) I e III.

41. (UFRGS-RS)

Os pontos de interseção do círculo de equação $(x - 4)^2 + (y - 3)^2 = 25$ com os eixos coordenados são vértices de um triângulo. A área desse triângulo é

a) 22.
b) 24.
c) 25.
d) 26.
e) 28.

42. (FGV-SP)

No plano cartesiano, uma circunferência, cujo centro se encontra no segundo quadrante, tangencia os eixos **x** e **y**.

Se a distância da origem ao centro da circunferência é igual a 4, a equação da circunferência é:

a) $x^2 + y^2 + \left(2\sqrt{10}\right)x - \left(2\sqrt{10}\right)y + 10 = 0$

b) $x^2 + y^2 + \left(2\sqrt{8}\right)x - \left(2\sqrt{8}\right)y + 8 = 0$

c) $x^2 + y^2 + \left(2\sqrt{10}\right)x + \left(2\sqrt{10}\right)y + 10 = 0$

d) $x^2 + y^2 - \left(2\sqrt{8}\right)x + \left(2\sqrt{8}\right)y + 8 = 0$

e) $x^2 + y^2 - 4x + 4y + 4 = 0$

43. (EEAR-SP)

A distribuição de frequência abaixo refere-se à exportação de soja realizada por uma Cooperativa no mês de abril.

x_i	Toneladas exportadas	f_i
1	10 ⊢ 20	3
2	20 ⊢ 30	2
3	30 ⊢ 40	8
4	40 ⊢ 50	10
5	50 ⊢ 60	7
		$\sum f_i = 30$

Dados fictícios.

Com base nos dados apresentados, a mediana da distribuição pertence à

a) 2ª classe
b) 3ª classe
c) 4ª classe
d) 5ª classe

44. (FGV-SP)

No plano cartesiano, a circunferência que passa pelos pontos A(2, 0), B(0, 3) e pela origem O(0, 0) intercepta a reta $y = x$ em dois pontos. Um deles tem coordenadas cuja soma é:

a) 5
b) 4,5
c) 4
d) 3,5
e) 3

45. (Unicamp-SP)

No plano cartesiano, sejam **C** a circunferência de centro na origem e raio $r > 0$ e **s** a reta de equação $x + 3y = 10$. A reta **s** intercepta a circunferência **C** em dois pontos distintos se e somente se

a) $r > 2$.
b) $r > \sqrt{5}$.
c) $r > 3$.
d) $r > \sqrt{10}$.

46. (EsPCEx-SP)

Uma elipse tem centro na origem e vértices em (2a, 0) e (0, a), com $a > 0$. A área do quadrado inscrito nessa elipse é

a) $\frac{16a^2}{5}$.
b) $\frac{4a^2}{5}$.
c) $\frac{12a^2}{5}$.
d) $\frac{8a^2}{5}$.
e) $\frac{20a^2}{5}$.

47. (Unicamp-SP)

Considere a circunferência de equação cartesiana $x^2 + y^2 = x - y$. Qual das equações a seguir representa uma reta que divide essa circunferência em duas partes iguais?

a) $x + y = -1$
b) $x - y = -1$
c) $x - y = 1$
d) $x + y = 1$

48. (IFSP)

O gráfico abaixo apresenta informações sobre a participação dos três únicos vendedores de uma pequena corretora no valor total de vendas de seguros, no segundo quadrimestre de 2015.

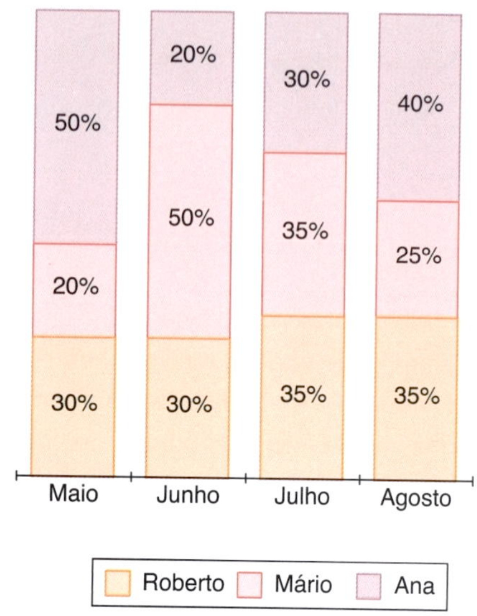

Reprodução/Arquivo da editora

Com base nas informações apresentadas, assinale a alternativa que contém uma afirmação correta.

a) Não houve mês em que dois vendedores tiveram o mesmo valor de venda.

b) O valor das vendas de Roberto, em junho, e o valor das vendas de Ana, em julho, foram necessariamente iguais.

c) O valor das vendas de Mário, em agosto, foi necessariamente menor que o valor das vendas de Ana, em julho.

d) No mês de maio, o valor das vendas de Ana necessariamente correspondeu a 250% do valor das vendas de Mário.

e) Em todos os quatro meses do segundo trimestre de 2015, os valores em vendas da corretora foram iguais.

49. (Unicamp-SP)

Chamamos de unidade imaginária e denotamos por **i** o número complexo tal que $i^2 = -1$.

Então $i^0 + i^1 + i^2 + i^3 + ... + i^{2013}$ vale

a) 0

b) 1

c) i

d) $1 + i$

50. (UFSJ-MG)

No plano cartesiano, a reta de equação $2y = x + 2$ intercepta o eixo **y** no ponto **C**.

A equação da circunferência que tem centro em **C** e raio 2 é

a) $x^2 + y^2 - 2x - 3 = 0$

b) $x^2 + y^2 - 2y - 3 = 0$

c) $x^2 + y^2 + 2y - 3 = 0$

d) $x^2 + y^2 + 2x - 3 = 0$

51. (UPF-RS)

Sabendo que o ponto P(4, 1) é o ponto médio de uma corda AB da circunferência $x^2 - 6x + y^2 + + 4 = 0$, então a equação da reta que passa por **A** e **B** é dada por:

a) $y = -x + 5$

b) $y = x + 5$

c) $y = -x + 3$

d) $y = x - 3$

e) $y = -\frac{1}{2}x + 5$

52. (EsPCEx-SP)

Sendo $\overline{z}$ o conjugado do número complexo **z** e **i** a unidade imaginária, o número complexo **z** que satisfaz à condição $z + 2\overline{z} = 2 - zi$ é

a) $z = 0 + 1i$

b) $z = 0 + 0i$

c) $z = 1 + 0i$

d) $z = 1 + i$

e) $z = 1 - i$

53. (Udesc)

Dados os pontos A(1, 2), B(3, 4) e C(7, 2), a medida da menor mediana, em unidades de comprimento, do triângulo isósceles que tem por base o segmento AC e que um dos lados está sobre a reta que passa pelos pontos **A** e **B** é igual a:

a) $\sqrt{5}$

b) 2

c) 3

d) $\frac{5\sqrt{17}}{2}$

e) 5

54. (UFRGS-RS)

Observe o gráfico abaixo.

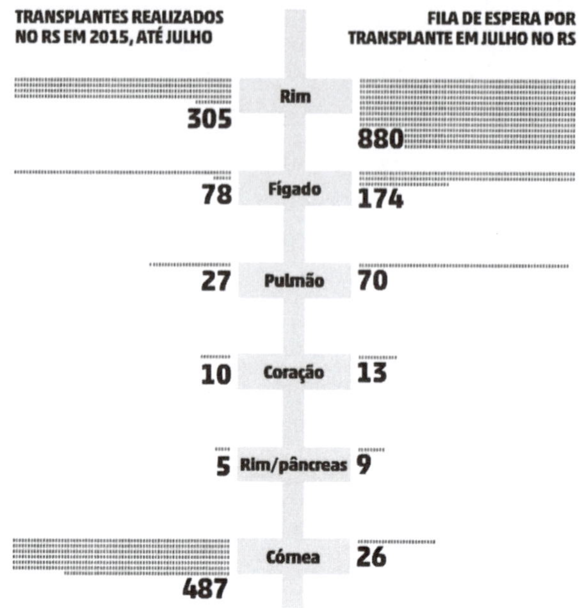

Fonte: *Jornal Zero Hora*

Nele está retratado o número de transplantes realizados no Rio Grande do Sul, até julho de 2015, e a quantidade de pessoas que aguardam na fila por um transplante no Estado, no mês de julho de 2015.

Assinale a alternativa que está de acordo com as informações do gráfico.

a) Mais de 50% dos transplantes realizados no RS, até julho de 2015, foram transplantes de córnea.

b) O percentual de pessoas que aguardavam transplante de pulmão em julho de 2015 era 70% do total de pessoas na fila de espera por transplantes.

c) O transplante de fígado é o que apresenta maior diferença percentual entre o número de transplantes realizados e o número de pessoas que aguardavam transplante.

d) O número de transplantes de fígado realizados até julho de 2015 é 288% maior do que o número de transplantes de pulmão realizados no mesmo período.

e) O transplante de córneas é o que tem a menor quantidade de pessoas aguardando transplante.

55. (Escola Naval-RJ)

Seja P(x, y) um ponto da elipse $\frac{x^2}{a^2} + \frac{y^2}{b^2} = 1$, de focos $\mathbf{F}_1$ e $\mathbf{F}_2$ e excentricidade **e**. Calcule $\overrightarrow{PF_1} \cdot \overrightarrow{PF_2}$ e assinale a opção correta.

a) $ex^2 + a(1 + 2e^2)$

b) $e^2x - a^2(1 + e)$

c) $e^2x^2 + a^2(1 - 2e)$

d) $e^2x - a(1 + e^2)$

e) $e^2x^2 + a^2(1 - 2e^2)$

56. (UPM-SP)

Uma circunferência de centro (4, y), com $y \in \mathbb{Z}$ é tangente às retas $x + y - 2 = 0$ e $x - 7y + 2 = 0$. O raio dessa circunferência é

a) 4

b) 5

c) $4\sqrt{2}$

d) $5\sqrt{2}$

e) $6\sqrt{2}$

57. (FGV-SP)

No plano Argand-Gauss estão indicados um quadrado ABCD e os afixos dos números complexos $\mathbf{Z}_0$, $\mathbf{Z}_1$, $\mathbf{Z}_2$, $\mathbf{Z}_3$, $\mathbf{Z}_4$, e $\mathbf{Z}_5$.

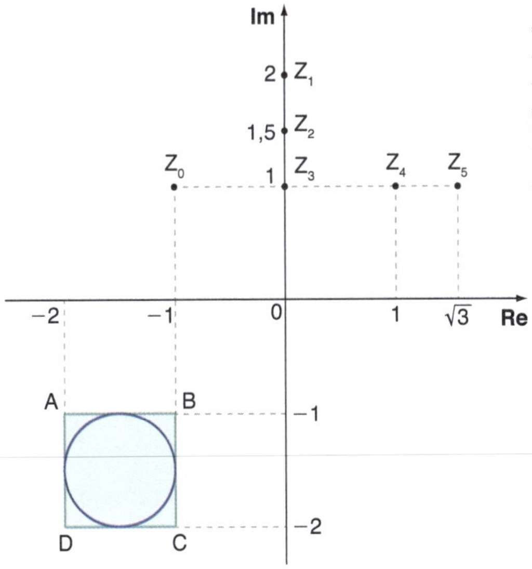

Se o afixo do produto de $\mathbf{Z}_0$ por um dos outros cinco números complexos indicados é o centro da circunferência inscrita no quadrado ABCD, então esse número complexo é

a) Z_1

b) Z_2

c) Z_3

d) Z_4

e) Z_5

58. (FGV-SP)

A lei de Benford, também chamada de "lei do primeiro dígito", sugere que, em vários conjuntos de dados numéricos, a ocorrência dos algarismos de 1 a 9 no início dos números (da esquerda para a direita em cada número) do conjunto de dados não é igualmente provável. A lei se verifica em diversos conjuntos de dados reais como, por exemplo, o conjunto das populações dos diversos municípios de um país, o conjunto dos dados numéricos contidos nas contas de energia elétrica da população de um município, o conjunto dos comprimentos dos rios de um país etc.

Quando a lei de Benford se aplica aos dados analisados, a probabilidade P(n) de que o algarismo **n** seja o primeiro algarismo em um dado numérico qualquer do conjunto de dados será $P(n) = \log\left(\frac{n+1}{n}\right)$.

Por exemplo, se a lei se aplica, a probabilidade de que o algarismo 1 ($n = 1$) seja o primeiro (da esquerda para a direita) em um número sorteado ao acaso do conjunto de dados é igual a log 2, ou seja, aproximadamente 30%, já que $\log 2 \approx 0{,}30$.

Admita que os dados numéricos indicados na tabela 1 tenham sido retirados da declaração de imposto de renda de um contribuinte. Também admita que a Receita Federal tenha a expectativa de que tais dados obedeçam, ainda que aproximadamente, à lei de Benford.

Tabela 1

1 526	2 341	5 122	242	1 444	788	4 029	333	426	1 981
2 589	503	1 276	5 477	229	579	1 987	719	1 236	2 817
456	886	1 424	470	113	342	345	433	192	343

a) Complete a tabela na página de resolução e resposta, registrando a frequência do primeiro dígito (da esquerda para a direita) dos dados da tabela 1 para os casos em que $n = 2$, $n = 3$ e $n = 4$. Registre também a frequência relativa desses algarismos (ver exemplo para o caso em que $n = 1$).

n	1	2	3	4
Frequência de n	9			
Frequência relativa de n	$\frac{9}{30} = \frac{3}{10}$			

b) Admita que uma declaração de imposto de renda vai para a "malha fina" (análise mais detalhada da Receita Federal) se a diferença, em módulo, entre a frequência relativa do primeiro dígito, em porcentagem, e a probabilidade dada pelo modelo da lei de Benford, também em porcentagem, seja maior do que quatro pontos percentuais para algum **n**. Argumente, com dados numéricos, se a declaração analisada na tabela 1 deverá ou não ir para a "malha fina".

Adote nos cálculos $\log 2 = 0{,}30$ e $\log 3 = 0{,}48$.

59. (Enem)

Foi utilizado o plano cartesiano para a representação de um pavimento de lojas. A loja **A** está localizada no ponto A(1, 2).

No ponto médio entre a loja **A** e a loja **B** está o sanitário **S**, localizado no ponto S(5, 10).

Determine as coordenadas do ponto de localização da loja **B**.

a) (−3, −6)
b) (−6, −3)
c) (3, 6)
d) (9, 18)
e) (18, 9)

60. (Uema)

Um fabricante de brinquedos utiliza material reciclado: garrafas, latinhas e outros. Um dos brinquedos despertou a atenção de um estudante de Geometria, por ser confeccionado da seguinte forma: amarra-se um barbante em um bico de garrafa pet cortada e, na extremidade, cola-se uma bola de plástico que, ao girar em torno do bico, forma uma circunferência. O estudante representou-a no sistema por coordenadas cartesianas, conforme a figura a seguir:

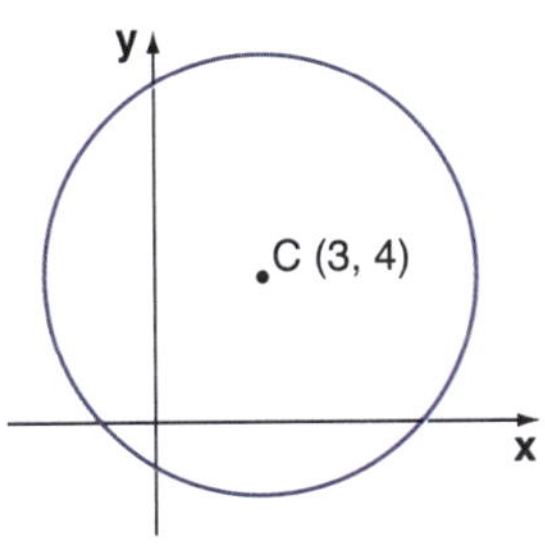

Considerando o tamanho do barbante igual a 6 unidades de comprimento (u.c.) e o bico centrado no ponto (3, 4), a equação que representa a circunferência é igual a

a) $x^2 + y^2 - 6x - 8y - 11 = 0$
b) $x^2 + y^2 + 6x + 8y - 11 = 0$
c) $x^2 + y^2 + 6x + 8y + 11 = 0$
d) $x^2 + y^2 - 6x - 8y + 11 = 0$
e) $x^2 + y^2 - 8x - 6y - 11 = 0$

61. (Epcar-MG)

No plano cartesiano, a circunferência λ de equação $x^2 + y^2 - 6x + 10y + k = 0$, com $k \in \mathbb{R}$, determina no eixo das ordenadas uma corda de comprimento $\ell = 8$.

Dessa forma, é correto afirmar que

a) λ é tangente ao eixo $\overleftrightarrow{Ox}$.
b) o raio de λ é igual a $\sqrt{k}$.
c) $P(k, -1) \in \lambda$.
d) λ é secante à reta $x = k$.

62. (Epcar-MG)

Considerando a circunferência de equação λ: $x^2 + y^2 + 2x - 4y - 4 = 0$, é correto afirmar que

a) λ é concêntrica com α: $(x - 1)^2 + (y - 2)^2 = 1$.

b) o ponto O(0, 0) é exterior a λ.

c) a reta r: $x - y + 3 = 0$ é tangente a λ.

d) λ é simétrica da circunferência β: $(x - 1)^2 + (y + 2)^2 = 9$, em relação ao ponto O(0, 0).

63. (UEPG-PR)

Dado o ponto C(−2, 3), assinale o que for correto.

01) $x^2 + y^2 + 4x - 6y + 4 = 0$ é a equação da circunferência de centro **C** e tangente ao eixo das abscissas.

02) $x^2 + y^2 + 4x - 6y + 9 = 0$ é a equação da circunferência de centro **C** e tangente ao eixo das ordenadas.

04) $x^2 + y^2 + 4x - 6y - 13 = 0$ é a equação da circunferência de centro **C** e passante pelo ponto Q(−1, −2).

08) $x^2 + y^2 - 13 = 0$ é a equação da circunferência de centro na origem e passante em **C**.

16) $x^2 + y^2 + 4x - 6y - 3 = 0$ é a equação da circunferência de centro **C** e raio igual a $\sqrt{10}$ u.c.

64. (EsPCEx-SP)

As três raízes da equação $x^3 - 6x^2 + 21x - 26 = 0$ são **m**, **n** e **p**. Sabendo que **m** e **n** são complexas e que **p** é uma raiz racional, o valor de $m^2 + n^2$ é igual a

a) −18

b) −10

c) 0

d) 4

e) 8

65. (Uece)

No plano, com o sistema de coordenadas cartesiano usual, a área do quadrilátero convexo cujos vértices são os pontos de interseção das elipses representadas pelas equações $x^2 + 2y^2 = 2$ e $2x^2 + y^2 = 2$ é

u.a. ≡ unidade de área

a) $\frac{9}{2}$ u.a.

b) $\frac{8}{3}$ u.a.

c) $\frac{7}{3}$ u.a.

d) $\frac{5}{3}$ u.a.

66. (UFSM-RS)

Uma antena de telefone celular rural cobre uma região circular de área igual a 900π km^2. Essa antena está localizada no centro da região circular e sua posição no sistema cartesiano, com medidas em quilômetros, é o ponto (0, 10).

Assim, a equação da circunferência que delimita a região circular é

a) $x^2 + y^2 - 20y - 800 = 0$.
b) $x^2 + y^2 - 20y + 70 = 0$.
c) $x^2 + y^2 - 20x - 800 = 0$.
d) $x^2 + y^2 - 20y - 70 = 0$.
e) $x^2 + y^2 = 900$.

67. (Insper-SP)

Se as raízes da equação $x^3 + 4x^2 - 7x - 10 = 0$ são -5, -1 e 2, então a soma dos quadrados das raízes da equação

$(x - 3)^2 + 4(x - 3)^2 - 7(x - 3) - 10 = 0$ é igual a

a) 16
b) 25
c) 29
d) 33
e) 41

68. (Enem)

O cartão Micro SD é um tipo de mídia utilizada para armazenamento de dados (arquivos, fotos, filmes, músicas etc.). Um usuário tem um cartão Micro SD de 16 GB e, utilizando seu computador, visualiza, em termos percentuais, os dados armazenados no cartão, conforme o gráfico.

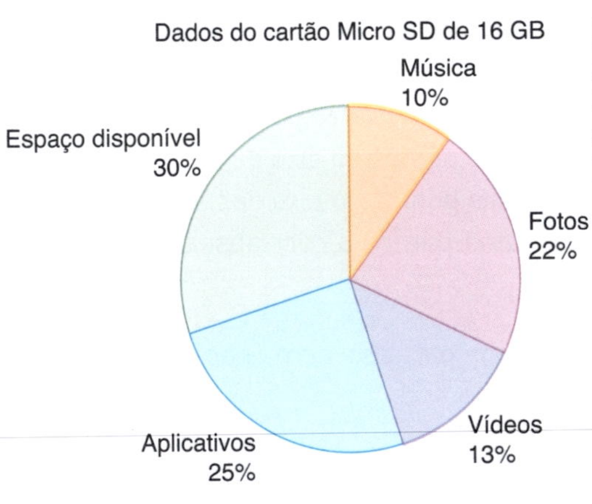

O usuário adquiriu um cartão do mesmo tipo, mas de 32 GB, com o objetivo de gravar os dados do seu cartão de 16 GB em seu novo cartão de 32 GB. No entanto, para aumentar o espaço de armazenamento disponível, decidiu não gravar suas músicas no novo cartão.

Analisando o gráfico, o espaço disponível no novo cartão de 32 GB, em termos percentuais, é igual a

a) 60. b) 65. c) 70. d) 75. e) 80.

69. (UFU-MG)

Uma máquina moderna usa um sistema de coordenadas cartesianas xOy para representar a forma e a dimensão (mapear) dos objetos que serão cortados, furados etc. Uma chapa metálica delgada triangular é mapeada pelo triângulo de vértices $A = (-3, 0)$, $B = (1, 4)$ e $C = (5, -4)$ e será feito um furo circular de raio uma unidade de comprimento, com centro no centro de massa dessa chapa (baricentro do triângulo). Para realizar esse procedimento com precisão, a máquina calcula a equação cartesiana do círculo.

Elabore e execute um plano de resolução que conduza à determinação do centro de massa e da equação desse círculo.

70. (Acafe-SC)

O comprimento da corda determinada pela reta $x - y = 2$ sobre a circunferência cujo centro é (2, 3) e o raio mede 3 cm é igual a:

a) $4\sqrt{2}$ cm
b) $5\sqrt{3}$ cm
c) 4 cm
d) $3\sqrt{2}$ cm

71. (FGV-SP)

No plano cartesiano, os pontos (x, y) que satisfazem a equação $x^2 - 5x + 4 = 0$ são representados por

a) um par de retas paralelas.
b) dois pontos do eixo das ordenadas.
c) dois pontos do eixo das abscissas.
d) uma parábola com abscissa do vértice igual a $\frac{-5}{2}$.
e) uma parábola com concavidade voltada para cima.

72. (PUC-SP)

Num sistema de eixos cartesianos ortogonais, as interseções das curvas de equações $y = x^2$ e $x + y - 2 = 0$ são as extremidades de um diâmetro de uma circunferência cuja equação é:

a) $x^2 + y^2 - 5x + y + 2 = 0$
b) $x^2 + y^2 + 5x + y - 2 = 0$
c) $x^2 + y^2 + x + 5y + 2 = 0$
d) $x^2 + y^2 + x + 5y - 2 = 0$
e) $x^2 + y^2 + x - 5y + 2 = 0$

73. (Insper-SP)

Considere um polinômio P(x) do 4º grau, de coeficientes reais, tal que:

$P(-3) = P(1) = P(5) = 0$;

P(0) e P(2) são, ambos, números positivos.

Nessas condições, os sinais dos números $P(-5)$, P(4) e P(6) são, respectivamente,

a) positivo, negativo e negativo.
b) positivo, negativo e positivo.
c) negativo, negativo e negativo.
d) negativo, positivo e negativo.
e) negativo, positivo e positivo.

74. (EsPCEx-SP)

Considere as afirmações:

I) Uma elipse tem como focos os pontos $F_1(-3, 0)$, $F_2(3, 0)$ e a medida do eixo maior é 8. Sua equação é $\frac{x^2}{16} + \frac{y^2}{7} = 1$.

II) Os focos de uma hipérbole são $F_1(-10, 0)$, $F_2(10, 0)$ e sua excentricidade é $\frac{5}{3}$. Sua equação é $16x^2 - 9y^2 = 576$.

III) A parábola $8x = -y^2 + 6y - 9$ tem como vértice o ponto V(3, 0).

Com base nessas afirmações, assinale a alternativa correta.

a) Todas as afirmações são falsas.
b) Apenas as afirmações I e III são falsas.
c) Apenas as afirmações I e II são verdadeiras.
d) Todas as afirmações são verdadeiras.
e) Apenas a afirmação III é verdadeira.

75. (ITA-SP)

Considere uma circunferência **C**, no primeiro quadrante, tangente ao eixo Ox e à reta r: $x - y = 0$. Sabendo-se que a potência do ponto O = (0, 0) em relação a essa circunferência é igual a 4, então o centro e o raio de **C** são, respectivamente, iguais a

a) $\left(2, 2\sqrt{2} - 2\right)$ e $2\sqrt{2} - 2$.

b) $\left(2, \frac{\sqrt{2}}{2} - \frac{1}{2}\right)$ e $\frac{\sqrt{2}}{2} - \frac{1}{2}$.

c) $\left(2, \sqrt{2} - 1\right)$ e $\sqrt{2} - 1$.

d) $\left(2, 2 - \sqrt{2}\right)$ e $2 - \sqrt{2}$.

e) $\left(2, 4\sqrt{2} - 4\right)$ e $4\sqrt{2} - 4$.

76. (ESPM-SP)

As coordenadas do centro e a medida do raio da circunferência de equação $x^2 - 4x + (y + 1)^2 = 0$ são, respectivamente:

a) $(-2, 1)$ e 4
b) $(2, -1)$ e 2
c) $(4, -1)$ e 2
d) $(-1, 2)$ e $\sqrt{2}$
e) $(2, 2)$ e $\sqrt{2}$

77. (UPF-RS)

Sabe-se que $1 + i$ é uma das raízes da equação $x^4 - 2x^3 + 4x - 4 = 0$. Pode-se afirmar, dessa forma, que essa equação

a) possui raízes racionais e iguais.
b) possui raízes racionais e diferentes.
c) possui raízes irracionais e iguais.
d) não possui raízes reais.
e) possui raízes irracionais e diferentes.

78. (UFJF-MG)

Um nutricionista indicou três dietas diferentes para grupos de pacientes que gostariam de perder peso (em quilogramas). A tabela a seguir indica a perda de peso (em quilogramas) por paciente de cada grupo.

Grupo 1	Grupo 2	Grupo 3
2	2	3
3	2	4
4	2	4
4	3	4
5	3	5
6	5	6
8	8	6
10	9	5

A partir desses dados, a **média** de perda de peso do grupo 1, a **mediana** de perda de peso do grupo 3 e a **moda** da perda de peso do grupo 2 é dado, respectivamente, por:

a) 5,25; 4,5; 2,0.
b) 4,25; 4,5; 3,0.
c) 4,75; 2,0; 4,0.
d) 5,25; 3,0; 4,5.
e) 4,75; 4,0; 4,5.

79. (UPF-RS)

Considere uma circunferência **C** definida pela equação $x^2 + y^2 = 36$. O ponto **P** de coordenadas (x, 4) pertence a essa circunferência e está localizado no 1º quadrante. Considerando que o ponto **O** é o centro da circunferência e o ângulo α é formado pelo segmento OP com o lado positivo do eixo **x**, o cosseno dos ângulos α e $(180° - \alpha)$ será igual a:

a) $\frac{5}{6}$ e $-\frac{5}{6}$

b) $\frac{2}{3}$ e $-\frac{2}{3}$

c) $\frac{5}{6}$ e $\frac{4}{5}$

d) $\frac{2\sqrt{5}}{3}$ e $-\frac{2\sqrt{5}}{3}$

e) $\frac{\sqrt{5}}{3}$ e $-\frac{\sqrt{5}}{3}$

80. (PUC-SP)

Um polinômio de quinto grau tem 2 como uma raiz de multiplicidade 3. A razão entre o coeficiente do termo de quarto grau e o coeficiente do termo de quinto grau é igual a −7. A razão entre o termo independente e o coeficiente do termo de quinto grau é igual a 96.

A menor raiz desse polinômio vale

a) 0 b) −1 c) −2 d) −3

81. (ESPM-SP)

O gráfico abaixo é formado por 3 segmentos de retas consecutivos.

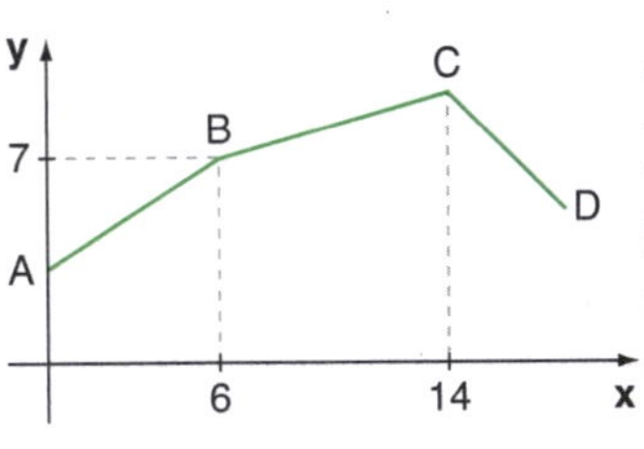

Reprodução/Arquivo da editora

Sabe-se que:

I) A reta que contém o segmento AB tem coeficiente linear igual a 4.

II) O coeficiente angular do segmento BC vale metade do coeficiente angular do segmento AB.

III) A ordenada do ponto **D** é $\frac{2}{3}$ da ordenada do ponto **C**.

IV) O coeficiente angular do segmento CD é igual a −1.

Podemos concluir que a abscissa do ponto **D** vale:

a) 17 b) 19 c) 15 d) 18 e) 16

82. (Escola Naval-RJ)

Quantas unidades de área possui a região plana limitada pela curva de equação $y = -\sqrt{3 - x^2 - 2x}$ e a reta $y = x - 1$?

a) $\frac{\pi}{4} - \frac{1}{4}$

b) $\frac{\pi}{2} - \frac{1}{4}$

c) $3\pi + 2$

d) $\frac{\pi}{4} - \frac{1}{2}$

e) $\pi - 2$

83. (EBMSP-BA)

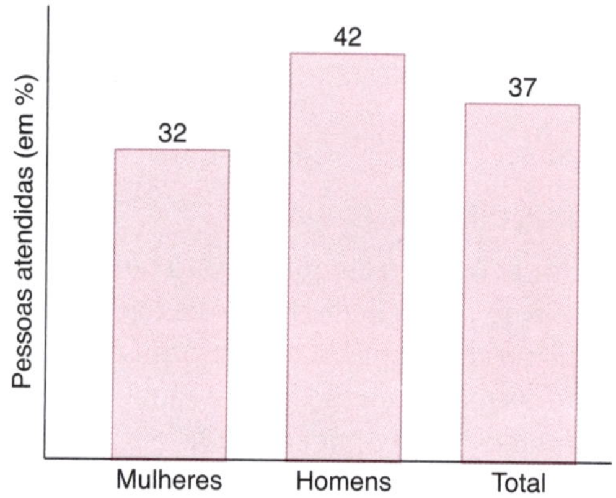

O gráfico ilustra o número percentual de pessoas que, atendidas em um posto de saúde, em determinado período, apresentou problemas cardíacos.

Com base nos dados do gráfico e considerando-se **M** o número de mulheres e **H** o número de homens atendidos, nesse período, é correto afirmar:

a) $H = M - 10$

b) $H = M$

c) $H = M + 5$

d) $H = M + 10$

e) $H = 2M$

84. (UEPB)

O módulo e o argumento do número complexo $z = (1 + i)(1 - i)^2$ são respectivamente:

a) $\sqrt{2}$ e $\frac{3\pi}{4} + 2k\pi,\ k \in \mathbb{Z}$

b) $\sqrt{2}$ e $\frac{\pi}{4} + 2k\pi,\ k \in \mathbb{Z}$

c) $2\sqrt{2}$ e $\frac{3\pi}{4} + 2k\pi,\ k \in \mathbb{Z}$

d) $2\sqrt{2}$ e $\frac{7\pi}{4} + 2k\pi,\ k \in \mathbb{Z}$

e) $2\sqrt{2}$ e $\frac{5\pi}{4} + 2k\pi,\ k \in \mathbb{Z}$

85. (PUC-RS)

O gráfico abaixo representa a evolução populacional de Porto Alegre entre os anos de 1992 e 2010.

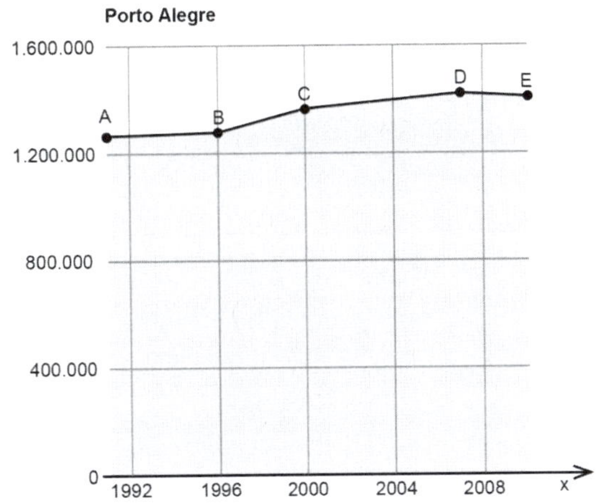

Fonte: IBGE: Censo Demográfico 1991, Contagem Populacional 1996, Censo Demográfico 2000, Contagem Populacional 2007 e Censo Demográfico 2010.

Considerando as seguintes retas: **r**, determinada pelos pontos **A** e **B**, **s**, pelos pontos **B** e **C**, **t**, pelos pontos **C** e **D**, e **u**, pelos pontos **D** e **E**, cujos coeficientes angulares são, respectivamente, $\mathbf{a_r}$, $\mathbf{a_s}$, $\mathbf{a_t}$ e $\mathbf{a_u}$, é correto afirmar que

a) $a_r < a_u < a_t < a_s$
b) $a_r < a_u < a_s < a_t$
c) $a_u < a_r < a_t < a_s$
d) $a_u < a_r < a_s < a_t$
e) $a_u < a_t < a_r < a_s$

86. (IFCE)

A equação $36x^2 + 36y^2 - 36x + 24y - 131 = 0$ representa uma cônica. É correto afirmar-se que essa cônica é uma

a) elipse de centro (0,1).
b) circunferência de centro $\left(\frac{1}{2}, \frac{1}{3}\right)$.
c) hipérbole.
d) parábola.
e) circunferência de comprimento 4π unidades de comprimento.

87. (FMP-RJ)

Seja $f: \mathbb{R} \rightarrow \mathbb{R}$ a função polinomial definida por $f(x) = x^4 - 3x^3 + 3x - 9$.

O fato de $x = 3$ ser um zero da função **f** é equivalente ao fato de o polinômio $x^4 - 3x^3 + 3x - 9$ ser divisível por

a) $x^2 - 9$
b) $x + 3$
c) 3
d) $x - 3$
e) x

88. (UFSC)

O gráfico abaixo representa a evolução do número de homicídios no Brasil em função do tempo, no período de 2004 a 2014.

Fonte: Atlas da Violência IPEA 2016, 19 jul. 2016, p. 8. (Adaptado).

Com base nos dados do gráfico, responda aos itens **a** e **b**.

a) Identifique entre que anos consecutivos foi registrado o maior aumento no número de homicídios.

b) Determine o aumento percentual identificado no item **a**.

c) O estudo apresentado no Atlas da Violência IPEA 2016 ressalta que, embora os homens representem a vasta maioria das vítimas de homicídio no Brasil, de 2004 a 2014 houve um crescimento de 11,6% da taxa de homicídios entre mulheres, apesar das políticas públicas desenvolvidas para minimizar o problema, como a Lei Maria da Penha e as medidas de prevenção à violência doméstica institucionalizadas desde 2006. Determine o número de mulheres assassinadas por dia no Brasil, tomando como referência o ano de 2014 (365 dias), em que 4.757 mulheres foram vítimas de morte por agressão.

d) O estudo apresentado no Atlas da Violência IPEA 2016 divide a população em dois grupos disjuntos, um de negros (pretos e pardos) e outro de não negros (indivíduos brancos, amarelos e indígenas). De 2004 a 2014, há uma discrepância alarmante na evolução da taxa de homicídios entre esses dois grupos: enquanto a de negros cresceu 18,2%, a de não negros caiu 14,6%. Isso fez com que, em 2014, para cada não negro morto, 2,4 indivíduos negros fossem mortos. Através de uma fração irredutível, determine a probabilidade de que na ocorrência aleatória de um homicídio a vítima seja um indivíduo não negro.

89. (Uerj)

Observe o gráfico da função polinomial de $\mathbb{R}$ em $\mathbb{R}$ definida por $P(x) = 2x^3 - 6x^2 + 3x + 2$.

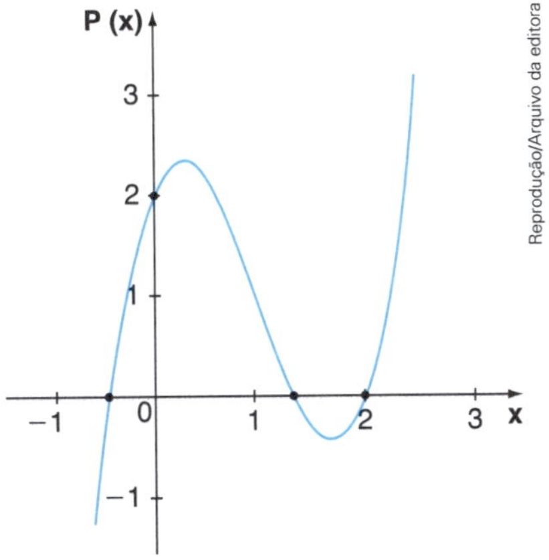

Reprodução/Arquivo da editora

Determine o conjunto solução da inequação $P(x) > 0$.

90. (PUC-RS)

Resolver a questão com base na regra 2 da FIFA, segundo a qual a bola oficial de futebol deve ter sua maior circunferência medindo de 68 cm a 70 cm.

Considerando essa maior circunferência com 70 cm e usando um referencial cartesiano para representá-la, como no desenho abaixo, poderíamos apresentar sua equação como

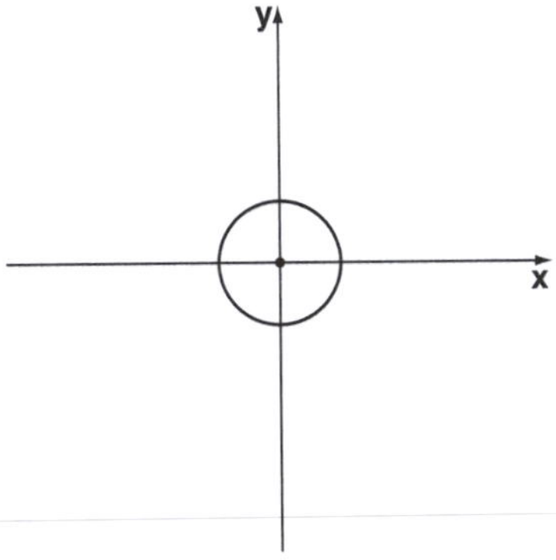

Reprodução/Arquivo da editora

a) $x^2 + y^2 = \dfrac{35}{\pi}$

b) $x^2 + y^2 = \left(\dfrac{35}{\pi}\right)^2$

c) $x^2 + y^2 = \dfrac{70}{\pi}$

d) $x^2 + y^2 = \left(\dfrac{70}{\pi}\right)^2$

e) $x^2 + y^2 = 70^2$

91. (UFPR)

Na figura abaixo estão representados, em um sistema cartesiano de coordenadas, um quadrado cinza de área 4 unidades, um quadrado hachurado de área 9 unidades e a reta **r** que passa por um vértice de cada quadrado. Nessas condições, a equação da reta **r** é:

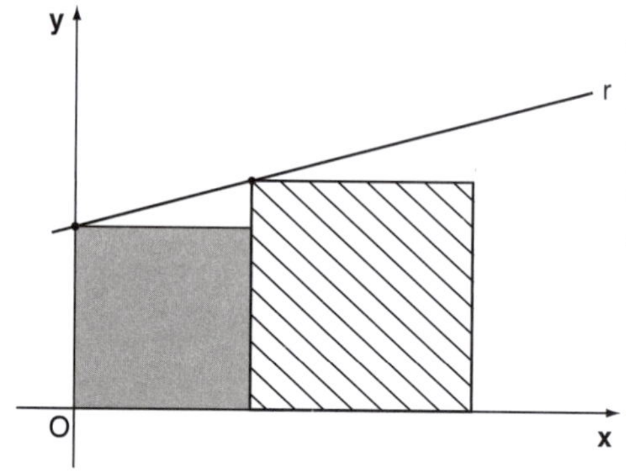

a) $x - 2y = -4$

b) $4x - 9y = 0$

c) $2x + 3y = -1$

d) $x + y = 3$

e) $2x - y = 3$

92. (IME-RJ)

Seja uma elipse com focos no eixo OX e centrada na origem. Seus eixos medem 10 e $\frac{20}{3}$. Considere uma hipérbole tal que os focos da elipse são os vértices da hipérbole e os focos da hipérbole são os vértices da elipse. As parábolas que passam pelas interseções entre a elipse e a hipérbole e que são tangentes ao eixo OY, na origem, têm as seguintes equações:

a) $y^2 = \pm 2\frac{\sqrt{35}}{7}x$

b) $y^2 = \pm 4\frac{\sqrt{5}}{7}x$

c) $y^2 = \pm 6\frac{\sqrt{5}}{7}x$

d) $y^2 = \pm 6\frac{\sqrt{35}}{7}x$

e) $y^2 = \pm 8\frac{\sqrt{35}}{63}x$

93. (ESPM-SP)

O resto da divisão do polinômio $x^5 - 3x^2 + 1$ pelo polinômio $x^2 - 1$ é:

a) $x + 1$
b) $x + 2$
c) $2x - 1$
d) $x + 1$
e) $x - 2$

94. (UFU-MG)

Inúmeras pinturas e desenhos em tela fazem uso de sobreposição de formas circulares, conforme ilustra a figura abaixo.

Reprodução/UFSC, 2017.

Disponível em: <http://www.google.com.br>. *Pinturas Circulares*. Robert Delaunay. Acesso em: 1º jul. 2012.

Para a representação gráfica desses trabalhos artísticos, faz-se necessária a determinação de elementos geométricos associados. Suponha que, relativamente a um sistema de coordenadas cartesianas xOy, duas circunferências, presentes no desenho, sejam dadas pelas equações $x^2 + y^2 - 6y + 5 = 0$ e $x^2 + y^2 - 6x - 2y = -6$.

Assim sendo, a reta que passa pelos centros dessas circunferências pode ser representada pela equação

a) $2x + 3y = 9$.
b) $2x + 3y = -9$.
c) $x + 2y = 4$.
d) $x + 2y = -4$.

95. (UEPB)

Os valores de **m** e **n** para os quais a expressão $\dfrac{5x^4 + 8x^2 + mx + n}{x^2 + 2}$ seja um polinômio são respectivamente:

a) 2 e −4
b) 0 e −2
c) 0 e −4
d) 2 e 4
e) 8 e −4

96. (PUC-RS)

A equação que representa a reta na figura abaixo é ________________.

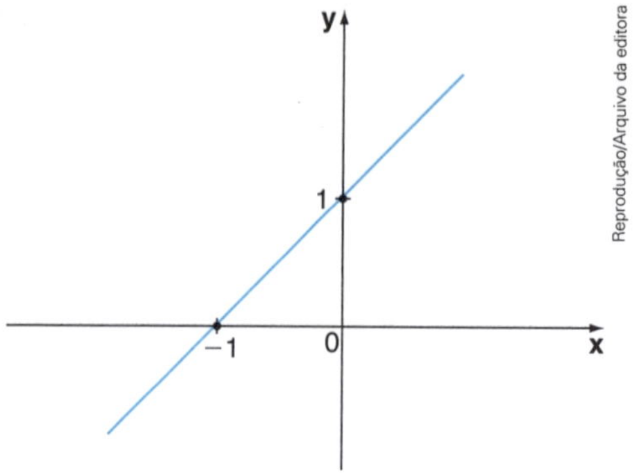

a) $y = x$

b) $y = -x + 1$

c) $y = -x - 1$

d) $y = x - 1$

e) $y = x + 1$

97. (UFJF-MG)

No plano cartesiano, seja λ a circunferência de centro $C = (3, 5)$ e raio 4 e seja **r** a reta de equação $y = -x + 6$.

a) Determine todos os valores de **x** para os quais o ponto $P = (x, y)$ pertence à reta **r** e está no interior da circunferência λ.

b) Encontre a equação cartesiana da circunferência λ_1 concêntrica à circunferência λ e tangente à reta **r**.

98. (EsPCEx-SP)

Se $(1 + i)\left(\cos\frac{\pi}{12} + i\,\text{sen}\,\frac{\pi}{12}\right) = x + iy$, em que **i** é a unidade imaginária e **x** e **y** são números reais, o valor de $\sqrt{3} \cdot x + y$ é

a) $\sqrt{6}$

b) $\sqrt{3}$

c) $\frac{\sqrt{2}}{2}$

d) $3\sqrt{6}$

e) $\frac{\sqrt{3}}{2}$

99. (UFRGS-RS)

As estimativas para o uso da água pelo homem, nos anos 1900 e 2000, foram, respectivamente, de 600 km^3 e 4 000 km^3 por ano. Em 2025, a expectativa é que sejam usados 6 000 km^3 por ano de água na Terra.

O gráfico abaixo representa o uso da água em km^3 por ano de 1900 a 2025.

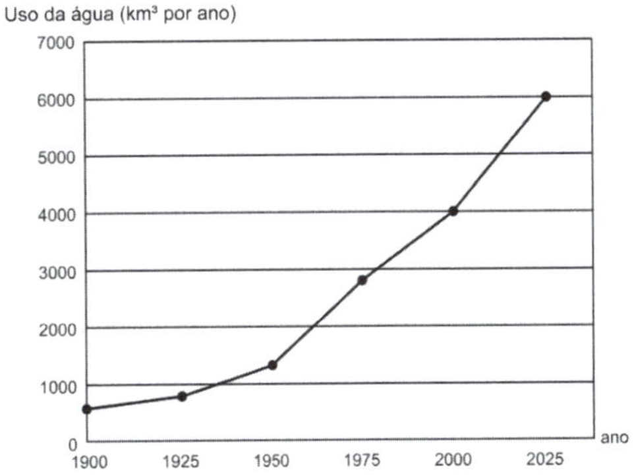

Fonte: http://www.fao.org

Com base nos dados do gráfico, é correto afirmar que,

a) de 1900 a 1925, o uso de água aumentou em 100%.

b) de 1900 a 2000, o uso da água aumentou em mais de 600%.

c) de 2000 a 2025, mantida a expectativa de uso da água, o aumento será de 66,6%.

d) de 1900 a 2025, mantida a expectativa de uso da água, o aumento será de 900%.

e) de 1900 a 2025, mantida a expectativa de uso da água, o aumento será de 1 000%.

100. (FGV-RJ)

Considere a reta de equação $4x - 7y + 10 = 0$.

Seja $y = mx + h$ a equação da reta obtida ao se fazer a reflexão da reta dada em relação ao eixo **x**.

O valor de $m + h$ é:

a) $-\frac{10}{11}$

b) $-\frac{10}{7}$

c) -2

d) -7

e) -10

101. (EEAR-SP)

As posições dos pontos A(1, 7) e B(7, 1) em relação à circunferência de equação $(x - 6)^2 + (y - 2)^2 = 16$ são, respectivamente,

a) interna e interna.

b) interna e externa.

c) externa e interna.

d) externa e externa.

102. (ITA-SP)

Considere as afirmações a seguir:

I) Se **z** e **w** são números complexos tais que $z - iw = 1 - 2i$ e $w - z = 2 + 3i$, então $z^2 + w^2 = -3 + 6i$.

II) A soma de todos os números complexos **z** que satisfazem $2|z|^2 + z^2 = 4 + 2i$ é igual a zero.

III) Se $z = 1 - i$, então $z^{59} = 2^{29}(-1 + i)$.

É (são) verdadeira(s)

a) apenas I.

b) apenas I e II.

c) apenas I e III.

d) apenas II e III.

e) I, II e III.

103. (Unicamp-SP)

O polinômio $p(x) = x^3 - 2x^2 - 9x + 18$ tem três raízes: **r**, −r e **s**.

a) Determine os valores de **r** e **s**.

b) Calcule p(z) para $z = 1 + i$, onde **i** é a unidade imaginária.

104. (FGV-RJ)

Na figura abaixo, temos quatro retas r // s e t // u, cujas equações são:

(r): $y = m_1x + n_1$

(s): $y = m_2x + n_2$

(t): $y = m_3x + n_3$

(u): $y = m_4x + n_4$

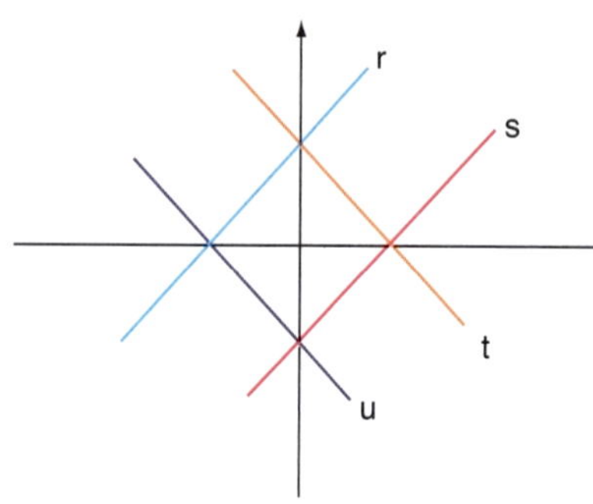

Podemos afirmar que:

a) $m_1 = m_2$ e $n_1 < 0$

b) $m_1 = m_2$ e $n_2 < 0$

c) $m_3 = m_4$ e $n_3 < 0$

d) $m_3 = m_4$ e $n_4 > 0$

e) $n_1 = n_2$ e $m_1 > 0$

105. (Unemat-MT)

Dada uma circunferência de centro C(3; 1) e raio $r = 5$ e seja o ponto P(0; a), com $a \in \mathbb{R}$, é correto afirmar.

a) Se $-3 < a < 5$, então **P** é externo à circunferência.

b) Se $-3 < a < 5$, então **P** pertence à circunferência.

c) Se $a = 5$ ou $a = -3$, então **P** é interno à circunferência.

d) Se $a < -3$ ou $a > 5$, então **P** é externo à circunferência.

e) Se $a < -3$ ou $a < 5$, então **P** é interno à circunferência.

106. (Escola Naval-RJ)

Sejam $F(x) = x^3 + ax + b$ e $G(x) = 2x^2 + 2x - 6$ dois polinômios na variável real **x**, com **a** e **b** números reais. Qual valor de $(a + b)$ para que a divisão $\frac{F(x)}{G(x)}$ seja exata?

a) -2

b) -1

c) 0

d) 1

e) 2

107. (Epcar-MG)

Analise as proposições abaixo e escreva **V** para a(s) verdadeira(s) e **F** para a(s) falsa(s).

I) A distância entre o vértice e o foco da parábola $y^2 + 4x - 4 = 0$ é igual a 1 unidade de comprimento.

II) Numa hipérbole equilátera, as assíntotas são perpendiculares entre si.

III) A equação $2x^2 + y^2 - 4x - 4y + 4 = 0$ representa uma elipse que tem um dos focos no ponto P(1, 4)

A sequência correta é

a) F – F – V

b) V – F – V

c) F – V – F

d) V – V – F

108. (Fuvest-SP)

Os coeficientes **a**, **b** e **c** do polinômio $p(x) = x^3 + ax^2 + bx + c$ são reais. Sabendo que -1 e $1 + \alpha i$, com $a > 0$, são raízes da equação $p(x) = 0$ e que o resto da divisão de $p(x)$ por $(x - 1)$ é 8, determine

a) o valor de α;

b) o quociente de $p(x)$ por $(x + 1)$.

i é a unidade imaginária, $i^2 = -1$.

109. (PUC-RJ)

Considere a hipérbole de equação $y = \frac{1}{x}$ mostrada na figura abaixo:

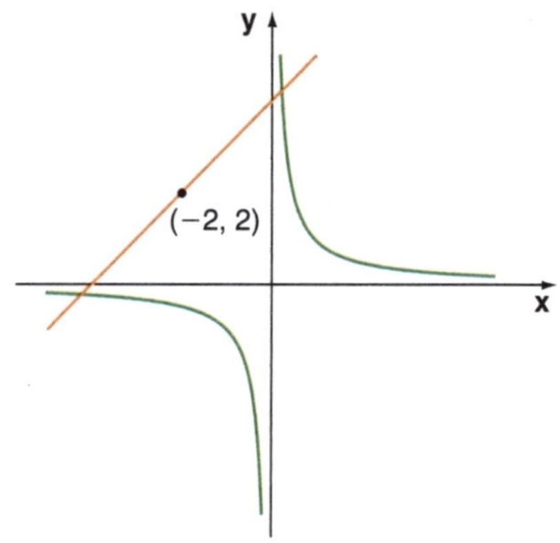

a) Determine os pontos de interseção entre a hipérbole e a reta de equação $y - 2 = x + 2$.

b) Determine os pontos de interseção entre a hipérbole e a reta de equação $y - 2 = -x - 2$.

c) Para quais valores do parâmetro real **m** a reta de equação $y - 2 = m(x + 2)$ intersecta a hipérbole em **exatamente** um ponto?

110. (Escola Naval-RJ)

Considere $P(x) = (m - 4)(m^2 + 4)x^5 + x^2 + kx + 1$ um polinômio na variável real **x**, em que **m** e **k** são constantes reais. Quais os valores das constantes **m** e **k** para que $P(x)$ não admita raiz real?

a) $m = 4$ e $-2 < k < 2$

b) $m = -4$ e $k > 2$

c) $m = -2$ e $-2 < k < 2$

d) $m = 4$ e $|k| > 2$

e) $m = -2$ e $k > -2$

111. (UPM-SP)

A equação $2x^3 + 3x^2 - 3x - 2 = 0$ tem como raízes $-\frac{1}{2}$, **m** e **n**. Então, m^n é igual a

a) -1 ou 0

b) $-\frac{1}{2}$ ou 2

c) -2 ou -1

d) $\frac{1}{2}$ ou $-\frac{1}{2}$

e) -2 ou 1

112. (PUC-RJ)

O retângulo ABCD tem um lado sobre o eixo **x** e um lado sobre o eixo **y** como mostra a figura. A área do retângulo ABCD é 15 e a medida do lado AB é 5. A equação da reta que passa por **D** e por **B** é:

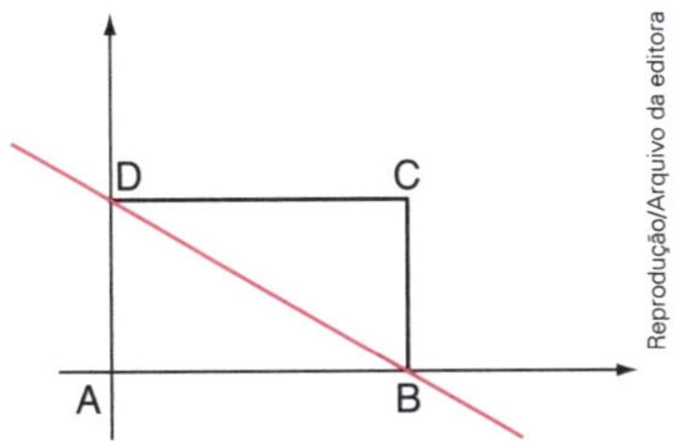

a) $y = -5x + 3$

b) $y = 3x + 5$

c) $y = -3x + 5$

d) $y = \frac{-3x}{5} + 3$

e) $y = \frac{3x}{5} + 3$

113. (EBMSP-BA)

A culinária está em alta nos programas televisivos. Em um desses programas, os participantes foram desafiados a elaborar um prato no qual fossem utilizados, entre outros, os ingredientes **A**, **B** e **C**, cujas quantidades, em kg, numericamente, não excedessem às raízes do polinômio $P(x) = 8x^3 - 14x^2 + 7x - 1$.

Sabendo-se que os participantes receberam $\frac{1}{4}$ kg do ingrediente **A**, pode-se afirmar que as quantidades máximas que podem ser utilizadas dos ingredientes **B** e **C** diferem em

a) 200 g

b) 275 g

c) 350 g

d) 425 g

e) 500 g

114. (IME-RJ)

Considere a elipse abaixo, onde DD' é uma corda passando pelo seu centro, MM' uma corda focal e o eixo maior da elipse é 2a.

Prove que: $DD'^2 = MM' \cdot 2a$

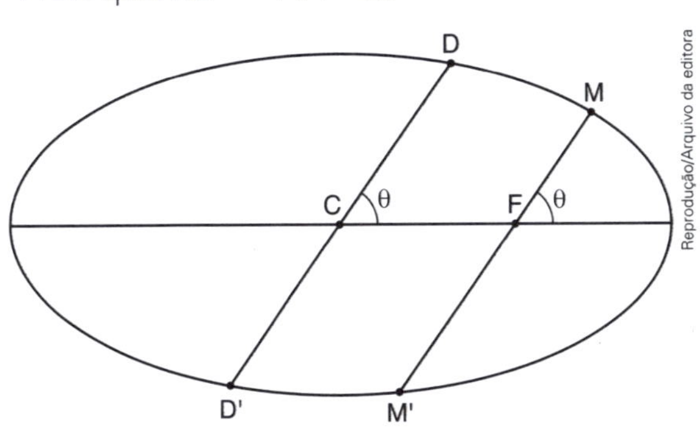

115. (Ifsul-RS)

Observe a figura abaixo onde estão representadas algumas ruas de Pelotas.

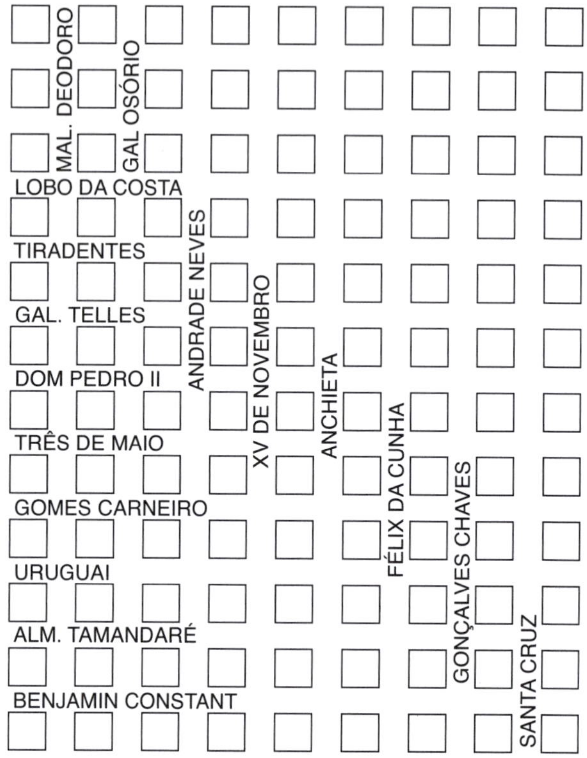

Banco de imagens/Arquivo da editora

Considere que:

1. As larguras das ruas sejam desprezíveis e o lado de cada quadra seja 01 (uma) unidade de medida;
2. Todas as quadras sejam quadradas de dimensões iguais;
3. A rua Gomes Carneiro seja o EIXO DAS ABSCISSAS;
4. A rua XV de Novembro seja o EIXO DAS ORDENADAS;
5. O cruzamento das ruas Tiradentes e Mal. Deodoro seja o PONTO **A**;
6. O cruzamento das ruas Alm. Tamandaré e Gonçalves Chaves seja o PONTO **B**.

A equação da reta que passa pelos pontos **A** e **B** é

a) $x + y + 1 = 0$
b) $x + y - 1 = 0$
c) $x - y - 1 = 0$
d) $x - y + 1 = 0$

116. (Escola Naval-RJ)

A equação da circunferência tangente às retas $y = x$ e $y = -x$ nos pontos $(3, 3)$ e $(-3, 3)$ é

a) $x^2 + y^2 - 12x + 18 = 0$
b) $x^2 + y^2 - 12y + 18 = 0$
c) $x^2 + y^2 - 6x + 9 = 0$
d) $x^2 + y^2 - 6y + 9 = 0$
e) $x^2 + y^2 - 16x + 20 = 0$

117. (FCMMG)

O aparecimento de problemas hepáticos na população mundial. O fígado é um órgão vital, responsável por inúmeras funções no nosso organismo, como a produção de enzimas digestivas e de proteínas. É também responsável pela metabolização de nutrientes absorvidos pelos intestinos e pela limpeza de toxinas circulantes. Diversos fatores podem contribuir para o aumento da incidência de danos hepáticos aos sujeitos, entre eles, a alimentação e a utilização inadequada de medicamentos. Alguns dos exames de acompanhamento da função hepática realizam-se a partir de dosagens laboratoriais, como as referenciadas a seguir:

Exame	Valores de referência
Alanina Transaminase (ALT) ou (TGP)	Normal: até 38 unidades por litro de sangue (U/L)
Aspartato Transaminase (AST) ou (TGO)	Normal: até 38 unidades por litro de sangue (U/L)
Colesterol total	Normal: até 200 miligramas por decilitro de sangue (mg/dL)

Objetivando-se acompanhar a função hepática em um grupo de 16 pacientes, foram registrados os valores relacionados aos resultados da dosagem para a taxa de TGP, TGO e colesterol total:

Paciente	1	2	3	4	5	6	7	8	9	10	11	12	13	14	15	16
TGP (U/L)	124	94	107	135	36	95	53	48	60	70	70	67	80	90	15	50
TGO (U/L)	57	70	80	18	20	22	19	65	95	74	102	106	80	33	104	94
Colesterol total (mg/dL)	274	258	230	265	194	236	210	205	180	265	174	168	174	196	196	210

Nesse grupo, a mediana dos níveis da enzima Aspartato Transaminase (TGO) fornece como resultado:

a) 42 (U/L)
b) 65 (U/L)
c) 72 (U/L)
d) 80 (U/L)

118. (UFPR)

A figura abaixo apresenta o gráfico da reta **r**: $2y - x + 2 = 0$ no plano cartesiano.

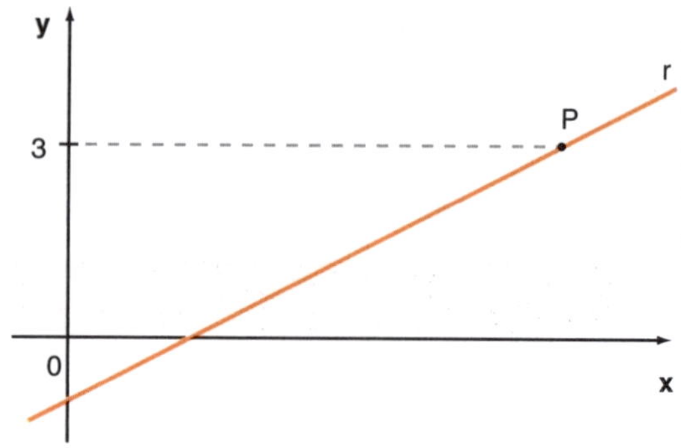

As coordenadas cartesianas do ponto **P**, indicado nessa figura, são:

a) (3, 6).
b) (4, 3).
c) (8, 3).
d) (6, 3).
e) (3, 8).

119. (Uema)

Uma cidade gera, em média, 20 mil toneladas de lixo, diariamente, de diversos tipos: lixo residencial, lixo hospitalar, entulho. Uma cooperativa analisou os dados de coleta seletiva fornecidos pela Prefeitura, considerando somente a produção de lixo residencial para dois tipos de resíduo em uma determinada área onde pretendia atuar. Tais dados se referem à média diária, em toneladas, para cada ano de coleta, conforme tabela abaixo.

Tipo / Ano	Garrafas PET	Papel
2012	15	20
2013	20	25
2014	20	35
2015	30	35

www3.prefeitura.sp.gov.br/limpeza_urbana/formspublic/limpezarua.apx. Adaptado.

(Use, para fins de cálculo, apenas os dois últimos dígitos do ano).

a) Qual a equação da reta que representa o comportamento da coleta total do ano de 2012 ao de 2014?

b) A partir dos dados na tabela, qual será o valor total recolhido para esses dois resíduos no ano de 2020?

120. (Imed)

Dadas as equações das retas **r**: $x - 2y^2 - 10 = 0$ e **s**: $3x + 2y - 6 = 0$ representadas no mesmo sistema de coordenadas cartesianas, pode-se afirmar que a abscissa do ponto de intersecção entre as retas **r** e **s** é:

a) -3

b) -2

c) 2

d) 4

e) 6

121. (Ucpel-RS)

Considerando que as três retas no plano xy dadas pelas equações $y = 2 - 4x$; $x + 4y - 3 = 0$ e $y = 2b - 3x$ interceptam-se num ponto **P**, pode-se afirmar que o valor de **b** é

a) $\frac{2}{3}$

b) $\frac{1}{6}$

c) $\frac{1}{3}$

d) $\frac{5}{6}$

e) $\frac{5}{3}$

122. (FGV-SP)

No plano cartesiano, a região determinada pelas inequações simultâneas $x^2 + y^2 \leq 4$ e $x + y \leq 0$ tem área igual a:

a) 2π

b) $2,5\pi$

c) 3π

d) $3,5\pi$

e) 4π

123. (UFPE)

Encontre o menor inteiro positivo **n** tal que a potência $(\sqrt{3} + i)^n$ seja um número real.

124. (CFTRJ)

Considerando as informações do gráfico abaixo, de 2010 a 2014 o número de turistas que chegaram ao Brasil cresceu ano após ano. Por exemplo, em 2010 chegaram 5,2 milhões de turistas ao Brasil e em 2011 5,4 milhões de turistas. Um aumento de 200 mil chegadas de turistas no Brasil.

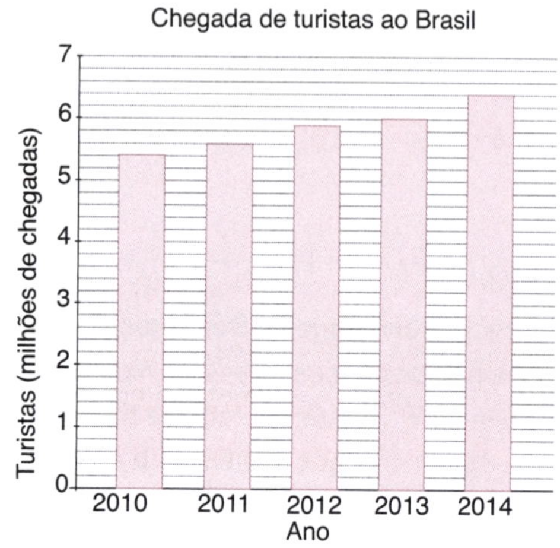

Fonte: MINISTÉRIO DO TURISMO. Estatística Básica de Turismo. Disponível em: (http://www.turismo.gov.br). Acesso em: 06/09/2016.

O aumento percentual de turistas que chegaram ao Brasil em 2014, comparado com o ano anterior, foi de aproximadamente:

a) 10,3%
b) 12,5%
c) 9,1%
d) 13,2%

125. (Enem)

Um sítio foi adquirido por R$ 200.000,00. O proprietário verificou que a valorização do imóvel, após sua aquisição, cresceu em função do tempo conforme o gráfico, e que sua tendência de valorização se manteve nos anos seguintes.

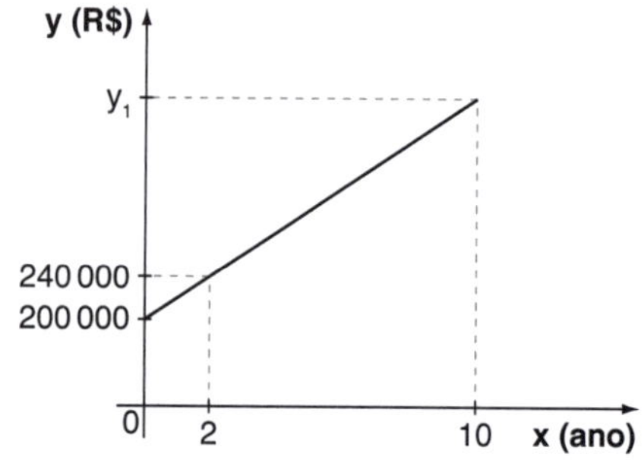

O valor desse sítio, no décimo ano após sua compra, em real, será de

a) 190 000
b) 232 000
c) 272 000
d) 400 000
e) 500 000

126. (PUC-RJ)

A figura abaixo mostra uma reta e uma parábola de eixo vertical.

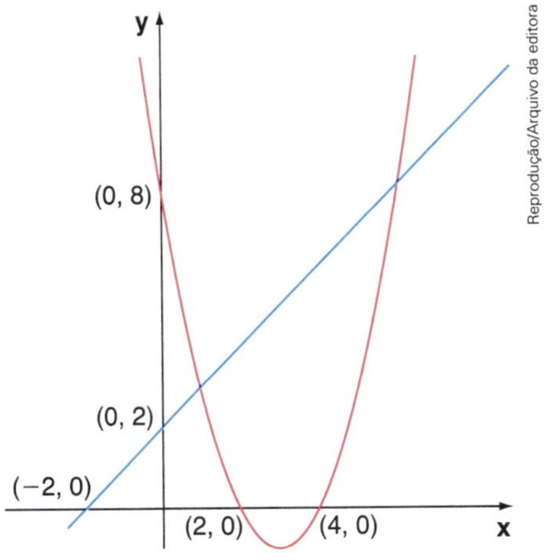

a) Sabendo que a reta corta os eixos nos pontos $(-2, 0)$ e $(0, 2)$, encontre a equação da reta.

b) Sabendo que a parábola corta os eixos nos pontos $(0, 8)$, $(2, 0)$ e $(4, 0)$, encontre a equação da parábola.

c) Encontre os pontos de interseção entre a reta e a parábola.

127. (UFJF-MG)

Observe abaixo as alturas dos dez maiores atletas da delegação brasileira que participaram das olimpíadas no Rio de Janeiro.

Atleta	Esporte	Altura (m)
Anderson Varejão	Basquete	2,11
Augusto Lima	Basquete	2,08
Éder	Vôlei	2,05
Evandro	Vôlei de praia	2,10
Evandro	Vôlei	2,07
Lucão	Vôlei	2,10
Marquinho	Basquete	2,07
Maurício Souza	Vôlei	2,06
Nenê	Basquete	2,11
Rafael	Basquete	2,08

Dados disponíveis em: <http://migre.me/uYvbm>. Acesso em: 13 set. 2016.

A **mediana** das alturas desses atletas, em metros, é:

a) 2,05
b) 2,07
c) 2,08
d) 2,10
e) 2,11

128. (PUC-SP)

O jornal *Folha de S. Paulo* publicou em 11 de outubro de 2016, a seguinte informação:

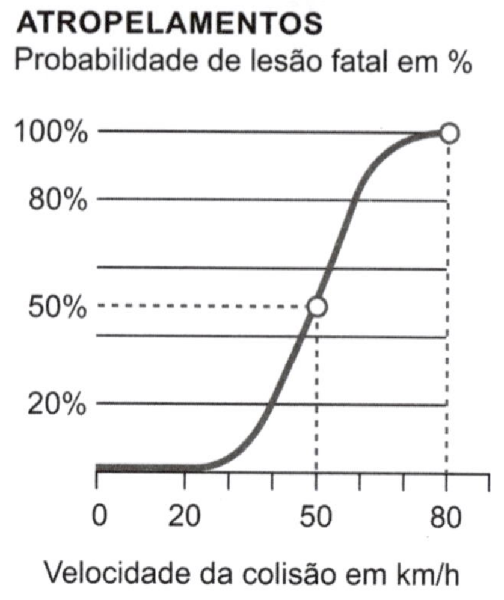

Fonte: *Prefeitura de São Paulo e CET*. (Adaptado)

De acordo com as informações apresentadas, suponha que para uma velocidade de 35 km/h a probabilidade de lesão fatal seja de 5% e que para velocidades no intervalo [35; 55] o gráfico obedeça a uma função do 1º grau. Nessas condições, se um motorista dirigindo a 55 km/h quiser reduzir a probabilidade de lesão fatal por atropelamento à metade, ele terá que reduzir a sua velocidade em, aproximadamente,

a) 20%

b) 25%

c) 30%

d) 35%

129. (EsPCEx-SP)

Considere os polinômios $p(x) = x^{80} + 3x^{79} - x^2 - x - 1$ e $b(x) = x^2 + 2x - 3$. Sendo r(x) o resto da divisão de p(x) por b(x), o valor de $r\left(\frac{1}{2}\right)$ é igual a

a) 0

b) $\frac{1}{2}$

c) 1

d) 2

e) $\frac{5}{2}$

130. (Enem)

Para determinar a ordem de largada numa corrida de automóveis, dez pilotos participarão de um treino classificatório no dia anterior à corrida. Pelo regimento, para cada piloto, faz-se a tomada de tempo em três voltas no circuito, e a primeira posição no *grid* de largada pertencerá àquele piloto que obtiver a menor média desses três tempos. Nove pilotos já terminaram as voltas classificatórias no circuito, e o piloto X ainda vai realizar sua última volta. Os dados e a média de cada piloto estão na tabela.

Tempo (min) nas voltas classificatórias de cada piloto e suas médias

Piloto	1ª volta	2ª volta	3ª volta	Média
I	1,42	1,62	1,49	1,51
II	1,36	1,49	1,68	1,51
III	1,53	1,44	1,53	1,50
IV	1,53	1,50	1,50	1,51
V	1,50	1,47	1,53	1,50
VI	1,60	1,67	1,56	1,61
VII	1,41	1,63	1,46	1,50
VIII	1,48	1,50	1,49	1,49
IX	1,70	1,77	1,63	1,70
X	1,57	1,50	*****	*****

Qual o tempo, em minuto, a ser batido pelo último piloto, na terceira volta, que lhe garanta a primeira posição no *grid* de largada?

a) 1,36
b) 1,40
c) 1,49
d) 1,50
e) 1,51

131. (ITA-SP)

Considere a reta **r**: y = 2x. Seja A = (3, 3) o vértice de um quadrado ABCD, cuja diagonal $\overline{BD}$ está contida em **r**. A área deste quadrado é

a) $\frac{9}{5}$.
b) $\frac{12}{5}$.
c) $\frac{18}{5}$.
d) $\frac{21}{5}$.
e) $\frac{24}{5}$.

132. (PUC-RJ)

Considere a parábola de equação $y = x^2 - 3x + 4$.

a) Em quais pontos a reta de equação $y = 2x$ intercepta a parábola?

b) Para quais valores reais de **m** a reta de equação $y = mx$ intercepta a parábola em exatamente um ponto?

133. (Unesp-SP)

Dois dos materiais mais utilizados para fazer pistas de rodagem de veículos são o concreto e o asfalto. Uma pista nova de concreto reflete mais os raios solares do que uma pista nova de asfalto; porém, com os anos de uso, ambas tendem a refletir a mesma porcentagem de raios solares, conforme mostram os segmentos de retas nos gráficos.

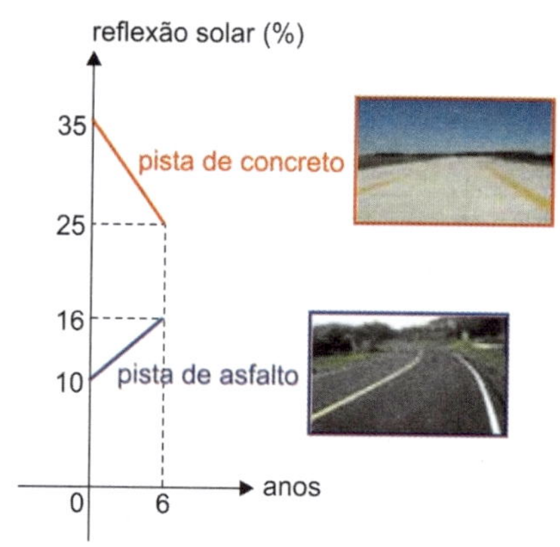

Reprodução/VUNESP, 2018.

(www.epa.gov. Adaptado.)

Mantidas as relações lineares expressas nos gráficos ao longo dos anos de uso, duas pistas novas, uma de concreto e outra de asfalto, atingirão pela primeira vez a mesma porcentagem de reflexão dos raios solares após

a) 8,225 anos.

b) 9,375 anos.

c) 10,025 anos.

d) 10,175 anos.

e) 9,625 anos.

134. (Escola Naval)

Seja $P(x) = x^6 + bx^5 + cx^4 + dx^3 + ex^2 + fx + g$ um polinômio de coeficientes inteiros e que $P\left(\sqrt{2} + \sqrt[3]{3}\right) = 0$. O polinômio R(x) é o resto da divisão de P(x) por $x^3 - 3x - 1$. Determine a soma dos coeficientes de R(x) e assinale a opção correta.

a) −51

b) −52

c) −53

d) −54

e) −55

135. (Uerj)

No projeto de construção de uma estrada retilínea entre duas vilas, foi escolhido um sistema referencial cartesiano em que os centros das vilas estão nos pontos A(1, 2) e B(11, 7). O trecho AB é atravessado por um rio que tem seu curso em linha reta, cuja equação, nesse sistema, é $x + 3y = 17$. Observe abaixo o esboço do projeto.

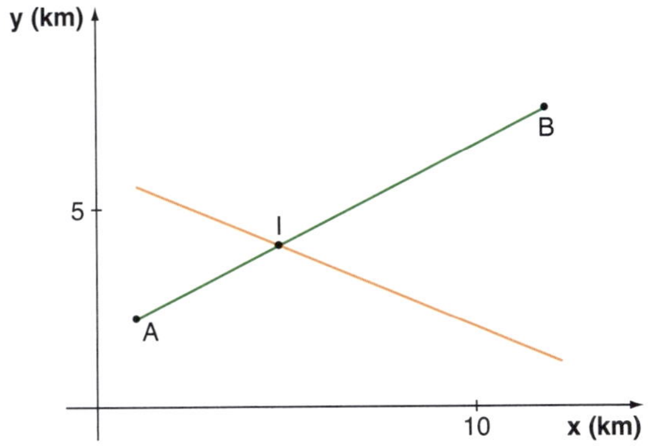

Desprezando as larguras da estrada e do rio, determine as coordenadas do ponto de interseção **I**.

136. (UFSM-RS)

Para avaliar as vendas em 2013, o setor de planejamento de uma empresa utilizou a função polinomial $N(t) = t^3 - 21t^2 + 126t + 304$, em que **N** representa o número de *tablets* vendidos no mês **t**, com $t = 1$ correspondendo a janeiro, $t = 2$ correspondendo a fevereiro e assim por diante.

De acordo com os dados, o número de *tablets* vendidos foi igual a 480, nos meses de

a) fevereiro, julho e novembro.
b) fevereiro, agosto e novembro.
c) fevereiro, agosto e dezembro.
d) março, agosto e dezembro.
e) março, setembro e dezembro.

137. (Udesc)

Um polinômio do terceiro grau, cujo coeficiente do termo dominante é igual a 1, admite apenas raízes reais e distintas que quando multiplicadas resultam em 15 e quando somadas resultam em 1. Se o resto da divisão desse polinômio por $g(x) = x + 2$ é igual a 7, então o quociente dessa divisão é igual a:

a) $x^2 - 3x - 11$
b) $x^2 + 3x - 7$
c) $x^2 - x - 15$
d) $x^2 - x - 11$
e) $x^2 + x + 15$

138. (Enem)

O gráfico mostra a expansão da base de assinantes de telefonia celular no Brasil, em milhões de unidades, no período de 2006 a 2011.

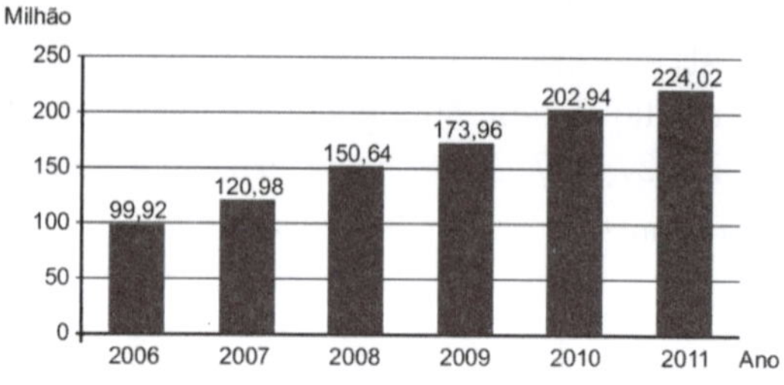

Disponível em: www.guiadocelular.com. Acesso: 1 ago. 2012.

De acordo com o gráfico, a taxa de crescimento do número de aparelhos celulares no Brasil, de 2007 para 2011, foi de

a) 8,53%
b) 85,17%
c) 103,04%
d) 185,17%
e) 345,00%

139. (Uece)

As medidas das arestas de um paralelepípedo reto, em metros, são as raízes da equação $x^3 - 5x^2 + 8x + t = 0$, onde **t** é um número real. A medida da diagonal deste paralelepípedo é

a) 6 m
b) 8 m
c) 3 m
d) 5 m

140. (Enem)

O gráfico apresenta a taxa de desemprego (em %) para o período de março de 2008 a abril de 2009, obtida com base nos dados observados nas regiões metropolitanas de Recife, Salvador, Belo Horizonte, Rio de Janeiro, São Paulo e Porto Alegre.

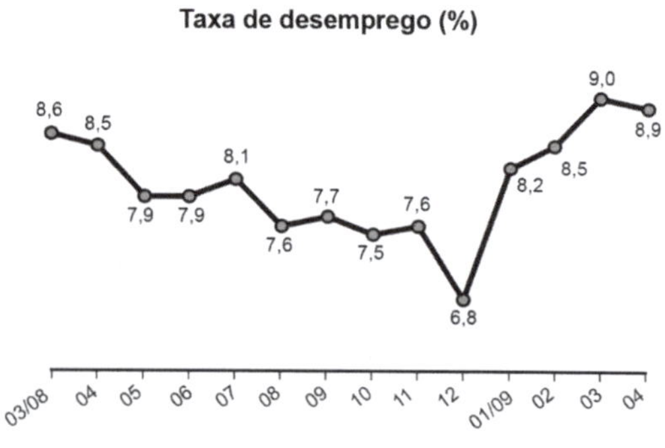

IBGE. *Pesquisa mensal de emprego*. Disponível em: www.ibge.gov.br. Acesso em: 30 jul. 2012 (adaptado).

A mediana dessa taxa de desemprego, no período de março de 2008 a abril de 2009, foi de

a) 8,1%
b) 8,0%
c) 7,9%
d) 7,7%
e) 7,6%

141. (IME-RJ)

Os triângulos ABC e DEF são equiláteros com lados iguais a **m**. A área da figura FHCG é igual à metade da área da figura ABHFG. Determine a equação da elipse de centro na origem e eixos formados pelos segmentos FC e GH.

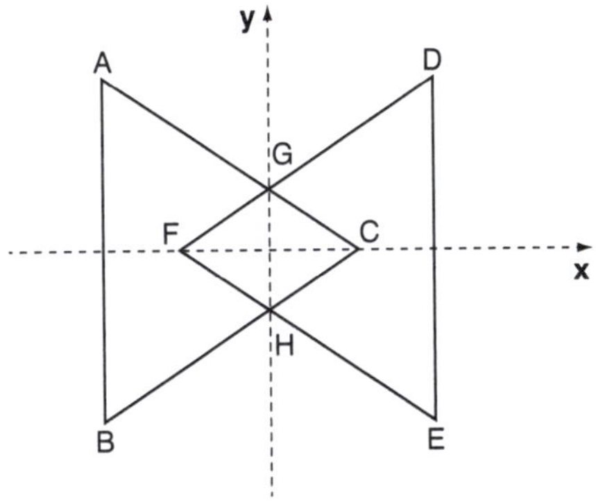

Reprodução/Arquivo da editora

a) $48x^2 + 36y^2 - \sqrt{2}m^2 = 0$

b) $8x^2 + 16y^2 - \sqrt{3}m^2 = 0$

c) $16x^2 + 48y^2 - 3m^2 = 0$

d) $8x^2 + 24y^2 - m^2 = 0$

e) $16x^2 - 24y^2 - m^2 = 0$

142. (PUC-RS)

Dois amigos caminham no plano xy, ao longo de retas paralelas cujas equações são $2x + 5y = 7$ e $3x + my = 1$. Então, o valor de **m** é

a) $\frac{11}{2}$ b) $\frac{13}{2}$ c) $\frac{15}{2}$ d) $\frac{17}{2}$ e) $\frac{19}{2}$

143. (UFTM-MG)

Uma pessoa em cadeira de rodas necessita de espaço mínimo para a rotação da sua cadeira em um corredor que dá acesso a uma porta. De acordo com as normas técnicas da obra, a largura mínima (**x**) do corredor deve ser de 90 cm, a da porta (**y**), de 80 cm e, além disso, é necessário que a soma dessas duas medidas seja igual ou maior que 2 m.

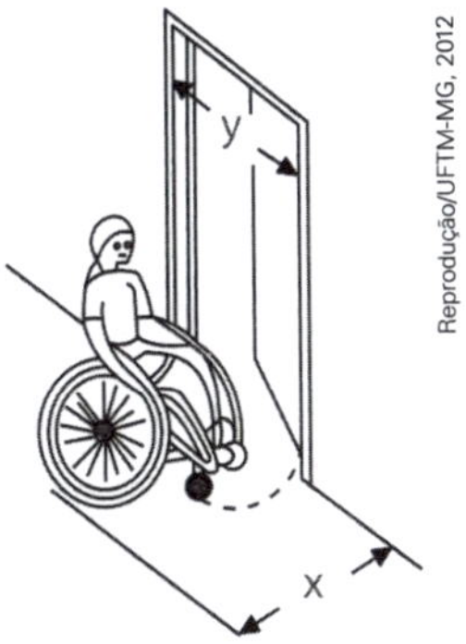

Reprodução/UFTM-MG, 2012

Uma representação no plano cartesiano ortogonal apenas dos pares (x, y), com ambas coordenadas dadas em metros, que atendem às normas técnicas da obra, é

a) 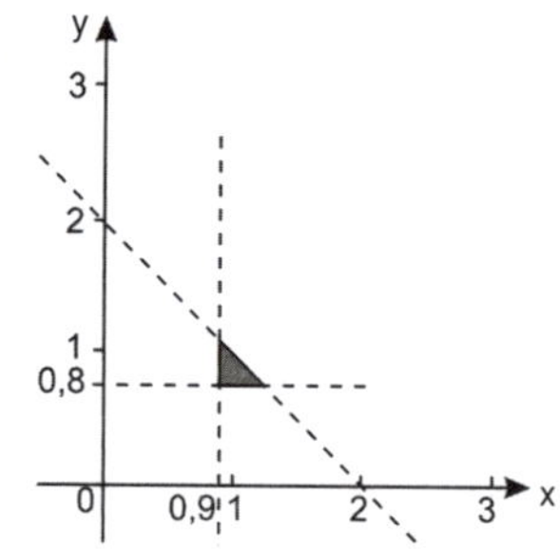

Ilustrações: Reprodução/UFTM-MG, 2012.

b) 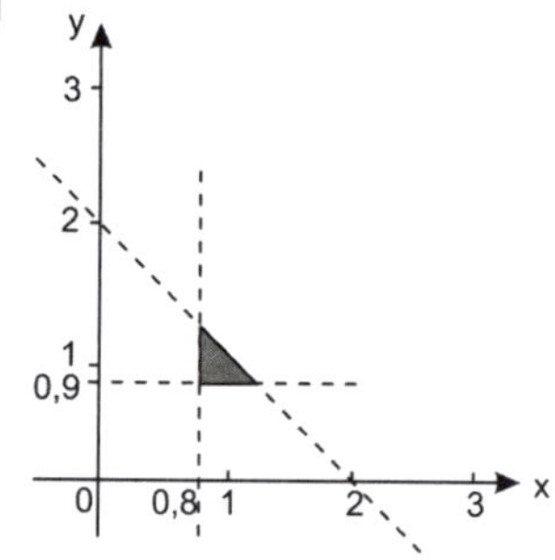

c) 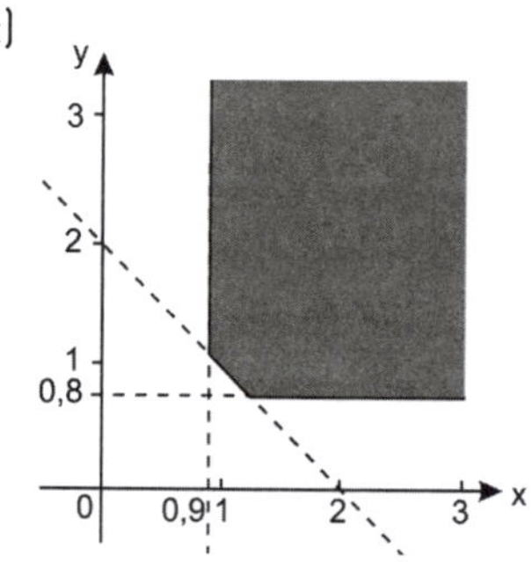

d) 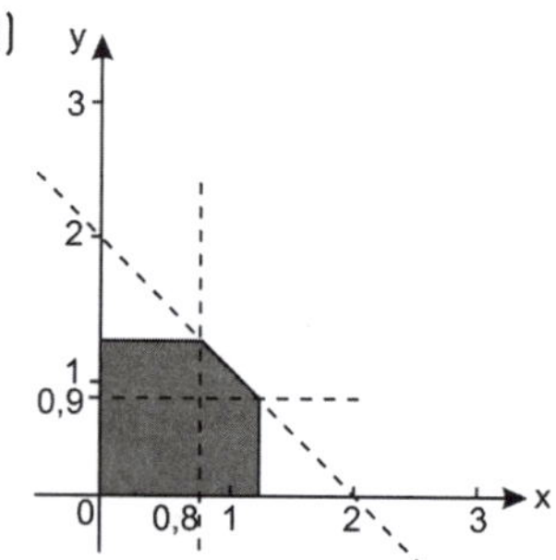

e) 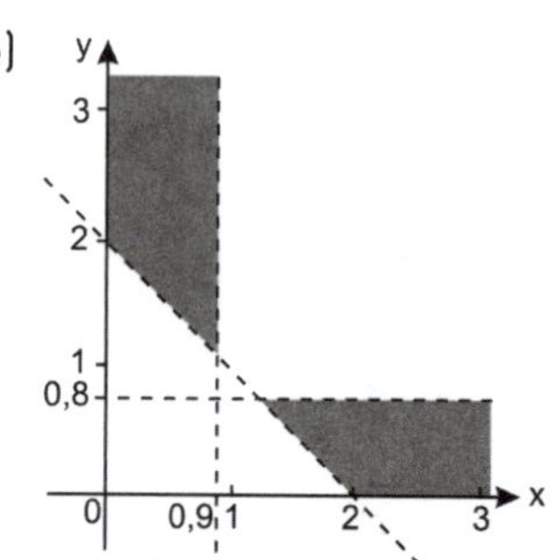

144. (UPM-SP)

Na equação $(x^3 - x^2 + x - 1)^{20} = 0$, a multiplicidade da raiz $x = 1$ é

a) 1
b) 18
c) 9
d) 20
e) 40

145. (IME-RJ)

É dada uma parábola de parâmetro **p**. Traça-se a corda focal MN, que possui uma inclinação de 60° em relação ao eixo de simetria da parábola. A projeção do ponto **M** sobre a diretriz é o ponto **Q**, e o prolongamento da corda MN intercepta a diretriz no ponto **R**. Determine o perímetro do triângulo MQR em função de **p**, sabendo que **N** encontra-se no interior do segmento MR.

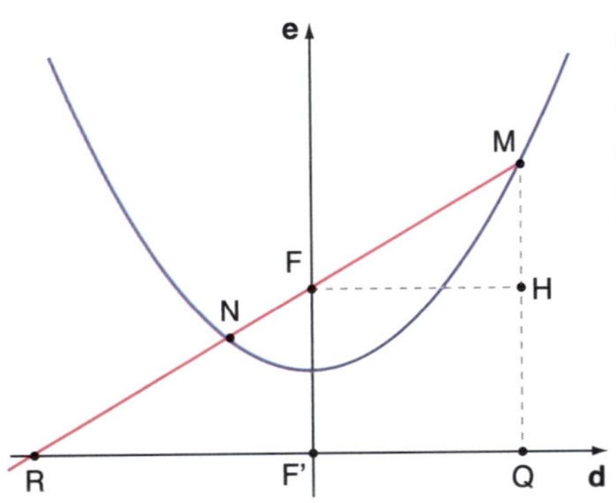

146. (Udesc)

Um polinômio p(x) dividido por $x + 1$ deixa resto 16, por $x - 1$ deixa resto 12, e por **x** deixa resto -1. Sabendo que o resto da divisão de p(x) por $(x + 1)(x - 1)x$ é da forma $ax^2 + bx + c$, então o valor numérico da soma das raízes do polinômio $ax^2 + bx + c$ é:

a) $\frac{3}{5}$
b) 2
c) $\frac{2}{15}$
d) 1
e) -2

147. (UFU-MG)

Considere o polinômio de variável real $p(x) = x^3 - kx + 150$, com **k** sendo um número natural fixo não nulo.

Se o número complexo $z = 3 + ai$ é uma raiz de p(x), em que **a** é um número real positivo e **i** é a unidade imaginária, então o valor do produto $k \cdot a$ é igual a

a) 44
b) 66
c) 24
d) 96

148. (UEMG)

No gráfico, representado a seguir, uma das retas esboçadas tem inclinação igual a -3 e a outra reta, inclinação igual a $\frac{1}{2}$. Sabendo-se disso, a área (em unidade de área) da região hachurada é

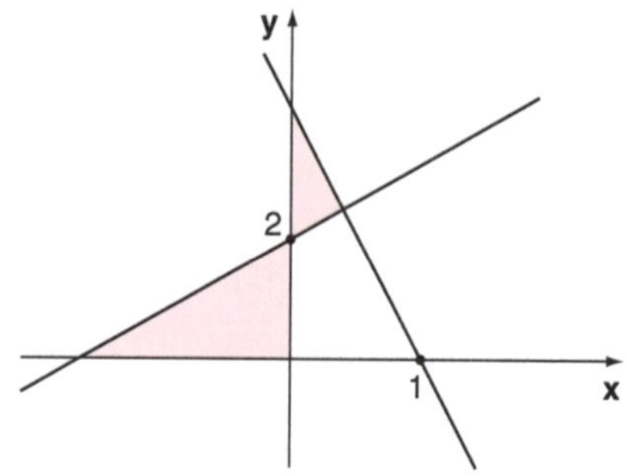

a) 6 u.a.

b) $\frac{21}{5}$ u.a.

c) $\frac{29}{7}$ u.a.

d) $\frac{33}{7}$ u.a.

149. (PUC-RS)

A matriz abaixo apresenta a distribuição das matrículas, por níveis, nas escolas de Porto Alegre.

Nível	Matrículas
Pré-escolar	25 007
Fundamental	159 162
Médio	45 255

FONTE: Instituto Nacional de Estudos e Pesquisas Educacionais – INEP – Censo Educacional 2015

Se esses dados forem organizados em um gráfico de setores, o ângulo central correspondente ao nível Fundamental será de, aproximadamente,

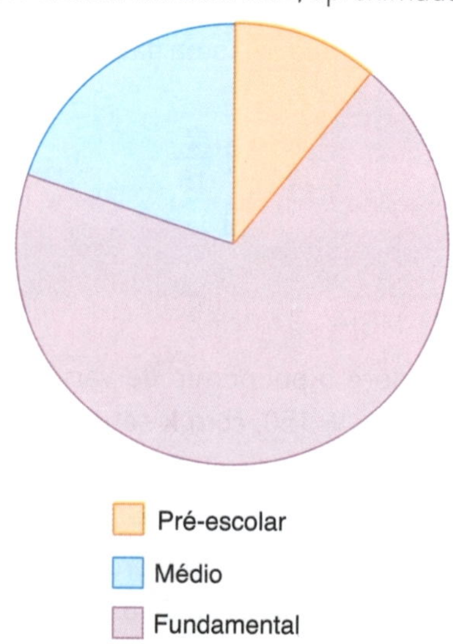

a) 150°

b) 180°

c) 200°

d) 230°

e) 250°

150. (UEL-PR)

Considere o círculo $x^2 + y^2 - r^2 = 0$ de raio **r** e a hipérbole $x^2 - y^2 = 1$. Nesse caso, pode-se afirmar que:

a) Se $r < 1$, então as curvas se intersectam em quatro pontos.
b) Se $r = 1$, então as curvas têm quatro pontos em comum.
c) Se $r = 1$, as curvas se intersectam em $(0, 1)$ e $(0, -1)$.
d) Se $r = \sqrt{17}$, então as curvas se intersectam apenas nos pontos $\left(3, 2\sqrt{2}\right)$ e $\left(-3, -2\sqrt{2}\right)$.
e) Se $r > \sqrt{17}$, então as curvas se intersectam em quatro pontos.

151. (Epcar-MG)

Considere no plano cartesiano as retas **r** e **s** dadas pelas equações:

$$\begin{matrix} \mathbf{r}: 3x + 3py + p = 0 \\ \mathbf{s}: px + 9y - 3 = 0 \end{matrix}, \text{ onde } p \in \mathbb{R}.$$

Baseado nessas informações, marque a alternativa INCORRETA.

a) **r** e **s** são retas concorrentes se $|p| \neq 3$.
b) Existe um valor de **p** para o qual **r** é equação do eixo das ordenadas e **s** é perpendicular a **r**.
c) **r** e **s** são paralelas distintas para dois valores reais de **p**.
d) **r** e **s** são retas coincidentes para algum valor de **p**.

152. (ITA-SP)

Considere os polinômios em $x \in \mathbb{R}$ da forma $p(x) = x^5 + a_3x^3 + a_2x^2 + a_1x$. As raízes de $p(x) = 0$ constituem uma progressão aritmética de razão $\frac{1}{2}$ quando (a_1, a_2, a_3) é igual a

a) $\left(\frac{1}{4}, 0, \frac{5}{4}\right)$
b) $\left(\frac{1}{4}, 1, \frac{5}{4}\right)$
c) $\left(\frac{1}{4}, 0, -\frac{5}{4}\right)$
d) $\left(\frac{5}{4}, 0, \frac{1}{4}\right)$
e) $\left(\frac{1}{4}, -1, -\frac{1}{4}\right)$

153. (IFPE)

O professor de matemática decidiu bonificar com um ponto na prova aqueles alunos que acertassem mais questões que a média de acertos dos alunos da turma em um exercício aplicado em sala. O exercício com 10 questões foi aplicado entre os 20 alunos da turma e o número de acertos foi o mostrado na tabela a seguir.

Número de acertos	Número de alunos
0	2
1	4
4	3
5	2
6	0
7	4
8	4
9	1

Baseando-se na tabela, quantos alunos serão bonificados?

a) 14
b) 11
c) 9
d) 5
e) 1

154. (UEPB)

Deseja-se construir uma praça em forma de elipse em um terreno retangular de dimensões **x** metros e **y** metros, com x > y, de perímetro 300 m e área 5000 m², conforme nos mostra a figura.

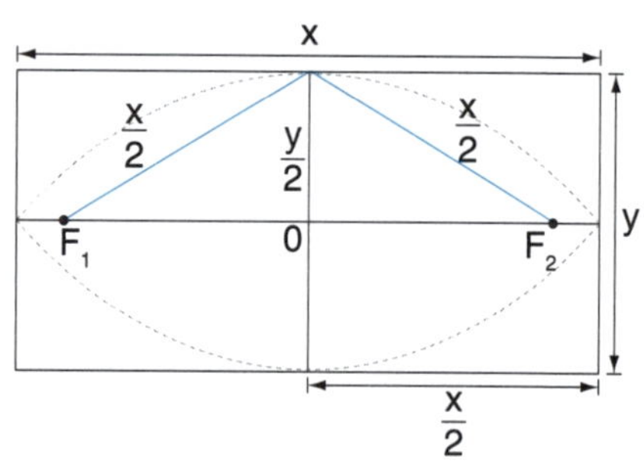

Reprodução/Arquivo da editora

Estando previstas as instalações de duas torres de iluminação, uma em cada foco da elipse, $\mathbf{F_1}$ e $\mathbf{F_2}$, local de melhor distribuição e aproveitamento das mesmas, concluímos que a distância em metros entre as torres é

a) $100\sqrt{3}$
b) $25\sqrt{3}$
c) $50\sqrt{3}$
d) $40\sqrt{3}$
e) $30\sqrt{3}$

155. (Unioeste-PR)

Os valores de **k** para que as retas $2x + ky = 3$ e $x + y = 1$ sejam paralelas e perpendiculares entre si, respectivamente, são

a) $-\frac{3}{2}$ e 1. c) 1 e −1. e) 2 e −2.

b) −1 e 1. d) −2 e 2.

156. (FGV-SP)

Os pares (x, y) dados abaixo pertencem a uma reta (**r**) do plano cartesiano:

x	−4	−2	0	2	4
y	−24	−14	−4	6	16

Podemos afirmar que

a) a reta (**r**) intercepta o eixo das abscissas no ponto de abscissa −4.

b) o coeficiente angular da reta (**r**) é −5.

c) a reta (**r**) determina com os eixos cartesianos um triângulo de área 1,6.

d) **y** será positivo se, e somente se, $x > \frac{-4}{5}$.

e) A reta (**r**) intercepta o eixo das ordenadas no ponto de abscissa $\frac{4}{5}$.

157. (Ucpel-RS)

As retas $2x + 3y = 1$ e $6x - ky = 1$ são perpendiculares. Então, **k** vale

a) 2 c) 3 e) 5

b) 1 d) 4

158. (Uerj)

Uma porta colonial é formada por um retângulo de 100 cm × 200 cm e uma semielipse. Observe as figuras:

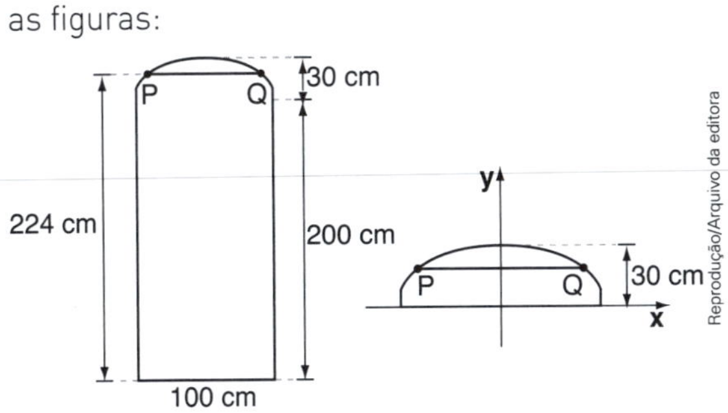

Reprodução/Arquivo da editora

Na semielipse o eixo maior mede 100 cm e o semieixo menor, 30 cm.

Calcule a medida da corda PQ, paralela ao eixo maior, que representa a largura da porta a 224 cm de altura.

159. (UPE)

Numa competição esportiva, cinco atletas estão disputando as três primeiras colocações da prova de salto em distância. A classificação será pela ordem decrescente da média aritmética de pontos obtidos por eles, após três saltos consecutivos na prova. Em caso de empate, o critério adotado será a ordem crescente do valor da variância. A pontuação de cada atleta está apresentada na tabela a seguir:

Atleta	Pontuação 1º salto	Pontuação 2º salto	Pontuação 3º salto
A	6	6	6
B	7	3	8
C	5	7	6
D	4	6	8
E	5	8	5

Com base nas informações apresentadas, o primeiro, o segundo e o terceiro lugares dessa prova foram ocupados, respectivamente, pelos atletas:

a) A; C; E

b) B; D; E

c) E; D; B

d) B; D; C

e) A; B; D

160. (EsPCEx-SP)

Sabendo que 2 é uma raiz do polinômio $P(x) = 2x^3 - 5x^2 + x + 2$, então o conjunto de todos os números reais **x** para os quais a expressão $\sqrt{P(x)}$ está definida é:

a) $\{x \in \mathbb{R} \mid 1 \leq x \leq 2\}$

b) $\left\{x \in \mathbb{R} \middle| x \leq -\frac{1}{2}\right\}$

c) $\left\{x \in \mathbb{R} \middle| -\frac{1}{2} \leq x \leq 1 \text{ ou } x \geq 2\right\}$

d) $\{x \in \mathbb{R} \mid x \neq 2\}$

e) $\{x \in \mathbb{R} \mid x \neq 2 \text{ e } x \neq 1\}$

161. (UFC-CE)

Encontre as equações das retas tangentes à parábola $y = x^2$ que passam pelo ponto $(0, -1)$.

162. (UEG-GO)

Uma agência de viagem entrevistou 50 idosos perguntando-lhes quantas viagens eles tinham feito para o exterior. O gráfico a seguir apresenta os resultados dessas entrevistas.

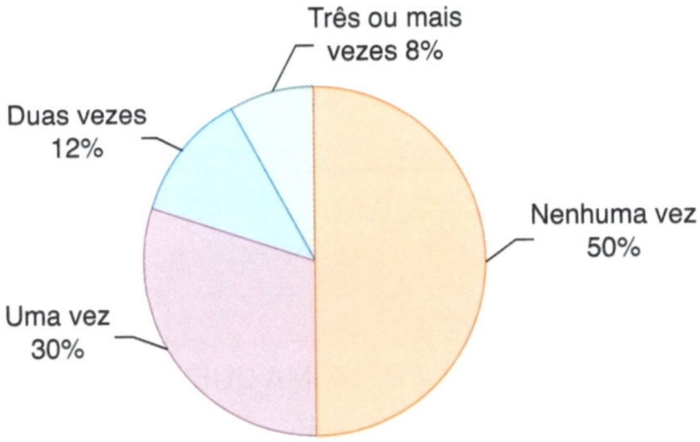

Baseando-se na informação do gráfico, a mediana do número de vezes que esses idosos viajaram para o exterior é de

a) 0,5
b) 0,0
c) 2,0
d) 1,0
e) 1,5

163. (Unicamp-SP)

A área do triângulo OAB esboçado na figura abaixo é

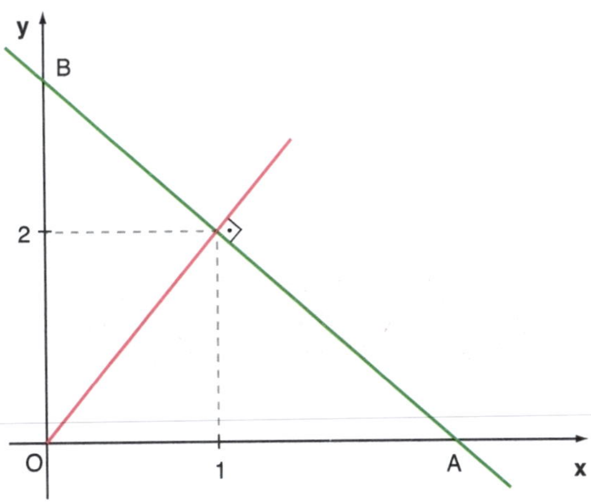

a) $\frac{21}{4}$

b) $\frac{23}{4}$

c) $\frac{25}{4}$

d) $\frac{27}{4}$

164. (Fuvest-SP)

Considere o polinômio $P(x) = x^n + a_{n-1}x^{n-1} + + ... + a_1x + a_0$, em que $a_0, ..., a_{n-1} \in \mathbb{R}$. Sabe-se que as suas **n** raízes estão sobre a circunferência unitária e que $a_0 < 0$.

O produto das **n** raízes de P(x), para qualquer inteiro $n \geqslant 1$, é:

a) -1

b) i^n

c) i^{n+1}

d) $(-1)^n$

e) $(-1)^{n+1}$

TEXTO PARA A PRÓXIMA QUESTÃO:

O vento solar é uma emissão contínua, em todas as direções, de partículas carregadas que têm origem na coroa solar. As partículas emitidas podem ser elétrons, prótons ou neutrinos. A velocidade dessas partículas varia entre 400 km/s e 800 km/s.

Essa emissão contínua gera uma distribuição de íons, prótons e elétrons em todo o espaço do sistema solar. Esse plasma de partículas carregadas é comumente denominado mar de prótons, ou mar de elétrons. Ao se aproximarem da Terra, esses íons sofrem alterações em suas trajetórias devido à presença do campo magnético terrestre. Na região do espaço que circunda a Terra, a densidade desse plasma é de aproximadamente 10 partículas por centímetro cúbico. O bombardeamento da atmosfera terrestre pelo vento solar tem efeitos profundos, uma vez que as partículas e a radiação solar interagem com os gases presentes na atmosfera, tais como H_2, N_2, O_2, CO_2, CO, NO_2, N_2O, SO_2.

Planeta	Distância média do Sol, em 10^6 km
Mercúrio	57,9
Vênus	108
Terra	150
Marte	228
Júpiter	778
Saturno	1 430
Urano	2 870
Netuno	4 500
Plutão	5 900

165. (UNB-DF)

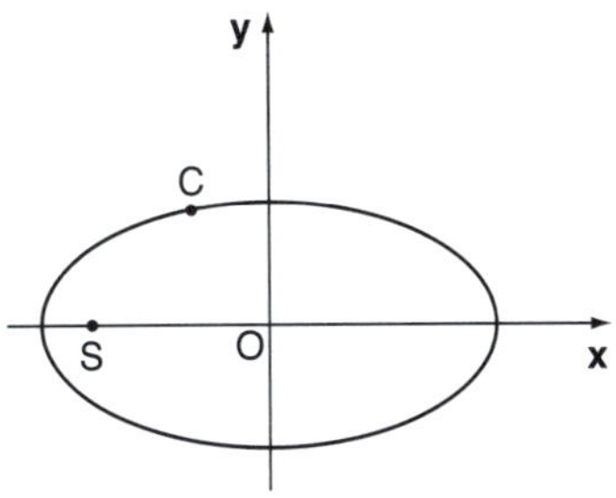

A figura acima ilustra a situação em que um cometa (**C**) percorre uma órbita elíptica de centro na origem de um sistema de coordenadas cartesianas ortogonais xOy. Nessa órbita elíptica, o Sol (**S**) aparece em um dos focos. Considere que a elipse seja representada pela equação $\frac{x^2}{a^2} + \frac{y^2}{b^2} = 1$, em que $a > b > 0$, e tenha excentricidade igual a 0,96. Nesse caso, se a distância mínima desse cometa ao Sol for igual a 0,58 UA (unidade astronômica), em que $1 \text{ UA} = 150 \cdot 10^6$ km é a distância média da Terra ao Sol, então a distância máxima do cometa ao Sol, em milhões de km, será

a) inferior a 3 700.
b) superior a 3 700 e inferior a 4 000.
c) superior a 4 000 e inferior a 4 300.
d) superior a 4 300.

166. (UPM-SP)
As raízes reais da equação $x^4 - 1 = 0$, dispostas em ordem crescente, formam, respectivamente, os coeficientes **a** e **b** da reta **r**: $ax + by + 1 = 0$. A equação da reta **s**, perpendicular à **r** e que passa pelo ponto P(1, 2), será

a) $x - y + 3 = 0$
b) $-x + y - 1 = 0$
c) $x + y - 3 = 0$
d) $-2x + y + 1 = 0$
e) $2x - y - 3 = 0$

167. (ESPM-SP)
Seja A = (4, 2) um ponto do plano cartesiano e sejam **B** e **C** os simétricos de **A** em relação aos eixos coordenados. A equação da reta que passa por **A** e é perpendicular à reta que passa por **B** e **C** é:

a) $2x - 4 = 6$
b) $x - 2y = 0$
c) $x - y = 2$
d) $x + 2y = 8$
e) $x + y = 6$

168. (PUC-RJ)

Assinale o valor da área do quadrado de vértices (−2, 9), (4, 6), (1, 0) e (−5, 3).

a) 20
b) 25
c) $\sqrt{45}$
d) 45
e) $\sqrt{60}$

169. (EEAR-SP)

A reta **s** que passa por P(1, 6) e é perpendicular a **r**: $y = \frac{2}{3}x + 3$ é

a) $y = \frac{3}{2}x$
b) $y = x + 5$
c) $y = -\frac{2}{3}x + \frac{20}{3}$
d) $y = -\frac{3}{2}x + \frac{15}{2}$

170. (UFPE)

Qual a inclinação da reta que passa pelo ponto (2, 4) e que intercepta a parábola $y = x^2$ em um único ponto?

171. (UFRN)

Uma seção cônica é obtida a partir da intersecção de um cone com um plano. Na figura abaixo, temos um exemplo de uma seção cônica, denominada Elipse. A figura consiste de duas esferas $\mathbf{S_1}$ e $\mathbf{S_2}$ que tangenciam o cone em duas circunferências $\mathbf{C_1}$ e $\mathbf{C_2}$ e tangenciam o plano **p** nos pontos $\mathbf{F_1}$ e $\mathbf{F_2}$. Os pontos $\mathbf{P_1}$, $\mathbf{P_2}$ e **P** estão, respectivamente, na intersecção de uma reta do cone com as circunferências e a Elipse.

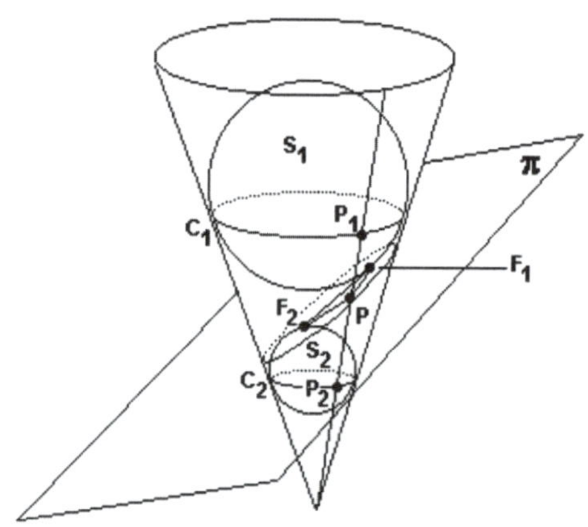

A soma das distâncias de **P** aos pontos $\mathbf{F_1}$ e $\mathbf{F_2}$ é igual a distância

a) entre as duas circunferências.
b) entre $\mathbf{P_1}$ e $\mathbf{P_2}$.
c) entre os centros das duas esferas.
d) entre $\mathbf{F_1}$ e $\mathbf{F_2}$.

172. (CFTRJ)

O gráfico a seguir foi mostrado em um aplicativo que consulta diversas lojas e retorna o menor preço de uma mercadoria. O período apresentado é de 3 meses e são ressaltados 7 instantes, números de 1 a 7, onde 7 indica o instante da consulta.

O aplicativo também mostra um resumo com o menor preço registrado do período, que foi de R$ 280,79 e o menor preço atual, de R$ 329,99. Qual das afirmações a seguir é a verdadeira?

a) A maior variação de "menor preço" no período consultado é de R$ 49,20.
b) A variação de "menor preço" do instante 2 ao instante 5 foi maior que a variação de "menor preço" do instante 5 para o instante 6.
c) No momento da consulta o "menor preço" é o maior do período.
d) O mais alto "menor preço" do período supera em mais de 10% o mais baixo "menor preço" do período.

173. (PUC-SP)

A figura mostra um triângulo retângulo ABC, de hipotenusa AC, com A(2, 7), B(7, 2) e C(k, k − 5).

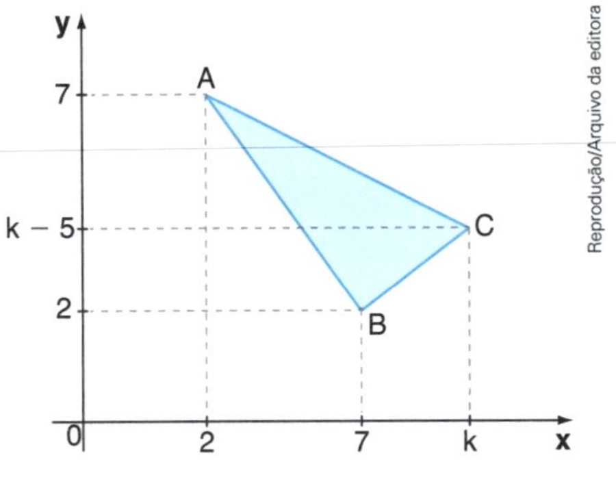

Fora de escala

Sabendo que a área do triângulo ABC é 15 cm², o valor da abscissa do ponto **C** é

a) 8 b) 9 c) 10 d) 11

174. (FCMMG)

A dengue, a febre de chikungunya e a febre pelo vírus Zika são doenças presentes na Lista Nacional de Notificação Compulsória de Doenças, Agravos e Eventos de Saúde Pública, sendo esta última acrescentada a partir de 2016.

Nos gráficos abaixo, são apresentados dados de monitoramento da situação dessas viroses, de acordo com o Boletim Epidemiológico do Ministério da Saúde, durante o primeiro semestre dos anos de 2015, 2016 e 2017.

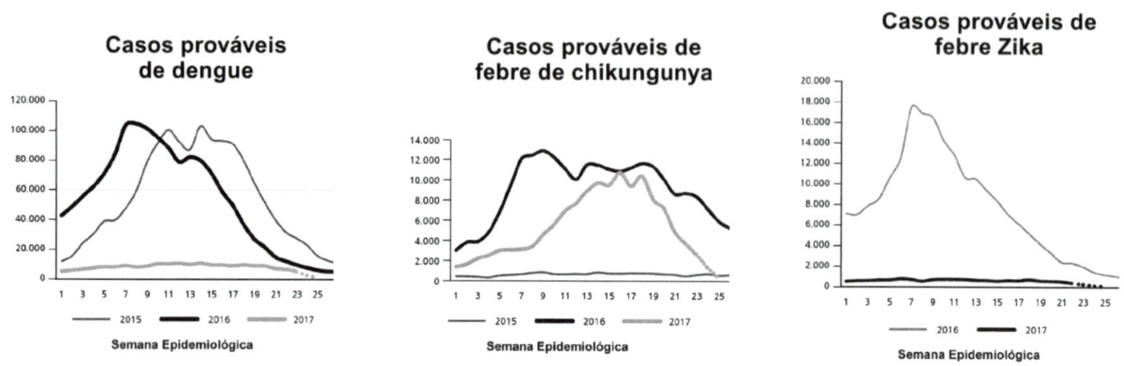

(Adaptação de: http://portalarquivos.saude.gov.br/images/pdf/2017/julho/Boletim-2017_020-Monitoramento-dos-casos-de-dengue-febre-de-chikungunya-e-febre-pelo-Zika.pdf)

A análise desses gráficos NÃO permite que seja feita a seguinte inferência:

a) Durante o respectivo acompanhamento das semanas epidemiológicas, em 2017, o número de casos de dengue, febre de chikungunya e febre Zika não ultrapassou o número de casos de 2016.

b) Durante o respectivo acompanhamento das semanas epidemiológicas, o número de casos de febre de chikungunya em 2017 não ultrapassou o número de casos em comparação com o ano de 2016.

c) Durante o respectivo acompanhamento das semanas epidemiológicas, o número de casos de febre Zika em 2016 sempre esteve mais elevado em comparação com o ano de 2017.

d) Durante o respectivo acompanhamento das semanas epidemiológicas, o número de casos de dengue sempre esteve mais elevado em 2016, em comparação com o ano de 2015.

175. (UFC-CE)

O número de pontos de intersecção das curvas $x^2 + y^2 = 4$ e $\frac{x^2}{15} + \frac{y^2}{2} = 1$ é igual a:

a) 0
b) 3
c) 4
d) 5
e) 6

176. (IME-RJ)

Considere uma haste AB de comprimento 10 m. Seja um ponto **P** localizado nesta haste a 7 m da extremidade **A**. A posição inicial desta haste é horizontal sobre o semieixo **x** positivo, com a extremidade **A** localizada na origem do plano cartesiano. A haste se desloca de forma que a extremidade **A** percorra o eixo **y**, no sentido positivo, e a extremidade **B** percorra o eixo **x**, no sentido negativo, até que a extremidade **B** esteja sobre a origem do plano cartesiano. A equação do lugar geométrico, no primeiro quadrante, traçado pelo ponto **P** ao ocorrer o deslocamento descrito é

a) $49x^2 + 9y^2 - 280x + 120y - 441 = 0$
b) $49x^2 - 406x - 49y^2 + 441 = 0$
c) $9x^2 + 49y^2 - 441 = 0$
d) $9x^2 + 9y^2 + 120y - 441 = 0$
e) $9x^2 - 49y^2 - 441 = 0$

177. (Aman-RJ)

Considere a reta **t** mediatriz do segmento cujos extremos são os pontos em que a reta **s**: $2x - 3y + 12 = 0$ intercepta os eixos coordenados. Então, a distância do ponto M(1, 1) à reta **t** é

a) $\frac{13\sqrt{3}}{11}$
b) $\frac{10\sqrt{13}}{13}$
c) $\frac{13\sqrt{11}}{13}$
d) $\frac{3\sqrt{11}}{13}$
e) $\frac{3\sqrt{3}}{11}$

178. (UFG-GO)

A figura mostra, no plano cartesiano, o gráfico da parábola de equação $y = \frac{x^2}{4}$, e uma circunferência com centro no eixo **y** e tangente ao eixo **x** no ponto **O**.

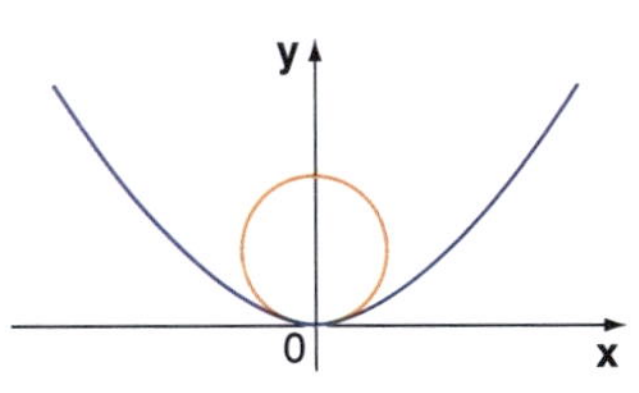

Calcule o raio da maior circunferência, nas condições acima, que tem um único ponto de intersecção com a parábola.

179. (UPE)

Segundo matéria do Caderno Cidades do *Jornal do Commercio*, publicada em 8 de maio de 2016, um relatório oficial de assaltos a coletivos entre janeiro e abril de 2016 apontou os locais e as linhas de ônibus que mais sofreram esse tipo de violência no período citado.

Com base nessas informações, analise o gráfico publicado na referida matéria.

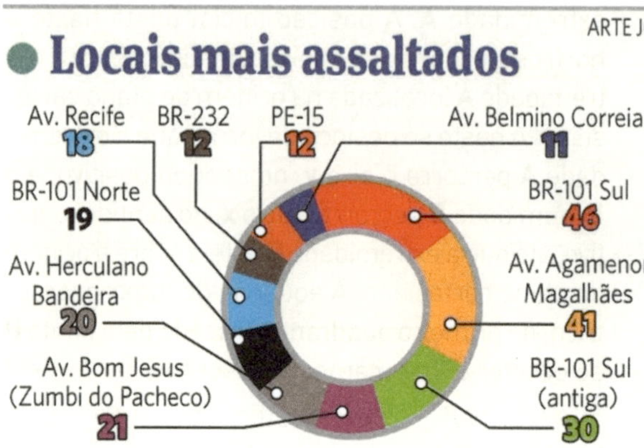

De acordo com o gráfico, a média, a mediana e a moda do número de assaltos por local são respectivamente:

a) 19; 20 e 12.
b) 23; 19,5 e 12.
c) 19; 12 e 46.
d) 23; 12 e 19.
e) 19,5; 12 e 18.

180. (UFJF-MG)

Considere os pontos $A = (2, 0)$, $B = \left(-1, \sqrt{3}\right)$ e $C = \left(-1, -\sqrt{3}\right)$ em um plano cartesiano.

a) Determine o ângulo $A\hat{B}C$.
b) Calcule a área do triângulo ABC.

181. (Escola Naval-RJ)

Considere a sequência (a, b, 2) uma progressão aritmética e a sequência (b, a, 2) uma progressão geométrica não constante, $a, b \in \mathbb{R}$. A equação da reta que passa pelo ponto (a, b) e pelo vértice $y^2 - 2y + x + 3 = 0$ é

a) $6y - x - 4 = 0$
b) $2x - 4y - 1 = 0$
c) $2x - 4y + 1 = 0$
d) $x + 2y = 0$
e) $x - 2y = 0$

182. (UFPI)

O gráfico da equação $x^2 - y^2 = 4$ representa uma hipérbole. Os focos dessa hipérbole são:

a) $\left(\frac{1}{2}, 0\right)$ e $\left(-\frac{1}{2}, 0\right)$

b) $(2, 0)$ e $(-2, 0)$

c) $\left(2\sqrt{2}, 0\right)$ e $\left(-2\sqrt{2}, 0\right)$

d) $\left(0, \sqrt{2}\right)$ e $\left(0, -\sqrt{2}\right)$

e) $\left(0, \frac{1}{2}\right)$ e $\left(0, -\frac{1}{2}\right)$

183. (Epcar-MG)

Na tabela a seguir estão relacionados os salários de todos os funcionários das classes A, B e C de uma empresa cuja média salarial é R$ 1 680,00.

Classes	Salários	Quantidade de funcionários
A	900 ⊢ 1 500	20
B	1 500 ⊢ 2 100	x
C	2 100 ⊢ 2 700	10

Se a mediana para a distribuição de frequências obtida acima é **m**, então a soma dos algarismos de **m** é igual a

a) 10 b) 12 c) 15 d) 18

184. (UPM-SP)

A equação da mediatriz do segmento que une os pontos $P = (1, -2)$ e $Q = (5, 4)$ é

a) $2x + 3y - 9 = 0$

b) $2x - 3y + 9 = 0$

c) $2x - 3y - 3 = 0$

d) $3x - 2y - 7 = 0$

e) $3x + 2y - 11 = 0$

185. (UEG-GO)

Um artesão fabrica certo tipo de peças a um custo de R$ 10,00 cada e as vende no mercado de artesanato com preço variável que depende da negociação com o freguês. Num certo dia, ele vendeu 2 peças por R$ 25,00 cada, 4 peças por R$ 22,50 cada e mais 4 peças por R$ 20,00 cada.

O lucro médio do artesão nesse dia foi de

a) R$ 22,50

b) R$ 22,00

c) R$ 19,20

d) R$ 12,50

e) R$ 12,00

186. (FGV-SP)

Removendo um número do conjunto {11, 12, 17, 18, 23, 29, 30} formamos um novo conjunto com média aritmética dos elementos igual a 18,5. A mediana dos elementos desse novo conjunto é igual a

a) 26,5
b) 26,0
c) 20,5
d) 17,5
e) 14,5

187. (FGV-SP)

No livro *Teoria Microeconômica*, de Mario Henrique Simonsen, discute-se um caso em que existe uma certa quantidade fixa **N** de mão de obra (trabalhadores) para fabricar dois produtos, **A** e **B**, cujas quantidades produzidas são **x** e **y**, respectivamente. Admite-se no problema que a função de produção de **x** e **y** seja dada por $x = \sqrt{N_1}$ e $y = 2 \cdot \sqrt{N_2}$, sendo $\mathbf{N_1}$ e $\mathbf{N_2}$ a quantidade de mão de obra destinada à fabricação de **A** e **B**, de forma que $N_1 + N_2 \leqslant N$. Considerando, no problema, que **x**, **y**, $\mathbf{N_1}$, $\mathbf{N_2}$ e **N** podem ser quaisquer números reais não negativos, responda o que se pede a seguir.

a) Faça um esboço do gráfico do lugar geométrico dos pares (x, y) que atendem às restrições do problema para o caso em que $N = 81$.

b) Assuma que $N = 80{,}8$ e que **x** e **y** estão submetidos à restrição $y = x - 2$. Determine o maior valor possível de $\mathbf{N_1}$.

188. (Insper-SP)

Durante um campeonato de futebol de salão, o jogador **A** disputou **p** partidas e marcou, no total, **g** gols. No mesmo campeonato, o jogador **B** disputou **g** partidas, conseguindo marcar um total de p^3 gols. Mesmo assim, a média de gols marcados por partida disputada foi a mesma para os dois jogadores. Sendo **p** e **g** números maiores do que 1, é correto concluir que

a) $p = \sqrt{g}$
b) $p = \sqrt[3]{g}$
c) $p = 2g$
d) $p = g^2$
e) $p = g^3$

189. (PUC-MG)

A figura a seguir representa o corte plano de uma pista de skate, cuja equação é $y = ax^2$.

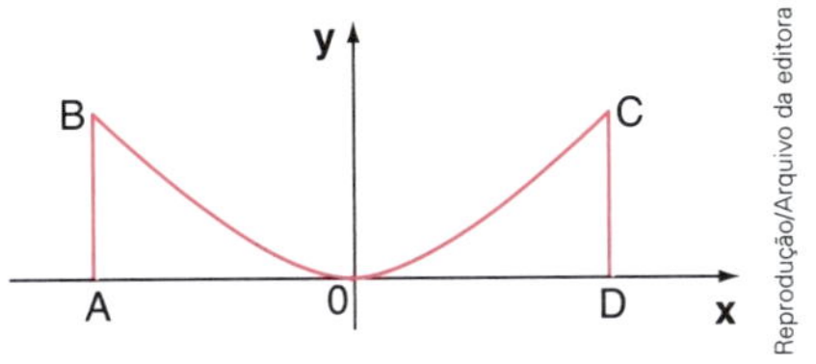

Considerando-se $AO = OD = 5$ m e $AB = DC = 4$ m, pode-se afirmar que o valor do parâmetro **a** é

a) 0,12
b) 0,16
c) 0,20
d) 0,24

190. (ESPM-SP)

Dadas, num plano, duas figuras de áreas $\mathbf{A_1}$ e $\mathbf{A_2}$ cujas distâncias de seus centros de gravidade a um eixo desse plano são $\mathbf{x_1}$ e $\mathbf{x_2}$, a distância **x** (do centro de gravidade **CG** desse conjunto ao mesmo eixo) é a média ponderada entre $\mathbf{x_1}$ e $\mathbf{x_2}$, com pesos $\mathbf{A_1}$ e $\mathbf{A_2}$, respectivamente. Considerando-se que cada quadrícula da malha mostrada abaixo tem lado medindo 1, a distância **x** será igual a:

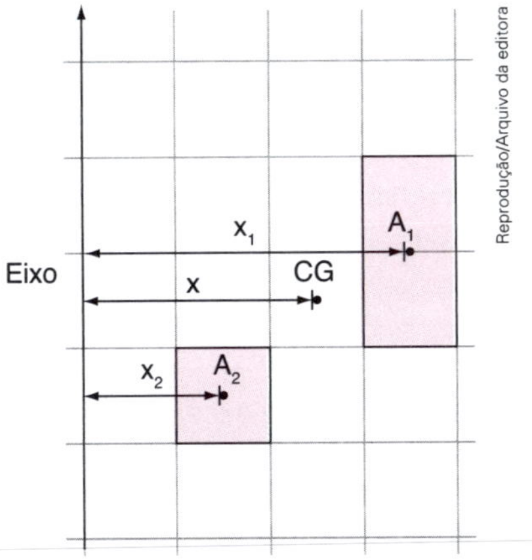

a) $\frac{8}{3}$

b) $\frac{9}{4}$

c) $\frac{13}{5}$

d) $\frac{17}{6}$

e) $\frac{11}{4}$

191. (Uema)

Buscando incentivar a inserção das pessoas com deficiência no mercado de trabalho, uma filial dos Correios da cidade de São Luís contratou um cadeirante como encarregado da separação de correspondências. Para executar este trabalho, o novo funcionário foi designado para uma sala que dispunha de três mesas. Suponha que os centros dessas mesas sejam representados pelos pontos **A**, **B** e **C** de coordenadas (5, 4), (3, 7) e (1, 2), respectivamente, tomando como origem o canto da sala. Nessas condições,

a) esboce a figura que representa a disposição das mesas na sala em questão.

b) quais as distâncias que cada mesa mantém entre si, em metros?

c) qual a área do espaço compreendido entre as mesas?

192. (UFU-MG)

No plano cartesiano, considere o círculo **S** descrito pela equação cartesiana $x^2 + y^2 = 5$ e a reta **r** descrita pela equação cartesiana $y = 2x$. Assim, **r** intersecta **S** nos pontos **A** e **B**.

Considerando uma nova reta **h**, descrita pela equação cartesiana $y = x + 1$, esta reta intersecta **S** nos pontos **A** e **C**.

a) Determine os pontos **A**, **B** e **C**.

b) Determine a área de triângulo de vértices **A**, **B** e **C**.

193. (IME-RJ)

Uma hipérbole de excentricidade $\sqrt{2}$ tem centro na origem e passa pelo ponto $\left(\sqrt{5}, 1\right)$. A equação de uma reta tangente a esta hipérbole e paralela a $y = 2x$ é:

a) $\sqrt{3}y = 2\sqrt{3}x + 6$

b) $y = -2x + 3\sqrt{3}$

c) $3y = 6x + 2\sqrt{3}$

d) $\sqrt{3y} = 2\sqrt{3}x + 4$

e) $y = 2x + \sqrt{3}$

194. (UEG-GO)

Os números de casos registrados de acidentes domésticos em uma determinada cidade nos últimos cinco anos foram: 100, 88, 112, 94 e 106. O desvio padrão desses valores é aproximadamente

a) 3,6
b) 7,2
c) 8,5
d) 9,0
e) 10,0

195. (PUC-MG)

Os gráficos das curvas $x^2 + y^2 = 2$ e $y = x^2$ se interceptam nos pontos **A** e **B**. Os valores das abscissas de **A** e **B** são:

a) -1 e 0
b) 0 e 1
c) -1 e 1
d) 1 e 2
e) -1 e -2

196. (UPF-RS)

Sobre a figura abaixo, sabe-se que a equação de **r** é $2y = x - 3$; que os pontos **B** e **C** são simétricos em relação ao eixo das abscissas; que as retas **r** e **s** são paralelas; e que **t** é perpendicular a **r**.

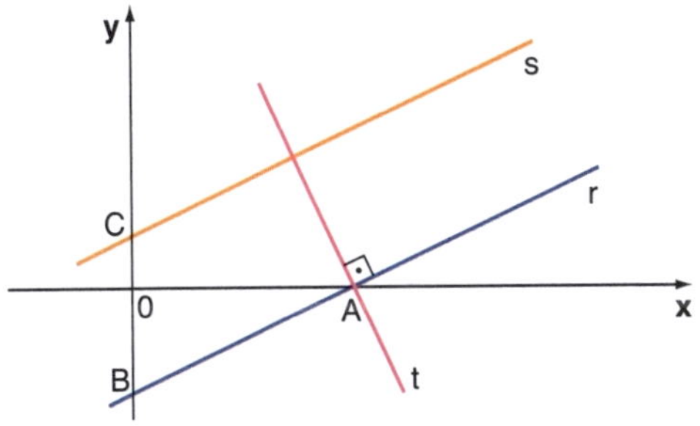

Nessas condições, a equação da reta **t** é

a) $y = -2x + 6$
b) $y = -\frac{1}{2}x + 6$
c) $2y = -x + 6$
d) $y + 2x = 3$
e) $y = \frac{x-6}{2}$

197. (PUC-MG)

O gráfico da curva de equação $\frac{x^2}{4} - \frac{y^2}{9} = 1$ é uma:

a) circunferência.
b) elipse.
c) hipérbole.
d) parábola.

198. (UEPG-PR)

Em 4 provas bimestrais, um aluno obteve a média 7,2. Sendo **X** a menor nota e **Y** a maior nota e sabendo que essas notas formam uma progressão aritmética de razão 1,2, assinale o que for correto.

01) $X + Y = 12,4$
02) $Y - X = 3,6$
04) $Y < 9,0$
08) $x > 5,0$

199. (UFU-MG)

Os administradores de uma agência de automóveis observaram uma queda nas vendas em 2016. Nos **x** primeiros meses de 2016 obtiveram uma média mensal de 60 vendas realizadas, enquanto a média mensal no ano de 2015 foi de 67 carros vendidos. Foram realizados vários ajustes e um esforço coletivo dos funcionários, de forma que, nos demais meses de 2016, a média mensal passou para 72 carros vendidos, acarretando na igualdade entre as médias mensais nos anos de 2015 e 2016.
Segundo as informações apresentadas, determine o valor de **x**.

200. (UFRGS-RS)

Considere a região delimitada pelas inequações $x + y \geqslant 1$ e $x^2 + y^2 \leqslant 4$, representadas em um mesmo sistema de coordenadas cartesianas.

Assinale a alternativa que contém o gráfico que melhor representa essa região.

a)
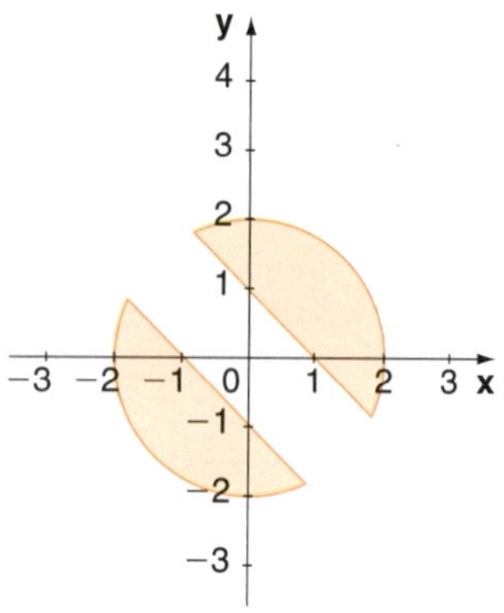

c)
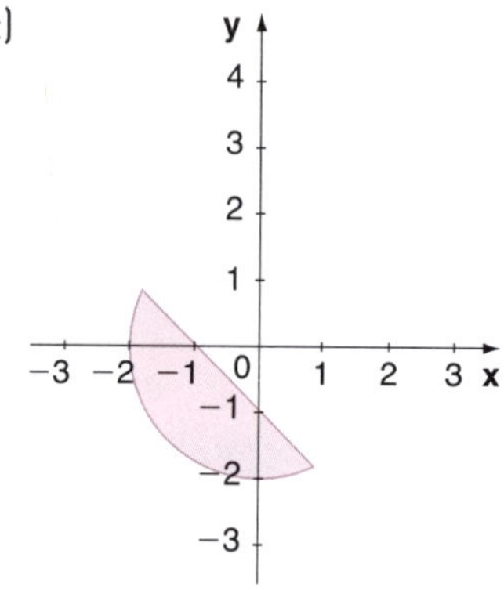

e)
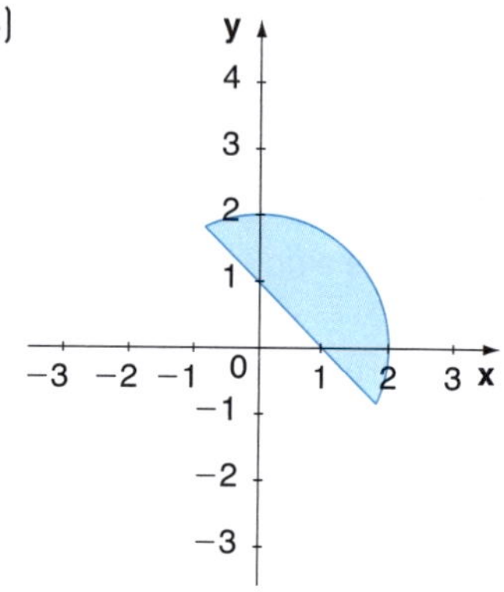

b)
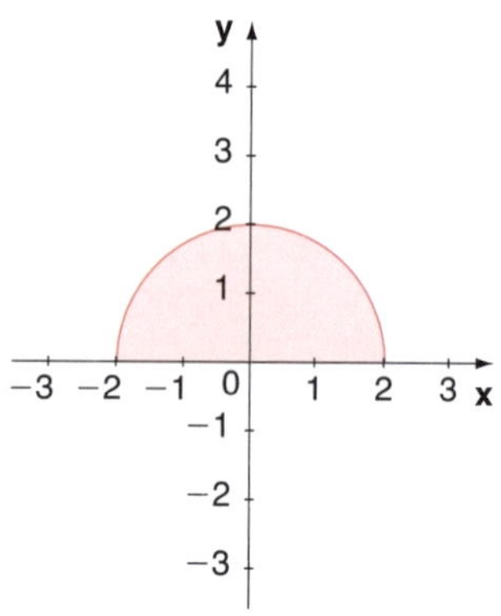

d)
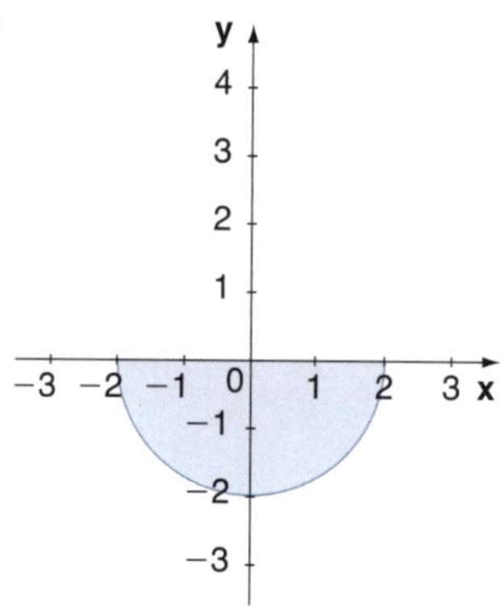

201. (UPE)

Qual é a medida da área do triângulo destacado na figura abaixo?

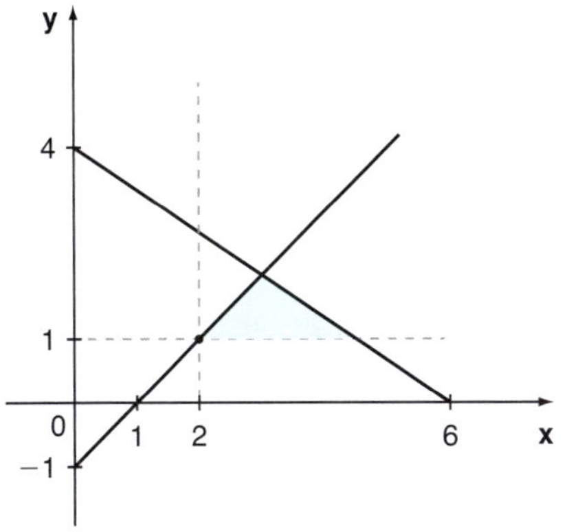

Reprodução/Arquivo da editora

a) $\frac{1}{2}$

b) $\frac{1}{3}$

c) $\frac{3}{4}$

d) $\frac{4}{5}$

e) $\frac{5}{4}$

202. (PUC-RJ)

Dadas as parábolas $y = x^2 + x + 1$ e a reta $y = 2x + m$:

a) Determine os valores de **m** para os quais a reta intercepta a parábola.

b) Determine para qual valor de **m** a reta tangencia a parábola. Determine também o ponto de tangência.

203. (Acafe-SC)

A média aritmética de três números naturais **a**, **b** e **c** excede o menor em 16 unidades, e é 14 unidades menor que o maior deles. Se a mediana dos três números é 24, então, a média geométrica entre **a** e **c** é igual a:

a) $6\sqrt{6}$.

b) $8\sqrt{6}$.

c) $4\sqrt{6}$.

d) $2\sqrt{6}$.

204. (UEM-PR)

Considerando as retas **r**: $x - y = 1$, **s**: $2x - 2y - 4 = 0$ e t: $y = -x + 3$, assinale o que for **correto**.

01) As retas **s** e **t** são perpendiculares.

02) As retas **s** e **r** se interceptam em um único ponto.

04) O ponto (4, 3) pertence à reta **r**, mas não pertence às outras retas.

08) As retas **r** e **t** se interceptam em (2, 1).

16) As retas **s** e **r** têm o mesmo coeficiente angular.

205. (PUC-RJ)

Em uma pesquisa, realizada em janeiro de 2015, perguntava-se aos internautas se eles acreditavam que a reciclagem de lixo era importante para o meio ambiente. Eram 3 alternativas possíveis, e 4 600 internautas responderam, como mostra o gráfico abaixo.

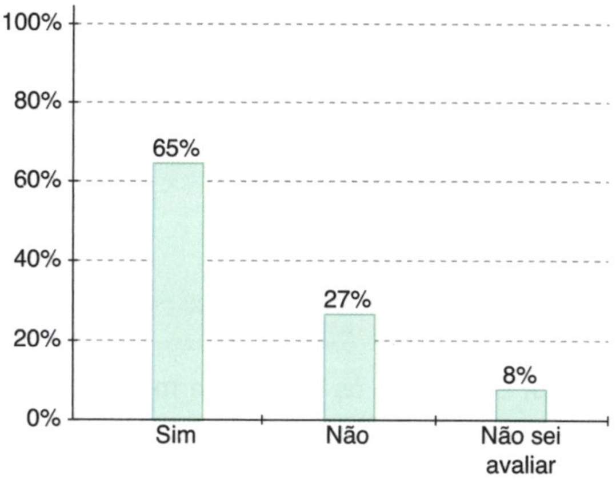

Quantas pessoas responderam "não sei avaliar"?

a) 256
b) 307
c) 368
d) 512
e) 800

206. (PUC-MG)

Quando representados no sistema de coordenadas xOy o ponto **B** é o simétrico do ponto A(−3, 2) em relação à origem O; por sua vez, o ponto **C** é o simétrico de **B** em relação ao eixo **x**. Com base nessas informações, é CORRETO afirmar que a medida da área do triângulo ABC é igual a:

a) 8
b) 9
c) 10
d) 12

207. (Unicamp-SP)

A figura abaixo exibe, no plano cartesiano, um quadrilátero com vértices situados nos pontos de coordenadas A(−5, 0), B(5, 0), C(4, 3) e D(−3, 4).

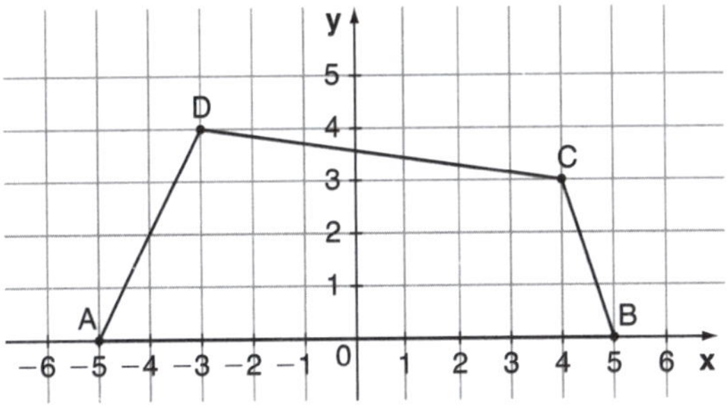

Reprodução/Arquivo da editora

a) Determine a área desse quadrilátero.

b) Encontre a equação da reta que passa pelo ponto **A** e é perpendicular à reta que passa pelos pontos **B** e **C**.

208. (UPM-SP)

Os pontos (x, y) do plano tais que $x^2 + y^2 \leqslant 36$, com $x + y \geqslant 6$ definem uma região de área

a) $6(\pi - 2)$
b) $9 - \pi$
c) $9(\pi - 2)$
d) $6 - \pi$
e) $18(\pi - 2)$

209. (UFF-RJ)

Na parede retangular de um palácio renascentista, há um vitral circular e, acima dele, na mesma parede, uma estreita faixa reta, conforme a figura:

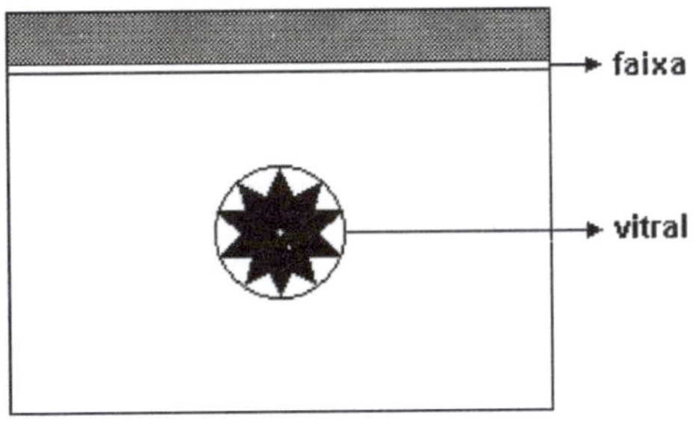

Reprodução/UFF, 2002.

Essa parede foi ornamentada com um elemento decorativo em forma de uma curva que tem a seguinte característica: cada ponto da curva está situado a igual distância do centro do vitral e da faixa.

Pode-se afirmar que o elemento decorativo tem a forma de um arco:

a) de elipse
b) de hipérbole
c) de parábola
d) de circunferência
e) de senoide

210. (FGV-SP)

Sejam **A**, **B** e **C** pontos da hipérbole $xy = 1$, mostre que o ortocentro do triângulo ABC pertence à hipérbole. Obs.: ortocentro de um triângulo é o ponto de intersecção de suas alturas.

211. (UFJF-MG)

Dado o triângulo de vértices $A = (1, 1)$, $B = (2, 3)$ e $C = (4, 2)$. Considere as seguintes afirmações:

I. O triângulo é retângulo.

II. O ponto médio do segmento de reta que liga os pontos médios dos lados $\overline{AB}$ e $\overline{BC}$ é $M = \left(\frac{9}{4}, \frac{9}{4}\right)$.

III. A área do triângulo é $\frac{5}{2}$ unidades de área.

Diante da análise feita, marque a opção **CORRETA**.

a) Apenas a afirmação I é verdadeira.
b) Apenas a afirmação II é verdadeira.
c) Apenas a afirmação III é verdadeira.
d) Apenas as afirmações I e III são verdadeiras.
e) Todas as afirmações são verdadeiras.

212. (IFBA)

Em uma escola, a Turma **B** composta por 20 alunos, teve a média de 7,6 na disciplina Matemática, já a Turma **D** teve a média de 7,5. Se fosse retirada a nota do aluno Prudêncio, que é da turma **B**, a média da sua turma seria idêntica à média da Turma **D**. Com base nestas informações, pode-se afirmar que a nota do aluno Prudêncio foi o valor **X** compreendido no intervalo:

a) $5 \leqslant X < 6$
b) $6 \leqslant X < 7$
c) $9 \leqslant X < 10$
d) $7 \leqslant X < 8$
e) $8 \leqslant X < 9$

213. (EEAR-SP)

Dada a reta r: $2x - 3y + 5 = 0$ e o ponto $P(5, 6)$, a distância de **P** à reta **r** é

a) $\sqrt{91}$
b) $30\sqrt{13}$
c) $\frac{3\sqrt{91}}{91}$
d) $\frac{3\sqrt{13}}{13}$

214. (UERN)

A área do triângulo retângulo formada pela sobreposição das retas **r** e **s**, no gráfico, é igual a 36 unidades. Logo, a equação da reta **r** é

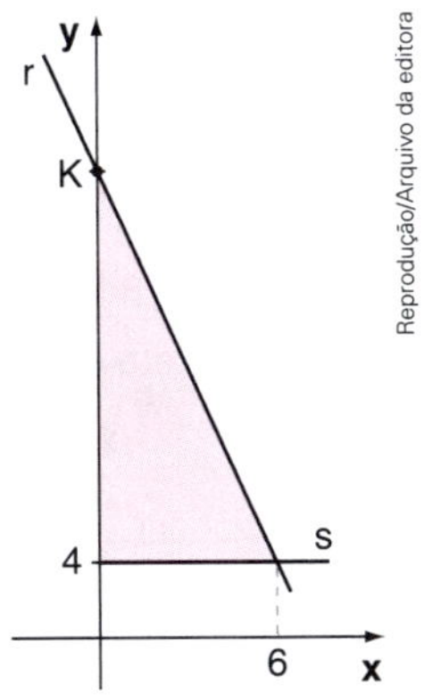

a) $y = x + 12$
b) $y = -x + 16$
c) $y = -2x + 16$
d) $y = -2x + 12$

215. (ESPM-SP)

Seja **C** a região do plano cartesiano definida pela desigualdade $(x - 2)^2 + (y - 2)^2 \leqslant 4$ e seja **P** a região definida por $x \geqslant 2$ ou $y \geqslant 2$. A área da região intersecção entre **C** e **P** é:

a) π
b) 2π
c) 3π
d) 4π
e) 5π

216. (UFG-GO)

A região do plano cartesiano, destacada na figura a seguir, é determinada por uma parábola, com vértice na origem, e duas retas.

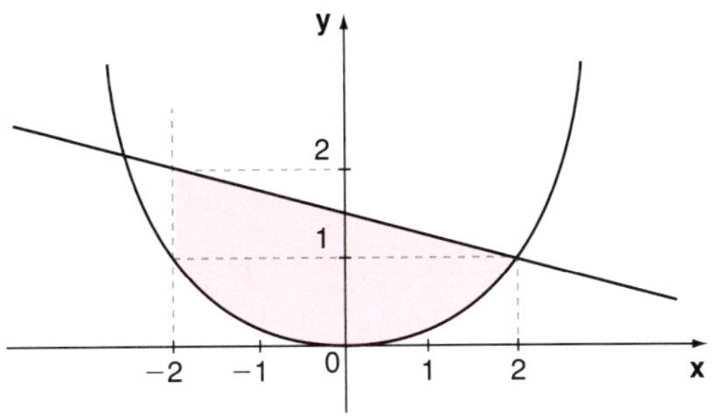

Esta região pode ser descrita como o conjunto dos pares ordenados $(x, y) \in \mathbb{R} \times \mathbb{R}$, satisfazendo

a) $-2 \leqslant x \leqslant 2$ e $\dfrac{x^2}{4} \leqslant y \leqslant -\left(\dfrac{x}{4}\right) + \left(\dfrac{3}{2}\right)$.

b) $-2 \leqslant x \leqslant 2$ e $-\left(\dfrac{x^2}{4}\right) \leqslant y \leqslant \left(\dfrac{x}{4}\right) + \left(\dfrac{3}{2}\right)$.

c) $-2 \leqslant x \leqslant 2$ e $4x^2 \leqslant y \leqslant -\left(\dfrac{x}{4}\right) + \left(\dfrac{3}{2}\right)$.

d) $-2 \leqslant x \leqslant 2$ e $-4x^2 \leqslant y \leqslant -\left(\dfrac{x}{4}\right) + \left(\dfrac{3}{2}\right)$.

e) $-2 \leqslant x \leqslant 2$ e $\dfrac{x^2}{4} \leqslant y \leqslant \left(\dfrac{x}{4}\right) + \left(\dfrac{3}{2}\right)$.

217. (Unifesp)

Na figura, estão representados, no plano cartesiano **xOy**, a reta de equação $y = 2kx$, $0 \leq k \leq \frac{3}{2}$, a parábola de equação $y = -x^2 + 3x$ e os pontos **O**, **P** e **Q** de intersecções da parábola com o eixo **OX** e da reta com a parábola.

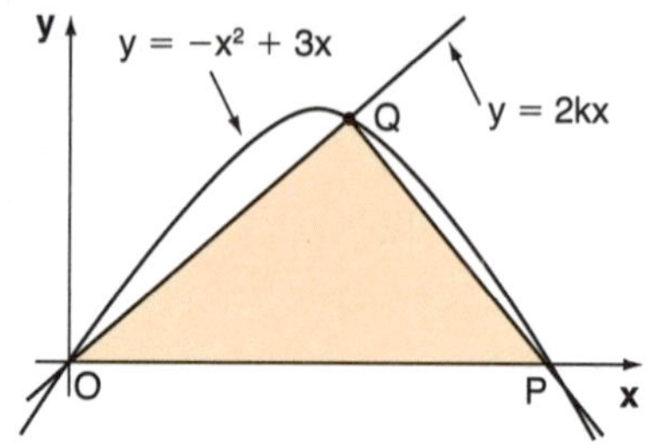

Nestas condições, o valor de **k** para que a área do triângulo OPQ seja a maior possível é:

a) $\frac{1}{2}$.

b) $\frac{3}{4}$.

c) $\frac{9}{8}$.

d) $\frac{11}{9}$.

e) $\frac{3}{2}$.

218. (Uespi)

Seja $f(x) = x^2 - 6x + 7$ e **R** a região dos pontos (x, y) do plano que satisfazem $f(x) + f(y) \leq 0$ e $f(x) - f(y) \geq 0$. Qual a área de **R**?

a) 2π
b) 3π
c) 4π
d) 5π
e) 6π

219. (UFMG)

A reta **s** é paralela à reta de equação $y = 3x - 4$ e intercepta a parábola de equação $y = 2x^2 - 3x + 5$ no ponto de abscissa 1. A equação de **s** é

a) $x + y - 5 = 0$
b) $x - y + 3 = 0$
c) $3x - y + 1 = 0$
d) $x + 3y - 11 = 0$
e) $3x + y - 7 = 0$

220. (PUC-RS)

A figura abaixo ilustra as localizações de um Posto de Saúde (**P**) e de um trecho retilíneo de uma rodovia (AB) em um plano cartesiano ortogonal, na escala 1 : 200

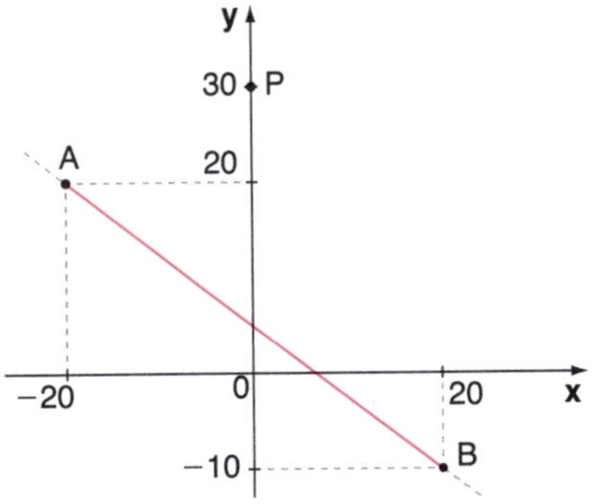

Pretende-se construir uma estrada ligando o Posto à rodovia, de modo que a distância entre eles seja a menor possível. Se a unidade de medida real é o metro, a distância entre o Posto e a rodovia deverá ser igual a:

a) 600 m

b) 800 m

c) 2 km

d) 4 km

221. (UFPR)

A figura a seguir mostra uma circunferência tangente ao eixo **y**, com centro **C** sobre o eixo **x** e diâmetro de 10 unidades.

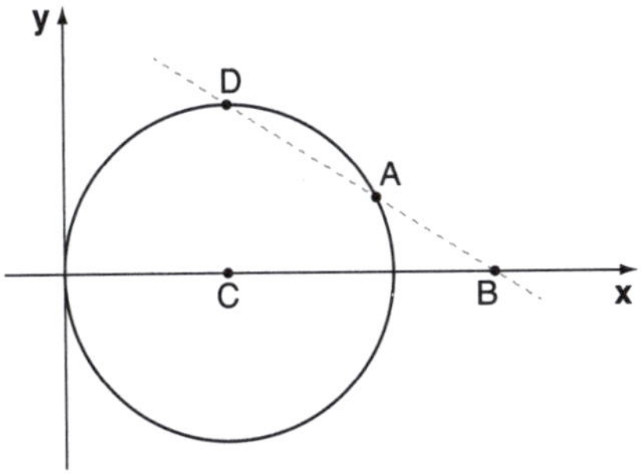

a) Sabendo que A = (8, 4) e que r: 3y + x = 20 é a reta que passa por **A** e **B**, calcule a área do triângulo CAB.

b) Encontre as coordenadas do ponto **D**, indicado na figura acima, no qual a reta **r** intercepta a circunferência.

222. (Unicamp-SP)

Uma elipse que passa pelo ponto (0, 3) tem seus focos nos pontos (−4, 0) e (4, 0). O ponto (0, −3) é interior, exterior ou pertence à elipse? Mesma pergunta para o ponto $\left(\frac{5}{2}, \frac{13}{5}\right)$. Justifique sua resposta.

223. (ITA-SP)

Considere as retas de equações **r**: $y = \sqrt{2}x + a$ e **s**: $y = bx + c$, em que **a**, **b**, **c** são reais. Sabendo que **r** e **s** são perpendiculares entre si, com **r** passando por (0, 1) e **s**, por $(\sqrt{2}, 4)$, determine a área do triângulo formado pelas retas **r**, **s** e o eixo **x**.

224. (Unifesp)

A área sombreada na figura,

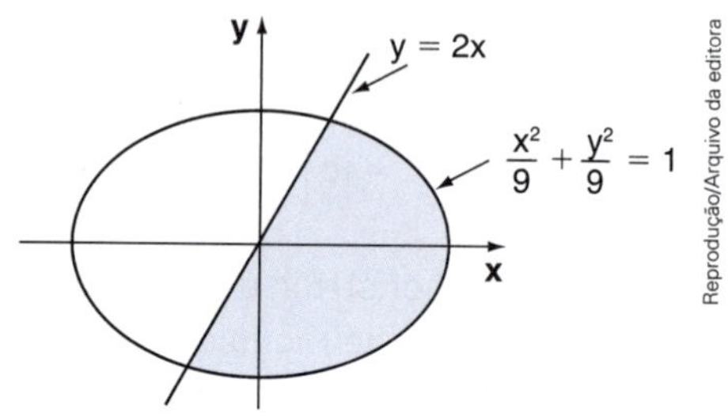

limitada pela elipse e pela reta indicadas, é:

a) π.
b) 2π.
c) 3π.
d) 4π.
e) 6π.

225. (Fuvest-SP)

Considere a função $f(x) = x\sqrt{(1 - 2x^2)}$

a) Determine constantes reais **a**, **b** e **c** de modo que $(f(x))^2 = \alpha[(x^2 + \beta)^2 + \gamma]$

b) Determine os comprimentos dos lados do retângulo de área máxima, com lados paralelos aos eixos coordenados, inscrito na elipse de equação $2x^2 + y^2 = 1$.

226. (UEG-GO)

As ações de uma empresa variaram semanalmente conforme os dados da figura a seguir.

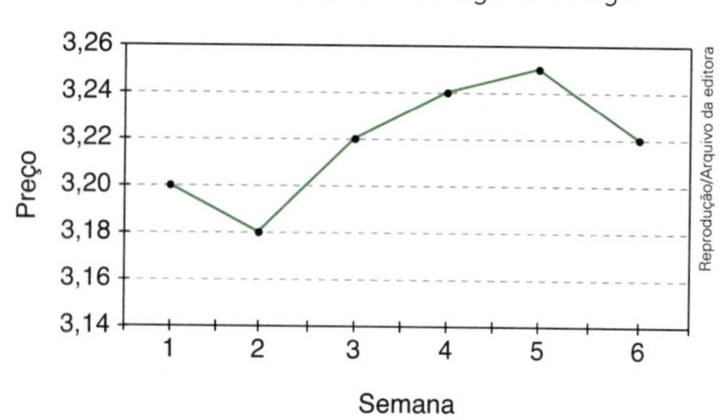

De acordo com os dados apresentados, o período de maior variação ocorreu entre as semanas

a) 2 e 3
b) 1 e 2
c) 4 e 5
d) 3 e 4
e) 5 e 6

227. (FGV-SP)

Dados os pontos A(0, 0), B(5, 0), C(8, 5) e D(11, 8) no plano cartesiano ortogonal, **P** é um ponto do primeiro quadrante tal que as áreas dos triângulos APB e CPD são, respectivamente, iguais a $\frac{25}{2}$ e 6. Em tais condições, o produto da abscissa pela ordenada de **P** pode ser igual a

a) 18. b) 20. c) 21. d) 24. e) 25.

228. (Unicamp-SP)

Sejam **A** e **B** os pontos de intersecção da parábola $y = x^2$ com a circunferência de centro na origem e raio $\sqrt{2}$.

a) Quais as coordenadas dos pontos **A** e **B**?

b) Se **C** é um ponto da circunferência diferente de **A** e de **B**, calcule as medidas possíveis para os ângulos $A\hat{C}B$.

229. (PUC-RS)

Arquimedes, candidato a um dos cursos da Faculdade de Engenharia, visitou a PUCRS para colher informações. Uma das constatações que fez foi a de que existe grande proximidade entre Engenharia e Matemática.

Em uma aula de Geometria Analítica, o professor salientava a importância do estudo de triângulos em Engenharia, e propôs a seguinte questão:

O triângulo determinado pelos pontos A(0, 0), B(5, 4) e C(3, 8) do plano cartesiano tem área igual a ______.

Feitos os cálculos, os alunos concluíram que a resposta correta era:

a) 2 b) 4 c) 6 d) 14 e) 28

230. (Cesgranrio-RJ)

Uma montagem comum em laboratórios escolares de Ciências é constituída por um plano inclinado, de altura aproximadamente igual a 40 cm, com 4 canaletas paralelas e apoiado em uma mesa, forrada de feltro, cuja borda é curvilínea. Sobre a mesa há um ponto marcado no qual se coloca uma bola de gude. A experiência consiste em largar, do alto do plano inclinado, outra bola de gude, a qual, depois de rolar por uma das canaletas, cai na mesa e colide sucessivamente com a borda da mesa e com a primeira bola.

A borda da mesa tem a forma de um arco de:

a) elipse, e o ponto marcado é um de seus focos.

b) parábola, e o ponto marcado é seu foco.

c) hipérbole, e o ponto marcado é um de seus focos.

d) hipérbole, e o ponto marcado é seu centro.

e) circunferência, e o ponto marcado é seu centro.

Respostas

Aplique o que aprendeu

Tópico 1 – Estudo do ponto e da reta

1. A
2. C
3. C
4. B
5. D
6. D
7. A
8. A
9. C
10. B
11. E
12. D
13. C
14. E
15. B
16. B
17. a) não

    b) $S = \left\{a \in \mathbb{R} \;\middle|\; \frac{9}{4} \leq a \leq 4\right\}$
18. C
19. E
20. A
21. 04 + 08 = 12
22. A
23. C
24. B

Tópico 2 – Estudo da circunferência

1. C
2. E
3. B
4. E
5. D
6. D
7. A
8. C
9. A
10. B
11. C
12. D
13. A
14. A
15. B
16. B
17. D
18. C
19. B
20. E
21. E
22. C
23. E
24. $(x - 5)^2 + (y - 0)^2 = 25$
25. 02 + 04 + 08 = 14
26. **r**: y = x; **s**: y = −x
27. D
28. A
29. E

Tópico 3 – Estudo das outras cônicas

1. D
2. E
3. C
4. 02 + 04 + 08 + 16 = 30
5. A
6. C
7. D
8. $(-1, 0), (-1, 4); y_p = 2\left(1+\sqrt{2}\right)$
9. E
10. A
11. 01 + 02 + 04 + 08 + 16 = 31
12. V – F – F – F – V
13. A
14. $\frac{\sqrt{5}}{2}$
15. D
16. B
17. 01 + 04 + 16 = 21
18. B
19. B
20. 01 + 02 + 04 + 16 = 23
21. D
22. V – F – V – V – F
23. E
24. $\left(0, \frac{1}{4}\right)$
25. C
26. D
27. B
28. A
29. B

Tópico 4 – Estatística

1. B
2. A
3. 01 + 04 + 16 = 21
4. A
5. a) $\frac{\text{Nota}(1) \cdot 2 + \text{Nota}(2) \cdot 3}{5}$

   b) Nota(1) = 4; Nota(2) = 6.
6. C
7. C
8. a) 7,0

   b) 9,0

   c) 5,0
9. D
10. D
11. C
12. 01 + 08 = 09
13. C
14. D
15. C
16. B
17. C
18. A
19. A
20. a) 0,24; maligna

    b) 8,8
21. 00
22. C
23. B
24. C
25. a) 8,75

    b) R$ 8,25
26. a) 5,6

    b) Igual.

Tópico 5 – Números complexos, polinômios e equações

1. B
2. A
3. D
4. A
5. A
6. B
7. A
8. C
9. C
10. D
11. E
12. B
13. D
14. D
15. C
16. C
17. B
18. D
19. D
20. A
21. B
22. B
23. C
24. C
25. D
26. E
27. C

Tópico 6 – Tópicos de Geometria plana

1. A
2. C
3. A
4. B
5. C
6. D

7. C
8. A
9. C
10. E
11. $\frac{4}{3}$
12. A
13. C
14. A
15. B
16. C
17. D
18. D
19. E
20. C

Rumo ao Ensino Superior

1. 01 + 04 = 05
2. E
3. E
4. D
5. B
6. B
7. D
8. D
9. 3 km
10. D
11. B
12. D
13. a) (9, 9)
 b) $5\sqrt{2}$ u.c.
 c) 125% maior do que a área do quadrado original
14. D
15. C
16. E
17. A
18. A
19. C
20. 0
21. B
22. A
23. A
24. B
25. a) $A(1, \sqrt{3})$; $B(1, -\sqrt{3})$; $C(-1, \sqrt{3})$; $D(-1, -\sqrt{3})$
 b) $\frac{4\pi}{3} + 2\sqrt{3}$
26. a) A = (−1, 0)
 b) 1,3 cm^2
27. B
28. C
29. E
30. D
31. C
32. (−5, 0)
33. a) $Re(z_0) = 2$ e $Im(z_0) = 1$
 b) a = −2 e b = 2
34. A
35. C
36. E
37. D
38. D
39. E
40. A
41. B
42. B
43. C
44. A
45. D
46. A
47. C
48. D
49. D
50. B
51. A
52. D
53. C
54. A
55. E
56. D
57. B
58. A declaração deverá ir para a malha fina.
59. D
60. A
61. A
62. D
63. 01 + 02 + 04 + 08 + 16 = 31
64. B
65. B
66. A
67. D
68. C
69. (1, 0); $(x - 1)^2 + y^2 = 1$
70. D
71. A
72. E
73. D
74. C
75. A
76. B
77. E
78. A
79. E
80. D
81. A
82. E
83. B
84. D
85. C
86. E
87. D
88. a) Entre 2011 e 2012.
 b) 8,03%
 c) 13
 d) $\frac{5}{17}$
89. $S = \left\{x \in \mathbb{R} \mid \frac{1-\sqrt{3}}{2} \leqslant x \leqslant \frac{1+\sqrt{3}}{2} \text{ ou } x \geqslant 2\right\}$
90. B
91. A
92. E
93. E
94. A
95. C
96. E
97. a) $2 - \sqrt{7} < x < 2 + \sqrt{7}$
 b) $(x - 3)^2 + (y - 5)^2 = 2$
98. A
99. D
100. C
101. C
102. B
103. a) r = 3 e s = 2
 b) p(z) = 7 − 11i
104. B
105. D
106. B
107. D
108. a) 2
 b) $x^2 - 2x + 5$
109. a) $(-2 + \sqrt{5}, 2 + \sqrt{5})$ e $(-2 - \sqrt{5}, 2 - \sqrt{5})$
 b) Não há intersecção entre a hipérbole e a reta.
 c) $\left(\frac{1}{2}, 2\right)$
110. A
111. E
112. D
113. E
114. Demonstração.
115. B
116. B
117. C
118. C

119. a) $y = 10x - 85$
b) 115

120. D
121. D
122. A
123. $n = 6$
124. A
125. D

126. a) $x - y - 2 = 0$
b) $y = x^2 - 6x + 8$
c) (1, 3) e (6, 8).

127. C
128. A
129. A
130. B
131. C

132. a) (1, 2) e (4, 8)
b) $m = -7$ ou $m = 1$

133. B
134. E
135. (5, 4)
136. B
137. A
138. B
139. C
140. B
141. D
142. C
143. C
144. D
145. $2p(3 + \sqrt{3})$
146. C
147. A
148. C
149. E
150. E
151. D
152. C
153. B
154. C
155. E
156. C
157. D
158. 60 cm
159. A
160. C
161. $y = 2x - 1$ e $y = -2x - 1$
162. A
163. C
164. E
165. C
166. C
167. A
168. D
169. D
170. $m = 4$
171. B
172. D
173. C
174. D
175. C
176. C
177. B
178. $r = 2$
179. B

180. a) 60°
b) $3\sqrt{3}$

181. D
182. C
183. B
184. A
185. E
186. D

187. a)

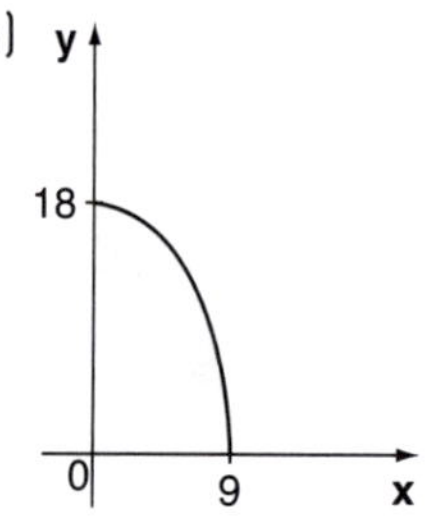

b) 70,56

188. A
189. B
190. D

191. a)

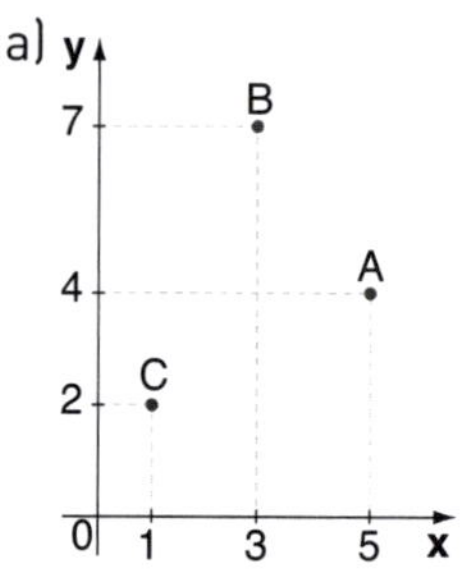

b) $\sqrt{29}$ m
c) 8 m²

192. a) A(1, 2), B(−1, −2), C(−2, −1)
b) 3

193. A
194. C
195. C
196. A
197. C
198. 02 e 08
199. $x = 5$
200. E
201. E

202. a) $m \geqslant \frac{3}{4}$
b) $\left(\frac{1}{2}, \frac{7}{4}\right)$

203. A
204. 01 + 04 + 08 + 12 = 25
205. C
206. D

207. a) 30
b) $y = \frac{1}{3}x + \frac{5}{3}$

208. C
209. C
210. Demonstração.
211. E
212. C
213. D
214. C
215. C
216. A
217. B
218. A
219. C
220. D

221. a) 30 u.a.
b) (5, 5)

222. O ponto (0, −3) pertence à elipse e o $\left(\frac{5}{2}, \frac{13}{5}\right)$ é exterior.

223. $\frac{121\sqrt{2}}{12}$

224. C

225. a) $\alpha = -2, \beta = -\frac{1}{4}$ e $\gamma = -\frac{1}{16}$
b) base = 1, altura = $\sqrt{2}$

226. A
227. B

228. a) A(1, 1) e B(−1, 1)
b) 135° ou 45°

229. D
230. B

REVISÃO

conecte LIVE

Matemática

CIÊNCIA E APLICAÇÕES

GELSON IEZZI

Engenheiro metalúrgico pela Escola Politécnica da Universidade de São Paulo.
Licenciado em Matemática pelo Instituto de Matemática e Estatística da Universidade de São Paulo.
Ex-professor da Pontifícia Universidade Católica de São Paulo.
Ex-professor da rede particular de ensino de São Paulo.

OSVALDO DOLCE

Engenheiro civil pela Escola Politécnica da Universidade de São Paulo.
Ex-professor da rede pública do Estado de São Paulo.
Ex-professor de cursos pré-vestibulares.

DAVID DEGENSZAJN

Licenciado em Matemática pelo Instituto de Matemática e Estatística da Universidade de São Paulo.
Professor da rede particular de ensino de São Paulo.

ROBERTO PÉRIGO

Licenciado e bacharel em Matemática pela Pontifícia Universidade Católica de São Paulo.
Ex-professor da rede particular de ensino.
Ex-professor de cursos pré-vestibulares em São Paulo.

NILZE DE ALMEIDA

Mestra em Ensino de Matemática pela Pontifícia Universidade Católica de São Paulo.
Licenciada em Matemática pelo Instituto de Matemática e Estatística da Universidade de São Paulo.
Professora da rede pública do Estado de São Paulo.

3

Editora Saraiva

Conheça este material de Revisão

O que aprendi no Ensino Médio

Esta é uma oportunidade de recapitular os conceitos estudados em todos os anos do Ensino Médio. Resumos com definições-chave lhe ajudarão a encontrar informações importantes que você poderá utilizar para realizar os Simulados que propomos em seguida, aos moldes de vestibulares e do Enem

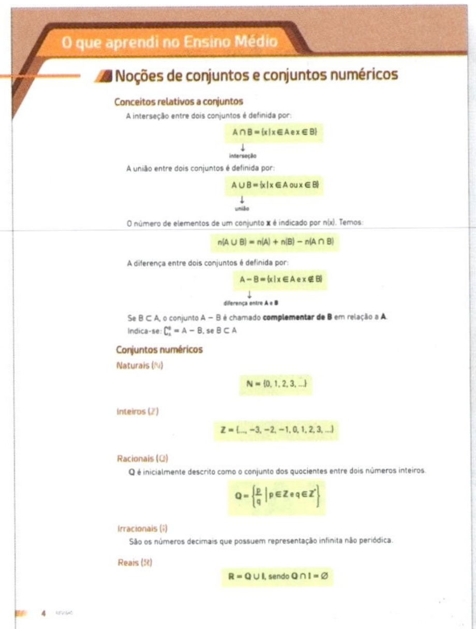

O que aprendi no Ensino Médio

Noções de conjuntos e conjuntos numéricos

Conceitos relativos a conjuntos

A interseção entre dois conjuntos é definida por:

$A \cap B = \{x \mid x \in A \text{ e } x \in B\}$ (interseção)

A união entre dois conjuntos é definida por:

$A \cup B = \{x \mid x \in A \text{ ou } x \in B\}$ (união)

O número de elementos de um conjunto **x** é indicado por n(x). Temos:

$n(A \cup B) = n(A) + n(B) - n(A \cap B)$

A diferença entre dois conjuntos é definida por:

$A - B = \{x \mid x \in A \text{ e } x \notin B\}$ (diferença entre A e B)

Se $B \subset A$, o conjunto $A - B$ é chamado **complementar de B** em relação a **A**.

Indica-se: $C_A^B = A - B$, se $B \subset A$

Conjuntos numéricos

Naturais ($\mathbb{N}$)

$\mathbb{N} = \{0, 1, 2, 3, \ldots\}$

Inteiros ($\mathbb{Z}$)

$\mathbb{Z} = \{\ldots, -3, -2, -1, 0, 1, 2, 3, \ldots\}$

Racionais ($\mathbb{Q}$)

Q é inicialmente descrito como o conjunto dos quocientes entre dois números inteiros.

$\mathbb{Q} = \left\{\frac{p}{q} \mid p \in \mathbb{Z} \text{ e } q \in \mathbb{Z}^*\right\}$

Irracionais ($\mathbb{I}$)

São os números decimais que possuem representação infinita não periódica.

Reais ($\mathbb{R}$)

$\mathbb{R} = \mathbb{Q} \cup \mathbb{I}$, sendo $\mathbb{Q} \cap \mathbb{I} = \varnothing$

4 REVISÃO

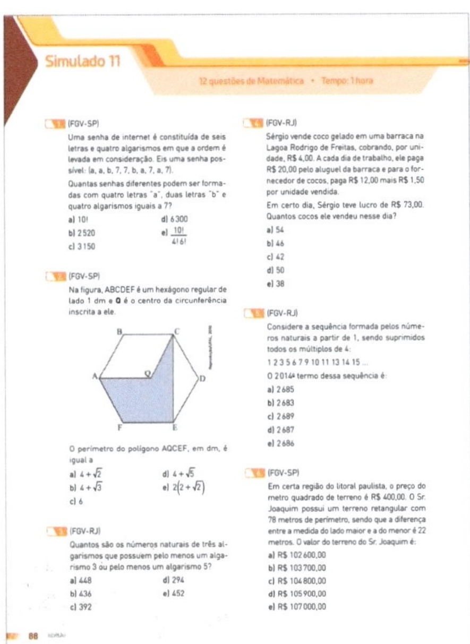

Simulado 11

12 questões de Matemática • Tempo: 1 hora

1 (FGV-SP)
Uma senha de internet é constituída de seis letras e quatro algarismos em que a ordem é levada em consideração. Eis uma senha possível: (a, a, b, 7, 7, b, a, 7, a, 7).
Quantas senhas diferentes podem ser formadas com quatro letras "a", duas letras "b" e quatro algarismos iguais a 7?
a) 10!
b) 2 520
c) 3 150
d) 6 300
e) $\frac{10!}{4!\,6!}$

2 (FGV-SP)
Na figura, ABCDEF é um hexágono regular de lado 1 dm e **Q** é o centro da circunferência inscrita a ele.

O perímetro do polígono AQCEF, em dm, é igual a
a) $4 + \sqrt{2}$
b) $4 + \sqrt{3}$
c) 6
d) $4 + \sqrt{5}$
e) $2(2 + \sqrt{2})$

3 (FGV-RJ)
Quantos são os números naturais de três algarismos que possuem pelo menos um algarismo 3 ou pelo menos um algarismo 5?
a) 448
b) 436
c) 392
d) 294
e) 452

4 (FGV-RJ)
Sérgio vende coco gelado em uma barraca na Lagoa Rodrigo de Freitas, cobrando, por unidade, R$ 4,00. A cada dia de trabalho, ele paga R$ 20,00 pelo aluguel da barraca e para o fornecedor de cocos, paga R$ 12,00 mais R$ 1,50 por unidade vendida.
Em certo dia, Sérgio teve lucro de R$ 73,00. Quantos cocos ele vendeu nesse dia?
a) 54
b) 46
c) 42
d) 50
e) 38

5 (FGV-RJ)
Considere a sequência formada pelos números naturais a partir de 1, sendo suprimidos todos os múltiplos de 4:
1 2 3 5 6 7 9 10 11 13 14 15 ...
O 2014º termo dessa sequência é:
a) 2 685
b) 2 683
c) 2 689
d) 2 687
e) 2 686

6 (FGV-SP)
Em certa região do litoral paulista, o preço do metro quadrado de terreno é R$ 400,00. O Sr. Joaquim possui um terreno retangular com 78 metros de perímetro, sendo que a diferença entre a medida do lado maior e a do menor é 22 metros. O valor do terreno do Sr. Joaquim é:
a) R$ 102 600,00
b) R$ 103 700,00
c) R$ 104 800,00
d) R$ 105 900,00
e) R$ 107 000,00

88 REVISÃO

Simulados

Uma sequência de 12 simulados é proposta neste material, composta de uma seleção de questões de vestibulares ou do Enem.

Esses simulados serão uma preparação para você, que irá prestar provas de ingresso às universidades.

Você deverá realizar cada simulado em um tempo máximo de 1 hora. Seguem algumas dicas de como administrar o seu tempo para a resolução dos simulados:

- Faça uma análise geral da prova para planejar o tempo que terá disponível para responder cada questão;
- Tente gastar cerca de 5 minutos em cada questão. Em um primeiro momento, pule as questões cujas respostas você não sabe;
- Após a leitura e resolução de todas as questões que você sabia responder, retorne para o início da prova e verifique aquelas que ficaram sem resposta. Avalie o tempo que ainda lhe resta e tente distribuí-lo para solucionar as questões pendentes.

Sumário

O que aprendi no Ensino Médio 4

Simulado 1 46

Simulado 2 52

Simulado 3 56

Simulado 4 60

Simulado 5 64

Simulado 6 68

Simulado 7 72

Simulado 8 76

Simulado 9 80

Simulado 10 84

Simulado 11 88

Simulado 12 91

Respostas 95

Significado das siglas dos vestibulares 96

Noções de conjuntos e conjuntos numéricos

Conceitos relativos a conjuntos

A interseção entre dois conjuntos é definida por:

$$A \cap B = \{x \mid x \in A \text{ e } x \in B\}$$

↓ interseção

A união entre dois conjuntos é definida por:

$$A \cup B = \{x \mid x \in A \text{ ou } x \in B\}$$

↓ união

O número de elementos de um conjunto **x** é indicado por n(x). Temos:

$$n(A \cup B) = n(A) + n(B) - n(A \cap B)$$

A diferença entre dois conjuntos é definida por:

$$A - B = \{x \mid x \in A \text{ e } x \notin B\}$$

↓ diferença entre **A** e **B**

Se $B \subset A$, o conjunto $A - B$ é chamado **complementar de B** em relação a **A**.

Indica-se: $\complement_A^B = A - B$, se $B \subset A$

Conjuntos numéricos

Naturais ($\mathbb{N}$)

$$\mathbb{N} = \{0, 1, 2, 3, ...\}$$

Inteiros ($\mathbb{Z}$)

$$\mathbb{Z} = \{..., -3, -2, -1, 0, 1, 2, 3, ...\}$$

Racionais ($\mathbb{Q}$)

$\mathbb{Q}$ é inicialmente descrito como o conjunto dos quocientes entre dois números inteiros.

$$\mathbb{Q} = \left\{\frac{p}{q} \mid p \in \mathbb{Z} \text{ e } q \in \mathbb{Z}^*\right\}$$

Irracionais ($\mathbb{I}$)

São os números decimais que possuem representação infinita não periódica.

Reais ($\mathbb{R}$)

$$\mathbb{R} = \mathbb{Q} \cup \mathbb{I}, \text{ sendo } \mathbb{Q} \cap \mathbb{I} = \varnothing$$

Se um número real é racional, ele não é irracional, e vice-versa.

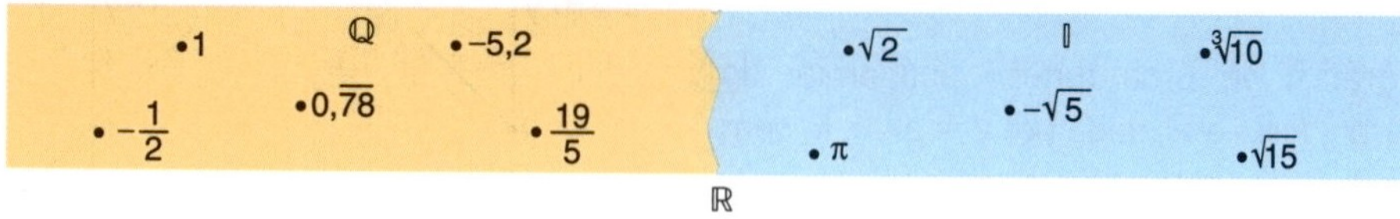

Temos: $\mathbb{N} \subset \mathbb{Z} \subset \mathbb{Q} \subset \mathbb{R}$ e $\mathbb{I} \subset \mathbb{R}$

Função

A noção de função como relação entre conjuntos

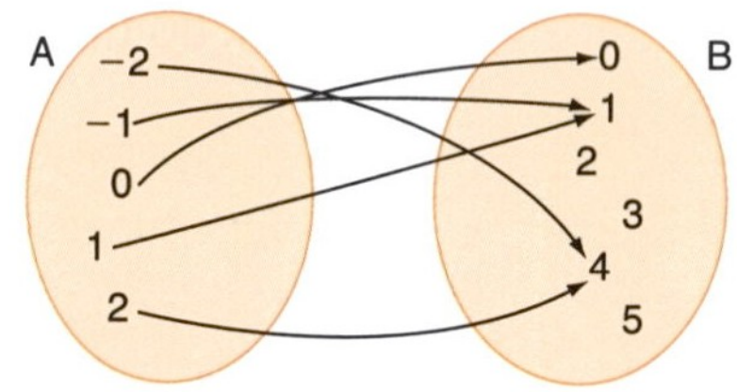

Banco de imagens/Arquivo da editora

Sejam $A = \{-2, -1, 0, 1, 2\}$ e $B = \{0, 1, 2, 3, 4, 5\}$, vamos associar cada $x \in A$ ao elemento $y \in B$, tal que $y = x^2$.

Observe que a cada $x \in A$ corresponde um único $y \in B$.

Essa relação define uma função de **A** em **B**.

Indica-se: $f: A \to B$

Se, nessa função, $y \in B$ é a imagem de $x \in A$, indicamos: $y = f(x)$ (lê-se: **y** é igual a **f** de **x**)

No exemplo, temos: $f(-2) = 4$; $f(-1) = 1$; $f(0) = 0$; $f(1) = 1$ e $f(2) = 4$.

O conjunto **A** recebe o nome de **domínio** da **f**, e o conjunto **B** recebe o nome de **contradomínio** da **f**.

O subconjunto de **B** formado pelos elementos **y** que são imagens de algum $x \in A$ é o **conjunto imagem de f**: $Im(f) = \{0, 1, 4\}$.

Taxa média de variação

Seja **f** uma função definida por $y = f(x)$; sejam $\mathbf{x_1}$ e $\mathbf{x_2}$ dois valores do domínio de **f**, $(x_1 \neq x_2)$, cujas imagens são, respectivamente, $f(x_1)$ e $f(x_2)$.

O quociente $\frac{f(x_2) - f(x_1)}{x_2 - x_1}$ recebe o nome de **taxa média de variação da função f**, para **x** variando de $\mathbf{x_1}$ até $\mathbf{x_2}$.

Análise de gráficos

Por exemplo, seja $f: \mathbb{R} \to \mathbb{R}$ definida por $f(x) = x^2 - 4$.

Temos que:

- para $x > 0$, essa função é crescente;
- para $x < 0$, essa função é decrescente;
- $(0, -4)$ é ponto de mínimo e -4 é o valor mínimo que essa função assume;
- as raízes de **f** são -2 e 2;
- o sinal de **f** é: $\begin{cases} y > 0, \text{ se } x < -2 \text{ ou } x > 2 \\ y < 0, \text{ se } -2 < x < 2 \end{cases}$

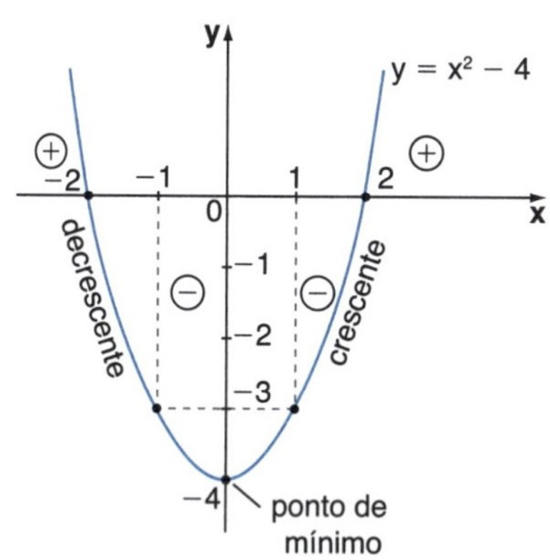

Banco de imagens/Arquivo da editora

Função afim (ou função polinomial do 1º grau)

Chama-se **função polinomial do 1º grau**, ou **função afim**, qualquer função **f** de $\mathbb{R}$ em $\mathbb{R}$ dada por uma lei da forma $f(x) = ax + b$, em que **a** e **b** são números reais dados e $a \neq 0$.

Gráfico de função afim

O gráfico de uma função polinomial do 1º grau, f: $\mathbb{R} \rightarrow \mathbb{R}$, dada por $y = ax + b$, com $a \neq 0$, é uma reta oblíqua aos eixos Ox e Oy (isto é, é uma reta não paralela a nenhum dos eixos coordenados).

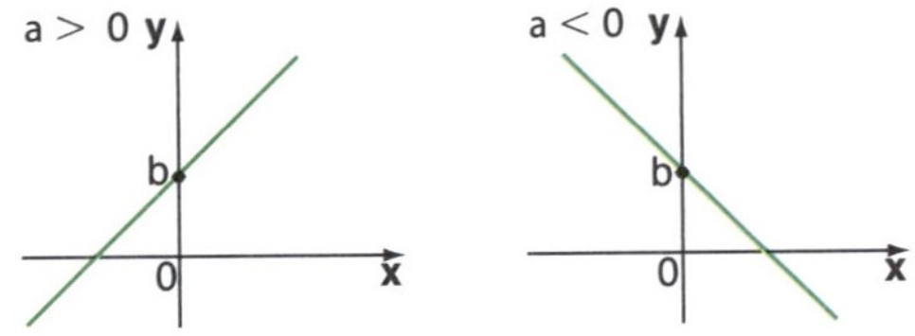

função crescente — função decrescente

Ilustrações: Banco de imagens/Arquivo da editora

a: **coeficiente angular**, está relacionado com a inclinação da reta em relação ao eixo Ox.
b: **coeficiente linear**, é a ordenada do ponto em que a reta intersecta o eixo Oy.

Função linear e grandezas diretamente proporcionais

Se $b = 0$ com **a** real e $a \neq 0$, na lei que define a função afim, obtemos $f(x) = ax$, que é denominada **função linear**.

Como $\frac{y}{x} = a$ (constante), dizemos que **x** e **y** são **grandezas diretamente proporcionais**.
O gráfico de **f** é uma reta que passa pela origem (0, 0).

Função constante

Se em $y = ax + b$ temos $a = 0$, a lei não define uma função afim, mas sim outro tipo de função denominada **função constante**.

Portanto, chama-se **função constante** uma função f: $\mathbb{R} \rightarrow \mathbb{R}$ dada pela lei $y = 0x + b$, ou seja, $y = b$ para todo $x \in \mathbb{R}$.

Raiz da função afim

É o número real **x** tal que $f(x) = 0$, isto é, $f(x) = 0 \Rightarrow ax + b = 0 \Rightarrow x = -\frac{b}{a}$

Taxa média de variação

Seja f: $\mathbb{R} \rightarrow \mathbb{R}$ uma função afim dada por $f(x) = ax + b$.
A taxa média de variação de **f**, quando **x** varia de $\mathbf{x_1}$ a $\mathbf{x_2}$, com $x_1 \neq x_2$, é igual ao coeficiente **a**.

Sinal de uma função afim

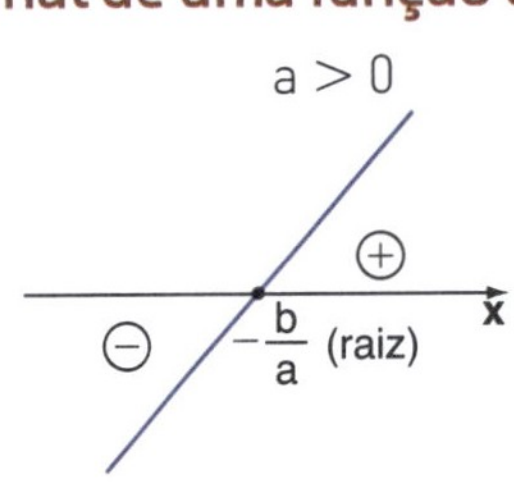

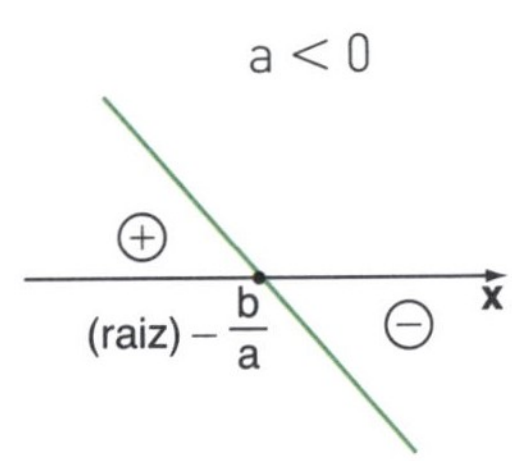

Ilustrações: Banco de imagens/Arquivo da editora

Inequação simultânea

É uma inequação do tipo $f(x) < g(x) < h(x)$.

Inequação-produto e inequação-quociente

Sejam **f** e **g** duas funções de variável **x**.
As inequações do tipo $f(x) \cdot g(x) > 0$, $f(x) \cdot g(x) \geqslant 0$, $f(x) \cdot g(x) < 0$ e $f(x) \cdot g(x) \leqslant 0$ são inequações-produto.

As inequações do tipo $\frac{f(x)}{g(x)} > 0$, $\frac{f(x)}{g(x)} \geq 0$, $\frac{f(x)}{g(x)} < 0$ e $\frac{f(x)}{g(x)} \leq 0$ são inequações-quociente.

Essas inequações devem ser resolvidas através do estudo de sinal de cada função, seguido do quadro de sinais.

Grandezas inversamente proporcionais

Duas grandezas **x** e **y** são **inversamente proporcionais** se $x \cdot y = k$ (constante).

Função quadrática

Chama-se **função quadrática**, ou **função polinomial do 2º grau**, qualquer função **f** de $\mathbb{R}$ em $\mathbb{R}$ dada por uma lei da forma $f(x) = ax^2 + bx + c$, em que **a**, **b** e **c** são números reais e $a \neq 0$.

Raízes de uma função quadrática

Chamam-se **raízes** ou **zeros da função polinomial do 2º grau**, dada por $f(x) = ax^2 + bx + c$, com $a \neq 0$, os números reais **x** tais que $f(x) = 0$.

A quantidade de raízes reais de uma função quadrática depende do valor obtido para o radicando $\Delta = b^2 - 4ac$, chamado **discriminante**.

- Quando Δ é positivo, há duas raízes reais e distintas.
- Quando Δ é zero, há duas raízes reais iguais (ou uma raiz dupla).
- Quando Δ é negativo, não há raiz real.

Soma e produto das raízes

Se $\mathbf{x_1}$ e $\mathbf{x_2}$ são as raízes da equação $ax^2 + bx + c = 0$, com $a \neq 0$, temos:

$x_1 + x_2 = -\frac{b}{a}$ (soma das raízes)

$x_1 \cdot x_2 = \frac{c}{a}$ (produto das raízes)

Gráficos de função quadrática

O gráfico da função quadrática dada por $y = ax + bx + c$, com $a \neq 0$, é uma **parábola**.

De acordo com o sinal de **a** (que define a concavidade da parábola) e o sinal de Δ (que define a quantidade de raízes reais da função), podemos ter:

- $a > 0$

$\Delta > 0$

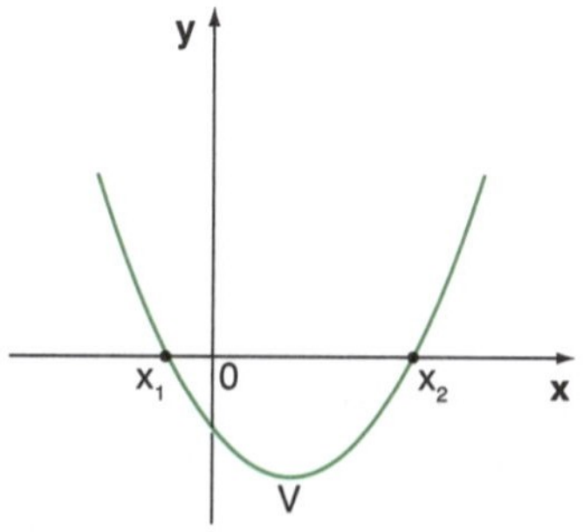

$\Delta = 0$

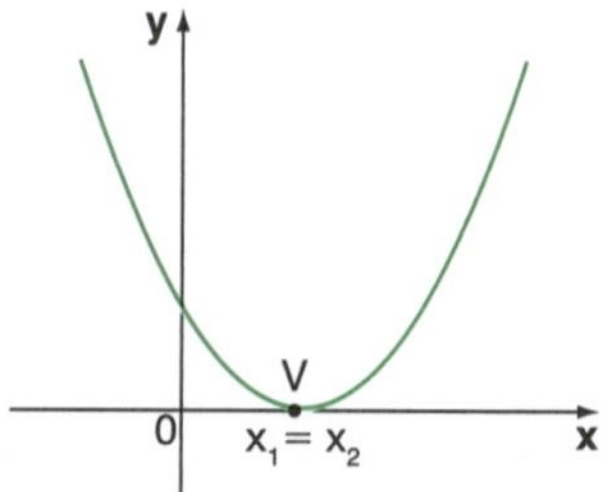

$\Delta < 0$

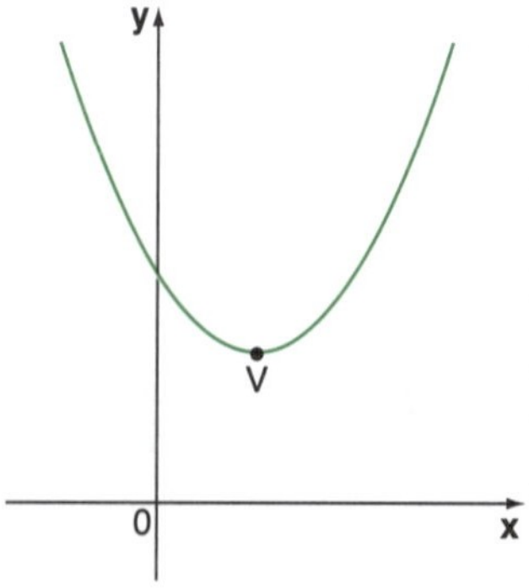

Ilustrações: Banco de imagens/Arquivo da editora

- Se a < 0

$\Delta > 0$ $\qquad$ $\Delta = 0$ $\qquad$ $\Delta < 0$

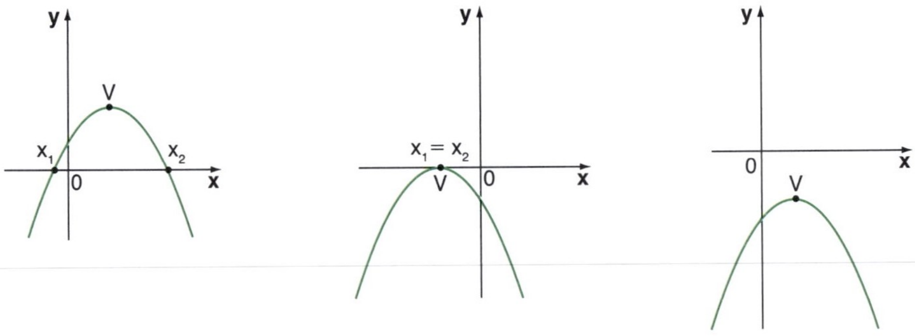

Ilustrações: Banco de imagens/Arquivo da editora

Coordenadas do vértice da parábola

Seja o ponto **V** o vértice da **parábola**.

Se a > 0, a parábola tem concavidade voltada para cima e um ponto de mínimo **V**; se a < 0, a parábola tem concavidade voltada para baixo e um ponto de máximo **V**.

- Se a > 0 $\qquad$ • Se a < 0

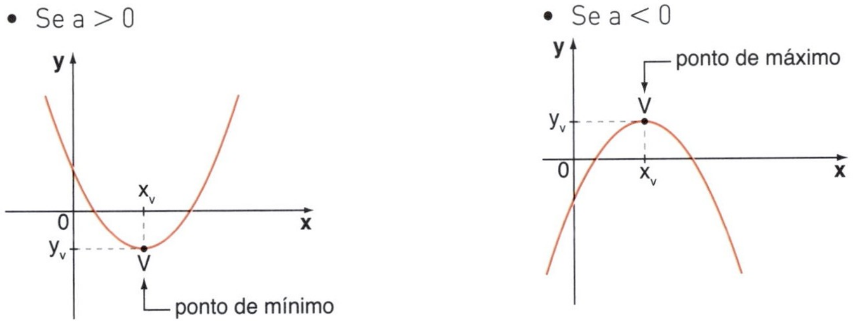

Ilustrações: Banco de imagens/Arquivo da editora

Em qualquer caso, as coordenadas de **V** são:

$$V\left(\underbrace{-\frac{b}{2a}}_{x_V}, \underbrace{-\frac{\Delta}{4a}}_{y_V}\right)$$

Estudo de sinal da função quadrática

- $\Delta > 0$

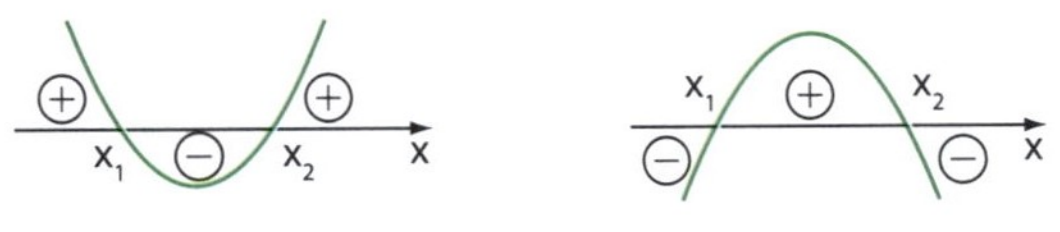

- $\Delta = 0$

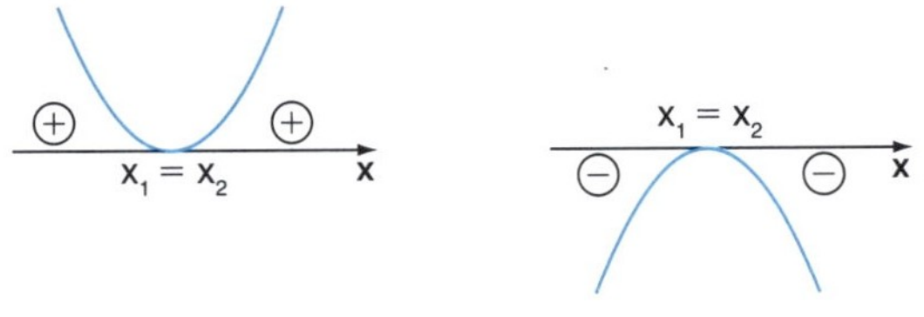

- $\Delta < 0$

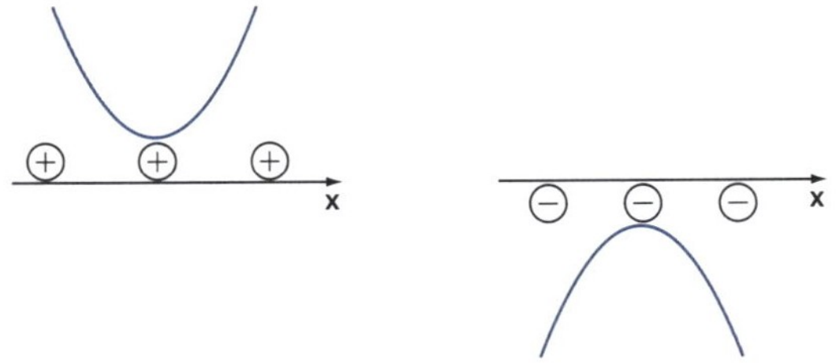

Ilustrações: Banco de imagens/Arquivo da editora

Função definida por mais de uma sentença

É uma **função definida por mais de uma lei (sentença)**. Usa-se uma lei ou outra dependendo do intervalo a que **x** pertence.

Módulo de um número real

Dado um número real **x**, chama-se **módulo** ou **valor absoluto de x**, e se indica por $|x|$, o número real não negativo tal que:

$$|x| = \begin{cases} x, \text{ se } x \geqslant 0 \\ \text{ou} \\ -x, \text{ se } x < 0 \end{cases}$$

Função modular

Chama-se **função modular** a função **f** de $\mathbb{R}$ em $\mathbb{R}$ que associa cada número real **x** ao seu módulo (valor absoluto), isto é, **f** é definida pela lei $f(x) = |x|$.

$$f(x) = \begin{cases} x, \text{ se } x \geqslant 0 \\ \text{ou} \\ -x, \text{ se } x < 0 \end{cases}$$

Equações modulares

De modo geral, sendo **k** um número positivo, temos:

- $|x| = k \Rightarrow x = k$ ou $x = -k$
- $|x| = |y| \Rightarrow x = y$ ou $x = -y$
- $|f(x)| = g(x) \Rightarrow f(x) = g(x)$ ou $f(x) = -g(x)$; com $g(x) \geqslant 0$

Inequações modulares

- Seja $a \in \mathbb{R}$ e $a > 0$, $|x| < a \Leftrightarrow -a < x < a$.
- Seja $a \in \mathbb{R}$ e $a > 0$, $|x| > a \Leftrightarrow x < -a$ ou $x > a$.

Função exponencial

Chama-se **função exponencial** qualquer função **f** de $\mathbb{R}$ em $\mathbb{R}_+^*$, dada por uma lei da forma $f(x) = a^x$, em que **a** é um número real dado, $a > 0$ e $a \neq 1$.

- Se $a > 1$, a função definida por $f(x) = a^x$ é crescente. Veja sua representação gráfica ao lado.

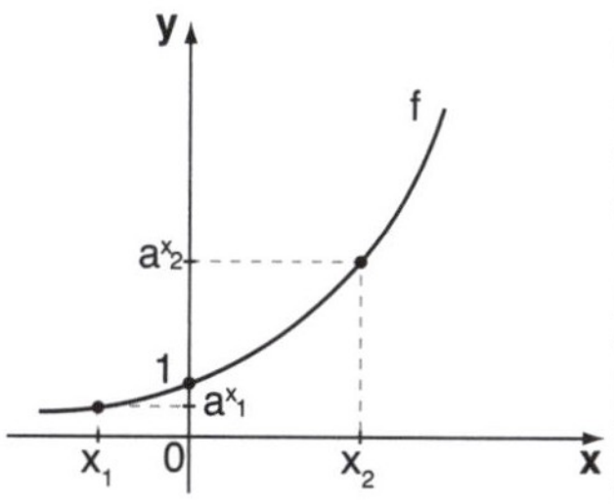

Dados $\mathbf{x_1}$ e $\mathbf{x_2}$ reais, temos:

$x_1 < x_2 \Leftrightarrow a^{x_1} < a^{x_2}$

- Se $0 < a < 1$, a função definida por $f(x) = a^x$ é decrescente. Veja seu gráfico ao lado.

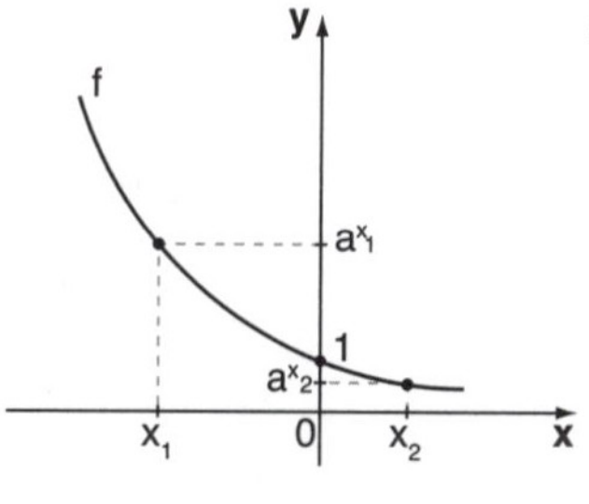

Ilustrações: Banco de imagens/Arquivo da editora

Dados $\mathbf{x_1}$ e $\mathbf{x_2}$ reais, temos:

$x_1 < x_2 \Leftrightarrow a^{x_1} > a^{x_2}$

Equação exponencial

Uma **equação exponencial** é aquela que apresenta a incógnita no expoente de pelo menos uma de suas potências.

O método de resolução é baseado na seguinte propriedade, com $a > 0$ e $a \neq 1$:

$$a^{x_1} = a^{x_2} \Rightarrow x_1 = x_2$$

Inequação exponencial

Uma **inequação exponencial** é aquela que apresenta incógnita no expoente de pelo menos uma das suas potências.

Devemos escrever os dois membros da desigualdade em potências de mesma base.
1º caso) base maior que 1: sinal da desigualdade se mantém.
2º caso) base entre 0 e 1: sinal da desigualdade se inverte.

Função logarítmica

Sendo **a** e **b** números reais e positivos, com $a \neq 1$, chama-se **logaritmo** de **b** na base **a** o expoente **x** ao qual se deve elevar a base **a** de modo que a potência a^x seja igual a **b**.

$$\log_a b = x \Leftrightarrow a^x = b$$

- **a** é a **base** do logaritmo: $a > 0$ e $a \neq 1$
- **b** é o **logaritmando**: $b > 0$
- **x** é o **logaritmo**: $x \in \mathbb{R}$

Observações:

- $\log x = \log_{10} x$ (logaritmo decimal de **x**)
- $\log_a 1 = 0$, para todo $a > 0$ e $a \neq 1$
- $\log_a a = 1$
- $a^{\log_a b} = b$
- $\log_e x = \ln x$ (logaritmo natural ou neperiano de **x**; $e \simeq 2{,}718$)

Propriedades operatórias dos logaritmos

P1) $\log_a (b \cdot c) = \log_a b + \log_a c$　　P2) $\log_a \left(\frac{b}{c}\right) = \log_a b - \log_a c$　　P3) $\log_a b^r = r \cdot \log_a b$

Mudança de base

Suponha **a**, **b** e **c** números reais positivos, com **a** e **b** diferentes de 1. Temos:

$$\log_a c = \frac{\log_b c}{\log_b a}$$

Definição de função logarítmica

Dado um número real **a** ($0 < a$ e $a \neq 1$), chama-se **função logarítmica** de base **a** a função **f** de $\mathbb{R}_+^*$ em $\mathbb{R}$ dada pela lei $f(x) = \log_a x$.

Gráfico e propriedades

Domínio (D): $x > 0$

$a > 1$

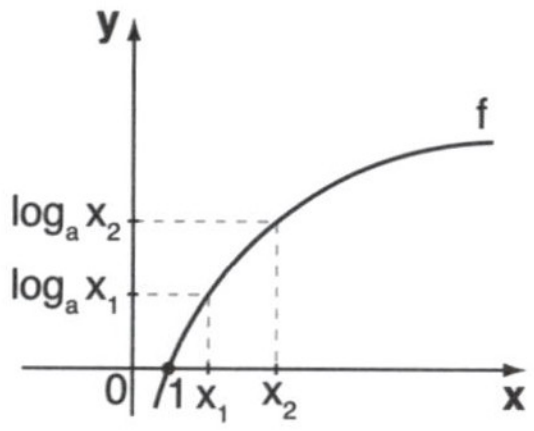

f é crescente

$Im = \mathbb{R}$

$0 < a < 1$

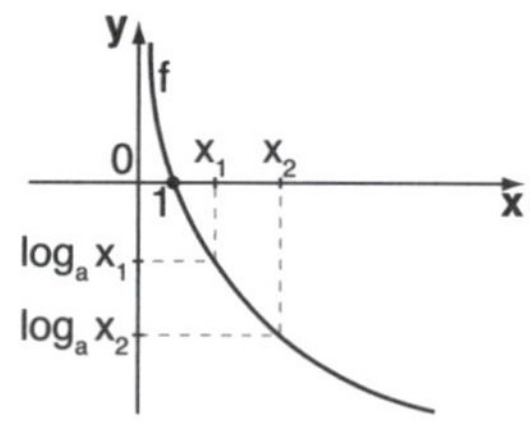

f é decrescente

$Im = \mathbb{R}$

Ilustrações: Banco de imagens/Arquivo da editora

Equações exponenciais com uso de logaritmos

$$a^x = b \Leftrightarrow x = \log_a b$$

Equações logarítmicas

Na resolução de equações logarítmicas, é preciso verificar se as condições de existência dos logaritmos estão satisfeitas. Lembre-se de que $\log_a b$ existe se $a > 0$, $b > 0$ e $a \neq 1$. Geralmente, as equações se reduzem a dois casos:

- $\log_a f(x) = \log_a g(x) \Rightarrow f(x) = g(x) > 0$
- $\log_a f(x) = r \Rightarrow f(x) = a^r$

Inequações logarítmicas

- $\log_a f(x) < \log_a g(x) \Rightarrow \begin{cases} 0 < f(x) < g(x)\text{; se a base é maior que 1, isto é, } a > 1 \\ f(x) > g(x) > 0\text{; se a base está entre 0 e 1, isto é, } 0 < a < 1 \end{cases}$
- $\log_a f(x) > r$ ou $\log_a f(x) < r$

Escrevemos $r = \log_a a^r$ e recaímos no caso anterior.

Complementos sobre funções

Função sobrejetora

Uma função $f: A \rightarrow B$ é **sobrejetora** quando, para todo **y** pertencente a **B**, existe ao menos um **x** pertencente a **A** tal que $f(x) = y$.

Se $f: A \rightarrow B$ é sobrejetora, ocorre $Im(f) = B$.

Função injetora

Uma função $f: A \rightarrow B$ é **injetora** se, para todo $\mathbf{x_1}$ e $\mathbf{x_2}$ pertencentes a **A**, se $x_1 \neq x_2$, então $f(x_1) \neq f(x_2)$.

Função bijetora

$f: A \rightarrow B$ é **bijetora** se **f** é, simultaneamente, sobrejetora e injetora.

Função inversa

Seja $f: A \rightarrow B$ uma função bijetora.

A função $f^{-1}: B \rightarrow A$ tal que $f(a) = b \Leftrightarrow f^{-1}(b) = a$, com $a \in A$ e $b \in B$, é chamada **inversa de f**.

Nesse caso, dizemos que **f** é inversível.

O gráfico de f^{-1} é simétrico do gráfico de **f** em relação à bissetriz do 1º e do 3º quadrantes.
Procedimento para determinar a lei de f^{-1}:
1º) trocar **x** por **y** na lei de **f**;
2º) isolar **y**.

Função composta

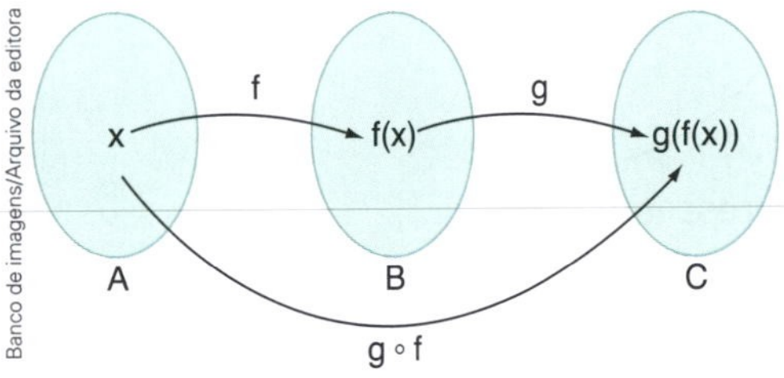

Observe, nesse exemplo, que: f: **A** em **B** e g: **B** em **C**.

Sejam f: A → B e g: C → D duas funções, tais que o conjunto imagem de **f** está contido em **C** (domínio da função **g**). Chama-se **função composta de g com f** a função de **A** em **D** indicada por $g \circ f$ e definida por $(g \circ f)(x) = g(f(x))$, para todo $x \in A$.

Observe que a imagem de cada $x \in A$ é obtida pelo seguinte procedimento:
1º) aplica-se a **x** a função **f**, obtendo-se f(x);
2º) aplica-se a f(x) a função **g**, obtendo-se g(f(x)).

Progressão aritmética e progressão geométrica

Progressão aritmética (P.A.)

Progressão aritmética (P.A.) é uma sequência numérica em que cada termo, a partir do segundo, é igual à soma do termo anterior com uma constante. Essa constante é chamada **razão da P.A.** e é indicada por **r**.

Progressão geométrica (P.G.)

Progressão geométrica (P.G.) é uma sequência em que cada termo, a partir do segundo, é igual ao produto do termo anterior por uma constante real. Essa constante é chamada **razão da P.G.** e é indicada por **q**.

	P.A.	P.G.
Termos	$(a_1, a_2, a_3, ..., a_n, ...)$	$(a_1, a_2, a_3, ..., a_n, ...)$
Razão	$r = a_2 - a_1 = a_3 - a_2 = ...$	$q = \frac{a_2}{a_1} = \frac{a_3}{a_2} = ...$
Termo geral	$a_n = a_1 + (n - 1) \cdot r$	$a_n = a_1 \cdot q^{n-1}$
Propriedade principal	(a, b, c) é P.A. $\Rightarrow b = \frac{a + c}{2}$	(a, b, c) é P.G. $\Rightarrow b^2 = a \cdot c$
Notação especial para três termos	$(x - r, x, x + r)$	$\left(\frac{x}{q}, x, x \cdot q\right)$
Soma dos n primeiros termos	$S_n = \frac{(a_1 + a_n) \cdot n}{2}$	$S_n = \frac{a_1 \cdot (q^n - 1)}{q - 1}$
Soma dos infinitos termos		$S = \frac{a_1}{1 - q}$; se $-1 < q < 1$
Produto n dos primeiros termos		$P_n = a_1^n \cdot q^{\frac{n \cdot (n-1)}{2}}$

Matemática financeira

Porcentagem

$$\text{Seja } p \in \mathbb{R}^+; \text{ então, } p\% = \frac{p}{100}.$$

Aumentos e descontos

Seja **p** o preço de uma mercadoria.

- Após um aumento de i%, para sabermos o novo preço da mercadoria, multiplicamos **p** por: $1 + \frac{i}{100}$.
- Após um desconto de i%, para sabermos o novo preço da mercadoria, multiplicamos **p** por: $1 - \frac{i}{100}$.

Variação percentual

A seguinte relação expressa a variação percentual:

$$p = \frac{V_1 - V_0}{V_0} = \frac{V_1}{V_0} - 1$$

em que:

- $\mathbf{V_0}$ é o valor inicial de um produto;
- $\mathbf{V_1}$ é o valor desse produto em uma data futura;
- **p** é a variação percentual do preço desse produto no período considerado, expressa na forma decimal;
- se $p > 0$, dizemos que **p** representa a **taxa percentual de crescimento** (ou acréscimo);
- se $p < 0$, dizemos que **p** representa a **taxa percentual de decrescimento** (ou decréscimo).

Veja, a seguir, alguns termos de uso frequente em Matemática financeira.

U.M. — Unidade monetária: real, dólar, euro ou qualquer outra moeda.

C — Capital. O valor inicial de um empréstimo, dívida ou investimento.

i — Taxa de juros. A letra **i** vem do inglês *interest* ("juros"), e a taxa é expressa na forma percentual por período. Por exemplo, 5% ao mês (a.m.); 0,2% ao dia (a.d.); 10% ao ano (a.a.), etc.

J — Juros. Os juros correspondem ao valor obtido quando aplicamos a taxa sobre o capital ou sobre algum outro valor da transação. Os juros são expressos em U.M.

M — Montante. Corresponde ao capital acrescido dos juros auferidos na transação, isto é, $M = C + J$.

Em Matemática financeira, costuma-se adotar, para o período de um mês, o chamado **mês comercial** com 30 dias.

Juros simples

Nesse regime, a taxa de juros incide sempre o mesmo valor (isto é, sobre o capital), gerando, desse modo, o mesmo juro por período.

$$J = C \cdot i \cdot n$$
$$M = C \cdot (1 + i \cdot n)$$

Juros compostos

Nesse regime, a cada período, a taxa de juros incide sobre o montante do período anterior, gerando um novo montante.

Ao final do n-ésimo período, o n-ésimo montante é igual a:

$$M_n = C \cdot (1 + i)^n$$

Semelhança de triângulos e triângulos retângulos

Teorema de Tales

Se duas retas são transversais a um feixe de retas paralelas, então a razão entre as medidas de dois segmentos quaisquer de uma delas é igual à razão entre as medidas dos segmentos correspondentes da outra.

Teorema fundamental da semelhança

Toda reta paralela a um lado de um triângulo, que intersecta os outros dois lados em pontos distintos, determina um novo triângulo semelhante ao primeiro.

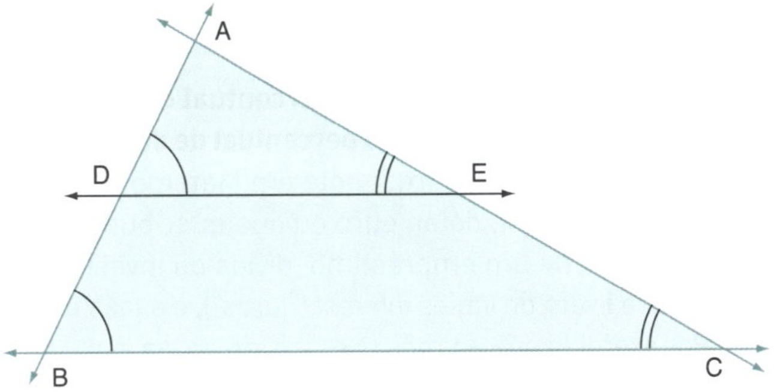

Banco de imagens/Arquivo da editora

$$\overleftrightarrow{DE} // \overleftrightarrow{BC} \Rightarrow \triangle ADE \sim \triangle ABC$$

Critérios de semelhança

- **AA (ângulo – ângulo)**: se dois triângulos possuem dois ângulos respectivamente congruentes, então os triângulos são semelhantes.
- **LAL (lado – ângulo – lado)**: se dois triângulos têm dois lados correspondentes proporcionais e os ângulos compreendidos são congruentes, então os triângulos são semelhantes.
- **LLL (lado – lado – lado)**: se dois triângulos têm os lados correspondentes proporcionais, então os triângulos são semelhantes.

Trigonometria no triângulo retângulo

Razões trigonométricas

- $\text{sen}\,\theta = \dfrac{\text{medida do cateto oposto a } \theta}{\text{medida da hipotenusa}} = \dfrac{x}{z}$
- $\cos\theta = \dfrac{\text{medida do cateto adjacente a } \theta}{\text{medida da hipotenusa}} = \dfrac{y}{z}$
- $\text{tg}\,\theta = \dfrac{\text{medida do cateto oposto a } \theta}{\text{medida do cateto adjacente a } \theta} = \dfrac{x}{y}$

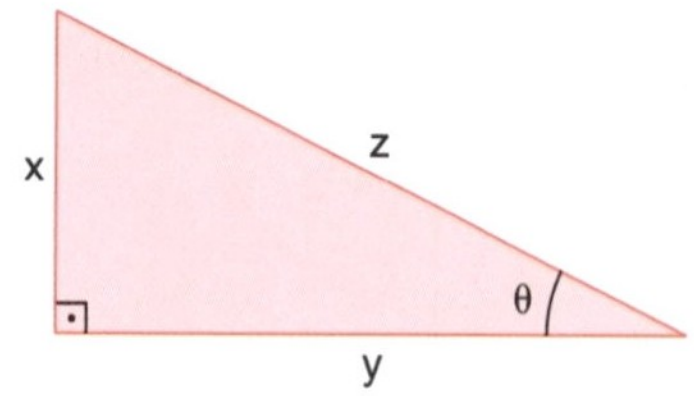

Banco de imagens/Arquivo da editora

Trigonometria

Trigonometria na circunferência

Medida e comprimento de arco

A medida de um arco é igual à medida do ângulo central correspondente.

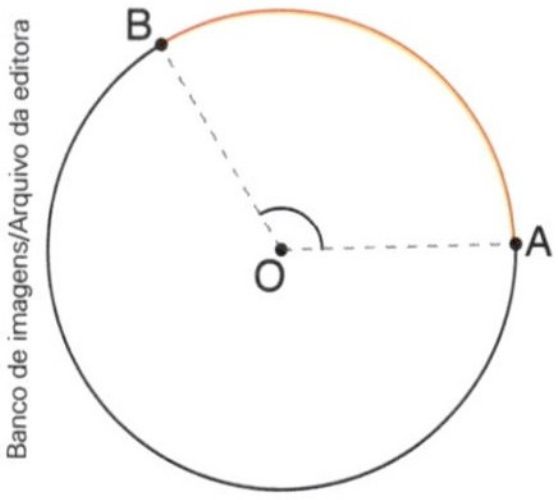

Banco de imagens/Arquivo da editora

med(AÔB) = 120°

Dizemos que o arco $\widehat{AB}$ mede 120°.

A **medida linear** de um arco refere-se ao seu **comprimento**. Quando retificamos um arco de circunferência, obtemos um segmento de reta cuja medida é igual ao **comprimento do arco**, que é medido em centímetros, metros, milímetros, quilômetros, etc.

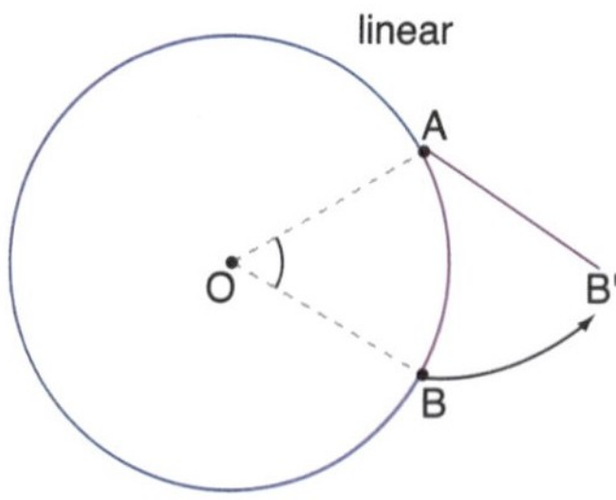

Banco de imagens/Arquivo da editora

Unidades de medida de arcos e ângulos

Ao tratarmos da medida de um arco, adotamos o grau (°) ou radiano (rad).

Submúltiplos do grau: minuto → 1° = 60'; segundo → 1' = 60"

1 radiano é a medida de um arco cujo comprimento é igual ao raio da circunferência correspondente.

Relação entre a medida de um arco (em radianos) e seu comprimento

$\alpha = \dfrac{\ell}{r}$, em que $\begin{cases} \alpha: \text{medida do arco em radianos} \\ \ell: \text{comprimento do arco} \\ r: \text{medida do raio da circunferência} \end{cases}$

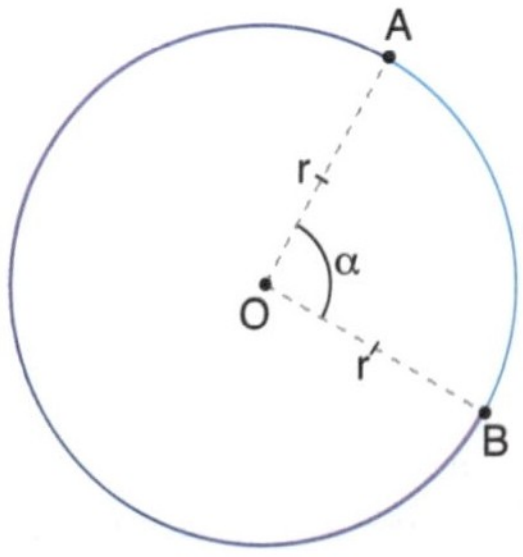

Banco de imagens/Arquivo da editora

A circunferência trigonométrica

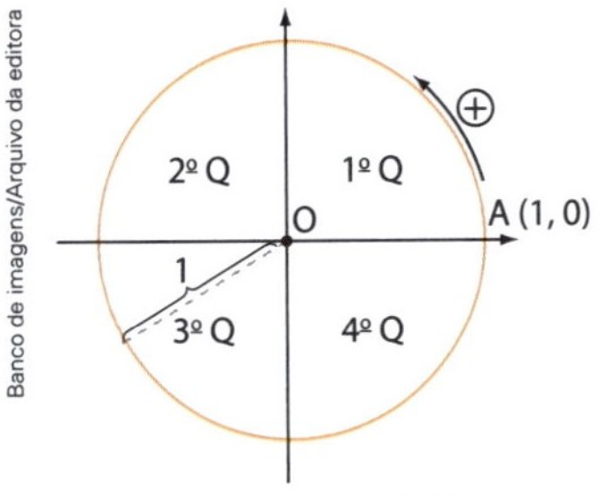

- Centro: O (origem do sistema de coordenadas)
- Raio: 1
- A(1, 0): origem de todos os arcos tomados nessa circunferência
- Sentido positivo: anti-horário
- Comprimento: $2 \cdot \pi \cdot 1 = 2\pi$

Simetrias

Considerando um arco de medida α radianos $\left(0 < \alpha < \dfrac{\pi}{2}\right)$ e **P** sua imagem na circunferência, temos:

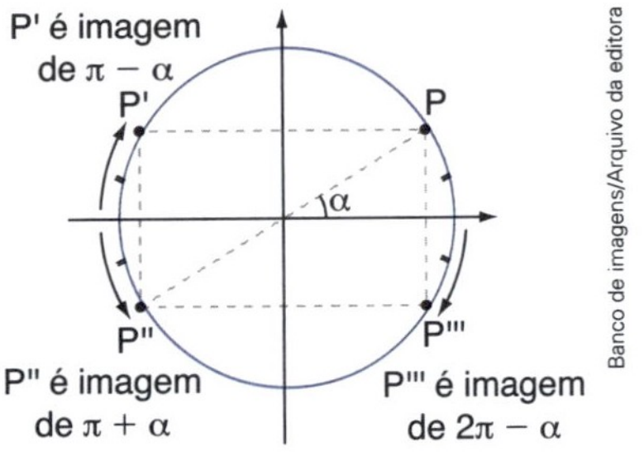

Razões trigonométricas

Seno

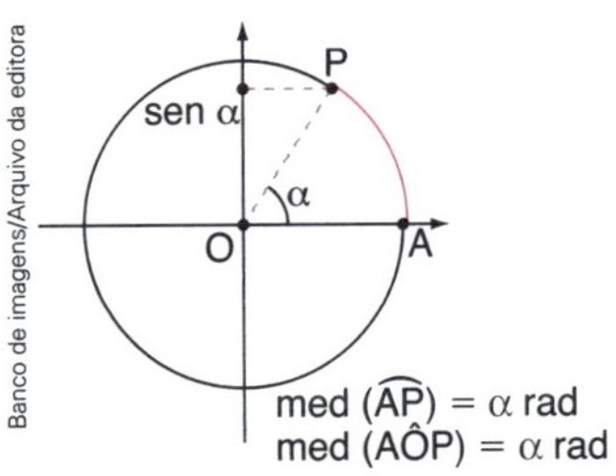

Seja **P** um ponto da circunferência trigonométrica, imagem de um número real α, $0 \leqslant \alpha \leqslant 2\pi$.

Definimos o **seno de** α como a ordenada do ponto **P**:

sen α = ordenada de P

Como o raio da circunferência trigonométrica é unitário, temos que, para todo $\alpha \in [0, 2\pi]$, $-1 \leqslant \text{sen } \alpha \leqslant 1$.

Valores notáveis

- $\text{sen } 0° = \text{sen } \pi = \text{sen } 2\pi = 0$
- $\text{sen } \dfrac{\pi}{2} = 1$
- $\text{sen } \dfrac{3\pi}{2} = -1$

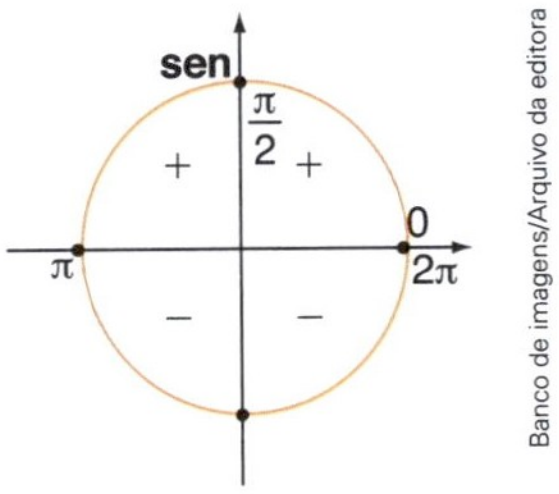

Cosseno

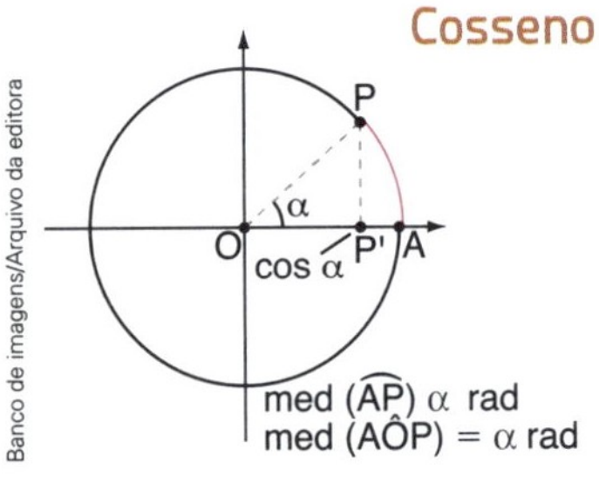

Seja **P** um ponto sobre a circunferência trigonométrica, imagem do número real α, $0 \leqslant \alpha \leqslant 2\pi$.

Definimos o cosseno de α como a abscissa do ponto **P**:

cos α = abscissa de P

Observe que $-1 \leqslant \cos x \leqslant 1$; para todo $x \in [0,2\pi]$.

Valores notáveis

- $\cos 0 = \cos 2\pi = 1$
- $\cos \frac{\pi}{2} = \cos \frac{3\pi}{2} = 0$
- $\cos \pi = -1$

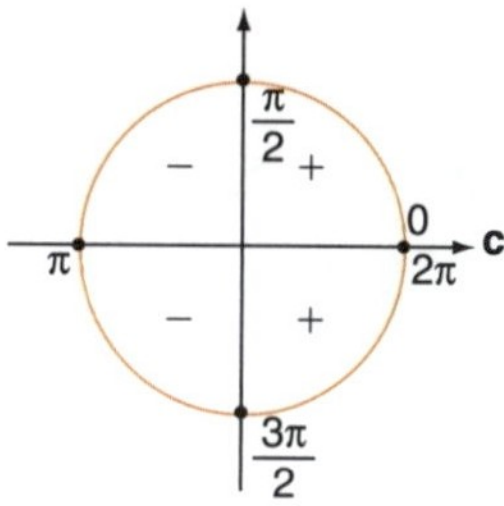

Banco de imagens/Arquivo da editora

Relações entre seno e cosseno

Relação fundamental da trigonometria

$$\text{sen}^2 x + \cos^2 x = 1, \text{ para todo } x \in [0,2\pi]$$

Arcos complementares

$$\text{sen } x = \cos\left(\frac{\pi}{2} - x\right) \quad \text{e} \quad \cos x = \text{sen}\left(\frac{\pi}{2} - x\right)$$

Tangente

O **eixo das tangentes** é obtido ao se tangenciar, por uma reta vertical, a circunferência no ponto A(1, 0). O ponto **A** é a origem do eixo das tangentes, e seu sentido positivo (para cima) coincide com o do eixo dos senos.

$$\text{tg } x = \text{med}\left(\overline{AT}\right)$$

↑
medida algébrica do segmento

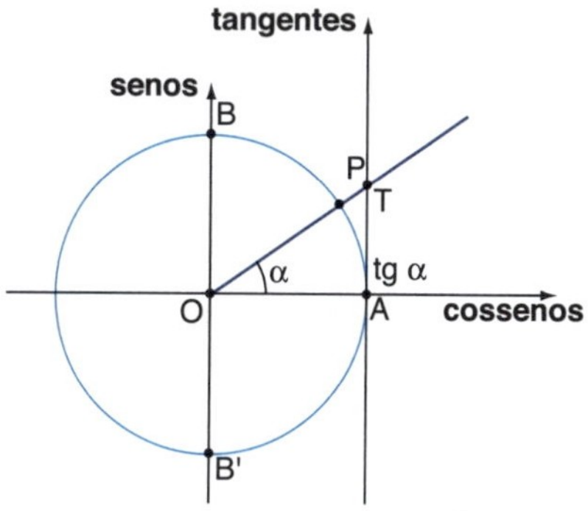

Banco de imagens/Arquivo da editora

- Se **T** está acima de **A** ⇒ $\text{med}\left(\overline{AT}\right) > 0$.
- Se **T** está abaixo de **A** ⇒ $\text{med}\left(\overline{AT}\right) < 0$.

Valores notáveis

- $\text{tg } 0° = \text{tg } \pi = \text{tg } 2\pi = 0$
- $\nexists \text{ tg } \frac{\pi}{2}$
- $\nexists \text{ tg } \frac{3\pi}{2}$

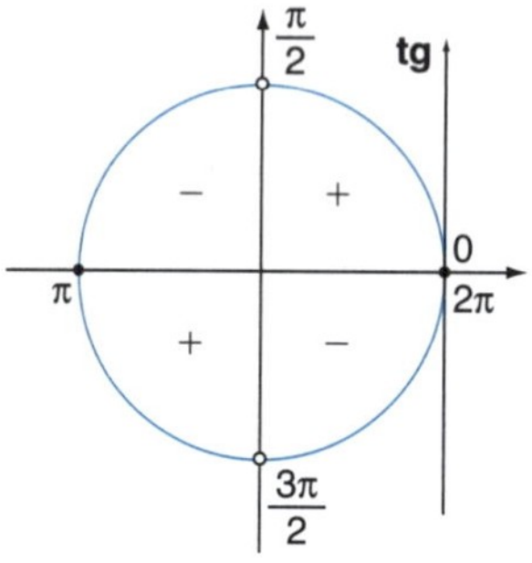

Banco de imagens/Arquivo da editora

Relação entre seno, cosseno e tangente

Se $\alpha \in \mathbb{R}$, $0 \leqslant \alpha \leqslant 2\pi$,

$\alpha \neq \frac{\pi}{2}$ e $\alpha \neq \frac{3\pi}{2}$, vale a relação:

$$\text{tg } x = \frac{\text{sen } x}{\cos x};\ \cos x \neq 0$$

Outras razões trigonométricas

$$\text{cotg } x = \frac{\cos x}{\text{sen } x};\ \text{sen } x \neq 0 \qquad \sec x = \frac{1}{\cos x};\ \cos x \neq 0 \qquad \text{cossec } x = \frac{1}{\text{sen } x};\ \text{sen } x \neq 0$$

Teorema dos senos

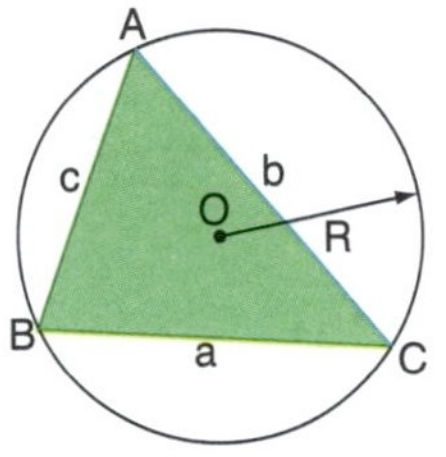

Banco de imagens/Arquivo da editora

$$\frac{a}{\text{sen}\,\hat{A}} = \frac{b}{\text{sen}\,\hat{B}} = \frac{c}{\text{sen}\,\hat{C}} = 2R$$

Teorema dos cossenos

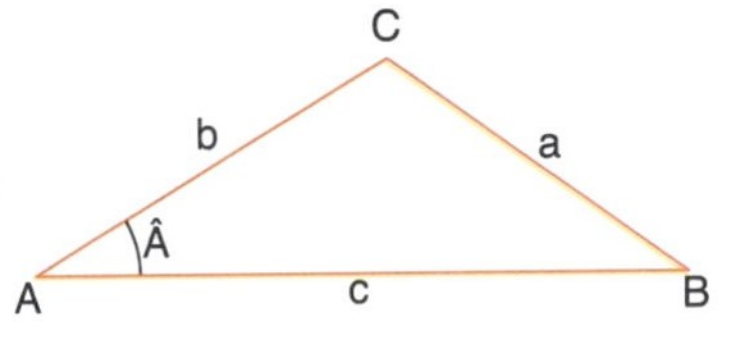

Banco de imagens/Arquivo da editora

$$a^2 = b^2 + c^2 - 2 \cdot b \cdot c \cdot \cos \hat{A}$$

Área do triângulo

Em qualquer triângulo, a área é igual ao semiproduto das medidas de dois lados pelo seno do ângulo por eles formado.

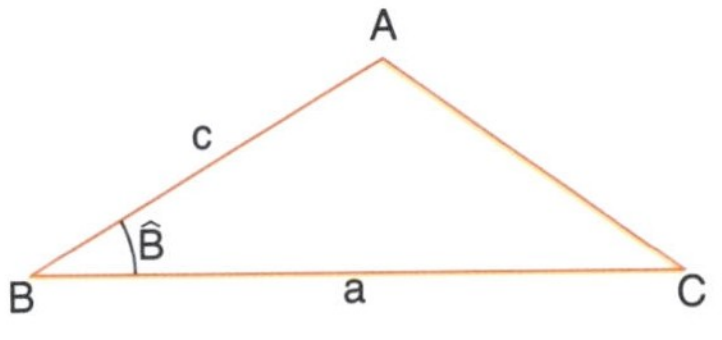

Banco de imagens/Arquivo da editora

$$\text{Área} = \frac{a \cdot c \cdot \text{sen}\,\hat{B}}{2}$$

Funções trigonométricas

A cada número real está associado um ponto da circunferência.

Funções periódicas

Uma função f: A → B é **periódica** se existir um número real positivo **p** tal que $f(x) = f(x + p), \forall x \in A$.
O menor valor positivo de **p** é chamado de **período** de **f**.

Função seno

f: $\mathbb{R} \rightarrow \mathbb{R}$ dada por $f(x) = \text{sen}\ x$

- $D = \mathbb{R}$
- $Im = [-1, 1]$
- Período $= 2\pi$

Observe, abaixo, um período (de 0 a 2π) "detalhado" do gráfico de **f**:

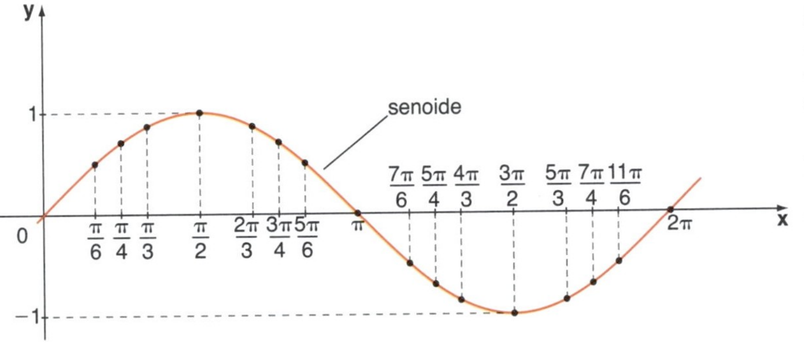

Banco de imagens/Arquivo da editora

Função cosseno

f: $\mathbb{R} \rightarrow \mathbb{R}$ dada por $f(x) = \cos x$

- $D = \mathbb{R}$
- $Im = [-1, 1]$
- Período $= 2\pi$

Observe, abaixo, um período (de 0 a 2π) "detalhado" do gráfico de **f**:

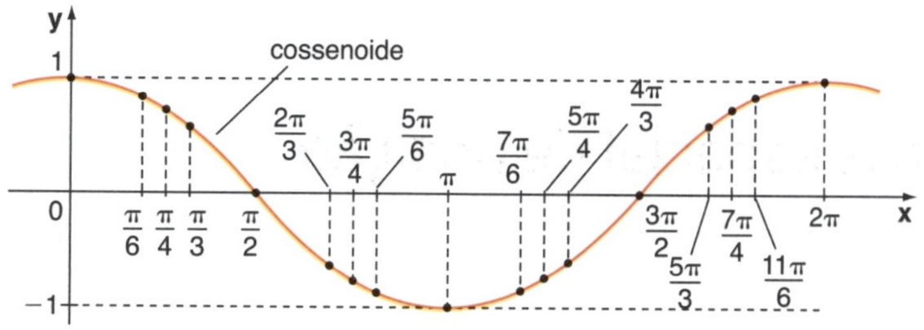

Banco de imagens/Arquivo da editora

Período

Sejam **a**, **b**, **c** e **d** números reais, com $c \neq 0$. A função definida por $y = a + b \cdot \text{sen}\,(cx + d)$ tem período **p** dado por $p = \dfrac{2\pi}{|c|}$.

O mesmo vale para a função $y = a + b \cdot \cos\,(cx + d)$.

Função tangente

f: $D \rightarrow \mathbb{R}$ dada por $f(x) = \text{tg}\, x$.

Observe o gráfico da função tangente, que recebe o nome de **tangentoide**.

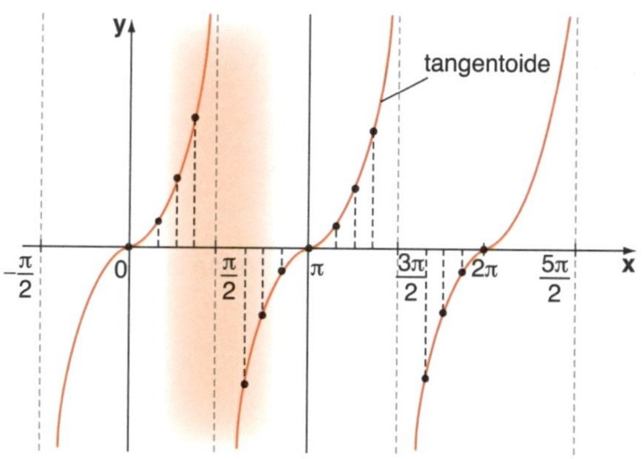

Banco de imagens/Arquivo da editora

- $D = \left\{x \in \mathbb{R} \,\middle|\, x \neq \dfrac{\pi}{2} + k\pi;\ k \in \mathbb{Z}\right\}$
- $Im\, f = \mathbb{R}$
- Período $= \pi$

Transformações trigonométricas

Adição e subtração

Dados os números reais α e β, valem as relações:

$$\cos(\alpha + \beta) = \cos\alpha \cdot \cos\beta - \text{sen}\,\alpha \cdot \text{sen}\,\beta$$

$$\cos(\alpha - \beta) = \cos\alpha \cdot \cos\beta + \text{sen}\,\alpha \cdot \text{sen}\,\beta$$

$$\text{sen}\,(\alpha + \beta) = \text{sen}\,\alpha \cdot \cos\beta + \text{sen}\,\beta \cdot \cos\alpha$$

$$\text{sen}\,(\alpha - \beta) = \text{sen}\,\alpha \cdot \cos\beta - \text{sen}\,\beta \cdot \cos\alpha$$

$$\text{tg}\,(\alpha + \beta) = \frac{\text{tg}\,\alpha + \text{tg}\,\beta}{1 - \text{tg}\,\alpha \cdot \text{tg}\,\beta}$$

$$\text{tg}\,(\alpha - \beta) = \frac{\text{tg}\,\alpha - \text{tg}\,\beta}{1 + \text{tg}\,\alpha \cdot \text{tg}\,\beta}$$

Razões trigonométricas de 2α

$\text{sen}\,(2\alpha) = 2 \cdot \text{sen}\,\alpha \cdot \cos\alpha$

$\cos\,(2\alpha) = \cos^2\alpha - \text{sen}^2\alpha$

$\text{tg}\,(2\alpha) = \dfrac{2\,\text{tg}\,\alpha}{1 - \text{tg}\,2\alpha}$

Geometria espacial de posição

Noções primitivas: ponto, reta e plano.
Postulados primitivos: são propriedades aceitas sem demonstração.

Postulados da existência

Em uma reta e fora dela existem infinitos pontos.
Em um plano e fora dele existem infinitos pontos.

Postulados da determinação

Dois pontos distintos determinam uma única reta.
Três pontos colineares determinam um único plano.

Postulado da inclusão

Se uma reta possui dois pontos distintos em um plano, ela está contida nesse plano.

Postulado das paralelas (ou postulado de Euclides)

Por um ponto passa uma única reta paralela a uma reta dada.

Determinação de planos

Há quatro modos de determinar a posição de um plano no espaço. Vejamos:

1º) [POSTULADO] por meio de três pontos não colineares.

2º) [PROPOSIÇÃO] por meio de uma reta e um ponto fora dela.

3º) [PROPOSIÇÃO] por meio de duas retas concorrentes.

4º) [PROPOSIÇÃO] por meio de duas retas paralelas e distintas.

Posições relativas entre duas retas

- [DEF] As duas retas não têm nenhum ponto em comum, mas existe um plano que as contém; nesse caso, elas são **paralelas**.
- [DEF] As duas retas têm em comum um único ponto; nesse caso, elas são **concorrentes** e existe um único plano que as contém.

Duas retas concorrentes formam quatro ângulos. Quando esses quatro ângulos são congruentes, cada um deles é chamado **ângulo reto** e as retas são chamadas **retas perpendiculares**.

- [DEF] Se duas retas são concorrentes e não perpendiculares, diz-se que elas são **oblíquas**.
- [DEF]] As duas retas não têm nenhum ponto em comum e não existe plano que as contenha; nesse caso, elas são **reversas**.

- [DEF] Duas retas reversas são ditas **ortogonais** se existe uma reta paralela a uma delas e perpendicular à outra.

Posições relativas de uma reta e um plano

- A reta e o plano têm em comum dois pontos distintos; nesse caso, conforme o postulado da inclusão, a reta está contida no plano.
- [DEF] A reta e o plano têm em comum um único ponto; nesse caso, a reta e o plano são **secantes**.
- [DEF] Se uma reta é secante com um plano em um ponto **O** e é perpendicular a todas as retas do plano que passam por **O**, diz-se que a reta é **perpendicular ao plano**.

Propriedade:

Se uma reta é perpendicular a duas retas concorrentes de um plano, então ela é perpendicular ao plano.

- [DEF] Se uma reta e um plano são secantes e a reta não é perpendicular ao plano, diz-se que a reta é **oblíqua** ao plano.
- [DEF] A reta e o plano não têm nenhum ponto comum; nesse caso, a reta e o plano são **paralelos**.

Propriedades:

Se uma reta não está contida num plano e é paralela a uma reta do plano, então ela é paralela ao plano.

Se um plano contém duas retas concorrentes, ambas paralelas a um outro plano, então esses planos são paralelos.

Posições relativas de dois planos

Planos secantes

- [DEF] Dois planos distintos que têm um ponto comum são chamados **planos secantes**.
- [PROPOSIÇÃO] Se dois planos distintos têm um ponto comum, então a interseção desses planos é uma única reta que passa por aquele ponto. Essa reta é denominada **interseção** ou traço de um deles no outro.

Planos perpendiculares

[DEF] Se dois planos são secantes e um deles contém uma reta perpendicular ao outro, diz-se que os planos são **perpendiculares**.

Se dois planos são secantes e não perpendiculares, diz-se que são oblíquos.

Planos paralelos

[DEF] Dois planos são **paralelos** se não têm ponto comum ou não coincidentes.

[PROPOSIÇÃO] Se um plano contém duas retas concorrentes, ambas paralelas a outro plano, então esses planos são paralelos.

Projeções ortogonais

- [DEF] Projeção ortogonal de um ponto sobre um plano é o ponto de interseção entre a reta perpendicular ao plano conduzida pelo ponto e o plano.
- [DEF] Projeção ortogonal de uma figura plana, ou não plana, sobre um plano é o conjunto das projeções ortogonais dos pontos da figura sobre esse plano.

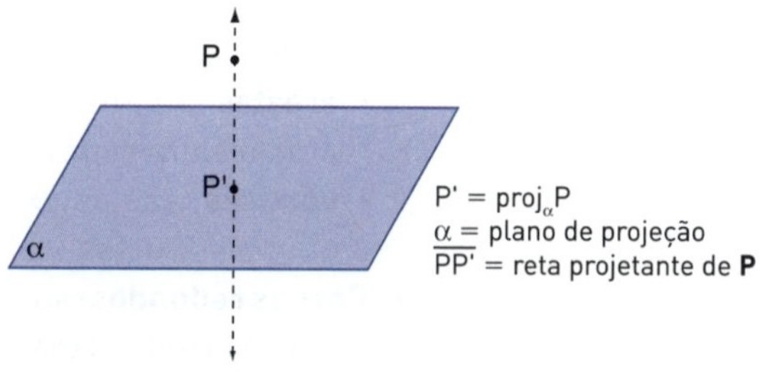

Banco de imagens/Arquivo da editora

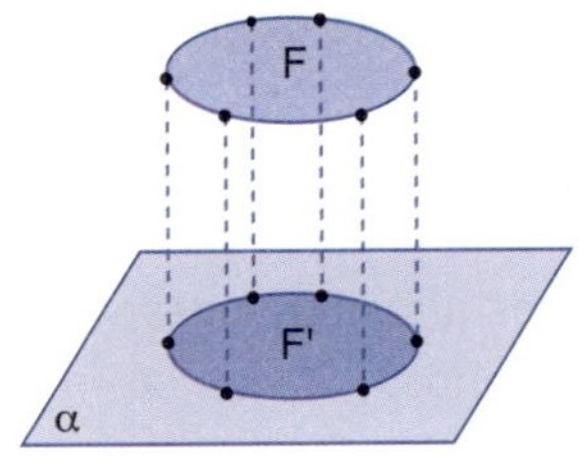

$F' = proj_{\alpha}F$

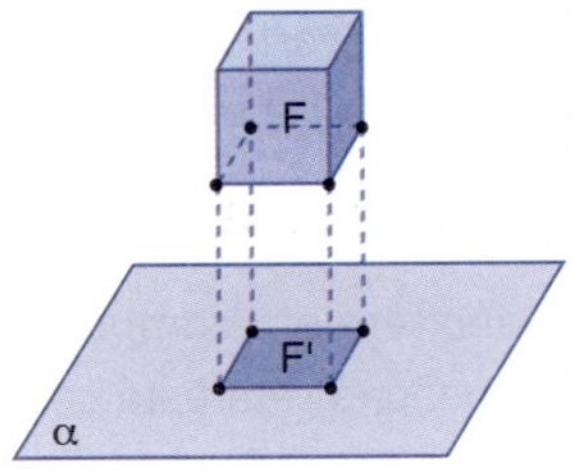

$F' = proj_{\alpha}F$

Ilustrações: Banco de imagens/ Arquivo da editora

Ilustrações: Banco de imagens/ Arquivo da editora

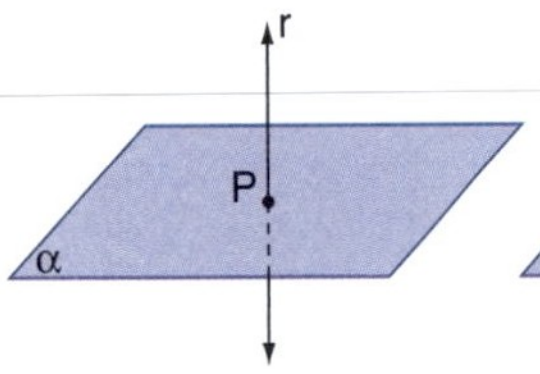

$P = proj_{\alpha}r$

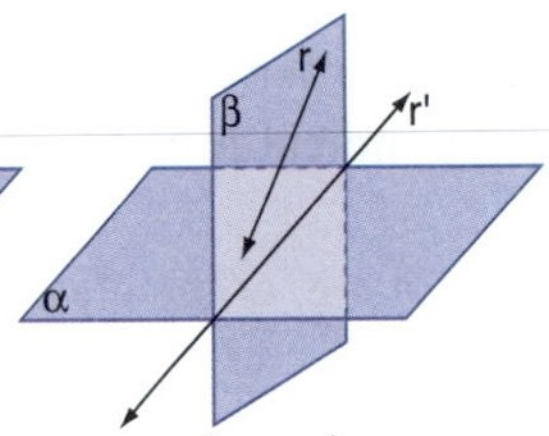

$r' = proj_{\alpha}r$

A projeção ortogonal de uma reta **r** sobre um plano α é assim definida:

- [DEF] Se **r** é perpendicular a α, a projeção de **r** sobre α é o ponto **P** em que **r** intersecta α.
- [DEF] Se **r** não é perpendicular a α, a projeção de **r** sobre α é a reta **r'**, interseção de α com plano β, perpendicular a α conduzido por **r**.

Ilustrações: Banco de imagens/ Arquivo da editora

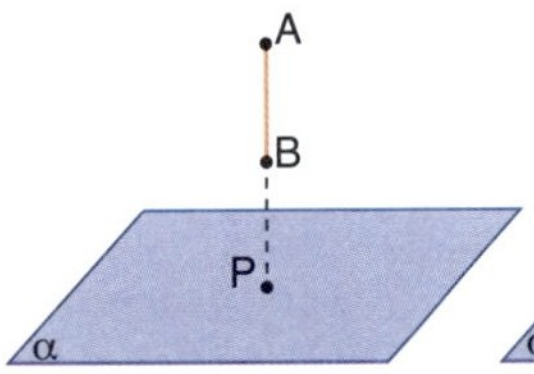

$P = proj_{\alpha}\overline{AB}$

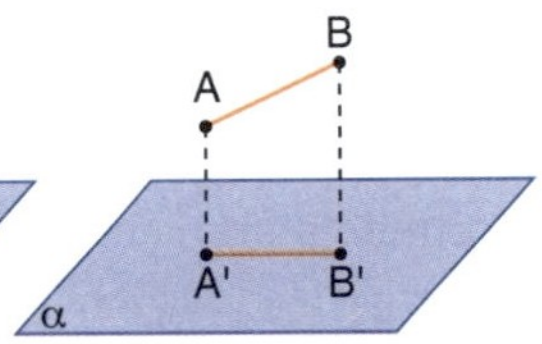

$\overline{A'B'} = proj_{\alpha}\overline{AB}$

A projeção ortogonal de um segmento de reta $\overline{AB}$ sobre um plano α é assim definida:

- [DEF] Se $\overline{AB}$ é perpendicular a α, a projeção de $\overline{AB}$ sobre α é o ponto **P** em que a reta $\overleftrightarrow{AB}$ intersecta α.
- [DEF] Se $\overline{AB}$ não é perpendicular a α, a projeção de $\overline{AB}$ sobre α é o segmento $\overline{A'B'}$ tal que A' e B' são, respectivamente, as projeções de **A** e **B** sobre α.

Distâncias

- [DEF] A distância de um ponto **P** a uma reta **r** é a distância de **P** a **P'**, em que **P'** é a interseção entre a reta perpendicular a **r**, conduzida por **P**, e a reta **r**.
- [DEF] A distância entre duas retas **r** e **s** paralelas é a distância de um ponto **P** qualquer de uma delas até a outra.
- [DEF] A distância de um ponto **P** a um plano α é a distância de **P** a **P'**, em que **P'** é o ponto de interseção entre a reta perpendicular a α, conduzida por **P** e o plano α.
- [DEF] A distância entre dois planos α e β paralelos é a distância de um ponto **P** qualquer de um deles ao outro plano.
- [DEF] A distância entre duas retas reversas **r** e **s** é a distância de um ponto qualquer **P** da reta **r** ao plano α que contém **s** e é paralelo à reta **r**.

Poliedros

Os sólidos geométricos mais simples podem ser de dois tipos:

- **Poliedros**: são sólidos geométricos cujas superfícies são formadas apenas por polígonos planos (triângulos, quadriláteros, pentágonos, etc.). A palavra *poliedro* vem do grego antigo, em que *poli* significa "vários", e *edro*, "face".

  Em um poliedro podemos distinguir:
  - **faces**: são os polígonos que formam a superfície do poliedro.
  - **arestas**: são os lados dos polígonos que constituem as faces do poliedro. Cada aresta é um segmento de reta determinado pela interseção de duas faces.
  - **vértices**: são as extremidades das arestas. Cada vértice é a interseção de duas ou mais arestas.
- **Corpos redondos**: são sólidos geométricos cujas superfícies têm ao menos uma parte que é arredondada (não plana).

Poliedros convexos e não convexos

No poliedro da figura 1, qualquer plano que contenha uma face deixa as demais faces no mesmo semiespaço. Veja, por exemplo, o plano β. Poliedros que satisfazem essa condição são chamados de **poliedros convexos**.

No poliedro da figura 2, existe pelo menos um plano que contém uma face, mas deixa as demais faces em dois semiespaços opostos. Veja, por exemplo, o plano γ. Por isso, esse poliedro é denominado **poliedro não convexo**.

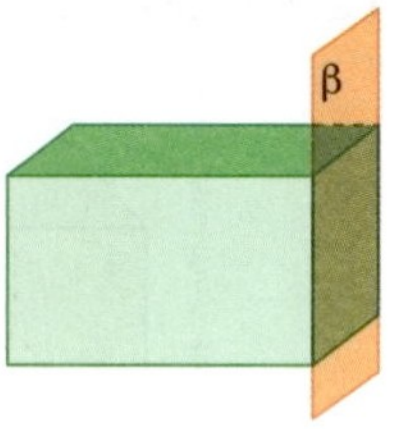

Figura 1

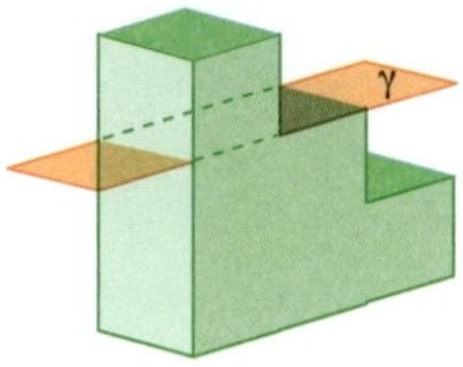

Figura 2

Banco de imagens/Arquivo da editora

Relação de Euler

Pode-se mostrar que para todo **poliedro convexo** vale a relação:

$$V - A + F = 2$$

em que **V**, **A** e **F** são, respectivamente, a quantidade de vértices, arestas e faces do poliedro.

Um poliedro **não convexo** pode ou não satisfazer a relação de Euler.

Poliedros de Platão

Um poliedro é chamado poliedro de Platão se satisfaz três condições:

1ª condição: todas as faces têm o mesmo número **n** de arestas.

2ª condição: todos os vértices são pontos em que concorre o mesmo número **m** de arestas.

3ª condição: o poliedro é euleriano, isto é, satisfaz a relação de Euler.

Prismas

Elementos e classificação

Banco de imagens/Arquivo da editora

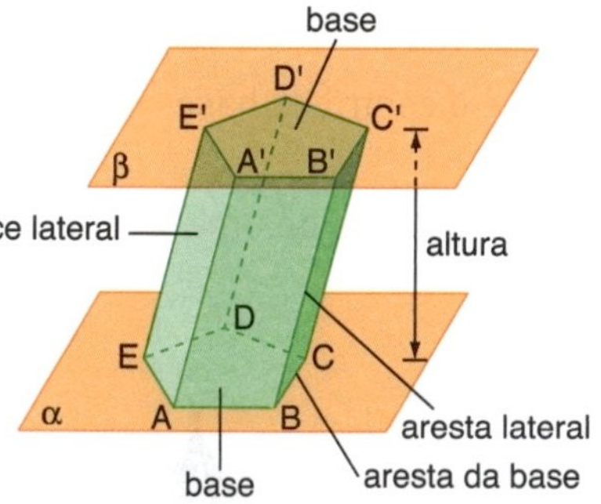

Observe que:

- os polígonos ABCDE e A'B'C'D'E', chamados **bases** do prisma, são congruentes e estão contidos em planos paralelos entre si (α e β);
- os paralelogramos AA'B'B, BB'C'C, CC'D'D, DD'E'E e EE'A'A são chamados **faces laterais**;
- a distância entre os planos α e β, que contêm as bases, é a **altura** do prisma.

Os nomes dados aos prismas referem-se ao número de lados de cada polígono da base.

Quanto à inclinação das arestas laterais em relação aos planos das bases, os prismas são classificados em:

- **prisma oblíquo**: se as arestas laterais são oblíquas aos planos das bases;
- **prisma reto**: se as arestas laterais são perpendiculares aos planos das bases.

Paralelepípedo retângulo

Banco de imagens/Arquivo da editora

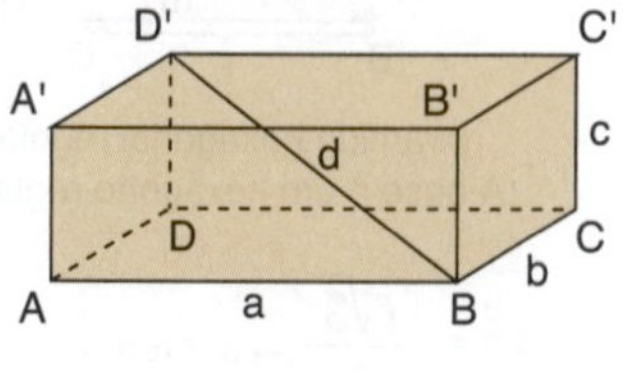

Área total: $A_t = 2(ab + ac + bc)$

Diagonal: $d = \sqrt{a^2 + b^2 + c^2}$

Volume: $V = a \cdot b \cdot c$

O volume de qualquer prisma é $V = Ab \cdot h$

Cubo: é um paralelepípedo cuja superfície total é a reunião de seis quadrados. Note que o cubo é um paralelepípedo retângulo em que todas as arestas são congruentes.

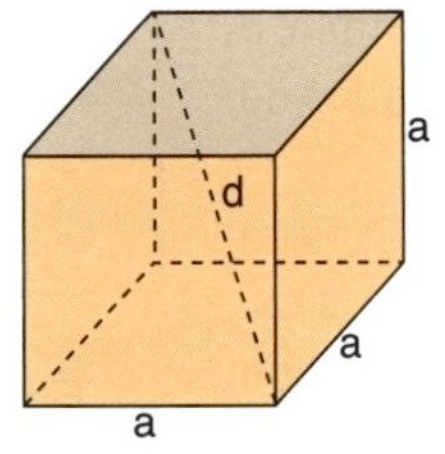

Banco de imagens/Arquivo da editora

Área total: $A_t = 6 \cdot a^2$

Diagonal (d): $d = a\sqrt{3}$

Volume (v): $v = a^3$

Pirâmides

Elementos e classificação

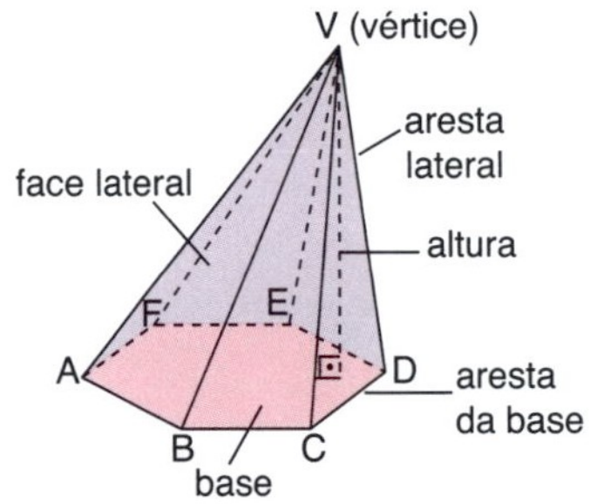

Banco de imagens/Arquivo da editora

- Observe que a altura da pirâmide é a distância de **V** ao plano da base.
- As pirâmides podem ser classificadas de acordo com o polígono da base.

Pirâmide regular

A **pirâmide regular** é aquela cuja base é um polígono regular e cujas laterais são congruentes entre si.

Uma pirâmide regular tem as seguintes características:

- a projeção ortogonal do vértice sobre o plano da base é o centro da base;
- as faces laterais são triângulos isósceles congruentes;
- o apótema da pirâmide regular, que indicamos por **g**, é a altura de uma face lateral, relativa à aresta da base.

Observe as pirâmides seguintes:

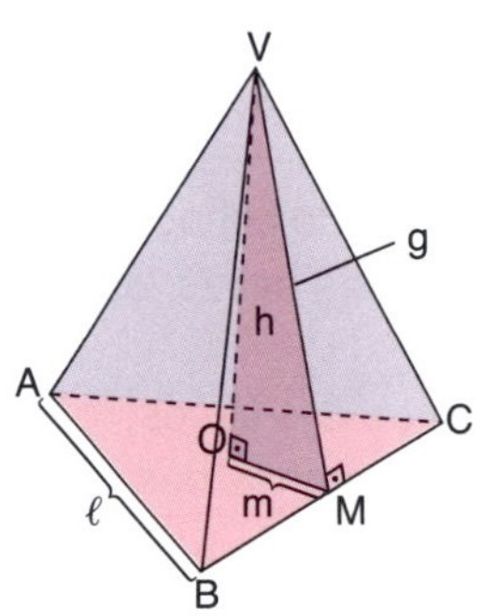

pirâmide triangular regular
(A base é um triângulo equilátero.)

$m = \frac{\ell\sqrt{3}}{6} \rightarrow$ apótema do triângulo equilátero

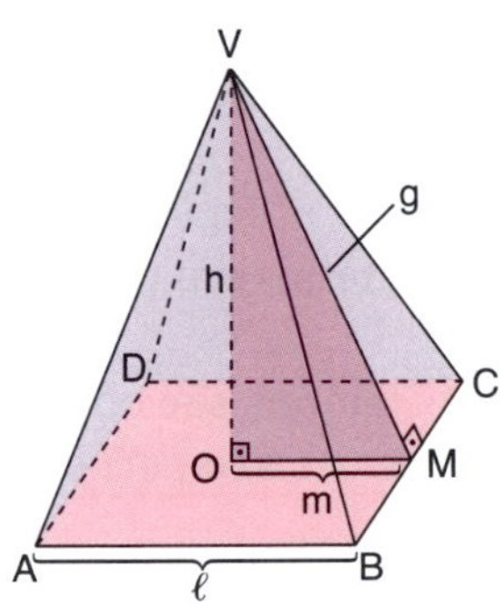

pirâmide quadrangular regular
(A base é um quadrado.)

$m = \frac{\ell}{2} \rightarrow$ apótema do quadrado

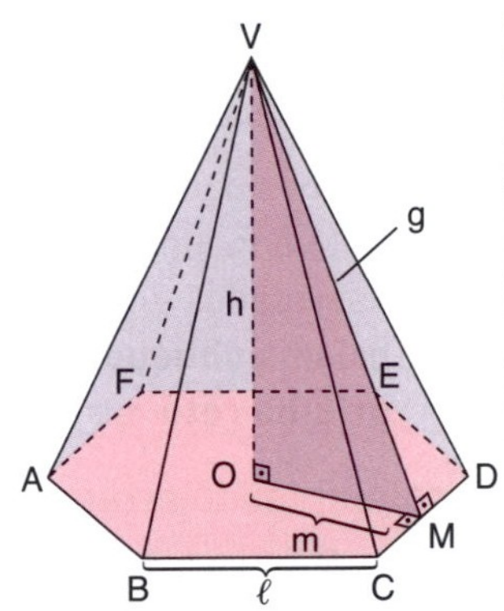

pirâmide hexagonal regular
(A base é um hexágono regular.)

$m = \frac{\ell\sqrt{3}}{2} \rightarrow$ apótema do hexágono

Ilustrações: Banco de imagens/Arquivo da editora

Em qualquer **pirâmide regular** vale a relação:

$$g^2 = h^2 + m^2$$

g: apótema da pirâmide **h**: altura da pirâmide **m**: apótema da base

Volume (V) da pirâmide regular

$$V = \frac{1}{3} \cdot A_b \cdot h$$

Pirâmides semelhantes

Comparação entre a pirâmide original e a nova pirâmide:

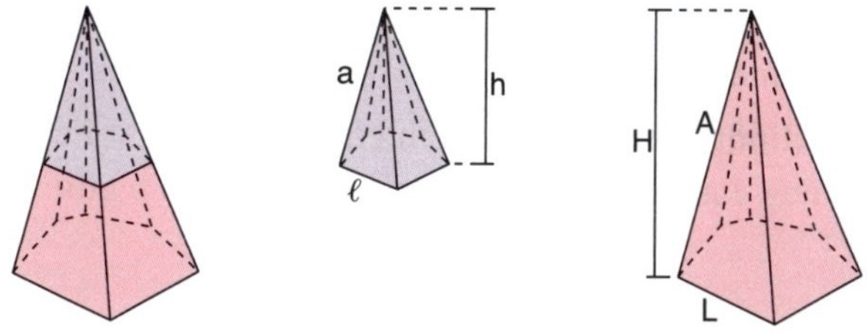

Ilustraçnoes: Banco de imagens/Arquivo da editora

Considerando duas pirâmides regulares semelhantes, temos as seguintes propriedades:

- razão entre elementos lineares: $\frac{a}{A} = \frac{\ell}{L} = \frac{h}{H} = k$

- razão entre áreas: $\frac{A_b}{A_B} = k^2$; $\frac{A_\ell}{A_L} = k^2$ e $\frac{A_t}{A_T} = k^2$

- razão entre volumes: $\frac{v}{V} = k^3$

Tronco de pirâmide

O tronco de bases paralelas obtido de uma pirâmide é denominado **tronco de pirâmide regular**.

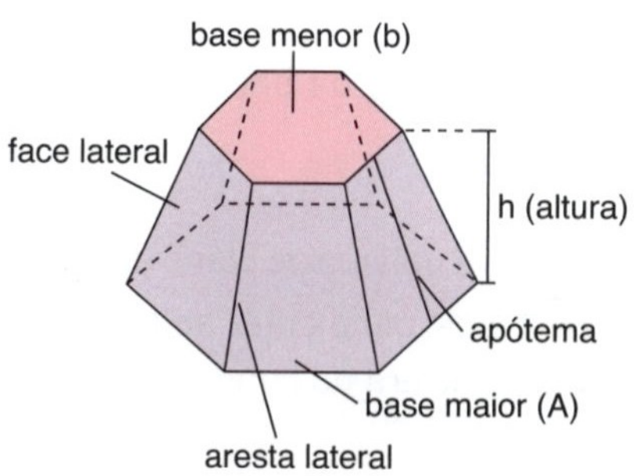

Banco de imagens/Arquivo da editora

Elementos de um tronco de pirâmide regular:

- as **arestas laterais** são congruentes entre si;
- as **bases** são polígonos regulares semelhantes;
- as **faces laterais** são trapézios isósceles congruentes entre si;
- a altura de qualquer face lateral chama-se **apótema do tronco**.

$$A_T = A_B + A_b + A_e$$

Volume do tronco de pirâmide

$$V = \frac{h}{3} \cdot \left[A_B + \sqrt{A_B \cdot A_b} + A_b\right]$$

Cilindros

Elementos e classificação

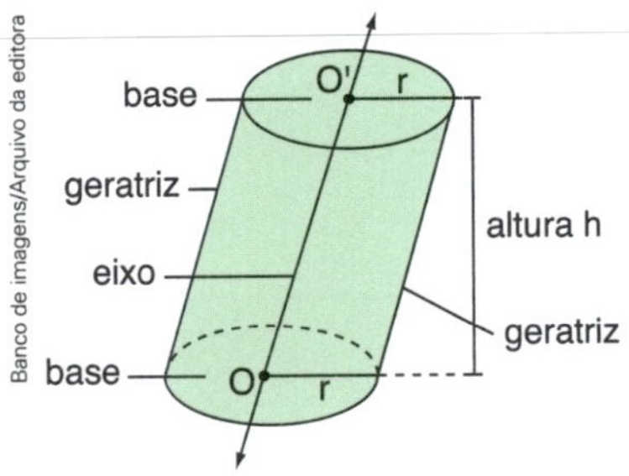

- A distância entre os planos das bases é a **altura** do cilindro.
- Os segmentos paralelos a $\overline{OO'}$, com extremidades em pontos das circunferências das bases, são as **geratrizes**.
- A reta $\overline{OO'}$ é o **eixo** do cilindro.

Diz-se:

- **cilindro oblíquo**, se a geratriz é oblíqua aos planos das bases;
- **cilindro reto** (ou de revolução), se a geratriz é perpendicular aos planos das bases. Nesse caso, a geratriz é a altura do cilindro.

Áreas do cilindro

Área da base: $A_b = \pi r^2$

A_ℓ = área do retângulo: $A_\ell = 2\pi r \cdot h$

Área total (A_t): $A_t = A_\ell + 2 \cdot A_b \Rightarrow 2\pi r \cdot (h + r)$

Volume do cilindro

$$V = A_b \cdot h = \pi \cdot r^2 \cdot h$$

Cones

Elementos e classificação

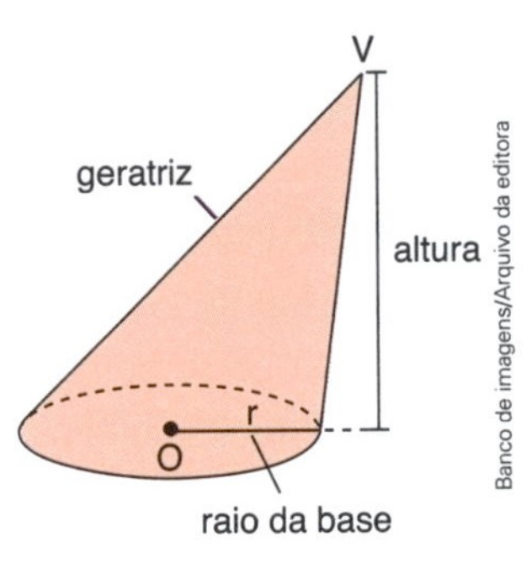

- Cada segmento com uma extremidade em **V** e a outra em um ponto da circunferência da base é uma **geratriz do cone**.
- A distância do vértice ao plano da base é a **altura** do cone.

Diz-se:

- **cone oblíquo**, se a reta $\overline{VO}$ é oblíqua ao plano da base;
- **cone reto**, se a reta $\overline{VO}$ é perpendicular ao plano da base. Nesse caso, $\overline{VO}$ é a altura do cone.

Áreas do cone circular reto

Área da base (A_b): $A_b = \pi \cdot r^2$

Área lateral (A_ℓ): $A_\ell = \pi \cdot r \cdot g$

Área total (A_T): $A_T = A_b + A_\ell \Rightarrow A_T = \pi \cdot r \cdot (g + r)$

Volume (V) do cone

$$V = \frac{1}{3} \cdot \frac{A_b \cdot h}{3} \Rightarrow V = \frac{1}{3} \cdot \pi \cdot r^2 \cdot h$$

Tronco de cone

Elementos de um tronco de cone:

- **base maior do tronco**: é a base do cone original ou primitivo;
- **base menor do tronco**: é a seção determinada pelo plano ao intersectar o cone. Essa seção é um círculo e corresponde à base do novo cone;
- **altura do tronco**: é a distância entre os planos das bases;
- **geratriz do tronco**: é um segmento contido em uma geratriz do cone original, cujas extremidades são pontos das circunferências das bases (sendo um ponto em cada base).

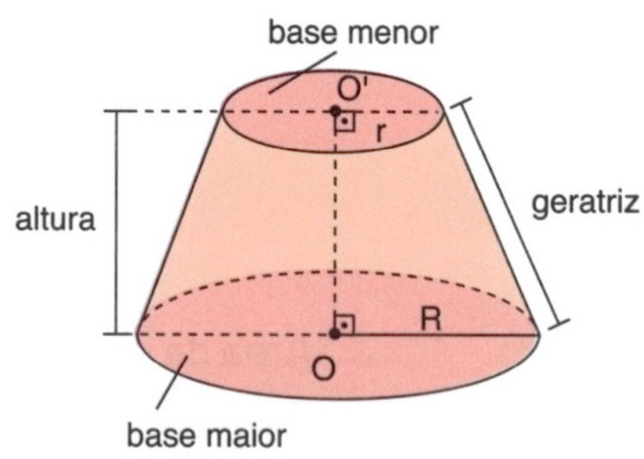

Banco de imagens/Arquivo da editora

Áreas do tronco de cone

$$A_\ell = \pi \cdot g \cdot (R + r)$$

$$A_T = A_B + A_b + A_\ell$$

Volume do tronco de cone

$$V = \frac{\pi h}{3} \cdot \left[R^2 + Rr + r^2\right]$$

Cones semelhantes

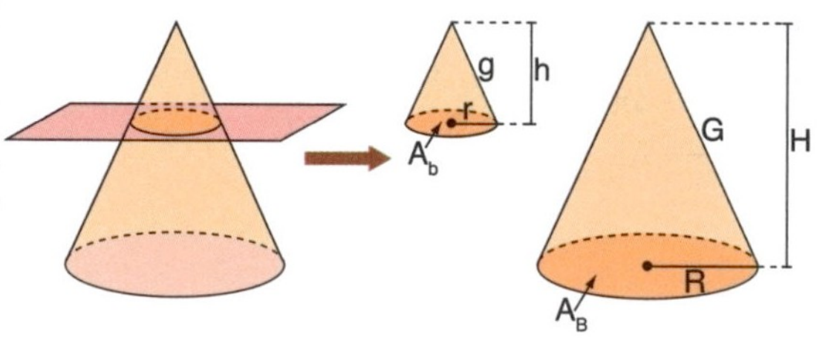

Banco de imagens/Arquivo da editora

- razão entre elementos lineares: $\frac{h}{H} = \frac{g}{G} = \frac{r}{R} = k$
- razão entre áreas: $\frac{A_b}{A_B} = k^2$;

  $\frac{A_\ell}{A_L} = k^2$; $\frac{A_t}{A_T} = k^2$
- razão entre volumes: $\frac{v}{V} = k^3$

Esfera

Seção de uma esfera

Quando um plano α intersecta, em mais de um ponto, uma esfera de centro **O** e raio de medida **r**, o conjunto de pontos comuns ao plano e à esfera é um **círculo**, como mostra a figura ao lado. Esse círculo é chamado de **seção da esfera**.

Se α passar pelo centro **O**, o raio da seção determinada será o próprio raio da esfera e, nesse caso, a seção recebe o nome de **círculo máximo da esfera**.

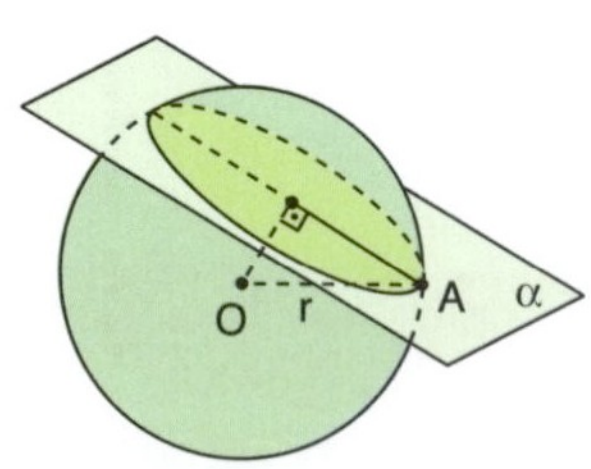

Banco de imagens/Arquivo da editora

Elementos de uma esfera

O círculo associado ao **equador** (círculo máximo da esfera) divide a esfera em duas "partes" iguais, conhecidas como **hemisférios** ou **semiesferas**.

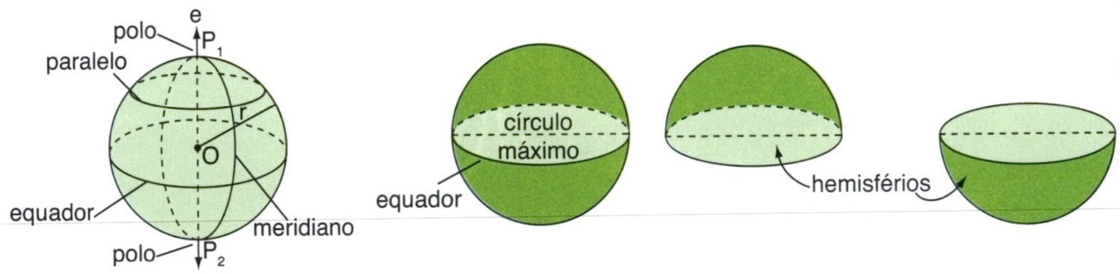

Ilustrações: Banco de imagens/Arquivo da editora

Volume da esfera

$$V = \frac{4\pi r^3}{3}$$

Área da superfície esférica

$$A = 4\pi r^2$$

Partes da esfera

Fuso esférico

Fuso esférico é a superfície gerada pela rotação de uma semicircunferência, a qual gira α graus ($0° < \alpha \leq 360°$) em torno do eixo que contém seu diâmetro.

Banco de imagens/Arquivo da editora

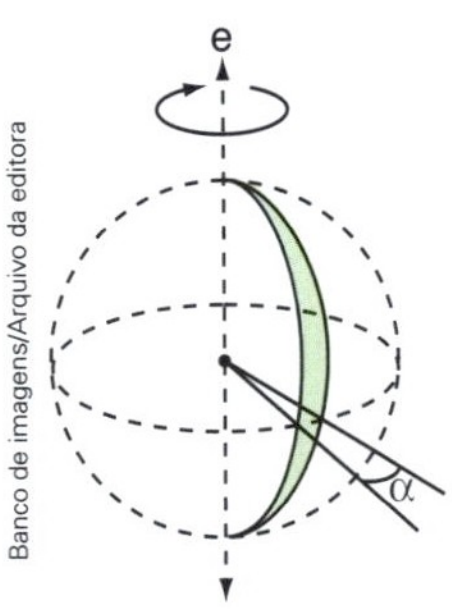

Para α em graus:

$$\left.\begin{array}{r} 360° \text{ —— } 4\pi r^2 \\ \alpha \text{ —— } A_{fuso} \end{array}\right\} \Rightarrow \quad A_{fuso} = \frac{\pi r^2 \alpha}{90°}$$

Para α em radianos:

$$\left.\begin{array}{r} 2\pi \text{ rad —— } 4\pi r^2 \\ \alpha \text{ —— } A_{fuso} \end{array}\right\} \Rightarrow \quad A_{fuso} = 2r^2\alpha$$

Cunha esférica

Dá-se o nome de **cunha esférica** ao sólido gerado pela rotação de um semicírculo que gira α graus ($0° < \alpha \leq 360°$) em torno de um eixo que contém seu diâmetro.

Banco de imagens/Arquivo da editora

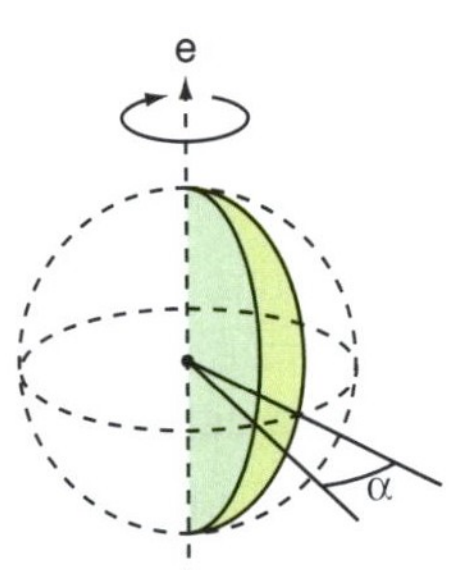

Para α em graus:

$$\left.\begin{array}{r} 360° \text{ —— } \frac{4}{3}\pi r^3 \\ \alpha \text{ —— } V_{cunha} \end{array}\right\} \Rightarrow \quad V_{cunha} = \frac{\pi r^3 \alpha}{270°}$$

Para α em radianos:

$$\left.\begin{array}{r} 2\pi \text{ rad —— } \frac{4}{3}\pi r^3 \\ \alpha \text{ —— } V_{cunha} \end{array}\right\} \Rightarrow \quad V_{cunha} = \frac{2r^3 \alpha}{3}$$

Matrizes, determinantes e sistemas

Matrizes

Matriz quadrada: é uma matriz que possui número de linhas igual ao número de colunas.

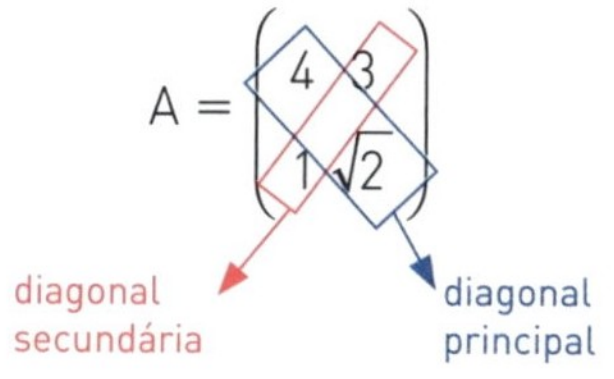

É uma matriz quadrada 2×2. Dizemos que **A** é matriz quadrada de ordem 2.

Em uma matriz transposta, trocam-se, ordenadamente, linhas por colunas.

Matriz identidade

Seja **A** uma matriz quadrada de ordem **n**.

A é denominada **matriz identidade de ordem n** (indica-se por $\mathbf{I}_n$) se os elementos de sua diagonal principal são todos iguais a 1, e os demais elementos são iguais a zero.

Operações entre matrizes

Adição e subtração

Para realizar essas operações as matrizes envolvidas devem ser do mesmo tipo. Basta adicionar (ou subtrair) elementos correspondentes.

Multiplicação de um número real por uma matriz

Basta multiplicar esse número por cada um dos elementos da matriz.

Multiplicação de matrizes

Para que exista o produto de duas matrizes **A** e **B** é preciso que o número de colunas de **A** seja igual ao número de linhas de **B**.

A matriz produto **C** é do tipo $m \times p$ (em que **m** é o nº de linhas de **A** e **p** é o nº de colunas de **B**).

$$A_{(m \times n)} \cdot B_{(n \times p)} = C_{(m \times p)}$$

Matriz inversa

Seja **A** uma matriz quadrada de ordem **n**. A matriz **A** é dita **inversível** (ou **invertível**) se existe uma matriz **B** (quadrada de ordem **n**), tal que:

$$A \cdot B = B \cdot A = I_n$$

B é dita inversa de **A** e é indicada por A^{-1}.

Determinantes

O determinante de uma matriz quadrada é o número real obtido a partir de operações entre os elementos da matriz.

Caso 2 × 2

$$M = \begin{pmatrix} a & b \\ c & d \end{pmatrix} \Rightarrow \det M = a \cdot d - b \cdot c$$

Caso 3 × 3

O determinante da matriz $\begin{pmatrix} a & b & c \\ d & e & f \\ g & h & i \end{pmatrix}$ é o número real: $aei + bfg + cdh - ceg - afh - bdi$;

que pode ser obtido pelo processo prático:

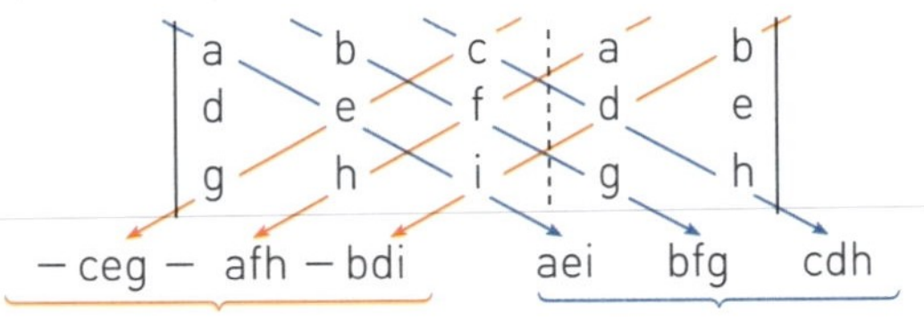

Propriedades dos determinantes

(I) Quando os elementos de uma fila (linha ou coluna) de **A** são multiplicados por um número real **k**, $k \neq 0$, obtemos a nova matriz **A'** e vale a relação:

$$\det A' = k \cdot \det \cdot A$$

(II) $\det(A \cdot B) = (\det A) \cdot (\det B)$

(III) **M** é inversível se, e somente se, $\det M \neq 0$.

Além disso, vale a relação: $\det(M^{-1}) = \dfrac{1}{\det M}$.

Sistemas lineares

Equação linear

Equação linear nas incógnitas $\mathbf{x_1}, \mathbf{x_2}, \ldots, \mathbf{x_n}$ é toda equação do tipo:

$$a_1x_1 + a_2x_2 + \ldots + a_nx_n = b$$

em que $\mathbf{a_1}, \mathbf{a_2}, \ldots, \mathbf{a_n}$ e **b** são coeficientes reais.

Sistemas lineares 2 × 2

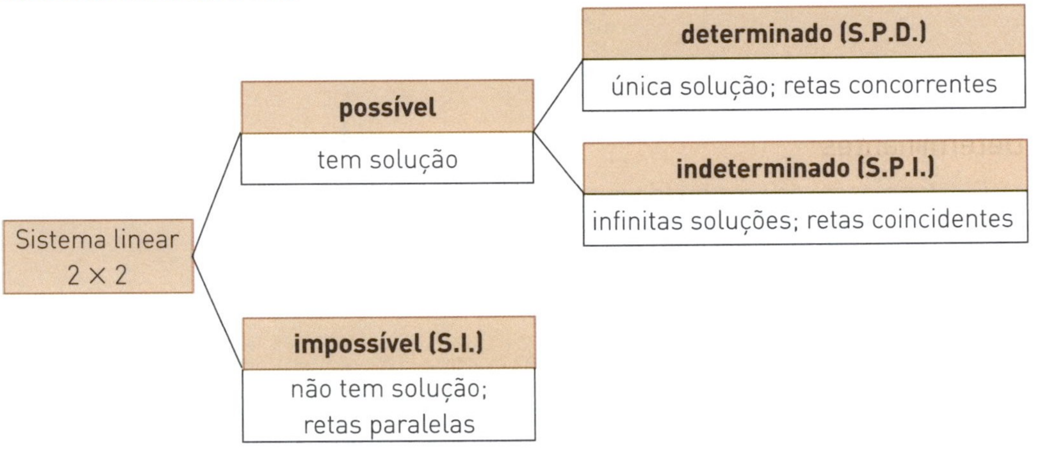

Sistemas escalonados

Apresentam as seguintes características:

- Em cada equação existe pelo menos um coeficiente (de alguma incógnita) não nulo.
- Considerando a ordem "de cima para baixo", o número de coeficientes nulos, antes do 1º coeficiente não nulo, aumenta de equação para equação.

Discussão de um sistema

Se o número de equações é igual ao número de incógnitas, vale a seguinte regra:

- $D \neq 0 \Rightarrow$ SPD
- $D = 0 \Rightarrow$ SPI ou SI

em que **D** é o determinante da matriz dos coeficientes do sistema.

Sistema homogêneo

Dizemos que um sistema linear é homogêneo se o termo (ou coeficiente) independente de cada uma de suas equações é igual a zero.

Um sistema homogêneo com **n** incógnitas sempre admite a sequência $\underbrace{(0, 0, ..., 0)}_{\text{n zeros}}$ como solução.

Essa solução é chamada **nula**, **trivial** ou **imprópria**. Desse modo, um sistema homogêneo é sempre possível, pois possui, ao menos, a solução nula.

Se o sistema só possui a solução nula, ele é possível e determinado.

Havendo outras soluções, além da solução nula, ele é possível e indeterminado. Essas soluções recebem o nome de **soluções próprias** ou **não triviais**.

Análise combinatória e probabilidade

Análise combinatória

Princípio Multiplicativo (ou Princípio Fundamental da Contagem)

Suponha que uma sequência seja formada por **k** elementos $(a_1, a_2, a_3, ..., a_k)$, em que:

$\mathbf{a_1}$ pode ser escolhido de $\mathbf{n_1}$ maneiras distintas;

$\mathbf{a_2}$ pode ser escolhido de $\mathbf{n_2}$ maneiras distintas, a partir de cada uma das escolhas anteriores;

$\mathbf{a_3}$ pode ser escolhido de $\mathbf{n_3}$ maneiras diferentes, a partir de cada uma das escolhas anteriores;

⋮

$\mathbf{a_k}$ pode ser escolhido de $\mathbf{n_k}$ maneiras distintas, a partir das escolhas anteriores.

Então, o número de possibilidades para construir a sequência $(a_1, a_2, a_3, ..., a_k)$ é:

$$n_1 \cdot n_2 \cdot n_3 \cdot ... \cdot n_k$$

Fatorial

Dado um número natural **n**, definimos o **fatorial de n** (indicado por n!) por meio das relações:

$$\text{Se } n = 0, \text{ então } 0! = 1$$
$$\text{Se } n = 1, \text{ então } 1! = 1$$
$$\text{Se } n \geqslant 2, \text{ então } n! = n \cdot (n-1) \cdot (n-2) \cdot ... \cdot 3 \cdot 2 \cdot 1$$

Permutações simples

Dados **n** elementos distintos, chama-se **permutação simples** ou simplesmente **permutação** todo **agrupamento ordenado** (sequência) formado por esses **n** elementos.

$$P_n = n \cdot (n-1) \cdot (n-2) \cdot ... \cdot 2 \cdot 1, \text{ isto é, } P_n = n!$$

↓ nº de permutações de **n** elementos

Permutações com elementos repetidos

Dados **n** elementos, dos quais $\mathbf{n_1}$ são iguais a $\mathbf{a_1}$, $\mathbf{n_2}$ são iguais a $\mathbf{a_2}$, $\mathbf{n_3}$ são iguais a $\mathbf{a_3}$, ..., $\mathbf{n_r}$ são iguais a $\mathbf{a_r}$ (em que $n_1 + n_2 ... + n_r = n$), o número de permutações desses **n** elementos é dado por:

$$P_n^{(n_1, n_2, ..., n_r)} = \frac{n!}{n_1! \cdot n_2! \cdot ... \cdot n_r!}$$

Arranjos

Dado um conjunto com **n** elementos distintos, chama-se **arranjo** desses **n** elementos, tomados **k** a **k** (com $k < n$), qualquer agrupamento ordenado de **k** elementos distintos escolhidos entre os **n** existentes.

$$A_{n, k} = \frac{n!}{(n-k)!}$$

Combinações

Dados **n** elementos distintos, chama-se **combinação** desses **n** elementos, tomados **k** a **k** (com $k \leq n$), qualquer **subconjunto** formado por **k** elementos distintos escolhidos entre os **n**.

A combinação é um agrupamento **não ordenado**.

$$C_{n, k} = \frac{A_{n, k}}{k!} \quad \text{ou} \quad C_{n, k} = \frac{n!}{(n-k)! \cdot k!}$$

Binômio de Newton

Teorema binomial

Sendo $n \in \mathbb{N}$ e **a** e **b** números reais, temos:

$$(a+b)^n = \binom{n}{0} \cdot a^n + \binom{n}{1} a^{n-1} \cdot b + \binom{n}{2} a^{n-2} \cdot b^2 + ... + \binom{n}{n} \cdot b^n$$

Termo geral

O termo $\binom{n}{k} \cdot a^{n-k} \cdot b^k$ é chamado termo geral do binômio, pois, atribuindo valores para **k** ($k = 0, 1, 2, ..., n$), obtemos todos os termos do desenvolvimento de $(a + b)^n$.

Probabilidade

O conjunto de todos os possíveis resultados de um experimento aleatório é chamado **espaço amostral** e é indicado pela letra grega Ω (lê-se "ômega").

Evento é qualquer subconjunto do espaço amostral (Ω) de um experimento aleatório.

Frequência relativa e probabilidade

Considere uma moeda honesta. À medida que se aumenta o número de lançamentos dessa moeda, verifica-se, experimentalmente, que as frequências relativas correspondentes às ocorrências de cara $\left(\frac{\text{número de caras}}{\text{número total de lançamentos}}\right)$ e coroa ficam cada vez mais

próximas entre si, tendendo à igualdade, dada pelo valor 0,50. Quando isso ocorre, dizemos que o espaço amostral relativo ao lançamento da moeda é equiprovável.

Esse número para o qual tende a frequência relativa é chamado **probabilidade** de ocorrência de cara (ou coroa).

Em geral temos:

Seja $\Omega = \{a_1, a_2, ..., a_k\}$ o espaço amostral finito de um experimento aleatório.

Para cada $i \in \{1, 2, ..., k\}$, consideremos o evento elementar ou unitário $\{a_i\}$. Vamos associar a cada um desses eventos um número real, indicado por $p(\{\mathbf{a}_i\})$ ou simplesmente $\mathbf{p}_i$, chamado **probabilidade** de ocorrência do evento $\{a_i\}$, tal que:

- $0 \leq p_i \leq 1, \forall i \in \{1, 2, ..., k\}$
- $p_1 + p_2 + ... + p_k = 1$

Essa associação é feita de modo que $\mathbf{p}_i$ $(i = 1, 2, ..., k)$ seja suficientemente próximo da frequência relativa do evento $\{a_i\}$, quando o experimento é repetido um grande número de vezes.

Probabilidades em espaços amostrais equiprováveis

Seja **E** um evento de **Ω**.

$$p(E) = \frac{\text{número de elementos de E}}{\text{número de elementos de } \Omega} = \frac{n(E)}{n(\Omega)}$$

Informalmente, podemos interpretar a razão acima como: "a probabilidade de ocorrer um determinado evento é dada pelo quociente entre o número de casos **favoráveis** (casos que nos interessam) e o número de casos **possíveis** (total de casos)".

Probabilidade da união de dois eventos

É a probabilidade de ocorrer o evento **A** ou o evento **B**.

- $A \cap B = \varnothing$

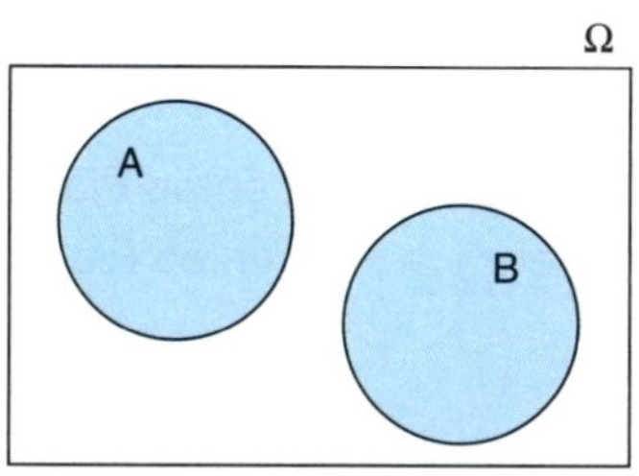

Banco de imagens/Arquivo da editora

$$p(A \cup B) = p(A) + p(B)$$

Nesse caso, **A** e **B** são chamados **eventos mutuamente exclusivos**.

- $A \cap B \neq \varnothing$

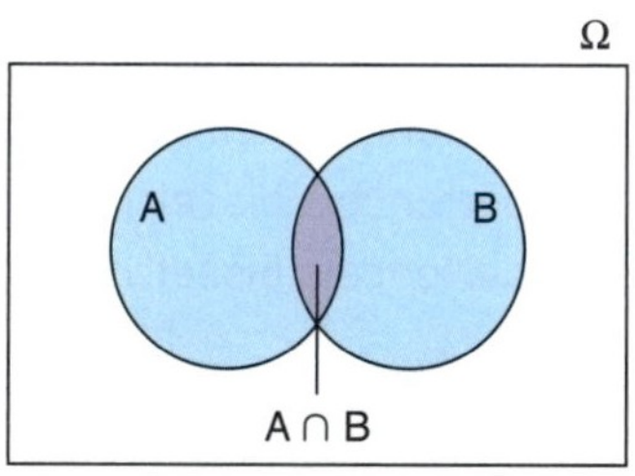

Banco de imagens/Arquivo da editora

$$p(A \cup B) = p(A) + p(B) - p(A \cap B)$$

Probabilidade condicional

Sejam **A** e **B** eventos de **Ω** finito e não vazio. A probabilidade condicional do evento **A**, sabendo que ocorreu o evento **B**, é indicada por $p(A|B)$ e é dada por:

$$p(A|B) = \frac{p(A \cap B)}{p(B)}$$

Probabilidade da interseção de dois eventos

É a probabilidade da ocorrência simultânea (ou sucessiva) de dois eventos **A** e **B**.

$$p(A \cap B) = p(A|B) \cdot p(B)$$

Eventos independentes

Se p(A|B) = p(A), ou seja, se o fato de ter ocorrido o evento **B** não altera a probabilidade de ocorrer o evento **A**, dizemos que **A** e **B** são **eventos independentes** e vale a relação:

$$p(A \cap B) = p(A) \cdot p(B)$$

Lei binomial da probabilidade

Se um experimento aleatório é repetido **n** vezes, em condições idênticas, com todas as repetições independentes entre si, a probabilidade de o evento **E** ocorrer **k** vezes $(0 \leq k \leq n)$ é dada por:

$$\binom{n}{k} \cdot p^k \cdot (1 - p)^{n-k}$$

em que **p** é a probabilidade de **E** ocorrer em qualquer repetição e 1 − p é a probabilidade de **E** não ocorrer em qualquer repetição desse experimento.

Estudo do ponto e reta

Ponto

Seja P(x, y) um ponto do plano cartesiano:

- se **P** pertence ao eixo das abscissas, temos P(x, 0);
- se **P** pertence ao eixo das ordenadas, temos P(0, y);
- se **P** pertence à bissetriz dos quadrantes ímpares (reta y = x), então P(a, a), a ∈ ℝ;
- se **P** pertence à bissetriz dos quadrantes pares (reta y = −x), então P(a, −a), a ∈ ℝ.

Distância entre dois pontos

$$d_{AB} = \sqrt{(x_A - x_B)^2 + (y_A - y_B)^2} \quad \text{ou} \quad d_{AB} = \sqrt{(\Delta x)^2 + (\Delta y_B)^2}$$

Ponto médio de um segmento

$$M\left(\frac{x_A + x_B}{2}, \frac{y_A + y_B}{2}\right)$$

Mediana e baricentro

Chamamos **mediana de um triângulo** o segmento cujas extremidades são um dos vértices desse triângulo e o ponto médio do lado oposto a esse vértice.

O ponto **G** de encontro das três medianas de um triângulo é chamado **baricentro** do triângulo.

Se um triângulo tem vértices $A(x_A, y_A)$, $B(x_B, y_B)$ e $C(x_C, y_C)$ então:

$$G\left(\frac{x_A + x_B + x_C}{3}, \frac{y_A + y_B + y_C}{3}\right)$$

Condições de alinhamento de 3 pontos

Três pontos distintos $A(x_1, y_1)$, $B(x_2, y_2)$ e $C(x_3, y_3)$ são colineares, se, e somente se:

$$\begin{vmatrix} x_1 & y_1 & 1 \\ x_2 & y_2 & 1 \\ x_3 & y_3 & 1 \end{vmatrix} = 0$$

Reta

Equação geral

É toda equação do tipo: $ax + by + c = 0$; com **a**, **b** e **c** reais tais que $a \neq 0$ ou $b \neq 0$ e (x, y) um ponto qualquer da reta.

Coeficiente angular de uma reta

$$m = \frac{\Delta y}{\Delta x} = \frac{y_A - y_B}{x_A - x_B}$$

Equação reduzida

$$y = mx + n$$

Em que:

- **m** é o coeficiente angular da reta, $m = \text{tg}\,\theta$, em que θ é o ângulo de inclinação da reta.
- **n** é a ordenada do ponto em que a reta intersecta o eixo **y** e é chamado **coeficiente linear**.

Paralelismo

Duas retas **r** e **s** são paralelas se $m_r = m_s$.

Perpendicularidade

Se **r** e **s** são perpendiculares entre si, então $m_r \cdot m_s = -1$.

Distância entre ponto e reta

A distância **d** entre um ponto $P(x_0, y_0)$ e uma reta **r**: $ax + by + c = 0$ é dada por:

$$d = \frac{|a \cdot x_0 + b \cdot y_0 + c|}{\sqrt{a^2 + b^2}}$$

Área do triângulo

A área do triângulo MNP é:

$$A = \frac{1}{2} \cdot |D|, \text{ em que } D = \begin{vmatrix} x_M & y_M & 1 \\ x_P & y_P & 1 \\ x_N & y_N & 1 \end{vmatrix}$$

Ângulo entre retas

A medida θ do ângulo agudo formado por $\mathbf{r}_1$ e $\mathbf{r}_2$ é tal que:

$$\text{tg}\,\theta = \left| \frac{m_1 - m_2}{1 + m_1 \cdot m_2} \right|.$$

Circunferência

Equação reduzida da circunferência

$$(x - x_C)^2 + (y - y_C)^2 = r^2$$

Em que:

- $\mathbf{x}_C$ e $\mathbf{y}_C$ são as coordenadas do centro **C** da circunferência;
- **r** é a medida do raio da circunferência;
- **x** e **y** são as coordenadas do ponto genérico **P** – um ponto que pode ocupar o lugar de qualquer ponto da circunferência, sempre distando **r** de **C**.

Equação geral

$$x^2 + y^2 - 2x_C x - 2y_C y + (x_C^2 + y_C^2 - r^2) = 0$$

Posição relativa entre ponto e circunferência

- Se $d_{PC} = r$, então **P** pertence à circunferência.
- Se $d_{PC} > r$, então **P** é externo à circunferência.
- Se $d_{PC} < r$, então **P** é interno à circunferência.

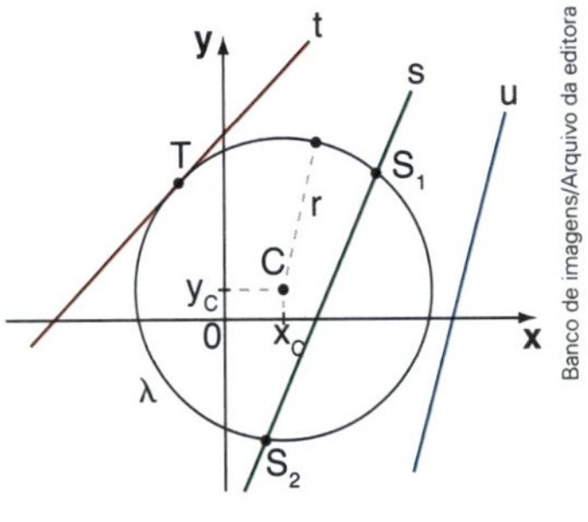

Banco de imagens/Arquivo da editora

Posição relativa de reta e circunferência

- $s \cap \lambda = \{S_1, S_2\}$, e **s** é secante à circunferência.
- $t \cap \lambda = \{T\}$, e **t** é tangente à circunferência.
- $u \cap \lambda = \varnothing$, e **u** é externa à circunferência.

Posição relativa entre duas circunferências

A posição relativa das circunferências λ_1 (com centro $\mathbf{C}_1$ e raio de medida $\mathbf{r}_1$) e λ_2 (com centro $\mathbf{C}_2$ e raio de medida $\mathbf{r}_2$) pode ser determinada comparando-se a distância C_1C_2 entre os centros com soma $r_1 + r_2$ ou com o módulo da diferença $|r_1 - r_2|$ das medidas dos raios.

De acordo com a Geometria plana, são possíveis cinco casos distintos.

1º caso, λ_1 e λ_2 exteriores: $C_1C_2 > r_1 + r_2$

2º caso, λ_1 e λ_2 tangentes exteriores: $C_1C_2 = r_1 + r_2$

3º caso, λ_1 e λ_2 tangentes interiores: $C_1C_2 = |r_1 - r_2|$

4º caso, λ_1 e λ_2 secantes: $|r_1 - r_2| < C_1C_2 < r_1 + r_2$

5º caso, λ_1 e λ_2 uma interna à outra: $0 \leq C_1C_2 < |r_1 - r_2|$

Cônicas

Elipse

Dados dois pontos distintos $\mathbf{F}_1$ e $\mathbf{F}_2$, pertencentes a um plano α, seja 2c a distância entre eles e **O** o ponto médio de $\overline{F_1F_2}$. **Elipse** é o conjunto dos pontos de α cuja soma das distâncias a $\mathbf{F}_1$ e $\mathbf{F}_2$ é igual à constante 2a(2a > 2c):

$$\{P \in \alpha \mid PF_1 + PF_2 = 2a\}$$

Elementos principais:

- $\mathbf{F}_1$ e $\mathbf{F}_2$: focos;
- **O**: centro;
- $\overline{A_1A_2}$: eixo maior;
- $\overline{B_1B_2}$: eixo menor;
- $\overline{A_1A_2}$ e $\overline{B_1B_2}$ são perpendiculares entre si;
- 2c: distância focal;
- 2a: medida do eixo maior;
- 2b: medida do eixo menor;
- $\frac{c}{a}$: excentricidade.

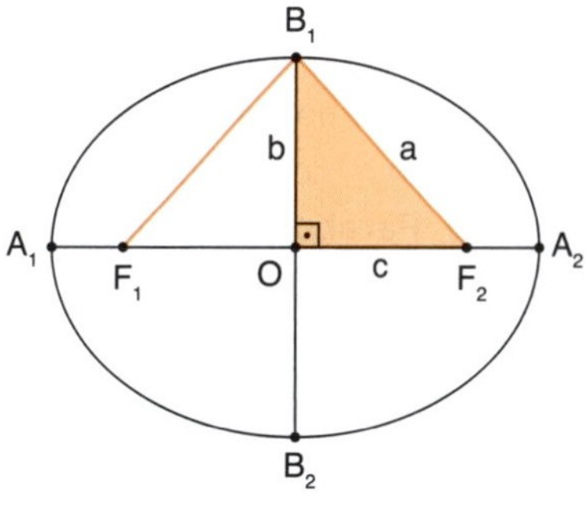

Banco de imagens/Arquivo da editora

Relação notável:

$$a^2 = b^2 + c^2$$

Equação reduzida da elipse com centro na origem:

$$\frac{x^2}{a^2} + \frac{y^2}{b^2} = 1, \text{ se o eixo maior está contido no eixo } \mathbf{x}.$$

$$\frac{y^2}{a^2} + \frac{x^2}{b^2} = 1, \text{ se o eixo maior está contido no eixo } \mathbf{y}.$$

Hipérbole

Dados dois pontos distintos $\mathbf{F_1}$ e $\mathbf{F_2}$, pertencentes a um plano α, seja 2c a distância entre eles e **O** o ponto médio do segmento $\overline{F_1F_2}$. **Hipérbole** é o conjunto dos pontos de α cuja diferença (em valor absoluto) das distâncias a $\mathbf{F_1}$ e $\mathbf{F_2}$ é igual à constante 2a (como $0 < 2a < 2c$):

$$\{P \in \alpha \mid |PF_1 - PF_2| = 2a\}$$

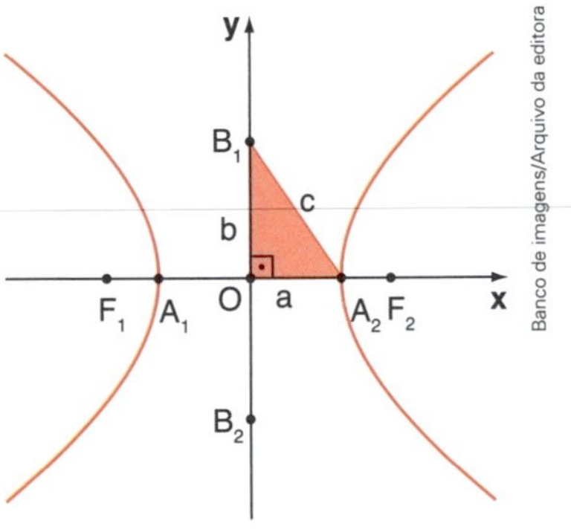

Elementos principais:

- $\mathbf{F_1}$ e $\mathbf{F_2}$: focos;
- **O**: centro;
- $\overline{A_1A_2}$: eixo real ou transverso;
- 2c: distância focal, em que $c = OF_1 = OF_2$;
- 2a: medida do eixo real, em que $a = OA_1 = OA_2$;
- $\dfrac{c}{a}$: excentricidade.

Equação reduzida de hipérbole com centro na origem:

$$\frac{x^2}{a^2} - \frac{y^2}{b^2} = 1, \text{ se o eixo real está contido no eixo } \mathbf{x}.$$

Relação notável:

$$c^2 = a^2 + b^2$$

- B_1B_2: eixo imaginário;
- $B_1B_2 = 2b$: medida do eixo imaginário.

Parábola

Dados um ponto **F** pertencente a um plano α e uma reta **d** contida em α, com $F \notin d$, seja **p** a distância entre o ponto **F** e a reta **d**. **Parábola** é o conjunto dos pontos de α que estão à mesma distância de **F** e de **d**.

$$\{P \in \alpha \mid PF = PP'\}$$

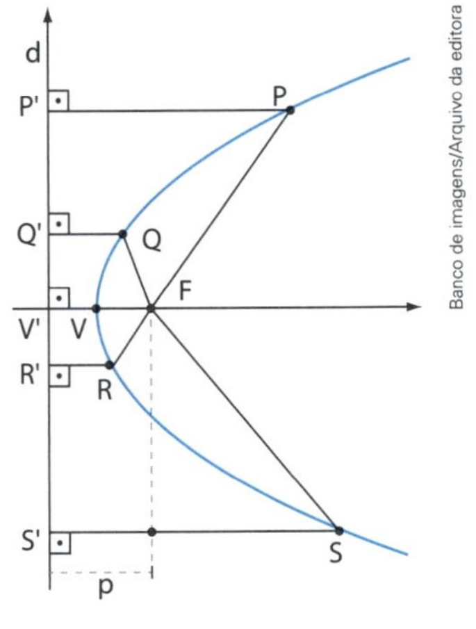

Elementos principais:

- **F**: foco;
- **d**: diretriz;
- **p**: parâmetro;
- **V**: vértice;
- $\overrightarrow{VF}$: eixo de simetria (é a reta que passa por **F** e é perpendicular à diretriz).

Relação notável: $VF = \dfrac{p}{2}$, pois VF = VV'.

Equação reduzida da parábola com vértice na origem

$y^2 = 2p \cdot x$; se o foco pertence ao eixo **x**.
$x^2 = 2p \cdot y$; se o foco pertence ao eixo **y**.

Estatística

Universo estatístico ou **população** é o conjunto de pessoas ou elementos que podem oferecer as informações que serão investigadas.

Amostra: parcela da população que fornecerá as informações.

A **amostragem aleatória simples**: nela cada elemento da população tem mesma probabilidade de participar da amostra.

Cada um dos itens investigados pela pesquisa é denominado **variável**.

Variáveis
- **qualitativas**: apresentam como resposta um atributo, qualidade, característica ou preferência do entrevistado.
- **quantitativas**: apresentam como resposta um número.

Tabelas de frequência

- **Frequência absoluta (Fa)**: número de vezes que cada uma das respostas da variável ocorre na pesquisa.
- **Frequência relativa (Fr)**: $Fr = \dfrac{Fa}{n}$; **n** é o número total de respostas.

Medidas de centralidade (ou de tendência central ou posição)

Média aritmética ($\overline{x}$)

$$\overline{x} = \frac{x_1 + x_2 + \ldots + x_n}{n}$$

Média aritmética ponderada

$$\overline{x} = \frac{x_1 \cdot n_1 + x_2 \cdot n_2 + \ldots + x_k \cdot n_k}{n_2 + n_2 + \ldots + n_k}$$ (média ponderada pelas frequências absolutas)

$$\overline{x} = x_1 \cdot f_1 + x_2 \cdot f_2 + \ldots + x_n \cdot f_n$$ (média ponderada pelas frequências relativas)

Mediana (Me)

Sejam $x_1 \leqslant x_2 \leqslant \ldots \leqslant x_n$ os **n** valores ordenados assumidos por uma variável quantitativa **x** em um conjunto de observações.

$$Me = \begin{cases} x_{\left(\frac{n+1}{2}\right)}, \text{ se } \mathbf{n} \text{ for ímpar} \\ \dfrac{x_{\left(\frac{n}{2}\right)} + x_{\left(\frac{n}{2}+1\right)}}{2}, \text{ se } \mathbf{n} \text{ for par} \end{cases}$$

Moda (Mo)

A **moda** de uma relação de valores é o valor que ocorre mais vezes na relação, isto é, aquele que possui maior frequência absoluta.

Medidas de dispersão ou variabilidade

Amplitude é a diferença entre o maior e o menor valor registrados (nessa ordem).

Variância (Var(x) ou σ^2)

$$\sigma^2 = \frac{(x_1 - \bar{x})^2 + (x_2 - \bar{x})^2 + \ldots + (x_n - \bar{x})^2}{n}$$

Desvio padrão (DP(x) ou σ)

$$\sigma = \frac{\sqrt{(x_1 - \bar{x})^2 + (x_2 - \bar{x})^2 + \ldots + (x_n - \bar{x})^2}}{n}$$

Desvio médio absoluto (DM)

$$DM = \frac{|x_1 - \bar{x}| + |x_2 - \bar{x}| + \ldots + |x_n - \bar{x}|}{n}$$

Números complexos

$$\mathbb{C} = \{a + bi;\ a \in \mathbb{R};\ b \in \mathbb{R} \text{ e } i^2 = -1\}$$

i: unidade imaginária dos números complexos.

Para $z = a + bi \in \mathbb{C}$, temos que:

- **a** é chamado **parte real de z** e é indicado por Re(z);
- **b** é chamado **parte imaginária de z** e é indicado por Im(z);
- se Re(z) = 0 e Im(z) ≠ 0, z é chamado **imaginário puro**;
- se Im(z) = 0, z é um número real.

Igualdade

$$a + bi = c + di \Leftrightarrow a = c \text{ (partes reais iguais) e } b = d \text{ (partes imaginárias iguais)}$$

Potências de i

Para calcular $\mathbf{i}^n$, em que $n \in \mathbb{N}$, divide-se **n** por 4 e, sendo **r** o resto dessa divisão, temos: $i^n = i^r$.

Plano de Argand-Gauss

Banco de imagens/Arquivo da editora

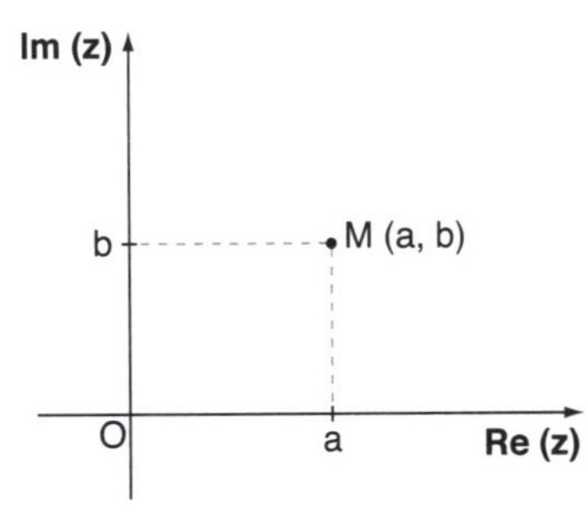

$z = (a, b) = a + bi$

M: imagem ou afixo de **z**

Operações:

(I) Igualdade: $(a, b) = (c, d) \Leftrightarrow a = c$ e $b = d$

(A) Adição: $(a, b) + (c, d) = (a + c, b + d)$

(M) Multiplicação $(a, b) \cdot (c, d) = (ac - bd, ad + bc)$

Módulo de z

$$|z| = \rho = \sqrt{a^2 + b^2}$$

Argumento principal (θ)

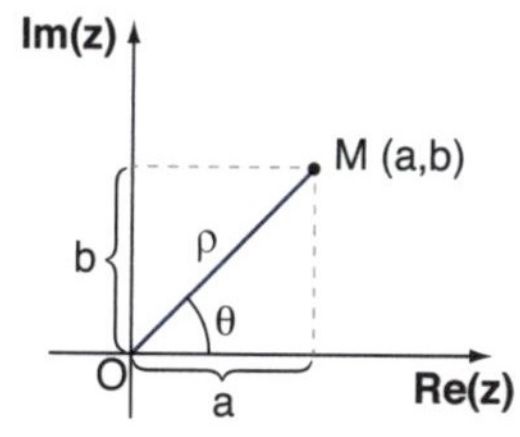

Banco de imagens/Arquivo da editora

$0 \leq \theta < 2\pi$:

$$\begin{cases} \cos\theta = \dfrac{a}{\rho} \\ \operatorname{sen}\theta = \dfrac{b}{\rho} \end{cases}$$

Forma trigonométrica (ou polar) de z

$$z = \rho \cdot (\cos\theta + i \cdot \operatorname{sen}\theta)$$

ρ: módulo;

θ: argumento.

Potenciação em ℂ

Dados $z \in \mathbb{C}$, $z = \rho[\cos\theta + i \operatorname{sen}\theta]$ e $n \in \mathbb{N}$, temos:

$$z^n = \rho^n \cdot [\cos(n \cdot \theta) + i \operatorname{sen} \cdot (n \cdot \theta)]$$

Radiciação em ℂ

Dado $z_0 = \rho_0 \cdot [\cos(\theta_0) + i \operatorname{sen}(\theta_0)]$, **z** é uma raiz n-ésima de $\mathbf{z_0}$ se **z** é da forma:

$$z = \sqrt[n]{\rho_0} \cdot \left[\cos\left(\frac{\theta_0 + k \cdot 2\pi}{n}\right) + i \operatorname{sen}\left(\frac{\theta_0 + k \cdot 2\pi}{n}\right)\right], \text{ para } k \in \{0, 1, 2, ..., n - 1)$$

Polinômios

Seja $x \in \mathbb{C}$. Um polinômio é uma expressão do tipo:

$$a_n \cdot x_n + a_{n-1} \cdot x^{n-1} + ... + a_2 \cdot x^2 + a_1 \cdot x + a_0$$

em que:

- $\mathbf{a_n}, \mathbf{a_{n-1}}, ..., \mathbf{a_2}, \mathbf{a_1}, \mathbf{a_0}$ são números complexos chamados **coeficientes** do polinômio;
- todos os expoentes de **x**: $n, n - 1, ..., 2, 1, 0$ são números naturais;
- o **grau** do polinômio é o número natural correspondente ao maior expoente de **x**, cujo termo apresenta coeficiente não nulo.

Polinômio nulo (ou polinômio identicamente nulo) é aquele que possui todos os coeficientes iguais a zero.

Não se define grau em polinômio nulo.

Valor numérico de um polinômio

Seja $p(x) = x^3 + x^2 - x + 1$.

$P(i) = i^3 + i^2 - i + 1 = -i - 1 - i + 1 = -2i$; $-2i$ é o valor numérico de $p(x)$ para $x = i$.

Raiz de um polinômio

Dizemos que α é raiz do polinômio $p(x) = a_n \cdot x^n + a_{n-1} \cdot x^{n-1} + \ldots + a_1 \cdot x + a_0$ quando $p(\alpha) = 0$.

Igualdade de polinômios

Dois polinômios, **f** e **g**, são iguais (ou idênticos) se, e somente se, os coeficientes de **f** e **g** são ordenadamente iguais, isto é, os coeficientes dos termos de mesmo expoente são iguais.

$$f = g \Leftrightarrow f(x) = g(x), \forall x \in \mathbb{C}$$

Divisão de polinômios

Sejam dois polinômios $f(x)$ e $g(x)$, com $g(x) \neq 0$.

Dividir $f(x)$ (dividendo) por $g(x)$ (divisor) é determinar dois outros polinômios, $q(x)$ (quociente) e $r(x)$ (resto), que satisfazem as condições:

- $f(x) = g(x) \cdot q(x) + r(x)$
- grau de $r(x) <$ grau de $g(x)$ ou $r(x) = 0$ (isto é, $r(x)$ é o polinômio nulo)

Teorema do resto

O resto da divisão de um polinômio $f(x)$ por $x - a$ é igual a $f(a)$.

Teorema de D'Alembert

Um polinômio **f** é divisível por $x - a$ se, e somente se, **a** for raiz de **f**.

Equações algébricas

Equação polinomial ou **algébrica** é toda equação redutível à forma $p(x) = 0$, em que:

$$p(x) = a_n x^n + a_{n-1} x^{n-1} + \ldots + a_1 x + a^0, \text{ com } a_n \neq 0,$$

é um polinômio de grau **n**, sendo $n \geqslant 1$, com coeficientes em $\mathbb{C}$, e sua incógnita **x** pode assumir um valor qualquer em $\mathbb{C}$.

Teorema da decomposição

Seja $p(x)$ um polinômio de grau **n**, $n \geqslant 1$.

Então, $p(x)$ pode ser decomposto em **n** fatores do 1º grau sob a forma:

$$p(x) = a_n \cdot (x - x_1) \cdot (x - r_2) \ldots (x - r_n)$$

em que $\mathbf{r}_1, \mathbf{r}_2, \ldots, \mathbf{r}_n$ são as raízes de $p(x)$ e a_n é o coeficiente dominante de $p(x)$.

Toda equação polinomial de grau **n**, $n \geqslant 1$, admite exatamente **n** raízes complexas.

Multiplicidade de uma raiz

O número complexo **r** é uma raiz de multiplicidade **m** ($m \in \mathbb{N}$, $m \geqslant 1$) da equação $p(x) = 0$ se a forma fatorada de p(x) é:

$$p(x) = \underbrace{(x - r) \cdot (x - r) \dots (x - r)}_{\textbf{m} \text{ fatores}} \cdot g(x)$$

$$p(x) = (x - r)^m \cdot q(x), \text{ com } g(r) \neq 0$$

Raízes complexas (não reais)

Se um número complexo $z = a + bi$, com $b \neq 0$, é raiz de uma equação com coeficientes reais, então seu conjunto $\overline{z} = a - bi$ também é raiz dessa equação.

Relações de Girard

Equação de 2º grau: $ax^2 + bx + c = 0$; raízes: $\mathbf{r}_1$ e $\mathbf{r}_2$.

$$\begin{cases} r_1 + r_2 = -\dfrac{b}{a} \\ r_1 \cdot r_2 = \dfrac{c}{a} \end{cases}$$

Equação de 3º grau: $ax^3 + bx^3 + cx + d = 0$; raízes: $\mathbf{r}_1$, $\mathbf{r}_2$ e $\mathbf{r}_3$.

$$\begin{cases} r_1 + r_2 + r_3 = -\dfrac{b}{a} \\ r_1 \cdot r_2 + r_2 \cdot r_3 + r_1 \cdot r_3 = \dfrac{c}{a} \\ r_1 \cdot r_2 \cdot r_3 = -\dfrac{d}{a} \end{cases}$$

Equação de 4º grau: $ax^4 + bx^3 + cx^2 + dx + c = 0$; raízes: $\mathbf{r}_1$, $\mathbf{r}_2$, $\mathbf{r}_3$ e $\mathbf{r}_4$.

$$\begin{cases} r_1 + r_2 + r_3 + r_4 = -\dfrac{b}{a} \\ r_1r_2 + r_1r_3 + r_1r_4 + r_2r_3 + r_2r_4 + r_3r_4 = \dfrac{c}{a} \\ r_1r_2r_3 + r_1r_2r_4 + r_1r_3r_4 + r_2r_3r_4 = -\dfrac{d}{a} \\ r_1 \cdot r_2 \cdot r_3 \cdot r_4 = \dfrac{e}{a} \end{cases}$$

Teorema das raízes racionais

Seja a equação polinomial de coeficientes inteiros $a_nx^n + a_{n-1}x^{n-1} + \dots + a_1x + a_0 = 0$, com $a_n \neq 0$.

Se houver alguma raiz racional, ela será da forma $\dfrac{p}{q}$, $p \in \mathbb{Z}$ e $q \in \mathbb{Z}^*$, com **p** e **q** primos entre si, em que **p** é divisor de $\mathbf{a}_0$ (coeficiente independente) e **q** é divisor de $\mathbf{a}_n$ (coeficiente dominante).

Tópicos de Geometria plana

Pontos notáveis de um triângulo

Mediana

Mediana de um triângulo é um segmento cujas extremidades são um dos vértices do triângulo e o ponto médio do lado oposto a esse vértice.

O ponto **G** de interseção das três medianas de um triângulo recebe o nome de **baricentro**.

G divide cada mediana na razão de 2 : 1, isto é, o segmento que contém o vértice mede o dobro do outro.

A medida da mediana relativa à hipotenusa em um triângulo retângulo é metade da medida da hipotenusa.

Bissetriz

Se um ponto **P** pertence à bissetriz, então **P** equidista dos lados do ângulo.

As três bissetrizes internas de um triângulo intersectam-se em um mesmo ponto, chamado **incentro**, que está a igual distância dos lados do triângulo.

Mediatriz

Mediatriz de um segmento é a reta perpendicular ao segmento traçada pelo seu ponto médio.

As mediatrizes dos lados de um triângulo intersectam-se em um mesmo ponto, chamado **circuncentro**, que está a igual distância dos vértices.

O é **circuncentro** do triângulo ABC; **O** é o centro da circunferência circunscrita a esse triângulo.

Altura

Altura de um triângulo é um segmento de reta perpendicular à reta suporte de um dos lados do triângulo traçado pelo vértice oposto a esse lado.

O ponto de interseção das alturas de um triângulo recebe o nome de **ortocentro** do triângulo.

Observação: Em um triângulo isósceles ABC, de base $\overline{BC}$, a mediana, a bissetriz e a altura relativas à base coincidem.

Polígonos

Número de diagonais

O número **d** de diagonais de um polígono de **n** lados ($n \geqslant 3$) é dado por: $d = \frac{n \cdot (n-3)}{2}$

Soma dos ângulos internos (S_i)

$$S_i = (n - 2) \cdot 180°$$

Se o polígono for regular (lados e ângulos congruentes), temos: medida do ângulo interno → $a_i = \frac{S_i}{n}$

Soma dos ângulos externos (S_e)

$$S_e = 360°$$

Circunferência e círculo

Reta secante a uma circunferência

M é ponto médio de $\overline{AB}$ se, e somente se, $\overline{OM} \perp \overline{AB}$.

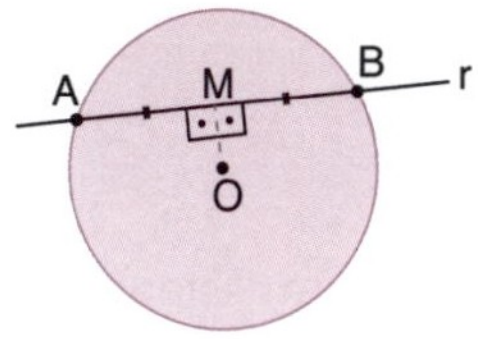

Banco de imagens/Arquivo da editora

Reta tangente a uma circunferência

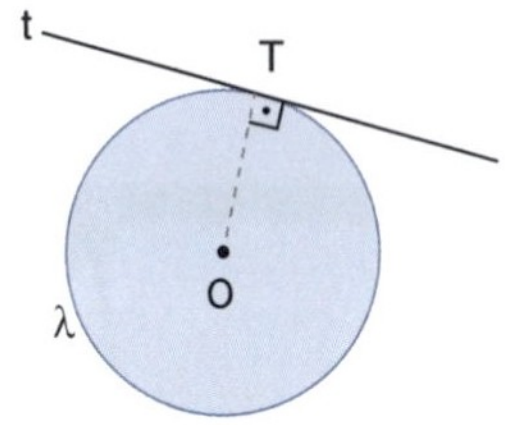

Toda reta tangente a uma circunferência é perpendicular ao raio no ponto de tangência.

Segmentos tangentes

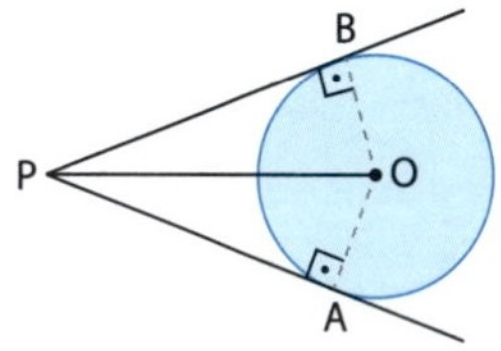

P é externo à circunferência e $\overline{PA}$ e $\overline{PB}$ são tangentes.

Então, PA = PB.

Quadrilátero circunscritível

Dizemos que um quadrilátero convexo é **circunscrito** a uma circunferência ou, ainda, que o quadrilátero é **circunscritível**, se seus quatro lados são tangentes à circunferência.

Então, PQ + SR = PS + QR.

Ângulos na circunferência

Ângulo central: Um ângulo é dito **central** se o vértice é o centro da circunferência.

A medida de um ângulo central é igual à medida do arco correspondente.

Ângulo inscrito: Um ângulo é dito **inscrito** se o vértice é um ponto da circunferência e seus lados são secantes a ela.

A medida de um ângulo inscrito é igual à metade da medida do arco correspondente.

Propriedade: todo ângulo inscrito em uma semicircunferência é reto.

Ângulo de segmento: O seu vértice é um ponto da circunferência; um dos lados é secante e o outro é tangente à circunferência.

A medida de um ângulo de segmento é igual à metade da medida do arco correspondente.

Ângulos excêntricos

Ângulo excêntrico interior

$$x = \frac{\text{med}(\overset{\frown}{BC}) + \text{med}(\overset{\frown}{AD})}{2}$$

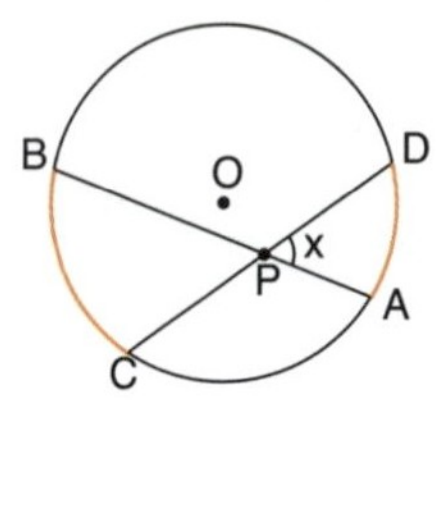

Ângulo excêntrico exterior

$$x = \frac{\text{med}(\overset{\frown}{BD}) - \text{med}(\overset{\frown}{AC})}{2}$$

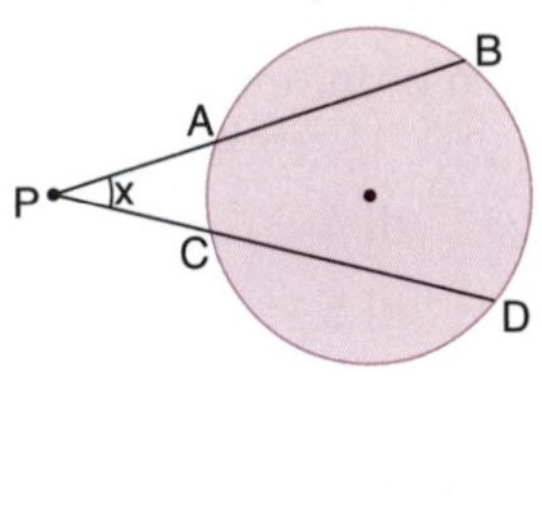

Ilustrações: Banco de imagens/Arquivo da editora

Simulado 1

12 questões de Matemática • Tempo: 1 hora

1. (Enem)

O proprietário de um restaurante deseja comprar um tampo de vidro retangular para a base de uma mesa, como ilustra a figura.

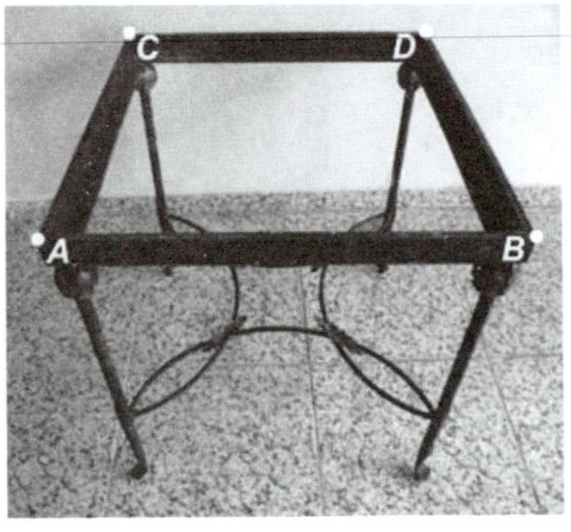

Sabe-se que a base da mesa, considerando a borda externa, tem a forma de um retângulo, cujos lados medem AC = 105 cm e AB = = 120 cm.

Na loja onde será feita a compra do tampo, existem cinco tipos de opções de tampos, de diferentes dimensões, e todos com a mesma espessura, sendo:

Tipo 1: 110 cm × 125 cm
Tipo 2: 115 cm × 125 cm
Tipo 3: 115 cm × 130 cm
Tipo 4: 120 cm × 130 cm
Tipo 5: 120 cm × 135 cm

O proprietário avalia, para comodidade dos usuários, que se deve escolher o tampo de menor área possível que satisfaça a condição: ao colocar o tampo sobre a base, de cada lado da borda externa da base da mesa, deve sobrar uma região, correspondendo a uma moldura em vidro, limitada por um mínimo de 4 cm e máximo de 8 cm fora da base da mesa, de cada lado.

Segundo as condições anteriores, qual é o tipo de tampo de vidro que o proprietário avaliou que deve ser escolhido?

a) 1
b) 2
c) 3
d) 4
e) 5

2. (Enem)

Tradicionalmente uma *pizza* média de formato circular tem diâmetro de 30 cm e é dividida em 8 fatias iguais (mesma área). Uma família, ao se reunir para o jantar, fará uma *pizza* de formato circular e pretende dividi-la em 10 fatias também iguais. Entretanto, eles desejam que cada fatia dessa *pizza* tenha o mesmo tamanho (mesma área) de cada fatia da *pizza* média quando dividida em 8 fatias iguais.

Qual o valor mais próximo do raio com que deve ser feita a *pizza*, em centímetro, para que eles consigam dividi-la da forma pretendida? Use 2,2 como aproximação para $\sqrt{5}$.

a) 15,00
b) 16,50
c) 18,75
d) 33,00
e) 37,50

3. (Enem)

Uma pessoa comercializa picolés. No segundo dia de certo evento ela comprou 4 caixas de picolés, pagando R$ 16,00 a caixa com 20 picolés para revendê-los no evento. No dia anterior, ela havia comprado a mesma quantidade de picolés, pagando a mesma quantia, e obtendo um lucro de R$ 40,00 (obtido exclusivamente pela diferença entre o valor de venda e o de compra dos picolés) com a venda de todos os picolés que possuía.

Pesquisando o perfil do público que estará presente no evento, a pessoa avalia que será possível obter um lucro 20% maior do que o obtido com a venda no primeiro dia do evento.

Para atingir seu objetivo, e supondo que todos os picolés disponíveis foram vendidos no segundo dia, o valor de venda de cada picolé, no segundo dia, deve ser

a) R$ 0,96.
b) R$ 1,00.
c) R$ 1,40.
d) R$ 1,50.
e) R$ 1,56.

4. (Enem)

A distribuição de salários pagos em uma empresa pode ser analisada destacando-se a parcela do total da massa salarial que é paga aos 10% que recebem os maiores salários. Isso pode ser representado na forma de um gráfico formado por dois segmentos de reta, unidos em um ponto **P**, cuja abscissa tem valor igual a 90, como ilustrado na figura.

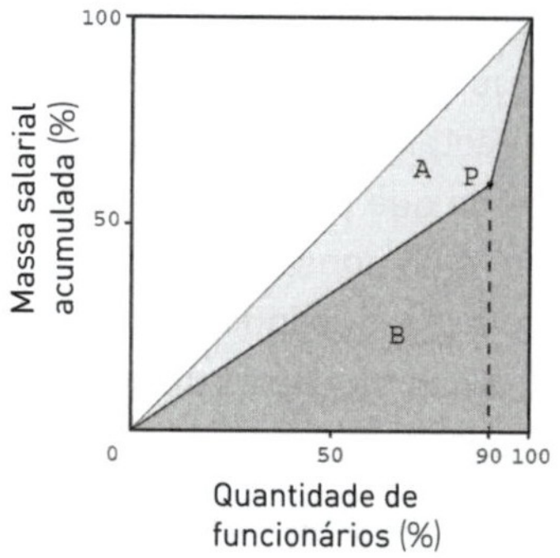

Reprodução/ENEM, 2016.

No eixo horizontal do gráfico tem-se o percentual de funcionários, ordenados de forma crescente pelos valores de seus salários, e no eixo vertical tem-se o percentual do total da massa salarial de todos os funcionários.

O Índice de Gini, que mede o grau de concentração de renda de um determinado grupo, pode ser calculado pela razão $\frac{A}{A+B}$, em que **A** e **B** são as medidas das áreas indicadas no gráfico.

A empresa tem como meta tornar seu Índice de Gini igual ao do país, que é 0,3. Para tanto, precisa ajustar os salários de modo a alterar o percentual que representa a parcela recebida pelos 10% dos funcionários de maior salário em relação ao total da massa salarial.

Disponível em: www.ipea.gov.br.
Acesso em: 4 maio 2016 (adaptado).

Para atingir a meta desejada, o percentual deve ser

a) 40%.
b) 20%.
c) 60%.
d) 30%.
e) 70%.

5. (Enem)

Em uma cidade será construída uma galeria subterrânea que receberá uma rede de canos para o transporte de água de uma fonte (**F**) até o reservatório de um novo bairro (**B**).

Após avaliações, foram apresentados dois projetos para o trajeto de construção da galeria: um segmento de reta que atravessaria outros bairros ou uma semicircunferência que contornaria esses bairros, conforme ilustrado no sistema de coordenadas xOy da figura, em que a unidade de medida nos eixos é o quilômetro.

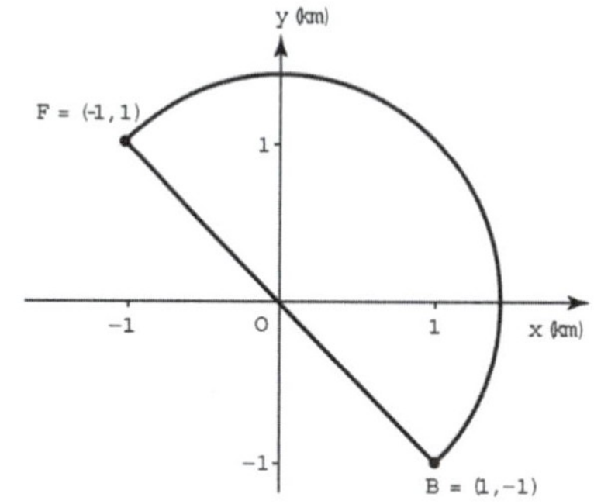

Reprodução/ENEM, 2016.

Estudos de viabilidade técnica mostraram que, pelas características do solo, a construção de 1 m de galeria via segmento de reta demora 1,0 h, enquanto que 1 m de construção de galeria via semicircunferência demora 0,6 h. Há urgência em disponibilizar água para esse bairro.

Use 3 como aproximação para π e 1,4 como aproximação para $\sqrt{2}$.

O menor tempo possível, em hora, para conclusão da construção da galeria, para atender às necessidades de água do bairro, é de

a) 1 260.
b) 2 520.
c) 2 800.
d) 3 600.
e) 4 000.

6. (Enem)

Dispondo de um grande terreno, uma empresa de entretenimento pretende construir um espaço retangular para *shows* e eventos, conforme a figura.

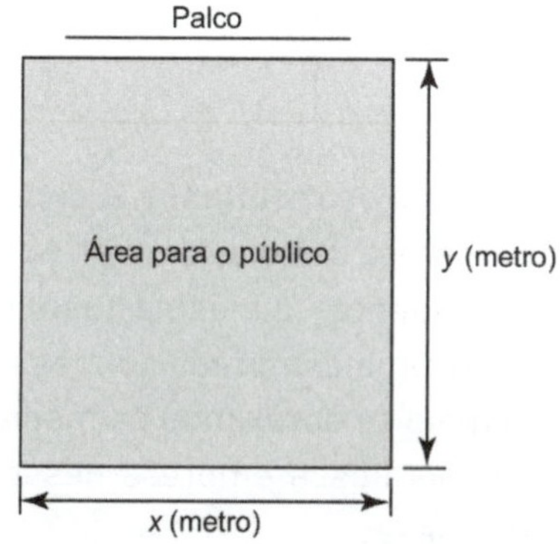

Reprodução/ENEM, 2016.

A área para o público será cercada com dois tipos de materiais:

- nos lados paralelos ao palco será usada uma tela do tipo **A**, mais resistente, cujo valor do metro linear é R$ 20,00;
- nos outros dois lados será usada uma tela do tipo **B**, comum, cujo metro linear custa R$ 5,00.

A empresa dispõe de R$ 5 000,00 para comprar todas as telas, mas quer fazer de tal maneira que obtenha a maior área possível para o público. A quantidade de cada tipo de tela que a empresa deve comprar é

a) 50,0 m da tela tipo **A** e 800,0 m da tela tipo **B**.

b) 62,5 m da tela tipo **A** e 250,0 m da tela tipo **B**.

c) 100,0 m da tela tipo **A** e 600,0 m da tela tipo **B**.

d) 125,0 m da tela tipo **A** e 500,0 m da tela tipo **B**.

e) 200,0 m da tela tipo **A** e 200,0 m da tela tipo **B**.

7. (Enem)

Preocupada com seus resultados, uma empresa fez um balanço dos lucros obtidos nos últimos sete meses, conforme dados do quadro.

Mês	Lucro (em milhões de reais)
I	37
II	33
III	35
IV	22
V	30
VI	35
VII	25

Avaliando os resultados, o conselho diretor da empresa decidiu comprar, nos dois meses subsequentes, a mesma quantidade de matéria-prima comprada no mês em que o lucro mais se aproximou da média dos lucros mensais dessa empresa nesse período de sete meses.

Nos próximos dois meses, essa empresa deverá comprar a mesma quantidade de matéria-prima comprada no mês

a) I.

b) II.

c) IV.

d) V.

e) VII.

8. (Enem)

Um casal, ambos com 30 anos de idade, pretende fazer um plano de previdência privada. A seguradora pesquisada, para definir o valor do recolhimento mensal, estima a probabilidade de que pelo menos um deles esteja vivo daqui a 50 anos, tomando por base dados da população, que indicam que 20% dos homens e 30% das mulheres de hoje alcançarão a idade de 80 anos.

Qual é essa probabilidade?

a) 50%

b) 44%

c) 38%

d) 25%

e) 6%

9. (Enem)

No início de janeiro de um determinado ano, uma família decidiu economizar para as férias de julho daquele ano, guardando uma quantia por mês. Eles decidiram que, em janeiro, guardariam R$ 300,00 e, a partir de fevereiro, guardariam, a cada mês, 20% a mais do que no mês anterior.

Qual foi o total economizado (em real) no primeiro semestre do ano, abandonando, por arredondamento, possíveis casas decimais nesse resultado?

a) 1 800,00

b) 2 100,00

c) 2 160,00

d) 2 978,00

e) 3 874,00

10. (Enem)

Um casal e seus dois filhos saíram, com um corretor de imóveis, com a intenção de comprar um lote onde futuramente construiriam sua residência. No projeto da casa que esta família tem

em mente, irão necessitar de uma área de pelo menos 400 m². Após algumas avaliações, ficaram de decidir entre os lotes 1 e 2 da figura, em forma de paralelogramos, cujos preços são R$ 100 000,00 e R$ 150 000,00, respectivamente.

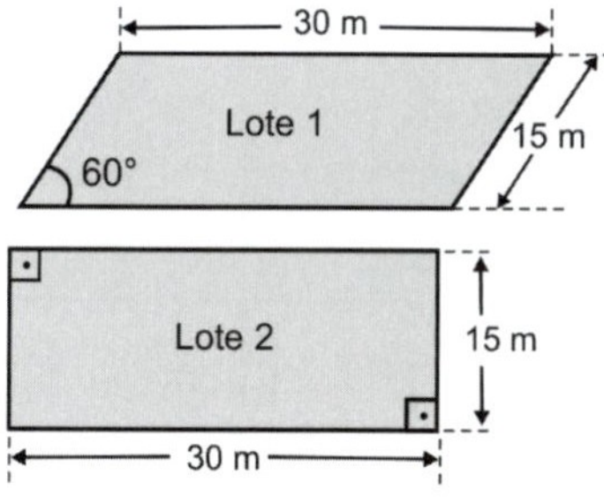

Reprodução/ENEM, 2016.

Use $\frac{\sqrt{3}}{2}$, $\frac{1}{2}$ e 1,7 como aproximações, respectivamente, para sen(60°), cos(60°) e $\sqrt{3}$.

Para colaborarem na decisão, os envolvidos fizeram as seguintes argumentações:

Pai: Devemos comprar o Lote 1, pois como uma de suas diagonais é maior do que as diagonais do Lote 2, o Lote 1 também terá maior área;

Mãe: Se desconsiderarmos os preços, poderemos comprar qualquer lote para executar nosso projeto, pois tendo ambos o mesmo perímetro, terão também a mesma área;

Filho 1: Devemos comprar o Lote 2, pois é o único que tem área suficiente para a execução do projeto;

Filho 2: Devemos comprar o Lote 1, pois como os dois lotes possuem lados de mesma medida, terão também a mesma área, porém o Lote 1 é mais barato;

Corretor: Vocês devem comprar o Lote 2, pois é o que tem menor custo por metro quadrado.

A pessoa que argumentou corretamente para a compra do terreno foi o(a)

a) pai.
b) mãe.
c) filho 1.
d) filho 2.
e) corretor.

11. (Enem)

A economia no consumo de combustível é um fator importante para a escolha de um carro. É considerado mais econômico o carro que percorre a maior distância por litro de combustível.

O gráfico apresenta a distância (km) e o respectivo consumo de gasolina (L) de cinco modelos de carros.

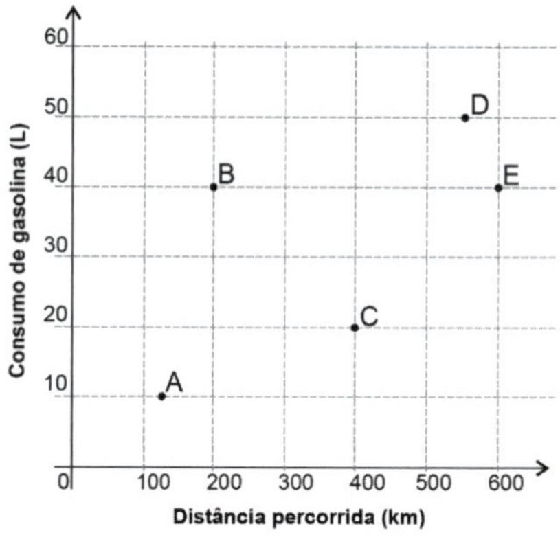

Reprodução/ENEM, 2016.

O carro mais econômico em relação ao consumo de combustível é o modelo

a) **A**.
b) **B**.
c) **C**.
d) **D**.
e) **E**.

12. (Enem)

Computadores utilizam, por padrão, dados em formato binário, em que cada dígito, denominado de *bit*, pode assumir dois valores (0 ou 1). Para representação de caracteres e outras informações, é necessário fazer uso de uma sequência de *bits*, o *byte*. No passado, um *byte* era composto de 6 *bits* em alguns computadores, mas atualmente tem-se a padronização que o *byte* é um octeto, ou seja, uma sequência de 8 *bits*. Esse padrão permite representar apenas 2^8 informações distintas.

Se um novo padrão for proposto, de modo que um *byte* seja capaz de representar pelo menos 2 560 informações distintas, o número de *bits* em um *byte* deve passar de 8 para

a) 10.
b) 12.
c) 13.
d) 18.
e) 20.

TOTAL DE ACERTOS ____/12

Simulado 2

12 questões de Matemática • Tempo: 1 hora

1. (Fuvest-SP)

Os pontos **A**, **B** e **C** são colineares, AB = 5, BC = 2 e **B** está entre **A** e **C**. Os pontos **C** e **D** pertencem a uma circunferência com centro em **A**.

Traça-se uma reta **r** perpendicular ao segmento $\overline{BD}$ passando pelo seu ponto médio.

Chama-se de **P** a interseção de **r** com $\overline{AD}$. Então, AP + BP vale

a) 4
b) 5
c) 6
d) 7
e) 8

2. (Fuvest-SP)

Quando se divide o Produto Interno Bruto (PIB) de um país pela sua população, obtém-se a renda per capita desse país. Suponha que a população de um país cresça à taxa constante de 2% ao ano.

Para que sua renda per capita dobre em 20 anos, o PIB deve crescer anualmente à taxa constante de, aproximadamente,

Dado: $\sqrt[20]{2} \simeq 1{,}035$.

a) 4,2%
b) 5,6%
c) 6,4%
d) 7,5%
e) 8,9%

3. (Fuvest-SP)

Cada uma das cinco listas dadas é a relação de notas obtidas por seis alunos de uma turma em uma certa prova.

Assinale a única lista na qual a média das notas é maior do que a mediana.

a) 5, 5, 7, 8, 9, 10
b) 4, 5, 6, 7, 8, 8
c) 4, 5, 6, 7, 8, 9
d) 5, 5, 5, 7, 7, 9
e) 5, 5, 10, 10, 10, 10

4. (Fuvest-SP)

Cada aresta do tetraedro regular ABCD mede 10.

Por um ponto **P** na aresta $\overline{AC}$, passa o plano α paralelo às arestas $\overline{AB}$ e $\overline{CD}$.

Dado que AP = 3, o quadrilátero determinado pelas interseções de α com as arestas do tetraedro tem área igual a

a) 21
b) $\frac{21\sqrt{2}}{2}$
c) 30
d) $\frac{30}{2}$
e) $\frac{30\sqrt{2}}{2}$

5. (Fuvest- SP)

Sobre a equação $(x+3)2^{x^2-9}\log|x^2+x-1| = 0$, é correto afirmar que

a) ela não possui raízes reais.
b) sua única raiz real é −3.
c) duas de suas raízes reais são 3 e −3.
d) suas únicas raízes reais são −3, 0 e 1.
e) ela possui cinco raízes reais distintas.

6. (Fuvest-SP)

Um apostador ganhou um prêmio de R$ 1 000 000,00 na loteria e decidiu investir parte do valor em caderneta de poupança, que rende 6% ao ano, e o restante em um fundo de investimentos, que rende 7,5% ao ano. Apesar do rendimento mais baixo, a caderneta de poupança oferece algumas vantagens e ele precisa decidir como irá dividir o seu dinheiro entre as duas aplicações.

Para garantir, após um ano, um rendimento total de pelo menos R$ 72 000,00, a parte da quantia a ser aplicada na poupança deve ser de, no máximo,

a) R$ 200 000,00
b) R$ 175 000,00
c) R$ 150 000,00
d) R$ 125 000,00
e) R$ 100 000,00

7. (Fuvest-SP)

O gamão é um jogo de tabuleiro muito antigo, para dois oponentes, que combina a sorte, em lances de dados, com estratégia, no movimento das peças. Pelas regras adotadas, atualmente, no Brasil, o número total de casas que as peças de um jogador podem avançar, numa dada jogada, é determinado pelo resultado do

lançamento de dois dados. Esse número é igual à soma dos valores obtidos nos dois dados, se esses valores forem diferentes entre si; e é igual ao dobro da soma, se os valores obtidos nos dois dados forem iguais.

Supondo que os dados não sejam viciados, a probabilidade de um jogador poder fazer suas peças andarem pelo menos oito casas em uma jogada é

a) $\frac{1}{3}$ c) $\frac{17}{36}$ e) $\frac{19}{36}$

b) $\frac{5}{12}$ d) $\frac{1}{2}$

8. (Fuvest-SP)

Dadas as sequências $a_n = n^2 + 4n + 4$, $b_n = 2^{n^2}$, $c_n = a_{n+1} - a_n$ e $d_n = \frac{b_{n+1}}{b_n}$, definidas para valores inteiros positivos de **n**, considere as seguintes afirmações:

I. $\mathbf{a}_n$ é uma progressão geométrica;
II. $\mathbf{b}_n$ é uma progressão geométrica;
III. $\mathbf{c}_n$ é uma progressão aritmética;
IV. $\mathbf{d}_n$ é uma progressão geométrica.

São verdadeiras apenas

a) I, II e III. c) I e III. e) III e IV.

b) I, II e IV. d) II e IV.

9. (Fuvest-SP)

São dados, no plano cartesiano, o ponto **P** de coordenadas (3, 6) e a circunferência **C** de equação $(x - 1)^2 + (y - 2)^2 = 1$. Uma reta **t** passa por **P** e é tangente a **C** em um ponto **Q**. Então a distância de **P** a **Q** é

a) $\sqrt{15}$ c) $\sqrt{18}$ e) $\sqrt{20}$

b) $\sqrt{17}$ d) $\sqrt{19}$

10. (Fuvest-SP)

Na cidade de São Paulo, as tarifas de transporte urbano podem ser pagas usando o bilhete único. A tarifa é de R$ 3,00 para uma viagem simples (ônibus ou metrô/trem) e de R$ 4,65 para uma viagem de integração (ônibus e metrô/trem). Um usuário vai recarregar seu bilhete único, que está com um saldo de R$ 12,50. O menor valor de recarga para o qual seria possível zerar o saldo do bilhete após algumas utilizações é

a) R$ 0,85 c) R$ 1,45 e) R$ 2,80

b) R$ 1,15 d) R$ 2,50

11. (Fuvest-SP)

A trajetória de um projétil, lançado da beira de um penhasco sobre um terreno plano e horizontal, é parte de uma parábola com eixo de simetria vertical, como ilustrado na figura. O ponto **P** sobre o terreno, pé da perpendicular traçada a partir do ponto ocupado pelo projétil, percorre 30 m desde o instante do lançamento até o instante em que o projétil atinge o solo. A altura máxima do projétil, de 200 m acima do terreno, é atingida no instante em que a distância percorrida por **P**, a partir do instante do lançamento, é de 10 m.

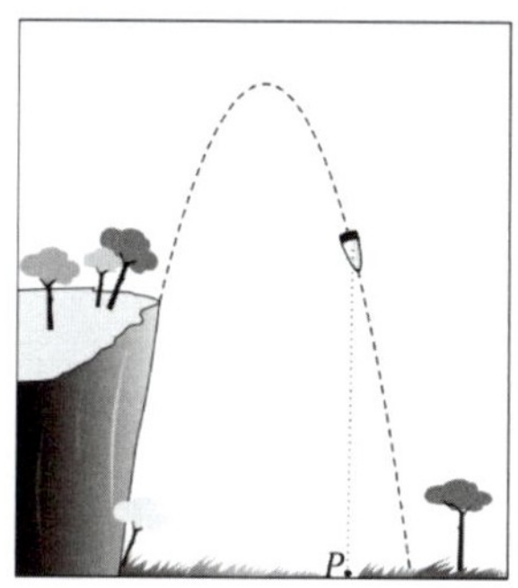

Quantos metros acima do terreno estava o projétil quando foi lançado?

a) 60 c) 120 e) 180

b) 90 d) 150

12. (Fuvest-SP)

Vinte times de futebol disputam a Série A do Campeonato Brasileiro, sendo seis deles paulistas. Cada time joga duas vezes contra cada um dos seus adversários.

A porcentagem de jogos nos quais os dois oponentes são paulistas é

a) menor que 7%.
b) maior que 7%, mas menor que 10%.
c) maior que 10%, mas menor que 13%.
d) maior que 13%, mas menor que 16%.
e) maior que 16%.

TOTAL DE ACERTOS ____/12

Simulado 3

12 questões de Matemática • Tempo: 1 hora

1. (Cesgranrio-RJ)

O número natural $(2^{103} + 2^{102} + 2^{101} - 2^{100})$ é divisível por:

a) 6
b) 10
c) 14
d) 22
e) 26

2. (Cesgranrio-RJ)

Sendo α um arco do 1º quadrante e β um arco do 2º quadrante, tais que $\cos \alpha = 0{,}8$ e $\text{sen}\, \beta = 0{,}6$, o valor de $\text{sen}\,(\alpha + \beta)$ é:

a) 1,00
b) 0,96
c) 0,70
d) 0,48
e) 0,00

3. (Cesgranrio-RJ)

O valor de um carro novo é de R$ 9 000,00 e, com 4 anos de uso, é de R$ 4 000,00.

Supondo que o preço caia com o tempo, segundo uma linha reta, o valor de um carro com 1 ano de uso é:

a) R$ 8 250,00
b) R$ 8 000,00
c) R$ 7 750,00
d) R$ 7 500,00
e) R$ 7 000,00

4. (Cesgranrio-RJ)

Um estudante, tendo medido o corredor de sua casa, encontrou os seguintes valores:

Comprimento: 5,7 m

Largura: 1,25 m

Desejando determinar a área deste corredor com a maior precisão possível, o estudante multiplica os dois valores anteriores e registra o resultado com o número correto de algarismos, isto é, somente com os algarismos que sejam significativos.

Assim fazendo, ele deve escrever:

a) $7{,}125\ m^2$.
b) $7{,}12\ m^2$.
c) $7{,}13\ m^2$.
d) $7{,}1\ m^2$.
e) $7\ m^2$.

5. (Cesgranrio-RJ)

As circunferências $x^2 + y^2 + 8x + 6y = 0$ e $x^2 + y^2 - 16x - 12y = 0$ são:

a) exteriores.
b) secantes.
c) tangentes internamente.
d) tangentes externamente.
e) concêntricas.

6. (Cesgranrio-RJ)

O coeficiente de $\mathbf{x}^4$ no desenvolvimento do binômio $(x + 2)^6$ é

a) 64
b) 60
c) 12
d) 4
e) 24

7. (Cesgranrio-RJ)

O número de algarismos do produto $5^{17} \times 4^9$ é igual a:

a) 17
b) 18
c) 26
d) 34
e) 35

8. (Cesgranrio-RJ)

A distância entre os pontos $M(4, -5)$ e $N(-1, 7)$ do plano xOy vale:

a) 14
b) 13
c) 12
d) 9
e) 8

9. (Cesgranrio-RJ)

As retas $x + ay - 3 = 0$ e $2x - y + 5 = 0$ são paralelas, se **a** vale:

a) -2
b) $-0{,}5$
c) 0,5
d) 2
e) 8

10. (Cesgranrio-RJ)

Sejam os conjuntos U = {1, 2, 3, 4} e A = {1, 2}. O conjunto **B** tal que B ∩ A = {1} e B ∪ A = = U é:

a) ∅
b) {1}
c) {1, 2}
d) {1, 3, 4}
e) U

11. (Cesgranrio-RJ)

Em uma determinada agência bancária, para um cliente que chega entre 15 h e 16 h, a probabilidade de que o tempo de espera na fila para ser atendido seja menor ou igual a loja virtual de roupas (15 min) é de 80%. Considerando que quatro clientes tenham chegado na agência entre 15 h e 16 h, qual a probabilidade de que exatamente três desses clientes esperem mais de 15 min na fila?

a) 0,64%
b) 2,56%
c) 30,72%
d) 6,67%
e) 10,24%

12. (Cesgranrio-RJ)

Um brinquedo comum em parques de diversões é o "bicho-da-seda", que consiste em um carro com cinco bancos para duas pessoas cada e que descreve sobre trilhos, em alta velocidade, uma trajetória circular. Suponha que haja cinco adultos, cada um deles acompanhado de uma criança, e que, em cada banco do carro, devam acomodar-se uma criança e o seu responsável.

De quantos modos podem as dez pessoas ocupar os cinco bancos?

a) 14 400
b) 3 840
c) 1 680
d) 240
e) 120

TOTAL DE ACERTOS ____/12

Simulado 4

12 questões de Matemática • Tempo: 1 hora

1. (UEL-PR)

Em uma turma de alunos, constatou-se que 30% dos homens e 10% das mulheres estudaram em colégios particulares. Constatou-se também que 18% dos alunos dessa turma estudaram em colégios particulares. Qual a percentagem de homens dessa turma?

a) 12%
b) 20%
c) 35%
d) 40%
e) 64%

2. (UEL-PR)

A distância entre as cidades mineiras de Belo Horizonte e Montes Claros, em um mapa representado em escala 1 : 7 000 000, é de 6,5 cm.

Assinale a alternativa que apresenta, corretamente, a distância real entre essas duas cidades.

a) 45,5 km
b) 92,8 km
c) 107,0 km
d) 455,0 km
e) 928,0 km

3. (UEL-PR)

Em cada alternativa a seguir são dadas duas funções. Assinale a alternativa em que os gráficos destas funções têm apenas um ponto em comum.

a) $y = x^2$ e $y = (x + 2)^2$
b) $y = x^2$ e $y = x^2 + 2$
c) $y = x^2$ e $y = x + 2$
d) $y = x^2 + 2$ e $y = 0$
e) $y = (x + 2)^2$ e $y = x - 2$

4. (UEL-PR)

Em uma praça dispõe-se de uma região retangular de 20 m de comprimento por 16 m de largura para construir um jardim. A exemplo de outros canteiros, este deverá ter a forma elíptica e estar inscrito nessa região retangular. Para aguá-lo, serão colocados dois aspersores nos pontos que correspondem aos focos da elipse. Qual será a distância entre os aspersores?

a) 4 m
b) 6 m
c) 8 m
d) 10 m
e) 12 m

5. (UEL-PR)

Leia o texto a seguir.

Câncer é essencialmente caracterizado pelo crescimento desordenado de células que invadem órgãos e tecidos, sendo considerado atualmente um sério problema de saúde pública mundial. Sabe-se que as células tumorais competem entre si por recursos vitais e oxigênio. Um modelo de crescimento tumoral é descrito pela função

$$N(t) = \frac{K}{1 + \left(\frac{K}{N_0} - 1\right) \cdot (2,7)^{-rt}},$$

que determina, a cada instante **t**, a população de células cancerígenas; sendo que **r** é a constante de crescimento intrínseca dessas células, $\mathbf{N_0}$ é a população inicial de células tumorais; **K** é a maior quantidade de células que um tumor maligno pode atingir com os nutrientes disponíveis.

Adaptado de: RODRIGUES, D. S. *Modelagem Matemática em Câncer: dinâmica angiogênica e quimioterapia antineoplásica*. Dissertação de Mestrado. Universidade Paulista "Júlio de Mesquita Filho", 2011. p. 13.

A partir dessas informações, atribua **V** (verdadeiro) ou **F** (falso) às afirmativas a seguir.

( ) Se $t = 0$, então $N(t) = N_0$.
( ) **K** pode assumir valores negativos.
( ) $\mathbf{N_0}$ é sempre maior que **K**.
( ) Se $N_0 = K$, então $N(t) = K$.
( ) Quando **t** cresce ilimitadamente, $(2,7)^{-rt}$ se aproxima de 0 (zero) e N(t) é aproximadamente **K**.

Assinale a alternativa que contém, de cima para baixo, a sequência correta.

a) V, V, F, F, F.
b) V, F, V, F, F.
c) V, F, F, V, V.
d) F, V, V, F, V.
e) F, F, V, V, F.

6. (UEL-PR)

A mitose é uma divisão celular, na qual uma célula duplica o seu conteúdo, dividindo-se em duas, ditas células-filhas. Cada uma destas células-filhas se divide, dando origem a outras duas, totalizando quatro células-filhas e, assim, o processo continua se repetindo sucessivamente.

Assinale a alternativa que corresponde, corretamente, à função que representa o processo da mitose.

a) $f : \mathbb{Z} \to \mathbb{N}$, dada por $f(x) = x^2$

b) $f : \mathbb{Z} \to \mathbb{N}$, dada por $f(x) = 2^x$

c) $f : \mathbb{N}^* \to \mathbb{N}$, dada por $f(x) = 2^x$

d) $f : \mathbb{R}_+ \to \mathbb{R}_+$, dada por $f(x) = 2^x$

e) $f : \mathbb{R}_+ \to \mathbb{R}_+$, dada por $f(x) = 2x$

7. (UEL-PR)

Num dado momento, três canais de TV tinham, em sua programação, novelas em seus horários nobres: a novela **A** no canal **A**, a novela **B** no canal **B** e a novela **C** no canal **C**. Numa pesquisa com 3000 pessoas, perguntou-se quais novelas agradavam. A tabela a seguir indica o número de telespectadores que designaram as novelas como agradáveis.

Novelas	Número de telespectadores
A	1450
B	1150
C	900
A e **B**	350
A e **C**	400
B e **C**	300
A, **B** e **C**	100

Quantos telespectadores entrevistados não acham agradável nenhuma das três novelas?

a) 300 telespectadores.

b) 370 telespectadores.

c) 450 telespectadores.

d) 470 telespectadores.

e) 500 telespectadores.

8. (UEL-PR)

Um grupo de 6 alunos decide escrever todos os anagramas da palavra PERGUNTA. Esta tarefa será feita em vários turnos de trabalho. Em cada turno, 3 alunos escrevem e os outros descansam. Para serem justos, decidiram escrever o mesmo número de anagramas em cada turno.

Qual deve ser o número mínimo de anagramas, escrito por turno, de modo que não se repitam grupos de trabalho?

a) 23

b) 720

c) 2016

d) 5040

e) 35000

9. (UEL-PR)

Leia o texto a seguir.

Segundo teorias demográficas, a população mundial cresceria em ritmo rápido, comparado a uma PG = (2, 4, 8, 16, 32, 64, ..., a_t, ...), e a produção mundial de alimentos cresceria em um ritmo lento, comparado a uma PA = (1, 2, 3, 4, ..., b_t, ...).

Disponível em: http://educacao.uol.com.br. Acesso em: 15 jun. 2015 (adaptado).

Suponha que PA seja a sequência que representa a quantidade de alimentos, em toneladas, produzidos no tempo $t > 0$, e que PG seja a sequência que representa o número de habitantes de uma determinada região, nesse mesmo tempo **t**.

A partir dessas informações, assinale a alternativa que apresenta, corretamente, a razão entre a quantidade de alimentos, em kg, e o número de habitantes, para t = 10 anos.

a) $\frac{5^3}{2^6}$

b) $\frac{5^4}{2^6}$

c) $\frac{5^5}{2^6}$

d) $\frac{5^3}{2^5}$

e) $\frac{5^4}{2^5}$

10. (UEL-PR)

No Paraná, a situação do saneamento público é preocupante, já que o índice de tratamento de esgoto é de apenas 53%, ou seja, quase metade das residências no Estado ainda joga esgoto em fossas. José possui, em sua residência, uma fossa sanitária de forma cilíndrica, com raio de 1 metro e profundidade de 3 metros.

Supondo que José queira aumentar em 40% o volume de sua fossa, quanto o raio deve ser aumentado percentualmente?

Dado: $\sqrt{1,4} = 1,183$

a) 11,8%
b) 14,0%
c) 18,3%
d) 60,0%
e) 71,2%

11. (UEL-PR)

Uma indústria utiliza borracha, couro e tecido para fazer três modelos de sapatos. A matriz **Q** fornece a quantidade de cada componente na fabricação dos modelos de sapatos, enquanto a matriz **C** fornece o custo unitário, em reais, destes componentes.

Dados: $Q = \begin{pmatrix} 2 & 1 & 1 \\ 1 & 2 & 0 \\ 2 & 0 & 2 \end{pmatrix}$ (colunas: borracha, couro, tecido; linhas: modelo 1, modelo 2, modelo 3)

$C = \begin{pmatrix} 10 \\ 50 \\ 30 \end{pmatrix}$ (borracha, couro, tecido)

A matriz **V** que fornece o custo final, em reais, dos três modelos de sapatos é dada por:

a) $V = \begin{pmatrix} 110 \\ 120 \\ 80 \end{pmatrix}$

b) $V = \begin{pmatrix} 90 \\ 100 \\ 60 \end{pmatrix}$

c) $V = \begin{pmatrix} 80 \\ 110 \\ 80 \end{pmatrix}$

d) $V = \begin{pmatrix} 120 \\ 110 \\ 100 \end{pmatrix}$

e) $V = \begin{pmatrix} 100 \\ 110 \\ 80 \end{pmatrix}$

12. (UEL-PR)

Conforme dados da Agência Nacional de Aviação Civil (ANAC), no Brasil, existem 720 aeródromos públicos e 1 814 aeródromos privados certificados. Os programas computacionais utilizados para gerenciar o tráfego aéreo representam a malha aérea por meio de matrizes. Considere a malha aérea entre quatro cidades com aeroportos por meio de uma matriz. Sejam as cidades **A**, **B**, **C** e **D** indexadas nas linhas e colunas da matriz 4×4 dada a seguir. Coloca-se 1 na posição **X** e **Y** da matriz 4×4 se as cidades **X** e **Y** possuem conexão aérea direta, caso contrário coloca-se 0. A diagonal principal, que corresponde à posição X = Y, foi preenchida com 1.

	A	B	C	D
A	1	0	0	1
B	0	1	1	1
C	0	1	1	0
D	1	1	0	1

Considerando que, no trajeto, o avião não pode pousar duas ou mais vezes em uma mesma cidade nem voltar para a cidade de origem, assinale a alternativa correta.

a) Pode-se ir da cidade **A** até **B** passando por outras cidades.
b) Pode-se ir da cidade **D** até **B** passando por outras cidades.
c) Pode-se ir diretamente da cidade **D** até **C**.
d) Existem dois diferentes caminhos entre as cidades **A** e **B**.
e) Existem dois diferentes caminhos entre as cidades **A** e **C**.

TOTAL DE ACERTOS ____/12

Simulado 5

12 questões de Matemática • Tempo: 1 hora

1. (FCMS/JF-MG)

É dado um triângulo ABC, cujas medidas de seus lados são AB = 30 cm, BC = 20 cm e AC = 40 cm. Se AE = 6 cm, $\overline{ED}$ é paralelo a $\overline{AC}$ e $\overline{EF}$ é paralelo à $\overline{BC}$, então o perímetro do paralelogramo CDEF, mede, em cm:

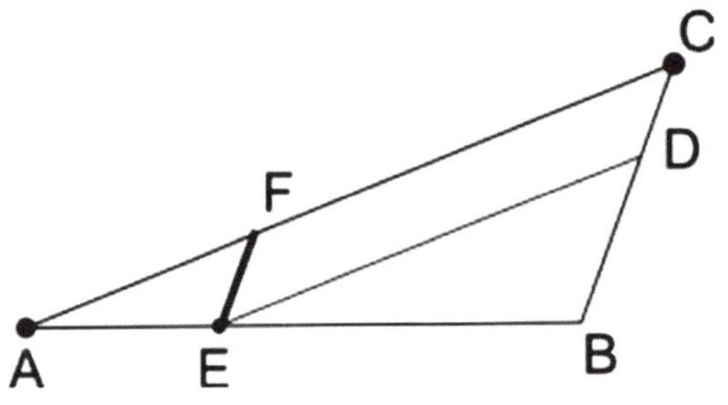

a) 36.

b) 48.

c) 64.

d) 72.

2. (FCMS/JF-MG)

Dentre os seguintes pontos o que NÃO pertence ao gráfico de $y = \frac{x+1}{x-1}$ é:

a) $\left(\frac{2}{3}, -5\right)$

b) $\left(\sqrt{3}, 2+\sqrt{3}\right)$

c) $\left(2^{-2}, \frac{-5}{3}\right)$

d) (0,4; −2,3)

3. (FCMS/JF-MG)

O comprimento da corda que a reta $x + y - 2 = 0$ determina na circunferência $x^2 + y^2 - 2x - 2y - 98 = 0$ é igual a:

a) 20.

b) 25.

c) $4\sqrt{5}$.

d) $2\sqrt{5}$.

4. (FCMS/JS-SP)

Dentre as seguintes igualdades a única FALSA é:

a) sen 120° = $-\frac{1}{2}$

b) $\text{sen}^2 x + \cos^2 x = 1$

c) sen 2x = 2 sen x cos x

d) cos 180° = −1

5. (FCMS/JF-MG)

A área de um círculo é triplicada quando seu raio é aumentado de **y**. Então **r** é igual:

a) $\frac{1}{2}\left(1-\sqrt{3}\right)y$.

b) $\frac{1}{2}\left(1+\sqrt{3}\right)y$.

c) 2y.

d) $\frac{1}{2}\sqrt{3}y$.

6. (FCMS/JF-MG)

Um elevador pode transportar 20 adultos ou 24 crianças. Se 15 adultos já estão nesse elevador, então o número máximo de crianças que podem entrar é:

a) 9.

b) 8.

c) 6.

d) 4.

7. (FCMS/JF-MG)

TODOS JUNTOS e UNIDOS DA VITÓRIA disputam a final do campeonato de futebol de várzea de uma cidade. O placar foi TODOS JUNTOS 5 × 3 UNIDOS DA VITÓRIA. Uma das sequências possíveis para os gols da partida é a agremiação TODOS JUNTOS fazer os cinco primei-

ros gols e, em seguida, UNIDOS DA VITÓRIA fazer os três últimos gols. Além desta série de gols, o número de outras possíveis formas de construção do placar é de:

a) 40.

b) 44.

c) 52.

d) 55.

8. (FCMS/JF-MG)

O comprimento do menor lado de um retângulo é 3 cm e a medida de cada diagonal é 6 cm. Então o ângulo agudo determinado pelas diagonais é:

a) 30°.

b) 45°.

c) 60°.

d) 80°.

9. (FCMS/JF-MG)

No triângulo ACB que é retângulo em **C** temos que $\overline{CM}$ é a mediana relativa à hipotenusa. Sabendo-se que a medida do ângulo BÂC é 50°, a medida do ângulo B$\hat{M}$C vale:

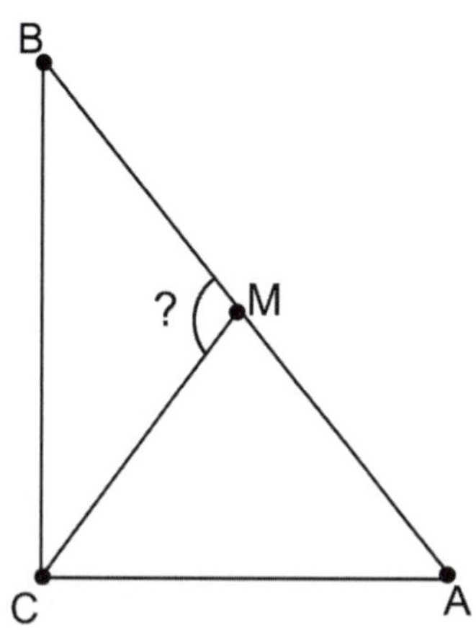

Reprodução/FCMS

a) 50°.

b) 80°.

c) 85°.

d) 100°.

10. (FCMS/JF-MG)

A aresta de um cubo mede 2 unidades e **M**, **N** e **P** são pontos médios de três arestas, conforme indicado na figura abaixo. Então, a medida do ângulo M$\hat{N}$P é igual a:

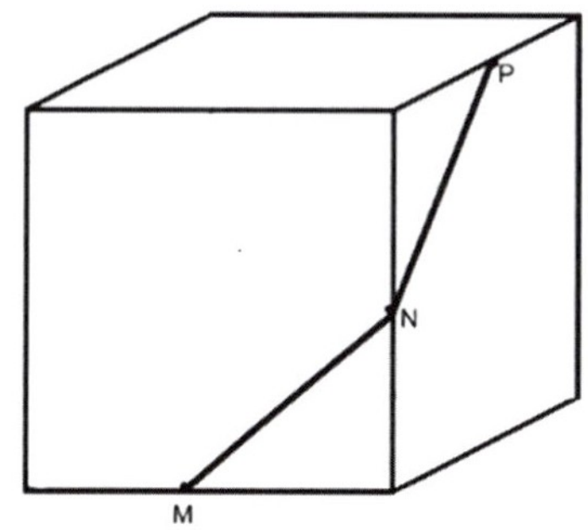

Reprodução/FCMS

a) 170°.

b) 150°.

c) 135°.

d) 120°.

11. (FCMS/JF-MG)

Uma vasilha cheia de água pesa 3 220 g e com água até a terça parte de sua capacidade pesa 1,12 kg. O peso da vasilha vazia, em kg, é:

a) 0,7.

b) 0,07.

c) 0,007.

d) 0,315.

12. (FCMS/JF-MG)

Para fazer uma viagem entre duas cidades pode-se utilizar quatro meios de transporte distintos. Se não se utilizar na volta o mesmo meio de transporte usado na ida, então pode-se escolher os meios de transporte em um número de modos igual a:

a) 7

b) 8

c) 12

d) 16

TOTAL DE ACERTOS ____ /12

Simulado 6

12 questões de Matemática • Tempo: 1 hora

1. (Ufes)

Os valores $x \in \mathbb{R}$, para os quais a expressão $\frac{2-x}{3+x}$ é o seno de um ângulo, são

a) $x < -3$ ou $x > 3$

b) $x < -3$ ou $x \geq -\frac{1}{2}$

c) $x > -3$

d) $x \leq -\frac{1}{2}$ ou $x \neq -3$

e) $x \geq -\frac{1}{2}$

2. (UFMG)

Em um treinamento numa pista circular, um ciclista gasta 21 minutos para completar cada volta, passando sempre pelos pontos **A**, **B** e **C** da pista e nessa ordem. Em cada volta, nos trechos entre **A** e **B** e entre **B** e **C**, ele gasta, respectivamente, o dobro e o triplo do tempo gasto no trecho entre **C** e **A**.

Se esse ciclista passou por **B** às 16 horas, às 18 horas ele estará

a) entre **A** e **B**.

b) entre **B** e **C**.

c) entre **C** e **A**.

d) em **A**.

e) em **B**.

3. (Ufes)

Uma *pizza* com formato circular tem diâmetro de 40 cm. Recorta-se da *pizza* um pedaço com o formato de um triângulo equilátero, com todos os vértices na borda da *pizza*.

A área, em centímetros quadrados, do pedaço recortado é:

a) $240\sqrt{3}$

b) $270\sqrt{3}$

c) $300\sqrt{3}$

d) $320\sqrt{3}$

e) $350\sqrt{3}$

4. (Ufes)

Uma fábrica de papel e celulose possui uma plantação de 100 000 pés de eucalipto em sua área de plantio comercial. A fábrica pretende explorar essa área, derrubando 2 000 pés de eucalipto por dia e, ao mesmo tempo, fazendo o plantio de **m** pés de eucalipto por dia. Dessa forma, a fábrica espera contar com pelo menos 110 000 pés de eucalipto no prazo de 360 dias.

Para atingir essa meta, o valor mínimo de **m** deverá ser

a) 2 025

b) 2 026

c) 2 027

d) 2 028

e) 2 029

5. (Ufes)

Um reservatório de água tem a forma de uma pirâmide regular de base quadrada. O vértice do reservatório está apoiado no solo, e seu eixo está posicionado perpendicularmente ao solo. Com o reservatório vazio, abre-se uma torneira que despeja água no reservatório com uma vazão constante. Após 10 minutos, o nível da água, medido a partir do vértice, atinge $\frac{1}{4}$ da altura do reservatório.

O tempo que ainda falta para encher completamente o reservatório é de

a) 6 horas e 10 minutos.

b) 8 horas e 15 minutos.

c) 8 horas e 20 minutos.

d) 10 horas e 30 minutos.

e) 10 horas e 40 minutos.

6. (Ufes)

Uma cidade atravessada por um rio tem 8 bairros situados em uma das margens do rio e 5 bairros situados na outra margem. O número de possíveis escolhas de 1 bairro qualquer situado em qualquer uma das margens do rio e 3 bairros quaisquer situados na outra margem é

a) 280

b) 360

c) 480

d) 1 680

e) 2 160

7. (Ufes)

O Brasil é um país que possui imensa dívida social, também no âmbito urbano. Alguns autores preferem chamar de "tragédia urbana" esse quadro que se desenvolveu principalmente ao longo do século XX, mas que tem raízes no período colonial. Atualmente, mais de 80% da população

brasileira, de 184 milhões de habitantes, vivem nas cidades. Os déficits são impressionantes. Faltam moradias para 7,2 milhões de famílias – 5,5 milhões das quais nas áreas urbanas. Cerca de 10,2 milhões de moradias carecem de pelo menos um dos serviços públicos básicos (abastecimento de água, esgotamento sanitário, coleta de lixo ou fornecimento de energia elétrica). As cidades possuem 18 milhões de pessoas sem abastecimento público de água potável, 93 milhões sem rede de esgotos sanitários e 14 milhões sem coleta de lixo. Cerca de 70% do esgoto coletado é despejado *in natura* nos rios, mares e corpos d'água, gerando impactos no ambiente e na saúde humana. A cada ano, aproximadamente 33 mil pessoas morrem, e 400 mil são feridas por acidentes de trânsito no país.

Le Monde Diplomatique Brasil, abril 2008.

Existem, nas cidades brasileiras, 18 milhões de pessoas sem abastecimento público de água potável, 93 milhões sem rede de esgotos sanitários e 14 milhões sem coleta de lixo. Admita que 103 milhões dessas pessoas carecem de pelo menos um desses serviços públicos básicos e que 6 milhões não usufruem de nenhum desses serviços. O número de pessoas, em milhões, que usufruem de exatamente um desses serviços é

a) 8.
b) 10.
c) 12.
d) 14.
e) 16.

8. (UFMG)

Para um número real fixo **a**, a função $f(x) = ax - 2$ é tal que $f(f(1)) = -3$.

O valor de **a** é

a) 1
b) 2
c) 3
d) 4
e) 5

9. (UFMG)

Os pontos **P** e **Q** pertencem à reta de equação $y = mx$, têm abscissas **a** e $a + 1$, respectivamente. A distância entre **P** e **Q** é $\sqrt{10}$. A ordenada do ponto dessa reta que tem abscissa 5 é negativa.

Nessas condições, o valor de **m** é

a) -3
b) $-\sqrt{10}$
c) 3
d) $\frac{\sqrt{10}}{10}$
e) $\sqrt{10}$

10. (Unifesp)

Na medida de temperatura de uma pessoa por meio de um termômetro clínico, observou-se que o nível de mercúrio estacionou na região entre 38 °C e 39 °C da escala, como está ilustrado na figura. Após a leitura da temperatura, o médico necessita do valor transformado para uma nova escala, definida por $t_x = \frac{2t_c}{3}$ e em unidades °X, onde $\mathbf{t_c}$ é a temperatura na escala Celsius.

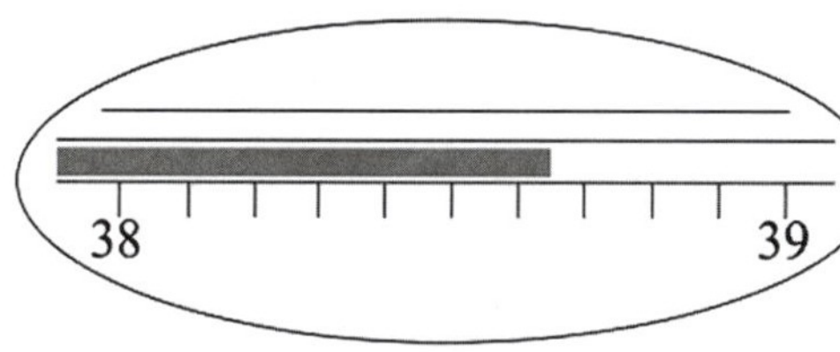

Lembrando de seus conhecimentos sobre algarismos significativos, ele conclui que o valor mais apropriado para a temperatura $\mathbf{t_x}$ é:

a) 25,7 °X.
b) 25,7667 °X.
c) 25,766 °X.
d) 25,77 °X.
e) 26 °X.

11. (Unifesp)

Em um paralelogramo, as medidas de dois ângulos internos consecutivos estão na razão 1 : 3. O ângulo menor desse paralelogramo mede

a) 45°.
b) 50°.
c) 55°.
d) 60°.
e) 65°.

12. (Ufes)

Assinale a afirmação correta:

a) $2^{100} + 2^{10} > 2^{101}$
b) Não existe número real **x** tal que $\sqrt[3]{x} = -2$
c) $\sqrt{0,5} > \frac{1}{2}$
d) $\sqrt{2} - 0,41$ é um número racional.
e) O produto de quaisquer dois números irracionais distintos é um número irracional.

TOTAL DE ACERTOS ____/12

Simulado 7

12 questões de Matemática • Tempo: 1 hora

1. (Cefet-MG)

A sequência (m, 1, n) é uma progressão aritmética e a sequência (m, n, −8) é uma progressão geométrica. O valor de **n** é

a) −2

b) −1

c) 3

d) 4

e) 8

2. (Cefet-MG)

Deseja-se fazer a moldura de um retrato retangular de dimensões 13 por 17, dada em decímetros, cujas margens superior, inferior e laterais tenham largura constante. A área total do retrato emoldurado deve ser 396 dm^2.

A medida da largura da margem, em centímetros, está no intervalo

a) [0, 13].

b) [13, 21].

c) [21, 32].

d) [32, 43].

e) [43, 50].

3. (Cefet-CE)

O lado de um quadrado, inscrito em uma circunferência, mede $5\sqrt{6}$ cm, então a área do hexágono regular, inscrito na mesma circunferência, em centímetros quadrados, é:

a) $\frac{225\sqrt{3}}{2}$

b) $75\sqrt{3}$

c) $125\sqrt{2}$

d) $\frac{45\sqrt{2}}{2}$

e) $\sqrt{3}$

4. (Cefet-MG)

Seja $y = m \cdot \text{sen}\, x \cdot \cos x$. Se o menor valor que **y** assume é −2, então, **m** é igual a

a) 2

b) 3

c) 4

d) 5

e) 6

5. (Cefet-MG)

A senha de um banco é constituída de 4 algarismos escolhidos entre os 10 de 0 a 9, seguidos de 3 letras dentre as 26 do alfabeto. Um cliente, ao determinar sua senha, decidiu que a parte numérica começaria por algarismo par e terminaria por algarismo ímpar, e que a parte literal teria início e término com vogal.

O número de possibilidades que esse cliente poderia criar sua senha é de

a) 1 575 000

b) 1 625 000

c) 1 715 000

d) 1 795 000

e) 1 835 000

6. (Cefet-MG)

A solução da inequação $\text{sen}^2 x + 3\cos^2 x + 3\,\text{sen}\, x \geqslant 4$ em $[0, 2\pi]$ é

a) $x = \frac{\pi}{2}$

b) $\frac{\pi}{6} \leqslant x \leqslant \frac{\pi}{2}$

c) $\frac{\pi}{3} \leqslant x \leqslant \frac{\pi}{2}$

d) $\frac{\pi}{3} \leqslant x \leqslant \frac{2\pi}{3}$

e) $\frac{\pi}{6} \leqslant x \leqslant \frac{5\pi}{6}$

7. (Cefet-MG)

O conjunto solução da inequação modular $|x - 1| \leq 2$ é $S = \{x \in \mathbb{R} / a \leq x \leq b\}$. O valor de "b – a" é:

a) 0

b) 4

c) 2

d) 3

e) 1

8. (Cefet-MG)

O produto dos números reais **x** e **y** que satisfaz a equação matricial $\begin{bmatrix} -1 & 2 \\ 2 & -1 \end{bmatrix} \begin{bmatrix} x \\ y \end{bmatrix} = \begin{bmatrix} 4 \\ -2 \end{bmatrix}$ é igual a

a) −2

b) −1

c) 0

d) 1

e) 2

9. (Cefet-MG)

Os pontos **A**, **B** e **C** são, respectivamente, os afixos dos números complexos $z_1 = 2 + i$, $z_2 = -4 + i$ e $z_3 = bi$, com $b < 0$, no plano de Argand-Gauss.

Se a área do triângulo ABC é 12, então, **b** vale

a) −2

b) $-\frac{5}{2}$

c) −3

d) $-\frac{7}{2}$

e) −4

10. (Cefet-MG)

Uma lanchonete vende dois tipos de salgados: pastel e quibe. O preço de um pastel é R$ 0,50 e de um quibe R$ 0,70. Na última segunda-feira, foram vendidos nessa lanchonete 75 salgados e arrecadou-se com esta venda R$ 43,50. A quantidade de quibes vendidos, naquele dia, foi igual a

a) 25

b) 30

c) 35

d) 40

e) 45

11. (Cefet-MG)

Para que os polinômios

$x^4 + ax^3 + bx^2 + x + 3$ e $x^3 + ax^2 + 2bx + 1$ sejam ambos divisíveis por $x + 1$, o produto dos números **a** e **b** deve ser igual a

a) −24

b) $-\frac{20}{9}$

c) 3

d) 15

e) 18

12. (Cefet-MG)

Considerando-se a soma

$$S = \left[\frac{\pi}{2} + \frac{\pi}{6} + \frac{\pi}{18} + \frac{\pi}{54} + \ldots\right],$$

o valor de cos S é igual a

a) $-\frac{\sqrt{3}}{2}$

b) $-\frac{\sqrt{2}}{2}$

c) $-\frac{1}{2}$

d) −1

e) −2

TOTAL DE ACERTOS ____/12

Simulado 8

12 questões de Matemática • Tempo: 1 hora

1. (Unicamp-SP)

Seja (a, b, c) uma progressão geométrica de números reais com $a \neq 0$. Definindo $s = a + b + c$, o menor valor possível para $\frac{s}{a}$ é igual a

a) $\frac{1}{2}$

b) $\frac{2}{3}$

c) $\frac{3}{4}$

d) $\frac{4}{5}$

2. (Unicamp-SP)

Um vulcão que entrou em erupção gerou uma nuvem de cinzas que atingiu rapidamente a cidade de Rio Grande, a 40 km de distância. Os voos com destino a cidades situadas em uma região circular com centro no vulcão e com raio 25% maior que a distância entre o vulcão e Rio Grande foram cancelados.

Nesse caso, a área da região que deixou de receber voos é

a) maior que 10 000 km^2.

b) menor que 8 000 km^2.

c) maior que 8 000 km^2 e menor que 9 000 km^2.

d) maior que 9 000 km^2 e menor que 10 000 km^2.

3. (Unicamp-SP)

Considere o polinômio $p(x) = x^3 + x^2 - ax - 3$, onde **a** é um número real. Sabendo que **r** e $-$**r** são raízes reais de p(x), podemos afirmar que p(1) é igual a

a) 3.

b) 1.

c) -2.

d) -4.

4. (Unicamp-SP)

Considere a função afim $f(x) = ax + b$ definida para todo número real **x**, onde **a** e **b** são números reais. Sabendo que $f(4) = 2$, podemos afirmar que $f(f(3) + f(5))$ é igual a

a) 5.

b) 4.

c) 3.

d) 2.

5. (Unicamp-SP)

Em uma matriz, chamam-se elementos internos aqueles que não pertencem à primeira nem à última linha ou coluna. O número de elementos internos em uma matriz com 5 linhas e 6 colunas é igual a

a) 12.

b) 15.

c) 16.

d) 20.

6. (Unicamp-SP)

Em uma determinada região do planeta, a temperatura média anual subiu de 13,35 °C em 1995 para 13,8 °C em 2010.

Seguindo a tendência de aumento linear observada entre 1995 e 2010, a temperatura média em 2012 deverá ser de

a) 13,83 °C.

b) 13,86 °C.

c) 13,92 °C.

d) 13,89 °C.

7. (Unicamp-SP)

Uma moeda balanceada é lançada quatro vezes, obtendo-se cara exatamente três vezes. A probabilidade de que as caras tenham saído consecutivamente é igual a

a) $\frac{1}{4}$

b) $\frac{3}{8}$

c) $\frac{1}{2}$

d) $\frac{3}{4}$

8. (Unicamp-SP)

O grêmio estudantil do Colégio Alvorada é composto por 6 alunos e 8 alunas. Na última reunião do grêmio, decidiu-se formar uma comissão de 3 rapazes e 5 moças para a organização das olimpíadas do colégio.

De quantos modos diferentes pode-se formar essa comissão?

a) 6 720.

b) 100 800.

c) 806 400.

d) 1 120.

9. (Unicamp-SP)

Um cilindro circular reto, cuja altura é igual ao diâmetro da base, está inscrito numa esfera. A razão entre os volumes da esfera e do cilindro é igual a

a) $\frac{4\sqrt{2}}{3}$

b) $\frac{4}{3}$

c) $\frac{3\sqrt{2}}{4}$

d) $\sqrt{2}$

10. (Unicamp-SP)

Depois de encher de areia um molde cilíndrico, uma criança virou-o sobre uma superfície horizontal. Após a retirada do molde, a areia escorreu, formando um cone cuja base tinha raio igual ao dobro do raio da base do cilindro.

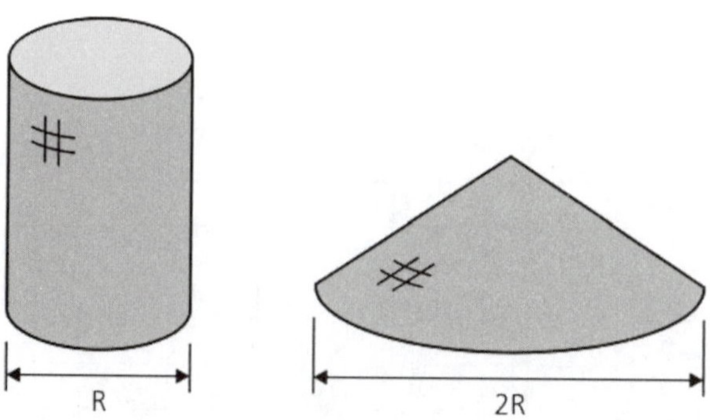

Reprodução/Unicamp, 2011.

A altura do cone formado pela areia era igual a

a) $\frac{3}{4}$ da altura do cilindro.

b) $\frac{1}{2}$ da altura do cilindro.

c) $\frac{2}{3}$ da altura do cilindro.

d) $\frac{1}{3}$ da altura do cilindro.

11. (Unicamp-SP)

A solução da equação na variável real **x**, $\log_x(x + 6) = 2$, é um número

a) primo.

b) par.

c) negativo.

d) irracional.

12. (Unicamp-SP)

Um carpinteiro foi contratado para construir uma cerca formada por ripas de madeira. As figuras abaixo apresentam uma vista parcial da cerca, bem como os detalhes das ligações entre as ripas, nos quais os parafusos são representados por círculos brancos. Note que cada ripa está presa à cerca por dois parafusos em cada extremidade.

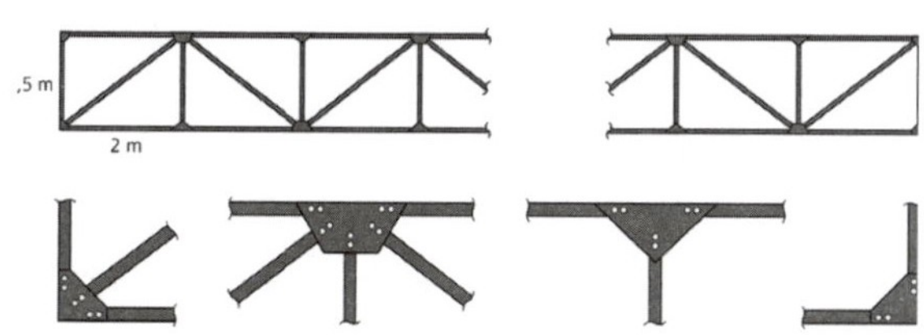

Reprodução/Unicamp, 2012.

Para construir uma cerca com 300 m de comprimento, são necessários

a) 1201,5 m de ripas.

b) 1425,0 m de ripas.

c) 2403,0 m de ripas.

d) 712,5 m de ripas.

TOTAL DE ACERTOS ____/12

Simulado 9

12 questões de Matemática • Tempo: 1 hora

1. (Acafe-SC)

Na figura, o quadrado está inscrito na circunferência. Sabendo que a medida do lado do quadrado é 8 cm, então, a área da parte hachurada, em cm^2, é igual a:

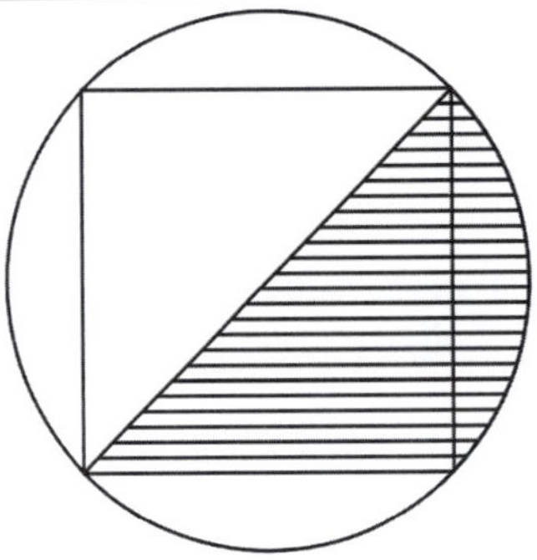

a) $4(\pi + 2)$.
b) $8(\pi + 4)$.
c) $8(\pi + 2)$.
d) $4(\pi + 4)$.

2. (Acafe-SC)

Em um pomar são colhidas semanalmente apenas as frutas que já estão maduras. Dessa maneira, o dono do pomar percebeu que na primeira semana foram colhidos 1 000 kg e que, a cada semana, havia uma queda de 5% na colheita em relação à semana anterior.

Sobre a quantidade máxima de frutas que podem ser colhidas nesse pomar, é correto afirmar:

a) Está entre 20 e 25 toneladas.
b) É menor que 20 toneladas.
c) É igual a 20 toneladas.
d) É maior que 25 toneladas.

3. (Acafe-SC)

O centro de zoonoses de uma grande cidade detectou, em 2012, uma grande incidência de duas doenças entre os cães: parvovirose e cinomose. Foram registrados 146 casos de parvovirose, o que corresponde a 36,5 casos a cada grupo de 500 cães. E em relação à cinomose, foram 52 casos para cada grupo de 1 000 cães.

Analise as proposições abaixo e classifique-as em **V – verdadeiras** ou **F – falsas**.

( ) O total de casos de cinomose foi de 104.
( ) 7,3% dos cães estavam com parvovirose.
( ) O centro de zoonoses abrigou, no total, 1 500 cães.
( ) O centro de zoonoses esteve com 250 cães doentes.

A sequência **correta**, de cima para baixo, é:

a) V – F – F – V
b) V – V – V – F
c) V – V – F – V
d) F – V – V – F

4. (Acafe-SC)

O gerente de uma academia de dança faz uma promoção para aumentar o número de frequentadores, tanto do sexo masculino quanto do feminino. Com a promoção, o número de frequentadores do sexo masculino aumentou de 80 para 126 e, apesar disso, o percentual da participação de homens caiu de 40% para 28%.

Com essas informações, o número de mulheres que frequentam essa academia, após a promoção, teve um aumento de:

a) 170%.
b) 70%.
c) 60%.
d) 270%.

5. (Acafe-SC)

Considere **S** o conjunto solução da inequação $x^6 - 25x^2 \leq 0$ e assinale a alternativa **correta**.

a) $S \supset 0$
b) $S \subset \mathbb{R}_+$
c) $S \subset]-3,3[$
d) $S \in [-10, 10]$

6. (Acafe-SC)

O gráfico a seguir representa a função real f(x), definida no intervalo [−1, 6].

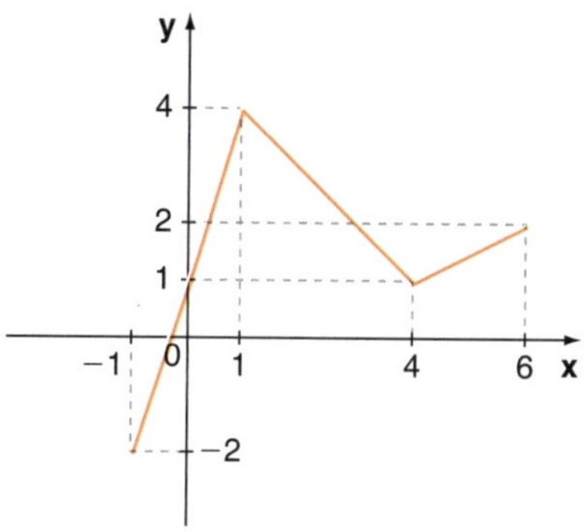

Banco de dados/Arquivo da editora

Considerando a função $h(x) = f(x - 2)$, então, o valor da expressão dada por $f(h(3)) + h(f(4))$ é igual a:

a) 7

b) −2

c) 5

d) −1

7. (Acafe-SC)

A figura mostra a porta de uma casa com 150 centímetros de largura. A parte superior dessa porta é limitada por um arco de circunferência cuja flecha é de 45 centímetros.

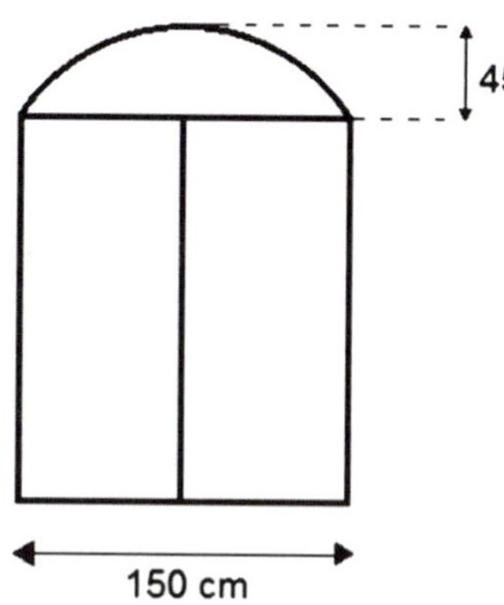

Reprodução/ACAFE, 2015.

O raio da circunferência, em centímetros, formada por esse arco, é um número:

a) primo.

b) quadrado perfeito.

c) divisor de 10.

d) múltiplo de 5.

8. (Acafe-SC)

Com o objetivo de auxiliar os maricultores a aumentar a produção de ostras e mexilhões, um engenheiro de aquicultura fez um estudo sobre a temperatura da água na região do sul da ilha, em Florianópolis. Para isso, efetuou medições durante três dias consecutivos, em intervalos de 1 hora. As medições iniciaram às 5 horas da manhã do primeiro dia ($t = 0$) e os dados foram representados pela função periódica $T(t) = 24 + 3\cos\left(\frac{\pi t}{6} + \frac{\pi}{3}\right)$, em que **t** indica o tempo (em horas) decorrido após o início da medição e T(t), a temperatura (em °C) no instante **t**.

O período da função, o valor da temperatura máxima e o horário em que ocorreu essa temperatura no primeiro dia de observação valem, respectivamente:

a) 6 h, 25,5 °C e 10 h.

b) 12 h, 27 °C e 10 h.

c) 12 h, 27 °C e 15 h.

d) 6 h, 25,5 °C e 15 h.

9. (Acafe-SC)

Sobre a distância entre o vértice da parábola e a reta que passa pelos pontos **A** e **C**, é **correto** afirmar:

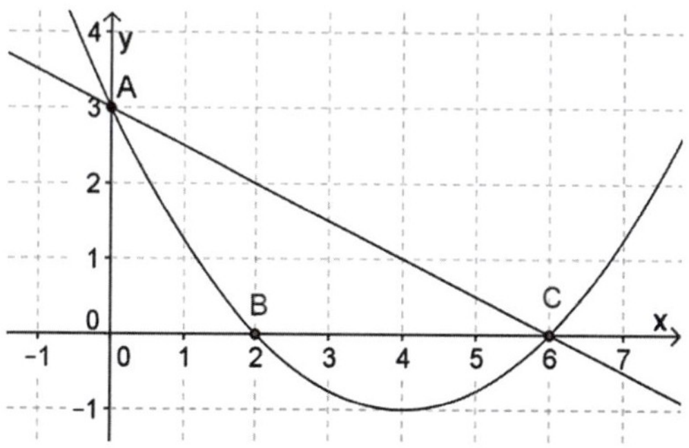

Reprodução/ACAFE

a) Está entre 1,0 e 2,0 unidades de comprimento.

b) Está entre 2,0 e 2,5 unidades de comprimento.

c) É menor que 1 unidade de comprimento.

d) É maior que 2,5 unidades de comprimento.

10. (Acafe-SC)

Um *designer* de joias utiliza três tipos de pedras preciosas (rubis, safiras e esmeraldas) na criação de três modelos diferentes de colares (**A**, **B** e **C**). Na criação dessas peças ele verificou que:

- Para cada colar do tipo **A** usaria 4 rubis, 1 safira e 3 esmeraldas.
- Para cada colar do tipo **B** usaria 3 rubis, 1 safira e 2 esmeraldas.
- Para cada colar do tipo **C** usaria 2 rubis, 3 safiras e 2 esmeraldas.

Se ele dispõe de 54 rubis, 36 safiras e 42 esmeraldas para a execução dessas peças, então, a relação entre o número de peças **A**, **B** e **C** é:

a) $C = A + B$.

b) $B = A + C$.

c) $A = C - B$.

d) $C = 2B - 8A$.

11. (Acafe-SC)

Considere dois tanques de água, um na forma de um cilindro reto e o outro na forma cônica de eixo vertical e vértice para baixo. Os dois tanques possuem altura **h** e raio **r** e o tanque de forma cônica tem capacidade para 14 000 litros de água.

Analise as afirmações a seguir e assinale a alternativa correta.

I. A capacidade dos dois tanques juntos é maior que a de outro cujo formato interno é de um cubo de 4 metros de aresta.

II. Se a água dentro dos tanques ocupa 20% de suas alturas, então, a razão entre os volumes do tanque cilíndrico e do tanque cônico é 75.

III. Sabendo que o tanque cônico é seccionado por um plano paralelo à sua base no ponto médio de sua altura, e que esta secção determina um outro cone de volume $\mathbf{v_1}$ e um tronco de cone, o volume do tronco de cone assim obtido é $7v_1$.

IV. Suponha que o tanque cônico tenha 20 metros de altura e se encontrava completamente cheio de água (14 000 litros). Por causa de um vazamento a água baixou 2 metros de sua altura. Consertado o vazamento, o volume de água contido no tanque é, então, de 12 600 litros.

a) Apenas as afirmações I e II estão corretas.

b) As afirmações II, III e IV estão corretas.

c) Apenas as afirmações II e III estão corretas.

d) Somente a afirmação IV está correta.

12. (Acafe-SC)

O vazamento ocorrido em função de uma rachadura na estrutura da barragem de Campos Novos precisa ser estancado. Para consertá-la, os técnicos verificaram que o lago da barragem precisa ser esvaziado e estimaram que, quando da constatação da rachadura, a capacidade **C** de água no lago, em milhões de metros cúbicos, poderia ser calculada por $C(t) = -2t^2 - 12t + 110$, onde **t** é o tempo em horas.

Com base no texto, analise as afirmações:

I. A quantidade de água restante no lago, 4 horas depois de iniciado o vazamento, é de 30 milhões de metros cúbicos.

II. A capacidade desse lago, sabendo que estava completamente cheio no momento em que começou o vazamento, é de 110 milhões de metros cúbicos.

III. Os técnicos só poderão iniciar o conserto da rachadura quando o lago estiver vazio, isto é, 5 horas depois do início do vazamento.

IV. Depois de 3 horas de vazamento, o lago está com 50% de sua capacidade inicial.

Todas as afirmações **corretas** estão em:

a) I – II – III

b) I – III – IV

c) III – IV

d) I – II – III – IV

TOTAL DE ACERTOS ____/12

Simulado 10

12 questões de Matemática • Tempo: 1 hora

1. (Ufal)

Considere o diagrama

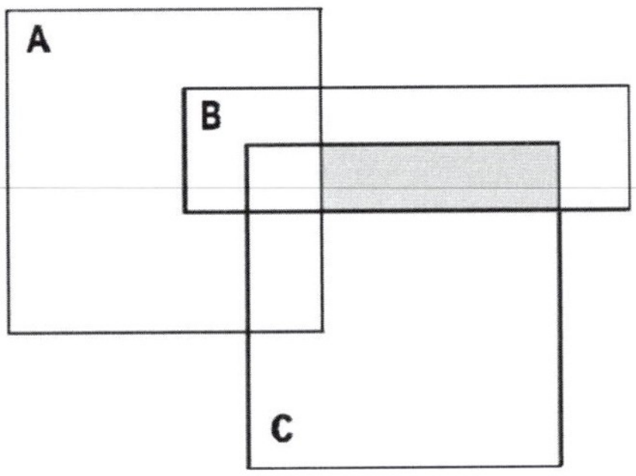

Reprodução/UFAL, 2010.

A parte pintada do diagrama corresponde ao seguinte conjunto:

a) $A \cap B \cap C$
b) $B \cap C$
c) $B - C$
d) $(B \cap C) - A$
e) $(A \cap B) \cup (A \cap B \cap C)$

2. (UFPE)

Assinale a alternativa falsa:

a) se **m** e **n** são números ímpares, então $m^2 + n^2$ é par;
b) o número 1,73 é menor que $\sqrt{3}$;
c) o produto de dois números irracionais é um número irracional;
d) se **k** é um número real e $0 < k < 1$, então $k^{95} < k^{94}$;
e) o produto de dois números racionais é um número racional.

3. (UFPE)

Seja $g: \mathbb{R} \to \mathbb{R}$ uma função tal que, para todo **x**, $g(2x + 3) = 2^x$. O valor de $g(5)$ é:

a) 10
b) 32
c) igual a $g(13)$
d) 2
e) impossível de calcular apenas com esses dados.

4. (UFMA)

Deseja-se construir uma elipse que tenha os dois focos situados no eixo **x**. Um desses focos deve ser o ponto (3, 0). Essa elipse deve passar pelos pontos (0, 2) e (7, −2).

Quantas elipses assim podem ser construídas?

a) Exatamente uma
b) Nenhuma
c) Exatamente duas
d) Exatamente três
e) Infinitas

5. (Ufal)

Pedro deseja pintar a palavra **BISPO** em um cartaz publicitário, usando uma cor diferente em cada letra. Sabendo-se que Pedro dispõe de 8 cores de tinta, de quantos modos ele poderá fazer isso?

a) 6 730
b) 6 720
c) 6 710
d) 6 721
e) 6 711

6. (Ufal)

Dados o ponto $A\left(1, \sqrt{2}\right)$ e a circunferência de equação $x^2 + y^2 - 4x - 4y + 4 = 0$, podemos afirmar que

a) **A** é centro da referida circunferência.
b) **A** é um ponto no interior da circunferência, mas diferente do centro da mesma.
c) **A** é um ponto da circunferência.
d) **A** é um ponto externo a circunferência.
e) A distância do ponto **A** ao centro da circunferência é $\sqrt{8 - 3\sqrt{2}}$ unidades de comprimento.

7. (Ufal)

Dentre as opções abaixo, assinale a incorreta.

a) Se $\log_9 3\sqrt{27} = x$, então $x = \frac{5}{4}$.

b) A função real $f : \mathbb{R} \to [-1; 1]$, $f(x) = \cos x$ é uma função par.

c) Se $x \in \mathbb{R}$ é tal que $\operatorname{sen} x = \frac{\sqrt{3}}{2}$, então $x = \frac{\pi}{3} + 2k\pi$, $k \in \mathbb{Z}$.

d) A medida da hipotenusa de um triângulo retângulo isósceles cuja altura mede $2\sqrt{2}$ cm é $4\sqrt{2}$ cm.

e) Se **f** é uma função par e **g** é uma função ímpar, então a função produto **f · g** é uma função ímpar.

8. (UFPE)

O gráfico da função quadrática $y = ax^2 + bx + c$, **x** real, é simétrico ao gráfico da parábola $y = 2 - x^2$ com relação à reta de equação cartesiana $y = -2$.

Determine o valor de $8a + b + c$.

a) -4

b) $\frac{1}{2}$

c) 2

d) 1

e) 4

9. (UFMA)

Sobre os lados opostos $\overline{AB}$ e $\overline{CD}$ de um retângulo ABCD são marcados, respectivamente, os pontos **P** e **Q**.

A soma das áreas dos triângulos AQB e CPD resulta exatamente em 240 u.a. Então, a área do retângulo ABCD é igual a:

a) 360 u.a.

b) 120 u.a.

c) 240 u.a.

d) 200 u.a.

e) 300 u.a.

10. (UFMA)

Em uma planta residencial, em escala, ao utilizar-se uma régua convencional, nota-se que os lados da sala retangular medem, exatamente, 16 cm e 9 cm.

Se a área real da sala em questão é igual a 36 m², então o perímetro real da sala é igual a:

a) 21 m

b) 19 m

c) 20 m

d) 25 m

e) 22 m

11. (Ufal)

Os vértices de um triângulo ABC são: A(6, 5), B(0, 3) e C(4, 0).

Então a altura **h** do triângulo ABC relativa ao vértice **A** vale

a) $h = \frac{19}{5}$

b) $h = \frac{27}{5}$

c) $h = \frac{23}{5}$

d) $h = \frac{26}{5}$

e) $h = \frac{29}{5}$

12. (UFPE)

Suponha que existam 20 diferentes tipos de aminoácidos. Qual dos valores abaixo mais se aproxima do número de agrupamentos ordenados, formados de 200 aminoácidos, que podem ser obtidos?

Dado: Use a aproximação: $\log_{10} 2 \simeq 0{,}30$.

a) 10^{220}

b) 10^{230}

c) 10^{240}

d) 10^{250}

e) 10^{260}

TOTAL DE ACERTOS ____/12

Simulado 11

12 questões de Matemática • Tempo: 1 hora

1. (FGV-SP)

Uma senha de internet é constituída de seis letras e quatro algarismos em que a ordem é levada em consideração. Eis uma senha possível: (a, a, b, 7, 7, b, a, 7, a, 7).

Quantas senhas diferentes podem ser formadas com quatro letras "a", duas letras "b" e quatro algarismos iguais a 7?

a) 10!

b) 2520

c) 3150

d) 6300

e) $\frac{10!}{4!\,6!}$

2. (FGV-SP)

Na figura, ABCDEF é um hexágono regular de lado 1 dm e **Q** é o centro da circunferência inscrita a ele.

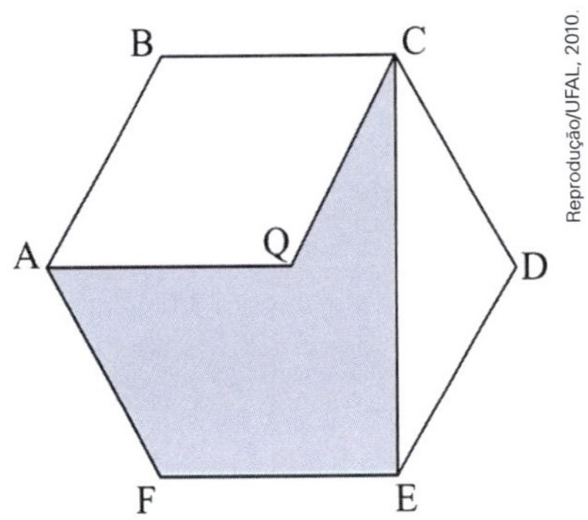

O perímetro do polígono AQCEF, em dm, é igual a

a) $4+\sqrt{2}$

b) $4+\sqrt{3}$

c) 6

d) $4+\sqrt{5}$

e) $2\left(2+\sqrt{2}\right)$

3. (FGV-RJ)

Quantos são os números naturais de três algarismos que possuem pelo menos um algarismo 3 ou pelo menos um algarismo 5?

a) 448

b) 436

c) 392

d) 294

e) 452

4. (FGV-RJ)

Sérgio vende coco gelado em uma barraca na Lagoa Rodrigo de Freitas, cobrando, por unidade, R$ 4,00. A cada dia de trabalho, ele paga R$ 20,00 pelo aluguel da barraca e para o fornecedor de cocos, paga R$ 12,00 mais R$ 1,50 por unidade vendida.

Em certo dia, Sérgio teve lucro de R$ 73,00. Quantos cocos ele vendeu nesse dia?

a) 54

b) 46

c) 42

d) 50

e) 38

5. (FGV-RJ)

Considere a sequência formada pelos números naturais a partir de 1, sendo suprimidos todos os múltiplos de 4:

1 2 3 5 6 7 9 10 11 13 14 15 ...

O 2014º termo dessa sequência é:

a) 2685

b) 2683

c) 2689

d) 2687

e) 2686

6. (FGV-SP)

Em certa região do litoral paulista, o preço do metro quadrado de terreno é R$ 400,00. O Sr. Joaquim possui um terreno retangular com 78 metros de perímetro, sendo que a diferença entre a medida do lado maior e a do menor é 22 metros. O valor do terreno do Sr. Joaquim é:

a) R$ 102600,00

b) R$ 103700,00

c) R$ 104800,00

d) R$ 105900,00

e) R$ 107000,00

7. (FGV-SP)

No plano cartesiano, há dois pontos **R** e **S** pertencentes à parábola de equação $Y = X^2$ e que estão alinhados com os pontos A(0, 3) e B(4, 0).

A soma das abscissas dos pontos **R** e **S** é:

a) −0,45

b) −0,55

c) −0,65

d) −0,75

e) −0,85

8. (FGV-RJ)

No plano cartesiano são dados os pontos A = (0, 1), B = (30, 19), P = (42, k) e Q = = (42, k + 1), onde **k** é um número inteiro.

A reta $\overline{AB}$ passa entre **P** e **Q**, ou seja, deixa **P** de um lado e **Q** do outro. O valor de **k** é

a) 18

b) 29

c) 21

d) 26

e) 23

9. (FGV-RJ)

Estando em férias nos Estados Unidos, João alugou um carro. Quando parou em um posto para abastecer, reparou que o preço da gasolina comum era, aproximadamente, 3,8 dólares o galão de 3,8 litros. No Brasil, João pagava R$ 3,00 pelo litro de gasolina comum.

Antes de viajar, pagou R$ 2,16 por dólar.

É correto afirmar que o preço da gasolina pago por João, nos Estados Unidos, em comparação com o preço pago no Brasil, foi mais barato

a) 24%

b) 28%

c) 21%

d) 35%

e) 32%

10. (FGV-SP)

Laura caminha pelo menos 5 km por dia. Rita também caminha todos os dias, e a soma das distâncias diárias percorridas por Laura e Rita em suas caminhadas não ultrapassa 12 km. A distância máxima diária percorrida por Rita, em quilômetros, é igual a

a) 4

b) 5

c) 6

d) 7

e) 8

11. (FGV-SP)

Sendo **m** o maior valor real que **x** pode assumir na equação analítica $(x - 2)^2 + 4(y + 5)^2 = 36$, e **n** o maior valor real que **y** pode assumir nessa mesma equação, então, **m + n** é igual a

a) 8.

b) 7.

c) 6.

d) 4.

e) 3.

12. (FGV-RJ)

O número de soluções reais da equação $\cos(x) = \dfrac{x}{2\pi}$ é

a) 4

b) 2

c) 1

d) 3

e) 5

TOTAL DE ACERTOS ____/12

Simulado 12

12 questões de Matemática • Tempo: 1 hora

1. (Cefet-SC)

Sabendo que as raízes da equação $x^2 - 5x + 6 = 0$ expressam os lados de um retângulo, em centímetros, então a área e o perímetro desse retângulo são, respectivamente:

a) 10 cm² e 10 cm.
b) 3 cm² e 6 cm.
c) 9 cm² e 12 cm.
d) 6 cm² e 10 cm.
e) 10 cm² e 6 cm.

2. (UFPE)

Para escaparem de uma penitenciária, 10 prisioneiros decidem cavar um túnel de 450 m de comprimento. Em uma fuga anterior, 12 prisioneiros cavaram um túnel de 270 m, trabalhando 6 horas por noite, durante 9 noites.

Se os atuais prisioneiros pretendem trabalhar 4 horas por noite, em quantas noites o túnel ficará pronto?

a) 26.
b) 27.
c) 28.
d) 29.
e) 30.

3. (Enem)

Em alguns supermercados, é comum a venda de produtos em atacado com preços inferiores aos habituais. Um desses supermercados anunciou a venda de sabonetes em cinco opções de pacotes diferentes. Segue a descrição desses pacotes com as respectivas quantidades e preços.

Pacote I: 3 unidades por R$ 2,10;

Pacote II: 4 unidades por R$ 2,60;

Pacote III: 5 unidades por R$ 3,00;

Pacote IV: 6 unidades por R$ 3,90;

Pacote V: 12 unidades por R$ 9,60.

Todos os sabonetes que compõem esses pacotes são idênticos.

Qual desses pacotes oferece o menor preço por sabonete?

a) I
b) II
c) III
d) IV
e) V

4. (Fuvest-SP)

Em um experimento probabilístico, Joana retirará aleatoriamente 2 bolas de uma caixa contendo bolas azuis e bolas vermelhas. Ao montar-se o experimento, colocam-se 6 bolas azuis na caixa.

Quantas bolas vermelhas devem ser acrescentadas para que a probabilidade de Joana obter 2 azuis seja $\frac{1}{2}$?

a) 2
b) 4
c) 6
d) 8
e) 10

5. (Cefet-SC)

Na figura, $\overline{OP}$ é bissetriz do ângulo $A\hat{O}B$.

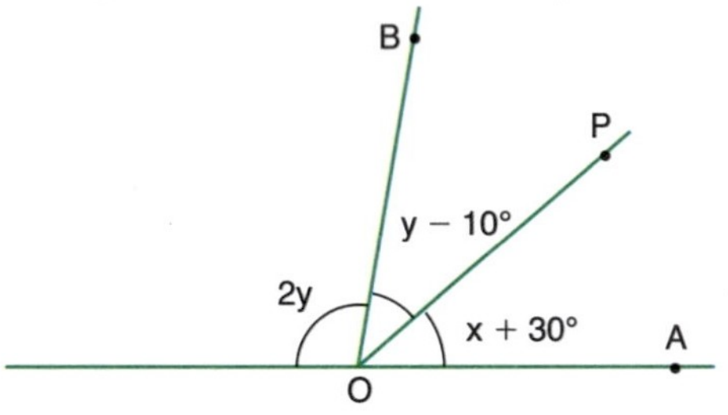

Banco de dados/Arquivo da editora

Determine o valor de **x** e **y**.

a) x = 13 e y = 49
b) x = 15 e y = 35
c) x = 12 e y = 48
d) x = 17 e y = 42
e) x = 10 e y = 50

6. (UEL-PR)

Leia o texto a seguir.

> Van Gogh (1853-1890) vendeu um único quadro em vida a seu irmão, por 400 francos. Nas palavras do artista: "Não posso evitar os fatos de que meus quadros não sejam vendáveis. Mas virá o tempo em que as pessoas verão que eles valem mais que o preço das tintas".
>
> Disponível em: http://www.naturale.med.br. Acesso em: 2 out. 2013.

A mercantilização da cultura impulsionou o mercado de artes nos grandes centros urbanos. Hoje, o quadro **Jardim das Flores**, de Van Gogh, é avaliado em aproximadamente 84 milhões de dólares. Supondo que há 61 anos essa obra custasse 84 dólares e que sua valorização até 2013 ocorra segundo uma PG, assinale a alternativa que apresenta, corretamente, o valor dessa obra em 2033, considerando que sua valorização continue conforme a mesma PG.

a) $1{,}68 \times 10^9$ dólares.
b) $8{,}40 \times 10^9$ dólares.
c) $84{,}00 \times 10^7$ dólares.
d) $168{,}00 \times 10^6$ dólares.
e) $420{,}00 \times 10^7$ dólares.

7. (Enem)

Um arquiteto deseja construir um jardim circular de 20 m de diâmetro. Nesse jardim, uma parte do terreno será reservada para pedras ornamentais. Essa parte terá a forma de um quadrado inscrito na circunferência, como mostrado na figura.

Reprodução/ENEM, 2016.

Na parte compreendida entre o contorno da circunferência e a parte externa ao quadrado, será colocada terra vegetal. Nessa parte do jardim, serão usados 15 kg de terra para cada m².

A terra vegetal é comercializada em sacos com exatos 15 kg cada. Use 3 como valor aproximado para π.

O número mínimo de sacos de terra vegetal necessários para cobrir a parte descrita do jardim é

a) 100.
b) 140.
c) 200.
d) 800.
e) 1 000.

8. (Cesgranrio-RJ)

Sabe-se que **g** é uma função par e está definida em todo domínio da função **f**, e a função **f** pode ser expressa por $f(x) = x^2 + k \cdot x \cdot g(x)$.

Se $f(1) = 7$, qual o valor de $f(-1)$?

a) 7
b) 5
c) −7
d) −6
e) −5

9. (Acafe-SC)

Considere a circunferência que passa pelos pontos A(2, 3) e B(−7, 0) e que tem como centro um ponto da reta **r** de equação $y = 2x - 1$ representada no plano cartesiano.

Assim, analise as seguintes proposições:

I. A equação da circunferência é dada por: $x^2 + y^2 + 5x - 3y - 14 = 0$.
II. A menor distância entre a circunferência e o ponto Q(4, 7) é igual a $2\sqrt{5}$.
III. A área do quadrado inscrito na circunferência é 45 u.a.
IV. As retas de equação $2y - x + k = 0$ são tangentes à circunferência. Portanto, a soma dos possíveis valores de **k** é igual a 10.

Está(ao) **correta(s)** apenas a(s) afirmação(ões):

a) I e III.
b) II e IV.
c) I, II e III.
d) IV.

10. (Ufes)

O período e a imagem da função $f(x) = 5 - 3\cos\left(\frac{x-2}{\pi}\right)$, $x \in \mathbb{R}$, são, respectivamente,

a) 2π e $[-1, 1]$
b) 2π e $[2, 8]$
c) $2\pi^2$ e $[2, 8]$
d) 2π e $[-3, 3]$
e) $2\pi^2$ e $[-3, 3]$

11. (Enem)

Cinco máquinas de costura são utilizadas em uma confecção de calças. O proprietário deseja comprar mais uma dessas máquinas, idêntica a uma das já existentes, devendo escolher a que tiver a maior média de produção por hora. Na tabela estão indicadas as quantidades de horas trabalhadas e de calças confeccionadas por cada uma das máquinas em determinados períodos observados.

Máquina	Horas	Número de calças confeccionadas
1	240	960
2	210	1 050
3	170	1 020
4	160	480
5	160	800

A máquina a ser comprada deverá ser idêntica à

a) 1.
b) 2.
c) 3.
d) 4.
e) 5.

12. (Acafe-SC)

Sobre matrizes, determinantes e sistemas lineares, marque com **V** as afirmações verdadeiras e com **F** as falsas.

( ) Uma matriz **A** é quadrada de ordem 4, e seu determinante vale 3, então, o valor do determinante da matriz 2A é 48.

( ) O sistema $\begin{cases} 2x + 3y = 5 \\ 8x + ay = b \end{cases}$ não admite solução para $a = 12$ e $b = 20$.

( ) Uma matriz quadrada **A** de ordem **n** é invertível se, e somente se, $\det A \neq 0$.

( ) Para quaisquer matrizes **A** e **B** tais que existam os produtos AB e BA, tem-se $(A + B)^2 =$ $= A^2 + 2AB + B^2$.

A sequência correta, de cima para baixo, é:

a) V – F – V – F
b) V – F – V – V
c) F – V – F – V
d) F – V – F – F

TOTAL DE ACERTOS ____/12

Respostas

Simulado 1

1. C
2. B
3. C
4. A
5. B
6. A
7. D
8. B
9. D
10. C
11. C
12. B

Simulado 2

1. D
2. B
3. D
4. A
5. E
6. A
7. C
8. E
9. D
10. B
11. D
12. B

Simulado 3

1. E
2. E
3. C
4. D
5. D
6. B
7. B
8. D
9. B
10. D
11. B
12. B

Simulado 4

1. D
2. D
3. A
4. E
5. C
6. C
7. C
8. C
9. B
10. C
11. E
12. A

Simulado 5

1. D
2. D
3. A
4. A
5. B
6. C
7. D
8. C
9. D
10. D
11. B
12. C

Simulado 6

1. E
2. A
3. C
4. D
5. D
6. B
7. B
8. A
9. A
10. D
11. A
12. C

Simulado 7

1. D
2. C
3. A
4. C
5. B
6. E
7. B
8. C
9. C
10. B
11. E
12. B

Simulado 8

1. C
2. B
3. D
4. D
5. A
6. B
7. C
8. D
9. A
10. A
11. A
12. A

Simulado 9

1. C
2. C
3. C
4. A
5. C
6. D
7. D
8. C
9. A
10. B
11. C
12. A

Simulado 10

1. D
2. C
3. D
4. A
5. B
6. B
7. C
8. C
9. C
10. D
11. D
12. E

Simulado 11

1. C
2. B
3. E
4. C
5. A
6. B
7. D
8. D
9. B
10. D
11. C
12. E

Simulado 12

1. D
2. B
3. C
4. B
5. E
6. B
7. A
8. E
9. B
10. C
11. C
12. A

Significado das siglas dos vestibulares

Acafe-SC: Associação Catarinense das Fundações Educacionais (Santa Catarina)
Aman-RJ: Academia Militar das Agulhas Negras (Rio de Janeiro)
Cefet-CE: Centro Federal de Educação Tecnológica do Ceará
Cefet-MG: Centro Federal de Educação Tecnológica de Minas Gerais
Cefet-SC: Centro Federal de Educação Tecnológica de Santa Catatina
Cesgranrio-RJ: Centro de Seleção de Candidatos ao Ensino Superior do Grande Rio (Rio de Janeiro)
CPS-SP: Centro Paula Souza (São Paulo)
EEAR-SP: Escola de Especialistas de Aeronáutica (São Paulo)
EFOMM-RJ: Escola de Formação de Oficiais da Marinha Marcante (Rio de Janeiro)
Enem: Exame Nacional do Ensino Médio
Epcar-MG: Escola Preparatória de Cadetes do Ar (Minas Gerais)
Escola Naval (Rio de Janeiro)
EsPCEx-SP: Escola Preparatória de Cadetes do Exército (São Paulo)
ESPM-SP: Escola Superior de Propaganda e Marketing (São Paulo)
ETFs-RJ: Escolas Técnicas Federais (Rio de Janeiro)
Famema-SP: Faculdade de Medicina de Marília (São Paulo)
Famerp-SP: Faculdade de Medicina de São José do Rio Preto (São Paulo)
FCMMG: Faculdade de Ciências Médicas de Minas Gerais
FCMS/JF-MG: Faculdade de Ciências Médicas e da Saúde de Juiz de Fora (Minas Gerais)
Feevale-RS: Universidade Feevale (Novo Hamburgo, Rio Grande do Sul)
FGV-RJ: Fundação Getúlio Vargas (Rio de Janeiro)
FGV-SP: Fundação Getúlio Vargas (São Paulo)
FMP-RJ: Faculdade de Medicina de Petrópolis (Rio de Janeiro)
Fuvest-SP: Fundação Universitária para o Vestibular (São Paulo)
Ifal: Instituto Federal de Alagoas
IFCE: Instituto Federal de Educação, Ciência e Tecnologia do Ceará
IFSP: Instituto Federal de Educação, Ciência e Tecnologia de São Paulo
Ifsul-RS: Instituto Federal de Educação, Ciência e Tecnologia Sul-Rio-Grandense (Rio Grande do Sul)
Imed-RS: Faculdade Meridional (Rio Grande do Sul)
IME-RJ: Instituto Militar de Engenharia (Rio de Janeiro)
Insper-SP: Instituto de Ensino e Pesquisa (São Paulo)
ITA-SP: Instituto Tecnológico de Aeronáutica (São Paulo)
PUC-MG: Pontifícia Universidade Católica de Minas Gerais
PUC-RJ: Pontifícia Universidade Católica do Rio de Janeiro
PUC-RS: Pontifícia Universidade Católica do Rio Grande do Sul
PUC-SP: Pontifícia Universidade Católica de São Paulo
Ucpel-RS: Universidade Católica de Pelotas (Rio Grande do Sul)
Udesc: Universidade do Estado de Santa Catarina
Uece: Universidade Estadual do Ceará
UEFS-BA: Universidade Estadual de Feira de Santana (Bahia)
UEG-GO: Universidade Estadual de Goiás
UEL-PR: Universidade Estadual de Londrina (Paraná)
Uema: Universidade Estadual do Maranhão
UEM-PR: Universidade Estadual de Maringá (Paraná)
Uepa: Universidade do Estado do Pará
UEPG-PR: Universidade Estadual de Ponta Grossa (Paraná)
Uerj: Universidade do Estado do Rio de Janeiro
Uern: Universidade do Estado do Rio Grande do Norte
Uespi: Universidade Estadual do Piauí
Ufal: Universidade Federal de Alagoas
UFC-CE: Universidade Federal do Ceará
Ufes: Universidade Federal do Espírito Santo
UFJF-MG: Universidade Federal de Juiz de Fora (Minas Gerais)
UFMA: Universidade Federal do Maranhão
UFMG: Universidade Federal de Minas Gerais
UFPE: Universidade Federal de Pernambuco
Ufpel-RS: Universidade Federal de Pelotas (Rio Grande do Sul)
UFPR: Universidade Federal do Paraná
UFRGS-RS: Universidade Federal do Rio Grande do Sul
UFSC: Universidade Federal de Santa Catarina
UFSJ-MG: Universidade Federal de São João del-Rei (Minas Gerais)
UFSM-RS: Universidade Federal de Santa Maria (Rio Grande do Sul)
UFTM-MG: Universidade Federal do Triângulo Mineiro (Minas Gerais)
UFT-TO: Universidade Federal do Tocantins
UFU-MG: Universidade Federal de Uberlândia (Minas Gerais)
Ulbra-RS: Universidade Luterana do Brasil (Rio Grande do Sul)
Unemat-MT: Universidade do Estado de Mato Grosso
Unesp-SP: Universidade Estadual Paulista "Júlio de Mesquita Filho" (São Paulo)
Unicamp-SP: Universidade Estadual de Campinas (São Paulo)
Unifesp: Universidade Federal de São Paulo
Unifor-CE: Fundação Edson Queiroz Universidade de Fortaleza (Ceará)
Unigranrio-RJ: Universidade do Grande Rio (Rio de Janeiro)
Unioeste-PR: Universidade Estadual do Oeste do Paraná
Unisc-RS: Universidade de Santa Cruz do Sul (Rio Grande do Sul)
Unisinos-RS: Universidade do Vale do Rio dos Sinos (Rio Grande do Sul)
UPE: Universidade de Pernambuco
UPF-RS: Universidade de Passo Fundo (Rio Grande do Sul)
UPM-SP: Universidade Presbiteriana Mackenzie (São Paulo)
USF-SP: Universidade São Francisco (São Paulo)

CAPÍTULO

6

Números complexos

JJFarq/Shutterstock

O estudo do movimento do ar em torno das asas de um avião em movimento envolve a transformação de Joukowski, que relaciona esse movimento com o fluxo de ar em torno de um cilindro. Nessa relação, são utilizados números complexos, tema deste capítulo.

Introdução

Um pouco de história

O desenvolvimento dos números complexos

Os números complexos são usualmente apresentados a partir de uma equação do 2º grau. Por exemplo, quando resolvemos a equação $x^2 + 2x + 5 = 0$, utilizando a usual fórmula resolutiva, encontramos:

$$x = \frac{-2 \pm \sqrt{2^2 - 4 \cdot 1 \cdot 5}}{2 \cdot 1} = \frac{-2 \pm \sqrt{-16}}{2}$$

Para determinar o valor de **x** é preciso calcular a raiz quadrada de -16, o que em $\mathbb{R}$ é impossível, pois não existe um número real **m** tal que $m^2 = -16$. Daí surgiu a necessidade de criar um novo conjunto numérico para se obter a solução para esse tipo de problema.

Presente nos vários domínios da Matemática, os **números complexos** foram um grande desafio imposto aos matemáticos.

Como justificar sua existência e constituição?

Das tentativas de responder a essa questão nasceram novos conceitos algébricos e novas teorias, produzindo um grande desenvolvimento das pesquisas matemáticas.

Um primeiro avanço importante foi dado por Girolamo Cardano (1501-1576) ao tentar resolver o seguinte problema: "Dividir um segmento de comprimento 10 em duas partes cujo produto seja 40".

Chamando **x** e 10 – x as partes procuradas, Cardano montou a seguinte equação:

$$x \cdot (10 - x) = 40 \Rightarrow x^2 - 10x + 40 = 0 \Rightarrow x = 5 \pm \sqrt{-15}$$

e, como $\sqrt{-15}$ não é um número real, para Cardano tal problema não teria solução.

Entretanto, ele trabalhou com os resultados obtidos, ou seja, com $x = 5 + \sqrt{-15}$ e $10 - x = 5 - \sqrt{-15}$, constatando que:

$$\begin{cases} (5 + \sqrt{-15}) + (5 - \sqrt{-15}) = 10 \\ \text{e} \\ (5 + \sqrt{-15}) \cdot (5 - \sqrt{-15}) = 40 \end{cases}$$

Então, mesmo desconhecendo o significado dos números que havia obtido, Cardano pôde concluir que $5 + \sqrt{-15}$ e $5 - \sqrt{-15}$ eram soluções da equação.

Anos depois, o matemático Rafael Bombelli (1526-1572), ao aplicar a fórmula de Cardano para a resolução de equações do 3º grau, obteve para a equação $x^3 - 15x - 4 = 0$ a solução $x = \sqrt[3]{2 + \sqrt{-121}} + \sqrt[3]{2 - \sqrt{-121}}$. (*)

Como sabia que 4 era uma raiz dessa equação, pois a sentença $4^3 - 15 \cdot 4 - 4 = 0$ é verdadeira, Bombelli concluiu que essa raiz poderia ser obtida pela fórmula (*), desde que se calculasse $\sqrt{-121}$.

Esse foi o mais importante passo para que fosse admitida a existência de um número da forma $a + \sqrt{-b}$, em que $a \in \mathbb{R}$ e $b \in \mathbb{R}_+^*$.

Coleção particular Science Source/LatinStock

O matemático alemão Gauss também trabalhou em áreas como Geometria, Astronomia e Óptica.

Responsáveis pela legitimação de toda a teoria estudada nos dias de hoje, Johan Carl Friedrich Gauss (1777-1855) e J. E. Argand (1768-1822) foram os primeiros matemáticos a ter uma ideia mais clara sobre os chamados números imaginários e a perceber as vantagens que os matemáticos do século XIX poderiam obter através do aprendizado de sua representação geométrica.

De fato, o reconhecimento desses números, com base nos estudos de Gauss, propiciou o desenvolvimento de várias teorias matemáticas, tendo sido universalmente adotados ao fim de 1840.

Em 1835, o matemático irlandês William R. Hamilton (1805-1866) elaborou uma teoria aritmética dos números complexos, a qual consistia em considerá-los como pares ordenados de números reais e em definir a soma e o produto de tais pares da maneira mostrada a seguir.

Conjunto dos números complexos

Definição

Chama-se **conjunto dos números complexos** o conjunto $\mathbb{C}$ de todos os pares ordenados de números reais para os quais valem as seguintes definições:

(I) Igualdade: $(a, b) = (c, d) \Leftrightarrow a = c$ e $b = d$

(A) Adição: $(a, b) + (c, d) = (a + c, b + d)$

(M) Multiplicação: $(a, b) \cdot (c, d) = (ac - bd, ad + bc)$

Assim, $z \in \mathbb{C} \Rightarrow z = (a, b)$, em que $a \in \mathbb{R}$ e $b \in \mathbb{R}$.

EXEMPLO 1

Dados os números complexos $z_1 = (x - 1, y + 2)$ e $z_2 = (-4, 3)$, vamos determinar os números reais **x** e **y** para que se tenha $z_1 = z_2$.

Pela definição (I), temos:

$$z_1 = z_2 \Leftrightarrow (x - 1, y + 2) = (-4, 3) \underset{(I)}{\Leftrightarrow} \begin{cases} x - 1 = -4 \\ \text{e} \\ y + 2 = 3 \end{cases} \Leftrightarrow x = -3 \text{ e } y = 1$$

EXEMPLO 2

Dados os números complexos $z_1 = (2, 4)$ e $z_2 = (3, -1)$, determinemos os complexos **v** e **w**, tais que $v = z_1 + z_2$ e $w = z_1 \cdot z_2$.

$$v = z_1 + z_2 = (2, 4) + (3, -1) \underset{(A)}{=} (2 + 3, 4 + (-1)) \Rightarrow v = (5, 3)$$

$$w = z_1 \cdot z_2 = (2, 4) \cdot (3, -1) \underset{(M)}{=} (2 \cdot 3 - 4 \cdot (-1), 2 \cdot (-1) + 4 \cdot 3) \Rightarrow w = (10, 10)$$

EXEMPLO 3

Dados os complexos $z_1 = (1, 2)$ e $z_2 = (3, 4)$, em cada caso vamos determinar o complexo **z** que satisfaz a condição indicada:

a) $z_2 + z = z_1$

b) $z_2 \cdot z = z_1$

a) Considerando $z = (x, y)$, em que $x, y \in \mathbb{R}$, temos:

$$z_2 + z = z_1 \Rightarrow (3, 4) + (x, y) = (1, 2) \underset{(A)}{\Rightarrow} (3 + x, 4 + y) = (1, 2) \underset{(I)}{\Rightarrow}$$

$$\underset{(I)}{\Rightarrow} \begin{cases} 3 + x = 1 \\ 4 + y = 2 \end{cases} \Rightarrow \begin{cases} x = 1 - 3 \\ y = 2 - 4 \end{cases} \Rightarrow \begin{cases} x = -2 \\ y = -2 \end{cases}$$

Como $z = (x, y)$, então $z = (-2, -2)$.

Note que, dados os complexos $z_1 = (a, b)$ e $z_2 = (c, d)$, ao determinarmos o complexo $z = (x, y)$ que satisfaz a condição $z_2 + z = z_1$, estamos calculando a diferença entre $\mathbf{z_1}$ e $\mathbf{z_2}$, que é indicada por $z_1 - z_2$.

Assim: $z_1 - z_2 = z \Rightarrow (a, b) - (c, d) = (a - c, b - d)$

b) Considerando $z = (x, y)$, em que $x, y \in \mathbb{R}$, temos:

$$z_2 \cdot z = z_1 \Rightarrow (3, 4) \cdot (x, y) = (1, 2) \underset{(A)}{\Rightarrow} (3x - 4y, 3y + 4x) = (1, 2) \underset{(I)}{\Rightarrow}$$

$$\underset{(I)}{\Rightarrow} \begin{cases} 3x - 4y = 1 \\ 3y + 4x = 2 \end{cases} \Rightarrow x = \frac{11}{25} \text{ e } y = \frac{2}{25}$$

Como $z = (x, y)$, então $z = \left(\frac{11}{25}, \frac{2}{25}\right)$.

Note que, dados os complexos $z_1 = (a, b)$ e $z_2 = (c, d) \neq (0, 0)$, ao determinarmos o complexo $z = (x, y)$, que satisfaz a condição $z_2 \cdot z = z_1$, estamos calculando o quociente de $\mathbf{z_1}$ por $\mathbf{z_2}$, que é indicado por $\frac{z_1}{z_2}$.

OBSERVAÇÕES

- Examinemos o comportamento dos números complexos da forma $z = (x, 0)$, relativamente às definições de igualdade, adição e multiplicação:

  (I) $(x, 0) = (y, 0) \iff x = y$

  (A) $(x, 0) + (y, 0) = (x + y, 0 + 0) = (x + y, 0)$

  (M) $(x, 0) \cdot (y, 0) = (x \cdot y - 0 \cdot 0, x \cdot 0 + 0 \cdot y) = (x \cdot y, 0)$

  Notamos que, relativamente às operações de adição e multiplicação, esses números se comportam como números reais, como mostram os exemplos:

  $(3, 0) + (5, 0) = (3 + 5, 0 + 0) = (8, 0)$ e $3 + 5 = 8$

  $(3, 0) \cdot (5, 0) = (3 \cdot 5 - 0 \cdot 0, 3 \cdot 0 + 0 \cdot 5) = (15, 0)$ e $3 \cdot 5 = 15$

  Esse fato permite que se faça a identidade $(x, 0) = x, \forall x \in \mathbb{R}$, ou seja, todo número real **x** é um número complexo da forma $(x, 0)$.

  Em particular, o número complexo $(1, 0) = 1$ é chamado **unidade real**.

- Como um número complexo é um par ordenado de números reais, então podemos dizer que existe uma correspondência biunívoca entre os elementos do conjunto $\mathbb{C}$ e o conjunto dos pontos de um plano, isto é, a cada número complexo $z = (a, b)$ corresponde um único ponto **M**, de coordenadas (a, b), pertencente a um plano e reciprocamente.

  Chamaremos esse ponto **M** de **imagem** ou **afixo** do número complexo **z**.

  O plano ao qual **M** pertence é chamado **plano de Argand-Gauss**, ou **plano de Gauss**, e é determinado por dois eixos perpendiculares, denominados eixo real (Re(z)) e eixo imaginário (Im(z)), conforme é mostrado na figura ao lado.

  Assim, as imagens dos números complexos da forma $(x, 0)$ pertencem ao eixo Re(z) e as imagens dos números complexos da forma $(0, y)$ pertencem ao eixo Im(z).

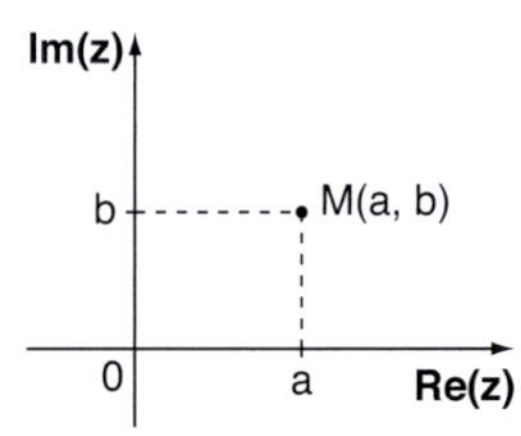

Banco de imagens/Arquivo da editora

- Os números complexos da forma $(0, y)$, com $y \neq 0$, são chamados **imaginários puros**.

  Em particular, chama-se **unidade imaginária** o número complexo $i = (0, 1)$.

  Note que: $i^2 = i \cdot i = (0, 1) \cdot (0, 1) = (0 \cdot 0 - 1 \cdot 1, 0 \cdot 1 + 1 \cdot 0) = (-1, 0) \Rightarrow \mathbf{i^2 = -1}$.

- Vamos estabelecer uma regra prática para o cálculo de $\mathbf{i}^n$, em que $n \in \mathbb{N}$.

  Calculemos, por recorrência, o valor de algumas potências naturais de **i**:

$i^0 = 1$; $\quad i^1 = i$; $\quad i^2 = -1$; $\quad i^3 = i^2 \cdot i = (-1) \cdot i = -i$

$i^4 = i^2 \cdot i^2 = 1$; $\quad i^5 = i^{4+1} = i^4 \cdot i^1 = i$; $\quad i^6 = i^{4+2} = i^4 \cdot i^2 = -1$; $\quad i^7 = i^{4+3} = i^4 \cdot i^3 = -i$

$i^8 = i^4 \cdot i^4 = 1$; $\quad i^9 = i^{8+1} = i^8 \cdot i^1 = i$; $\quad i^{10} = i^{8+2} = i^8 \cdot i^2 = -1$; $\quad i^{11} = i^{8+3} = i^8 \cdot i^3 = -i$

$\vdots \qquad \vdots \qquad \vdots \qquad \vdots$

De modo geral, $\forall k \in \mathbb{N}$, temos:

$i^{4k} = i^{4k+0} = 1$; $\quad i^{4k+1} = i^{4k} \cdot i^1 = i$; $\quad i^{4k+2} = i^{4k} \cdot i^2 = -1$; $\quad i^{4k+3} = i^{4k} \cdot i^3 = -i$

Como sabemos que na divisão de **n** por 4 os possíveis restos são 0, 1, 2 ou 3, ou seja,

$$\begin{array}{r|l} n & 4 \\ \hline r & k \end{array} \Rightarrow n = 4k + r, \text{ em que } r = 0, 1, 2 \text{ ou } 3,$$

temos: $i^n = i^{4k+r} = \underbrace{i^{4k}}_{i^{4k} = 1} \cdot i^r \Rightarrow i^n = i^r$, em que **r** é o resto da divisão de **n** por 4.

Dessa forma, fica estabelecida a seguinte regra para o cálculo das potências naturais de **i**:

> Para calcular $\mathbf{i}^n$, em que $n \in \mathbb{N}$, divide-se **n** por 4, e, sendo **r** o resto dessa divisão, temos $i^n = i^r$.

Note que essa regra pode ser estendida às potências inteiras de **i** e vale $i^{-n} = \dfrac{1}{i^n}, \forall n \in \mathbb{Z}$.

EXEMPLO 4

Vamos calcular $\mathbf{i}^{107}$ e $\mathbf{i}^{2050}$ aplicando a regra obtida.

$$\begin{array}{r|l} 107 & 4 \\ \hline 27 & 26 \\ (3) & \end{array} \qquad \begin{array}{r|l} 2050 & 4 \\ \hline 05 & 512 \\ 10 & \\ (2) & \end{array}$$

Logo, $i^{107} = i^3 = -i$ e $i^{2050} = i^2 = -1$.

Exercícios

1. Em cada caso, efetue as operações indicadas:

a) $(3, 2) + (0, 1)$

b) $(2, 3) \cdot (-1, 4)$

c) $(2x - y, 6x + 2y) + (x - 2y, x)$

d) $(-1, -1) \cdot (-4, 2)$

e) $(2, -3) - (-1, -2)$

f) $(1, 0) \cdot (x, -y)$

2. Represente no plano de Gauss os pontos **M**, **N**, **P** e **Q**, respectivas imagens dos números complexos $z_1 = (-2, 1)$, $z_2 = (0, -1)$, $z_1 + z_2$ e $z_1 \cdot z_2$.

3. Dados os números complexos $z_1 = (x, 3)$ e $z_2 = (2 - y, y)$, determine os números reais **x** e **y** de modo que $z_2 - z_1 = (5, -4)$.

4. Calcule:

a) i^{54} c) i^{161} e) i^{1221} g) i^{13335}

b) i^{95} d) i^{200} f) i^{2022} h) i^{12784}

5. Efetue:

a) $i^{25} \cdot i^{18}$ c) $\dfrac{i^{79}}{i^{32}}$ e) $\dfrac{i^{-98}}{i^{-34}}$

b) $(-2i)^{11}$ d) $\left[(i^2)^{20}\right]^{32}$ f) $\dfrac{i^{132} + i^{61}}{i^{42}}$

6. Se **i** é a unidade imaginária, determine em cada caso o valor de **A**:

a) $A = i + i^2 + i^3 + \ldots + i^{49} + i^{50}$

b) $A = i \cdot i^2 \cdot i^3 \cdot \ldots \cdot i^{19} \cdot i^{20}$

7. Sendo **i** a unidade imaginária, determine o valor de: $E = (1 - i)^{96} + (1 - i)^{97}$.

Forma algébrica de z

Dado o complexo $z = (x, y)$, observe que:

$$z = (x, y) = (x, 0) + (0, y) = (x, 0) + (y \cdot 0 - 0 \cdot 1, y \cdot 1 + 0 \cdot 0) = (x, 0) + (y, 0) \cdot (0, 1) \quad (*)$$

Como já foi visto, $(x, 0) = x \in \mathbb{R}$, $(y, 0) = y \in \mathbb{R}$ e $(0, 1) = i$, então, substituindo esses valores em $(*)$, obtemos uma nova expressão para o complexo $z = (x, y)$, que é chamada **forma algébrica** do número complexo **z**:

$$z = x + y \cdot i, \text{ em que } x \in \mathbb{R} \text{ e } y \in \mathbb{R}$$

Temos agora duas expressões para um número complexo, pois:

$$z = (x, y) = x + y \cdot i,$$

em que **x** e **y** são números reais.

EXEMPLO 5

Dados os complexos (2, 5), (−1, 1), $\left(\frac{1}{2}, -\frac{2}{5}\right)$, (0, 4), $\left(-\frac{1}{5}, 0\right)$ e $\left(-\sqrt{2}, -\sqrt{6}\right)$, temos:

$(2, 5) = 2 + 5i$ $\quad (-1, 1) = -1 + i$ $\quad \left(\frac{1}{2}, -\frac{2}{5}\right) = \frac{1}{2} - \frac{2}{5}i$

$(0, 4) = 0 + 4i = 4i$ $\quad \left(-\frac{1}{5}, 0\right) = -\frac{1}{5} + 0 \cdot i = -\frac{1}{5}$ $\quad \left(-\sqrt{2}, -\sqrt{6}\right) = -\sqrt{2} - i\sqrt{6}$

OBSERVAÇÕES

- Dado o número complexo $z = x + y \cdot i$, em que $x \in \mathbb{R}$ e $y \in \mathbb{R}$, temos:

  x é chamado **parte real** de **z** e indica-se $x = Re(z)$;
  y é chamado **parte imaginária** de **z** e indica-se $y = Im(z)$.

  $y = 0 \Leftrightarrow z = x \in \mathbb{R}$, isto é, **z** é um número real se, e somente se, $Im(z) = 0$;
  $x = 0$ e $y \neq 0 \Leftrightarrow z = y \cdot i$, isto é, **z** é um imaginário puro se, e somente se, $Re(z) = 0$ e $Im(z) \neq 0$.

- Para os complexos a + bi e c + di, em que a, b, c, d $\in \mathbb{R}$, as definições de igualdade, adição e multiplicação, definidas para números complexos dados por pares ordenados de números reais, são expressas como:

  (I) $a + bi = c + di \Rightarrow a = c$ e $b = d$

  (A) $(a + bi) + (c + di) = (a + c) + (b + d)i$

  (M) $(a + bi) \cdot (c + di) = ac + adi + bci + bdi^2 = ac + adi + bci + bd(-1) = (ac - bd) + (ad + bc)i$

EXEMPLO 6

- $z = 3 + 2i \Rightarrow Re(z) = 3$ e $Im(z) = 2$
- $z = -1 - 3i \Rightarrow Re(z) = -1$ e $Im(z) = -3$
- $z = -\frac{2}{3} \Rightarrow Re(z) = -\frac{2}{3}$ e $Im(z) = 0$
- $z = -i \Rightarrow Re(z) = 0$ e $Im(z) = -1$
- $z = -1 + i \Rightarrow Re(z) = -1$ e $Im(z) = 1$

EXEMPLO 7

Em cada caso, vamos obter o número real **k** que satisfaz a condição determinada.

a) O número complexo $z = (k - 2) + 4i$ deve ser um imaginário puro.
Sabe-se que **z** é um imaginário puro se, e somente se, $Re(z) = 0$ e $Im(z) \neq 0$.
Então, devemos ter: $\begin{cases} Re(z) = k - 2 = 0 \\ Im(z) = 4 \neq 0 \end{cases}$, ou seja, $k - 2 = 0 \Rightarrow k = 2$.

b) O complexo $z = \left(-3; \frac{2k - 1}{3}\right)$ deve ser um número real.
Sabe-se que **z** é um número real se, e somente se, $Im(z) = 0$.
Então, devemos ter: $\frac{2k - 1}{3} = 0$, ou seja, $2k - 1 = 0 \Rightarrow k = \frac{1}{2}$.

EXEMPLO 8

Em cada caso, determinemos os números reais **x** e **y** que satisfazem a igualdade.

a) $(2x + 1) + (1 - 3y)i = -1 - 2i$

A igualdade $(2x + 1) + (1 - 3y)i = -1 - 2i$ se verifica quando:

$$\begin{cases} 2x + 1 = -1 & \text{(partes reais iguais)} \\ 1 - 3y = -2 & \text{(partes imaginárias iguais)} \end{cases} \Rightarrow x = -1 \text{ e } y = 1$$

b) $(x - y) - 3i = -4 + 6yi$

A igualdade $(x - y) - 3i = -4 + 6yi$ se verifica quando:

$$\begin{cases} x - y = -4 & \text{(partes reais iguais)} \\ -3 = 6y & \text{(partes imaginárias iguais)} \end{cases} \Rightarrow y = -\frac{1}{2} \text{ e } x = -\frac{9}{2}$$

EXEMPLO 9

Dados os complexos $v = 1 + 2i$ e $w = 2 - 2i$, vamos calcular $v + w$, $v \cdot w$, $\mathbf{w}^2$ e $w - v$.

- $v + w = (1 + 2i) + (2 - 2i) = (1 + 2) + (2 - 2)i = 3$
- $v \cdot w = (1 + 2i) \cdot (2 - 2i) = 2 - 2i + 4i - 4i^2 = 2 + 2i - 4(-1) = 2 + 2i + 4 = 6 + 2i$
- $w^2 = (2 - 2i)^2 = 2^2 - 2 \cdot 2 \cdot 2i + (2i)^2 = 4 - 8i + 4i^2 = 4 - 8i + 4 \cdot (-1) = 4 - 8i - 4 = -8i$
- $w - v = (2 - 2i) - (1 + 2i) = 2 - 1 - 2i - 2i = 1 - 4i$

Exercícios resolvidos

1. Resolva as equações seguintes no universo $\mathbb{C}$:

a) $x^2 + 16 = 0$

b) $x^2 - 2x + 4 = 0$

Solução:

a) $x^2 + 16 = 0 \Rightarrow x^2 = -16 \Rightarrow x^2 = 16 \cdot (-1) \Rightarrow x^2 = 16 \cdot i^2 \Rightarrow x = \pm\sqrt{16i^2} \Rightarrow x = 4i$ ou $x = -4i$

b) $x^2 - 2x + 4 = 0$

Como $\Delta = (-2)^2 - 4 \cdot 1 \cdot 4 = -12 = 12 \cdot (-1) = 12i^2$, temos:

$$x = \frac{2 \pm \sqrt{12i^2}}{2} = \frac{2 \pm 2i\sqrt{3}}{2} \Rightarrow x = 1 + i\sqrt{3} \text{ ou } x = 1 - i\sqrt{3}$$

2. Calcule $\sqrt{3 - 4i}$.

Solução:

Seja **z** um número complexo tal que $\sqrt{3 - 4i} = z$, ou seja, $z^2 = 3 - 4i$.

Então, considerando $z = x + yi$, em que $x, y \in \mathbb{R}$, temos: $(x + yi)^2 = 3 - 4i$. (*)

Assim, devemos determinar os números reais **x** e **y** que satisfazem a sentença (*), ou seja:

$$x^2 + 2xyi + \underbrace{y^2i^2}_{y^2 \cdot (-1)} = 3 - 4i \Rightarrow (x^2 - y^2) + 2xyi = 3 - 4i \quad (**)$$

Pela definição de igualdade, aplicada em (**), vem: $\begin{cases} x^2 - y^2 = 3 & (1) \\ 2xy = -4 \Rightarrow y = -\dfrac{2}{x} & (2) \end{cases}$

Substituindo ② em ①: $x^2 - \left(-\frac{2}{x}\right)^2 = 3 \Rightarrow x^2 - \frac{4}{x^2} = 3 \Rightarrow (x^2)^2 - 3x^2 - 4 = 0$

Fazendo $x^2 = a$, obtemos a equação do 2º grau $a^2 - 3a - 4 = 0$, que admite as soluções: $a = 4$ e $a = -1$.

Assim, como $x^2 = a$, temos:

$$a = 4 \Rightarrow x^2 = 4 \Rightarrow \begin{cases} x = 2 \overset{②}{\Rightarrow} y = -1 \\ x = -2 \underset{②}{\Rightarrow} y = 1 \end{cases} \Rightarrow z = 2 - i \text{ ou } z = -2 + i$$

$a = -1 \Rightarrow x^2 = -1 \Rightarrow$ não existe solução, pois devemos ter $x \in \mathbb{R}$.

Logo, como $\sqrt{3 - 4i} = z$, temos: $\sqrt{3 - 4i} = 2 - i$ ou $\sqrt{3 - 4i} = -2 + i$.

3. Determine os números complexos **z** tais que $z^2 = 4i$.

Solução:

Considerando $z = x + yi$, em que $x, y \in \mathbb{R}$, na equação $z^2 = 4i$, obtemos: $(x + yi)^2 = 4i$. (*)

Devemos, então, determinar os números reais **x** e **y** que satisfazem a igualdade (*) e, para tal, temos:

$$(x + yi)^2 = 4i \Rightarrow x^2 + 2xyi + y^2i^2 = 4i \Rightarrow (x^2 - y^2) + 2xyi = 4i \quad (**)$$

Pela definição de igualdade de complexos aplicada em (**), vem: $\begin{cases} x^2 - y^2 = 0 & ① \\ 2xy = 4 \Rightarrow y = \frac{2}{x} & ② \end{cases}$

Substituindo ② em ①: $x^2 - \frac{4}{x^2} = 0 \Rightarrow (x^2)^2 - 4 = 0 \Rightarrow (x^2)^2 = 4 \Rightarrow x^2 = 2$ ou $x^2 = -2$

Assim, temos:

- $x^2 = 2 \Rightarrow \begin{cases} x = \sqrt{2} \underset{②}{\Rightarrow} y = \frac{2}{\sqrt{2}} = \sqrt{2} \Rightarrow z = \sqrt{2} + i\sqrt{2} \\ x = -\sqrt{2} \underset{②}{\Rightarrow} y = -\frac{2}{\sqrt{2}} = -\sqrt{2} \Rightarrow z = -\sqrt{2} - i\sqrt{2} \end{cases}$
- $x^2 = -2 \Rightarrow$ não existe solução, pois devemos ter $x \in \mathbb{R}$.

Logo, $z = \sqrt{2} + i\sqrt{2}$ e $z = -\sqrt{2} - i\sqrt{2}$ são os números complexos que satisfazem a equação $z^2 = 4i$.

Exercícios

8. Escreva cada um dos números complexos seguintes na correspondente forma algébrica ou como par ordenado:

a) $(3, -2)$ d) $5i$ g) $-3 + i$
b) $(-4, 3)$ e) $(0, 4)$ h) -5
c) $1 - 2i$ f) $(4, 0)$

9. Identifique a parte real e a parte imaginária de cada um dos seguintes números complexos:

a) $4 + 5i$ d) $-7 - i$
b) $3i + 3$ e) $\frac{-2 + 5i}{3}$
c) $-\frac{1}{4} + \frac{1}{2}i$ f) $-i\sqrt{3}$

10. Determine o afixo de $z = (1 + 2i) \cdot (i - 4)$.

11. Em cada caso, determine o número real **m** de modo que:

a) $z = (m - 3) + 4i$ seja imaginário puro;
b) $z = -3 + (m + 3)i$ seja real.

12. Determine $p \in \mathbb{R}$ de modo que $z = (1 - p) + (p^2 - 1)i$ seja um número real não nulo. Nesse caso, qual é o número **z**?

13. Sendo o complexo $z = (m^2 - 25) + (m + 5)i$ um imaginário puro:

a) qual é o valor do número real **m**?
b) determine **z**.

14. Determine $m \in \mathbb{R}$ de modo que o número complexo $z = (m^2 + 1) + (m - 1)i$ seja imaginário puro.

15. Determine os números reais **m** e **n**, para que os números complexos $v = (-2 - m) + 3ni$ e $w = 4 - (m^2 - 4)i$ sejam, respectivamente, imaginário puro e real.

16. Dado o número complexo $z = (3 - x) + (x + 1)i$, em cada caso seguinte determine os valores reais de **x** para que se tenha:

a) $Re(z) = 2$
b) $Im(z) = -4$
c) $Re(z) > Im(z)$
d) $Im(z) < 3$

17. Em cada caso, determine os números reais **m** e **n** para que a igualdade seja verdadeira:

a) $m + (n - 1)i = -4 + 3i$
b) $(n - 2, m + 5) = (3, -2)$
c) $(m - 3) + (n - 2)i = 5i$
d) $(m - n + 1) + (2m + n - 4)i = 0$

18. Efetue:

a) $(2 - 3i) + (-1 + 2i) + (3 + 2i)$
b) $(-7 + 5i) - (3 - 2i)$
c) $2 + (3 - i) + (-1 + 2i) + i$
d) $4i - (1 - 3i) - (-2 + i)$
e) $(-4 + 3i) + 2i - (-3 - i)$
f) $-1 - (-2 + i) + (5 - i) - (3 - 7i)$

19. Dados os complexos $u = 2 + 3i$, $v = -5i$ e $w = -1 - 2i$, calcule:

a) $u + v + w$
b) $(u - i) + (v - w)$
c) $v - w + u$

20. Sejam os complexos $z_1 = (-2, x)$ e $z_2 = (y, -3)$.

a) Escreva $\mathbf{z_1}$ e $\mathbf{z_2}$ na forma algébrica.
b) Determine **x** e **y** reais tais que $z_1 + z_2 = -4 + 2i$.

21. Determine os complexos **u** e **v** tais que $u + v = 2 - 5i$ e $u - 2v = -4 + 13i$.

22. Resolva, em $\mathbb{C}$, as equações:

a) $x^2 + 100 = 0$
b) $x^2 - 6x + 10 = 0$
c) $-x^2 + 4x - 29 = 0$
d) $(x^2 + 9) \cdot (x^2 - 1) = 0$

23. Resolva a equação $x^3 - 14x^2 + 58x = 0$, considerando o conjunto universo:

a) $\mathbb{R}$
b) $\mathbb{C}$

24. Resolva, em $\mathbb{C}$, as equações:

a) $x^4 + 5x^2 + 6 = 0$
b) $x^4 + 3x^2 - 4 = 0$

25. Determine as raízes quadradas dos complexos:

a) $-5 + 12i$
b) $4i$
c) $4 + 3i$
d) $1 - i\sqrt{3}$

26. Efetue:

a) $(2 + 5i) \cdot (1 - i)$
b) $(4 + 3i) \cdot (-2 + 2i)$
c) $(6 - 3i) \cdot (-3 + 6i)$
d) $(4 + i) \cdot (2 - i) + 3 - i$
e) $4 + 3i + (1 - 2i) \cdot (3 + i)$
f) $(-5i) \cdot (4 - 3i) \cdot (1 + 2i)$

27. Desenvolva os seguintes produtos notáveis:

a) $(1 + i) \cdot (1 - i)$
b) $(2 - 3i)^2$
c) $(4 + i)^2$
d) $(-3 - 3i)^2$
e) $(4 + 4i)^3$
f) $(2 + i)^3$

28. Dados os complexos $u = 4 - 3i$, $v = -5i$ e $w = 1 + 2i$, determine $u \cdot v \cdot w$.

29. Qual é o valor de $[\sqrt{3}(\sqrt{3} + i\sqrt{3})]^2$?

30. Dados os complexos $z_1 = \left(\frac{1}{2}, 3\right)$ e $z_2 = (2, -5)$, determine:

a) $z_1 \cdot z_2$
b) z_2^2

31. Efetue:

a) $(1 + i)^5 \cdot (1 - i)^5$
b) $(1 - i)^3$
c) $(2 + 2i)^4$

32. Seja $z = (2 + ai)^3$, com $a \in \mathbb{R}$, um número complexo.

a) Escreva **z** na forma algébrica.
b) Determine **a** de modo que **z** seja imaginário puro.
c) Determine **a** de modo que **z** seja um número real negativo.

33. Determine $x \in \mathbb{R}$ de modo que o número complexo $z = (x + 3i) \cdot (1 - 2i)$ seja um número real. Nesse caso, qual é o número **z**?

34. Determine $x \in \mathbb{R}$ de modo que o número complexo $z = (x + i) \cdot (x + 2i)$ seja imaginário puro. Nesse caso, qual é o número **z**?

35. Considerando que **A**, **B** e **C** são as respectivas imagens dos números complexos $u = -2 + i$, $v = 1 + 5i$ e $w = 4 + i$, determine a área do triângulo ABC.

Conjugado de um número complexo

Definição

Dado o número complexo $z = a + bi$, com **a** e **b** reais, chama-se **conjugado** de **z**, e indica-se por $\overline{z}$, o número complexo $\overline{z} = a - bi$.

EXEMPLO 10

Vejamos os conjugados de alguns números complexos:

a) $z = 2 + 3i \Rightarrow \overline{z} = 2 - 3i$

b) $z = -1 + 4i \Rightarrow \overline{z} = -1 - 4i$

c) $z = -5i \Rightarrow \overline{z} = 5i$

d) $z = 3 \Rightarrow \overline{z} = 3$

Interpretação geométrica do conjugado

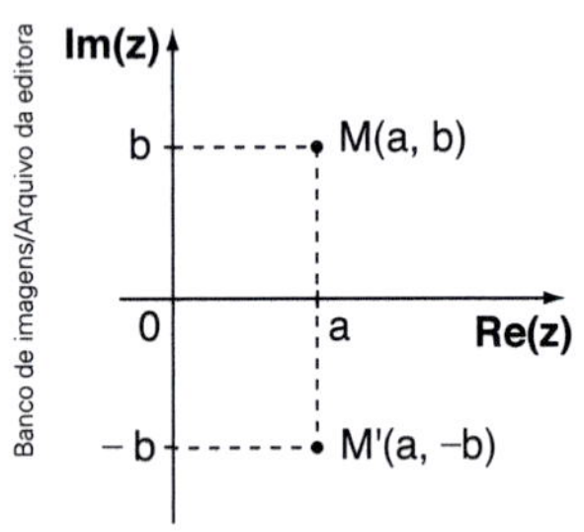

Seja $\overline{z} = a - bi$ o conjugado do número complexo $z = a + bi$, com **a** e **b** reais.

Como os pontos $M = (a, b)$ e $M' = (a, -b)$, representados na figura ao lado, são as respectivas imagens de **z** e $\overline{z}$, conclui-se que:

A imagem de $\overline{z}$ é o ponto simétrico da imagem de **z** em relação ao eixo real.

Propriedades:

1ª) $\forall z \in \mathbb{C}, z = \overline{z} \Leftrightarrow z \in \mathbb{R}$

De fato, se $z = a + bi$, com **a** e **b** reais, temos:

$$z = \overline{z} \Leftrightarrow a + bi = a - bi \Leftrightarrow \left\{\begin{matrix} a = a \Rightarrow \mathbf{a} \text{ é um número real qualquer} \\ b = -b \Rightarrow b = 0 \end{matrix}\right\} \Leftrightarrow z = a \in \mathbb{R}$$

2ª) $\forall z \in \mathbb{C}, \overline{\overline{z}} = z$

3ª) $\forall z_1, z_2 \in \mathbb{C}, \overline{z_1 + z_2} = \overline{z_1} + \overline{z_2}$

De fato, se $z_1 = a + bi$ e $z_2 = c + di$, com **a**, **b**, **c** e **d** reais, temos:

$$z_1 + z_2 = (a + bi) + (c + di) = (a + c) + (b + d)i$$

Logo, $\overline{z_1 + z_2} = \overline{(a + c) + (b + d)i} = (a + c) - (b + d)i = (a - bi) + (c - di) = \overline{z_1} + \overline{z_2}$

4ª) $\forall z_1, z_2 \in \mathbb{C}, \overline{z_1 \cdot z_2} = \overline{z_1} \cdot \overline{z_2}$

De fato, se $z_1 = a + bi$ e $z_2 = c + di$, com **a**, **b**, **c** e **d** reais, temos:

I. $\overline{z_1 \cdot z_2} = \overline{(a + bi) \cdot (c + di)} = \overline{(ac - bd) + (ad + bc)i} = (ac - bd) - (ad + bc)i$

II. $\overline{z_1} \cdot \overline{z_2} = \overline{(a + bi)} \cdot \overline{(c + di)} = (a - bi) \cdot (c - di) = ac - adi - bci + bdi^2 =$
$= (ac - bd) - (ad + bc)i$

Logo, de I e II, conclui-se que: $\overline{z_1 \cdot z_2} = \overline{z_1} \cdot \overline{z_2}$.

OBSERVAÇÃO

Essa propriedade pode ser generalizada para um produto de **n** números complexos:

$$\forall z_1, z_2, ..., z_n \in \mathbb{C}, \overline{z_1 \cdot z_2 \cdot ... \cdot z_n} = \overline{z_1} \cdot \overline{z_2} \cdot ... \cdot \overline{z_n}$$

5ª) $\forall z \in \mathbb{C}, (\overline{z})^n = \overline{z^n}$, em que $n \in \mathbb{N}$

Considerando $z_1 = z_2 = \ldots = z_n = z$ na expressão $\overline{z_1 \cdot z_2 \cdot \ldots \cdot z_n} = \overline{z_1} \cdot \overline{z_2} \cdot \ldots \cdot \overline{z_n}$, temos:

$$\underbrace{\overline{z \cdot z \cdot \ldots \cdot z}}_{\text{n fatores}} = \underbrace{\overline{z} \cdot \overline{z} \cdot \ldots \cdot \overline{z}}_{\text{n fatores}} \Rightarrow \overline{z^n} = (\overline{z})^n$$

6ª) $\forall z \in \mathbb{C}, z + \overline{z} = 2 \cdot \text{Re}(z)$

De fato, se $z = a + bi$, com **a** e **b** reais, temos:

$$z + \overline{z} = (a + bi) + (a - bi) = 2a = 2 \cdot \text{Re}(z)$$

7ª) $\forall z \in \mathbb{C}, z - \overline{z} = 2 \cdot \text{Im}(z) \cdot i$

Exercícios resolvidos

4. Determine os números complexos **z** tais que $z \cdot \overline{z} = 13 + 6i + \overline{z} - z$.

Solução:

Considerando $z = a + bi$, com **a** e **b** reais, na equação $z \cdot \overline{z} = 13 + 6i + \overline{z} - z$, temos:

$$(a + bi) \cdot (a - bi) = 13 + 6i + (a - bi) - (a + bi) \Rightarrow a^2 - b^2i^2 = 13 + 6i + \cancel{a} - bi - \cancel{a} - bi \Rightarrow$$

$$\Rightarrow a^2 + b^2 = 13 + (6 - 2b)i \Rightarrow \begin{cases} a^2 + b^2 = 13 & (1) \\ 0 = 6 - 2b \Rightarrow b = 3 & (2) \end{cases}$$

Substituindo (2) em (1), vem:

$$a^2 + 3^2 = 13 \Rightarrow a^2 = 4 \Rightarrow a = 2 \text{ ou } a = -2$$

Assim, como $z = a + bi$, temos: $\begin{cases} a = 2 \text{ e } b = 3 \Rightarrow z = 2 + 3i \\ a = -2 \text{ e } b = 3 \Rightarrow z = -2 + 3i \end{cases}$

5. Determine os complexos **z** tais que $z^2 = \overline{z}$.

Solução:

Na equação $z^2 = \overline{z}$, considerando $z = x + yi$, em que $x, y \in \mathbb{R}$, temos:

$$(x + yi)^2 = x - yi \Rightarrow x^2 + 2xyi + y^2i^2 = x - yi \Rightarrow (x^2 - y^2) + 2xyi = x - yi \quad (*)$$

Da definição de igualdade de números complexos, aplicada em (*), vem:

$$\begin{cases} x^2 - y^2 = x \\ 2xy = -y \Rightarrow y(2x + 1) = 0 \Rightarrow y = 0 \text{ ou } x = -\dfrac{1}{2} \end{cases}$$

Assim, considerando em (**):

- $y = 0$, temos: $x^2 = x \Rightarrow x(x - 1) = 0 \Rightarrow x = 0$ ou $x = 1$ (1)
- $x = -\dfrac{1}{2}$, temos: $\dfrac{1}{4} - y^2 = -\dfrac{1}{2} \Rightarrow y^2 = \dfrac{3}{4} \Rightarrow y = -\dfrac{\sqrt{3}}{2}$ ou $y = \dfrac{\sqrt{3}}{2}$ (2)

Como $z = x + yi$, então obtemos:

de (1) $\begin{cases} x = 0 \text{ e } y = 0 \Rightarrow z = 0 \\ x = 1 \text{ e } y = 0 \Rightarrow z = 1 \end{cases}$ e de (2) $\begin{cases} x = -\dfrac{1}{2} \text{ e } y = -\dfrac{\sqrt{3}}{2} \Rightarrow z = -\dfrac{1}{2} - \dfrac{\sqrt{3}}{2}i \\ x = -\dfrac{1}{2} \text{ e } y = \dfrac{\sqrt{3}}{2} \Rightarrow z = -\dfrac{1}{2} + \dfrac{\sqrt{3}}{2}i \end{cases}$

Logo, satisfazem a equação dada os complexos:

$z = 0$, $z = 1$, $z = -\dfrac{1}{2} - \dfrac{\sqrt{3}}{2}i$ e $z = -\dfrac{1}{2} + \dfrac{\sqrt{3}}{2}i$.

Exercícios

36. Dados os complexos $z_1 = -1 - 3i$, $z_2 = 2i$ e $z_3 = 1 - i$, determine:

a) $z_1 + \overline{z_2}$

b) $z_2 \cdot \overline{z_3}$

c) $\overline{\overline{z_1} + z_3}$

d) $\overline{z_2 \cdot \overline{z_3}}$

37. Na figura, **P** é o afixo de $\mathbf{z_1}$, e **Q** é o afixo de $\mathbf{z_2}$.

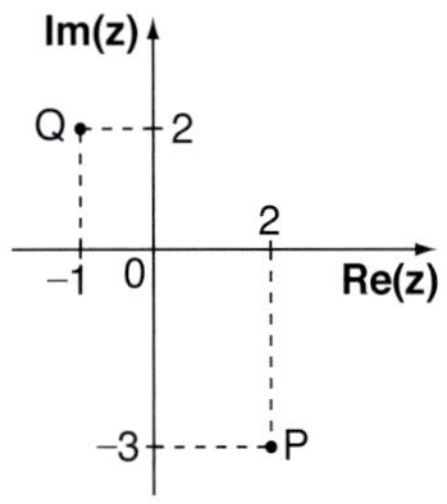

Banco de imagens/Arquivo da editora

Determine o afixo de:

a) $\overline{z_1}$

b) $z_1 \cdot \overline{z_3}$

c) $(\overline{z_1} \cdot z_2)^2$

38. Na figura ao lado, **P** é a imagem do número complexo **z** no plano complexo. Em cada caso, determine **P'**, sabendo que:

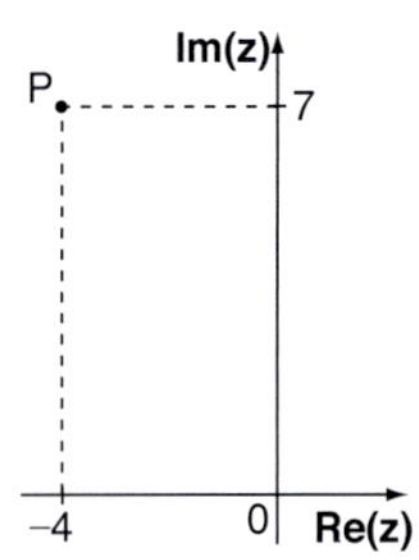

Banco de imagens/Arquivo da editora

a) **P'** é o simétrico de **P** em relação ao eixo imaginário.

b) **P'** é o simétrico de **P** em relação à origem.

c) **P'** é o simétrico de **P** em relação ao eixo real.

d) **P'** é a imagem do número complexo $z \cdot i$.

39. Determine $z \in \mathbb{C}$ que verifica a igualdade $z - \overline{z} = 6i$.

40. Determine $z \in \mathbb{C}$ de modo que a igualdade $2\overline{z} \cdot i + 3 = 2z - \overline{z} + 2i$ seja verdadeira.

41. Em cada caso, determine os complexos **z** que verificam a igualdade:

a) $(\overline{z})^2 = z^2$

b) $z^2 = 2 \cdot \overline{z} \cdot i$

c) $(\overline{z})^2 = -2i$

42. Os números complexos **z** tais que $\begin{cases} z + \overline{z} = 4 \\ z \cdot \overline{z} = 13 \end{cases}$ são representados no plano de Gauss pelos pontos **A** e **B**. Se **O** é a origem do plano, qual é a área do triângulo ABO?

Quociente de dois números complexos na forma algébrica

Dados os números complexos $z_1 = a + bi$ e $z_2 = c + di \neq 0$, com **a**, **b**, **c** e **d** reais, vamos obter o número complexo **z** tal que $z_2 \cdot z = z_1$.

Considerando $z = x + yi$, com **x** e **y** reais, temos:

$$z_2 \cdot z = z_1 \Rightarrow (c + di) \cdot (x + yi) = a + bi \Rightarrow (cx - dy) + (cy + dx)i = a + bi \quad (*)$$

Da definição de igualdade aplicada em (*), obtém-se o sistema seguinte nas incógnitas **x** e **y**:

$$\begin{cases} cx - dy = a \\ dx + cy = b \end{cases}$$

Resolvendo esse sistema, obtêm-se: $x = \dfrac{ac + bd}{c^2 + d^2}$ e $y = \dfrac{bc - ad}{c^2 + d^2}$

Logo: $z = x + yi \Rightarrow z = \dfrac{ac + bd}{c^2 + d^2} + \dfrac{bc - ad}{c^2 + d^2} \cdot i$

O número complexo **z** obtido é chamado **quociente** de $\mathbf{z_1}$ por $\mathbf{z_2}$, ou seja, se $z_2 \cdot z = z_1$, com $z_2 \neq 0$, então $\dfrac{z_1}{z_2} = z$.

Mas o cálculo do quociente $\frac{z_1}{z_2}$ pode ser feito de maneira mais simples.

Note que: $z = \frac{z_1}{z_2} = \frac{z_1 \cdot \overline{z_2}}{z_2 \cdot \overline{z_2}} = \frac{(a + bi) \cdot (c - di)}{(c + di) \cdot (c - di)} = \frac{ac - adi + bci - bdi^2}{c^2 - d^2i^2} =$

$= \frac{ac + bd}{c^2 + d^2} + \frac{bc - ad}{c^2 + d^2} \cdot i$

Assim:

Para se obter o quociente de dois números complexos $\left(\frac{z_1}{z_2}\right)$, basta multiplicar o numerador e o denominador pelo conjugado do denominador, ou seja, $\frac{z_1}{z_2} = \frac{z_1}{z_2} \cdot \frac{\overline{z_2}}{\overline{z_2}}$.

EXEMPLO 11

Em cada caso, determinemos a forma algébrica dos seguintes quocientes:

a) $\frac{3 - 2i}{2 + i} = \frac{3 - 2i}{2 + i} \cdot \frac{2 - i}{2 - i} = \frac{6 - 3i - 4i + 2i^2}{4 - i^2} = \frac{4 - 7i}{4 - (-1)} = \frac{4}{5} - \frac{7}{5}i$

b) $\frac{-1 + 5i}{i} = \frac{(-1 + 5i) \cdot (-i)}{i \cdot (-i)} = \frac{i - 5i^2}{-i^2} = \frac{i - 5(-1)}{-(-1)} = 5 + i$

EXEMPLO 12

Determinemos o quociente de 5i por 3 − 4i:

$\frac{5i}{3 - 4i} = \frac{5i \cdot (3 + 4i)}{(3 - 4i) \cdot (3 + 4i)} = \frac{15i + 20i^2}{9 - 16i^2} = \frac{15i + 20(-1)}{9 - 16(-1)} = \frac{-20 + 15i}{25} = -\frac{4}{5} + \frac{3}{5}i$

EXEMPLO 13

Vamos expressar o complexo $z = \frac{(2 - 2i) \cdot (1 + 4i)}{-3i}$ na forma algébrica.

Primeiramente, determinemos a forma algébrica do numerador de **z**:

$$z = \frac{(2 - 2i) \cdot (1 + 4i)}{-3i} = \frac{2 + 8i - 2i - 8i^2}{-3i} = \frac{2 + 6i - 8(-1)}{-3i} = \frac{10 + 6i}{-3i}$$

Assim, temos:

$$z = \frac{10 + 6i}{-3i} = \frac{(10 + 6i)(3i)}{(-3i)(3i)} = \frac{30i + 18i^2}{-9i^2} = \frac{30i + 18(-1)}{-9(-1)} = -2 + \frac{10}{3}i.$$

Exercícios resolvidos

6. Determine o número real **x** de modo que $z = \dfrac{2 - i}{1 + xi}$ seja imaginário puro. Nesse caso, qual é o complexo **z**?

Solução:

Expressando **z** na forma algébrica, temos:

$$z = \frac{2 - i}{1 + xi} = \frac{(2 - i) \cdot (1 - xi)}{(1 + xi) \cdot (1 - xi)} = \frac{2 - 2xi - i + xi^2}{1 - (xi)^2} = \frac{(2 - x) - (2x + 1)i}{1 - x^2 \cdot i^2} = \frac{2 - x}{1 + x^2} - \frac{2x + 1}{1 + x^2} \cdot i$$

Como **z** é um imaginário puro se, e somente se, Re(z) = 0 e Im(z) ≠ 0, então devemos ter:

$$\frac{2 - x}{1 + x^2} = 0 \quad (1) \quad e \quad -\frac{2x + 1}{1 + x^2} \neq 0 \quad (2)$$

De (1), vem: $x - 2 = 0 \Rightarrow x = 2$

Substituindo x = 2 em (2): $-\dfrac{2 \cdot 2 + 1}{1 + 2^2} = -1 \neq 0$, isto é, x = 2 satisfaz a condição (2).

Logo, **z** é um imaginário puro se x = 2.

Se x = 2, então, como $z = \dfrac{2 - x}{1 + x^2} - \dfrac{2x + 1}{1 + x^2} \cdot i$, temos: $z = \dfrac{2 - 2}{1 + 2^2} - \dfrac{2 \cdot 2 + 1}{1 + 2^2} \cdot i \Rightarrow z = -i$

7. Calcule $\dfrac{(1 - i)^{322}}{i^{-105}}$.

Solução:

$$\frac{(1 - i)^{322}}{i^{-105}} = \frac{[(1 - i)^2]^{161}}{\frac{1}{i^{105}}} = [1 - 2i + i^2]^{161} \cdot i^{105} = (-2i)^{161} \cdot i^{105} = (-2)^{161} \cdot i^{161} \cdot i^{105} = -2^{161} \cdot i^{266} \overset{*}{=} -2^{161} \cdot i^2 =$$

$$= -2^{161} \cdot (-1) = 2^{161}$$

Observe que, na passagem (*), foi usada a regra prática para o cálculo de potências naturais de **i**, estudada anteriormente.

Exercícios

43. Determine a forma algébrica dos quocientes seguintes:

a) $\dfrac{3 - 7i}{3 + 4i}$ c) $\dfrac{1}{3 - i}$ e) $\dfrac{4 + i}{4 - i}$

b) $\dfrac{1 - 2i}{2 + i}$ d) $\dfrac{2i}{1 - i}$ f) $\dfrac{6}{5i}$

44. Expresse os complexos seguintes na forma algébrica:

a) $z = \dfrac{1}{i} + \dfrac{1}{1 + i}$ d) $z = \dfrac{2 - i}{3 - i} + \dfrac{1 - 2i}{3 + i}$

b) $z = \dfrac{3}{2 + 3i} - \dfrac{2i}{3 - 2i}$ e) $z = \dfrac{(2 - i) \cdot (4 + 3i)}{1 - 2i}$

c) $z = \dfrac{\overline{1 + i}}{i} - \dfrac{i}{1 + i}$ f) $z = \dfrac{(1 + i)^2}{1 - i}$

45. Dado o complexo z = 3 – 4i, determine:

a) o inverso de **z**;

b) o conjugado do inverso de $\mathbf{z}^2$;

c) o inverso de z · i.

46. Se o quociente de 3 + 2i pelo complexo **z** é igual a 1 – i, determine **z**.

47. Determine a ∈ ℝ de modo que $z = \dfrac{2 + i}{3 - ai}$ seja imaginário puro.

48. Se $z = \dfrac{2 + mi}{1 - i}$, determine o número real **m** para que **z** seja um número real. Nesse caso, qual é o valor de **z**?

49. Seja z = x + iy, em que x, y ∈ ℝ, e $x^2 + y^2 \neq 0$. Determine a condição para que $z + \dfrac{1}{z}$ seja um número real.

50. Mostre que $\dfrac{(1 + i)^{53}}{(1 - i)^{51}}$ é um número real.

Módulo

Definição

Dado o número complexo $z = a + bi$, com **a** e **b** reais, chama-se **módulo** de **z**, e indica-se por $|z|$ ou pela letra grega ρ (lê-se: "rô") o número real não negativo dado por:

$$|z| = \rho = \sqrt{a^2 + b^2}$$

EXEMPLO 14

Vamos calcular o módulo de alguns números complexos:

$$z_1 = 3 - 4i \Rightarrow |z_1| = \sqrt{3^2 + (-4)^2} = \sqrt{25} = 5$$

$$z_2 = 3i = 0 + 3i \Rightarrow |z_2| = \sqrt{0^2 + 3^2} = \sqrt{9} = 3$$

$$z_3 = 2 + 2i \Rightarrow |z_3| = \sqrt{2^2 + 2^2} = \sqrt{8} = 2\sqrt{2}$$

$$z_4 = 4 = 4 + 0 \cdot i \Rightarrow \rho_4 = \sqrt{4^2 + 0^2} = \sqrt{16} = 4$$

$$z_5 = -\frac{1}{2} + \frac{\sqrt{3}}{2}i \Rightarrow \rho_5 = \sqrt{\left(-\frac{1}{2}\right)^2 + \left(\frac{\sqrt{3}}{2}\right)^2} = \sqrt{\frac{1}{4} + \frac{3}{4}} = 1$$

$$z_6 = -5 - 5i \Rightarrow \rho_6 = \sqrt{(-5)^2 + (-5)^2} = \sqrt{2 \cdot 25} = 5\sqrt{2}$$

Interpretação geométrica do módulo

No plano de Gauss, seja $M = (a, b)$, $M \in 1^{\underline{o}}$ Q, a imagem do número complexo $z = a + bi$, com **a** e **b** reais, conforme mostrado na figura.

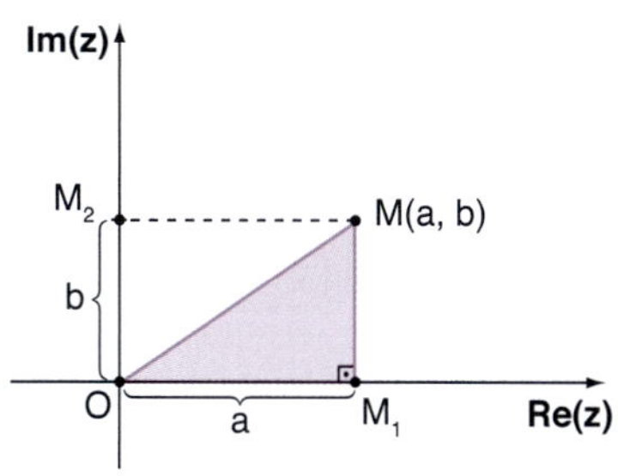

Banco de imagens/Arquivo da editora

Note que o triângulo OM_1M é retângulo em $\mathbf{M_1}$.

Assim, pelo teorema de Pitágoras, temos:

$$OM^2 = OM_1^2 + M_1M^2$$

Como $\begin{cases} OM_1 = a \\ M_1M = OM_2 = b \end{cases}$, então: $OM^2 = a^2 + b^2 \Rightarrow OM = \sqrt{a^2 + b^2} = |z|$.

Note que essa propriedade também é válida para **M** pertencente aos outros quadrantes.

Portanto, conclui-se que:

Geometricamente, o módulo de um número complexo é a distância de sua imagem à origem do plano de Gauss.

Propriedades:

1ª) $\forall z \in \mathbb{C}, |z| = |\bar{z}|$

2ª) $\forall z \in \mathbb{C}, z \cdot \bar{z} = |z|^2$

De fato, dado o complexo $z = a + bi$, com **a** e **b** reais, temos:

$$z \cdot \bar{z} = (a + bi) \cdot (a - bi) = a^2 - b^2i^2 = a^2 + b^2 \quad (*)$$

Como $|z| = \sqrt{a^2 + b^2} \Rightarrow |z|^2 = a^2 + b^2 \quad (**)$

Então, de $(*)$ e $(**)$, concluímos que: $z \cdot \bar{z} = |z|^2$

3ª) $\forall z_1, z_2 \in \mathbb{C}, |z_1 \cdot z_2| = |z_1| \cdot |z_2|$

De fato, dados os complexos $z_1 = a + bi$ e $z_2 = c + di$, com **a**, **b**, **c** e **d** reais, temos:

$$|z_1 \cdot z_2| = |(a + bi)(c + di)| = |(ac - bd) + (ad + bc)i| =$$
$$= \sqrt{(ac - bd)^2 + (ad + bc)^2} = \sqrt{a^2c^2 - 2acbd + b^2d^2 + a^2d^2 + 2adbc + b^2c^2} =$$
$$= \sqrt{a^2c^2 + b^2d^2 + a^2d^2 + b^2c^2} = \sqrt{a^2(c^2 + d^2) + b^2(c^2 + d^2)} =$$
$$= \sqrt{(a^2 + b^2)(c^2 + d^2)} = \sqrt{a^2 + b^2} \cdot \sqrt{c^2 + d^2} = |z_1| \cdot |z_2|$$

4ª) $\forall z_1, z_2 \in \mathbb{C}$, com $z_2 \neq 0$, $\left|\frac{z_1}{z_2}\right| = \frac{|z_1|}{|z_2|}$

De fato, considerando $z_2 = c + di$, com **c** e **d** reais, $c \neq 0$ ou $d \neq 0$, temos:

$$\frac{1}{z_2} = \frac{\overline{z_2}}{z_2 \cdot \overline{z_2}} = \frac{c - di}{c^2 + d^2} = \frac{c}{c^2 + d^2} - \frac{d}{c^2 + d^2}i$$

Logo: $\left|\frac{1}{z_2}\right| = \sqrt{\frac{c^2}{(c^2 + d^2)^2} + \frac{d^2}{(c^2 + d^2)^2}} = \sqrt{\frac{c^2 + d^2}{(c^2 + d^2)^2}} = \sqrt{\frac{1}{c^2 + d^2}} =$

$$= \frac{1}{\sqrt{c^2 + d^2}} = \frac{1}{|z_2|} \quad (*)$$

Então: $\left|\frac{z_1}{z_2}\right| = \left|z_1 \cdot \frac{1}{z_2}\right| \underset{\text{3ª prop.}}{=} |z_1| \cdot \left|\frac{1}{z_2}\right| \overset{(*)}{=} |z_1| \cdot \frac{1}{|z_2|} = \frac{|z_1|}{|z_2|}$

OBSERVAÇÃO

A 3ª propriedade pode ser generalizada para um produto de **n** números complexos, ou seja:

$$\forall z_1, z_2, \ldots, z_n \in \mathbb{C}, |z_1 \cdot z_2 \cdot \ldots \cdot z_n| = |z_1| \cdot |z_2| \cdot \ldots \cdot |z_n|$$

Exercícios resolvidos

8. Determine um número complexo **z** tal que $Im(z) - Re(z) = 17$ e $|z| = 13$.

Solução:

Considerando $z = a + bi$, com **a** e **b** reais, devemos determinar os números reais **a** e **b** que satisfazem as condições dadas, ou seja:

$$\begin{cases} Im(z) - Re(z) = 17 \Rightarrow b - a = 17 \Rightarrow b = a + 17 & (1) \\ |z| = 13 \Rightarrow \sqrt{a^2 + b^2} = 13 \Rightarrow a^2 + b^2 = 169 & (2) \end{cases}$$

Substituindo ① em ②, vem:

$a^2 + (a + 17)^2 = 169 \Rightarrow a^2 + a^2 + 34a + 289 = 169 \Rightarrow a^2 + 17a + 60 = 0 \Rightarrow a = -5$ ou $a = -12$

$$\text{Logo:} \begin{cases} a = -5 \Rightarrow b = 12 \Rightarrow z = -5 + 12i \\ a = -12 \Rightarrow b = 5 \Rightarrow z = -12 + 5i \end{cases}$$

9. Determine geometricamente os módulos dos números complexos **u**, **v**, **w** e **z**, cujos afixos são A(0, 4), B(−3, 0), C(2, 2) e D(−3, −2), respectivamente.

Solução:

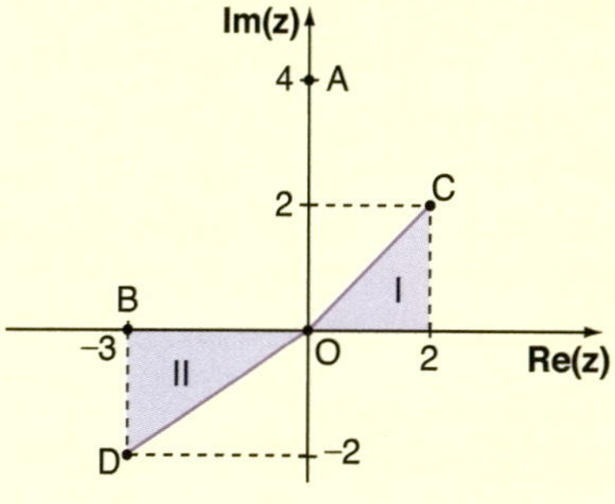

Banco de imagens/Arquivo da editora

Representando os afixos no plano complexo, como mostra a figura, e lembrando que, geometricamente, o módulo de um número complexo é a distância de seu afixo à origem do plano, temos:

- o ponto **A**, afixo de **u**, dista 4 unidades da origem $\Rightarrow |u| = 4$;
- o ponto **B**, afixo de **v**, dista 3 unidades da origem $\Rightarrow |v| = 3$;
- a distância de **C**, afixo de **w**, à origem pode ser obtida aplicando-se o teorema de Pitágoras ao triângulo I:

$$OC^2 = 2^2 + 2^2 \Rightarrow OC^2 = 8 \Rightarrow OC = |w| = 2\sqrt{2}$$

- a distância de **D**, afixo de **z**, à origem pode ser obtida aplicando-se o teorema de Pitágoras ao triângulo II:

$$OD^2 = 3^2 + 2^2 \Rightarrow OD^2 = 9 + 4 \Rightarrow OD = |z| = \sqrt{13}$$

10. Represente geometricamente, no plano de Argand-Gauss, os seguintes subconjuntos de $\mathbb{C}$:

a) $A = \{z \in \mathbb{C} \mid |z| = 4\}$ b) $B = \{z \in \mathbb{C} \mid |z + 2i| = 1\}$ c) $C = \{z \in \mathbb{C} \mid |z - 1| \leq 3\}$

Solução:

a) Considerando $z = x + yi$, com **x** e **y** reais, temos:

$|z| = 4 \Rightarrow \sqrt{x^2 + y^2} = 4 \Rightarrow x^2 + y^2 = 16$

Logo, os pontos (x, y) que satisfazem a condição $|z| = 4$ pertencem à circunferência de centro na origem do plano de Argand-Gauss e raio 4, representada na figura ao lado.

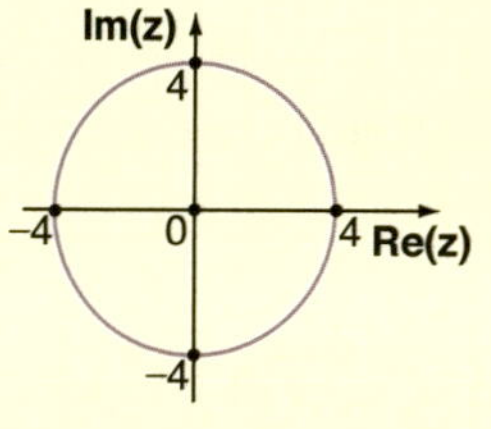

b) Considerando $z = x + yi$, com **x** e **y** reais, temos:

$|z + 2i| = 1 \Rightarrow |x + yi + 2i| = 1 \Rightarrow |x + (y + 2)i| = 1 \Rightarrow$

$\Rightarrow \sqrt{x^2 + (y + 2)^2} = 1 \Rightarrow x^2 + (y + 2)^2 = 1$

Logo, os pontos (x, y) que satisfazem a condição $|z + 2i| = 1$ pertencem à circunferência de centro (0, −2) e raio 1, representada na figura ao lado.

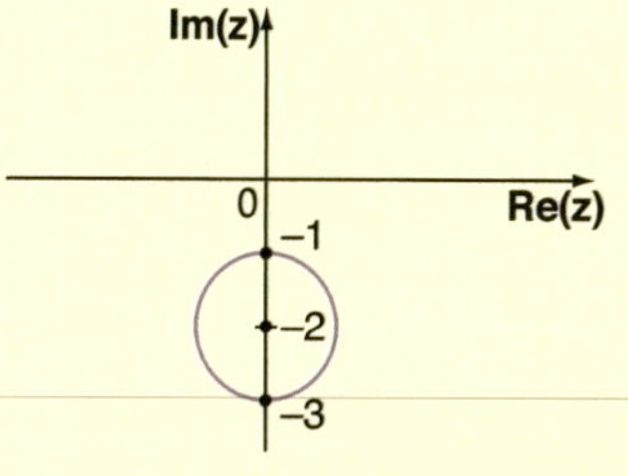

c) Considerando $z = x + yi$, com **x** e **y** reais, temos:

$|z - 1| \leq 3 \Rightarrow |x + yi - 1| \leq 3 \Rightarrow |(x - 1) + yi| \leq 3 \Rightarrow$

$\Rightarrow \sqrt{(x - 1)^2 + y^2} \leq 3 \Rightarrow (x - 1)^2 + y^2 \leq 9$

Logo, os pontos (x, y) que satisfazem a condição $|z - 1| \leq 3$ pertencem ao círculo de centro (1, 0) e raio 3, representado na figura ao lado.

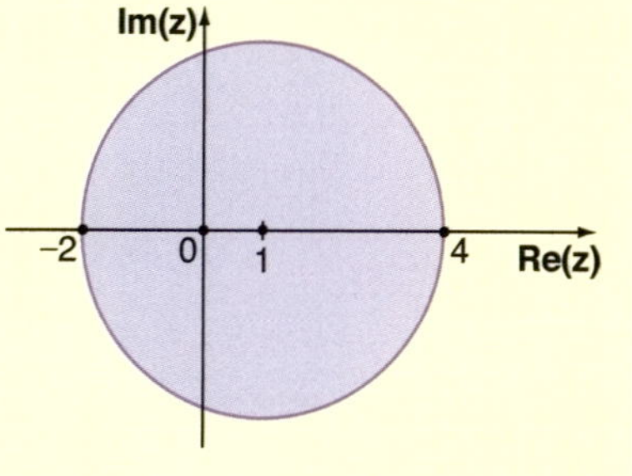

Ilustrações: Banco de imagens/Arquivo da editora

Exercícios

51. Calcule o módulo de cada um dos números complexos:

a) $z = 2 + i$

b) $z = 5i$

c) $z = -4 + 3i$

d) $z = -4$

e) $z = -2\sqrt{3} - 2i$

f) $z = \frac{1}{4} - \frac{1}{4}i$

52. Determine o módulo de cada um dos seguintes números complexos:

a) $z = (2 - 3i) \cdot (4 + 6i)$

b) $z = \frac{3i}{1 + i}$

c) $z = 2 \cdot i^{119}$

d) $z = 2i(-1 + 2i)$

e) $z = \overline{(4 - 4i)} \cdot (1 - i)$

f) $z = \frac{5i}{(\sqrt{3} - i) \cdot (3 + 4i)}$

53. Dados os complexos $u = 2 + i$, $v = 3 - 2i$ e $w = i$, determine o módulo de $v - u \cdot w$.

54. São dados os números complexos $z_1 = x + 3i$ e $z_2 = 2 + (x - 1)i$, nos quais **x** é um número real. Determine **x** para que se tenha $|z_1| = |z_2|$.

55. No plano de Argand-Gauss representado a seguir, **A** e **B** são as respectivas imagens dos números complexos $\mathbf{z_1}$ e $\mathbf{z_2}$.

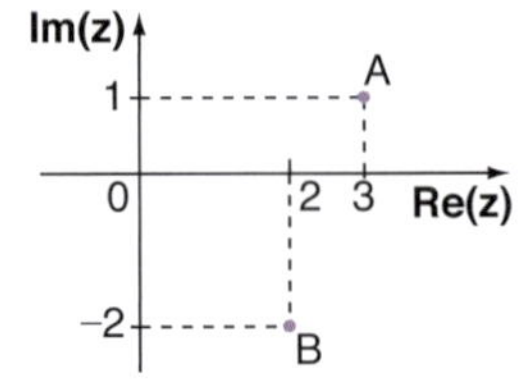

Banco de imagens/Arquivo da editora

Determine o módulo de:

a) $z_1 + z_2$ b) $z_1 - z_2$ c) $\overline{z_1} \cdot \overline{z_2}$

56. Determine dois números complexos $\mathbf{z_1}$ e $\mathbf{z_2}$ tais que $|z_1| = 1$, $|z_2| = 1$ e $z_1 + z_2 = 1$.

57. Represente geometricamente, no plano de Argand-Gauss, os seguintes subconjuntos de $\mathbb{C}$:

a) $A = \{z \in \mathbb{C} \mid |z| = 0\}$

b) $B = \{z \in \mathbb{C} \mid |z - \overline{z}| = 4\}$

58. Represente geometricamente, no plano de Argand-Gauss, os seguintes subconjuntos de $\mathbb{C}$:

a) $A = \{z \in \mathbb{C} \mid |z| = 10\}$

b) $B = \{z \in \mathbb{C} \mid |z| < 4\}$

c) $D = \{z \in \mathbb{C} \mid |z| \geqslant 2\}$

d) $E = \{z \in \mathbb{C} \mid |z - 1| = 1\}$

e) $F = \{z \in \mathbb{C} \mid |z + i| = 2\}$

f) $G = \{z \in \mathbb{C} \mid |z - 1 + 2i| = 2\}$

Argumento

Definição

No plano complexo, sejam **M** a imagem de um complexo $z = a + bi$, não nulo, e **N** a interseção da circunferência λ, de centro na origem **O** do plano e raio $OM = \rho = |z|$, com o semieixo real positivo.

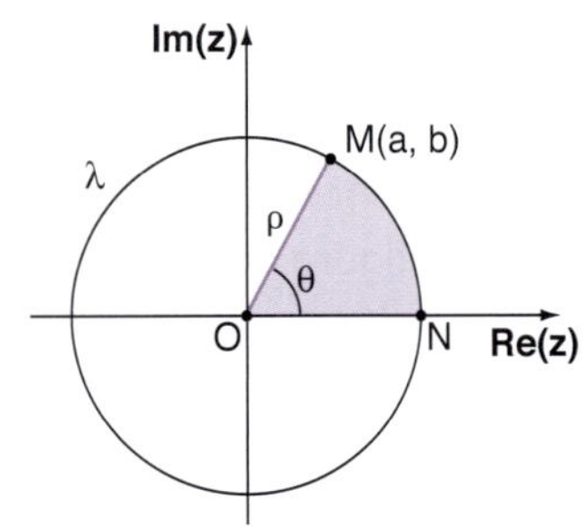

Banco de imagens/Arquivo da editora

Chama-se **argumento** de **z** qualquer ângulo $\boldsymbol{\theta}$ que corresponde a um arco de λ, de origem **N** e extremidade **M**, conforme mostrado na figura.

Indica-se: $\theta = \arg z$

Em particular, se $0 \leqslant \theta < 2\pi$, diz-se que θ é o **argumento principal** de **z**.

Observe, na figura abaixo, que o triângulo OM_1M é retângulo.

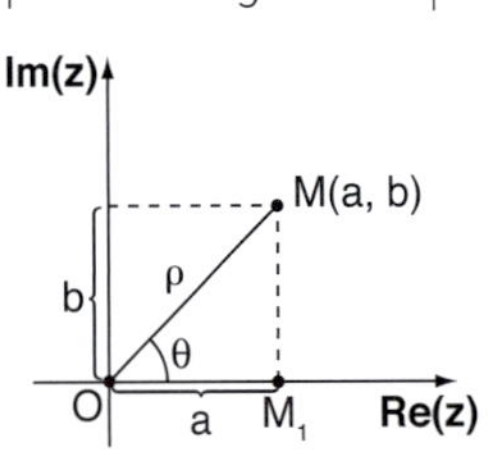

Banco de imagens/Arquivo da editora

$$\begin{cases} \cos\theta = \dfrac{a}{\rho} \\ \text{sen}\,\theta = \dfrac{b}{\rho} \end{cases}$$

Representações geométricas do argumento principal

Observe, nas imagens abaixo, que o argumento de um número complexo determina o quadrante em que está localizada sua imagem.

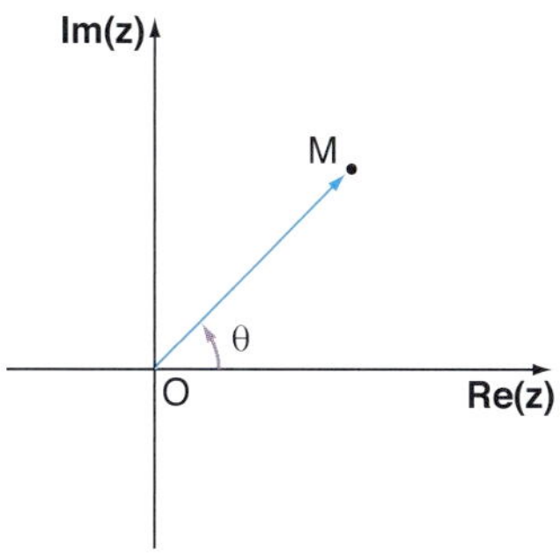

$M \in 1^{\underline{o}}\ Q$

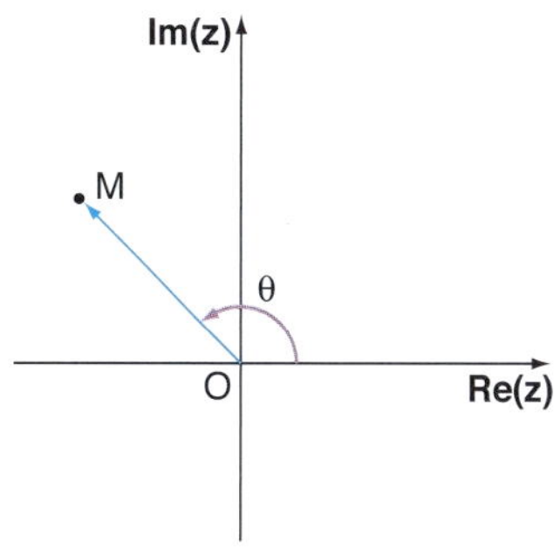

$M \in 2^{\underline{o}}\ Q$

Ilustrações: Banco de imagens/Arquivo da editora

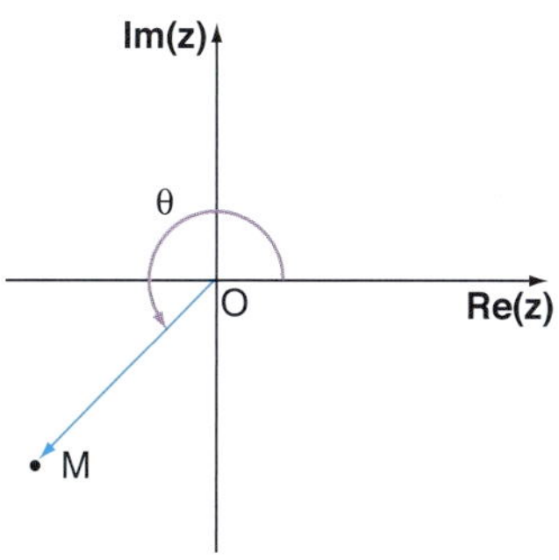

$M \in 3^{\underline{o}}\ Q$

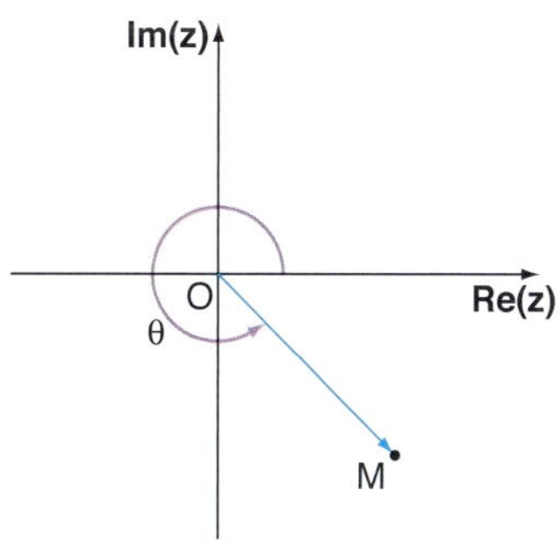

$M \in 4^{\underline{o}}\ Q$

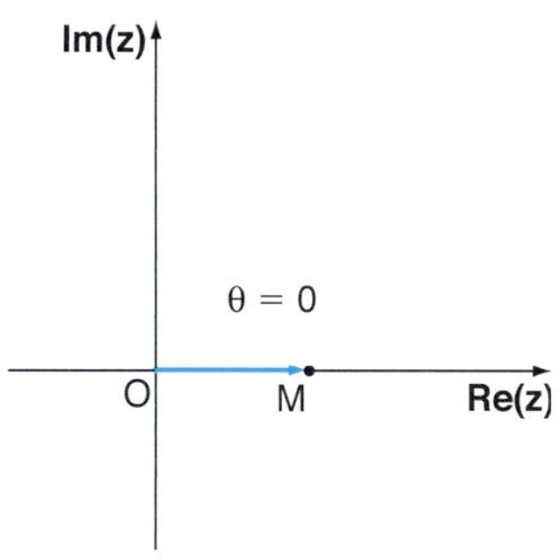

$M \in Re(z)$

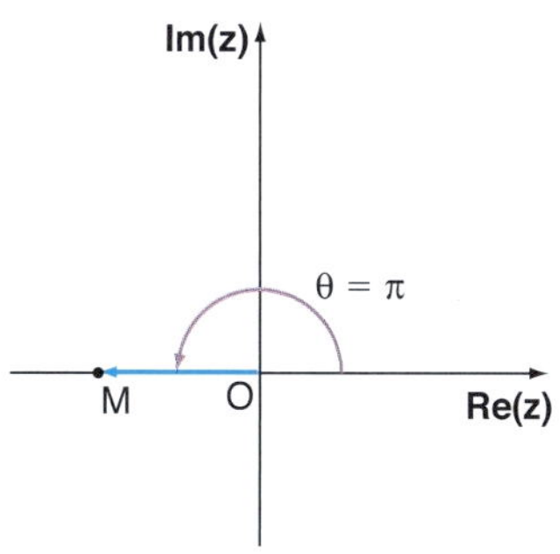

$M \in Re(z)$

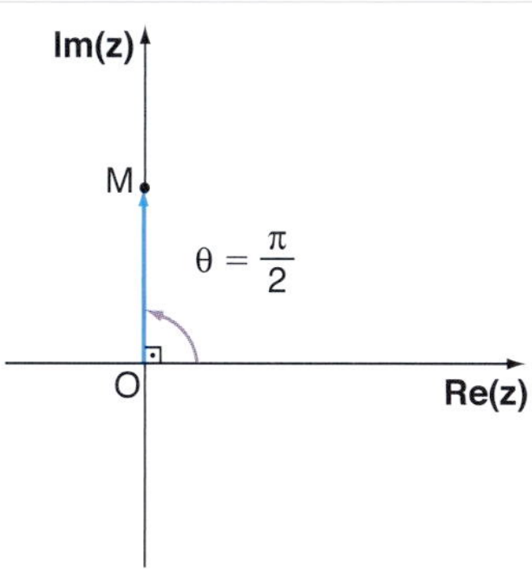

$M \in Im(z)$

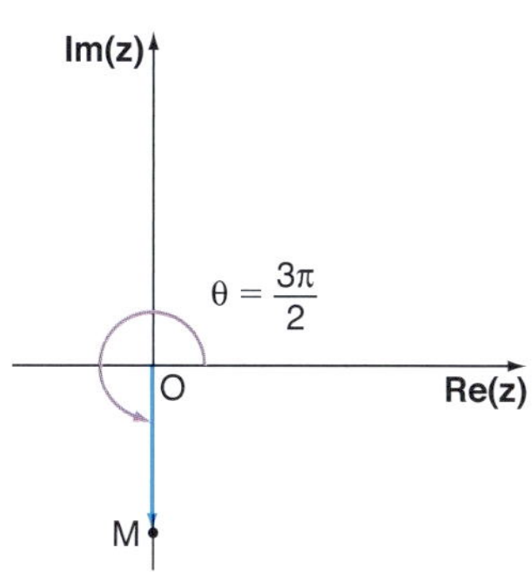

$M \in Im(z)$

OBSERVAÇÕES

- Se **z** é um complexo não nulo cujo argumento principal é θ_0, então todos os ângulos congruentes a ele são argumentos de **z**, ou seja:
  $\theta = \arg z \Rightarrow \theta = \theta_0 + k \cdot 2\pi$, em que $k \in \mathbb{Z}$
  Assim, a notação $\arg z = \theta$ pode ser usada para indicar o argumento principal de **z** (quando $k = 0$) ou para indicar qualquer outro argumento de **z** (quando $k \neq 0$).
- Dado o complexo $z = a + bi$, com **a** e **b** reais:
  - se $z = 0$, então $M = (0, 0)$ é a imagem de **z** no plano complexo, ou seja, não fica definida a circunferência λ, já que $\rho = OM = 0$. Nesse caso, não se define o argumento de **z**.
  - **z** é um número real positivo $\Leftrightarrow$ $\arg z = k \cdot 2\pi$, em que $k \in \mathbb{Z}$
  - **z** é um número real negativo $\Leftrightarrow$ $\arg z = \pi + k \cdot 2\pi$, em que $k \in \mathbb{Z}$
  - **z** é um imaginário puro e $Im(z) > 0$ $\Leftrightarrow$ $\arg z = \frac{\pi}{2} + k \cdot 2\pi$, em que $k \in \mathbb{Z}$
  - **z** é um imaginário puro e $Im(z) < 0$ $\Leftrightarrow$ $\arg z = -\frac{\pi}{2} + k \cdot 2\pi$, em que $k \in \mathbb{Z}$

EXEMPLO 15

Em cada caso, determinemos o argumento principal dos números complexos dados:

a) $z_1 = 4 + 4i$

b) $z_2 = -\sqrt{3} + i$

c) $z_3 = -\frac{1}{3} - \frac{1}{3}i$

d) $z_4 = 2 - 2i\sqrt{3}$

e) $z_5 = -5i$

f) $z_6 = -9$

Solução:

a) $z_1 = 4 + 4i$

Como $a = 4$, $b = 4$ e $\rho = \sqrt{a^2 + b^2}$, temos:

$$\rho = \sqrt{4^2 + 4^2} \Rightarrow \rho = 4\sqrt{2}$$

$$\begin{cases} \cos\theta = \frac{a}{\rho} \\ \text{sen}\,\theta = \frac{b}{\rho} \end{cases} \Rightarrow \begin{cases} \cos\theta = \frac{4}{4\sqrt{2}} = \frac{\sqrt{2}}{2} \\ \text{sen}\,\theta = \frac{4}{4\sqrt{2}} = \frac{\sqrt{2}}{2} \end{cases} \Rightarrow$$

$\Rightarrow \theta = 45° \left(\text{ou } \frac{\pi}{4} \text{ rad}\right)$ (Imagem de $\mathbf{z_1} \in$ 1º quadrante)

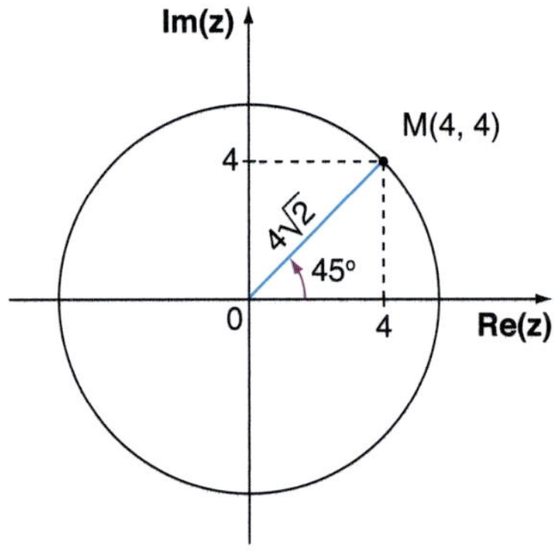

b) $z_2 = -\sqrt{3} + i$

Como $a = -\sqrt{3}$, $b = 1$ e $\rho = \sqrt{a^2 + b^2}$, temos:

$$\rho = \sqrt{(-\sqrt{3})^2 + 1^2} \Rightarrow \rho = 2$$

$$\begin{cases} \cos\theta = \frac{a}{\rho} \\ \text{sen}\,\theta = \frac{b}{\rho} \end{cases} \Rightarrow \begin{cases} \cos\theta = -\frac{\sqrt{3}}{2} \\ \text{sen}\,\theta = \frac{1}{2} \end{cases} \Rightarrow$$

$\Rightarrow \theta = 150° \left(\text{ou } \theta = \frac{5\pi}{6} \text{ rad}\right)$ (Imagem de $\mathbf{z_2} \in$ 2º quadrante)

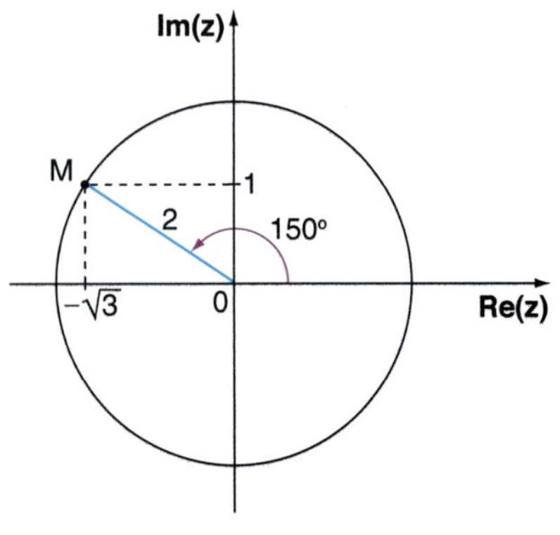

Ilustrações: Banco de imagens/Arquivo da editora

c) $z_3 = -\frac{1}{3} - \frac{1}{3}i$

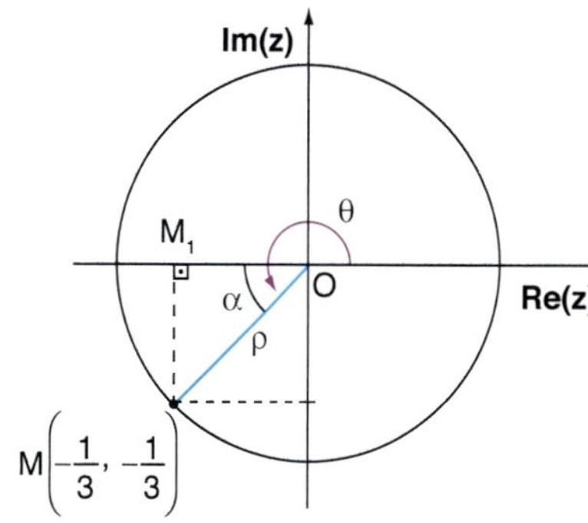

Banco de imagens/Arquivo da editora

Outro modo de calcular **θ**, argumento principal de um número complexo **z**, pode ser o seguinte:
Primeiramente vamos determinar o ângulo **α** mostrado na figura e, para isso, temos:

$$\rho = \sqrt{a^2 + b^2} \Rightarrow \rho = \sqrt{\left(-\frac{1}{3}\right)^2 + \left(-\frac{1}{3}\right)^2} = \sqrt{\frac{2}{9}} \Rightarrow$$

$$\Rightarrow \rho = \frac{\sqrt{2}}{3}$$

$OM_1 = M_1M \Rightarrow \triangle OM_1M$ é retângulo isósceles

$$\text{sen } \alpha = \cos \alpha = \frac{\frac{1}{3}}{\frac{\sqrt{2}}{3}} = \frac{\sqrt{2}}{2} \Rightarrow$$

$$\Rightarrow \alpha = 45° \left(\text{ou } \alpha = \frac{\pi}{4} \text{ rad}\right)$$

Como o afixo de $\mathbf{z}_3$ é $M\left(-\frac{1}{3}, -\frac{1}{3}\right)$, ou seja, $M \in 3^{\underline{o}}$ quadrante, então:

$$\theta = \alpha + 180° \Rightarrow \theta = 45° + 180° \Rightarrow \theta = 225° \left(\text{ou } \theta = \frac{5\pi}{4} \text{ rad}\right)$$

d) $z_4 = 2 - 2i\sqrt{3}$

Como $a = 2$, $b = -2\sqrt{3}$ e $\rho = \sqrt{a^2 + b^2}$, temos:

$$\rho = \sqrt{2^2 + (-2\sqrt{3})^2} \Rightarrow \rho = 4$$

$$\begin{cases} \cos \theta = \frac{a}{\rho} \\ \text{sen } \theta = \frac{b}{\rho} \end{cases} \Rightarrow \begin{cases} \cos \theta = \frac{2}{4} = \frac{1}{2} \\ \text{sen } \theta = \frac{-2\sqrt{3}}{4} = -\frac{\sqrt{3}}{2} \end{cases} \Rightarrow$$

$$\Rightarrow \theta = 300° \left(\text{ou } \theta = \frac{5\pi}{3} \text{ rad}\right)$$

e) $z_5 = -5i$

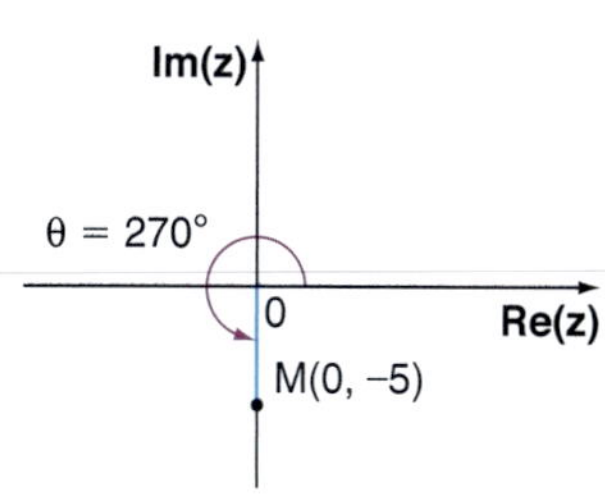

Como $\mathbf{z}_5$ é um imaginário puro e $\text{Im}(z_5) < 0$, então:

$$\theta = 270° \left(\text{ou } \theta = \frac{3\pi}{2} \text{ rad}\right)$$

f) $z_6 = -9$

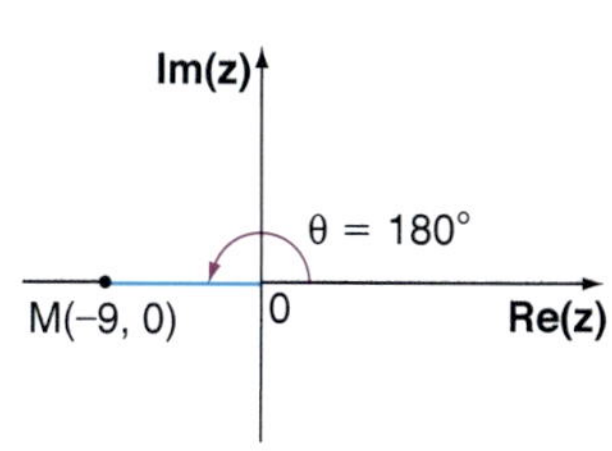

Ilustrações: Banco de imagens/Arquivo da editora

Como $\mathbf{z}_6$ é um número real negativo, então:

$$\theta = 180° \text{ (ou } \theta = \pi \text{ rad)}$$

Exercícios resolvidos

11. Determine $z \in \mathbb{C}$, sabendo que $|z| = 6$ e $\arg z = \frac{11\pi}{6}$.

Solução:

Seja $z = a + bi$, com $a \in \mathbb{R}$ e $b \in \mathbb{R}$.

Como $\begin{cases} \cos\theta = \dfrac{a}{|z|} \\ \text{sen}\,\theta = \dfrac{b}{|z|} \end{cases}$, temos: $\begin{cases} \cos\dfrac{11\pi}{6} = \dfrac{a}{6} \Rightarrow a = 6 \cdot \cos\dfrac{11\pi}{6} = 6 \cdot \cos\dfrac{\pi}{6} = 6 \cdot \dfrac{\sqrt{3}}{2} = 3\sqrt{3} \\ \text{sen}\,\dfrac{11\pi}{6} = \dfrac{b}{6} \Rightarrow b = 6 \cdot \text{sen}\,\dfrac{11\pi}{6} = 6 \cdot \left(-\text{sen}\,\dfrac{\pi}{6}\right) = 6 \cdot \left(-\dfrac{1}{2}\right) = -3 \end{cases}$

Portanto, $z = 3\sqrt{3} - 3i$.

12. Os pontos **A**, **B** e **C**, representados na figura ao lado, são vértices de um triângulo equilátero inscrito em uma circunferência de centro na origem do plano de Gauss e raio de medida 2 cm. Determine a forma algébrica dos complexos $\mathbf{z_1}$, $\mathbf{z_2}$ e $\mathbf{z_3}$ cujos afixos são **A**, **B** e **C**, respectivamente.

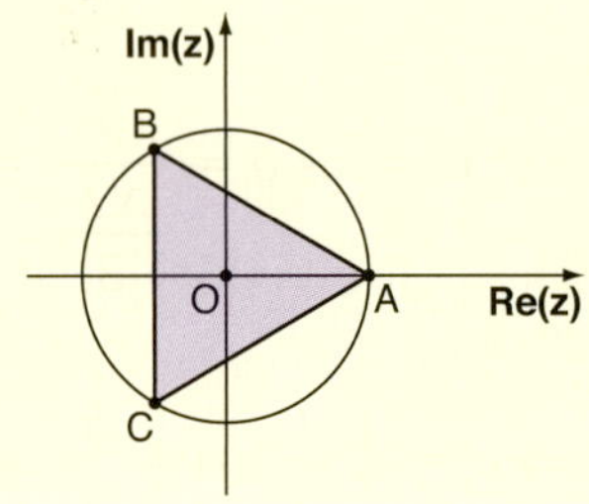

Solução:

Observe na figura que:

- como **A**, **B** e **C** são vértices de um triângulo equilátero, temos:
  $\text{med}(A\hat{O}B) = \text{med}(B\hat{O}C) = \text{med}(C\hat{O}A) = 120° \Rightarrow$
  $\Rightarrow \alpha = m(B\hat{O}M) = 180° - 120° = 60°$

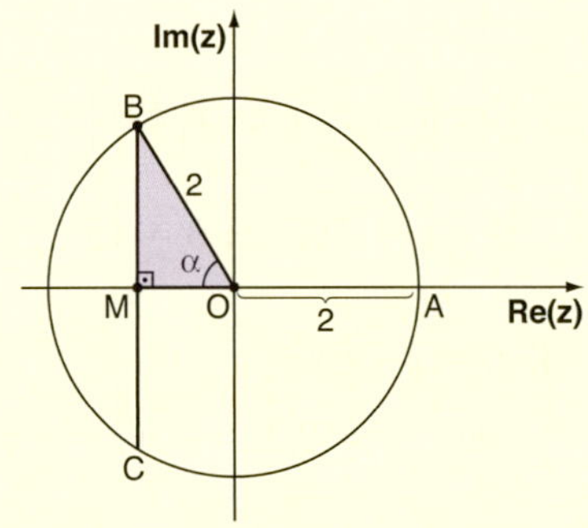

Ilustrações: Banco de imagens/Arquivo da editora

- $\triangle BMO$ é retângulo $\Rightarrow \begin{cases} \cos 60° = \dfrac{|OM|}{2} \Rightarrow |OM| = 2 \cdot \dfrac{1}{2} = 1 \\ \text{sen}\,60° = \dfrac{|BM|}{2} \Rightarrow |BM| = 2 \cdot \dfrac{\sqrt{3}}{2} = \sqrt{3} \end{cases}$

  Assim, temos:

  $A \in \text{Re}(z) \Rightarrow A = (2, 0) \Rightarrow z_1 = 2$

  $B = (x_2, y_2) \in 2^{\underline{o}}$ quadrante $(x_2 < 0$ e $y_2 > 0) \Rightarrow x_2 = -|OM| = -1$ e $y_2 = |BM| = \sqrt{3} \Rightarrow z_2 = -1 + i\sqrt{3}$

  $C = (x_3, y_3) \in 3^{\underline{o}}$ quadrante $(x_3 < 0$ e $y_3 < 0) \Rightarrow x_3 = -|OM| = -1$ e $y_3 = -|BM| = -\sqrt{3} \Rightarrow z_3 = -1 - i\sqrt{3}$

Exercícios

59. Determine o argumento principal de cada um dos seguintes números complexos:

a) $z = \sqrt{3} + i$

b) $z = 4\sqrt{3} - 4i$

c) $z = -2 + 2i$

d) $z = -2 + 2i\sqrt{3}$

e) $z = -\frac{1}{2} - \frac{1}{2}i$

f) $z = 2i$

g) $z = -3 - 3i\sqrt{3}$

h) $z = \sqrt{2} + i\sqrt{2}$

i) $z = -6$

j) $z = \sqrt{6} - i\sqrt{2}$

k) $z = -\frac{\sqrt{2}}{2} + \frac{\sqrt{6}}{2}i$

l) $z = -\frac{i}{4}$

60. A figura apresenta, no plano complexo, um hexágono regular inscrito em uma circunferência cujo raio mede 4.

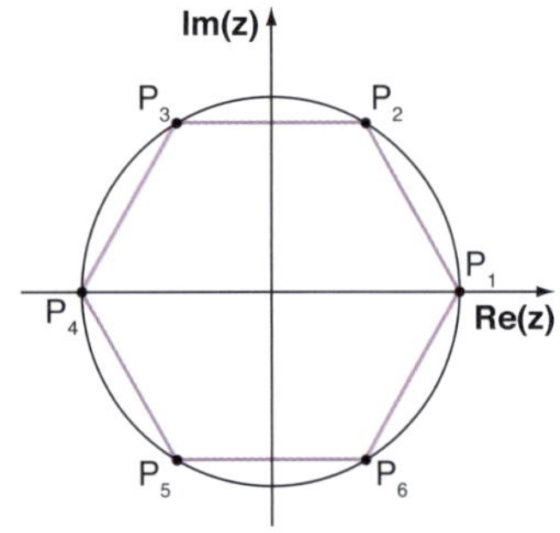

Banco de imagens/Arquivo da editora

Determine o argumento principal dos complexos $\mathbf{z_1}$, $\mathbf{z_2}$, $\mathbf{z_3}$, $\mathbf{z_4}$, $\mathbf{z_5}$ e $\mathbf{z_6}$, cujas respectivas imagens são os vértices $\mathbf{P_1}$, $\mathbf{P_2}$, $\mathbf{P_3}$, $\mathbf{P_4}$, $\mathbf{P_5}$ e $\mathbf{P_6}$.

Forma trigonométrica ou polar

Se $z = a + bi$, com **a** e **b** reais, é um número complexo não nulo, sabemos que $\theta = \arg z$ satisfaz as condições:

$$\begin{cases} \cos\theta = \dfrac{a}{\rho} \Rightarrow a = \rho \cdot \cos\theta & (1) \\ \text{sen}\,\theta = \dfrac{b}{\rho} \Rightarrow b = \rho \cdot \text{sen}\,\theta & (2) \end{cases}$$

Assim, substituindo (1) e (2) em $z = a + bi$, vem: $z = \rho \cdot \cos\theta + (\rho \cdot \text{sen}\,\theta)i$.

Obtemos então uma nova expressão para um número complexo, que é chamada **forma trigonométrica** ou **forma polar** de **z**:

$$z = \rho \cdot (\cos\theta + i \cdot \text{sen}\,\theta)$$

Vejamos agora a igualdade de números complexos dados na forma trigonométrica.

Dados os números complexos $z_1 = \rho_1 \cdot (\cos\theta_1 + i\,\text{sen}\,\theta_1)$ e $z_2 = \rho_2 \cdot (\cos\theta_2 + i\,\text{sen}\,\theta_2)$, podemos concluir que:

$$z_1 = z_2 \Leftrightarrow \rho_1 = \rho_2 \text{ e } \theta_1 = \theta_2 + k \cdot 2\pi, \text{ com } k \in \mathbb{Z}$$

De fato: $z_1 = \rho_1 \cdot (\cos\theta_1 + i\,\text{sen}\,\theta_1) = \rho_1 \cdot \cos\theta_1 + \rho_1 \cdot i\,\text{sen}\,\theta_1$ (1)

$z_2 = \rho_2 \cdot (\cos\theta_2 + i\,\text{sen}\,\theta_2) = \rho_2 \cdot \cos\theta_2 + \rho_2 \cdot i\,\text{sen}\,\theta_2$ (2)

Assim:

$$z_1 = z_2 \Rightarrow \begin{cases} \rho_1 \cdot \cos\theta_1 = \rho_2 \cdot \cos\theta_2 \\ \rho_1 \cdot \text{sen}\,\theta_1 = \rho_2 \cdot \text{sen}\,\theta_2 \end{cases} \Rightarrow \begin{cases} \rho_1^2 \cdot \cos^2\theta_1 = \rho_2^2 \cdot \cos^2\theta_2 & (3) \\ \rho_1^2 \cdot \text{sen}^2\,\theta_1 = \rho_2^2 \cdot \text{sen}^2\,\theta_2 & (4) \end{cases}$$

Somando membro a membro (3) e (4), vem: $\rho_1^2 \cdot (\cos^2\theta_1 + \text{sen}^2\,\theta_1) = \rho_2^2 \cdot (\cos^2\theta_2 + \text{sen}^2\,\theta_2) \Rightarrow \rho_1^2 = \rho_2^2 \Rightarrow \rho_1 = \rho_2$.

De (1) e (2), vem: $\begin{cases} \cos\theta_1 = \cos\theta_2 \\ \text{sen}\,\theta_1 = \text{sen}\,\theta_2 \end{cases} \Rightarrow \theta_1 = \theta_2 + k \cdot 2\pi$, com $k \in \mathbb{Z}$.

Em outras palavras:

Dois números complexos são iguais se, e somente se, seus módulos são iguais e seus argumentos são congruentes.

EXEMPLO 16

Vamos escrever os complexos seguintes na forma trigonométrica:

a) $z = 3 + 3i$ b) $z = 4 - 4i\sqrt{3}$

Solução:

a) Se $z = 3 + 3i$, temos:

- $\rho = \sqrt{3^2 + 3^2} = 3\sqrt{2}$
- $\begin{cases} \cos\theta = \dfrac{3}{3\sqrt{2}} = \dfrac{\sqrt{2}}{2} \\ \text{sen}\,\theta = \dfrac{3}{3\sqrt{2}} = \dfrac{\sqrt{2}}{2} \end{cases} \Rightarrow \theta \in 1^{\underline{o}}$ quadrante $\Rightarrow \theta = \dfrac{\pi}{4}$

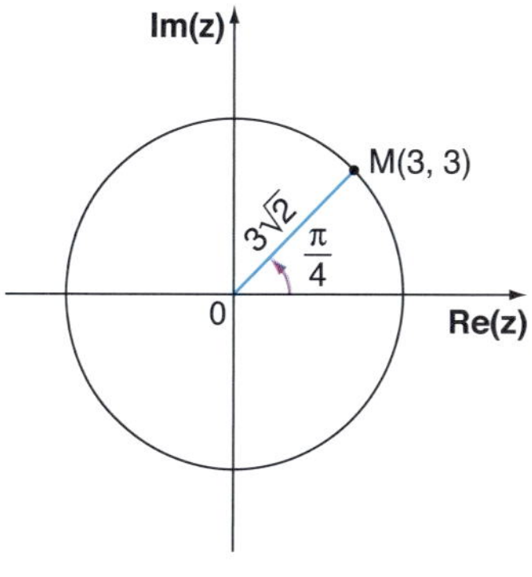

Banco de imagens/Arquivo da editora

Logo, $z = \rho(\cos\theta + i\,\text{sen}\,\theta) \Rightarrow z = 3\sqrt{2}\left(\cos\dfrac{\pi}{4} + i\,\text{sen}\,\dfrac{\pi}{4}\right)$

b) Se $z = 4 - 4i\sqrt{3}$, temos:

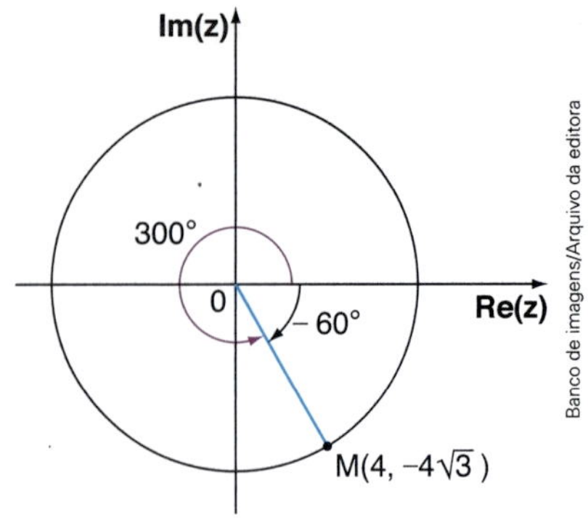

- $\rho = \sqrt{4^2 + (-4\sqrt{3})^2} = 8$
- $\begin{cases} \cos\theta = \dfrac{4}{8} = \dfrac{1}{2} \\ \text{sen}\,\theta = \dfrac{-4\sqrt{3}}{8} = -\dfrac{\sqrt{3}}{2} \end{cases} \Rightarrow$

$\Rightarrow \theta = 300°$

Logo, $z = \rho(\cos\theta + i\,\text{sen}\,\theta) \Rightarrow$

$\Rightarrow z = 8(\cos 300° + i\,\text{sen}\,300°)$

Note que, como $\theta \in 4^{\underline{o}}$ quadrante, poderíamos usar qualquer arco congruente a 300° (argumento principal) para escrever **z** na forma trigonométrica, ou seja, **z** poderia ser expresso, por exemplo, como: $z = 8[\cos(-60°) + i\,\text{sen}\,(-60°)]$.

EXEMPLO 17

Vamos obter a forma polar dos seguintes números complexos:

a) $z = -3$ b) $z = 4i$

Solução:

a) $z = -3$

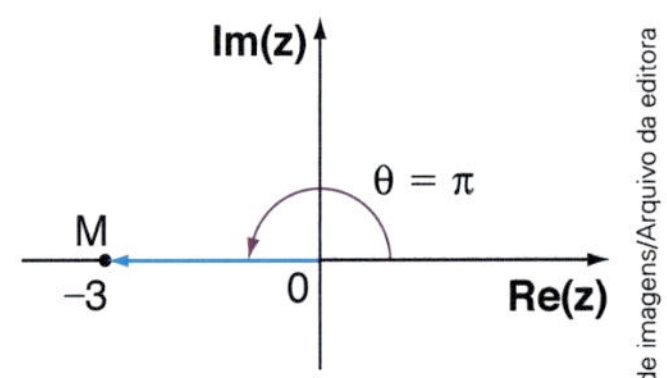

Como **z** é um número real negativo e seu afixo M(–3, 0) pertence ao semieixo real negativo, então $\theta = \arg z = \pi$.

Como a distância de **M** à origem do plano complexo é igual a 3, então $\rho = 3$.

Logo, $z = \rho(\cos\theta + i\,\text{sen}\,\theta) \Rightarrow z = 3(\cos\pi + i\,\text{sen}\,\pi)$

b) $z = 4i$

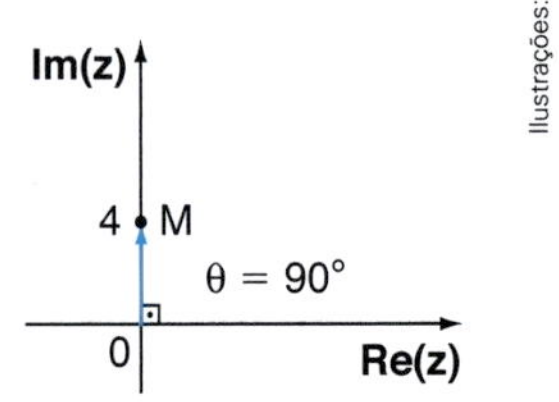

Como **z** é um imaginário puro e seu afixo M(0, 4) pertence ao semieixo imaginário positivo, então $\theta = 90°$.

Como a distância de **M** à origem do plano complexo é igual a 4, então $\rho = 4$.

Logo, $z = \rho(\cos\theta + i\,\text{sen}\,\theta) \Rightarrow z = 4(\cos 90° + i\,\text{sen}\,90°)$

EXEMPLO 18

Dados os complexos na forma polar, vamos expressá-los na forma algébrica:

a) $z = 4(\cos 120° + i\,\text{sen}\,120°)$

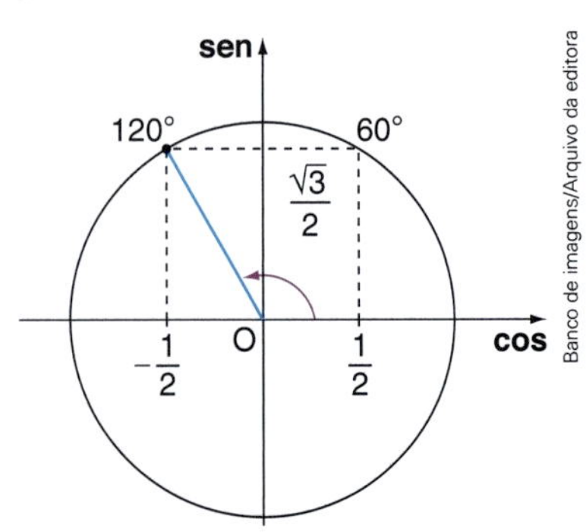

Como $\begin{cases} \cos 120° = -\cos 60° = -\dfrac{1}{2} \\ \text{e} \\ \text{sen}\,120° = \text{sen}\,60° = \dfrac{\sqrt{3}}{2} \end{cases}$, temos:

$z = 4\left(-\dfrac{1}{2} + i\dfrac{\sqrt{3}}{2}\right) \Rightarrow z = -2 + 2i\sqrt{3}$

b) $z = \frac{1}{4}(\cos \pi + i \operatorname{sen} \pi)$

Como $\cos \pi = -1$ e $\operatorname{sen} \pi = 0$, temos:

$$z = \frac{1}{4}(-1 + i \cdot 0) \Rightarrow z = -\frac{1}{4}$$

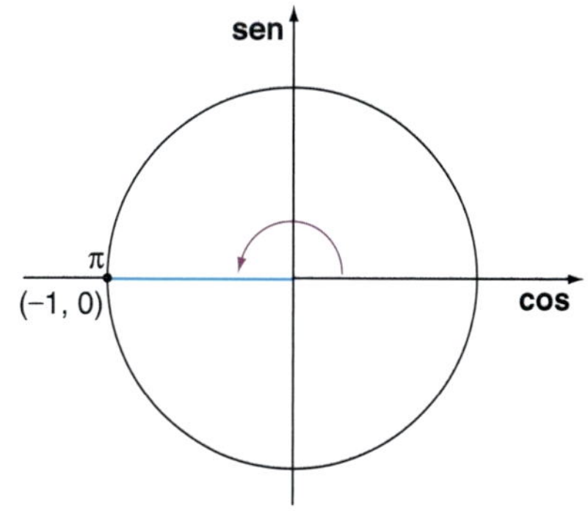

c) $z = 2\left(\cos \frac{5\pi}{4} + i \operatorname{sen} \frac{5\pi}{4}\right)$

$$\text{Como} \begin{cases} \cos \frac{5\pi}{4} = -\cos \frac{\pi}{4} = -\frac{\sqrt{2}}{2} \\ \text{e} \\ \operatorname{sen} \frac{5\pi}{4} = -\operatorname{sen} \frac{\pi}{4} = -\frac{\sqrt{2}}{2} \end{cases}, \text{ temos:}$$

$$z = 2\left(-\frac{\sqrt{2}}{2} + i\left(-\frac{\sqrt{2}}{2}\right)\right) \Rightarrow z = -\sqrt{2} - i\sqrt{2}$$

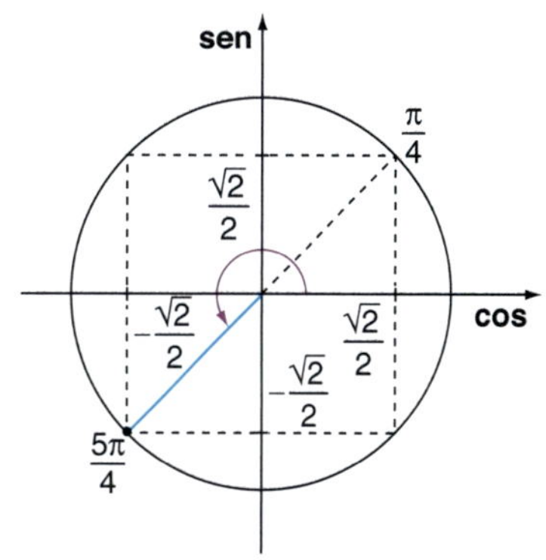

Ilustrações: Banco de imagens/Arquivo da editora

Exercícios resolvidos

13. Determine a forma polar dos complexos **x** e **y** que satisfazem o sistema $\begin{cases} 2xi + y = -3 + i \\ x + yi = -1 \end{cases}$.

Solução:

$$\begin{cases} 2xi + y = -3 + i & (1) \\ x + yi = -1 \Rightarrow x = -1 - yi & (2) \end{cases}$$

Substituindo (2) em (1), temos:

$$2i(-1 - yi) + y = -3 + i \Rightarrow -2i - 2yi^2 + y = -3 + i \Rightarrow 3y = -3 + 3i \Rightarrow y = -1 + i$$

Como $x = -1 - yi$, então: $x = -1 - (-1 + i)i = -1 + i - i^2 \Rightarrow x = i$.

Determinemos a forma polar de **x** e **y**:

- $x = i$ é um imaginário puro e sua imagem é o ponto $(0, 1)$, ou seja, $\theta = \arg x = 90°$ e $\rho = 1$. Logo, $x = \cos 90° + i \operatorname{sen} 90°$.
- $y = -1 + i \Rightarrow \rho = \sqrt{(-1)^2 + 1^2} \Rightarrow \rho = \sqrt{2}$

$$\text{Assim, temos: } \begin{cases} \cos \theta = \frac{-1}{\sqrt{2}} = -\frac{\sqrt{2}}{2} \\ \text{e} \\ \operatorname{sen} \theta = \frac{1}{\sqrt{2}} = \frac{\sqrt{2}}{2} \end{cases} \Rightarrow \theta = 135°$$

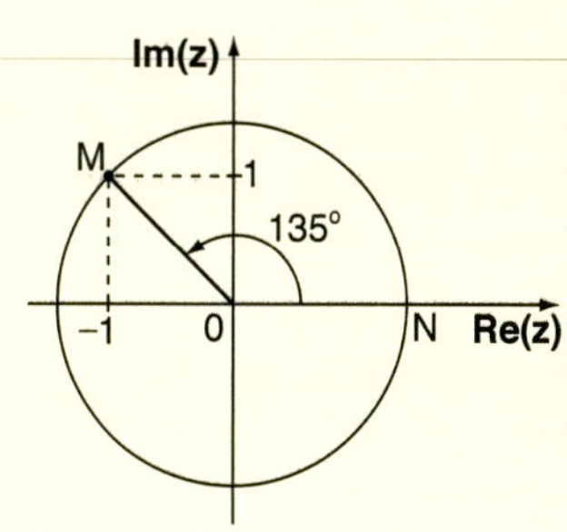

Banco de imagens/Arquivo da editora

Logo, $y = \sqrt{2}(\cos 135° + i \operatorname{sen} 135°)$.

Portanto, na forma polar, as soluções do sistema são:

$$x = \cos 90° + i \operatorname{sen} 90° \text{ e } y = \sqrt{2}(\cos 135° + i \operatorname{sen} 135°)$$

14. Dados os complexos u = −1 + i e v = 3 + 4i, determine a forma polar do complexo **w**, sabendo que $\arg(u + v + w) = 90°$ e $\arg\left(v - u + \frac{3}{2}w\right) = 0°$.

Solução:

- Considerando w = x + yi, em que x, y ∈ ℝ, temos:

$u + v + w = (-1 + i) + (3 + 4i) + (x + yi) = (2 + x) + (5 + y)i$ (1)

e

$v - u + \frac{3}{2}w = (3 + 4i) - (-1 + i) + \frac{3}{2}(x + yi) = \left(4 + \frac{3}{2}x\right) + \left(3 + \frac{3}{2}y\right)i$ (2)

Como $\arg(u + v + w) = 90°$, então $(u + v + w)$ é um imaginário puro e, portanto, em (1) devemos ter:

$$2 + x = 0 \Rightarrow x = -2 \quad \text{e} \quad 5 + y > 0 \Rightarrow y > -5$$

Como $\arg\left(v - u + \frac{3}{2}w\right) = 0°$, então $\left(v - u + \frac{3}{2}w\right)$ é um número real positivo e, portanto, em (2) devemos ter:

$3 + \frac{3}{2}y = 0 \Rightarrow y = -2$ (que satisfaz a condição $y > -5$) e $\left(4 + \frac{3}{2}x\right) > 0$ (que é satisfeita para $x = -2$)

Logo, $w = x + yi \Rightarrow w = -2 - 2i$.

- Determinemos a forma polar de $w = -2 - 2i$:

$$\rho = \sqrt{(-2)^2 + (-2)^2} = 2\sqrt{2} \text{ e o afixo de } \mathbf{z} \text{ é } M(-2, -2)$$

Na figura, observa-se que $\triangle MM_1O$ é retângulo isósceles e então: $\alpha = 45°$.

Como $\theta - \alpha = 180°$, temos: $\theta = 180° + 45° = 225°$.

Logo, $w = 2\sqrt{2}(\cos 225° + i \operatorname{sen} 225°)$.

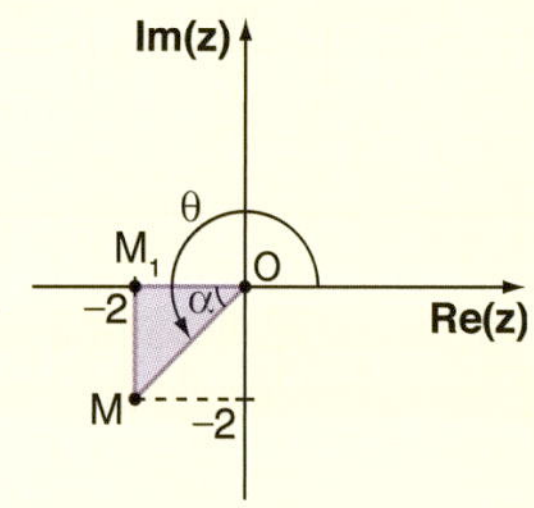

Banco de imagens/Arquivo da editora

Exercícios

61. Escreva os seguintes complexos na forma trigonométrica:

a) $z = -\frac{5\sqrt{3}}{2} + \frac{5}{2}i$

b) $z = -\sqrt{2} - i\sqrt{2}$

c) $z = 2i$

d) $z = 1 - i\sqrt{3}$

e) $z = \frac{1}{2} + \frac{\sqrt{3}}{2}i$

f) $z = -4$

g) $z = 3 - 3i$

h) $z = (-5, 5)$

i) $z = -i$

j) $z = \left(-\frac{1}{4}, -\frac{\sqrt{3}}{4}\right)$

k) $z = (1 - i)^2$

l) $z = 13$

62. Na figura, $\mathbf{P}_1$, $\mathbf{P}_2$ e $\mathbf{P}_3$ são os afixos dos números complexos $\mathbf{z}_1$, $\mathbf{z}_2$ e $\mathbf{z}_3$, respectivamente.

Determine a forma polar de $\mathbf{z}_1$, $\mathbf{z}_2$ e $\mathbf{z}_3$.

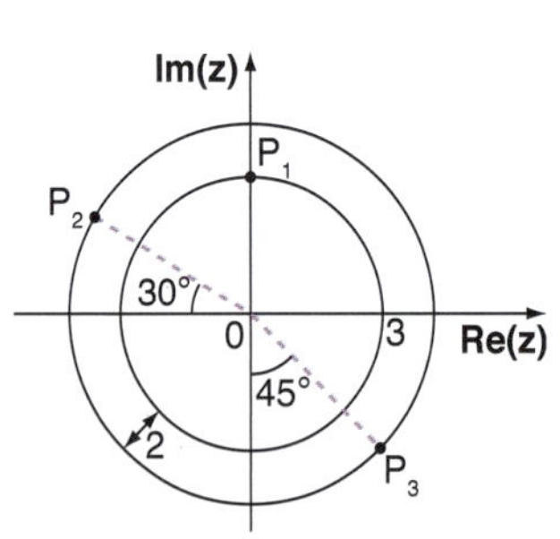

Banco de imagens/Arquivo da editora

63. Dado o complexo $z = \frac{i}{1 + i} + \frac{1}{i}$, pedem-se:

a) as formas algébricas de **z** e $\mathbf{z}^2$;

b) as formas trigonométricas de **z** e $\mathbf{z}^2$.

64. Obtenha a forma algébrica de cada um dos seguintes números complexos:

a) $z = 4(\cos 120° + i \operatorname{sen} 120°)$

b) $z = 6\left(\cos \frac{4\pi}{3} + i \operatorname{sen} \frac{4\pi}{3}\right)$

c) $z = 3(\cos 90° + i \operatorname{sen} 90°)$

d) $z = \cos \frac{3\pi}{2} + i \operatorname{sen} \frac{3\pi}{2}$

e) $z = \cos 210° + i \operatorname{sen} 210°$

f) $z = 2\left(\cos \frac{5\pi}{6} + i \operatorname{sen} \frac{5\pi}{6}\right)$

g) $z = \sqrt{2}(\cos 135° + i \operatorname{sen} 135°)$

h) $z = 3\left(\cos \frac{7\pi}{4} + i \operatorname{sen} \frac{7\pi}{4}\right)$

65. Se **x** e **y** são números complexos, escreva as soluções dos sistemas seguintes na forma polar.

a) $\begin{cases} x + yi = -1 - 2i \\ 2xi + y = 1 + i \end{cases}$ b) $\begin{cases} 2x + yi = 0 \\ xi + y = 3 - 3i\sqrt{3} \end{cases}$

66. Obtenha uma possível forma algébrica para o complexo **z**, cuja imagem **M** está representada na figura, sabendo que $\text{tg}\ \theta = \frac{3}{2}$.

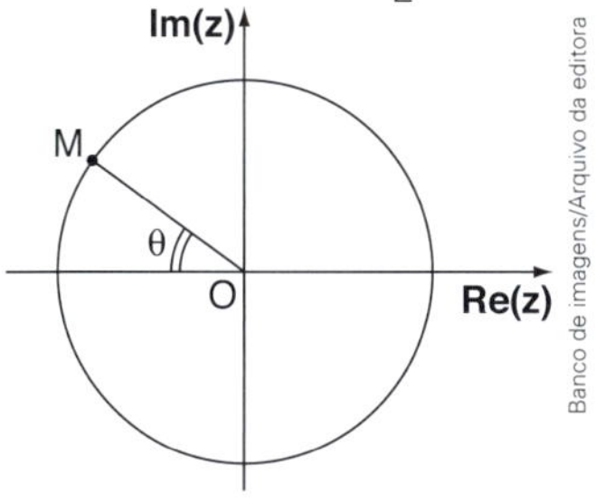

67. Qual é a forma trigonométrica de $z = i^{21} \cdot i^{22} \cdot i^{23} \cdot ... \cdot i^{29}$?

68. Sabe-se que a medida do lado do quadrado ABCD é 10. Obtenha a forma polar dos números complexos cujos afixos são os vértices desse quadrado. Expresse as medidas dos ângulos em radianos.

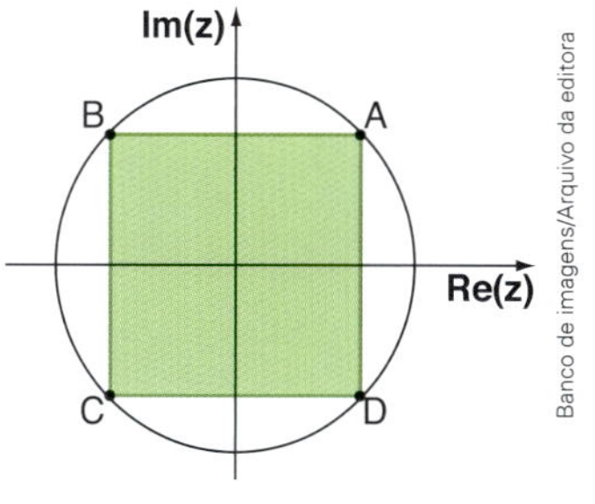

Operações na forma trigonométrica

Multiplicação

Dados os complexos $z_1 = \rho_1(\cos\theta_1 + i\ \text{sen}\ \theta_1)$ e $z_2 = \rho_2(\cos\theta_2 + i\ \text{sen}\ \theta_2)$, temos:

$$z_1z_2 = [\rho_1(\cos\theta_1 + i\ \text{sen}\ \theta_1)] \cdot [\rho_2(\cos\theta_2 + i\ \text{sen}\ \theta_2)] =$$

$$= \rho_1 \cdot \rho_2[(\cos\theta_1 + i\ \text{sen}\ \theta_1)(\cos\theta_2 + i\ \text{sen}\ \theta_2)] =$$

$$= \rho_1\rho_2(\cos\theta_1 \cdot \cos\theta_2 + i\ \text{sen}\ \theta_1 \cdot \cos\theta_2 + i\cos\theta_1 \cdot \text{sen}\ \theta_2 + i^2\ \text{sen}\ \theta_1 \cdot \text{sen}\ \theta_2) =$$

$$= \rho_1\rho_2[\underbrace{(\cos\theta_1 \cdot \cos\theta_2 - \text{sen}\ \theta_1 \cdot \text{sen}\ \theta_2)}_{\cos(\theta_1 + \theta_2)} + i\underbrace{(\text{sen}\ \theta_1 \cdot \cos\theta_2 + \text{sen}\ \theta_2 \cdot \cos\theta_1)}_{\text{sen}\ (\theta_1 + \theta_2)}]$$

Assim:

$$z_1 \cdot z_2 = \rho_1\rho_2[\cos(\theta_1 + \theta_2) + i\ \text{sen}\ (\theta_1 + \theta_2)]$$

Esse resultado pode ser generalizado:

Dados **n** números complexos $\mathbf{z_1}, \mathbf{z_2}, ..., \mathbf{z_n}$, então:

$$z_1 \cdot z_2 \cdot ... \cdot z_n = \rho_1 \cdot \rho_2 \cdot ... \cdot \rho_n[\cos(\theta_1 + \theta_2 + ... + \theta_n) + i\ \text{sen}\ (\theta_1 + \theta_2 + ... + \theta_n)]$$

Portanto, dados **n** números complexos não nulos, valem as seguintes propriedades:

- O módulo do produto é igual ao produto dos módulos dos fatores.
- O argumento do produto é congruente à soma dos argumentos dos fatores.

EXEMPLO 19

Dados os complexos:

$z_1 = 2(\cos 160° + i\ \text{sen}\ 160°)$ e $z_2 = 2\sqrt{2}(\cos 72° + i\ \text{sen}\ 72°)$, temos:

$z_1 \cdot z_2 = 2 \cdot 2\sqrt{2}[\cos(160° + 72°) + i\ \text{sen}\ (160° + 72°)] \Rightarrow z_1 \cdot z_2 = 4\sqrt{2}(\cos 232° + i\ \text{sen}\ 232°)$

Significado geométrico da multiplicação por i

Seja o complexo $z = \rho(\cos \theta + i \operatorname{sen} \theta)$, cuja imagem é **M**, e suponhamos que θ seja o argumento principal de **z**.

Como $i = 1 \cdot (\cos 90° + i \operatorname{sen} 90°)$, temos: $z \cdot i = \rho[\cos (\theta + 90°) + i \operatorname{sen} (\theta + 90°)]$.

Assim: $|z \cdot i| = |z| \cdot |i| = |z| = \rho$ e $\arg (z \cdot i) - \arg z = 90°$, conforme mostrado na figura abaixo.

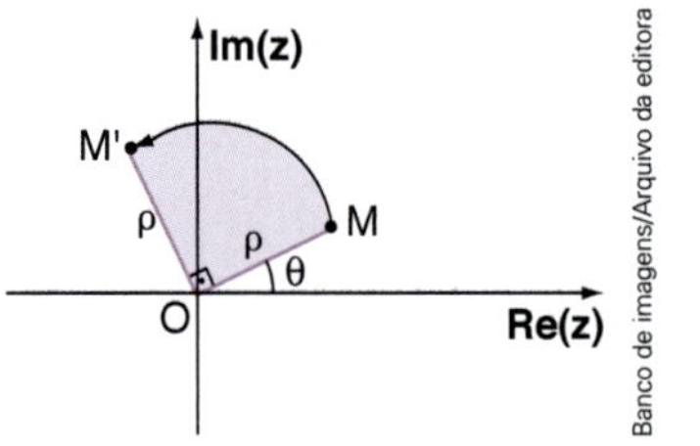

Portanto, a imagem de $z \cdot i$ é **M'** e $\overrightarrow{OM'} \perp \overrightarrow{OM}$.

Então:

> Geometricamente, a imagem de $z \cdot i$ é obtida de uma rotação de 90° da imagem de **z**, em relação à origem do plano de Gauss, no sentido anti-horário.

EXEMPLO 20

Dado $z = 4\left(\cos \frac{3\pi}{4} + i \operatorname{sen} \frac{3\pi}{4}\right)$, vamos representar geometricamente o produto $z \cdot i$.

Como $i = \cos \frac{\pi}{2} + i \operatorname{sen} \frac{\pi}{2}$, então:

$$z \cdot i = 4\left[\cos \left(\frac{3\pi}{4} + \frac{\pi}{2}\right) + i \operatorname{sen} \left(\frac{3\pi}{4} + \frac{\pi}{2}\right)\right] = 4\left(\cos \frac{5\pi}{4} + i \operatorname{sen} \frac{5\pi}{4}\right)$$

Assim, a imagem de $z \cdot i$ é o ponto **M'**, mostrado na figura a seguir.

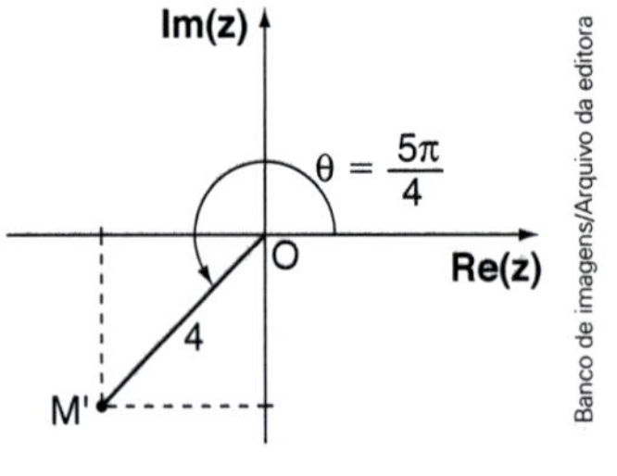

- Note que, caso **z** tivesse sido dado na forma algébrica, ou seja, $z = -2\sqrt{2} + 2i\sqrt{2}$, poderíamos adotar o seguinte procedimento:

  Como o afixo de **z** é $M(-2\sqrt{2}, 2\sqrt{2})$ e $\rho = \sqrt{(-2\sqrt{2})^2 + (2\sqrt{2})^2} = 4$, bastaria representá-lo no plano complexo e submetê-lo a uma rotação de 90° no sentido anti-horário, como mostra a figura ao lado.

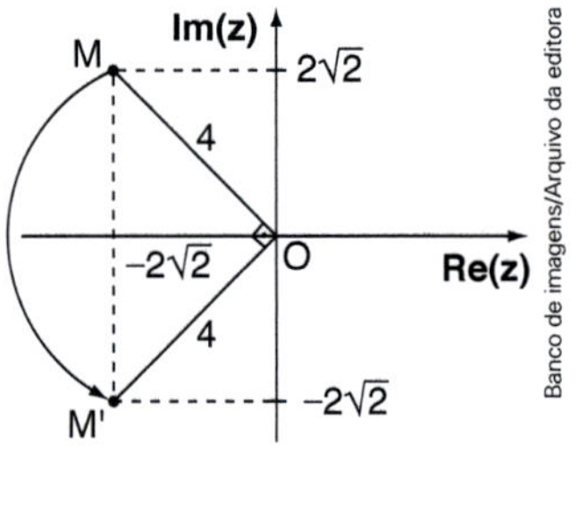

Divisão

Sejam $z_1 = \rho_1(\cos\theta_1 + i\,\text{sen}\,\theta_1)$ e $z_2 = \rho_2(\cos\theta_2 + i\,\text{sen}\,\theta_2)$, com $z_2 \neq 0$.

Lembrando que $\dfrac{z_1}{z_2} = \dfrac{z_1}{z_2} \cdot \dfrac{\overline{z_2}}{\overline{z_2}}$, temos:

$$\frac{z_1}{z_2} = \frac{\rho_1(\cos\theta_1 + i\,\text{sen}\,\theta_1)}{\rho_2(\cos\theta_2 + i\,\text{sen}\,\theta_2)} \cdot \frac{\rho_2(\cos\theta_2 - i\,\text{sen}\,\theta_2)}{\rho_2(\cos\theta_2 - i\,\text{sen}\,\theta_2)} =$$

$$= \frac{\rho_1}{\rho_2} \cdot \frac{(\cos\theta_1 \cdot \cos\theta_2 - i\cos\theta_1 \cdot \text{sen}\,\theta_2 + i\,\text{sen}\,\theta_1 \cdot \cos\theta_2 - i^2\,\text{sen}\,\theta_1 \cdot \text{sen}\,\theta_2)}{\cos^2\theta_2 - i^2\,\text{sen}^2\,\theta_2} =$$

$$= \frac{\rho_1}{\rho_2} \cdot \frac{\overbrace{(\cos\theta_1 \cdot \cos\theta_2 + \text{sen}\,\theta_1 \cdot \text{sen}\,\theta_2)}^{\cos(\theta_1 - \theta_2)} + i\overbrace{(\text{sen}\,\theta_1 \cdot \cos\theta_2 - \text{sen}\,\theta_2 \cdot \cos\theta_1)}^{\text{sen}\,(\theta_1 - \theta_2)}}{\underbrace{\cos^2\theta_2 + \text{sen}^2\,\theta_2}_{1}}$$

Logo:

$$\frac{z_1}{z_2} = \frac{\rho_1}{\rho_2} \cdot [\cos(\theta_1 - \theta_2) + i\,\text{sen}\,(\theta_1 - \theta_2)]$$

Portanto, dados dois números complexos na forma polar, valem as seguintes propriedades:

- O módulo do quociente é igual ao quociente dos módulos do numerador e do denominador.
- O argumento do quociente é congruente à diferença entre os argumentos do numerador e do denominador.

EXEMPLO 21

Dados os complexos $z_1 = 4(\cos 120° + i\,\text{sen}\,120°)$, $z_2 = \sqrt{2}(\cos 225° + i\,\text{sen}\,225°)$, $z_3 = \cos\dfrac{51\pi}{7} + i\,\text{sen}\,\dfrac{51\pi}{7}$ e $z_4 = 3\left(\cos\dfrac{13\pi}{5} + i\,\text{sen}\,\dfrac{13\pi}{5}\right)$, vamos calcular: $\dfrac{z_1}{z_2}$ e $\dfrac{z_3}{z_4}$.

- $\dfrac{z_1}{z_2} = \dfrac{4}{\sqrt{2}}[\cos(120° - 225°) + i\,\text{sen}\,(120° - 225°)] \Rightarrow \dfrac{z_1}{z_2} = 2\sqrt{2}[\cos(-105°) + i\,\text{sen}\,(-105°)]$

  Note que $\dfrac{z_1}{z_2}$ poderia admitir como argumento qualquer ângulo congruente a $-105°$, ou seja, qualquer ângulo da forma $\theta = -105° + k \cdot 360°$, em que $k \in \mathbb{Z}$.

  Observe que, fazendo $k = 1$, obtemos $\theta = 255°$, que é o argumento principal de $\dfrac{z_1}{z_2}$.

  Assim: $\dfrac{z_1}{z_2} = 2\sqrt{2}[\cos(-105°) + i\,\text{sen}\,(-105°)] = 2\sqrt{2}(\cos 255° + i\,\text{sen}\,255°)$.

- $\dfrac{z_3}{z_4} = \dfrac{1}{3}\left[\cos\left(\dfrac{51\pi}{7} - \dfrac{13\pi}{5}\right) + i\,\text{sen}\left(\dfrac{51\pi}{7} - \dfrac{13\pi}{5}\right)\right] \Rightarrow \dfrac{z_3}{z_4} = \dfrac{1}{3}\left(\cos\dfrac{164\pi}{35} + i\,\text{sen}\,\dfrac{164\pi}{35}\right)$

  Note que $\dfrac{z_3}{z_4}$ poderia admitir como argumento qualquer ângulo congruente a $\dfrac{164\pi}{35}$, ou seja, qualquer ângulo da forma $\theta = \dfrac{164\pi}{35} + k \cdot 2\pi$, em que $k \in \mathbb{Z}$.

  Observe que, fazendo $k = -2$, obtemos $\theta = \dfrac{24\pi}{35}$, que é o argumento principal de $\dfrac{z_3}{z_4}$.

  Assim: $\dfrac{z_3}{z_4} = \dfrac{1}{3}\left(\cos\dfrac{164\pi}{35} + i\,\text{sen}\,\dfrac{164\pi}{35}\right) = \dfrac{1}{3}\left(\cos\dfrac{24\pi}{35} + i\,\text{sen}\,\dfrac{24\pi}{35}\right)$.

Exercícios

69. São dados os números complexos:

$z_1 = 6(\cos 240° + i \operatorname{sen} 240°)$

$z_2 = 2\sqrt{3}(\cos 30° + i \operatorname{sen} 30°)$

$z_3 = 3(\cos 150° + i \operatorname{sen} 150°)$

Determine a forma trigonométrica de:

a) $z_1 \cdot z_2$

b) $z_3 \cdot z_2$

c) $z_1 \cdot z_2 \cdot z_3$

d) $\frac{z_1}{z_2}$

e) $\frac{z_1}{z_3}$

f) $\frac{z_2}{z_3}$

70. Sejam os números complexos:

$u = 2\left(\cos \frac{3\pi}{8} + i \operatorname{sen} \frac{3\pi}{8}\right)$ e

$v = \sqrt{2}\left(\cos \frac{11\pi}{8} + i \operatorname{sen} \frac{11\pi}{8}\right)$

Obtenha a forma algébrica de:

a) $u \cdot v$ b) $\frac{v}{u}$ c) u^2

71. Sabendo que $z_1 = 4(\cos 120° + i \operatorname{sen} 120°)$ e $z_1 \cdot z_2 = 2(\cos 270° + i \operatorname{sen} 270°)$, determine:

a) a forma polar de $\mathbf{z}_2$;

b) a forma algébrica de $\mathbf{z}_2$.

Potenciação

Em alguns casos, calcular potências inteiras de números complexos dados na forma algébrica torna-se muito trabalhoso. Por exemplo, para obter a forma algébrica de $(1 - i\sqrt{3})^{20} = \underbrace{(1 - i\sqrt{3})(1 - i\sqrt{3}) \ldots (1 - i\sqrt{3})}_{\text{20 fatores}}$, teríamos de calcular o produto dos 20 fatores.

Para facilitar o cálculo de potências de números complexos, é muito útil poder escrevê-los na forma trigonométrica e usar a expressão que será obtida a seguir.

Sabemos que, dados **n** números complexos $\mathbf{z}_1, \mathbf{z}_2, \ldots, \mathbf{z}_n$, temos:

$$z_1 \cdot z_2 \cdot \ldots \cdot z_n = \rho_1 \cdot \rho_2 \cdot \ldots \cdot \rho_n[\cos(\theta_1 + \theta_2 + \ldots + \theta_n) + i \operatorname{sen}(\theta_1 + \theta_2 + \ldots + \theta_n)] \quad (*)$$

Dado o complexo $z = \rho(\cos \theta + i \operatorname{sen} \theta)$, e considerando $z_1 = z_2 = \ldots = z_n = z$, temos: $\begin{cases} \rho_1 = \rho_2 = \ldots = \rho_n = \rho \\ \theta_1 = \theta_2 = \ldots = \theta_n = \theta \end{cases}$.

Assim, em (*):

$$\underbrace{z \cdot z \cdot \ldots \cdot z}_{\textbf{n}\text{ fatores}} = \underbrace{\rho \cdot \rho \cdot \ldots \cdot \rho}_{\textbf{n}\text{ fatores}} \cdot [\cos \underbrace{(\theta + \theta + \ldots + \theta)}_{\textbf{n}\text{ fatores}} + i \operatorname{sen} \underbrace{(\theta + \theta + \ldots + \theta)}_{\textbf{n}\text{ fatores}}]$$

Logo:

$$z^n = \rho^n \cdot [\cos(n\theta) + i \operatorname{sen}(n\theta)]$$

Esse resultado é denominado **fórmula de Moivre** (1667-1754).

EXEMPLO 22

Dado o complexo $z = 4(\cos 15° + i \operatorname{sen} 15°)$, vamos usar a fórmula de Moivre para calcular $\mathbf{z}^{10}$.
Pela fórmula de Moivre, temos:

$$z^{10} = 4^{10} \cdot (\cos 10 \cdot 15° + i \operatorname{sen} 10 \cdot 15°)$$

Portanto:

$$z^{10} = 4^{10} \cdot (\cos 150° + i \operatorname{sen} 150°)$$

EXEMPLO 23

Determinemos a forma algébrica do complexo $z = \left(1 - i\sqrt{3}\right)^{10}$.
Primeiramente vamos escrever $z_1 = 1 - i\sqrt{3}$ na forma polar para, então, usando a fórmula de Moivre, calcular $z = z_1^{10}$:

- $z_1 = 1 - i\sqrt{3} \Rightarrow \rho_1 = \sqrt{1^2 + (-\sqrt{3})^2} = 2$

  Logo: $\begin{cases} \cos \theta_1 = \dfrac{1}{2} \\ \operatorname{sen} \theta_1 = -\dfrac{\sqrt{3}}{2} \end{cases} \Rightarrow \theta_1 = 300°$

  Então: $z_1 = 2(\cos 300° + i \operatorname{sen} 300°) \underset{z = z_1^{10}}{\Rightarrow} z = 2^{10}[\cos(10 \cdot 300°) + i \operatorname{sen}(10 \cdot 300°)] \Rightarrow$

  $\Rightarrow z = 1024(\cos 3000° + i \operatorname{sen} 3000°)$ (*)

- Determinemos a forma algébrica de **z**.

  $3000° \div 360°$: quociente 8, resto 120°, ou seja, $3000° = 120° + 8 \cdot 360°$ (3000° e 120° são arcos côngruos)

  Assim, obtemos: $\begin{cases} \cos 3000° = \cos 120° = -\cos 60° = -\dfrac{1}{2} \\ \operatorname{sen} 3000° = \operatorname{sen} 120° = \operatorname{sen} 60° = \dfrac{\sqrt{3}}{2} \end{cases}$, que, substituídos em (*), resultam:

$$z = 1024\left(-\frac{1}{2} + i\frac{\sqrt{3}}{2}\right) \Rightarrow z = -512 + 512i\sqrt{3}$$

Exercícios resolvidos

15. Escreva o complexo $z = \dfrac{\left(2\sqrt{3} - 2i\right)^8}{(4 + 4i)^6}$ na forma trigonométrica.

Solução:

Fazendo $z_1 = 2\sqrt{3} - 2i$ e $z_2 = 4 + 4i$, devemos calcular $z = \dfrac{z_1^8}{z_2^6}$.

- Determinemos $\mathbf{z_1^8}$.

  Como $z_1 = 2\sqrt{3} - 2i$, temos: $\rho_1 = \sqrt{\left(2\sqrt{3}\right)^2 + (-2)^2} = 4$ e $\begin{cases} \cos \theta_1 = \dfrac{2\sqrt{3}}{4} = \dfrac{\sqrt{3}}{2} \\ \operatorname{sen} \theta_1 = \dfrac{-2}{4} = -\dfrac{1}{2} \end{cases} \Rightarrow \theta_1 = \dfrac{11\pi}{6}$

  Logo:

  $$z_1 = 4\left(\cos \frac{11\pi}{6} + i \operatorname{sen} \frac{11\pi}{6}\right) \Rightarrow z_1^8 = 4^8\left[\cos\left(8 \cdot \frac{11\pi}{6}\right) + i \operatorname{sen}\left(8 \cdot \frac{11\pi}{6}\right)\right] \Rightarrow z_1^8 = 4^8\left(\cos \frac{44\pi}{3} + i \operatorname{sen} \frac{44\pi}{3}\right)$$

- Determinemos $\mathbf{z_2^6}$.

  Como $z_2 = 4 + 4i$, temos: $\rho_2 = \sqrt{4^2 + 4^2} = 4\sqrt{2}$ e $\begin{cases} \cos \theta_2 = \dfrac{4}{4\sqrt{2}} = \dfrac{\sqrt{2}}{2} \\ \operatorname{sen} \theta_2 = \dfrac{4}{4\sqrt{2}} = \dfrac{\sqrt{2}}{2} \end{cases} \Rightarrow \theta_2 = \dfrac{\pi}{4}$

Logo:

$$z_2 = 4\sqrt{2}\left(\cos\frac{\pi}{4} + i\,\text{sen}\,\frac{\pi}{4}\right) \Rightarrow z_2^6 = \left(4\sqrt{2}\right)^6\left[\cos\left(6\cdot\frac{\pi}{4}\right) + i\,\text{sen}\left(6\cdot\frac{\pi}{4}\right)\right] \Rightarrow z_2^6 = 2^{15}\left(\cos\frac{3\pi}{2} + i\,\text{sen}\,\frac{3\pi}{2}\right)$$

- Calculemos $z = \dfrac{z_1^8}{z_2^6}$.

$$z = \frac{z_1^8}{z_2^6} = \frac{4^8}{2^{15}}\left[\cos\left(\frac{44\pi}{3} - \frac{3\pi}{2}\right) + i\,\text{sen}\left(\frac{44\pi}{3} - \frac{3\pi}{2}\right)\right] = 2\left(\cos\frac{79\pi}{6} + i\,\text{sen}\,\frac{79\pi}{6}\right)$$

Como $\dfrac{79\pi}{6} = \dfrac{7\pi}{6} + 6\cdot 2\pi$, ou seja, $\dfrac{79\pi}{6}$ e $\dfrac{7\pi}{6}$ são arcos congruentes, então: $z = 2\left(\cos\dfrac{7\pi}{6} + i\,\text{sen}\,\dfrac{7\pi}{6}\right)$.

16. Na figura, **P** é o afixo do número complexo **z**. Determine o complexo $(\bar{z})^{30}$ na forma algébrica.

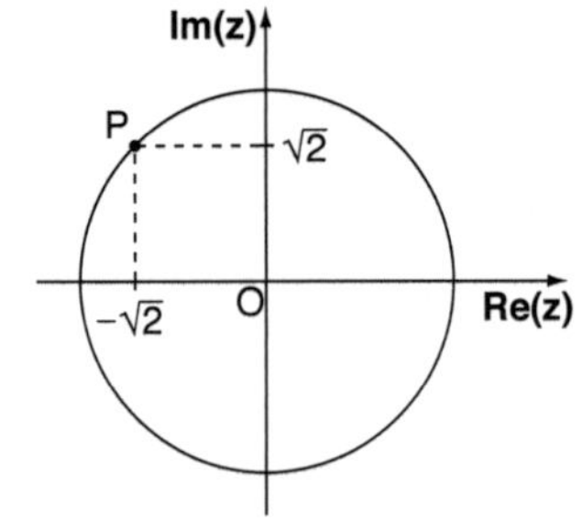

Banco de imagens/Arquivo da editora

Solução:

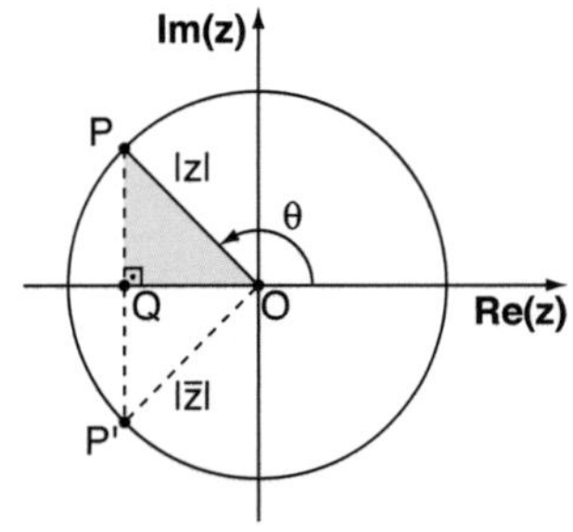

Banco de imagens/Arquivo da editora

Se **P** é o afixo de **z**, então: $z = -\sqrt{2} + i\sqrt{2} \Rightarrow \bar{z} = -\sqrt{2} - i\sqrt{2}$.

Determinemos inicialmente a forma trigonométrica de $\bar{z}$.

Observe na figura ao lado que:

- $\triangle PQO$ é retângulo isósceles. Assim, pelo teorema de Pitágoras, temos:

$$|z|^2 = OP^2 = PQ^2 + QO^2 \Rightarrow |z| = \sqrt{\left(\sqrt{2}\right)^2 + \left(\sqrt{2}\right)^2} = 2$$

Como $|z| = |\bar{z}|$, então: $|\bar{z}| = 2$.

- $\theta = \arg z = 135° \Rightarrow \theta' = \arg|\bar{z}| = 180° + 45° \Rightarrow \theta' = 225°$

Assim: $\bar{z} = 2(\cos 225° + i\,\text{sen}\,225°) \Rightarrow (\bar{z})^{30} = 2^{30}[\cos(30\cdot 225°) + i\,\text{sen}\,(30\cdot 225°)] \Rightarrow$

$\Rightarrow (\bar{z})^{30} = 2^{30}(\cos 6\,750° + i\,\text{sen}\,6\,750°)$

Como $6\,750° = 18\cdot 360° + 270°$, então: $(\bar{z})^{30} = 2^{30}(\cos 270° + i\,\text{sen}\,270°) = 2^{30}\cdot[0 + i(-1)] = -2^{30}\cdot i$.

17. Determine os valores de $\cos(2\theta)$ e $\text{sen}\,(2\theta)$ usando a fórmula de Moivre.

Solução:

Considerando o número complexo $z = \rho(\cos\theta + i\,\text{sen}\,\theta)$, temos:

$$z^2 = \rho^2(\cos\theta + i\,\text{sen}\,\theta)^2 \quad (1)$$

e, pela fórmula de Moivre, $z^2 = \rho^2(\cos 2\theta + i\,\text{sen}\,2\theta)$ (2)

Então, de (2) e (1), obtemos:

$\rho^2[(\cos(2\theta) + i\,\text{sen}\,(2\theta)] = \rho^2(\cos\theta + i\,\text{sen}\,\theta)^2 \Rightarrow \cos(2\theta) + i\,\text{sen}\,(2\theta) = (\cos\theta + i\,\text{sen}\,\theta)^2 \Rightarrow$

$\Rightarrow \cos(2\theta) + i\,\text{sen}\,(2\theta) = \cos^2\theta + 2\cdot\cos\theta\cdot(i\,\text{sen}\,\theta) + i^2\,\text{sen}^2\,\theta \Rightarrow$

$\Rightarrow \cos(2\theta) + i\,\text{sen}\,(2\theta) = \cos^2\theta - \text{sen}^2\,\theta + i(2\cdot\text{sen}\,\theta\cdot\cos\theta)$ (*)

Logo, da definição de igualdade de complexos aplicada em (*), obtemos:

$$\begin{cases}\cos(2\theta) = \cos^2\theta - \text{sen}^2\,\theta\\ \text{sen}\,(2\theta) = 2\cdot\text{sen}\,\theta\cdot\cos\theta\end{cases}$$

Exercícios

72. Dado $z = 2(\cos 30° + i \operatorname{sen} 30°)$, obtenha a forma algébrica de:

a) z^3 b) z^6 c) z^{10}

73. Dado $z = \sqrt{3} + i$, obtenha $\mathbf{z}^4$:

a) sem o uso da fórmula de Moivre;

b) por meio da fórmula de Moivre.

74. Calcule:

a) $\left(-\sqrt{6} - i\sqrt{2}\right)^{10}$

b) $\left(\frac{1}{5} + \frac{1}{5}i\right)^8$

c) $\left(-4 + 4i\sqrt{3}\right)^{-6}$

75. Considere que o ponto **P**, representado na figura ao lado, é o afixo do número complexo **z**. Determine $\mathbf{z}^{45}$, $\mathbf{z}^{50}$ e $\mathbf{z}^{100}$.

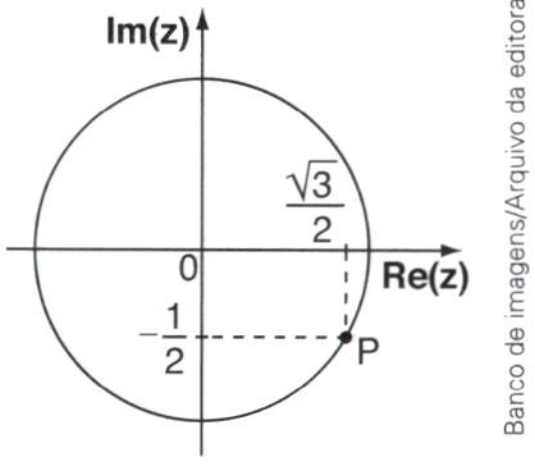

Banco de imagens/Arquivo da editora

76. Dado o complexo **z**, tal que $iz + 2\bar{z} + 1 - i = 0$, determine $\mathbf{z}^{1004}$.

77. Determine o menor valor de **n**, $n \in \mathbb{N}$, para o qual $(\sqrt{3} + i)^n$ é:

a) real e positivo.

b) real e negativo.

c) imaginário puro.

Radiciação

Dado o número complexo $\mathbf{z}_0$, dizemos que o número complexo **z** é uma **raiz enésima** de $\mathbf{z}_0$ se, e somente se, $z^n = z_0$.

Indica-se: $z = \sqrt[n]{z_0} \Leftrightarrow z^n = z_0$

Assim, dado $z_0 = \rho_0(\cos \theta_0 + i \operatorname{sen} \theta_0)$, vamos determinar um complexo $z = \rho(\cos \theta + i \operatorname{sen} \theta)$ que satisfaz a igualdade $z^n = z_0$:

$$z^n = z_0 \Rightarrow \rho^n[\cos(n\theta) + i \operatorname{sen}(n\theta)] = \rho_0(\cos \theta_0 + i \operatorname{sen} \theta_0) \quad (*)$$

Então, pela definição de igualdade de complexos na forma polar, aplicada em (*), vem:

$$\begin{cases} \rho^n = \rho_0 & \text{(os módulos são iguais)} \quad (1) \\ n\theta = \theta_0 + k \cdot 2\pi,\ k \in \mathbb{Z} & \text{(os argumentos são congruentes)} \quad (2) \end{cases}$$

De (1), temos: $\rho = \sqrt[n]{\rho_0}$

De (2), temos: $\theta = \frac{\theta_0}{n} + k \cdot \frac{2\pi}{n}$, com $k = 0, 1, 2, \ldots, n - 1$

Note que, se $k = n$, então $\theta = \frac{\theta_0}{n} + 2\pi$, ou seja, θ e $\frac{\theta_0}{n}$ são congruentes.

Isso significa que, fazendo $k = 0, 1, 2, \ldots, (n - 1)$ em $\theta = \frac{\theta_0}{n} + k \cdot \frac{2\pi}{n}$, obtemos os **n** argumentos principais das raízes enésimas de $\mathbf{z}_0$:

$$\begin{array}{lll} k = 0 & \Rightarrow & \theta_1 = \frac{\theta_0}{n} \\ k = 1 & \Rightarrow & \theta_2 = \frac{\theta_0}{n} + \frac{2\pi}{n} \\ k = 2 & \Rightarrow & \theta_3 = \frac{\theta_0}{n} + \frac{4\pi}{n} \\ \vdots & \vdots & \vdots \\ k = n - 1 & \Rightarrow & \theta_n = \frac{\theta_0}{n} + \frac{2(n-1)\pi}{n} \end{array}$$

Portanto, as **n** raízes de $\mathbf{z}_0$ têm mesmo módulo $\rho = \sqrt[n]{\rho_0}$ e podem ser obtidas por meio da expressão:

$$z_m = \rho(\cos \theta_m + i \operatorname{sen} \theta_m), \text{ em que } m = 1, 2, 3, \ldots, n$$

EXEMPLO 24

Vamos calcular:

a) $\sqrt[3]{-8}$

Primeiramente devemos escrever $z_0 = -8$ na forma polar:

Como $\mathbf{z}_0$ é um número real negativo, então $\rho_0 = 8$ e $\theta_0 = \pi$. Assim: $z_0 = 8(\cos \pi + i \operatorname{sen} \pi)$.

Seja $z = \rho(\cos \theta + i \operatorname{sen} \theta)$ tal que $z^3 = z_0$, ou seja, $\rho^3(\cos 3\theta + i \operatorname{sen} 3\theta) = 8(\cos \pi + i \operatorname{sen} \pi)$.

Então, pela definição de igualdade de complexos na forma polar, temos:

$$\begin{cases} \rho^3 = 8 \\ 3\theta = \pi + k \cdot 2\pi, \text{ com } k \in \mathbb{Z} \end{cases} \Rightarrow \begin{cases} \rho = \sqrt[3]{8} = 2 \\ \theta = \dfrac{\pi}{3} + \dfrac{k \cdot 2\pi}{3}, \text{ com } k \in \mathbb{Z} \end{cases} \quad (*)$$

Em (*), fazendo k = 0, 1, 2, obtemos:

$$\theta_1 = \frac{\pi}{3};\ \theta_2 = \pi;\ \theta_3 = \frac{5\pi}{3}$$

Como as raízes cúbicas de −8 são dadas pela expressão $z_m = \rho(\cos \theta_m + i \operatorname{sen} \theta_m)$, em que $m = 1, 2, 3$, temos:

$$\sqrt[3]{-8} = \begin{cases} z_1 = 2\left(\cos \dfrac{\pi}{3} + i \operatorname{sen} \dfrac{\pi}{3}\right) = 2 \cdot \left(\dfrac{1}{2} + i \cdot \dfrac{\sqrt{3}}{2}\right) = 1 + i\sqrt{3} \\ z_2 = 2(\cos \pi + i \operatorname{sen} \pi) = 2 \cdot (-1 + i \cdot 0) = -2 \\ z_3 = 2\left(\cos \dfrac{5\pi}{3} + i \operatorname{sen} \dfrac{5\pi}{3}\right) = 2 \cdot \left(\dfrac{1}{2} + i \cdot \left(-\dfrac{\sqrt{3}}{2}\right)\right) = 1 - i\sqrt{3} \end{cases}$$

Façamos a representação e a interpretação geométrica das raízes cúbicas de −8:

1º) Como todas as raízes obtidas têm mesmo módulo, podemos concluir que suas imagens pertencem a uma circunferência de raio 2 e centro na origem do plano de Argand-Gauss.

2º) A sequência dos argumentos principais de $\sqrt[3]{-8}$, $\left(\dfrac{\pi}{3};\ \pi;\ \dfrac{5\pi}{3}\right)$, é uma progressão aritmética de razão $\dfrac{2\pi}{3}$ e, consequentemente, as imagens das raízes dividem a circunferência à qual pertencem em três partes iguais (são vértices de um triângulo equilátero).

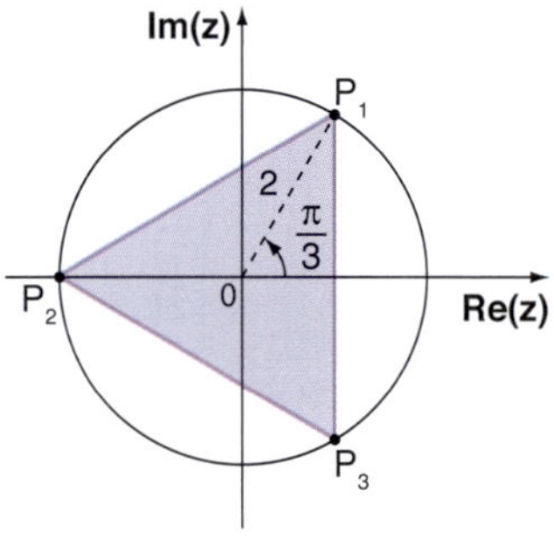

Banco de imagens/Arquivo da editora

b) $\sqrt[4]{4i}$

Primeiramente devemos escrever $z_0 = 4i$ na forma polar:

Como $\rho_0 = 4$ e $\theta_0 = \dfrac{\pi}{2}$, então $z_0 = 4\left(\cos \dfrac{\pi}{2} + i \operatorname{sen} \dfrac{\pi}{2}\right)$.

Seja $z = \rho(\cos \theta + i \operatorname{sen} \theta)$ tal que $z^4 = z_0$, ou seja,

$$\rho^4(\cos 4\theta + i \operatorname{sen} 4\theta) = 4\left(\cos \frac{\pi}{2} + i \operatorname{sen} \frac{\pi}{2}\right)$$

Então, pela definição de igualdade de complexos na forma polar, temos:

$$\begin{cases} \rho^4 = 4 \\ 4\theta = \dfrac{\pi}{2} + k \cdot 2\pi, \text{ com } k \in \mathbb{Z} \end{cases} \Rightarrow \begin{cases} \rho = \sqrt[4]{4} = \sqrt{2} \\ \theta = \dfrac{\pi}{8} + \dfrac{k\pi}{2}, \text{ com } k \in \mathbb{Z} \end{cases} \quad (*)$$

Em (*), fazendo k = 0, 1, 2, 3, obtemos:

$$\theta_1 = \frac{\pi}{8};\ \theta_2 = \frac{5\pi}{8};\ \theta_3 = \frac{9\pi}{8};\ \theta_4 = \frac{13\pi}{8}$$

Como as raízes quartas de 4i são dadas pela expressão $z_m = \rho(\cos \theta_m + i \operatorname{sen} \theta_m)$, em que m = 1, 2, 3, 4, temos:

$$\sqrt[4]{4i} = \begin{cases} z_1 = \sqrt{2}\left(\cos \dfrac{\pi}{8} + i \operatorname{sen} \dfrac{\pi}{8}\right) \\ z_2 = \sqrt{2}\left(\cos \dfrac{5\pi}{8} + i \operatorname{sen} \dfrac{5\pi}{8}\right) \\ z_3 = \sqrt{2}\left(\cos \dfrac{9\pi}{8} + i \operatorname{sen} \dfrac{9\pi}{8}\right) \\ z_4 = \sqrt{2}\left(\cos \dfrac{13\pi}{8} + i \operatorname{sen} \dfrac{13\pi}{8}\right) \end{cases}$$

Façamos a representação e a interpretação geométrica das raízes quartas de 4i:

1º) Como todas as raízes obtidas têm mesmo módulo, podemos concluir que suas imagens pertencem a uma circunferência de raio $\sqrt{2}$ e centro na origem do plano de Argand-Gauss.

2º) A sequência dos argumentos principais de $\sqrt[4]{4i}$, ou seja, $\left(\dfrac{\pi}{8}; \dfrac{5\pi}{8}; \dfrac{9\pi}{8}; \dfrac{13\pi}{8}\right)$, é uma progressão aritmética de razão $\dfrac{4\pi}{8} = \dfrac{2\pi}{4}$ e, consequentemente, as imagens das raízes dividem a circunferência à qual pertencem em quatro partes iguais (são vértices de um quadrado).

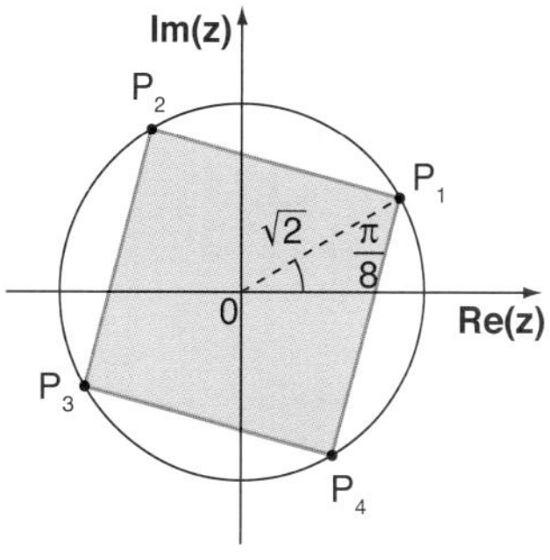

Banco de imagens/Arquivo da editora

c) $\sqrt[5]{1 - i}$

Primeiramente devemos escrever $z_0 = 1 - i$ na forma polar:

$$\rho_0 = \sqrt{1^2 + (-1)^2} = \sqrt{2} \text{ e } \begin{cases} \cos \theta_0 = \dfrac{1}{\sqrt{2}} = \dfrac{\sqrt{2}}{2} \\ \operatorname{sen} \theta_0 = \dfrac{-1}{\sqrt{2}} = -\dfrac{\sqrt{2}}{2} \end{cases} \Rightarrow \theta_0 = 315°$$

Logo: $z_0 = \sqrt{2}(\cos 315° + i \operatorname{sen} 315°)$

Seja $z = \rho(\cos \theta + i \operatorname{sen} \theta)$ tal que $z^5 = z_0$, ou seja, $\rho^5(\cos 5\theta + i \operatorname{sen} 5\theta) = \sqrt{2}(\cos 315° + i \operatorname{sen} 315°)$

Então, pela definição de igualdade de complexos na forma polar, temos:

$$\begin{cases} \rho^5 = \sqrt{2} \\ 5\theta = 315° + k \cdot 360°, \text{ com } k \in \mathbb{Z} \end{cases} \Rightarrow \begin{cases} \rho = \sqrt[5]{\sqrt{2}} = \sqrt[10]{2} \\ \theta = 63° + k \cdot 72°, \text{ com } k \in \mathbb{Z} \end{cases} \quad (*)$$

Em (*), fazendo k = 0, 1, 2, 3, 4, obtemos:

$$\theta_1 = 63°; \theta_2 = 135°; \theta_3 = 207°; \theta_4 = 279°; \theta_5 = 351°$$

Como as raízes quintas de 1 – i são dadas pela expressão $z_m = \rho(\cos \theta_m + i \operatorname{sen} \theta_m)$, em que m = 1, 2, 3, 4, 5, temos:

$$\sqrt[5]{1 - i} = \begin{cases} z_1 = \sqrt[10]{2}(\cos 63° + i \operatorname{sen} 63°) \\ z_2 = \sqrt[10]{2}(\cos 135° + i \operatorname{sen} 135°) \\ z_3 = \sqrt[10]{2}(\cos 207° + i \operatorname{sen} 207°) \\ z_4 = \sqrt[10]{2}(\cos 279° + i \operatorname{sen} 279°) \\ z_5 = \sqrt[10]{2}(\cos 351° + i \operatorname{sen} 351°) \end{cases}$$

Façamos a representação e a interpretação geométrica das raízes quintas de 1 − i:

1º) Como todas as raízes obtidas têm mesmo módulo, podemos concluir que suas imagens pertencem a uma circunferência de raio $\sqrt[10]{2}$ e centro na origem do plano de Argand-Gauss.

2º) A sequência dos argumentos principais de $\sqrt[5]{1-i}$, ou seja, (63°; 135°; 207°; 279°; 351°), é uma progressão aritmética de razão $\frac{360°}{5} = 72°$ e, consequentemente, as imagens das raízes dividem a circunferência à qual pertencem em cinco partes iguais (são vértices de um pentágono regular).

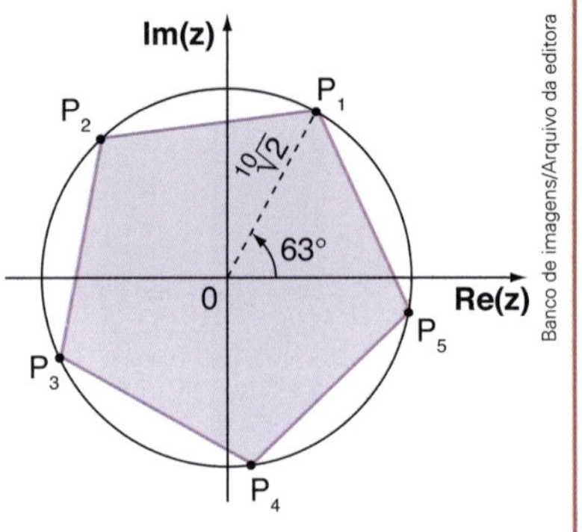

De modo geral, podemos concluir que:

As imagens das raízes enésimas de $z = \rho(\cos\theta + i\,\text{sen}\,\theta)$ pertencem a uma circunferência de centro na origem do plano de Argand-Gauss e raio $\sqrt[n]{\rho}$, e dividem essa circunferência em **n** partes de medidas iguais, pois os argumentos principais das raízes constituem uma progressão aritmética de razão $\frac{2\pi}{n}$.

OBSERVAÇÃO

- Sabe-se que, em $\mathbb{R}$, $\sqrt{1} = 1$, pois, por definição: $\forall a \in \mathbb{R}, \sqrt{a^2} = |a|$.

Em $\mathbb{C}$, temos: $\sqrt{1} = 1$ ou $\sqrt{1} = -1$, pois, colocando $z_0 = 1$ na forma polar, temos:

$$z_0 = 1 \cdot (\cos 0 + i\,\text{sen}\,0) \Rightarrow \rho_0 = 1 \text{ e } \theta_0 = 0$$

Assim, se $z = \rho(\cos\theta + i\,\text{sen}\,\theta)$ é tal que $z^2 = z_0$, ou seja:

$$\rho^2(\cos 2\theta + i\,\text{sen}\,2\theta) = 1(\cos 0 + i\,\text{sen}\,0)$$

então, pelo conceito de igualdade de complexos na forma polar, temos:

$$\begin{cases} \rho^2 = 1 \Rightarrow \rho = 1 \\ 2\theta = 0 + k \cdot 2\pi \Rightarrow \theta = k \cdot \pi,\ k \in \mathbb{Z} \quad (*) \end{cases}$$

Em (*), fazendo k = 0, 1, obtemos: $\theta_1 = 0$ e $\theta_2 = \pi$.

Como as raízes quadradas de 1 são dadas pela expressão $z_m = \rho(\cos\theta_m + i\,\text{sen}\,\theta_m)$, em que m = 1, 2, temos:

$$\sqrt{1} = \begin{cases} z_1 = 1 \cdot (\cos 0 + i\,\text{sen}\,0) = 1 \\ z_2 = 1 \cdot (\cos\pi + i\,\text{sen}\,\pi) = -1 \end{cases}$$

Note na figura que $\mathbf{P_1}$ e $\mathbf{P_2}$, imagens das raízes quadradas de 1, são as extremidades de um diâmetro da circunferência de centro **O** (origem do plano complexo) e raio 1 (módulo de z = 1).

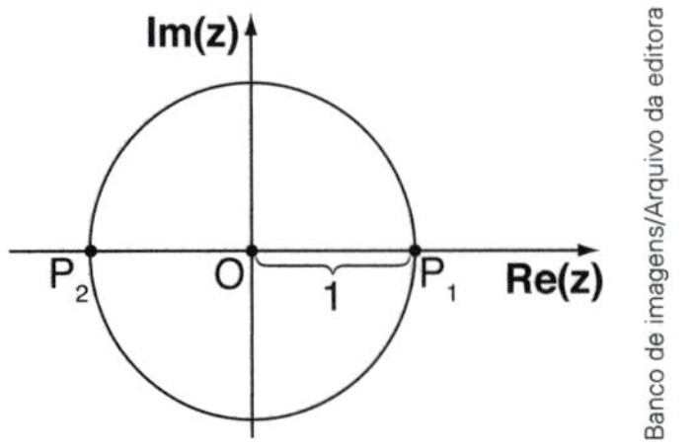

Exercícios resolvidos

18. Sabendo que $-\frac{\sqrt{2}}{2} + \frac{\sqrt{2}}{2}i$ é uma das raízes quartas de −1, determine as outras raízes.

Solução:

Sejam $z_1 = -\frac{\sqrt{2}}{2} + \frac{\sqrt{2}}{2}i$, $\mathbf{z_2}$, $\mathbf{z_3}$ e $\mathbf{z_4}$ as raízes quartas de −1.

Sabe-se que:

- as raízes quartas de −1 têm mesmo módulo; e
- os argumentos principais de $\mathbf{z_1}$, $\mathbf{z_2}$, $\mathbf{z_3}$ e $\mathbf{z_4}$ constituem uma progressão aritmética de razão $\frac{2\pi}{4} = \frac{\pi}{2}$.

Assim, devemos determinar $\rho_1 = |z_1|$ e $\theta_1 = \arg z_1$:

$$\rho_1 = \sqrt{\left(-\frac{\sqrt{2}}{2}\right)^2 + \left(\frac{\sqrt{2}}{2}\right)^2} = 1 \Rightarrow \rho_2 = \rho_3 = \rho_4 = 1$$

$$\begin{cases} \cos\theta_1 = \dfrac{-\frac{\sqrt{2}}{2}}{1} = -\dfrac{\sqrt{2}}{2} \\ \operatorname{sen}\theta_1 = \dfrac{\frac{\sqrt{2}}{2}}{1} = \dfrac{\sqrt{2}}{2} \end{cases} \Rightarrow \theta_1 = \frac{3\pi}{4}$$

Então, $\theta_1 = \frac{3\pi}{4} \Rightarrow \theta_2 = \frac{3\pi}{4} + \frac{\pi}{2} = \frac{5\pi}{4}$; $\theta_3 = \frac{5\pi}{4} + \frac{\pi}{2} = \frac{7\pi}{4}$; $\theta_4 = \frac{7\pi}{4} + \frac{\pi}{2} = \frac{9\pi}{4} = \frac{\pi}{4} + 2\pi$.

Logo, $\mathbf{z_2}$, $\mathbf{z_3}$ e $\mathbf{z_4}$ podem ser obtidas da expressão $z_m = \rho_1(\cos\theta_m + i \operatorname{sen}\theta_m)$, fazendo m = 2, 3 e 4:

$$z_2 = 1 \cdot \left(\cos\frac{5\pi}{4} + i \operatorname{sen}\frac{5\pi}{4}\right) = -\frac{\sqrt{2}}{2} - \frac{\sqrt{2}}{2}i$$

$$z_3 = 1 \cdot \left(\cos\frac{7\pi}{4} + i \operatorname{sen}\frac{7\pi}{4}\right) = \frac{\sqrt{2}}{2} - \frac{\sqrt{2}}{2}i$$

$$z_4 = 1 \cdot \left(\cos\frac{9\pi}{4} + i \operatorname{sen}\frac{9\pi}{4}\right) = \cos\frac{\pi}{4} + i \operatorname{sen}\frac{\pi}{4} = \frac{\sqrt{2}}{2} + \frac{\sqrt{2}}{2}i$$

19. Sabe-se que o complexo cos 18° + i sen 18° é raiz da equação $x^{20} = m$, na variável **x**. Determine **m** e represente geometricamente suas raízes cúbicas.

Solução:

- Determinemos **m**:

  cos 18° + i sen 18° é raiz da equação $x^{20} = m \Rightarrow (\cos 18° + i \operatorname{sen} 18°)^{20} = m \Rightarrow$

  $\Rightarrow \cos(20 \cdot 18°) + i \operatorname{sen}(20 \cdot 18°) = m \Rightarrow \cos 360° + i \operatorname{sen} 360° = m \Rightarrow m = 1$
- Determinemos $\sqrt[3]{1}$:

  Como $z_0 = 1 = 1 \cdot (\cos 0 + i \operatorname{sen} 0)$, temos: $\rho_0 = 1$ e $\theta_0 = 0$.

  Seja $z = \rho(\cos\theta + i \operatorname{sen}\theta)$ tal que $z^3 = z_0$, ou seja:

  $\rho^3(\cos 3\theta + i \operatorname{sen} 3\theta) = 1(\cos 0 + i \operatorname{sen} 0)$

  Então, pela definição de igualdade de complexos na forma polar, temos:

$$\begin{cases} \rho^3 = 1 \\ 3\theta = 0 + k \cdot 2\pi, \text{ com } k \in \mathbb{Z} \end{cases} \Rightarrow \begin{cases} \rho = \sqrt[3]{1} = 1 \\ \theta = \dfrac{k \cdot 2\pi}{3}, \text{ com } k \in \mathbb{Z} \end{cases} \quad (*)$$

Em (*), fazendo $k = 0, 1$ e 2, obtemos:

$$\theta_1 = 0; \theta_2 = \frac{2\pi}{3}; \theta_3 = \frac{4\pi}{3}$$

Como as raízes cúbicas de 1 são dadas pela expressão $z_m = \rho(\cos\theta_m + i \text{ sen } \theta_m)$, em que $m = 1$, 2 e 3, temos:

$$\sqrt[3]{1} = \begin{cases} z_1 = \cos 0 + i \text{ sen } 0 = 1 \\ z_2 = \cos\frac{2\pi}{3} + i \text{ sen } \frac{2\pi}{3} = -\frac{1}{2} + \frac{\sqrt{3}}{2}i \\ z_3 = \cos\frac{4\pi}{3} + i \text{ sen } \frac{4\pi}{3} = -\frac{1}{2} - \frac{\sqrt{3}}{2}i \end{cases}$$

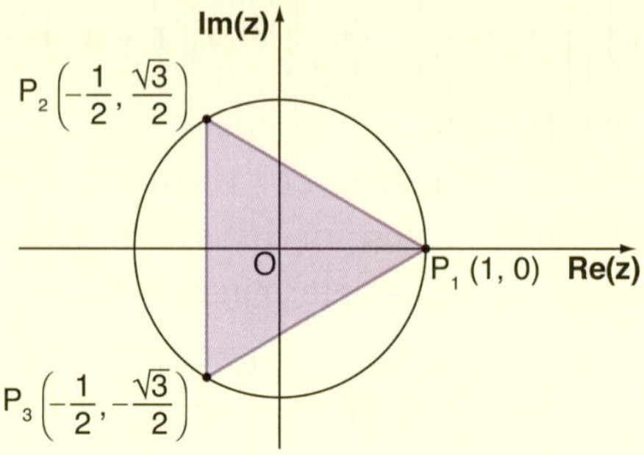

Banco de imagens/Arquivo da editora

Exercícios

78. Determine as raízes quadradas dos números complexos seguintes:

a) i b) -3 c) $-\frac{1}{4}i$

79. Calcule:

a) $\sqrt[3]{-2 + 2i\sqrt{3}}$ b) $\sqrt[4]{-5 - 5i}$ c) $\sqrt[5]{-1}$

80. Resolva as equações seguintes em $\mathbb{C}$:

a) $x^4 + 16 = 0$ b) $x^4 - 2i = 0$ c) $x^3 + 27 = 0$ d) $x^3 = (-1, \sqrt{3})$ e) $x^2 = 64i$

81. Dado o complexo $z = 4i$, determine:

a) as raízes quadradas de **z** e represente-as no plano complexo;

b) a medida do diâmetro do círculo que contém os afixos das raízes obtidas no item anterior.

82. Se, na figura a seguir, os pontos **A**, **B** e **C** são os afixos das raízes cúbicas de -8, obtenha a forma algébrica dessas raízes.

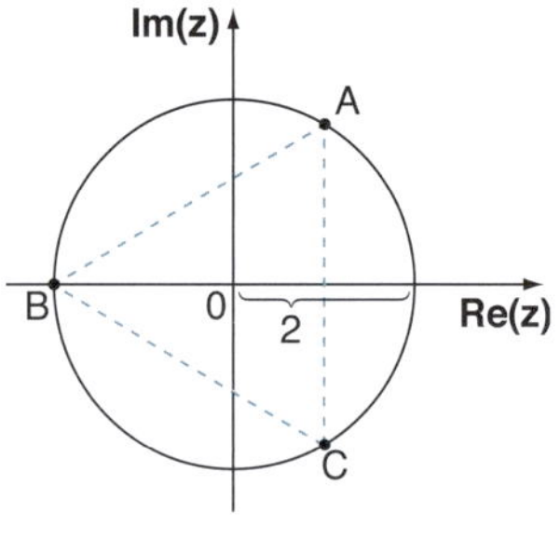

Banco de imagens/Arquivo da editora

83. Sabe-se que uma das raízes quartas de $-8 + 8i\sqrt{3}$ é $z_1 = 2(\cos 30° + i \text{ sen } 30°)$. Escreva todas as raízes quartas de $-8 + 8i\sqrt{3}$ na forma algébrica.

84. Sabendo que $\cos 72° + i \text{ sen } 72°$ é raiz da equação $x^5 + k = 0$, em que **x** é a variável complexa, determine e represente geometricamente as raízes cúbicas de **k**.

85. Sabendo que o ponto $A(-1, 0)$ é a imagem de uma das raízes sextas de um número complexo **z**, determine:

a) **z**; b) a forma algébrica das raízes sextas de **z**.

86. Determine as raízes cúbicas de 1 e represente-as no plano complexo. Qual é a área do polígono cujos vértices são os afixos das raízes?

Enem e vestibulares resolvidos

(FGV-SP) Seja **Z** um número complexo cujo afixo **P** está localizado no 1º quadrante do plano complexo, e sejam I, II, III, IV e V os afixos de cinco outros números complexos, conforme indica a figura seguinte.

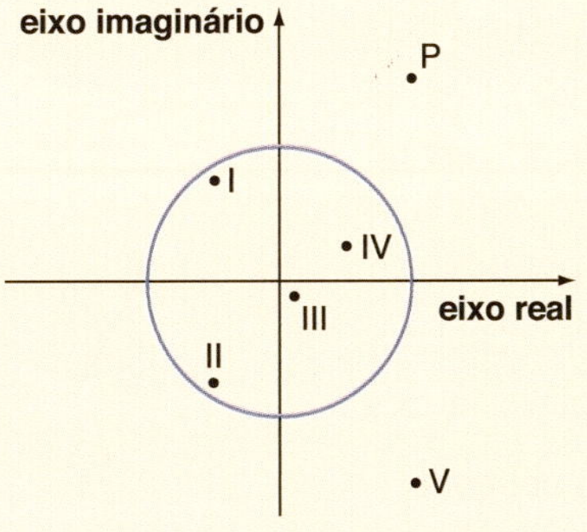

Banco de imagens/Arquivo da editora

Se a circunferência traçada na figura possui raio 1 e está centrada na origem do plano complexo, então o afixo de $\frac{1}{Z}$ pode ser

a) I b) II c) III d) IV e) V

Resolução comentada

Sejam $\theta = \arg Z$ e $\rho = |Z|$, como mostra a figura abaixo:

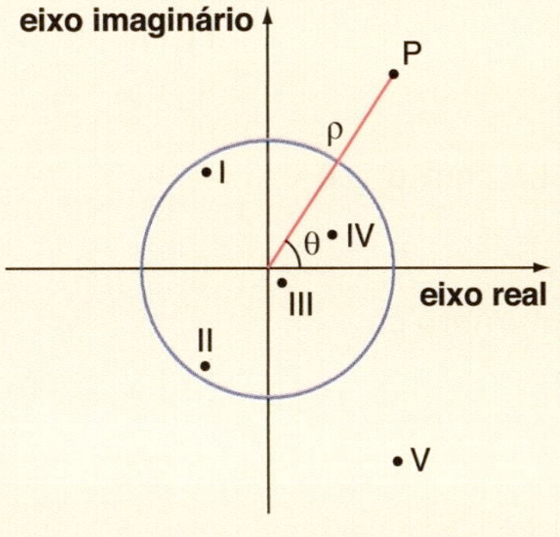

Banco de imagens/Arquivo da editora

Podemos escrever o complexo **Z** na forma trigonométrica como: $Z = \rho \cdot (\cos\theta + i \operatorname{sen}\theta)$

A forma trigonométrica do complexo 1 é dada por $1 \cdot (\cos 0 + i \operatorname{sen} 0)$.

Assim, fazendo a divisão $\frac{1}{Z}$, temos:

$$\frac{1 \cdot \cos 0 + i \cdot \operatorname{sen} 0}{\rho \cdot [\cos\theta + i \cdot \operatorname{sen}\theta]} = \frac{1}{\rho} \cdot [\cos(-\theta) + i \cdot \operatorname{sen}(-\theta)]$$

Como **ρ** é maior do que 1, então $\frac{1}{\rho}$ é menor do que 1.

Além disso, como o arco de medida $-\theta$ tem imagem no mesmo ponto que o arco de medida $2\pi - \theta$, com $0 < \theta < \frac{\pi}{2}$, temos que o afixo do complexo $\frac{1}{Z}$ é um ponto do 4º quadrante.

Portanto, o afixo de $\frac{1}{Z}$ é melhor representado por III.

Alternativa *c*.

Exercícios complementares

1. (UFSC) Em circuitos elétricos como, por exemplo, o das instalações residenciais, as grandezas elétricas são analisadas com o auxílio dos números complexos. A relação $U = Z \cdot j$ fornece a tensão **U** em função da impedância **Z** e da corrente elétrica **j**. Nesses termos, essas variáveis são expressas através de números complexos $a + bi$. Considere agora $U = 110(\cos 0° + i\,\text{sen}\,0°)$ e $Z = 5 + 5i$. Determine o valor da expressão $2a + b$, sendo $j = a + bi$.

2. No plano de Argand-Gauss, os complexos **z** tais que $\begin{cases} |z + \bar{z}| = 6 \\ z \cdot \bar{z} = 10 \end{cases}$ são vértices de um polígono.

a) Qual é o perímetro desse polígono?

b) Qual é a área desse polígono?

3. (FGV-SP) Seja **f** uma função que, a cada número complexo **z**, associa $f(z) = iz$, onde **i** é a unidade imaginária. Determine os complexos **z** de módulo igual a 4 e tais que $f(z) = \bar{z}$, onde $\bar{z}$ é o conjugado de **z**.

4. (Fuvest-SP) Determine os números complexos **z** que satisfazem, simultaneamente, $|z| = 2$ e $\text{Im}\left(\frac{z-i}{1+i}\right) = \frac{1}{2}$.

Lembretes: $i^2 = -1$; se $w = a + bi$, com **a** e **b** reais, então $|w| = \sqrt{a^2 + b^2}$ e $\text{Im}(w) = b$.

5. Uma das raízes de ordem 6 de um número complexo é -2.

a) Determine as outras raízes de ordem 6 desse número.

b) Os afixos de todas as raízes do item *a* são vértices de um polígono. Determine a área e o perímetro desse polígono.

6. Seja **A** a região do plano complexo definida por $A = \left\{z \in \mathbb{C} \mid \text{Re}\left(\frac{1}{z}\right) + \text{Im}\left(\frac{1}{\bar{z}}\right) \geq 1\right\}$. Qual é a área de **A**?

7. (ITA-SP)

a) Determine o valor máximo de $|z + i|$, sabendo que $|z - 2| = 1$, $z \in \mathbb{C}$.

b) Se $\mathbf{z_0} \in \mathbb{C}$ satisfaz *a*, determine $\mathbf{z_0}$.

8. Determine a condição sobre os reais **a** e **b** para que o número $(a + bi)^4$ seja estritamente negativo.

9. No plano complexo a seguir, o triângulo AOB é equilátero e sua área é de $16\sqrt{3}$ unidades de área. Determine a forma polar dos números complexos cujos afixos são os pontos **A** e **B**, respectivamente.

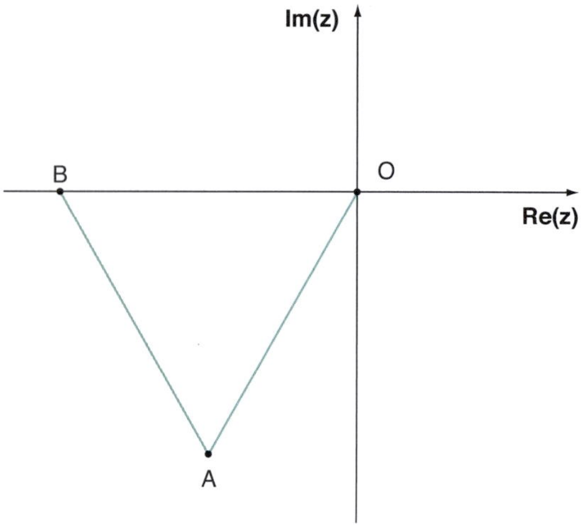

Banco de imagens/Arquivo da editora

10. Seja $A = \{z \in \mathbb{C} \mid |z - i| = |z + 3|\}$.

Determine o elemento de **A** cujo afixo está mais próximo da origem (0, 0).

11. Na figura abaixo, o triângulo ABC é isósceles de base $\overline{AC}$.

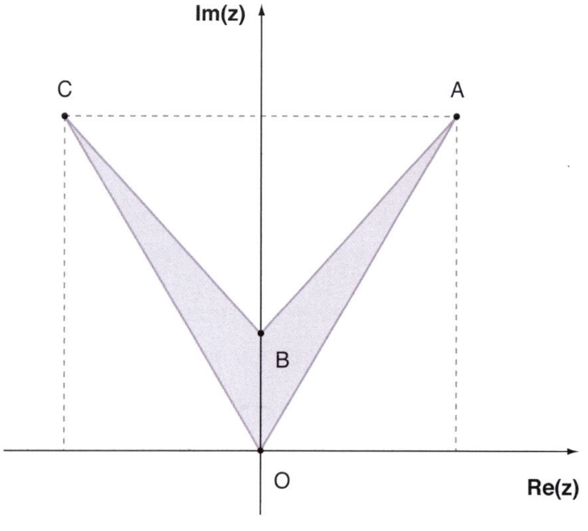

Banco de imagens/Arquivo da editora

Sabe-se que:

- **A** é o afixo de $z = 3 + 5i$;
- a área da superfície sombreada é $\frac{21}{4}$.

Determine:

a) a medida do segmento $\overline{OC}$;

b) a medida do segmento $\overline{BC}$;

c) a forma algébrica e a trigonométrica do número complexo **w** cujo afixo é **B**.

12. (FGV-SP) É dada a matriz $A = (a_{ij})_{3\times 3}$ tal que $A = \begin{pmatrix} 2 & 1-i & 1 \\ 1+i & 1 & -i \\ 1 & i & 0 \end{pmatrix}$ sendo **i** a unidade imaginária: $i^2 = -1$.

a) Escreva a matriz $B = (b_{ij})_{3\times 3}$ substituindo os elementos da matriz **A** pelos seus números complexos conjugados, ou seja, $\mathbf{b}_{ij}$ é o complexo conjugado do elemento $\mathbf{a}_{ij}$.

b) Determine a área do triângulo cujos vértices são os afixos dos elementos $\mathbf{b}_{23}$ e $\mathbf{b}_{32}$ e o afixo do determinante da matriz **B**.

13. (Fuvest-SP) A figura representa o número $\omega = \dfrac{-1+i\sqrt{3}}{2}$ no plano complexo, sendo $i=\sqrt{-1}$ a unidade imaginária.

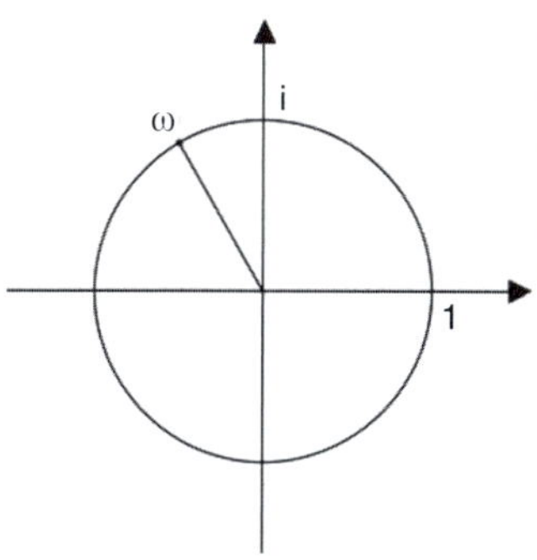

Nessas condições,

a) determine as partes real e imaginária de $\dfrac{1}{\omega}$ e de $\boldsymbol{\omega}^3$.

b) represente $\dfrac{1}{\omega}$ e $\boldsymbol{\omega}^3$ na figura acima.

c) determine as raízes complexas da equação $z^3 - 1 = 0$.

14. (Unesp-SP) Identifique o lugar geométrico das imagens dos números complexos **Z**, tais que $|Z| + |3 \cdot Z| = 12$.

15. Faça o que se pede a seguir.

a) Dado o número complexo $z = 2\sqrt{3} + 2i$, determine os dois menores valores naturais de **n**, para os quais $\mathbf{z}^n$ é imaginário puro.

b) Qual é o menor valor do natural positivo **n** para o qual $(\sqrt{3} - i)^n$ é um número real? Qual é, nesse caso, o número real?

16. (FGV-RJ)

a) Considere os números complexos $z_1 = 1 + i$, $z_2 = 2 \cdot (1 + i)$, em que **i** é o número complexo tal que $i_2 = -1$. Represente, no plano cartesiano, o triângulo cujos vértices são afixos dos números complexos $z_1 + z_2$, $z_2 - z_1$ e $z_1 \cdot z_2$ e calcule a área desse triângulo.

b) A razão de semelhança entre um novo triângulo, semelhante ao triângulo original, e o triângulo original é igual a 3. Qual é a área desse novo triângulo?

17. Represente, no plano complexo, as imagens dos números $z = x + iy$, com **x** e **y** reais, que satisfazem $|z - 1|^2 = 2x$ e $y \geqslant 2$.

18. (UnB-DF)

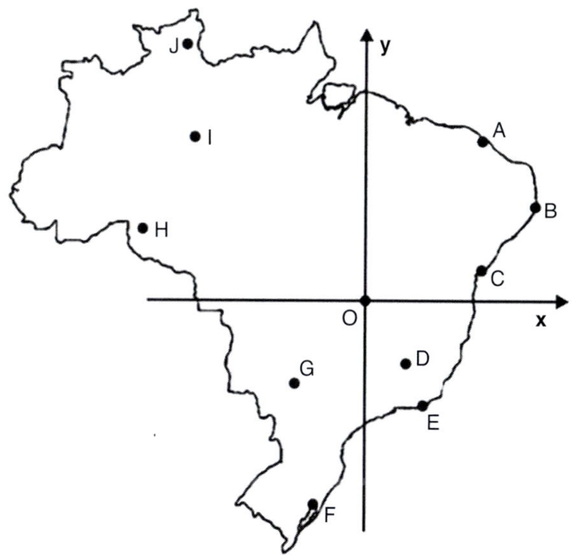

Cidades	Pontos	Coordenadas
Fortaleza	A	(7, 9)
Recife	B	(10, 6)
Salvador	C	(7, 2)
Belo Horizonte	D	(2, −4)
Rio de Janeiro	E	(3, −6)
Porto Alegre	F	(−3, −12)
Campo Grande	G	(−4, −5)
Porto Velho	H	(−12, 4)
Manaus	I	(r, s)
Boa Vista	J	(t, u)

No mapa, estão identificadas, em um sistema de coordenadas cartesianas ortogonais xOy, as localizações de algumas cidades brasileiras, entre elas, aquelas que sediaram a Copa das Confederações. Brasília, indicada por **O**, corresponde à origem e, na tabela, estão as coordenadas das demais cidades, identificadas pelas letras de **A** a **J**. Cada ponto (x, y) do plano está identificado com um número complexo $z = x + iy$, em que **i** é a unidade imaginária ($i^2 = -1$). Nesse sistema, as medidas das coordenadas estão estabelecidas em unidade de distância referencial denotada por u.d.

Com base nessas informações, julgue os itens *a* a *g*, e faça o que se pede nos itens *h* e *i* [...]:

a) Os pontos correspondentes a Campo Grande, Brasília e Fortaleza estão alinhados.

b) Considerando as coordenadas dos pontos I(r, s) e J(t, u), que representam, respectivamente, Manaus e Boa Vista, conclui-se que $-24 \leq r + t \leq -8$.

c) Para assistir a um jogo em Fortaleza, os torcedores que moram em Brasília deverão percorrer uma distância de pelo menos 11,2 u.d.

d) No mapa apresentado, Recife está no interior do círculo cuja circunferência tem centro na origem e passa por Porto Alegre.

e) É isósceles o triângulo com vértices nos pontos que identificam Fortaleza, Recife e Salvador.

f) Considere que os números complexos $\mathbf{z}_1$ e $\mathbf{z}_2$ correspondam, respectivamente, aos pontos referentes a Fortaleza e Recife.
Nesse caso,

$$z_1 - z_2 = 3\sqrt{2}\left[\cos\left(\frac{3\pi}{4}\right) + i\,\text{sen}\left(\frac{3\pi}{4}\right)\right].$$

g) Considere que os números complexos $\mathbf{z}_1$ e $\mathbf{z}_2$ correspondam, respectivamente, às localizações de Belo Horizonte e Rio de Janeiro. Nesse caso, $\frac{z_1}{z_2}$ é um número real.

h) Calcule o coeficiente angular da reta perpendicular àquela que passa por Belo Horizonte e Porto Velho.
Multiplique o valor encontrado por 100.

i) Assinale a opção que apresenta a equação correta da circunferência que tem o centro no Rio de Janeiro e passa por Porto Velho.

a) $x^2 + y^2 - 6x - 12y - 280 = 0$

b) $x^2 + y^2 + 6x + 12y - 325 = 0$

c) $x^2 + y^2 - 6x + 12y - 280 = 0$

d) $x^2 + y^2 - 6x - 12y - 325 = 0$

19. (FGV-SP)

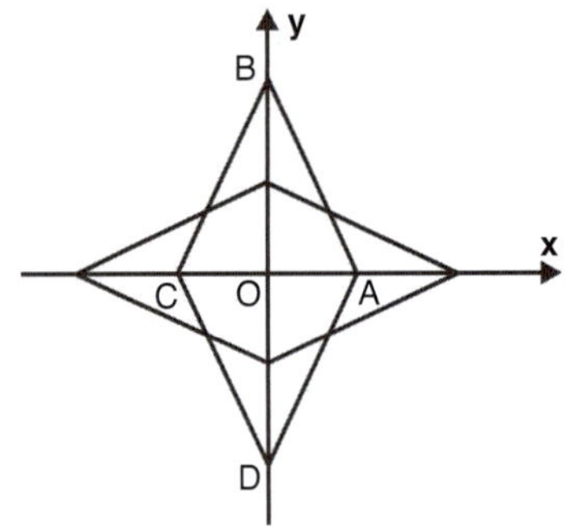

a) Calcule a área do losango ABCD cujos vértices são os afixos dos números complexos: 3, 6i, −3 e −6i, respectivamente.

b) Quais são as coordenadas dos vértices do losango A'B'C'D' que se obtém girando 90° o losango ABCD, em torno da origem do plano cartesiano, no sentido anti-horário?

c) Por qual número devemos multiplicar o número complexo cujo afixo é o ponto **B** para obter o número complexo cujo afixo é o ponto **B'**?

20. (UFPR) Considere os pontos $\mathbf{z}_1$, $\mathbf{z}_2$ e $\mathbf{z}_3$, indicados no plano complexo a seguir, e que correspondem às raízes cúbicas de 1.

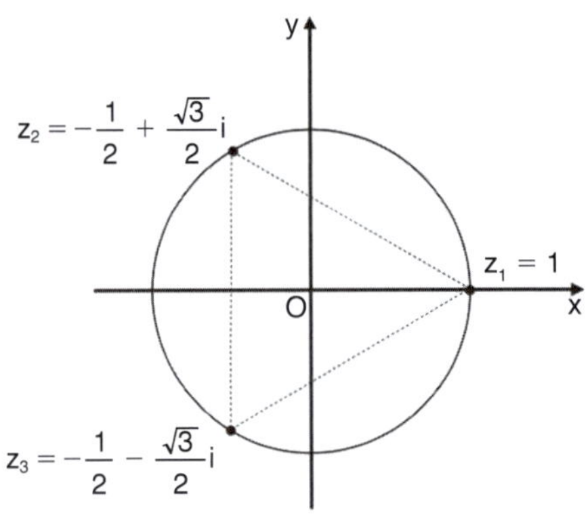

a) Qual é o menor inteiro $n > 1$, de modo que $(z_2)^n = 1$? Justifique sua resposta.

b) Calcule $(z_3)^{100}$.

21. Seja $t = 2 + 3i \in \mathbb{C}$;

$$A = \{z \in \mathbb{C} \mid |z - t| \leq 1\}$$

e

$$B = \{z \in \mathbb{C} \mid z = a + \text{ bieb} \leq 3\}$$

Sendo $T = A \cap B$, determine a área da região limitada pelos elementos de **T**.

22. Resolva, em $\mathbb{C}$, as equações:

a) $x^4 + i = 0$

b) $x^6 + 7x^3 = 8$

c) $ix^2 - 2x + \sqrt{3} = 0$

23. Se $z = r\,(\cos\theta + i \text{ sen } \theta)$, qual é o número de soluções da equação: $z^2 + |z| = 0$?

24. Determine o número complexo **z** do menor argumento tal que $|z - 25i| \leqslant 15$.

25. No plano complexo, considere os números complexos $z = x + iy$ tais que $|z| = 1$.

Mostre que $\dfrac{1+z}{1+\bar{z}} = z$.

26. (Fuvest-SP) Resolva os três itens abaixo:

a) Calcule $\cos\left(\dfrac{3\pi}{8}\right)$ e $\text{sen}\left(\dfrac{3\pi}{8}\right)$.

b) Dado o número complexo $z = \sqrt{2-\sqrt{2}} + i\cdot\sqrt{2+\sqrt{2}}$, encontre o menor inteiro $n > 0$ para o qual $\mathbf{z}^n$ seja real.

c) Encontre um polinômio de coeficientes inteiros que possua **z** como raiz e que não possua raiz real.

27. (IME-RJ) Sejam os complexos $z = a + bi$ e $w = 47 + ci$, tais que $z^3 + w = 0$.
Determine o valor de **a**, **b** e **c**, sabendo que esses números são inteiros e positivos

Testes

1. (UFSJ-MG) Na figura abaixo, estão representados os números complexos $\mathbf{Z}_1$ e $\mathbf{Z}_2$ por meio de seus afixos **A** e **B**, respectivamente.

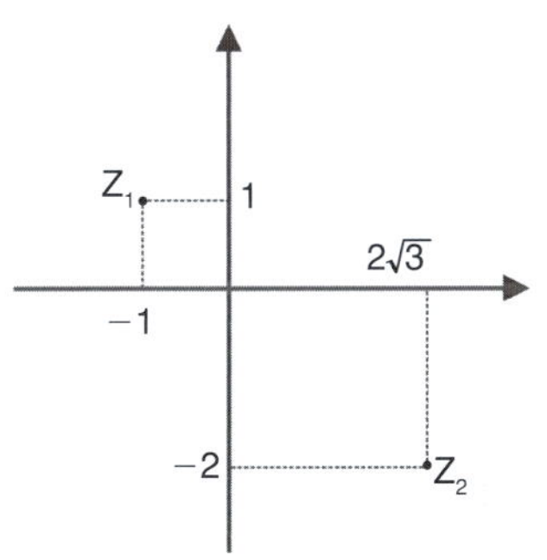

Reprodução/UFSJ, 2012.

Considerando essa figura, é correto afirmar que:

a) o afixo de $(Z_1 \cdot Z_2)$ é um ponto do 2º quadrante.

b) $(Z_1)^2 = 2i$

c) $|Z_1 + Z_2| = \sqrt{3}$

d) o afixo de $\dfrac{Z_1}{Z_2}$ é um ponto do 2º quadrante.

2. (Uece) Um número complexo **z**, em sua forma trigonométrica, é do tipo $z = p(\cos q + i \text{ sen } q)$, onde **p** é o módulo de **z** e **q** é a medida em radiano do argumento de **z**. Ao apresentarmos o número complexo $z = -1 + \sqrt{3}$ em sua forma trigonométrica, os parâmetros **p** e **q** são respectivamente:

a) $p = 2,\ q = \dfrac{3\pi}{4}$

b) $p = 3,\ q = \dfrac{2\pi}{3}$

c) $p = 3,\ q = \dfrac{3\pi}{4}$

d) $p = 2,\ q = \dfrac{2\pi}{3}$

3. (Unicamp-SP) O módulo do número complexo $z = i^{2014} - i^{1987}$ é igual a:

a) 0 b) $\sqrt{3}$ c) 1 d) $\sqrt{2}$

4. (PUC-RS) A área da figura representada no plano de Argand-Gauss pelo conjunto de pontos $\{z \in \mathbb{C} : |z| \leqslant 1\}$ é:

a) $\dfrac{1}{2}$

b) 1

c) $\dfrac{\pi}{2}$

d) π

e) 2π

5. (Ufam) Se $z = \dfrac{1}{2}\left(1+\sqrt{3}\,i\right)$ e $w = \sqrt{2}\,(1-i)$ são dois números complexos, então:

a) $z \cdot w = \cos\left(\dfrac{7\pi}{6}\right) + i\,\text{sen}\left(\dfrac{7\pi}{6}\right)$

b) $z + w = \cos\left(\dfrac{7\pi}{6}\right) + i\,\text{sen}\left(\dfrac{7\pi}{6}\right)$

c) $z^{12} = \cos\left(\dfrac{4}{3}\pi\right) + i\,\text{sen}\left(\dfrac{4}{3}\pi\right)$

d) $\dfrac{z}{w} = \cos\left(\dfrac{7\pi}{6}\right) - i\,\text{sen}\left(\dfrac{7\pi}{6}\right)$

e) $z = \cos\left(\dfrac{\pi}{3}\right) + i\,\text{sen}\left(\dfrac{\pi}{3}\right)$ e

$w = 2\left(\cos\left(\dfrac{7\pi}{4}\right) + i\,\text{sen}\left(\dfrac{7\pi}{4}\right)\right)$

6. (FGV-SP) Os quatro vértices de um quadrado no plano Argand-Gauss são números complexos, sendo três deles $1 + 2i$, $-2 + i$ e $-1 - 2i$. O quarto vértice do quadrado é o número complexo:

a) $2 + i$
b) $2 - i$
c) $1 - 2i$
d) $-1 + 2i$
e) $-2 - i$

7. (Unicamp-SP) Considere o número complexo $z = \dfrac{1+ai}{a-i}$, onde **a** é um número real e **i** é a unidade imaginária, isto é, $i^2 = -1$. O valor de z^{2016} é igual a

a) a^{2016}.
b) 1.
c) $1 + 2016i$.
d) i.

8. (FGV-SP) Sendo **i** a unidade imaginária, então $(1 + i)^{20} - (1 - i)^{20}$ é igual a:

a) $-1\,024$
b) $-1\,024i$
c) 0
d) $1\,024$
e) $1\,024i$

9. (Ufam) A soma dos números complexos $i + i^2 + i^3 + ... + i^{2011}$ vale:

a) -1
b) 1
c) i
d) $-i$
e) 0

10. (Uece) Se **i** é a unidade imaginária ($i^2 = -1$), a forma trigonométrica do número complexo $z = \dfrac{3}{1-i} - \dfrac{i}{1+i}$, considerando o argumento principal, é:

a) $\sqrt{2}\left(\cos\dfrac{\pi}{4} + i \cdot \text{sen}\dfrac{\pi}{4}\right)$

b) $\sqrt{2}\left(\cos\dfrac{3\pi}{4} + i \cdot \text{sen}\dfrac{3\pi}{4}\right)$

c) $\sqrt{3}\left(\cos\dfrac{\pi}{4} + i \cdot \text{sen}\dfrac{\pi}{4}\right)$

d) $\sqrt{3}\left(\cos\dfrac{3\pi}{4} + i \cdot \text{sen}\dfrac{3\pi}{4}\right)$

11. (PUC-SP) Em relação ao número complexo $z = i^{87} \cdot \left(i^{105} + \sqrt{3}\right)$ é correto afirmar que

a) sua imagem pertence ao 3º quadrante do plano complexo.
b) é imaginário puro.
c) o módulo de **z** é igual a 4.
d) seu argumento é igual ao argumento do número complexo $v = \dfrac{1}{2} - \dfrac{\sqrt{3}}{2}i$.

12. (Ufam) Consideremos os seguintes números complexos:
$Z = 2(\cos 30° + i\,\text{sen}\,30°)$ e $w = \cos 120° + i\,\text{sen}\,120°$
Calculando $z^{12} \cdot w^{12}$, devemos obter:

a) i
b) 0
c) 1
d) 2^{12}
e) 2^{24}

13. (UFSM-RS) Observe a vista aérea do planetário e a representação, no plano Argand-Gauss, dos números complexos $\mathbf{z}_1, \mathbf{z}_2, ..., \mathbf{z}_{12}$, obtida pela divisão do círculo de raio 14 em 12 partes iguais.

Reprodução/UFSM, 2011.

Fonte: http://www.maps.google.com.br (adaptado)

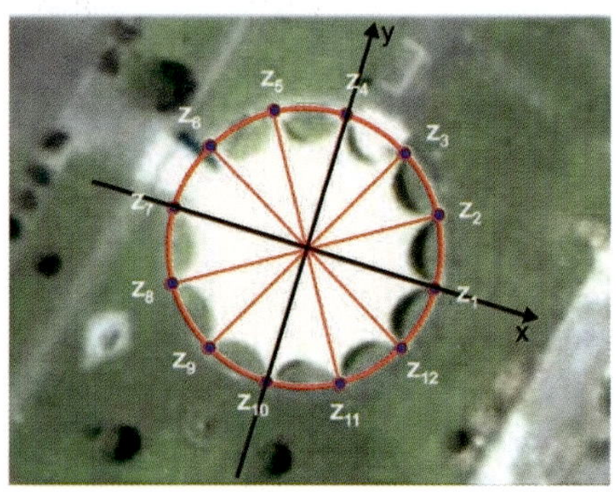

Considere as seguintes informações:

I. $z_2 = 7\sqrt{3} + 14i$
II. $z_{11} = \overline{z_3}$
III. $z_5 = z_4 \cdot \overline{z_{11}}$

Está(ão) correta(s):

a) apenas I.
b) apenas II.
c) apenas III.
d) apenas I e II.
e) apenas II e III.

14. (UFCG-PB) No plano complexo de Argand-Gauss, a desigualdade que representa a região sombreada abaixo, inclusive o bordo dessa região, é dada por:

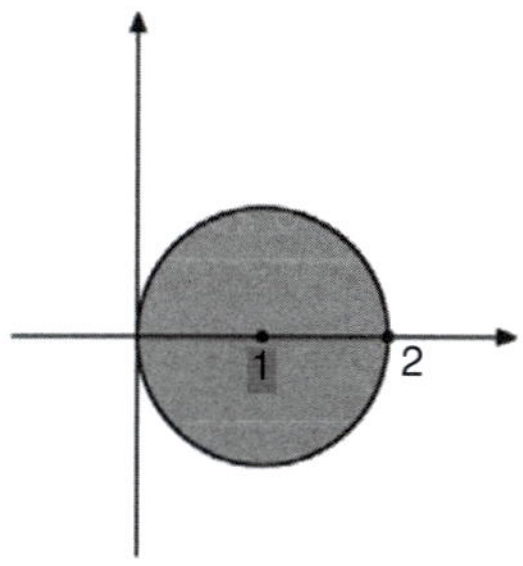

a) $|z - 1| \geqslant 1$
b) $|z - 1| \leqslant 1$
c) $|z - i| \geqslant 1$
d) $|z - 1| \geqslant 0$
e) $|z - 1|^2 > 1$

15. (Insper-SP) Considere um número complexo **z**, de módulo 10, tal que $z = (K + i)^2$, em que **K** é um número real. A parte real desse número complexo é igual a:

a) $5\sqrt{3}$
b) 8
c) $5\sqrt{2}$
d) 6
e) 5

16. (FGV-SP) O número complexo $z = a + bi$, com **a** e **b** reais, satisfaz $z + |z| = 2 + 8i$, em que $|a + bi| = \sqrt{a^2 + b^2}$. Nessas condições, $|z|^2$ é igual a:

a) 68
b) 100
c) 169
d) 208
e) 289

17. (UEL-PR) O número complexo **z** que verifica a equação $iz - 2\bar{z} + (1 + i) = 0$ é:

a) $z = 1 + i$
b) $z = \left(\dfrac{1}{3}\right) - i$
c) $z = \dfrac{(1 - i)}{3}$
d) $z = 1 + \left(\dfrac{i}{3}\right)$
e) $z = 1 - i$

18. (Unifesp) Considere, no plano complexo, conforme a figura, o triângulo de vértices $z_1 = 2$, $z_2 = 5$ e $z_3 = 6 + 2i$.

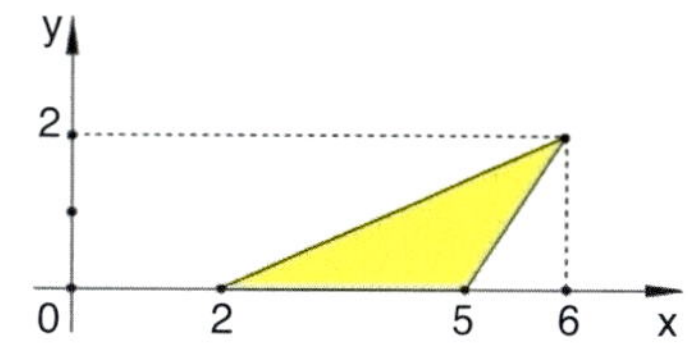

A área do triângulo de vértices $w_1 = iz_1$, $w_2 = iz_2$ e $w_3 = 2iz_3$ é:

a) 8
b) 6
c) 4
d) 3
e) 2

19. (Uece) No sistema de coordenadas cartesianas usual com origem no ponto **O**, considere os números complexos, na forma trigonométrica, dados por $z = 2(\cos 60° + i \operatorname{sen} 60°)$ e $w = 2(\cos 30° + i \operatorname{sen} 30°)$. Os pontos do plano que representam estes números e a origem **O** são vértices de um triângulo cuja medida da área é

a) 1,0 u.a.
b) 0,5 u.a.
c) 2,0 u.a.
d) 1,5 u.a.

u.a. = unidades de área

20. (Ufam) Simplificando o número complexo

$$\left(\frac{\sqrt{2}}{2} - \frac{\sqrt{2}}{2}i\right)^{2010}$$, obtemos:

a) $2i$
b) i
c) $-i$
d) 1
e) -1

21. (Ufpel-RS) Considerando o número complexo $Z = a + bi$, em que **i** é a unidade imaginária, $a < b$, módulo de **Z** é igual a 5 e módulo de $Z + i$ é igual a $2\sqrt{5}$, é correto afirmar que a diferença entre esse número **Z** e o seu conjugado é igual a:

a) $6i$
b) -8
c) $-6i$
d) 8
e) 0

22. (FGV-SP) Observe o plano Argand-Gauss a seguir:

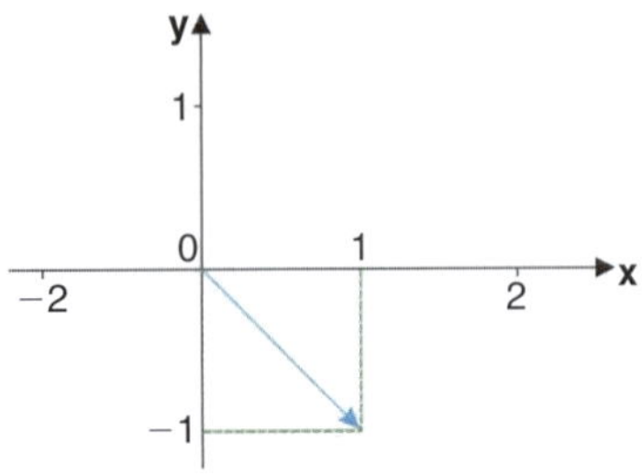

Reprodução/FGV, 2016.

Elevando-se a 2015 o número complexo indicado nesse plano Argand-Gauss, o afixo do número obtido será um ponto desse plano com coordenadas idênticas e iguais a

a) 2^{2015}
b) 2^{1007}
c) 1
d) 2^{-2015}
e) -2^{1007}

23. (FICSAE-SP) Sejam os números complexos $u = 2\sqrt{2} \cdot (\cos 315° + i \cdot \text{sen } 315°)$ e $w = u^2$. Se **P** e **Q** são as respectivas imagens de **u** e **w**, no plano complexo, então a equação da reta perpendicular a $\overline{PQ}$, traçada pelo seu ponto médio, é

a) $3x + y + 2 = 0$
b) $3x - y + 2 = 0$
c) $x + 3y + 14 = 0$
d) $x - 3y + 14 = 0$

24. (UEPB) Dado o número complexo $z = x + yi$, o sistema $\begin{cases} |z| = 5 \\ |iz - 3| = 2 \end{cases}$ tem como solução:

a) $z = 5i$
b) $z = -5i$
c) $z = 5$
d) $z = -5$
e) $z = 5 + 5i$

25. (Ibmec-RJ) Seja **z** um número complexo tal que:

$z = \left(\dfrac{2}{1-i}\right)^4$, onde **i** é a unidade imaginária.

É correto afirmar que o módulo e o argumento de **z** são iguais, respectivamente, a:

a) 2 e $\dfrac{\pi}{2}$
b) 2 e π
c) 2 e $\dfrac{3\pi}{2}$
d) 4 e $\dfrac{\pi}{2}$
e) 4 e π

26. (Unicamp-SP) Sejam **x** e **y** números reais tais que $x + yi = \sqrt{3+4i}$, onde **i** é a unidade imaginária. O valor de xy é igual a:

a) -2
b) -1
c) 1
d) 2

27. (Uece) Se **i** é o número complexo cujo quadrado é igual a -1, e **n** é um número natural maior do que 2, então, pode-se afirmar corretamente que $\left(\sqrt{2} + \sqrt{2}\,i\right)^n$ é um número real sempre que

a) **n** for um múltiplo de 3.
b) **n** for um múltiplo de 5.
c) **n** for um múltiplo de 4.
d) **n** for ímpar.

Se desejar, utilize a forma trigonométrica de um número complexo.

28. (Mack-SP) Se **i** é a unidade imaginária e $M = \begin{bmatrix} (1+i)^{-1} & b \\ i-2 & -2a \end{bmatrix}$ tem determinante igual a 3i, os valores de **a** e **b** são, respectivamente,

a) 6 e 3
b) 3 e 1
c) 0 e 6
d) 2 e 4
e) 4 e 2

29. (FGV-SP) A figura indica a representação dos números Z_1 e Z_2 no plano complexo.

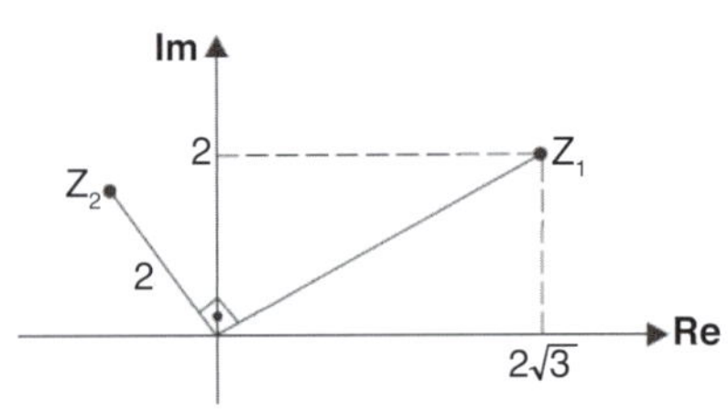

Reprodução/FGV, 2007.

Se $Z_1 \cdot Z_2 = a + bi$, então $a + b$ é igual a:

a) $4(1 - \sqrt{3})$
b) $2((\sqrt{3}) - 1)$
c) $2(1 + \sqrt{3})$
d) $8((\sqrt{3}) - 1)$
e) $4((\sqrt{3}) + 1)$

30. (Uece) O conjugado, $\bar{z}$, do número complexo $z = x + iy$, com **x** e **y** números reais, é definido por $\bar{z} = x - iy$. Identificando o número complexo $z = x + iy$ com o ponto (x, y) no plano cartesiano, podemos afirmar corretamente que o conjunto dos números complexos **z** que satisfazem a relação $z\bar{z} + z + \bar{z} = 0$ estão sobre:

a) uma reta.
b) uma circunferência.
c) uma parábola.
d) uma elipse.

31. (UFRGS-RS) O menor número inteiro positivo **n**, para o qual a parte imaginária do número complexo $\left(\cos\frac{\pi}{8} + i\,\text{sen}\frac{\pi}{8}\right)^n$ é negativa, é:

a) 3
b) 4
c) 6
d) 8
e) 9

32. (Mack-SP) Se $p = 4n$ e $n \in \mathbb{N}^*$, o valor da expressão $\frac{(1+i)^p}{(1-i)^{p-2}}$ é igual a

a) $-2i$
b) $2i$
c) i
d) $-i$
e) $1 - 2i$

33. (Mack-SP) O número complexo $z = a + bi$ tal que **z**, $\frac{1}{z}$ e $1 - z$ tenham o mesmo módulo é

a) $z = \frac{1}{2} \pm \frac{\sqrt{3}}{2}i$
b) $z = 2 \pm \sqrt{3}i$
c) $z = 1 \pm \sqrt{3}i$
d) $z = \frac{2}{3} \pm \frac{\sqrt{3}}{3}i$
e) $z = \frac{1}{3} \pm \frac{\sqrt{2}}{3}i$

34. (FICSAE-SP) Uma matriz quadrada se diz ortogonal se sua inversa é igual à sua transposta. Dada a matriz $A = \begin{pmatrix} x-3 & -\sqrt{5} \\ \sqrt{5} & x-3 \end{pmatrix}$, em que $x \in \mathbb{C}^*$, a soma dos valores de **x** que a tornam uma matriz ortogonal é igual a

a) $6 + 4i$
b) $6 - 4i$
c) 6
d) 4

35. (ITA-SP) Se $\arg z = \frac{\pi}{2}$, então um valor para $\arg(-2iz)$ é:

a) $-\frac{\pi}{2}$
b) $\frac{\pi}{4}$
c) $\frac{\pi}{2}$
d) $\frac{3\pi}{4}$
e) $\frac{7\pi}{4}$

36. (Unifesp) Quatro números complexos representam, no plano complexo, vértices de um paralelogramo. Três dos números são $z_1 = -3 - 3i$, $z_2 = 1$ e $z_3 = -1 + \left(\frac{5}{2}\right) \cdot i$. Se o quarto número tem as partes real e imaginária positivas, então ele é igual a:

a) $2 + 3i$
b) $3 + \left(\frac{11}{2}\right) \cdot i$
c) $3 + 5i$
d) $2 + \left(\frac{11}{2}\right) \cdot i$
e) $4 + 5i$

37. (ITA-SP) Dado $z = \frac{1}{2}\left(-1 + i\sqrt{3}\right)$, então $\sum_{n=1}^{89} z^n$ é igual a:

a) $-\frac{89}{2} \cdot i\sqrt{3}$
b) -1
c) 0
d) 1
e) $\frac{89}{6} \cdot i\sqrt{3}$

38. (ITA-SP) O lugar geométrico dos pontos $(a, b) \in \mathbb{R}^2$ tais que a equação, em $z \in \mathbb{C}$, $z^2 + z + 2 - (a + ib) = 0$ possua uma raiz puramente imaginária é:

a) uma circunferência
b) uma parábola
c) uma hipérbole
d) uma reta
e) duas retas paralelas

CAPÍTULO

7 Polinômios

Os polinômios, tema deste capítulo, são aplicados na técnica de regressão polinomial. Essa técnica identifica uma função polinomial que melhor se ajusta a um conjunto de dados. Entre as diversas aplicações possíveis, está a previsão da temperatura da superfície do mar em função do horário.

Definição

Um **polinômio** na variável complexa **x** é uma expressão dada por:

$$a_n \cdot x^n + a_{n-1} \cdot x^{n-1} + ... + a_2 \cdot x^2 + a_1 \cdot x + a_0$$

em que:

- $\mathbf{a_n}$, $\mathbf{a_{n-1}}$, ..., $\mathbf{a_2}$, $\mathbf{a_1}$, $\mathbf{a_0}$ são números complexos chamados **coeficientes** do polinômio; $\mathbf{a_0}$ é o **coeficiente independente** do polinômio;
- todos os expoentes de **x**: **n**, n − 1, ..., 2, 1, 0 são números naturais;
- cada uma das parcelas, $a_n \cdot x^n$, $a_{n-1} \cdot x^{n-1}$, ..., $a_1 \cdot x$, a_0, corresponde a um termo do polinômio;
- o **grau** do polinômio é o número natural correspondente ao maior expoente de **x** cujo termo apresenta coeficiente não nulo;
- **x** pode assumir qualquer valor complexo.

EXEMPLO 1

- $4x^3 - 5x^2 + \frac{1}{2}x - 7$ é um polinômio de grau 3.
- $-\frac{1}{6}x^5 + x^2 - 3x + 1$ é um polinômio de grau 5.
- $2ix^2 + x - 2$ é um polinômio de grau 2.
- $x^6 - ix^3 + 4x^2 - 3i$ é um polinômio de grau 6.
- $x + 4$ é um polinômio de grau 1.
- $5x$ é um polinômio de grau 1.
- -7 é um polinômio de grau 0, pois podemos escrevê-lo na forma $-7 \cdot x^0$.

OBSERVAÇÕES

- A expressão $2x + \frac{3}{x^2} + \frac{4}{x} = 2x + 3x^{-2} + 4x^{-1}$ não é um polinômio, pois os expoentes de **x** não podem ser negativos.
- A expressão $3x^2 - 5\sqrt{x} + 2 = 3x^2 - 5x^{\frac{1}{2}} + 2$ não é um polinômio, pois os expoentes de **x** não podem ser fracionários.

Coeficiente dominante

Seja $a_n \cdot x^n + a_{n-1} \cdot x^{n-1} + ... + a_2 \cdot x^2 + a_1 \cdot x + a_0$, com $a_n \neq 0$, um polinômio de grau **n**.

O coeficiente $\mathbf{a_n}$ é chamado **coeficiente dominante** do polinômio.

EXEMPLO 2

- $-x^3 + 15x^2 - 7x + 3$ possui coeficiente dominante igual a -1.
- $\frac{4}{3}x^5 + 2x - 1$ tem coeficiente dominante igual a $\frac{4}{3}$.
- $2ix^2 + 4x^3 + ix^4$ tem coeficiente dominante igual a **i**.
- $x^2 - 3x + 5$ tem coeficiente dominante igual a 1.

Função polinomial

Vamos considerar uma função f: $\mathbb{C} \rightarrow \mathbb{C}$, que a cada $x \in \mathbb{C}$ associa o polinômio $a_nx^n + a_{n-1}x^{n-1} + ... + a_1x + a_0$, isto é, $f(x) = a_nx^n + a_{n-1}x^{n-1} + ... + a_1x + a_0$.

A função **f** recebe o nome de **função polinomial**.

Por exemplo, as funções **f**, **g** e **h**, definidas, respectivamente, por $f(x) = 4x - 5$, $g(x) = 2x^2 - x + 1$ e $h(x) = ix^3 - 2x + 4$, são funções polinomiais. Em particular, as funções de variável real ($x \in \mathbb{R} \subset \mathbb{C}$) afins (1º grau) e quadráticas (2º grau), estudadas em anos anteriores, são exemplos de funções polinomiais.

Como a cada polinômio está associada uma única função e, reciprocamente, a cada função está associado um único polinômio, podemos, daqui em diante, usar indistintamente os termos polinômio ou função polinomial.

Exercícios resolvidos

1. Determine $m \in \mathbb{R}$ para que o grau do polinômio $(m + 2)x^4 - 2x^3 + 5x - 1$ seja igual a 4.

Solução:

Para que o polinômio tenha grau 4, basta que o coeficiente de $\mathbf{x^4}$ não se anule, isto é: $m + 2 \neq 0 \Rightarrow$ $\Rightarrow m \neq -2$.

2. Discuta, em função de **m**, o grau do polinômio:

$$p(x) = (m^2 - 25)x^7 + (m + 5)x^4 + 6x^3 - 2x + 5$$

Solução:

Devemos considerar todas as possibilidades para o grau de p(x), de acordo com os valores de **m**. Há três casos:

- 1º caso: O grau de p(x) será 7 se $m^2 - 25 \neq 0$, isto é, se $m \neq -5$ e $m \neq 5$.
- 2º caso: O grau de p(x) será 4 quando o coeficiente de $\mathbf{x^7}$ for nulo e o coeficiente de $\mathbf{x^4}$ não for nulo, isto é, se $m^2 - 25 = 0$ e $m + 5 \neq 0 \Rightarrow m = \pm 5$ e $m \neq -5 \Rightarrow m = 5$.
- 3º caso: O grau de p(x) será 3 se os coeficientes de $\mathbf{x^7}$ e de $\mathbf{x^4}$ se anularem simultaneamente, isto é, se $m^2 - 25 = 0$ e $m + 5 = 0 \Rightarrow m = -5$.

Exercícios

1. Indique os itens cujas expressões representam polinômios:

a) $-2x^{10} + x^5 - 1$

b) $\frac{4}{x^2} + \frac{1}{x} - 3x + 5$

c) $(x + 4)^2$

d) $2x + 3^x - 1$

e) $\sqrt{x + 5}$

f) $\frac{1}{i}x^3 - 2x + 4i$

g) $2ix^2 - 1$

2. Determine o grau de cada polinômio:

a) $3x^4 - 6x^2 + 5x - 1$

b) $2x - x^3$

c) $x^7 + x^2 + 1$

d) $(3x^2 + 10x)^7$

e) $(4x - 1) \cdot (x^2 - x - 3)$

f) -3

g) x

h) $x \cdot x^2 \cdot x^3 \cdot ... \cdot x^{15}$

3. Identifique o coeficiente dominante de cada um dos polinômios:

a) $10x^5 - x^3 + 100x - 99$

b) $-\frac{1}{2}x^3 + \frac{1}{3}x^4 - x^2 + 2$

c) $-x^4 + x^3 - x^2 + x - 1$

d) $x + x^2 + 2ix^3 + ix^4$

e) $(x + 5)^3$

4. Determine $m \in \mathbb{R}$ de modo que o polinômio $p(x) = (m^2 - 2)x^4 + 6x^3 - 4x + 2$ tenha grau 4.

5. Para que valores reais de **k** a expressão polinomial $(2k^2 - 8)x^3 - 2x^2 + 5x - 1$ tem grau 2?

6. Discuta, em função do parâmetro real **m**, o grau de $p(x) = (m^2 - 16)x^8 + (m + 4)x^5 - x^4 + 3x - 1$.

7. Responda: é possível que o grau do polinômio $p(x) = (m^2 - 4)x^5 + (m + 2)x^4 - 3x + 1$ seja:

a) 5?

b) 4?

c) 3?

Em caso afirmativo, dê, para cada item, as condições em que isso ocorre.

Polinômio nulo

Polinômio nulo (ou polinômio identicamente nulo) é aquele que possui todos os coeficientes iguais a zero. Assim, o polinômio $a_n \cdot x^n + a_{n-1} \cdot x^{n-1} + ... + a_2 \cdot x^2 + a_1 \cdot x + a_0$ é nulo quando $a_n = a_{n-1} = ... = a_2 = a_1 = a_0 = 0$.

Pelo fato de possuir todos os coeficientes iguais a zero, não se define o grau de um polinômio nulo.

EXEMPLO 3

A condição para que o polinômio $ax^2 + bx + (c + 1)$ seja nulo é que todos os seus coeficientes sejam iguais a zero, isto é: $a = 0$; $b = 0$ e $c + 1 = 0 \Rightarrow c = -1$

Valor numérico

Seja $\alpha \in \mathbb{C}$ e **p** o polinômio definido por $p(x) = a_n x^n + a_{n-1}x^{n-1} + ... + a_1 x + a_0$.

O **valor numérico** de **p** em α é igual ao número complexo obtido quando substituímos **x** por α e efetuamos as operações, isto é:

$$p(\alpha) = a_n \cdot \alpha^n + a_{n-1} \cdot \alpha^{n-1} + ... + a_1 \cdot \alpha + a_0$$

EXEMPLO 4

Seja o polinômio $p(x) = 2x^3 + x^2 - 4x + 1$.

Vamos calcular seus valores numéricos para $x = 2$ e para $x = i$.

- Substituímos **x** por 2 e obtemos: $p(2) = 2 \cdot 2^3 + 2^2 - 4 \cdot 2 + 1 = 16 + 4 - 8 + 1 \Rightarrow p(2) = 13$
- Substituímos **x** por **i** e obtemos: $p(i) = 2 \cdot i^3 + i^2 - 4i + 1 = -2i - \cancel{1} - 4i + \cancel{1} \Rightarrow p(i) = -6i$

OBSERVAÇÃO

Considerando o polinômio $p(x) = a_n \cdot x^n + a_{n-1} \cdot x^{n-1} + ... + a_2x^2 + a_1 \cdot x + a_0$, temos:

- $p(1) = a_n \cdot 1^n + a_{n-1} \cdot 1^{n-1} + ... + a_2 \cdot 1^2 + a_1 \cdot 1 + a_0 = a_n + a_{n-1} + ... + a_2 + a_1 + a_0$, isto é, p(1) é igual à soma dos coeficientes do polinômio.
- $p(0) = a_n \cdot 0^n + a_{n-1} \cdot 0^{n-1} + ... + a_2 \cdot 0^2 + a_1 \cdot 0^1 + a_0 = a_0$, isto é, p(0) é igual ao coeficiente independente do polinômio.

Raiz

Seja $\alpha \in \mathbb{C}$.

Dizemos que α é raiz do polinômio $p(x) = a_n \cdot x^n + a_{n-1} \cdot x^{n-1} + ... + a_1 \cdot x + a_0$ quando $p(\alpha) = 0$, isto é: $a_n \cdot \alpha^n + a_{n-1} \cdot \alpha^{n-1} + ... + a_1 \cdot \alpha + a_0 = 0$

EXEMPLO 5

O número 2i é uma raiz do polinômio $p(x) = x^3 + 3x^2 + 4x + 12$, pois $p(2i) = 0$, isto é:

$$p(2i) = (2i)^3 + 3(2i)^2 + 4 \cdot 2i + 12 \Rightarrow p(2i) = 8i^3 + 12i^2 + 8i + 12 \Rightarrow p(2i) = -8i - 12 + 8i + 12 = 0$$

EXEMPLO 6

O número −3 é uma raiz do polinômio $p(x) = x^3 + x^2 - 4x + 6$, pois substituindo **x** por −3 obtemos:

$$p(-3) = (-3)^3 + (-3)^2 - 4 \cdot (-3) + 6 = -27 + 9 + 12 + 6 = 0$$

Já o número 2 não é raiz desse polinômio, pois $p(2) = 2^3 + 2^2 - 4 \cdot 2 + 6 = 10 \neq 0$.

Exercício resolvido

3. Sabendo que $x = -4$ é uma raiz do polinômio $p(x) = x^2 + mx - 3$, determine o valor de **m**.

Solução:

Como -4 é raiz, devemos ter $p(-4) = 0$, isto é:

$$(-4)^2 + m(-4) - 3 = 0 \Rightarrow 16 - 4m - 3 = 0 \Rightarrow m = \frac{13}{4}$$

Exercícios

8. O polinômio $p(x) = ax + (b - 2)$ é nulo. Quais são os valores de **a** e **b**?

9. Para que valor(es) de **a** a expressão polinomial $p(x) = (2a - 1)x^3 + (1 - 4a^2)x^2 + (2 - 4a)x$ é um polinômio nulo?

10. Determine os valores de **a**, **b**, **c** e **d**, a fim de que $(a - 1)x^3 + (2a - b + 3)x^2 + (b - c)x + (c - 2d)$ seja nulo.

11. Sendo $p(x) = x^2 - 5x + 3$, obtenha o valor numérico de **p** para:

a) $x = 0$
b) $x = 1$
c) $x = 2$
d) $x = 1 + i$
e) $x = i$

12. Encontre o valor numérico da expressão polinomial $p(x) = (x - 2)^3 + 4x - 5$ para:

a) $x = -1$
b) $x = 3$
c) $x = \frac{3}{2}$

13. Verifique se os números complexos **i**, 1, 3, $1 + 2i$ e 0 são raízes de $p(x) = x^3 - 5x^2 + 11x - 15$.

14. Determine $m \in \mathbb{R}$ a fim de que -1 seja raiz do polinômio $x^2 - 4x + (m + 4)$.

15. Determine **a** e **b** em $p(x) = ax^3 - 2x^2 + bx - 1$, sabendo que 1 é raiz de $p(x)$ e que $p(2) = 3$.

16. Determine o polinômio **p** de grau 1, tal que $p(2) = 5$ e $p(-1) = 2$.

17. O número **i** é raiz do polinômio $p(x) = x^2 + 3x + k$, em que **k** é uma constante complexa. Determine:

a) **k**;
b) $p(2 + i)$, usando o item *a*.

18. Seja o polinômio

$$p(x) = x + 2x^2 + 3x^3 + \ldots + 49x^{49} + 50x^{50}.$$

a) Verifique se 0 é raiz de $p(x)$.
b) Determine a soma dos coeficientes de $p(x)$.

19. Obtenha o polinômio de 2º grau que tem $2i$ como uma de suas raízes e cuja soma dos coeficientes é igual a 5.

Polinômios iguais (ou idênticos)

Sejam **f** e **g** dois polinômios respectivamente definidos por:

$$f(x) = a_n x^n + a_{n-1}x^{n-1} + \ldots + a_1 x + a_0 \text{ e } g(x) = b_n x^n + b_{n-1}x^{n-1} + \ldots + b_1 x + b_0$$

Dizemos que **f** e **g** são iguais (ou idênticos) quando assumem o mesmo valor numérico para qualquer valor de **x**, isto é:

$$f = g \Leftrightarrow f(x) = g(x), \forall x \in \mathbb{C}$$

Vamos mostrar que dois polinômios, **f** e **g**, são iguais se, e somente se, os coeficientes de **f** e **g** são ordenadamente iguais, isto é, os coeficientes dos termos de mesmo expoente são iguais:

$$a_n = b_n;\ a_{n-1} = b_{n-1};\ \dots;\ a_1 = b_1 \text{ e } a_0 = b_0$$

- Quando os coeficientes dos termos de mesmo expoente são iguais, isto é: $a_n = b_n$; $a_{n-1} = b_{n-1}$; ...; $a_1 = b_1$ e $a_0 = b_0$, temos, para todo $x \in \mathbb{C}$:

  $f(x) = a_nx^n + a_{n-1}x^{n-1} + \dots + a_1x + a_0 = b_nx^n + b_{n-1}x^{n-1} + \dots + b_1x + b_0 = g(x)$

  e, desse modo, **f** e **g** são iguais.

- Quando $f(x) = g(x)$, $\forall x \in \mathbb{C}$, temos $f(x) - g(x) = 0$, $\forall x \in \mathbb{C}$, isto é:

  $$(a_nx^n + a_{n-1}x^{n-1} + \dots + a_1x + a_0) - (b_nx^n + b_{n-1}x^{n-1} + \dots + b_1x + b_0) = 0$$

  $$(a_n - b_n)x^n + (a_{n-1} - b_{n-1})x^{n-1} + \dots + (a_1 - b_1)x + (a_0 - b_0) = 0$$

Lembrando que um polinômio é nulo quando todos os seus coeficientes são iguais a zero, vem:

$$\begin{cases} a_n - b_n = 0 & \Rightarrow & a_n = b_n \\ a_{n-1} - b_{n-1} = 0 & \Rightarrow & a_{n-1} = b_{n-1} \\ \vdots & \vdots & \vdots \\ a_1 - b_1 = 0 & \Rightarrow & a_1 = b_1 \\ a_0 - b_0 = 0 & \Rightarrow & a_0 = b_0 \end{cases}$$

Isso mostra que os coeficientes de **f** e **g** são ordenadamente iguais.

EXEMPLO 7

- Para que os polinômios $ax^2 + bx + c$ e $-3x^2 + 5x - 1$ sejam iguais, devemos ter $a = -3$, $b = 5$ e $c = -1$.
- O polinômio $mx^3 + nx^2 + px + q$ é idêntico ao polinômio $4x^2 - x + 2$ quando $m = 0$, $n = 4$, $p = -1$ e $q = 2$.

Exercício resolvido

4. Determine os valores de **a** e **b** para os quais ocorre a igualdade: $\dfrac{x+3}{x^2-4} = \dfrac{a}{x+2} + \dfrac{b}{x-2}$; $x \neq -2$ e $x \neq 2$.

Solução:

$$\frac{x+3}{x^2-4} = \frac{a(x-2) + b(x+2)}{\underbrace{(x+2)\cdot(x-2)}_{x^2-4}} \Rightarrow a(x-2) + b(x+2) = x + 3 \Rightarrow ax - 2a + bx + 2b = x + 3$$

Agrupamos os termos semelhantes:

$$(a + b)x + (-2a + 2b) = x + 3$$

Da igualdade de polinômios, segue:

$$\begin{cases} a + b = 1 \\ -2a + 2b = 3 \end{cases}$$

cuja solução é: $a = -\dfrac{1}{4}$ e $b = \dfrac{5}{4}$.

Exercícios

20. Calcule os valores de **a** e **b**, de modo que seja satisfeita a igualdade $(a + 3)x + (b - 1) = 2x - 3$.

21. Para que valores de **m**, **n** e **p** ocorre a igualdade $mx^2 + (2n + 3)x - p = 5x + 1$?

22. Sendo $(m - n)x^2 + (3m + 2n)x + (2n - p) = 5x - 1$, determine os valores **m**, **n** e **p**.

23. Determine **m** e **n** reais de modo que:

$$\frac{m}{x} + \frac{n}{x-1} = \frac{-3x+4}{x(x-1)}, \text{ com } x \neq 0 \text{ e } x \neq 1.$$

24. Obtenha os valores das constantes reais **a** e **b** para que se tenha:

$$\frac{a}{x-2} + \frac{bx}{x+2} = \frac{-x^2+3x+2}{x^2-4}, \text{ sendo } x \neq 2 \text{ e } x \neq -2.$$

25. Seja o polinômio de 1º grau $p(x) = ax + b$, em que **a** e **b** são coeficientes reais tais que $\frac{a}{x-2} + \frac{b}{x+1} =$ $= \frac{2x-7}{x^2-x-2}$, com $x \neq 2$ e $x \neq -1$.

Qual é o valor de $p(i) + p(-i)$?

Adição, subtração e multiplicação de polinômios

Vamos revisar, por meio de exemplos, as operações de adição, subtração e multiplicação de polinômios, estudadas no Ensino Fundamental.

EXEMPLO 8

Dados os polinômios $f(x) = -7x^3 + 5x^2 - x + 4$ e $g(x) = -2x^2 + 8x - 7$, vamos obter $f(x) + g(x)$:

$$(-7x^3 + 5x^2 - x + 4) + (-2x^2 + 8x - 7) = -7x^3 + \underbrace{5x^2 - 2x^2}_{} \underbrace{- x + 8x}_{} + 4 - 7 =$$
$$= -7x^3 + 3x^2 + 7x - 3$$

Lembre que a soma de dois polinômios **f** e **g** é o polinômio obtido quando somamos os coeficientes dos termos semelhantes de **f** e de **g**.

EXEMPLO 9

Dados os polinômios $f(x) = 4x^2 - 5x + 6$ e $g(x) = 3x - 8$, vamos obter $f(x) - g(x)$:

$$(4x^2 - 5x + 6) - (3x - 8) = 4x^2 \underbrace{- 5x}_{} + \underbrace{6}_{} \underbrace{- 3x}_{} + \underbrace{8}_{} = 4x^2 - 8x + 14$$

Note que a diferença entre os polinômios **f** e **g** é o polinômio obtido quando somamos **f** ao oposto de **g**, isto é, $f - g = f + (-g)$.

EXEMPLO 10

Dados os polinômios $f(x) = 3x^2 - 5x + 8$ e $g(x) = -2x + 1$, vamos determinar $f(x) \cdot g(x)$:

$$(3x^2 - 5x + 8) \cdot (-2x + 1) = -6x^3 + \underbrace{3x^2} + \underbrace{10x^2} - \underbrace{5x} - \underbrace{16x} + 8 = -6x^3 + 13x^2 - 21x + 8$$

Lembre que o produto dos polinômios **f** e **g** corresponde ao polinômio obtido quando multiplicamos cada um dos termos de **f** por todos os termos de **g** e somamos os produtos obtidos.

Exercícios resolvidos

5. Os polinômios $f(x) = -2x + a$ e $g(x) = x + b$, com **a** e **b** constantes reais, são tais que $f(x) \cdot g(x) = -2x^2 - 3x - 1$. Determine **a** e **b**.

Solução:

Temos: $f(x) \cdot g(x) = (-2x + a) \cdot (x + b) = -2x^2 - \underbrace{2bx} + \underbrace{ax} + ab = -2x^2 + x(-2b + a) + ab$

Daí: $-2x^2 + x \cdot (-2b + a) + ab = -2x^2 - 3x - 1 \Rightarrow \begin{cases} -2b + a = -3 & (1) \\ ab = -1 & (2) \end{cases}$

De (2), temos $a = -\frac{1}{b}$ e, substituindo em (1), vem:

$$-2b - \frac{1}{b} = -3 \Rightarrow 2b^2 - 3b + 1 = 0 \Rightarrow \begin{cases} b = \frac{1}{2} \Rightarrow a = -2 \\ \text{ou} \\ b = 1 \Rightarrow a = -1 \end{cases}$$

Assim, podemos ter $\left(a = -2 \text{ e } b = \frac{1}{2}\right)$ ou $(a = -1 \text{ e } b = 1)$.

6. Considerando que $f(x)$ é um polinômio de grau 4 e $g(x)$ um polinômio de grau 3, encontre o grau de:

a) $f(x) + g(x)$

b) $f(x) \cdot g(x)$

Solução:

a) Na adição de polinômios, só podemos adicionar os termos semelhantes, isto é, aqueles cujas potências de **x** têm o mesmo expoente.
Como somente o polinômio $f(x)$ apresenta termo em $\mathbf{x}^4$, o grau de $f(x) + g(x)$ é 4.

b) Quando multiplicamos polinômios, devemos lembrar a propriedade de potências: $x^\alpha \cdot x^\beta = x^{\alpha + \beta}$.
Assim, o grau de $f(x) \cdot g(x)$ é $4 + 3 = 7$.

Exercícios

26. Sendo as expressões polinomiais $f(x) = 2x^2 - 3x + 4$, $g(x) = x^3 - x + 1$ e $h(x) = -x^2 + x - 4$, determine:

a) $f(x) + g(x)$

b) $g(x) - h(x)$

c) $f(x) - g(x) - h(x)$

d) $f(x) \cdot h(x)$

27. Determine os valores das constantes reais **a**, **b** e **c** de modo que:
$x^2 - 2x + 1 = a \cdot (x^2 + x + 1) + (bx + c) \cdot (x + 1)$.

28. Sejam $p_1(x) = ax^2 + bx + c$ e $p_2(x) = bx^2 + 4x - 3$. Sabendo que $p_1(x) + p_2(x)$ é o polinômio nulo, determine os valores de **a**, **b** e **c**.

29. Sejam os polinômios $f(x) = 3x + 2i$ e $g(x) = ix$ e **i** a unidade imaginária. Obtenha os polinômios:

a) $f(x) - g(x)$ b) $i \cdot g(x) + f(x)$ c) $g(x) \cdot f(x)$

30. Determine os valores das constantes reais **a** e **b** que satisfazem:

$$(ax + 5)^2 + (b - 2x)^2 = 13x^2 + 42x + 34$$

31. Sejam $f(x)$ e $g(x)$ dois polinômios de grau 4. O que se pode afirmar em relação ao grau do polinômio:

a) $f(x) \cdot g(x)$?

b) $f(x) + g(x)$?

c) $f(x) - g(x)$?

32. Os polinômios $f(x)$, $g(x)$ e $h(x)$ têm graus 2, 3 e 5, respectivamente. Classifique no caderno como **V** (verdadeira) ou **F** (falsa) as afirmações:

a) $f(x) + g(x) + h(x)$ é um polinômio de grau 5.

b) $f(x) - g(x)$ pode ter grau 2.

c) $f(x) \cdot g(x) + h(x)$ pode ser polinômio nulo.

d) $f(x) \cdot g(x) + h(x)$ pode ter grau 3.

Divisão de polinômios

Sejam dois polinômios $f(x)$ e $g(x)$, com $g(x) \neq 0$.

Dividir $f(x)$ (dividendo) por $g(x)$ (divisor) é determinar dois outros polinômios, $q(x)$ (quociente) e $r(x)$ (resto), que satisfazem as condições:

- $f(x) = g(x) \cdot q(x) + r(x)$
- grau de $r(x) <$ grau de $g(x)$ ou $r(x) = 0$ (isto é, $r(x)$ é o polinômio nulo)

Vamos apresentar o processo mais geral usado para dividir polinômios, baseado na divisão entre números naturais e conhecido como **método da chave**.

Acompanhe, inicialmente, a divisão inteira de 195 por 8:

$$\begin{array}{r|l} 195 & 8 \\ \cline{2-2} -16 & 24 \\ \hline 35 & \\ -32 & \\ \hline 3 & \end{array}$$

Observe agora que a divisão está encerrada, pois $3 < 8$. Note que $195 = 8 \cdot 24 + 3$.

Vamos agora dividir dois polinômios:

$$f(x) = 6x^4 - x^3 + 3x^2 - x + 1 \text{ por } g(x) = 2x^2 + x - 3$$

Dispomos o dividendo $(f(x))$ e o divisor $(g(x))$, conforme o esquema usado na divisão de números naturais.

- 1º passo: Dividimos o termo de maior grau de $f(x)$ pelo termo de maior grau de $g(x)$:

$$\frac{6x^4}{2x^2} = 3x^2$$

obtendo assim o 1º termo do quociente $q(x)$.

$$\begin{array}{l|l} 6x^4 - x^3 + 3x^2 - x + 1 & 2x^2 + x - 3 \\ \cline{2-2} & 3x^2 \end{array}$$

- $2^{\underline{o}}$ passo: Multiplicamos o quociente $3x^2$ por $g(x)$ e subtraímos esse produto de $f(x)$, isto é, somamos $f(x)$ com o oposto do resultado obtido. Temos um resto parcial.

$$3x^2 \cdot (2x^2 + x - 3) = 6x^4 + 3x^3 - 9x^2$$

$$\begin{array}{rl}
\ \cancel{6x^4} - x^3 + 3x^2 - x + 1 & \underline{\left|\, 2x^2 + x - 3 \right.} \\
+\ \underline{\cancel{-6x^4} - 3x^3 + 9x^2 } & 3x^2 \\
-4x^3 + 12x^2 - x + 1 & \leftarrow \text{resto parcial}
\end{array}$$

- $3^{\underline{o}}$ passo: Repetimos os passos anteriores com o resto parcial obtido até que o grau do resto se torne menor que o grau do divisor ou o resto seja o polinômio nulo:

$$\frac{-4x^3}{2x^2} = -2x; \ -2x \cdot (2x^2 + x - 3) = -4x^3 - 2x^2 + 6x$$

$$\begin{array}{rl}
\cancel{6x^4} - x^3 + 3x^2 - x + 1 & \underline{\left|\, 2x^2 + x - 3 \right.} \\
+\ \underline{\cancel{-6x^4} - 3x^3 + 9x^2 } & 3x^2 - 2x \\
\cancel{-4x^3} + 12x^2 - x + 1 & \\
\underline{\cancel{+4x^3} + 2x^2 - 6x } & \\
14x^2 - 7x + 1 & \leftarrow \text{novo resto parcial}
\end{array}$$

$$\frac{14x^2}{2x^2} = 7; \ 7 \cdot (2x^2 + x - 3) = 14x^2 + 7x - 21$$

$$\begin{array}{rl}
\cancel{6x^4} - x^3 + 3x^2 - x + 1 & \underline{\left|\, 2x^2 + x - 3 \right.} \\
+\ \underline{\cancel{-6x^4} - 3x^3 + 9x^2 } & 3x^2 - 2x + 7 \\
\cancel{-4x^3} + 12x^2 - x + 1 & \\
+\ \underline{\cancel{4x^3} + 2x^2 - 6x } & \\
\cancel{14x^2} - 7x + 1 & \\
+\ \underline{\cancel{-14x^2} - 7x + 21} & \\
\underbrace{-14x + 22} & \\
\text{O grau do resto é menor que o grau do divisor. A divisão está encerrada.} &
\end{array}$$

Daí:

$$q(x) = 3x^2 - 2x + 7$$
$$r(x) = -14x + 22$$

Observe que $f(x) = g(x) \cdot q(x) + r(x)$. De fato:

$$\underbrace{(2x^2 + x - 3)}_{g(x)} \cdot \underbrace{(3x^2 - 2x + 7)}_{q(x)} + \underbrace{(-14x + 22)}_{r(x)} =$$

$$= 6x^4 - 4x^3 + 14x^2 + 3x^3 - 2x^2 + 7x - 9x^2 + 6x - 21 - 14x + 22 =$$

$$= 6x^4 - x^3 + 3x^2 - x + 1 = f(x)$$

EXEMPLO 11

Vamos efetuar a divisão de $f(x) = 3x^3 - 14x^2 + 23x - 10$ por $g(x) = x^2 - 4x + 5$.

$$\begin{array}{rrrr|l} \cancel{3x^3} & -\ 14x^2 & +\ 23x & -\ 10 & x^2 - 4x + 5 \\ \cancel{-3x^3} & +\ 12x^2 & -\ 15x & & \overline{3x - 2} \\ \hline & \cancel{-2x^2} & \cancel{+\ 8x} & \cancel{-\ 10} & \\ & \cancel{+2x^2} & \cancel{-\ 8x} & \cancel{+\ 10} & \\ \hline & & & 0 & \end{array}$$

Assim: $\begin{cases} q(x) = 3x - 2 \\ r(x) = 0 \ (r(x) \text{ é o polinômio nulo}) \end{cases}$

OBSERVAÇÃO

Quando a divisão de $f(x)$ por $g(x)$, com $g(x) \neq 0$, é exata, isto é, $r(x) = 0$, dizemos que $f(x)$ é divisível por $g(x)$ ou, ainda, $g(x)$ divide $f(x)$.

Exercícios resolvidos

7. Para que valores de **a** e **b** o polinômio $-2x^3 + ax + b$ é divisível pelo polinômio $-x^2 + 6x - 1$?

Solução:

Devemos efetuar a divisão e impor que o resto seja um polinômio nulo:

$$\begin{array}{rrrr|l} \cancel{-2x^3} & + & ax & +\ b & -x^2 + 6x - 1 \\ \cancel{+2x^3} - 12x^2 & + & 2x & & \overline{2x + 12} \\ \hline \cancel{-12x^2} & + & (a + 2)x & +\ b & \\ +\cancel{12x^2} & - & 72x & +\ 12 & \\ \hline \text{resto} \rightarrow & & (a - 70)x & +\ (b + 12) & \end{array}$$

O polinômio $(a - 70)x + (b + 12)$ é nulo quando todos os seus coeficientes são iguais a zero, isto é, se:

$$\begin{cases} a - 70 = 0 \Rightarrow a = 70 \\ b + 12 = 0 \Rightarrow b = -12 \end{cases}$$

8. Dividindo-se o polinômio $-x^3 - 4x^2 + 3$ por um polinômio **p**, obtêm-se $-x - 6$ como quociente e $-12x + 3$ como resto. Determine o polinômio **p**.

Solução:

Do enunciado, podemos escrever: $\underbrace{(-x^3 - 4x^2 + 3)}_{f(x)} = p(x) \cdot \underbrace{(-x - 6)}_{q(x)} + \underbrace{(-12x + 3)}_{r(x)}$

Como o grau de $f(x)$ é 3 e o grau de $q(x)$ é 1, o grau de $p(x)$ deve ser igual a 2 para que a igualdade acima seja válida.

Consideremos $p(x) = ax^2 + bx + c$; devemos determinar os valores das constantes **a**, **b** e **c**:

$$-x^3 - 4x^2 + 3 = (ax^2 + bx + c) \cdot (-x - 6) + (-12x + 3)$$

$$-x^3 - 4x^2 + 3 = -ax^3 - 6ax^2 - bx^2 - 6bx - cx - 6c - 12x + 3$$

$$-x^3 - 4x^2 + 3 = -ax^3 + x^2(-6a - b) + x(-6b - c - 12) + (3 - 6c) \Rightarrow$$

$$\Rightarrow \begin{cases} -1 = -a \Rightarrow a = 1 \\ -4 = -6a - b; \text{ como } a = 1, \text{ temos: } -4 = -6 - b \Rightarrow b = -2 \\ 0 = -6b - c - 12 \xrightarrow{b = -2} \Rightarrow c = 0 \\ 3 = 3 - 6c \end{cases}$$

Desse modo, $p(x) = 1 \cdot x^2 - 2 \cdot x + 0 = x^2 - 2x$.

Exercícios

33. Determine o quociente q(x) e o resto r(x) da divisão de f(x) por g(x) em cada caso:

a) $f(x) = 3x^2 + 5x + 7$ e $g(x) = 3x - 1$

b) $f(x) = -x^3 + 4x^2 - 5x + 1$ e $g(x) = x^2 - 1$

c) $f(x) = 5x^4 + 3x^3 - 2x^2 + 4x - 1$ e $g(x) = x^2 - 4$

d) $f(x) = 3x^5 - x^3 + 4x^2 - 2x + 1$ e $g(x) = x^3 - x^2 + 1$

e) $f(x) = 4x - 1$ e $g(x) = x^2 - 2x + 3$

f) $f(x) = -5x^3 + 4x^2 + 7x - 11$ e $g(x) = x$

34. Verifique, em cada caso, se o polinômio f(x) é divisível por g(x), exibindo o quociente dessa divisão:

a) $f(x) = x^2 - x - 6$ e $g(x) = x + 2$

b) $f(x) = x^4 + x^2 - 1$ e $g(x) = x^2 + 1$

c) $f(x) = 4x^3 + x + 1$ e $g(x) = 2x^2 - x + 1$

d) $f(x) = 2x^3 + 3x^2 - 5x + 1$ e $g(x) = 2x + 1$

35. Determine $m \in \mathbb{R}$ a fim de que $x^2 + 2mx - 5$ seja divisível por $x - 1$.

36. Em cada caso, sendo **i** a unidade imaginária, efetue a divisão de f(x) por g(x):

a) $f(x) = x^2 + 2ix - 3$ e $g(x) = x - i$

b) $f(x) = x^3 - 3x^2 + 4x - 12$ e $g(x) = x + 2i$

c) $f(x) = x^2 - 5ix - 1$ e $g(x) = x - 1$

37. Dividindo o polinômio $f(x) = x^3 + x^2 + x + 1$ por g(x), obtemos o quociente $q(x) = 1 + x$ e o resto $r(x) = x + 1$. Determine g(x).

38. Dividindo-se um polinômio de grau 7 por um de grau 3, obtêm-se um polinômio quociente (**q**) e um polinômio resto (**r**). O que se pode afirmar em relação ao grau de **q**? E ao grau de **r**?

39. Determine **m** e **n** reais, de modo que $-2x^3 + mx^2 + n$ seja divisível por $x^2 + x + 1$.

40. Em um retângulo, o comprimento é expresso por $x + 2$ e sua área por $3x^2 + 5x - 2$. Como se expressa a largura desse retângulo?

41. Observe as dimensões do paralelepípedo:

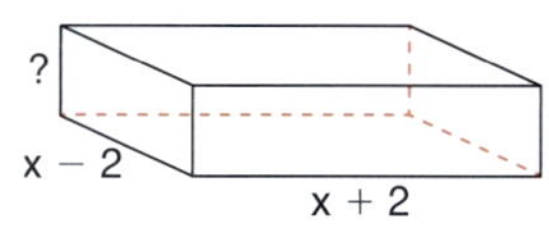

Banco de imagens/Arquivo da editora

Sabe-se que o volume desse paralelepípedo é expresso por $2x^3 + x^2 - 8x - 4$.

a) Expresse, em função de **x**, a medida da altura do paralelepípedo.

b) Existe algum polinômio que represente a medida da diagonal desse sólido? Determine-o, em caso afirmativo.

c) Existe algum polinômio que represente a área total desse sólido? Determine-o, em caso afirmativo.

42. Determine p(x) na igualdade:

$$(3x + 2) \cdot p(x) = 3x^3 + x^2 - 6x - 2 + p(x).$$

Divisões por x – a

Um caso particular importante na divisão de polinômios é aquele em que o divisor é um polinômio de 1º grau, com coeficiente dominante unitário, isto é, um polinômio do tipo $x - a$ ou $x + a$, com $a \in \mathbb{C}$. Esse caso de divisão será frequentemente usado no capítulo seguinte.

Considerando como dividendo um polinômio **f** de grau **n** ($n \geq 1$), temos:

$$\begin{array}{c|l} f(x) & x - a \\ \cline{2-2} \downarrow & \quad q(x) \\ r(x) & \end{array}$$

O grau de q(x) é $n - 1$.

Como o grau do resto deve ser menor que o grau do divisor ou o resto é o polinômio nulo:

$$\text{grau } r(x) < 1 \text{ ou } r(x) = 0 \Rightarrow \underbrace{\text{grau } r(x) = 0}_{\substack{r(x) = k \\ (k \in \mathbb{C},\, k \neq 0)}} \text{ ou } \underbrace{r(x) = 0}_{\substack{r \text{ é o} \\ \text{polinômio nulo}}}$$

Teorema do resto

Vamos efetuar a divisão de $f(x) = 4x^3 + x^2 - 5x + 8$ por $g(x) = x - 2$ usando o método da chave:

$$
\begin{array}{rrrr|l}
\cancel{4x^3} & + x^2 & - 5x & + 8 & x - 2 \\
\cline{5-5}
-\cancel{4x^3} & + 8x^2 & & & 4x^2 + 9x + 13 \\
\cline{1-2}
 & \cancel{9x^2} & - 5x & + 8 & \\
 & -\cancel{9x^2} & + 18x & & \\
\cline{2-3}
 & & \cancel{13x} & + 8 & \\
 & & -\cancel{13x} & + 26 & \\
\cline{3-4}
 & & & 34 &
\end{array}
\qquad
\begin{cases} q(x) = 4x^2 + 9x + 13 \\ r(x) = 34 \end{cases}
$$

Observe que o resto também pode ser obtido calculando-se o valor numérico do polinômio dividendo (**f**) para $x = 2$:

$$f(2) = 4 \cdot 2^3 + 2^2 - 5 \cdot 2 + 8$$
$$f(2) = 32 + 4 - 10 + 8 \Rightarrow f(2) = 34$$

Vamos agora enunciar e demonstrar o teorema do resto:

> O resto da divisão de um polinômio $f(x)$ por $x - a$ é igual a $f(a)$.

Demonstração:

Da divisão de $f(x)$ por $x - a$, podemos escrever:

$$f(x) = (x - a) \cdot q(x) + r(x)$$

em que $r(x) = r$ é um polinômio constante (pois $r(x)$ tem grau zero) ou $r(x)$ é nulo.

Calculando os valores desses polinômios para $x = a$, temos:

$$f(a) = \underbrace{(a - a) \cdot q(a)}_{0} + r\text{, isto é, } r = f(a).$$

Exercícios resolvidos

9. Qual é o resto da divisão de $p(x) = 3x^2 - 17x + 15$ por $x - 2$?

Solução:

Não é necessário efetuar a divisão para sabermos o valor do resto.

Então, vejamos:

- A raiz do divisor é: $x - 2 = 0 \Rightarrow x = 2$.
- Pelo teorema do resto, sabemos que:

$$r = p(2) = 3 \cdot 2^2 - 17 \cdot 2 + 15 = 12 - 34 + 15 = -7$$

10. Qual é o resto da divisão de $f(x) = -x^3 + 4x - 5$ por $x + 1$? E por $x - i$?

Solução:

Na divisão de **f** por $x + 1$, o resto **r** é:

$$r = f(-1) = -(-1)^3 + 4 \cdot (-1) - 5 = 1 - 4 - 5 = -8$$

Na divisão de **f** por $x - i$, o resto **r** é:

$$r = f(i) = -i^3 + 4 \cdot i - 5 = i + 4i - 5 = 5i - 5$$

11. Sejam 5 e 2, respectivamente, os restos da divisão de um polinômio **f** por x − 3 e por x + 1. Qual é o resto da divisão de **f** por (x − 3)(x + 1)?

Solução:

Pelo teorema do resto, temos: $\begin{cases} f(3) = 5 & (1) \\ f(-1) = 2 & (2) \end{cases}$

Quando dividimos **f** por $g(x) = (x - 3) \cdot (x + 1) = x^2 - 2x - 3$, temos que o grau do resto é menor ou igual a 1 (pois o grau do resto é menor do que o grau de **g**, que é 2) ou o resto é o polinômio nulo. Assim, escrevemos $r(x) = ax + b$.

Devemos determinar **a** e **b**. Temos, $\forall x \in \mathbb{C}$:

$$f(x) = \underbrace{(x + 1) \cdot (x - 3)}_{g(x)} \cdot q(x) + \underbrace{ax + b}_{r(x)}$$

Calculando o valor numérico desse polinômio em x = 3 e em x = −1, vem:

$$\begin{cases} f(3) = \underbrace{(3 + 1)(3 - 3) \cdot q(3)}_{0} + a \cdot 3 + b \overset{(1)}{\Rightarrow} 3a + b = 5 \\ f(-1) = \underbrace{(-1 + 1)(-1 - 3) \cdot q(-1)}_{0} + a(-1) + b \overset{(2)}{\Rightarrow} -a + b = 2 \end{cases}$$

Resolvendo esse sistema, encontramos $a = \frac{3}{4}$ e $b = \frac{11}{4}$. Dessa forma, o resto é $r(x) = \frac{3}{4}x + \frac{11}{4}$.

Uma consequência importante do teorema do resto é o **teorema de D'Alembert**, cujo enunciado é:

Um polinômio **f** é divisível por x − a se, e somente se, **a** for raiz de **f**.

Demonstração:

Há duas implicações a provar:

1ª) **f** é divisível por x − a ⇒ **a** é raiz de **f**.
Se **f** é divisível por x − a, temos r = 0 e, na divisão de **f** por x − a, pelo teorema do resto, f(a) = r = 0, do que concluímos que **a** é raiz de **f**.

2ª) **a** é raiz de **f** ⇒ **f** é divisível por x − a.
Como **a** é raiz de **f**, f(a) = 0; pelo teorema do resto, o resto **r** da divisão de **f** por x − a é igual a f(a). Assim, r = f(a) = 0, o que mostra que **f** é divisível por x − a.

Exercício resolvido

12. Determinar $m \in \mathbb{R}$, de modo que $f(x) = -2x^3 + x^2 + mx + 5$ seja divisível por x − 2.

Solução:

Pelo teorema de D'Alembert, x = 2 deve ser raiz de **f**, isto é, f(2) = 0:

$$-2 \cdot 2^3 + 2^2 + m \cdot 2 + 5 = 0 \Rightarrow 2m - 7 = 0 \Rightarrow m = \frac{7}{2}$$

Exercícios

43. Aplicando o teorema do resto, determine o resto da divisão de f(x) por g(x) em cada caso:

a) $f(x) = 3x^2 - x + 4$ e $g(x) = x - 2$

b) $f(x) = -x^3 + 4x^2 - 5x + 1$ e $g(x) = x + 2$

c) $f(x) = (4 - x)^{10} + 3x$ e $g(x) = x - 4$

d) $f(x) = 2x^5 + x^3 - x^2 + 1$ e $g(x) = x$

44. Qual é o resto da divisão de f(x) por g(x) em cada um dos casos?

a) $f(x) = x^4 + x^2 + 1$ e $g(x) = x + 1$

b) $f(x) = -2x^3 + 4x - 1$ e $g(x) = x - 2$

c) $f(x) = x^{19} + x^{11} + 7x^4 + 3$ e $g(x) = x - 1$

d) $f(x) = 7x^5 - 4x^3 + 6x - 1$ e $g(x) = x + 1$

e) $f(x) = 4x^2 - x - 1$ e $g(x) = x - 2i$

45. Em cada caso, p(x) é divisível por q(x). Obtenha o valor real de **m**:

a) $p(x) = -3x^2 + 4x + m$ e $q(x) = x - 2$

b) $p(x) = 4x^3 - 5x^2 + mx + 3$ e $q(x) = x + 3$

c) $p(x) = x^5 - 3x^4 + 2x^2 + mx - 1$ e $q(x) = x - 1$

46. Qual é o resto da divisão de $(x^8 + 1) \cdot (3 - x^{29} - 2x^{17})$ por $x - 1$?

47. Sabendo que o polinômio $2x^2 + mx + n$ é divisível por $x - 1$ e que, quando dividido por $x + 2$, deixa resto igual a 6, determine **m** e **n**.

48. Um polinômio p(x), dividido por $x - 1$, dá resto 2 e, dividido por $x + 1$, dá resto 3. Qual é o resto da divisão de p(x) por $(x - 1) \cdot (x + 1)$?

49. Um polinômio p(x), dividido por $x + 2$, dá resto 3 e, dividido por $x - 5$, dá resto -2. Qual é o resto da divisão de p(x) por $x^2 - 3x - 10$?

50. Se $n \in \mathbb{N}$, $n \geq 2$, determine o resto da divisão de $4x^n + 3x^{n-2} + 1$ por $x + 1$.

51. Determine os valores das constantes reais **p** e **q** de modo que o polinômio $x^3 - 2px^2 + (p + 3)x + (2p + q)$ seja divisível por **x** e por $x - 2$.

Dispositivo prático de Briot-Ruffini

Sejam $f(x) = a_0x^n + a_1x^{n-1} + a_2x^{n-2} + ... + a_{n-1}x + a_n$, com $a_0 \neq 0$, um polinômio de grau **n** e $g(x) = x - a$.

Quando dividimos f(x) por g(x), obtemos, como quociente, um polinômio **q** de grau $n - 1$, dado por $q(x) = q_0x^{n-1} + q_1x^{n-2} + ... + q_{n-2}x + q_{n-1}$.

Vamos determinar os coeficientes $\mathbf{q_0}, \mathbf{q_1}, ..., \mathbf{q_{n-2}}, \mathbf{q_{n-1}}$ de **q**, bem como o resto **r** dessa divisão.

Como $f = g \cdot q + r$, podemos escrever, para todo $x \in \mathbb{C}$:

$$a_0x^n + a_1x^{n-1} + a_2x^{n-2} + ... + a_{n-1}x + a_n =$$
$$= (x - a) \cdot (q_0x^{n-1} + q_1x^{n-2} + ... + q_{n-2}x + q_{n-1}) + r$$

Multiplicando os polinômios e agrupando os termos semelhantes, vem:

$$a_0x^n + a_1x^{n-1} + a_2x^{n-2} + ... + a_{n-1}x + a_n = q_0x^n + (q_1 - aq_0) \cdot x^{n-1} +$$
$$+ (q_2 - aq_1) \cdot x^{n-2} + ... + (q_{n-1} - aq_{n-2}) \cdot x + (r - aq_{n-1})$$

Igualando os coeficientes dos termos de mesmo grau, obtemos:

- $q_0 = a_0$
- $q_1 - aq_0 = a_1 \Rightarrow q_1 = a_1 + aq_0$
- $q_2 - aq_1 = a_2 \Rightarrow q_2 = a_2 + aq_1$

⋮

- $q_{n-1} - aq_{n-2} = a_{n-1} \Rightarrow q_{n-1} = a_{n-1} + aq_{n-2}$
- $r - aq_{n-1} = a_n \Rightarrow r = a_n + aq_{n-1}$

Observe um método mais rápido e simples para a determinação dos coeficientes:

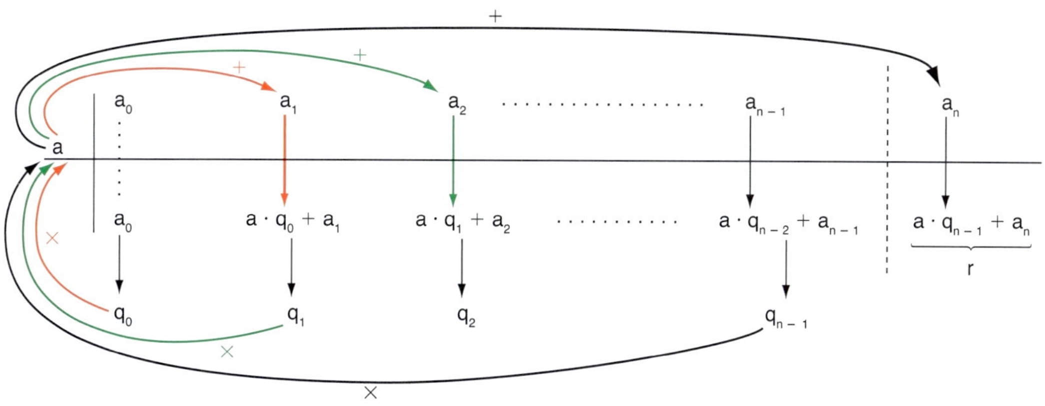

Banco de imagens/Arquivo da editora

Vamos agora acompanhar a "montagem" do dispositivo usando um exemplo numérico.

Seja a divisão de $f(x) = x^3 - 4x^2 + 5x - 2$ por $g(x) = x - 3$.

- 1º passo: Calculamos a raiz do divisor g(x) e, ao seu lado, colocamos os coeficientes ordenados do dividendo f(x), segundo potências decrescentes de **x**.
  Raiz de g(x): $x - 3 = 0 \Rightarrow x = 3$

raiz de g(x) — coeficientes ordenados de f(x)

3	1	−4	5	−2

- 2º passo: Abaixamos o primeiro coeficiente do dividendo (1) e o multiplicamos pela raiz do divisor ($1 \times 3 = 3$).

3	1	−4	5	−2
	1			

- 3º passo: Somamos o produto obtido com o coeficiente seguinte ($3 + (-4) = -1$). O resultado é colocado abaixo desse coeficiente.

3	1	−4	5	−2
	1	−1		

- 4º passo: Com esse resultado (−1), repetimos as operações (multiplicamos pela raiz e somamos com o coeficiente seguinte), e assim por diante.

3	1	−4	5	−2
	1	−1	2	4

O último dos números obtidos no dispositivo ou algoritmo de Briot-Ruffini é o resto da divisão. Assim, $r(x) = 4$.

Os demais números obtidos nesse algoritmo correspondem aos coeficientes ordenados (segundo potências decrescentes de **x**) do quociente da divisão. Assim:

$$q(x) = 1 \cdot x^2 - 1 \cdot x + 2 = x^2 - x + 2$$

Exercícios resolvidos

13. Obtenha o quociente **q** e o resto **r** da divisão de $-2x^4 + x^3 - 5x^2 - x + 1$ por $x + 2$.

Solução:

Temos:

−2	−2	1	−5	−1	1
	−2	5	−15	29	−57

$q = -2x^3 + 5x^2 - 15x + 29$ e $r = -57$

14. Faça a divisão de $f(x) = 2x^3 - 5x + 1$ por $x - 3$.

Solução:

Convém, inicialmente, notar que $f(x) = 2x^3 + 0 \cdot x^2 - 5 \cdot x + 1$. Temos:

3	2	0	−5	1
	2	6	13	40

O quociente **q** é $2x^2 + 6x + 13$, e o resto **r** é 40.

15. Determine $a \in \mathbb{R}$ de modo que $2x^3 - 4x^2 - 5x + a$ seja divisível por $x - 3$.

Solução:

Construímos o dispositivo de Briot-Ruffini:

3	2	−4	−5	a
	2	2	1	a + 3

Devemos ter resto igual a 0, isto é: $a + 3 = 0 \Rightarrow a = -3$

Exercícios

52. Em cada caso, obtenha o quociente e o resto da divisão de f(x) por g(x), utilizando o dispositivo de Briot-Ruffini:

a) $f(x) = -2x^3 + 4x^2 - 5x + 1$ e $g(x) = x - 3$

b) $f(x) = (3x + 2)^2$ e $g(x) = x + 2$

c) $f(x) = x^4 - 3x^2 + x - 2$ e $g(x) = x + 1$

d) $f(x) = x^3 - 1$ e $g(x) = x$

53. Dividindo-se $x^3 - 2x^2 + mx + 4$ por $x + 2$, obtém-se o quociente $x^2 - 4x + 5$. Qual é o resto dessa divisão?

54. O polinômio $f(x) = 4x^4 - 5x^2 + 2x + m$ $(m \in \mathbb{R})$ é divisível por $x - 2$.

a) Qual é o valor de **m**?

b) Qual é o quociente e o resto da divisão de f(x) por $x + 3$?

55. Qual é o quociente e o resto da divisão de $(x^4 + 1)^2$ por $x + 1$?

56. O polinômio $f(x) = 2x^3 + mx + n$ é divisível por $x + 1$; dividindo f(x) por $x + \frac{1}{2}$, obtemos resto igual a 2. Determine o valor de $m + n$.

57. Determine o valor da constante real **k** a fim de que a divisão de $2x^3 - 3x^2 + x + 6k$ por $x - 3$ seja exata.

58. Sejam **a**, **b**, **c**, **d** os números que aparecem no dispositivo de Briot-Ruffini para a determinação do quociente q(x) e do resto r(x) da divisão de $p(x) = 2x^4 + 8x^3 - x^2 + 16$ por $x - p$:

−4	2	8	−1	0	16
	2	a	b	c	d

Determine:

a) o valor de **p**.

b) a soma $a + b + c + d$.

c) o resto da divisão de q(x) por $x - i$.

d) os valores reais de **x** para os quais $q(x) = 4$.

59. Seja $n \in \mathbb{N}^*$. Determine o resto e o quociente da divisão de $f(x) = x^n - a^n$ por $g(x) = x + a$, em que $a \in \mathbb{R}$.

Divisões sucessivas

Vamos conhecer duas propriedades da divisão de polinômios.

1ª) Seja p(x) um polinômio de grau maior que 1; **a** e **b** são constantes complexas.

> Quando p(x) é divisível por x − a e o quociente dessa divisão é divisível por x − b, p(x) é divisível por (x − a) · (x − b).

OBSERVAÇÃO

Esse primeiro resultado também é válido quando a = b: se p(x) é divisível por x − a e o quociente dessa divisão é também divisível por x − a, então p(x) é divisível por $(x - a)^2$.

Observe o esquema:

$$\begin{array}{l|l} p(x) & x - a \\ \hline r = 0 & q(x) \end{array} \qquad \begin{array}{l|l} q(x) & x - b \\ \hline r = 0 & q'(x) \end{array}$$

- Da primeira divisão, podemos escrever: p(x) = (x − a) · q(x) (1)
- Da segunda divisão, podemos escrever: q(x) = (x − b) · q'(x) (2)

Substituindo (2) em (1), obtemos p(x) = (x − a) · (x − b) · q'(x).

Desse modo, o produto (x − a) · (x − b) corresponde a um fator de p(x), e, assim, p(x) é divisível por (x − a) · (x − b).

EXEMPLO 12

Podemos verificar se o polinômio $p(x) = x^3 + 2x^2 - 5x - 6$ é divisível por (x − 2) · (x + 1) por meio do seguinte procedimento:

- Dividimos p(x) por x − 2:

2	1	2	−5	−6
	1	4	3	0

- Dividimos o quociente obtido por x + 1:

−1	1	4	3
	1	3	0

Como o resto também é nulo, concluímos que p(x) é divisível por (x − 2) · (x + 1).

Acompanhe a sequência de divisões abaixo, partindo do polinômio $f(x) = x^3 + 7x^2 + 8x - 16$ e tendo sempre x + 4 como divisor:

−4	1	7	8	−16	
−4	1	3	−4	0	← f(x) é divisível por x + 4
−4	1	−1	0		← f(x) é divisível por $(x + 4)^2$
	1	−5			← f(x) não é divisível por $(x + 4)^3$

2ª) Seja p(x) um polinômio de grau maior que 1; **a** e **b** são constantes complexas.

> Quando p(x) é divisível por x − a e por x − b (a ≠ b) separadamente, p(x) é divisível por (x − a) · (x − b).

Vamos mostrar essa propriedade.

A tese é: na divisão de p(x) por (x − a) · (x − b) obtemos como resto o polinômio nulo.

Temos: na divisão de p(x) por (x – a) · (x – b), obtemos como quociente q(x) e como resto r(x) = mx + n (pois o grau do resto é menor do que 2 ou o resto é o polinômio nulo). Escrevemos:

$$p(x) = (x - a) \cdot (x - b) \cdot q(x) + \underbrace{mx + n}_{r(x)} \quad (1)$$

Mostremos que m = n = 0.

Das hipóteses:

- p(x) é divisível por x – a $\overset{\text{D'Alembert}}{\Rightarrow}$ p(a) = 0 (2)
- p(x) é divisível por x – b $\Rightarrow$ p(b) = 0 (3)

Substituindo (2) e (3) em (1), vem:

$$\begin{matrix} 0 = p(a) = 0 \cdot q(a) + m \cdot a + n \Rightarrow \\ 0 = p(b) = 0 \cdot q(b) + m \cdot b + n \Rightarrow \end{matrix} \begin{cases} m \cdot a + n = 0 \\ m \cdot b + n = 0 \end{cases} \Rightarrow m(a - b) = 0$$

Como a ≠ b, segue que m = 0, e daí n = 0. Assim, r(x) é o polinômio nulo, pois todos os seus coeficientes são iguais a zero.

EXEMPLO 13

O polinômio $f(x) = x^3 - 2x^2 - 11x + 12$ é divisível por x – 1 e por x – 4, separadamente, conforme vemos a seguir:

1	1	–2	–11	12
	1	–1	–12	0

4	1	–2	–11	12
	1	2	–3	0

Assim, podemos afirmar que f(x) é divisível por $(x - 1) \cdot (x - 4) = x^2 - 5x + 4$.

OBSERVAÇÕES

- Quando a = b, essa propriedade não é verdadeira.
  O polinômio $p(x) = x^2 - 4x + 3$ é divisível por x – 1, mas não é divisível por $(x - 1)^2$.
- A recíproca dessa propriedade é verdadeira: se p(x) é divisível por (x – a) · (x – b), então p(x) é divisível por (x – a) e por (x – b), separadamente.

Exercícios

60. Seja p(x) um polinômio divisível por x – 2. O quociente da divisão de p(x) por x – 2 é dividido por x + 4 e o resto obtido é zero. Qual é o resto da divisão de p(x) por $x^2 + 2x - 8$?

61. O polinômio $x^4 + 2x^3 - 12x^2 - 40x - 32$ é divisível por x + 2? E por $(x + 2)^2$? E por $(x + 2)^3$? E por $(x + 2)^4$?

62. Mostre que o polinômio $x^4 - 4x^3 + 7x^2 - 6x + 2$ é divisível por $(x - 1)^2$, mas não é divisível por $(x - 1)^3$.

63. Determine os valores de **m** e **n** a fim de que o polinômio $x^3 - x^2 + mx + n$ seja divisível por $(x - 2)^2$.

64. Determine os valores das constantes reais **m** e **p** a fim de que $x^4 + 2x^3 + 2x^2 + mx + p$ seja divisível por $(x + 1)^2$.

65. Qual é o maior valor natural de **n** para o qual o polinômio $f(x) = x^5 - 2x^4 + x^3 - x^2 + 2x - 1$ seja divisível por $(x - 1)^n$?

66. Determine os valores das constantes reais **a** e **b** de modo que $x^4 - 6x^3 + 17x^2 + ax + b$ seja divisível por $(x - 2)^2$.

67. O polinômio $x^3 - 13x + 12$ é divisível por $x - 3$? E por $x + 4$? E por $x^2 + x - 12$?

68. O polinômio $x^5 + x^3 - 2x$ é divisível por **x**? E por $x - 1$? E por $x + 1$? E por $x^3 - x$?

69. Faça o que é pedido nos itens a seguir.

a) Verifique que $x^2 + x - 20 = (x - 4) \cdot (x + 5)$.

b) Usando a fatoração do item *a*, determine os valores das constantes reais **m** e **n** de modo que $x^4 - x^3 + mx^2 + 37x + n$ seja divisível por $x^2 + x - 20$.

70. Faça o que é pedido nos itens *a* e *b* e responda o item *c*.

a) Verifique que $x^3 - 7x^2 - 8x = x(x + 1) \cdot (x - 8)$.

b) Mostre que $p(x) = x^7 - 11x^6 + 25x^5 - 7x^4 - 8x^3 + 4x^2 - 32x$ é divisível, separadamente, por **x**, $x + 1$ e $x - 8$.

c) $p(x)$ é divisível por $x^3 - 7x^2 - 8x$?

Enem e vestibulares resolvidos

(Mack-SP) Os valores de **R**, **P** e **A** para que a igualdade $\frac{2x^2 + 5x - 1}{x^3 - x} = \frac{R}{x} + \frac{P}{x + 1} + \frac{A}{x - 1}$ seja uma identidade são, respectivamente,

a) 3, 1 e −2

b) 1, −2 e 3

c) 3, −2 e 1

d) 1, 3 e −2

e) −2, 1 e 3

Resolução comentada

Para comparar ambos os membros da igualdade, vamos reescrever as frações do segundo termo, deixando-as com um denominador comum:

$$\frac{2x^2 + 5x - 1}{x^3 - x} = \frac{R}{x} + \frac{P}{x + 1} + \frac{A}{x - 1} \Rightarrow \frac{2x^2 + 5x - 1}{x^3 - x} = \frac{R \cdot (x + 1)(x - 1)}{x(x + 1)(x - 1)} + \frac{P \cdot x(x - 1)}{x(x + 1)(x - 1)} +$$

$$+ \frac{A \cdot x(x + 1)}{x(x + 1)(x - 1)} \Rightarrow \frac{2x^2 + 5x - 1}{x^3 - x} = \frac{R \cdot (x + 1)(x - 1) + P \cdot x(x - 1) + A \cdot x(x + 1)}{x^3 - x}$$

Neste caso, temos $x^3 - x \neq 0$. Multiplicando ambos os membros da igualdade por $x^3 - x$ e desenvolvendo a equação, obtemos:

$$2x^2 + 5x - 1 = Rx^2 - R + Px^2 - Px + Ax^2 + Ax \Rightarrow$$

$$\Rightarrow 2x^2 + 5x - 1 = (R + P + A)x^2 + (A - P)x - R$$

Para que a igualdade seja uma identidade, é necessário que os coeficientes dos termos respectivos dos polinômios de cada membro sejam iguais. Usando a propriedade de igualdade entre polinômios, temos:

$$\begin{cases} 2 = R + P + A \\ 5 = A - P \\ -1 = -R \end{cases} \overset{R=1}{\Rightarrow} \begin{cases} A + P = 1 \\ A - P = 5 \\ R = 1 \end{cases}$$

Portanto, $A = 3$ e $P = -2$.

Alternativa *b*.

Exercícios complementares

1. (UFJF/Pism-MG) Sabendo que o polinômio $p(x) = ax^3 + bx + 2$ é divisível por $(x + 1)^2$, determine **a** e **b**.

2. (UEPG-PR) Ao dividir o polinômio P(x) por $x - 2$, obtêm-se o quociente $2x^2 + 5$ e o resto 3. Nessas condições, assinale o que for correto [e indique a soma correspondente às afirmações verdadeiras].

(01) P(x) é divisível por $x + 1$.

(02) P(x) é um polinômio do 3º grau.

(04) $P(0) = -7$

(08) O termo independente de **x** no polinômio vale 11.

3. Determine o polinômio p(x) de grau 3 tal que $p(x) = p(-x)$, para todo **x** real.

4. Dizemos que um polinômio p(x) de 2º grau é um quadrado perfeito se existirem **m** e **n** reais tais que $p(x) = (mx + n)^2$.
Determine a condição para que $p(x) = (ax + b)^2 + (cx + d)^2$ seja um quadrado perfeito.

5. Na divisão do polinômio $5x^5 + ax^3 + bx^2 + 3x + 1$ por $x - 2$, obteve-se o quociente $5x^4 + cx^3 + dx^2 + ex + 115$. Determine o resto.

6. Observe o poliedro seguinte:

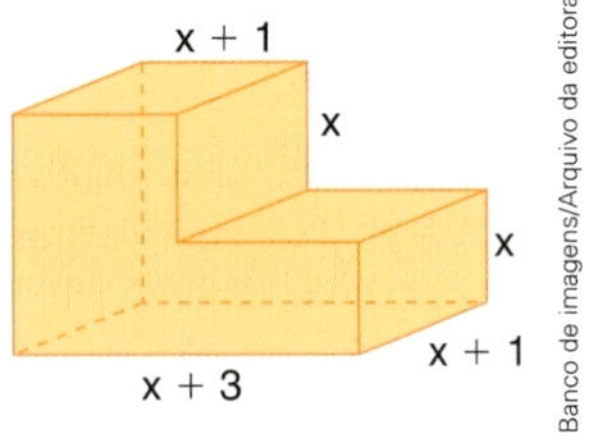

Escreva o polinômio que representa:

a) seu volume

b) sua área total.

7. Determine os valores reais de **a**, **b** e **c** para que o polinômio $(2a - b + 3)x^2 + (b + 2)x + (2c - 1)$ tenha grau igual a zero.

8. (UFSC) Seja **p** um polinômio de grau 4 dado por $p(x) = (x + 1)^4$. Com essa informação, assinale a(s) proposição(ões) CORRETA(S) [e indique a soma correspondente às proposições corretas].

(01) O polinômio **p** é igual a $p(x) = x^4 + 4x^3 + 6x^2 + 4x + 1$.

(02) O único número real no qual **p** se anula é $x = -1$.

(04) Se **k** é um polinômio dado por $k(x) = x^4 + 4x^3 + 6x^2 + 4x + 3$, então o menor valor possível para o polinômio **k**, quando **x** varia em todo o conjunto dos números reais, é 2.

(08) O coeficiente do termo de expoente 5 do polinômio dado por $p(x) \cdot (x - 1)^4$ é igual a 1.

9. Os restos das divisões de um polinômio p(x) pelos binômios $(x + 1)$, $(x - 1)$ e $(x - 2)$ são, respectivamente, 5, -1 e -1. Determine o resto da divisão de p(x) por $(x + 1) \cdot (x - 2) \cdot (x - 1)$.

10. Considere p(x) um polinômio de grau 4, divisível por $(x - 2)^3$. Sabendo que $p(0) = -8$ e $p(1) = -3$, obtenha:

a) o valor de p(3).

b) os valores reais de **x** para os quais $p(x) < 0$.

11. Determine **a** e **b** reais de modo que o polinômio $f(x) = (x + 2)^3 + (x - 1)^3 + 3ax + b$ seja divisível por $(x - 2)^2$.

12. O polinômio $p(x) = x^4 - 6x^3 + 16x^2 - 26x + 15$ é divisível por $x^2 - 2x + 5$. Para que valores reais de **x** tem-se $p(x) \geq 0$?

13. O polinômio $x^3 - x^2 + mx + n$, com **m** e **n** constantes reais, é divisível por $x + 3$, e o quociente obtido nessa divisão é um polinômio que apresenta uma raiz real dupla. Quais são os valores de **m** e **n**?

14. Um polinômio p(x) é tal que $p(1) = 4$. O quociente da divisão de p(x) por $(x - 1)$ é dividido por $(x - 2)$ e obtém-se o resto 3. Determine o resto da divisão de p(x) por $(x - 1)(x - 2)$.

15. (UEPG-PR) Na divisão do polinômio P(x) pelo binômio A(x), do 1º grau, usando o dispositivo de Briot-Ruffini, obteve-se o seguinte:

m	1	a	a	$-a$	-6
				3	0

Então, assinale o que for correto [e indique a soma das alternativas corretas].

(01) P(x) é um polinômio do 4º grau.

(02) P(x) é divisível por $x - 2$.

(04) $P(0) = -6$.

(08) $P(1) = -6$.

(16) O quociente da divisão é o polinômio $Q(x) = x^3 + x^2 + x + 3$.

16. Determine o valor das constantes reais **a** e **b** de modo que o polinômio $f(x) = x^3 + 2x^2 + ax + b$ satisfaça as condições:

- $f(x) + 1$ é divisível por $x + 1$
- $f(x) - 1$ é divisível por $x - 1$

17. Qual é o polinômio **p** de grau 3 que tem coeficiente dominante igual a 2, apresenta zero como uma de suas raízes e satisfaz as condições $p(i) = p(-i)$ e $p(1) = 5$?

18. Seja $p(x) = x^2 + ax + b$, em que **a** e **b** são constantes reais. Determine o valor de cada uma dessas constantes, de forma que $4 \cdot p(x + 1) = p(2x) - p(0), \forall\, x \in \mathbb{C}$.

19. Determine o resto da divisão do polinômio $p(x) = 2x^{2019} - 4x^{2018} + x^5 - 1$ por:

a) $d(x) = x^2 - 1$

b) $d(x) = x$

20. Sejam **a**, **b** e **c** números reais e o polinômio $p(x) = \frac{1}{3}x^3 + ax^2 + bx + c$.

a) Determine os valores de **a**, **b** e **c** para os quais $p(x) - p(x - 1) = x^2$.

b) Use o item *a* para calcular, em função de **n**, a soma $S = 1^2 + 2^2 + 3^2 + ... + n^2$

21. (UFPR) Um resultado bastante útil em matemática é que toda função racional (quociente de funções polinomiais reais) pode ser escrita como soma de funções mais simples. Por exemplo, a função $r(x) = \frac{x + 1}{x(x - 1)^2}$ pode ser escrita na forma $\frac{A}{x} + \frac{B}{x - 1} + \frac{C}{(x - 1)^2}$.

a) Aplicando os conhecimentos sobre operações com frações e igualdade de polinômios, calcule os números reais **A**, **B** e **C** tais que $\frac{x + 1}{x(x - 1)^2} = \frac{A}{x} + \frac{B}{x - 1} + \frac{C}{(x - 1)^2}$.

b) Examinando a expressão de r(x) como soma de frações, descreva o que ocorre com o valor r(x) quando **x** assume valores arbitrariamente grandes.

22. O quadro seguinte ilustra o dispositivo prático de Briot-Ruffini para a divisão de um polinômio p(x) por um binômio b(x) do tipo $x - a$; $a \in \mathbb{R}$.

1,32	1	0	−0,52	−1,626
	1	1,32	1,2224	−0,012432

Determine o valor numérico do polinômio $p(x) + b(x)$ para

a) $x = 1$

b) $x = i^{87}$

23. (ITA-SP) Sejam **a**, **b**, **c** e **d** constantes reais. Sabendo que a divisão de $p_1(x) = x^4 + ax^2 + b$ por $p_2(x) = x^2 + 2x + 4$ é exata e que a divisão de $p_3(x) = x^3 + cx^2 + dx - 3$ por $p_4(x) = x^2 - x + 2$ tem resto igual a -5, determine o valor de $a + b + c + d$.

24. (Fuvest-SP) As constantes **A**, **B**, **C** e **D** são tais que a igualdade $\frac{1}{(x^2 + 2x + 2)(x^2 + 4)} = \frac{Ax + B}{x^2 + 2x + 2} + \frac{Dx + C}{x^2 + 4}$ é válida para todo $x \in \mathbb{R}$.

a) Deduza, da igualdade acima, um sistema linear com quatro equações, satisfeito pelas constantes **A**, **B**, **C** e **D**.

b) Resolva esse sistema e encontre os valores dessas constantes.

25. (Unicamp-SP) Sabendo que **a** e **b** são números reais, considere o polinômio cúbico $p(x) = x^3 + ax^2 + bx + 1$.

a) Mostre que, se **r** é uma raiz de p(x), então $\frac{1}{r}$ é uma raiz do polinômio $q(x) = x^3 + bx^2 + ax + 1$.

b) Determine os valores de **a** e **b** para os quais a sequência $(p(-1), p(0), p(1))$ é uma progressão aritmética (P.A.), cuja razão é igual a p(2).

26. Os coeficientes $\mathbf{a_0}$, $\mathbf{a_1}$, ..., $\mathbf{a_n}$ do polinômio $p(x) = a_0 + a_1x + ... + a_nx^n$, em que **n** é ímpar, formam uma progressão geométrica de razão $\frac{1}{2}$.

Determine o resto da divisão de p(x) por $x + 2$.

27. (Unicamp-SP) Seja $f(x) = a_nx^n + a_{n-1}x^{n-1} + ... + a_1x + a_0$ um polinômio de grau **n** tal que $a_n \neq 0$ e $a_j \in \mathbb{R}$ para qualquer **j** entre 0 e **n**. Seja $g(x) = na_nx^{n-1} + (n - 1)a_{n-1}x^{n-2} + ... + 2a_2x + a_1$ o polinômio de grau $n - 1$ em que os coeficientes $\mathbf{a_1}$, $\mathbf{a_2}$, ..., $\mathbf{a_n}$ são os mesmos empregados na definição de f(x).

a) Supondo que $n = 2$, mostre que $g\left(x + \frac{h}{2}\right) = \frac{f(x + h) - f(x)}{h}$, para todo **x**, $h \in \mathbb{R}$, $h \neq 0$.

b) Supondo que $n = 3$ e que $a_3 = 1$, determine a expressão do polinômio f(x), sabendo que $f(1) = g(1) = f(-1) = 0$.

28. Seja $p(x) = ax^5 + bx^3 + cx + d$ um polinômio de grau 5.

Sabe-se que:

- (a, b, c, d) é uma progressão geométrica.
- Dividindo-se p(x) por $x + 1$ obtém-se como quociente um polinômio q(x), no qual o coeficiente de $\mathbf{x}^2$, o coeficiente independente de **x** e o coeficiente de $\mathbf{x}^4$, respectivamente, são termos de uma progressão aritmética cuja soma dos termos é 18.

Determine p(x).

Testes

1. (Ufam) O quociente e o resto da divisão de $3x^5 - 3x^3 + 2x^2 - 4$ por $x + 2$ são, respectivamente:
   a) $Q(x) = 3x^4 + 6x^3 - 9x^2 + 16x - 32$, $R(x) = -68$
   b) $Q(x) = 3x^4 - 6x^3 + 9x^2 - 16x + 32$, $R(x) = 68$
   c) $Q(x) = 3x^4 - 6x^3 - 9x^2 - 16x - 32$, $R(x) = -68$
   d) $Q(x) = 3x^4 - 6x^3 + 9x^2 - 16x + 32$, $R(x) = -68$
   e) $Q(x) = -3x^4 + 6x^3 - 9x^2 + 16x - 32$, $R(x) = 68$

2. (Enem) Um terreno retangular de lados cujas medidas, em metro, são **x** e **y** será cercado para a construção de um parque de diversões. Um dos lados do terreno encontra-se às margens de um rio. Observe a figura.

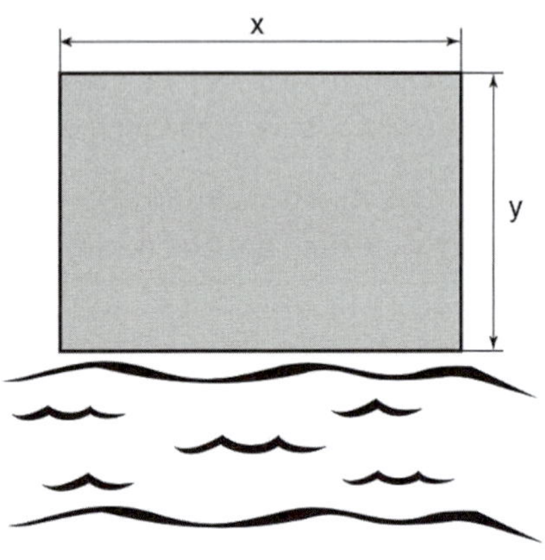

Reprodução/Enem, 2016.

   Para cercar todo o terreno, o proprietário gastará R$ 7 500,00. O material da cerca custa R$ 4,00 por metro para os lados do terreno paralelos ao rio, e R$ 2,00 por metro para os demais lados.
   Nessas condições, as dimensões do terreno e o custo total do material podem ser relacionados pela equação
   a) $4(2x + y) = 7\,500$
   b) $4(x + 2y) = 7\,500$
   c) $2(x + y) = 7\,500$
   d) $2(4x + y) = 7\,500$
   e) $2(2x + y) = 7\,500$

3. (FGV-SP) Sabendo-se que o resto da divisão do polinômio $P(x) = x^3 - x^2 + 2^k + 2$ por $x - 3$ é igual a $4^k - 220$, o valor de **k** é
   a) −4.
   b) −2.
   c) 2.
   d) 3.
   e) 4.

4. (ESPM-SP) O trinômio $x^2 + ax + b$ é divisível por $x + 2$ e por $x - 1$. O valor de $a - b$ é:
   a) 0　　c) 2　　e) 4
   b) 1　　d) 3

5. (Mack-SP) O polinômio do 2º grau F(x) que verifica a identidade $F(x + 1) = x^2 - 7x + 6$ é
   a) $F(x) = x^2 - 14x + 9$
   b) $F(x) = x^2 + 9x + 14$
   c) $F(x) = x^2 - 5x$
   d) $F(x) = x^2 - 9x + 14$
   e) $F(x) = x^2 - 7x + 4$

6. (Uece) O resto da divisão de $(x^2 + x + 1)^2$ por $x^2 - x + 1$ é
   a) $4x$.　　c) $4(x - 2)$.
   b) $4(x - 1)$.　　d) $4(x - 3)$.

7. (Unesp-SP) O polinômio $P(x) = a \cdot x^3 + 2 \cdot x + b$ é divisível por $x - 2$, e, quando dividido por $x + 3$, deixa resto −45. Nessas condições os valores de **a** e **b**, respectivamente, são:
   a) 1 e 4
   b) 1 e 12
   c) −1 e 12
   d) 2 e 16
   e) 1 e −12

8. (Uece) O resto da divisão de $(2^{64} + 1)$ por $(2^{32} + 1)$ é igual a
   a) 1.　　b) 0.　　c) 4.　　d) 2.

9. (FICSAE-SP) O resto da divisão de um polinômio do segundo grau **P** pelo binômio $(x + 1)$ é igual a 3. Dado que $P(0) = 6$ e $P(1) = 5$, o valor de $P(3)$ é
   a) −7　　b) −9　　c) 7　　d) 9

10. (Unicamp-SP) Considere o polinômio $p(x) = x^n + x^m + 1$, em que $n > m \geq 1$. Se o resto da divisão de p(x) por $x + 1$ é igual a 3, então
    a) **n** é par e **m** é par.
    b) **n** é ímpar e **m** é ímpar.
    c) **n** é par e **m** é ímpar.
    d) **n** é ímpar e **m** é par.

11. (Unicamp-SP) Considere o polinômio cúbico $p(x) = x^3 + x^2 - ax - 3$, onde **a** é um número real. Sabendo que **r** e **−r** são raízes reais de p(x), podemos afirmar que p(1) é igual a
    a) 3.　　b) 1.　　c) −2.　　d) −4.

12. (Cefet-MG) Perdeu-se parte da informação que constava em uma solução de um problema, pois o papel foi rasgado e faz-se necessário encontrar três dos números perdidos que chamaremos de **A**, **B** e **C** na equação abaixo.

$$\frac{Ax - 2}{x^2 + x + 3} + \frac{B}{2x - 1} = \frac{Cx^2 - 9x - C}{2x^3 + x^2 + 5x - 3}$$

O valor de A + B + C é:

a) −3
b) −2
c) 4
d) 5
e) 7

13. (Ufam) Sabendo que o polinômio P(x) deixa resto 1 quando dividido por (x − 1) e deixa resto 23 quando dividido por (x − 3), então o resto da divisão de P(x) por (x − 1)(x − 3) é:

a) 0
b) 4
c) 9x − 11
d) 11x − 10
e) 12x − 2

14. (EsPCEx-SP) O polinômio $f(x) = x^5 - x^3 + x^2 + 1$, quando dividido por $q(x) = x^3 - 3x + 2$, deixa resto r(x).
Sabendo disso, o valor numérico de r(−1) é:

a) −10
b) −4
c) 0
d) 4
e) 10

15. (Mack-SP) Se o polinômio do segundo grau $P(x) = Ax^2 + Bx + C$ é tal que P(1) = 3, P(2) = 11 e P(4) = 45, o valor de **B** é

a) 0
b) 1
c) −1
d) −2
e) −5

16. (EsPCEx-SP) Os polinômios A(x) e B(x) são tais que $A(x) = B(x) + 3x^3 + 2x^2 + x + 1$. Sabendo-se que −1 é raiz de A(x) e 3 é raiz de B(x), então A(3) − B(−1) é igual a:

a) 98
b) 100
c) 102
d) 103
e) 105

17. (Enem) Um forro retangular de tecido traz em sua etiqueta a informação de que encolherá após a primeira lavagem mantendo, entretanto, seu formato. A figura a seguir mostra as medidas originais do forro e o tamanho do encolhimento (**x**) no comprimento e (**y**) na largura. A expressão algébrica que representa a área do forro após ser lavado é (5 − x) (3 − y).

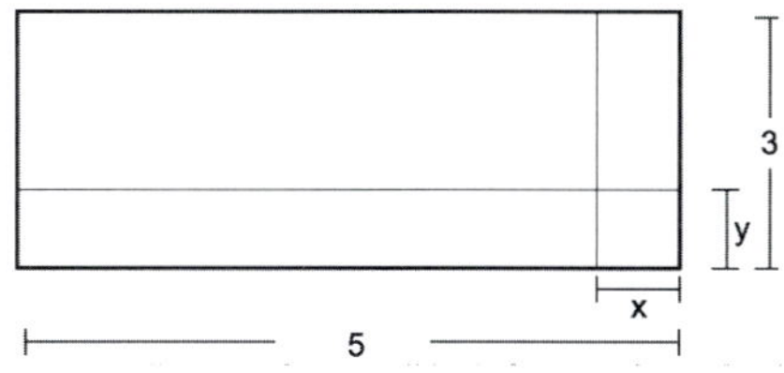

Reprodução/Enem, 2012.

Nessas condições, a área perdida do forro, após a primeira lavagem, será expressa por:

a) 2xy
b) 15 − 3x
c) 15 − 5y
d) −5y − 3x
e) 5y + 3x − xy

18. (PUC-RS) Em relação aos polinômios $p(x) = ax^2 + bx + c$ e $q(x) = dx^2 + ex + f$, considerando que p(1) = q(1), p(0) = q(0) = 0, concluímos que (a + b) − (d + e) vale:

a) 0
b) 1
c) 2
d) a + b
e) d + e

19. (UEPB) O resto da divisão do polinômio $P(x) = 3x^{2n+3} - 5x^{2n+2} + 8$ por x + 1 com **n** natural é:

a) −1
b) 1
c) zero
d) 2
e) 6

20. (Uern) O valor de **n** para que a divisão do polinômio $p(x) = 2x^3 + 5x^2 + x + 17$ por $d(x) = 2x^2 + nx + 4$ tenha resto igual a 5 é um número:

a) menor que −6.
b) negativo e maior que −4.
c) positivo e menor que 5.
d) par e maior que 11.

21. (FGV-SP) O quociente da divisão do polinômio $P(x) = (x^2 + 1)^4 \cdot (x^3 + 1)^3$ por um polinômio de grau 2 é um polinômio de grau:

a) 5
b) 10
c) 13
d) 15
e) 18

22. (UFTM-MG) Dividindo-se o polinômio $p(x) = 3x^4 - 2x^3 + mx + 1$ por (x − 1) ou por (x + 1), os restos são iguais. Nesse caso, o valor de **m** é igual a:

a) −2
b) −1
c) 1
d) 2
e) 3

23. (Fatec-SP) Sejam **a** e **b** números reais tais que o polinômio $P(x) = x^4 + 2ax + b$ é divisível pelo polinômio $(x - 1)^2$. O resto da divisão de P(x) pelo monômio D(x) = x é:

a) −2
b) −1
c) 1
d) 3
e) 4

24. (Epcar-MG) Sejam Q(x) e R(x) o quociente e o resto, respectivamente, da divisão do polinômio $x^3 - 6x^2 + 9x - 3$ pelo polinômio $x^2 - 5x + 6$, em que $x \in \mathbb{R}$.

O gráfico que melhor representa a função real definida por $P(x) = Q(x) + R(x)$ é

a) 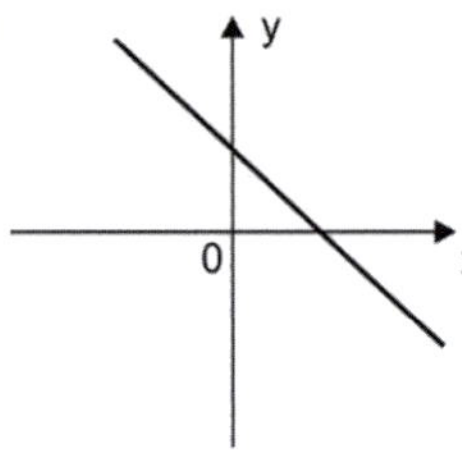

Reprodução / Epcar, 2017.

b) 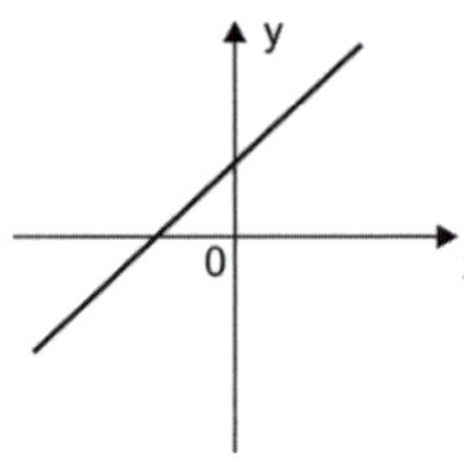

Reprodução / Epcar, 2017.

c) 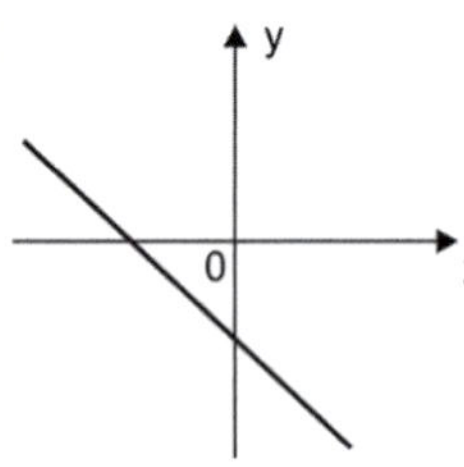

Reprodução / Epcar, 2017.

d) 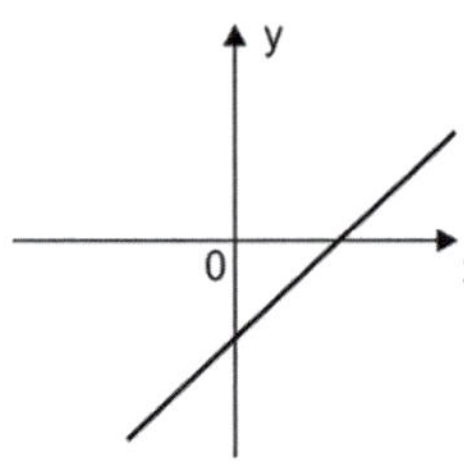

Reprodução / Epcar, 2017.

25. (UFJF/Pism-MG) Qual é o polinômio que ao ser multiplicado por $g(x) = 3x^3 + 2x^2 + 5x - 4$ tem como resultado o polinômio $h(x) = 3x^6 + 11x^5 + 8x^4 + 9x^3 - 17x^2 + 4x$?

a) $x^3 + x^2 + x$.

b) $x^3 + x^2 - x$.

c) $x^3 + 3x^2 + x$.

d) $x^3 + 3x^2 + 2x$.

e) $x^3 + 3x^2 - x$.

26. (Fuvest-SP) O polinômio $p(x) = x^3 + ax^2 + bx$, em que **a** e **b** são números reais, tem restos 2 e 4 quando dividido por $x - 2$ e $x - 1$, respectivamente. Assim, o valor de **a** é:

a) −6 c) −8 e) −10

b) −7 d) −9

27. (FGV-SP) Seja $P(x) = x^2 + bx + c$, com **b** e **c** inteiros. Se P(x) é fator de $T(x) = x^4 + 6x^2 + 25$ e de $S(x) = 3x^4 + 4x^2 + 28x + 5$, então P(1) é igual a:

a) 0

b) 1

c) 2

d) 3

e) 4

28. (Acafe-SC) Seja P(x) um polinômio divisível por $(x - 2)$. Se dividirmos o polinômio P(x) por $(x^2 + 2x)$, obteremos como quociente o polinômio $(x^2 - 2)$ e resto igual a R(x). Se R(3) = 6, então, a soma de todos os coeficientes de P(x) é igual a:

a) −38.

b) −41.

c) 91.

d) 79.

29. (ITA-SP) Um polinômio **P** é dado pelo produto de 5 polinômios cujos graus formam uma progressão geométrica. Se o polinômio de menor grau tem grau igual a 2 e o grau de **P** é 62, então o de maior grau tem grau igual a:

a) 30

b) 32

c) 34

d) 36

e) 38

30. (Uece) Se os polinômios $p(x) = x^3 + mx^2 + nx + k$ e $g(x) = x^3 + ux^2 + vx + w$ são divisíveis por $x^2 - x$, então o resultado da soma $m + n + u + v$ é:

a) −2

b) −1

c) 0

d) 1

31. (IME-RJ) Qual o resto da divisão do polinômio $x^{26} - x^{25} - 6x^{24} + 5x^4 - 16x^3 + 3x^2$ pelo polinômio $x^3 - 3x^2 - x + 3$?

a) $x^2 + x - 2$

b) $6x^2 - 4x + 3$

c) $3x - 9$

d) $6x^2 - 17x - 3$

e) $6x + 1$

Equações algébricas

ShutterStockStudio/Shutterstock

O matemático francês Évariste Galois (1811–1832) foi responsável por importantes contribuições na teoria de equações algébricas, tema deste capítulo. Uma das aplicações do seu trabalho ocorre na teoria de códigos, que estuda métodos para a detecção e correção de erros na transmissão de informações e é utilizada, entre outros casos, na tecnologia por trás dos CDs e DVDs.

Introdução

Eduardo construiu uma caixa em forma de bloco retangular, sem tampa, a partir de uma folha retangular de cartolina que media 33 cm por 20 cm, recortando um quadrado em cada vértice do retângulo, conforme mostra a figura abaixo.

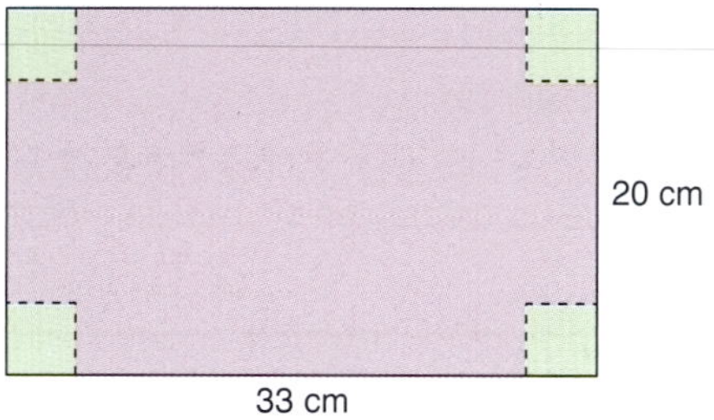

Banco de imagens/Arquivo da editora

Pronta a caixa, seu colega Toninho perguntou qual era a medida do lado do quadrado recortado. Eduardo respondeu: "Vou lhe dar uma pista: a caixa fica completamente cheia se você despejar um saco de 1,05 litro (1 050 cm^3) de areia".

Como Toninho deverá proceder para descobrir a medida do lado do quadrado?

Inicialmente, ele deverá identificar as dimensões da caixa:

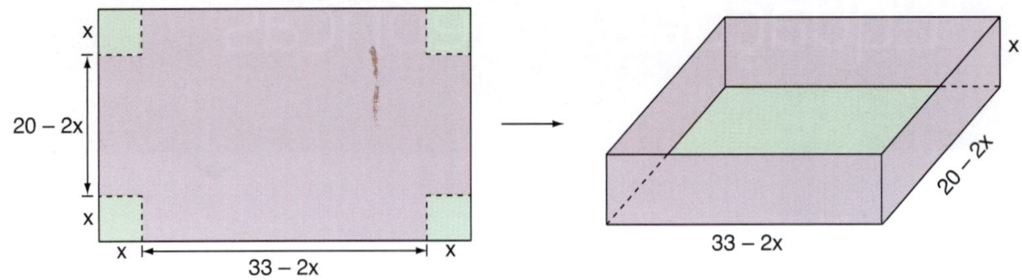

Banco de imagens/Arquivo da editora

(**x** é a medida do lado do quadrado)

O volume de um bloco retangular (paralelepípedo) é dado por V = (comprimento) · (largura) · (altura), isto é:

$$V = (33 - 2x) \cdot (20 - 2x) \cdot x = 4x^3 - 106x^2 + 660x$$

Assim, a condição do problema é:

$$4x^3 - 106x^2 + 660x = 1\,050$$

e o valor de **x** procurado é uma solução da equação:

$$2x^3 - 53x^2 + 330x - 525 = 0$$

Essa equação é um exemplo de **equação algébrica** ou **polinomial**, objeto de estudo deste capítulo.

Definição

Equação algébrica ou **polinomial** é toda equação redutível à forma p(x) = 0, em que:

$$p(x) = a_nx^n + a_{n-1}x^{n-1} + ... + a_1x + a_0\text{, com } a_n \neq 0,$$

é um polinômio de grau **n**, sendo $n \geq 1$, com coeficientes em $\mathbb{C}$, e cuja incógnita **x** pode assumir um valor qualquer em $\mathbb{C}$.

EXEMPLO 1

São exemplos de equações polinomiais:

- $4x + 5 = 0$
- $x^2 - 2x + 8 = 0$
- $3x^2 + ix - 1 = 0$
- $x^3 + 4x^2 + x - 1 = 0$
- $x^4 - x^2 + x + 3 = 0$
- $x^6 - 2i = 0$

Raiz

Seja a equação polinomial p(x) = 0, em que $p(x) = a_nx^n + a_{n-1}x^{n-1} + ... + a_1x + a_0$.

Um número complexo **r** é raiz dessa equação se, substituindo **x** por **r** na equação e efetuando os cálculos, obtemos:

$$p(r) = a_nr^n + a_{n-1}r^{n-1} + ... + a_1r + a_0 = 0$$

Em outras palavras, **r** é raiz de uma equação p(x) = 0 se **r** for raiz do polinômio p(x).

EXEMPLO 2

O número 4 é uma raiz da equação $x^3 - 6x^2 + 10x - 8 = 0$, pois:

$$4^3 - 6 \cdot 4^2 + 10 \cdot 4 - 8 = 64 - 96 + 40 - 8 = 0$$

Já o número complexo **i** não é raiz dessa equação, pois:

$$i^3 - 6i^2 + 10i - 8 = -i + 6 + 10i - 8 = -2 + 9i \neq 0$$

Conjunto solução

Conjunto solução de uma equação polinomial é o conjunto de todas as raízes dessa equação, considerando $\mathbb{C}$ o conjunto universo. Neste capítulo, salvo menção contrária, vamos considerar $U = \mathbb{C}$ nos exemplos e exercícios.

Vejamos:

- Quando o grau do polinômio é 1, para encontrar o conjunto solução da equação $ax + b = 0$ $(a \neq 0)$ basta fazer: $ax = -b \Rightarrow x = -\frac{b}{a}$ e $S = \left\{-\frac{b}{a}\right\}$.
- Quando o grau do polinômio é 2, é preciso resolver a equação $ax^2 + bx + c = 0$ $(a \neq 0)$. Usando a fórmula resolutiva da equação de 2º grau, temos: $x = \frac{-b \pm \sqrt{b^2 - 4ac}}{2a}$ e $S = \left\{\frac{-b + \sqrt{b^2 - 4ac}}{2a}, \frac{-b - \sqrt{b^2 - 4ac}}{2a}\right\}$.
- Quando o grau do polinômio é 3 ou 4, é possível determinar as raízes da equação por meio de fórmulas que envolvem as quatro operações fundamentais e a extração de raízes. No entanto, essas fórmulas não são estudadas no Ensino Médio.
- Quando o grau do polinômio é maior ou igual a 5, não existe uma fórmula resolutiva (envolvendo as quatro operações e a extração de raízes) que se aplique a qualquer equação.

Um pouco de história

A resolução de equações polinomiais

Os primeiros registros encontrados sobre a resolução de algumas equações de 2º grau datam de, aproximadamente, 1700 a.C. e pertencem a civilizações antigas, como a dos sumérios, egípcios e babilônios.

Os gregos usaram a Geometria para aperfeiçoar as técnicas de resolução das equações de 2º grau.

A civilização islâmica também deixou um legado importante: a obra *Al-jabr W'al-Mugabala*, do matemático e astrônomo Al-Khwarizmi, datada do século VIII, inclui, entre outros, uma exposição completa da resolução das equações de 1º e 2º graus. A palavra "álgebra" deriva desse nome.

Ivan Vdovin/Grupo Keystone

Estátua de Al-Khwarizmi em Khiva, no Usbequistão.

No século XVI, com o Renascimento italiano, ocorreu um progresso significativo: a resolução das equações de 3º grau e, como decorrência, as de 4º grau. A história da resolução dessas equações envolve segredos, batalhas, desafios e traições, culminando, em 1545, na publicação de *Ars Magna*, de Girolamo Cardano. Essa obra contém o processo de resolução e a devida demonstração da fórmula de resolução de uma equação de 3º grau, além da explicação de como resolver uma equação de 4º grau, transformando-a em outra de 3º grau.

Durante dois séculos e meio tentou-se encontrar uma fórmula resolutiva para a equação de 5º grau. Somente em 1824 o norueguês Niels Abel (1802-1829) provou, de maneira consistente, a impossibilidade de resolução dessa equação por meio das quatro operações aritméticas e de radiciações.

Poucos anos depois, o francês Évariste Galois (1811-1832) – cujos trabalhos deram início à chamada Álgebra moderna – generalizou as condições de resolubilidade de uma equação algébrica qualquer.

Teorema Fundamental da Álgebra (TFA)

O teorema seguinte, enunciado e provado por Carl Gauss (1777-1855), constitui um elemento central para o estudo das equações algébricas.

Todo polinômio de grau **n**, $n \geq 1$, admite ao menos uma raiz complexa.

A demonstração desse teorema exige conhecimentos de Matemática do Ensino Superior e, portanto, não é desenvolvida no Ensino Médio.

Teorema da decomposição

Seja p(x) um polinômio de grau **n**, $n \geq 1$, dado por:

$$p(x) = a_n x^n + a_{n-1}x^{n-1} + ... + a_1 x + a_0 \ (a_n \neq 0)$$

Então, p(x) pode ser decomposto em **n** fatores de 1º grau sob a forma:

$$p(x) = a_n \cdot (x - r_1) \cdot (x - r_2) \cdot ... \cdot (x - r_n)$$

em que $\mathbf{r_1}, \mathbf{r_2}, ..., \mathbf{r_n}$ são as raízes de p(x) e $\mathbf{a_n}$ é o coeficiente dominante de p(x).

OBSERVAÇÕES

- Note que $\mathbf{r_1}, \mathbf{r_2}, ..., \mathbf{r_n}$ não são necessariamente distintos.
- Dizemos que cada um dos polinômios de 1º grau, $x - r_1$, $x - r_2$, ..., $x - r_n$, é um fator de p(x).
- Pode-se mostrar que, com exceção da permutação dos fatores da multiplicação, a decomposição de p(x) em termos de suas raízes é única.
- p(x) é divisível por cada um de seus fatores, individualmente, e também por qualquer produto desses fatores.

Observe por que esse teorema é válido:

Como p(x) é um polinômio de grau $n \geq 1$, o TFA garante-nos que p(x) tem ao menos uma raiz complexa $\mathbf{r_1}$. Assim, $p(r_1) = 0$ e, pelo teorema de D'Alembert, p(x) é divisível por $x - r_1$. Então:

$$p(x) = (x - r_1) \cdot q_1(x) \quad (1)$$

em que $q_1(x)$ é um polinômio de grau $n - 1$ e coeficiente dominante $\mathbf{a_n}$ (pois o divisor $x - r_1$ tem grau igual a 1 e coeficiente dominante unitário).

Temos:

- Se $n = 1$, então $q_1(x)$ é um polinômio de grau $1 - 1 = 0$, ou seja, $q_1(x)$ é um polinômio constante, dado por $q_1(x) = a_n$. Substituindo em (1), temos que $p(x) = a_n(x - r_1)$, e o teorema fica demonstrado.
- Se $n \geq 2$, então $n - 1 \geq 1$. Assim, podemos aplicar o TFA ao polinômio $q_1(x)$, isto é, $q_1(x)$ tem ao menos uma raiz complexa $\mathbf{r_2}$. Assim, $q_1(r_2) = 0$ e $q_1(x)$ é divisível por $x - r_2$:

$$q_1(x) = (x - r_2) \cdot q_2(x) \quad (2)$$

em que $q_2(x)$ é um polinômio de grau $n - 2$ e coeficiente dominante $\mathbf{a_n}$. Substituindo (2) em (1), resulta:

$$p(x) = (x - r_1) \cdot (x - r_2) \cdot q_2(x) \quad (3)$$

Se $n = 2$, $q_2(x)$ é um polinômio de grau 0, dado por $q_2(x) = a_n$. De (3), segue que $p(x) = a_n(x - r_1) \cdot (x - r_2)$, e o teorema fica demonstrado.

Caso contrário, aplicamos sucessivamente o TFA, até obtermos:

$$p(x) = (x - r_1) \cdot (x - r_2) \cdot ... \cdot (x - r_n) \cdot q_n(x)$$

em que $q_n(x)$ é um polinômio de grau $n - n = 0$, dado por $q_n(x) = a_n$.

Assim:

$$p(x) = a_n \cdot (x - r_1) \cdot (x - r_2) \cdot ... \cdot (x - r_n)$$

Consequência do teorema da decomposição

Toda equação polinomial de grau **n**, $n \geq 1$, admite exatamente **n** raízes complexas, não necessariamente distintas.

Vejamos algumas situações:

- O polinômio de 1º grau dado por $p(x) = 4x - 8$ admite 2 como raiz; podemos escrever $p(x) = 4 \cdot (x - 2)$.
- O polinômio de 2º grau dado por $p(x) = x^2 - x - 2$ admite como raízes -1 e 2. Podemos decompor p(x) da seguinte maneira: $p(x) = 1 \cdot (x + 1) \cdot (x - 2)$.
- O polinômio de 2º grau $p(x) = x^2 - 4x + 5$ admite como raízes os números $2 + i$ e $2 - i$; portanto, sua decomposição em fatores de 1º grau é $p(x) = 1 \cdot (x - 2 - i) \cdot (x - 2 + i)$.
- O polinômio de 3º grau $x^3 + 4x$ pode ser decomposto como $x \cdot (x^2 + 4) = x \cdot (x - 2i) \cdot (x + 2i)$; suas raízes são, portanto, 0, $2i$ e $-2i$.
- As três raízes do polinômio $x^3 - 4x^2 - 11x + 30$ são 2, -3 e 5. Pelo teorema da decomposição, é possível escrever esse polinômio na forma $x^3 - 4x^2 - 11x + 30 = (x - 2) \cdot (x + 3) \cdot (x - 5)$.

Efetue as multiplicações e confira.

Exercícios resolvidos

1. Resolva a equação $x^3 - 8x^2 + 29x - 52 = 0$, sabendo que uma das raízes é 4.

Solução:

Seja p(x) o polinômio dado e 4, $\mathbf{r_2}$ e $\mathbf{r_3}$ suas raízes. Usando o teorema da decomposição, podemos escrever:

$$p(x) = 1 \cdot (x - 4) \cdot \underbrace{(x - r_2) \cdot (x - r_3)}_{q(x)}$$

isto é, $p(x) = (x - 4) \cdot q(x)$.

Assim, p(x) é divisível por $(x - 4)$ e o quociente dessa divisão é q(x). Usando Briot-Ruffini, vem:

4	1	−8	29	−52
	1	−4	13	0

coeficientes de q(x): 1, −4, 13

Desse modo, as demais raízes são obtidas de $q(x) = 0$, isto é, $x^2 - 4x + 13 = 0 \Rightarrow x = 2 - 3i$ ou $x = 2 + 3i$ e o conjunto solução da equação $p(x) = 0$ é:

$$S = \{4,\ 2 - 3i,\ 2 + 3i\}$$

2. Escreva uma equação algébrica de 3º grau cujas raízes sejam 1, -2 e 5.

Solução:

Seja p(x) o polinômio de grau 3 procurado. Usando o teorema da decomposição, podemos escrever:

$$p(x) = a_n \cdot (x - 1) \cdot (x + 2) \cdot (x - 5) \quad (*)$$

em que $\mathbf{a_n}$, $a_n \neq 0$, é o coeficiente dominante de p(x). Assim:

$$p(x) = a_n \cdot (x^2 + x - 2) \cdot (x - 5) \Rightarrow p(x) = a_n \cdot (x^3 - 4x^2 - 7x + 10)$$

Escolhendo, por exemplo, $a_n = 1$, obtemos a equação $x^3 - 4x^2 - 7x + 10 = 0$.

E se tivéssemos escolhido outro valor para $\mathbf{a}_n$?

Caso tivéssemos escolhido $a_n = 2$, teríamos em (*):

$$p(x) = 2 \cdot (x - 1) \cdot (x + 2) \cdot (x - 5)$$

e a equação obtida é $2 \cdot (x - 1) \cdot (x + 2) \cdot (x - 5) = 0$, que equivale a $(x - 1) \cdot (x + 2) \cdot (x - 5) = 0$, e as raízes também são 1, –2 e 5.

De fato, $\forall a_n \neq 0$ a equação $a_n \cdot (x - 1) \cdot (x + 2) \cdot (x - 5) = 0$ apresenta como conjunto solução $S = \{1, -2, 5\}$.

3. Duas das raízes da equação $2x^4 + 5x^3 - 35x^2 - 80x + 48 = 0$ são –3 e –4. Quais são as outras duas raízes?

Solução:

Seja p(x) o polinômio dado e –3, –4, $\mathbf{r}_3$ e $\mathbf{r}_4$ suas raízes.

Podemos escrever o polinômio da seguinte forma:

$$p(x) = 2 \cdot (x + 3) \cdot (x + 4) \cdot (x - r_3) \cdot (x - r_4)$$

$$p(x) = (x + 3) \cdot (x + 4) \cdot \underbrace{2 \cdot (x - r_3) \cdot (x - r_4)}_{q(x)}, \text{ isto é, } p(x) = (x^2 + 7x + 12) \cdot q(x)$$

1º modo

Efetuando a divisão de p(x) por $x^2 + 7x + 12$, determinamos o polinômio q(x):

$$\begin{array}{rrrrr|l}
\not{2x^4} & +5x^3 & -35x^2 & -80x & +48 & x^2 + 7x + 12 \\ \cline{6-6}
-\not{2x^4} & -14x^3 & -24x^2 & & & \underbrace{2x^2 - 9x + 4}_{q(x)} \\ \cline{1-3}
 & -\not{9x^3} & -59x^2 & -80x & +48 & \\
 & +\not{9x^3} & +63x^2 & +108x & & \\ \cline{2-5}
 & & \not{4x^2} & +\not{28x} & +\not{48} & \\
 & & -\not{4x^2} & -\not{28x} & -\not{48} & \\ \cline{3-5}
 & & & & 0 &
\end{array}$$

As demais raízes vêm de q(x) = 0, ou seja:

$$2x^2 - 9x + 4 = 0 \Rightarrow x = 4 \text{ ou } x = \frac{1}{2}$$

2º modo

Podemos usar as propriedades das divisões sucessivas estudadas no capítulo anterior.

Dividimos, assim, p(x) por x + 3 e, em seguida, dividimos o quociente obtido na primeira divisão por x + 4:

–3	2	5	–35	–80	48
–4	2	–1	–32	16	0
	2	–9	4	0	

(2, –9, 4: coeficientes de q(x))

Considerando q(x) = 0, obtemos:

$$2x^2 - 9x + 4 = 0 \Rightarrow x = 4 \text{ ou } x = \frac{1}{2}$$

4. Quais são as raízes da equação $x^3 - 2x^2 + 2x = 0$?

Solução:

Às vezes, é possível fatorar o polinômio para encontrar suas raízes:

$$x^3 - 2x^2 + 2x = 0 \Rightarrow x \cdot (x^2 - 2x + 2) = 0 \begin{cases} x = 0 \\ \text{ou} \\ x^2 - 2x + 2 = 0 \end{cases}$$

$$\Delta = 4 - 8 = -4$$

$$x = \frac{2 \pm 2i}{2} = 1 \pm i$$

Assim, as raízes da equação são:

$$0,\ 1 + i \text{ e } 1 - i$$

A construção dos gráficos e o estudo das variações das funções polinomiais de grau maior que 2 não fazem parte dos objetivos desta coleção. Entretanto, a interpretação de um gráfico de uma função polinomial de $\mathbb{R}$ em $\mathbb{R}$ pode trazer informações importantes em relação ao polinômio. Acompanhe o exemplo 3 a seguir.

EXEMPLO 3

Observe ao lado parte do gráfico da função **f**, crescente em $\mathbb{R}$, definida por $f(x) = x^3 + ax^2 + bx + c$, com **a**, **b** e **c** reais.

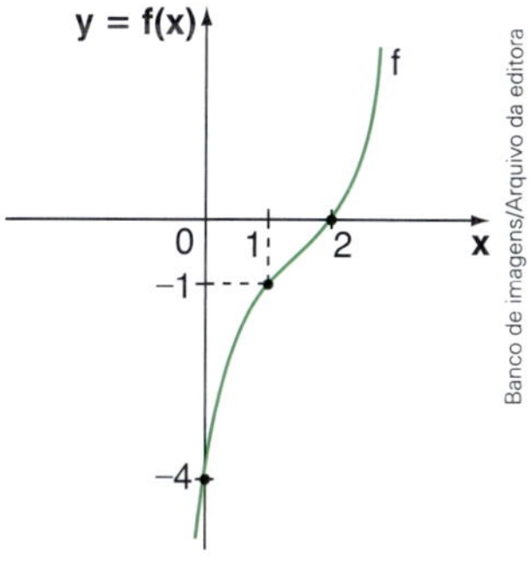

Banco de imagens/Arquivo da editora

O gráfico de **f** intersecta o eixo **x** uma única vez, no ponto (2, 0). Isso significa que $x = 2$ é a única raiz real do polinômio. (Note que, por hipótese, **f** é crescente para todo $x \in \mathbb{R}$.)

A interseção do gráfico de **f** com o eixo **y** em (0, −4) fornece o valor do coeficiente independente **c** do polinômio, pois, quando $x = 0$, $f(0) = -4$, isto é, $0^3 + a \cdot 0^2 + b \cdot 0 + c = -4 \Rightarrow c = -4$.

Além disso, temos:

- $f(1) = -1 \Rightarrow 1^3 + a \cdot 1^2 + b \cdot 1 - 4 = -1 \Rightarrow a + b = 2$
- $f(2) = 0$ (2 é raiz) $\Rightarrow 2^3 + a \cdot 2^2 + b \cdot 2 - 4 = 0 \Rightarrow 4a + 2b = -4$

Resolvendo o sistema, temos:

$$a = -4 \text{ e } b = 6$$

Desse modo, a lei que define **f** é: $f(x) = x^3 - 4x^2 + 6x - 4$.

Para obter as demais raízes, dividimos o polinômio $x^3 - 4x^2 + 6x - 4$ por $x - 2$:

2	1	−4	6	−4
	1	−2	2	0

Daí:

$$x^2 - 2x + 2 = 0 \Rightarrow x = 1 - i \text{ ou } x = 1 + i$$

Exercícios

1. Encontre as raízes de cada polinômio abaixo e, em seguida, escreva-o em sua forma fatorada:

a) $x^2 - 6x + 25$

b) $2x^2 - 5x + 2$

c) $2x^3 - 4x$

2. Represente o polinômio $x^3 - 4x^2 - 11x + 30$ em fatores de 1º grau, sabendo que suas raízes são 5, −3 e 2.

3. Sabendo que $2 + i$, $2 - i$ e -3 são as raízes da equação $x^3 - x^2 - 7x + 15 = 0$, fatore o polinômio dado em outros dois polinômios com coeficientes reais, um com grau 2 e outro com grau 1.

4. Escreva uma equação de 2º grau cujas raízes sejam:

a) $1 - 2i$ e $1 + 2i$

b) -3 e 5

c) 0 e $-\dfrac{1}{2}$

5. Escreva uma equação de 3º grau cujas raízes sejam:

a) $3 - i$, $3 + i$ e -2

b) 0, 2 e -5

6. Resolva, em $\mathbb{C}$, a equação $x^3 + 3x^2 - 46x + 72 = 0$, sabendo que 2 é uma de suas raízes.

7. Resolva, em $\mathbb{C}$, a equação $2x^3 + 5x^2 - 2x - 15 = 0$, sabendo que $\dfrac{3}{2}$ é uma de suas raízes.

8. Seja a equação $x^3 + 2x^2 + mx - 6 = 0$, em que **m** é uma constante real. Sabendo que −3 é raiz dessa equação, determine:

a) o valor de **m**;

b) as demais raízes da equação.

9. O polinômio $p(x) = 4x^4 - 4x^3 - 23x^2 - x - 6$ é divisível por $x^2 - x - 6$. Qual é o número de raízes complexas não reais que **p** possui?

10. O polinômio $p(x) = ax^3 + bx^2 + cx + d$ tem coeficiente dominante unitário e suas raízes são 7, −5 e −3. Qual é o valor de $a + b + c + d$?

11. Resolva, em $\mathbb{C}$, as equações:

a) $x^3 + 2x^2 - 24x = 0$

b) $x^6 - 2x^5 - 3x^4 = 0$

c) $2x^3 - x^2 + 4x - 2 = 0$

d) $x^3 + x^2 + x + 1 = 0$

12. Uma das raízes da equação $x^4 - x^3 - 3x^2 + 3x = 0$ é igual a 1. Quais são as outras três raízes dessa equação?

13. Os números reais −1 e 1 são raízes da equação $x^4 - 6x^3 + 9x^2 + 6x - 10 = 0$. Quais são as outras duas raízes?

14. O gráfico a seguir representa a função polinomial **f**, definida em $\mathbb{R}$ por $f(x) = ax^3 + bx + c$, com **a**, **b** e **c** coeficientes reais.

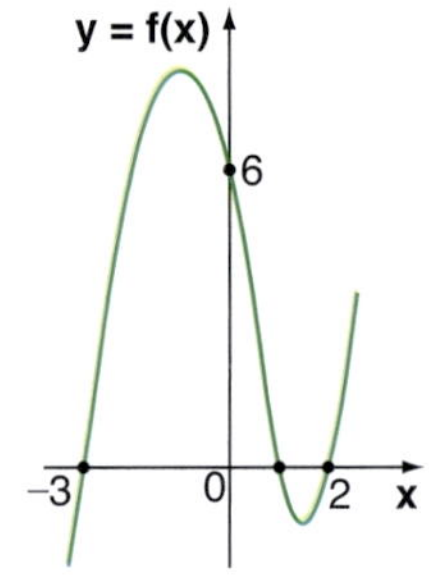

Banco de imagens/Arquivo da editora

a) Qual é o número de raízes não reais de **f**?

b) Obtenha os valores de **a**, **b** e **c**.

c) Resolva a equação $f(x) = 0$.

15. O gráfico seguinte representa a função polinomial $f: \mathbb{R} \to \mathbb{R}$, definida por $f(x) = x^3 + px + q$, em que **p** e **q** são coeficientes reais:

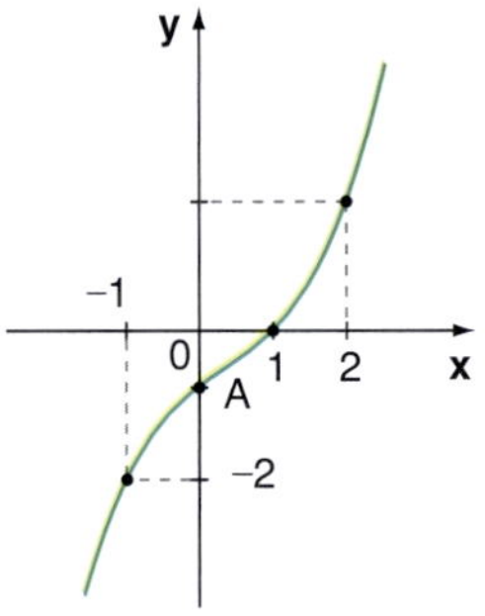

Banco de imagens/Arquivo da editora

Determine:

a) os valores de **p** e **q**;

b) $f(2)$;

c) a ordenada do ponto **A**;

d) as raízes da equação $f(x) = 0$.

16. Dado o polinômio $f(x) = \begin{vmatrix} x & x & x \\ x+1 & -2 & x-1 \\ x & 0 & 1 \end{vmatrix}$, determine:

a) as raízes de $f(x)$;

b) o quociente e o resto da divisão de $f(x)$ por $x^2 - 1$.

17. Resolva, em $\mathbb{C}$, a equação:

$$x^4 - 8x^3 + 27x^2 - 70x + 50 = 0$$

sabendo que duas de suas raízes são $1 + 3i$ e $1 - 3i$.

18. Sejam os polinômios:

$$p(x) = x^2 - 2x - 2 \text{ e } q(x) = [p(x)]^2 + 4 \cdot p(x) - 5$$

a) Fatore o polinômio $y^2 + 4y - 5$.

b) Determine o grau de $q(x)$.

c) Determine todas as raízes da equação $q(x) = 0$.

19. O polinômio

$$p(x) = ax^5 + bx^4 + cx^3 + dx^2 + ex + f$$

possui todos os coeficientes reais e é divisível por $-2x^2 + x\sqrt{5}$ e por $x^2 - x - 2$. Qual é o número de raízes reais de $p(x)$?

20. Faça o que é pedido em cada um dos itens abaixo.

a) Determine as raízes quadradas de $2i$.

b) Resolva, em $\mathbb{C}$, a equação:

$x^2 - (3 + 5i)x - 4 + 7i = 0$.

Multiplicidade de uma raiz

Introdução

Ao resolver a equação de 2º grau $x^2 - 12x + 36 = 0$, encontramos duas raízes iguais a 6. O polinômio $x^2 - 12x + 36$ pode ser fatorado em $(x - 6) \cdot (x - 6) = (x - 6)^2$. Assim, dizemos que $x = 6$ é raiz dupla ou raiz de multiplicidade 2 da equação.

Suponha que a forma fatorada de um polinômio **p** seja $(x + 4)^3 \cdot (x - 1)^2 \cdot (x + 5)$. Para resolver a equação $p(x) = 0$, fazemos:

$$(x + 4) \cdot (x + 4) \cdot (x + 4) \cdot (x - 1) \cdot (x - 1) \cdot (x + 5) = 0$$

Daí, temos:

$$\begin{cases} x + 4 = 0 \Rightarrow x = -4 \text{ (três vezes): } -4 \text{ é raiz tripla (ou de multiplicidade 3)} \\ \text{ou} \\ x - 1 = 0 \Rightarrow x = 1 \text{ (duas vezes): } 1 \text{ é raiz dupla (ou de multiplicidade 2)} \\ \text{ou} \\ x + 5 = 0 \Rightarrow x = -5 \text{ (uma vez): } -5 \text{ é raiz simples (ou de multiplicidade 1)} \end{cases}$$

Assim, observando que $p(x)$ tem grau 6, as seis raízes da equação $p(x) = 0$ são $-4, -4, -4, 1, 1, -5$ e seu conjunto solução é: $S = \{-4, 1, -5\}$.

Definição

O número complexo **r** é uma raiz de multiplicidade **m** ($m \in \mathbb{N}$, $m \geq 1$) da equação $p(x) = 0$ se a forma fatorada de $p(x)$ é:

$$p(x) = \underbrace{(x - r) \cdot (x - r) \cdot \ldots \cdot (x - r)}_{\textbf{m fatores}} \cdot q(x)$$

isto é:

$$p(x) = (x - r)^m \cdot q(x), \text{ com } q(r) \neq 0$$

OBSERVAÇÕES

Se $p(x) = (x - r)^m \cdot q(x)$, com $q(r) \neq 0$, temos:

- $p(x)$ é divisível por $(x - r)^m$.
- A condição $q(r) \neq 0$ significa que **r** não é raiz de $q(x)$; desse modo, $p(x)$ não é divisível por $(x - r)^{m+1}$.
- Quando $m = 1$, dizemos que **r** é raiz simples (ou de multiplicidade 1); quando $m = 2$, **r** é chamada raiz dupla (ou de multiplicidade 2); quando $m = 3$, **r** é raiz tripla (ou de multiplicidade 3); e assim por diante.

Exercícios resolvidos

5. Construa uma equação polinomial cujas raízes sejam 2, –3 e 4, com multiplicidades 2, 1 e 1, respectivamente.

Solução:

A forma fatorada do polinômio é: $a_n \cdot (x-2)^2 \cdot (x+3) \cdot (x-4)$; $a_n \in \mathbb{C}$ e $a_n \neq 0$, isto é:

$$a_n \cdot (x^2-4x+4) \cdot (x^2-x-12) = a_n \cdot (x^4-5x^3-4x^2+44x-48)$$

Escolhendo $a_n = 1$, por exemplo, segue a equação:

$$x^4-5x^3-4x^2+44x-48=0$$

6. Resolva a equação $x^4+4x^3+2x^2+12x+45=0$, sabendo que –3 é raiz dupla dessa equação.

Solução:

Chamando de p(x) o polinômio no primeiro membro da equação e $\mathbf{r}_3$ e $\mathbf{r}_4$ as raízes desconhecidas, vem:

$$p(x) = (x+3) \cdot (x+3) \cdot \underbrace{(x-r_3) \cdot (x-r_4)}_{q(x)} \Rightarrow p(x) = (x+3)^2 \cdot q(x)$$

Assim, p(x) é divisível por $(x+3)^2 = x^2+6x+9$.

1º modo

Efetuando a divisão de p(x) por x^2+6x+9 pelo método da chave, encontramos q(x):

$$\begin{array}{rrrrr|l}
x^4 & +4x^3 & +2x^2 & +12x & +45 & x^2+6x+9 \\ \cline{6-6}
-x^4 & -6x^3 & -9x^2 & & & \underbrace{x^2-2x+5}_{q(x)} \\ \cline{1-3}
 & -2x^3 & -7x^2 & +12x & +45 & \\
 & +2x^3 & +12x^2 & +18x & & \\ \cline{2-5}
 & & 5x^2 & +30x & +45 & \\
 & & -5x^2 & -30x & -45 & \\ \cline{3-5}
 & & & & 0 &
\end{array}$$

Resolvendo a equação q(x) = 0, encontramos as outras raízes. Temos:

$$x^2-2x+5=0 \Rightarrow (x = 1-2i \text{ ou } x = 1+2i)$$

2º modo

Para determinar q(x), é possível recorrer às divisões sucessivas:

$$\begin{array}{r|rrrrr}
-3 & 1 & 4 & 2 & 12 & 45 \\ \hline
-3 & 1 & 1 & -1 & 15 & 0 \leftarrow \text{p(x) é divisível por x + 3} \\ \hline
 & 1 & -2 & 5 & 0 & \leftarrow \text{p(x) é divisível por } (x+3)^2
\end{array}$$

1, –2, 5: coeficientes de q(x)

Fazendo q(x) = 0, segue que $x^2-2x+5=0$, de onde:

$$x = 1-2i \text{ ou } x = 1+2i$$

Exercícios

21. Seja a equação $x^3 \cdot (x + 2)^4 \cdot (x - 1)^2 \cdot (x + 6) = 0$. Determine:

a) as raízes e suas respectivas multiplicidades;

b) seu grau;

c) seu conjunto solução.

22. As raízes de uma equação polinomial são 4, 2 e 0, com multiplicidades 2, 1 e 1, respectivamente.

a) Qual é o grau do polinômio?

b) Escreva uma equação polinomial que satisfaça tais condições.

23. Em cada caso, escreva uma equação algébrica que satisfaça as condições:

a) -3 é raiz dupla e 5 é raiz simples.

b) 2, $3i$ e $-3i$ são raízes com multiplicidade 2, 1 e 1, respectivamente.

24. Resolva a equação $x^4 - 3x^3 - 13x^2 + 51x - 36 = 0$, sabendo que 3 é raiz dupla.

25. Seja a equação $4x^3 - 19x^2 + 28x + m = 0$. Determine:

a) **m**, sabendo que 2 é raiz dupla dessa equação;

b) a outra raiz.

26. Resolva a equação $x^5 - 2x^4 - 7x^3 - 4x^2 = 0$, sabendo que -1 é raiz dupla.

27. Resolva a equação $9x^5 - 6x^4 + x^3 = 0$, destacando a multiplicidade de suas raízes.

28. Qual é a multiplicidade da raiz 4 na equação $x^4 - 10x^3 + 24x^2 + 32x - 128 = 0$? Quais são as outras raízes?

29. Determine $m \in \mathbb{R}$ de modo que a equação $x^3 - (4 + m)x^2 + (4 + 4m)x - 4m = 0$ admita a raiz 2 com multiplicidade 2.

30. A equação $x^3 - 75x + 250 = 0$ apresenta **m** como raiz dupla e $-2m$ como raiz simples. Determine o seu conjunto solução.

31. O polinômio $p(x) = 4x^4 + 12x^3 + x^2 - 12x + 4$ é divisível por $x^2 + 4x + 4$. Quais são as raízes de **p** e as respectivas multiplicidades?

32. O gráfico da função $p: \mathbb{R} \to \mathbb{R}$ definida por:

$$p(x) = x^3 + ax^2 + bx + c$$

com **a**, **b** e **c** coeficientes reais, está representado a seguir:

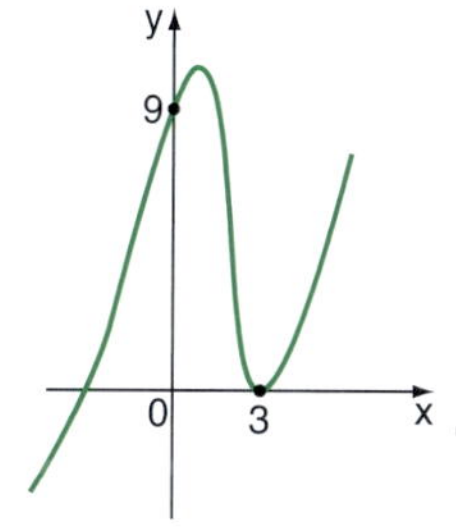

Banco de imagens/Arquivo da editora

Sabendo que p(x) é divisível por $(x - 3)^2$, determine:

a) os valores de **a**, **b** e **c**;

b) as raízes da equação $p(x) = 0$, com as respectivas multiplicidades.

Relações de Girard (relações entre coeficientes e raízes)

Algumas relações entre os coeficientes de uma equação polinomial e suas raízes, conhecidas como **relações de Girard** (Albert Girard, matemático francês, 1590-1633), constituem uma ferramenta importante no estudo das raízes de um polinômio quando conhecemos algumas informações sobre seus coeficientes.

Vamos construir essas relações para as equações de 2º, 3º e 4º graus e, a partir daí, generalizar para uma equação de grau **n**.

Equação de 2º grau

Sejam $\mathbf{r_1}$ e $\mathbf{r_2}$ as raízes da equação $ax^2 + bx + c = 0$, com $a \neq 0$. Pelo teorema da decomposição, sabemos que:

$$ax^2 + bx + c = a(x - r_1) \cdot (x - r_2)$$

Dividindo os dois membros por **a** ($a \neq 0$), temos:

$$x^2 + \frac{b}{a}x + \frac{c}{a} = (x^2 - xr_2 - xr_1 + r_1 \cdot r_2)$$

$$x^2 + \frac{b}{a}x + \frac{c}{a} = x^2 - (r_1 + r_2)x + r_1 \cdot r_2$$

Da igualdade de polinômios, segue que:

$$\begin{cases} r_1 + r_2 = -\dfrac{b}{a} \\ r_1 \cdot r_2 = \dfrac{c}{a} \end{cases}$$

EXEMPLO 4

Para obter os valores da soma e do produto das raízes da equação $5x^2 - x - 3 = 0$, não é necessário resolvê-la.

Se $\mathbf{r}_1$ e $\mathbf{r}_2$ são as suas raízes, observando que $a = 5$, $b = -1$ e $c = -3$, usamos as relações de Girard para obter:

$$\text{soma} \rightarrow r_1 + r_2 = \frac{-b}{a} = \frac{-(-1)}{5} = \frac{1}{5}$$

$$\text{produto} \rightarrow r_1 \cdot r_2 = \frac{c}{a} = -\frac{3}{5}$$

Equação de 3º grau

Sejam $\mathbf{r}_1$, $\mathbf{r}_2$ e $\mathbf{r}_3$ as raízes da equação $ax^3 + bx^2 + cx + d = 0$, com $a \neq 0$. Temos:

$$ax^3 + bx^2 + cx + d = a(x - r_1) \cdot (x - r_2) \cdot (x - r_3)$$

Dividindo os dois membros por **a** ($a \neq 0$), vem:

$$x^3 + \frac{b}{a}x^2 + \frac{c}{a}x + \frac{d}{a} = (x - r_1) \cdot (x - r_2) \cdot (x - r_3)$$

Efetuando as multiplicações e agrupando os termos semelhantes, vem:

$$x^3 + \frac{b}{a}x^2 + \frac{c}{a}x + \frac{d}{a} = (x^2 - xr_2 - xr_1 + r_1r_2) \cdot (x - r_3)$$

$$x^3 + \frac{b}{a}x^2 + \frac{c}{a}x + \frac{d}{a} = x^3 - (r_1 + r_2 + r_3)x^2 + (r_1r_2 + r_2r_3 + r_1r_3)x - r_1 \cdot r_2 \cdot r_3$$

Da igualdade dos polinômios, segue que:

$$\begin{cases} r_1 + r_2 + r_3 = -\dfrac{b}{a} \\ r_1 \cdot r_2 + r_2 \cdot r_3 + r_1 \cdot r_3 = \dfrac{c}{a} \\ r_1 \cdot r_2 \cdot r_3 = -\dfrac{d}{a} \end{cases}$$

EXEMPLO 5

Vamos escrever as três relações de Girard para a equação $2x^3 - 4x^2 + x + 3 = 0$, considerando **r**, **s** e **t** suas raízes.
Observe que os termos desse polinômio estão ordenados do maior ao menor expoente de **x** e, desse modo, seus coeficientes são identificados por: $a = 2$, $b = -4$, $c = 1$ e $d = 3$.
Temos:

$$r + s + t = -\frac{b}{a} = -\frac{(-4)}{2} = 2 \qquad r \cdot s + r \cdot t + s \cdot t = \frac{c}{a} = \frac{1}{2} \qquad r \cdot s \cdot t = -\frac{d}{a} = -\frac{3}{2}$$

Equação de 4º grau

Sejam $\mathbf{r_1}$, $\mathbf{r_2}$, $\mathbf{r_3}$ e $\mathbf{r_4}$ as raízes da equação $ax^4 + bx^3 + cx^2 + dx + e = 0$ $(a \neq 0)$.
A decomposição desse polinômio em fatores de 1º grau é:

$$ax^4 + bx^3 + cx^2 + dx + e = a \cdot (x - r_1) \cdot (x - r_2) \cdot (x - r_3) \cdot (x - r_4)$$

$$ax^4 + bx^3 + cx^2 + dx + e = a \cdot [(x^2 - x(r_1 + r_2) + r_1r_2) \cdot (x^2 - x(r_3 + r_4) + r_3r_4)]$$

$$ax^4 + bx^3 + cx^2 + dx + e = a \cdot [x^4 - x^3(r_1 + r_2 + r_3 + r_4) + x^2(r_1r_2 + r_1r_3 +$$
$$+ r_1r_4 + r_2r_3 + r_2r_4 + r_3r_4) - x \cdot (r_1r_2r_3 + r_1r_2r_4 + r_1r_3r_4 + r_2r_3r_4) + r_1r_2r_3r_4]$$

Dividindo os dois membros por **a** $(a \neq 0)$, vem:

$$x^4 + \frac{b}{a}x^3 + \frac{c}{a}x^2 + \frac{d}{a}x + \frac{e}{a} = x^4 - x^3 \cdot (r_1 + r_2 + r_3 + r_4) + x^2 \cdot (r_1r_2 + r_1r_3 +$$
$$+ r_1r_4 + r_2r_3 + r_2r_4 + r_3r_4) - x \cdot (r_1r_2r_3 + r_1r_2r_4 + r_1r_3r_4 + r_2r_3r_4) + r_1r_2r_3r_4$$

Da igualdade dos polinômios, temos:

$$\begin{cases} r_1 + r_2 + r_3 + r_4 = -\dfrac{b}{a} \\ r_1r_2 + r_1r_3 + r_1r_4 + r_2r_3 + r_2r_4 + r_3r_4 = \dfrac{c}{a} \\ r_1r_2r_3 + r_1r_2r_4 + r_1r_3r_4 + r_2r_3r_4 = -\dfrac{d}{a} \\ r_1 \cdot r_2 \cdot r_3 \cdot r_4 = \dfrac{e}{a} \end{cases}$$

EXEMPLO 6

Sendo **r**, **s**, **t** e **u** as raízes da equação $x^4 + 4x^3 + 5x^2 - x + 2 = 0$, vamos escrever as quatro relações de Girard.
Os coeficientes de $p(x)$, ordenados do maior ao menor expoente de **x**, serão representados por $a = 1$, $b = 4$, $c = 5$, $d = -1$ e $e = 2$. Assim, temos:

$$r + s + t + u = -\frac{b}{a} = -\frac{4}{1} = -4$$

$$r \cdot s + r \cdot t + r \cdot u + s \cdot t + s \cdot u + t \cdot u = \frac{c}{a} = \frac{5}{1} = 5$$

$$r \cdot s \cdot t + r \cdot s \cdot u + r \cdot t \cdot u + s \cdot t \cdot u = -\frac{d}{a} = -\frac{(-1)}{1} = 1$$

$$r \cdot s \cdot t \cdot u = \frac{e}{a} = \frac{2}{1} = 2$$

Equação de grau n

Seja a equação $a_nx^n + a_{n-1}x^{n-1} + ... + a_1x + a_0 = 0$, com $a_n \neq 0$, $n \geq 1$ e $\mathbf{r}_1, \mathbf{r}_2, ..., \mathbf{r}_n$ suas raízes. Por meio de raciocínio análogo aos anteriores, vem:

$$\begin{cases} r_1 + r_2 + ... + r_n = -\dfrac{a_{n-1}}{a_n} & \leftarrow \text{soma das } \mathbf{n} \text{ raízes} \\ r_1 \cdot r_2 + r_1 \cdot r_3 + ... + r_n \cdot r_{n-1} = \dfrac{a_{n-2}}{a_n} & \leftarrow \text{soma dos produtos das raízes tomadas duas a duas} \\ r_1 \cdot r_2 \cdot r_3 + r_1 \cdot r_2 \cdot r_4 + ... + r_{n-2} \cdot r_{n-1} \cdot r_n = -\dfrac{a_{n-3}}{a_n} & \leftarrow \text{soma dos produtos das raízes tomadas três a três} \\ \vdots \\ r_1 \cdot r_2 \cdot ... \cdot r_n = (-1)^n \cdot \dfrac{a_0}{a_n} & \leftarrow \text{produto das } \mathbf{n} \text{ raízes} \end{cases}$$

Exercícios resolvidos

7. Sejam **r** e **s** as raízes da equação $2x^2 + 6x + 7 = 0$. Sem resolvê-la, obtenha o valor de:

a) $\dfrac{1}{r} + \dfrac{1}{s}$

b) $r^2 + s^2$

Solução:

a) Como $\dfrac{1}{r} + \dfrac{1}{s} = \dfrac{s + r}{r \cdot s}$, podemos usar as relações de Girard: $\begin{cases} s + r = -\dfrac{b}{a} = -\dfrac{6}{2} = -3 \\ r \cdot s = \dfrac{c}{a} = \dfrac{7}{2} \end{cases}$

Assim, o resultado pedido é: $\dfrac{-3}{\frac{7}{2}} = -\dfrac{6}{7}$

b) Como $(r + s)^2 = r^2 + 2rs + s^2$, temos:

$$\underbrace{(r + s)}_{\text{soma}}{}^2 - 2\underbrace{rs}_{\text{produto}} = r^2 + s^2$$

Daí: $r^2 + s^2 = (-3)^2 - 2 \cdot \dfrac{7}{2} = 9 - 7 = 2$

8. Resolva a equação $x^3 - 8x^2 + 19x - 12 = 0$, sabendo que uma das raízes é igual à soma das outras duas.

Solução:

Sejam $\mathbf{r}_1$, $\mathbf{r}_2$ e $\mathbf{r}_3$ as raízes procuradas. Escrevendo as relações de Girard, temos:

$$\begin{cases} r_1 + r_2 + r_3 = 8 & (1) \\ r_1 \cdot r_2 + r_1 \cdot r_3 + r_2 \cdot r_3 = 19 & (2) \\ r_1 \cdot r_2 \cdot r_3 = 12 & (3) \end{cases}$$

Do enunciado, temos $r_1 = r_2 + r_3$ (4)

Substituindo (4) em (1):

$$r_1 + \underbrace{r_2 + r_3}_{r_1} = 8 \Rightarrow 2r_1 = 8 \Rightarrow r_1 = 4$$

O polinômio dado é, então, divisível por $x - 4$:

4	1	−8	19	−12
	1	−4	3	0

As demais raízes seguem de: $x^2 - 4x + 3 = 0 \Rightarrow x = 1$ ou $x = 3$

Portanto, o conjunto solução é $S = \{1, 3, 4\}$.

9. Resolva a equação $4x^3 - 13x^2 - 13x + 4 = 0$, sabendo que duas de suas raízes são números inversos (ou recíprocos).

Solução:

As raízes que a equação possui podem ser representadas por:

$$r_1, \underbrace{\frac{1}{r_1}}_{r_2}, r_3 \quad (1)$$

Escrevemos as relações de Girard:

$$\begin{cases} r_1 + r_2 + r_3 = \frac{13}{4} & (2) \\ r_1 \cdot r_2 + r_1 \cdot r_3 + r_2 \cdot r_3 = -\frac{13}{4} & (3) \\ r_1 \cdot r_2 \cdot r_3 = -1 & (4) \end{cases}$$

Usando (1), podemos escrever em (4):

$$r_1 \cdot r_2 \cdot r_3 = -1 \Rightarrow \cancel{r_1} \cdot \frac{1}{\cancel{r_1}} \cdot r_3 = -1 \Rightarrow r_3 = -1$$

Assim, o polinômio dado é divisível por $x + 1$:

−1	4	−13	−13	4
	4	−17	4	0

As outras raízes seguem de: $4x^2 - 17x + 4 = 0 \Rightarrow x = 4$ ou $x = \frac{1}{4}$

O conjunto solução é $S = \left\{-1, \frac{1}{4}, 4\right\}$.

10. Qual é a soma e o produto das raízes da equação $x^5 + 2 = 0$?

Solução:

Os coeficientes de $\mathbf{x^5}$, $\mathbf{x^4}$, $\mathbf{x^3}$, $\mathbf{x^2}$, $\mathbf{x}$ e o coeficiente independente são, respectivamente, iguais a 1, 0, 0, 0, 0 e 2, e os representaremos por: $a = 1$, $b = 0$, $c = 0$, $d = 0$, $e = 0$ e $f = 2$.

Assim:

- a soma das raízes é: $-\frac{b}{a} = -\frac{0}{1} = 0$
- o produto das raízes é: $-\frac{f}{a} = -\frac{2}{1} = -2$

Exercícios

33. Sejam $\mathbf{r_1}$ e $\mathbf{r_2}$ as raízes da equação $x^2 - 3x + 6 = 0$. Determine:

a) $r_1 + r_2$

b) $r_1 \cdot r_2$

c) $\frac{1}{r_1} + \frac{1}{r_2}$

d) $r_1^2 + r_2^2$

e) $(4r_1 + 1) \cdot (4r_2 + 1)$

34. A equação $-3x^2 + 2x + m = 0$, em que **m** é uma constante real, admite duas raízes reais cuja diferença é $-\frac{1}{3}$.

a) Obtenha as raízes da equação.

b) Determine o valor de **m**.

35. A soma e o produto das raízes da equação $4x^2 + ax + b = 0$ ($a, b \in \mathbb{R}$) são $\frac{1}{2}$ e $\frac{5}{4}$, respectivamente. Determine:

a) os valores de **a** e **b**;

b) as raízes da equação.

36. A equação $x^2 + px + 54 = 0$, em que **p** é um coeficiente real, admite duas raízes, $\mathbf{r_1}$ e $\mathbf{r_2}$, tais que $2r_1 = 3r_2$. Qual é o valor de **p**?

37. Dada a equação $-x^3 - 2x^2 + 6x - 5 = 0$, com raízes $\mathbf{r_1}$, $\mathbf{r_2}$ e $\mathbf{r_3}$, calcule:

a) $r_1 + r_2 + r_3$

b) $r_1 \cdot r_2 + r_1 \cdot r_3 + r_2 \cdot r_3$

c) $r_1 \cdot r_2 \cdot r_3$

d) $\dfrac{1}{r_1 \cdot r_2} + \dfrac{1}{r_1 \cdot r_3} + \dfrac{1}{r_2 \cdot r_3}$

e) $\dfrac{1}{r_1} + \dfrac{1}{r_2} + \dfrac{1}{r_3}$

38. Resolva a equação $x^3 - 9x^2 + 26x - 24 = 0$, sabendo que suas raízes são números inteiros e consecutivos.

39. Resolva a equação $2x^3 - 13x^2 + 22x - 8 = 0$, sabendo que suas raízes são positivas e uma delas é igual ao produto das outras duas.

40. Os números complexos $3 - 4i$ e $3 + 4i$ são raízes da equação $x^2 + px + q = 0$. Determine os valores de **p** e **q**.

41. A equação $x^3 - 3x^2 + mx + 12 = 0$ (**m** é um coeficiente real) tem duas raízes opostas.

a) Determine o valor de **m**.

b) Determine seu conjunto solução.

c) Escreva uma equação algébrica de 3º grau cujas raízes sejam $r_1 + 3$, $r_2 + 3$ e $r_3 + 3$, sendo $\mathbf{r_1}$, $\mathbf{r_2}$ e $\mathbf{r_3}$ as raízes encontradas no item *b*.

42. Resolva a equação $x^3 + x^2 - 17x + 15 = 0$, sabendo que uma de suas raízes é o oposto da média aritmética das outras duas.

43. Resolva a equação $3x^3 - 16x^2 + 23x - 6 = 0$, sabendo que o produto de duas raízes é igual a 1.

44. Determine o valor da soma (**S**) e do produto (**P**) das raízes de cada equação:

a) $(x - 2) \cdot (x + 3) \cdot (x - 1) = 0$

b) $x^4 - 3x^3 + 2x - 1 = 0$

c) $x^6 - 4x + 2 = 0$

d) $x^4 + x - 3 = 0$

45. Resolva a equação $x^3 - 10x^2 + 31x - 30 = 0$, sabendo que uma raiz é igual à diferença das outras duas.

46. A equação $x^3 - 30x^2 + mx + n = 0$ (**m** e **n** coeficientes reais) admite como raízes três números inteiros pares e consecutivos.

a) Quais são as três raízes dessa equação?

b) Obtenha os valores de **m** e **n**.

47. Resolva a equação $x^5 - 3x^4 + 4x^3 - 4x^2 + 3x - 1 = 0$, sabendo que 1 é raiz tripla dessa equação.

48. As raízes $\mathbf{r_1}$, $\mathbf{r_2}$ e $\mathbf{r_3}$ da equação seguinte estão em progressão aritmética (P.A.).

$$x^3 - 12x^2 + 39x - 28 = 0$$

a) Determine a razão da P.A.

b) Escreva uma equação de grau mínimo cujas raízes sejam $r_1 - 2$, $r_2 - 2$ e $r_3 - 2$.

49. As raízes da equação $x^3 - 6x^2 + px + 64 = 0$ são números reais em progressão geométrica (P.G.).

a) Determine o valor de **p**.

b) Obtenha a razão da P.G.

50. As raízes da equação $x^3 + 21x^2 + mx - 729 = 0$, em que $m \in \mathbb{R}$, são, respectivamente, um certo número real, o quadrado desse número e o cubo do primeiro número.

a) Qual é o valor de **m**?

b) Quais são as raízes dessa equação?

51. Determine os valores de $p \in \mathbb{R}$ de modo que a equação $x^3 + px^2 + (2p + 1)x + 1 = 0$ admita duas raízes opostas.

52. Com relação à equação $2x^3 - 3x^2 + 5x + 1 = 0$, determine:

a) o produto dos inversos de suas raízes.

b) a soma dos quadrados de suas raízes.

53. O gráfico a seguir representa a função **f**, decrescente em $\mathbb{R}$, dada por:
$f(x) = -2x^3 + px^2 - 44x + q$, em que **p** e **q** são coeficientes reais.

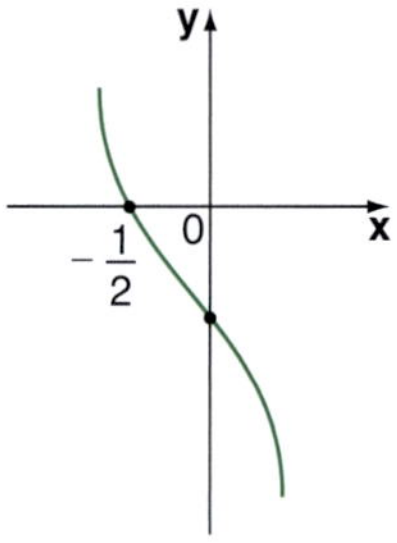

Banco de imagens/Arquivo da editora

Sabendo que o produto de todas as raízes do polinômio é $-\dfrac{25}{2}$, determine:

a) o valor de **p**;

b) o conjunto solução da equação $f(x) = 0$.

54. Resolva a equação $x^4 + 4x^3 - 2x^2 - 12x + 9 = 0$, sabendo que ela admite duas raízes reais, cada qual com multiplicidade igual a 2.

Raízes complexas

Introdução

Quando resolvemos a equação $x^2 - 2x + 5 = 0$, encontramos as raízes $x = 1 + 2i$ e $x = 1 - 2i$.

Observe que as duas raízes são números **complexos conjugados**. Já a equação $x^2 + 4 = 0$ apresenta como raízes os números $-2i$ e $2i$, que também formam um **par de números complexos conjugados**.

Esse fato está ligado a uma propriedade importante, referente às raízes complexas não reais de uma equação algébrica que apresenta todos os coeficientes reais.

Teorema

Se um número complexo $z = a + bi$, com $b \neq 0$, é raiz de uma equação algébrica com coeficientes reais, então seu conjugado $\overline{z} = a - bi$ também é raiz dessa equação.

Para fazer a demonstração desse teorema, é preciso usar as propriedades do conjugado de um número complexo, apresentadas e demonstradas no capítulo 6.

Dados dois números complexos $\mathbf{z}_1$ e $\mathbf{z}_2$ e considerando $\overline{z_1}$ e $\overline{z_2}$ seus respectivos conjugados, valem as seguintes propriedades:

I. $\overline{z_1 + z_2} = \overline{z_1} + \overline{z_2}$

II. $z_1 = \overline{z_1} \Leftrightarrow \mathbf{z}_1$ é um número real

III. $\overline{z_1 \cdot z_2} = \overline{z_1} \cdot \overline{z_2}$

IV. $\overline{z_1^n} = (\overline{z_1})^n$

Demonstração:

Seja a equação $p(x) = a_nx^n + a_{n-1}x^{n-1} + ... + a_1x + a_0 = 0$, com $\mathbf{a}_n, \mathbf{a}_{n-1}, ..., \mathbf{a}_1, \mathbf{a}_0$ coeficientes reais.

Da hipótese, **z** é raiz da equação, isto é, $p(z) = 0$.

$$a_nz^n + a_{n-1}z^{n-1} + ... + a_1 \cdot z + a_0 = 0 \Rightarrow \overline{a_nz^n + a_{n-1}z^{n-1} + ... + a_1z + a_0} = \overline{0}$$

Usando a generalização da propriedade I, podemos escrever:

$$\overline{a_nz^n} + \overline{a_{n-1}z^{n-1}} + ... + \overline{a_1z} + \overline{a_0} = \overline{0}$$

De II e III, vem:

$$a_n\overline{z^n} + a_{n-1}\overline{z^{n-1}} + ... + a_1\overline{z} + a_0 = 0$$

E usando IV:

$$a_n(\overline{z})^n + a_{n-1}(\overline{z})^{n-1} + ... + a_1\overline{z} + a_0 = 0$$

isto é, $p(\overline{z}) = 0$, o que mostra que $\overline{z}$ é raiz de $p(x) = 0$.

OBSERVAÇÕES

- Se o número complexo $z = a + bi$, $b \neq 0$, é raiz com multiplicidade **m** de uma equação polinomial, então seu conjugado $\overline{z} = a - bi$, $b \neq 0$, também é raiz com multiplicidade **m** dessa equação.
- Esse teorema nos garante que, em uma equação de coeficientes reais, raízes complexas não reais sempre ocorrem aos pares (**z** e $\overline{z}$). Assim, uma equação de 2º grau, com coeficientes reais, por exemplo, pode apresentar duas raízes reais ou um par de raízes complexas conjugadas. Ela não pode apresentar uma raiz real e uma raiz complexa não real.

Exercícios resolvidos

11. A equação $x^2 + mx + n = 0$, com **m** e **n** coeficientes reais, admite $5 - 2i$ como raiz. Qual é a outra raiz que essa equação possui? Quais são os valores de **m** e **n**?

Solução:

Como a equação apresenta coeficientes reais, se $5 - 2i$ é raiz, então seu conjugado $5 + 2i$ também é raiz da equação.

Usando as relações de Girard, é possível determinar **m** e **n**.

A soma das raízes é $(5 - 2i) + (5 + 2i) = 10$; então, $10 = -\frac{b}{a} \Rightarrow 10 = -\frac{m}{1} \Rightarrow m = -10$.

O produto das raízes é $(5 - 2i) \cdot (5 + 2i) = 5^2 - (2i)^2 = 25 + 4 = 29$; daí, $29 = \frac{c}{a} \Rightarrow 29 = \frac{n}{1} \Rightarrow n = 29$.

12. Quantas raízes reais tem o polinômio $p(x) = x^4 - 8x^3 + 15x^2 + 80x - 250$, se uma de suas raízes é $4 + 3i$?

Solução:

Como a equação $p(x) = 0$ tem coeficientes reais, podemos afirmar que $4 - 3i$ também é raiz e $p(x)$ é divisível por:

$$(x - 4 - 3i) \cdot (x - 4 + 3i) = (x - 4)^2 - (3i)^2 = x^2 - 8x + 16 + 9 = x^2 - 8x + 25$$

Façamos a divisão:

$$\begin{array}{r|l} \cancel{x^4} - \cancel{8x^3} + 15x^2 + 80x - 250 & x^2 - 8x + 25 \\ \hline -\cancel{x^4} + \cancel{8x^3} - 25x^2 & x^2 - 10 \\ \hline -\cancel{10x^2} + \cancel{80x} - \cancel{250} & \\ +\cancel{10x^2} - \cancel{80x} + \cancel{250} & \\ \hline 0 & \end{array}$$

As demais raízes de $p(x)$ vêm de: $x^2 - 10 = 0 \Rightarrow x = \pm\sqrt{10} \in \mathbb{R}$.

Logo, $p(x)$ tem exatamente duas raízes reais.

Exercícios

55. Qual é o menor grau que pode ter uma equação polinomial de coeficientes reais que admite:

a) 2, –3 e $4 + i$ como raízes simples?

b) **i** como raiz dupla? Escreva uma equação que satisfaz essa condição.

56. Escreva uma equação algébrica de grau mínimo, com coeficientes reais, de modo que –2 e $2 + i$ sejam raízes simples.

57. Resolva a equação $x^3 - 9x^2 + 52x - 102 = 0$, sabendo que $3 + 5i$ é uma de suas raízes.

58. Verifique que **i** é uma raiz da equação:

$$ix^2 + 2x - i = 0$$

mas seu conjugado, –i, não é raiz. Isso contradiz o teorema das raízes complexas?

59. A equação $2x^2 - (a + 10)x + b = 0$, com **a** e **b** reais, apresenta como raiz o número $3 - i$. Quais são os valores de **a** e **b**?

60. Verifique se as seguintes afirmações são verdadeiras ou falsas:

a) Uma equação algébrica de grau 4, com coeficientes reais, pode ter 4 raízes reais.

b) Uma equação algébrica de grau 3, com coeficientes reais, pode ter 3 raízes complexas não reais.

c) Na equação de 1º grau $ix - 1 = 0$, o número complexo –i é uma raiz. Desse modo, o número complexo **i** também é uma raiz da equação.

d) Existe uma equação algébrica de grau 4, com coeficientes reais, cujas raízes são **i**, –i, $\sqrt{2}$ e $\sqrt{3}$.

e) Uma equação algébrica de grau 4, com coeficientes reais, pode ter uma única raiz real.

61. Seja f: $\mathbb{R} \rightarrow \mathbb{R}$ a função representada pela parábola a seguir e definida pela lei $f(x) = ax^2 + bx + c$, com $\{a, b, c\} \subset \mathbb{R}$:

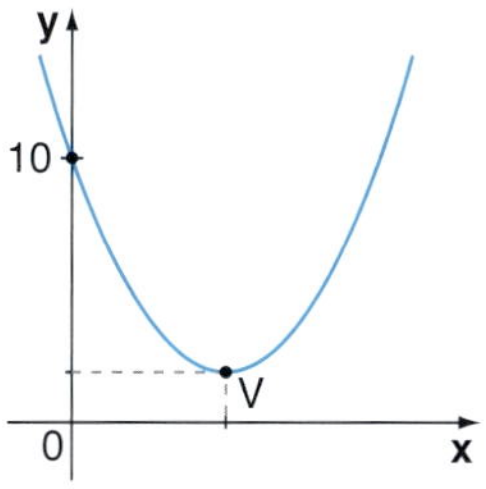

Banco de imagens/Arquivo da editora

Sabendo que, em $\mathbb{C}$, uma das raízes da equação $f(x) = 0$ é o número $4 + 2i$, determine:

a) os valores de **a**, **b** e **c**;

b) as coordenadas de **V**.

62. Resolva a equação $9x^4 - 18x^3 + 46x^2 - 2x + 5 = 0$, sabendo que uma de suas raízes é $1 - 2i$.

63. O número complexo $-3i$ é raiz da equação:

$$x^4 - 2x^3 + x^2 + ax - 72 = 0$$

em que **a** é um coeficiente real.

a) Qual é o valor de **a**?

b) Qual é o conjunto solução dessa equação?

64. A equação $x^4 + px^3 + qx^2 + rx + s = 0$, em que **p**, **q**, **r** e **s** são coeficientes reais, admite a unidade imaginária **i** como raiz simples e 2 como raiz dupla. Quais são os valores de **p**, **q**, **r** e **s**?

65. A equação $x^3 + mx^2 + 2x + n = 0$, em que **m** e **n** são números reais, admite $1 + i$ como raiz. Quais são os valores de **m** e **n**?

66. Parte do gráfico da função polinomial f: $\mathbb{R} \rightarrow \mathbb{R}$, crescente em todo o seu domínio e definida por $f(x) = x^3 + mx^2 + nx + p$, em que **m**, **n** e **p** são coeficientes reais, é mostrada a seguir:

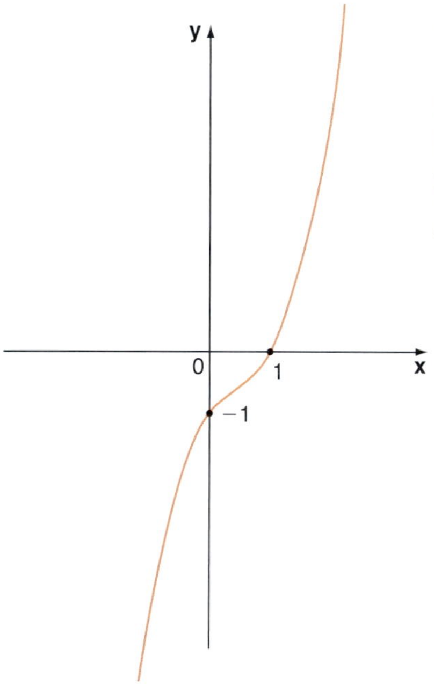

Banco de imagens/Arquivo da editora

Sabendo que uma das raízes de **f** é $-i$, obtenha o valor de f(2).

Teorema das raízes racionais

O teorema a seguir nos ajudará a pesquisar possíveis raízes racionais de uma equação algébrica com coeficientes inteiros.

Seja a equação polinomial de coeficientes inteiros $a_nx^n + a_{n-1}x^{n-1} + ... + a_1x + a_0 = 0$, com $a_n \neq 0$. Se o número racional $\frac{p}{q}$, $p \in \mathbb{Z}$ e $q \in \mathbb{Z}^*$, com **p** e **q** primos entre si, é raiz dessa equação, então **p** é divisor de $\mathbf{a_0}$ e **q** é divisor de $\mathbf{a_n}$.

Demonstração:

Como $\frac{p}{q}$ é raiz da equação, temos:

$$a_n \cdot \left(\frac{p}{q}\right)^n + a_{n-1} \cdot \left(\frac{p}{q}\right)^{n-1} + ... + a_1 \cdot \frac{p}{q} + a_0 = 0$$

Multiplicando ambos os membros por $\mathbf{q}^n$, vem:

$$a_n \cdot p^n + a_{n-1} \cdot p^{n-1} \cdot q + ... + a_1 \cdot p \cdot q^{n-1} + a_0 \cdot q^n = 0 \quad (1)$$

Isolamos $a_n p^n$ e colocamos **q** em evidência em (1):

$$a_n p^n = -q\underbrace{(a_{n-1}p^{n-1} + \ldots + a_1 p q^{n-2} + a_0 q^{n-1})}_{\alpha} \quad (2)$$

Agora, isolamos $a_0 q^n$ e colocamos **p** em evidência, a partir de (1):

$$a_0 q^n = -p\underbrace{(a_n p^{n-1} + a_{n-1}p^{n-2}q + \ldots + a_1 q^{n-1})}_{\beta} \quad (3)$$

Como todos os coeficientes $\mathbf{a_0}$, $\mathbf{a_1}$, ..., $\mathbf{a_n}$, **p** e **q** são inteiros, segue que $\boldsymbol{\alpha}$ e $\boldsymbol{\beta}$ são inteiros. Em (2) e (3) temos:

$$\begin{cases} a_n p^n = -q \cdot \alpha \Rightarrow \dfrac{a_n p^n}{q} = -\alpha \in \mathbb{Z} \quad (4) \\ \text{e} \\ a_0 q^n = -p \cdot \beta \Rightarrow \dfrac{a_0 q^n}{p} = -\beta \in \mathbb{Z} \quad (5) \end{cases}$$

As igualdades anteriores obtidas mostram que:

- (4) $a_n p^n$ é divisível por **q**. Como $\mathbf{p^n}$ e **q** são primos entre si, $\mathbf{a_n}$ é divisível por **q**, isto é, **q** é divisor de $\mathbf{a_n}$.
- (5) $a_0 q^n$ é divisível por **p**. Como $\mathbf{q^n}$ e **p** são primos entre si, $\mathbf{a_0}$ é divisível por **p**, isto é, **p** é divisor de $\mathbf{a_0}$.

OBSERVAÇÃO

O teorema das raízes racionais não garante a existência de raízes racionais em uma equação com coeficientes inteiros.

Caso existam raízes racionais, o teorema fornece todas as possibilidades ("candidatos") para tais raízes.

EXEMPLO 7

Suponhamos que se queira encontrar as três raízes da equação $3x^3 - 7x^2 + 8x - 2 = 0$.

Como não dispomos de nenhuma informação sobre as raízes dessa equação e considerando que ela tem todos os coeficientes inteiros, vamos pesquisar possíveis raízes racionais.

Por meio do teorema, sabemos que, se a equação tiver alguma raiz racional, ela será da forma $\frac{p}{q}$, em que **p** é divisor de -2 e **q** é divisor de 3, isto é, $p \in \{-1, 1, -2, 2\}$ e $q \in \{-1, 1, -3, 3\}$.

Os "candidatos" a raízes racionais são, portanto:

$$+1, -1, +\frac{1}{3}, -\frac{1}{3}, +2, -2, +\frac{2}{3}, -\frac{2}{3}$$

Sendo **f** o polinômio dado, façamos as verificações:

$f(1) = 2$	$f(-1) = -20$	$\boxed{f\left(\frac{1}{3}\right) = 0}$
$f\left(-\frac{1}{3}\right) = -\frac{50}{9}$	$f(2) = 10$	$f(-2) = -70$
$f\left(\frac{2}{3}\right) = \frac{10}{9}$	$f\left(-\frac{2}{3}\right) = -\frac{34}{3}$	

Verificamos que a única raiz racional dessa equação é $\frac{1}{3}$.

Para determinar as demais raízes, lembremos que o polinômio dado é divisível por $x - \frac{1}{3}$:

$\frac{1}{3}$	3	−7	8	−2
	3	−6	6	0

Assim, as outras raízes seguem de $3x^2 - 6x + 6 = 0 \Rightarrow (x = 1 - i \text{ ou } x = 1 + i)$.

$$S = \left\{\frac{1}{3}, 1 - i, 1 + i\right\}$$

Exercício resolvido

13. Resolva o problema proposto na introdução deste capítulo.

Solução:

Seja **x** a medida do lado do quadrado recortado; o valor de **x** deve satisfazer a equação $2x^3 - 53x^2 + 330x - 525 = 0$.

Como essa equação tem todos os coeficientes inteiros, vamos pesquisar possíveis raízes racionais.

- Os divisores de 525 são: ±1, ±3, ±5, ±7, ±15, ±21, ±25, ±35, ±75, ±105, ±175, ±525.
- Os divisores de 2 são: ±1, ±2.
- As possíveis raízes racionais são: $\pm1, \pm\frac{1}{2}, \pm3, \pm\frac{3}{2}, \pm5, \pm\frac{5}{2}, \pm7, \pm\frac{7}{2}, \pm15, \pm\frac{15}{2}, \pm21, \pm\frac{21}{2}, \pm25, \pm\frac{25}{2}, \pm35, \pm\frac{35}{2}, \pm75, \pm\frac{75}{2}, \pm105, \pm\frac{105}{2}, \pm175, \pm\frac{175}{2}, \pm525, \pm\frac{525}{2}$.

Vamos testá-las até encontrar a primeira raiz; seja $f(x) = 2x^3 - 53x^2 + 330x - 525$. Temos:

$f(1) = -246 \neq 0$ $\quad f(-1) = -910 \neq 0$ $\quad f\left(\frac{1}{2}\right) = -373 \neq 0$

$f\left(-\frac{1}{2}\right) = -703{,}5 \neq 0$ $\quad f(3) = 42 \neq 0$ $\quad f(-3) = -2\,046 \neq 0$

$f\left(\frac{3}{2}\right) = -142{,}5 \neq 0$ $\quad f\left(-\frac{3}{2}\right) = -1\,146 \neq 0$ $\quad f(5) = 50 \neq 0$

$f(-5) = -3\,750 \neq 0$ $\quad \boxed{f\left(\frac{5}{2}\right) = 0}$

Como $\frac{5}{2}$ é raiz, **f** é divisível por $x - \frac{5}{2}$:

$\frac{5}{2}$	2	−53	330	−525
	2	−48	210	0

As demais raízes seguem de:

$$2x^2 - 48x + 210 = 0 \Rightarrow x^2 - 24x + 105 = 0 \Rightarrow x = \frac{24 \pm \sqrt{156}}{2} \begin{cases} x_1 \simeq 18{,}25 \\ x_2 \simeq 5{,}76 \end{cases}$$

Observe que $x_1 \simeq 18{,}25$ não pode ser aceito, pois se $x = 18{,}25$, as medidas da base da caixa seriam dadas, em centímetros, por $33 - 36{,}5 = -3{,}5$ e $20 - 36{,}5 = -16{,}5$.

Note que, se $x_2 \simeq 5{,}76$, as dimensões da caixa são: 5,76 cm, 8,48 cm e 21,48 cm. Assim, seu volume é:

$$5{,}76 \cdot 8{,}48 \cdot 21{,}48 \simeq 1\,049{,}19 \text{ cm}^3$$

(O valor exato de 1 050 só é obtido se usarmos, no lugar da aproximação 5,76, o número irracional $\frac{24 - \sqrt{156}}{2}$.)

Assim, as possíveis medidas do lado do quadrado recortado são:

$$\frac{5}{2} = 2{,}5 \text{ cm ou } \frac{24 - \sqrt{156}}{2} \simeq 5{,}76 \text{ cm.}$$

Exercícios

67. Pesquise as raízes racionais da equação:

$$2x^3 + x^2 - 25x + 12 = 0$$

68. Pesquise as raízes inteiras e obtenha, em $\mathbb{C}$, o conjunto solução da equação $x^3 - x^2 - x - 2 = 0$.

69. Resolva, em $\mathbb{C}$, a equação $x^3 - x^2 - 14x + 24 = 0$.

70. A diferença entre o cubo de um número real e o seu quadrado é igual à soma de 25 com o triplo do quadrado desse número. Qual é esse número?

71. Resolva, em $\mathbb{C}$, a equação:

$$x^4 + x^3 + 2x^2 + 4x - 8 = 0$$

72. Faça o que é pedido em cada item a seguir.

a) A equação $x^4 - 2x^3 - 7x^2 + 6x + 12 = 0$ só admite raízes reais. Sabendo disso, mostre que todas são irracionais.

b) Resolva essa equação, sabendo que $x^2 - 3$ divide esse polinômio.

73. Com relação à equação $x^3 - 5x^2 + 9x - 5 = 0$, determine:

a) o número de raízes inteiras que ela possui;

b) seu conjunto solução.

74. Resolva, em $\mathbb{C}$, a equação:

$$x^5 + 5x^4 - 17x^3 - 11x^2 + 70x = 0$$

75. Uma parte do gráfico da função definida por $y = 4x^3 - 25x^2 + 58x - 13$, crescente em $\mathbb{R}$, é mostrada abaixo.

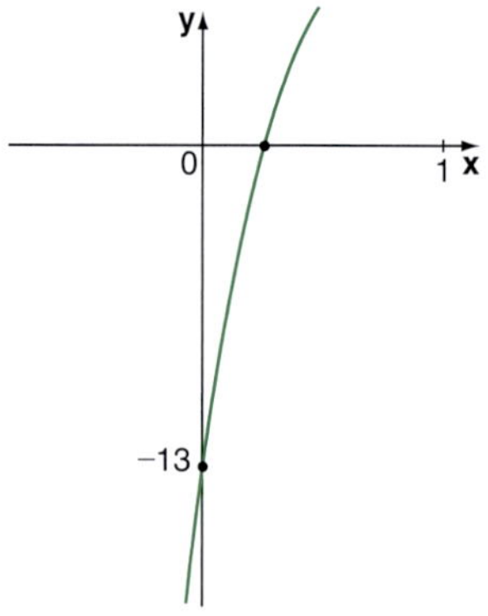

Banco de imagens/Arquivo da editora

Quais são as três raízes desse polinômio?

76. Observe as figuras seguintes, em que estão indicadas as dimensões do cubo e do paralelepípedo:

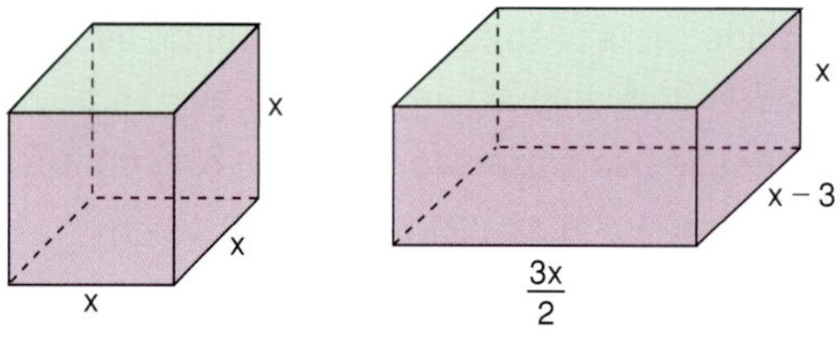

Ilustrações: Banco de imagens/Arquivo da editora

Determine os valores de **x** para os quais o volume do cubo excede o do paralelepípedo em 32 unidades.

77. O polinômio $x^3 - 1$ divide o polinômio:

$$p(x) = x^5 - 2x^4 - 8x^3 - x^2 + 2x + 8$$

Quais são as raízes da equação $p(x) = 0$?

Troque ideias

Interpretando e construindo gráficos de funções polinomiais de grau maior que 2 com um *software* gratuito

Graphmática é um *software* gratuito de Matemática que permite, entre várias possibilidades, a construção de gráficos de funções polinomiais. Veja abaixo a tela inicial do programa.

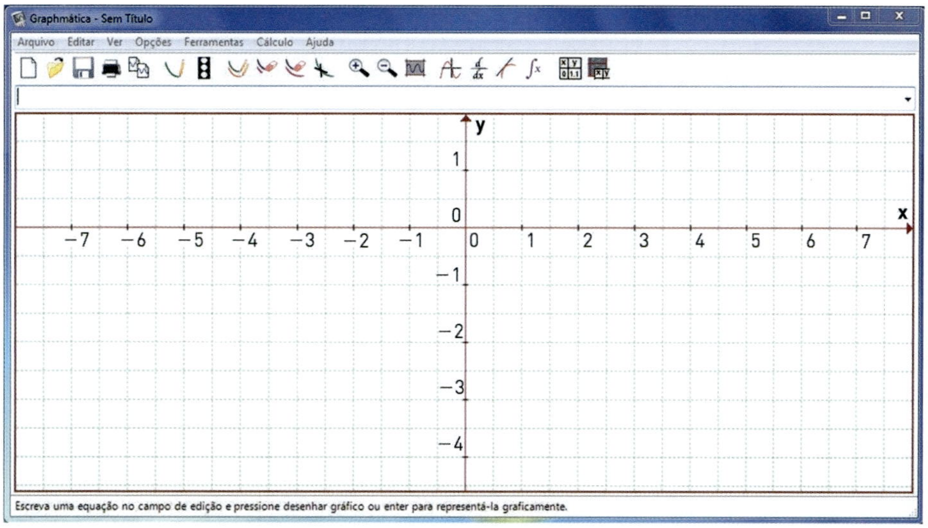

2014 KSOFT, INC

Note que o plano cartesiano é apresentado com um fundo quadriculado, o que facilita a leitura e a localização de pontos. Acima do plano há um campo, em branco, no qual deve ser digitada a lei da função. Na barra de menu do Graphmática há a opção, em "Ver", de aumentar e reduzir a malha do plano utilizando os comandos "Ampliação" e "Redução".

Para digitar a lei de uma função em que apareçam potências, deve-se usar o símbolo ^. Por exemplo, para inserir $2x^3$, deve-se digitar 2x^3. Observe que não é necessário digitar o sinal de multiplicação entre o coeficiente 2 e a parte literal $\mathbf{x}^3$.

a) Observe o gráfico de $y = x^3 - 4x^2 - 11x + 30$, construído no Graphmática, e responda às questões.
   i) Qual é o número de raízes reais desse polinômio?
   ii) Quais são os pontos de interseção do gráfico com o eixo das abscissas? E com o eixo das ordenadas?
   iii) Para que valores de **x** tem-se $f(x) = 30$?

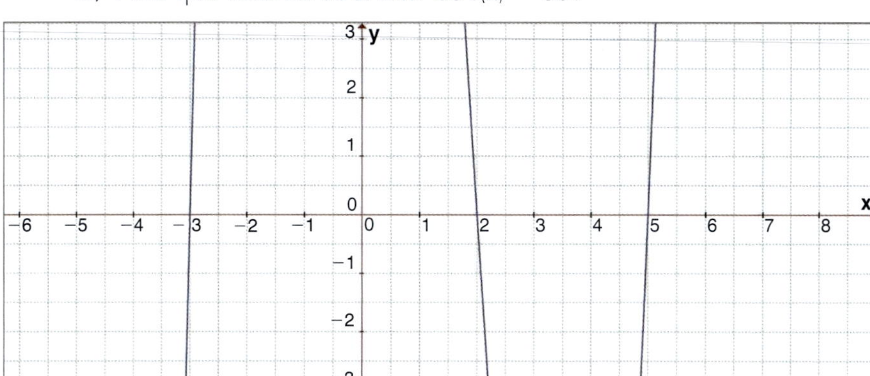

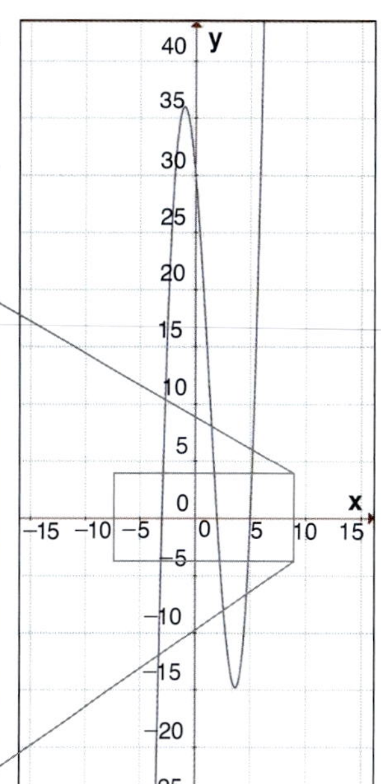

2014 KSOFT, INC

b) Observe o gráfico de $y = x^3 + 8x^2 + 21x + 20$, construído no Graphmática, e responda às questões:

i) Qual é o número de raízes reais da função?

ii) Quais são as três raízes dessa função?

iii) Em que ponto o gráfico de **f** intersecta o eixo **y**?

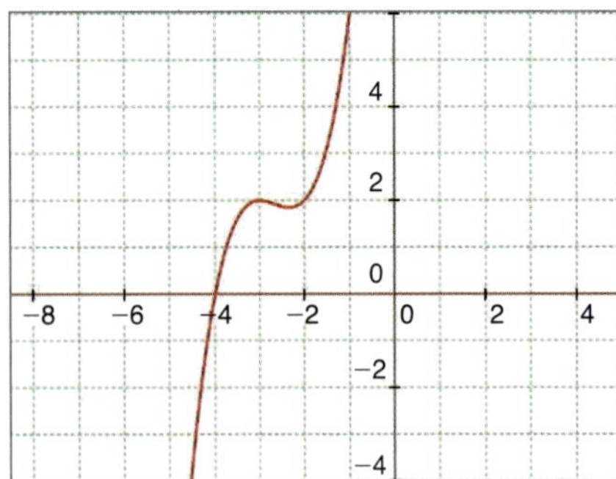

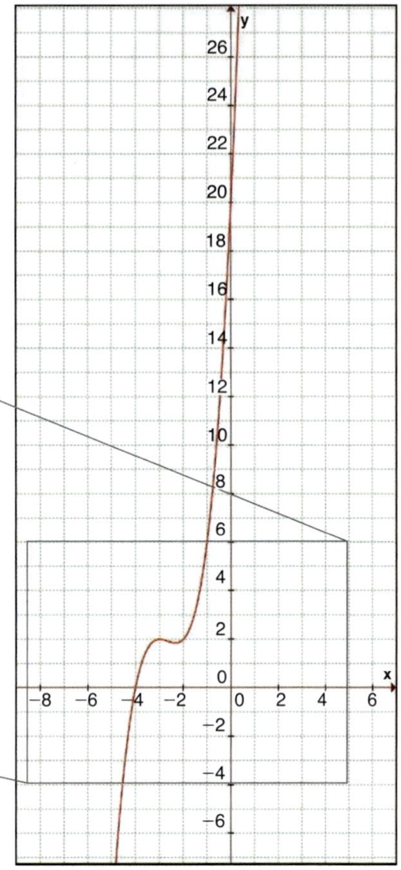

c) O gráfico ao lado, feito no Graphmática, representa uma função polinomial de grau 3. Analisando-o, determine a lei dessa função.

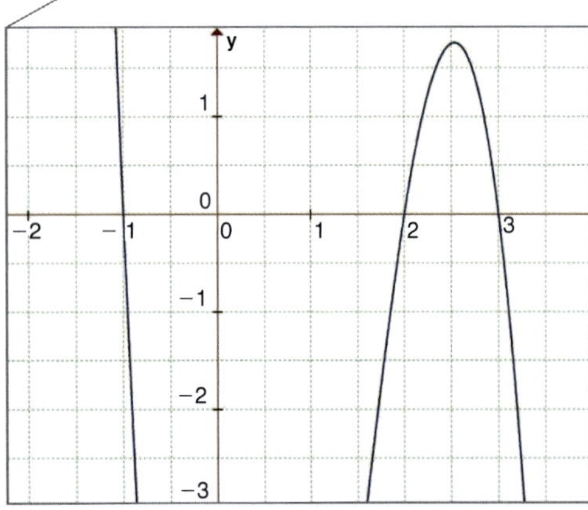

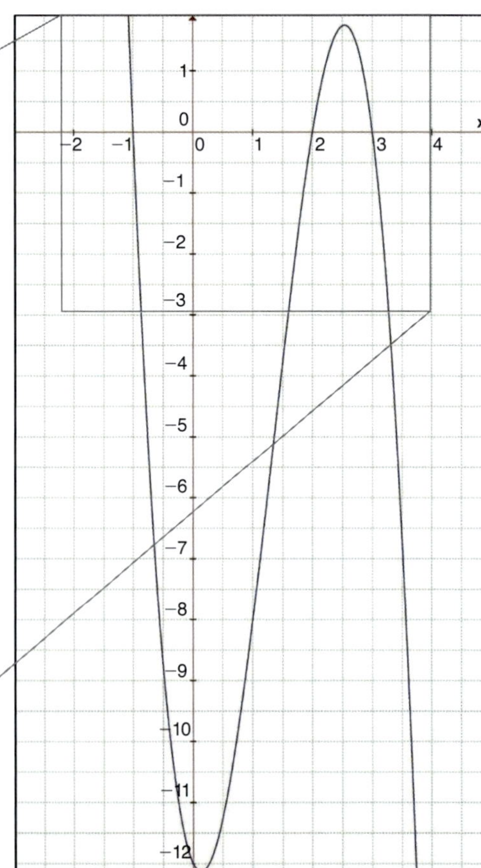

d) Observe o gráfico de $y = x^4 - x^3 - 5x^2 - x - 6$, construído no Graphmática. Analisando-o, calcule todas as raízes da função.

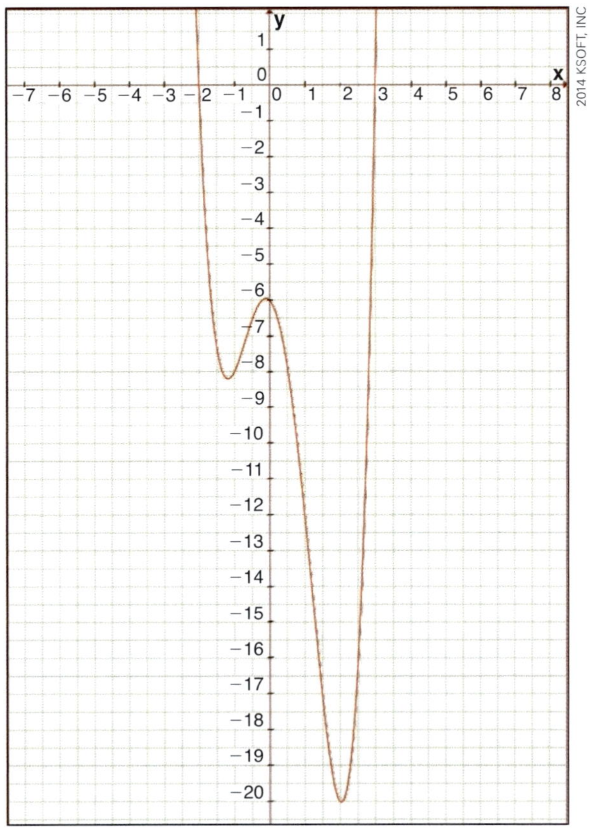

e) O gráfico ao lado, construído no Graphmática, representa a função f: $\mathbb{R} \rightarrow \mathbb{R}$ definida por $f(x) = 2x^4 - 5x^3 - 2x^2 - 4x + 3$. Obtenha todas as raízes de **f**.

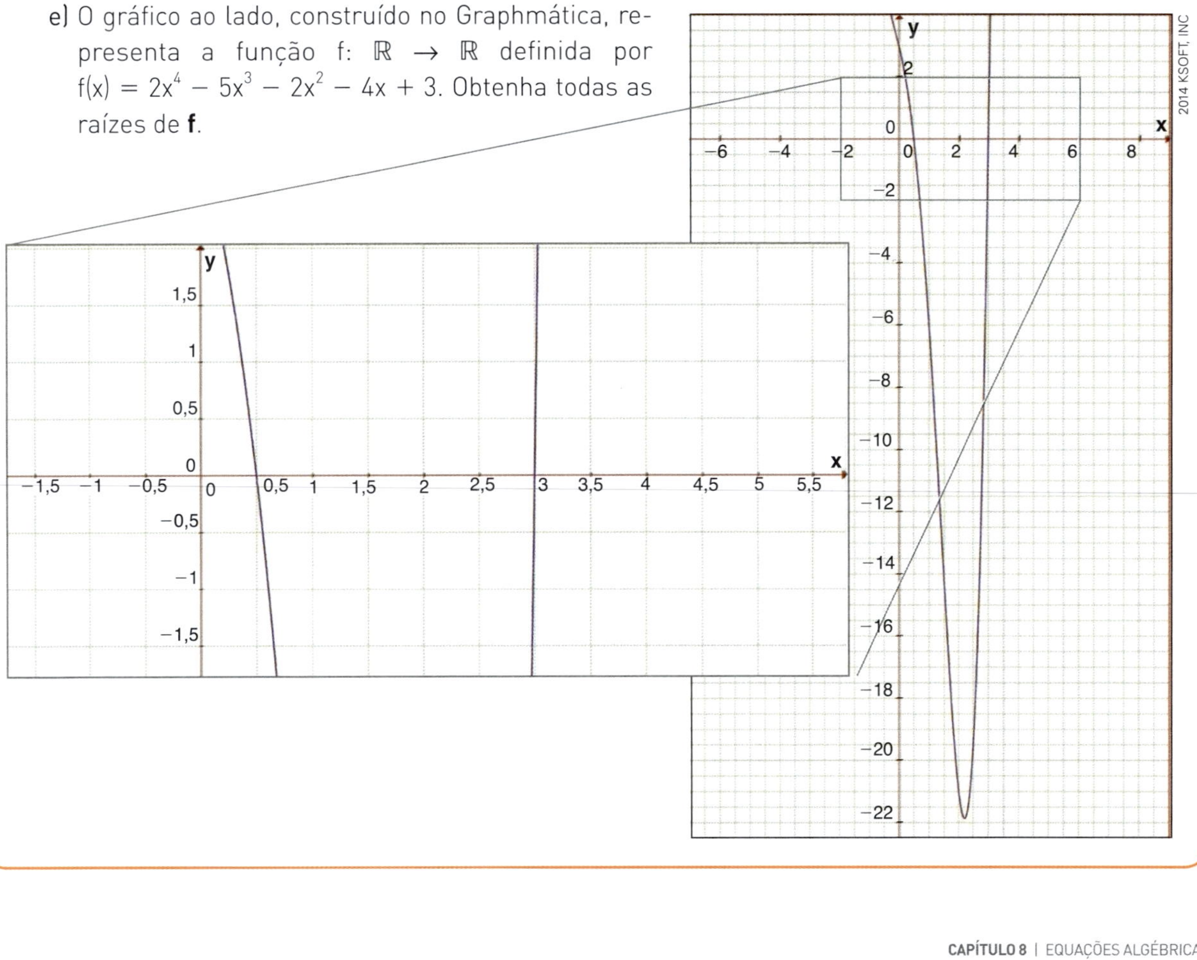

Enem e vestibulares resolvidos

(UFSM-RS) Para avaliar as vendas em 2013, o setor de planejamento de uma empresa utilizou a função polinomial

$$\boxed{N(t) = t^3 - 21t^2 + 126t + 304}$$

em que **N** representa o número de *tablets* vendidos no mês **t**, com t = 1 correspondendo a janeiro, t = 2 correspondendo a fevereiro e assim por diante.

De acordo com os dados, o número de *tablets* vendidos foi igual a 480, nos meses de

a) fevereiro, julho e novembro.
b) fevereiro, agosto e novembro.
c) fevereiro, agosto e dezembro.
d) março, agosto e dezembro.
e) março, setembro e dezembro.

Resolução comentada

O enunciado pede os valores de **t** para os quais N(t) = 480, ou seja, pede as raízes de:

$$t^3 - 21t^2 + 126t - 176 = 0$$

Observe que os coeficientes de todos os termos são inteiros. Por isso, pelo teorema das raízes racionais, se $\frac{p}{q}$ for uma raiz da equação, com $p \in \mathbb{Z}$ e $q \in \mathbb{Z}^*$, **p** e **q** primos entre si, então **p** é divisor de −176 e **q** é divisor de 1.

Vamos pesquisar, então, as possíveis raízes racionais descobrindo os divisores de 176 e de 1.

- Os divisores de 176 são: ±1, ±2, ±4, ±8, ±11, ±16, ±22, ±44, ±88, ±176.
- Os divisores de 1 são: ±1.

Por isso, as possíveis raízes racionais são {±1, ±2, ±4, ±8, ±11, ±16, ±22, ±44, ±88, ±176}. Vamos testá-las até encontrar uma raiz.

- $f(1) = (1)^3 - 21 \cdot (1)^2 + 126 \cdot (1) - 176 = -70$
- $f(-1) = (-1)^3 - 21 \cdot (-1)^2 + 126 \cdot (-1) - 176 = -324$
- $\boxed{f(2) = (2)^3 - 21 \cdot (2)^2 + 126 \cdot (2) - 176 = 0}$

Como f(2) = 0, 2 é raiz da equação e **f** é divisível por t − 2. Assim, podemos determinar as demais raízes dividindo o polinômio $t^3 - 21t^2 + 126t - 176$ por t − 2:

2	1	−21	126	−176
	1	−19	88	0

Então, temos: $t^3 - 21t^2 + 126t - 176 = (t - 2) \cdot (t^2 - 19t + 88)$.

Das relações de Girard, identificamos as raízes de $t^2 - 19t + 88 = 0$:

$$r_1 + r_2 = -\frac{b}{a} \Rightarrow r_1 + r_2 = -\frac{(-19)}{1} = 19$$

$$r_1 \cdot r_2 = \frac{c}{a} \Rightarrow r_1 \cdot r_2 = \frac{88}{1} = 88$$

$r_1 = 8$

$r_2 = 11$

Os meses em que o número de *tablets* vendidos foi igual a 480 foram fevereiro (t = 2), agosto (t = 8) e novembro (t = 11).

Alternativa *b*.

Exercícios complementares

1. (UFPR) Dada a função polinomial $p(x) = x^3 + 2x^2 - 7x - 2$, faça o que se pede:

a) Calcule $p\left(-\dfrac{2}{5}\right)$.

b) Encontre as raízes de p(x).

2. (Vunesp) Determine os zeros do polinômio $p(x) = x^3 + 8$ e identifique a que conjunto numérico pertencem.

3. A equação $x^3 - 4x^2 + mx + n = 0$, com **m** e **n** reais, admite 1 como raiz.

a) Expresse **m** em função de **n**.

b) Para que valores de **m** as outras raízes da equação são complexas não reais?

4. (UFPR) Considere o número complexo

$$z_0 = 4i + \frac{13}{2+3i}.$$

a) Determine a parte real e a parte imaginária de z_0.

b) Determine **a** e **b**, de modo que $z = 1 - i$ seja solução da equação $z^2 + az + b = 0$.

5. A equação $x^4 - 3x^2 + px + q = 0$ (**p** e **q** coeficientes reais) tem duas raízes complexas não reais cuja soma é -6 e cujo produto é 25. As raízes reais desse polinômio são tais que uma é o dobro da outra.

a) Obtenha as quatro raízes da equação.

b) Determine **p** e **q**.

6. (UFPE) Analise as afirmações seguintes sobre o número complexo $z = \dfrac{1+i}{\sqrt{2}}$:

a) **z** é uma das raízes quadradas do complexo **i**.

b) $z^4 = 1$.

c) A forma trigonométrica de **z** é $\cos\left(\dfrac{\pi}{4}\right) + i\,\text{sen}\left(\dfrac{\pi}{4}\right)$.

d) $z^{2012} = 1$.

e) z, z^3, z^5 e z^7 são as raízes complexas da equação $x^4 + 1 = 0$.

7. (Unicamp-SP) O polinômio $p(x) = x^3 - 2x^2 - 9x + 18$ tem três raízes: **r**, $-r$ e **s**.

a) Determine os valores de **r** e **s**.

b) Calcule p(z) para $z = 1 + i$, onde **i** é a unidade imaginária.

8. (FGV-SP) Na equação $x^3 - 2014x + m = 0$, onde **m** é real, uma das raízes é igual à soma das outras duas.

a) Determine o valor de **m**.

b) Resolva a equação.

9. O polinômio $x^3 + px^2 + qx + r$ admite duas raízes reais e opostas e parte de seu gráfico é mostrada abaixo.

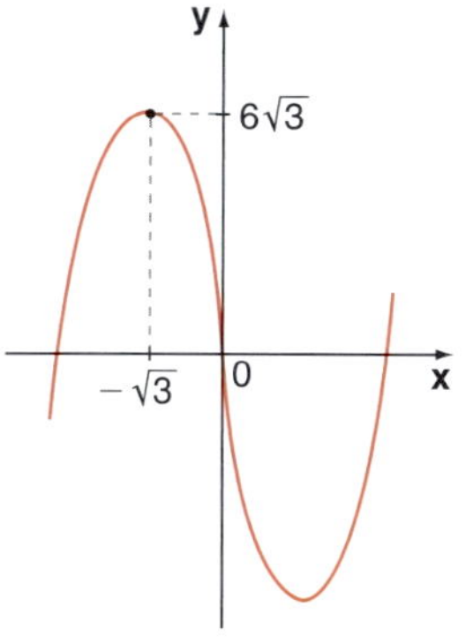

Banco de imagens/Arquivo da editora

a) Determine **p**, **q** e **r**.

b) Quais são as raízes do polinômio?

10. Dado o polinômio $p(x) = ax^3 + bx^2 + cx + d$, com **a**, **b**, **c** e **d** reais, sabe-se que:

- o coeficiente dominante de p(x) é unitário;
- $x = -5$ é raiz de p(x);
- a soma das raízes não reais de p(x) vale 8;
- o produto de todas as suas raízes vale -100.

a) Dê o conjunto solução da equação $p(x) = 0$.

b) Determine **a**, **b**, **c** e **d**.

11. (UEPG-PR) Sabendo que 2i é uma das raízes da equação $x^4 + mx^3 + x^2 + 8x + n = 0$, assinale o que for correto.

(01) $m \cdot n > 0$.

(02) O produto das raízes da equação é 4.

(04) A soma das raízes da equação é 2.

(08) $m + n = -10$.

(16) Uma das raízes reais da equação é -3.

12. (UEM-PR) A respeito do polinômio $p(x) = x^4 - 5x^3 + 3x^2 + 15x - 18$, é **correto** afirmar que [indique a soma das alternativas corretas]:

(01) O produto dos inversos de suas raízes é $\dfrac{-1}{18}$.

(02) p(x) tem todas as raízes distintas, sendo duas delas números inteiros primos e as outras duas são números irracionais.

(04) p(x) é divisível por $\dfrac{\sqrt{3}x - 3}{\sqrt{3}}$.

(08) O quociente da divisão de $6x^6 + 4x^4 + 2x^2 + 1$ por p(x) tem grau 2.

(16) O resto da divisão de p(x) por $3x^4 - 5$ é um polinômio de grau maior ou igual a 4.

13. (Ufes) Considere os polinômios $p(x) = 2x^3 - x^2 - 10x + 5$ e $q(x) = p(x)p(-x)$. Determine:

a) as raízes de p(x);

b) as raízes de q(x) e suas respectivas multiplicidades;

c) os valores reais de **x** para os quais $q(x) > 0$.

14. (UFJF/Pism-MG) Considere o polinômio $p(x) = 16x^5 - 48x^4 - 40x^3 + 120x^2 + 9x - 27$.

a) Sabendo que p(x) possui uma raiz **r** natural menor que 5, determine **r**.

b) Determine o polinômio $q(x) = \dfrac{p(x)}{x - r}$.

c) Determine todas as raízes de q(x), especificando suas multiplicidades.

15. (Unicamp-SP) Seja (**a**, **b**, **c**, **d**) uma progressão geométrica (P.G.) de números reais, com razão $q \neq 0$ e $a \neq 0$.

a) Mostre que $x = -\dfrac{1}{q}$ é uma raiz do polinômio cúbico $p(x) = a + bx + cx^2 + dx^3$.

b) Sejam **e** e **f** números reais quaisquer e considere o sistema linear nas variáveis **x** e **y**, $\begin{pmatrix} a & c \\ d & b \end{pmatrix}\begin{pmatrix} x \\ y \end{pmatrix} = \begin{pmatrix} e \\ f \end{pmatrix}$. Determine para que valores da razão **q** esse sistema tem solução única.

16. (Uerj) Observe o gráfico da função polinomial de ℝ em ℝ definida por $P(x) = 2x^3 - 6x^2 + 3x + 2$.

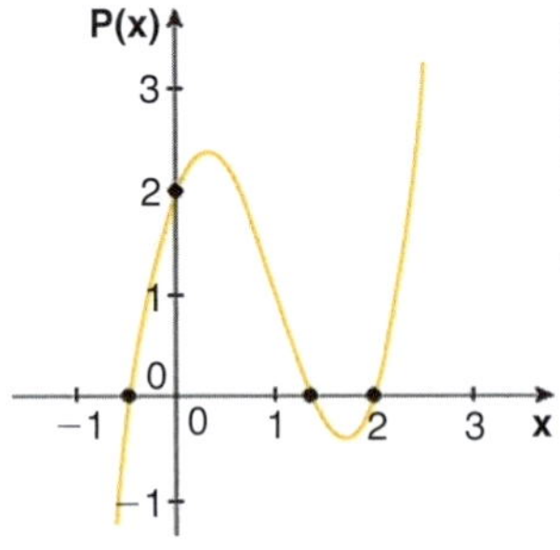

Reprodução/UERJ, 2018.

Determine o conjunto solução da inequação $P(x) > 0$.

17. (FGV-SP) Em certo mês, o Departamento de Estradas registrou a velocidade do trânsito em uma rodovia. A partir dos dados, é possível estimar que, por exemplo, entre 12:00 horas e 18:00 horas em um dia de semana normal, a velocidade registrada em um posto de pedágio é dada pela função $f(x) = 2x^3 - 15x^2 + 24x + 41$ km/h, sendo **x** o número de horas após o meio-dia. Assim, por exemplo, f(0) expressa a velocidade ao meio-dia. O gráfico de f(x) está representado a seguir.

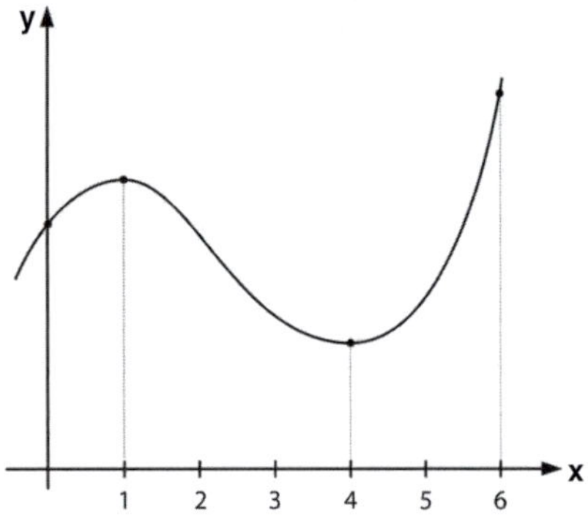

Reprodução/FGV, 2014.

a) Quais são a velocidade máxima e a velocidade mínima registradas entre 12:00 horas e 18:00 horas?

b) O número complexo $\dfrac{17 - i\sqrt{39}}{4}$ é uma raiz da equação $2x^3 - 15x^2 + 24x + 41 = 0$. Quais são as outras duas raízes?

18. Determine $m \in \mathbb{R}$ de modo que as três raízes da equação $x^3 + (m + 1)x^2 + (m + 9)x + 9 = 0$ sejam reais.

19. As raízes da equação $x^3 + x - 1 = 0$ são **p**, **q** e **r**. Qual é o valor de $\log\left(\dfrac{q \cdot r}{p} + \dfrac{p \cdot r}{q} + \dfrac{p \cdot q}{r}\right)$?

20. Resolva a equação $x^3 + 7x^2 - 6x - 72 = 0$, sabendo que a razão entre duas de suas raízes é $\dfrac{3}{2}$.

21. (Fuvest-SP) Os coeficientes **a**, **b** e **c** do polinômio $p(x) = x^3 + ax^2 + bx + c$ são reais. Sabendo que -1 e $1 + \alpha i$, com $\alpha > 0$, são raízes da equação $p(x) = 0$ e que o resto da divisão de p(x) por $(x - 1)$ é 8, determine:

a) o valor de α;

b) o quociente de p(x) por $(x + 1)$.

i é a unidade imaginária, $i^2 = -1$.

22. Faça o que é pedido nos itens abaixo.

a) Escreva uma equação polinomial de grau 3, com coeficientes reais, que admita 5 e $\dfrac{1}{2} + \dfrac{i\sqrt{3}}{2}$ como raízes.

b) Determine quatro números inteiros e consecutivos: $n - 2$, $n - 1$, **n** e $n + 1$ tais que o cubo do maior seja igual à soma dos cubos de cada um dos três outros.

23. (Ufes) Considere o polinômio $f(x) = 3x^3 - 7x^2 + 8x - 2$.

a) Verifique se f(x) possui raízes inteiras. Justifique.

b) Verifique se f(x) possui raízes racionais não inteiras. Justifique.

c) Determine todas as raízes de f(x).

> Informações:
>
> 1) Se um polinômio de grau **n** com coeficientes inteiros $a_nx^n + a_{n-1}x^{n-1} + ... + a_1x + a_0$ possui uma raiz da forma $\frac{r}{s}$, com **r** e **s** inteiros primos entre si, então **r** é um divisor de $\mathbf{a_0}$ e **s** é um divisor de $\mathbf{a_n}$.
> 2) Dois inteiros **r** e **s** são *primos entre si* quando mdc(|r|,|s|) = 1.
> 3) Dados os inteiros **a** e **b**, **a** *é divisor de* **b** quando existe um inteiro **c** tal que $b = a \cdot c$.

24. (UFSC) Em relação às proposições abaixo, é correto afirmar que:
(indique a soma das alternativas corretas)

(01) Se R(x) é o resto da divisão de $A(x) = x^4 - 2x^3 + 2x^2 - x + 4$ por $B(x) = x^3 - 2x^2 + 1$, então $R\left(\frac{1}{2}\right) = \frac{7}{2}$.

(02) Observe a figura 1, que representa parte do gráfico da função $f(x) = x^3 + ax^2 + bx + 3$. Com base nos dados abaixo, é correto afirmar que $(b - a) = 0$.

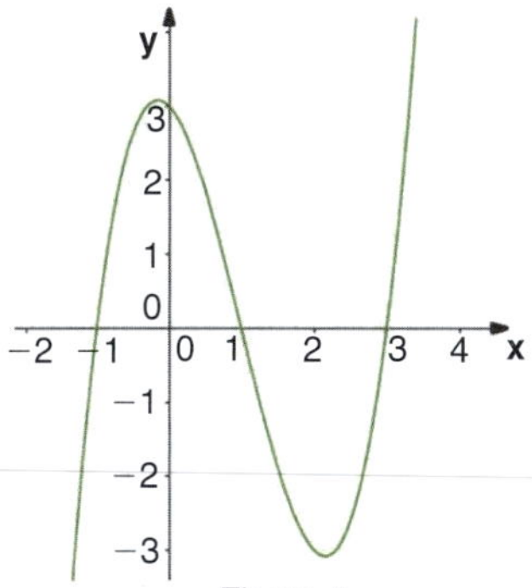

Reprodução/UFSC, 2017.

Figura 1

(04) Se a forma fatorada do polinômio $T(x) = x^4 - 7x^3 + 13x^2 + 3x - 18$ é $T(x) = (x - a)^2 \cdot (x + 1) \cdot (x - 2)$, então **a** é um número par.

(08) Se $\frac{4x - 2}{x^3 - 4x} = \frac{A}{x} + \frac{B}{x - 2} + \frac{C}{x + 2}$ para todo **x** tal que $x \neq 0$, $x \neq 2$ e $x \neq -2$, então $A + B + C = 0$.

(16) Sabe-se que $2 + i$ e $3 - 2i$ são raízes do polinômio P(x), que é de grau 5. Ao escolher, ao acaso, uma das raízes desse polinômio, a probabilidade de essa raiz ser um número real é de 60%.

25. (UFJF/Pism-MG) O resto da divisão de um polinômio p(x) por um polinômio q(x) é o polinômio $r(x) = x^5 - 7x^4 - 8x^3 + 56x^2 + 15x - 105$.
Sabendo que 7 é raiz de p(x) e de q(x), determine todas as raízes de r(x).

26. (Unicamp-SP) Considere o polinômio $p(x) = x^2 - 11x + k + 2$, em que **x** é variável real e **k** um parâmetro fixo, também real.

a) Para qual valor do parâmetro **k** o resto do quociente de p(x) por $x - 1$ é igual a 3?

b) Supondo, agora, $k = 4$, e sabendo que **a** e **b** são raízes de p(x), calcule o valor de $\text{sen}\left(\frac{\pi}{a} + \frac{\pi}{b}\right)$.

27. (Uerj) O gráfico abaixo representa a função polinomial **P** do 3º grau que intersecta o eixo das abscissas no ponto (−1, 0).

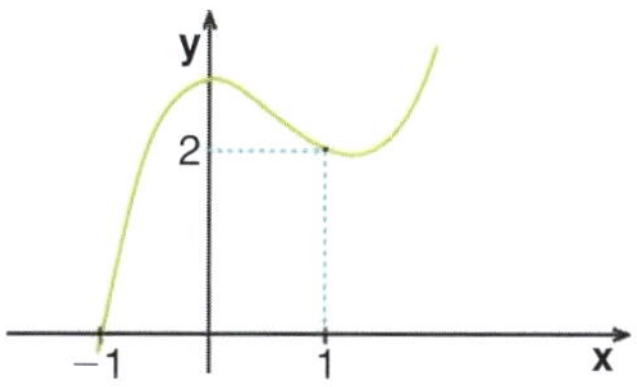

Reprodução/UERJ, 2013.

Determine o resto da divisão de P(x) por $x^2 - 1$.

28. (Fuvest-SP) O polinômio $p(x) = x^4 + ax^3 + bx^2 + cx - 8$, em que **a**, **b**, **c** são números reais, tem o número complexo $1 + i$ como raiz, bem como duas raízes simétricas.

a) Determine **a**, **b**, **c** e as raízes de p(x).

b) Subtraia 1 de cada uma das raízes de p(x) e determine todos os polinômios com coeficientes reais, de menor grau, que possuam esses novos valores como raízes.

29. (FGV-SP) Ao copiar da lousa uma equação polinomial de 3º grau e de coeficientes inteiros, Carlos escreveu errado o termo em **x** e o termo que não tem fator **x**. Resolvendo-a, duas das raízes que encontrou foram −i e 2. A professora já havia adiantado que uma das raízes da equação original era 2i.

a) Qual é a equação original?

b) Quais são as outras raízes da equação original?

30. (Unicamp-SP) O número áureo é uma constante real irracional, definida como a raiz positiva da equação quadrática obtida a partir de $\frac{x + 1}{x} = x$.

a) Reescreva a equação acima como uma equação quadrática e determine o número áureo.

b) A sequência 1, 1, 2, 3, 5, 8, 13, 21, ... é conhecida como sequência de Fibonacci, cujo **n**-ésimo termo é definido recursivamente pela fórmula

$$F(n) = \begin{cases} 1, & \text{se } n = 1 \text{ ou } 2; \\ F(n-1) + F(n-2), & \text{se } n > 2. \end{cases}$$

Podemos aproximar o número áureo, dividindo um termo da sequência de Fibonacci pelo termo anterior. Calcule o 10º e o 11º termos dessa sequência e use-os para obter uma aproximação com uma casa decimal para o número áureo.

31. (Uerj) Para fazer uma caixa, foi utilizado um quadrado de papelão de espessura desprezível de 8 dm de lado, do qual foram recortados e retirados seis quadrados menores de lado **x**.
Em seguida, o papelão foi dobrado nas linhas pontilhadas, assumindo a forma de um paralelepípedo retângulo, de altura **x**, como mostram os esquemas.

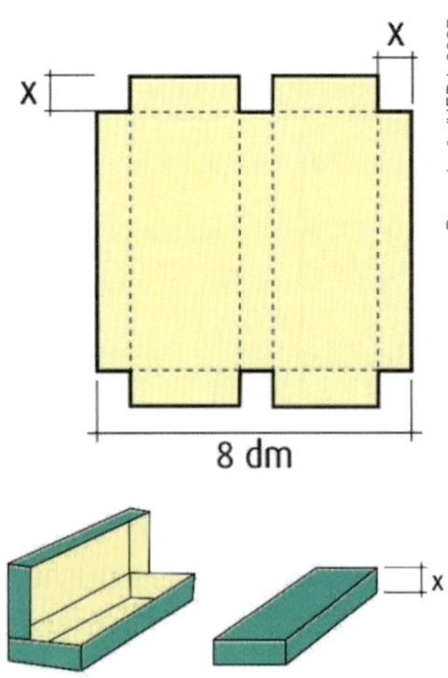

Quando x = 2 dm, o volume da caixa é igual a 8 dm³. Determine outro valor de **x** para que a caixa tenha volume igual a 8 dm³.

32. Dados dois números reais não nulos, define-se a média harmônica desses números como o inverso da média aritmética dos inversos desses números. Assim sendo, resolva a equação $5x^3 - 37x^2 + 90x - 72 = 0$, sabendo que uma raiz é igual à média harmônica das duas outras.

33. (Fuvest-SP) Considere uma folha de papel retangular com lados 20 cm e 16 cm. Após remover um quadrado de lado **x** cm de cada um dos cantos da folha, foram feitas 4 dobras para construir uma caixa (sem tampa) em forma de paralelepípedo reto-retângulo com altura **x** cm. As linhas tracejadas na figura a seguir indicam onde as dobras foram feitas.

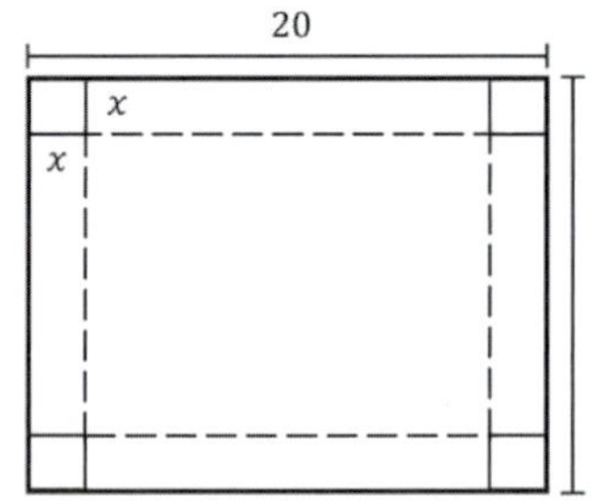

a) Expresse o volume da caixa em função de **x**.

b) Determine o conjunto dos valores de **x** para os quais o volume da caixa é maior ou igual a 384 cm³.

34. Resolva a equação $x^4 - 2x^3 + 4x^2 + 6x - 21 = 0$, sabendo que duas de suas raízes são simétricas.

35. (UFPR) O tempo, em milissegundos, gasto por um programa num computador para processar **n** entradas diferentes de um problema é dado pela expressão $T(n) = n^3 + 5 \cdot n + 6$.

a) Quantas entradas esse programa é capaz de processar no tempo máximo de 1 segundo?

b) Sabe-se que esse programa é composto de dois blocos e que o tempo total de processamento é o produto do tempo de processamento de cada um desses blocos. Se o tempo de processamento de um dos blocos é $P(n) = n + 1$, determine o polinômio Q(n) que fornece o tempo de processamento do outro bloco.

36. (UFSC) Em relação à(s) proposição(ões) abaixo, é **CORRETO** afirmar que: [indique a soma das alternativas corretas]

(01) Se o gráfico abaixo representa a função polinomial **f**, definida em ℝ por $f(x) = ax^3 + bx^2 + cx + d$, com **a**, **b** e **c** coeficientes reais, então f(2) = 24.

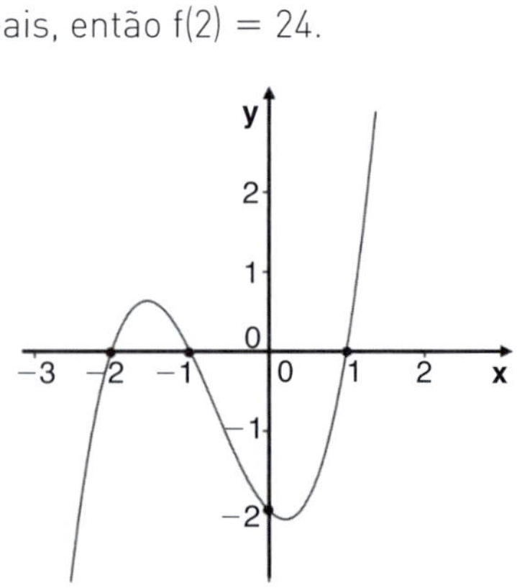

(02) Se $f(x) = (x + 2)^3 + (x - 1)^3 + 5ax + 2b$, com **a** e **b** reais, é divisível por $(x + 1)^2$, então a – b = 1.

(04) As raízes da equação $x^3 - 9x^2 + 23x - 15 = 0$ estão em progressão aritmética de razão 1.

(08) Se $f(x) = x^2 + (p - q)x$ e $g(x) = x^3 + (p + q)x - qx$ são divisíveis por $(3 - x)$, com **p** e **q** reais, então $q - p = -3$.

(16) Os valores reais de **p** para que a equação $x^3 - 3x + p = 0$ admita uma raiz dupla são -2 e 2.

37. (Unicamp-SP) Considere o polinômio cúbico $p(x) = x^3 - 3x + a$, onde **a** é um número real.

a) No caso em que $p(1) = 0$, determine os valores de **x** para os quais a matriz **A** abaixo não é invertível.

$$A = \begin{bmatrix} x & 1 & 0 \\ 0 & x & 1 \\ a & 3 & x \end{bmatrix}$$

b) Seja **b** um número real não nulo e **i** a unidade imaginária, isto é, $i^2 = -1$. Se o número complexo $z = 2 + bi$ é uma raiz de $p(x)$, determine o valor de $|z|$.

38. A soma de duas raízes da equação $x^4 + 2x^3 + px^2 + qx + 2 = 0$ é -1 e o produto das outras duas raízes é 1.

a) Determine os valores de **p** e **q**.

b) Resolva a equação.

39. Determine os valores reais de **b** para os quais a equação $2x^4 + bx^3 - bx - 2 = 0$ admite quatro raízes reais e distintas.

40. Sabe-se que o número complexo $2i$ é uma raiz da equação $x^6 - 6x^5 + 17x^4 - 34x^3 + 52x^2 - 40x = 0$. Representando todas as raízes no plano complexo, obtém-se um polígono. Qual é o volume do sólido gerado pela rotação desse polígono em torno do eixo imaginário?

41. Faça o que se pede no item *a* e responda à pergunta do item *b*.

a) Verifique que $x = \frac{4}{5}$ é raiz da equação: $x^4 + 4x^3 + 6x^2 + 4x - 9{,}4976 = 0$.

b) Um capital de R$ 10 000,00 foi aplicado a uma taxa anual fixa de juros compostos, produzindo, em 4 anos, um montante igual a R$ 104 976,00. Qual a taxa anual de juros?

42. (UEPG-PR) Um polinômio P(x) do 3º grau e um polinômio Q(x) do 2º grau são tais que $P(x) - Q(x) = x^3 - 4x^2 - 11$.

Sabendo que P(x) é divisível por $x - 1$ e a soma de suas raízes vale 3 e que o produto das raízes de Q(x) vale 6, assinale o que for correto. [Indique a soma das alternativas corretas.]

(01) As raízes de P(x) são todas reais.

(02) $P(x) + Q(x) = x^3 - 2x^2 + 14x + 1$.

(04) $Q(-2) < 0$.

(08) Q(x) é divisível por $x + 1$.

(16) O produto das raízes de P(x) vale 5.

43. Seja $p(x) = x^4 - 4$.

a) Determine a área do polígono cujos vértices são os afixos das raízes da equação $p(x) = 0$.

b) Resolva em $\mathbb{R}$ a inequação $p(x) \leqslant 0$.

44. (PUC-RJ) O retângulo ABCD tem dois vértices no gráfico da função polinomial dada por $f(x) = 5x^3 - 65x^2 + 235x - 155$ e dois vértices no eixo **x** como na figura abaixo.

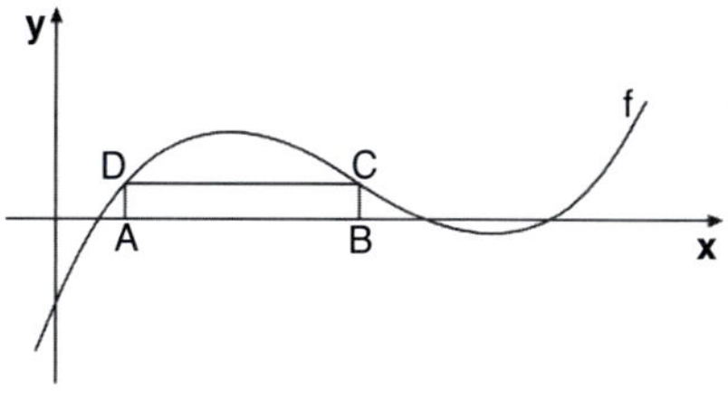

Reprodução/PUC, 2013.

Sabendo que o vértice $A = (1, 0)$, faça o que se pede.

a) Determine as coordenadas do vértice **D**.

b) Determine as coordenadas do vértice **C**.

c) Calcule a área do retângulo ABCD.

45. Em um paralelepípedo retângulo, as dimensões, em centímetros, são as raízes da equação $8x^3 - 90x^2 + 331x - 399 = 0$.

Determine:

a) O volume do paralelepípedo.

b) A área da superfície do paralelepípedo.

c) A medida da diagonal do paralelepípedo.

46. (ITA-SP) Sejam **a**, **b**, **c** números reais com $a \neq 0$.

a) Mostre que a mudança $x + \frac{1}{x} = z$ transforma a equação $ax^4 + bx^3 + cx^2 + bx + a = 0$ numa equação de segundo grau.

b) Determine todas as raízes da equação $x^4 + 3x^3 - 2x^2 + 3x + 1 = 0$.

47. Determine os valores de **a** e **b**, $\{a, b\} \subset \mathbb{C}$, de modo que as equações $x^3 + ax^2 + 18 = 0$ e $x^3 + bx + 12 = 0$ apresentem duas raízes comuns.

48. (ITA-SP) Considere o polinômio:

$$p(x) = x^4 - \left(1 + 2\sqrt{3}\right)x^3 + \left(3 + 2\sqrt{3}\right)x^2 - \left(1 + 4\sqrt{3}\right)x + 2$$

a) Determine os números reais **a** e **b** tais que $p(x) = (x^2 + ax + 1) \cdot (x^2 + bx + 2)$.

b) Determine as raízes de p(x).

Testes

1. (UEG-GO) Se o coeficiente do termo de maior grau de um polinômio do 4º grau é 1 e suas raízes são $x_1 = 2i$, $x_2 = -2i$, $x_3 = 3$ e $x_4 = 4$, então o polinômio em questão é

a) $x^4 - 7x^3 + 16x^2 - 28x + 48$
b) $x^4 - 2ix^3 + 2ix^2 + 3x + 4$
c) $x^4 + 16x^3 + 4x^2 - x + 18$
d) $x^4 - 28x^3 + 7x^2 + 48x - 28$

2. (PUC-RJ) Sabendo que 1 é raiz do polinômio $p(x) = 2x^3 - ax^2 - 2x$, podemos afirmar que p(x) é igual a:

a) $2x^2(x - 2)$
b) $2x(x - 1)(x + 1)$
c) $2x(x^2 - 2)$
d) $x(x - 1)(x + 1)$
e) $x(2x^2 - 2x - 1)$

3. (Ufam) O valor de **n** tal que 1 seja a raiz da equação $x^3 + n^2x^2 + nx - 8 = 0$ é:

a) $\frac{-1+\sqrt{29}}{2}$ ou $\frac{-1-\sqrt{29}}{2}$
b) $\frac{1+\sqrt{29}}{2}$ ou $\frac{1-\sqrt{29}}{2}$
c) $\frac{-1-\sqrt{33}}{2}$ ou $\frac{-1+\sqrt{33}}{2}$
d) $\frac{1-\sqrt{33}}{2}$ ou $\frac{1+\sqrt{33}}{2}$
e) $\frac{2+\sqrt{33}}{2}$ ou $\frac{2-\sqrt{29}}{2}$

4. (PUC-SP) Se 2 é a única raiz da equação $x^3 - 4x^2 + 6x - 4 = 0$, então, relativamente às demais raízes dessa equação, é verdade que são números complexos

a) cujas imagens pertencem ao primeiro e quarto quadrantes do plano complexo.
b) que têm módulos iguais a 2.
c) cujos argumentos principais são 45° e 135°.
d) cuja soma é igual a 2i.

5. (Udesc) Sejam q(x) e r(x), respectivamente, o quociente e o resto da divisão de $f(x) = 6x^4 - x^3 - 9x^2 - 3x + 7$ por $g(x) = 2x^2 + x + 1$.
O produto entre todas as raízes de q(x) e r(x) é igual a:

a) $-\frac{7}{3}$
b) 3
c) $\frac{3}{5}$
d) 5
e) $\frac{5}{3}$

6. (UFSJ-MG) Considere os polinômios $p(x) = x^4 + 3x^3 - 2x^2 - 2x + 12$, $r(x) = x + 2$ e $q(x) = \frac{p(x)}{r(x)}$.

Sobre as raízes da equação q(x) = 0, é **CORRETO** afirmar que:

a) a soma de todas as raízes é igual a −1.
b) duas das raízes são inteiras.
c) duas das raízes são números complexos, um localizado no 1º quadrante e outro localizado no 3º quadrante do plano de Argand-Gauss.
d) a soma das raízes inteiras é 2.

7. (UFRGS-RS) Considere os polinômios $p(x) = x^3$ e $q(x) = x^2 + x$.
O número de soluções da equação p(x) = q(x), no conjunto dos números reais, é:

a) 0 b) 1 c) 2 d) 3 e) 4

8. (Vunesp) Sabe-se que, na equação $x^3 + 4x^2 + x - 6 = 0$, uma das raízes é igual à soma das outras duas. O conjunto solução (**S**) desta equação é:

a) S = {−3, −2, −1}
b) S = {−3, −2, +1}
c) S = {+1, +2, +3}
d) S = {−1, +2, +3}
e) S = {−2, +1, +3}

9. (Vunesp) Sabe-se que 1 é uma raiz de multiplicidade 3 da equação $x^5 - 3 \cdot x^4 + 4 \cdot x^3 - 4 \cdot x^2 + 3 \cdot x - 1 = 0$.
As outras raízes dessa equação, no conjunto numérico dos complexos, são:

a) (−1 − i) e (1 + i)
b) $(1 - i)^2$
c) (−i) e (+i)
d) (−1) e (+1)
e) (1 − i) e (1 + i)

10. (Uece) Se os números -1 e 2 são raízes da equação polinomial $x^3 + x^2 + mx + p = 0$, então o valor de $(m + p)^2$ é igual a:

a) 64 b) 68 c) 72 d) 76

11. (UFRGS-RS) As raízes do polinômio $p(x) = x^3 + 5x^2 + 4x$ são:

a) $-4, -1$ e 0
b) $-4, 0$ e 1
c) $-4, 0$ e 4
d) $-1, 0$ e 1
e) $0, 1$ e 4

12. (FGV-SP) Um polinômio P(x) do terceiro grau tem o gráfico dado abaixo.

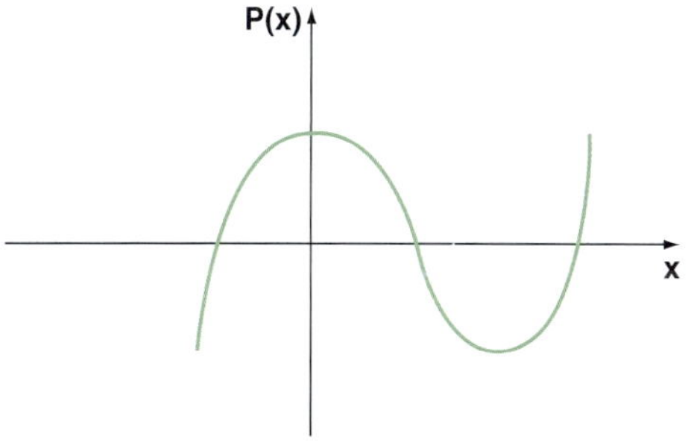

Banco de imagens/Arquivo da editora

Os pontos de interseção com o eixo das abscissas são $(-1, 0)$, $(1, 0)$ e $(3, 0)$. O ponto de interseção com o eixo das ordenadas é $(0,2)$. Portanto, o valor de $P(5)$ é:

a) 24
b) 26
c) 28
d) 30
e) 32

13. (FGV-SP) Sejam **m** e **n** números reais, ambos diferentes de zero. Se **m** e **n** são soluções da equação polinomial $x^2 + mx + n = 0$, na incógnita **x**, então, $m - n$ é igual a:

a) -3
b) -2
c) 1
d) 2
e) 3

14. (FGV-SP) Se três das raízes da equação polinomial $x^4 + mx^2 + nx + p = 0$ na incógnita **x** são 1, 2 e 3, então $m + p$ é igual a:

a) 35
b) 24
c) -12
d) -61
e) -63

15. (Vunesp) Dado que as raízes da equação $x^3 - 3x^2 - x + k = 0$, onde **k** é uma constante real, formam uma progressão aritmética, o valor de **k** é:

a) -5
b) -3
c) 0
d) 3
e) 5

16. (FGV-SP) O número 1 é a raiz de multiplicidade 2 da equação polinomial $x^4 - 2x^3 - 3x^2 + ax + b = 0$.
O produto $a \cdot b$ é igual a:

a) -8
b) -4
c) -32
d) -16
e) -64

17. (Uece) A equação $x^5 - x = 0$ possui:

a) cinco soluções reais.
b) três soluções reais e duas complexas não reais.
c) uma solução real e quatro complexas não reais.
d) quatro soluções reais e uma complexa não real.

18. (Insper-SP) A equação $x^3 - 3x^2 + 7x - 5 = 0$ possui uma raiz real **r** e duas raízes complexas e não reais $\mathbf{z_1}$ e $\mathbf{z_2}$. O módulo do número complexo $\mathbf{z_1}$ é igual a:

a) $\sqrt{2}$
b) $\sqrt{5}$
c) $2\sqrt{2}$
d) $\sqrt{10}$
e) $\sqrt{13}$

19. (UFSM-RS) A função $f(t) = \frac{1}{4}t^3 - 4t^2 + 17t - 20$ representa o lucro de uma empresa de produtos eletrônicos (em milhões de reais), no tempo **t** (em anos).
Se $\mathbf{t_1}$, $\mathbf{t_2}$ e $\mathbf{t_3}$, com $t_1 < t_2 < t_3$, correspondem aos anos em que o lucro da empresa é zero, então $t_3 - t_2 - t_1$ é igual a:

a) 1
b) 2
c) 4
d) 6
e) 10

20. (UFJF/Pism-MG) Considere as afirmações:

I) O polinômio $p(x) = 2x^5 - 8x^4 + x + 1$ possui, pelo menos, uma raiz racional.
II) Se **r** é raiz do polinômio $t(x) = x^3 + 2x^2 + x + 15$, então $2r$ é raiz do polinômio $q(x) = 2x^3 + 4x^2 + 2x + 30$.
III) O polinômio $s(x) = x + 1$ é fator do polinômio $u(x) = 7x^8 + 2x^4 - 4x^2 + 6x + 1$.

É **CORRETO** afirmar que:

a) Apenas a afirmação I é verdadeira;
b) Apenas a afirmação II é verdadeira;
c) Apenas a afirmação III é verdadeira;
d) Apenas as afirmações II e III são verdadeiras;
e) Apenas as afirmações I e II são verdadeiras.

21. (FGV-SP) Dada a equação polinomial

$$x^4 - 3x^3 - 8x^2 + 22x - 24 = 0$$

e sabendo-se que $1 + i$ é uma das raízes (**i** é a unidade imaginária), pode-se afirmar que as outras duas raízes **a** e **b** são tais que $\frac{1}{a} + \frac{1}{b}$ vale

a) $-\frac{1}{4}$
b) $-\frac{1}{6}$
c) $-\frac{1}{8}$
d) $-\frac{1}{10}$
e) $-\frac{1}{12}$

22. (Uece) Se os números de divisores positivos de 6, de 9 e de 16 são as raízes da equação $x^3 + ax^2 + bx + c = 0$, onde os coeficientes **a**, **b** e **c** são números reais, então, o valor do coeficiente **b** é

a) 41. b) 45. c) 43. d) 47.

23. (PUC-RJ) Considere a equação $a \cdot x^2 + b \cdot x + c = 0$, $a \neq 0$. Sabemos que $a + b + c = 0$ e que $x = 3$ é raiz da equação.

Quanto vale o produto das duas raízes da equação?

a) −6
b) −3
c) 3
d) 6
e) 9

24. (EsPCEx-SP) A figura a seguir apresenta o gráfico de um polinômio P(x) do 4º grau no intervalo]0, 5[.

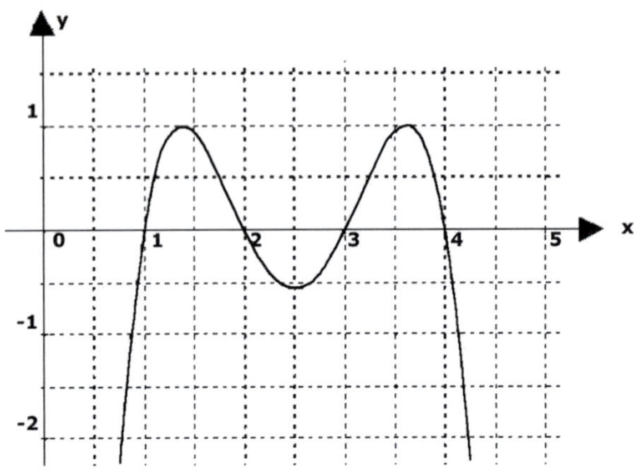

O número de raízes reais da equação $P(x) + 1 = 0$ no intervalo]0, 5[é:

a) 0
b) 1
c) 2
d) 3
e) 4

25. (UFRGS-RS) Uma caixa com a forma de um paralelepípedo retangular tem as dimensões dadas por **x**, $x + 4$ e $x - 1$.

Se o volume desse paralelepípedo é 12, então as medidas das dimensões da caixa são

a) 1, 1 e 12.
b) 1, 2 e 6.
c) 1, 3 e 4.
d) 2, 2 e 3.
e) 2, 3 e 4.

26. (IME-RJ) Seja **Δ** o determinante da matriz $\begin{bmatrix} 1 & 2 & 3 \\ x & x^2 & x^3 \\ x & x & 1 \end{bmatrix}$. O número de possíveis valores de **x** reais que anulam **Δ** é:

a) 0
b) 1
c) 2
d) 3
e) 4

27. (Ufam) Se α, β e γ são as raízes da equação $x^3 - 3x^2 - 17x + 3 = 0$, então $\alpha^2 + \beta^2 + \gamma^2$ e $\frac{1}{\alpha} + \frac{1}{\beta} + \frac{1}{\gamma}$ devem ser, respectivamente:

a) 10 e 2
b) 30 e 7
c) 36 e −3
d) 43 e $\frac{17}{3}$
e) 51 e $-\frac{1}{2}$

28. (Unicamp-SP) Considere o polinômio $p(x) = x^3 - x^2 + ax - a$, onde **a** é um número real. Se $x = 1$ é a única raiz real de p(x), então podemos afirmar que:

a) $a < 0$
b) $a < 1$
c) $a > 0$
d) $a > 1$

29. (UFPR) A respeito da função representada no gráfico abaixo, considere as seguintes afirmativas:

1. A função é crescente no intervalo aberto (4, 6).
2. A função tem um ponto de máximo em $x = 1$.
3. Esse gráfico representa uma função injetora.
4. Esse gráfico representa uma função polinomial de terceiro grau.

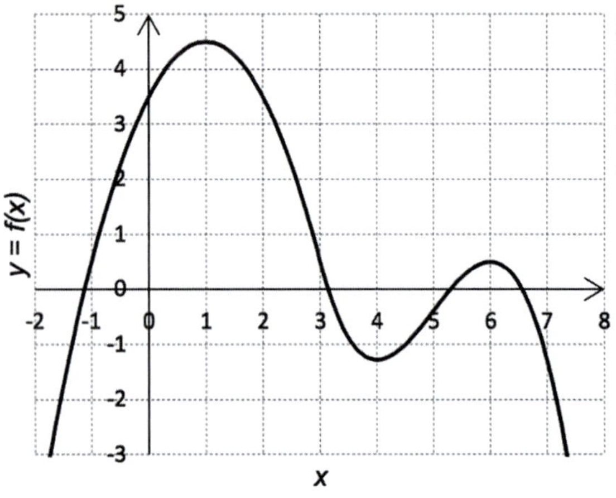

Assinale a alternativa correta.

a) Somente as afirmativas 1 e 2 são verdadeiras.
b) Somente as afirmativas 1 e 3 são verdadeiras.
c) Somente as afirmativas 3 e 4 são verdadeiras.
d) Somente as afirmativas 1, 2 e 4 são verdadeiras.
e) Somente as afirmativas 2, 3 e 4 são verdadeiras.

30. (Uerj) Um fabricante produz embalagens de volume igual a 8 litros no formato de um prisma reto com base quadrada de aresta **a** e altura **h**. Visando à redução de custos, a área superficial da embalagem é a menor possível. Nesse caso, o valor de **a** corresponde, em decímetros, à raiz real da seguinte equação:

$$4a - \frac{32}{a^2} = 0$$

As medidas da embalagem, em decímetros, são:

a) $a = 1$; $h = 2$
b) $a = 1$; $h = 4$
c) $a = 2$; $h = 4$
d) $a = 2$; $h = 2$

31. (Uneb-BA)

x	−5	−3	−1	1
P(x)	0	4	−4	0

Os dados na tabela se referem a um polinômio P(x), de grau 3, cuja soma das raízes é igual a

a) −6
b) −4
c) −2
d) 0
e) 2

32. (Fuvest-SP) O polinômio $P(x) = x^3 - 3x^2 + 7x - 5$ possui uma raiz complexa ξ cuja parte imaginária é positiva. A parte real de ξ^3 é igual a

a) −11
b) −7
c) 9
d) 10
e) 12

33. (Uece) Sejam $P(x) = x^5 + x^4 + x^3 + x^2 + x + 1$ um polinômio e **M** o conjunto dos números reais **k** tais que $P(k) = 0$. O número de elementos de **M** é

a) 1.
b) 2.
c) 4.
d) 5.

34. (Uece) A interseção do gráfico da função $f: \mathbb{R} \to \mathbb{R}$, definida por $f(x) = x^3 - 3x^2 - 6x + 8$, com o eixo dos **x** (eixo horizontal no sistema de coordenadas cartesiano usual), são pontos da forma (x, 0). Os valores de **x** correspondentes a tais pontos estão no intervalo:

a) $\left[-\pi, \sqrt{10}\right]$

b) $\left[-\sqrt{2}, \sqrt{19}\right]$

c) $\left[-\sqrt{5}, \pi + 1\right]$

d) $\left[-\sqrt{6}, \pi\right]$

35. (EsPCEx-SP) Dado o polinômio q(x) que satisfaz a equação $x^3 + ax^2 - x + b = (x - 1) \cdot q(x)$ e sabendo que 1 e 2 são raízes da equação $x^3 + ax^2 - x + b = 0$, determine o intervalo no qual $q(x) \leq 0$:

a) $[-5, -4]$
b) $[-3, -2]$
c) $[-1, 2]$
d) $[3, 5]$
e) $[6, 7]$

36. (Unicamp-SP) Sejam **r**, **s** e **t** as raízes do polinômio $p(x) = x^3 + ax^2 + bx + \left(\frac{b}{a}\right)^3$, em que **a** e **b** são constantes reais não nulas. Se $s^2 = r \cdot t$, então a soma de $r + t$ é igual a:

a) $\frac{b}{a} + a$
b) $-\frac{b}{a} - a$
c) $a - \frac{b}{a}$
d) $\frac{b}{a} - a$

37. (Unifesp) Se **m**, **p**, mp são as três raízes reais não nulas da equação $x^3 + mx^2 + mpx + p = 0$, a soma das raízes dessa equação será:

a) 3
b) 2
c) 1
d) 0
e) −1

38. (Insper-SP) A figura, feita fora de escala, representa a planta de uma sala de aula, que conta com uma área para armários dos alunos (parte hachurada).

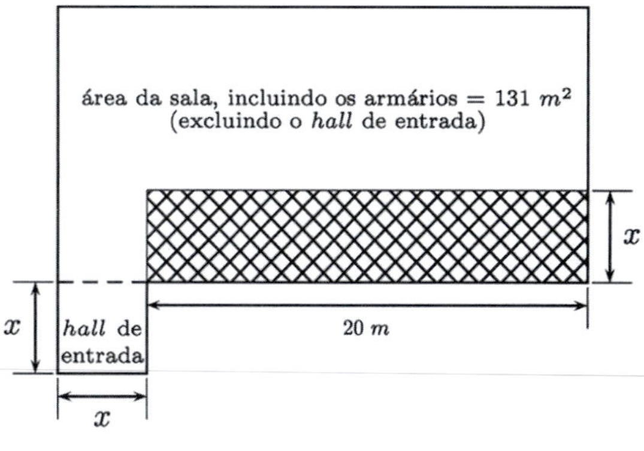

Reprodução/Insper, 2013.

A sala está sendo projetada de modo que o teto fique a uma distância de **x** metros do chão e, para que haja uma ventilação adequada, o volume total da sala mais o *hall* de entrada, descontando-se o espaço dos armários (que vão até o teto), deve ser de 280 m^3. O menor valor de **x** que atende a todas essas condições é:

a) 5
b) 6
c) 7
d) 8
e) 9

39. (UFJF/Pism-MG) Sabendo-se que $1 + i$ é uma das raízes do polinômio $p(x) = x^5 - 2x^4 + 2x^3 - x^2 + 2x - 2$, é **CORRETO** afirmar que:

a) O polinômio não possui raízes reais;

b) O polinômio possui exatamente duas raízes racionais;

c) O polinômio possui exatamente duas raízes distintas;

d) O polinômio possui quatro raízes complexas não reais;

e) O polinômio possui exatamente quatro raízes distintas.

40. (FGV-SP) A equação polinomial

$$x^3 + 12x^2 - 96x - 512 = 0$$

tem raízes reais em progressão geométrica quando colocadas em ordem crescente de seus valores absolutos. A razão dessa progressão geométrica é:

a) -2
b) $-3{,}5$
c) -4
d) -3
e) $-2{,}5$

41. (ITA-SP) Considere o polinômio **p** dado por $p(x) = 2x^3 + ax^2 + bx - 16$, com $a, b \in \mathbb{R}$. Sabendo-se que **p** admite raiz dupla e que 2 é uma raiz de **p**, então o valor de $b - a$ é igual a:

a) -36
b) -12
c) 6
d) 12
e) 24

42. (Insper-SP) Na figura, que mostra o gráfico da função polinomial $p(x) = 3x^3 - 16x^2 + 19x$, os valores **a** e **c** são tais que $a + c = 4$.

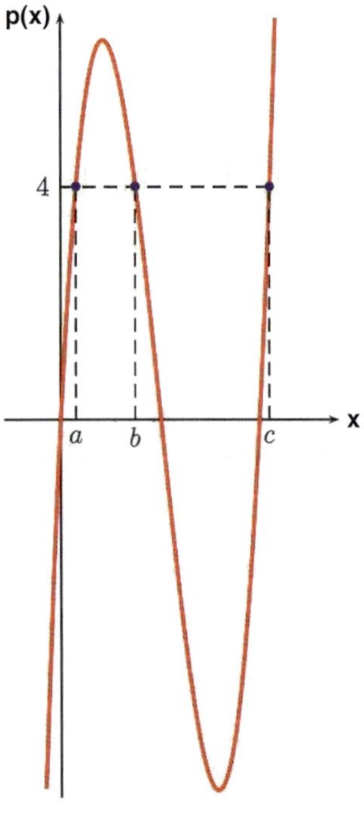

Dessa forma, o valor de **c** é igual a:

a) $1+\sqrt{7}$
b) $2+\sqrt{3}$
c) $2+\sqrt{6}$
d) $3+\sqrt{2}$
e) $3+\sqrt{5}$

43. (FGV-SP) Sejam **A** e **B** as raízes da equação $x^2 - mx + 2 = 0$.

Se $A + \frac{1}{B}$ e $B + \frac{1}{A}$ são raízes da equação $x^2 - px + q = 0$, então **q** é igual a:

a) $\frac{9}{2}$
b) 4
c) $\frac{7}{2}$
d) $\frac{5}{2}$
e) 2

44. (FICSAE-SP) Um polinômio de quinto grau tem 2 como raiz de multiplicidade 3. A razão entre o coeficiente do termo de quarto grau e o coeficiente do termo de quinto grau é igual a -7. A razão entre o termo independente e o coeficiente do termo de quinto grau é igual a 96. A menor raiz desse polinômio vale

a) 0
b) -1
c) -2
d) -3

45. (ITA-SP) Seja **p** o polinômio dado por $p(x) = x^8 + x^m - 2x^n$, em que os expoentes 8, **m**, **n** formam, nesta ordem, uma progressão geométrica cuja soma dos termos é igual a 14.

Considere as seguintes afirmações:

I. $x = 0$ é uma raiz dupla de **p**.

II. $x = 1$ é uma raiz dupla de **p**.

III. **p** tem quatro raízes com parte imaginária não nula

Destas, é (são) verdadeira(s)

a) apenas I

b) apenas I e II

c) apenas I e III

d) apenas II e III

e) I, II e III

46. (AFA-SP) As raízes da equação algébrica $2x^3 - ax^2 + bx + 54 = 0$ formam uma progressão geométrica. Se $a, b \in \mathbb{R}$, $b \neq 0$, então $\frac{a}{b}$ é igual a:

a) $\frac{2}{3}$

b) 3

c) $-\frac{3}{2}$

d) $-\frac{1}{3}$

CAPÍTULO

9

Tópicos de Geometria plana

Lucky Team Studio/Shutterstock

A Calçada dos Gigantes, na Irlanda do Norte, é um conjunto natural de cerca de 40 mil colunas de basalto, a maioria no formato de prismas hexagonais. Ela surgiu devido ao resfriamento de lava durante um período de forte atividade vulcânica na região. Os hexágonos são polígonos, um dos tópicos da Geometria estudados neste capítulo.

Neste capítulo, aprofundaremos o estudo de conceitos de Geometria plana. Para isso, demonstraremos algumas propriedades clássicas.

Pontos notáveis de um triângulo

Na resolução de problemas de Geometria, além do trabalho com semelhança de triângulos e medidas de ângulos, algumas propriedades são importantes, como as que envolvem as medianas, as bissetrizes, as mediatrizes e as alturas de um triângulo.

Mediana de um triângulo

Mediana de um triângulo é um segmento cujas extremidades são um dos vértices do triângulo e o ponto médio do lado oposto a esse vértice.

Propriedade

As medianas de um triângulo intersectam-se em um mesmo ponto. Esse ponto divide cada mediana em dois segmentos, sendo a medida do segmento com extremidade no vértice o dobro da medida do outro segmento.

Demonstração:

Considere o triângulo ABC cujas medianas são $\overline{AM_1}$, $\overline{BM_2}$ e $\overline{CM_3}$.

Seja o ponto **X** tal que $\overline{BM_2} \cap \overline{CM_3} = \{X\}$.

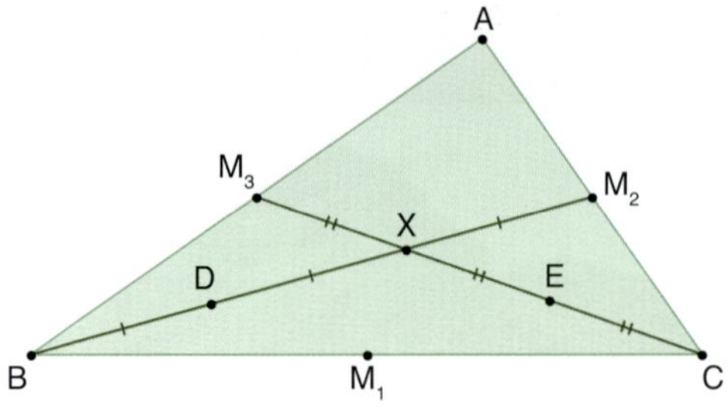

Banco de imagens/Arquivo da editora

Se **D** e **E** são os pontos médios de $\overline{BX}$ e $\overline{CX}$, respectivamente, temos que $\overline{DE}$ é a base média do $\triangle BXC$ e, portanto, $\overline{DE} // \overline{BC}$ e $DE = \dfrac{BC}{2}$. (*)

Por outro lado, $\overline{M_2M_3}$ é base média do $\triangle ABC$, então $\overline{M_2M_3} // \overline{BC}$ e $M_2M_3 = \dfrac{BC}{2}$.

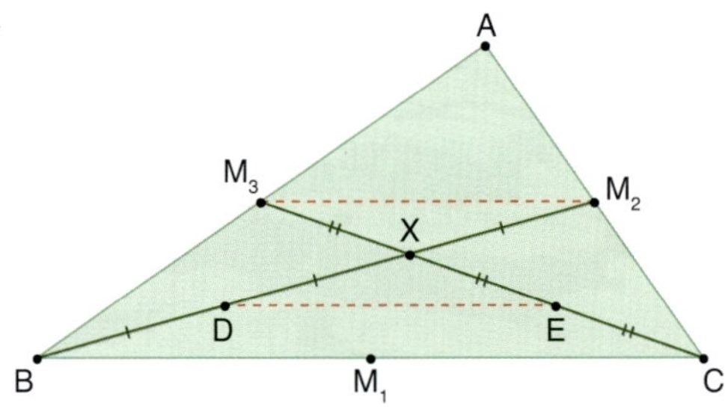

Banco de imagens/Arquivo da editora

Desses fatos decorre que $\overline{M_2M_3} // \overline{DE}$ e $M_2M_3 = DE$; portanto, M_2M_3DE é um paralelogramo. Como as diagonais do paralelogramo intersectam-se no ponto médio e vale (*), temos:

$$\begin{cases} DX = XM_2 \Rightarrow \dfrac{BX}{2} = XM_2 \Rightarrow BX = 2 \cdot XM_2 \\ EX = XM_3 \Rightarrow \dfrac{CX}{2} = XM_3 \Rightarrow CX = 2 \cdot XM_3 \end{cases}$$

Assim, a mediana $\overline{BM_2}$ intersecta a mediana $\overline{CM_3}$ em um ponto **X** tal que $CX = 2 \cdot XM_3$.

Considerando as medianas $\overline{AM_1}$ e $\overline{CM_3}$, com $\overline{AM_1} \cap \overline{CM_3} = \{Y\}$, conclui-se, analogamente, que $CY = 2 \cdot YM_3$ e $AY = 2 \cdot YM_1$.

Assim, temos $X = Y$.

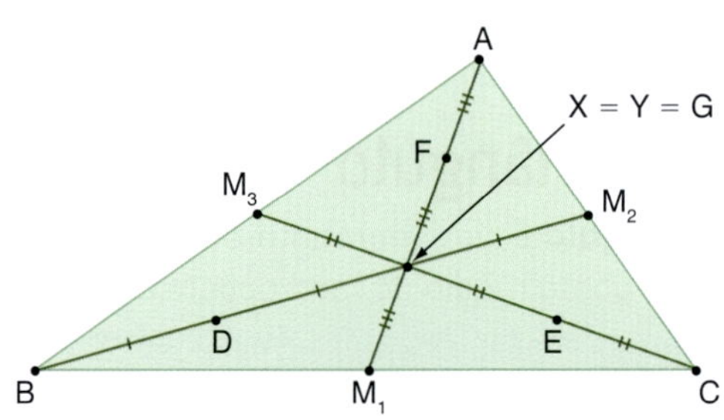

Banco de imagens/Arquivo da editora

Portanto, as medianas de um triângulo intersectam-se num mesmo ponto. Esse ponto de intersecção das três medianas de um triângulo recebe o nome de **baricentro** e costuma ser representado por **G**.

EXEMPLO 1

Sejam $\overline{AM}$, $\overline{BN}$ e $\overline{CP}$ as medianas do △ABC a seguir.

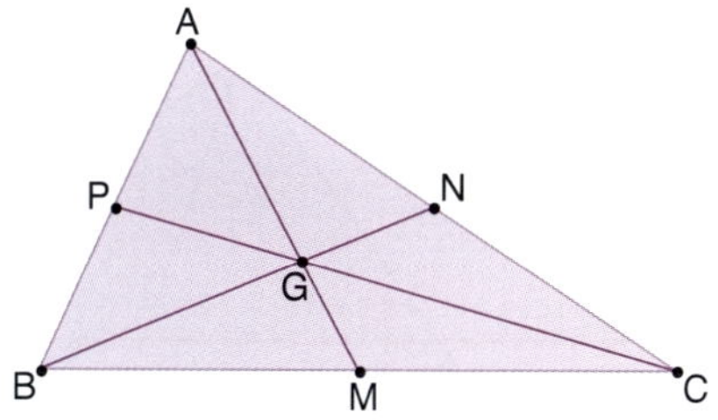

Banco de imagens/Arquivo da editora

Então, **G** é baricentro; AG = 2 · GM; BG = 2 · GN e CG = 2 · GP.

Exercício resolvido

1. Na figura a seguir, **R** e **S** são pontos médios de $\overline{MN}$ e $\overline{PM}$, respectivamente. Sabendo que TR = 4 cm, determine a medida da mediana $\overline{PR}$.

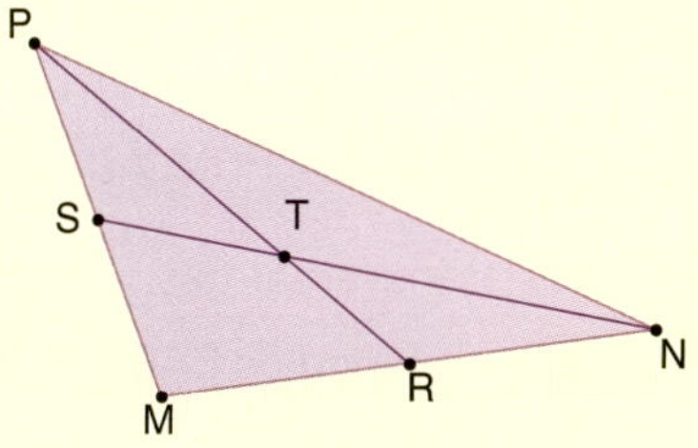

Banco de imagens/Arquivo da editora

Solução:

T é o encontro das medianas $\overline{NS}$ e $\overline{PR}$ e, portanto, o baricentro do triângulo MNP. Então, temos PT = 2 · TR = 8 cm.

Assim, PR = PT + TR = 4 cm + 8 cm = 12 cm.

Mediana de um triângulo retângulo

Anteriormente, vimos a demonstração sobre a propriedade do encontro das medianas em um triângulo qualquer.

Agora, vamos verificar como a medida da hipotenusa se relaciona com a medida da mediana relativa a ela em um triângulo retângulo.

Propriedade

A medida da mediana relativa à hipotenusa em um triângulo retângulo é igual à metade da medida da hipotenusa.

No triângulo retângulo ABC representado a seguir, temos:

Banco de imagens/Arquivo da editora

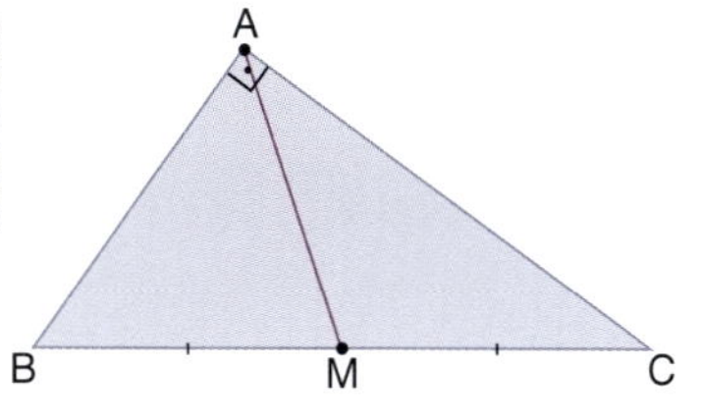

- △ABC é retângulo em $B\hat{A}C$;
- $\overline{AM}$ é a mediana relativa à hipotenusa.

A seguir, vamos mostrar que $AM = \dfrac{BC}{2}$.

Demonstração:

Tomemos **P** sobre a semirreta $\overrightarrow{AM}$, com **M** entre **A** e **P**, de modo que PM = MA.

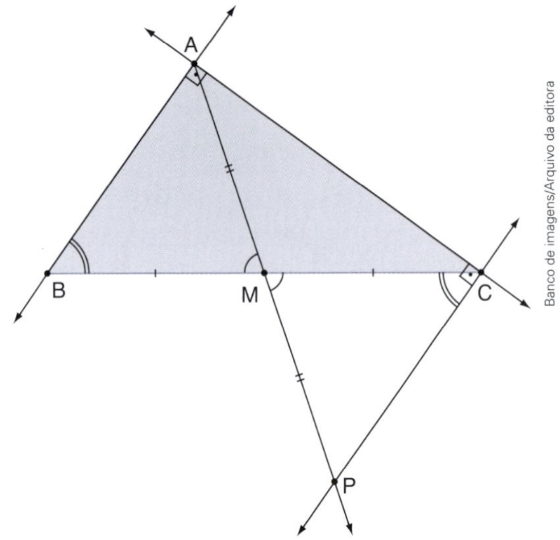

Os triângulos AMB e PMC são congruentes pelo caso LAL, então temos:

$A\hat{B}M \equiv P\hat{C}M$, AB = PC e $\overleftrightarrow{AB} // \overleftrightarrow{PC}$ (*)

Sendo $\overleftrightarrow{AC}$ uma transversal das paralelas $\overleftrightarrow{AB}$ e $\overleftrightarrow{PC}$, temos med($P\hat{C}A$) = 90°. Assim, os triângulos retângulos BAC e PCA são congruentes pelo caso LAL, pois:

$$\begin{cases} \overline{AB} \equiv \overline{PC}, \text{ por } (*); \\ B\hat{A}C \equiv P\hat{C}A \text{ (ângulos retos)}; \\ \overline{AC} \text{ é lado comum.} \end{cases}$$

Assim, AP = BC e, como AP = 2 · AM, temos $AM = \frac{BC}{2}$.

Exercício resolvido

2. No triângulo retângulo a seguir, **M** é ponto médio de $\overline{AC}$. Determine α e a medida de $\overline{BM}$.

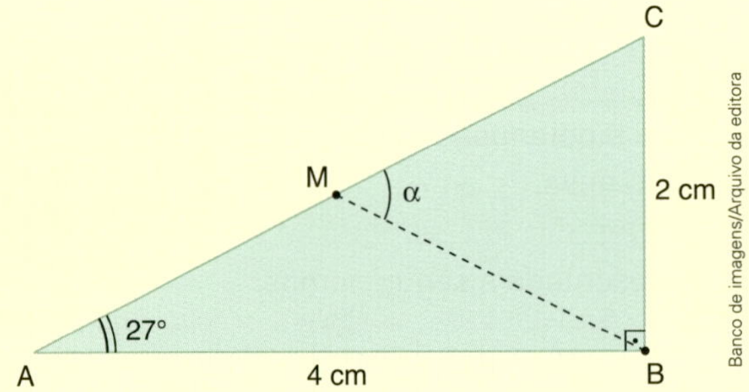

Solução:

Pelo teorema de Pitágoras, temos:

$(AC)^2 = 4^2 + 2^2 \Rightarrow (AC)^2 = 20 \Rightarrow AC = 2\sqrt{5} \Rightarrow BM = \sqrt{5}$

Portanto, BM é igual a $\sqrt{5}$ cm.

Assim, temos AM = CM = BM. O triângulo BCM é isósceles de base $\overline{BC}$ e, portanto, $C\hat{B}M \equiv B\hat{C}M$.

Seja β a medida do ângulo $B\hat{C}M$. Do △ABC, temos:

$$\beta + 27° + 90° = 180° \Rightarrow \beta = 63°$$

Do △BCM, temos:

$2\beta + \alpha = 180° \Rightarrow$

$\Rightarrow 126° + \alpha = 180° \Rightarrow$

$\Rightarrow \alpha = 54°$

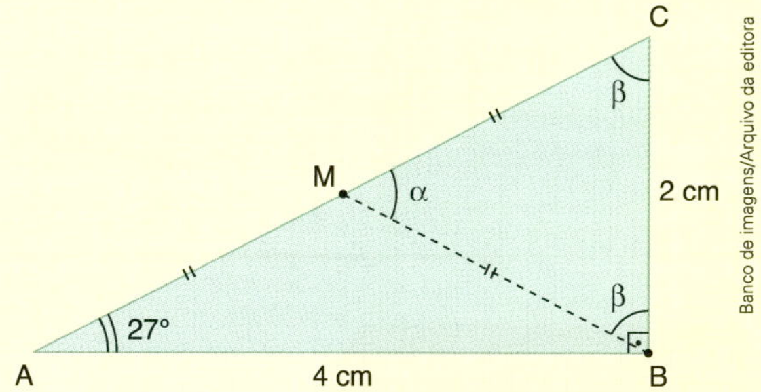

Bissetriz de um triângulo

A **bissetriz de um ângulo**, como já estudamos, é a semirreta interior ao ângulo e que o divide em dois ângulos congruentes.

Na figura ao lado, temos:

- $\overrightarrow{OS}$ é bissetriz
- med($A\hat{O}S$) = med($B\hat{O}S$)

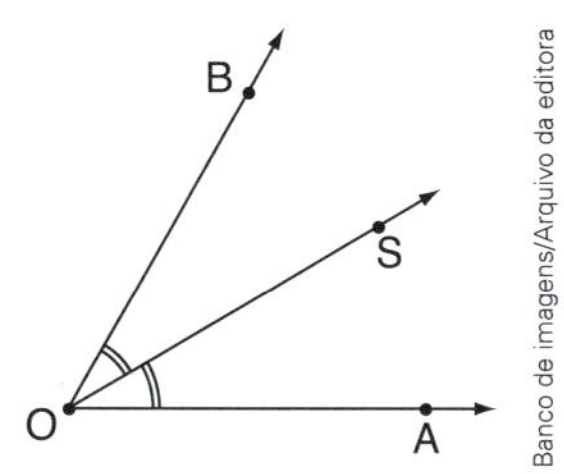

OBSERVAÇÃO

Se um ponto **P** pertence à bissetriz $\overrightarrow{OS}$, então **P** equidista dos lados do ângulo, isto é, $d_{P,\overrightarrow{OB}} = d_{P,\overrightarrow{OA}}$ ou, ainda, $d_{P,R} = d_{P,Q}$. Essa propriedade decorre da congruência dos triângulos retângulos QOP e ROP (caso LAA_O).

Pode-se provar que, se um ponto **P** pertence ao interior do ângulo e é equidistante dos seus lados, então **P** pertence à bissetriz desse ângulo.

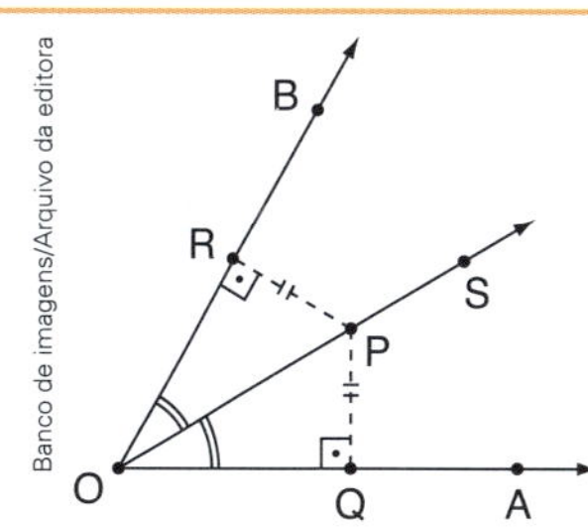

Propriedade das bissetrizes internas de um triângulo

As bissetrizes internas de um triângulo intersectam-se em um mesmo ponto, que está à mesma distância dos lados do triângulo.

Demonstração:

Sejam $\overline{AS_1}$, $\overline{BS_2}$ e $\overline{CS_3}$ as bissetrizes internas do △ABC, $a = \overleftrightarrow{BC}$, $b = \overleftrightarrow{AC}$ e $c = \overleftrightarrow{AB}$, e o ponto **S** tal que $\overline{BS_2} \cap \overline{CS_3} = \{S\}$.

Temos:

$$\left.\begin{array}{l} S \in \overline{BS_2} \Rightarrow d_{S,a} = d_{S,c} \\ S \in \overline{CS_3} \Rightarrow d_{S,a} = d_{S,b} \end{array}\right\} \Rightarrow d_{S,b} = d_{S,c} \Rightarrow S \in \overline{AS_1}$$

Logo,

$$\overline{AS_1} \cap \overline{BS_2} \cap \overline{CS_3} = \{S\} \text{ e } d_{S,a} = d_{S,b} = d_{S,c}$$

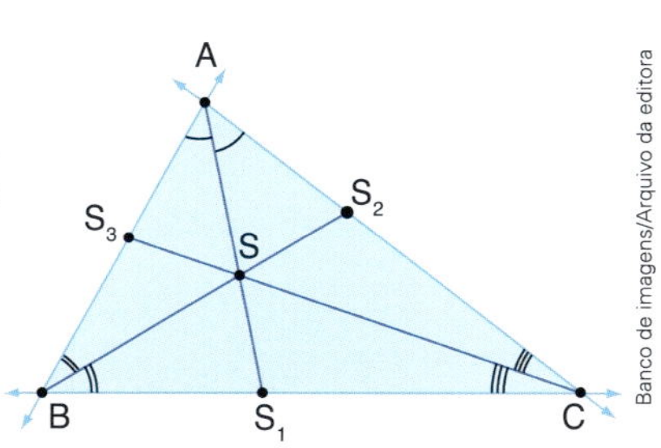

O ponto **I** de interseção das três bissetrizes internas de um triângulo recebe o nome de **incentro**.

No △ABC ao lado, temos:

- **I** é o incentro;
- a = $\overleftrightarrow{BC}$, b = $\overleftrightarrow{AC}$ e C = $\overleftrightarrow{AB}$;
- $d_{I,a} = d_{I,b} = d_{I,c}$;

I é o centro da circunferência inscrita nesse triângulo.

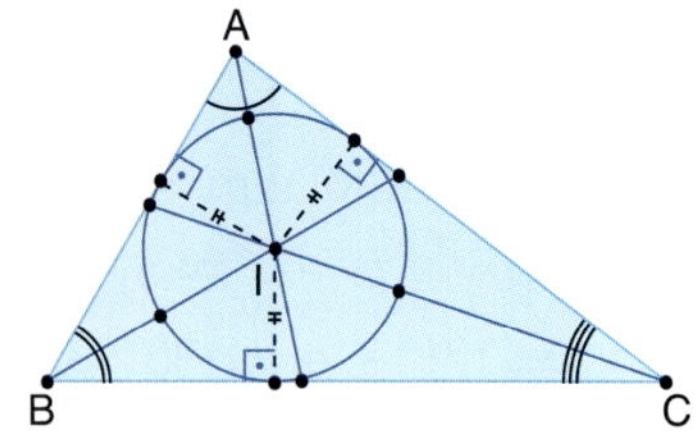

Banco de imagens/Arquivo da editora

Exercício resolvido

3. Na figura ao lado, **I** é o incentro do triângulo isósceles MNP, com MN = MP. Determine α.

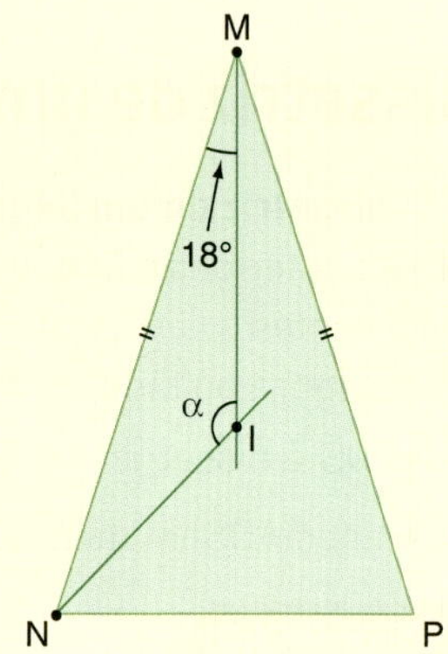

Banco de imagens/Arquivo da editora

Solução:

Como **I** é incentro, o ângulo $N\hat{M}P$ do triângulo MNP mede $2 \cdot 18° = 36°$.

Sabemos que △MNP é isósceles, então os ângulos internos $M\hat{N}P$ e $M\hat{P}N$ são congruentes e medem, cada um, $\frac{180° - 36°}{2} = 72°$.

No △MIN, temos med($M\hat{N}I$) $= \frac{72°}{2} = 36°$, e o ângulo α é tal que:

$$\alpha + 36° + 18° = 180° \Rightarrow \alpha = 126°$$

Mediatriz

Mediatriz de um segmento é a reta perpendicular ao segmento traçado pelo seu ponto médio.

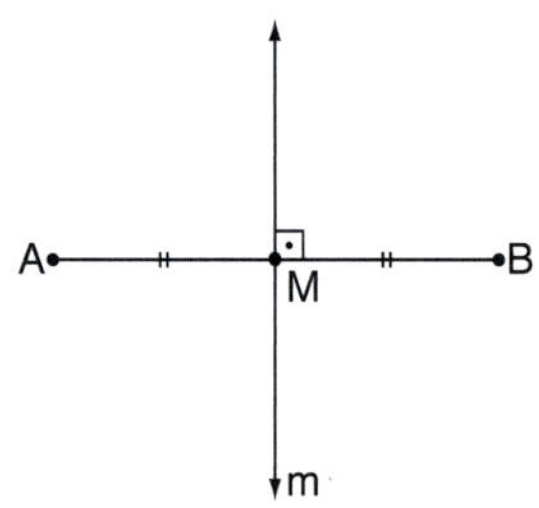

Banco de imagens/Arquivo da editora

A reta **m** é mediatriz de $\overline{AB}$. Se **P** é um ponto da mediatriz **m**, então **P** equidista dos extremos, isto é, PA = PB. Essa propriedade decorre da congruência dos triângulos retângulos APM e BPM (caso LAL).

Também vale a recíproca dessa propriedade: se um ponto é equidistante dos extremos de um segmento, então ele pertence à mediatriz desse segmento.

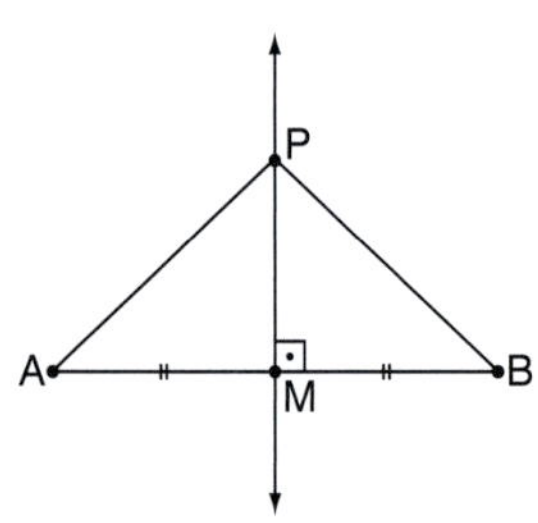

Banco de imagens/Arquivo da editora

Propriedade

As mediatrizes dos lados de um triângulo intersectam-se em um mesmo ponto que está a igual distância dos vértices do triângulo.

Demonstração:

Sejam $\mathbf{m_1}$, $\mathbf{m_2}$ e $\mathbf{m_3}$ as mediatrizes dos lados $\overline{BC}$, $\overline{AC}$ e $\overline{AB}$, respectivamente.

Seja o ponto **O** tal que:

$m_2 \cap m_3 = \{O\}$

$\left.\begin{array}{l} O \in m_2 \Rightarrow \overline{OA} \equiv \overline{OC} \\ O \in m_3 \Rightarrow \overline{OA} \equiv \overline{OB} \end{array}\right\} \Rightarrow$

$\Rightarrow OB \equiv OC \Rightarrow O \in m_1$

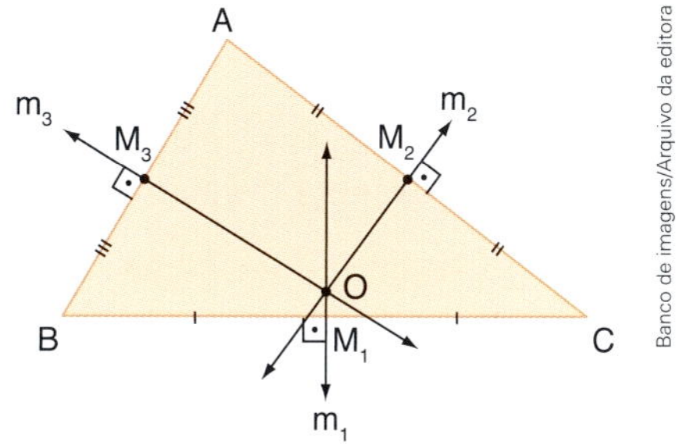

Logo,

$m_1 \cap m_2 \cap m_3 = \{O\}$ e $\overline{OA} \equiv \overline{OB} \equiv \overline{OC}$

O ponto **O** de interseção das mediatrizes dos lados de um triângulo recebe o nome de **circuncentro** do triângulo.

No triângulo a seguir, **O** é o circuncentro de ABC e o centro da circunferência circunscrita a esse triângulo.

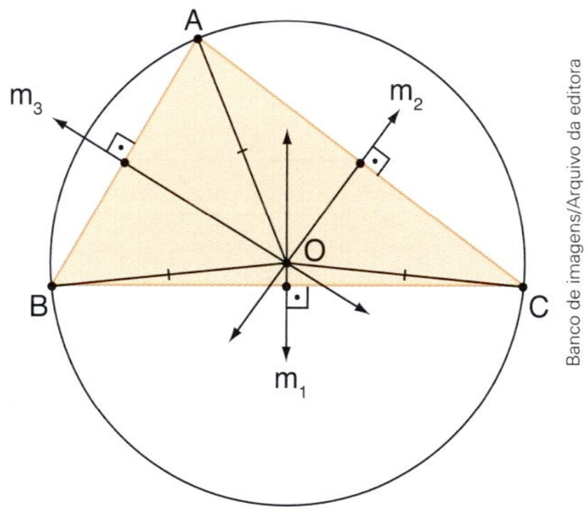

Exercício resolvido

4. Em um triângulo isósceles ABC de base $\overline{BC}$, o ângulo $B\hat{A}C$ mede 70°. Determine as medidas dos ângulos formados pela mediatriz de $\overline{AC}$ e pela bissetriz de $B\hat{A}C$.

Solução:

Pelas informações do enunciado, obtemos a figura ao lado.

- **m** é mediatriz de $\overline{AC}$.
- **t** é bissetriz de $\hat{A}$.

No triângulo sombreado temos:

$\alpha + 90° + 35° = 180° \Rightarrow$

$\Rightarrow \alpha = 55°$

Portanto, os ângulos medem 55°, 55°, 125° e 125°.

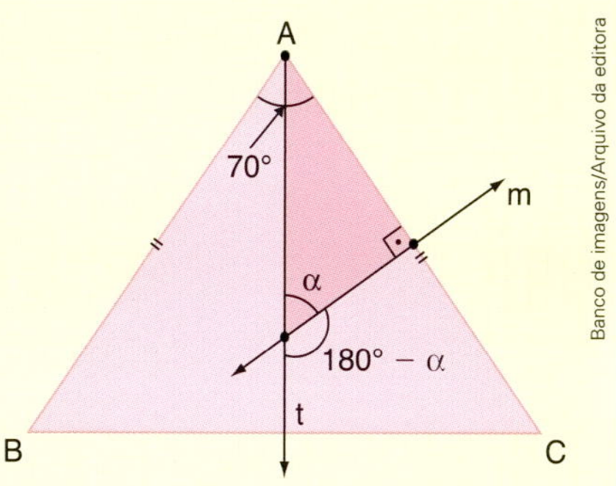

Altura

Altura de um triângulo é um segmento de reta perpendicular à reta suporte de um dos lados do triângulo traçado pelo vértice oposto a esse lado.

Propriedade

As retas suportes das alturas de um triângulo intersectam-se em um mesmo ponto.

Demonstração:

Sejam $\overleftrightarrow{AH_1}$, $\overleftrightarrow{BH_2}$ e $\overleftrightarrow{CH_3}$ as retas suportes das alturas. Vamos mostrar que essas retas intersectam-se em **H**.

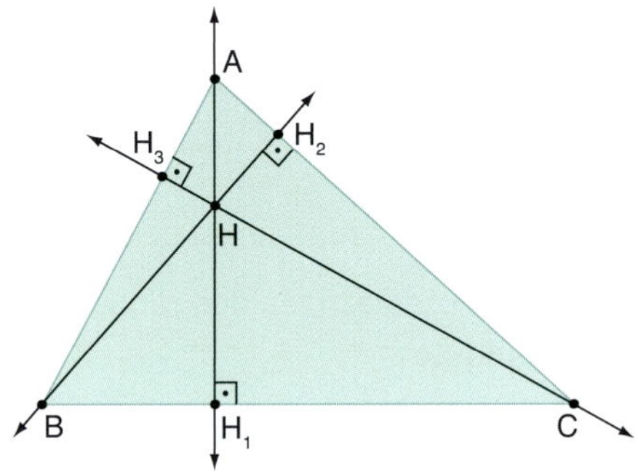

Banco de imagens/Arquivo da editora

Pelos vértices **A**, **B** e **C** do triângulo, traçamos retas paralelas aos lados opostos, obtendo o triângulo MNP a seguir.

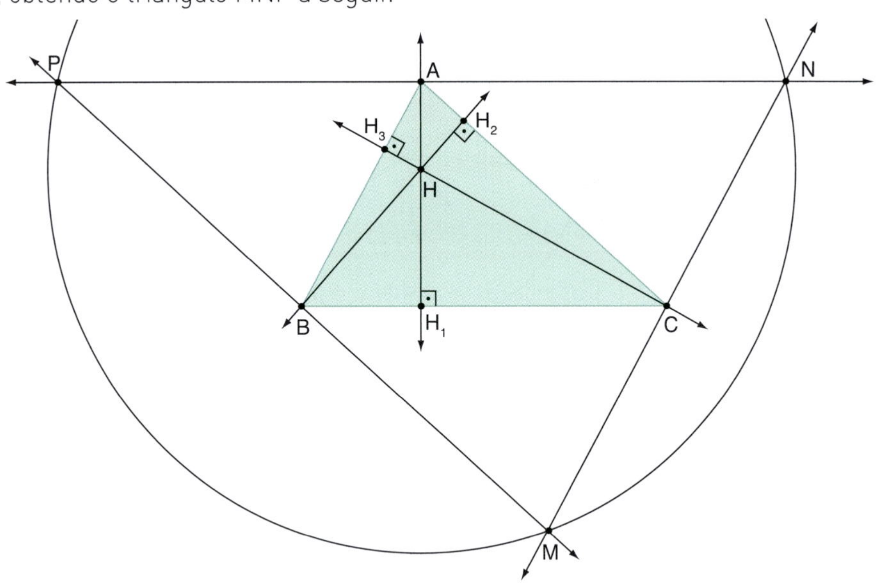

Banco de imagens/Arquivo da editora

$A \in \overline{NP}$ e $\overline{NP}$ // $\overline{BC}$;
$B \in \overline{MP}$ e $\overline{MP}$ // $\overline{AC}$;
$C \in \overline{MN}$ e $\overline{MN}$ // $\overline{AB}$.

Assim, APBC é um paralelogramo e AP = BC; analogamente, ABCN é um paralelogramo e NA = BC. Daí, conclui-se que AP = NA, isto é, **A** é o ponto médio de $\overline{PN}$ (*).

Como $\overleftrightarrow{AH_1} \perp \overline{BC}$ e $\overline{BC}$ // $\overline{PN}$, então $\overleftrightarrow{AH_1} \perp \overline{PN}$ (**).

De (*) e (**) segue que $\overleftrightarrow{AH_1}$ é mediatriz de $\overline{PN}$.

Analogamente, $\overleftrightarrow{BH_2}$ é mediatriz de $\overline{MP}$ e $\overleftrightarrow{CH_3}$ é mediatriz de $\overline{MN}$.

Desse modo, $\overleftrightarrow{AH_1}$, $\overleftrightarrow{BH_2}$ e $\overleftrightarrow{CH_3}$ são mediatrizes do triângulo MNP e são retas suportes das alturas do triângulo ABC.

Como provamos, as mediatrizes se intersectam em um mesmo ponto. O ponto de interseção das alturas de um triângulo recebe o nome de **ortocentro** do triângulo.

OBSERVAÇÕES

Pode-se mostrar que:

- Em um **triângulo isósceles** ABC, de base $\overline{BC}$, tanto a mediana e altura relativas à base quanto a bissetriz do ângulo oposto à base coincidem. Assim, no triângulo ABC representado ao lado, temos:

  $\overline{AM}$ é mediana relativa à base;

  $\overline{AM}$ é bissetriz interna de $B\hat{A}C$;

  $\overline{AM}$ é altura relativa à base.

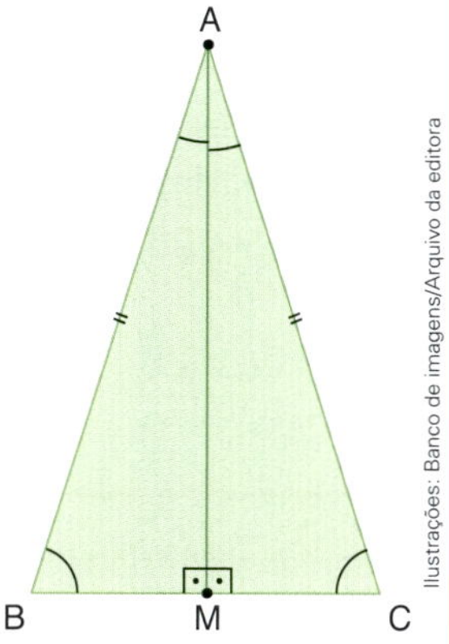

Ilustrações: Banco de imagens/Arquivo da editora

- Como o triângulo equilátero é um caso particular de triângulo isósceles, em um **triângulo equilátero** ABC, como representado ao lado, a mediana $\overline{AM}$ também é a altura e a bissetriz. O mesmo ocorre com $\overline{BN}$ e com $\overline{CP}$:

  $\overline{AM}$ é mediana;

  $\overline{AM}$ é bissetriz interna;

  $\overline{AM}$ é altura.

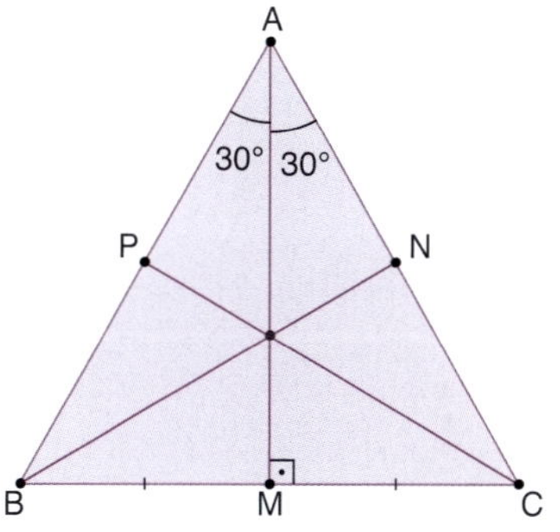

Exercício resolvido

5. No triângulo equilátero representado a seguir, **H** é o ortocentro. Determine α.

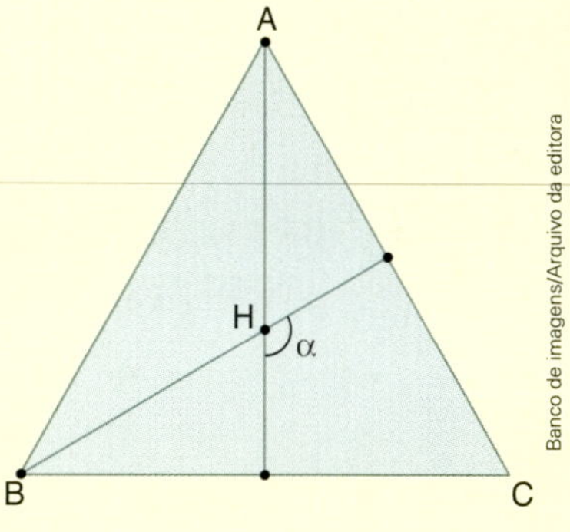

Banco de imagens/Arquivo da editora

Solução:

1º modo

Como **H** é ortocentro, $\overline{AH} \perp \overline{BC}$ e $\overline{BH} \perp \overline{AC}$.

O $\triangle ABC$ é equilátero, então med($A\hat{C}B$) = 60°. Traçando o segmento $\overline{CH}$, como na figura ao lado, obtemos o triângulo retângulo ICH. A semirreta $\overrightarrow{CH}$ é bissetriz do ângulo $I\hat{C}J$, então med($I\hat{C}H$) = = med($J\hat{C}H$) = 30°.

Como $\triangle CIH \equiv \triangle CJH$ pelo caso LAL, temos no $\triangle ICH$:

$$30° + \frac{\alpha}{2} + 90° = 180° \Rightarrow \frac{\alpha}{2} = 60° \Rightarrow \alpha = 120°$$

2º modo

Sabendo que a soma das medidas dos ângulos internos de um quadrilátero é igual a 360°, temos em ICJH:

$90° + 90° + \alpha + 60° = 360° \Rightarrow \alpha = 120°$

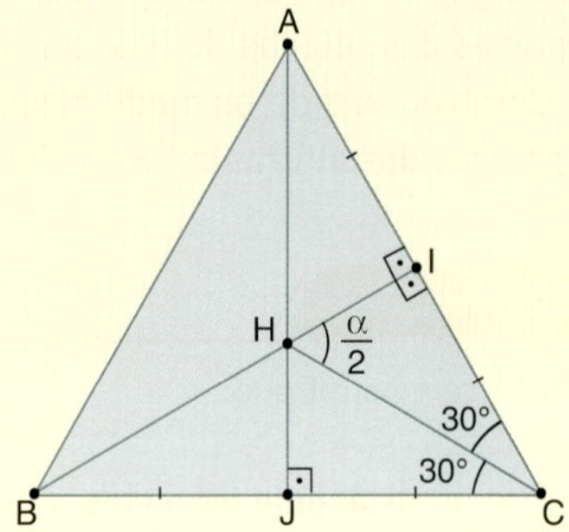

Banco de imagens/Arquivo da editora

Exercícios

1. Nas figuras seguintes, $\overline{AM}$ é mediana do triângulo retângulo ABC. Determine **x**.

a)

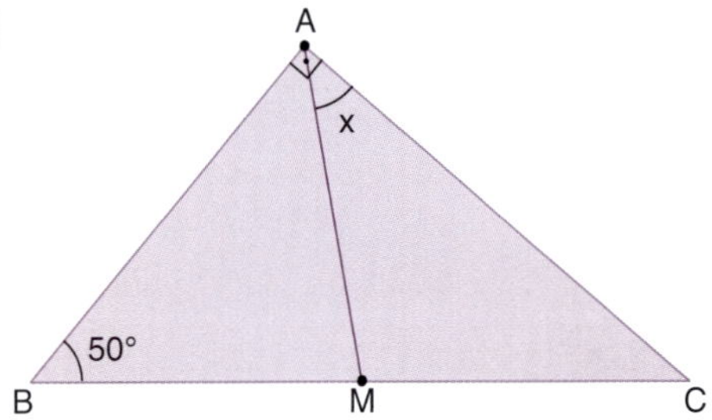

Banco de imagens/Arquivo da editora

b)

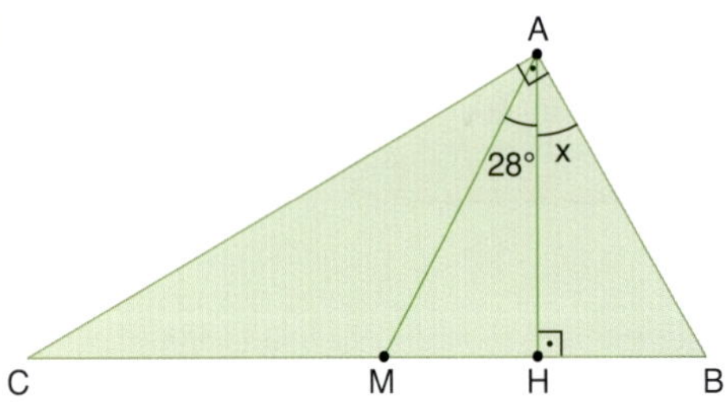

Banco de imagens/Arquivo da editora

2. Em um triângulo retângulo, a altura e a mediana relativas à hipotenusa determinam um ângulo de medida 26°.

Determine as medidas dos dois ângulos agudos desse triângulo.

3. No triângulo retângulo ABC abaixo, $\overline{BH}$ é altura e $\overline{BD}$ é mediana. Determine α.

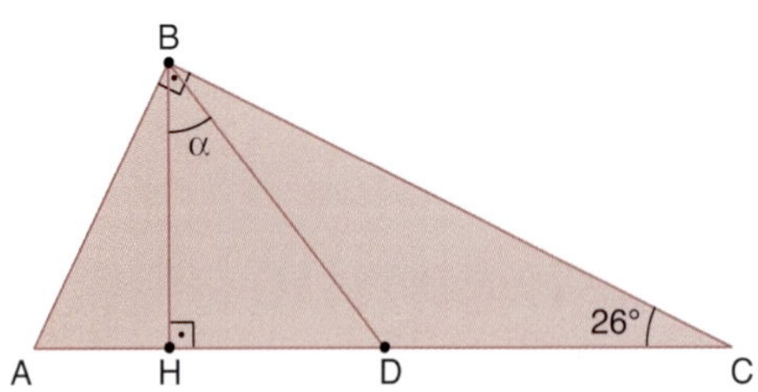

Banco de imagens/Arquivo da editora

4. No triângulo abaixo, a hipotenusa mede 36 cm e $\overline{AM}$ é mediana relativa a $\overline{BC}$.

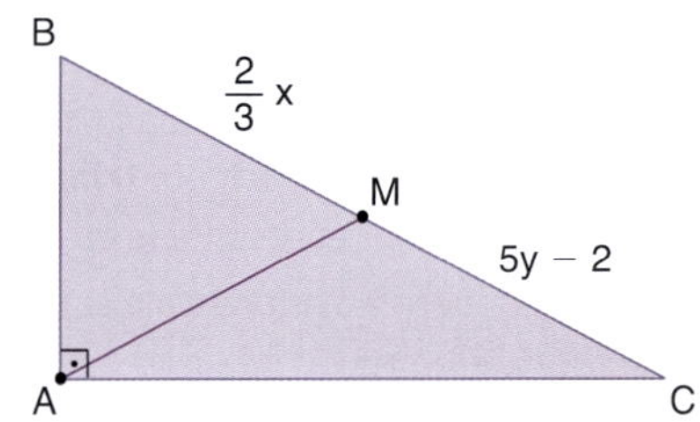

Banco de imagens/Arquivo da editora

Determine:

a) **x** e **y**;

b) a medida de $\overline{AM}$.

5. Na figura abaixo, **G** é baricentro do triângulo ABC.

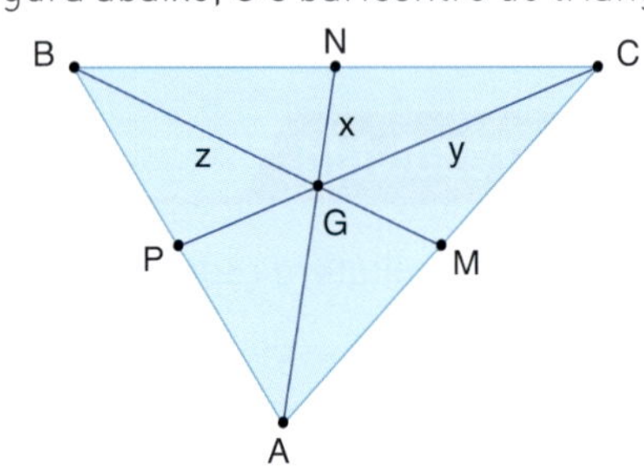

Banco de imagens/Arquivo da editora

Sabendo que AG = 12 cm, PG = 8 cm e BM = = 27 cm, determine os valores de **x**, **y** e **z**.

6. No paralelogramo ABCD, **M** é ponto médio de $\overline{AB}$.

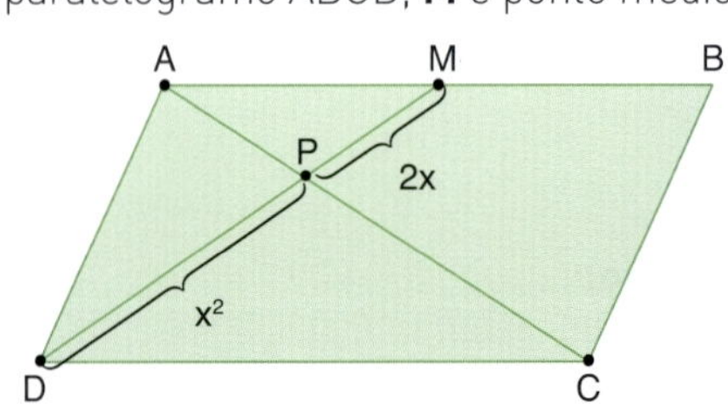

Banco de imagens/Arquivo da editora

Determine a medida de $\overline{DM}$.

7. Seja **H** o ortocentro de um triângulo ABC. O ângulo $B\hat{H}C$ mede 140°. Qual é a medida do ângulo $\hat{A}$?

8. O ponto **G** é o baricentro do triângulo ABC ao lado.

As medidas dos segmentos $\overline{CG}$, $\overline{GN}$, $\overline{AG}$ e $\overline{GM}$ são expressas, respectivamente, por $3y - 1$, $2x$, $5x$ e $y + 2$. Determine $x + y$.

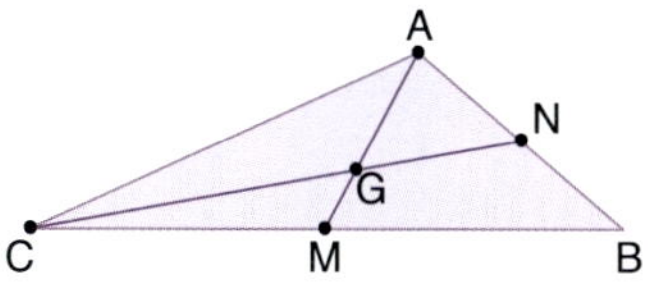

Banco de imagens/Arquivo da editora

9. No triângulo PMN, o ângulo $\hat{N}$ mede 30°. Sendo **I** o incentro do triângulo, determine a medida do ângulo $P\hat{I}M$.

10. Em um triângulo isósceles de base $\overline{BC}$, o ângulo do vértice mede 40°. Determine as medidas dos ângulos formados pela bissetriz de $\hat{B}$ e pela mediana relativa à base $\overline{BC}$.

11. Observe o triângulo ABC ao lado.

As medidas, em centímetros, dos lados $\overline{AB}$, $\overline{AC}$ e $\overline{BC}$ são, respectivamente, $x - 3$, $\frac{3}{2}x$ e $x + 5$. Determine a medida de $\overline{AM}$, sabendo que **M** é ponto médio de $\overline{BC}$.

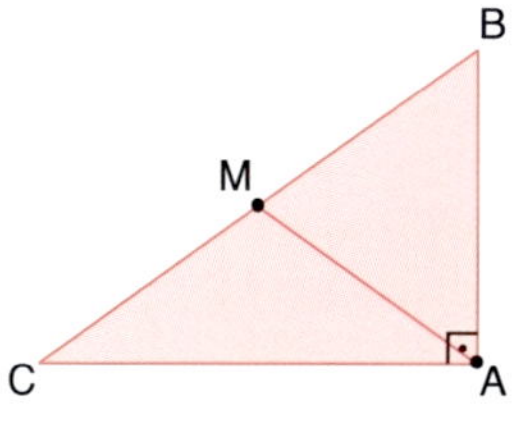

Banco de imagens/Arquivo da editora

12. As bissetrizes internas dos ângulos $\hat{B}$ e $\hat{C}$ de um triângulo ABC formam um ângulo de medida 122°. Determine a medida do menor ângulo formado pelas alturas relativas aos lados $\overline{AB}$ e $\overline{AC}$ desse triângulo.

13. Em um triângulo retângulo ABC, de hipotenusa $\overline{BC}$, a mediatriz de $\overline{AB}$ forma com a bissetriz de $\hat{C}$ um ângulo que mede 148°. Quanto mede o ângulo $\hat{B}$?

14. No paralelogramo ABCD a seguir, **N** é ponto médio de $\overline{CD}$.

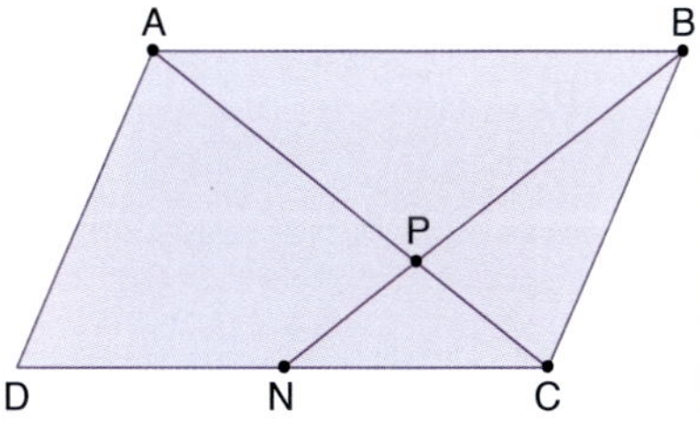

Banco de imagens/Arquivo da editora

Sabendo que AP = 6 cm, determine a medida da diagonal $\overline{AC}$.

15. Os ângulos $\hat{A}$ e $\hat{B}$ de um triângulo ABC medem, respectivamente, 70° e 60°. Sejam $\overline{AM}$, $\overline{BN}$ e $\overline{CP}$ as alturas desse triângulo e **H** o seu ortocentro. Determine as medidas dos ângulos:

a) $M\hat{H}N$;

b) $M\hat{H}P$;

c) $N\hat{H}P$.

16. Na figura a seguir, ABDC é um retângulo e ABM é um triângulo equilátero de área $81\sqrt{3}$ cm². Sabendo que CM = DM, determine a medida de $\overline{PM}$.

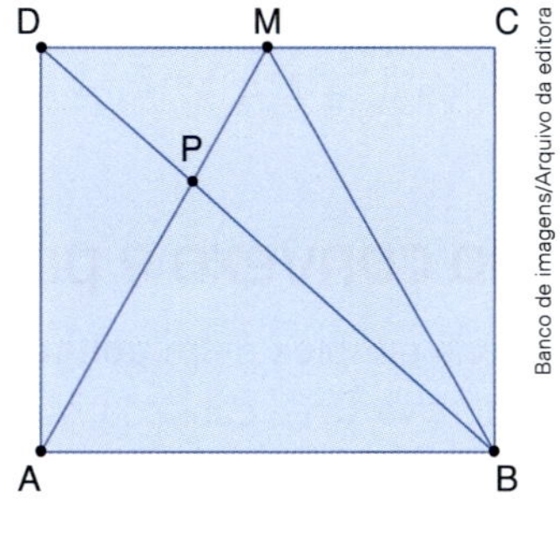

Banco de imagens/Arquivo da editora

Polígonos

No volume anterior, abordamos o cálculo da área de polígonos regulares e alguns de seus elementos notáveis. Agora, complementaremos esse assunto.

Definição de polígonos

Considere a sequência $(A_1, A_2, ..., A_n)$ de **n** pontos distintos de um plano, com $n \geqslant 3$, em que três pontos consecutivos não são colineares. Considerando-se consecutivos $\mathbf{A_{n-1}}$, $\mathbf{A_n}$ e $\mathbf{A_1}$, assim como $\mathbf{A_n}$, $\mathbf{A_1}$ e $\mathbf{A_2}$, chama-se polígono à reunião dos segmentos $\overline{A_1A_2}$, $\overline{A_2A_3}$, ..., $\overline{A_{n-1}A_n}$, $\overline{A_nA_1}$.

Indicaremos o polígono por $A_1A_2A_3...A_{n-1}A_n$.

$$A_1A_2A_3...A_{n-1}A_n = \overline{A_1A_2} \cup \overline{A_2A_3} \cup ... \cup \overline{A_{n-1}A_n} \cup \overline{A_nA_1}$$

Exemplos:

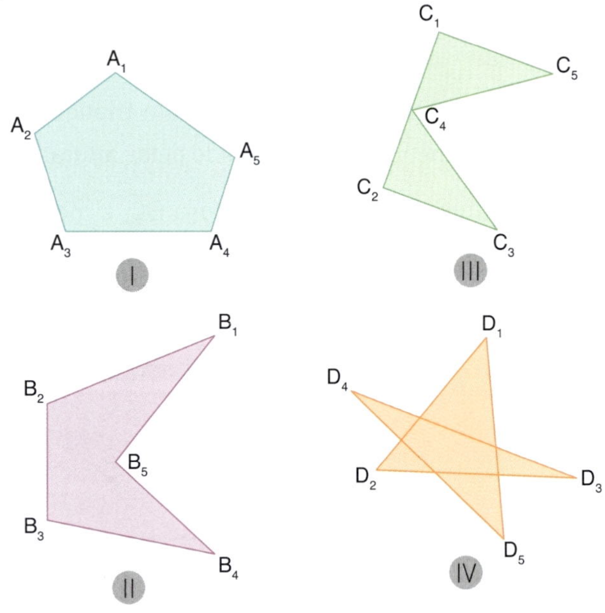

Ilustrações: Banco de imagens/Arquivo da editora

Nas figuras, $A_1A_2A_3A_4A_5$, $B_1B_2B_3B_4B_5$, $C_1C_2C_3C_4C_5$ e $D_1D_2D_3D_4D_5$ são polígonos. Nos casos I e II, o polígono é dito **simples**: é aquele em que dois lados consecutivos não se intersectam; nos casos III e IV, os polígonos **não são simples**, sendo também conhecidos como polígonos estrelados ou entrelaçados.

Elementos

Considerando o polígono $A_1A_2A_3...A_{n-1}A_n$, temos:

- os pontos $\mathbf{A_1}$, $\mathbf{A_2}$, $\mathbf{A_3}$, ..., $\mathbf{A_{n-1}}$, $\mathbf{A_n}$ são os vértices do polígono;
- os segmentos $\overline{A_1A_2}$, $\overline{A_2A_3}$, ..., $\overline{A_{n-1}A_n}$, $\overline{A_nA_1}$ são os lados do polígono;
- os ângulos $\hat{A}_1 = A_n\hat{A}_1A_2$, $\hat{A}_2 = A_1\hat{A}_2A_3$, ..., $\hat{A}_n = A_{n-1}\hat{A}_nA_1$ são os ângulos do polígono.

Polígono convexo e polígono côncavo

Um polígono simples é um **polígono convexo** se, e somente se, a reta determinada por dois vértices consecutivos quaisquer deixa os outros $(n - 2)$ vértices em um mesmo semiplano (dos dois que ele determina).

Um polígono não convexo é chamado de **polígono côncavo**.

EXEMPLO 2

Dados os polígonos a seguir, temos:

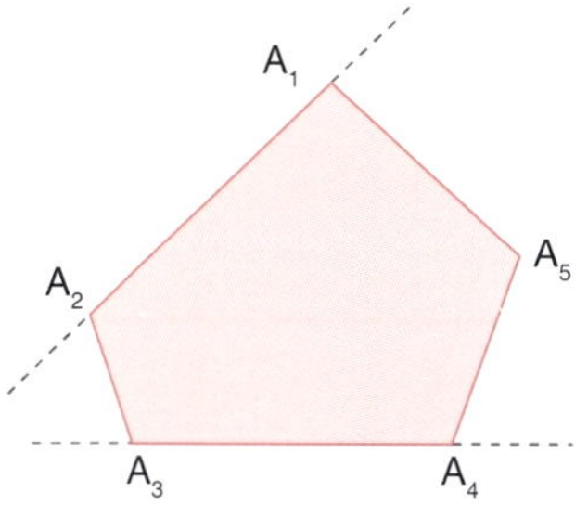

$A_1A_2A_3A_4A_5$ é polígono convexo.

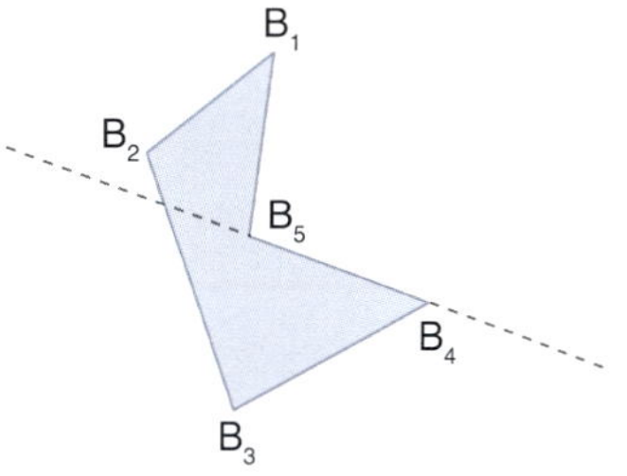

$B_1B_2B_3B_4B_5$ é polígono côncavo.

Ilustrações: Banco de imagens/Arquivo da editora

Nomenclatura

Os nomes dos polígonos são dados em função do número **n** de lados que o polígono possui.

Veja alguns exemplos:

Número de lados (n)	Nome do polígono
3	triângulo
4	quadrilátero
5	pentágono
6	hexágono
10	decágono
20	icoságono

Polígono regular

Um polígono convexo é regular se, e somente se, tem todos os lados congruentes (é equilátero) e todos os ângulos congruentes (equiângulo).

Exemplos:

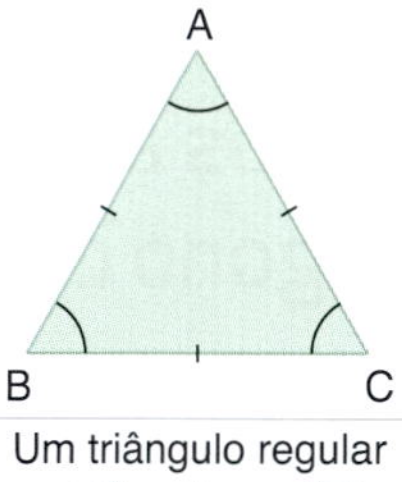

Um triângulo regular é um triângulo equilátero.

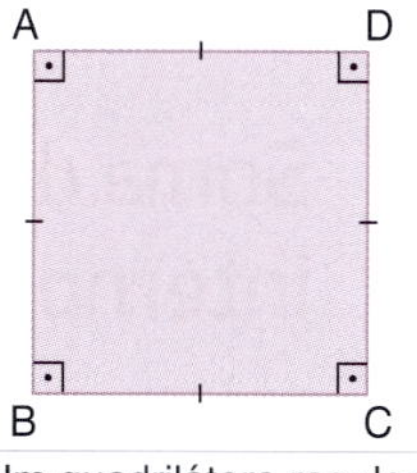

Um quadrilátero regular é um quadrado.

Ilustrações: Banco de imagens/Arquivo da editora

Dos hexágonos seguintes, apenas o III é regular:

I

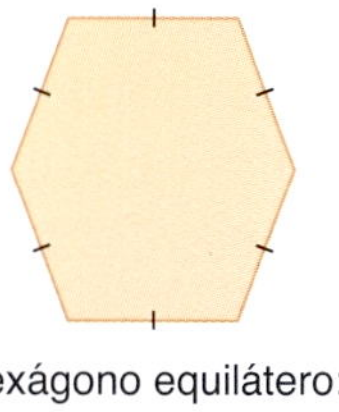

hexágono equilátero: 6 lados congruentes

II

hexágono equiângulo: 6 ângulos congruentes

III

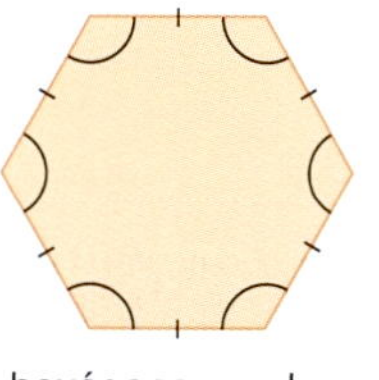

hexágono regular: 6 lados e 6 ângulos congruentes

Ilustrações: Banco de imagens/Arquivo da editora

Diagonais de um polígono

Uma **diagonal de um polígono** é um segmento cujas extremidades são vértices não consecutivos do polígono.

No pentágono a seguir, $\overline{AC}$, $\overline{AD}$, $\overline{BD}$, $\overline{BE}$ e $\overline{CE}$ são diagonais.

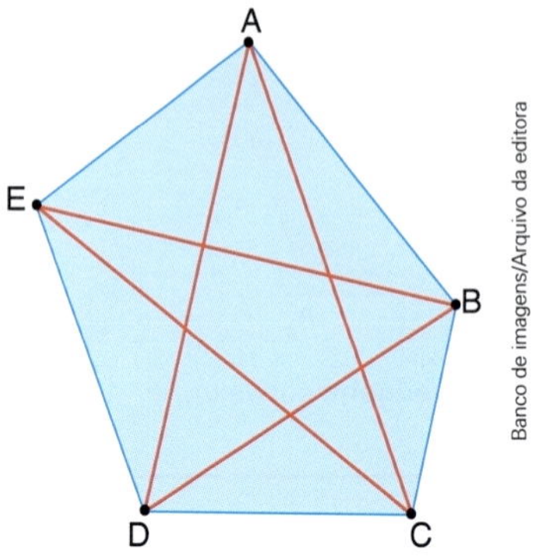

Propriedade

O número **d** de diagonais de um polígono de **n** lados ($n \geq 3$) é dado por:

$$d = \frac{n \cdot (n-3)}{2}$$

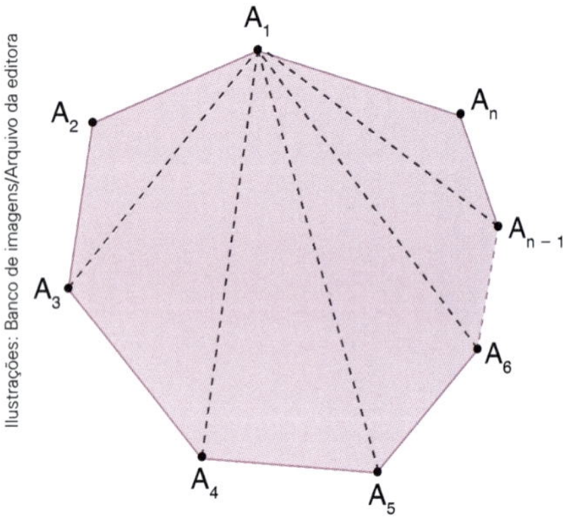

Seja $A_1A_2A_3...A_n$ um polígono de **n** lados.

De um vértice $\mathbf{A_1}$, conduzimos todas as diagonais que têm esse vértice como extremo. Temos $(n - 3)$ diagonais, pois não podemos "ligar" $\mathbf{A_1}$ com $\mathbf{A_1}$, $\mathbf{A_1}$ com $\mathbf{A_2}$ nem $\mathbf{A_1}$ com $\mathbf{A_n}$. Então, com **n** vértices, temos $n \cdot (n - 3)$ diagonais. Porém, cada diagonal está sendo contada duas vezes, pois uma diagonal tem extremidades em 2 vértices.

Logo, o número **d** de diagonais é:

$$d = \frac{n \cdot (n-3)}{2}$$

Soma das medidas dos ângulos internos de um polígono convexo

A soma $\mathbf{S_i}$ das medidas dos ângulos internos de um polígono convexo de **n** lados é $S_i = (n - 2) \cdot 180°$.

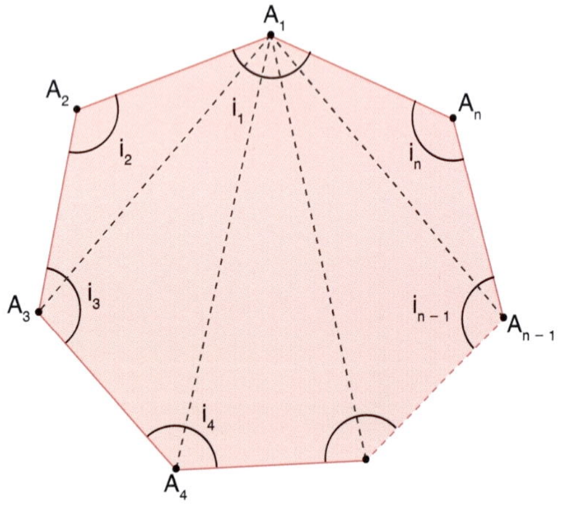

Justificativa:

Seja $A_1A_2A_3...A_n$ um polígono convexo de **n** lados.

De um vértice qualquer conduzimos todas as diagonais que têm esse vértice como extremo. O polígono fica então dividido em $(n - 2)$ triângulos, e a soma $\mathbf{S_i}$ das medidas dos ângulos internos do polígono, $i_1 + i_2 + i_3 + ... + i_n$, é igual à soma dos ângulos internos dos $(n - 2)$ triângulos.

Logo, $S_i = (n - 2) \cdot 180°$.

Soma das medidas dos ângulos externos de um polígono convexo

Ângulo externo de um polígono convexo é um ângulo suplementar adjacente a um ângulo (interno) do polígono.

A soma $\mathbf{S_e}$ das medidas dos ângulos externos de um polígono convexo é igual a 360°.

Seja $A_1A_2A_3...A_n$ um polígono convexo de **n** lados.

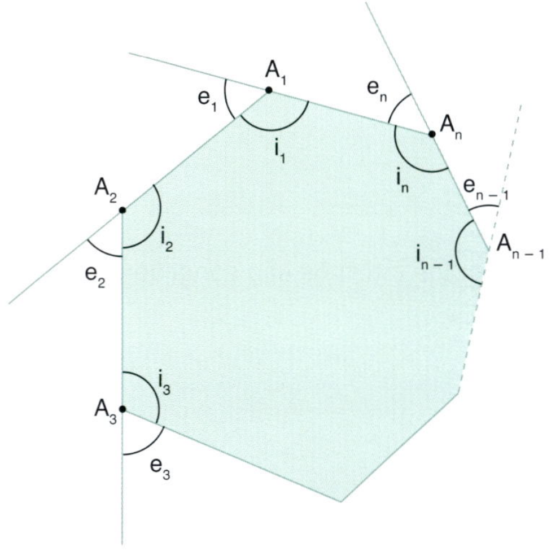

Banco de imagens/Arquivo da editora

Considerando os ângulos externos $\mathbf{e_1}$, $\mathbf{e_2}$, $\mathbf{e_3}$, ..., $\mathbf{e_n}$ e seus respectivos ângulos internos $\mathbf{i_1}$, $\mathbf{i_2}$, $\mathbf{i_3}$, ..., $\mathbf{i_n}$, temos:

$$\left.\begin{array}{l} e_1 + i_1 = 180° \\ e_2 + i_2 = 180° \\ e_3 + i_3 = 180° \\ \vdots \\ e_n + i_n = 180° \end{array}\right\} \text{adicionando membro a membro as } \mathbf{n} \text{ igualdades}$$

$$S_e + S_i = n \cdot 180°$$

Substituindo $\mathbf{S_i}$ por $(n - 2) \cdot 180°$, obtemos:

$$S_e + (n - 2) \cdot 180° = n \cdot 180°$$

$$S_e + n \cdot 180° - 360° = n \cdot 180°$$

$$S_e = 360°$$

Exercícios resolvidos

6. Em um polígono convexo, o número de diagonais é o triplo do número de lados. Determine a soma das medidas dos ângulos internos desse polígono.

Solução:

Como $d = 3n$, temos:

$$d = \frac{n(n-3)}{2} \Rightarrow 3n = \frac{n \cdot (n-3)}{2} \Rightarrow n - 3 = 6 \Rightarrow n = 9 \text{ (eneágono)}$$

$$S_i = (n - 2) \cdot 180° = (9 - 2) \cdot 180° = 1\,260°$$

7. Em um polígono regular, o ângulo externo mede $\frac{1}{8}$ da medida do ângulo interno. Quantas diagonais possui esse polígono?

Solução:

1º modo

Pelo enunciado, $a_e = \frac{1}{8}a_i$.

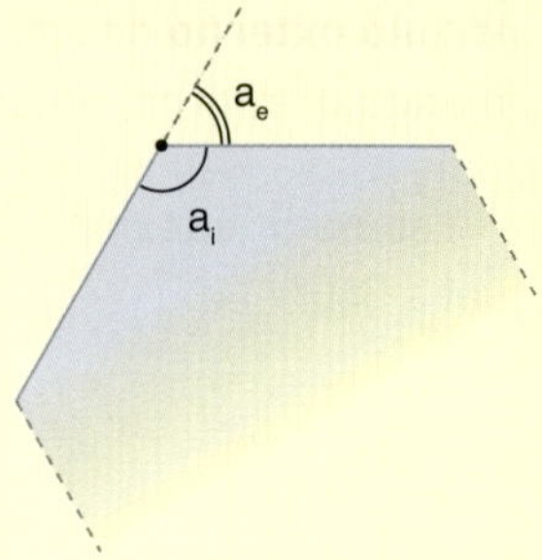

Banco de imagens/Arquivo da editora

Como $a_e + a_i = 180°$, temos: $\frac{1}{8}a_i + a_i = 180° \Rightarrow a_i = 160°$

Então, $a_e = 20°$.

Se o polígono é regular, todos os ângulos externos são congruentes.

Como $S_e = 360°$, temos:

$n \cdot a_e = 360° \Rightarrow n \cdot 20° = 360° \Rightarrow n = 18$

O número de diagonais é $\frac{18 \cdot 15}{2} = 135$.

2º modo

Podemos também considerar que todos os ângulos internos são congruentes. Assim, temos:

$n \cdot 160° = (n - 2) \cdot 180° \Rightarrow n = 18$

Exercícios

17. Determine a soma das medidas dos ângulos internos de um polígono convexo de:

a) 10 lados
b) 7 lados

18. Determine a medida do ângulo interno e do ângulo externo de um polígono regular com:

a) 6 lados
b) 15 lados
c) 20 diagonais

19. Determine o número de diagonais de um:

a) dodecágono;
b) heptágono;
c) polígono convexo cuja soma das medidas dos ângulos internos é igual a 3 240°;
d) polígono regular cujo ângulo interno mede 165°.

20. Em cada caso, determine o valor de **x**.

a)

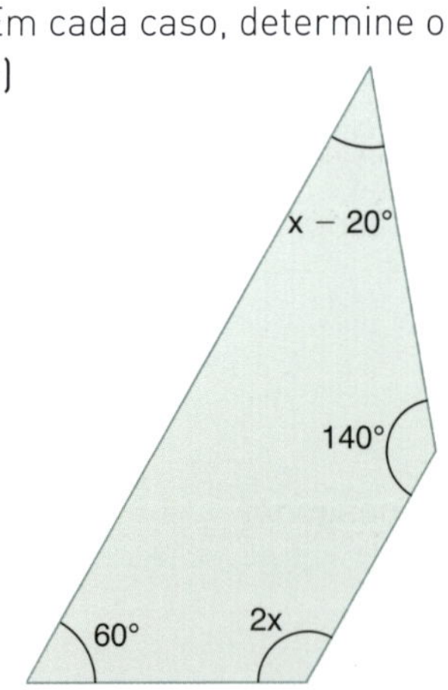

Banco de imagens/Arquivo da editora

b)

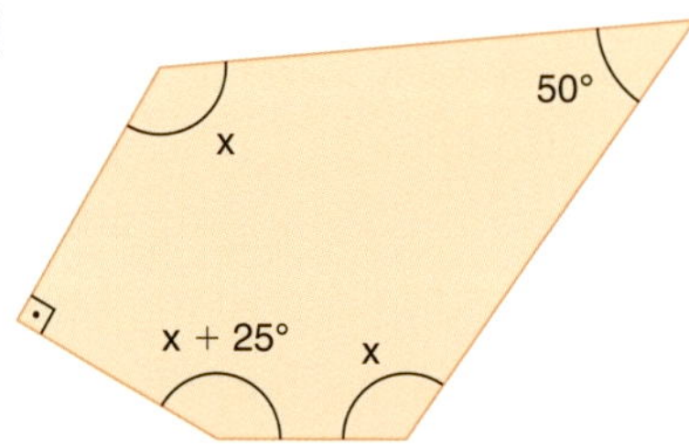

c)

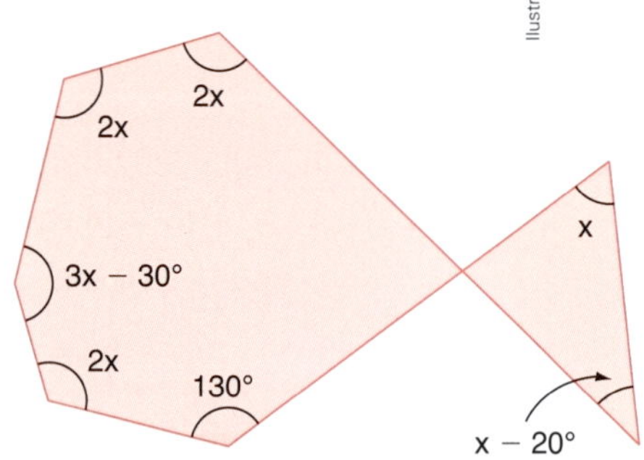

Ilustrações: Banco de imagens/Arquivo da editora

d)

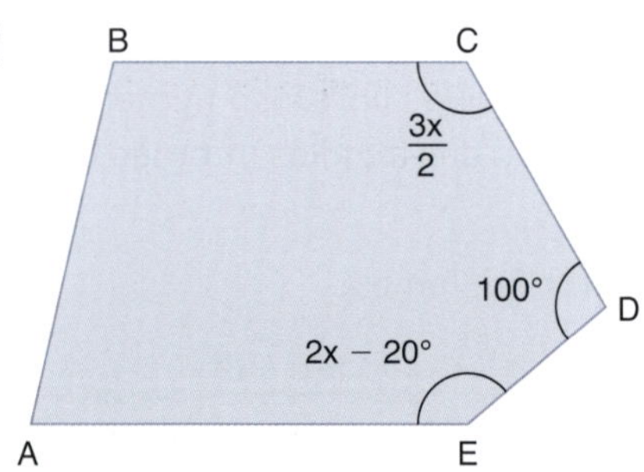

$\overline{BC} // \overline{AE}$

21. Em cada item, **P** é ponto de encontro de duas bissetrizes internas do polígono. Determine o valor de **x**.

a)

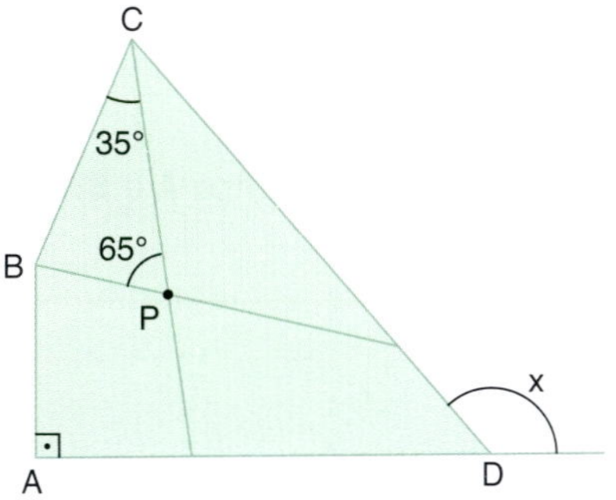

b)

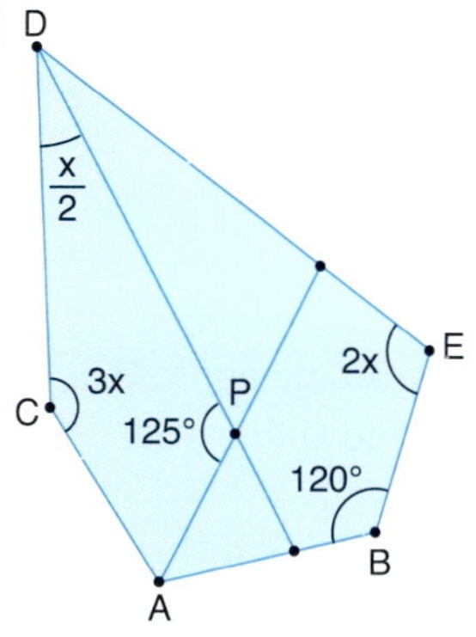

Ilustrações: Banco de imagens/Arquivo da editora

22. Determine o polígono convexo em que a razão entre o número de diagonais e o número de lados é igual a $\frac{15}{2}$.

23. A medida do ângulo externo de um polígono regular é $\frac{2}{13}$ da medida de seu ângulo interno. Quantas diagonais tem esse polígono?

24. Determine a medida do ângulo obtuso formado pelas mediatrizes de dois lados consecutivos de um pentágono regular.

25. Na figura, ABCD... é um polígono regular. As semirretas $\overrightarrow{BP}$ e $\overrightarrow{CP}$ são bissetrizes e o ângulo $B\hat{P}C$ mede a quinta parte da medida do ângulo interno do polígono.

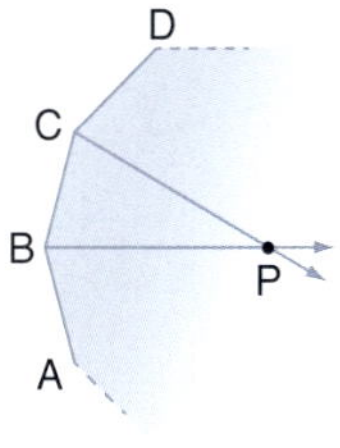

Banco de imagens/Arquivo da editora

Determine o número de diagonais desse polígono.

26. Na figura, ABCDE é um pentágono regular e DEFGHI é um hexágono regular.

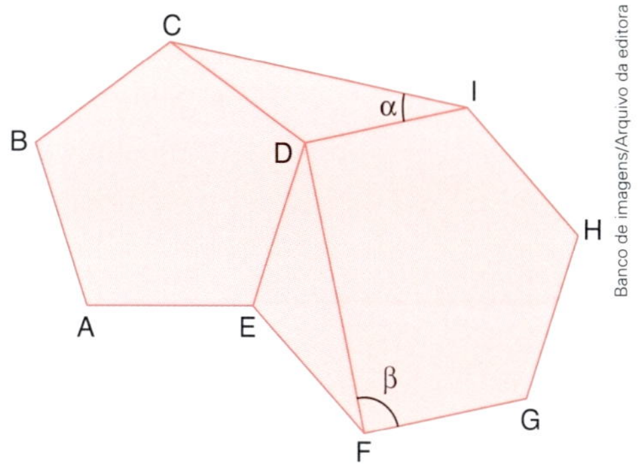

Banco de imagens/Arquivo da editora

Determine α e β.

27. De um vértice de um polígono regular saem 17 diagonais. Qual é a medida de seu ângulo interno?

28. Qual é o polígono convexo cujo número de diagonais é o quádruplo do número de lados?

29. Dois polígonos convexos têm **n** e n + 3 lados. A soma do número de diagonais desses polígonos é 64. Qual é o valor de **n**?

30. Os números de lados de três polígonos regulares constituem uma progressão aritmética de razão 3. Sabendo que a soma das medidas dos ângulos internos desses polígonos é 3 780°, determine a medida do ângulo externo do polígono que possui maior número de lados.

31. ABCDEF é um hexágono regular de perímetro 24 cm.

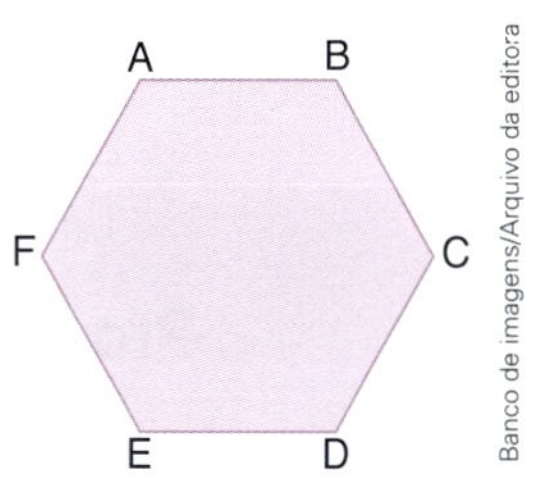

Banco de imagens/Arquivo da editora

Determine a área do triângulo ACE.

32. Se o triângulo ABP é equilátero e ABCDE é pentágono regular, determine a medida dos ângulos indicados em cada item.

a)

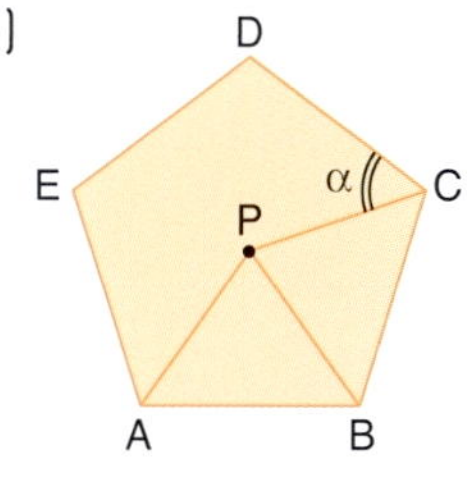

b)

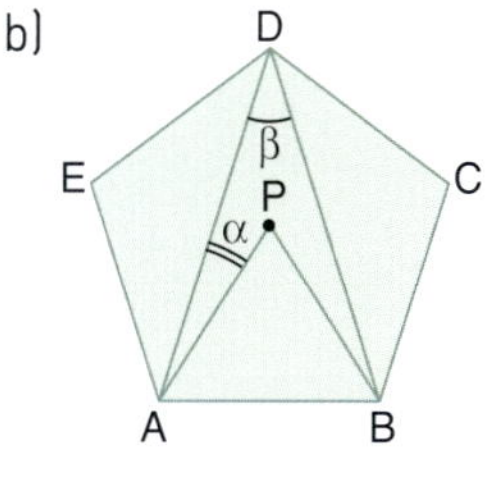

Ilustrações: Banco de imagens/Arquivo da editora

Circunferência e círculo

Posições relativas entre reta e circunferência

- Se uma reta intersecta uma circunferência em dois pontos distintos, dizemos que essa reta é **secante** à circunferência.

  Na figura, a reta **r** é secante à circunferência λ nos pontos **A** e **B**.

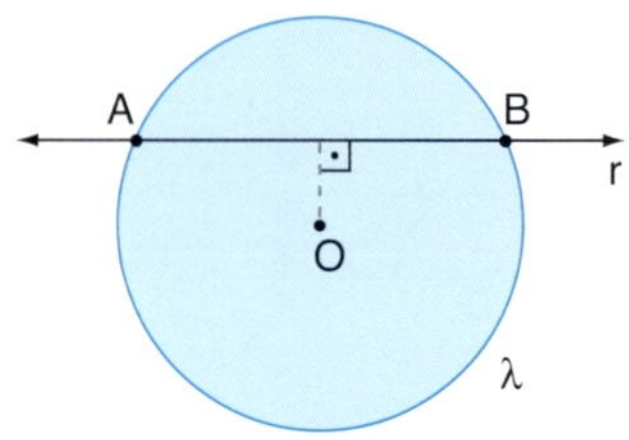

Banco de imagens/Arquivo da editora

$r \cap \lambda = \{A, B\}$

Nessa situação, a distância do centro da circunferência (ponto **O**) a **r** é menor que o raio de λ.

Propriedade

Seja **r** uma reta secante à circunferência λ, com centro no ponto **O**, tal que $O \notin r$ e $r \cap \lambda = \{A, B\}$. Se **M** é ponto médio de $\overline{AB}$, então $\overline{OM} \perp \overline{AB}$.

Demonstração:

Observe que:

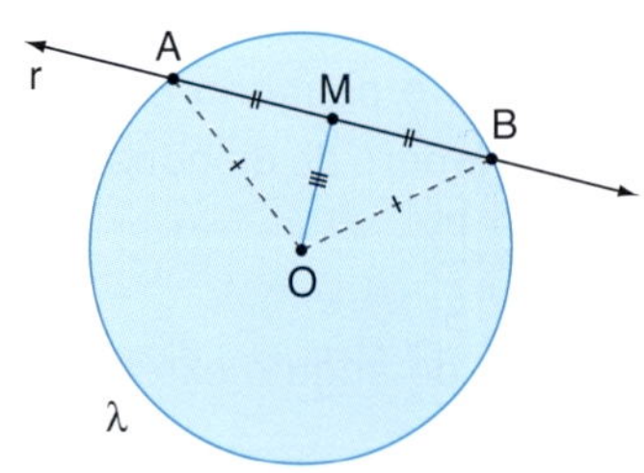

Banco de imagens/Arquivo da editora

$$\begin{cases} \overline{OA} \equiv \overline{OB} \text{ (raios)} \\ \overline{OM} \text{ é comum} \\ \overline{AM} \equiv \overline{BM} \text{ (M é ponto médio)} \end{cases}$$

Pelo caso LLL, temos $\triangle AMO \equiv \triangle BMO$.

Daí decorre que med $(A\hat{M}O)$ = med $(B\hat{M}O) = 90°$ e, assim, $\overline{OM} \perp \overline{AB}$.

Também é válida a recíproca dessa propriedade. Veja a seguir.

Propriedade

Seja uma reta **r** secante à circunferência λ, com centro no ponto **O**, tal que $O \notin r$ e $r \cap \lambda = \{A, B\}$.

Se $\overline{OM} \perp \overline{AB}$, então **M** é ponto médio de $\overline{AB}$.

Demonstração:

$$\begin{cases} \overline{OA} \equiv \overline{OB} \text{ (raios)} \\ A\hat{M}O \equiv B\hat{M}O \text{ (ângulos retos)} \\ \overline{OM} \text{ é comum} \end{cases}$$

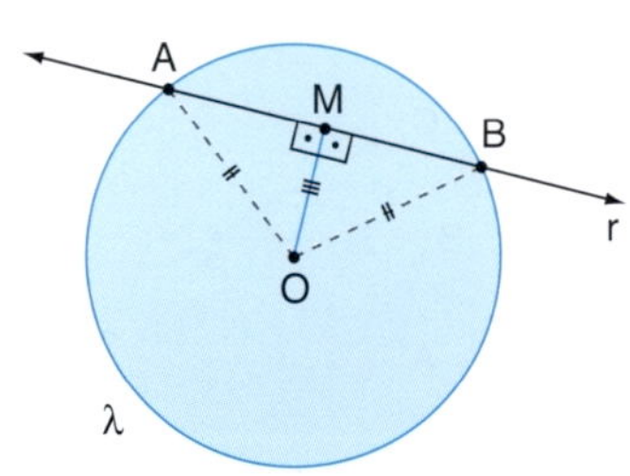

Banco de imagens/Arquivo da editora

Pelo caso especial de congruência de triângulos retângulos, temos $\triangle AMO \equiv \triangle BMO$. Portanto, $AM = BM$ e **M** é ponto médio de $\overline{AB}$.

- Se uma reta intersecta uma circunferência em um único ponto, dizemos que essa reta é **tangente** à circunferência.
  Na figura, a reta **r** é tangente à circunferência λ no ponto **T**.

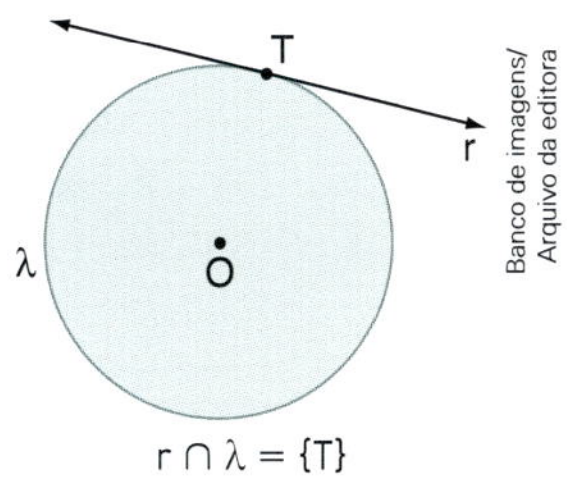

  Nessa situação, a distância do centro da circunferência (ponto **O**) a **r** é igual ao raio de λ.

Propriedade

Toda reta tangente a uma circunferência é perpendicular ao raio no ponto de tangência.

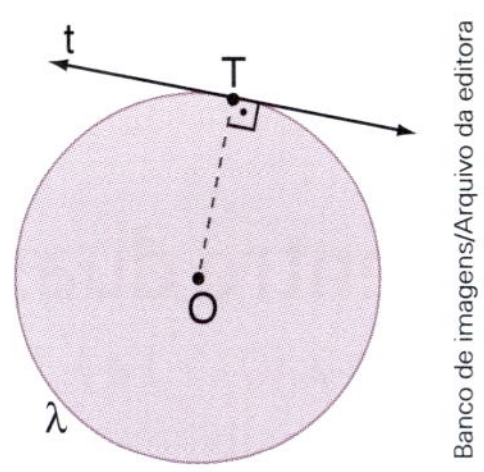

Demonstração:

Vamos supor, por absurdo, que **t** não fosse perpendicular ao raio $\overline{OT}$. Traçando por **O** a perpendicular a **t**, teríamos **M** e **T** pontos distintos. Tomando **X** em $\overleftrightarrow{TM}$ tal que TM = XM, teríamos:

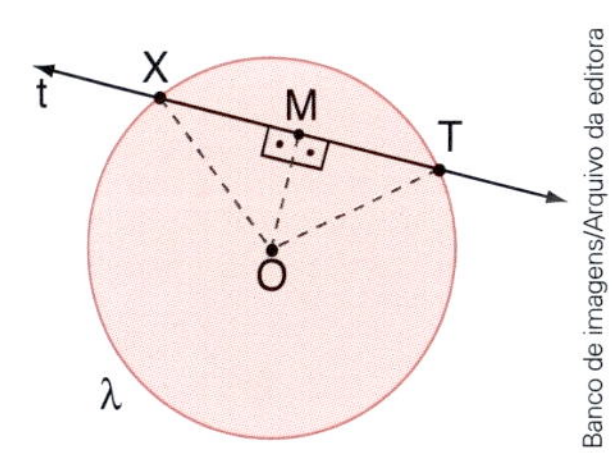

$$\begin{cases} \overline{OM} \text{ é comum} \\ \overline{OM} \perp \overline{TX} \\ \overline{TM} \equiv \overline{XM} \end{cases} \overset{\text{LAL}}{\Rightarrow} \triangle OMX \equiv \triangle OMT$$

Portanto, OX = OT, isto é, $\overline{OX}$ seria um raio de λ. Nesse caso, **X** pertenceria a λ e, assim, **t** intersectaria λ em dois pontos distintos: **T** e **X**, o que é absurdo, pois, por hipótese, **t** é tangente a λ.

A contradição veio do fato de termos suposto que **t** não fosse perpendicular ao raio $\overline{OT}$. Logo, devemos ter $t \perp \overline{OT}$ no ponto **T**.

- Se uma reta **r** não intersecta uma circunferência, dizemos que essa reta é **exterior** à circunferência.
  Na figura, a reta **r** é exterior à circunferência λ.

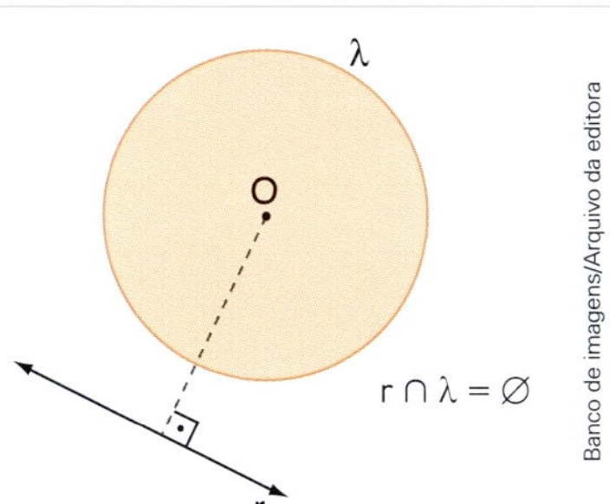

  Nessa situação, a distância do centro da circunferência (ponto **O**) a **r** é maior que o raio de λ.

Exercício resolvido

8. Determine **x** em cada caso.

a)

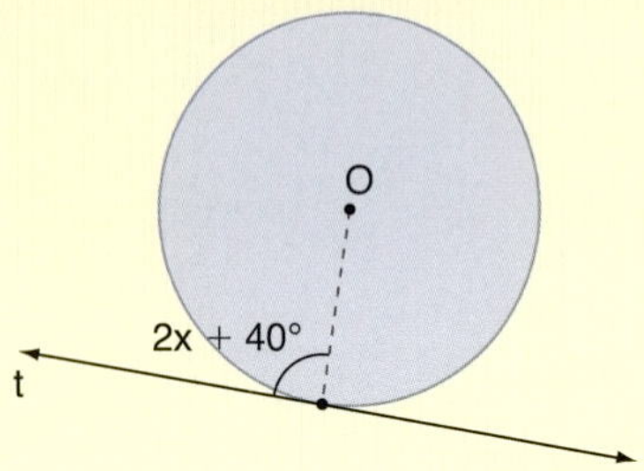

t é tangente à circunferência de centro **O**.

b)

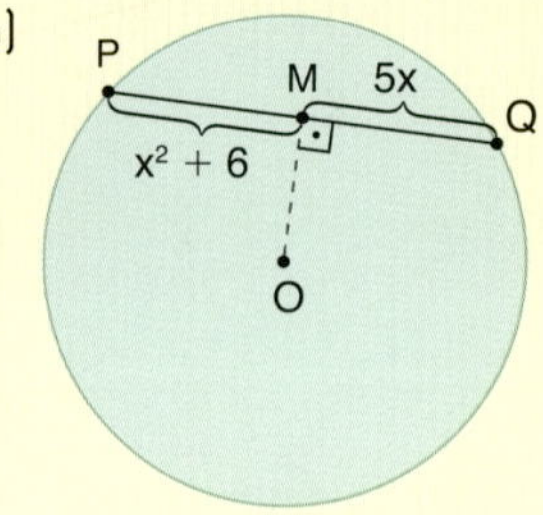

Ilustrações: Banco de imagens/Arquivo da editora

Solução:

a) Seja **T** o ponto de tangência; temos que $T \perp \overleftrightarrow{OT}$, isto é:

$$2x + 40° = 90° \Rightarrow x = 25°$$

b) Como $\overline{OM} \perp \overline{PQ}$, devemos ter PM = MQ, isto é:

$$x^2 + 6 = 5x \Rightarrow x^2 - 5x + 6 = 0 \Rightarrow x = 2 \text{ ou } x = 3$$

Posições relativas entre duas circunferências

Considere duas circunferências $\lambda_1(O_1, r_1)$ e $\lambda_2(O_2, r_2)$ com $r_1 > r_2$ e a distância **d** entre os centros $\mathbf{O}_1$ e $\mathbf{O}_2$. Há cinco possibilidades para λ_1 e λ_2:

Ilustrações: Banco de imagens/Arquivo da editora

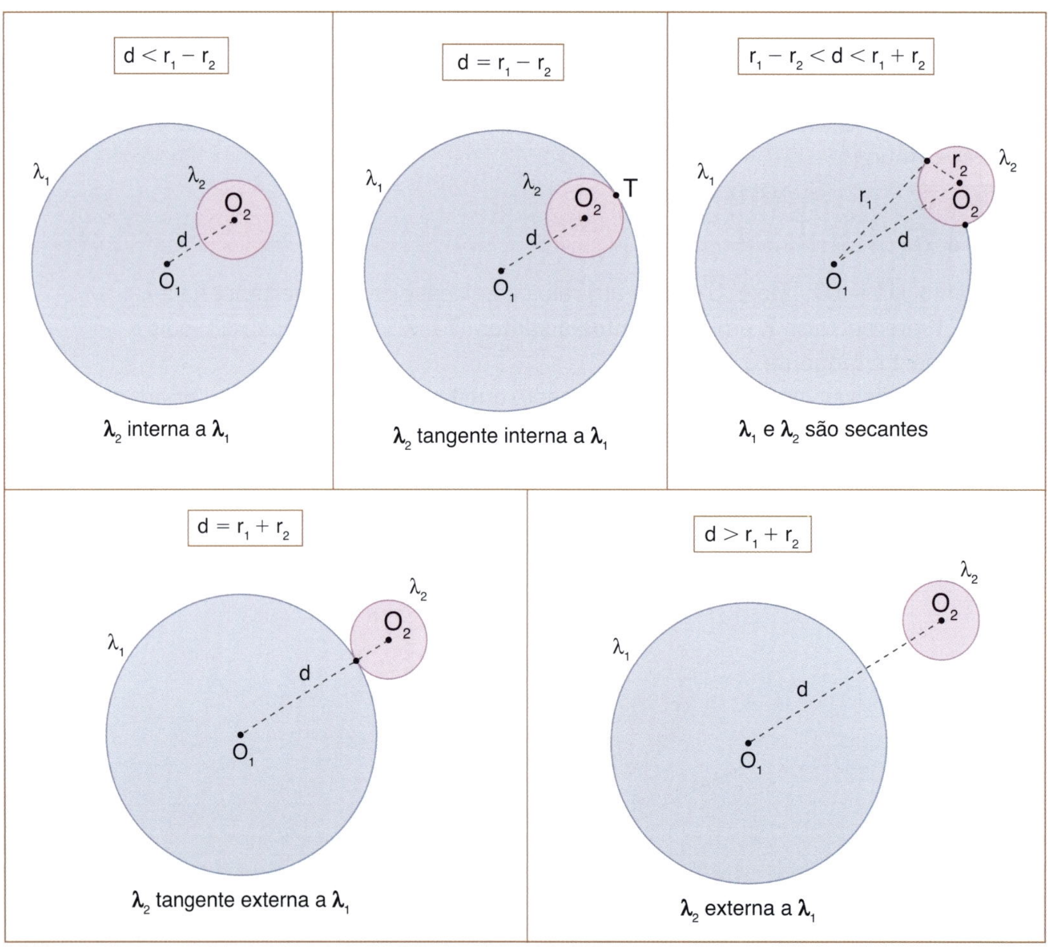

Segmentos tangentes

Propriedade

Seja **P** um ponto externo a uma circunferência λ. Traçando por **P** os segmentos $\overline{PA}$ e $\overline{PB}$, ambos tangentes a λ (com **A** e **B** pertencentes a λ), temos que PA = PB.

Demonstração:

Observe que:

- $\overleftrightarrow{PB} \perp \overline{OB}$
- $\overleftrightarrow{PA} \perp \overline{OA}$
- $\overline{OB} = \overline{OA}$ (raios)
- $\overline{OP}$ é lado comum

Pelo caso especial de congruência de triângulos retângulos, temos que $\triangle PBO \equiv \triangle PAO \Rightarrow PA = PB$.

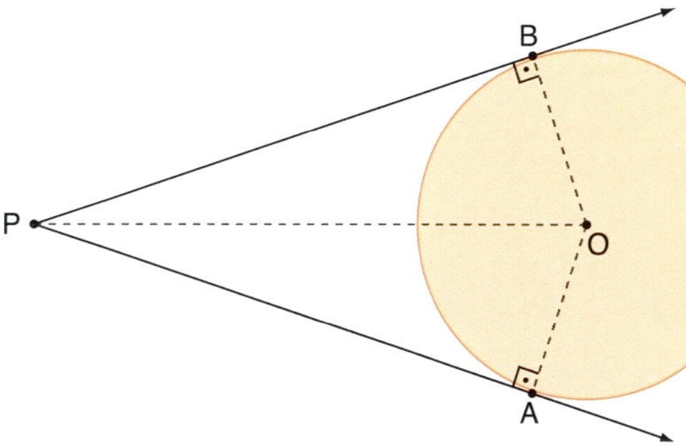

Banco de imagens/Arquivo da editora

Exercício resolvido

9. Na figura, $\mathbf{t_1}$, $\mathbf{t_2}$ e $\mathbf{t_3}$ são tangentes a λ. Determine, em centímetros, o valor de **x**.

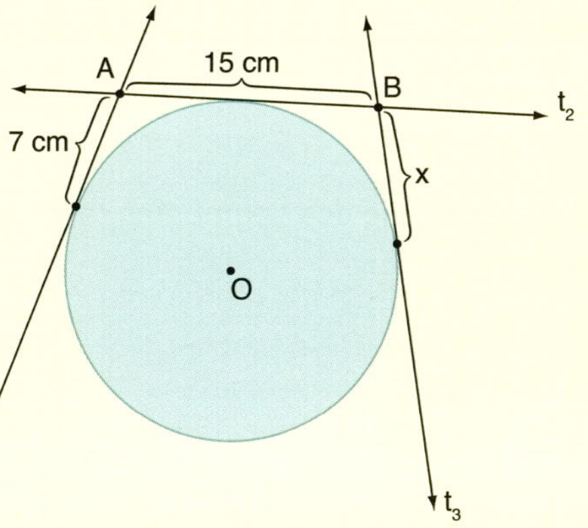

Banco de imagens/Arquivo da editora

Solução:

Dos segmentos tangentes à circunferência traçados pelos pontos **A** e **B**, decorre que:

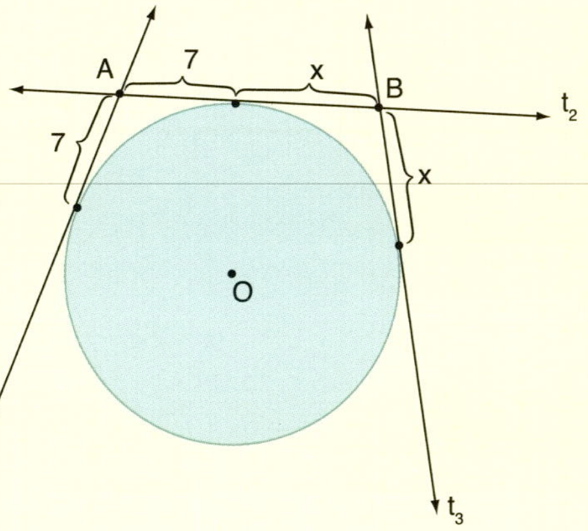

Banco de imagens/Arquivo da editora

Assim: $7 + x = 15 \Rightarrow x = 8$.

Portanto, **x** vale 8 cm.

Quadriláteros circunscritíveis

Dizemos que um quadrilátero convexo é **circunscrito** a uma circunferência ou, ainda, que o quadrilátero é **circunscritível**, se seus quatro lados são tangentes à circunferência.

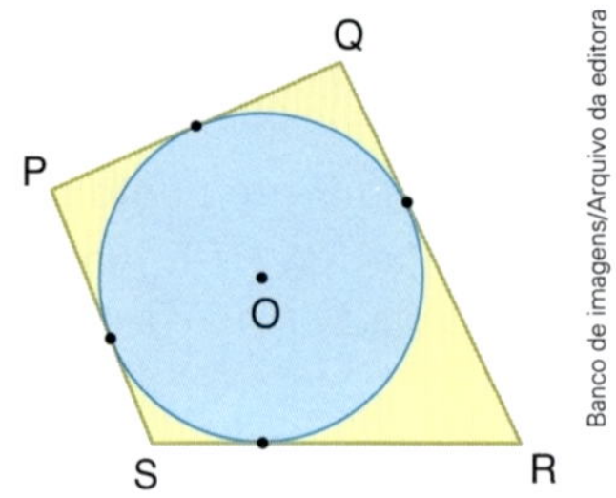

Propriedade

Em um quadrilátero circunscritível, a soma das medidas de dois lados opostos é igual à soma das medidas dos outros dois lados.

Demonstração:

Devemos provar que PQ + RS = PS + RQ.

Sejam $\mathbf{T_1}$, $\mathbf{T_2}$, $\mathbf{T_3}$ e $\mathbf{T_4}$ os pontos de tangência.

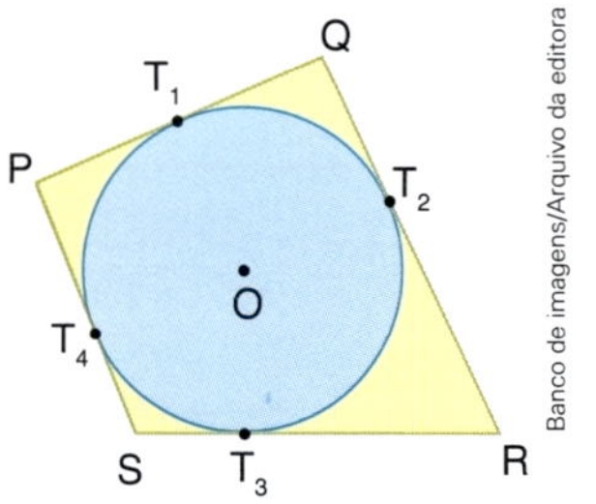

Pela propriedade dos segmentos tangentes, temos:

$$\begin{cases} PT_1 = PT_4 \\ QT_1 = QT_2 \\ RT_2 = RT_3 \\ ST_3 = ST_4 \end{cases}$$

$$PQ + RS = (PT_1 + QT_1) + (RT_3 + ST_3) = PT_4 + QT_2 + RT_2 + ST_4$$

$$= PS + QR$$

Exercício resolvido

10. Na figura ao lado, PQRS é um quadrilátero circunscritível. Determine:

a) o perímetro desse quadrilátero;

b) QT, sabendo que US = 8 cm.

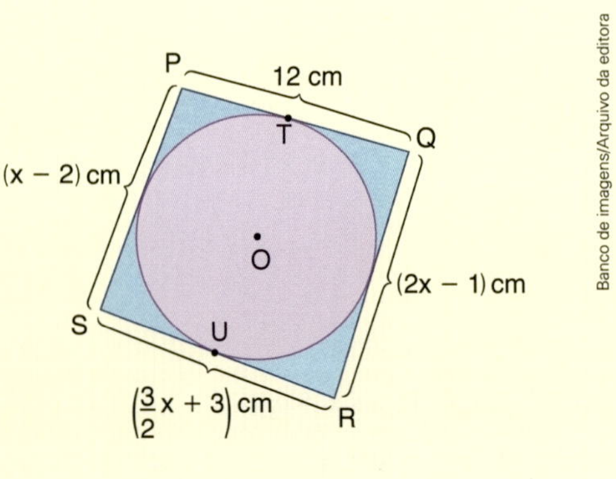

Solução:

a) Devemos ter: $12 + \left(\frac{3}{2}x + 3\right) = (x - 2) + (2x - 1)$

$$\frac{3x}{2} + 15 = 3x - 3 \Rightarrow 18 = \frac{3x}{2} \Rightarrow x = 12$$

Assim, QR = 23 cm, RS = 21 cm e PS = 10 cm.

O perímetro é 12 + 23 + 21 + 10 = 66. Portanto, o perímetro do quadrilátero PQRS é 66 cm.

b)

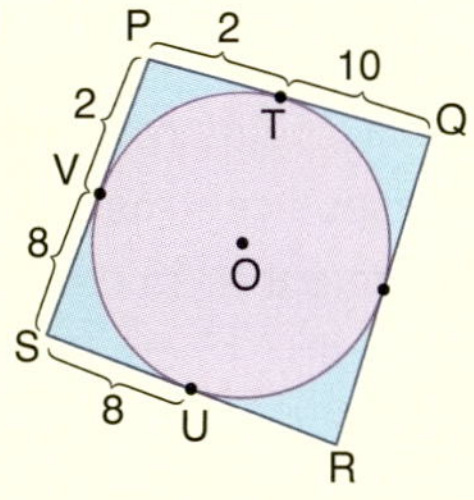

Banco de imagens/Arquivo da editora

Se US = 8 cm, temos que VS = 8 cm. Como PS = 10 cm, devemos ter PV = 2 cm. Daí, decorre que PT = 2 cm e, como PQ = 12 cm, QT = 10 cm.

Exercícios

33. Na circunferência de centro **O**, representada abaixo, as medidas de $\overline{AB}$ e $\overline{BC}$, em centímetros, são, respectivamente, 4x − 3 e 3x + 11. Determine, em metros, a medida da corda $\overline{AC}$.

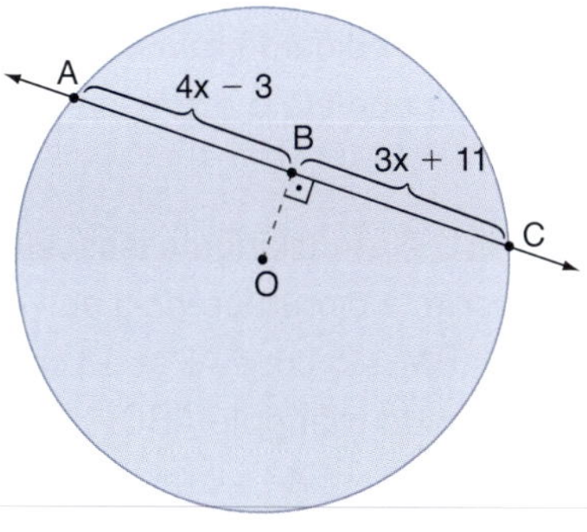

Banco de imagens/Arquivo da editora

34. Na figura, $\overline{PA}$ e $\overline{PB}$ são tangentes à circunferência de centro **O**.

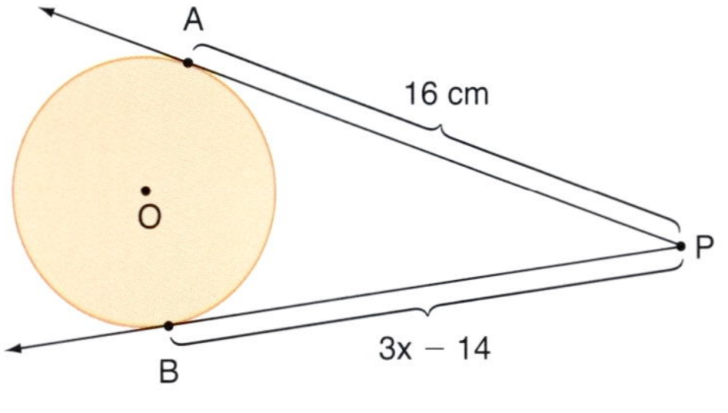

Banco de imagens/Arquivo da editora

Determine:

a) o valor de **x**;

b) a medida do ângulo OÂP.

35. Em cada caso, determine **x**, sabendo que **O** é o centro da circunferência λ.

a)

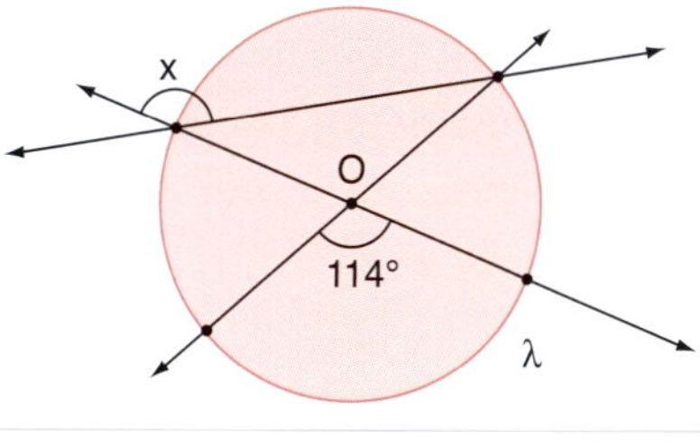

Banco de imagens/Arquivo da editora

b) A reta **t** é tangente a λ.

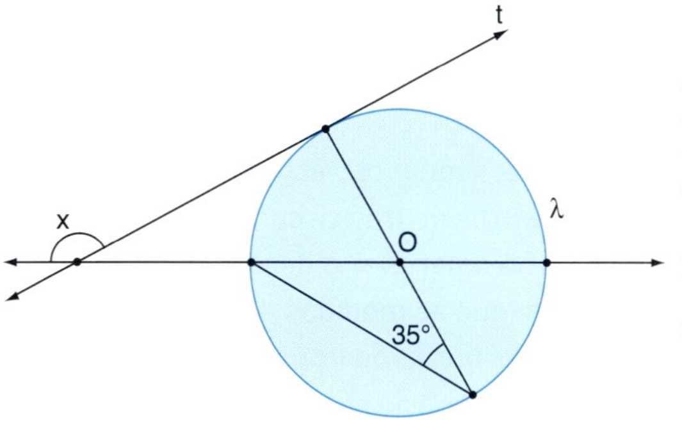

Banco de imagens/Arquivo da editora

c) A reta **t** é tangente a λ.

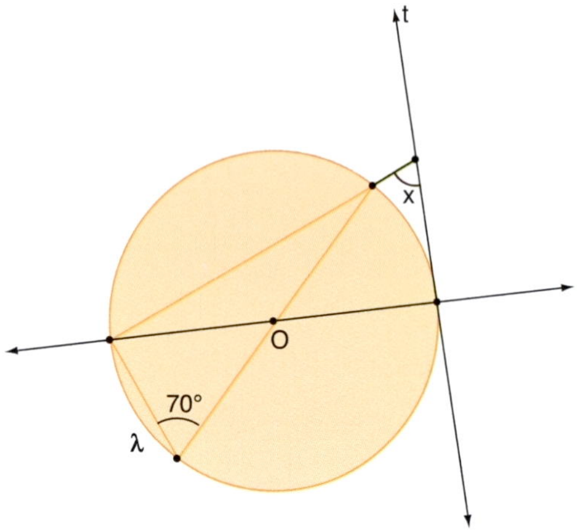

Banco de imagens/Arquivo da editora

36. Duas circunferências são tangentes externas, como mostra a figura.

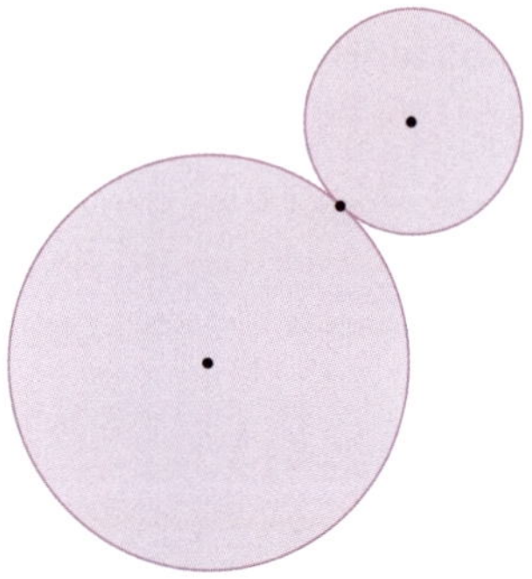

Banco de imagens/Arquivo da editora

Sabendo que a razão entre as medidas dos seus diâmetros é $\frac{5}{2}$ e a distância entre os centros dessas circunferências é 35 cm, determine a medida do diâmetro da maior circunferência.

37. As duas circunferências mostradas na figura abaixo são tangentes internas. Sabendo que as medidas de seus diâmetros são 23 cm e 10 cm, determine a distância entre seus centros.

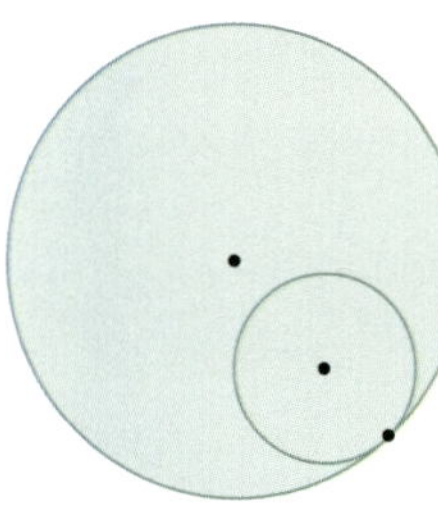

Banco de imagens/Arquivo da editora

38. Na figura a seguir, os vértices do triângulo ABC são os centros de três circunferências tangentes entre si. Se o perímetro desse triângulo é 39 cm e sabendo que as medidas de seus lados são expressas por números ímpares consecutivos, determine a medida do raio das três circunferências.

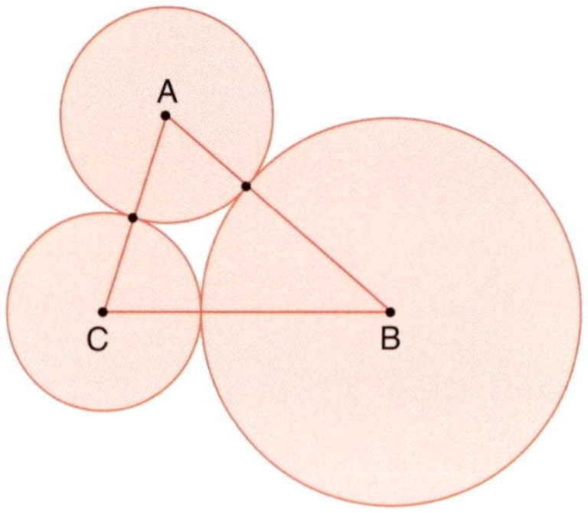

Banco de imagens/Arquivo da editora

39. Em cada caso, determine a posição relativa entre as circunferências λ_1 e λ_2, cujos raios medem $\mathbf{r}_1$ e $\mathbf{r}_2$ e a distância entre seus centros é **d**:

a) $r_1 = 12$ cm, $r_2 = 13$ cm e $d = 25$ cm
b) $r_1 = 3$ cm, $r_2 = 7$ cm e $d = 15$ cm
c) $r_1 = 20$ cm, $r_2 = 5$ cm e $d = 19$ cm
d) $r_1 = 20$ cm, $r_2 = 8$ cm e $d = 12$ cm

40. Duas circunferências são tangentes internas e a distância entre seus centros é 5 cm. Determine o raio de uma dessas circunferências, sabendo que o raio da outra circunferência mede 9 cm.

41. Duas circunferências são exteriores e a distância entre os seus centros é 15 cm. Uma delas tem raio de medida 6 cm. Determine os possíveis valores da medida do raio da outra circunferência, sabendo que ela é expressa por um divisor de 10.

42. Duas circunferências são secantes e a distância entre seus centros é 30 cm. O raio da circunferência menor mede 13 cm. Determine os possíveis valores da medida do raio da circunferência maior, sabendo que ela é expressa por um múltiplo de 5.

43. Na figura, ABC é um triângulo isósceles de base $\overline{BC}$, circunscrito à circunferência de centro **O**. Sabendo que BM = 5 cm e AP = 13 cm, determine o perímetro do triângulo ABC.

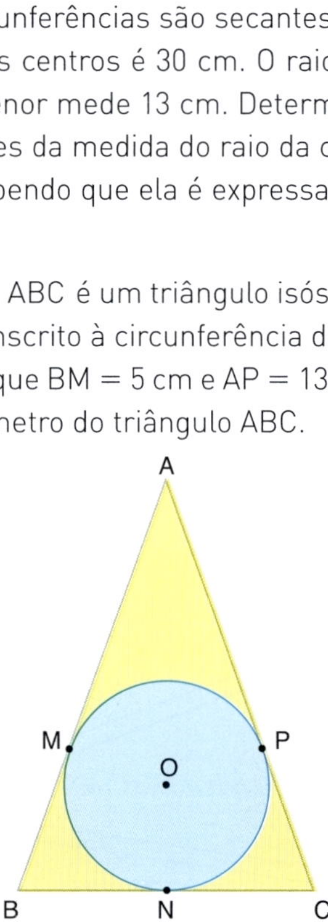

Banco de imagens/Arquivo da editora

44. A circunferência que passa por **P**, **Q** e **R** está inscrita no triângulo FGH, como mostra a figura.

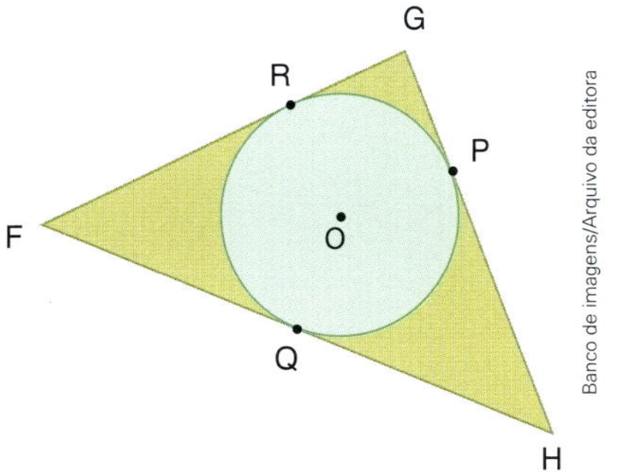

Sabendo que FH = 26 cm, GH = 23 cm e FG = 19 cm, determine a medida de:

a) $\overline{GP}$;

b) $\overline{HQ}$.

45. Na figura, o perímetro do triângulo PCD mede 28 cm. Determine a medida de $\overline{PA}$.

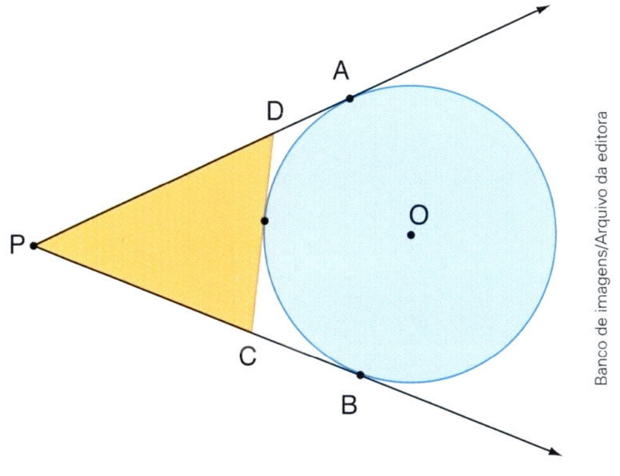

46. O quadrilátero ABCD da figura está circunscrito à circunferência. Os lados $\overline{AB}$, $\overline{BC}$, $\overline{CD}$ e $\overline{DA}$ medem, respectivamente: 8 cm, $(4x^2 + 1)$ cm, $(8x - 1)$ cm e $(3x)$ cm. Determine a medida de $\overline{CD}$.

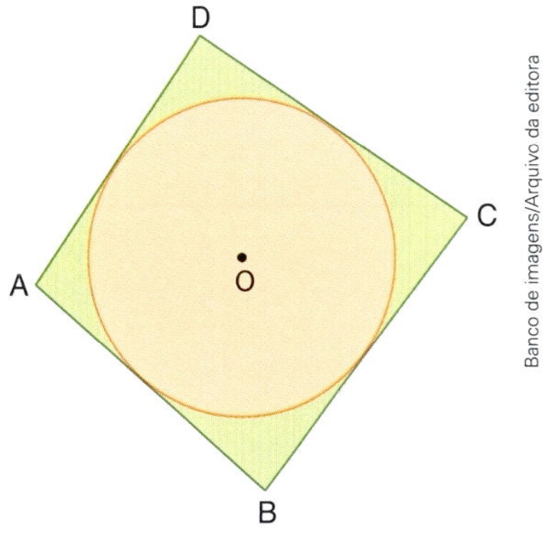

47. Determine a medida do diâmetro da circunferência inscrita no trapézio retângulo de bases de medidas 21 cm e 6 cm e cujo lado oblíquo às bases mede 17 cm.

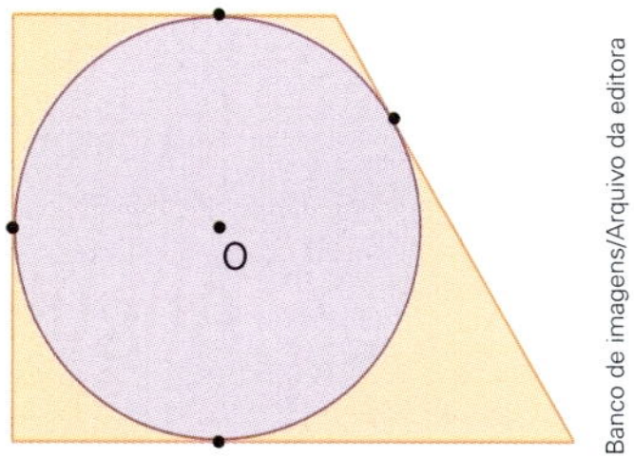

48. Em um triângulo retângulo, os catetos medem 21 cm e 28 cm. Determine a medida do raio da circunferência inscrita nesse triângulo.

Ângulos na circunferência

Ângulo central

Um ângulo é dito **central** se o seu vértice coincide com o centro da circunferência.

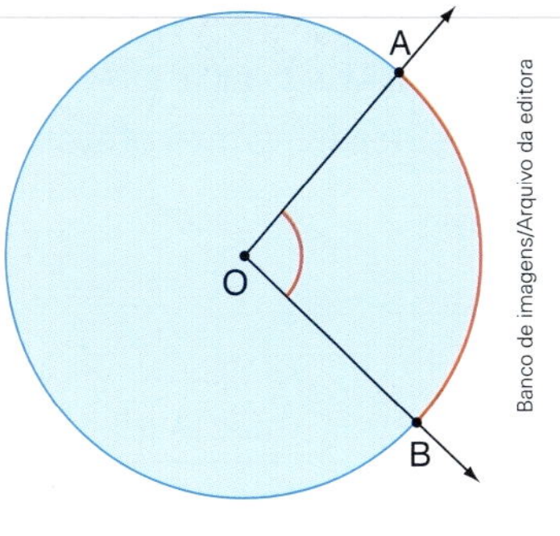

Na figura, o ângulo $A\hat{O}B$ é central. A esse ângulo corresponde o arco $\overset{\frown}{AB}$ destacado, cuja medida é igual à medida do ângulo $A\hat{O}B$.

Nas circunferências seguintes, **O** e **O'** são os centros:

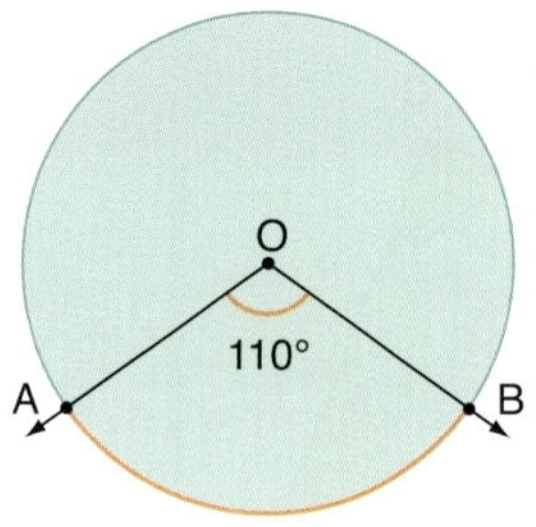

O ângulo $A\hat{O}B$ mede 110°; o arco $\overset{\frown}{AB}$ destacado também mede 110°.

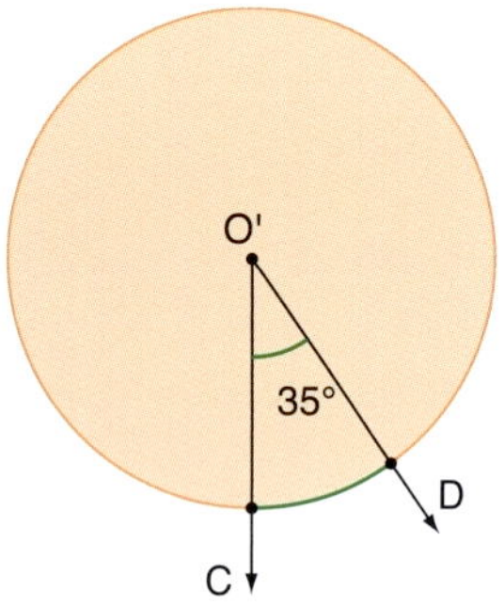

O ângulo $C\hat{O}'D$ é central e mede 35°; o arco $\overset{\frown}{CD}$ destacado também mede 35°.

Ângulo inscrito

Um ângulo é dito **inscrito** se o seu vértice é um ponto da circunferência e os seus lados são secantes a ela.

O ângulo $A\hat{V}B$ é inscrito na circunferência λ, pois $V \in \lambda$ e $\overrightarrow{VA}$ e $\overrightarrow{VB}$ são secantes a λ. A esse ângulo corresponde o arco $\overset{\frown}{AB}$ destacado.

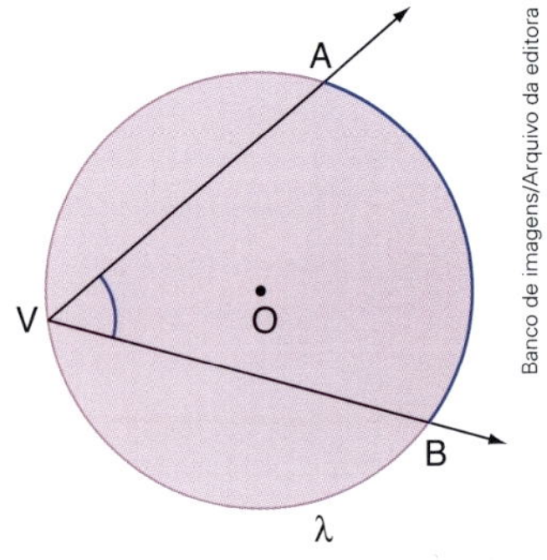

Propriedade

A medida de um ângulo inscrito em uma circunferência é igual à metade da medida do arco correspondente.

Demonstração:

Na figura ao lado, AVB é inscrito e o arco correspondente a ele é o arco $\overset{\frown}{AB}$ destacado. Vamos provar que $\text{med}(A\hat{V}B) = \dfrac{\text{med}(\overset{\frown}{AB})}{2}$.

Observe que $A\hat{O}B$ é o ângulo central associado a $\overset{\frown}{AB}$. Podemos também dizer que $\text{med}(A\hat{V}B) = \dfrac{\text{med}(A\hat{O}B)}{2}$. Vamos fazer essa demonstração estudando 3 casos.

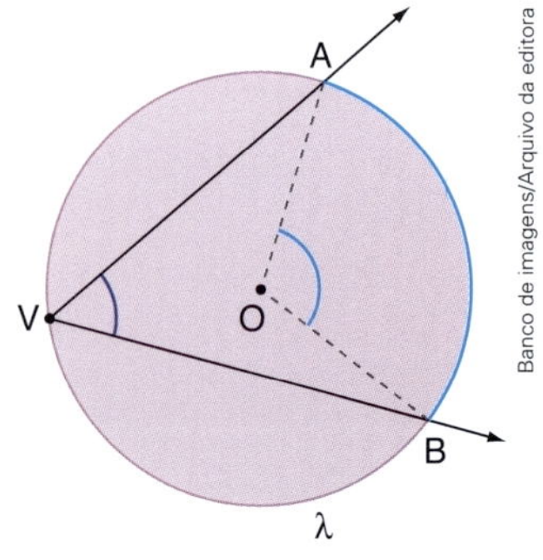

1º caso: O centro **O** pertence a um dos lados do ângulo $A\hat{V}B$.

Sendo α = med($A\hat{V}B$) e β = med($\overset{\frown}{AB}$), vamos provar que $\alpha = \frac{\beta}{2}$.

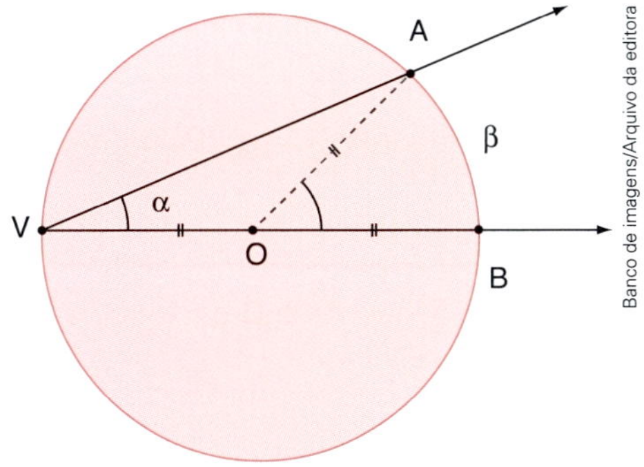

Banco de imagens/Arquivo da editora

Temos:

$\triangle VOA$ é isósceles, pois OV = OA ($\overline{OV}$ e $\overline{OA}$ são raios da circunferência).

Assim, med($O\hat{A}V$) = α.

$A\hat{O}B$ é externo ao $\triangle VOA$, daí decorre que med($A\hat{O}B$) = $\alpha + \alpha = 2\alpha$.

Como $A\hat{O}B$ é ângulo central, temos que o arco $\overset{\frown}{AB}$ mede 2α. Logo, temos que:

$$\beta = 2\alpha \Leftrightarrow \alpha = \frac{\beta}{2}.$$

2º caso: O centro **O** é interno ao ângulo $A\hat{V}B$.

Sendo α = med($A\hat{V}B$) e β = med($\overset{\frown}{AB}$), vamos provar que $\alpha = \frac{\beta}{2}$.

Traçando $\overleftrightarrow{VO}$, determina-se o ponto **C** na circunferência e o ângulo $A\hat{V}B$ fica dividido em dois ângulos, cujas medidas são α_1 e α_2.

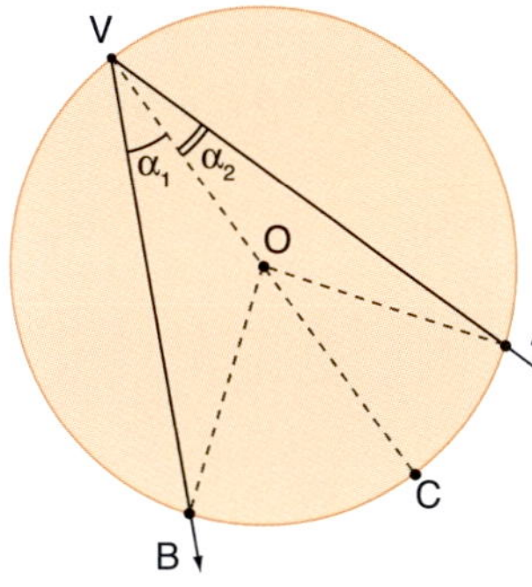

Banco de imagens/Arquivo da editora

- O ângulo $B\hat{V}C$ é inscrito e o centro **O** pertence ao lado $\overrightarrow{VC}$. Pelo 1º caso, demonstrado anteriormente, temos que:

$$\alpha_1 = \frac{1}{2} \cdot \text{med}(\overset{\frown}{BC}) \Leftrightarrow \text{med}(\overset{\frown}{BC}) = 2\alpha_1$$

- Analogamente, temos que:

$$\alpha_2 = \frac{1}{2} \cdot \text{med}(\overset{\frown}{AC}) \Leftrightarrow \text{med}(\overset{\frown}{AC}) = 2\alpha_2$$

Por fim, med($\overset{\frown}{AB}$) = med($\overset{\frown}{BC}$) + med($\overset{\frown}{AC}$), isto é:

$$\beta = 2\alpha_1 + 2\alpha_2 = 2(\alpha_1 + \alpha_2)$$

Como $\alpha = \alpha_1 + \alpha_2$, temos:

$$\beta = 2\alpha \Leftrightarrow \alpha = \frac{\beta}{2}$$

3º caso: O centro **O** é externo ao ângulo $A\hat{V}B$.

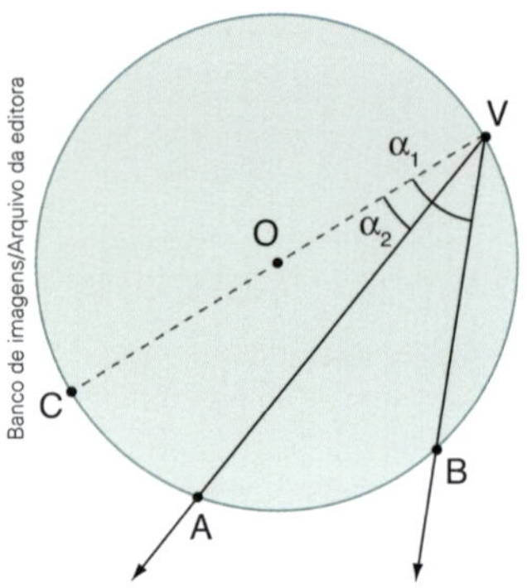

Sendo $\alpha = med(A\hat{V}B)$ e $\beta = med(\widehat{AB})$, vamos provar que $\alpha = \frac{\beta}{2}$.

Traçando $\overleftrightarrow{VO}$, determina-se o ponto **C** na circunferência.
Temos:

$med(B\hat{V}C) = \alpha_1$ e $med(A\hat{V}C) = \alpha_2$. Portanto,

$$\alpha_1 = \alpha + \alpha_2 \Leftrightarrow \alpha = \alpha_1 - \alpha_2. \; (*)$$

- O ângulo $B\hat{V}C$ é inscrito e **O** pertence ao lado $\overline{VC}$. Pelo 1º caso, concluímos:

$$med(\widehat{BVC}) = \frac{1}{2} \cdot med(\widehat{BC}) \Leftrightarrow \alpha_1 = \frac{1}{2} \cdot med(\widehat{BC}) \Leftrightarrow med(\widehat{BC}) = 2\alpha_1$$

- Analogamente, temos que:

$$med(\widehat{AVC}) = \frac{1}{2} \cdot med(\widehat{AC}) \Leftrightarrow \alpha_2 = \frac{1}{2} \cdot med(\widehat{AC}) \Leftrightarrow med(\widehat{AC}) = 2\alpha_2$$

Por fim, como $med(\widehat{AB}) = med(\widehat{BC}) - med(\widehat{AC})$, podemos escrever:

$$\beta = 2\alpha_1 - 2\alpha_2 = 2(\alpha_1 - \alpha_2)$$

De (*), concluímos que:

$$\beta = 2\alpha \Leftrightarrow \alpha = \frac{\beta}{2}$$

Exercício resolvido

11. Na figura, **O** é o centro da circunferência λ. Determine os valores de **x** e **y**.

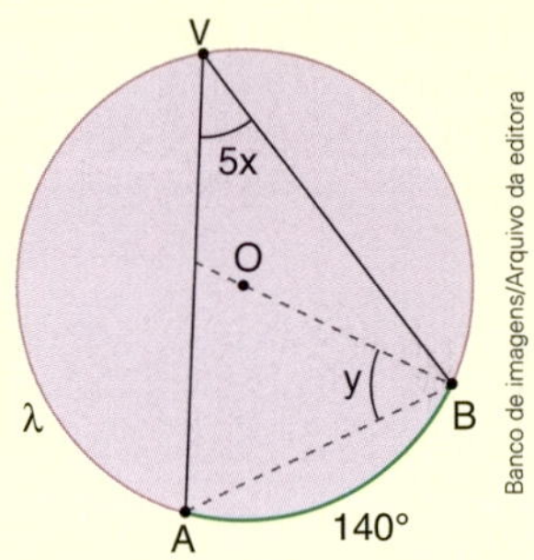

Solução:

- Como $A\hat{V}B$ é inscrito, temos:

$$5x = \frac{140°}{2} \Rightarrow 5x = 70° \Rightarrow x = 14°$$

- $\triangle AOB$ é isósceles, pois $AO = OB$ (raios).
Como $A\hat{O}B$ é central, sua medida é 140°. Daí decorre que:
$2y + 140° = 180° \Rightarrow y = 20°$

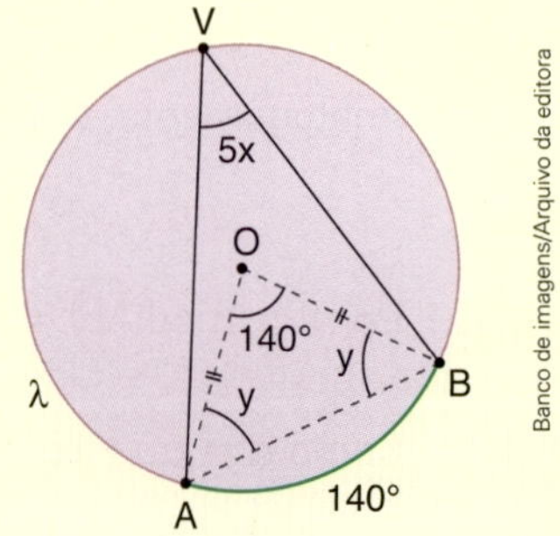

Como consequência da propriedade que demonstramos anteriormente, temos que:

Todo ângulo inscrito em uma semicircunferência é reto.

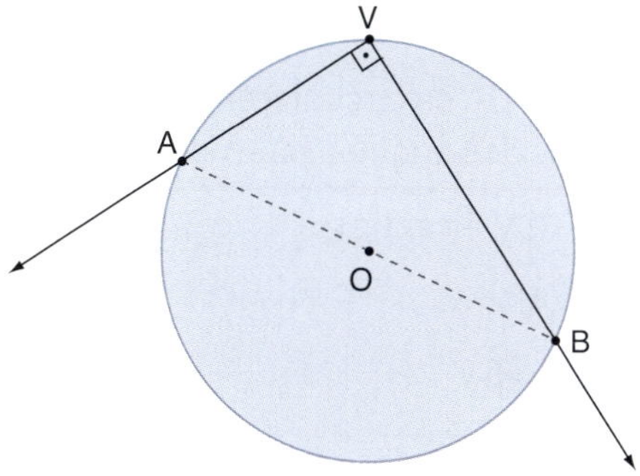

Banco de imagens/Arquivo da editora

De fato, o diâmetro $\overline{AB}$ divide a circunferência em duas semicircunferências e cada um dos arcos $\overset{\frown}{AB}$ mede 180°.

Como $A\hat{V}B$ é inscrito, temos que:

$$med(A\hat{V}B) = \frac{1}{2}\, med(\overset{\frown}{AB})$$

$med(A\hat{V}B) = \frac{180°}{2} = 90°$. Portanto, $A\hat{V}B$ é um ângulo reto.

Vale também a recíproca dessa propriedade: todo ângulo reto é inscritível em uma semicircunferência.

Ângulo de segmento

Um ângulo é dito **ângulo de segmento** se o seu vértice é um ponto da circunferência, um de seus lados é secante e o outro lado é tangente à circunferência.

Na figura, $A\hat{V}B$ é ângulo de segmento, pois $V \in \lambda$, $\overrightarrow{VA}$ é secante a λ e $\overleftrightarrow{VB}$, reta suporte de $\overrightarrow{VB}$, é tangente a λ.

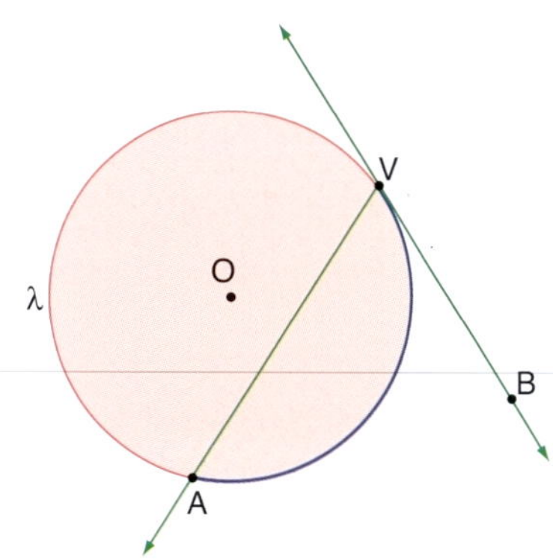

Banco de imagens/Arquivo da editora

O arco destacado corresponde ao ângulo de segmento $A\hat{V}B$.

Propriedade

A medida de um ângulo de segmento é igual à metade da medida do arco correspondente.

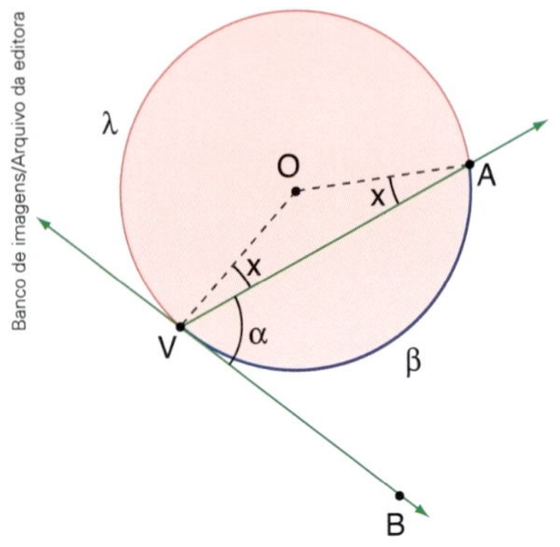

Demonstração:

Vamos fazer a prova no caso em que o ângulo de segmento é agudo.

Seja $A\hat{V}B$ o ângulo de segmento de medida α. O arco correspondente a ele, cuja medida é β, está destacado na figura ao lado.

Vamos mostrar que $\alpha = \dfrac{\beta}{2}$.

- Traçando os raios $\overline{OV}$ e $\overline{OA}$ da circunferência, obtemos o triângulo isósceles $\triangle AOV$, cujas medidas dos ângulos internos são:

  med$(A\hat{O}V) = \beta$, pois $A\hat{O}V$ é central;

  med$(O\hat{A}V) =$ med$(O\hat{V}A) = x$.

  Temos $2x + \beta = 180°$ (*)

- Como $\overleftrightarrow{VB}$ é tangente a λ, temos que $\overleftrightarrow{VB} \perp \overline{OV}$ e daí decorre que:

  $x + \alpha = 90°$ ou, ainda, que $2x + 2\alpha = 180°$ (**)

  Comparando (**) a (*), segue:

$$\beta = 2\alpha \Leftrightarrow \alpha = \frac{\beta}{2}$$

Exercício resolvido

12. Na figura, **t** é tangente a λ em **V**. Determine α e β.

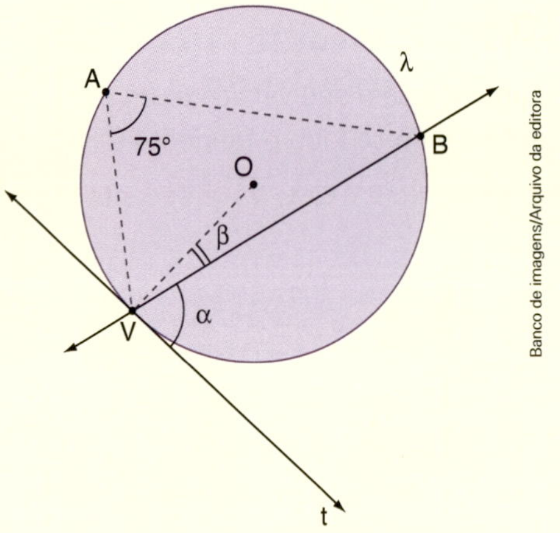

Solução:

- O arco correspondente ao ângulo inscrito $V\hat{A}B$ é o arco $\overset{\frown}{VB}$, cuja medida é:

$$2 \cdot 75° = 150°$$

- Como α é ângulo de segmento correspondente ao arco $\overset{\frown}{VB}$, temos:

$$\alpha = \frac{150°}{2} = 75°$$

- Como **t** é tangente a λ, temos que $\alpha + \beta = 90°$ e, portanto:

$$\beta = 90° - 75° = 15°$$

Ângulos excêntricos

Neste capítulo, trabalhamos com ângulos cujos vértices estavam no centro da circunferência ou pertenciam a ela. Agora, estudaremos ângulos cujos vértices estão dentro ou fora da circunferência, isto é, que não coincidem com pontos da circunferência ou com seu centro.

Ângulo excêntrico interior

Na figura abaixo, observe que as cordas $\overline{AB}$ e $\overline{CD}$ intersectam-se em **P**, **P** distinto de **O**, e determinam os quatro ângulos destacados.

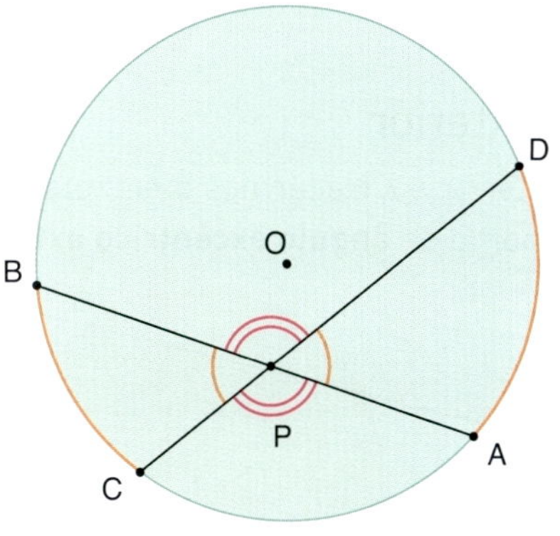

Banco de imagens/Arquivo da editora

Qualquer um desses ângulos recebe o nome de **ângulo excêntrico interior**.

É possível relacionar as medidas desses ângulos com as medidas dos arcos $\overset{\frown}{BC}$ e $\overset{\frown}{AD}$ destacados na figura.

Unindo os pontos **A** e **C**, obtemos os ângulos inscritos:

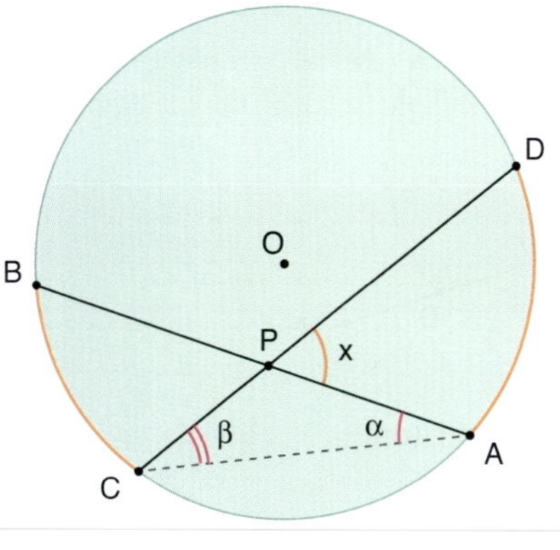

Banco de imagens/Arquivo da editora

- $B\hat{A}C$, cuja medida vale $\alpha = \dfrac{med(\overset{\frown}{BC})}{2}$;
- $A\hat{C}D$, cuja medida vale $\beta = \dfrac{med(\overset{\frown}{AD})}{2}$.

Considere o ângulo $A\hat{P}D$ excêntrico interior de medida **x**. Como esse ângulo é externo ao $\triangle ACP$, temos que $x = \alpha + \beta$.

Assim: $x = \dfrac{med(\overset{\frown}{BC})}{2} + \dfrac{med(\overset{\frown}{AD})}{2}$, ou ainda:

$$x = \frac{med(\overset{\frown}{BC}) + med(\overset{\frown}{AD})}{2}$$

Exercício resolvido

13. Na figura, o arco $\overset{\frown}{AB}$ mede 98°. Determine a medida do arco $\overset{\frown}{CD}$.

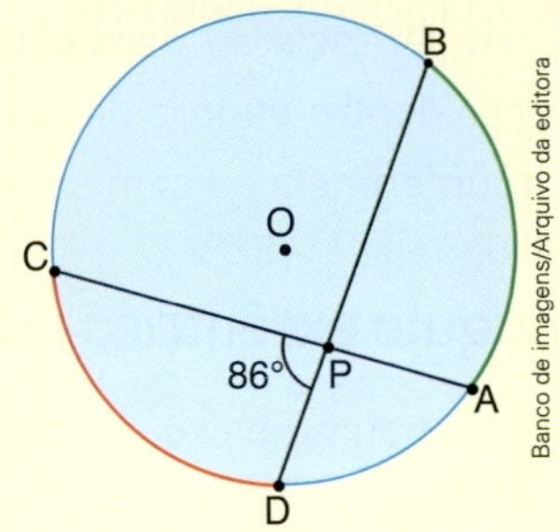

Solução:

Como $C\hat{P}D$ é excêntrico, devemos ter:

$$86° = \frac{98° + med(\overset{\frown}{CD})}{2} \Rightarrow med(\overset{\frown}{CD}) = 74°$$

Ângulo excêntrico exterior

Se por um ponto **P** exterior a λ traçarmos duas retas secantes a λ, obtemos o ângulo $\hat{P}$, que recebe o nome de **ângulo excêntrico exterior**.

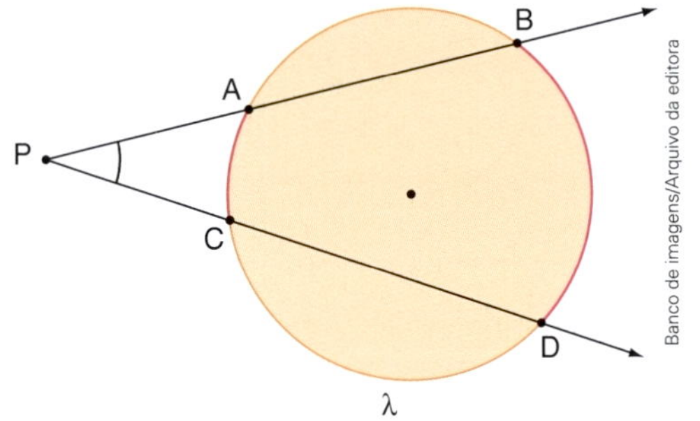

É possível relacionar a medida desse ângulo com a medida dos arcos $\overset{\frown}{AC}$ e $\overset{\frown}{BD}$ destacados na figura.

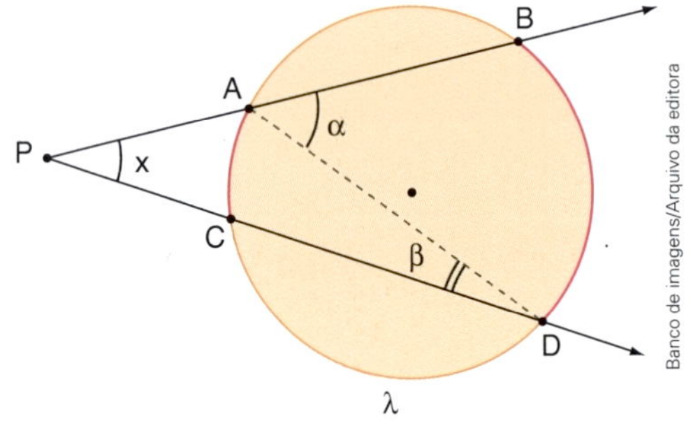

Unindo os pontos **A** e **D**, obtemos os ângulos inscritos:

- $B\hat{A}D$, cuja medida vale $\alpha = \frac{med(\overset{\frown}{BD})}{2}$;
- $A\hat{D}C$, cuja medida vale $\beta = \frac{med(\overset{\frown}{AC})}{2}$.

Pelo teorema do ângulo externo no $\triangle PAD$, temos que $\alpha = x + \beta \Rightarrow x = \alpha - \beta$.

Assim, $x = \frac{med(\overset{\frown}{BD})}{2} - \frac{med(\overset{\frown}{AC})}{2}$, ou ainda:

$$x = \frac{med(\overset{\frown}{BD}) - med(\overset{\frown}{AC})}{2}$$

Exercício resolvido

14. Na figura, determine a medida do arco $\overset{\frown}{AD}$ sabendo que a medida desse arco é o quádruplo da medida de $\overset{\frown}{BC}$.

Solução:

Pela propriedade do ângulo excêntrico exterior, temos

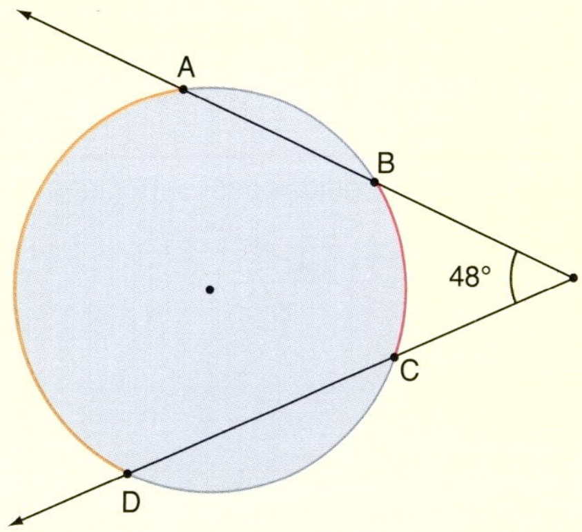

Banco de imagens/Arquivo da editora

$$48° = \frac{med(\overset{\frown}{AD}) - med(\overset{\frown}{BC})}{2}$$

$$48° = \frac{4 \cdot med(\overset{\frown}{BC}) - med(\overset{\frown}{BC})}{2}$$

$$4 \cdot med(\overset{\frown}{BC}) - med(\overset{\frown}{BC}) = 96°$$

$$med(\overset{\frown}{BC}) = \frac{96°}{3} = 32°$$

Portanto, $med(\overset{\frown}{AD}) = 4 \cdot 32° = 128°$.

Exercícios

Nos exercícios seguintes, considere que **O** seja o centro da circunferência.

49. Em cada caso, determine as medidas desconhecidas.

a)

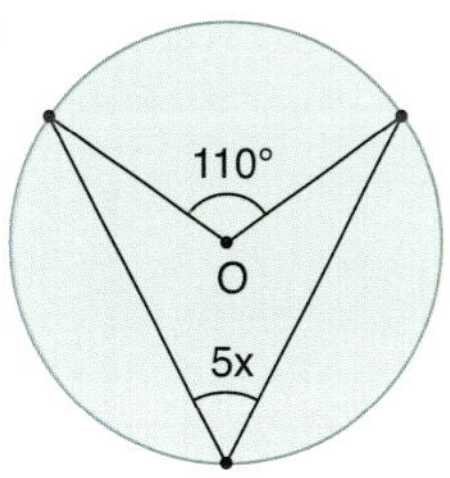

b)

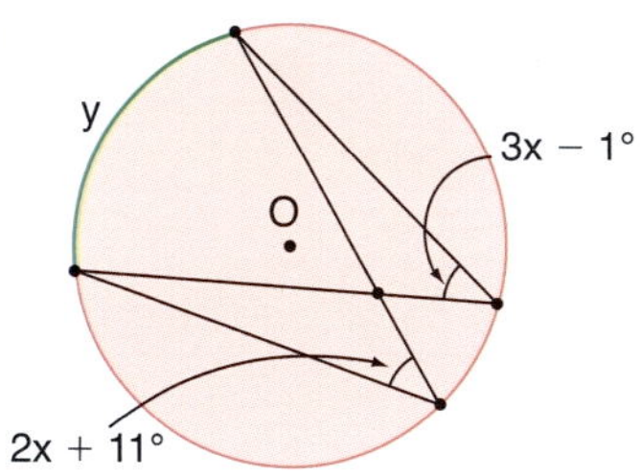

c)

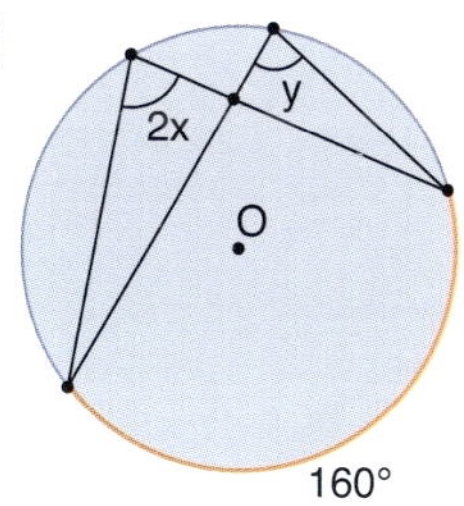

d)

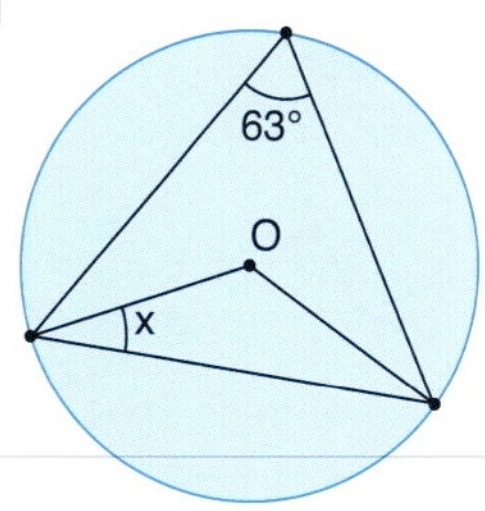

Ilustrações: Banco de imagens/Arquivo da editora

50. Determine **x** e **y** em cada caso.

a)

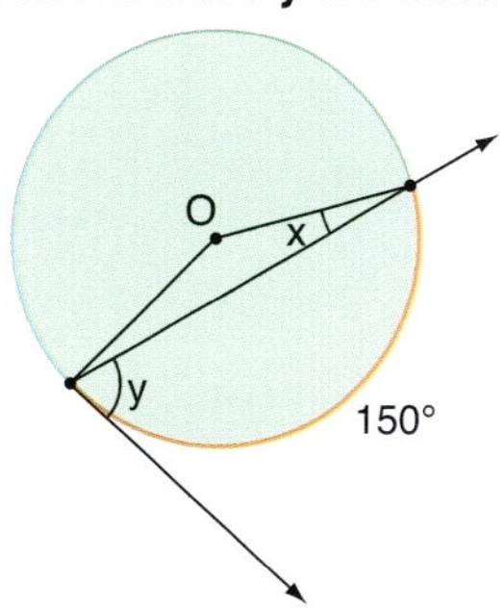

b)

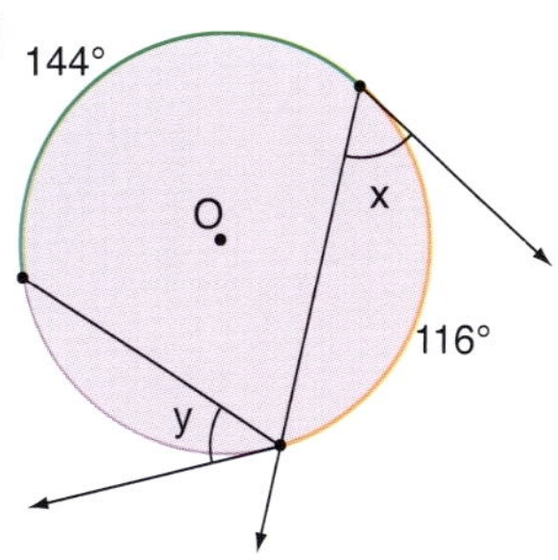

Ilustrações: Banco de imagens/Arquivo da editora

51. Determine **x** na figura abaixo.

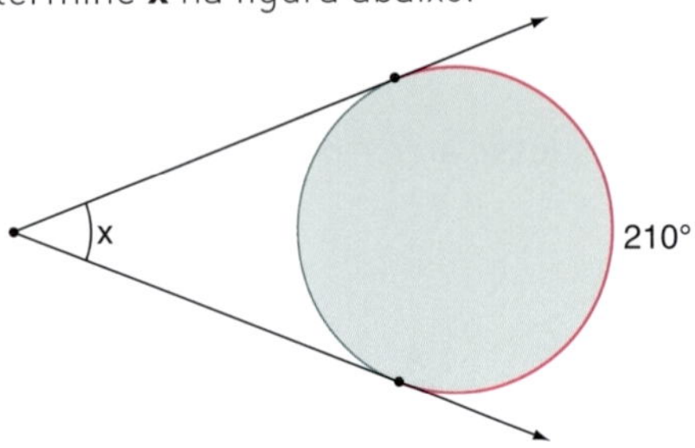

Banco de imagens/Arquivo da editora

52. Determine as medidas desconhecidas em cada caso.

a)

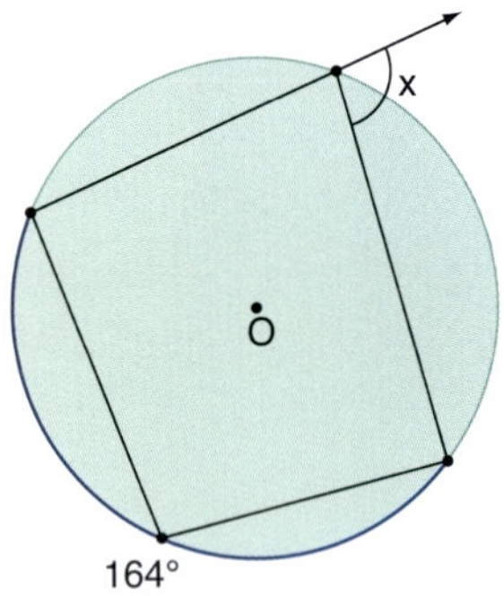

b)

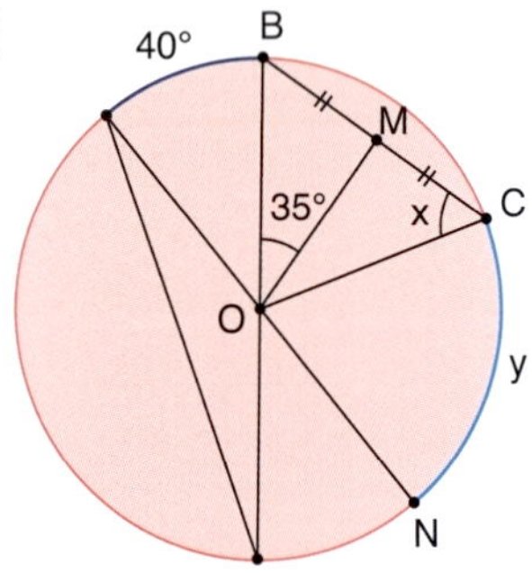

Ilustrações: Banco de imagens/Arquivo da editora

53. Determine o valor de x + y.

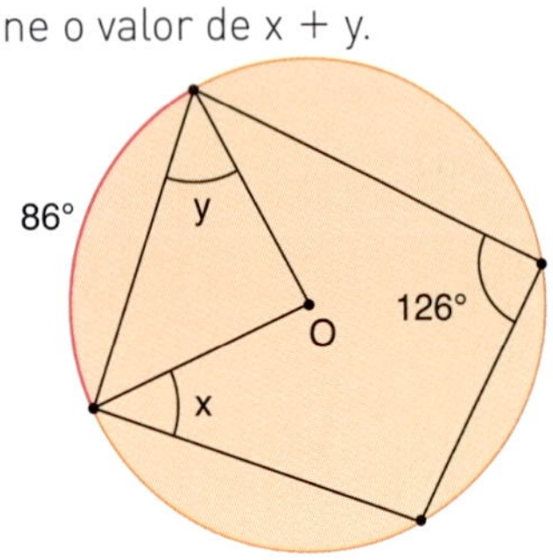

Banco de imagens/Arquivo da editora

54. Na figura, determine o comprimento do arco $\widehat{AB}$ sabendo que o raio do círculo mede 10 cm. Use $\pi \simeq 3{,}2$.

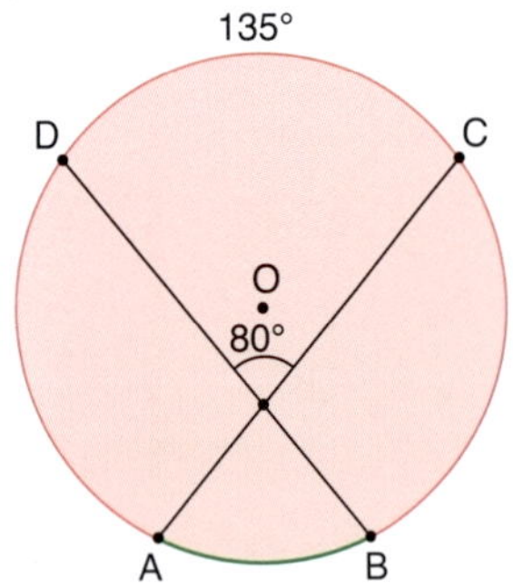

Banco de imagens/Arquivo da editora

55. As medidas dos arcos $\widehat{AB}$ e $\widehat{CD}$, em graus, são $2x$ e $4x + 10$, respectivamente. Determine o valor de **x**.

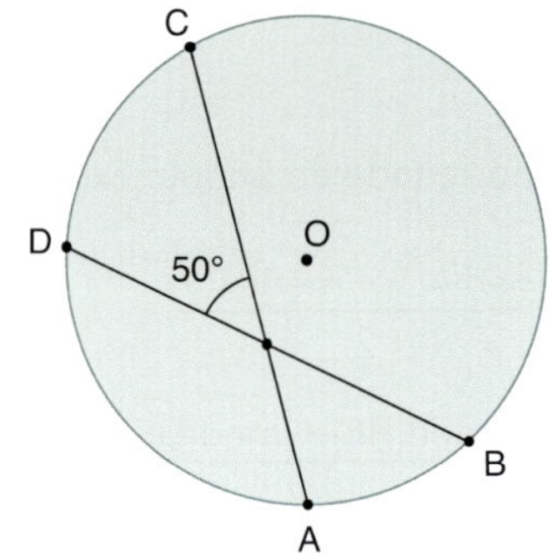

Banco de imagens/Arquivo da editora

56. Determine as medidas **x** e **y**.

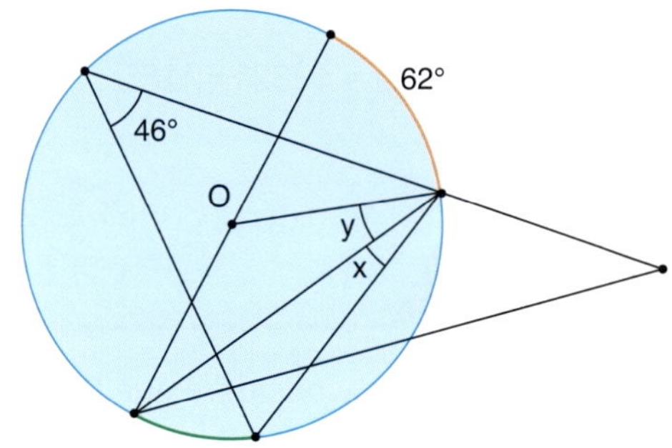

Banco de imagens/Arquivo da editora

57. Determine a medida do ângulo $O\hat{R}Q$.

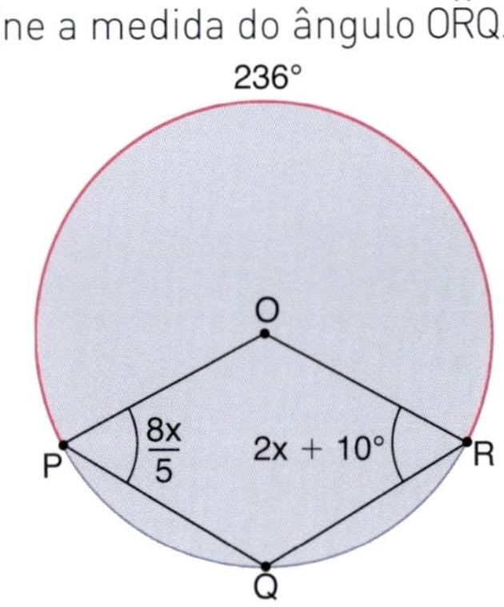

Banco de imagens/Arquivo da editora

58. Determine a medida do arco $\widehat{PQ}$ destacado na figura, sabendo que $\widehat{RS}$ mede 22°.

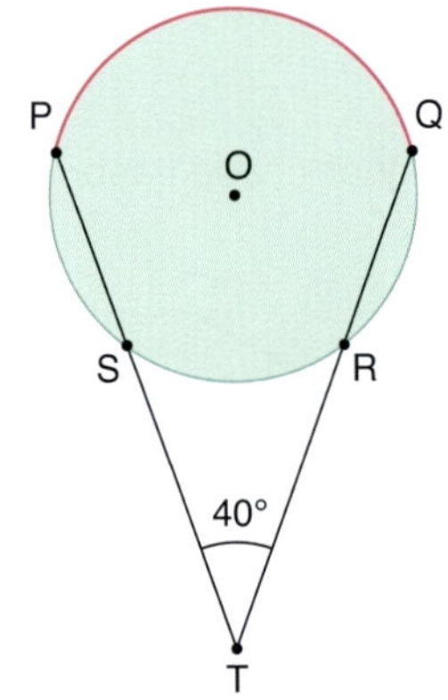

Banco de imagens/Arquivo da editora

59. Determine as medidas **x** e **y** em cada caso.

a)

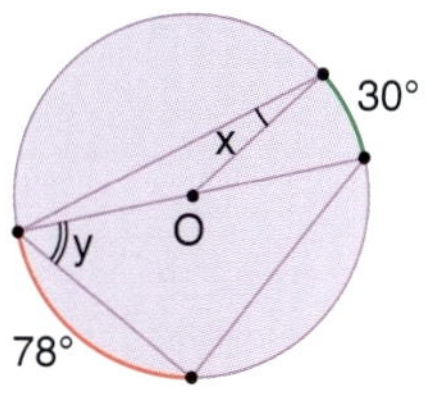

b)

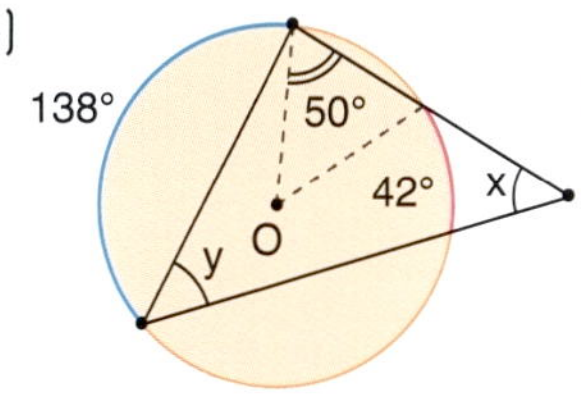

Ilustrações: Banco de imagens/Arquivo da editora

60. Sabendo que o arco destacado na figura mede 64°, determine **x**.

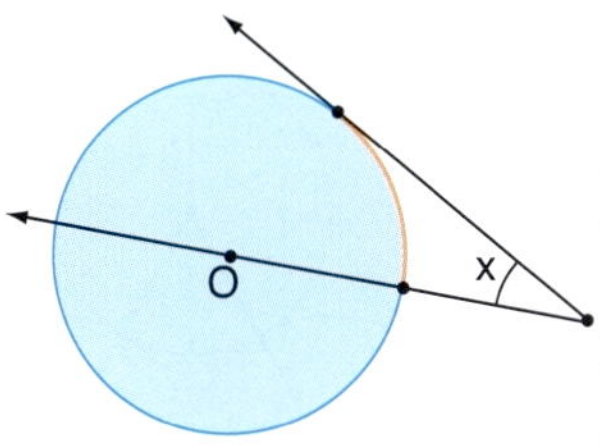

Banco de imagens/Arquivo da editora

61. Na figura abaixo, o triângulo equilátero ABC está inscrito no círculo de centro **O**. Determine β e a medida do arco destacado.

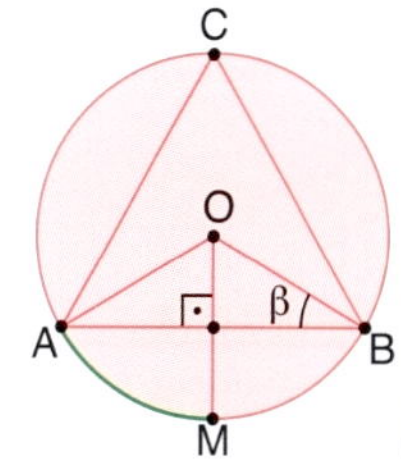

Banco de imagens/Arquivo da editora

62. Considere um hexágono regular ABCDEF inscrito em um círculo. Por um ponto **P**, externo ao hexágono, traçam-se as retas $\overleftrightarrow{PF}$ e $\overleftrightarrow{PD}$ tangentes a esse polígono. Determine a medida do ângulo $D\hat{P}F$.

Enem e vestibulares resolvidos

(Enem) A manchete demonstra que o transporte de grandes cargas representa cada vez mais preocupação quando feito em vias urbanas.

Caminhão entala em viaduto no Centro

Um caminhão de grande porte entalou embaixo do viaduto no cruzamento das avenidas Borges de Medeiros e Loureiro da Silva no sentido Centro-Bairro, próximo à Ponte de Pedra, na capital. Esse veículo vinha de São Paulo para Porto Alegre e transportava três grandes tubos, conforme ilustrado na foto.

Disponível em: www.caminhoes-e-carretas.com. Acesso em: 21 maio 2012 (adaptado).

Reprodução / Enem, 2017.

Considere que o raio externo de cada cano da imagem seja 0,60 m e que eles estejam em cima de uma carroceria cuja parte superior está a 1,30 m do solo. O desenho representa a vista traseira do empilhamento dos canos.

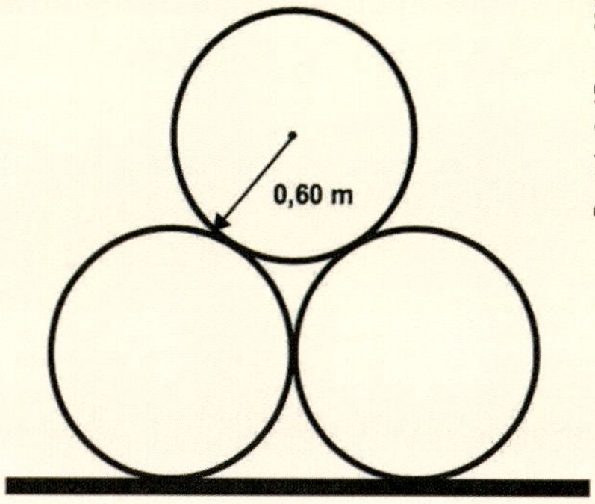

Reprodução / Enem, 2017.

A margem de segurança recomendada para que um veículo passe sob um viaduto é que a altura total do veículo com a carga seja, no mínimo, 0,50 m menor do que a altura do vão do viaduto.

Considere 1,7 como aproximação para $\sqrt{3}$.

Qual deveria ser a altura mínima do viaduto, em metro, para que esse caminhão pudesse passar com segurança sob seu vão?

a) 2,82
b) 3,52
c) 3,70
d) 4,02
e) 4,20

Resolução comentada

Do enunciado, temos a figura ao lado.

Nela, a margem de segurança (0,5 m) está na cor rosa, os raios dos canos (0,6 m) estão em verde, e a altura da carroceria (1,3 m) está na cor vermelha.

Para determinar a altura mínima do viaduto, devemos calcular a altura **h**, em azul, do triângulo formado pelos centros dos canos. Esse triângulo é equilátero e seu lado ℓ mede o dobro do raio dos canos ($\ell = 1{,}2$ m). Logo a altura **h** é dada por $\frac{1{,}2 \cdot \sqrt{3}}{2} \simeq 1{,}02$.

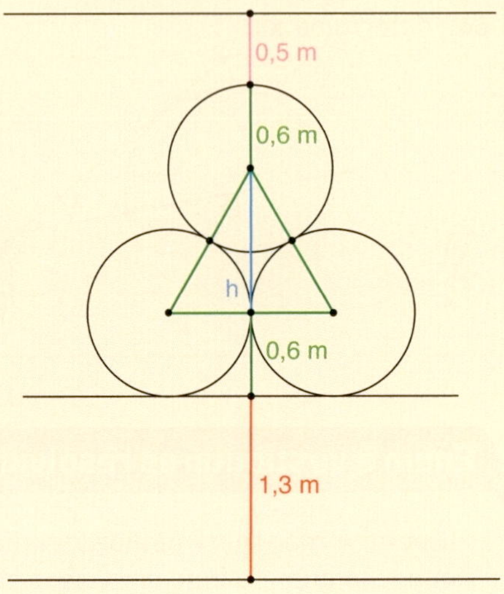

Banco de imagens/Arquivo da editora

Assim, a altura mínima do viaduto, em metro, para que o caminhão possa passar é:

$$0{,}5 + 0{,}6 + 1{,}02 + 0{,}6 + 1{,}3 = 4{,}02$$

Alternativa *d*.

Exercícios complementares

1. (UFG-GO) A figura abaixo mostra uma circunferência de raio r = 3 cm inscrita em um triângulo retângulo cuja hipotenusa mede 18 cm.

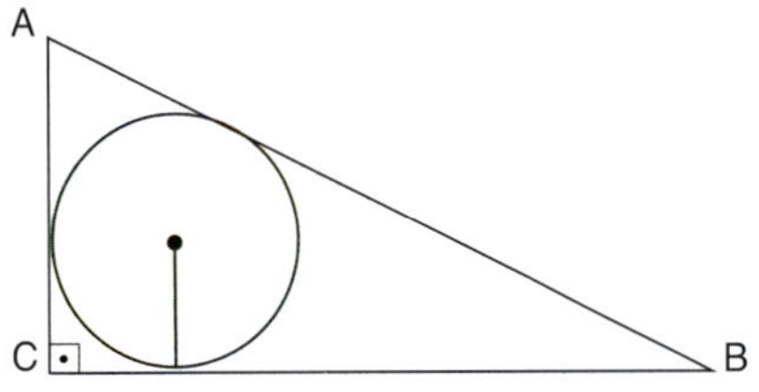

Reprodução /UFG, 2006.

a) Calcule o comprimento da circunferência que circunscreve o triângulo ABC.
b) Calcule o perímetro do triângulo ABC.

2. Na figura ao lado, **Q** é o incentro do triângulo ABC e $\overleftrightarrow{RS} // \overleftrightarrow{BC}$.

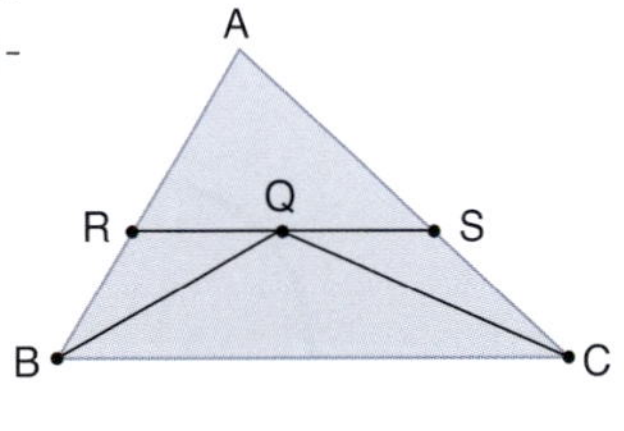

Banco de imagens/Arquivo da editora

Sabendo que AB = 15 cm e AC = 18 cm, determine o perímetro do triângulo ARS.

3. (UFSC) Em relação às proposições a seguir, é **CORRETO** afirmar que [indique a soma dos itens]:

(01) Se duas retas paralelas são cortadas por uma reta transversal, formando ângulos alternos externos cujas medidas, em graus, são representadas por (3x + 4) e (4x − 37), então a soma desses ângulos é 254°.

(02) Na figura da circunferência de centro **O**, se o ângulo agudo Â mede 27° e o arco $\overset{\frown}{AB}$ mede 156°, então a medida do ângulo indicado por **x** é igual a 105°.

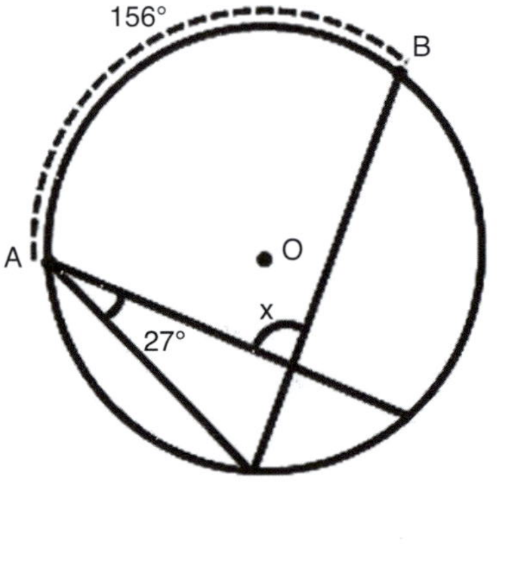

Reprodução / UFSC, 2016.

(04) Se o quadrilátero abaixo representa a planta de um terreno plano, então sua área é igual a $242\left(1+\sqrt{2}\right)\text{ m}^2$.

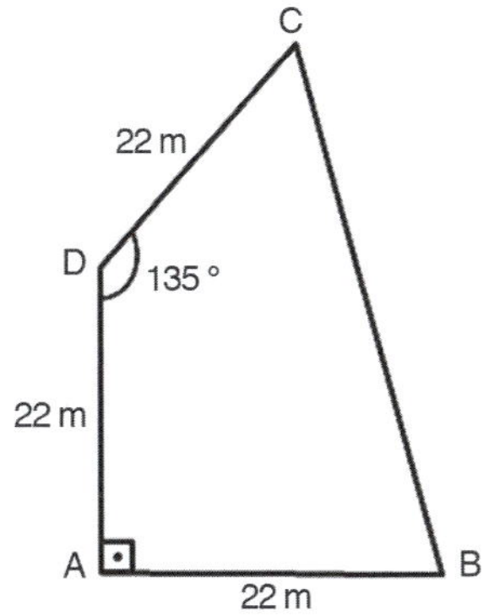

Reprodução / UFSC, 2016.

(08) No triângulo ABC, retângulo em **B**, $\overline{DE}$ é perpendicular a $\overline{AC}$. Se $\overline{AC}$ mede 6 cm e $\overline{CE}$ tem a mesma medida do cateto $\overline{AB}$, 4 cm, então $\overline{AD}$ mede 2 cm.

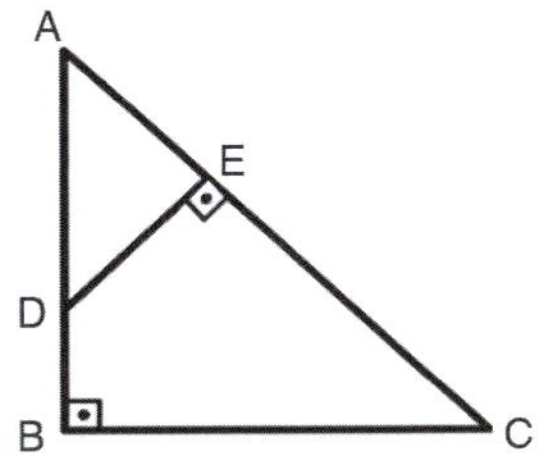

Reprodução / UFSC, 2016.

(16) Num triângulo retângulo, a hipotenusa mede 9 cm e o menor cateto mede 6 cm. Então, a altura relativa à hipotenusa mede $2\sqrt{5}$ cm.

4. (Unesp-SP) Uma peça circular de centro **C** e raio 12 cm está suspensa por uma corda alaranjada, perfeitamente esticada e fixada em **P**. Os pontos **T** e **Q** são de tangência dos segmentos retilíneos da corda com a peça, e a medida do ângulo $T\hat{P}Q$ é 60°.

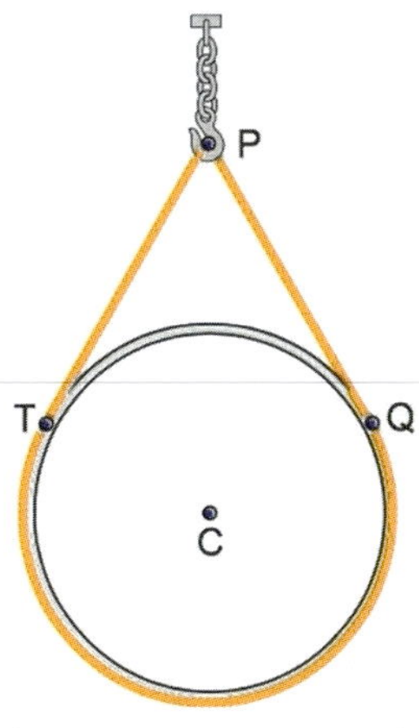

Reprodução/Unesp, 2017.

Desprezando-se as espessuras da corda, da peça circular e do gancho que a sustenta, calcule a distância de **P** até o centro **C** da peça. Adotando $\pi = 3{,}1$ e $\sqrt{3} = 1{,}7$ nas contas finais, calcule o comprimento total da corda.

5. (Cefet-RJ) Carlos estava tentando entender o perímetro do triângulo ABC, onde as retas suportes dos lados $\overline{AC}$ e $\overline{AB}$ são tangentes à circunferência nos pontos **M** e **N**, respectivamente. Além disso, o segmento $\overline{BC}$ foi obtido a partir de uma reta tangente ao arco MN no ponto **T**, conforme a figura a seguir.

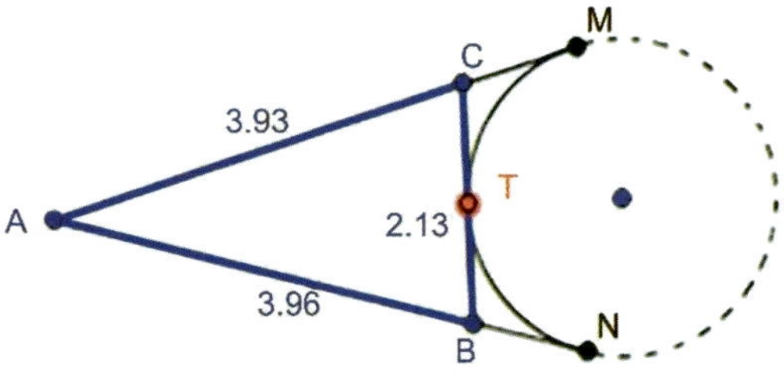

Reprodução / Cefet, 2017.

3.93 + 3.96 + 2.13 = 10.02

Carlos estava usando um *software* de Geometria dinâmica, onde era possível movimentar alguns pontos que estavam na tela. Quando Carlos movimentou somente o ponto **T** sobre o arco de circunferência MN observou que o perímetro do triângulo ABC manteve-se constante.

Veja alguns testes.

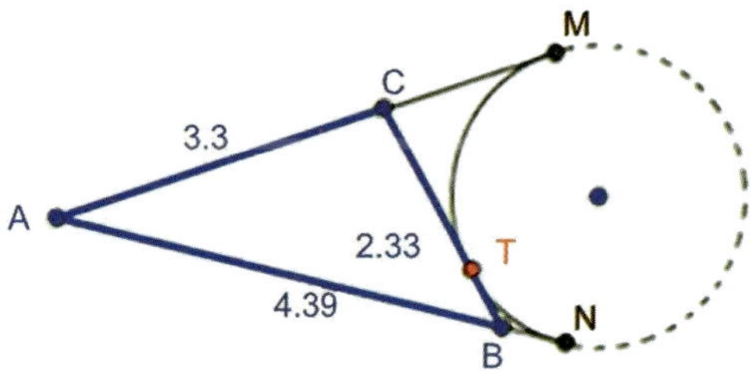

Reprodução / Cefet, 2017.

3.3 + 4.39 + 2.33 = 10.02

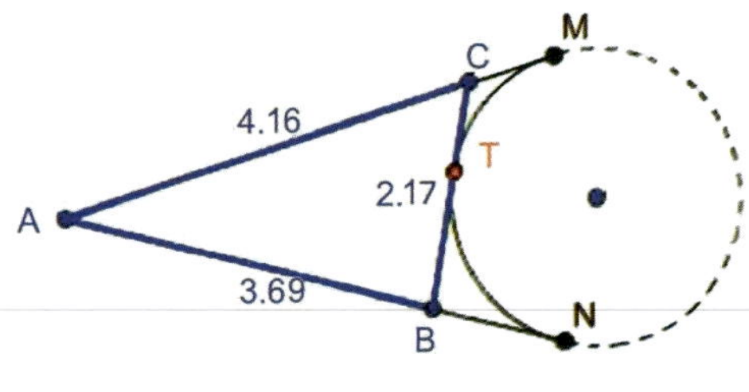

Reprodução / Cefet, 2017.

4.16 + 3.69 + 2.17 = 10.02

Argumente sobre o motivo de não haver alteração no valor do perímetro do triângulo ABC, para qualquer que seja o ponto de tangência **T**.

6. (UEM-PR) Considere um triângulo ABC com medidas $\overline{AB} = 5$ cm, $\overline{AC} = 2$ cm e $\overline{BC} = 4$ cm. Sejam **D** o ponto médio de $\overline{BC}$ e **E** o ponto médio de $\overline{AB}$.

Assinale o que for correto [e indique a soma].

(01) Os triângulos ABC e EBD são congruentes.

(02) A área do triângulo ABC é menor do que 4 cm^2.

(04) O triângulo EBD é obtusângulo.

(08) O centro da circunferência circunscrita ao triângulo ABC está no interior desse triângulo.

(16) A área do quadrilátero AEDC é o triplo da área do triângulo EBD.

7. Aumentando-se em 4 unidades o número de lados de um polígono convexo, o número de diagonais do novo polígono aumenta em 94 unidades. Determine o número de lados do polígono original.

8. Existem 286 diagonais de um polígono regular que não passam pelo seu centro. Determine o número de lados desse polígono.

9. (Unicamp-SP) A figura abaixo exibe três círculos no plano, tangentes dois a dois, com centros em **A**, **B** e **C** e raios de comprimentos **a**, **b** e **c**, respectivamente.

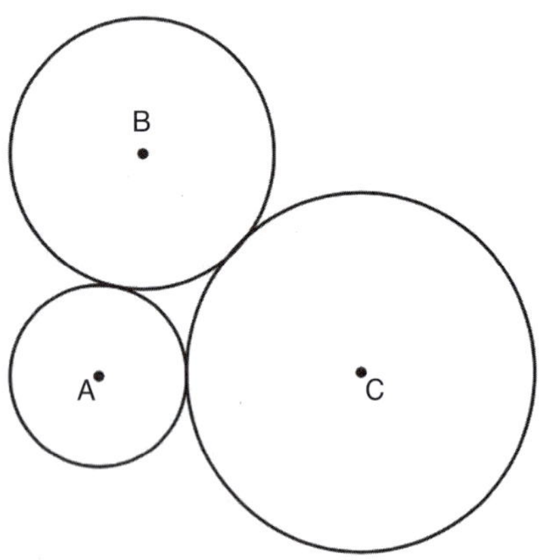

Reprodução/Unicamp, 2017.

a) Determine os valores de **a**, **b** e **c**, sabendo que a distância entre **A** e **B** é de 5 cm, a distância entre **A** e **C** é de 6 cm e a distância entre **B** e **C** é de 9 cm.

b) Para a = 2 cm e b = 3 cm, determine o valor de c > b de modo que o triângulo de vértices em **A**, **B** e **C** seja retângulo.

10. (Uerj) Uma ferramente utilizada na construção de uma rampa é composta pela seguinte estrutura:

- duas varas de madeira, correspondentes aos segmentos $\overline{AE}$ e $\overline{AD}$, que possuem comprimentos diferentes e formam o ângulo $D\hat{A}E$ igual a 45°;
- uma travessa, correspondente ao segmento $\overline{BC}$, que une duas varas e possui uma marca em seu ponto médio **M**;
- um fio fixado no vértice **A** e amarrado a uma pedra **P** na outra extremidade;
- nesse conjunto, os segmentos $\overline{AB}$ e $\overline{AC}$ são congruentes.

Observe o esquema que representa essa estrutura:

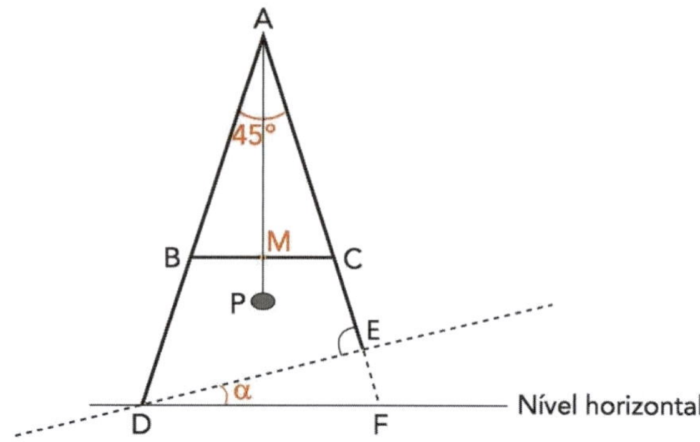

Reprodução/UERJ, 2013.

Quando o fio passa pelo ponto **M**, a travessa $\overline{BC}$ fica na posição horizontal. Com isso, obtém-se, na reta que liga os pontos **D** e **E**, a inclinação α desejada. Calcule α, supondo que o ângulo $A\hat{E}D$ mede 85°.

11. (Ufes) Seja ABC um triângulo retângulo de área 24 cm^2, com ângulo reto no vértice **A** e lado $\overline{AB}$ medindo 8 cm. Sejam **D** e **E** pontos de BC. Calcule as medidas de

a) $\overline{BC}$;

b) $\overline{AH}$, sendo **H** o pé da altura de ABC relativa ao vértice **A**;

c) $\overline{AD}$, se a área do triângulo ABD for 12 cm^2;

d) $\overline{AE}$, se a medida de $\overline{BE}$ for 4 cm.

12. Nas figuras abaixo, as circunferências são tangentes externamente em **Q** e $\overrightarrow{PA}$ e $\overrightarrow{PB}$ são tangentes às circunferências. Determine a medida do ângulo $A\hat{Q}B$ nos casos:

a) onde **t** é tangente comum e $A\hat{P}B$ = 80°

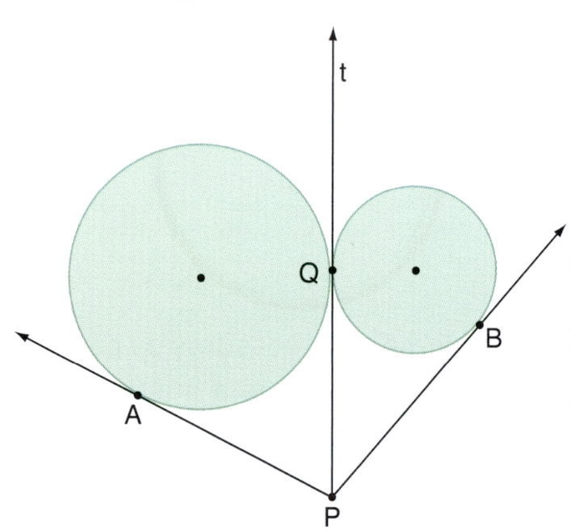

Banco de imagens/Arquivo da editora

b) com $A\hat{P}B = 100°$

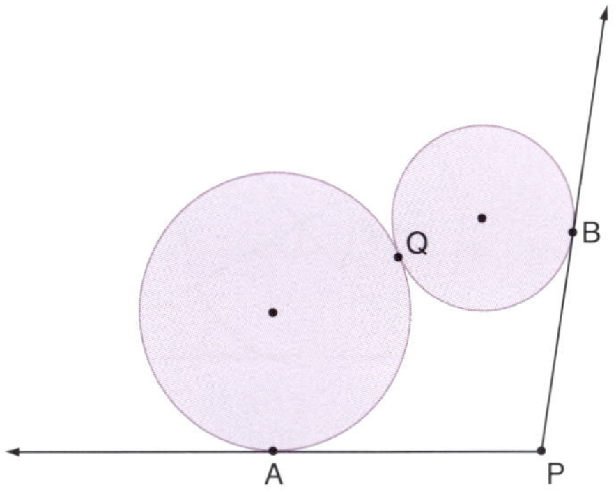

Reprodução/Arquivo da editora

13. Na figura a seguir, o perímetro do triângulo ABC é igual a 10 cm, BC = 4 cm.

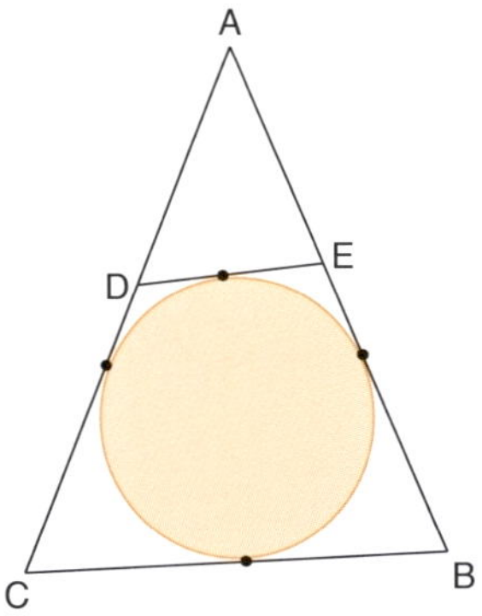

Reprodução/Arquivo da editora

Sabendo que o círculo está inscrito no quadrilátero BCDE, determine o perímetro do triângulo ADE.

14. O triângulo ABC abaixo é isósceles de base $\overline{BC}$. Determine **x**.

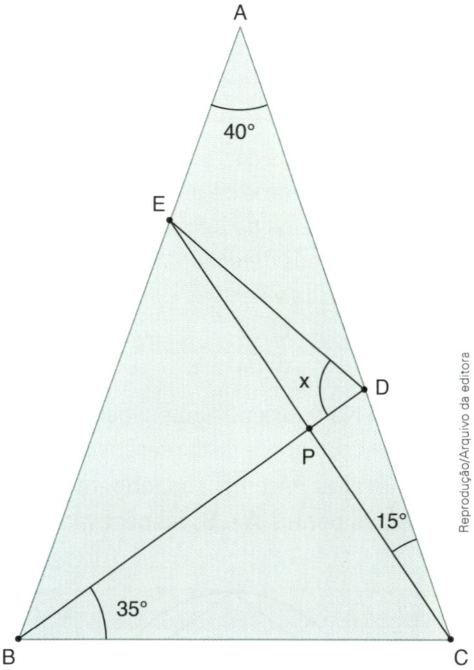

Reprodução/Arquivo da editora

Testes

1. (EEAR-SP) Ao somar o número de diagonais e o número de lados de um dodecágono obtém-se:

a) 66 b) 56 c) 44 d) 42

2. (IFPE) Um porta-retratos tem a forma de um octógono regular conforme imagem a seguir.

Reprodução/IFPE, 2017.

Disponível em: <http://www.mauriciojasso.com/galeria/cache/lo-nuevo/DSC07649-Resolucion-de Escritorio.JPG_595.jpg>. Acesso: 02 out. 2016.

A medida de cada ângulo interno desse octógono é:

a) 45° c) 90° e) 30°
b) 60° d) 135°

3. (UFPR) O número de diagonais de um polígono regular cujo ângulo externo mede 18° é:

a) 5 c) 14 e) 275
b) 170 d) 135

4. (Enem) Um gesseiro que trabalhava na reforma de uma casa lidava com placas de gesso com formato de pentágono regular quando percebeu que uma peça estava quebrada, faltando uma parte triangular, conforme mostra a figura.

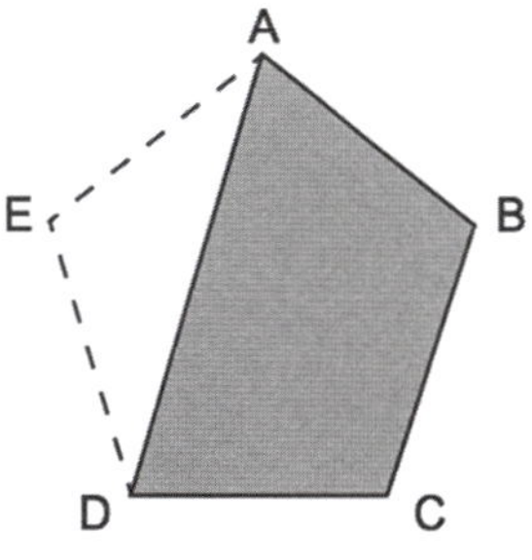

Reprodução/Enem, 2016.

Para recompor a peça, ele precisou refazer a parte triangular que faltava e, para isso, anotou as medidas dos ângulos $x = E\hat{A}D$, $y = E\hat{D}A$ e $z = A\hat{E}D$ do triângulo ADE.

As medidas **x**, **y** e **z**, em graus, desses ângulos são, respectivamente,

a) 18, 18 e 108.
b) 24, 48 e 108.
c) 36, 36 e 108.
d) 54, 54 e 72.
e) 60, 60 e 60.

5. (UFPR) Duas cordas cortam-se no interior de um círculo. Os segmentos da primeira são expressos por $6x$ e $2x + 2$ e os da segunda por $2x$ e $8x - 2$. Com isso podemos determinar que o comprimento da maior corda vale:

a) 24
b) 30
c) 32
d) 34
e) 38

6. (Cefet-MG) Na figura a seguir, o pentágono regular está inscrito numa circunferência de centro **O** e as semirretas $\overrightarrow{PA}$ e $\overrightarrow{PB}$ são tangentes à circunferência nos pontos **A** e **B**, respectivamente.

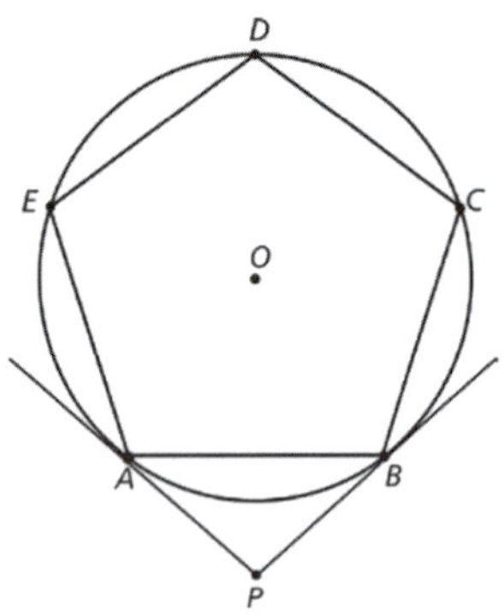

A medida do ângulo $A\hat{P}B$, em graus, é igual a:

a) 36 b) 72 c) 108 d) 154

7. (Cefet-MG) A figura a seguir mostra uma circunferência, em que os arcos ADC e AEB são congruentes e medem 160° cada um.

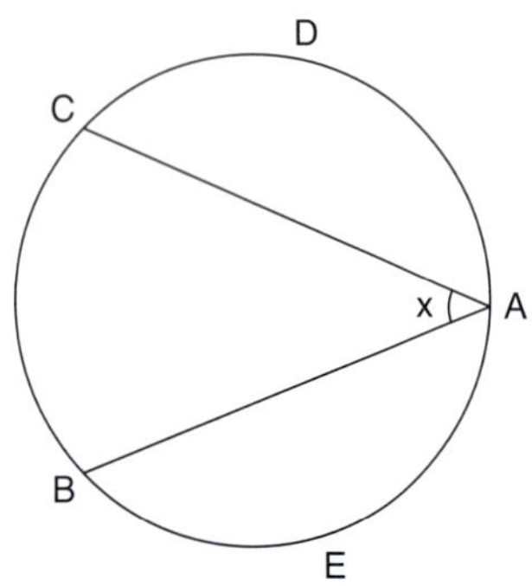

A medida, em graus, do ângulo **x** é:

a) 10° b) 20° c) 30° d) 40°

8. (EEAR-SP) Duas cordas se cruzam num ponto distinto do centro da circunferência, conforme esboço.

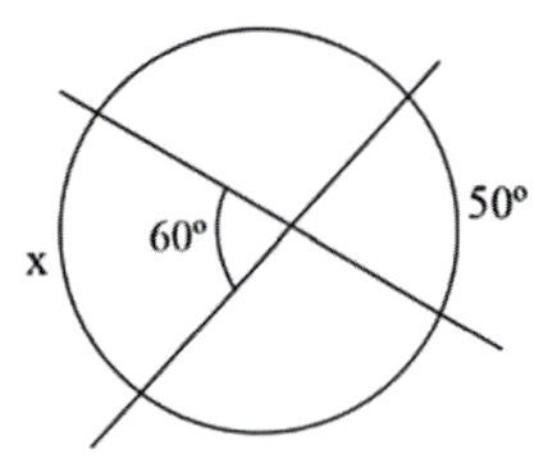

A partir do conceito de ângulo excêntrico interior, a medida do arco **x** é:

a) 40° b) 70° c) 110° d) 120°

9. (Udesc) Observe a figura 1.

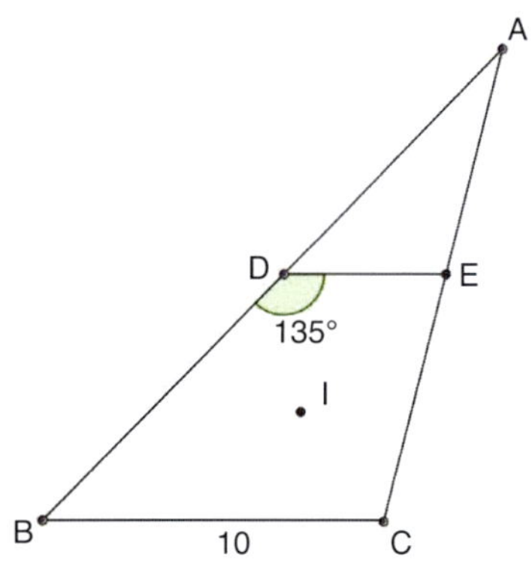

Figura 1

Sabendo que os segmentos $\overline{BC}$ e $\overline{DE}$ são paralelos, que o ponto **I** é incentro do triângulo ABC e que o ângulo $B\hat{I}C$ é igual a 105°, então o segmento $\overline{AC}$ mede:

a) $5\sqrt{2}$

b) $\dfrac{10\sqrt{2}}{3}$

c) $20\sqrt{2}$

d) $10\sqrt{2}$

e) $\dfrac{20\sqrt{2}}{3}$

10. (FGV-SP) Na figura, $\overline{AB}$ e $\overline{AE}$ são tangentes à circunferência nos pontos **B** e **E**, respectivamente, e $B\hat{A}E = 60°$.

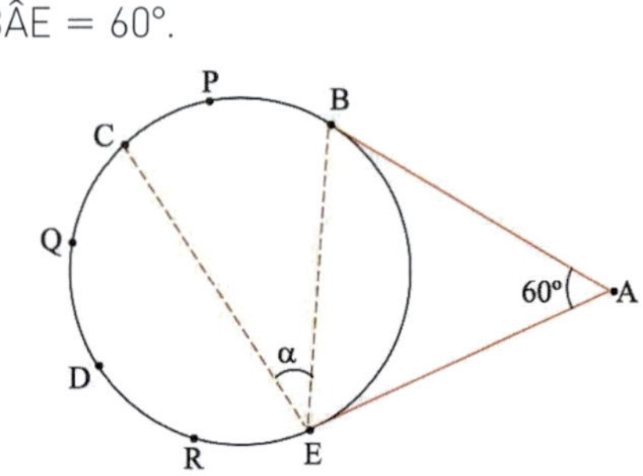

Se os arcos $\overset{\frown}{BPC}$, $\overset{\frown}{CQD}$ e $\overset{\frown}{DRE}$ têm medidas iguais, a medida do ângulo $B\hat{E}C$, indicada na figura por α, é igual a:

a) 20°
b) 40°
c) 45°
d) 60°
e) 80°

11. (Uerj) Uma máquina possui duas engrenagens circulares, sendo a distância entre seus centros **A** e **B** igual a 11 cm, como mostra o esquema:

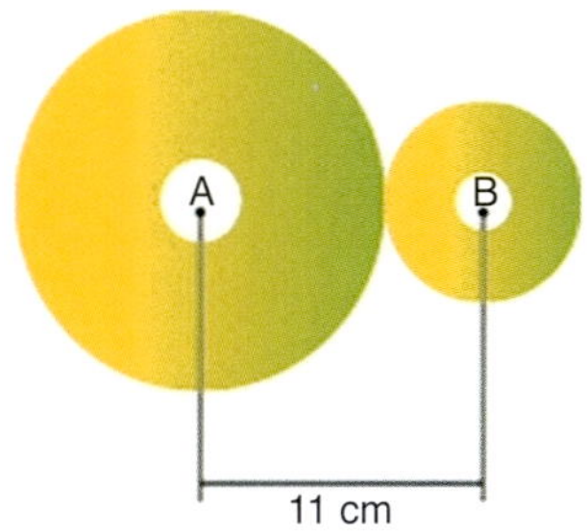

Reprodução/UERJ, 2014.

Sabe-se que a engrenagem menor dá 1 000 voltas no mesmo tempo em que a maior dá 375 voltas, e que os comprimentos dos dentes de ambas têm valores desprezíveis.

A medida, em centímetros, do raio da engrenagem menor equivale a:

a) 2,5
b) 3,0
c) 3,5
d) 4,0

12. (Cefet-MG) Somando-se todos os ângulos internos de três polígonos convexos obtém-se 2 160°. Sabe-se que o número de lados desses polígonos é $n - 2$, **n** e $n + 2$. Dentre eles, o que possui menor número de lados é um

a) triângulo.
b) quadrilátero.
c) pentágono.
d) hexágono.

13. (Enem) No projeto de arborização de uma praça está prevista a construção de um canteiro circular. Esse canteiro será constituído de uma área central e de uma faixa circular ao seu redor, conforme ilustra a figura.

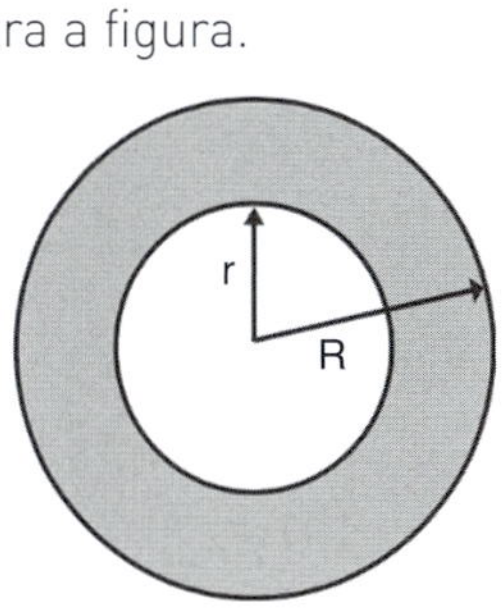

Reprodução/Enem, 2016.

Deseja-se que a área central seja igual à área da faixa circular sombreada.

A relação entre os raios do canteiro (**R**) e da área central (**r**) deverá ser:

a) $R = 2r$
b) $R = r\sqrt{2}$
c) $R = \dfrac{r^2 + 2r}{2}$
d) $R = r^2 + 2r$
e) $R = \dfrac{3}{2}r$

14. (PUC-RJ) No círculo de centro **O**, seja AD um diâmetro. Sejam **B** e **C** tais que $A\hat{O}C = 90°$ e $A\hat{O}B = \dfrac{1}{2} B\hat{O}C$.

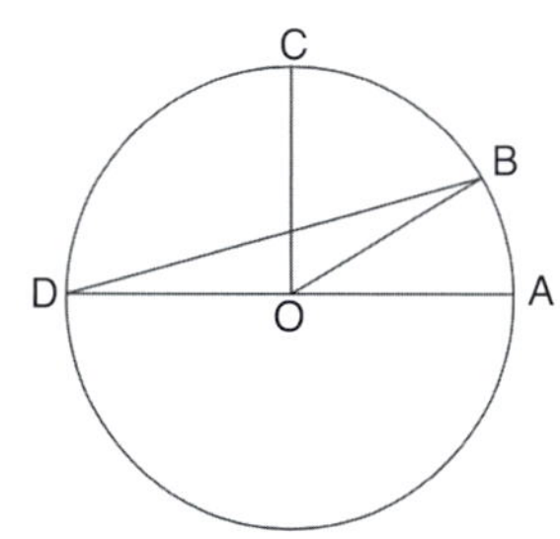

Reprodução/PUC-RJ, 2017.

Assinale o valor de $O\hat{D}B$.

a) 12°
b) 15°
c) 18°
d) 22,5°
e) 30°

15. (Mack-SP) Na figura, se a circunferência tem centro **O** e BC = AO, então a razão entre as medidas dos ângulos $A\hat{O}D$ e $C\hat{O}B$ é

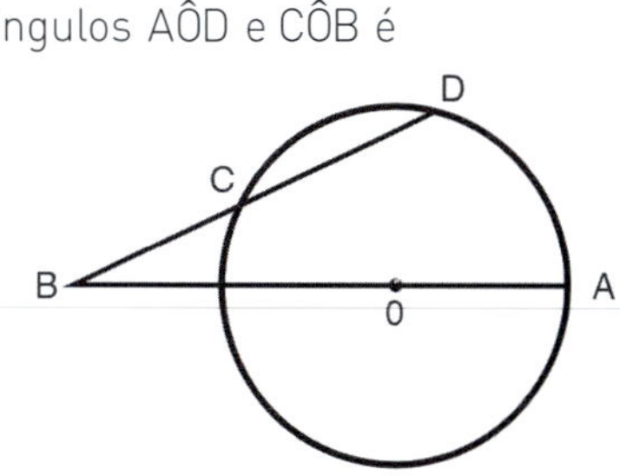

Reprodução / Mackenzie, 2012.

a) $\dfrac{5}{2}$
b) $\dfrac{3}{2}$
c) 2
d) $\dfrac{4}{3}$
e) 3

16. (Uerj) A figura abaixo representa um círculo de centro **O** e uma régua retangular, graduada em milímetros. Os pontos **A**, **E** e **O** pertencem à régua e os pontos **B**, **C** e **D** pertencem, simultaneamente, à régua e à circunferência.

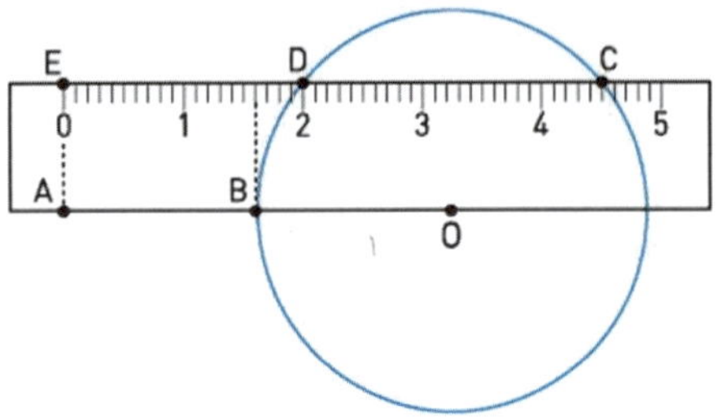

Reprodução/UERJ, 2012.

Considere os seguintes dados

Segmentos	Medida (cm)
$\overline{AB}$	1,6
$\overline{ED}$	2,0
$\overline{EC}$	4,5

O diâmetro do círculo é, em centímetros, igual a:

a) 3,1
b) 3,3
c) 3,5
d) 3,6

17. (IFSP) Na figura, a reta **t** é tangente, no ponto **P**, ao círculo de centro **O**. A medida do arco $\widehat{AB}$ é 100° e a do arco $\widehat{BCP}$ é 194°. O valor de **x**, em graus, é:

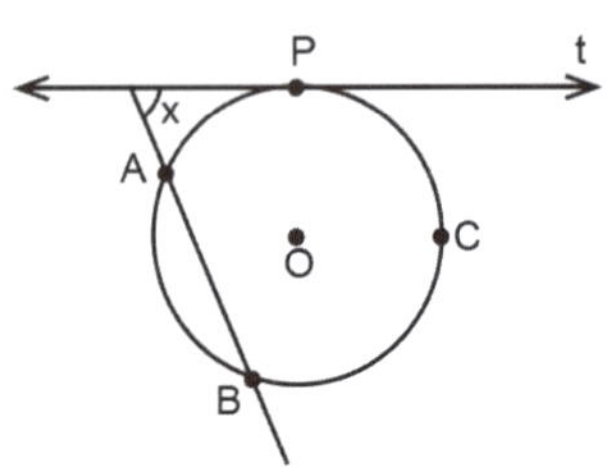

Reprodução/IFSP, 2011.

a) 53
b) 57
c) 61
d) 64
e) 66

18. (CPACN) Analise as afirmativas a seguir.

I. Sejam **a**, **b** e **c** os lados de um triângulo, com $c > b \geq a$. Pode-se afirmar que $c^2 = a^2 + b^2$ se, e somente se, o triângulo for retângulo.

II. Se um triângulo é retângulo, então as bissetrizes internas dos ângulos agudos formam entre si um ângulo de 45° ou 135°.

III. O centro de um círculo circunscrito a um triângulo retângulo está sobre um dos catetos.

IV. O baricentro de um triângulo é equidistante dos lados do triângulo.

Assinale a opção correta.

a) Somente I e II são verdadeiras.
b) Somente II e III são verdadeiras.
c) Somente I e IV são verdadeiras.
d) Somente I, II e IV são verdadeiras.
e) As afirmativas I, II, III e IV são verdadeiras.

19. (Epcar-MG) Na figura, **E** e **F** são, respectivamente, pontos de tangência das retas **r** e **s** com a circunferência de centro **O** e raio **R**. **D** é ponto de tangência de $\overline{BC}$ com a mesma circunferência e $AE = 20$ cm.

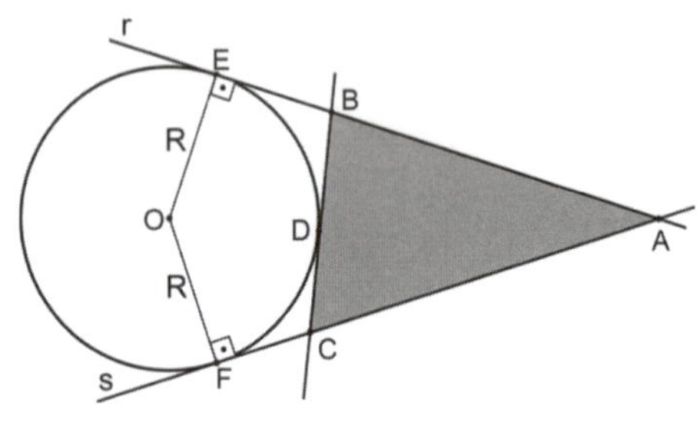

Reprodução/EPCAR, 2017.

O perímetro do triângulo ABC (em cinza), em centímetros, é igual a:

a) 20
b) 10
c) 40
d) 15

20. (Uespi) Uma circunferência de raio **R** é tangente externamente a duas circunferências de raio **r**, com $r < R$. As três circunferências são tangentes a uma mesma reta, como ilustrado a seguir. Qual a distância entre os centros das circunferências de raio **r**?

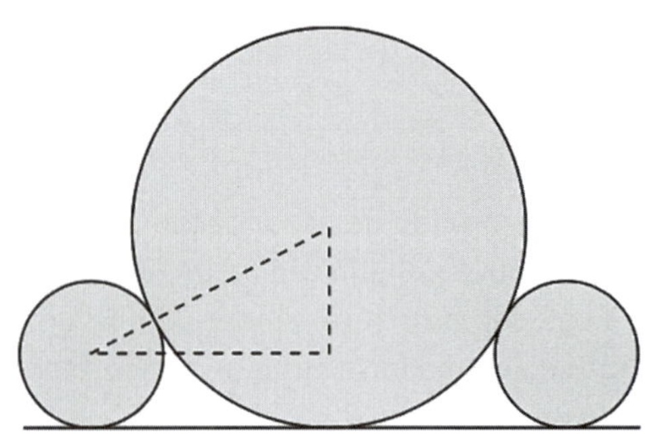

Reprodução/UESPI, 2012.

a) $4\sqrt{Rr}$
b) $3\sqrt{Rr}$
c) $2\sqrt{Rr}$
d) $\sqrt{Rr}$
e) $\dfrac{\sqrt{Rr}}{2}$

21. (Insper-SP) Ao projetar um teatro, um arquiteto recebeu o seguinte pedido da equipe que seria responsável pela filmagem dos eventos que lá aconteceram:

> "É necessário que seja construído um trilho no teto ao qual acoplaremos uma câmera de controle remoto. Para que a câmera não precise ficar mudando a calibragem do foco a cada movimentação, o ângulo de abertura com que a câmera captura as imagens do palco deve ser sempre o mesmo, conforme ilustração abaixo.
> Por exemplo, dos pontos $\mathbf{P_1}$ e $\mathbf{P_2}$ a câmera deve ter o mesmo ângulo de abertura α para o palco."

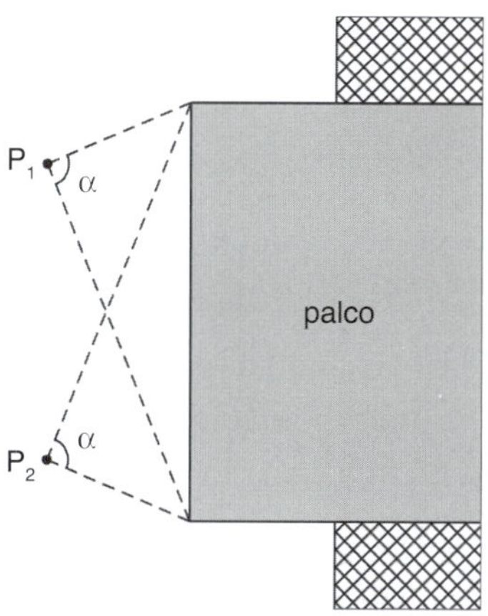

Das propostas de trilho a seguir, aquela que atende a essa necessidade é

a)

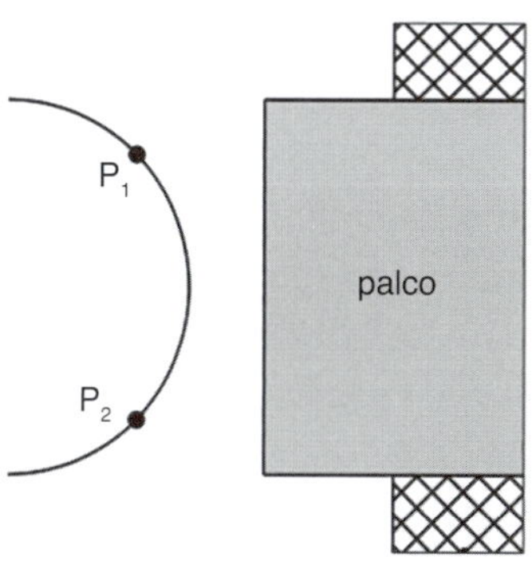

b)

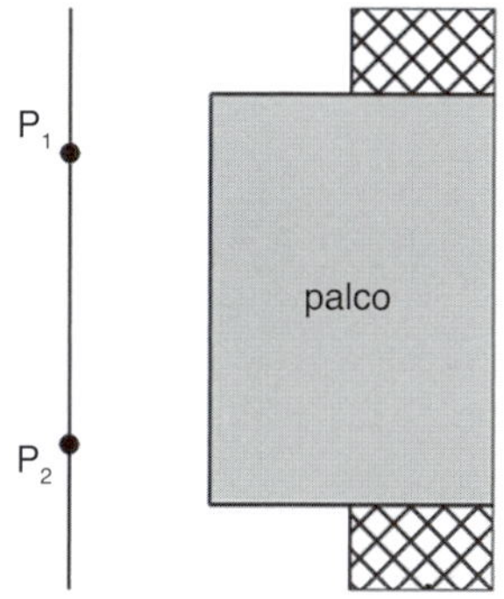

c)

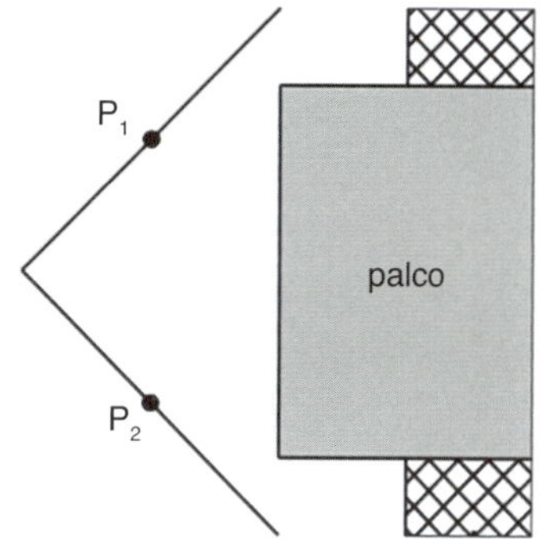

d)

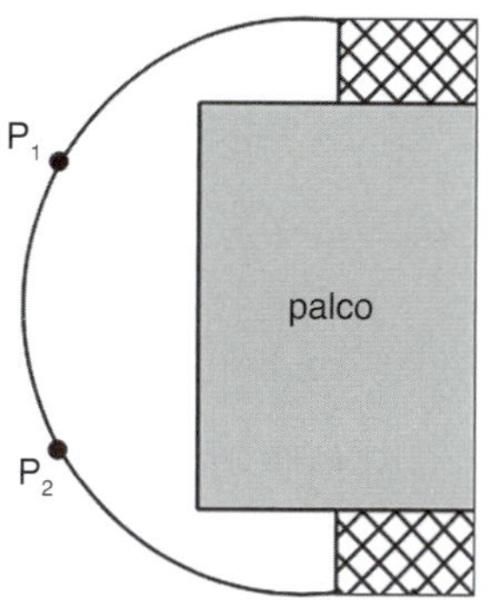

e)

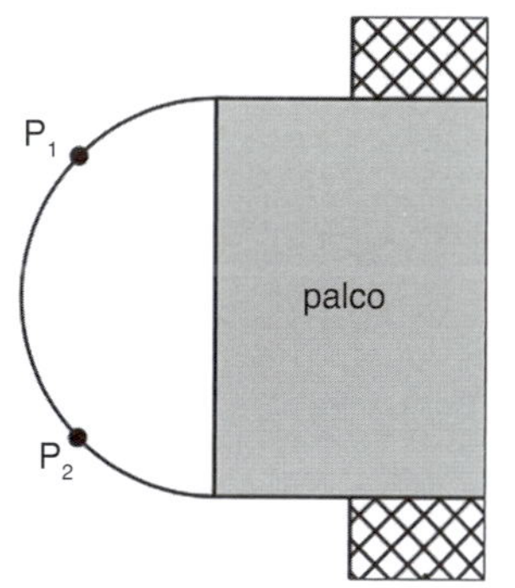

22. (UFRGS-RS) Considere um pentágono regular ABCDE de lado 1. Tomando os pontos médios de seus lados, constrói-se um pentágono FGHIJ, como na figura abaixo.

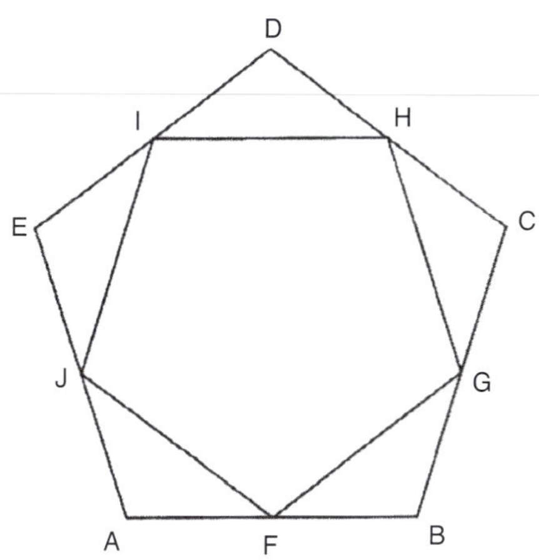

A medida do lado do pentágono FGHIJ é:

a) sen 36°

b) cos 36°

c) $\frac{\text{sen } 36°}{2}$

d) $\frac{\cos 36°}{2}$

e) 2 cos 36°

23. (ITA-SP) Em um triângulo isósceles ABC, cuja área mede 48 cm^2, a razão entre as medidas da altura $\overline{AP}$ e da base $\overline{BC}$ é igual a $\frac{2}{3}$. Das afirmações abaixo:

I. As medianas relativas aos lados $\overline{AB}$ e $\overline{AC}$ medem $\sqrt{97}$ cm;

II. O baricentro dista 4 cm do vértice **A**;

III. Se α é o ângulo formado pela base $\overline{BC}$ com a mediana $\overline{BM}$, relativa ao lado $\overline{AC}$, então $\cos \alpha = \frac{3}{\sqrt{97}}$.

é (são) verdadeira(s)

a) Apenas I.

b) Apenas II.

c) Apenas III.

d) Apenas I e III.

e) Apenas II e III.

24. (FGV-SP) As cordas $\overline{AB}$ e $\overline{CD}$ de uma circunferência de centro **O** são, respectivamente, lados de polígonos regulares de 6 e 10 lados inscritos nessa circunferência. Na mesma circunferência, as cordas $\overline{AD}$ e $\overline{BC}$ se intersectam no ponto **P**, conforme indica a figura a seguir.

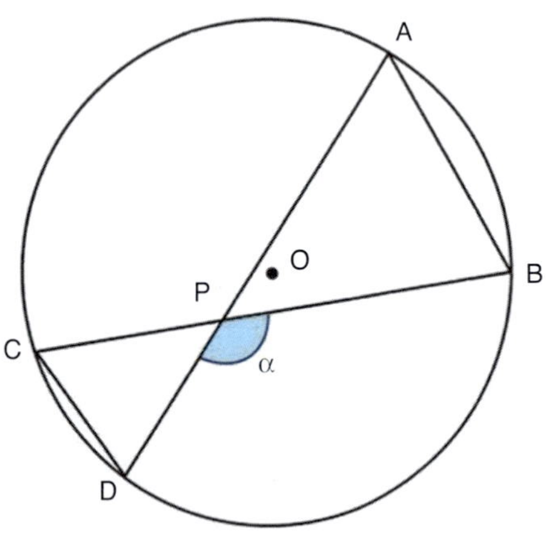

A medida do ângulo $B\hat{P}D$, indicado na figura por α, é igual a:

a) 120°

b) 124°

c) 128°

d) 130°

e) 132°

25. (Fuvest-SP) Os pontos **A**, **B** e **C** são colineares, AB = 5, BC = 2 e **B** está entre **A** e **C**. Os pontos **C** e **D** pertencem a uma circunferência com centro em **A**. Traça-se uma reta **r** perpendicular ao segmento $\overline{BD}$ passando pelo seu ponto médio. Chama-se de **P** a interseção de **r** com $\overline{AD}$. Então, AP + BP vale

a) 4

b) 5

c) 6

d) 7

e) 8

26. (FGV-SP) Um triângulo isósceles tem a base medindo 10 e um dos ângulos da base medindo 45°. A medida do raio da circunferência inscrita nesse triângulo é:

a) $5\sqrt{2} - 4$

b) $5\sqrt{2} - 6$

c) $5\sqrt{2} - 3$

d) $5\sqrt{2} - 5$

e) $5\sqrt{2} - 2$

27. (Uece) No plano, as circunferências $\mathbf{C_1}$ e $\mathbf{C_2}$, cuja medida dos raios são respectivamente 4 cm e 1 cm tangenciam-se exteriormente e são tangentes a uma reta **r** em pontos distintos. Uma terceira circunferência $\mathbf{C_3}$, exterior a $\mathbf{C_1}$ e a $\mathbf{C_2}$, cuja medida do raio é menor do que 1 cm, tangencia a reta **r** e as circunferências $\mathbf{C_1}$ e $\mathbf{C_2}$. Nestas condições a medida do raio da circunferência $\mathbf{C_3}$ é

a) $\frac{1}{2}$ cm.

b) $\frac{1}{3}$ cm.

c) $\frac{4}{9}$ cm.

d) $\frac{5}{3}$ cm.

Respostas

Capítulo 6 – Números complexos

Exercícios

1. a) (3, 3) b) (–14, 5) c) (3x – 3y, 7x + 2y) d) (6, 2) e) (3, –1) f) (x, –y)

2.

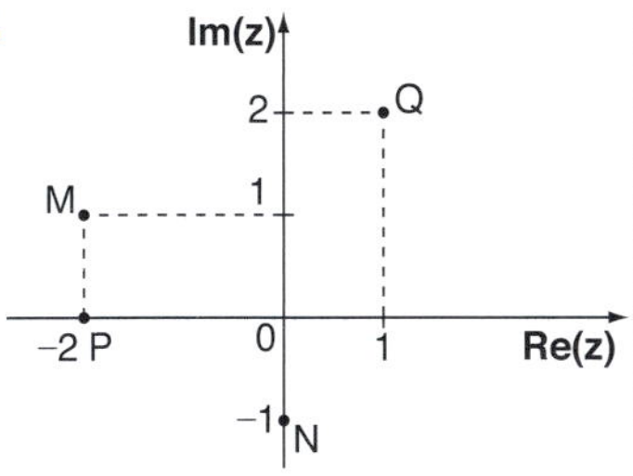

Banco de imagens/Arquivo da editora

3. x = –2 e y = –1

4. a) –1 b) –i c) i d) 1 e) i f) –1 g) –i h) 1

5. a) –i b) 2048i c) –i d) –1 e) 1 f) –1 – i

6. a) –1 + i b) –1

7. $E = 2^{48} \cdot (2 - i)$

8. a) 3 – 2i b) –4 + 3i c) (1, –2) d) (0, 5) e) 4i f) 4 g) (–3, 1) h) (–5, 0)

9. a) Re(z) = 4 e Im(z) = 5

b) Re(z) = 3 e Im(z) = 3

c) $Re(z) = -\frac{1}{4}$ e $Im(z) = \frac{1}{2}$

d) Re(z) = –7 e Im(z) = –1

e) $Re(z) = -\frac{2}{3}$ e $Im(z) = \frac{5}{3}$

f) $Re(z) = 0$ e $Im(z) = -\sqrt{3}$

10. (–6, –7)

11. a) m = 3 b) m = –3

12. p = –1; z = 2

13. a) m = 5 b) z = 10i

14. Não existe **m**.

15. m = –2 e n ≠ 0

16. a) x = 1 b) x = –5 c) $x < 1$ d) $x < 2$

17. a) m = –4 e n = 4 b) m = –7 e n = 5 c) m = 3 e n = 7 d) m = 1 e n = 2

18. a) 4 + i b) –10 + 7i c) 4 + 2i d) 1 + 6i e) –1 + 6i f) 3 + 5i

19. a) 1 – 4i b) 3 – i c) 3

20. a) $z_1 = -2 + xi$ e $z_2 = y - 3i$

b) x = 5 e y = –2

21. u = i e v = 2 – 6i

22. a) {–10i, 10i} b) {3 + i, 3 – i} c) {2 + 5i, 2 – 5i} d) {–1, 1, –3i, 3i}

23. a) {0}

b) {0, 7 + 3i, 7 – 3i}

24. a) $\{-i\sqrt{2}, i\sqrt{2}, -i\sqrt{3}, i\sqrt{3}\}$

b) {–1, 1, –2i, 2i}

25. a) 2 + 3i e –2 – 3i

b) $\sqrt{2} + i\sqrt{2}$ e $-\sqrt{2} - i\sqrt{2}$

c) $\frac{3\sqrt{2}}{2} + \frac{\sqrt{2}}{2}i$ e $-\frac{3\sqrt{2}}{2} - \frac{\sqrt{2}}{2}i$

d) $\frac{\sqrt{6}}{2} - \frac{\sqrt{2}}{2}i$ e $-\frac{\sqrt{6}}{2} + \frac{\sqrt{2}}{2}i$

26. a) 7 + 3i b) –14 + 2i c) 45i d) 12 – 3i e) 9 – 2i f) 25 – 50i

27. a) 2 b) –5 – 12i c) 15 + 8i d) 18i e) –128 + 128i f) 2 + 11i

28. 25 – 50i

29. 18i

30. a) $16 + \frac{7}{2}i$ b) –21 – 20i

31. a) 32 b) –2 – 2i c) –64

32. a) $z = (8 - 6a^2) + i(12a - a^3)$

b) $\pm\frac{2\sqrt{3}}{3}$

c) $\pm 2\sqrt{3}$

33. $x = \frac{3}{2}$; $z = \frac{15}{2}$

34. $(x = \sqrt{2}$ e $z = 3i\sqrt{2})$ ou $(x = -\sqrt{2}$ e $z = -3i\sqrt{2})$

35. 12 u.a.

36. a) $-1 - 5i$ c) $-2i$
b) $-2 + 2i$ d) $-2 - 2i$

37. a) $(2, 3)$ b) $(-8, -1)$ c) $(63, -16)$

38. a) $P'(4, 7)$ c) $P'(-4, -7)$
b) $P'(4, -7)$ d) $P'(-7, -4)$

39. $z = a + 3i$, em que $a \in \mathbb{R}$

40. $z = -5 - 4i$

41. a) **z** é um número real ou um imaginário puro.
b) $z = 0$, $z = -2i$, $z = -\sqrt{3} + i$ ou $z = \sqrt{3} + i$
c) $z = 1 + i$ ou $z = -1 - i$

42. 6 u.a.

43. a) $-\frac{19}{25} - \frac{33}{25}i$ c) $\frac{3}{10} + \frac{1}{10}i$ e) $\frac{15}{17} + \frac{8}{17}i$
b) $-i$ d) $-1 + i$ f) $-\frac{6}{5}i$

44. a) $z = \frac{1}{2} - \frac{3}{2}i$ d) $z = \frac{4}{5} - \frac{4}{5}i$
b) $z = \frac{10}{13} - \frac{15}{13}i$ e) $z = \frac{7}{5} + \frac{24}{5}i$
c) $z = -\frac{3}{2} - \frac{3}{2}i$ f) $-1 + i$

45. a) $\frac{3}{25} + \frac{4}{25}i$ c) $\frac{4}{25} - \frac{3}{25}i$
b) $-\frac{7}{625} - \frac{24}{625}i$

46. $z = \frac{1}{2} + \frac{5}{2}i$

47. $a = 6$

48. $m = -2$; $z = 2$

49. $y = 0$ ou $x^2 + y^2 = 1$

50. Demonstração

51. a) $\sqrt{5}$ c) 5 e) 4
b) 5 d) 4 f) $\frac{\sqrt{2}}{4}$

52. a) 26 c) 2 e) 8
b) $\frac{3\sqrt{2}}{2}$ d) $2\sqrt{5}$ f) $\frac{1}{2}$

53. $4\sqrt{2}$

54. $x = -2$

55. a) $\sqrt{26}$ b) $\sqrt{10}$ c) 4

56. $\frac{1}{2} + i\frac{\sqrt{3}}{2}$ e $\frac{1}{2} - i\frac{\sqrt{3}}{2}$

57. a)

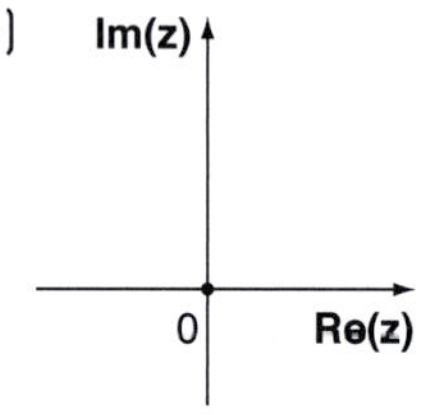

b)

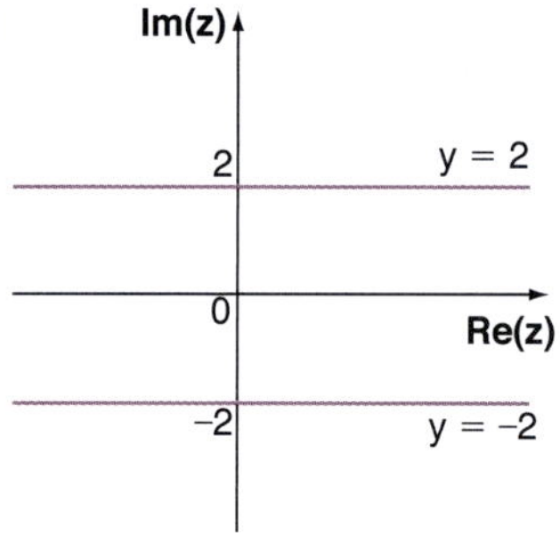

Ilustrações: Banco de imagens/Arquivo da editora

58. a)

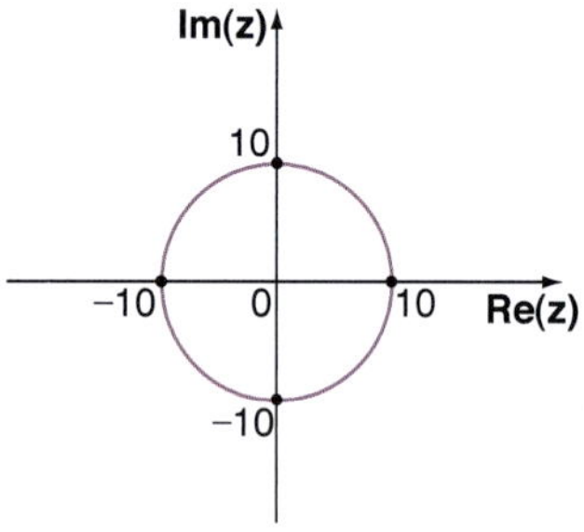

Ilustrações: Banco de imagens/Arquivo da editora

b)

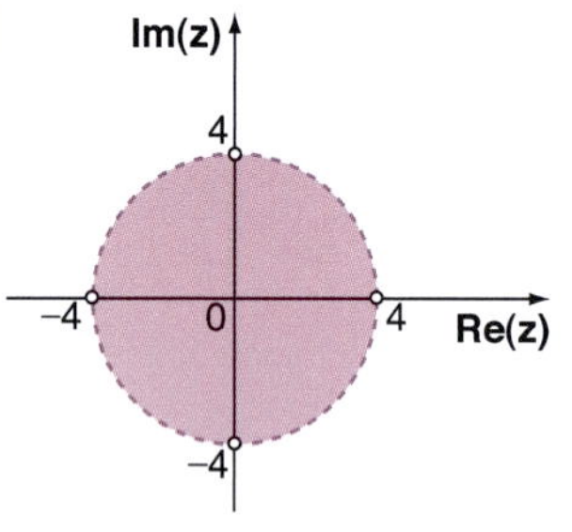

c)

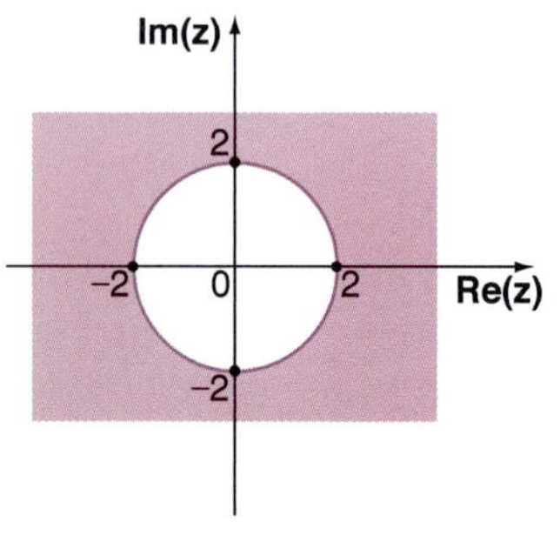

d) 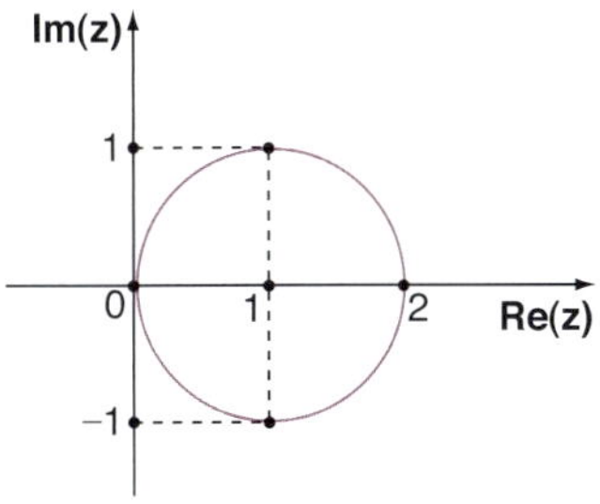

Ilustrações: Banco de imagens/Arquivo da editora

e) 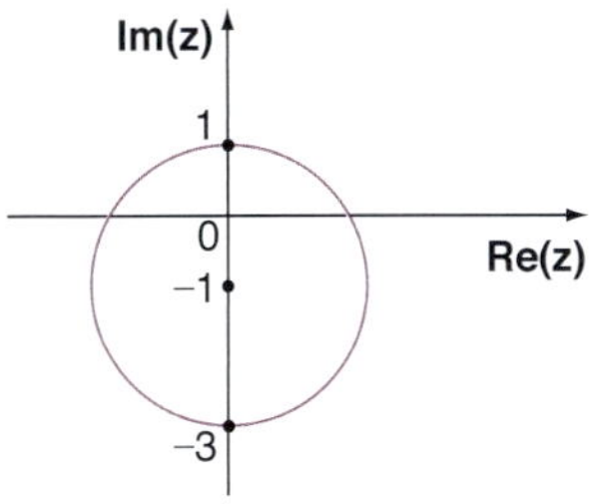

f) 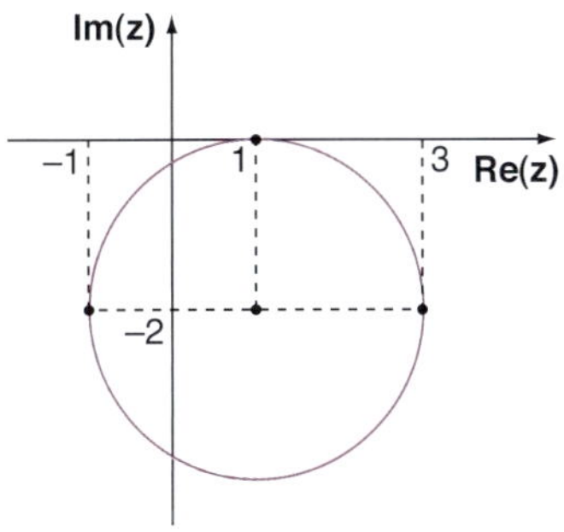

59. a) $\theta = 30°$ e) $\theta = 225°$ i) $\theta = \pi$

b) $\theta = 330°$ f) $\theta = 90°$ j) $\theta = \frac{11\pi}{6}$

c) $\theta = 135°$ g) $\theta = \frac{4\pi}{3}$ k) $\theta = \frac{2\pi}{3}$

d) $\theta = 120°$ h) $\theta = \frac{\pi}{4}$ l) $\theta = \frac{3\pi}{2}$

60. $\theta_1 = 0°$; $\theta_2 = 60°$; $\theta_3 = 120°$; $\theta_4 = 180°$; $\theta_5 = 240°$; $\theta_6 = 300°$

61. a) $z = 5(\cos 150° + i \operatorname{sen} 150°)$

b) $z = 2(\cos 225° + i \operatorname{sen} 225°)$

c) $z = 2(\cos 90° + i \operatorname{sen} 90°)$

d) $z = 2(\cos 300° + i \operatorname{sen} 300°)$

e) $z = \cos 60° + i \operatorname{sen} 60°$

f) $z = 4(\cos \pi + i \operatorname{sen} \pi)$

g) $z = 3\sqrt{2}\left(\cos \frac{7\pi}{4} + i \operatorname{sen} \frac{7\pi}{4}\right)$

h) $z = 5\sqrt{2}\left(\cos \frac{3\pi}{4} + i \operatorname{sen} \frac{3\pi}{4}\right)$

i) $z = \cos \frac{3\pi}{2} + i \operatorname{sen} \frac{3\pi}{2}$

j) $z = \frac{1}{2}\left(\cos \frac{4\pi}{3} + i \operatorname{sen} \frac{4\pi}{3}\right)$

k) $z = 2\left(\cos \frac{3\pi}{2} + i \operatorname{sen} \frac{3\pi}{2}\right)$

l) $z = 13(\cos 0 + i \operatorname{sen} 0)$

62. $z_1 = 3(\cos 90° + i \operatorname{sen} 90°)$

$z_2 = 5(\cos 150° + i \operatorname{sen} 150°)$

$z_3 = 5(\cos 315° + i \operatorname{sen} 315°)$

63. a) $z = \frac{1}{2} - \frac{1}{2}i$ e $z^2 = -\frac{1}{2}i$

b) $z = \frac{\sqrt{2}}{2}(\cos 315° + i \operatorname{sen} 315°)$ e

$z^2 = \frac{1}{2}(\cos 270° + i \operatorname{sen} 270°)$

64. a) $z = -2 + 2i\sqrt{3}$ e) $z = -\frac{\sqrt{3}}{2} - \frac{1}{2}i$

b) $z = -3 - 3i\sqrt{3}$ f) $z = -\sqrt{3} + i$

c) $z = 3i$ g) $z = -1 + i$

d) $z = -i$ h) $z = \frac{3\sqrt{2}}{2} - \frac{3\sqrt{2}}{2}i$

65. a) $x = \cos \frac{3\pi}{2} + i \operatorname{sen} \frac{3\pi}{2}$ e

$y = \sqrt{2}\left(\cos \frac{3\pi}{4} + i \operatorname{sen} \frac{3\pi}{4}\right)$

b) $x = 2(\cos 210° + i \operatorname{sen} 210°)$ e

$y = 4(\cos 300° + i \operatorname{sen} 300°)$

66. $z = -2 + 3i$

67. $z = \cos \frac{\pi}{2} + i \operatorname{sen} \frac{\pi}{2}$

68. $z = 5\sqrt{2}(\cos \theta + i \operatorname{sen} \theta)$, com $\theta = \frac{\pi}{4}, \frac{3\pi}{4}, \frac{5\pi}{4}$ e $\frac{7\pi}{4}$

69. a) $12\sqrt{3}(\cos 270° + i \operatorname{sen} 270°)$

b) $6\sqrt{3}(\cos 180° + i \operatorname{sen} 180°)$

c) $36\sqrt{3}(\cos 60° + i \operatorname{sen} 60°)$

d) $\sqrt{3}(\cos 210° + i \operatorname{sen} 210°)$

e) $2(\cos 90° + i \operatorname{sen} 90°)$

f) $\frac{2\sqrt{3}}{3}(\cos 240° + i \operatorname{sen} 240°)$

70. a) $2 - 2i$ c) $-2\sqrt{2} + 2i\sqrt{2}$

b) $-\frac{\sqrt{2}}{2}$

71. a) $\frac{1}{2}(\cos 150° + i \operatorname{sen} 150°)$

b) $-\frac{\sqrt{3}}{4} + \frac{1}{4}i$

72. a) $8i$

b) -64

c) $512 - 512i\sqrt{3}$

73. a) $-8 + 8i\sqrt{3}$ b) $-8 + 8i\sqrt{3}$

74. a) $2^{14} - 2^{14} \cdot i\sqrt{3}$ b) $\frac{16}{5^8}$ c) $\frac{1}{2^{18}}$

75. $z^{45} = i$

$z^{50} = \frac{1}{2} - \frac{\sqrt{3}}{2}i$

$z^{100} = -\frac{1}{2} - \frac{\sqrt{3}}{2}i$

76. -2^{502}

77. a) $n = 0$ b) $n = 6$ c) $n = 3$

78. a) $z_1 = \frac{\sqrt{2}}{2} + \frac{\sqrt{2}}{2}i$

$z_2 = -\frac{\sqrt{2}}{2} - \frac{\sqrt{2}}{2}i$

b) $z_1 = i\sqrt{3}$ e $z_2 = -i\sqrt{3}$

c) $z_1 = -\frac{\sqrt{2}}{4} + \frac{\sqrt{2}}{4}i$

$z_2 = \frac{\sqrt{2}}{4} - \frac{\sqrt{2}}{4}i$

79. a) $z_1 = \sqrt[3]{4}\left(\cos\frac{2\pi}{9} + i \operatorname{sen}\frac{2\pi}{9}\right)$

$z_2 = \sqrt[3]{4}\left(\cos\frac{8\pi}{9} + i \operatorname{sen}\frac{8\pi}{9}\right)$

$z_3 = \sqrt[3]{4}\left(\cos\frac{14\pi}{9} + i \operatorname{sen}\frac{14\pi}{9}\right)$

b) $z_1 = \sqrt[8]{50}\left(\cos\frac{5\pi}{16} + i \operatorname{sen}\frac{5\pi}{16}\right)$

$z_2 = \sqrt[8]{50}\left(\cos\frac{13\pi}{16} + i \operatorname{sen}\frac{13\pi}{16}\right)$

$z_3 = \sqrt[8]{50}\left(\cos\frac{21\pi}{16} + i \operatorname{sen}\frac{21\pi}{16}\right)$

$z_4 = \sqrt[8]{50}\left(\cos\frac{29\pi}{16} + i \operatorname{sen}\frac{29\pi}{16}\right)$

c) $z_1 = \cos\frac{\pi}{5} + i \operatorname{sen}\frac{\pi}{5}$

$z_2 = \cos\frac{3\pi}{5} + i \operatorname{sen}\frac{3\pi}{5}$

$z_3 = -1$

$z_4 = \cos\frac{7\pi}{5} + i \operatorname{sen}\frac{7\pi}{5}$

$z_5 = \cos\frac{9\pi}{5} + i \operatorname{sen}\frac{9\pi}{5}$

80. a) $S = \{\sqrt{2} + i\sqrt{2}, -\sqrt{2} + i\sqrt{2}, -\sqrt{2} - i\sqrt{2} \text{ e } \sqrt{2}\ \ i\sqrt{2}\}$

b) $S = \left\{x \in \mathbb{C} \;\middle|\; x = \sqrt[4]{2}(\cos\theta + i \operatorname{sen}\theta), \text{ com } \theta = \frac{\pi}{8}, \frac{5\pi}{8}, \frac{9\pi}{8} \text{ e } \frac{13\pi}{8}\right\}$

c) $S = \left\{-3, \frac{3}{2} + \frac{3i\sqrt{3}}{2}, \frac{3}{2} - \frac{3i\sqrt{3}}{2}\right\}$

d) $S = \left\{x \in \mathbb{C} \;\middle|\; x = \sqrt[3]{2}(\cos\theta + i \operatorname{sen}\theta), \text{ com } \theta = \frac{2\pi}{9}, \frac{8\pi}{9} \text{ e } \frac{14\pi}{9}\right\}$

e) $S = \{4\sqrt{2} + i4\sqrt{2}, -4\sqrt{2} - i4\sqrt{2}\}$

81. a) $z_1 = 2\left(\cos\frac{\pi}{4} + i \operatorname{sen}\frac{\pi}{4}\right)$

$z_2 = 2\left(\cos\frac{5\pi}{4} + i \operatorname{sen}\frac{5\pi}{4}\right)$

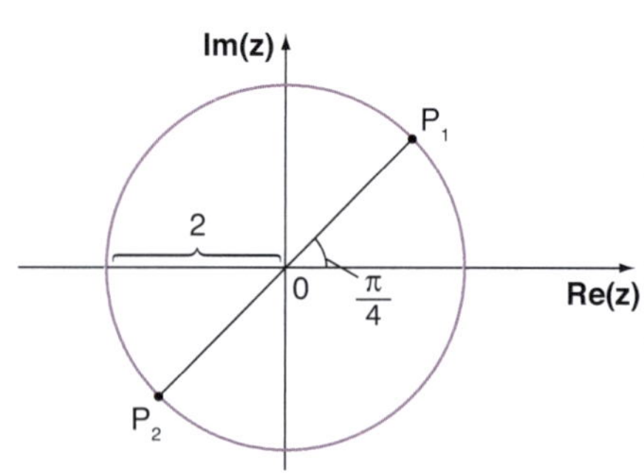

Banco de imagens/Arquivo da editora

b) 4

82. $z_A = 1 + i\sqrt{3}$; $z_B = -2$ e $z_C = 1 - i\sqrt{3}$

83. $z_1 = \sqrt{3} + i$; $z_2 = -1 + i\sqrt{3}$

$z_3 = -\sqrt{3} - i$; $z_4 = 1 - i\sqrt{3}$

84. $z_1 = \frac{1}{2} + \frac{\sqrt{3}}{2}i$

$z_2 = -1$

$z_3 = \frac{1}{2} - \frac{\sqrt{3}}{2}i$

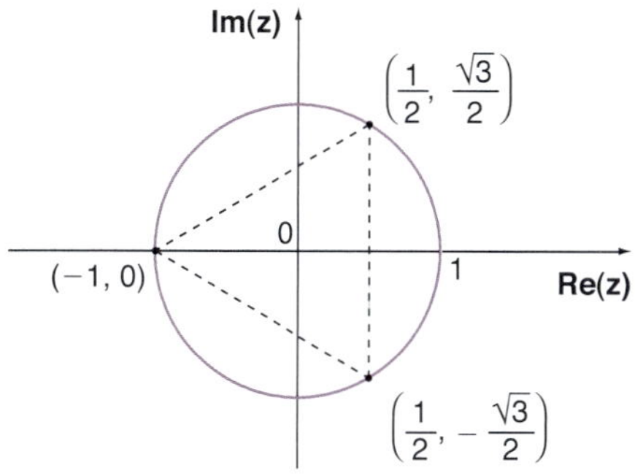

Banco de imagens/Arquivo da editora

85. a) $z = 1$

b) $z_1 = -1$

$z_2 = 1$

$z_3 = \frac{1}{2} + \frac{\sqrt{3}}{2}i$

$z_4 = -\frac{1}{2} + \frac{\sqrt{3}}{2}i$

$z_5 = -\frac{1}{2} - \frac{\sqrt{3}}{2}i$

$z_6 = \frac{1}{2} - \frac{\sqrt{3}}{2}i$

86.

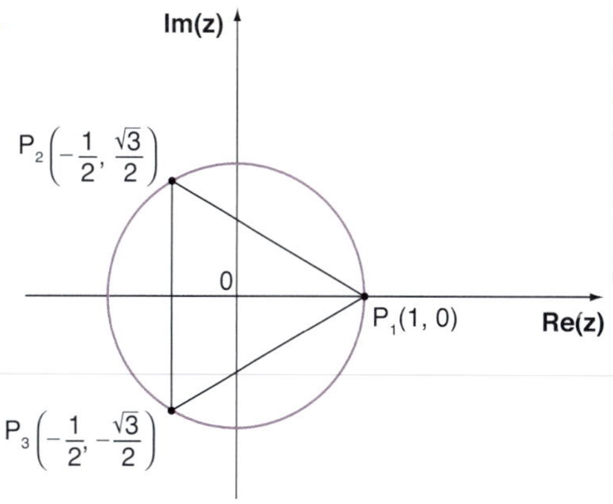

Banco de imagens/Arquivo da editora

$z_1 = 1$

$z_2 = -\frac{1}{2} + \frac{\sqrt{3}}{2}i$

$z_3 = -\frac{1}{2} - \frac{\sqrt{3}}{2}i$

$A = \frac{3\sqrt{3}}{4}$ u.a.

Exercícios complementares

1. 11

2. a) 16 u.c. b) 12 u.a.

3. $z = 2\sqrt{2} - i \cdot 2\sqrt{2}$ ou $z = -2\sqrt{2} + i \cdot 2\sqrt{2}$

4. $z = 2i$ ou $z = -2$

5. a) 2, $1 + i\sqrt{3}$, $-1 + i\sqrt{3}$, $-1 - i\sqrt{3}$ e $1 - i\sqrt{3}$

b) Perímetro: 12 u.c.; área: $6\sqrt{3}$ u.a.

6. $\frac{\pi}{2}$ u.a.

7. a) $1 + \sqrt{5}$

b) $z_o = \left(2 + \frac{2\sqrt{5}}{5}\right) + i\frac{\sqrt{5}}{5}$

8. $a \cdot b \neq 0$ e $a^2 = b^2$

9. $z_A = 8 \cdot \left(\cos\frac{4\pi}{3} + i \cdot \text{sen}\frac{4\pi}{3}\right)$;

$z_B = 8\,(\cos \pi + i \cdot \text{sen}\, \pi)$

10. $z = -\frac{6}{5} - \frac{2}{5}i$

11. a) $\sqrt{34}$

b) $\frac{\sqrt{313}}{4}$

c) $w = \frac{7}{4} \cdot \left(\cos\frac{\pi}{2} + i\,\text{sen}\frac{\pi}{2}\right) = \frac{7}{4}i$

12. a) $B = \begin{pmatrix} 2 & 1+i & 1 \\ 1-i & 1 & i \\ 1 & -i & 0 \end{pmatrix}$ b) 5 u.a.

13. a) $\text{Re}\left(\frac{1}{w}\right) = -\frac{1}{2}$ e $\text{Im}\left(\frac{1}{w}\right) = -\frac{\sqrt{3}}{2}$;

$\text{Re}(w^3) = 1$ e $\text{Im}(w^3) = 0$

b)

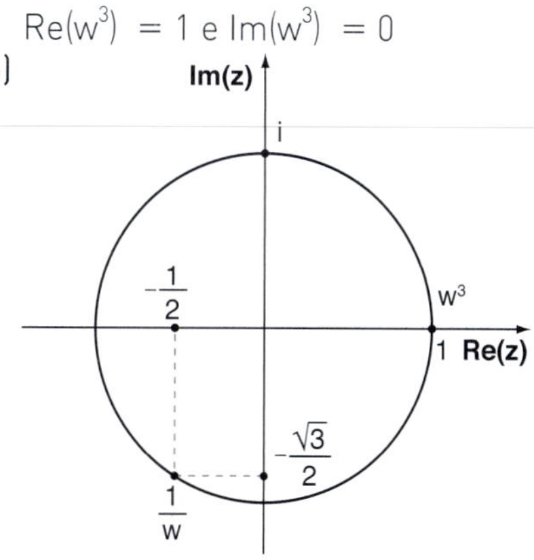

Banco de imagens/Arquivo da editora

c) 1; $-\frac{1}{2} + i\frac{\sqrt{3}}{2}$; $-\frac{1}{2} - i\frac{\sqrt{3}}{2}$

14. Circunferência de centro (0, 0) e raio 3.

15. a) $n = 3$ e $n = 9$ b) $n = 6$; $z^6 = -64$

16. a)

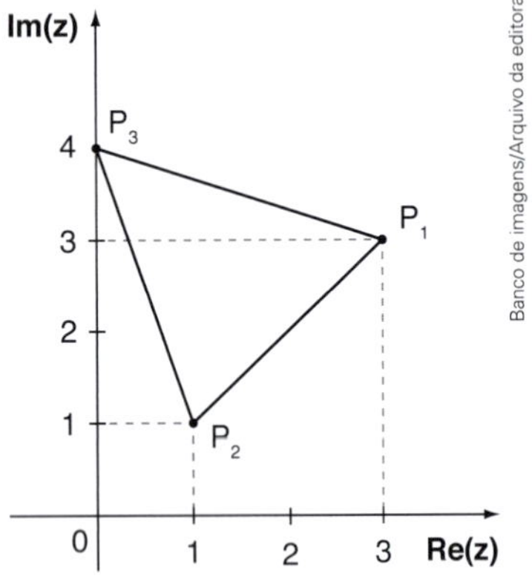

Banco de imagens/Arquivo da editora

Área: 4 u.a.

b) 36 u.a.

17. Conjunto vazio.

18. a) **F** d) **V** g) **V**

b) **V** e) **F** h) 175

c) **V** f) **V** i) **C**

19. a) 36 u.a.

b) A'(0, 3); B'(–6, 0); C'(0, –3); D'(6, 0)

c) i

20. a) $n = 3$

b) $-\frac{1}{2} - i\frac{\sqrt{3}}{2}$

21. $\frac{\pi}{2}$ u.a.

22. a) $S = \left\{\cos\frac{3\pi}{8} + i\,\text{sen}\,\frac{3\pi}{8}, \cos\frac{7\pi}{8} + i\,\text{sen}\,\frac{7\pi}{8},\right.$

$\left.\cos\frac{11\pi}{8} + i\,\text{sen}\,\frac{11\pi}{8}, \cos\frac{15\pi}{8} + i\,\text{sen}\,\frac{15\pi}{8}\right\}$

b) $S = \left\{1, -\frac{1}{2} + i\frac{\sqrt{3}}{2}, -\frac{1}{2} - i\frac{\sqrt{3}}{2}, -2,\right.$

$\left.1 + i\sqrt{3}, 1 - i\sqrt{3}\right\}$

c) $S = \left\{\frac{\sqrt{2}}{2} + i\frac{\left(\sqrt{6} - 2\right)}{2}, -\frac{\sqrt{2}}{2} + i\frac{\left(-\sqrt{6} - 2\right)}{2}\right\}$

23. 3

24. $z = 12 + 16i$

25. Demonstração

26. a) $\text{sen}\left(\frac{3\pi}{8}\right) = \frac{\sqrt{2+\sqrt{2}}}{2}$; $\cos\left(\frac{3\pi}{8}\right) = \frac{\sqrt{2-\sqrt{2}}}{2}$

b) $n = 8$

c) $z^8 + 256 = 0$

27. $a = 1$, $b = 4$ e $c = 52$

Testes

1. a.
2. d.
3. d.
4. d.
5. e.
6. b.
7. b.
8. c.
9. a.
10. a.
11. d.
12. d.
13. b.
14. b.
15. b.
16. e.
17. e.
18. b.
19. a.
20. c.
21. c.
22. b.
23. c.
24. b.
25. e.

26. d.

27. c.

28. a.

29. a.

30. b.

31. e.

32. a.

33. a.

34. c.

35. e.

36. b.

37. b.

38. b.

Capítulo 7 – Polinômios

Exercícios

1. *a*, *c*, *f* e *g*

2. a) 4 d) 14 g) 1
   b) 3 e) 3 h) 120
   c) 7 f) 0

3. a) 10 b) $\frac{1}{3}$ c) −1 d) i e) 1

4. $m \neq -\sqrt{2}$ e $m \neq \sqrt{2}$

5. $k = 2$ ou $k = -2$

6. $m \neq 4$ e $m \neq -4 \Rightarrow$ grau 8;
   $m = 4 \Rightarrow$ grau 5;
   $m = -4 \Rightarrow$ grau 4.

7. a) Sim; $m \neq -2$ e $m \neq 2$
   b) Sim; $m = 2$
   c) Não

8. $a = 0$ e $b = 2$

9. $a = \frac{1}{2}$

10. $a = 1$; $b = 5$; $c = 5$ e $d = \frac{5}{2}$

11. a) $p(0) = 3$
    b) $p(1) = -1$
    c) $p(2) = -3$
    d) $p(1 + i) = -2 - 3i$
    e) $p(i) = 2 - 5i$

12. a) $p(-1) = -36$
    b) $p(3) = 8$
    c) $p\left(\frac{3}{2}\right) = \frac{7}{8}$

13. São raízes os números: 3, $1 + 2i$

14. $m = -9$

15. $a = 1$ e $b = 2$

16. $x + 3$

17. a) $k = 1 - 3i$ b) $p(2 + i) = 10 + 4i$

18. a) Sim b) 1 275

19. $x^2 + 4$

20. $a = -1$ e $b = -2$

21. $m = 0$, $n = 1$ e $p = -1$

22. $m = 1$, $n = 1$ e $p = 3$

23. $m = -4$ e $n = 1$

24. $a = 1$ e $b = -1$

25. 6

26. a) $x^3 + 2x^2 - 4x + 5$
    b) $x^3 + x^2 - 2x + 5$
    c) $-x^3 + 3x^2 - 3x + 7$
    d) $-2x^4 + 5x^3 - 15x^2 + 16x - 16$

27. $a = 4$, $b = -3$ e $c = -3$

28. $a = 4$, $b = -4$ e $c = 3$

29. a) $(3 - i)x + 2i$ b) $2x + 2i$ c) $3ix^2 - 2x$

30. $a = 3$ e $b = -3$

31. a) Grau 8.
    b) Grau menor ou igual a 4.
    c) Grau menor ou igual a 4.

32. a) **V** b) **F** c) **V** d) **V**

33. a) $q(x) = x + 2$ e $r(x) = 9$
    b) $q(x) = -x + 4$ e $r(x) = -6x + 5$
    c) $q(x) = 5x^2 + 3x + 18$
       $r(x) = 16x + 71$
    d) $q(x) = 3x^2 + 3x + 2$
       $r(x) = 3x^2 - 5x - 1$
    e) $q(x) = 0$ e $r(x) = 4x - 1$
    f) $q(x) = -5x^2 + 4x + 7$ e $r(x) = -11$

34. a) Sim; $q(x) = x - 3$
b) Não; $q(x) = x^2$
c) Sim; $q(x) = 2x + 1$
d) Não; $q(x) = x^2 + x - 3$

35. $m = 2$

36. a) $q(x) = x + 3i$ e $r(x) = -6$
b) $q(x) = x^2 + (-3 - 2i)x + 6i$ e $r(x) = 0$
c) $q(x) = x + (1 - 5i)$ e $r(x) = -5i$

37. $g(x) = x^2$

38. Grau de **q** igual a 4; grau de **r** menor que 3 ou $r(x) = 0$ (polinômio nulo).

39. $m = 0$ e $n = 2$

40. $3x - 1$

41. a) $2x + 1$
b) Não
c) Sim; $10x^2 + 4x - 8$

42. $p(x) = x^2 - 2$

43. a) 14 b) 35 c) 12 d) 1

44. a) 3
b) −9
c) 12
d) −10
e) $-17 - 2i$

45. a) $m = 4$
b) $m = -50$
c) $m = 1$

46. 0

47. $m = 0$ e $n = -2$

48. $-\frac{1}{2}x + \frac{5}{2}$

49. $-\frac{5}{7}x + \frac{11}{7}$

50. Se **n** é par, $r = 8$; se **n** é ímpar, $r = -6$.

51. $p = \frac{7}{3}$ e $q = -\frac{14}{3}$

52. a) $q(x) = -2x^2 - 2x - 11$
$r(x) = -32$
b) $q(x) = 9x - 6$ e $r(x) = 16$
c) $q(x) = x^3 - x^2 - 2x + 3$
$r(x) = -5$
d) $q(x) = x^2$ e $r(x) = -1$

53. −6

54. a) $m = -48$
b) $q(x) = 4x^3 - 12x^2 + 31x - 91$; $r(x) = 225$

55. $q(x) = x^7 - x^6 + x^5 - x^4 + 3x^3 - 3x^2 + 3x - 3$; $r(x) = 4$

56. 3

57. −5

58. a) $p = -4$
b) 3
c) $-3i + 4$
d) $0, \frac{-\sqrt{2}}{2}, \frac{\sqrt{2}}{2}$

59. 1º caso: Se **n** é par: $r(x) = 0$ e
$q(x) = x^{n-1} - a \cdot x^{n-2} + a^2 \cdot x^{n-3} - ... - a^{n-1}$
2º caso: Se **n** é ímpar: $r(x) = -2a^n$ e
$q(x) = x^{n-1} - a \cdot x^{n-2} + a^2 \cdot x^{n-3} + ... + a^{n-1}$

60. Zero (polinômio nulo)

61. Sim; sim; sim; não

62. Demonstração

63. $m = -8$ e $n = 12$

64. $m = 2$ e $p = 1$

65. $n = 3$

66. $a = -28$ e $b = 20$

67. Sim; sim; sim

68. Sim; sim; sim; sim

69. a) Demonstração
b) $m = -25$ e $n = 60$

70. a) Demonstração
b) Demonstração
c) Sim

Exercícios complementares

1. $a = -1$ e $b = 3$

2. (02) + (04) = (06)

3. Não existe $p(x)$ que satisfaz.

4. $ad = bc$

5. 231

6. a) $V = 2x^3 + 6x^2 + 4x$
b) $A_t = 10x^2 + 20x + 6$

7. $a = -\frac{5}{2}$, $b = -2$, $c \neq \frac{1}{2}$

8. (01) + (02) + (04) = (07)

9. $R(x) = x^2 - 3x + 1$

10. a) 7

b) $-\frac{1}{2} < x < 2$

11. $a = -17$ e $b = 37$

12. $x \leqslant 1$ ou $x \geqslant 3$

13. $m = -8$ e $n = 12$

14. $r(x) = 3x + 1$

15. (01) + (02) + (04) + (08) + (16) = (31)

16. $a = 0$ e $b = -2$

17. $p(x) = 2x^3 + x^2 + 2x$

18. $a = -4$ e $b = 3$

19. a) $r(x) = 3x - 5$ b) $r(x) = -1$

20. a) $a = \frac{1}{2}$, $b = \frac{1}{6}$ e $\forall c \in \mathbb{R}$ satisfaz

b) $\frac{n^3}{3} + \frac{n^2}{2} + \frac{n}{6}$

21. a) $A = 1$, $B = -1$ e $C = 2$

b) $r(x)$ tende a 0.

22. a) $-1{,}466$ b) $-1{,}48i - 2{,}946$

23. 21

24. a) $\begin{cases} A + D = 0 \\ B + C + 2D = 0 \\ 4A + 2C + 2D = 0 \\ 4B + 2C = 1 \end{cases}$

b) $A = \frac{1}{10}$, $B = \frac{3}{10}$, $C = -\frac{1}{10}$, $D = -\frac{1}{10}$

25. a) Demonstração

b) $a = 0$ e $b = -8$

26. 0

27. a) Demonstração

b) $f(x) = x^3 - x^2 - x + 1$

28. $p(x) = 8x^5 - 4x^3 + 2x - 1$

Testes

1. d.
2. a.
3. e.
4. d.
5. d.
6. b.
7. e.
8. d.
9. b.
10. a.
11. d.
12. d.
13. d.
14. a.
15. c.
16. c.
17. e.
18. a.
19. c.
20. b.
21. d.
22. d.
23. d.
24. a.
25. e.
26. a.
27. e.
28. b.
29. b.
30. a.
31. d.

Capítulo 8 – Equações algébricas

Exercícios

1. a) $3 + 4i$ e $3 - 4i$; $(x - 3 - 4i)(x - 3 + 4i)$

b) 2 e $\frac{1}{2}$; $2(x - 2)\left(x - \frac{1}{2}\right)$

c) $0, -\sqrt{2}$ e $\sqrt{2}$; $2x(x - \sqrt{2})(x + \sqrt{2})$

2. $(x - 5) \cdot (x + 3) \cdot (x - 2)$

3. $(x^2 - 4x + 5) \cdot (x + 3)$

4. a) $x^2 - 2x + 5 = 0$, por exemplo

b) $x^2 - 2x - 15 = 0$, por exemplo

c) $2x^2 + x = 0$, por exemplo

5. a) $x^3 - 4x^2 - 2x + 20 = 0$, por exemplo

b) $x^3 + 3x^2 - 10x = 0$, por exemplo

6. $S = \{2, 4, -9\}$

7. $S = \left\{\frac{3}{2}, -2 + i, -2 - i\right\}$

8. a) $m = -5$

b) 2 ou -1

9. Duas

10. -144

11. a) $S = \{0, 4, -6\}$

b) $S = \{0, 3, -1\}$

c) $S = \left\{\frac{1}{2}, i\sqrt{2}, -i\sqrt{2}\right\}$

d) $S = \{-1, -i, i\}$

12. $-\sqrt{3}$, 0 e $\sqrt{3}$

13. $3 + i$ e $3 - i$

14. a) 0

b) $a = 1$, $b = -7$ e $c = 6$

c) $S = \{-3, 1, 2\}$

15. a) $p = 0$ e $q = -1$

b) 7

c) -1

d) $1, \frac{-1 + i\sqrt{3}}{2}, \frac{-1 - i\sqrt{3}}{2}$

16. a) $-\sqrt{3}$, 0 e $\sqrt{3}$

b) $q(x) = x$ e $r(x) = -2x$

17. $S = \{1 + 3i, 1 - 3i, 5, 1\}$

18. a) $(y - 1)(y + 5)$

b) 4

c) $-1, 3, 1 + i\sqrt{2}, 1 - i\sqrt{2}$

19. 5

20. a) $1 + i, -1 - i$

b) $S = \{2 + 3i, 1 + 2i\}$

21. a) $0 \rightarrow$ multiplicidade 3

$-2 \rightarrow$ multiplicidade 4

$1 \rightarrow$ multiplicidade 2

$-6 \rightarrow$ multiplicidade 1

b) 10

c) $S = \{0, -2, 1, -6\}$

22. a) 4

b) $x^4 - 10x^3 + 32x^2 - 32x = 0$, por exemplo

23. a) $x^3 + x^2 - 21x - 45 = 0$, por exemplo

b) $x^4 - 4x^3 + 13x^2 - 36x + 36 = 0$, por exemplo

24. $S = \{3, -4, 1\}$

25. a) $m = -12$

b) $\frac{3}{4}$

26. $S = \{-1, 0, 4\}$

27. $S = \left\{0, \frac{1}{3}\right\}$, sendo 0 raiz tripla e $\frac{1}{3}$ raiz dupla.

28. Multiplicidade 3; -2

29. $m \neq 2$

30. $S = \{5, -10\}$

31. -2 é raiz dupla e $\frac{1}{2}$ é raiz dupla.

32. a) $a = -5$; $b = 3$; $c = 9$

b) 3 é raiz dupla e -1 é raiz simples.

33. a) 3 b) 6 c) $\frac{1}{2}$ d) -3 e) 109

34. a) $\frac{1}{6}$ e $\frac{1}{2}$

b) $m = -\frac{1}{4}$

35. a) $a = -2$ e $b = 5$

b) $\frac{1 + i\sqrt{19}}{4}$ e $\frac{1 - i\sqrt{19}}{4}$

36. $p = 15$ ou $p = -15$

37. a) -2

b) -6

c) -5

d) $\frac{2}{5}$

e) $\frac{6}{5}$

38. $S = \{2, 3, 4\}$

39. $S = \left\{2, 4, \frac{1}{2}\right\}$

40. $p = -6$ e $q = 25$

41. a) $m = -4$

b) $S = \{3, -2, 2\}$

c) $x^3 - 12x^2 + 41x - 30 = 0$, por exemplo

42. $S = \{3, 1, -5\}$

43. $S = \left\{2, 3, \frac{1}{3}\right\}$

44. a) $S = 0$ e $P = -6$

b) $S = 3$ e $P = -1$

c) $S = 0$ e $P = 2$

d) $S = 0$ e $P = -3$

45. $S = \{2, 3, 5\}$

46. a) 8, 10 e 12

b) $m = 296$ e $n = -960$

47. $S = \{1, i, -i\}$

48. a) 3 ou -3

b) $x^3 - 6x^2 + 3x + 10 = 0$, por exemplo

49. a) $p = -24$ b) -2 ou $-\frac{1}{2}$

50. a) $m = -189$ b) $-3, 9, -27$

51. $p = \frac{1}{2}$ ou $p = -1$

52. a) -2 b) $-\frac{1}{4}$

53. a) $p = 11$

b) $S = \left\{-\frac{1}{2}, 3 + 4i, 3 - 4i\right\}$

54. $S = \{1, -3\}$

55. a) 4

b) 4; $x^4 + 2x^2 + 1 = 0$, por exemplo

56. $x^3 - 2x^2 - 3x + 10 = 0$, por exemplo

57. $S = \{3 + 5i; 3 - 5i; 3\}$

58. Não; a equação não tem todos os coeficientes reais.

59. $a = 2$ e $b = 20$

60. a) **V** b) **F** c) **F** d) **V** e) **F**

61. a) $a = \frac{1}{2}$, $b = -4$ e $c = 10$

b) $(4, 2)$

62. $S = \left\{1 - 2i, 1 + 2i, -\frac{1}{3}i, \frac{1}{3}i\right\}$

63. a) $a = -18$

b) $S = \{-3i, 3i, 4, -2\}$

64. $p = -4$; $q = 5$; $r = -4$ e $s = 4$

65. $m = -2$ e $n = 0$

66. 5

67. A equação tem três raízes racionais: $\frac{1}{2}$, -4 e 3.

68. Só há uma raiz inteira, que é igual a 2;

$S = \left\{2, \frac{-1 + i\sqrt{3}}{2}, \frac{-1 - i\sqrt{3}}{2}\right\}$

69. $S = \{-4, 2, 3\}$

70. 5

71. $S = \{-2, 1, -2i, 2i\}$

72. a) As possíveis raízes racionais dessa equação são: $\pm1, \pm2, \pm3, \pm4, \pm6, \pm12$. Fazendo a verificação, observamos que nenhum desses números é raiz dessa equação.

b) $S = \{-\sqrt{3}, \sqrt{3}, 1 + \sqrt{5}, 1 - \sqrt{5}\}$

73. a) 1 b) $S = \{1, 2 - i, 2 + i\}$

74. $S = \{0, -7, -2, 2 + i, 2 - i\}$

75. $\frac{1}{4}$, $3 - 2i$ e $3 + 2i$

76. $x = \frac{1 + \sqrt{33}}{2}$ ou $x = 8$

77. $-2, 1, 4, \frac{-1 + i\sqrt{3}}{2}, \frac{-1 - i\sqrt{3}}{2}$

Exercícios complementares

1. a) $\frac{132}{125}$ b) $2, -2 + \sqrt{3}, -2 - \sqrt{3}$

2. $-2, 1 + i\sqrt{3}, 1 - i\sqrt{3}$; conjunto dos números complexos

3. a) $m = 3 - n$ b) $m > \frac{21}{4}$

4. a) $Re(z_0) = 2$; $Im(z_0) = 1$

b) $a = -2$ e $b = 2$

5. a) $-3 + 4i, -3 - 4i, 2$ e 4

b) $p = -102$ e $q = 200$

6. a) **V** b) **F** c) **V** d) **F** e) **V**

7. a) $r = \pm3$ e $s = 2$ b) $7 - 11i$

8. a) $m = 0$

b) $S = \{0, -\sqrt{2014}, \sqrt{2014}\}$

9. a) $p = 0$, $q = -9$ e $r = 0$ b) 0; -3 e 3

10. a) $S = \{-5, 4 + 2i, 4 - 2i\}$

b) $a = 1$, $b = -3$, $c = -20$ e $d = 100$

11. (08) + (16) = (24)

12. (01) + (02) + (04) + (08) = (15)

13. a) $\frac{1}{2}$, $-\sqrt{5}$ e $\sqrt{5}$

b) $\frac{1}{2}$ (multiplicidade 1); $-\frac{1}{2}$ (multiplicidade 1); $-\sqrt{5}$ (multiplicidade 2); $\sqrt{5}$ (multiplicidade 2)

c) $\left\{x \in \mathbb{R} \middle| \left(x < -\frac{1}{2} \text{ e } x \neq -\sqrt{5}\right) \text{ ou } \left(x > \frac{1}{2} \text{ e } x \neq \sqrt{5}\right)\right\}$

14. a) $r = 3$

b) $q(x) = 16x^4 - 40x^2 + 9$

c) $-\frac{3}{2}, \frac{3}{2}, \frac{1}{2}$ e $-\frac{1}{2}$; cada uma com multiplicidade 1.

15. a) Verificação

b) $q \neq 0, q \neq 1$ e $q \neq -1$

16. $S = \left\{x \in \mathbb{R} \middle| \frac{1-\sqrt{3}}{2} < x < \frac{1+\sqrt{3}}{2} \text{ ou } x > 2\right\}$

17. a) Máxima: 77 km/h; mínima: 25 km/h

b) $\frac{17 + i\sqrt{39}}{4}$ e -1

18. $\{m \in \mathbb{R} \mid m \leq -6 \text{ ou } m \geq 6\}$

19. 0

20. $S = \{-6, -4, 3\}$

21. a) $\alpha = 2$ b) $q(x) = x^2 - 2x + 5$

22. a) $x^3 - 6x^2 + 6x - 5 = 0$, por exemplo

b) 3, 4, 5 e 6

23. a) Não; $f(1) \neq 0$; $f(-1) \neq 0$; $f(2) \neq 0$ e $f(-2) \neq 0$

b) Sim; $\frac{1}{3}$ é raiz.

c) $\frac{1}{3}$, $1 + i$ e $1 - i$

24. (01) + (08) = (09)

25. 7, $-\sqrt{5}$, $-\sqrt{3}$, $\sqrt{3}$ e $\sqrt{5}$

26. a) $k = 11$ b) $-\frac{1}{2}$

27. $r(x) = x + 1$

28. a) $a = -2$, $b = -2$, $c = 8$; raízes de $p(x)$: $1 + i$, $1 - i$, 2 e -2

b) $a_n \cdot (x^4 + 2x^3 - 2x^2 + 2x - 3)$; $a_n \in \mathbb{R}^*$

29. a) $x^3 - 2x^2 + 4x - 8 = 0$

b) $-2i$ e 2

30. a) $x^2 - x - 1 = 0$; $\frac{1+\sqrt{5}}{2}$

b) 10º termo: 55; 11º termo: 89; aproximação: 1,6

31. $\frac{7-\sqrt{37}}{3}$

32. $S = \left\{2, 3, \frac{12}{5}\right\}$

33. a) $V(x) = 4x^3 - 72x^2 + 320x$

b) $\{x \in \mathbb{R} \mid 2 \leq x \leq 4\}$

34. $S = \left\{-\sqrt{3}, \sqrt{3}, 1 + i\sqrt{6}, 1 - i\sqrt{6}\right\}$

35. a) 9

b) $Q(n) = n^2 - n + 6$

36. (02) + (16) = (18)

37. a) $x = 1$ ou $x = -2$ b) $|z| = \sqrt{13}$

38. a) $p = 4$ e $q = 3$

b) $S = \left\{\frac{-1+i\sqrt{3}}{2}, \frac{-1-i\sqrt{3}}{2}, \frac{-1+i\sqrt{7}}{2}, \frac{-1-i\sqrt{7}}{2}\right\}$

39. $b < -4$ ou $b > 4$

40. $\frac{32\pi}{3}$ u.v.

41. a) Verificação b) 80% ao ano

42. (02) + (04) + (08) + (16) = (30)

43. a) 4 u.a.

b) $S = \left\{x \in \mathbb{R} \mid -\sqrt{2} \leq x \leq \sqrt{2}\right\}$

44. a) D(1, 20) b) C(5, 20) c) 80 u.a.

45. a) $\frac{399}{8}$ cm³ b) $\frac{331}{4}$ cm² c) $\frac{\sqrt{701}}{4}$ cm

46. a) Verificação

b) $-2+\sqrt{3}$, $-2-\sqrt{3}$, $\frac{1+i\sqrt{3}}{2}$, $\frac{1-i\sqrt{3}}{2}$

47. ($a = 1$ e $b = 2$) ou $\left(a = \frac{-1+i\sqrt{3}}{2} \text{ e } b = -1 - i\sqrt{3}\right)$ ou $\left(a = \frac{-1-i\sqrt{3}}{2} \text{ e } b = -1 + i\sqrt{3}\right)$

48. a) $a = -2\sqrt{3}$ e $b = -1$

b) $\sqrt{3}+\sqrt{2}$, $\sqrt{3}-\sqrt{2}$, $\frac{1+i\sqrt{7}}{2}$, $\frac{1-i\sqrt{7}}{2}$

Testes

1. a.
2. b.
3. a.
4. a.
5. d.
6. a.
7. d.
8. b.
9. c.
10. a.
11. a.
12. e.
13. e.
14. d.
15. d.
16. c.
17. b.
18. b.
19. c.
20. c.
21. e.
22. d.
23. c.
24. c.
25. b.
26. c.
27. d.
28. c.
29. a.
30. d.
31. a.
32. a.
33. a.
34. c.
35. c.
36. d.
37. e.
38. a.
39. d.
40. a.
41. b.
42. b.
43. a.
44. d.
45. c.
46. d.

Capítulo 9 – Tópicos de Geometria plana

Exercícios

1. a) 40° b) 31°

2. 32° e 58°

3. 38°

4. a) $x = 27$ cm e $y = 4$ cm
b) 18 cm

5. $x = 6$ cm; $y = 16$ cm; $z = 18$ cm

6. 24

7. 40°

8. 5

9. 105°

10. 55°, 55°, 125° e 125°

11. 6,5 cm

12. 64°

13. 26°

14. 9 cm

15. a) 130° b) 120° c) 110°

16. 6 cm

17. a) 1 440° b) 900°

18. a) $a_i = 120°$ e $a_e = 60°$
b) $a_i = 156°$ e $a_e = 24°$
c) $a_i = 135°$ e $a_e = 45°$

19. a) 54 b) 14 c) 170 d) 252

20. a) 60° b) 125° c) 60° d) 80°

21. a) 140° b) 50°

22. Polígono de 18 lados

23. 90

24. 108°

25. 54

26. $\alpha = 24°$ e $\beta = 90°$

27. 162°

28. Polígono de 11 lados: undecágono

29. $n = 8$

30. 30°

31. $12\sqrt{3}$ cm^2

32. a) $\alpha = 42°$ b) $\alpha = 12°$ e $\beta = 36°$

33. 1,06 m

34. a) 10 cm   b) 90°

35. a) 147°   b) 160°   c) 70°

36. 50 cm

37. 6,5 cm

38. $R_A = 6{,}5$ cm; $R_B = 8{,}5$ cm e $R_C = 4{,}5$ cm

39. a) Tangentes exteriores
b) Exteriores
c) Secantes
d) Tangentes interiores

40. 4 cm ou 14 cm

41. 1 cm, 2 cm ou 5 cm

42. 20 cm, 25 cm, 30 cm, 35 cm ou 40 cm

43. 46 cm

44. a) 8 cm   b) 15 cm

45. 14 cm

46. 15 cm

47. 10 cm

48. 7 cm

49. a) 11°   c) $x = 40°$ e $y = 80°$
b) $x = 12°$ e $y = 70°$ d) $x = 27°$

50. a) $x = 15°$ e $y = 75°$ b) $x = 58°$ e $y = 50°$

51. $x = 30°$

52. a) $x = 98°$ b) $x = 55°$ e $y = 70°$

53. 54°

54. $\frac{4}{9}$ cm

55. 15°

56. $x = 13°$ e $y = 31°$

57. 70°

58. 102°

59. a) $x = 15°$ e $y = 51°$ b) $x = 48°$ e $y = 61°$

60. 26°

61. $\beta = 30°$; $med(\overset{\frown}{AM}) = 60°$

62. 60°

Exercícios complementares

1. a) 18π cm   b) 42 cm

2. 33 cm

3. (01) + (02) + (04) + (16) = (23)

4. PC = 24 cm;
o comprimento total da corda mede 90,4 cm

5. Resposta pessoal.

6. (02) + (04) + (16) = (22)

7. 23

8. 26

9. a) a = 1 cm; b = 4 cm e c = 5 cm
b) c = 10 cm

10. 17° 30'

11. a) 10 cm   c) 5 cm
b) 4,8 cm   d) $\frac{12\sqrt{5}}{5}$ cm

12. a) 140°   b) 130°

13. 2 cm

14. 75°

Testes

1. a.
2. d.
3. b.
4. c.
5. e.
6. a.
7. b.
8. b.
9. d.
10. b.
11. b.
12. b.
13. b.
14. b.
15. e.
16. b.
17. d.
18. a.
19. c.
20. a.
21. e.
22. b.
23. a.
24. e.
25. d.
26. d.
27. c.

Significado das siglas dos vestibulares

Acafe-SC: Associação Catarinense das Fundações Educacionais, Santa Catarina

Aman-RJ: Academia Militar das Agulhas Negras, Rio de Janeiro

Cefet-AM: Centro Federal de Educação Tecnológica do Amazonas

Cefet-MG: Centro Federal de Educação Tecnológica de Minas Gerais

CPAEN: Concurso Público de Admissão à Escola Naval

Efomm-RJ: Escola de Formação de Oficiais da Marinha Mercante

Enem: Exame Nacional do Ensino Médio

Epcar-MG: Escola Preparatória de Cadetes do Ar, Minas Gerais

EsPCEx-SP: Escola Preparatória de Cadetes do Exército, São Paulo

ESPM-SP: Escola Superior de Propaganda e Marketing, São Paulo

Famerp-SP: Faculdade de Medicina de São José do Rio Preto, São Paulo

Fatec-SP: Faculdade de Tecnologia, São Paulo

FEI-SP: Centro Universitário da Faculdade de Engenharia Industrial, São Paulo

FGV-RJ: Fundação Getúlio Vargas, Rio de Janeiro

FGV-SP: Fundação Getúlio Vargas, São Paulo

FICSAE-SP: Faculdade Israelita de Ciências da Saúde Albert Einstein, São Paulo

Fuvest-SP: Fundação Universitária para o Vestibular, São Paulo

Ifal: Instituto Federal de Alagoas

IFCE: Instituto Federal de Educação, Ciência e Tecnologia do Ceará

IFSC: Instituto Federal de Educação, Ciência e Tecnologia de Santa Catarina

IFSP: Instituto Federal de Educação, Ciência e Tecnologia de São Paulo

IME-RJ: Instituto Militar de Engenharia, Rio de Janeiro

Insper-SP: Instituto de Ensino e Pesquisa, São Paulo

ITA-SP: Instituto Tecnológico de Aeronáutica, São Paulo

Mack-SP: Universidade Presbiteriana Mackenzie, São Paulo

Obmep: Olimpíada Brasileira de Matemática das Escolas Públicas

PUC-MG: Pontifícia Universidade Católica de Minas Gerais

PUC-PR: Pontifícia Universidade Católica do Paraná

PUC-RJ: Pontifícia Universidade Católica do Rio de Janeiro

PUC-RS: Pontifícia Universidade Católica do Rio Grande do Sul

PUC-SP: Pontifícia Universidade Católica de São Paulo

UCS-RS: Universidade de Caxias do Sul, Rio Grande do Sul

Udesc: Universidade do Estado de Santa Catarina

UEA-AM: Universidade do Estado do Amazonas

Uece: Universidade Estadual do Ceará

UEG-GO: Universidade Estadual de Goiás

UEL-PR: Universidade Estadual de Londrina, Paraná

Uema: Universidade Estadual do Maranhão

UEMG: Universidade Estadual de Minas Gerais

UEM-PR: Universidade Estadual de Maringá, Paraná

Uepa: Universidade do Estado do Pará

UEPB: Universidade Estadual da Paraíba

UEPG-PR: Universidade Estadual de Ponta Grossa, Paraná

Uerj: Universidade do Estado do Rio de Janeiro

Uern: Universidade do Estado do Rio Grande do Norte

Uespi: Universidade Estadual do Piauí

UFABC-SP: Universidade Federal do ABC, São Paulo

Ufam: Universidade Federal do Amazonas

UFBA: Universidade Federal da Bahia

UFC-CE: Universidade Federal do Ceará

UFCG-PB: Universidade Federal de Campina Grande, Paraíba

Ufes: Universidade Federal do Espírito Santo

UFF-RJ: Universidade Federal Fluminense, Rio de Janeiro

UFG-GO: Universidade Federal de Goiás

UFJF-MG: Universidade Federal de Juiz de Fora, Minas Gerais

UFJF/Pism-MG: Universidade Federal de Juiz de Fora/ Programa de Ingresso Seletivo Misto, Minas Gerais

Ufla-MG: Universidade Federal de Lavras, Minas Gerais

UFMA: Universidade Federal do Maranhão

UFMG: Universidade Federal de Minas Gerais

UFMS: Universidade Federal de Mato Grosso do Sul

Ufop-MG: Universidade Federal de Ouro Preto, Minas Gerais

UFPA: Universidade Federal do Pará

UFPB: Universidade Federal da Paraíba

UFPE: Universidade Federal de Pernambuco

Ufpel-RS: Universidade Federal de Pelotas, Rio Grande do Sul

UFPI: Universidade Federal do Piauí

UFPR: Universidade Federal do Paraná

UFRGS-RS: Universidade Federal do Rio Grande do Sul

UFRJ: Universidade Federal do Rio de Janeiro

UFRN: Universidade Federal do Rio Grande do Norte

UFSC: Universidade Federal de Santa Catarina

Ufscar-SP: Universidade Federal de São Carlos, São Paulo

UFSJ-MG: Universidade Federal de São João del-Rei, Minas Gerais

UFSM-RS: Universidade Federal de Santa Maria, Rio Grande do Sul

UFTM-MG: Universidade Federal do Triângulo Mineiro, Minas Gerais

UFU-MG: Universidade Federal de Uberlândia, Minas Gerais

UFV-MG: Universidade Federal de Viçosa, Minas Gerais

UnB-DF: Universidade de Brasília, Distrito Federal

Uneb-BA: Universidade do Estado da Bahia

Unesp-SP: Universidade Estadual Paulista "Júlio de Mesquita Filho", São Paulo

Unicamp-SP: Universidade Estadual de Campinas, São Paulo

Unifesp: Universidade Federal de São Paulo

Unifor-CE: Fundação Edson Queiroz Universidade de Fortaleza, Ceará

Unioeste-PR: Universidade Estadual do Oeste do Paraná

UPE: Universidade de Pernambuco

UPF-RS: Universidade de Passo Fundo, Rio Grande do Sul

Vunesp: Fundação para o Vestibular da Unesp, São Paulo

plurall

Esta obra está no **Plurall**.
Baixe o app no seu celular
ou acesse **http://plurall.net**
e descubra uma nova
forma de estudar!

AASNCU4NB

Matemática Ciência e Aplicações Conecte volume 3 - 627983 - Aluno

Atenção! Somente serão liberados conteúdos
e serviços relacionados a esta obra.

Ajuda: @plurallnet

SOMOS EDUCAÇÃO

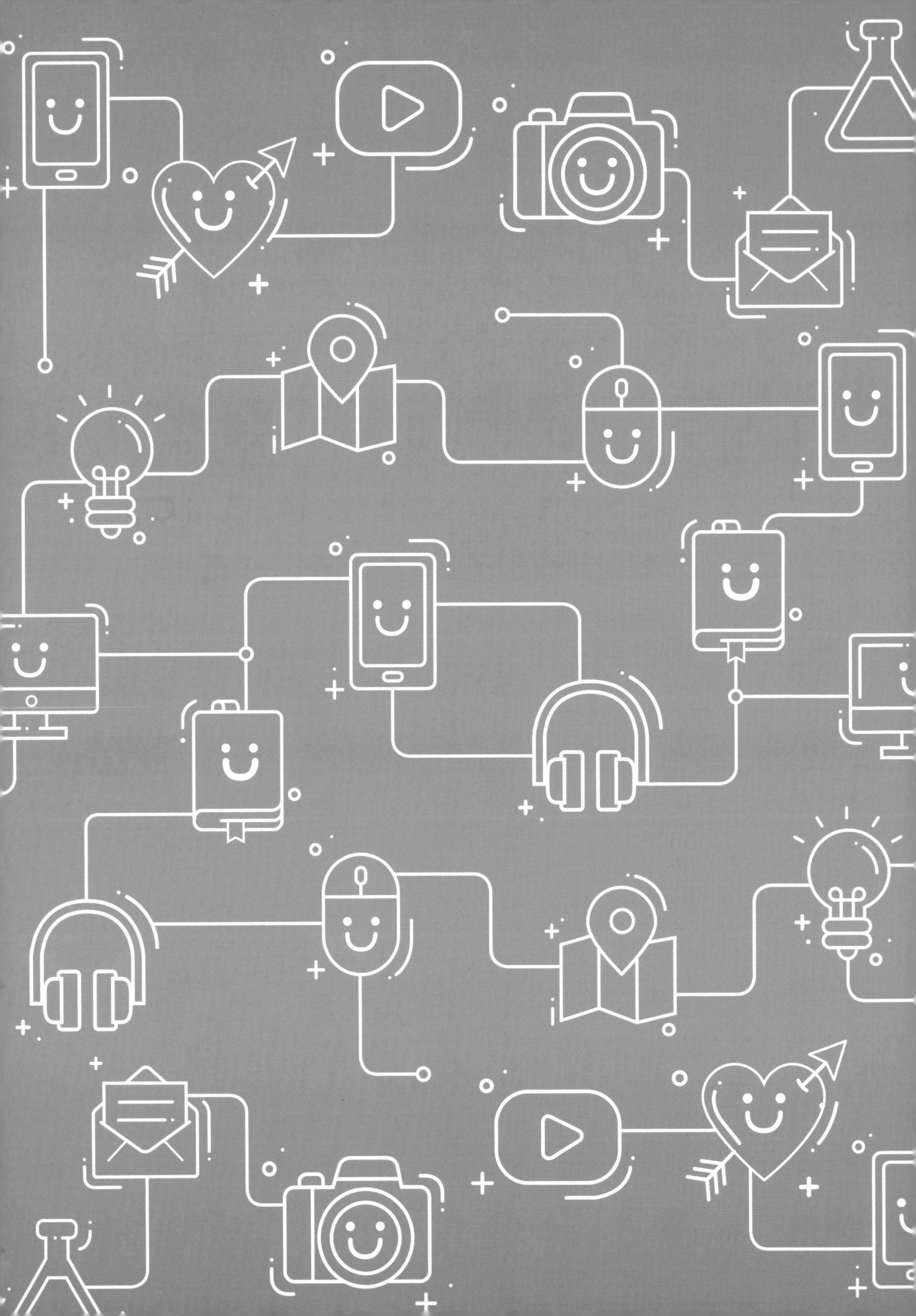

conecte LIVE

Matemática

CIÊNCIA E APLICAÇÕES

GELSON IEZZI

Engenheiro metalúrgico pela Escola Politécnica da Universidade de São Paulo.
Licenciado em Matemática pelo Instituto de Matemática e Estatística da Universidade de São Paulo.
Ex-professor da Pontifícia Universidade Católica de São Paulo.
Ex-professor da rede particular de ensino de São Paulo.

OSVALDO DOLCE

Engenheiro civil pela Escola Politécnica da Universidade de São Paulo.
Ex-professor da rede pública do Estado de São Paulo.
Ex-professor de cursos pré-vestibulares.

DAVID DEGENSZAJN

Licenciado em Matemática pelo Instituto de Matemática e Estatística da Universidade de São Paulo.
Professor da rede particular de ensino de São Paulo.

ROBERTO PÉRIGO

Licenciado e bacharel em Matemática pela Pontifícia Universidade Católica de São Paulo.
Ex-professor da rede particular de ensino.
Ex-professor de cursos pré-vestibulares em São Paulo.

NILZE DE ALMEIDA

Mestra em Ensino de Matemática pela Pontifícia Universidade Católica de São Paulo.
Licenciada em Matemática pelo Instituto de Matemática e Estatística da Universidade de São Paulo.
Professora da rede pública do Estado de São Paulo.

3

Editora Saraiva

Editora Saraiva

Direção geral: Guilherme Luz
Direção editorial: Luiz Tonolli e Renata Mascarenhas
Gestão de projeto editorial: Viviane Carpegiani
Gestão e coordenação de área: Julio Cesar Augustus de Paula Santos e Juliana Grassmann dos Santos
Edição: Marcela Maris, Erika Di Lucia Bártolo e Rodrigo Macena
Gerência de produção editorial: Ricardo de Gan Braga
Planejamento e controle de produção: Paula Godo, Roseli Said e Marcos Toledo
Revisão: Hélia de Jesus Gonsaga (ger.), Kátia Scaff Marques (coord.), Rosângela Muricy (coord.), Ana Paula C. Malfa, Brenda T. M. Morais, Cesar G. Sacramento, Claudia Virgilio, Daniela Lima, Diego Carbone, Flavia S. Vênezio, Gabriela M. Andrade, Lilian M. Kumai, Luciana B. Azevedo, Luís M. Boa Nova, Luiz Gustavo Bazana, Maura Loria, Paula T. de Jesus, Raquel A. Taveira; Amanda Teixeira Silva e Bárbara de M. Genereze (estagiárias)
Arte: Daniela Amaral (ger.), André Gomes Vitale (coord.) e Claudemir Camargo Barbosa (edição de arte)
Diagramação: Setup
Iconografia: Sílvio Kligin (ger.), Roberto Silva (coord.), Carlos Luvizari (pesquisa iconográfica)
Licenciamento de conteúdos de terceiros: Thiago Fontana (coord.), Flavia Zambon (licenciamento de textos), Erika Ramires, Luciana Pedrosa Bierbauer, Luciana Cardoso Sousa e Claudia Rodrigues (analistas adm.)
Tratamento de imagem: Cesar Wolf e Fernanda Crevin
Ilustrações: Alex Silva, CJT/Zapt e Casa Paulistana de Comunicação
Design: Gláucia Correa Koller (ger.), Erika Yamauchi Asato, Filipe Dias (proj. gráfico) e Adilson Casarotti (capa)
Composição de capa: Segue Pro
Foto de capa: Nieuwland Photography/Shutterstock, Olesya Kuznetsova/Shutterstock e Junrong/Shutterstock

Avenida das Nações Unidas, 7221, 1º andar, Setor A – Espaço 2 – Pinheiros – SP – CEP 05425-902
SAC 0800 011 7875
www.editorasaraiva.com.br

Dados Internacionais de Catalogação na Publicação (CIP)
(Câmara Brasileira do Livro, SP, Brasil)

Matemática ciência e aplicações 3 : conecte live / Gelson Iezzi....[et al.]. -- 3. ed. -- São Paulo : Saraiva, 2018. -- (Coleção Conecte)

Outros autores: David Degenszajn, Nilze de Almeida, Osvaldo Dolce, Roberto Périgo.
Suplementado pelo manual do professor.
Bibliografia.
ISBN 978-85-472-3397-6 (aluno)
ISBN 978-85-472-3398-3 (professor)

1. Matemática (Ensino médio) I. Iezzi, Gelson. II. Degenszajn, David. III. Almeida, Nilze de. IV. Dolce, Osvaldo. V. Périgo, Roberto. VI. Série.

18-17084 CDD-510.7

Índices para catálogo sistemático:

1. Matemática : Ensino médio 510.7

Maria Alice Ferreira – Bibliotecária – CRB-8/7964

2018
Código da obra CL 800852
CAE 627983 (AL) / 627984 (PR)
3ª edição
1ª impressão

Impressão e acabamento: Gráfica Santa Marta

Uma publicação SOMOS Educação

Apresentação

Caros alunos,

É sempre um grande desafio para um autor definir o conteúdo a ser ministrado no Ensino Médio, distribuindo-o pelos três anos. Por isso, depois de consultar as sugestões da Secretaria de Educação Básica (entidade pertencente ao Ministério da Educação) e de ouvir a opinião de inúmeros professores, optamos pelo seguinte programa:

Volume 1: noções de conjuntos, conjuntos numéricos, noções gerais sobre funções, função afim, função quadrática, função modular, função exponencial, função logarítmica, complemento sobre funções, progressões, Matemática comercial e financeira, semelhança e triângulos retângulos e trigonometria no triângulo retângulo.

Volume 2: a circunferência trigonométrica, razões trigonométricas na circunferência, trigonometria em triângulos quaisquer, funções trigonométricas, transformações trigonométricas, equações e inequações trigonométricas, funções trigonométricas inversas, matrizes, sistemas lineares, determinantes, áreas de superfícies planas, Geometria espacial de posição, prismas, pirâmide, complemento sobre poliedros, cilindros, cones, esfera, análise combinatória, binômio de Newton e probabilidade.

Volume 3: Geometria analítica plana, estatística descritiva, números complexos, polinômios e equações algébricas e tópicos de Geometria plana.

Ao tratar de alguns assuntos, procuramos apresentar um breve relato histórico sobre o desenvolvimento das descobertas associadas ao tópico em estudo. Já em capítulos como os que tratam de funções, Matemática financeira e estatística descritiva, entre outros, recorremos a infográficos e matérias de jornais e revistas, como forma de mostrar a aplicação da Matemática em outras áreas do conhecimento e no cotidiano. São textos de fácil leitura que despertam a curiosidade do leitor e que podem dialogar sobre temas transversais, como cidadania e meio ambiente.

No desenvolvimento teórico, procuramos, sempre que possível, apresentar os assuntos de forma contextualizada, empregando uma linguagem mais simples. Entretanto, ao formalizarmos os conceitos em estudo (os quais são abundantemente exemplificados), optamos por termos com maior rigor matemático.

Tivemos também a preocupação de mostrar as justificativas lógicas das propriedades apresentadas, omitindo apenas demonstrações exageradamente longas, incompatíveis com as abordagens feitas atualmente no Ensino Médio. Cada nova propriedade é seguida de exemplos e exercícios resolvidos, por meio dos quais é explicitada sua utilidade.

Quanto às atividades, tanto os exercícios como os problemas estão organizados em ordem crescente de dificuldade.

A obra é ainda complementada por um Manual do Professor, no qual são apresentados, de forma detalhada, os objetivos gerais da coleção e os objetivos específicos de cada volume, além dos principais documentos oficiais sobre o Ensino Médio, uma bibliografia comentada para o professor, sugestões de atividades e a resolução de todos os exercícios e problemas do livro.

Mesmo com todo o esforço feito para o aperfeiçoamento desta obra, nós, autores, sabemos que sempre existirão melhorias a fazer. Para isso, é importante conhecermos a opinião de professores e alunos que utilizaram nossa coleção em sala de aula, de forma que receberemos qualquer crítica ou sugestão que seja enviada à nossa editora.

Os autores

Conheça seu livro

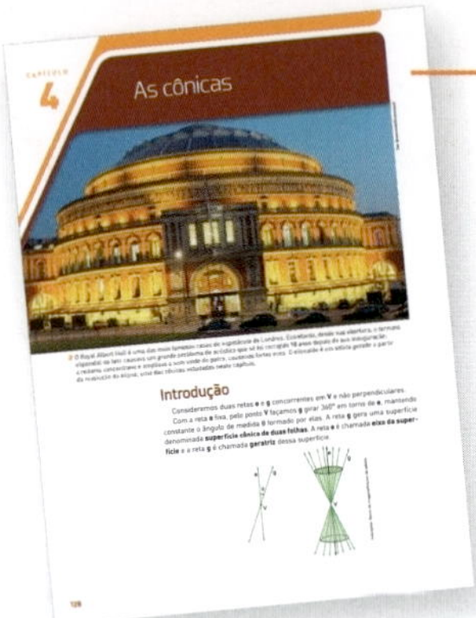

Abertura do capítulo

A imagem de *abertura* relaciona o conteúdo abordado no capítulo com temas do cotidiano, como tecnologia, história, arquitetura e arte.

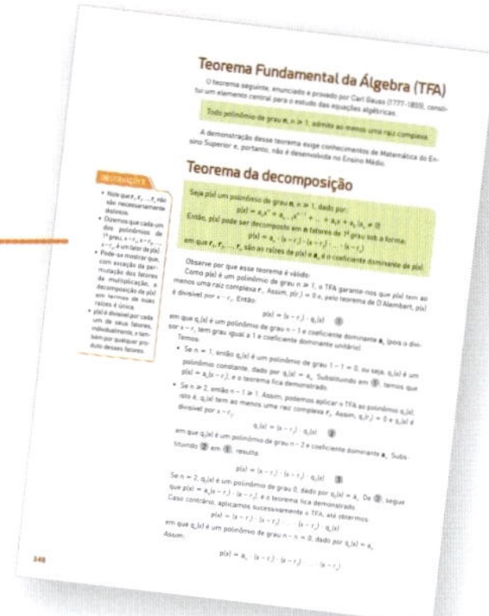

Observação

Observações aparecem em momentos oportunos para complementar o estudo, apresentando informações adicionais sobre o conteúdo.

Um pouco de história

Um pouco de história coloca o leitor em contato com os processos de construção do conhecimento matemático, destacando os nomes que contribuíram para a resolução de problemas enfrentados pela humanidade no decorrer do tempo.

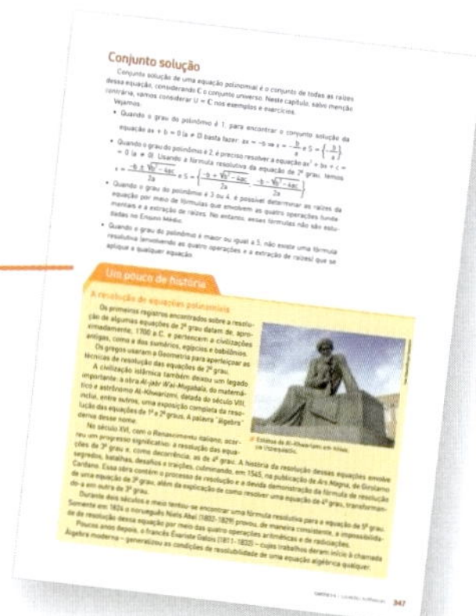

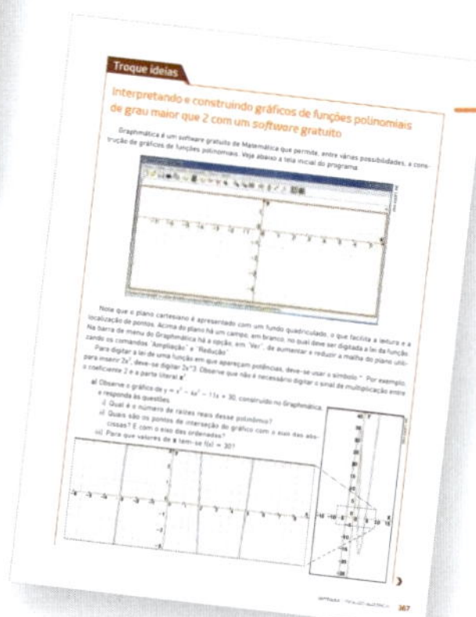

Troque ideias

Esta seção propõe atividades em grupo e busca despertar a curiosidade do leitor, a fim de construir novos conceitos ou aprofundar conteúdos já apresentados.

Um pouco mais sobre

A seção *Um pouco mais sobre*, no final de determinados capítulos, oferece a oportunidade de complementar ou aprofundar alguns dos conteúdos abordados.

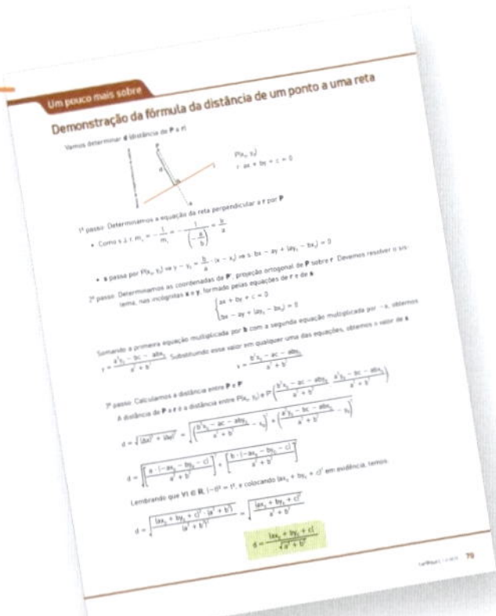

Exercícios

Há uma grande variedade de exercícios teóricos e práticos relacionados a cada tópico apresentado. Eles estão organizados em ordem crescente de dificuldade e têm por objetivo consolidar o assunto estudado.

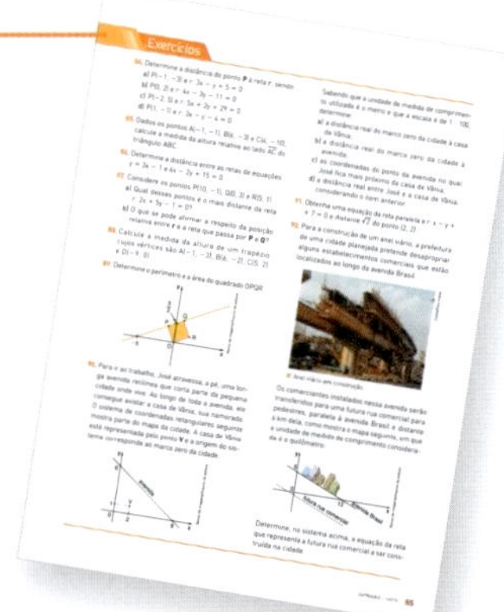

Aplicações

Nesta seção há textos ou infográficos que ilustram o emprego de conhecimentos matemáticos em outros campos, expondo elos entre a Matemática e ciências como a Química, a Física e a Economia.

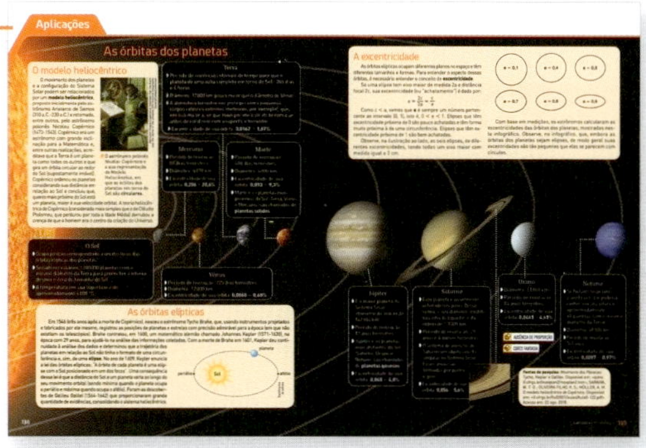

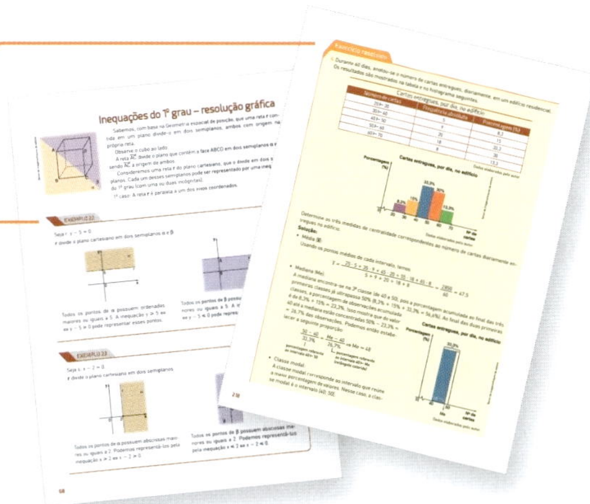

Exemplos e Exercícios resolvidos

Em todos os capítulos, há exemplos e exercícios resolvidos que auxiliam o leitor a entender melhor os conceitos estudados e ampliam seu repertório de técnicas de resolução de problemas.

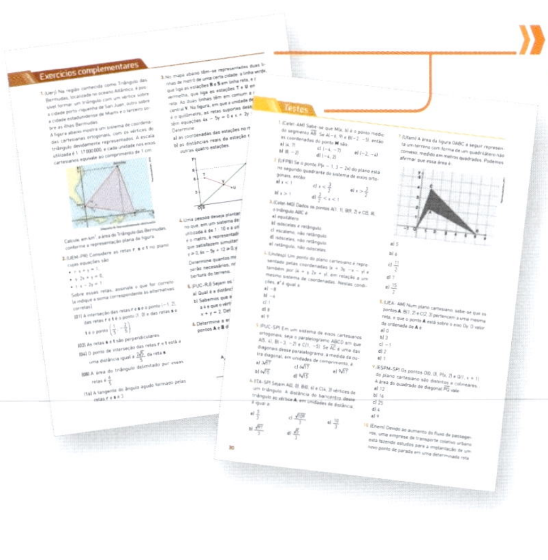

Exercícios complementares e Testes

Estas seções apresentam grande variedade de exercícios dissertativos e objetivos sobre o conteúdo do capítulo, auxiliando o aluno na sua preparação para alguns dos principais exames e vestibulares nacionais.

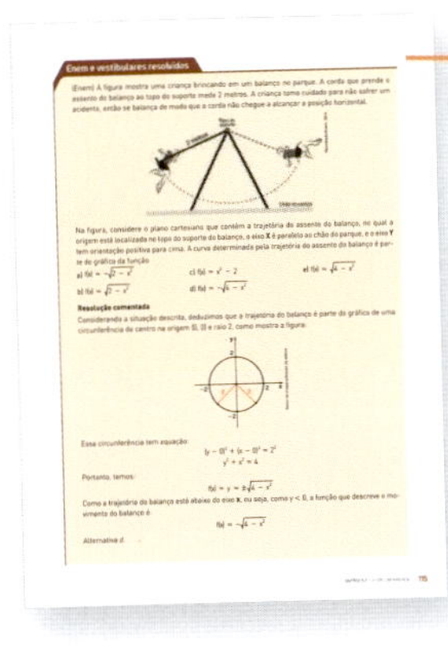

Enem e vestibulares resolvidos

Esta seção exibe, de maneira detalhada, a resolução de questões de algumas das provas mais importantes do país.

Sumário

Primeira parte

Capítulo 1 – O ponto ... 9

Um pouco de história – Introdução à Geometria analítica ... 9

Plano cartesiano ... 10

Distância entre dois pontos ... 13

Ponto médio de um segmento ... 16

- Mediana e baricentro ... 18

Condição de alinhamento de três pontos ... 21

Troque ideias – Resolvendo um problema com o circuncentro do triângulo ... 24

Enem e vestibulares resolvidos ... 26

Exercícios complementares ... 27

Testes ... 30

Capítulo 2 – A reta ... 34

Introdução ... 34

Equação geral da reta ... 35

- Propriedade ... 35
- Casos particulares ... 36
- Recíproca da propriedade ... 37
- Inclinação de uma reta ... 43
- Coeficiente angular ... 44

Equação reduzida de uma reta ... 46

- Função afim e a equação reduzida da reta ... 51

Paralelismo ... 53

Base média de um triângulo ... 55

- Teorema da base média de um triângulo ... 55

Perpendicularidade ... 56

Outros modos de escrever a equação de uma reta ... 60

- Forma segmentária ... 60
- Forma paramétrica ... 61

Distância entre ponto e reta ... 62

Área do triângulo ... 66

Inequações do 1º grau – resolução gráfica ... 68

Aplicações – Uma introdução à programação linear ... 73

Ângulo entre retas ... 75

- Bissetrizes dos ângulos de duas retas ... 77

Um pouco mais sobre – Demonstração da fórmula da distância de um ponto a uma reta ... 79

Enem e vestibulares resolvidos ... 80

Exercícios complementares ... 81

Testes ... 86

Capítulo 3 – A circunferência ... 94

Equação reduzida da circunferência ... 94

Equação geral da circunferência ... 98

- Método I: completando os quadrados ... 98
- Método II: analisando os coeficientes ... 99

Posições relativas entre ponto e circunferência ... 101

Inequações do 2º grau com duas incógnitas ... 103

Posições relativas entre reta e circunferência ... 106

- Método alternativo ... 108

Interseção de circunferências ... 111

Posições relativas entre duas circunferências ... 112

Enem e vestibulares resolvidos ... 115

Exercícios complementares ... 116

Testes ... 121

Capítulo 4 – As cônicas ... 128

Introdução ... 128

Elipse ... 130

- O que é elipse? ... 131
- Equação reduzida (I) ... 132
- Equação reduzida (II) ... 133
- Translação de sistema ... 134
- Elipses com centro fora da origem e eixos paralelos aos eixos **x** e **y** ... 136

Aplicações – As órbitas dos planetas ... 138

Hipérbole ... 140

- O que é hipérbole? ... 140
- Equação reduzida (I) ... 141
- Equação reduzida (II) ... 143
- Hipérboles com centro fora da origem ... 145
- Hipérboles e funções recíprocas ... 147

Parábola ... 148
O que é parábola? ... 149
Equação reduzida (I) ... 150
Equação reduzida (II) ... 150
Parábolas com vértice fora da origem ... 152
Parábolas e funções quadráticas ... 154
Reconhecimento de uma cônica pela equação ... 155
Elipses ... 155
Hipérboles ... 157
Parábolas ... 158
Interseções de cônicas ... 160
Enem e vestibulares resolvidos ... 161
Exercícios complementares ... 162
Testes ... 164
Capítulo 5 – Estatística básica ... 170
Entenda o papel da Estatística ... 170
Pesquisas estatísticas ... 172
Aplicações – Os censos demográficos ... 173
Etapas da pesquisa estatística ... 174
Amostragem ... 174
Variável ... 175
Tabelas de frequência ... 177
Aplicações – Matemática, informática e trabalho ... 181
Representações gráficas ... 183
Gráfico de barras ... 183
Histograma ... 184
Gráfico de setores ... 185
Gráfico de linhas ... 186
Pictograma ... 187
Aplicações – As pesquisas eleitorais ... 195
Medidas de centralidade e dispersão ... 196
Medidas de centralidade ... 197
Média aritmética ... 197
Mediana ... 204
Moda ... 205
Medidas de dispersão (ou variabilidade) ... 208
Amplitude ... 209
Variância ... 209
Desvio padrão ... 211
Desvio médio ... 214
Medidas de centralidade e dispersão para dados agrupados ... 215
Cálculo do desvio padrão ... 216
Determinação da classe modal ... 217
Cálculo da mediana ... 217
Enem e vestibulares resolvidos ... 221
Exercícios complementares ... 222
Testes ... 227
Respostas ... 246
Significado das siglas dos vestibulares ... 271

Segunda parte

Capítulo 6 – Números complexos ... 273
Introdução ... 273
Um pouco de história – O desenvolvimento dos números complexos ... 273
Conjunto dos números complexos ... 274
Definição ... 274
Forma algébrica de z ... 277
Conjugado de um número complexo ... 282
Definição ... 282
Interpretação geométrica do conjugado ... 282
Quociente de dois números complexos na forma algébrica ... 284
Módulo ... 287
Definição ... 287
Interpretação geométrica do módulo ... 287
Argumento ... 290
Definição ... 290
Representações geométricas do argumento principal ... 291
Forma trigonométrica ou polar ... 295
Operações na forma trigonométrica ... 299
Multiplicação ... 299
Significado geométrico da multiplicação por i ... 300
Divisão ... 301
Potenciação ... 302
Radiciação ... 305
Enem e vestibulares resolvidos ... 311
Exercícios complementares ... 312
Testes ... 315

Capítulo 7 – Polinômios ... 320
Definição ... 320
Coeficiente dominante ... 321
Função polinomial ... 321
Polinômio nulo ... 322
Valor numérico ... 323
Raiz ... 323
Polinômios iguais (ou idênticos) ... 324
Adição, subtração e multiplicação de polinômios ... 326
Divisão de polinômios ... 328
Divisões por x − a ... 331
Teorema do resto ... 332
Dispositivo prático de Briot-Ruffini ... 334
Divisões sucessivas ... 337
Enem e vestibulares resolvidos ... 339
Exercícios complementares ... 340
Testes ... 342

Capítulo 8 – Equações algébricas ... 345
Introdução ... 345
Definição ... 346
Raiz ... 346
 Conjunto solução ... 347
Um pouco de história – A resolução de equações polinominais ... 347
Teorema Fundamental da Álgebra (TFA) ... 348
Teorema da decomposição ... 348
 Consequência do teorema da decomposição ... 349
Multiplicidade de uma raiz ... 353
 Introdução ... 353
 Definição ... 353
Relações de Girard (relações entre coeficientes e raízes) ... 355
 Equação de 2º grau ... 355
 Equação de 3º grau ... 356
 Equação de 4º grau ... 357
 Equação de grau **n** ... 358
Raízes complexas ... 361
 Introdução ... 361
 Teorema ... 361
Teorema das raízes racionais ... 363
Troque ideias – Interpretando e construindo gráficos de funções polinomiais de grau maior que 2 com um *software* gratuito ... 367
Enem e vestibulares resolvidos ... 370
Exercícios complementares ... 371
Testes ... 376

Capítulo 9 – Tópicos de Geometria plana ... 381
Pontos notáveis de um triângulo ... 381
 Mediana de um triângulo ... 381
 Mediana de um triângulo retângulo ... 383
 Bissetriz de um triângulo ... 385
 Mediatriz ... 386
 Altura ... 388
Polígonos ... 392
 Definição de polígonos ... 392
 Elementos ... 392
 Polígono convexo e polígono côncavo ... 392
 Nomenclatura ... 393
 Polígono regular ... 393
 Diagonais de um polígono ... 394
 Soma das medidas dos ângulos internos de um polígono convexo ... 394
 Soma das medidas dos ângulos externos de um polígono convexo ... 395
Circunferência e círculo ... 398
 Posições relativas entre reta e circunferência ... 398
 Posições relativas entre duas circunferências ... 400
 Segmentos tangentes ... 401
Quadriláteros circunscritíveis ... 402
Ângulos na circunferência ... 405
 Ângulo central ... 405
 Ângulo inscrito ... 406
 Ângulo de segmento ... 409
 Ângulos excêntricos ... 411
Enem e vestibulares resolvidos ... 415
Exercícios complementares ... 416
Testes ... 419

Respostas ... 425
Significado das siglas dos vestibulares ... 439

O ponto

CAPÍTULO
1

Scott Houston/Alamy/Fotoarena

A imagem apresenta parte da instalação da exposição *Obsessão Infinita*, da artista japonesa Yayoi Kusama. Em seus trabalhos, há repetição de pontos e bolinhas, o que se tornou uma das características mais marcantes de sua obra. Neste capítulo, estudaremos o ponto e suas propriedades no plano cartesiano.

Um pouco de história

Introdução à Geometria analítica

O segundo terço do século XVII foi um importante período da história da Matemática, com destaque para a grande intercomunicação de ideias entre os matemáticos franceses, dos quais destacamos René Descartes e Pierre de Fermat. A eles usualmente atribui-se a invenção da Geometria analítica. Outros nomes dessa época também devem ser lembrados, como Roberval, Desargues, Mersenne e Pascal.

René Descartes (1596-1650) recebeu, desde cedo, uma educação diferenciada e dedicou grande parte de sua vida à filosofia e à ciência. Sua obra mais importante, datada de 1637, é o *Discurso sobre o método*, em que apresenta as bases filosóficas do seu método para o estudo das ciências.

Descartes acreditava que o conhecimento matemático é mais cumulativo e progressivo que o de outras áreas do conhecimento, crescendo por acréscimos e não por substituições, como ocorria em outras ciências, à medida que eram feitas novas descobertas.

As demonstrações usadas para validar determinadas propriedades na Matemática possibilitavam a aquisição segura do conhecimento, e esse poderia ser o caminho para a verdade e para novas descobertas das ciências. Segundo Descartes, não se poderia aceitar nada como verdade se não fossem apresentadas provas com clareza e distinção. Esse método de organizar o pensamento científico, conhecido como racionalismo, rompia com o empirismo do passado.

Coleção Particular/Sheila Terry/SPL/Latinstock

René Descartes ensinando Astronomia à rainha Cristina I da Suécia, por volta de 1649. Detalhe da ilustração de D. Jaime Seix, 1876.

Em um dos três apêndices do *Discurso sobre o método* encontra-se "Le Geométric". A maior contribuição desse texto é a ideia de dar significado às operações algébricas por meio de interpretações geométricas e, reciprocamente, "libertar" a Geometria dos diagramas por meio de processos algébricos.

Esses princípios originaram a Geometria analítica que conhecemos hoje e que passaremos a estudar nos primeiros quatro capítulos deste volume. Os pontos são representados por pares ordenados de números reais; as retas, circunferências e outras curvas podem ser descritas por meio de expressões algébricas, com as quais podemos estudar propriedades das figuras geométricas. As figuras são representadas em um referencial formado por dois eixos perpendiculares, conhecido como **sistema de coordenadas cartesianas**, nome dado em homenagem a Descartes. Vale lembrar, no entanto, que na obra de Descartes não havia nada muito sistemático sobre sistema de coordenadas, distâncias, inclinação de retas, ângulos, etc.

Pierre de Fermat (1601-1665), ao contrário de Descartes, dedicava-se à Ciência e à Matemática por prazer. Sua grande contribuição para a Geometria analítica foi a descoberta (um ano antes do aparecimento de "Le Geométric", de Descartes) do seguinte princípio: "Uma equação que apresenta duas quantidades incógnitas descreve uma linha, reta ou curva". Fermat estudou desde casos de equações lineares simples até equações quadráticas mais gerais. Sua obra, mais sistemática e didática que a de Descartes, não foi publicada em vida e, por esse motivo, a Geometria analítica era considerada, na época, invenção única de Descartes.

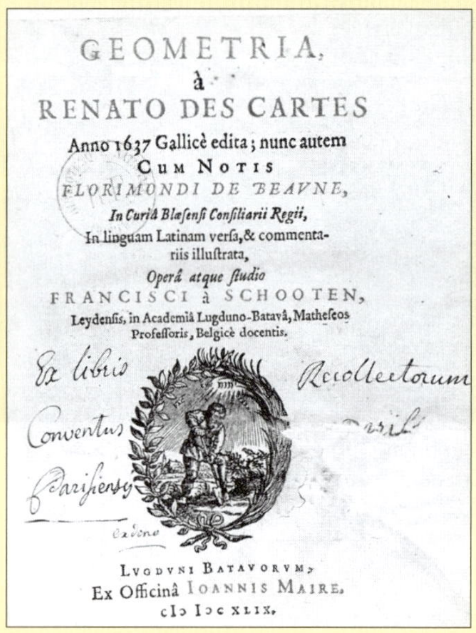

GEOMETRIA,
à
RENATO DES CARTES
Anno 1637 Gallicè edita; nunc autem
CUM NOTIS
FLORIMONDI DE BEAUNE,
In Curiâ Blæsensi Consiliarii Regii,
In linguam Latinam versa, & commentariis illustrata,
Operâ atque studio
FRANCISCI à SCHOOTEN,
Leydensis, in Academiâ Lugduno-Batavâ, Matheseos Professoris, Belgicè docentis.

LUGDUNI BATAVORUM,
Ex Officinâ IOANNIS MAIRE.
CIↃ IↃC XLIX.

Coleção Particular/CCI Archives/SPL/Latinstock

"Geometria" foi publicado em 1637 como um apêndice do *Discurso sobre o método*.

Fonte de pesquisa: BOYER, Carl B. *História da Matemática*. 3. ed. São Paulo: Edgard Blucher, 2010.

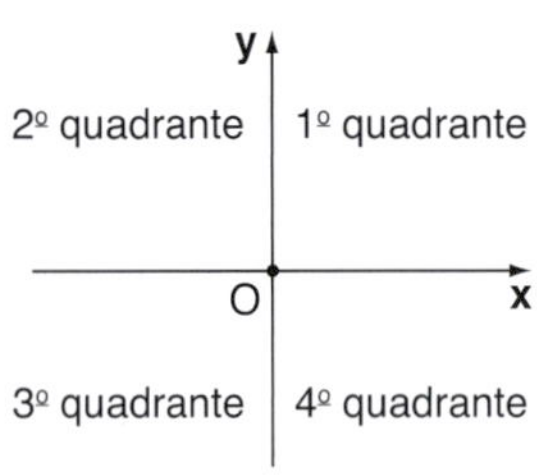

Banco de imagens/Arquivo da editora

Plano cartesiano

Consideremos dois eixos orientados, **x** e **y**, perpendiculares em **O**. O plano determinado por esses eixos é chamado **plano cartesiano**.

Cada uma das partes em que o plano fica dividido pelos eixos **x** e **y** recebe o nome de **quadrante**. Os quatro quadrantes são numerados no sentido anti-horário, como mostra a figura ao lado.

- O eixo **x** (ou eixo Ox) recebe o nome de **eixo das abscissas**.
- O eixo **y** (ou eixo Oy) recebe o nome de **eixo das ordenadas**.
- O ponto **O** é a **origem** do sistema de eixos cartesianos ortogonal ou retangular. Esse sistema é frequentemente indicado por xOy.

Dado um ponto **P** qualquer do plano cartesiano, traçamos por **P** as retas paralelas aos eixos **x** e **y**. Sejam $\mathbf{P_1}$ e $\mathbf{P_2}$ os pontos de interseção dessas retas com os eixos **x** e **y**, respectivamente.

Dizemos que:

- a abscissa de **P** (indica-se por $\mathbf{x_P}$) é a medida algébrica do segmento $\overline{OP_1}$;
- a ordenada de **P** (indica-se por $\mathbf{y_P}$) é a medida algébrica do segmento $\overline{OP_2}$;
- as **coordenadas** de **P** são os números reais $\mathbf{x_P}$ e $\mathbf{y_P}$, indicados, em geral, na forma do par ordenado (x_P, y_P).

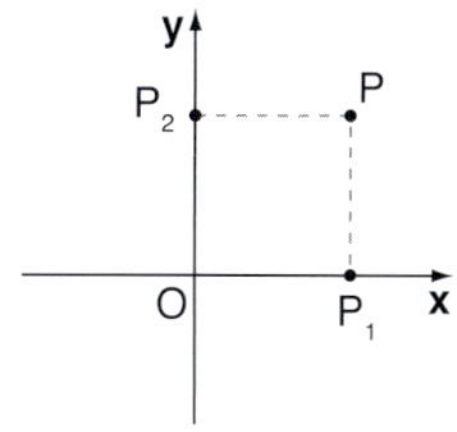

Banco de imagens/Arquivo da editora

EXEMPLO 1

Um ponto **P** possui coordenadas dadas por P(−2, 4). Isso significa que a abscissa de **P** vale −2 e sua ordenada vale 4.

P encontra-se no 2º quadrante, como mostra a figura ao lado.

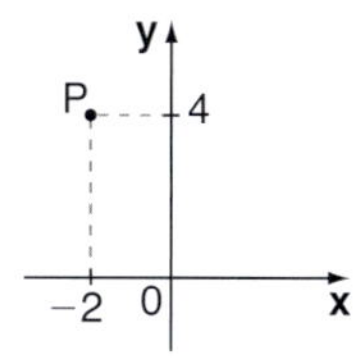

Banco de imagens/Arquivo da editora

OBSERVAÇÕES

- A cada ponto **P** do plano cartesiano corresponde um par ordenado (x_P, y_P) de números reais e, inversamente, para cada par ordenado (x_P, y_P) de números reais corresponde um ponto **P** do plano.
- Um ponto pertence ao eixo das abscissas se sua ordenada é nula. Desse modo, para todo $a \in \mathbb{R}$, o ponto (a, 0) pertence ao eixo **x**.
- Um ponto pertence ao eixo das ordenadas se sua abscissa é nula. Assim, para todo $b \in \mathbb{R}$, o ponto (0, b) pertence ao eixo **y**.
- Um ponto pertence à bissetriz dos quadrantes ímpares ($\mathbf{b_{13}}$) se suas coordenadas são iguais.

  Assim, para todo $a \in \mathbb{R}$, o ponto (a, a) pertence à bissetriz $\mathbf{b_{13}}$.

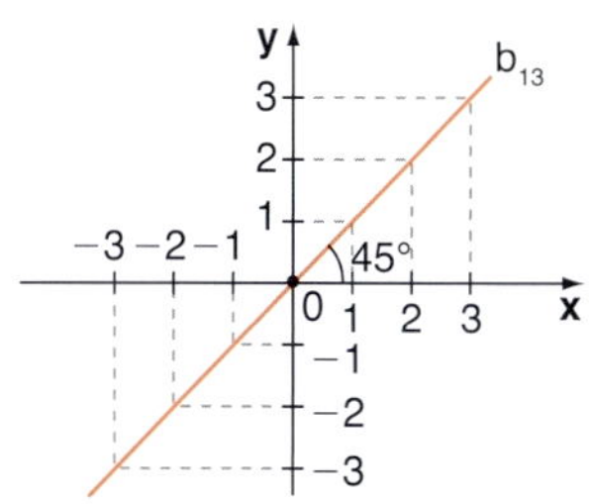

- Um ponto pertence à bissetriz dos quadrantes pares ($\mathbf{b_{24}}$) se suas coordenadas são opostas.

  Portanto, para todo $a \in \mathbb{R}$, o ponto (a, −a) pertence à bissetriz $\mathbf{b_{24}}$.

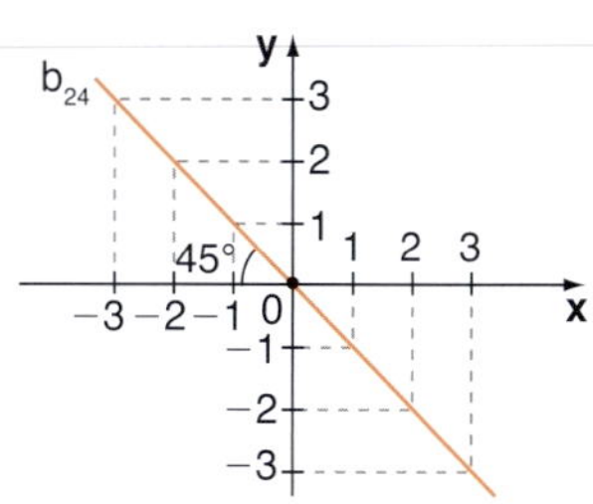

Ilustrações: Banco de imagens/Arquivo da editora

- O ponto (a, −a), com $a \in \mathbb{R}$, pertence ao 2º quadrante se $a < 0$.

  Se $a > 0$, ele pertence ao 4º quadrante.

Exercícios

1. Situe no mesmo sistema de eixos cartesianos os pontos A(1, 3), B(−2, 1), C(0, −4), D(−3, 0), E(−2, −3), F(2, −1), G(3, −4) e $H\left(\frac{5}{2}, \frac{1}{2}\right)$.

2. Forneça as coordenadas dos pontos dados no plano cartesiano abaixo.

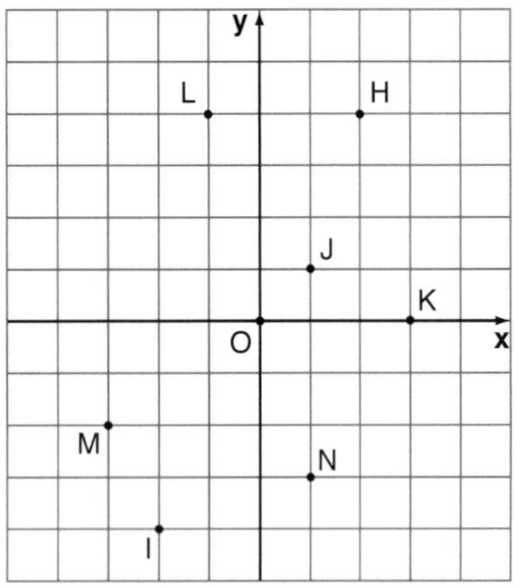

Banco de imagens/Arquivo da editora

3. Dados os seguintes pontos:

A(−3, 3)	$E\left(\frac{1}{4}, \frac{1}{4}\right)$	$I\left(-\frac{3}{2}, -\frac{3}{2}\right)$
$B\left(\frac{11}{5}, 0\right)$	F(0, −5)	J(0, π)
C(−4, −5)	$G\left(3, \frac{11}{2}\right)$	$K\left(-\frac{1}{3}, 0\right)$
$D(0, \sqrt{2})$	H(1; −3,2)	L(−4, 2)

Indique quais pertencem:

a) ao 1º quadrante.
b) ao 2º quadrante.
c) ao 3º quadrante.
d) ao 4º quadrante.
e) ao eixo **x**.
f) ao eixo **y**.
g) à bissetriz dos quadrantes ímpares.
h) à bissetriz dos quadrantes pares.

4. Determine o sinal do produto das coordenadas de um ponto:

a) do 1º quadrante.
b) da bissetriz dos quadrantes pares.
c) do 3º quadrante.
d) do eixo das ordenadas.

5. Determine os valores reais de **k** para os quais o ponto $P(k^2 - 9, 5)$ pertence ao eixo das ordenadas.

6. Sendo **a** um número real positivo e **b** um número real negativo, determine em que quadrante se encontra cada um destes pontos:

a) P(a, b)
b) Q(−a, b)
c) $R\left(2a, \frac{b}{3}\right)$
d) S(−a, −b)

7. Na figura a seguir, as duas circunferências têm centro na origem. Sabendo que a abscissa de **A** é igual a 3, determine as coordenadas dos pontos **A**, **B**, **C**, **D**, **E**, **F**, **G** e **H**.

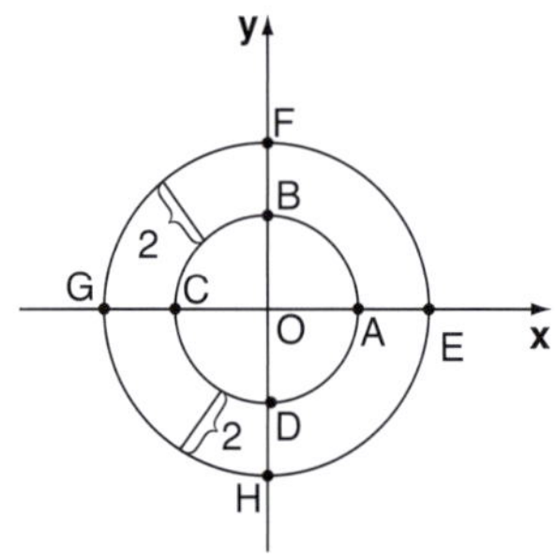

Banco de imagens/Arquivo da editora

8. Para quais valores reais de **m** o ponto P(m, 2m − 1) pertence ao 3º quadrante?

9. Os pontos A(3, 5), B(2, m) e C(−4, n) pertencem a uma reta paralela ao eixo das abscissas. Determine **m** e **n**.

10. Os pontos (3, −2), (a, 5) e (b, 100) pertencem a uma reta paralela ao eixo **y**. Determine **a** e **b**.

11. Determine as coordenadas dos vértices **A**, **B**, **C** e **D** do trapézio isósceles ao lado.

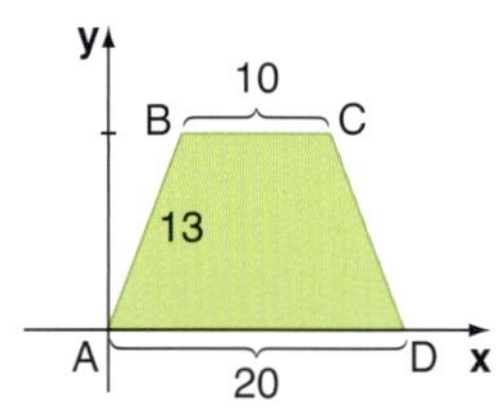

Banco de imagens/Arquivo da editora

12. Os vértices de um triângulo são os pontos A(−4, 5), B(−4, 0) e C(1, 5). Mostre que esse triângulo é retângulo. Que segmento representa a hipotenusa desse triângulo?

13. Na figura, ABCD é um quadrado cujo lado mede 6 u. c. Obtenha as coordenadas dos quatro vértices do quadrado.

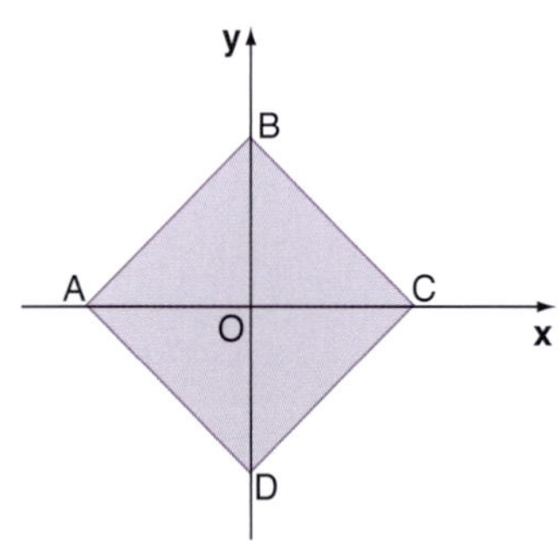

Banco de imagens/Arquivo da editora

Distância entre dois pontos

Dados dois pontos distintos **A** e **B** do plano cartesiano, chama-se **distância** entre eles a medida do segmento de reta que tem esses dois pontos como extremidades.

Indicaremos a distância entre **A** e **B** por $\mathbf{d}_{AB}$.

- **1º caso**: O segmento $\overline{AB}$ é paralelo ao eixo **x**.

Banco de imagens/ Arquivo da editora

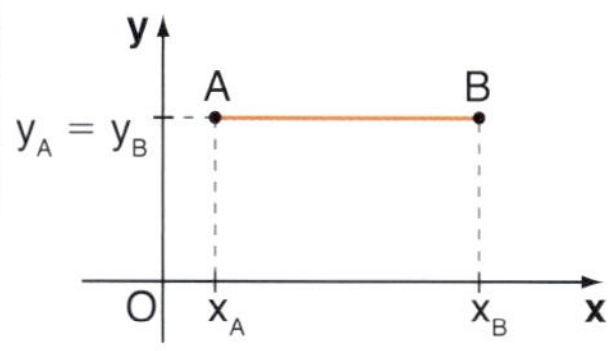

A distância entre **A** e **B** é dada pelo módulo da diferença entre as abscissas de **A** e **B**, isto é:

$$d_{AB} = |x_A - x_B|$$

EXEMPLO 2

A distância entre os pontos P(−2, 4) e Q(3, 4) é $d_{PQ} = |-2 - 3| = |3 - (-2)| = 5$.

Assim, $d_{PQ} = 5$ u.c. (unidades de medida de comprimento).

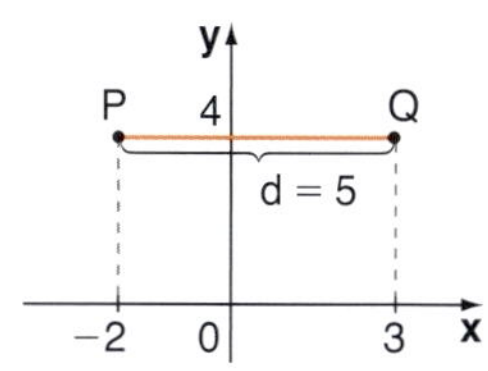

Banco de imagens/Arquivo da editora

- **2º caso**: O segmento $\overline{AB}$ é paralelo ao eixo **y**.

Banco de imagens/ Arquivo da editora

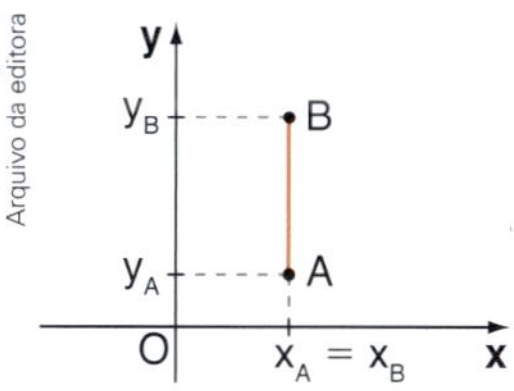

A distância entre **A** e **B** é dada pelo módulo da diferença entre as ordenadas de **A** e **B**, isto é:

$$d_{AB} = |y_A - y_B|$$

EXEMPLO 3

A distância entre os pontos R(3, −2) e S(3, 2) é $d_{RS} = |-2 - 2| = |2 - (-2)| = 4$.

Assim, $d_{RS} = 4$ u.c. (unidades de medida de comprimento).

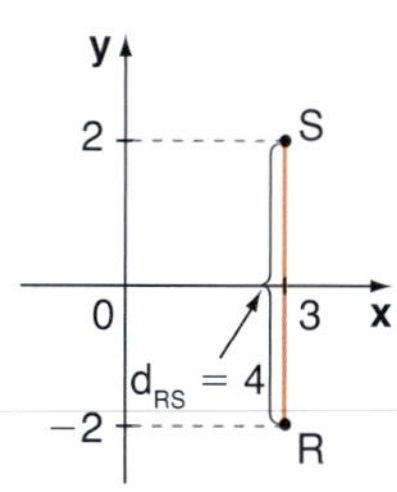

Banco de imagens/Arquivo da editora

- **3º caso**: O segmento $\overline{AB}$ não é paralelo a qualquer um dos eixos coordenados.

Banco de imagens/Arquivo da editora

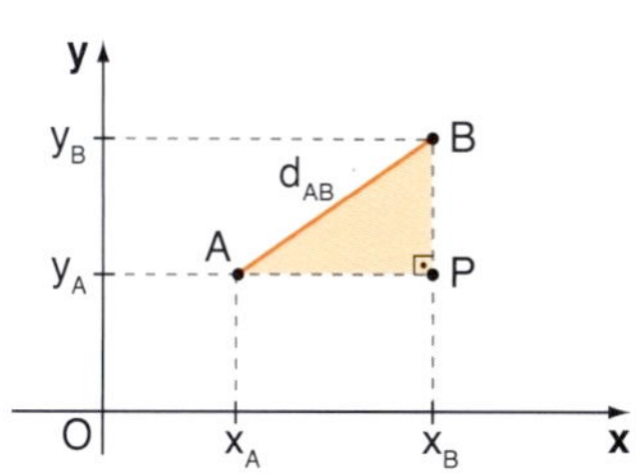

Observe que:

- $d_{AP} = |x_A - x_B|$
- $d_{BP} = |y_A - y_B|$

Aplicando o teorema de Pitágoras ao triângulo APB, temos:

$$(d_{AB})^2 = (d_{AP})^2 + (d_{BP})^2 \Rightarrow (d_{AB})^2 = (|x_A - x_B|)^2 + (|y_A - y_B|)^2$$

Como para todo $a \in \mathbb{R}$, $|a|^2 = a^2$, podemos escrever:

$$(d_{AB})^2 = (x_A - x_B)^2 + (y_A - y_B)^2$$

$$d_{AB} = \sqrt{(x_A - x_B)^2 + (y_A - y_B)^2}$$

Podemos observar ainda que, como $(x_A - x_B)^2 = (x_B - x_A)^2$ e $(y_A - y_B)^2 = (y_B - y_A)^2$, a ordem das diferenças que aparecem no radicando não importa.

Assim, pode-se escrever também:

$$d_{AB} = \sqrt{(\Delta x)^2 + (\Delta y)^2}$$

com Δx representando a diferença entre as abscissas, e Δy, a diferença entre as ordenadas dos pontos.

OBSERVAÇÃO

A expressão $d = \sqrt{(\Delta x)^2 + (\Delta y)^2}$, usada para calcular a distância entre dois pontos, pode ser aplicada tanto no primeiro caso apresentado quanto no segundo.

No 1º caso, temos $d = \sqrt{(\Delta x)^2 + (\Delta y)^2} = \sqrt{(\Delta x)^2} = |\Delta x|$.

No 2º caso, temos $d = \sqrt{(\Delta x)^2 + (\Delta y)^2} = \sqrt{(\Delta y)^2} = |\Delta y|$.

EXEMPLO 4

Vamos calcular a distância entre os pontos A(2, 3) e B(5, 1).

Temos:

$d_{AB} = \sqrt{(\Delta x)^2 + (\Delta y)^2}$

$d_{AB} = \sqrt{(2 - 5)^2 + (3 - 1)^2} = \sqrt{9 + 4} = \sqrt{13}$

Assim, $d_{AB} = \sqrt{13}$ u.c. (unidades de medida de comprimento).

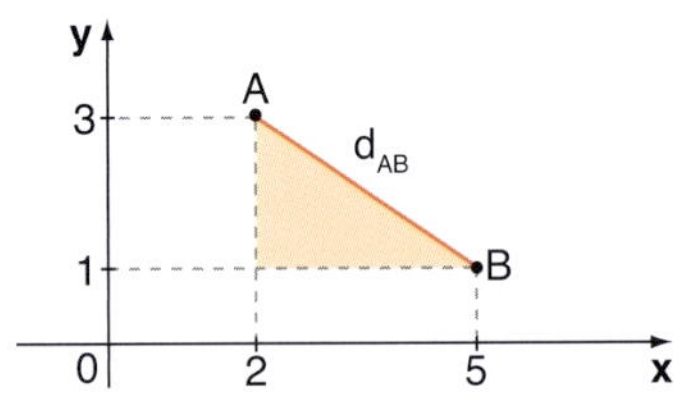

Banco de imagens/Arquivo da editora

Embora tenhamos deduzido a fórmula da distância entre dois pontos usando pontos do 1º quadrante, ela não perde a validade quando são utilizados pontos de outros quadrantes. Observe o exemplo a seguir.

EXEMPLO 5

A distância **d** entre os pontos C(3, −2) e D(−1, 4), representados no gráfico ao lado, é dada por:

$$d = \sqrt{[3 - (-1)]^2 + [(-2) - 4]^2} = \sqrt{16 + 36} = \sqrt{52}$$

Assim, **d** $= 2\sqrt{13}$ u.c. (unidades de medida de comprimento).

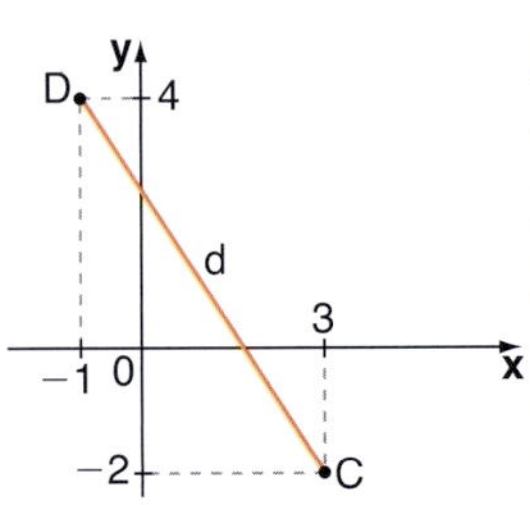

Banco de imagens/Arquivo da editora

A partir de agora será omitida a expressão u.c., unidades de medida de comprimento, quando se tratar de distância.

Exercício resolvido

1. Mostre que o triângulo de vértices A(2, 2), B(−4, −6) e C(4, −12) é retângulo e isósceles. Em seguida, determine seu perímetro.

Solução:

É preciso mostrar que as medidas de seus lados satisfazem a recíproca do teorema de Pitágoras.

Temos:

- AB: $d_{AB} = \sqrt{(-4-2)^2 + (-6-2)^2} = \sqrt{36+64} = \sqrt{100} = 10$
- AC: $d_{AC} = \sqrt{(2-4)^2 + [2-(-12)]^2} = \sqrt{4+196} = \sqrt{200} = 10\sqrt{2}$
- BC: $d_{BC} = \sqrt{(-4-4)^2 + [-6-(-12)]^2} = \sqrt{64+36} = \sqrt{100} = 10$

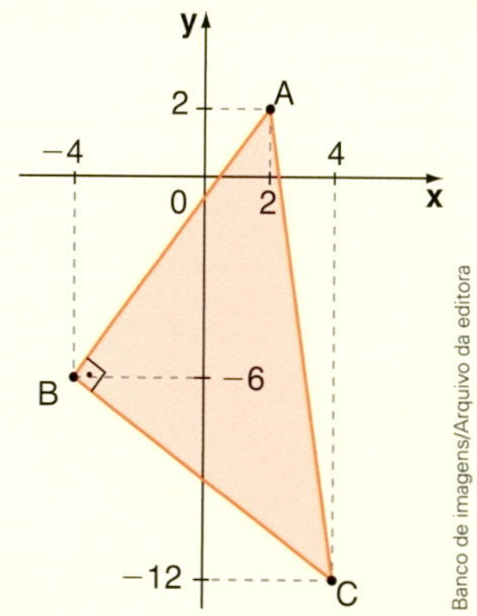

Como $(d_{AC})^2 = (d_{AB})^2 + (d_{BC})^2$, pois $\left(10\sqrt{2}\right)^2 = 10^2 + 10^2$, concluímos que o triângulo ABC é retângulo em **B** e seus catetos $\overline{AB}$ e $\overline{BC}$ possuem a mesma medida. Assim, o triângulo ABC é isósceles, e seu perímetro é igual a $10 + 10 + 10\sqrt{2} = 10\left(\sqrt{2} + 2\right)$.

Exercícios

14. Determine a distância entre os pontos dados.

a) A(5, 2) e B(1, 3)

b) C(−1, 4) e D(−2, −3)

c) E(−4, −3) e O(0, 0)

d) F(−5, 4) e G(2, −5)

e) H(−1, 5) e I(−1, 12)

f) J(−2, −1) e K(3, −4)

g) L(−4, 3) e M(−4, −7)

h) $N\left(\sqrt{2}, -\sqrt{2}\right)$ e $P\left(-\sqrt{2}, \sqrt{2}\right)$

i) Q(1, 3) e R(−3, 3)

15. Calcule o perímetro do triângulo ABC, sendo A(1, 0), B(3, 7) e C(−2, 4).

16. O ponto **B** tem ordenada nula e dista 5 de **A**, que possui ambas as coordenadas iguais a 4. Determine a abscissa de **B**.

17. Entre os pontos $A\left(\frac{1}{2}, 1\right)$, $B\left(1, \frac{3}{2}\right)$, C(2, 1) e D(0, 2), qual é o mais distante de E(1, 1)?

18. Os pontos A(3m + 1, 15) e B(m, 3) pertencem ao 2º quadrante, e a distância entre eles é igual a 13. Qual é o valor de **m**?

19. Determine o perímetro do quadrilátero ABCD indicado a seguir:

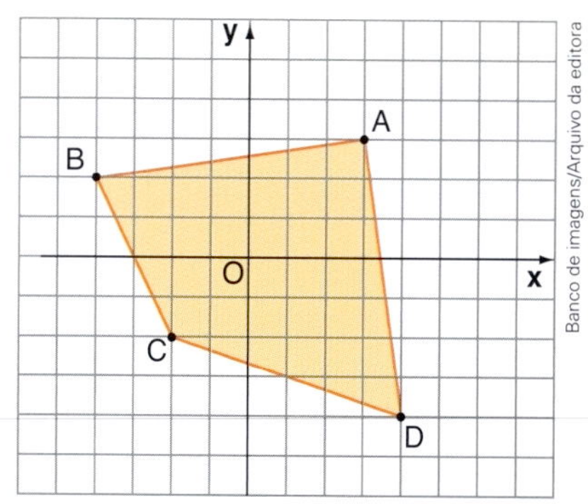

20. O centro de uma circunferência é o ponto (−1, 3). Sabendo que o ponto (2, 5) pertence à circunferência, determine a medida de seu diâmetro.

21. Mostre que o triângulo de vértices (2, 4), (5, 1) e (6, 5) é isósceles e calcule seu perímetro.

22. Os pontos **A** e **B** são equidistantes de **Q**, pertencente à bissetriz dos quadrantes ímpares. Sendo A(4, 2) e B(6, 8), quais são as coordenadas de **Q**?

23. O ponto **P** pertence ao eixo dos **y** e equidista de A(−1, 1) e B(4, 2). Determine as coordenadas de **P**.

24. Classifique, quanto aos lados, o triângulo cujos vértices são (0, 0), (3, 2) e (−1, 4).

25. Na figura, **P** é equidistante de A(1, −1) e B(2, 3). Obtenha as coordenadas de **P**.

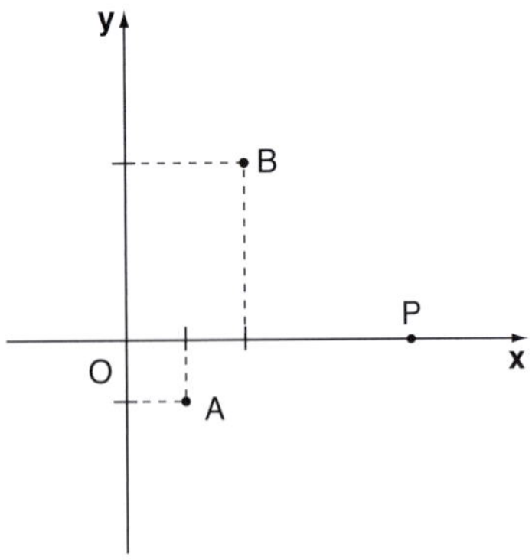

26. Com base na figura seguinte, determine **m**.

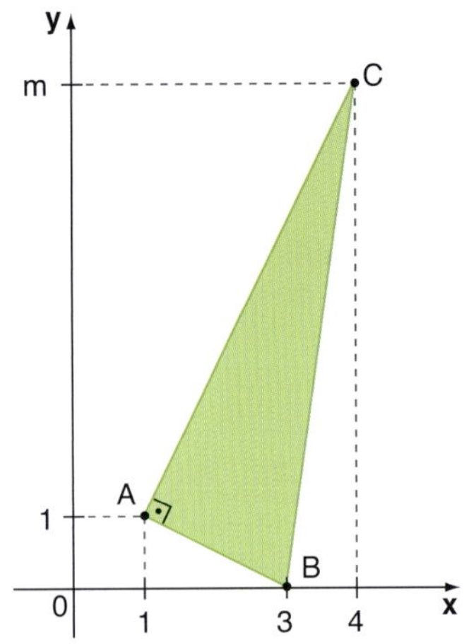

Ilustrações: Banco de imagens/Arquivo da editora

27. Dados os pontos M(2, 0) e N(0, 2), determine **P** de modo que o triângulo MNP seja equilátero.

28. Encontre três pontos equidistantes de A(−2, 4) e B(3, 1).

Ponto médio de um segmento

Há situações em Geometria analítica que envolvem mediatrizes de segmentos, medianas e mediatrizes de triângulos e outros assuntos relacionados com o ponto médio de um segmento.

Seja **M** o ponto médio do segmento com extremidades $A(x_A, y_A)$ e $B(x_B, y_B)$. Notemos, na figura ao lado, que os triângulos AMN e ABP são semelhantes, pois possuem os três ângulos respectivamente congruentes. Assim:

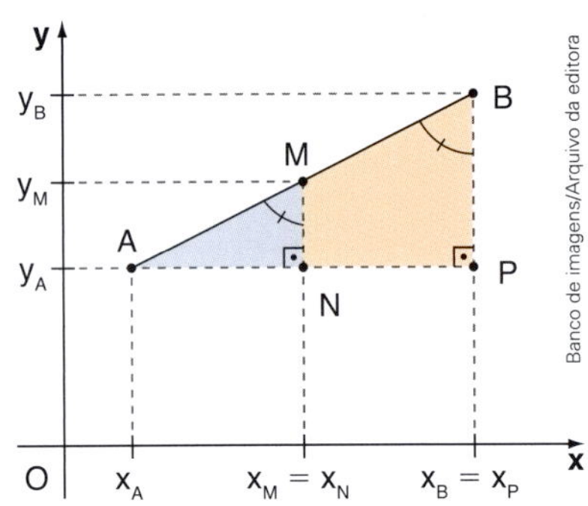

Banco de imagens/Arquivo da editora

$$\frac{AM}{AB} = \frac{AN}{AP}$$

Mas AB = 2 · (AM), pois **M** é o ponto médio de $\overline{AB}$.

$$\text{Logo, } \frac{AM}{2 \cdot (AM)} = \frac{AN}{AP} \Rightarrow \frac{AN}{AP} = \frac{1}{2} \Rightarrow AP = 2 \cdot (AN).$$

Assim, temos:

$$|x_P - x_A| = 2 \cdot |x_N - x_A|$$

Como $x_P > x_A$ e $x_N > x_A$, podemos escrever:

$$x_P - x_A = 2(x_N - x_A) \Rightarrow x_B - x_A = 2(x_M - x_A) \Rightarrow x_B - x_A = 2x_M - 2x_A \Rightarrow x_M = \frac{x_A + x_B}{2}$$

Mediante procedimento análogo, prova-se que $y_M = \dfrac{y_A + y_B}{2}$.

Portanto, sendo **M** o ponto médio do segmento $\overline{AB}$, temos:

$$M\left(\frac{x_A + x_B}{2}, \frac{y_A + y_B}{2}\right)$$

EXEMPLO 6

Dados os pontos A(3, −2) e $B\left(-\frac{1}{2}, -4\right)$, vamos calcular as coordenadas do ponto médio do segmento $\overline{AB}$.

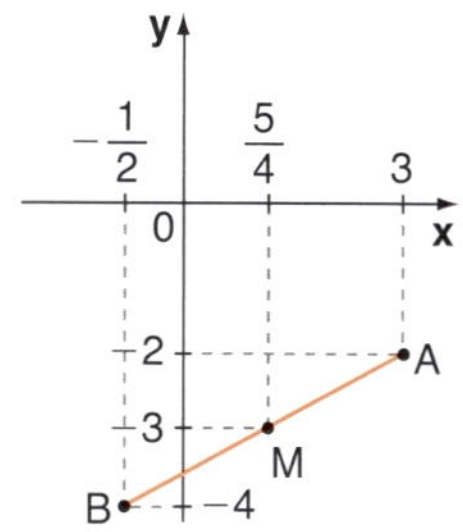

Banco de imagens/Arquivo da editora

$$x_M = \frac{-\frac{1}{2} + 3}{2} = \frac{\frac{5}{2}}{2} = \frac{5}{4} \text{ e } y_M = \frac{-4 + (-2)}{2} = \frac{-6}{2} = -3$$

EXEMPLO 7

Seja M(0, 2) o ponto médio do segmento $\overline{AB}$. Se A(−2, 5), para determinar as coordenadas de **B**, podemos calcular:

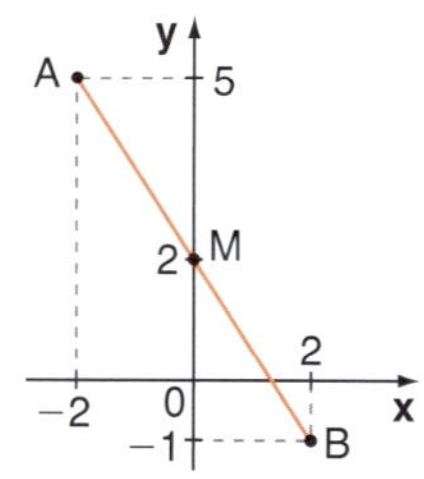

Banco de imagens/Arquivo da editora

$$0 = \frac{-2 + x_B}{2} \text{ e } 2 = \frac{5 + y_B}{2} \Rightarrow x_B = 2 \text{ e } y_B = -1$$

Assim, B(2, −1). Veja, ao lado, a representação gráfica.

Exercício resolvido

2. De um losango são conhecidos três vértices, A(1, 3), B(−3, 5) e C(0, 6), não necessariamente consecutivos nessa ordem. Determine as coordenadas do quarto vértice desse losango.

Solução:

Vamos, inicialmente, calcular as distâncias entre os pontos dados, a fim de descobrir quais são os vértices consecutivos desse losango:

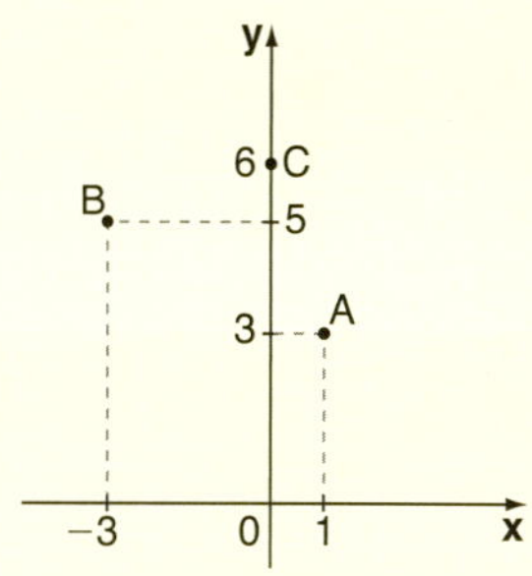

$$d_{AB} = \sqrt{(1 + 3)^2 + (3 - 5)^2} = \sqrt{20}$$
$$d_{AC} = \sqrt{(1 - 0)^2 + (3 - 6)^2} = \sqrt{10}$$
$$d_{BC} = \sqrt{(-3 - 0)^2 + (5 - 6)^2} = \sqrt{10}$$

Como $\mathbf{d}_{AC}$ e $\mathbf{d}_{BC}$ são iguais, concluímos que $\overline{AC}$ e $\overline{BC}$ são lados do losango e $\overline{AB}$ é uma diagonal. Lembrando que em qualquer losango as diagonais intersectam-se ao meio, podemos determinar o vértice **D** do losango:

- **M** é ponto médio de $\overline{AB}$:

$$\left.\begin{aligned} x_M &= \frac{x_A + x_B}{2} = \frac{1 + (-3)}{2} = -1 \\ y_M &= \frac{y_A + y_B}{2} = \frac{3 + 5}{2} = 4 \end{aligned}\right\} M(-1, 4)$$

- **M** também é ponto médio de $\overline{CD}$:

$$x_M = \frac{x_C + x_D}{2} \Rightarrow -1 = \frac{0 + x_D}{2} \Rightarrow x_D = -2$$

$$y_M = \frac{y_C + y_D}{2} \Rightarrow 4 = \frac{6 + y_D}{2} \Rightarrow y_D = 2$$

Assim, o outro vértice é D(−2, 2).

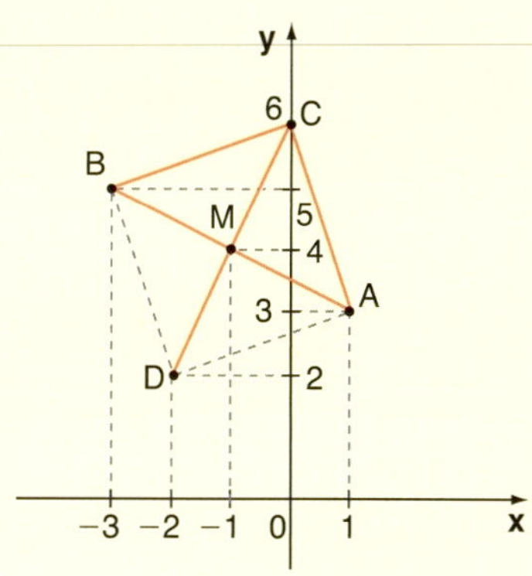

Ilustrações: Banco de imagens/Arquivo da editora

Mediana e baricentro

Determinação das medidas das medianas de um triângulo

Chamamos **mediana de um triângulo** o segmento cujas extremidades são um dos vértices desse triângulo e o ponto médio do lado oposto a esse vértice. Um triângulo possui três medianas. Através da Geometria analítica podemos determinar as medidas das medianas de um triângulo. Vejamos:

Seja ABC o triângulo a seguir, de vértices A(1, 1), B(−1, 3) e C(6, 4).

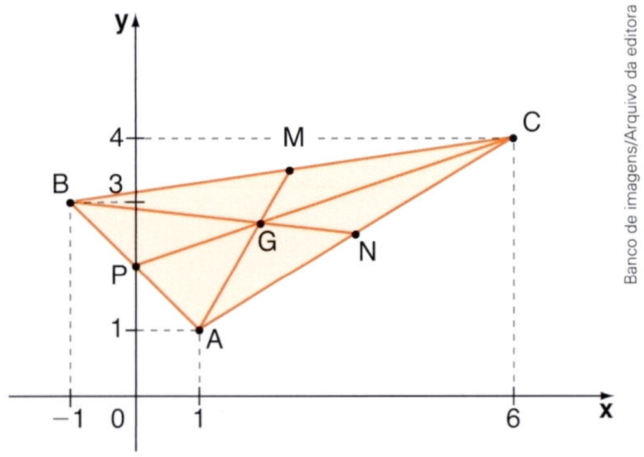

Vamos determinar a medida da mediana relativa ao lado $\overline{BC}$:

- O ponto médio **M** de $\overline{BC}$ é dado por:

$$\left(\frac{x_B + x_C}{2}, \frac{y_B + y_C}{2}\right) = \left(\frac{-1+6}{2}, \frac{3+4}{2}\right) \Rightarrow M\left(\frac{5}{2}, \frac{7}{2}\right)$$

- O comprimento da mediana $\overline{AM}$ é obtido calculando-se a distância entre **A** e **M**:

$$d_{AM} = \sqrt{\left(1-\frac{5}{2}\right)^2 + \left(1-\frac{7}{2}\right)^2} = \sqrt{\left(-\frac{3}{2}\right)^2 + \left(-\frac{5}{2}\right)^2} = \sqrt{\frac{9}{4} + \frac{25}{4}} = \sqrt{\frac{34}{4}} = \frac{\sqrt{34}}{2}$$

Por meio de um procedimento análogo, podemos determinar o comprimento das medianas $\overline{BN}$ e $\overline{CP}$.

As três medianas intersectam-se no ponto **G**, indicado na figura anterior. O ponto de encontro das três medianas de um triângulo é chamado **baricentro** do triângulo. Veremos a seguir como podemos determinar as coordenadas do baricentro.

Determinação das coordenadas do baricentro de um triângulo

Sejam $A(x_A, y_A)$, $B(x_B, y_B)$ e $C(x_C, y_C)$ três pontos não alinhados no plano cartesiano. Consideremos o triângulo ABC.

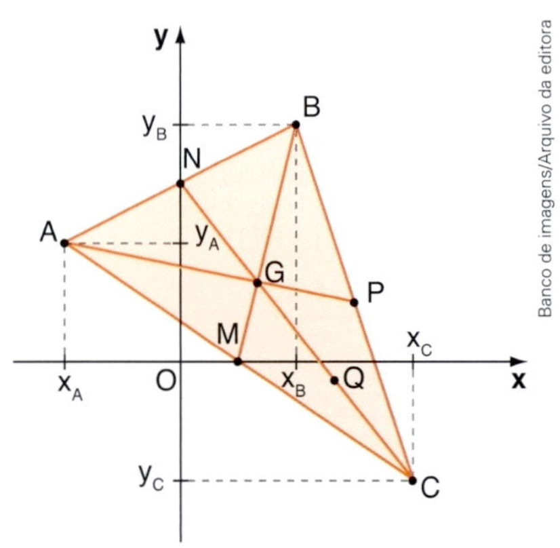

As três medianas relativas aos lados $\overline{AB}$, $\overline{BC}$ e $\overline{AC}$ são, respectivamente, $\overline{CN}$, $\overline{AP}$ e $\overline{BM}$. Elas se encontram no ponto **G**, baricentro do triângulo.

Vamos obter as coordenadas de **G**. Para isso, é preciso lembrar uma propriedade da Geometria Plana: o baricentro do triângulo divide cada mediana em dois segmentos cujas medidas estão na razão 2 : 1, isto é, o segmento que tem um vértice do triângulo como uma de suas extremidades mede o dobro do outro. Veja, por exemplo, a mediana $\overline{CN}$, que fica dividida em dois segmentos: $\overline{CG}$ e $\overline{GN}$, com $CG = 2 \cdot (GN)$.

Temos:

- **N** é ponto médio de $\overline{AB} \Rightarrow \begin{cases} x_N = \dfrac{x_A + x_B}{2} & (1) \\ y_N = \dfrac{y_A + y_B}{2} & (2) \end{cases}$

- **Q** é ponto médio de $\overline{CG} \Rightarrow \begin{cases} x_Q = \dfrac{x_G + x_C}{2} & (3) \\ y_Q = \dfrac{y_G + y_C}{2} & (4) \end{cases}$

- **G** é ponto médio de $\overline{QN} \Rightarrow \begin{cases} x_G = \dfrac{x_Q + x_N}{2} & (5) \\ y_G = \dfrac{y_Q + y_N}{2} & (6) \end{cases}$

OBSERVAÇÃO

Observe que **G** é ponto médio de $\overline{QN}$:

G divide $\overline{CN}$ na razão 2 : 1, então $CG = 2 \cdot GN$. Como **Q** é o ponto médio de $\overline{CG}$ ($CQ = QG$), então os segmentos $\overline{CQ}$, $\overline{QG}$ e $\overline{GN}$ são congruentes.

Substituindo (1) e (3) em (5), temos:

$$x_G = \frac{x_Q}{2} + \frac{x_N}{2} \Rightarrow x_G = \frac{x_G + x_C}{4} + \frac{x_A + x_B}{4} \Rightarrow \frac{3x_G}{4} = \frac{x_A + x_B + x_C}{4} \Rightarrow$$

$$\Rightarrow x_G = \frac{x_A + x_B + x_C}{3}$$

Analogamente, substituindo (2) e (4) em (6), podemos concluir que:

$$y_G = \frac{y_A + y_B + y_C}{3}$$

Assim, as coordenadas de **G** são $\left(\dfrac{x_A + x_B + x_C}{3}, \dfrac{y_A + y_B + y_C}{3}\right)$.

Observe que a **abscissa** do baricentro é igual à média aritmética das abscissas dos vértices do triângulo. Da mesma forma, a **ordenada** do baricentro é igual à média aritmética das ordenadas dos vértices do triângulo.

EXEMPLO 8

Considerando o triângulo ABC da página 18, as coordenadas de seu baricentro (**G**) são:

$$\left.\begin{array}{l} x_G = \dfrac{x_A + x_B + x_C}{3} = \dfrac{1 + (-1) + 6}{3} = 2 \\ y_G = \dfrac{y_A + y_B + y_C}{3} = \dfrac{1 + 3 + 4}{3} = \dfrac{8}{3} \end{array}\right\} G\left(2, \frac{8}{3}\right)$$

Exercícios

29. Determine as coordenadas do ponto médio do segmento cujas extremidades são os pontos:

a) A(1, 2) e B(2, 4)

b) C(3, 5) e D(2, −3)

c) $E\left(-1, -\frac{1}{2}\right)$ e $F\left(-3, \frac{3}{2}\right)$

d) G(−3, 5) e H(3, −5)

e) I(4, 10) e J(10, −4)

f) L(3, −4) e M(3, 2)

30. Se (2, 3) é ponto médio de $\overline{AB}$, com A(n, 5) e B(4, m), quanto vale m + n?

31. Os pontos A(2, −4), B(−2, 1) e C(−4, 5) são vértices de um triângulo. Determine o comprimento da mediana $\overline{AM}$ do triângulo ABC.

32. O ponto P(7, −3) pertence a uma circunferência de centro (4, 2). Determine o ponto diametralmente oposto a **P**.

33. Mostre que o quadrilátero de vértices (−8, −6), (−2, 0), (−2, −4) e (4, 2) é um paralelogramo.

34. Um segmento possui uma extremidade sobre o eixo das abscissas e a outra sobre o eixo das ordenadas. Sendo (−1, 2) seu ponto médio, determine as coordenadas de suas extremidades.

35. Um triângulo possui vértices nos pontos (2, −1), (4, −3) e (−2, −5). Determine:

a) as coordenadas de seu baricentro;

b) os comprimentos das medianas desse triângulo.

36. M(1, 2), N(5, −2) e P(3, −4) são, respectivamente, os pontos médios dos lados $\overline{AB}$, $\overline{BC}$ e $\overline{AC}$ do triângulo ABC. Determine as coordenadas dos vértices desse triângulo.

37. Os pontos (2, 3), (5, −1) e (1, −4) são vértices de um quadrado.

a) Quais são as coordenadas do quarto vértice?

b) Qual é a medida do lado desse quadrado?

38. Qual é o ponto simétrico de P(2, −3) em relação:

a) ao eixo das ordenadas?

b) à origem do sistema cartesiano?

c) ao eixo das abscissas?

d) ao ponto (3, −4)?

39. Na figura a seguir, o triângulo de vértices A(6, 0), O(0, 0) e **B** é retângulo, e sua hipotenusa mede 8.

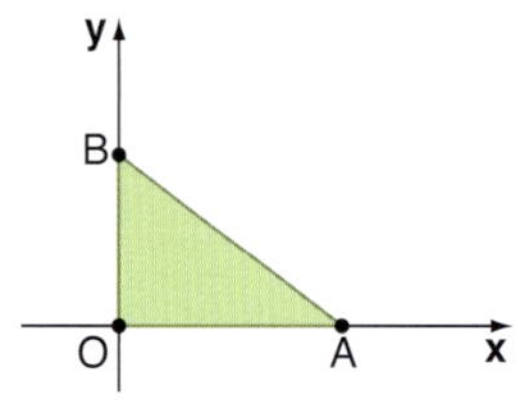

Banco de imagens/Arquivo da editora

Determine:

a) as coordenadas de **B**;

b) a medida da mediana relativa à hipotenusa;

c) as coordenadas do baricentro do triângulo e sua distância à origem.

40. Dados A(−13, −1) e B(3, 5), determine as coordenadas dos pontos que dividem $\overline{AB}$ em quatro partes iguais.

41. Um losango possui como vértices os pontos (2, −4), (4, 4) e (−6, −2). Sendo (−1, 1) o ponto de encontro das diagonais, determine o quarto vértice e a área do losango.

42. Na figura, o triângulo ABC é equilátero, e seu lado mede 4 cm.

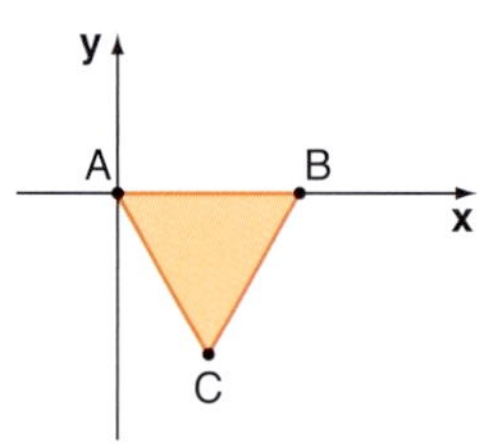

Banco de imagens/Arquivo da editora

Determine:

a) as coordenadas de **C**;

b) a área do triângulo ABC.

43. A respeito de um triângulo ABC, sabe-se que:

- $M\left(1, -\frac{3}{2}\right)$ é ponto médio de $\overline{BC}$.
- $d_{AB} = 9$
- $d_{AC} = 12$
- C(1, 6)

Determine as coordenadas de **A**, sabendo que elas são números reais negativos.

Condição de alinhamento de três pontos

Para que três pontos distintos estejam alinhados, suas coordenadas devem obedecer a uma condição que será deduzida com a utilização da figura abaixo, na qual $A(x_1, y_1)$, $B(x_2, y_2)$ e $C(x_3, y_3)$ estão na mesma reta.

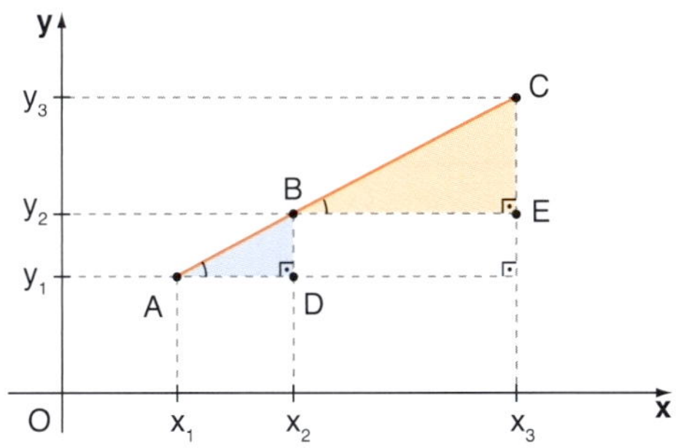

Banco de imagens/Arquivo da editora

Os triângulos retângulos BCE e ABD são semelhantes.

Decorre a proporção $\frac{BE}{AD} = \frac{CE}{BD}$, que pode ser escrita como $\frac{x_3 - x_2}{x_2 - x_1} = \frac{y_3 - y_2}{y_2 - y_1}$. Desenvolvendo, obtemos $(x_3 - x_2) \cdot (y_2 - y_1) - (x_2 - x_1) \cdot (y_3 - y_2) = 0$. Daí:

$$x_3y_2 - x_3y_1 - \cancel{x_2y_2} + x_2y_1 - x_2y_3 + \cancel{x_2y_2} + x_1y_3 - x_1y_2 = 0$$

ou, ainda:

$$x_1y_2 + x_3y_1 + x_2y_3 - x_3y_2 - x_1y_3 - x_2y_1 = 0$$

Essa última igualdade pode ser escrita sob a forma de determinante: $\begin{vmatrix} x_1 & y_1 & 1 \\ x_2 & y_2 & 1 \\ x_3 & y_3 & 1 \end{vmatrix} = 0$

Concluímos, então, que:

> Se três pontos distintos $A(x_1, y_1)$, $B(x_2, y_2)$ e $C(x_3, y_3)$ são colineares, então:
>
> $$D = \begin{vmatrix} x_1 & y_1 & 1 \\ x_2 & y_2 & 1 \\ x_3 & y_3 & 1 \end{vmatrix} = 0$$

Vamos verificar agora que a recíproca dessa propriedade também é verdadeira, isto é, se $D = 0$, então os pontos são colineares.

Se $D = 0$, como vimos, podemos escrever:

$$(x_2 - x_1) \cdot (y_3 - y_2) = (x_3 - x_2) \cdot (y_2 - y_1)$$

Temos as seguintes possibilidades:

- Se $x_3 - x_2 = 0$, isto é, $x_3 = x_2$, poderíamos ter:
  $x_2 - x_1 = 0 \Rightarrow x_1 = x_2 = x_3$ e, portanto, **A**, **B** e **C** seriam colineares por pertencerem a uma mesma reta paralela ao eixo **y**;
  ou
  $y_3 - y_2 = 0 \Rightarrow y_3 = y_2$ e, daí, $B = C$; não pode ocorrer, pois estamos admitindo que os três pontos são distintos.
- Se $y_2 - y_1 = 0$, isto é, $y_1 = y_2$, poderíamos ter:
  $x_2 - x_1 = 0 \Rightarrow x_1 = x_2$ e, daí, $A = B$; não pode ocorrer, pois estamos admitindo que os três pontos são distintos;
  ou
  $y_3 - y_2 = 0 \Rightarrow y_3 = y_2 = y_1$ e, portanto, **A**, **B** e **C** seriam colineares por pertencerem a uma mesma reta paralela ao eixo **x**.

OBSERVAÇÃO

Se os pontos **A**, **B** e **C** pertencessem a uma reta paralela a um dos eixos (ao **x**, por exemplo), o determinante também se anularia.

De fato, teríamos:

$y_1 = y_2 = y_3$

e $\begin{vmatrix} x_1 & y_1 & 1 \\ x_2 & y_1 & 1 \\ x_3 & y_1 & 1 \end{vmatrix} = (\cancel{x_1y_1} + \cancel{x_3y_1} + \cancel{x_2y_1}) - (\cancel{x_3y_1} + \cancel{x_1y_1} + \cancel{x_2y_1}) = 0$

- Se $x_3 - x_2 \neq 0$ e $y_2 - y_1 \neq 0$, teríamos:

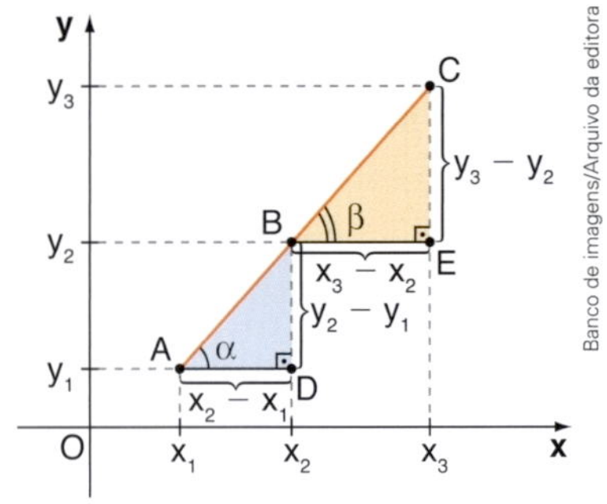

$$(x_2 - x_1) \cdot (y_3 - y_2) = (x_3 - x_2) \cdot (y_2 - y_1) \Rightarrow \frac{x_2 - x_1}{x_3 - x_2} = \frac{y_2 - y_1}{y_3 - y_2}$$

Daí, os triângulos retângulos ABD e BCE têm lados cujas medidas seriam proporcionais, isto é, seriam triângulos semelhantes (pelo caso LAL), como mostra a figura.

Consequentemente, teríamos $\alpha = \beta$, e os pontos **A**, **B** e **C** seriam colineares.

Assim, acabamos de verificar que:

Se $D = \begin{vmatrix} x_1 & y_1 & 1 \\ x_2 & y_2 & 1 \\ x_3 & y_3 & 1 \end{vmatrix} = 0$, em que $A(x_1, y_1)$, $B(x_2, y_2)$ e $C(x_3, y_3)$, então **A**, **B** e **C** são colineares.

EXEMPLO 9

Observe na figura ao lado que os pontos A(−2, −1), B(0, 3) e C(2, 7) estão alinhados.

De fato, o determinante $D = \begin{vmatrix} -2 & -1 & 1 \\ 0 & 3 & 1 \\ 2 & 7 & 1 \end{vmatrix}$ é nulo.

Veja:

$$D = -6 + 0 - 2 - 6 + 14 + 0 = 0$$

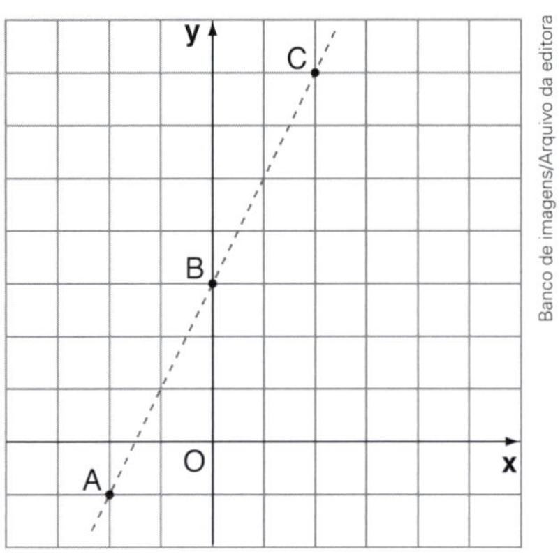

EXEMPLO 10

Para verificar se os pontos A(−4, −6), B(3, 15) e C(−2, 0) estão alinhados, calculamos o determinante $D = \begin{vmatrix} -4 & -6 & 1 \\ 3 & 15 & 1 \\ -2 & 0 & 1 \end{vmatrix}$.

Temos:

$$D = -60 + 12 + 0 + 30 + 18 + 0 = -60 + 60 = 0$$

Assim, os pontos **A**, **B** e **C** são colineares.

Exercícios resolvidos

3. Determine o valor de **m** de modo que (−2, 7), (m, −11) e (1, −2) estejam alinhados.

Solução:

Devemos impor a condição de alinhamento D = 0, ou seja: $D = \begin{vmatrix} -2 & 7 & 1 \\ m & -11 & 1 \\ 1 & -2 & 1 \end{vmatrix} = 0$.

Temos: $22 + 7 - 2m + 11 - 4 - 7m = 0 \Rightarrow 9m = 36 \Rightarrow m = 4$

Assim, os pontos (−2, 7), (4, −11) e (1, −2) pertencem a uma única reta.

4. Obtenha o ponto comum às retas $\overleftrightarrow{AB}$ e $\overleftrightarrow{CD}$, sendo A(−3, 4), B(2, 9), C(2, 7) e D(4, 5).

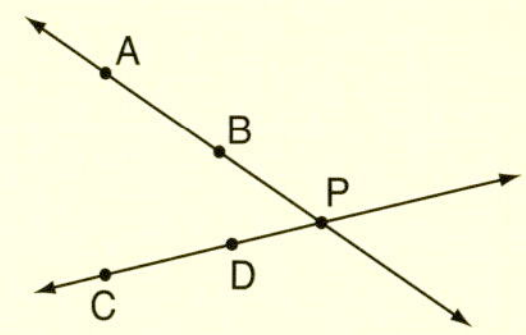

Banco de imagens/Arquivo da editora

Solução:

Seja $P(x_P, y_P)$ o ponto de interseção das retas $\overleftrightarrow{AB}$ e $\overleftrightarrow{CD}$.

Temos:

- **A**, **B** e **P** são colineares $\Rightarrow D = 0 \Rightarrow \begin{vmatrix} -3 & 4 & 1 \\ 2 & 9 & 1 \\ x_P & y_P & 1 \end{vmatrix} = 0 \Rightarrow 5x_P - 5y_P + 35 = 0 \Rightarrow x_P - y_P = -7$ (1)
- **C**, **D** e **P** são colineares $\Rightarrow D = 0 \Rightarrow \begin{vmatrix} 2 & 7 & 1 \\ 4 & 5 & 1 \\ x_P & y_P & 1 \end{vmatrix} = 0 \Rightarrow 2x_P + 2y_P - 18 = 0 \Rightarrow x_P + y_P = 9$ (2)

De (1) e (2), segue o sistema $\begin{cases} x_P - y_P = -7 \\ x_P + y_P = 9 \end{cases}$, cuja solução é $x_P = 1$ e $y_P = 8$. Assim, o ponto comum às retas $\overleftrightarrow{AB}$ e $\overleftrightarrow{CD}$ é P(1, 8).

Exercícios

44. Verifique se estes pontos estão alinhados.

a) (2, 1), $\left(7, -\frac{7}{3}\right)$ e $\left(3, \frac{1}{3}\right)$

b) (0, 4), (4, 0) e (2, −2)

c) (1, 5), (−3, 2) e (−7, 1)

d) (6, 12), $\left(-5, -\frac{8}{3}\right)$ e (0, 4)

e) (−2, 3), (0, 0) e (6, −9)

f) (−2, 3), (0, 0) e (−3, 2)

45. Para que valor de **m** os pontos (3, 1), (m, 2) e (0, −2) são colineares?

46. Ache um ponto que esteja alinhado com P(3, 5) e Q(−1, −3).

47. Os pontos (−3, −17), (1, 3), (6, 28) e (0, −2) pertencem à mesma reta? Verifique analiticamente.

48. Dados os pontos A(0, −3), B(3, 3) e C(−2, −7), calcule as distâncias entre eles e, com base apenas nesses dados, verifique se **A**, **B** e **C** estão alinhados.

49. Para que valores de **k** os pontos (2, −3), (4, 3) e $\left(5, \frac{k}{2}\right)$ são vértices de um triângulo?

50. Dados os pontos A(4, −15) e B(−4, 5), determine:

a) a relação entre $\mathbf{x}_P$ e $\mathbf{y}_P$ a fim de que $P(x_P, y_P)$ esteja alinhado com **A** e **B**;

b) o ponto em que a reta $\overleftrightarrow{AB}$ intersecta o eixo **x**.

51. Na figura, $\text{tg}\,\alpha = \frac{2}{3}$ e a abscissa de **P** é igual a 6. Verifique, em cada caso, se **O**, **P** e **Q** estão alinhados:

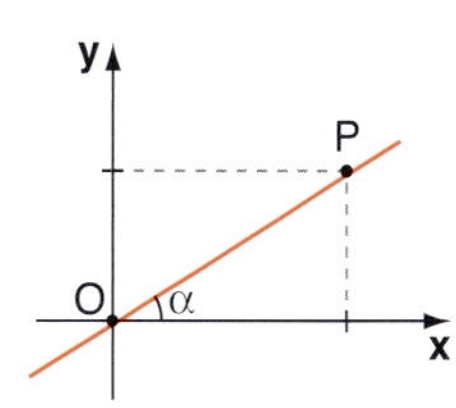

Banco de imagens/Arquivo da editora

a) Q(−18, −10)

b) Q(900, 600)

52. Observe a figura abaixo e determine o ponto comum aos segmentos $\overline{AB}$ e $\overline{CD}$.

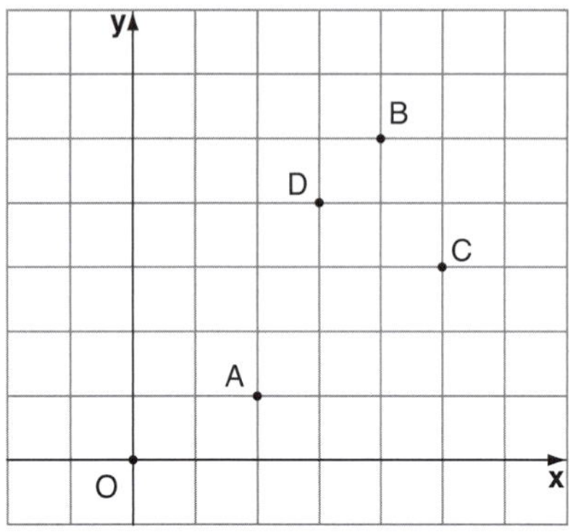

Banco de imagens/Arquivo da editora

53. Na figura, **M**, **N** e **P** estão alinhados. Qual é a ordenada de **M**?

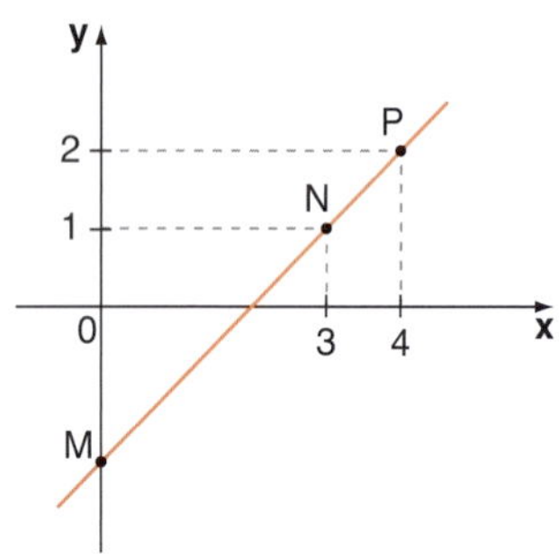

Banco de imagens/Arquivo da editora

54. Na figura, ABCD é um retângulo cujos lados medem α e β, e **A** é a origem do sistema de coordenadas cartesianas.

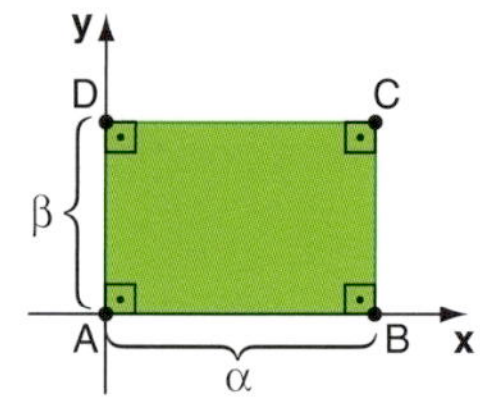

Banco de imagens/Arquivo da editora

a) Escreva as coordenadas dos pontos **A**, **B**, **C** e **D**.

b) Obtenha o ponto de encontro das diagonais do retângulo.

c) Prove que um ponto P(x, y) qualquer está alinhado com **A** e **C** se $-\beta x + \alpha y = 0$.

55. Em um jogo de computador, idealizado na tela por um plano cartesiano, a personagem principal encontra-se no ponto $(-3, 2)$ e precisa chegar à floresta, representada pelo ponto $(2, 5)$, do outro lado de um estreito rio, de trajetória retilínea, representado pelo eixo das ordenadas. O objetivo do jogo é fazer esse caminho o mais rápido possível. Nessas condições, em que ponto do plano ela deverá cruzar o rio a fim de minimizar o tempo de viagem? Admita que a velocidade da personagem seja igual para qualquer movimento.

Troque ideias

Resolvendo um problema com o circuncentro do triângulo

Com o auxílio de fotografias tiradas por um satélite, foram localizados três focos de incêndio em uma área descampada, originados pelo calor excessivo e pela falta de chuvas. Para melhor orientação, um especialista construiu um sistema de coordenadas cartesianas em que a origem **O** é um pequeno povoado da região e representou os três focos pelos pontos de coordenadas $F_1(0, 15)$, $F_2(-8, -1)$ e $F_3(8, 11)$. A unidade de medida de comprimento representada no plano cartesiano é de 1 km.

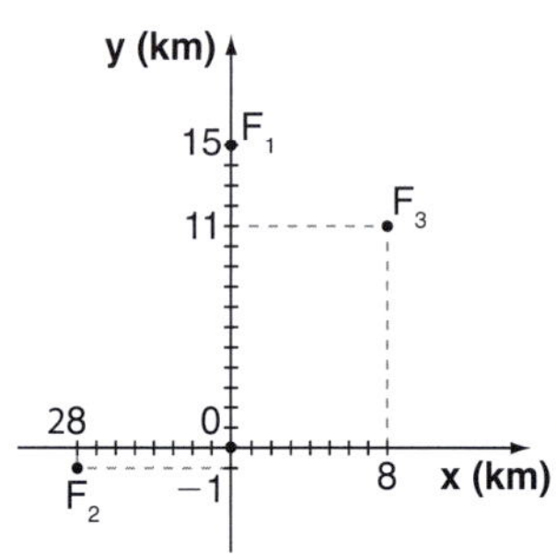

Ilustrações: Banco de imagens/Arquivo da editora

1ª parte

Para combater o incêndio, o corpo de bombeiros pretende instalar a base de operações em um ponto equidistante dos três focos.

a) Em que ponto **P** será instalada a base do corpo de bombeiros?

b) Qual é a distância real entre **P** e cada foco de incêndio?

2ª parte

Para as próximas questões, vamos lembrar um conceito da Geometria plana: "a mediatriz de um segmento é a reta perpendicular a esse segmento traçada pelo seu ponto médio".

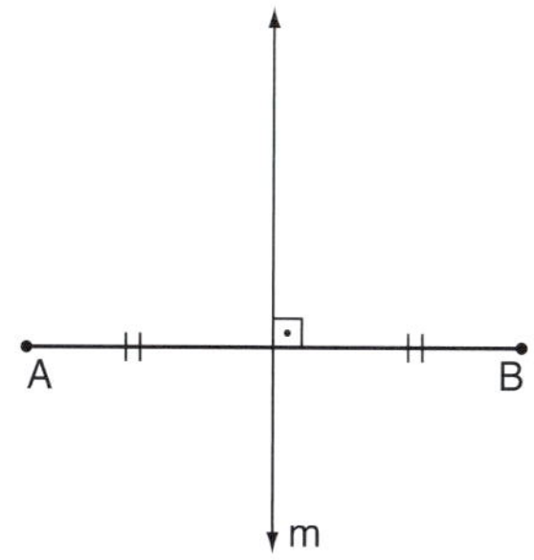

Banco de imagens/Arquivo da editora

Na figura abaixo, **m** é a mediatriz de $\overline{AB}$. Considerando um ponto **P** qualquer de **m**, é possível verificar que **P** é equidistante das extremidades do segmento, isto é, PA = PB.

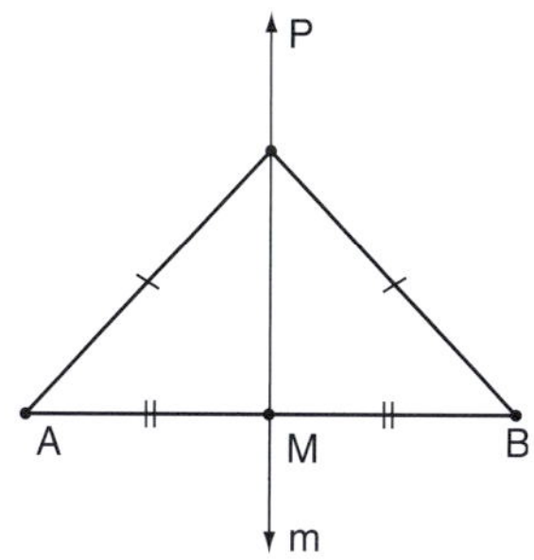

Banco de imagens/Arquivo da editora

OBSERVAÇÃO

Note que PA = PB, pois:
$\overline{AM} \equiv \overline{BM}$ (**M** é ponto médio);
$A\hat{M}P \equiv B\hat{M}P$ (ângulo reto);
$\overline{PM} \equiv \overline{PM}$ (lado comum).
Então, pelo caso LAL de congruência, $\triangle PAM \equiv$
$\equiv \triangle PBM \Rightarrow \overline{PA} \equiv \overline{PB}$

c) Represente, em um quadriculado, o ponto **P** determinado no item *a* e os três pontos: $\mathbf{F_1}$, $\mathbf{F_2}$ e $\mathbf{F_3}$. Em seguida, com um compasso, trace a circunferência de centro em **P** e raio de medida PF_1. O que podemos observar?

Vamos agora obter o ponto **P** de outro modo: usando construções com régua e compasso. Para isso, vamos lembrar como construir a mediatriz de um segmento $\overline{AB}$ qualquer:

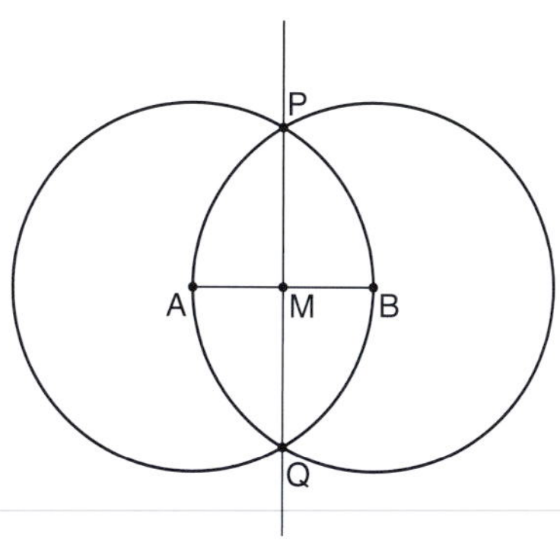

Banco de imagens/Arquivo da editora

1º) Com centro em **A** e raio de medida AB (abertura do compasso), trace uma circunferência.

2º) Com centro em **B** e raio de medida AB, trace uma circunferência.

3º) Considerando **P** e **Q** os pontos em que essas circunferências se intersectam, a mediatriz é a reta $\overleftrightarrow{PQ}$.
Justificativa: Como PA = PB = QA = QB, o quadrilátero PABQ é um losango e as diagonais do losango se intersectam perpendicularmente em seus pontos médios.

Daí $\overleftrightarrow{PQ} \perp \overleftrightarrow{AB}$ e **M** é ponto médio de AB; logo $\overleftrightarrow{PQ}$ é a mediatriz de AB.

d) Represente, em um quadriculado, os focos $\mathbf{F_1}$, $\mathbf{F_2}$ e $\mathbf{F_3}$. Com régua e compasso, obtenha o ponto **P**, circuncentro do triângulo $F_1F_2F_3$. Verifique se as coordenadas de **P**, obtidas nessa construção, coincidem com as coordenadas obtidas analiticamente no item *a*.

(Enem) Em uma cidade será construída uma galeria subterrânea que receberá uma rede de canos para o transporte de água de uma fonte (**F**) até o reservatório de um novo bairro (**B**).

Após avaliações, foram apresentados dois projetos para o trajeto de construção da galeria: um segmento de reta que atravessaria outros bairros ou uma semicircunferência que contornaria esses bairros, conforme ilustrado no sistema de coordenadas xOy da figura, em que a unidade de medida nos eixos é o quilômetro.

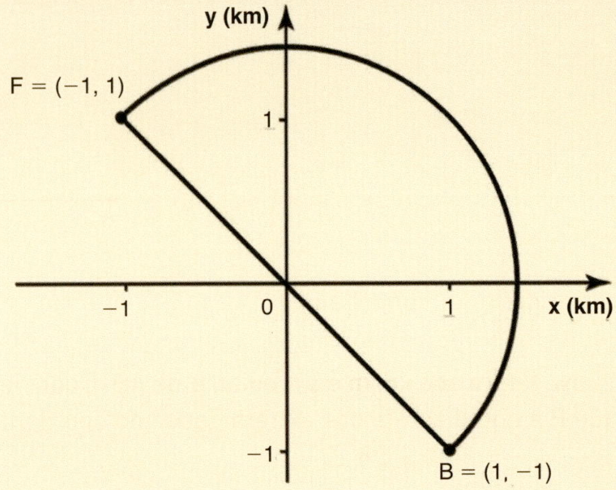

Estudos de viabilidade técnica mostraram que, pelas características do solo, a construção de 1 m de galeria via segmento de reta demora 1,0 h, enquanto 1 m de construção de galeria via semicircunferência demora 0,6 h. Há urgência em disponibilizar água para esse bairro.

Use 3 como aproximação para π e 1,4 como aproximação para $\sqrt{2}$.

O menor tempo possível, em hora, para conclusão da construção da galeria, para atender às necessidades de água do bairro, é de

a) 1 260.
b) 2 520.
c) 2 800.
d) 3 600.
e) 4 000.

Resolução comentada

Calculamos a distância entre os pontos F(−1, 1) e B(1, −1):

$$d_{FB} = \sqrt{(x_F - x_B)^2 + (y_F - y_B)^2}$$

$$d_{FB} = \sqrt{(-1 - 1)^2 + (1 - (-1))^2} = \sqrt{(-2)^2 + (2)^2} = \sqrt{8} = 2\sqrt{2}$$

$$d_{FB} = 2\sqrt{2} = 2 \cdot 1{,}4 = 2{,}8$$

Assim, a medida de $\overline{FB}$ é de 2,8 km, ou seja, 2 800 m.

Como a construção de 1 metro de galeria via segmento demora 1 hora, a construção de 2 800 m demoraria 2 800 horas.

Agora, calculamos o comprimento do arco $\overset{\frown}{FB}$, que tem diâmetro $\overline{FB}$. Para isso, calculamos o comprimento da semicircunferência de diâmetro 2 800 m e raio 1 400 m:

$$\frac{1}{2} \cdot (2\pi \cdot r) = \frac{1}{2} \cdot (2\pi \cdot 1400) = 3 \cdot 1400 = 4\,200$$

A medida do arco $\overset{\frown}{FB}$ é 4 200 m, ou seja, 4,2 km.

Como a construção de 1 metro de galeria via semicircunferência demora 0,6 hora, a construção de 4 200 m demoraria 2 520 horas.

Portanto, o menor tempo possível para conclusão da galeria é pela via semicircunferência e levará 2 520 horas.

Alternativa *b*.

Exercícios complementares

1. Determine as coordenadas dos pontos que dividem o segmento $\overline{AB}$ em três partes iguais, dados $A(-1, 7)$ e $B(11, -8)$.

2. Sejam $A(0, -25)$ e $B(-2, -11)$. Determine os pontos pertencentes a $\overleftrightarrow{AB}$, que estão à distância 5 da origem.

3. O baricentro de um triângulo ABC é $G\left(\frac{2}{3}, \frac{1}{3}\right)$; o ponto médio do lado $\overline{BC}$ é $N\left(0, \frac{1}{2}\right)$ e o ponto médio do lado $\overline{AB}$ é $M\left(\frac{1}{2}, 2\right)$. Determine as coordenadas de **A**, **B** e **C**.

4. Na figura ao lado o hexágono ABCDEF é regular e sua área é $24\sqrt{3}$ u.a.

Obtenha as coordenadas dos vértices desse hexágono.

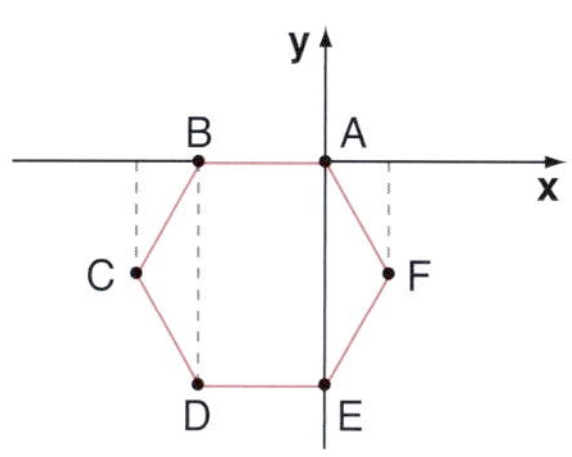

Banco de imagens/Arquivo da editora

5. Até que ponto o segmento de extremidades $A(4, -2)$ e $B\left(\frac{2}{3}, -1\right)$ deve ser prolongado no sentido $\overrightarrow{AB}$ para que seu comprimento triplique?

6. Dados os pontos $A(5, 3)$ e $B(-1, -4)$, seja **C** a interseção da reta $\overleftrightarrow{AB}$ com o eixo das abscissas. Determine $\frac{AC}{BC}$.

7. Prove que os pontos médios dos lados de um quadrilátero convexo de vértices $A(a, b)$, $B(c, d)$, $C(e, f)$ e $D(g, h)$ são vértices de um paralelogramo.

8. (Vunesp) Sejam $P = (a, b)$, $Q = (1, 3)$ e $R = (-1, -1)$ pontos do plano. Se $a + b = 7$, determine **P** de modo que **P**, **Q** e **R** sejam colineares.

9. Os pontos $A(-2, 0)$ e $B(0, 2)$ são vértices de um quadrado. Determine os outros vértices, a medida do lado e da diagonal e a área do quadrado, no caso em que:

a) **A** e **B** são vértices consecutivos;

b) **A** e **B** são vértices não consecutivos.

10. Determine os vértices **B** e **C** de um triângulo equilátero ABC, sabendo que o ponto médio de $\overline{AB}$ é $M(\sqrt{3}, 1)$ e **A** é a origem do sistema cartesiano.

11. (UFPR) Calcule a área do quadrilátero $P_1P_2P_3P_4$, cujas coordenadas cartesianas são dadas na figura abaixo.

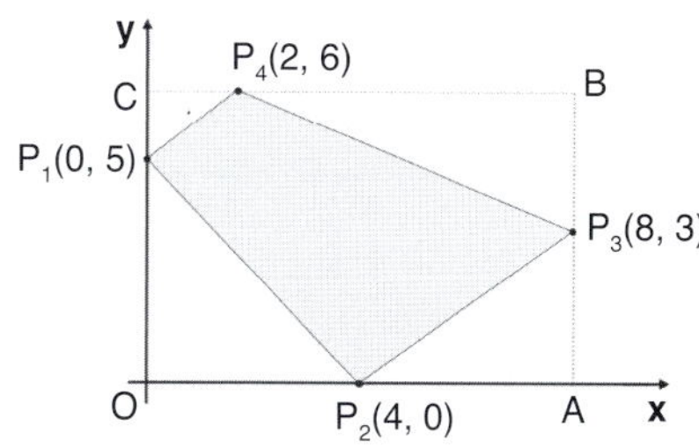

Reprodução/UFPR, 2012.

12. (UFG-GO) Um caçador de tesouros encontrou um mapa que indicava a localização exata de um tesouro com as seguintes instruções:

> "Partindo da pedra grande e seguindo 750 passos na direção norte, 500 passos na direção leste e 625 passos na direção nordeste, um tesouro será encontrado."

Para localizar o tesouro, ele utilizou um plano cartesiano, representado pela figura a seguir. Neste plano a escala utilizada foi de 1 : 100, as medidas são dadas em centímetros e o ponto **A** representa a pedra grande indicada nas instruções.

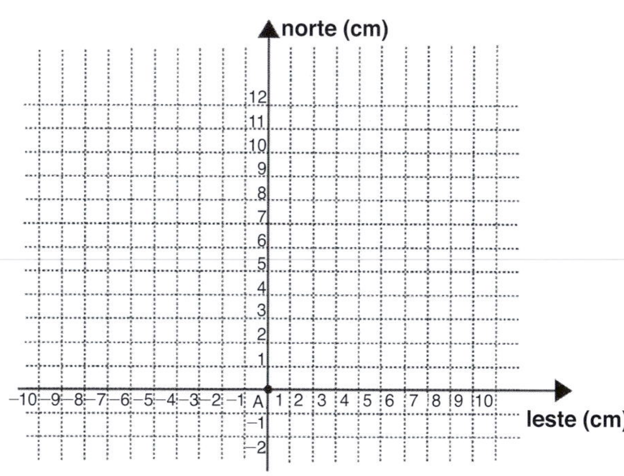

Reprodução/UFG, 2014.

Considerando que um passo mede 80 cm, encontre as coordenadas, no plano cartesiano, do ponto onde se encontra o tesouro e calcule a distância percorrida, em metros, pelo caçador de tesouros para encontrá-lo.

13. (PUC-RJ) Os três pontos **A**, P = (2, 1) e Q = (5, 16) no plano são colineares e AQ = 2AP. Determine o ponto **A**.

14. Utilize o triângulo retângulo POQ, em que $P(x_P, 0)$, $Q(0, y_Q)$ e **O** é origem, para mostrar a seguinte propriedade da Geometria plana: a mediana relativa à hipotenusa tem medida igual à metade da medida da hipotenusa.

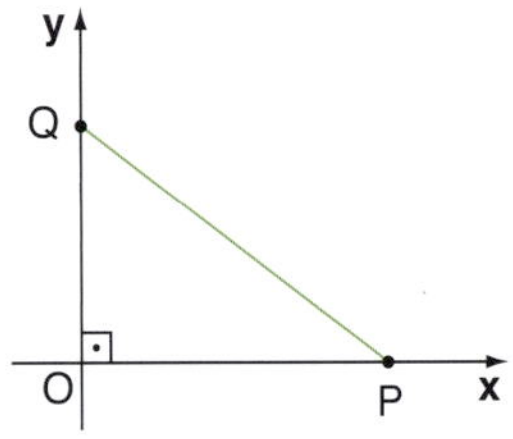

15. Rotacionando-se o ponto **P**, em torno de **O**, de um ângulo 90° no sentido anti-horário, obtém-se o ponto **P'**. Determine as coordenadas de **P'**.

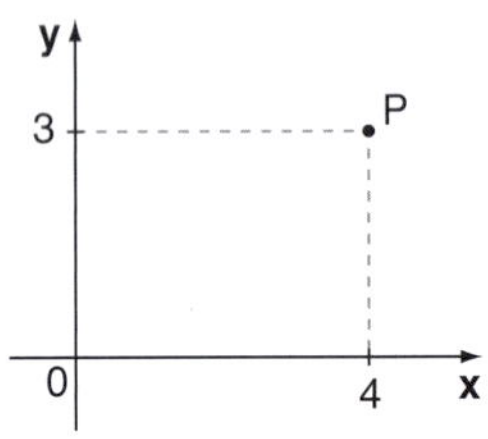

16. O centro de gravidade **G** de uma barra homogênea representada pelo segmento $\overline{AB}$ – presa pela extremidade **A** ao ponto (2, 0) e tendo a extremidade **B** sustentada por um apoio –, situa-se sobre o ponto (5, 3). Neste caso, **G** é o ponto médio do segmento $\overline{AB}$.

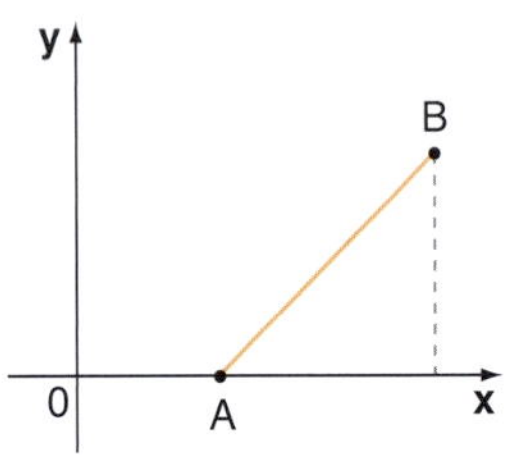

Retirando o apoio, a barra, ainda presa pelo ponto **A**, cai em direção ao solo, representado pelo eixo das abscissas. Determine as coordenadas das duas posições da extremidade **B** (antes e depois da retirada do apoio).

17. Entre os pontos que equidistam de A(1, 2) e B(3, 4), qual é o mais próximo de P(4, 3)?

18. (UFBA) Considerando, no plano cartesiano, os pontos A(x, 0), B(1, 0) e C(4, 0), determine todos os valores de **x** para os quais a soma da distância de **A** a **B** e da distância de **A** a **C** seja menor ou igual a 7.

19. Sejam A(2, 3) e B(−5, 1). Obtenha os pontos de $\overleftrightarrow{AB}$ que são equidistantes dos eixos coordenados.

20. (Unesp-SP) Chegou às mãos do Capitão Jack Sparrow, do Pérola Negra, o mapa da localização de um grande tesouro enterrado em uma ilha do Caribe.

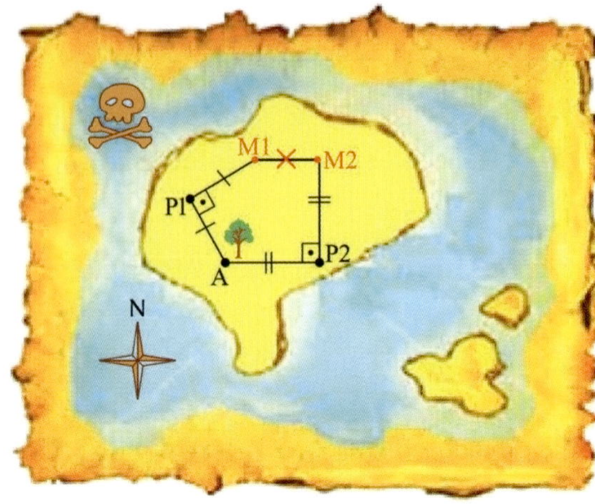

Ao aportar na ilha, Jack, examinando o mapa, descobriu que P1 e P2 se referem a duas pedras distantes 10 m em linha reta uma da outra, que o ponto **A** se refere a uma árvore já não mais existente no local e que

I. ele deve determinar um ponto M1 girando o segmento P1A em um ângulo de 90° no sentido anti-horário, a partir de P1;
II. ele deve determinar um ponto M2 girando o segmento P2A em um ângulo de 90° no sentido horário, a partir de P2;
III. o tesouro está enterrado no ponto médio do segmento M1M2.

Jack, como excelente navegador, conhecia alguns conceitos matemáticos. Pensou por alguns instantes e introduziu um sistema de coordenadas retangulares com origem em P1 e com o eixo das abscissas passando por P2. Fez algumas marcações e encontrou o tesouro.

A partir do plano cartesiano definido por Jack Sparrow, determine as coordenadas do ponto de localização do tesouro e marque no sistema de eixos ao lado o ponto P2 e o ponto do local do tesouro.

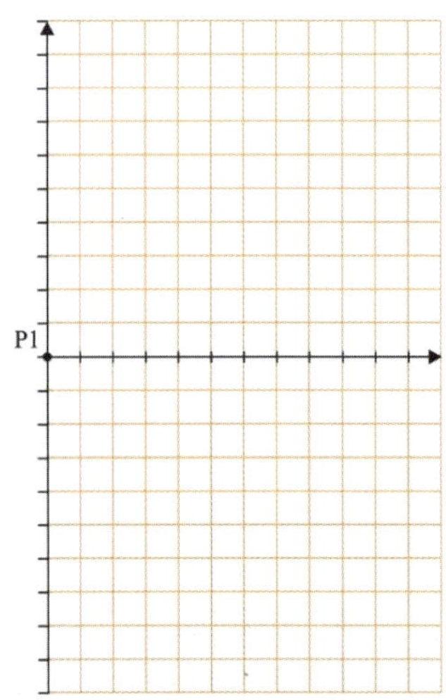

21. (UFPE) Sabendo que o paralelogramo com vértices A(0, 0), B(3, b), C(x, y) e D(8, 0) tem 32 cm^2 de área, analise as afirmações seguintes:

a) O quadrilátero ABCD é um losango.

b) BD mede 5 cm.

c) AC mede $\sqrt{135}$ cm.

d) O perímetro do paralelogramo ABCD mede 26 cm.

e) O triângulo ABD tem área medindo 12 cm^2.

22. O voo 001 de uma companhia aérea parte da cidade **A**, faz uma escala de 35 minutos na cidade **B** e, de lá, segue para seu destino final, que é a cidade **C**, localizada em um fuso horário adiantado uma hora em relação à cidade **A**. Quando representamos essas cidades em um plano cartesiano com origem na cidade **B**, tendo o quilômetro como unidade de medida e usando uma escala de 1 : 40, as coordenadas de **A** e **C** são respectivamente iguais a (−24, 7) e (16, 12). Em um determinado dia, o avião partiu da cidade **A** às 9 h 30 min (horário local), fez escala em **B** no tempo programado e seguiu para **C**. Sabendo que, durante cada um dos dois trechos, o avião desenvolveu velocidade média de 750 km/h, em que horário (local) ele pousou na cidade **C**?

Sudpoth Sirirattanasakul/Shutterstock

Decolagem de avião no aeroporto internacional de Chiang Mai, Tailândia.

23. (Unicamp-SP) Sejam **c** um número real e $f(x) = x^2 - 4x + c$ uma função quadrática definida para todo número real **x**. No plano cartesiano, considere a parábola dada pelo gráfico de $y = f(x)$.

a) Determine **c** no caso em que a abscissa e a ordenada do vértice da parábola têm soma nula esboce o respectivo gráfico para $0 \leq x \leq 4$.

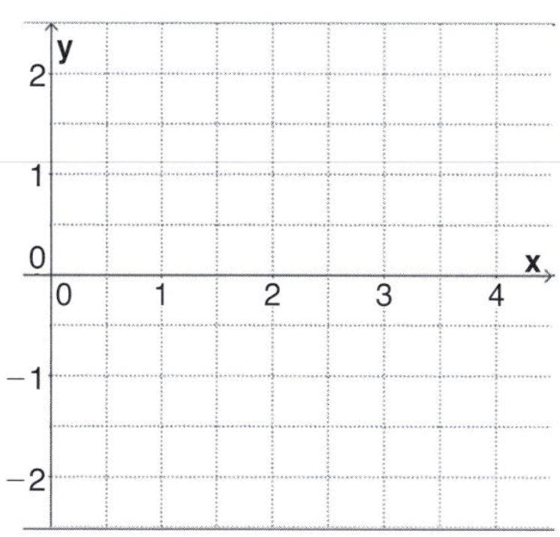

Reprodução/Unicamp,2017.

b) Considere os pontos de coordenadas A = (a, f(a)) e B = (b, f(b)), onde **a** e **b** são números reais com a < b. Sabendo que o ponto médio do segmento $\overline{AB}$ é M = (1, c), determine **a** e **b**.

24. Em um condomínio, as casas estão distribuídas ao longo de três grandes "avenidas" retilíneas: $\mathbf{A_1}$, $\mathbf{A_2}$ e $\mathbf{A_3}$. O esquema a seguir representa uma pauta simplificada do local.

Ilustrações: Banco de imagens/Arquivo da editora

Inserindo-se convenientemente um sistema de coordenadas cartesianas cuja origem **O** representa a rotatória que dá acesso às três avenidas, podemos representar:

- duas avenidas pelos eixos cartesianos e uma pela bissetriz dos quadrantes ímpares;
- a casa de Fábio pelo ponto F(4, 0);
- a casa de seu irmão, Gabriel, pelo ponto **G**;
- a piscina do condomínio pelo ponto P(−3, 1).

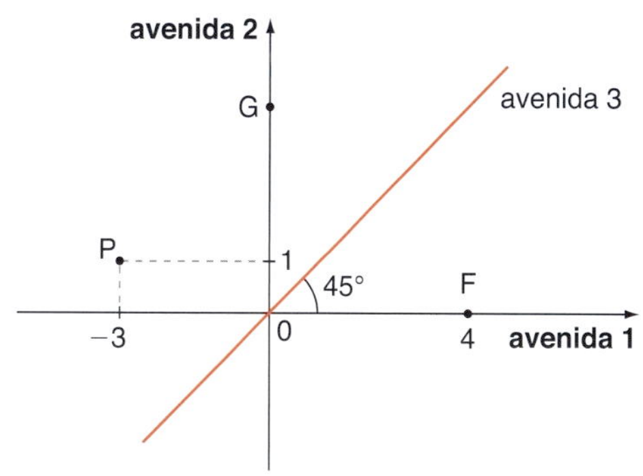

Nesse sistema de coordenadas, a unidade de medida de comprimento é o centímetro e a escala utilizada é de 1 : 2000.

a) Obtenha as coordenadas de **G** nesse sistema cartesiano, sabendo que a distância real entre as casas de Fábio e Gabriel é de 100 metros.

b) Determine as distâncias reais entre a casa de cada um dos irmãos e a piscina.

Considere $\sqrt{2} \simeq 1,4$ e $\sqrt{13} \simeq 3,6$.

c) Um grande amigo dos irmãos planeja comprar um terreno no condomínio e construir uma casa, na avenida 3, que diste igualmente da cada dos dois irmãos. Em que ponto desse plano seria representada a casa?

Testes

1. (Cefet-AM) Sabe-se que M(a, b) é o ponto médio do segmento $\overline{AB}$. Se A(−6, 9) e B(−2, −5), então as coordenadas do ponto **M** são:

a) (4, 7)
b) (8, −2)
c) (−4, −7)
d) (−4, 2)
e) (−2, −4)

2. (UFPB) Se o ponto P(x − 1, 3 − 2x) do plano está no segundo quadrante do sistema de eixos ortogonais, então:

a) $x < 1$
b) $x > 1$
c) $x < \frac{3}{2}$
d) $\frac{3}{2} < x < 1$
e) $x > \frac{3}{2}$

3. (Cefet-MG) Dados os pontos A(1, 1), B(9, 2) e C(5, 8), o triângulo ABC é:

a) equilátero.
b) isósceles e retângulo.
c) escaleno, não retângulo.
d) isósceles, não retângulo.
e) retângulo, não isósceles.

4. (Unifesp) Um ponto do plano cartesiano é representado pelas coordenadas (x + 3y, −x − y) e também por (4 + y, 2x + y), em relação a um mesmo sistema de coordenadas. Nestas condições, $\mathbf{x}^y$ é igual a:

a) −8
b) −6
c) 1
d) 8
e) 9

5. (PUC-SP) Em um sistema de eixos cartesianos ortogonais, seja o paralelogramo ABCD em que A(5, 4), B(−3, −2) e C(1, −5). Se $\overline{AC}$ é uma das diagonais desse paralelogramo, a medida da outra diagonal, em unidades de comprimento, é:

a) $3\sqrt{17}$
b) $6\sqrt{15}$
c) $6\sqrt{17}$
d) $9\sqrt{15}$
e) $9\sqrt{17}$

6. (ITA-SP) Sejam A(0, 0), B(0, 6) e C(4, 3) vértices de um triângulo. A distância do baricentro deste triângulo ao vértice **A**, em unidades de distância, é igual a:

a) $\frac{5}{3}$
b) $\frac{\sqrt{97}}{3}$
c) $\frac{\sqrt{109}}{3}$
d) $\frac{\sqrt{5}}{3}$
e) $\frac{10}{3}$

7. (Ufam) A área da figura OABC a seguir representa um terreno com forma de um quadrilátero não convexo, medido em metros quadrados. Podemos afirmar que essa área é:

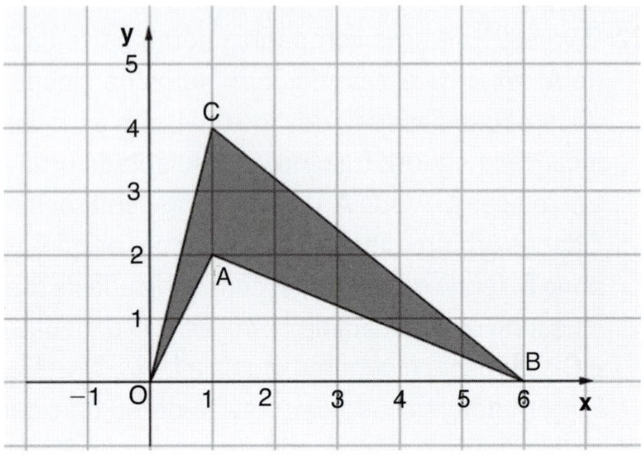

a) 5
b) 6
c) $\frac{11}{2}$
d) 7
e) $\frac{15}{2}$

8. (UEA- AM) Num plano cartesiano, sabe-se que os pontos **A**, B(1, 2) e C(2, 3) pertencem a uma mesma reta, e que o ponto **A** está sobre o eixo Oy. O valor da ordenada de **A** é:

a) 0
b) 3
c) −1
d) 2
e) 1

9. (ESPM-SP) Os pontos O(0, 0), P(x, 2) e Q(1, x + 1) do plano cartesiano são distintos e colineares. A área do quadrado de diagonal $\overline{PQ}$ vale:

a) 12
b) 16
c) 25
d) 4
e) 9

10. (Enem) Devido ao aumento do fluxo de passageiros, uma empresa de transporte coletivo urbano está fazendo estudos para a implantação de um novo ponto de parada em uma determinada rota.

A figura mostra o percurso, indicado pelas setas, realizado por um ônibus nessa rota e a localização de dois de seus atuais pontos de parada, representados por **P** e **Q**.

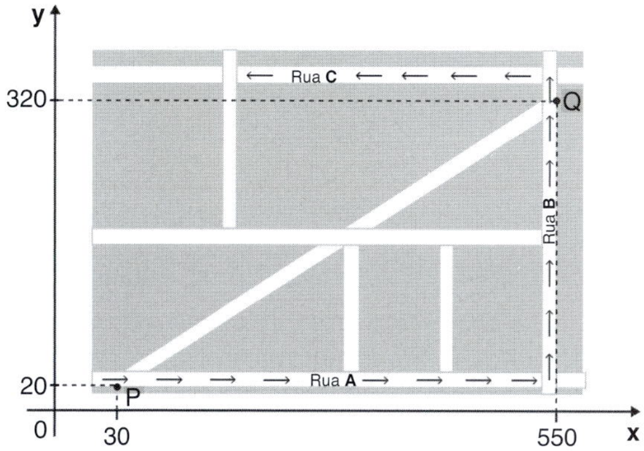

Os estudos indicam que o novo ponto **T** deverá ser instalado, nesse percurso, entre as paradas já existentes **P** e **Q**, de modo que as distâncias percorridas pelo ônibus entre os pontos **P** e **T** e entre os pontos **T** e **Q** sejam iguais.

De acordo com os dados, as coordenadas do novo ponto de parada são

a) (290; 20).
b) (410; 0).
c) (410; 20).
d) (440; 0).
e) (440; 20).

11. (Insper-SP) A figura mostra um tabuleiro de um jogo Batalha Naval, em que André representou três navios nas posições dadas pelas coordenadas B2, B14 e M3. Cada navio está identificado por um quadrado sombreado.

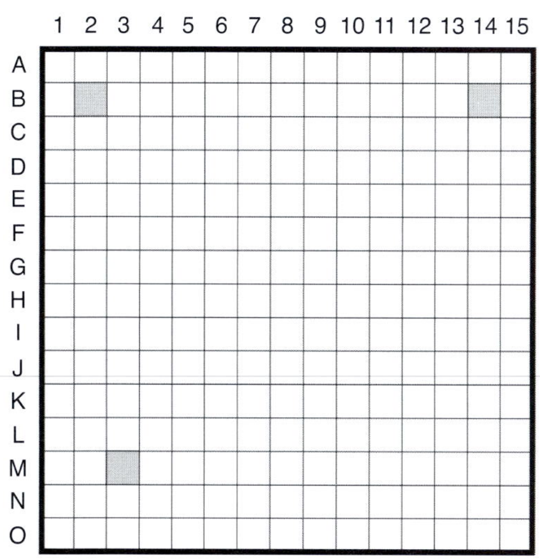

André deseja instalar uma base em um quadrado do tabuleiro cujo centro fique equidistante dos centros dos três quadrados onde foram posicionados os navios. Para isso, a base deverá estar localizada no quadrado de coordenadas:

a) G8 b) G9 c) H8 d) H9 e) H10

12. (Obmep) O quadrado da figura tem um vértice na origem, outro no ponto (10, 7) e um terceiro no ponto (a, b). Qual é o valor de a + b?

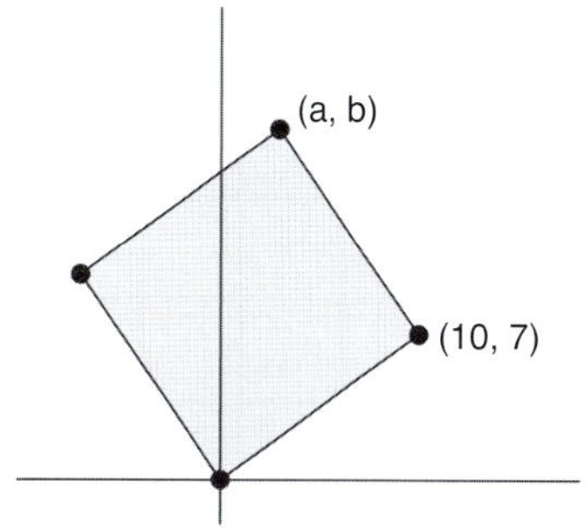

a) 20 b) 21 c) 22 d) 23 e) 24

13. (PUC-RJ) Se os pontos A(−1, 0), B(1, 0) e C(x, y) são vértices de um triângulo equilátero, então a distância entre **A** e **C** é:

a) 1
b) 2
c) 4
d) $\sqrt{2}$
e) $\sqrt{3}$

14. (PUC-RJ) Seja d(P, Q) a distância entre os pontos **P** e **Q**.

Considere A = (−1, 0) e B = (1, 0) pontos do plano. O número de pontos X = (x, y) tais que d(X, B) = $= \frac{1}{2}$d(X, A) $= \frac{1}{2}$d(A, B) é igual a:

a) 0 b) 1 c) 2 d) 3 e) 4

15. (UFRGS-RS) Em um sistema de coordenadas cartesianas, serão traçados triângulos isósceles. Os vértices da base do primeiro triângulo são os pontos A(−1, 2) e B(2, 2); os vértices da base do segundo triângulo são C(3,5; 2) e D(6,5; 2); o terceiro triângulo tem os vértices de sua base nos pontos E(8; 2) e F(11; 2). Prosseguindo com esse padrão de construção, obtém-se uma sequência de triângulos. Com base nesses dados, é correto afirmar que a abscissa do vértice oposto à base do 18º triângulo é:

a) 74,5.
b) 75,5.
c) 76.
d) 76,5.
e) 77.

16. (Enem) Uma família resolveu comprar um imóvel num bairro cujas ruas estão representadas na figura. As ruas com nomes de letras são paralelas entre si e perpendiculares às ruas identificadas com números. Todos os quarteirões são quadrados, com as mesmas medidas, e todas as ruas têm a mesma largura, permitindo caminhar somente nas direções vertical e horizontal. Desconsidere a largura das ruas.

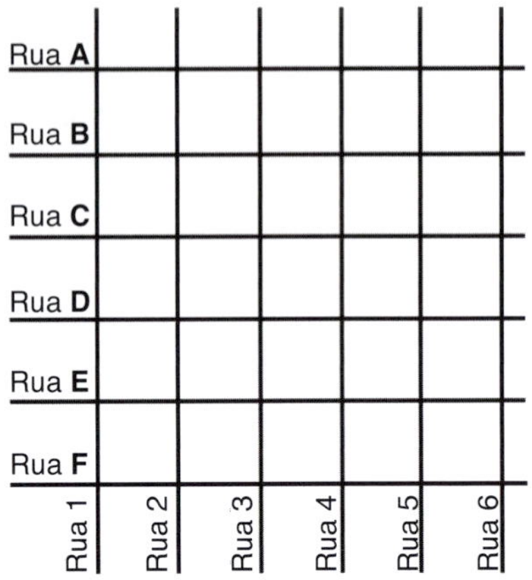

A família pretende que esse imóvel tenha a mesma distância de percurso até o local de trabalho da mãe, localizado na rua 6 com a rua **E**, o consultório do pai, na rua 2 com a rua **E**, e a escola das crianças, na rua 4 com a rua **A**.

Com base nesses dados, o imóvel que atende as pretensões da família deverá ser localizado no encontro das ruas

a) 3 e **C**.

b) 4 e **C**.

c) 4 e **D**.

d) 4 e **E**.

e) 5 e **C**.

17. (UFMG) Nesta figura, está representado um quadrado de vértices ABCD:

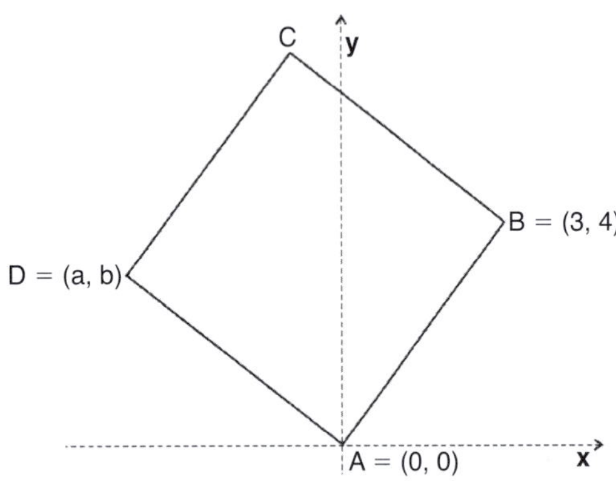

Sabe-se que as coordenadas cartesianas dos pontos **A** e **B** são A(0, 0) e B (3, 4).

Então, é **CORRETO** afirmar que o resultado da soma das coordenadas do vértice **D** é:

a) -2

b) -1

c) $-\frac{1}{2}$

d) $-\frac{3}{2}$

18. (Ufscar-SP) Um bairro de uma cidade está representado de forma esquemática sobre um plano cartesiano, conforme mostra a área verde na figura.

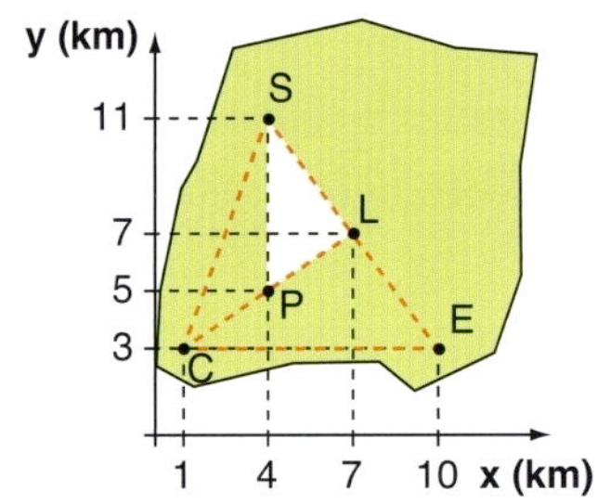

Os pontos **C**, **S** e **E** delimitam a área a ser revitalizada pela prefeitura e, dentro dessa área, o triângulo de vértices **P**, **S** e **L** delimita a área onde será construído um espaço de lazer para a população. Sabendo-se que todas as coordenadas desse plano cartesiano estão em km, é correto concluir que a área, em km^2, destinada ao espaço de lazer, é:

a) 6

b) 7

c) 8

d) 9

e) 10

19. (Fuvest-SP) Considere o triângulo ABC no plano cartesiano com vértices A = (0, 0), B = (3, 4) e C = (8, 0). O retângulo MNPQ tem os vértices **M** e **N** sobre o eixo das abscissas, o vértice **Q** sobre o lado $\overline{AB}$ e o vértice **P** sobre o lado $\overline{BC}$. Dentre todos os retângulos construídos desse modo, o que tem área máxima é aquele em que o ponto **P** é:

a) $\left(4, \frac{16}{5}\right)$

b) $\left(\frac{17}{4}, 3\right)$

c) $\left(5, \frac{12}{5}\right)$

d) $\left(\frac{11}{2}, 2\right)$

e) $\left(6, \frac{8}{5}\right)$

20. (PUC-MG) Os catetos $\overline{AC}$ e $\overline{AB}$ de um triângulo retângulo estão sobre os eixos de um sistema cartesiano. Se M(−1, 3) for o ponto médio da hipotenusa $\overline{BC}$, é correto afirmar que a soma das coordenadas dos vértices desse triângulo é igual a:

a) -4 b) -1 c) 1 d) 4

21. (PUC-SP) Dois navios navegavam pelo Oceano Atlântico, supostamente plano: **X**, à velocidade constante de 16 milhas por hora, e **Y** à velocidade constante de 12 milhas por hora. Sabe-se que às 15 horas de certo dia **Y** estava exatamente 72 milhas ao sul de **X** e que, a partir de então, **Y** navegou em linha reta para o leste, enquanto **X** navegou em linha reta para o sul, cada qual mantendo suas respectivas velocidades. Nessas condições, às 17 horas e 15 minutos do mesmo dia, a distância entre **X** e **Y**, em milhas, era:

a) 45
b) 48
c) 50
d) 55
e) 58

22. (Mack-SP)

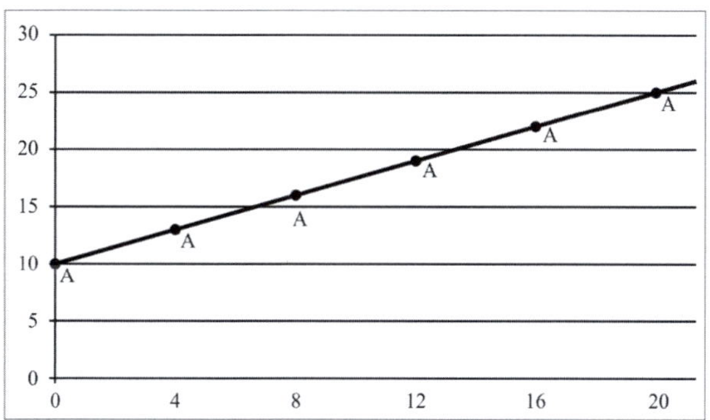

Reprodução/Mackenzie,2015.

Se, no gráfico acima, os pontos $A_n = (4n, y_n)$, $n = 0, 1, 2, ...$, estão sobre uma reta e a distância de $\mathbf{A_0}$ a $\mathbf{A_1}$ é igual a 5, então a soma $y_0 + y_1 + y_2 + ... + y_{200}$ é igual a

a) 61 230
b) 61 320
c) 62 130
d) 62 310
e) 63 210

23. (UFSM-RS) O uso de fontes de energias limpas e renováveis, como a energia eólica, geotérmica e hidráulica, é uma das ações relacionadas com a sustentabilidade que visa a diminuir o consumo de combustíveis fósseis, além de preservar os recursos minerais e diminuir a poluição do ar. Em uma estação de energia eólica, os cata-ventos $\mathbf{C_1}$, $\mathbf{C_2}$ e $\mathbf{C_3}$ estão dispostos conforme o gráfico a seguir.

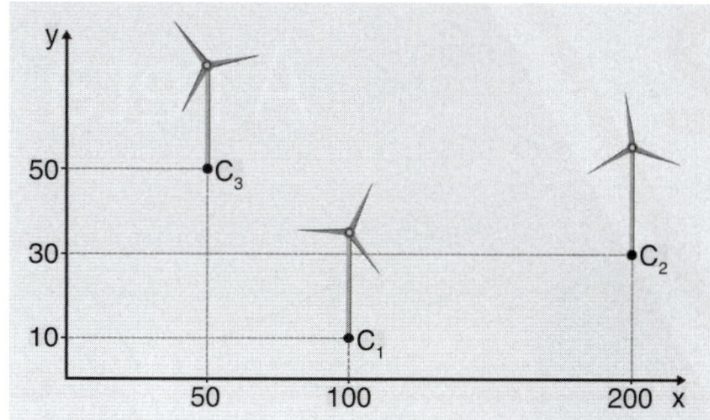

Reprodução/UFSM,2012.

Para que um cata-vento de coordenadas (x, y) esteja alinhado com o cata-vento $\mathbf{C_1}$ e com o ponto médio do segmento $\overline{C_2C_3}$, é necessário e suficiente que:

a) $2x + 15y = 850$
b) $5y - x + 50 = 0$
c) $55y - 26x + 2050 = 0$
d) $4x + 5y = 450$
e) $5y - 6x + 550 = 0$

24. (Fatec-SP) No plano cartesiano da figura, considere que as escalas nos dois eixos coordenados são iguais e que a unidade de medida linear é 1 cm. Nele, está representada parte de uma linha poligonal que começa no ponto P(0; 3) e, mantendo-se o mesmo padrão, termina em um ponto **Q**.

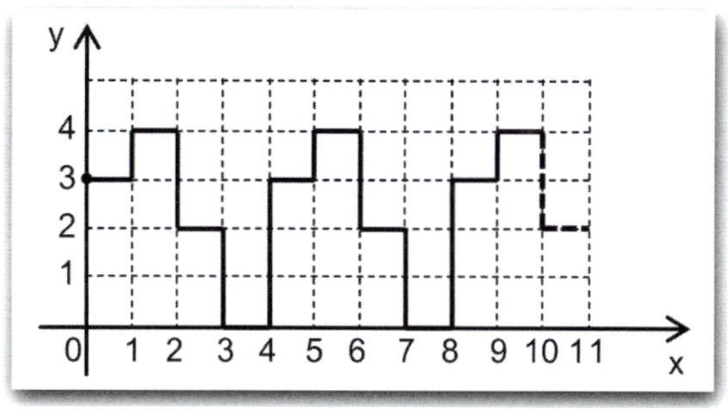

Reprodução/Fatec,2013.

Na figura, a linha poligonal é formada por segmentos de reta
- que são paralelos aos eixos coordenados e
- cujas extremidades têm coordenadas inteiras não negativas.

Sabendo que o comprimento da linha poligonal, do ponto **P** até o ponto **Q**, é igual a 94 cm, as coordenadas do ponto **Q** são:

a) (25; 2)
b) (28; 1)
c) (32; 1)
d) (33; 1)
e) (34; 2)

CAPÍTULO
2 A reta

The Bridgeman Art Library/Keystone Brasil/Museu Solomon R. Guggenheim, Nova Iorque, EUA.

Na obra *Composição VIII*, o pintor abstracionista russo Wassily Kandinsky (1866-1944) representou sentimentos opostos, como calma e agressividade. Para conseguir esse efeito, utilizou cores quentes, cores frias e formas geométricas simples, como círculos e retas. Neste capítulo, estudaremos as retas no plano cartesiano.

Introdução

Observe abaixo a reta **r**, que passa por vários pontos cujas coordenadas são conhecidas.

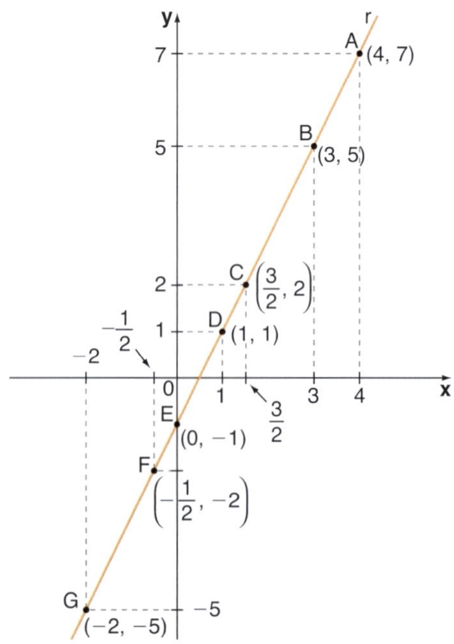

Banco de imagens/Arquivo da editora

Um ponto P(x, y) qualquer pertencerá a **r** se estiver alinhado a dois pontos quaisquer de **r**, por exemplo, **A** e **B**:

$$\mathbf{A}, \mathbf{B} \text{ e } \mathbf{P} \text{ colineares} \Rightarrow D = 0 \Rightarrow \begin{vmatrix} 4 & 7 & 1 \\ 3 & 5 & 1 \\ x & y & 1 \end{vmatrix} = 0 \Rightarrow$$

$$\Rightarrow 20 + 7x + 3y - 5x - 4y - 21 = 0 \Rightarrow 2x - y - 1 = 0 \quad (1)$$

Se tivéssemos escolhido os pontos **E** e **F**, teríamos:

$$\mathbf{E}, \mathbf{F} \text{ e } \mathbf{P} \text{ colineares} \Rightarrow D = 0 \Rightarrow \begin{vmatrix} 0 & -1 & 1 \\ -\frac{1}{2} & -2 & 1 \\ x & y & 1 \end{vmatrix} = 0 \Rightarrow -x - \frac{1}{2}y + 2x - \frac{1}{2} = 0 \Rightarrow$$

$$\Rightarrow x - \frac{1}{2}y - \frac{1}{2} = 0 \quad (2)$$

As equações obtidas em (1) e (2) são equivalentes (observe que, se dividirmos os coeficientes de (1) por 2, obtemos (2)) e nos mostram a relação que **x** e **y** devem satisfazer a fim de que um ponto P(x, y) pertença a **r**.

A reta **r** pode ser analiticamente descrita por uma dessas equações ou por qualquer outra equivalente, dependendo dos pontos escolhidos. Cada uma delas é chamada **equação geral da reta** r.

Equação geral da reta

Propriedade

> A toda reta **r** do plano cartesiano está associada pelo menos uma equação do tipo ax + by + c = 0, em que **a**, **b** e **c** são números reais, com **a** e **b** não nulos simultaneamente, e **x** e **y** são as coordenadas de um ponto P(x, y) genérico de **r**. Costuma-se escrever r: ax + by + c = 0.

Vamos demonstrar essa propriedade.

Sejam $Q(x_1, y_1)$ e $R(x_2, y_2)$ dois pontos distintos do plano cartesiano, e $r = \overleftrightarrow{QR}$ é a reta determinada por **Q** e **R**.

Um ponto genérico de **r** é P(x, y), isto é, **P** é um ponto que "percorre" **r**.

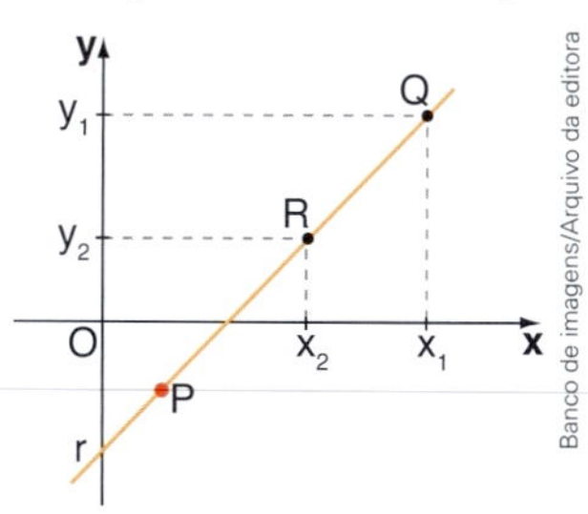

Como **P**, **Q** e **R** estão alinhados, devemos ter D = 0, isto é:

$$\begin{vmatrix} x & y & 1 \\ x_1 & y_1 & 1 \\ x_2 & y_2 & 1 \end{vmatrix} = 0 \Rightarrow xy_1 + yx_2 + x_1y_2 - x_2y_1 - xy_2 - yx_1 = 0 \Rightarrow$$

$$\Rightarrow x(y_1 - y_2) + y(x_2 - x_1) + (x_1y_2 - x_2y_1) = 0 \quad (*)$$

Como $\mathbf{x_1}$, $\mathbf{y_1}$, $\mathbf{x_2}$ e $\mathbf{y_2}$ são números reais conhecidos, podemos considerar $y_1 - y_2 = a$, $x_2 - x_1 = b$ e $x_1y_2 - x_2y_1 = c$, e obtemos em (*): ax + by + c = 0, que é chamada equação geral de **r**.

OBSERVAÇÃO

Na demonstração da página anterior podemos entender o porquê de **a** e **b** serem coeficientes não nulos simultaneamente:

$$\left.\begin{array}{l} a = 0,\ y_1 - y_2 = 0 \Rightarrow y_1 = y_2 \\ b = 0,\ x_2 - x_1 = 0 \Rightarrow x_1 = x_2 \end{array}\right\} \Rightarrow Q = R$$, o que é absurdo, pois consideramos que **Q** e **R** são pontos distintos.

Logo, não podemos ter **a** e **b** simultaneamente nulos.

EXEMPLO 1

Para obter uma equação geral da reta **r** que passa pelos pontos A(3, 2) e B(−2, −1), basta impor a condição de alinhamento para **A**, **B** e P(x, y), ponto genérico de **r**:

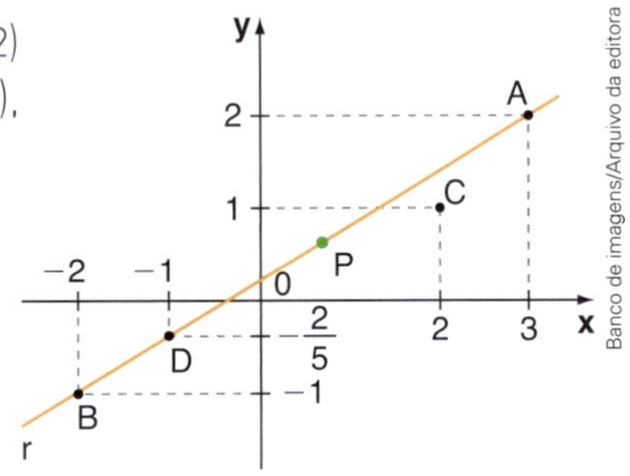

$$\begin{vmatrix} 3 & 2 & 1 \\ -2 & -1 & 1 \\ x & y & 1 \end{vmatrix} = 0$$

Calculando o determinante, temos:

$$-3 + 2x - 2y + x - 3y + 4 = 0 \Rightarrow 3x - 5y + 1 = 0$$

Assim, **r** é dada pela equação: $3x - 5y + 1 = 0$; e indica-se $r: 3x - 5y + 1 = 0$.

O ponto C(2, 1) **não** pertence a **r**. De fato, suas coordenadas não satisfazem a equação de **r**:

$$3 \cdot 2 - 5 \cdot 1 + 1 = 0 \Rightarrow 2 = 0 \text{ (falso)}$$

Já o ponto $D\left(-1, -\frac{2}{5}\right)$ pertence a **r**:

$$3 \cdot (-1) - 5 \cdot \left(-\frac{2}{5}\right) + 1 = -3 + 2 + 1 = 0$$

Casos particulares

Se um dos coeficientes da equação geral de uma reta $(ax + by + c = 0)$ é igual a zero, a reta apresenta uma propriedade especial. Temos três casos:

- $a = 0 \Leftrightarrow y_1 - y_2 = 0 \Leftrightarrow y_1 = y_2$, isto é, dois pontos distintos dessa reta possuem a mesma ordenada.
  Então, se a equação não tem termo em **x**, a reta é paralela ao eixo **x**.

EXEMPLO 2

Observe as retas **r** e **s** representadas na figura ao lado.

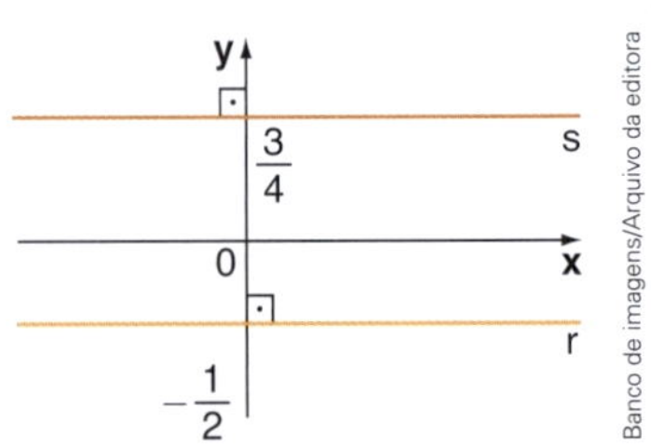

$4y - 3 = 0 \Leftrightarrow y = \frac{3}{4}$ é uma equação da reta **s**.

$2y + 1 = 0 \Leftrightarrow y = -\frac{1}{2}$ é uma equação da reta **r**.

Note que equações como $y = 0$; $3y = 0$; $-5y = 0$, etc. correspondem à reta que representa o eixo **x**.

- $b = 0 \Leftrightarrow x_2 - x_1 = 0 \Rightarrow x_1 = x_2$, isto é, dois pontos distintos dessa reta possuem a mesma abscissa.
Assim, se a equação não tem termo em **y**, a reta é paralela ao eixo **y**.

EXEMPLO 3

Observe as retas **r** e **s** representadas na figura abaixo.

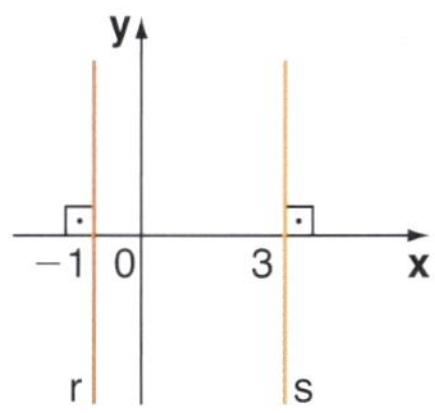

$2x + 2 = 0 \Leftrightarrow x = -1$ é uma equação da reta **r**.

$-x + 3 = 0 \Leftrightarrow x = 3$ é uma equação da reta **s**.

Note que as equações $x = 0$; $2x = 0$; $-4x = 0$, etc. correspondem à reta que representa o eixo **y**.

- $c = 0 \Leftrightarrow ax + by = 0$
Nesse caso, para todo $a \in \mathbb{R}^*$ e $b \in \mathbb{R}^*$, o par ordenado $(0, 0)$ satisfaz a equação, ou seja, $a \cdot 0 + b \cdot 0 = 0$. Desse modo, se a equação não tem termo independente, a reta passa pela origem.

EXEMPLO 4

Observe as retas de equações $3x - 2y = 0$ e $x + 7y = 0$ representadas na figura ao lado.

Note que essas retas passam pelo ponto $(0, 0)$.

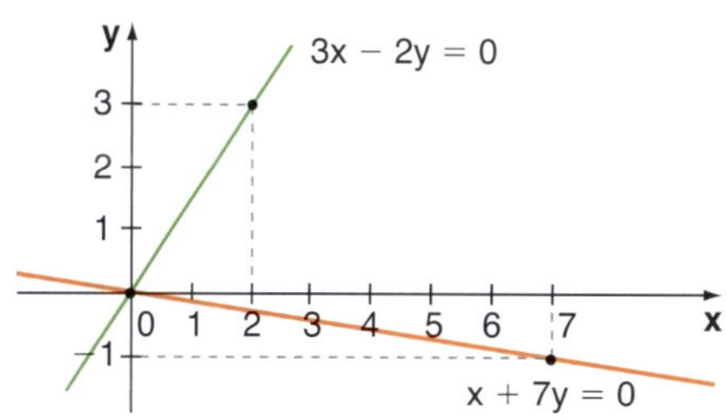

Recíproca da propriedade

A toda equação da forma $ax + by + c = 0$, em que **a**, **b** e **c** são números reais tais que $a \neq 0$ ou $b \neq 0$, está associada uma única reta **r** do plano cartesiano, cujos pontos possuem coordenadas (x, y) que satisfazem essa equação.

Demonstração:

Sejam $M(x_M, y_M)$, $N(x_N, y_N)$ e $P(x_P, y_P)$ três pontos distintos cujas coordenadas satisfazem a equação $ax + by + c = 0$. Vamos mostrar que **M**, **N** e **P** pertencem a uma mesma reta (admitimos $a \neq 0$).

Temos:

$$\begin{cases} ax_M + by_M + c = 0 \Rightarrow x_M = \dfrac{-by_M - c}{a} \\ ax_N + by_N + c = 0 \Rightarrow x_N = \dfrac{-by_N - c}{a} \\ ax_P + by_P + c = 0 \Rightarrow x_P = \dfrac{-by_P - c}{a} \end{cases}$$

Calculamos o determinante: $\begin{vmatrix} x_M & y_M & 1 \\ x_N & y_N & 1 \\ x_P & y_P & 1 \end{vmatrix} = \begin{vmatrix} \frac{-by_M - c}{a} & y_M & 1 \\ \frac{-by_N - c}{a} & y_N & 1 \\ \frac{-by_P - c}{a} & y_P & 1 \end{vmatrix}$

Pela regra de Sarrus, chegamos à conclusão de que o determinante é nulo. Isso implica, como vimos, que os pontos **M**, **N** e **P** são colineares.

EXEMPLO 5

Vamos construir o gráfico da relação $3x + 8y - 7 = 0$.

Como vimos, trata-se da equação geral de uma reta. Para construí-la é suficiente conhecer dois de seus pontos:

- Se $x = -3$, temos $3 \cdot (-3) + 8y - 7 = 0 \Rightarrow 8y = 16 \Rightarrow y = 2$; obtemos o ponto $P(-3, 2)$.
- Se $x = 5$, temos $3 \cdot 5 + 8y - 7 = 0 \Rightarrow 8y = -8 \Rightarrow y = -1$; obtemos o ponto $Q(5, -1)$.

Construímos, assim, a reta $\overleftrightarrow{PQ}$ ao lado.

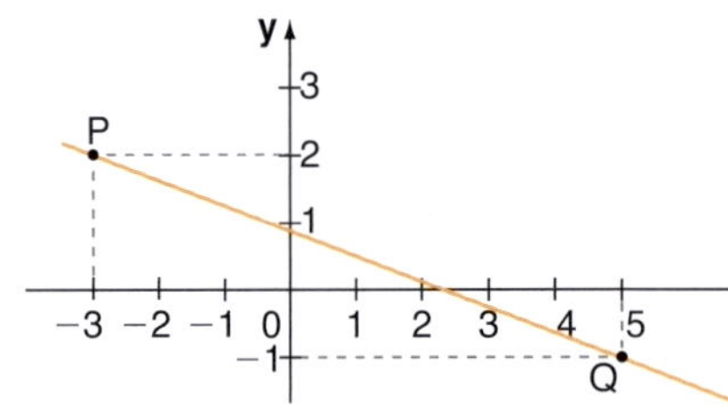

Banco de imagens/Arquivo da editora

Vamos analisar a relação $3x + 8y - 7 = 0$ de outro modo. Se isolarmos **y** em função de **x**, obteremos $8y = -3x + 7 \Rightarrow y = -\frac{3}{8}x + \frac{7}{8}$.

Como vimos no estudo de funções, a lei $y = -\frac{3}{8}x + \frac{7}{8}$ representa uma **função afim** (isto é, uma função polinomial do 1º grau, de $\mathbb{R}$ em $\mathbb{R}$, definida por $y = ax + b$, com **a** e **b** reais e $a \neq 0$), cujo gráfico é uma reta oblíqua ao eixo das abscissas.

Quando estudamos a função afim, vimos que o coeficiente **a** está ligado à inclinação da reta e que o coeficiente **b** é igual à ordenada do ponto em que a reta intersecta o eixo **y**. Mais adiante, vamos estudar com mais detalhes essas relações.

Generalizando, podemos dizer que, se a equação geral de uma reta é $ax + by + c = 0$, com $a \neq 0$ e $b \neq 0$, então ela representa a lei da função afim $y = -\frac{a}{b}x - \frac{c}{b}$.

É importante analisarmos dois casos particulares:

- Se $a = 0$ e $b \neq 0$, obtemos $by + c = 0 \Leftrightarrow y = -\frac{c}{b}$ e, nesse caso, temos a lei de uma **função constante**. Por exemplo, se a equação geral de uma reta **r** é $3y - 5 = 0$, então $y = \frac{5}{3}$ representa a lei da função de $\mathbb{R}$ em $\mathbb{R}$ que, a todo $x \in \mathbb{R}$ associa a imagem $\frac{5}{3}$. O gráfico dessa função é a reta **r** paralela ao eixo das abscissas:

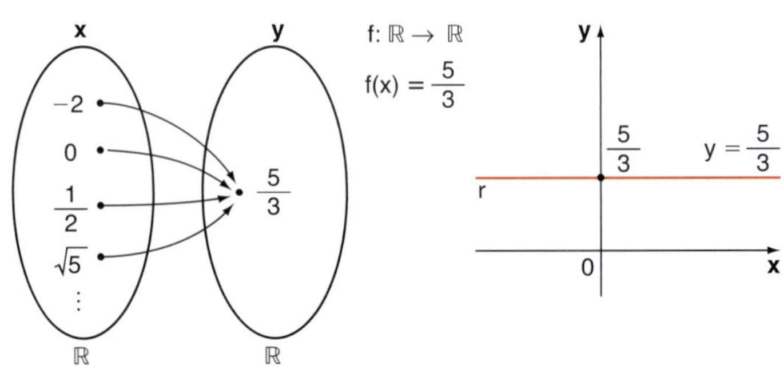

Banco de imagens/Arquivo da editora

- Se $b = 0$ e $a \neq 0$, obtemos $ax + c = 0 \Leftrightarrow x = -\frac{c}{a}$ e, nesse caso, a equação geral $ax + c = 0$ **não** define uma função de $\mathbb{R}$ em $\mathbb{R}$. Por exemplo, a equação $2x - 6 = 0 \Leftrightarrow x = 3$ é representada, graficamente, por todos os pontos do plano cuja abscissa é igual a 3:

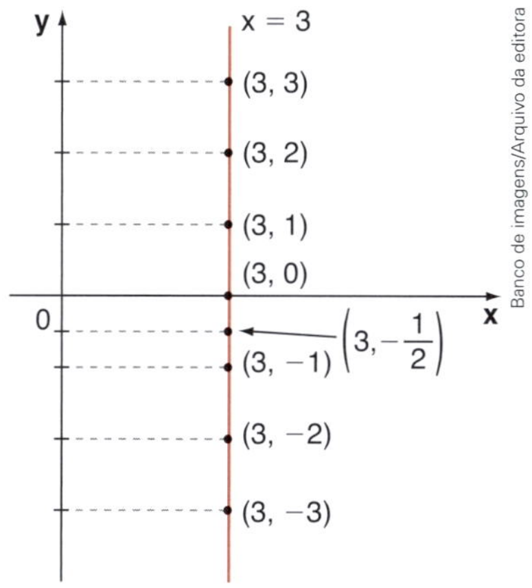

Podemos notar que $x = 3$ está associado a infinitos valores de **y** (isto é, possui infinitas imagens). Isso contraria a definição de função. Observe também que para cada $x \neq 3$ não há imagem correspondente.

Exercícios resolvidos

1. Seja **r** a reta que passa pelos pontos (1, 2) e (−2, 5).

Determine:

a) uma equação geral de **r**.

b) os pontos de interseção de **r** com os eixos coordenados.

c) a lei da função afim cujo gráfico é **r**.

Solução:

a) Seja P(x, y) um ponto genérico de **r**. Temos:

$$\begin{vmatrix} x & y & 1 \\ 1 & 2 & 1 \\ -2 & 5 & 1 \end{vmatrix} = 0 \Rightarrow 2x - 2y + 5 + 4 - 5x - y = 0 \Rightarrow -3x - 3y + 9 = 0$$

ou, dividindo por 3 seus coeficientes, temos **r**: $-x - y + 3 = 0$. (*)

b) Sejam **M** e **N** os pontos de interseção de **r** com os eixos **x** e **y**, respectivamente.

- Ponto **M**: devemos determinar o ponto de **r** cuja ordenada é nula. A partir da equação da reta **r**, obtemos $-x - 0 + 3 = 0 \Rightarrow x = 3 \Rightarrow M(3, 0)$; lembre-se de que $x = 3$ é raiz da função.
- Ponto **N**: devemos determinar o ponto de **r** cuja abscissa é nula. Na equação da reta **r**, temos $-0 - y + 3 = 0 \Rightarrow y = 3 \Rightarrow N(0, 3)$.

c) Basta isolar **y** em (*):

$$-x - y + 3 = 0 \Rightarrow -x + 3 = y$$

2. Determine os pontos da reta r: $5x - 12y = 0$ que distam três unidades da origem. Represente graficamente.

Solução:

Seja $P(x_P, y_P)$ o ponto de **r** procurado. Temos:

$$5x_P - 12y_P = 0 \Rightarrow x_P = \frac{12y_P}{5}$$

A distância de **P** à origem é 3:

$$\sqrt{(x_P - 0)^2 + (y_P - 0)^2} = 3 \Rightarrow \sqrt{\left(\frac{12y_P}{5}\right)^2 + y_P^2} = 3 \Rightarrow \sqrt{\frac{169y_P^2}{25}} = 3 \Rightarrow \frac{169y_P^2}{25} = 9 \Rightarrow y_P = \pm\frac{15}{13}$$

- Se $y_P = \frac{15}{13}$, então $x_P = \frac{12}{5} \cdot \frac{15}{13} = \frac{36}{13}$ e $P\left(\frac{36}{13}, \frac{15}{13}\right)$.
- Se $y_P = -\frac{15}{13}$, então $x_P = \frac{12}{5} \cdot \left(-\frac{15}{13}\right) = -\frac{36}{13}$ e $P'\left(-\frac{36}{13}, -\frac{15}{13}\right)$.

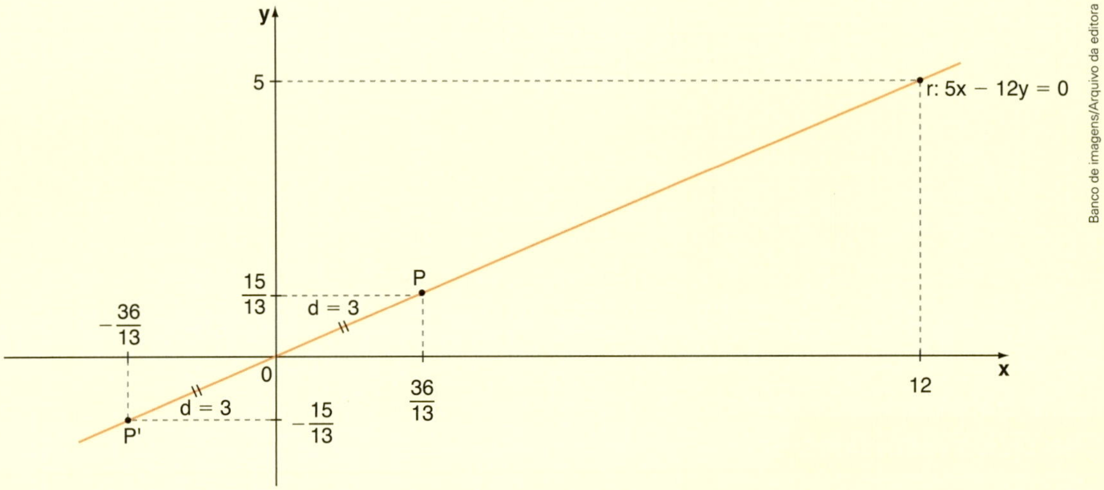

3. Determine o ponto **I** de interseção das retas r: $2x - y - 1 = 0$ e s: $4x + 3y - 17 = 0$ representadas abaixo:

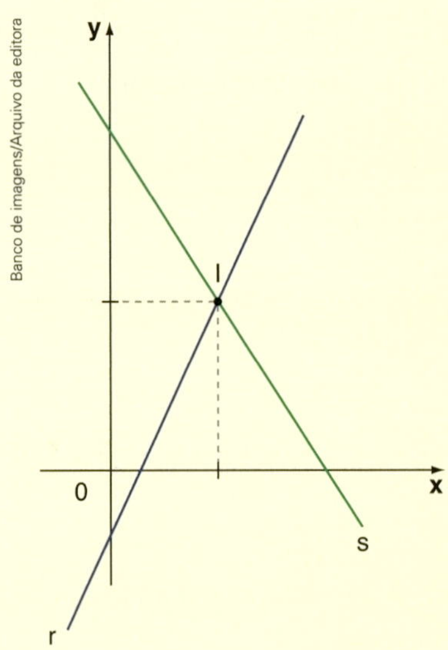

Solução:

No estudo das funções, já aprendemos a determinar o ponto de interseção de duas retas: basta resolver o sistema formado pelas leis das funções que representam as retas. A solução do sistema corresponde às coordenadas de **I**:

$$\begin{cases} 2x - y = 1 \\ 4x + 3y = 17 \end{cases} \Rightarrow x = 2 \text{ e } y = 3 \Rightarrow I(2, 3)$$

OBSERVAÇÃO

Em geral, dadas as retas r: $a_1x + b_1y + c_1 = 0$ e s: $a_2x + b_2y + c_2 = 0$, ao resolvermos o sistema formado por essas equações podem ocorrer três casos:

- O sistema possui uma única solução, isto é, é possível e determinado. As duas retas intersectam-se em um único ponto.
- O sistema possui infinitas soluções, isto é, é possível e indeterminado. As duas retas possuem infinitos pontos comuns, isto é, são coincidentes.
- O sistema não possui solução, isto é, é impossível. As duas retas são paralelas distintas.

4. As retas suportes dos lados de um triângulo ABC são $r: x - 1 = 0$; $s: x + y - 6 = 0$ e $t: x - 3y - 9 = 0$. Obtenha os vértices desse triângulo.

Solução:

Cada vértice do triângulo é a interseção de duas retas suportes; é preciso, portanto, resolver três sistemas:

- $A = r \cap s$

$$\begin{cases} x - 1 = 0 \\ x + y - 6 = 0 \end{cases} \Rightarrow x = 1 \text{ e } y = 5.$$

Temos: $A(1, 5)$

- $B = r \cap t$

$$\begin{cases} x - 1 = 0 \\ x - 3y - 9 = 0 \end{cases} \Rightarrow x = 1 \text{ e } y = -\frac{8}{3}$$

Temos: $B\left(1, -\frac{8}{3}\right)$

- $C = s \cap t$

$$\begin{cases} x + \ \ y - 6 = 0 \\ x - 3y - 9 = 0 \end{cases} \Rightarrow x = \frac{27}{4} \text{ e } y = -\frac{3}{4}$$

Temos: $C\left(\frac{27}{4}, -\frac{3}{4}\right)$

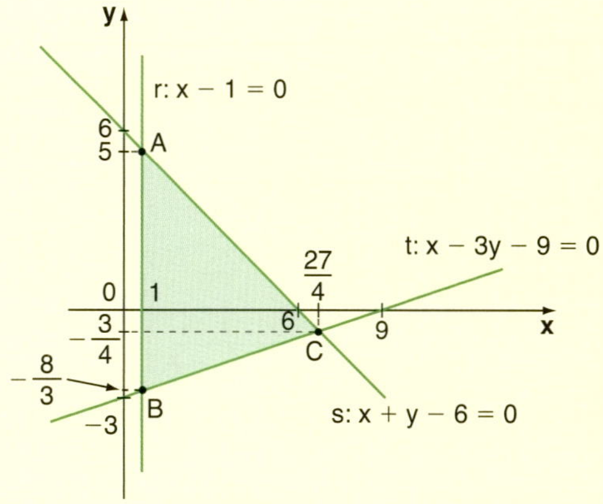

Banco de imagens/Arquivo da editora

Exercícios

1. Em cada caso, encontre uma equação geral da reta que passa pelos pontos:
   a) $(0, 2)$ e $(2, 3)$
   b) $(-1, 2)$ e $(-2, 5)$
   c) $(-1, -2)$ e $\left(-\frac{1}{2}, 3\right)$
   d) $(0, -3)$ e $(3, -2)$

2. Verifique por quais dos pontos $A(-2, -5)$, $B(-1, 4)$, $C\left(2, -\frac{1}{5}\right)$, $D(3, 1)$ e $E\left(-1, \frac{19}{5}\right)$ passa a reta de equação $6x - 5y - 13 = 0$.

3. Represente graficamente as retas de equação:
   a) $x - y + 1 = 0$
   b) $-3x - y + 2 = 0$
   c) $3x - y = 0$
   d) $x + 5 = 0$
   e) $y + 4 = 0$
   f) $200x - 500y + 300 = 0$

4. Indique a associação correta de cada reta à lei da função afim correspondente.

   $r: y = \dfrac{x - 1}{2}$ $s: y = -\dfrac{3}{2}x - 3$

   $t: y = -x + 5$ $u: y = \dfrac{3x}{4} - 3$

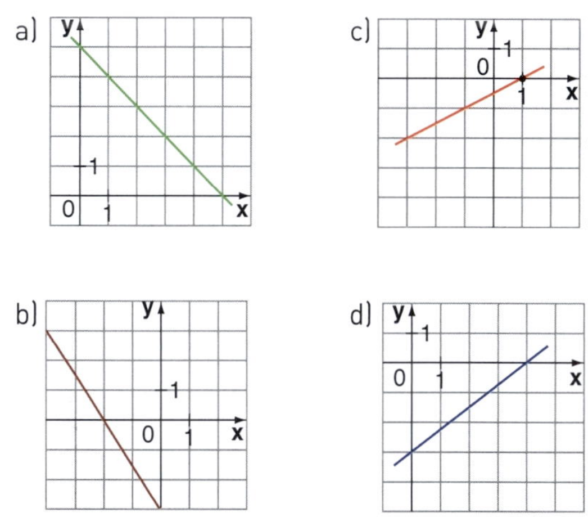

Ilustrações: Banco de imagens/Arquivo da editora

5. A reta **s** passa por $A(2, -1)$ e pelo ponto médio de $\overline{BC}$, sendo $B(0, -1)$ e $C(-3, 2)$.
   a) Escreva uma equação geral de **s**.
   b) A reta **s** passa pela origem? E pelo ponto $(-7, 3)$?

6. Determine uma equação geral da reta vertical que passa por $(2, 17)$.

7. Uma reta paralela ao eixo **x** passa pelo ponto $(1, 5)$. Escreva uma equação geral dessa reta.

8. A função **f** é uma função afim cujo gráfico é uma reta que passa pela origem e por (1, 5).

a) Qual é a lei que define **f**?

b) Calcule o valor de $f(-2) + f(0{,}2)$.

c) Escreva uma equação geral da reta que é o gráfico de **f**.

9. Escreva uma equação geral para cada uma das retas **r**, **s** e **t** da figura.

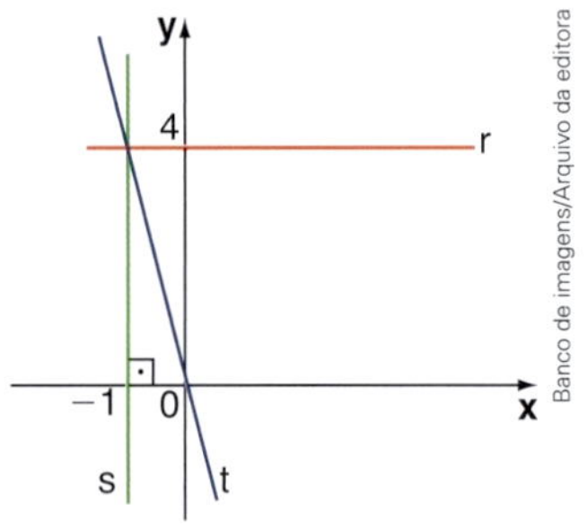

10. Uma vela de 8 cm foi acesa às 17 horas. Sabe-se que às 19 horas a altura da vela era 4,8 cm. Suponha linear a variação da altura (**h**) da vela (em cm) em função do tempo **x**, em horas, sendo $x = 0$ o instante em que ela foi acesa.

a) Obtenha a lei da função que relaciona **h** e **x**.

b) Determine em qual horário a vela foi inteiramente consumida.

c) Represente graficamente a função obtida no item *a*.

d) Obtenha uma equação geral da reta obtida no item *c*.

11. Os gráficos de duas funções polinomiais do 1º grau, **f** e **g**, estão representados a seguir.

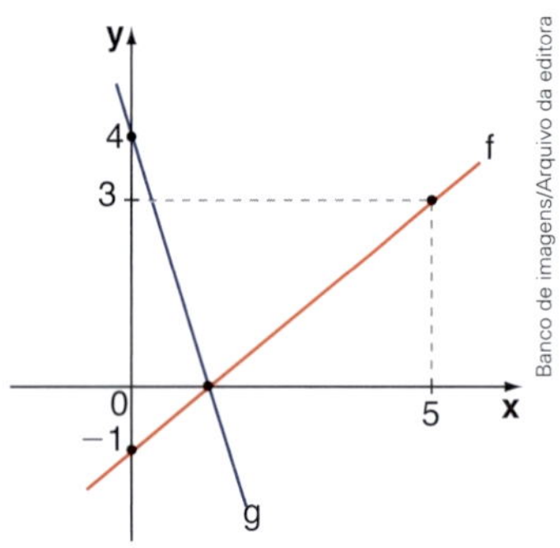

Qual é a lei que define a função **g**?

12. Considere o triângulo de vértices A(0, 0), B(1, 3) e C(4, 0). Determine as equações gerais das retas suportes dos lados desse triângulo.

13. Qual(is) é(são) o(s) ponto(s) da reta $x - y + 1 = 0$ que dista(m) $\sqrt{13}$ u.c. do ponto (0, 2)?

14. Obtenha o ponto de interseção entre as retas de equações:

a) $2x - y + 6 = 0$ e $2x + 3y - 6 = 0$

b) $x + y - 2 = 0$ e $3x - y + 4 = 0$

c) $x - 2y = 0$ e $x + y - 1 = 0$

15. As retas $r: x + 3 = 0$ e $s: y - 2 = 0$ intersectam-se em um ponto **P**.

a) Determine as coordenadas de **P**.

b) Qual é a distância de **P** à origem?

16. Qual é, em cada caso, a posição relativa das retas **r** e **s**?

a) $r: x - 3y + 2 = 0$; $s: 2x - y = 0$

b) $r: x + y - 3 = 0$; $s: -2x - 2y + 6 = 0$

c) $r: -2x + y - 3 = 0$; $s: -x + \frac{y}{2} + 1 = 0$

d) $r: x - 1 = 0$; $s: x + 2 = 0$

17. As retas cujas equações são $2x - y - k = 0$ e $2x + y - k = 0$, com $k \in \mathbb{R}$, intersectam-se no ponto $\left(\frac{1}{2}, 0\right)$. Qual é o valor de **k**?

18. Verifique se as retas de equações $2x - y - 3 = 0$, $3x + 2y - 1 = 0$ e $4x - y - 5 = 0$ intersectam-se somente em um ponto. Em caso afirmativo, quais são as coordenadas desse ponto?

19. Em que condições as retas de equações $px - y + 3p = 0$ e $2x - y + 6 = 0$ têm mais de um ponto comum?

20. As representações gráficas de duas funções do 1º grau, **f** e **g**, são dadas a seguir:

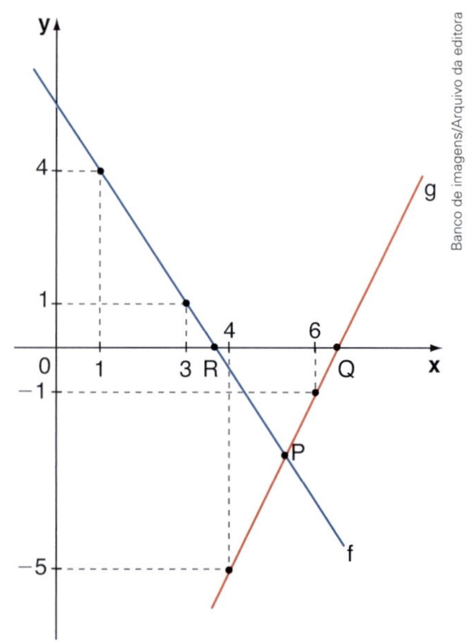

a) Obtenha a lei que define cada uma dessas funções.

b) Qual é o valor de $f(2) + g(1)$?

c) Determine as coordenadas de **P**.

d) Obtenha a área do triângulo PQR.

21. Em uma licitação para pavimentação de uma estrada, duas empresas ofereceram condições similares (embora com valores diferentes). Cada uma delas cobrava um valor fixo e um adicional por quilômetro de estrada pavimentada. A relação entre o custo da obra e o número de quilômetros a serem pavimentados pode ser esboçada como no gráfico a seguir:

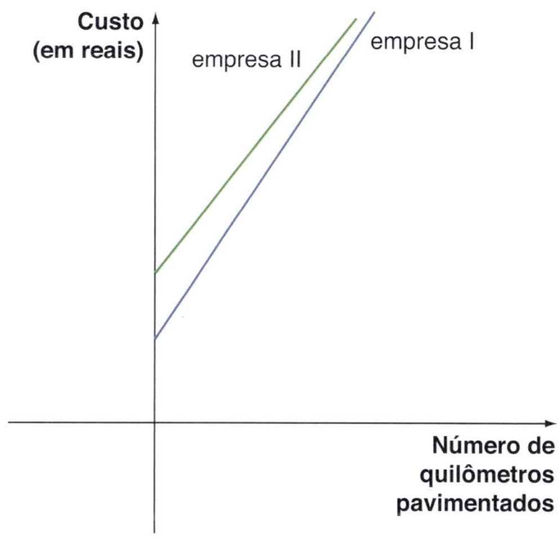

Banco de imagens/Arquivo da editora

As retas suporte das semirretas mostradas no gráfico têm por equações gerais:

$$5000x - y + 400000 = 0 \text{ e}$$
$$6000x - y + 240000 = 0$$

a) Associe cada reta à empresa correspondente.

b) Qual é o valor fixo cobrado por cada uma das empresas?

c) Quantos reais cada empresa cobra por quilômetro pavimentado?

d) Qual é o custo total da pavimentação de 100 km em cada uma das empresas?

e) Para quantos quilômetros de pavimentação é indiferente contratar qualquer uma das empresas?

22. As retas r: $2x - y - 3 = 0$, s: $x + 2y - 3 = 0$ e t: $2x + y - 5 = 0$ são suportes dos lados de um triângulo. Determine as coordenadas dos vértices do triângulo.

23. As retas de equações $x - 3y - 2 = 0$ e $x - y - 2p = 0$, com $p \in \mathbb{R}$, intersectam-se no ponto de coordenadas $(p + 1, p - 1)$. Determine o valor de **p** e as coordenadas do ponto de interseção dessas retas.

24. Os pontos $A(-1, 3)$, $B(2, 4)$, $C(4, -1)$ e $D(-2, -2)$ são vértices de um quadrilátero. Determine as coordenadas do ponto de encontro de suas diagonais.

25. As equações das três retas suportes de um triângulo são:

$$x - 1 = 0, y - 2 = 0 \text{ e } x + y - 1 = 0$$

a) Classifique esse triângulo quanto aos lados e ângulos.

b) Determine o perímetro e a área do triângulo.

26. Qual deve ser o vértice **C** de um triângulo ABC para que sejam verificadas as condições abaixo?

- O vértice **A** pertence ao eixo **x**.
- O vértice **B** pertence ao eixo **y**.
- A reta $\overleftrightarrow{BC}$ tem equação $x - y = 0$.
- A reta $\overleftrightarrow{AC}$ tem equação $x + 2y - 3 = 0$.

Qual o perímetro desse triângulo?

Inclinação de uma reta

Seja **r** uma reta do plano cartesiano, não paralela ao eixo **x**. Fixemos em **r** dois pontos distintos **A** e **B**.

Vamos convencionar que o **sentido positivo de r** é aquele em que "se parte do ponto de menor ordenada e se chega ao ponto de maior ordenada". Observe os dois casos seguintes: o sentido positivo de **r** está indicado pela seta.

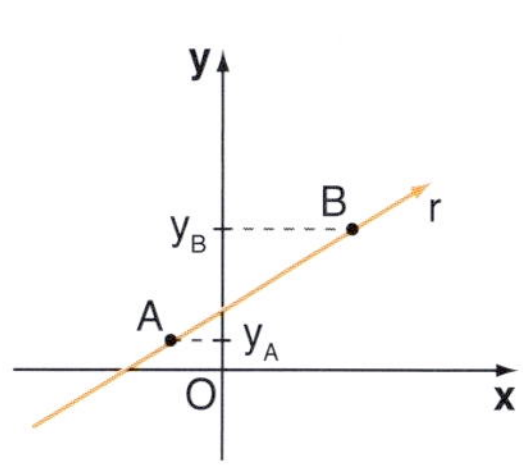

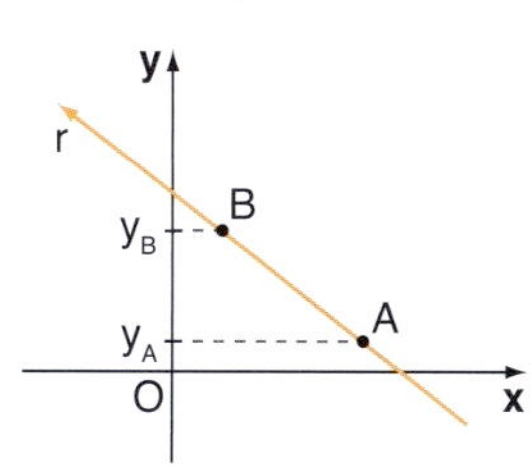

Ilustrações: Banco de imagens/Arquivo da editora

OBSERVAÇÃO

Quando a reta **r** for paralela ao eixo **x**, dados **A** e **B** distintos, temos que $y_A = y_B$. Nesse caso, o sentido positivo de **r** é o sentido positivo do eixo **x**.

Banco de imagens/Arquivo da editora

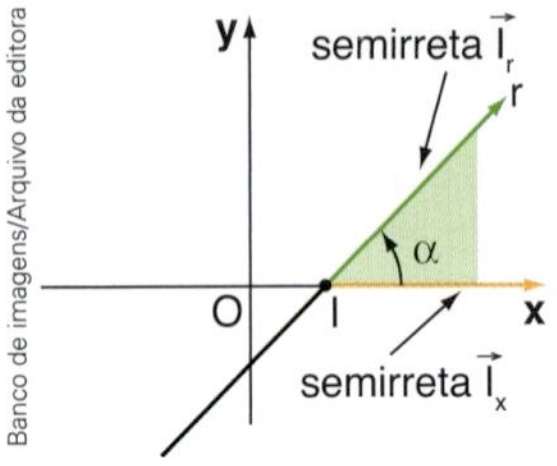

Seja **I** o ponto de interseção de **r** com o eixo **x**. O ângulo que a reta **r** forma com o eixo **x** é o menor ângulo formado pelas semirretas $\overrightarrow{I_x}$ e $\overrightarrow{I_r}$. A semirreta $\overrightarrow{I_x}$ tem origem em **I** e sentido coincidente com o do eixo das abscissas. A semirreta $\overrightarrow{I_r}$ tem origem em **I** e sentido coincidente com o sentido positivo de **r**.

Esse ângulo denomina-se **inclinação da reta**. Vamos indicar a medida desse ângulo por α.

Observe os casos possíveis:

Ilustrações: Banco de imagens/Arquivo da editora

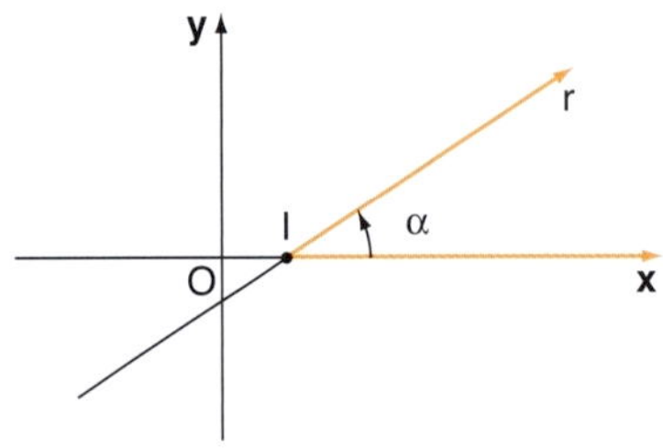

$0° < \alpha < 90°$

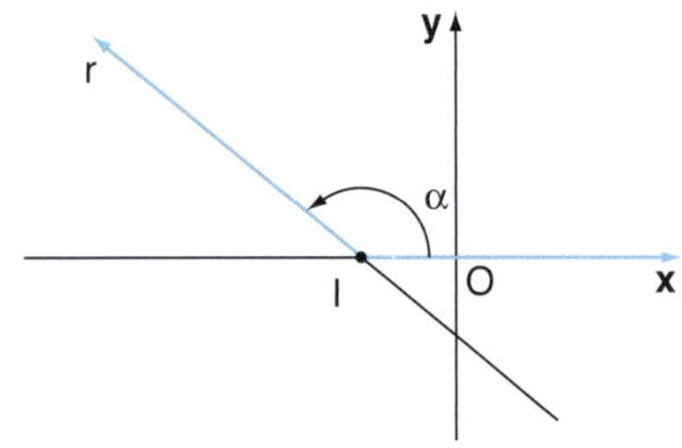

$90° < \alpha < 180°$

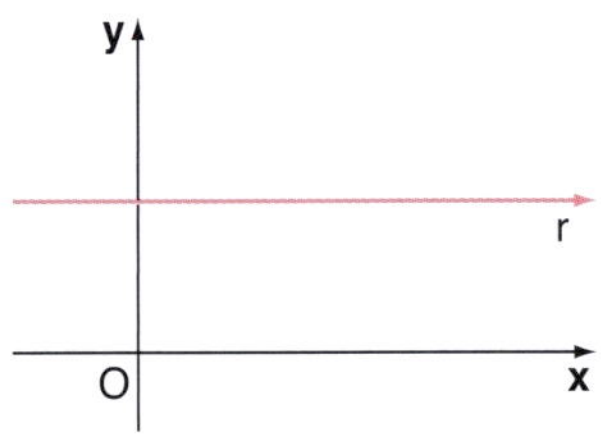

$\alpha = 0°$

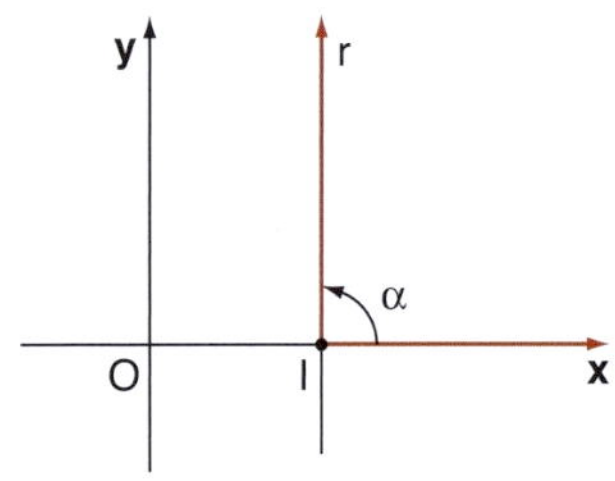

$\alpha = 90°$

Coeficiente angular

Coeficiente angular ou **declividade** de uma reta **r** é o número real **m** definido por

$$m = \text{tg}\,\alpha$$

sendo α a medida do ângulo de inclinação de **r**. Temos as seguintes possibilidades:

Ilustrações: Banco de imagens/Arquivo da editora

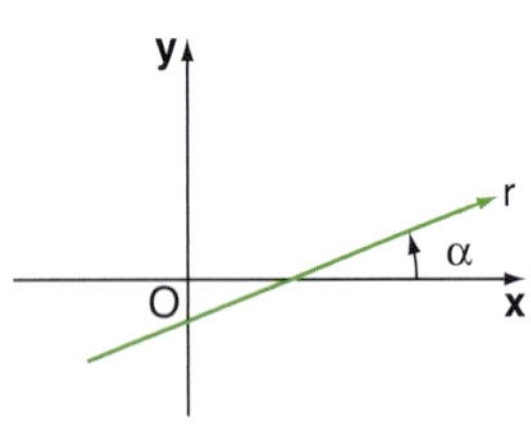

α é agudo.
$m = \text{tg}\,\alpha > 0$

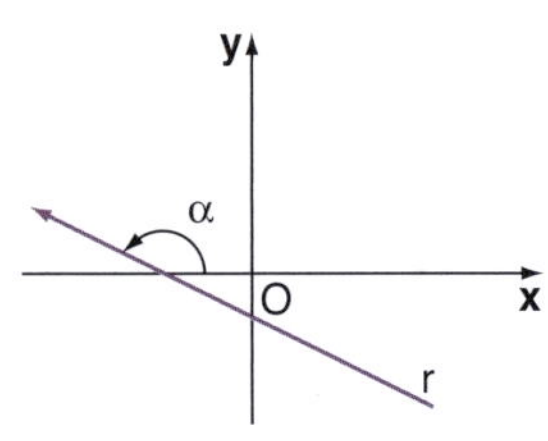

α é obtuso.
$m = \text{tg}\,\alpha < 0$

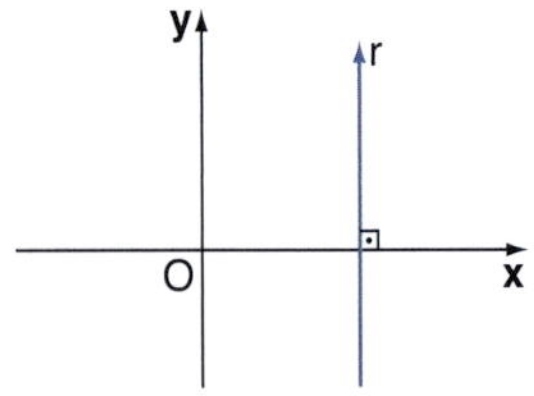

α é reto.
Como não existe tg 90°, não é possível definir o coeficiente angular de **r**.

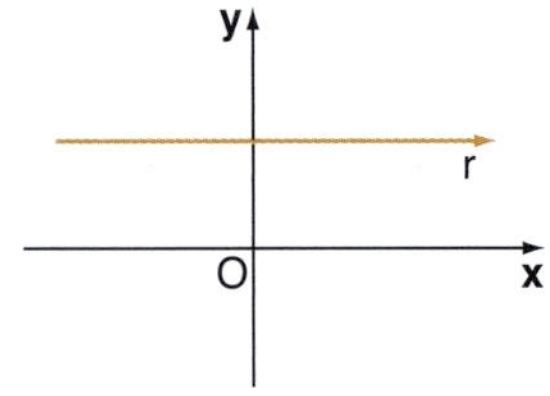

$\alpha = 0°$
$m = \text{tg}\,0° = 0$

EXEMPLO 6

A reta r: $x - y = 0$, correspondente à bissetriz dos quadrantes ímpares, tem declividade $m = \text{tg } 45° = 1$; já a reta s: $x + y = 0$, correspondente à bissetriz dos quadrantes pares, tem coeficiente angular $m = \text{tg } 135° = -1$.

$$m_r = \text{tg } 45° = 1$$
$$m_s = \text{tg } 135° = -1$$

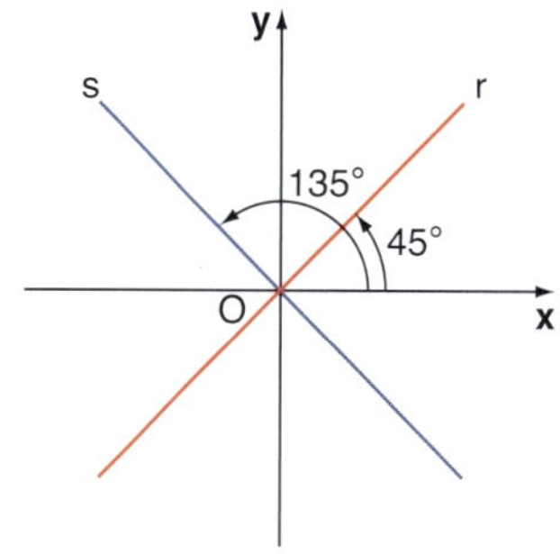

Banco de imagens/Arquivo da editora

Cálculo do coeficiente angular de uma reta a partir de dois de seus pontos

Seja **r** a reta determinada pelos pontos $A(x_A, y_A)$ e $B(x_B, y_B)$. Vamos considerar dois casos:

- $0 < \alpha < 90°$

  No triângulo ACB, temos:

  $$\text{tg } \alpha = \frac{BC}{AC} = \frac{y_B - y_A}{x_B - x_A}$$

  Assim, o coeficiente angular de **r** é:

  $$m = \text{tg } \alpha = \frac{y_B - y_A}{x_B - x_A}$$

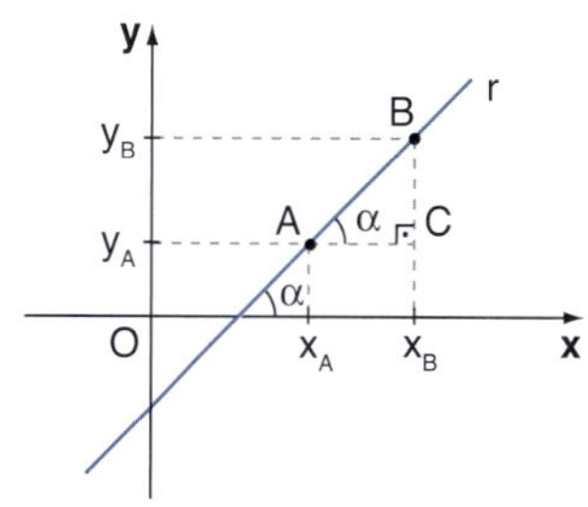

- $90° < \alpha < 180°$

  No triângulo ACB, temos:

  $$\text{tg } (180° - \alpha) = \frac{AC}{BC} = \frac{y_A - y_B}{x_B - x_A}$$

  Da trigonometria, sabemos que $\text{tg } (180° - \alpha) = -\text{tg } \alpha$. Daí, temos:

  $$-\text{tg } \alpha = \frac{y_A - y_B}{x_B - x_A} \Rightarrow \text{tg } \alpha = \frac{y_B - y_A}{x_B - x_A}$$

  Assim, o coeficiente angular de **r** é:

  $$m = \text{tg } \alpha = \frac{y_B - y_A}{x_B - x_A}$$

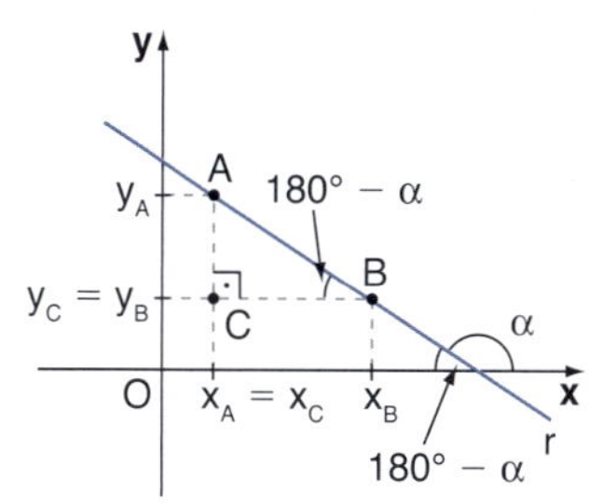

Ilustrações: Banco de imagens/Arquivo da editora

Em qualquer um dos casos, podemos calcular o coeficiente angular da reta que passa por $A(x_A, y_A)$ e $B(x_B, y_B)$ por meio da relação:

$$m = \frac{y_B - y_A}{x_B - x_A}$$

Como $\frac{y_B - y_A}{x_B - x_A} = \frac{-(y_A - y_B)}{-(x_A - x_B)} = \frac{y_A - y_B}{x_A - x_B}$, podemos simplesmente escrever:

$$m = \frac{\Delta y}{\Delta x}$$

em que Δy é a diferença entre as ordenadas de **A** e **B**, e Δx, a diferença entre as abscissas de **A** e **B**, ambas calculadas no mesmo "sentido", como mostra o exemplo da página seguinte.

OBSERVAÇÃO

Lembrando o conceito de tangente na circunferência trigonométrica, temos: $\text{tg } (180° - \alpha) = -\text{tg } \alpha$.

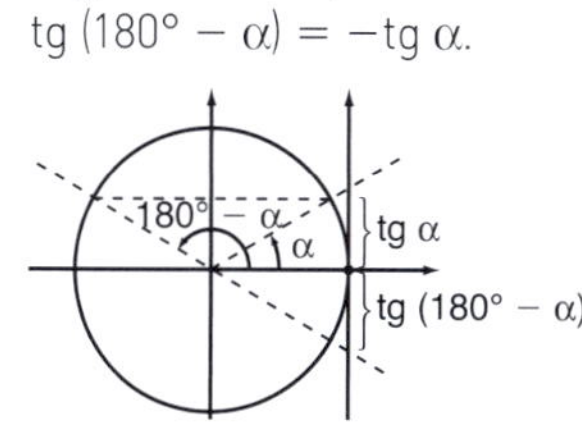

Banco de imagens/Arquivo da editora

EXEMPLO 7

Vamos calcular o coeficiente angular da reta que passa por A(−5, 4) e B(3, 2).
Temos:

$$m = \frac{\Delta y}{\Delta x} = \frac{4-2}{-5-3} = \frac{2}{-8} = -\frac{1}{4} \text{ (Calculamos a diferença de “}\mathbf{A}\text{ para }\mathbf{B}\text{”.)}$$

Observe que poderíamos também fazer:

$$m = \frac{\Delta y}{\Delta x} = \frac{2-4}{3-(-5)} = \frac{-2}{8} = -\frac{1}{4} \text{ (Calculamos a diferença de “}\mathbf{B}\text{ para }\mathbf{A}\text{”.)}$$

Equação reduzida de uma reta

Sejam **r** a reta cuja medida do ângulo de inclinação é α e P(x, y) um ponto genérico de **r**. A reta **r** intersecta o eixo das ordenadas em um ponto **Q** cuja abscissa é nula, isto é, Q(0, n).

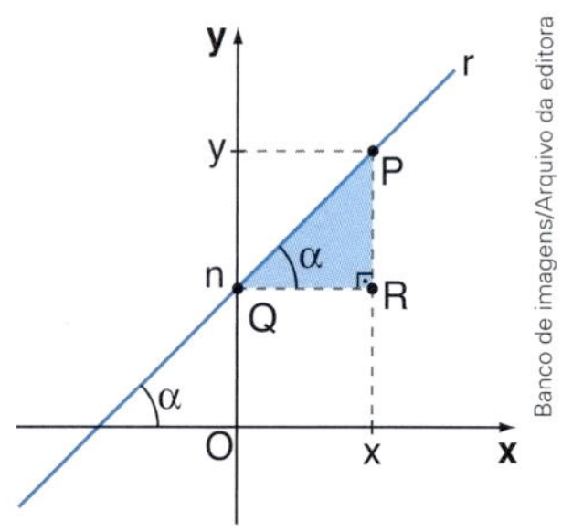

Como vimos, o coeficiente angular da reta **r** que passa por Q(0, n) e P(x, y) é dado por $m = \frac{\Delta y}{\Delta x} = \frac{y-n}{x-0}$, isto é, $m = \frac{y-n}{x} \Rightarrow$ $y = mx + n$

Essa última expressão é chamada **forma reduzida da equação da reta r**, ou simplesmente **equação reduzida da reta r**, na qual $\{m, n\} \subset \mathbb{R}$ e:

- **m** é o coeficiente angular de **r**;
- **n** é a ordenada do ponto em que **r** corta o eixo das ordenadas e é chamado **coeficiente linear** de **r**;
- **x** e **y** são as coordenadas de um ponto qualquer da reta **r**.

OBSERVAÇÕES

- Note que no triângulo PQR temos: $\text{tg}\,\alpha = \frac{PR}{QR} = \frac{y-n}{x-0} = \frac{y-n}{x}$
- Se a reta **r** é horizontal, ela forma ângulo nulo com o eixo das abscissas; assim, m = tg 0° = 0, e a equação reduzida da reta torna-se simplesmente y = n.

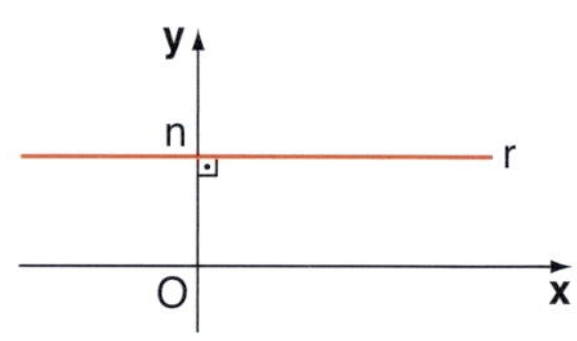

- Se a reta **r** é vertical, ela forma ângulo reto com o eixo das abscissas; como não existe tg 90°, não se define o coeficiente angular de **r** e, assim, é impossível escrever a forma reduzida da equação de qualquer reta vertical.

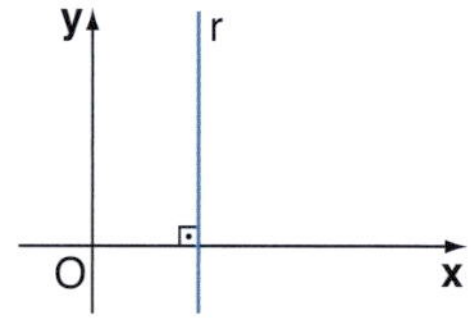

EXEMPLO 8

Na figura, a medida do ângulo de inclinação de **r** é 60°, e **r** intersecta o eixo das ordenadas em (0, 2).

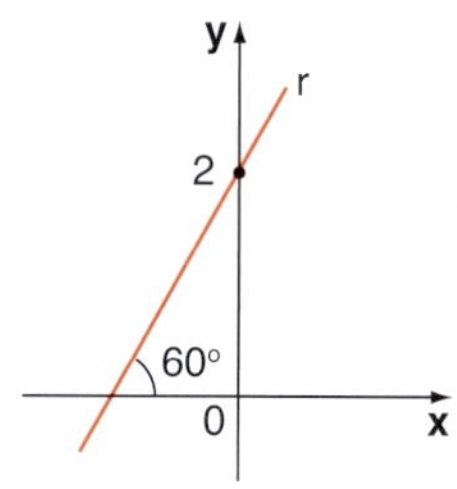

Podemos concluir que:

$$m = \text{tg } 60° = \sqrt{3} \text{ e } n = 2$$

Assim, r: $y = \sqrt{3}x + 2$ é a forma reduzida da equação da reta **r**.

EXEMPLO 9

A reta **s** passa pelos pontos A(1, 2) e B(−2, 5).

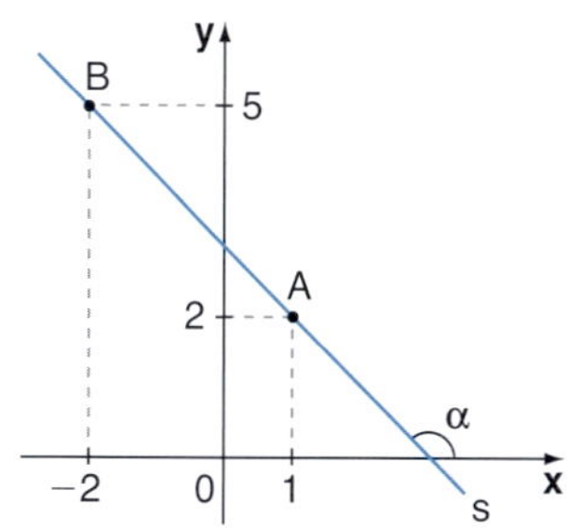

Vamos deteminar a equação reduzida de **s**.

O coeficiente angular de **s** pode ser obtido da seguinte maneira:

$$m = \frac{\Delta y}{\Delta x} = \frac{5-2}{-2-1} = \frac{3}{-3} = -1$$

A equação reduzida de **s** é escrita provisoriamente como:

$$s: y = -1 \cdot x + n$$

Como não sabemos qual é o ponto em que **s** intersecta o eixo **y**, podemos substituir **x** e **y** pelas coordenadas de um ponto que pertença a **r** (por exemplo, o ponto **A**), a fim de determinar o valor de **n**:

$$2 = -1 \cdot 1 + n \Rightarrow 2 = -1 + n \Rightarrow n = 3$$

Assim, a equação reduzida de **s** é s: $y = -x + 3$.

Note que, como $m = -1$, segue que $\alpha = 135°$, pois, da Trigonometria, sabemos que tg 135° = −tg 45° = −1.

OBSERVAÇÃO

Se uma reta não é vertical, é possível transformar sua equação geral em reduzida e vice-versa:

$$ax + by + c = 0 \Rightarrow by = -ax - c \Rightarrow y = -\frac{a}{b}x - \frac{c}{b}$$

Nesse caso, o coeficiente angular dessa reta é $m = -\frac{a}{b}$ e seu coeficiente linear é $n = -\frac{c}{b}$.

Inversamente, se uma reta é dada em sua forma reduzida, basta agrupar todos os seus termos em um único membro: $y = mx + n \Rightarrow mx - y + n = 0$ é a equação geral dessa reta.

EXEMPLO 10

Se a reta **r** é dada por $3x + 6y + 7 = 0$, isolando **y**, obtemos:

$$6y = -3x - 7 \text{ e } y = -\frac{x}{2} - \frac{7}{6}, \text{ que é sua forma reduzida.}$$

Inversamente, dada a equação de uma reta **s** em sua forma reduzida $y = 3x - 5$, colocando todos os termos em um único membro, obtemos $3x - y - 5 = 0$, que é sua forma geral.

Exercício resolvido

5. Na figura, ABCD é um quadrado cujo lado mede 2. Escreva as equações reduzidas das retas $\overleftrightarrow{AB}$ e $\overleftrightarrow{BC}$.

Solução:

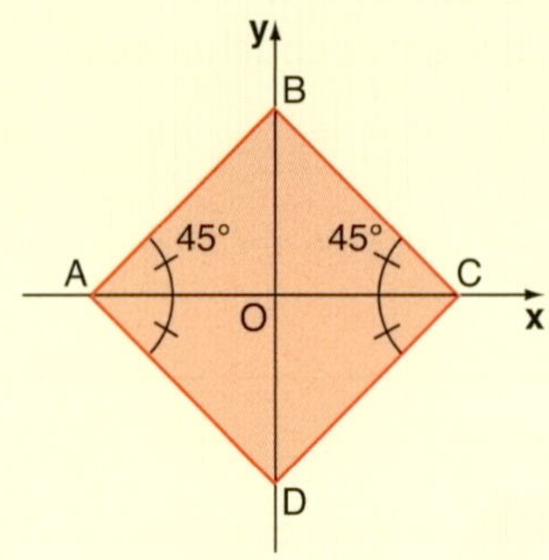

Banco de imagens/Arquivo da editora

Se o lado do quadrado mede 2, suas diagonais $\left(\overline{AC} \text{ e } \overline{BD}\right)$ medem $2\sqrt{2}$, e as coordenadas de seus vértices são: $A\left(-\sqrt{2}, 0\right)$, $C\left(\sqrt{2}, 0\right)$, $B\left(0, \sqrt{2}\right)$ e $D\left(0, -\sqrt{2}\right)$.

A reta $\overleftrightarrow{AB}$ possui declividade dada por $m = \text{tg } 45° = 1$, e seu coeficiente linear é $\sqrt{2}$; então a equação reduzida de $\overleftrightarrow{AB}$ é $y = x + \sqrt{2}$.

A reta $\overleftrightarrow{BC}$ tem declividade $m = \text{tg } 135° = -1$, e seu coeficiente linear também é $\sqrt{2}$; então a equação reduzida de $\overleftrightarrow{BC}$ é $y = -x + \sqrt{2}$.

EXEMPLO 11

Como sabemos, existem infinitas retas que passam por um determinado ponto. Na figura ao lado, **r**, **s**, **t** e **v** são alguns exemplos de retas que passam por P(3, 1).

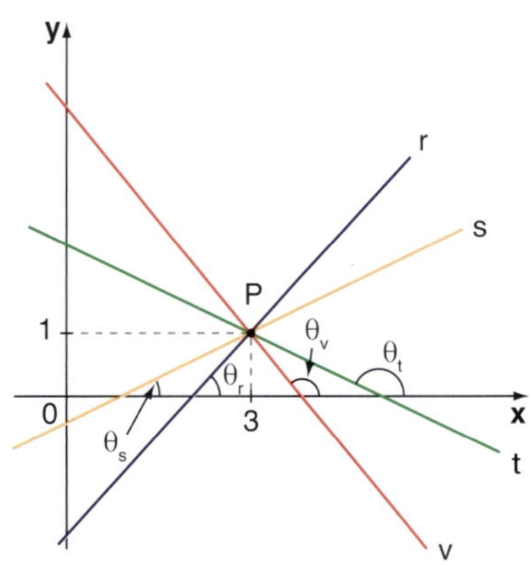

Banco de imagens/Arquivo da editora

Cada uma delas define uma direção, dada pelo seu ângulo de inclinação.

- Tomemos um ponto qualquer (x, y) de **r**. Como **r** passa também por (3, 1), temos $m_r = \dfrac{y - 1}{x - 3} \Rightarrow y - 1 = m_r \cdot (x - 3)$; essa é a equação da reta que passa por (3, 1) e tem declividade $\mathbf{m_r}$.
- Tomemos agora um ponto genérico de **s**, de coordenadas (x, y). Como **s** passa também por (3, 1), temos $m_s = \dfrac{y - 1}{x - 3} \Rightarrow$ $y - 1 = m_s \cdot (x - 3)$; essa é a equação da reta que passa por (3, 1) e tem declividade $\mathbf{m_s}$.

⋮

Enfim, se **m** varia em $\mathbb{R}$, a equação $y - 1 = m \cdot (x - 3)$ representa, para cada valor de **m**, a equação da reta que passa por (3, 1) e tem declividade igual a **m**, isto é, a medida do ângulo de inclinação α é tal que $\text{tg } \alpha = m$.

As infinitas retas que podem ser obtidas (à medida que **m** varia em $\mathbb{R}$) formam o feixe de retas concorrentes em **P**, além da reta vertical $x - 3 = 0$, para a qual não se define o coeficiente angular.

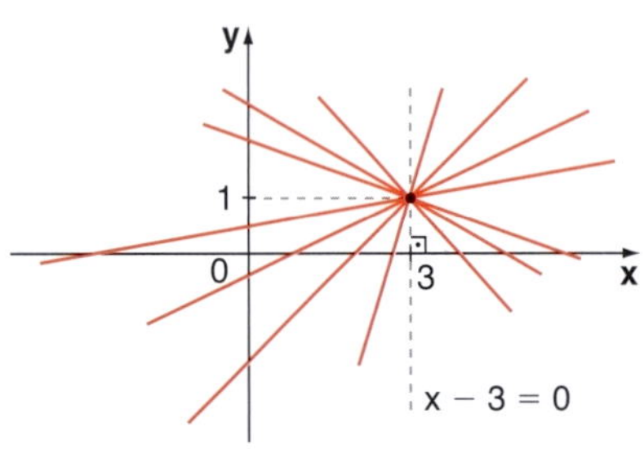

Banco de imagens/Arquivo da editora

Assim, a equação do feixe de retas que passam por (3, 1) é:

$$y - 1 = m \cdot (x - 3) \text{ ou } x - 3 = 0$$

OBSERVAÇÃO

Se uma reta **v** é horizontal (paralela ao eixo das abscissas), a medida do ângulo de inclinação é $\theta_v = 0°$ e $m = \text{tg } 0° = 0$.

Na equação do feixe, se $m = 0$, temos: $y - 1 = 0 \cdot (x - 3) \Rightarrow$ $\Rightarrow y - 1 = 0 \Leftrightarrow y = 1$; essa é a equação da reta horizontal que passa por (3, 1).

Exercício resolvido

6. Obtenha uma equação geral da reta que possui coeficiente angular igual a -2 e passa por $(1, 3)$.

Solução:

Podemos escrever a equação do feixe de retas por $(1, 3)$:

$$y - 3 = m \cdot (x - 1);\ m \in \mathbb{R}$$

Como $m = -2$, segue a equação:

$$y - 3 = -2 \cdot (x - 1) \Rightarrow 2x + y - 5 = 0$$

Exercícios

27. Determine, em cada caso, a medida do ângulo de inclinação de **r**.

a)

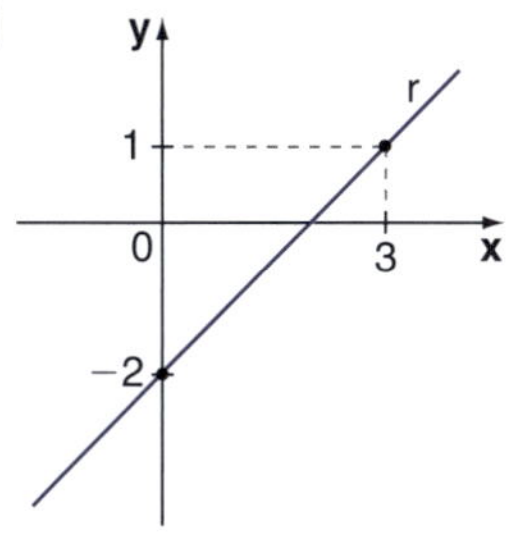

b)

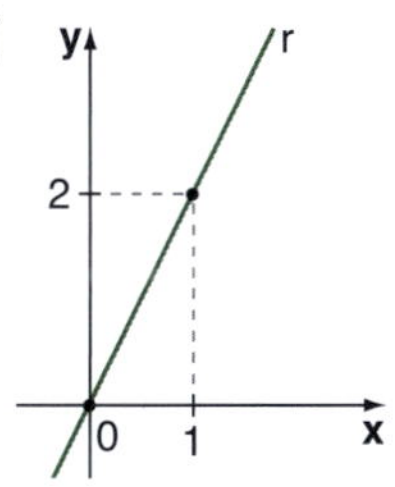

c)

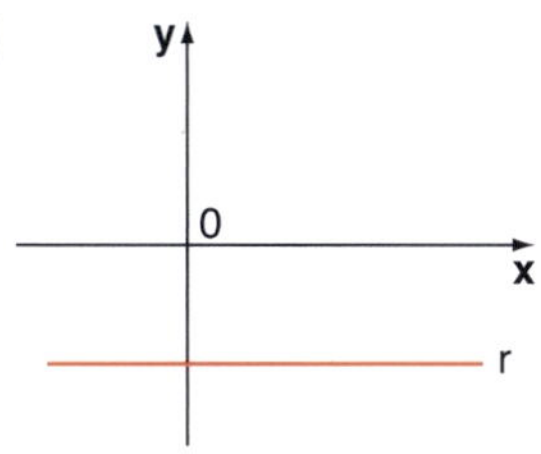

Ilustrações: Banco de imagens/Arquivo da editora

28. As retas **r** e **s** intersectam-se em um ponto de abscissa 2.

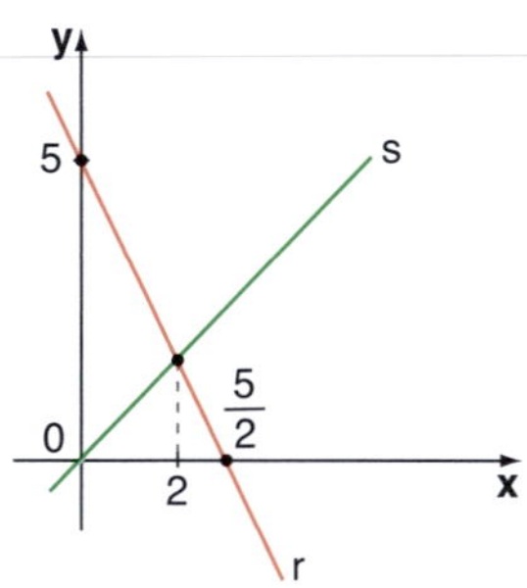

Banco de imagens/Arquivo da editora

a) Determine o coeficiente angular de **s**.

b) Escreva a equação de **s** em suas formas reduzida e geral.

29. Escreva a equação reduzida de cada reta representada abaixo.

a)

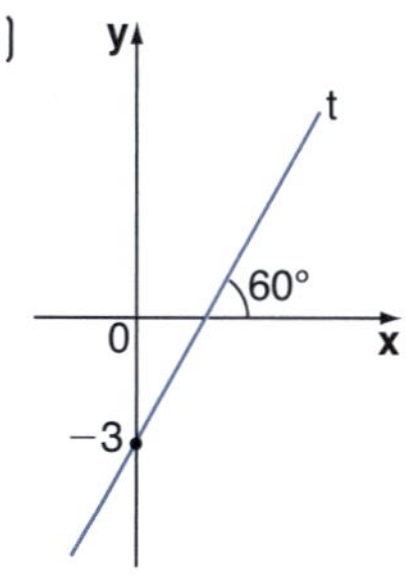

b)

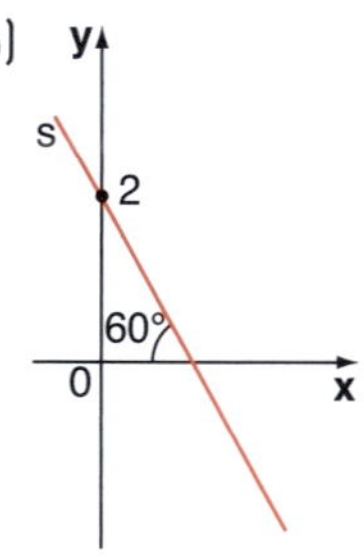

c)

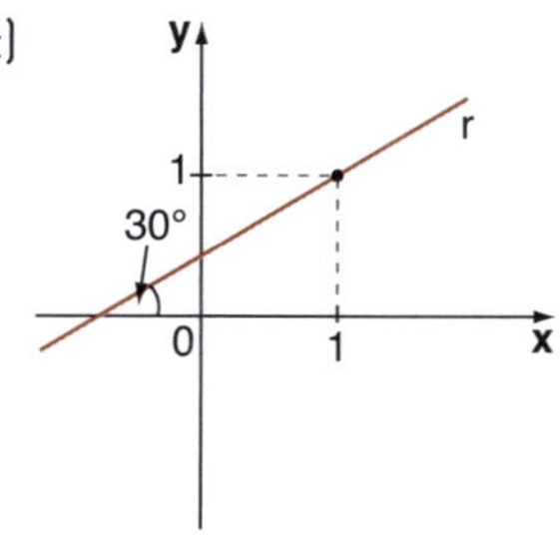

d)

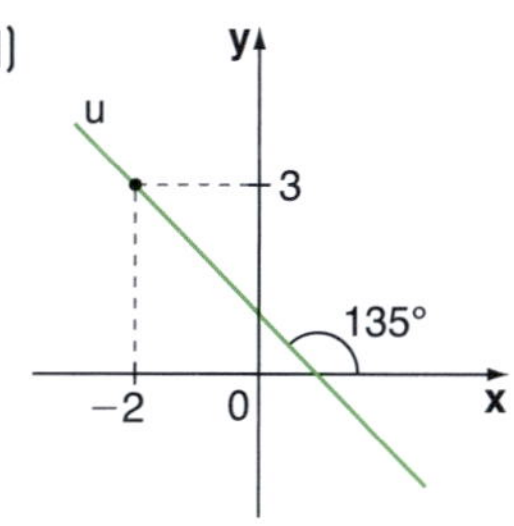

Ilustrações: Banco de imagens/Arquivo da editora

30. Encontre a equação reduzida da reta que passa pelos pontos:

a) $(1, 2)$ e $(2, 5)$

b) $(-1, 2)$ e $(-2, 1)$

c) $(0, 3)$ e $(-1, 4)$

d) $(-3, -2)$ e $(2, -3)$

31. Em cada caso, determine, se existir, o coeficiente angular de **r**:

a) $r\colon x - 2y + 6 = 0$

b) $r\colon y = -\dfrac{x}{3} + 5$

c) **r** passa por $A(-3, 0)$ e $B(-5, 4)$.

d) **r** passa por $C(1, 5)$ e $D(1, -4)$.

e) **r** passa por $E(-2, 5)$ e $F(3, 5)$.

f) **r** passa pela origem e pelo ponto médio de $\overline{GH}$, sendo $G(-1, 1)$ e $H(3, 5)$.

32. O gráfico abaixo mostra a relação entre a massa (**m**) e o volume (**V**) de certo óleo.

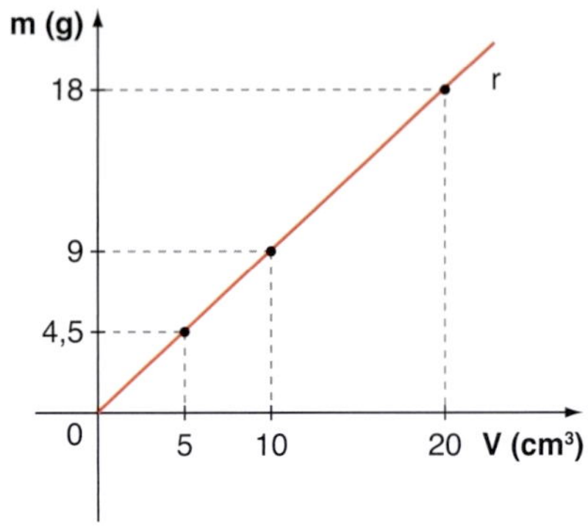

Banco de imagens/Arquivo da editora

a) Qual é o coeficiente angular de **r**?

b) Qual é a lei da função que relaciona **m** e **V**?

c) Qual é a densidade do óleo?

33. O ponto **P** dista 2 do eixo das ordenadas e 5 do eixo das abscissas. Qual é a equação reduzida da reta que passa por **P** e pela origem dos eixos coordenados?

34. Na figura, o triângulo ABC é isósceles de base $\overline{AC}$. Sabendo que AB = 5 e AC = 6, obtenha:

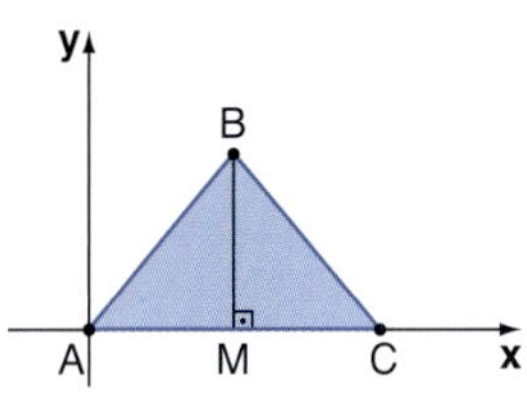

Banco de imagens/Arquivo da editora

a) a equação geral da reta $\overleftrightarrow{AB}$;

b) a equação reduzida da reta $\overleftrightarrow{BC}$;

c) a equação geral da reta $\overleftrightarrow{BM}$.

35. Na figura, o triângulo ABC é equilátero, e seu lado mede 3 u.c. Determine as equações reduzidas das retas suportes $\overleftrightarrow{AB}$, $\overleftrightarrow{BC}$ e $\overleftrightarrow{AC}$.

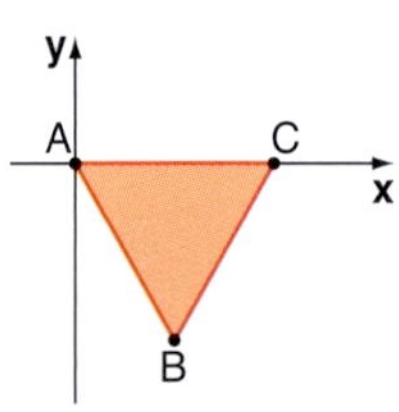

Banco de imagens/Arquivo da editora

36. Na figura, ABCD é um retângulo. O lado $\overline{CD}$ mede 6 u.c., e a diagonal $\overline{BD}$ mede $4\sqrt{3}$ u.c.

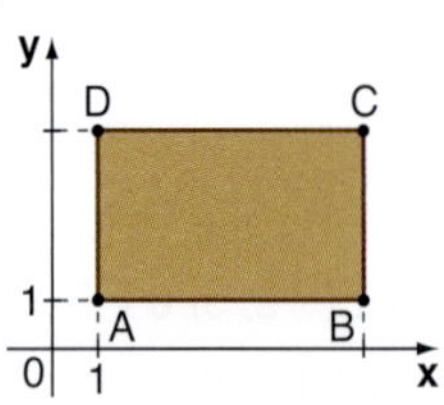

Banco de imagens/Arquivo da editora

Determine:

a) o coeficiente angular da reta que passa por **A** e **C**;

b) a equação reduzida da reta que passa por **B** e **D**.

37. Na figura, o octógono regular ABCDEFGH está inscrito em um círculo cujo raio mede 2 u.c.

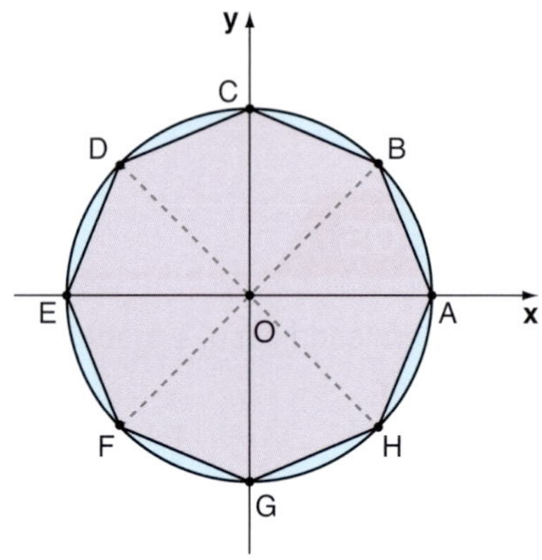

Banco de imagens/Arquivo da editora

Determine:

a) as coordenadas dos vértices do octógono;

b) a equação geral da reta $\overleftrightarrow{BF}$;

c) o coeficiente angular da reta $\overleftrightarrow{DH}$;

d) o coeficiente angular da reta $\overleftrightarrow{AH}$.

38. Uma reta passa pelo ponto $(-2, 1)$ e tem coeficiente angular igual a $\frac{1}{3}$. Escreva sua equação geral.

39. Em cada caso, determine a equação reduzida da reta que passa por **P** e cujo ângulo de inclinação em relação ao eixo das abscissas mede α.

a) $P(3, -1)$ e $\alpha = 45°$

b) $P(-3, -2)$ e $\alpha = 135°$

c) $P(0, 3)$ e $\alpha = 60°$

d) $P\left(\frac{1}{5}, -\frac{1}{3}\right)$ e $\alpha = 0°$

40. Escreva a equação do feixe de retas concorrentes no ponto $(3, 2)$.

41. Escreva a equação do feixe de retas que passam por $P(-1, 3)$ e, a seguir, obtenha uma equação geral da reta desse feixe que:

a) passa também por $(2, -1)$;

b) possui declividade igual a -2;

c) passa pela origem;

d) forma ângulo de 60° com o sentido positivo do eixo das abscissas.

Função afim e a equação reduzida da reta

Já vimos que a equação de uma reta **oblíqua** aos eixos (isto é, não paralela a qualquer um dos eixos coordenados), expressa na forma geral ou reduzida, pode ser associada à lei de uma função afim $f: \mathbb{R} \rightarrow \mathbb{R}$, definida por $f(x) = ax + b$, com **a** e **b** reais e $a \neq 0$.

Se a reta está escrita em sua forma reduzida, é possível fazer uma associação imediata de seus coeficientes aos coeficientes da lei de uma função afim.

Vamos comparar a função afim à equação da reta:

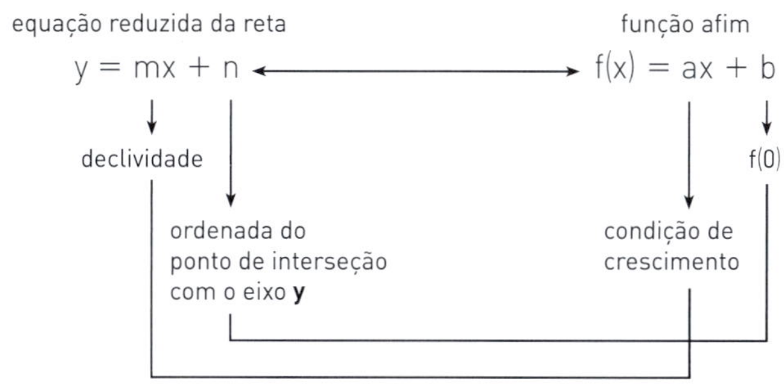

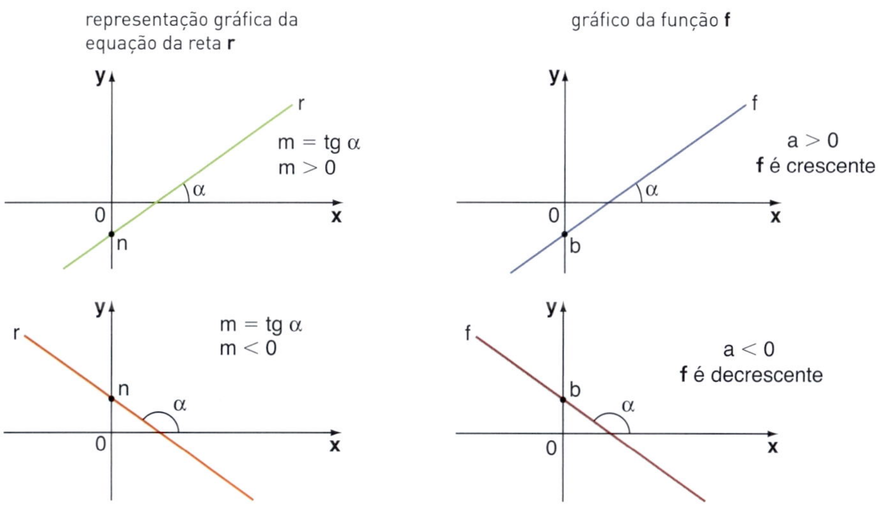

Ilustrações: Banco de imagens/Arquivo da editora

OBSERVAÇÃO

É importante lembrar mais uma vez que, se uma reta é vertical (paralela ao eixo das ordenadas), ela **não** pode ser a representação gráfica de uma função e, se a reta é horizontal (paralela ao eixo das abscissas), ela pode ser associada a uma **função constante**.

EXEMPLO 12

A reta de equação reduzida $r: y = 3x + 2$ e a função afim $f: \mathbb{R} \rightarrow \mathbb{R}$ definida por $f(x) = 3x + 2$ possuem a mesma representação gráfica:

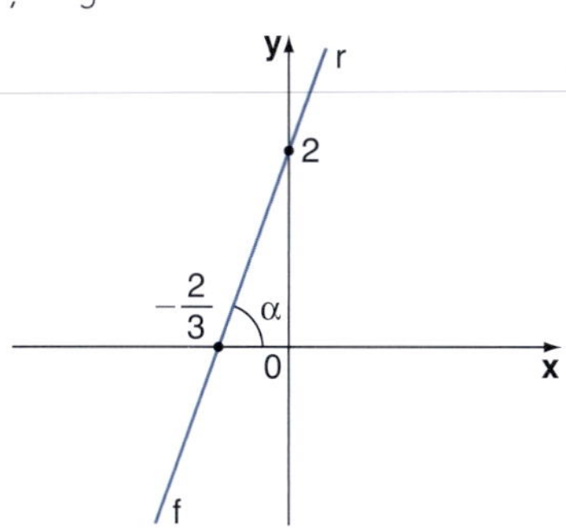

Banco de imagens/Arquivo da editora

x	y
0	2 (coeficiente linear)
$-\frac{2}{3}$ (raiz)	0

À medida que **x** varia em $\mathbb{R}$, obtêm-se, em correspondência, os demais valores de **y** (ou os demais valores de f(x)). Nesse caso, a declividade **m** da reta é positiva ($0 < \alpha < 90°$), e a função afim é crescente ($a > 0$).

Exercícios

42. Seja f: ℝ → ℝ uma função afim tal que f(−2) = 3 e f(1) = −3.

a) Represente graficamente essa função.

b) Determine o coeficiente angular e o coeficiente linear da reta obtida.

c) Determine a raiz de **f**.

43. Um vendedor possui salário fixo de R$ 900,00 mais comissão de 4% sobre o total de vendas (em reais) do mês. Represente graficamente o salário **y** do vendedor em função do total de vendas **x** realizadas no mês. Qual é a equação geral da reta obtida?

44. A equação reduzida de uma reta é $y = -3x + 7$. Essa reta é a representação gráfica de uma função afim **f**. Qual é o valor de f(2) e de f(−1)?

45. A figura representa o gráfico de uma função afim **f**.

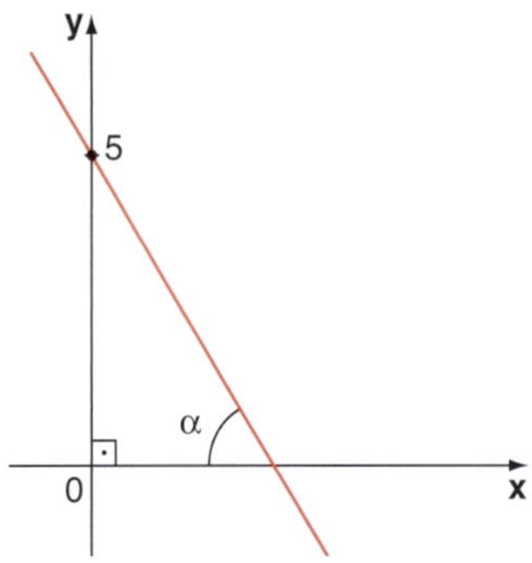

Banco de imagens/Arquivo da editora

Sabendo que tg $\alpha = 3$, determine a lei que define **f**.

46. Uma locadora de automóveis oferece a seus clientes dois planos: o plano **A** não cobra diária, e o valor do quilômetro rodado é R$ 3,20; o plano **B** cobra diária de **d** reais e um adicional de R$ 1,40 por quilômetro rodado.
No gráfico seguinte, é possível comparar o preço dos dois planos para um único dia de locação.

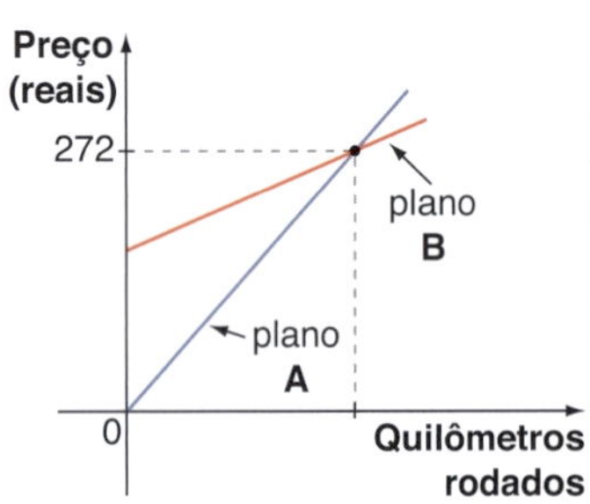

Banco de imagens/Arquivo da editora

Thinkstock/Getty Images

Carros estacionados em pátio de locadora.

Determine:

a) o valor de **d**;

b) a abscissa do ponto de interseção das retas;

c) as equações gerais das duas retas suporte das semirretas representadas;

d) a declividade de cada uma das retas.

Paralelismo

Duas retas paralelas distintas formam com o eixo das abscissas ângulos congruentes; assim, se ambas não são verticais, seus coeficientes angulares são iguais.

Observe a figura ao lado, que mostra duas retas paralelas não verticais.

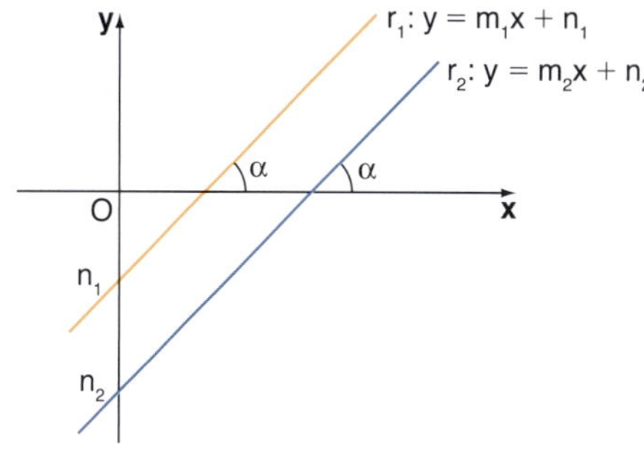

Ilustrações: Banco de imagens/Arquivo da editora

Temos:

$$r_1 // r_2 \Leftrightarrow \text{tg}\,\alpha = m_1 = m_2$$

No caso de $\mathbf{r_1}$ e $\mathbf{r_2}$ serem verticais, evidentemente $r_1 // r_2$, embora não existam $\mathbf{m_1}$ e $\mathbf{m_2}$.

Veja a figura ao lado.

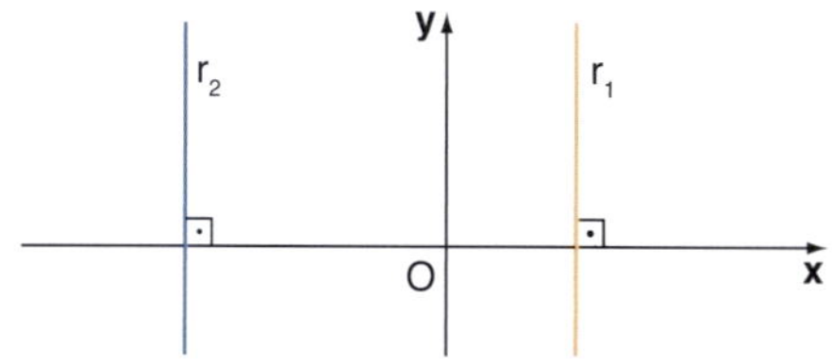

EXEMPLO 13

Para determinar a posição relativa entre as retas **r** e **s**, de equações r: $y = 3x - 2$ e s: $6x - 2y + 5 = 0$, precisamos comparar suas declividades. Vamos usar a forma reduzida de cada uma delas.

$$r: y = 3x - 2 \Rightarrow m_r = 3$$

$$s: 6x - 2y + 5 = 0 \Rightarrow 2y = 6x + 5 \Rightarrow y = 3x + \frac{5}{2} \Rightarrow m_s = 3$$

Portanto, $m_r = m_s = 3 \Rightarrow$ **r** e **s** são paralelas.

Como $n_r = -2 \neq \frac{5}{2} = n_s$, as retas **r** e **s** são paralelas distintas.

EXEMPLO 14

Observe as equações gerais das retas **r** e **s**:

$$r: 3x - y + 7 = 0$$

$$s: 6x - 2y + 14 = 0$$

Podemos afirmar que **r** e **s** são (paralelas) coincidentes.

$m_r = -\frac{a}{b} = -\frac{3}{-1} = 3$; $m_s = -\frac{a}{b} = \frac{-6}{-2} = 3$. Logo, $m_r = m_s$.

$n_r = -\frac{c}{b} = -\frac{7}{-1} = 7$; $n_s = -\frac{c}{b} = -\frac{14}{-2} = 7$. Assim, $n_r = n_s$.

Veja que os coeficientes correspondentes das equações gerais de **r** e **s** são proporcionais:

$$\frac{3}{6} = \frac{-1}{-2} = \frac{7}{14}$$

Note que, para verificar se duas retas de um plano são paralelas, comparamos os coeficientes angulares das duas, utilizando a equação reduzida de cada uma delas ou a geral.

Exercícios resolvidos

7. Seja a reta r: $y = 2x - 1$. Obtenha a equação da reta **s** paralela à reta **r** que passa pelo ponto P(1, 4).

Solução:

Inicialmente, observe que $P \notin r$, pois $4 = 2 \cdot 1 - 1$ é uma sentença falsa.

Para que s // r, é preciso que $m_s = m_r$. Como $m_r = 2$, devemos ter $m_s = 2$ e, provisoriamente, temos s: $y = 2x + n$.

Como $P \in s$, temos $4 = 2 \cdot 1 + n \Rightarrow n = 2$ e, finalmente, s: $y = 2x + 2$ é a equação da reta paralela a **r** traçada por **P**.

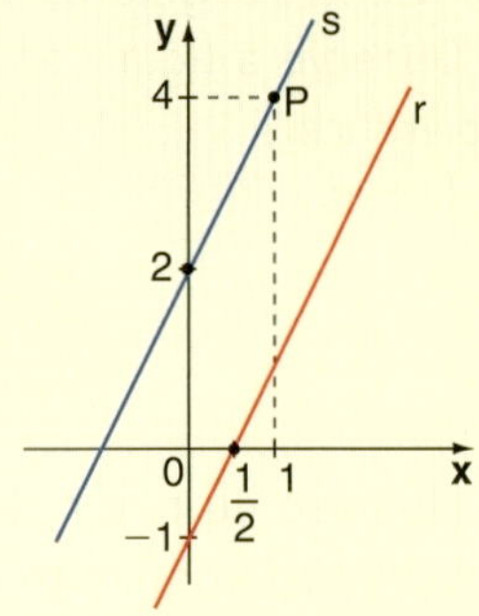

Banco de imagens/Arquivo da editora

OBSERVAÇÃO

A equação de uma reta qualquer paralela a **r** é $2x - y + k = 0$, com $k \in \mathbb{R}$, pois, para todo $k \in \mathbb{R}$, a declividade da reta é 2.

8. Para que valores reais de **k** as retas r: $3x - 2y + 5 = 0$ e s: $kx - y + 1 = 0$ são concorrentes?

Solução:

A condição $m_r = m_s$ garante o paralelismo entre as retas **r** e **s**. Se $m_r \neq m_s$, as retas **r** e **s** são concorrentes.

$$r: 3x - 2y + 5 = 0 \Rightarrow 3x + 5 = 2y \Rightarrow y = \frac{3}{2}x + \frac{5}{2} \Rightarrow m_r = \frac{3}{2}$$

$$s: kx - y + 1 = 0 \Rightarrow y = kx + 1 \Rightarrow m_s = k$$

Assim, para que **r** e **s** sejam concorrentes, devemos ter $k \neq \frac{3}{2}$.

9. Os pontos **M**, **N**, **P** e **Q** são os vértices de um paralelogramo situado no primeiro quadrante. Sendo M(3, 5), N(1, 2) e P(5, 1), determine as equações das retas suportes dos lados desse paralelogramo.

Solução:

Observe inicialmente que:

- o coeficiente angular da reta que passa por **M** e **N** é $m_1 = \frac{\Delta y}{\Delta x} = \frac{5 - 2}{3 - 1} = \frac{3}{2}$
- o coeficiente angular da reta que passa por **N** e **P** é $m_2 = \frac{\Delta y}{\Delta x} = \frac{1 - 2}{5 - 1} = -\frac{1}{4}$

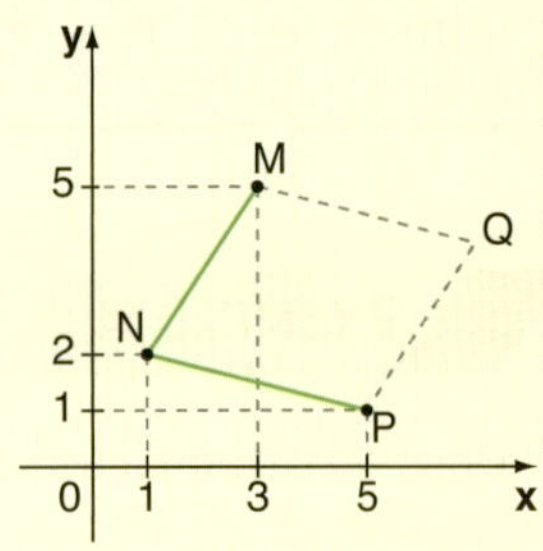

Banco de imagens/Arquivo da editora

Como $m_1 \neq m_2$, então $\overleftrightarrow{MN}$ e $\overleftrightarrow{NP}$ são concorrentes (veja a figura).

- $\overleftrightarrow{NP}$: $\begin{cases} m_2 = -\frac{1}{4} \\ N(1, 2) \in \overleftrightarrow{NP} \end{cases} \Rightarrow \overleftrightarrow{NP}: y - 2 = -\frac{1}{4} \cdot (x - 1) \Rightarrow \overleftrightarrow{NP}: y = -\frac{1}{4}x + \frac{9}{4}$
- $\overleftrightarrow{MQ}$: Como $\overleftrightarrow{NP}$ // $\overleftrightarrow{MQ}$, o coeficiente angular de $\overleftrightarrow{MQ}$ é $-\frac{1}{4}$.

Como $M(3, 5) \in \overleftrightarrow{MQ}$, obtemos $\overleftrightarrow{MQ}: y - 5 = -\frac{1}{4} \cdot (x - 3) \Rightarrow \overleftrightarrow{MQ}: y = -\frac{1}{4}x + \frac{23}{4}$

- $\overleftrightarrow{NM}$: $\begin{cases} m_1 = \frac{3}{2} \\ N(1, 2) \in \overleftrightarrow{NM} \end{cases} \Rightarrow \overleftrightarrow{NM}: y - 2 = \frac{3}{2} \cdot (x - 1) \Rightarrow y = \frac{3}{2}x + \frac{1}{2}$
- $\overleftrightarrow{PQ}$: Como $\overleftrightarrow{NM}$ // $\overleftrightarrow{PQ}$, o coeficiente angular de $\overleftrightarrow{PQ}$ é $\frac{3}{2}$.

Como $P(5, 1) \in \overleftrightarrow{PQ}$, temos $\overleftrightarrow{PQ}: y - 1 = \frac{3}{2} \cdot (x - 5) \Rightarrow \overleftrightarrow{PQ}: y = \frac{3}{2}x - \frac{13}{2}$

OBSERVAÇÃO

Uma das maneiras de encontrar **Q** é procurar a interseção das retas $\overleftrightarrow{MQ}: y = -\frac{1}{4}x + \frac{23}{4}$ e $\overleftrightarrow{PQ}: y = \frac{3}{2}x - \frac{13}{2}$.

Outra é lembrar que as diagonais do paralelogramo intersectam-se ao meio: primeiro determina-se **R**, ponto médio de $\overline{MP}$, e, em seguida, as coordenadas de **Q**, pois **R** também é ponto médio de $\overline{NQ}$. Por qualquer um dos processos, encontra-se Q(7, 4).

Base média de um triângulo

Vamos mostrar, por meio da Geometria analítica, uma importante propriedade da Geometria plana.

Teorema da base média de um triângulo

O segmento que une os pontos médios de dois lados de um triângulo é paralelo ao terceiro lado, e sua medida é igual à metade da medida do terceiro lado.

Seja o triângulo ABC representado abaixo, com $A(x_A, y_A)$, $B(x_B, y_B)$ e $C(x_C, y_C)$.

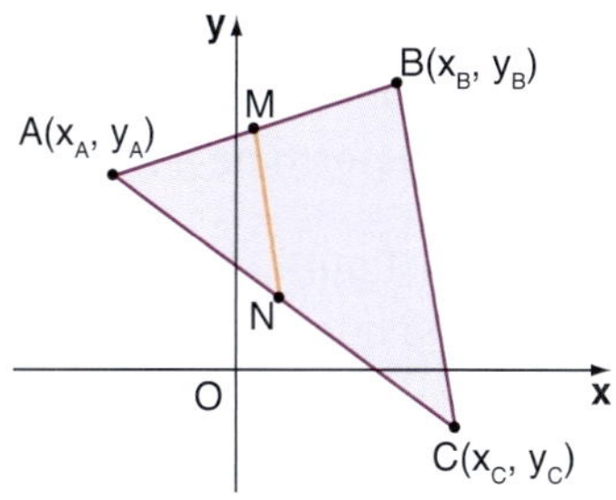

Banco de imagens/Arquivo da editora

Sejam **M** e **N**, respectivamente, os pontos médios de $\overline{AB}$ e $\overline{AC}$.

Vamos mostrar que $\overline{MN} \,//\, \overline{BC}$ e $MN = \frac{BC}{2}$.

1ª parte: $\overline{MN} \,//\, \overline{BC}$

- O coeficiente angular da reta suporte do lado $\overline{BC}$ pode ser calculado por:

$$\frac{\Delta y}{\Delta x} = \frac{y_C - y_B}{x_C - x_B} \quad (1)$$

- Como **M** é ponto médio de $\overline{AB}$, temos: $x_M = \frac{x_A + x_B}{2}$ e $y_M = \frac{y_A + y_B}{2}$.

  Analogamente, como **N** é ponto médio de $\overline{AC}$, temos: $x_N = \frac{x_A + x_C}{2}$ e $y_N = \frac{y_A + y_C}{2}$.

O coeficiente angular da reta que passa por **M** e **N** é:

$$\frac{\Delta y}{\Delta x} = \frac{y_M - y_N}{x_M - x_N} = \frac{\left(\frac{y_A + y_B}{2}\right) - \left(\frac{y_A + y_C}{2}\right)}{\left(\frac{x_A + x_B}{2}\right) - \left(\frac{x_A + x_C}{2}\right)} = \frac{\frac{y_B - y_C}{2}}{\frac{x_B - x_C}{2}} = \frac{y_B - y_C}{x_B - x_C} = \frac{y_C - y_B}{x_C - x_B} \quad (2)$$

Comparando (1) com (2), concluímos que as retas suporte dos segmentos $\overline{BC}$ e $\overline{MN}$ têm declividades iguais e, portanto, são paralelas.

2ª parte: $MN = \frac{BC}{2}$

- $BC = d_{BC} = \sqrt{(x_B - x_C)^2 + (y_B - y_C)^2}$

- $MN = d_{MN} = \sqrt{\left[\left(\frac{x_A + x_B}{2}\right) - \left(\frac{x_A + x_C}{2}\right)\right]^2 + \left[\left(\frac{y_A + y_B}{2}\right) - \left(\frac{y_A + y_C}{2}\right)\right]^2} =$

$$= \sqrt{\left(\frac{x_B - x_C}{2}\right)^2 + \left(\frac{y_B - y_C}{2}\right)^2} = \sqrt{\frac{(x_B - x_C)^2 + (y_B - y_C)^2}{4}} = \frac{\sqrt{(x_B - x_C)^2 + (y_B - y_C)^2}}{2} =$$

$$= \frac{d_{BC}}{2}$$

Assim, $MN = \frac{BC}{2}$.

Exercícios

47. Determine a posição relativa entre as retas de equações:

a) $y = 4x - 1$ e $8x - 2y + 1 = 0$

b) $5x - y + 6 = 0$ e $6x + y - 5 = 0$

c) $y = -\dfrac{3x}{2} + 2$ e $6x + 4y - 8 = 0$

d) $y = -\dfrac{3x}{4} - \dfrac{1}{4}$ e $6x + 8y + 4 = 0$

48. Qual é a equação reduzida da reta que passa pela origem e é paralela a r: $y = -3x - 2$?

49. Para que valores reais de **k** as retas de equações $3x + 2y - 1 = 0$ e $kx - 3y + 2 = 0$ são:

a) paralelas distintas?

b) concorrentes?

c) coincidentes?

50. Escreva uma equação geral da reta **s** que é paralela a **r** e passa por **P**, sendo:

a) r: $y = 3x - 4$ e $P(0, 1)$

b) r: $2x + 5y - 4 = 0$ e $P(-1, 2)$

c) r: $y = -x + 2$ e $P(-2, -2)$

d) r: $y - 3 = 0$ e $P(2, 5)$

51. Forneça o valor real de **k** para que sejam paralelas as retas de equações:

a) $y = 2x - 1$ e $6x + ky + 4 = 0$

b) $y = 2x + k$ e $kx - y + 1 = 0$

52. Determine uma equação geral da reta que passa por (2, 5) e é paralela à bissetriz dos quadrantes pares.

53. Mostre que o quadrilátero de vértices $A\left(-\dfrac{4}{5}, \dfrac{13}{5}\right)$, $B\left(-\dfrac{1}{2}, \dfrac{7}{2}\right)$, $C(1, 2)$ e $D\left(\dfrac{2}{5}, \dfrac{1}{5}\right)$ é um trapézio.

54. As retas suportes de três lados de um paralelogramo são r: $3x + 2y - 12 = 0$, s: $y = \dfrac{x}{2} - 1$ e t: $x - 2y + 6 = 0$. Sendo o ponto (2, 0) um dos vértices do paralelogramo, determine os outros três.

55. Considere o triângulo ABC, com A(1, 1), B(5, 3) e C(3, 8); sejam **M** e **N**, respectivamente, os pontos médios de $\overline{AC}$ e $\overline{BC}$.

a) Escreva a equação da reta suporte que contém $\overline{MN}$.

b) Determine a medida do segmento $\overline{MN}$.

56. Na figura, a equação da reta que passa por **A** e **B** é $5x - 3y - 15 = 0$. Sabendo que **C** é ponto médio de $\overline{OA}$ e **D** é ponto médio de $\overline{OB}$, determine o perímetro do triângulo COD.

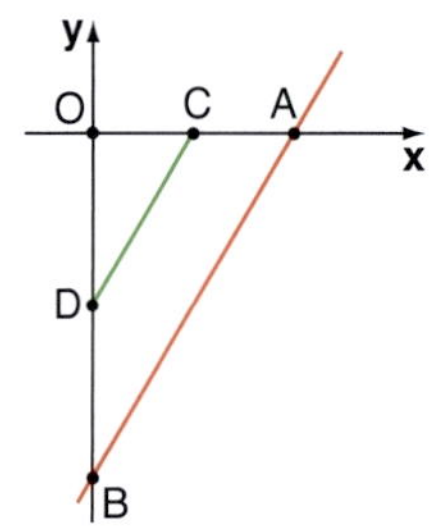

Banco de imagens/Arquivo da editora

57. $\overline{AB}$ e $\overline{CD}$ são lados opostos do retângulo ABCD. Sendo A(1, 1) e B(4, 5), determine a equação geral da reta suporte de $\overline{CD}$.

58. Represente graficamente o conjunto de pontos (x, y), com **x** e **y** reais, que verificam a igualdade $|x - y| = 2$.

59. Na figura, o hexágono OPQRST é regular, e seu lado mede 4. Obtenha a equação da reta suporte dos lados:

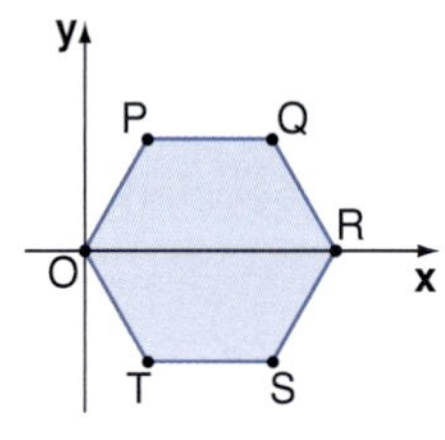

Banco de imagens/Arquivo da editora

a) $\overline{OP}$

b) $\overline{RS}$

c) $\overline{PQ}$

Perpendicularidade

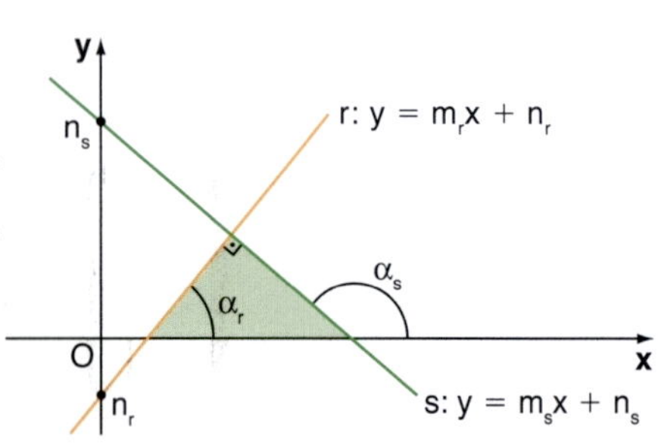

Banco de imagens/Arquivo da editora

Na figura ao lado, as retas **r**, de inclinação α_r ($m_r = \text{tg}\ \alpha_r$) e **s**, de inclinação α_s ($m_s = \text{tg}\ \alpha_s$), são perpendiculares.

Vamos procurar uma relação entre seus coeficientes angulares.

Sejam as equações r: $y = m_rx + n_r$ e s: $y = m_sx + n_s$, e o ângulo α_s externo ao triângulo sombreado.

$$\alpha_s = \alpha_r + 90°$$

$$\text{tg}\ \alpha_s = \text{tg}\ (\alpha_r + 90°)$$

$$\text{tg}\ \alpha_s = \frac{\text{sen}(\alpha_r + 90°)}{\cos(\alpha_r + 90°)} = \frac{\cos \alpha_r}{-\text{sen}\ \alpha_r} = -\frac{1}{\text{tg}\ \alpha_r}$$

Assim:

$$\text{tg}\ \alpha_s = -\frac{1}{\text{tg}\ \alpha_r}, \text{ isto é, } m_s = -\frac{1}{m_r} \Leftrightarrow m_r \cdot m_s = -1$$

Observe que essa relação só pode ser aplicada se **r** e **s** forem oblíquas ao eixo **x**, pois não é definida a declividade no caso de uma delas ser vertical. Nesse caso, uma das retas é perpendicular ao eixo **x** e a outra é horizontal.

Assim, verificamos que:

> Se **r** e **s** são perpendiculares entre si, então $m_r \cdot m_s = -1$.

Podemos provar também a recíproca dessa propriedade, isto é, se **r** e **s** são duas retas tais que $m_r \cdot m_s = -1$, então **r** e **s** são perpendiculares entre si.

EXEMPLO 15

As retas r: $2x - 4y + 5 = 0$ e s: $y = -2x + 3$ são perpendiculares entre si, pois:

$$\left.\begin{array}{l} m_r = -\frac{a}{b} = -\frac{2}{-4} = \frac{1}{2} \\ m_s = -2 \end{array}\right\} m_r \cdot m_s = \frac{1}{2} \cdot (-2) = -1$$

EXEMPLO 16

As retas r: $y = 3x$ e s: $y = \frac{1}{3}x + 5$ não são perpendiculares entre si, pois $m_r = 3$, $m_s = \frac{1}{3}$ e $m_r \cdot m_s = 1 \neq -1$.

Nesse caso, **r** e **s** concorrem, mas não perpendicularmente.

EXEMPLO 17

As retas r: $x - 3 = 0$ e s: $y + 2 = 0$ são perpendiculares entre si, pois **r** é vertical e **s** é horizontal. No entanto, a relação $m_r \cdot m_s = -1$ não pode ser aplicada, pois não se define $\mathbf{m_r}$.

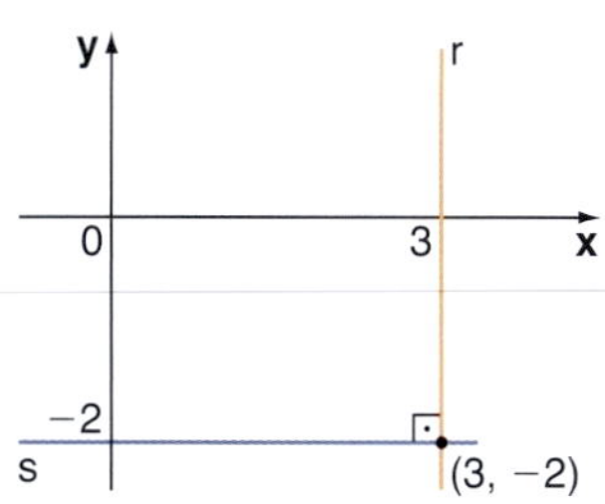

Banco de imagens/Arquivo da editora

OBSERVAÇÃO

A bissetriz dos quadrantes pares e a bissetriz dos quadrantes ímpares são retas perpendiculares entre si: a equação da bissetriz dos quadrantes ímpares ($\mathbf{b}_{13}$) é $y = x$, e a dos quadrantes pares ($\mathbf{b}_{24}$) é $y = -x$. Seus coeficientes angulares são 1 e -1, e o produto entre eles é -1. Então $b_{13} \perp b_{24}$.

Exercícios resolvidos

10. Determine uma equação geral da reta **s**, perpendicular a r: $y = 3x + 1$, traçada pelo ponto P(4, 0).

Solução:

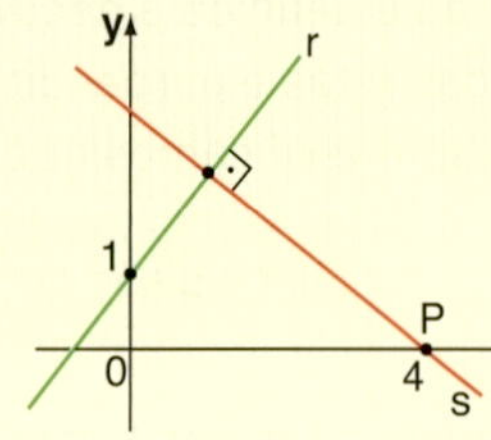

Como $r \perp s$, devemos ter $m_r \cdot m_s = -1$.

Como $m_r = 3$, então $m_s = -\frac{1}{m_r} = -\frac{1}{3}$. Assim, temos s: $y = -\frac{1}{3}x + n$.

Como **s** passa por P(4, 0), temos $0 = -\frac{1}{3} \cdot 4 + n \Rightarrow n = \frac{4}{3}$.

Assim, a equação de **s** é $y = -\frac{1}{3}x + \frac{4}{3} \Rightarrow x + 3y - 4 = 0$.

11. Determine a equação da mediatriz do segmento cujas extremidades são A(0, 0) e B(2, 3).

Solução:

Lembremos que a mediatriz de um segmento é a reta perpendicular ao segmento, traçada pelo seu ponto médio.

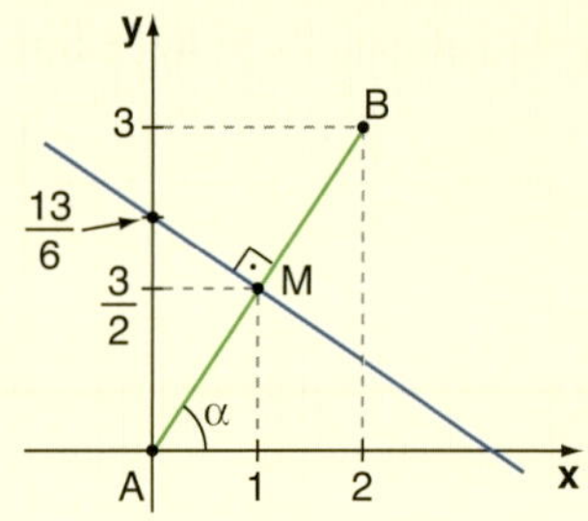

O ponto médio **M** de $\overline{AB}$ é $M\left(\frac{0+2}{2}, \frac{0+3}{2}\right) \Rightarrow M\left(1, \frac{3}{2}\right)$.

O coeficiente angular da reta que passa por **A** e **B** é:

$$m = \frac{\Delta y}{\Delta x} = \frac{3-0}{2-0} = \frac{3}{2} \left(\text{observe que } \operatorname{tg} \alpha = \frac{3}{2}\right)$$

A mediatriz é, portanto, uma reta com declividade $-\frac{2}{3}$ $\left(\text{pois } \frac{3}{2} \cdot \left(-\frac{2}{3}\right) = -1\right)$, que passa pelo ponto $M\left(1, \frac{3}{2}\right)$.

Sua equação reduzida é $y = -\frac{2}{3}x + n$. Substituindo as coordenadas de **M**, temos:

$$\frac{3}{2} = -\frac{2}{3} \cdot 1 + n \Rightarrow n = \frac{3}{2} + \frac{2}{3} = \frac{13}{6}$$

Logo, a equação pedida é $y = -\frac{2}{3}x + \frac{13}{6}$.

12. Determine o ponto de interseção entre a reta r: $y = \frac{3}{2}x$ e a reta perpendicular a **r** conduzida pelo ponto P(−7, 15).

Solução:

O ponto de interseção solicitado é a projeção ortogonal do ponto sobre a reta, como mostra a figura seguinte.

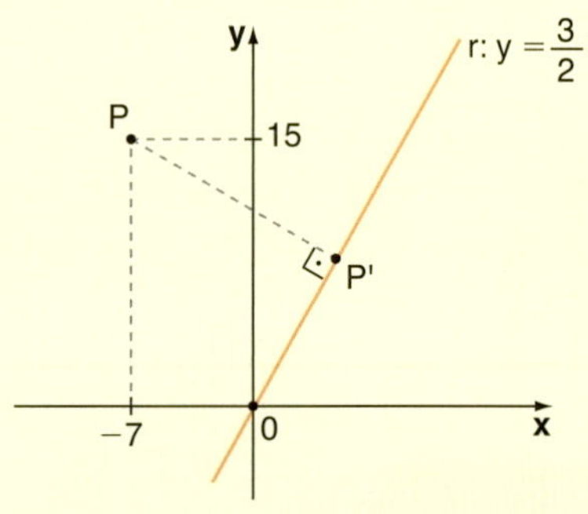

$P' = \text{proj}_r P$: interseção de **r** com $\overleftrightarrow{PP'}$.

Usando os dados do problema, temos:

- O coeficiente angular **m** da reta $\overleftrightarrow{PP'}$ é tal que $m \cdot m_r = -1 \Rightarrow$ $\Rightarrow m \cdot \frac{3}{2} = -1 \Rightarrow m = -\frac{2}{3}$.
- A equação de $\overleftrightarrow{PP'}$ é $y - 15 = -\frac{2}{3} \cdot (x + 7) \Rightarrow 2x + 3y - 31 = 0$.
- Determinemos **P'**, o ponto comum entre **r** e $\overleftrightarrow{PP'}$:

$$\begin{cases} y = \frac{3}{2}x \\ 2x + 3y - 31 = 0 \end{cases} \Rightarrow 2x + \frac{9x}{2} - 31 = 0 \Rightarrow x = \frac{62}{13} \text{ e } y = \frac{93}{13}$$

Assim, as coordenadas de **P'** são $\left(\frac{62}{13}, \frac{93}{13}\right)$.

Exercícios

60. Indique quais das retas abaixo são perpendiculares entre si.

r: $y = 2x + 3$ t: $x + 2y - 6 = 0$

s: $x - 4y + 4 = 0$ u: $y = -2x - 1$

61. Obtenha a equação reduzida da reta que passa por $P(2, -3)$ e é perpendicular a:

a) $y = 3x - 1$

b) $2x - 5y - 11 = 0$

62. Determine $m \in \mathbb{R}$ para que as retas:

r: $3x + 5y - 7 = 0$ e s: $mx - 6y + 1 = 0$

sejam perpendiculares entre si.

63. Determine, em cada caso, a posição relativa entre as retas **r** e **s**:

a) r: $x - 3y = 0$ s: $y = 3x + 2$

b) r: $2x - y + 1 = 0$ s: $y = -\frac{1}{2}x - 3$

c) r: $x + 3 = 0$ s: $x - 1 = 0$

d) r: $x + 3 = 0$ s: $y + 3 = 0$

e) r: $2x - 3y + 4 = 0$ s: $y = \frac{2x}{3}$

64. Dado o segmento $\overline{AB}$, com $A(4, 5)$ e $B(-2, 1)$,

a) determine a equação da mediatriz de $\overline{AB}$;

b) escolha um ponto qualquer dessa mediatriz e mostre que esse ponto equidista de **A** e **B**.

65. Dado o triângulo ABC, com $A(-3, 2)$, $B(1, 0)$ e $C(0, 3)$, obtenha as coordenadas de seu:

a) baricentro (ponto de encontro das medianas);

b) circuncentro (ponto de encontro das mediatrizes).

66. Dados $P(2, -4)$ e r: $2x - 3y + 6 = 0$:

a) obtenha as coordenadas do ponto **Q**, interseção de **r** com a perpendicular a **r** por **P**;

b) determine o simétrico de **P** em relação à reta **r**.

67. ABCD é um quadrado e $A(1, 2)$ e $B(3, 5)$ são vértices consecutivos. Determine as equações das retas suporte dos lados $\overline{AD}$ e $\overline{BC}$.

68. As retas **r** e **s**, de equações r: $2x - y + 3 = 0$ e s: $y = mx + n$, intersectam-se, perpendicularmente, no ponto $(-2, -1)$. Quais são os valores de **m** e **n**?

69. Determine os valores reais de **k** para os quais as retas r: $y = -\frac{k}{3}x + 1$ e s: $y = \left(\frac{k+1}{2}\right)x - 4$ não são perpendiculares entre si.

70. Sejam os pontos $A(2, 2)$, $B(4, -1)$, $C(-2, -5)$ e $D(-4, -2)$.

a) Mostre que o triângulo ABC é retângulo em $\hat{B}$. Quanto mede sua hipotenusa?

b) Mostre que o quadrilátero ABCD é um retângulo. Quanto mede sua diagonal?

71. Seja ABC o triângulo de vértices $A(0, -3)$, $B(-4, 0)$ e $C(2, 1)$. Determine a equação da altura relativa ao lado $\overline{BC}$.

72. Obtenha a equação de uma reta perpendicular a r: $4x + 3y = 0$ e que defina com os eixos coordenados um triângulo de área 6 u.a.

73. Júlia e Jonas costumam se encontrar depois do trabalho em uma sorveteria localizada na esquina de uma praça retangular.

Representando a praça em um sistema de coordenadas retangulares, observamos que Júlia trabalha em uma loja, representada pela origem do sistema, e Jonas trabalha em um restaurante, representado pelo vértice do retângulo oposto à origem; a sorveteria encontra-se no ponto $P(5, 3)$. Ambos caminham, em linha reta, de seus locais de trabalho à sorveteria pontualmente às 18 h. Sabendo que a unidade de medida de comprimento utilizada é o metro e a escala é de 1 : 20, identifique como verdadeiras (**V**) ou falsas (**F**) as afirmações seguintes. Considere $\sqrt{34} \simeq 5{,}8$.

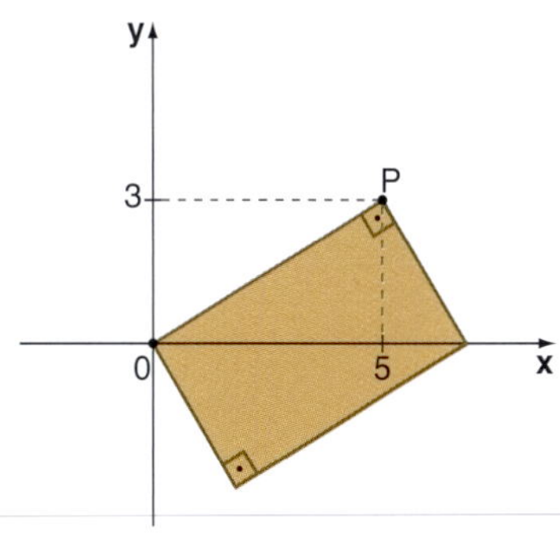

Banco de imagens/Arquivo da editora

a) A distância entre a loja onde Júlia trabalha e o ponto de encontro é maior que 100 metros.

b) O restaurante onde Jonas trabalha está representado por um ponto de abscissa $\frac{34}{5}$.

c) Se Júlia caminha à velocidade constante de 2 km/h, então ela chega à sorveteria antes das 18 h 03 min.

d) Para dar uma volta completa ao redor da praça, um atleta, correndo à velocidade constante de 5 km/h, leva menos de 4 minutos.

74. Obtenha os vértices de um losango ABCD tal que:

- **A** pertence ao eixo **y**;
- **B** pertence ao eixo **x**;
- a diagonal $\overline{AC}$ está contida na reta r: $7x + y - 3 = 0$;
- as diagonais se intersectam em um ponto de ordenada $-\frac{1}{2}$.

Outros modos de escrever a equação de uma reta

Forma segmentária

Seja **r** uma reta que intersecta os eixos coordenados nos pontos P(p, 0) e Q(0, q), com **P** e **Q** distintos. Seja G(x, y) um ponto genérico de **r**.

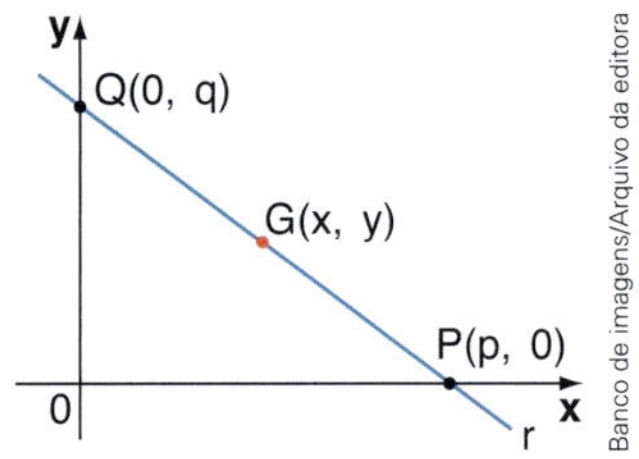

A equação de **r** pode ser obtida a partir da condição de alinhamento de **P**, **Q** e **G**:

$$\begin{vmatrix} x & y & 1 \\ p & 0 & 1 \\ 0 & q & 1 \end{vmatrix} = 0 \Rightarrow pq - qx - py = 0 \Rightarrow qx + py = pq \quad (*)$$

Como **p** e **q** não são nulos (senão **P** e **Q** coincidiriam), podemos dividir os dois membros de (*) por p · q:

$$\frac{qx}{pq} + \frac{py}{pq} = \frac{pq}{pq} \Rightarrow \boxed{\frac{x}{p} + \frac{y}{q} = 1}$$

A equação obtida é chamada **equação segmentária da reta r**. Notemos que:

- o número real que divide **x** é igual à abscissa do ponto em que **r** intersecta o eixo **x**;
- o número real que divide **y** é igual à ordenada do ponto em que **r** intersecta o eixo **y**;
- o segundo membro da equação é igual a 1.

EXEMPLO 18

Observe que **r** intersecta o eixo **x** em P(4, 0) e o eixo **y** em Q(0, 3).
A equação segmentária de **r** é, portanto:

$$\frac{x}{4} + \frac{y}{3} = 1$$

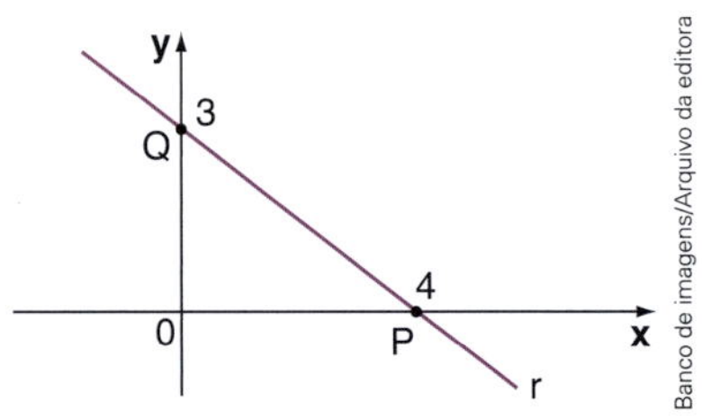

A partir da forma segmentária, podemos obter as equações geral e reduzida:

$$\frac{x}{4} + \frac{y}{3} = 1 \Rightarrow 3x + 4y = 12 \Rightarrow \begin{cases} 3x + 4y - 12 = 0 & \text{(geral)} \\ y = -\frac{3}{4}x + 3 & \text{(reduzida)} \end{cases}$$

Forma paramétrica

As equações geral, reduzida e segmentária relacionam diretamente entre si as coordenadas (x, y) de um ponto genérico da reta. Há outra alternativa para estabelecer a equação de uma reta **r**, que é expressando cada uma das coordenadas (**x** e **y**) dos pontos de **r** em função de uma terceira variável, denominada **parâmetro**.

EXEMPLO 19

Os pontos de uma reta **r** satisfazem as equações $x = 1 + t$ e $y = 3 - 2t$, com $t \in \mathbb{R}$. Vamos representar graficamente a reta **r** e obter sua equação geral.

Façamos o parâmetro **t** variar em $\mathbb{R}$, a fim de obter alguns pontos de **r**:

t	x	y	Ponto
−1	0	5	(0, 5)
0	1	3	(1, 3)
1	2	1	(2, 1)
2	3	−1	(3, −1)
⋮	⋮	⋮	⋮

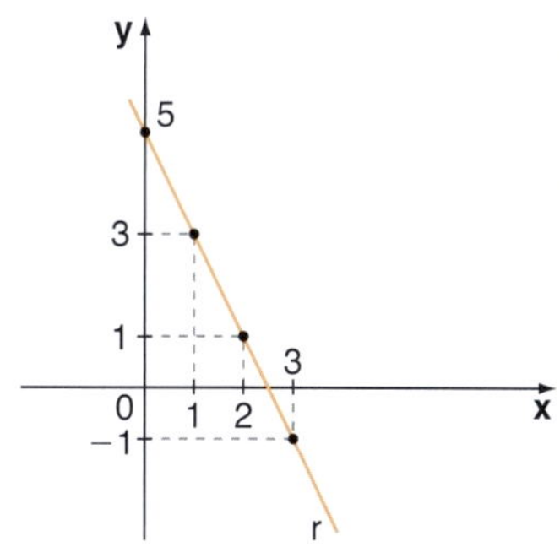

Banco de imagens/Arquivo da editora

A equação geral de **r** pode ser obtida tomando-se dois pontos quaisquer acima e estabelecendo a condição de alinhamento. Outra alternativa é resolver o sistema obtido quando usamos as coordenadas de dois pontos de **r** na lei $y = ax + b$.

Também é possível isolar **t** em uma das equações e substituí-lo na outra:

$$x = 1 + t \Rightarrow t = x - 1$$

Substituindo em $y = 3 - 2t$, temos:

$$y = 3 - 2 \cdot (x - 1) \Rightarrow y = 3 - 2x + 2 \Rightarrow 2x + y - 5 = 0$$

As equações $x = 1 + t$ e $y = 3 - 2t$, em que $t \in \mathbb{R}$, são exemplos de **equações paramétricas da reta** r.

Exercício resolvido

13. Seja **r** a reta cuja equação geral é $6x + y - 3 = 0$. Escreva a equação reduzida, a segmentária e um par de equações paramétricas de **r**.

Solução:

- Equação reduzida: basta isolar **y** em $6x + y - 3 = 0 \Rightarrow y = -6x + 3$.
- Equação segmentária: $6x + y - 3 = 0 \Rightarrow 6x + y = 3$; dividimos os dois membros dessa última equação por 3:

$$\frac{6x + y}{3} = \frac{3}{3} \Rightarrow 2x + \frac{y}{3} = 1 \Rightarrow \frac{x}{\frac{1}{2}} + \frac{y}{3} = 1$$

Note que **r** intersecta o eixo **x** em $\left(\frac{1}{2}, 0\right)$ e o eixo **y** em $(0, 3)$.

- Equação paramétrica:

Fazendo, por exemplo, $t = 3x$, temos: $x = \frac{t}{3}$ e, assim, podemos determinar **y** em função de **t**:

$$6x + y - 3 = 0 \Rightarrow 6 \cdot \frac{t}{3} + y - 3 = 0 \Rightarrow 2t + y - 3 = 0 \Rightarrow y = 3 - 2t$$

Um par de equações paramétricas de **r** é $\begin{cases} x = \frac{t}{3} \\ y = 3 - 2t \end{cases}$; $t \in \mathbb{R}$.

Exercícios

75. Seja **r** a reta representada no gráfico. Determine:

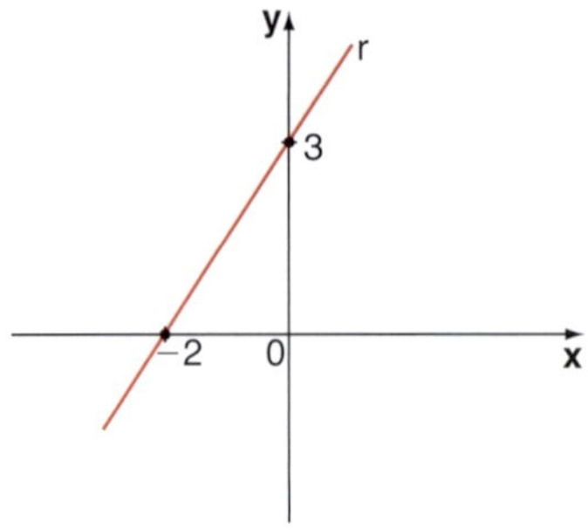

Banco de imagens/Arquivo da editora

a) a equação segmentária de **r**;

b) uma equação geral de **r**.

76. Escreva a forma geral, a reduzida e a segmentária da reta dada por $x = 2t - 1$ e $y = 2 - 3t$; $t \in \mathbb{R}$.

77. Qual é a forma segmentária da equação da reta **r** dada por $y = 2x - 8$?

78. A reta s: $\frac{x}{5} + y = 1$ determina com os eixos coordenados um triângulo retângulo. Obtenha:

a) o perímetro do triângulo;

b) a área do triângulo.

79. Forneça um par de equações paramétricas da reta r: $2x - 3y + 6 = 0$.

80. Determine as coordenadas do ponto médio da hipotenusa do triângulo XOY, sendo **O** a origem e **X** e **Y** os pontos em que a reta $x - 2y - 4 = 0$ intersecta os eixos coordenados.

81. Em cada caso, obtenha a posição relativa entre as retas **r** e **s**:

a) r: $\begin{cases} x = t + 2 \\ y = t - 2 \end{cases}$; $t \in \mathbb{R}$

s: $2x - y - 4 = 0$

b) r: $\frac{x}{3} + \frac{y}{4} = 1$

s: $y = -\frac{4x}{3} + 1$

82. Determine a equação de uma reta **r** que passa por $(-2, -4)$ e é perpendicular à reta s: $\begin{cases} x = 2t - 1 \\ y = 3 - t \end{cases}$; $t \in \mathbb{R}$.

83. Ache as coordenadas do ponto de interseção das retas r: $\begin{cases} x = 3t + 1 \\ y = -2t + 5 \end{cases}$; $t \in \mathbb{R}$ e s: $\begin{cases} x = 2u - 2 \\ y = 7 + u \end{cases}$; $u \in \mathbb{R}$.

Distância entre ponto e reta

Já sabemos que a distância entre **P** e **r** (indica-se por $d_{P,\,r}$) é a distância entre **P** e **P'**, sendo **P'** o ponto de interseção entre a reta perpendicular a **r**, conduzida por **P**, e a reta **r**.

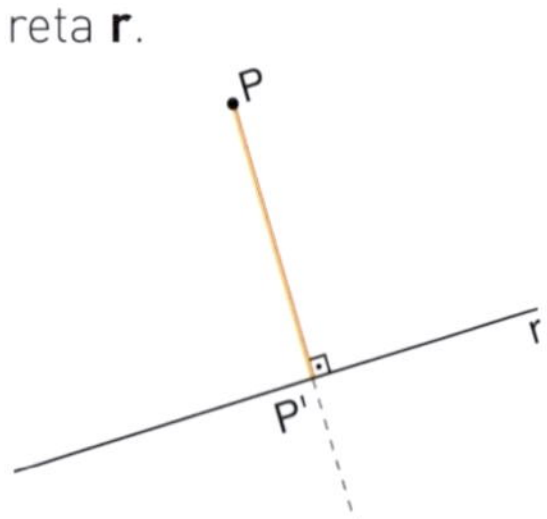

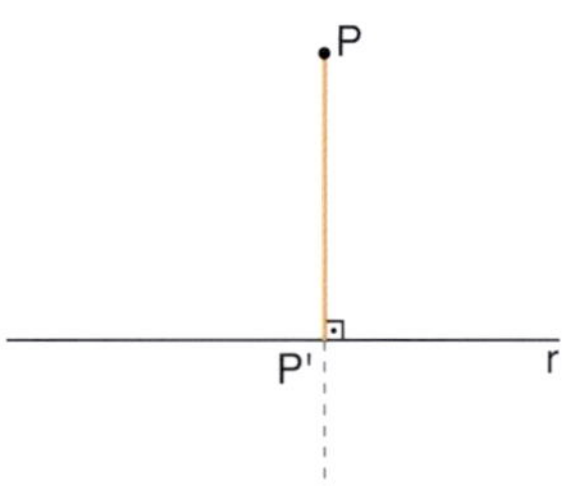

Ilustrações: Banco de imagens/Arquivo da editora

P' também é chamado **projeção ortogonal** de **P** sobre **r**.

- Se $P \in r$, naturalmente, $d_{P,\,r} = 0$.
- Se $P \notin r$, temos $d_{P,\,r} > 0$.

EXEMPLO 20

Vamos agora obter, analiticamente, a distância entre P(2, 3) e a reta r: $x + 2y - 2 = 0$.

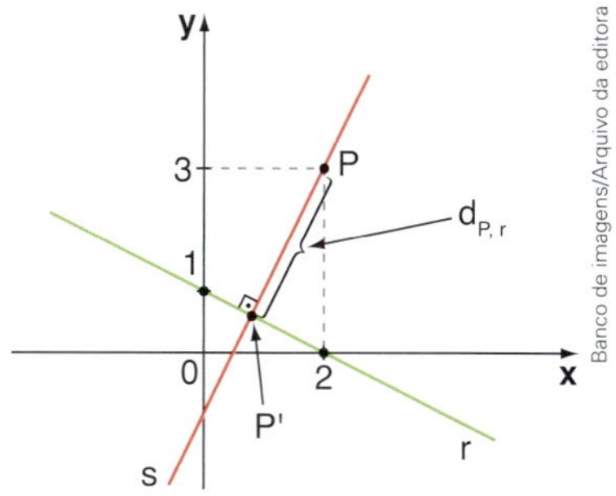

1º) Seja **s** a reta perpendicular a **r**, traçada por **P**. Vamos obter sua equação.

Temos: $m_r = -\dfrac{a}{b} = -\dfrac{1}{2}$; como $m_r \cdot m_s = -1$, temos $m_s = -\dfrac{1}{m_r} = 2$.

Como **s** passa por P(2, 3), podemos escrever:

$$y - 3 = 2 \cdot (x - 2) \Rightarrow y = 2x - 1 \text{ é a equação de } \mathbf{s}.$$

2º) Determinemos **P'**, interseção de **r** com **s**. Para isso, basta resolver o sistema formado pelas equações de **r** e **s**:

$$\begin{cases} r\colon x + 2y - 2 = 0 \\ s\colon y = 2x - 1 \end{cases} \Rightarrow \begin{cases} x + 2y = 2 \\ -2x + y = -1 \end{cases} \Rightarrow y = \frac{3}{5} \text{ e } x = \frac{4}{5}$$

Daí, $P'\left(\dfrac{4}{5}, \dfrac{3}{5}\right)$.

3º) A distância de **P** a **r** é a distância entre os pontos P(2, 3) e $P'\left(\dfrac{4}{5}, \dfrac{3}{5}\right)$:

$$d_{P,\,r} = d_{P,\,P'} = \sqrt{(\Delta x)^2 + (\Delta y)^2} = \sqrt{\left(2 - \frac{4}{5}\right)^2 + \left(3 - \frac{3}{5}\right)^2} = \sqrt{\left(\frac{6}{5}\right)^2 + \left(\frac{12}{5}\right)^2} = \sqrt{\frac{180}{25}} = \frac{6\sqrt{5}}{5}$$

Podemos generalizar o procedimento descrito no exemplo anterior para calcular a distância **d** entre um ponto $P(x_0, y_0)$ e uma reta r: $ax + by + c = 0$.

Obtemos a expressão:

$$d = \frac{|a \cdot x_0 + b \cdot y_0 + c|}{\sqrt{a^2 + b^2}}$$

A demonstração dessa propriedade encontra-se na seção *Um pouco mais sobre*, página 79.

EXEMPLO 21

Vamos aplicar a fórmula para confirmar o resultado obtido no exemplo 20.

$$\left.\begin{aligned} P(2, 3)\ (x_0 = 2,\ y_0 = 3) \\ r\colon x + 2y - 2 = 0 \\ (a = 1,\ b = 2,\ c = -2) \end{aligned}\right\} \Rightarrow d = \frac{|1 \cdot 2 + 2 \cdot 3 - 2|}{\sqrt{1^2 + 2^2}} = \frac{|6|}{\sqrt{5}} = \frac{6\sqrt{5}}{5}$$

OBSERVAÇÃO

A distância de um ponto **P** a uma reta **r**, vertical ou horizontal, pode ser encontrada de maneira mais rápida e sem a necessidade de fórmula.

Acompanhe este exemplo, em que P(2, 3), a reta **r** é horizontal, r: y − 5 = 0 e a reta **s** é vertical, s: x − 6 = 0.

A distância de **P** a **r** é: $d_{P,\,r} = 5 - 3 = 2$.

A distância de **P** a **s** é: $d_{P,\,s} = 6 - 2 = 4$.

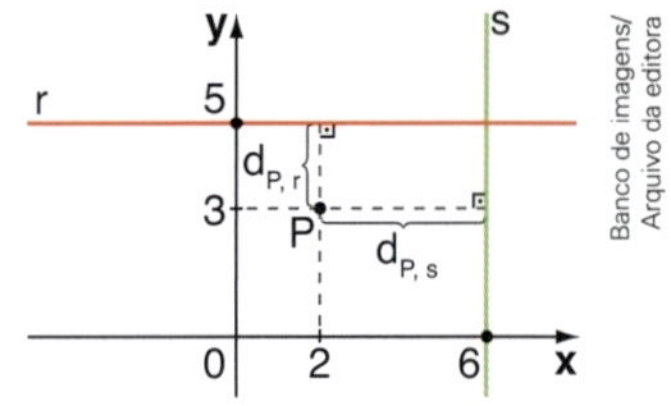

Exercícios resolvidos

14. Os vértices de um triângulo ABC são A(−2, −4), B(1, −2) e C(2, 5). Determine a medida da altura relativa ao lado $\overline{AB}$.

Solução:

Para determinar o comprimento da altura $\overline{CH}$, primeiramente encontramos a equação de $\overleftrightarrow{AB}$:

$$\overleftrightarrow{AB}: \begin{vmatrix} -2 & -4 & 1 \\ 1 & -2 & 1 \\ x & y & 1 \end{vmatrix} = 0 \Rightarrow 2x - 3y - 8 = 0$$

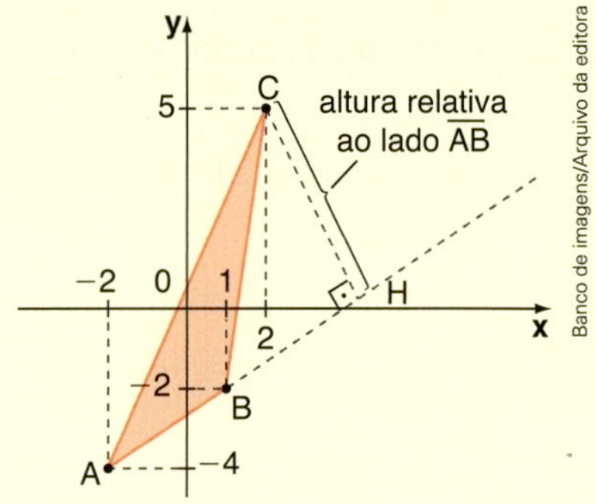

Agora, basta encontrar a distância entre C(2, 5) e $\overleftrightarrow{AB}$. Podemos seguir o procedimento usado no exemplo 20 ou aplicar a fórmula:

$$d_{C,\,\overleftrightarrow{AB}} = \frac{|2 \cdot 2 - 3 \cdot 5 - 8|}{\sqrt{2^2 + (-3)^2}} = \frac{|-19|}{\sqrt{13}} = \frac{19}{\sqrt{13}} \Rightarrow h_C = \frac{19\sqrt{13}}{13}$$

15. Determine a distância entre as retas r: x + 2y + 5 = 0 e s: x + 2y − 3 = 0.

Solução:

É importante observar, de início, que **r** e **s** são paralelas distintas, pois possuem o mesmo coeficiente angular $\left(m_r = m_s = -\dfrac{1}{2}\right)$. A distância entre duas retas paralelas é a distância entre um ponto qualquer de uma delas à outra reta.

Desse modo, é preciso escolher um ponto arbitrário de uma das retas e calcular a distância desse ponto à outra reta.

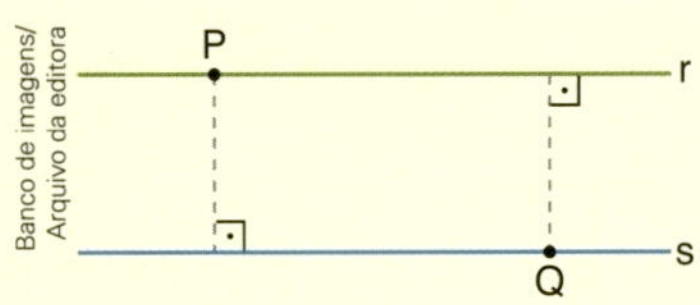

$$d_{r,\,s} = d_{P,\,s} = d_{Q,\,r} = \ldots$$

Tomamos um ponto **P** em **r**:

Escolhemos, arbitrariamente, x = −1 ⇒ −1 + 2y + 5 = 0 ⇒ 2y + 4 = 0 ⇒ y = −2.

Assim, temos P(−1, −2) ∈ r.

Calculamos a distância de **P** a **s**:

$$d = \frac{|1 \cdot (-1) + 2 \cdot (-2) - 3|}{\sqrt{1^2 + 2^2}} = \frac{|-8|}{\sqrt{5}} = \frac{8\sqrt{5}}{5}$$

Podemos também resolver esse exercício tomando um ponto em **s**: escolhemos um ponto arbitrário **Q** pertencente à reta **s** com abscissa x = 5. Usando a equação da reta, temos 5 + 2y − 3 = 0 ⇒ 2y = = −2 ⇒ y = −1. Calculamos a distância de Q(5, −1) à reta **r**:

$$d = \frac{|1 \cdot 5 + 2 \cdot (-1) + 5|}{\sqrt{1^2 + 2^2}} = \frac{8}{\sqrt{5}} = \frac{8\sqrt{5}}{5}$$

Exercícios

84. Determine a distância do ponto **P** à reta **r**, sendo:

a) $P(-1, -3)$ e $r: 3x - y + 5 = 0$

b) $P(0, 2)$ e $r: 4x - 3y - 11 = 0$

c) $P(-2, 5)$ e $r: 5x + 2y + 29 = 0$

d) $P(1, -1)$ e $r: 3x - y - 4 = 0$

85. Dados os pontos $A(-1, -1)$, $B(6, -3)$ e $C(4, -10)$, calcule a medida da altura relativa ao lado $\overline{AC}$ do triângulo ABC.

86. Determine a distância entre as retas de equações $y = 3x - 1$ e $6x - 2y + 15 = 0$.

87. Considere os pontos $P(10, -1)$, $Q(0, 3)$ e $R(5, 1)$.

a) Qual desses pontos é o mais distante da reta $r: 2x + 5y - 1 = 0$?

b) O que se pode afirmar a respeito da posição relativa entre **r** e a reta que passa por **P** e **Q**?

88. Calcule a medida da altura de um trapézio cujos vértices são $A(-1, -3)$, $B(6, -2)$, $C(5, 2)$ e $D(-9, 0)$.

89. Determine o perímetro e a área do quadrado OPQR.

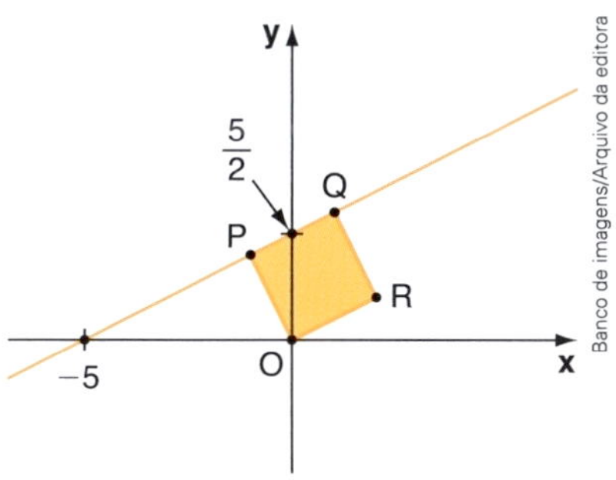

90. Para ir ao trabalho, José atravessa, a pé, uma longa avenida retilínea que corta parte da pequena cidade onde vive. Ao longo de toda a avenida, ele consegue avistar a casa de Vânia, sua namorada. O sistema de coordenadas retangulares seguinte mostra parte do mapa da cidade. A casa de Vânia está representada pelo ponto **V** e a origem do sistema corresponde ao marco zero da cidade.

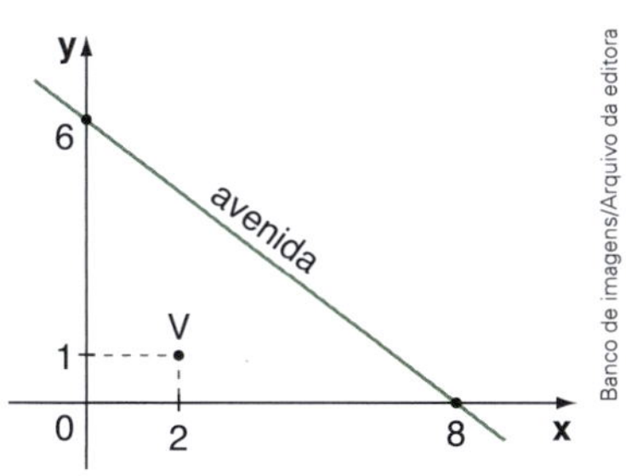

Sabendo que a unidade de medida de comprimento utilizada é o metro e que a escala é de 1 : 100, determine:

a) a distância real do marco zero da cidade à casa de Vânia;

b) a distância real do marco zero da cidade à avenida;

c) as coordenadas do ponto da avenida no qual José fica mais próximo da casa de Vânia;

d) a distância real entre José e a casa de Vânia, considerando o item anterior.

91. Obtenha uma equação da reta paralela a $r: x - y + 7 = 0$ e distante $\sqrt{2}$ do ponto $(2, 2)$.

92. Para a construção de um anel viário, a prefeitura de uma cidade planejada pretende desapropriar alguns estabelecimentos comerciais que estão localizados ao longo da avenida Brasil.

Anel viário em construção.

Os comerciantes instalados nessa avenida serão transferidos para uma futura rua comercial para pedestres, paralela à avenida Brasil e distante 6 km dela, como mostra o mapa seguinte, em que a unidade de medida de comprimento considerada é o quilômetro:

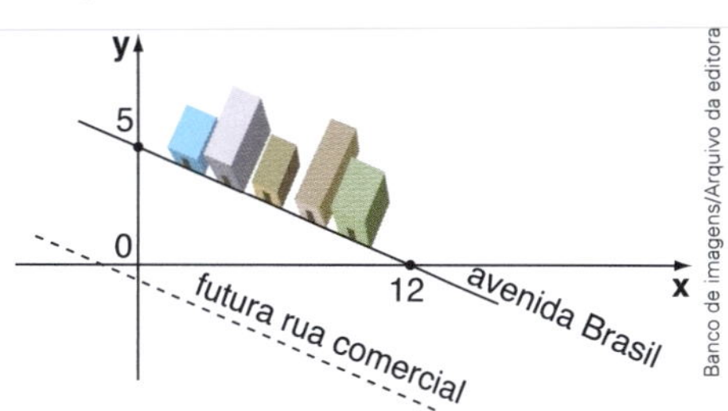

Determine, no sistema acima, a equação da reta que representa a futura rua comercial a ser construída na cidade.

Área do triângulo

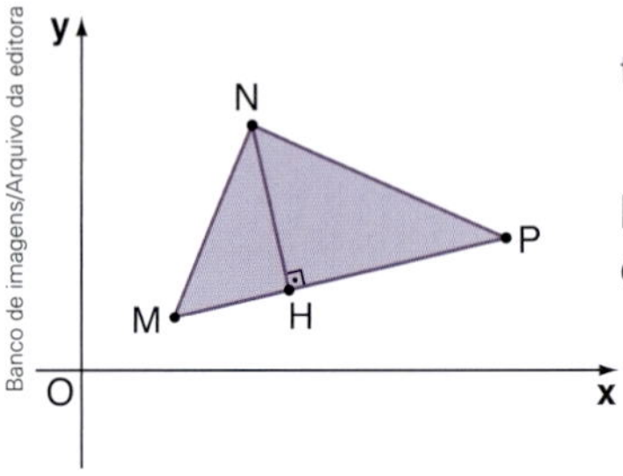

Banco de imagens/Arquivo da editora

Vamos calcular a área de um triângulo MNP a partir das coordenadas dos três vértices: $M(x_M, y_M)$, $N(x_N, y_N)$ e $P(x_P, y_P)$.

Com base na Geometria plana, sabemos que a área da superfície limitada por um triângulo, ou, simplesmente, a área do triângulo, pode ser calculada pela expressão:

$$\frac{\text{medida da base} \cdot \text{medida da altura}}{2}$$

- Tomando o lado $\overline{MP}$ como base, sua medida é a distância entre os pontos **M** e **P**, a saber:

$$d_{MP} = \sqrt{(x_M - x_P)^2 + (y_M - y_P)^2} \quad (1)$$

- A medida da altura $\overline{NH}$ é a distância entre o ponto **N** e a reta suporte do lado $\overline{MP}$. Para calcular essa distância, vamos inicialmente obter a equação de $\overleftrightarrow{MP}$:

$$\begin{vmatrix} x_M & y_M & 1 \\ x_P & y_P & 1 \\ x & y & 1 \end{vmatrix} = 0$$ (**x** e **y** são as coordenadas de um ponto qualquer de $\overleftrightarrow{MP}$.)

$$x_M y_P + x y_M + y x_P - x y_P - y x_M - x_P y_M = 0$$

$$x(y_M - y_P) + y(x_P - x_M) + (x_M y_P - x_P y_M) = 0 \quad (2)$$

- Vamos usar a expressão da distância entre ponto e reta para calcular a distância entre **N** e a reta suporte de $\overline{MP}$.

$$\begin{cases} N(x_N, y_N) \\ \overleftrightarrow{MP}: x(y_M - y_P) + y(x_P - x_M) + (x_M y_P - x_P y_M) = 0 \end{cases}$$

$$d_{N,\overleftrightarrow{MP}} = \frac{|x_N(y_M - y_P) + y_N(x_P - x_M) + (x_M y_P - x_P y_M)|}{\sqrt{(y_M - y_P)^2 + (x_P - x_M)^2}} \quad (3)$$

- Por fim, a área **A** do triângulo é:

$$A = \frac{1}{2} \cdot d_{MP} \cdot d_{N,\overleftrightarrow{MP}}$$

Usando (1) e (3), obtemos:

$$A = \frac{1}{2} \cdot \cancel{\sqrt{(x_M - x_P)^2 + (y_M - y_P)^2}} \cdot \frac{|x_N(y_M - y_P) + y_N(x_P - x_M) + (x_M y_P - x_P y_M)|}{\cancel{\sqrt{(x_M - x_P)^2 + (y_M - y_P)^2}}}$$

Observe que o módulo da expressão obtida coincide com (2) quando **x** e **y** são substituídos, respectivamente, por $\mathbf{x_N}$ e $\mathbf{y_N}$.

Logo, podemos escrever:

$$A = \frac{1}{2} \cdot |D|, \text{ em que } D = \begin{vmatrix} x_M & y_M & 1 \\ x_P & y_P & 1 \\ x_N & y_N & 1 \end{vmatrix}$$

Assim, mostramos que:

A área da superfície limitada pelo triângulo MNP, em que $M(x_M, y_M)$, $N(x_N, y_N)$ e $P(x_P, y_P)$, é dada por:

$$A = \frac{1}{2} \cdot |D|, \text{ em que } D = \begin{vmatrix} x_M & y_M & 1 \\ x_N & y_N & 1 \\ x_P & y_P & 1 \end{vmatrix}$$

Exercício resolvido

16. Calcule a área do triângulo de vértices A(2, 3), B(1, 8) e C(−5, 2).

Solução:

Iniciamos pelo cálculo do determinante **D**.

$$D = \begin{vmatrix} 2 & 3 & 1 \\ 1 & 8 & 1 \\ -5 & 2 & 1 \end{vmatrix} = 16 - 15 + 2 + 40 - 4 - 3 = 36$$

Assim, $A_{\triangle ABC} = \frac{1}{2} \cdot |36| = \frac{1}{2} \cdot 36 = 18 \Rightarrow$

$\Rightarrow A_{\triangle ABC} = 18$ unidades de área.

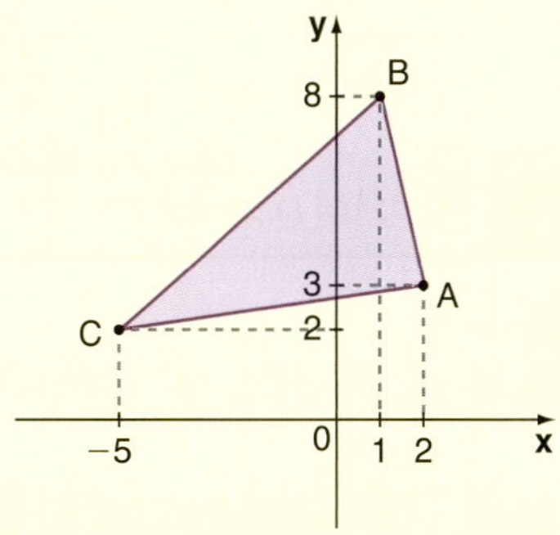

Banco de imagens/Arquivo da editora

Exercícios

93. Determine a área do triângulo de vértices:

a) A(2, 3), B(5, 4) e C(6, −3)

b) A(4, 1), B(−3, 1) e C(−1, −2)

c) $A\left(-2, \frac{1}{2}\right)$, $B\left(\frac{1}{2}, 2\right)$ e C(2, −1)

d) A(0, 0), B(3, 4) e C(−2, 11)

94. Obtenha a área do quadrilátero ABCD.

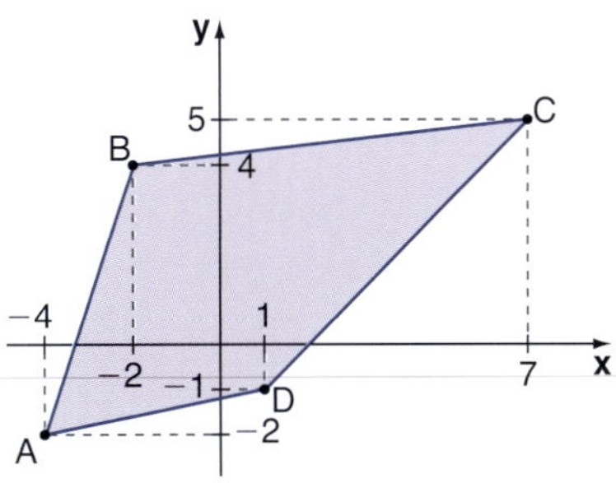

Banco de imagens/Arquivo da editora

95. Os pontos A(1, 2), B(4, 3), C(3, 1) e **D** são vértices consecutivos de um paralelogramo.

a) Obtenha a equação da reta $\overleftrightarrow{AD}$.

b) Calcule a área do paralelogramo.

96. A reta r: 2x + y − 6 = 0 determina com os eixos coordenados um triângulo retângulo. Qual é a área desse triângulo?

97. Determine a área do triângulo PQR seguinte.

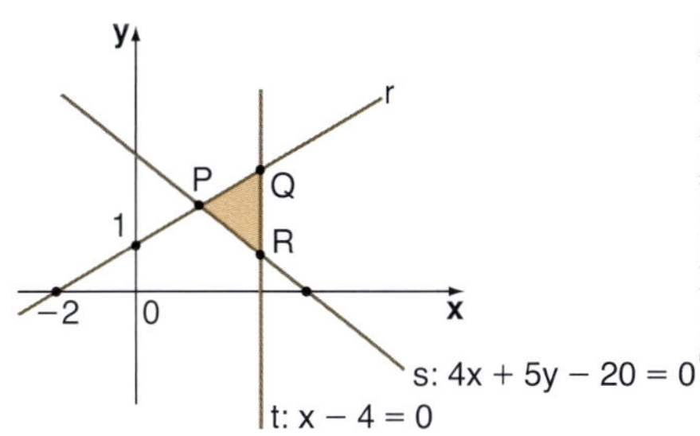

Banco de imagens/Arquivo da editora

98. Na figura, temos o triângulo AOB em que AO = = 2 · OB. Obtenha a equação da reta **r**, sabendo que a área do triângulo é igual a 16.

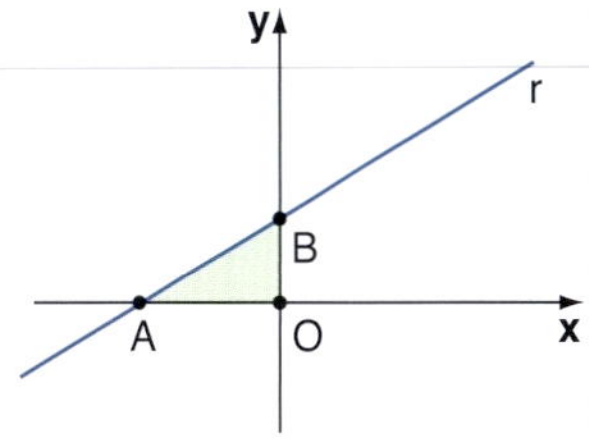

Banco de imagens/Arquivo da editora

99. Determine a área do triângulo ABC, sabendo que:

- A(1, 0) e B(−1, 0);
- $\overleftrightarrow{BC}$ tem por equação: y = x + 1;
- o coeficiente angular de $\overleftrightarrow{AC}$ é 2.

Inequações do 1º grau – resolução gráfica

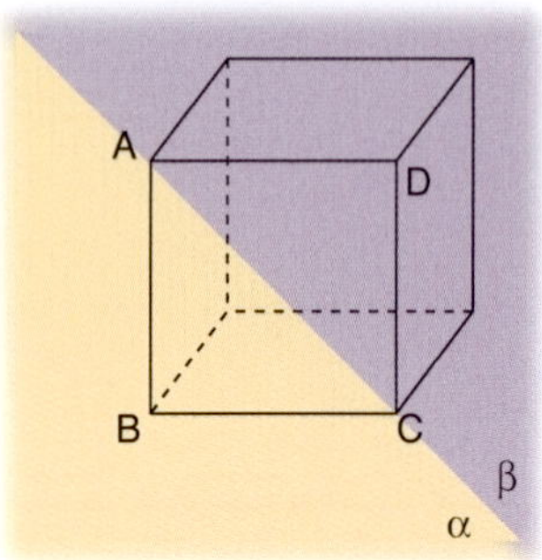

Banco de imagens/Arquivo da editora

Sabemos, com base na Geometria espacial de posição, que uma reta **r** contida em um plano divide-o em dois semiplanos, ambos com origem na própria reta.

Observe o cubo ao lado.

A reta $\overleftrightarrow{AC}$ divide o plano que contém a face ABCD em dois semiplanos α e β, sendo $\overleftrightarrow{AC}$ a origem de ambos.

Consideremos uma reta **r** do plano cartesiano, que o divide em dois semiplanos. Cada um desses semiplanos pode ser representado por uma inequação do 1º grau (com uma ou duas incógnitas).

1º caso: A reta **r** é paralela a um dos eixos coordenados.

EXEMPLO 22

Seja r: $y - 5 = 0$.

r divide o plano cartesiano em dois semiplanos α e β:

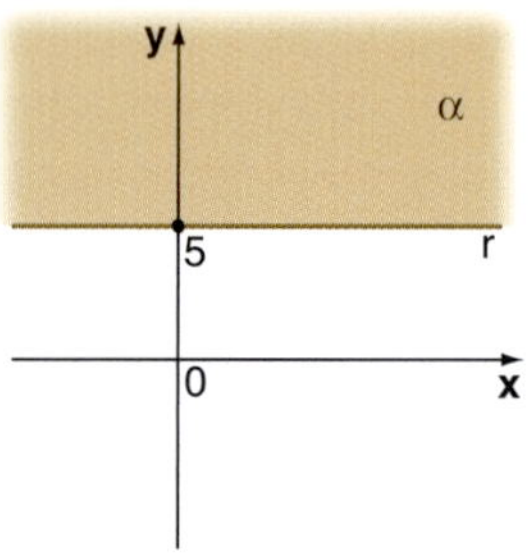

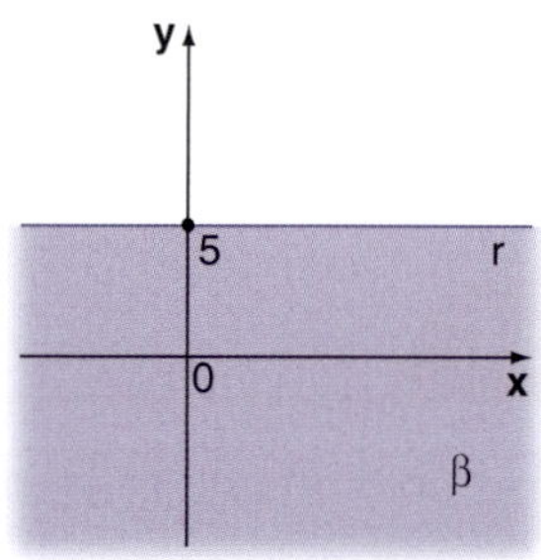

Ilustrações: Banco de imagens/Arquivo da editora

Todos os pontos de α possuem ordenadas maiores ou iguais a 5. A inequação $y \geqslant 5 \Leftrightarrow$ $\Leftrightarrow y - 5 \geqslant 0$ pode representar esses pontos.

Todos os pontos de β possuem ordenadas menores ou iguais a 5. A inequação $y \leqslant 5 \Leftrightarrow$ $\Leftrightarrow y - 5 \leqslant 0$ pode representar esses pontos.

EXEMPLO 23

Seja s: $x - 2 = 0$.

r divide o plano cartesiano em dois semiplanos:

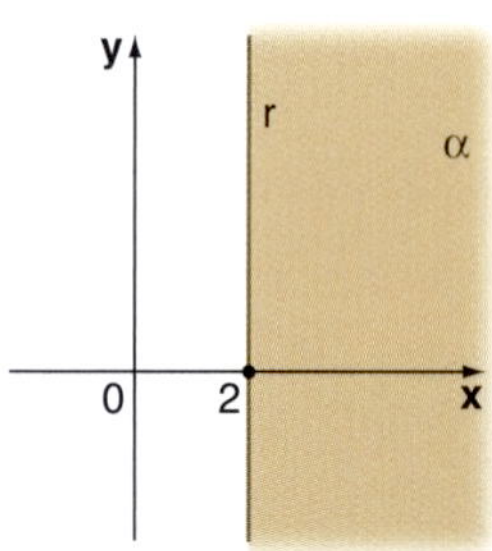

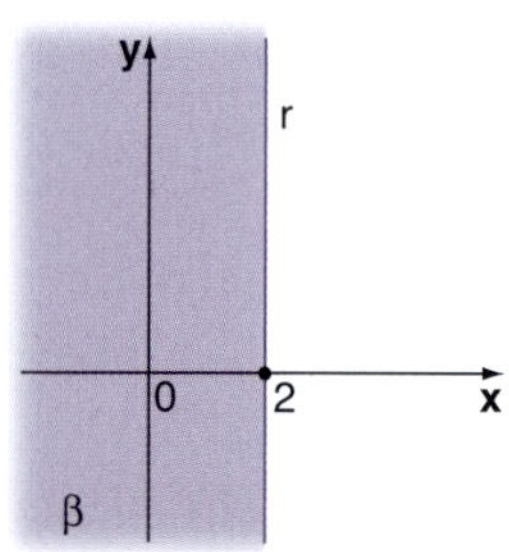

Ilustrações: Banco de imagens/Arquivo da editora

Todos os pontos de α possuem abscissas maiores ou iguais a 2. Podemos representá-los pela inequação $x \geqslant 2 \Leftrightarrow x - 2 \geqslant 0$.

Todos os pontos de β possuem abscissas menores ou iguais a 2. Podemos representá-los pela inequação $x \leqslant 2 \Leftrightarrow x - 2 \leqslant 0$.

2º caso: A reta **r** não é paralela a qualquer um dos eixos coordenados.

EXEMPLO 24

Seja r: $x - 2y + 2 = 0$.

Tomemos um ponto qualquer $A(x_A, y_A)$ em **r**.

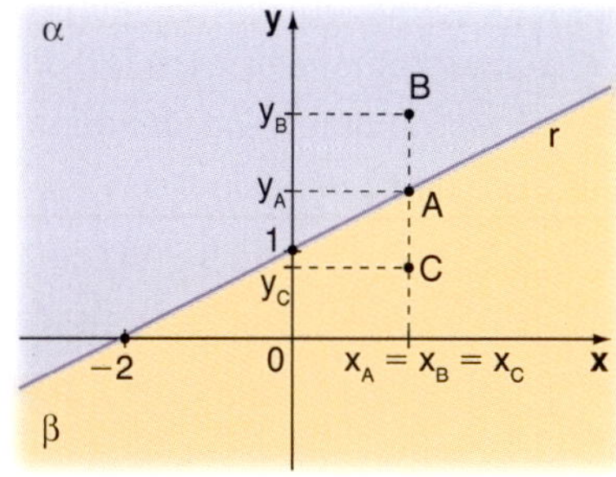

Temos: $x_A - 2y_A + 2 = 0 \Leftrightarrow y_A = \frac{x_A}{2} + 1$

Seja **B** um ponto na mesma vertical de **A** $(x_B = x_A)$, acima de **r**, isto é, $y_B > y_A$, ou melhor:

$$y_B > \frac{x_A}{2} + 1$$

Como $x_A = x_B$, temos:

$$y_B > \frac{x_B}{2} + 1 \Rightarrow 2y_B > x_B + 2 \Rightarrow x_B - 2y_B + 2 < 0 \quad (1)$$

Seja **C** um ponto na mesma vertical de **A** $(x_A = x_C)$, abaixo de **r**, isto é, $y_C < y_A \Rightarrow y_C < \frac{x_A}{2} + 1$.

Como $x_A = x_C$, escrevemos:

$$y_C < \frac{x_C}{2} + 1 \Rightarrow x_C - 2y_C + 2 > 0 \quad (2)$$

Assim, temos que:

- todo ponto do semiplano α, excluindo os pontos de **r**, satisfaz a inequação $x - 2y + 2 < 0$, como em (1).
- todo ponto do semiplano β, excluindo os pontos de **r**, satisfaz a inequação $x - 2y + 2 > 0$, como em (2).

EXEMPLO 25

Seja r: $3x + 2y - 6 = 0$; α e β são os dois semiplanos determinados por **r**.

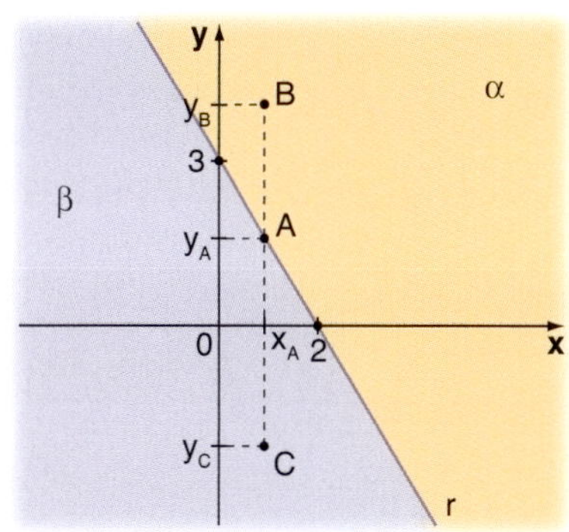

Temos:

- $A \in r \Rightarrow 3x_A + 2y_A - 6 = 0 \Leftrightarrow y_A = -\frac{3}{2}x_A + 3$
- $B \in \alpha\ (x_B = x_A, y_B > y_A) \Rightarrow y_B > -\frac{3}{2}x_B + 3 \Leftrightarrow 3x_B + 2y_B - 6 > 0 \quad (1)$
- $C \in \beta\ (x_C = x_A, y_C < y_A) \Rightarrow y_C < -\frac{3}{2}x_C + 3 \Leftrightarrow 3x_C + 2y_C - 6 < 0 \quad (2)$

Temos que:

- todo ponto do semiplano α, excluindo os pontos de **r**, satisfaz a inequação $3x + 2y - 6 > 0$, como em (1).
- todo ponto do semiplano β, excluindo os pontos de **r**, satisfaz a inequação $3x + 2y - 6 < 0$, como em (2).

OBSERVAÇÃO

Se uma reta **r** qualquer (não paralela a qualquer um dos eixos), de equação r: $ax + by + c = 0$, divide o plano cartesiano em dois semiplanos de mesma origem **r**, como nos exemplos 24 e 25, temos:

- Todo ponto (x, y) pertencente a um dos semiplanos satisfaz a inequação $ax + by + c \geqslant 0$.
- Todo ponto (x, y) pertencente ao outro semiplano satisfaz a inequação $ax + by + c \leqslant 0$.

Nos dois casos, a igualdade ocorre somente se o ponto pertence à reta.

EXEMPLO 26

A reta r: $3x + 4y - 12 = 0$ divide o plano cartesiano nos semiplanos α e β. Vamos determinar a inequação que descreve os pontos de α.

Consideramos um ponto qualquer do plano cartesiano, não pertencente a **r**, por exemplo, a origem O(0, 0).

Substituindo pelas coordenadas de **O**, obtemos, no primeiro membro da equação de **r**:

$$3 \cdot 0 + 4 \cdot 0 - 12 = -12 < 0$$

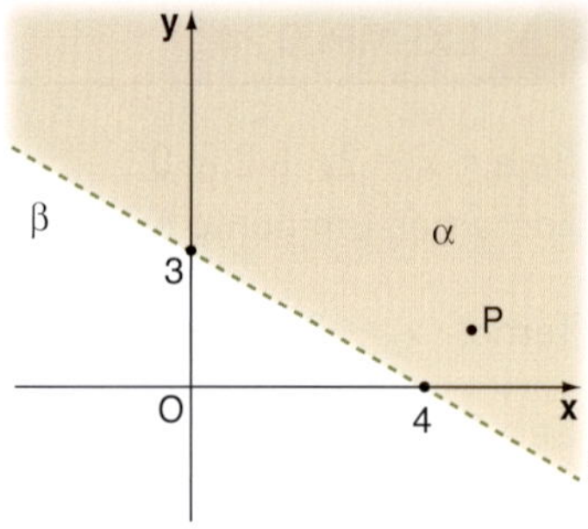

Banco de imagens/Arquivo da editora

O é um exemplo de ponto do semiplano β, que, como os outros pontos deste semiplano, satisfazem a inequação $3x + 4y - 12 < 0$.

Dessa maneira, todos os pontos do semiplano α (que não contém **O**) satisfazem a inequação $3x + 4y - 12 > 0$.

OBSERVAÇÃO

Se tivéssemos escolhido outro ponto qualquer, por exemplo, P(5, 2), verificaríamos que:

$$3 \cdot 5 + 4 \cdot 2 - 12 = 11 > 0$$

O ponto **P** pertence ao semiplano α, e os pontos de α podem ser descritos por $3x + 4y - 12 > 0$.

Exercícios resolvidos

17. Resolva graficamente a inequação $2x + 3y \leq 0$.

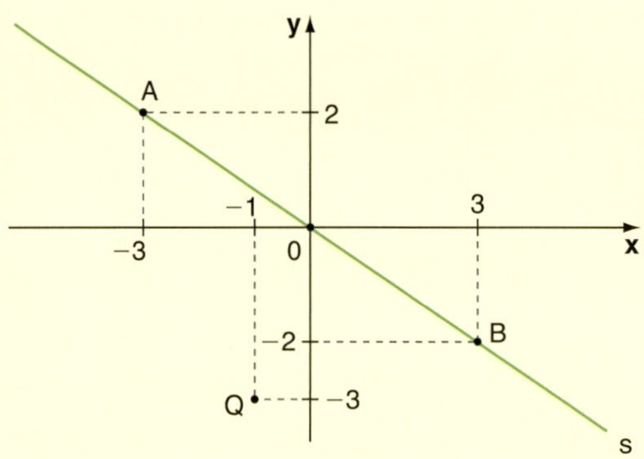

Banco de imagens/Arquivo da editora

Solução:

Seja **s** a reta de equação $2x + 3y = 0$.

Tomemos dois pontos de **s**:

x	y	(x, y)
−3	2	A(−3, 2)
3	−2	B(3, −2)

Na equação de **s**, devemos "experimentar" as coordenadas de um ponto não pertencente a **s** para escolher a região correta.

Como a origem pertence à reta **s**, tomemos outro ponto, por exemplo, o ponto Q(−1, −3):

$$2 \cdot (-1) + 3 \cdot (-3) = -11 \leqslant 0$$

O sinal da desigualdade coincide com o requerido pela inequação inicial; portanto, o ponto **Q** (e todos os outros pontos do mesmo semiplano α) satisfaz a condição, e a região escolhida é a que está "abaixo" de **s**. Veja a figura abaixo.

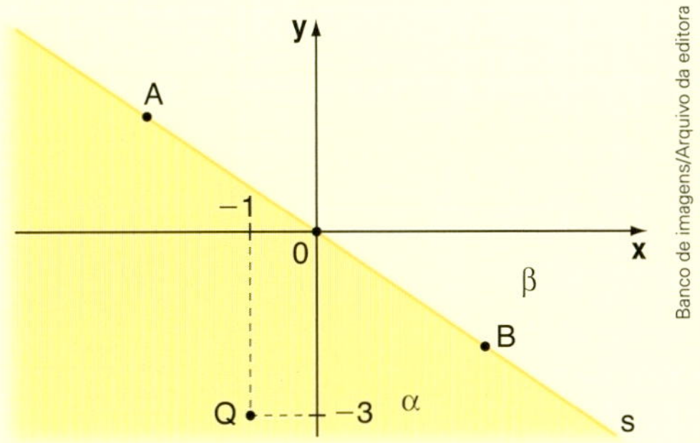

No caso, a reta **s** é marcada continuamente (veja o sinal $\leqslant$).

Podemos apresentar como solução para a inequação dada: "semiplano sα (incluindo **s**)".

18. As coordenadas dos pontos de uma região do plano cartesiano satisfazem simultaneamente as inequações:

$$\begin{cases} x > 0 \\ y < 0 \\ 2x - 5y - 10 \leqslant 0 \end{cases}$$

Determine a área dessa região.

Solução:

As duas primeiras inequações são satisfeitas pelos pontos pertencentes ao 4º quadrante. (1)

Para resolver graficamente a terceira inequação, devemos construir a reta s: 2x − 5y − 10 = 0.

x	y
0	−2
5	0

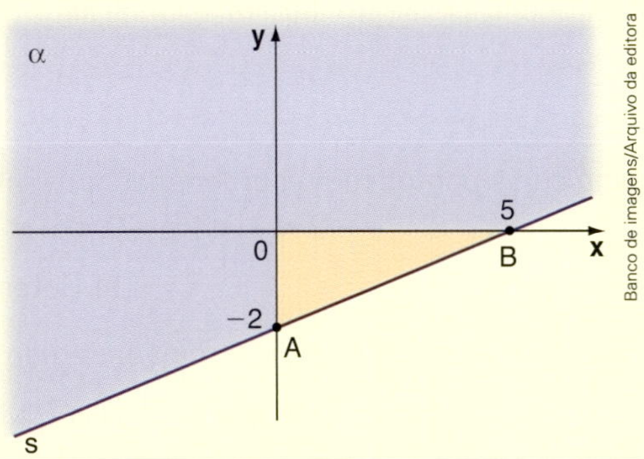

Tomando a origem **O** (com O ∉ s) e substituindo suas coordenadas no 1º membro da equação da reta **s**, temos:

$$2 \cdot 0 - 5 \cdot 0 - 10 = -10 < 0$$

Assim, o semiplano que satisfaz a inequação $2x - 5y - 10 \leqslant 0$ deve conter a origem, isto é, é o semiplano α incluindo **s**. (2)

A interseção dos pontos de (1) e (2) é o triângulo OAB destacado no gráfico. Sua área é:

$$\frac{5 \cdot 2}{2} = 5 \text{ u.a. (unidades de área)}$$

Exercícios

100. Resolva graficamente as inequações:

a) $x + 1 \leqslant 0$

b) $y + 3 > 0$

c) $x - 3y \leqslant 2$

d) $2x - 6y > 0$

e) $4x + y \geqslant 3$

101. Escreva uma inequação do 1º grau que represente, em cada caso, a região sombreada:

a)

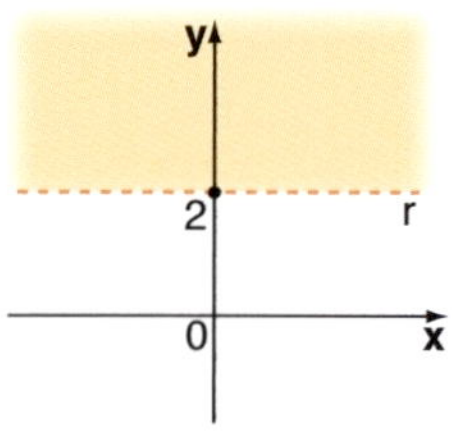

Ilustrações: Banco de imagens/ Arquivo da editora

b)

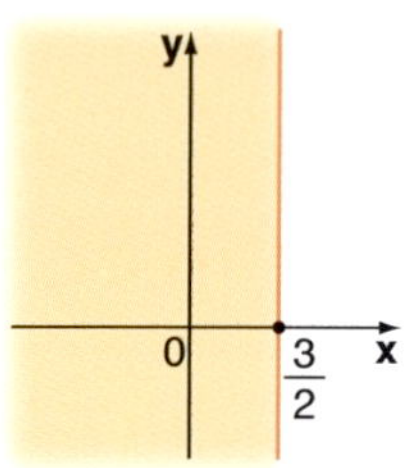

c)

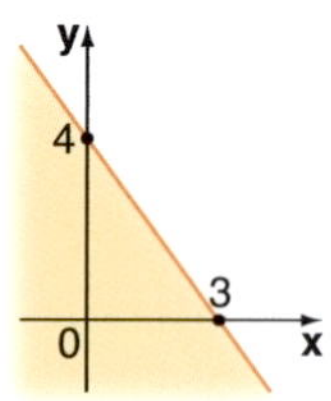

d)

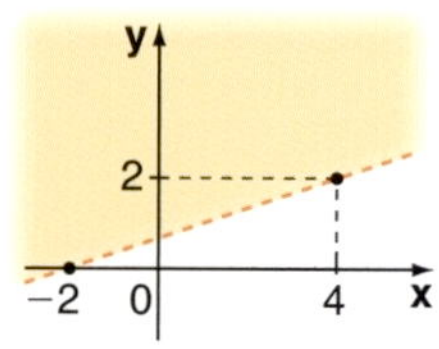

e)

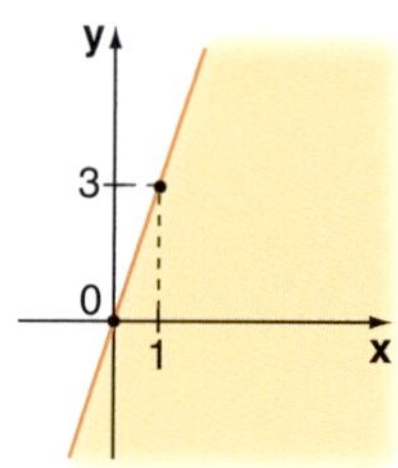

102. Seja **R** a região do plano cujos pontos têm coordenadas que satisfazem simultaneamente as condições:

$$-2 \leqslant x \leqslant 2 \text{ e } -1 \leqslant y \leqslant 3.$$

a) Represente graficamente **R**.

b) Determine a área de **R**.

103. As coordenadas dos pontos pertencentes a determinada região do plano satisfazem simultaneamente as inequações:

$$\begin{cases} x + y \leqslant 0 \\ y - 1 \geqslant 0 \\ x + 4 \geqslant 0 \end{cases}$$

Determine o perímetro dessa região.

104. Represente graficamente os pontos do plano cartesiano que satisfazem simultaneamente as inequações $x - 3y \leqslant 2$ e $3x + y \geqslant 4$.

105. No plano cartesiano, o conjunto de pontos (x, y) tal que $\begin{cases} 0 \leqslant x \leqslant 1 \\ y \geqslant 0 \\ x + y \leqslant 2 \end{cases}$ determina um polígono. Determine:

a) o perímetro do polígono;

b) a área do polígono.

Aplicações

Uma introdução à programação linear

Uma empresa fabrica *tablets* em dois modelos: **A** e **B**.

O custo de produção unitário do modelo **A** é R$ 600,00 e o do modelo **B** é R$ 900,00. As restrições orçamentárias da empresa permitem gastos mensais de até R$ 54 000,00 na produção dos *tablets* e sua capacidade produtiva mensal é de 80 unidades.

Representando por

x: número de *tablets* do tipo **A** fabricados no mês

y: número de *tablets* do tipo **B** fabricados no mês

podemos estabelecer as seguintes desigualdades:

$$\begin{cases} x \geqslant 0 & (1) \\ y \geqslant 0 & (2) \\ 600 \cdot x + 900 \cdot y \leqslant 54\,000 & (3) \\ x + y \leqslant 80 & (4) \end{cases}$$

Observe que (1) e (2) representam os pontos do 1º quadrante, incluindo os semieixos reais positivos Ox e Oy.

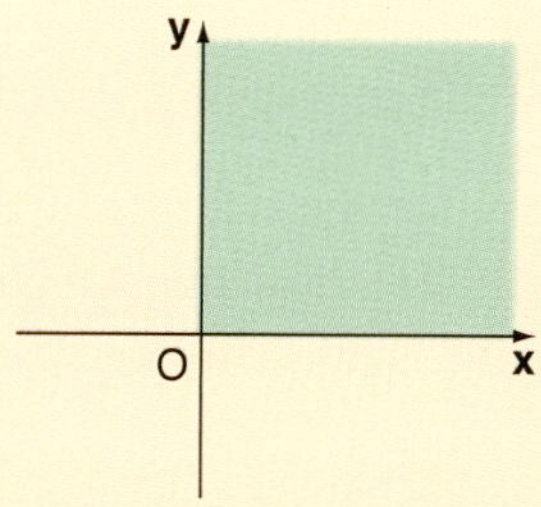

Banco de imagens/Arquivo da editora

De (3), seja r: $600x + 900y - 54\,000 = 0 \Leftrightarrow 2x + 3y - 180 = 0$.

Testando a origem O(0, 0), temos:

$$2 \cdot 0 + 3 \cdot 0 - 180 < 0$$

Assim, a representação gráfica de (3) é o semiplano $r\beta$ (incluindo **r**).

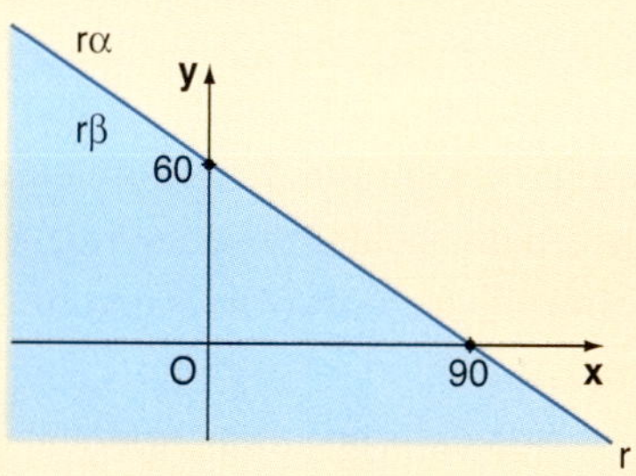

Banco de imagens/Arquivo da editora

De (4) temos s: $x + y = 80 \Leftrightarrow x + y - 80 = 0$.

Testando a origem, temos:

$$0 + 0 - 80 < 0$$

A representação gráfica de (4) é o semiplano $s\beta$ (incluindo **s**).

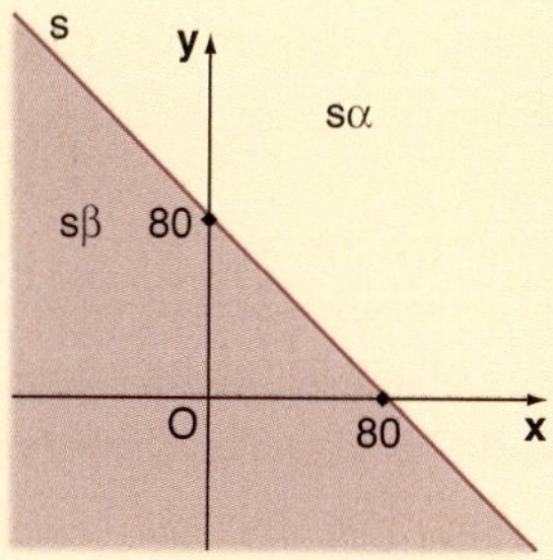

Banco de imagens/Arquivo da editora

Reunindo as três últimas representações gráficas em um mesmo sistema de coordenadas cartesianas e determinando o conjunto de pontos (x, y) que satisfazem, simultaneamente, 1, 2, 3 e 4, obtemos o quadrilátero ABCO reunido com seu interior; sendo O(0, 0), A(0, 60), B(60, 20) e C(80, 0).

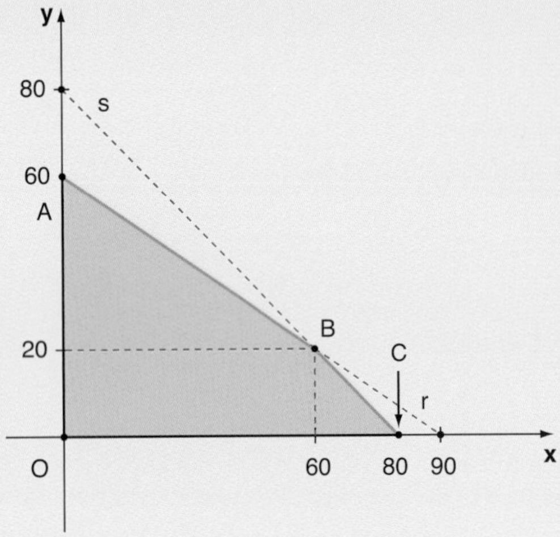

Banco de imagens/Arquivo da editora

OBSERVAÇÃO

Obtemos as coordenadas de **B** resolvendo o sistema formado pelas equações de **r** e **s**:

$$\begin{cases} 2x + 3y - 180 = 0 \\ x + y - 80 = 0 \end{cases},$$

cuja solução é $x = 60$ e $y = 20$.

A análise da solução gráfica obtida permite à empresa saber que, em um determinado mês (mantidas tais restrições), é possível fabricar, por exemplo, 20 *tablets* do tipo **A** e 50 do tipo **B**, pois (20, 50) pertence ao interior de ABCO; da mesma forma, podem ser fabricados, em um mês, 70 *tablets* do tipo **A** e 10 do tipo **B**, pois (70, 10) pertence ao interior de ABCO.

Ao contrário, não é possível fabricar 40 *tablets* de cada tipo em um mês, pois (40, 40) **não** pertence à região destacada.

Conhecendo-se o preço unitário de venda de cada tipo de *tablet*, é possível, por meio de conhecimentos mais avançados de Matemática — geralmente estudados no Ensino Superior —, determinar o número de unidades que devem ser vendidas (respeitadas as restrições orçamentárias e de produtividade) a fim de maximizar a receita da empresa com a venda de *tablets*.

A situação aqui descrita é um exemplo introdutório simples de problemas estudados pela **programação linear**.

Programação linear é uma técnica de planejamento em pesquisa operacional presente em vários ramos da atividade humana. Em linhas gerais, trata de problemas de otimização: como distribuir recursos limitados para atender um objetivo específico, que pode ser a maximização da receita (ou do lucro) de uma empresa, em situações de restrições orçamentárias.

Veja alguns outros exemplos de aplicações da programação linear:

- formulação da composição de alimentos, rações e adubo para melhor rendimento, em negócios agropecuários;
- composição de tabelas de escala de horários dos funcionários em uma empresa para gerar maior receita com o menor custo possível;
- seleção de rotas e elaboração da logística que permitam a uma empresa a redução de custos na realização de transportes de cargas e encomendas, com qualidade e segurança.

Fontes de pesquisa: NOGUEIRA, F. M. A. *Programação linear*. Disponível em: <www.ufjf.br/epd015/files/2010/06/IntrodPL.pdf>. Acesso em: 11 abr. 2018. *Introdução à programação linear*. Disponível em: <www.ufrgs.br/espmat/disciplinas/novos_conteudos/modulo_II/pdf/CAP5EE2PLapost.pdf>. Acesso em: 11 abr. 2018. LOUREIRO, M. *Problemas de programação linear*. Disponível em: <www.novaims.unl.pt/docentes/vlobo/IO/1%20PPLinear.pdf>. Acesso em: 11 abr. 2018.

MORETTIN, Pedro Alberto; BUSSAB, Wilton de Oliveira; HAZZAN, Samuel. *Cálculo*: funções de uma e várias variáveis. 2. ed. São Paulo: Saraiva, 2010.

Ângulo entre retas

Sejam $\mathbf{r}_1$ e $\mathbf{r}_2$ duas retas concorrentes e não perpendiculares. Elas determinam quatro ângulos, dois a dois, opostos pelo vértice e congruentes:

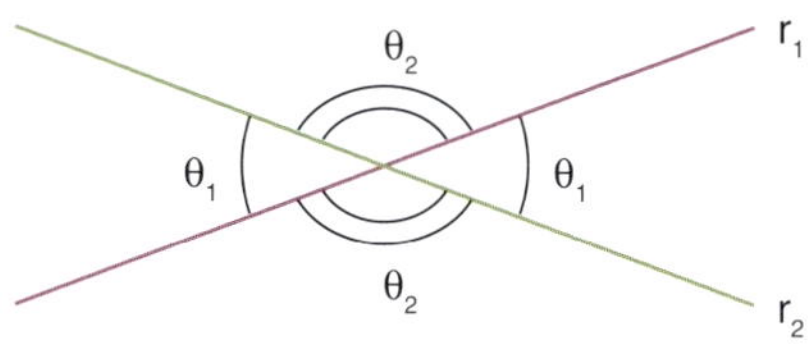

Banco de imagens/Arquivo da editora

$\boldsymbol{\theta}_1$ é a medida dos ângulos agudos; $\boldsymbol{\theta}_2$ é a medida dos ângulos obtusos.

Lembre-se de que $\theta_1 + \theta_2 = 180°$.

Vamos determinar a medida $\boldsymbol{\theta}_1$ do ângulo agudo formado por $\mathbf{r}_1$ e $\mathbf{r}_2$.

1º caso: Nenhuma das retas é vertical.

Na figura, as inclinações de $\mathbf{r}_1$ e $\mathbf{r}_2$ são, respectivamente, os ângulos de medidas α_1 e α_2. O ângulo de medida α_2 é externo ao triângulo:

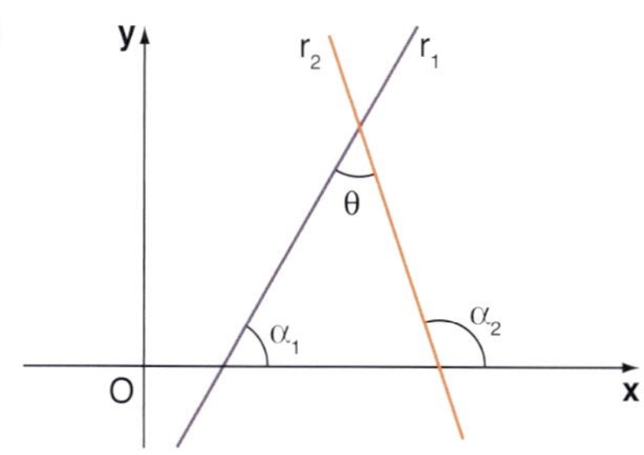

Banco de imagens/Arquivo da editora

$$\alpha_2 = \alpha_1 + \theta \Rightarrow \theta = \alpha_2 - \alpha_1$$

Daí:

$$\text{tg } \theta = \text{tg } (\alpha_2 - \alpha_1)$$

Lembrando que $\text{tg } (a - b) = \dfrac{\text{tg } a - \text{tg } b}{1 + \text{tg } a \cdot \text{tg } b}$, temos:

$$\text{tg } \theta = \frac{\text{tg } \alpha_2 - \text{tg } \alpha_1}{1 + \text{tg } \alpha_2 \cdot \text{tg } \alpha_1}$$

Como os coeficientes angulares de $\mathbf{r}_1$ e $\mathbf{r}_2$ são, respectivamente, $m_1 = \text{tg } \alpha_1$ e $m_2 = \text{tg } \alpha_2$, vem:

$$\text{tg } \theta = \frac{m_2 - m_1}{1 + m_1 \cdot m_2} \quad (1)$$

Na expressão acima, se obtivermos $\text{tg } \theta > 0$, teremos calculado $\text{tg } \theta_1$, em que $\boldsymbol{\theta}_1$ é a medida do ângulo agudo formado por $\mathbf{r}_1$ e $\mathbf{r}_2$. Caso tenhamos obtido $\text{tg } \theta < 0$, teremos calculado $\text{tg } \theta_2$, em que $\boldsymbol{\theta}_2$ é a medida do ângulo obtuso formado por $\mathbf{r}_1$ e $\mathbf{r}_2$.

Como estamos interessados em calcular a medida do ângulo agudo formado por duas retas concorrentes e não perpendiculares, podemos considerar o módulo da expressão obtida em (1).

Assim, a medida $\boldsymbol{\theta}$ do ângulo agudo formado por $\mathbf{r}_1$ e $\mathbf{r}_2$ é tal que:

$$\text{tg } \theta = \left| \frac{m_1 - m_2}{1 + m_1 \cdot m_2} \right|$$

em que $\mathbf{m}_1$ e $\mathbf{m}_2$ são, respectivamente, os coeficientes angulares de $\mathbf{r}_1$ e $\mathbf{r}_2$.

OBSERVAÇÃO

Se uma das retas (por exemplo, $\mathbf{r}_1$) for paralela ao eixo **x**, temos $m_1 = 0$, e a expressão se reduz a $\text{tg } \theta = |m_2|$, em que $\mathbf{m}_2$ é o coeficiente angular de $\mathbf{r}_2$. Faça uma figura para compreender essa situação.

Exercício resolvido

19. Sejam as retas r: $y = 3x + 4$ e s: $y = -2x + 8$. Determine a medida $\boldsymbol{\theta}$ do ângulo agudo formado por **r** e **s**.

Solução:

Temos: $m_r = 3$ e $m_s = -2$.

$$\text{tg } \theta = \left| \frac{m_r - m_s}{1 + m_r \cdot m_s} \right| = \left| \frac{3 - (-2)}{1 + 3 \cdot (-2)} \right| = \left| \frac{5}{-5} \right| = |-1| = 1$$

Como $\text{tg } \theta = 1$, concluímos que $\theta = 45°$.

2º caso: Uma das retas é vertical, isto é, paralela ao eixo **y**.

$$\begin{cases} m_1 = \text{tg}\ \alpha_1 > 0 \\ \mathbf{r}_2 \text{ é vertical} \end{cases}$$

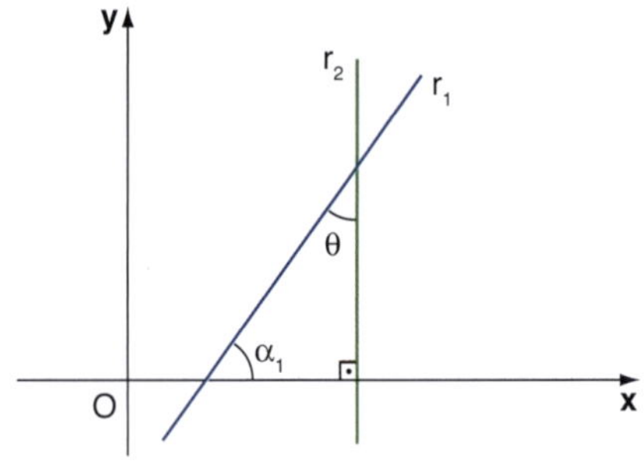

Banco de imagens/Arquivo da editora

Temos:

$$\theta = 90° - \alpha_1 \Rightarrow \text{tg}\ \theta = \text{tg}\ (90° - \alpha_1) \Rightarrow \text{tg}\ \theta = \frac{\text{sen}\ (90° - \alpha_1)}{\cos\ (90° - \alpha_1)} = \frac{\cos \alpha_1}{\text{sen}\ \alpha_1} =$$

$$= \text{cotg}\ \alpha_1 = \frac{1}{\text{tg}\ \alpha_1} \text{ e, portanto, } \text{tg}\ \theta = \frac{1}{m_1}. \quad (1)$$

Se tivéssemos $m_1 = \text{tg}\ \alpha_1 < 0$, teríamos:

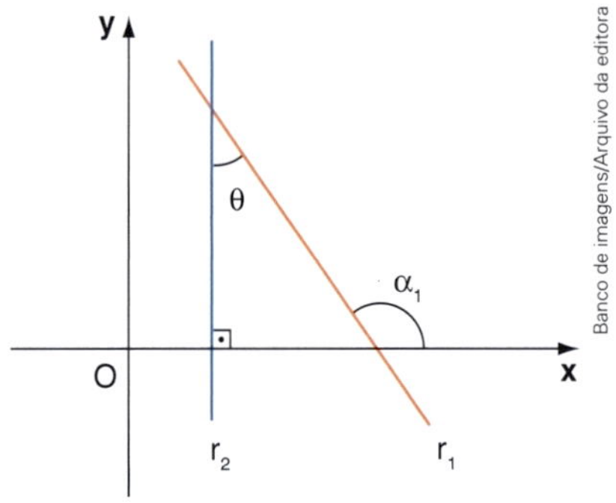

Banco de imagens/Arquivo da editora

$\theta = \alpha_1 - 90°$ e, por raciocínio análogo, concluiríamos que $\text{tg}\ \theta = -\frac{1}{m_1}$. (2)

De (1) e (2), concluímos que a medida **θ** do ângulo agudo formado por $\mathbf{r}_1$ e $\mathbf{r}_2$ é tal que:

$$\text{tg}\ \theta = \left|\frac{1}{m_1}\right|$$

Exercício resolvido

20. Sejam as retas r: $2x - y + 3 = 0$ e s: $x - 2 = 0$. Determine a medida **θ** do ângulo agudo formado por **r** e **s**.

Solução:

Temos: $\begin{cases} m_r = -\frac{a}{b} = -\frac{2}{(-1)} = 2 \\ \mathbf{s} \text{ é vertical e não se define } \mathbf{m}_s \end{cases}$

Daí: $\text{tg}\ \theta = \left|\frac{1}{m_r}\right| = \left|\frac{1}{2}\right| = \frac{1}{2}$.

Costuma-se escrever $\theta = \text{arc tg}\ \frac{1}{2}$, isto é, **θ** é a medida de um ângulo entre $-\frac{\pi}{2}$ e $\frac{\pi}{2}$ e cuja tangente vale $\frac{1}{2}$. Consultando uma tabela de razões trigonométricas ou usando uma calculadora científica, podemos determinar a medida $\theta \simeq 27°$.

Exercícios

106. Determine a medida do ângulo agudo formado entre **r** e **s**, sendo:

a) r: $y = 2x + 5$ e s: $y = -3x + 5$

b) r: $2x - y + 3 = 0$ e s: $3x - y + 2 = 0$

107. A reta **r** passa pela origem e pelo ponto de interseção entre s: $2x + 5y - 1 = 0$ e t: $x - y + 3 = 0$. Determine as medidas dos ângulos agudos formados entre **r** e **s** e entre **r** e **t**.

108. Determine a medida θ do ângulo agudo formado pelas retas **r** e **s**:

a) r: $3x - 2y - 6 = 0$
s: $2x - 3 = 0$

b) r: $x + y\sqrt{3} - 12 = 0$
s: $3y - \sqrt{2} = 0$

109. Encontre a tangente do ângulo formado entre as retas de equações $x + 5y - 6 = 0$ e $3x - y - 6 = 0$.

110. Determine a equação geral da reta **r** seguinte:

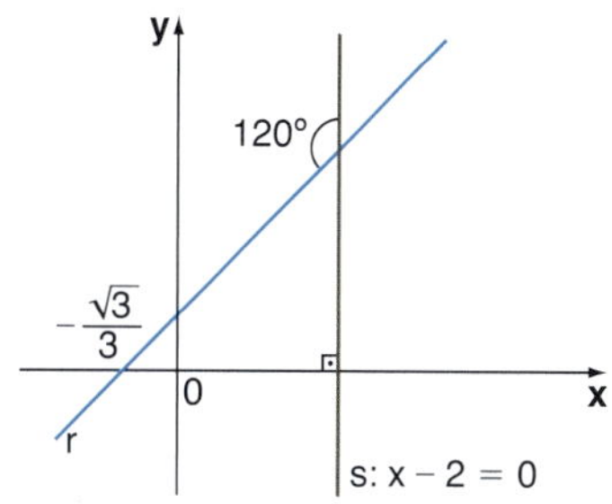

Banco de imagens/Arquivo da editora

111. Em um sistema de coordenadas ortogonal, são dados os pontos A(3, 0), B(10, 1) e M(6, k). Determine o(s) valor(es) de **k** para o qual o ângulo BÂM mede 45°.

Bissetrizes dos ângulos de duas retas

Outra aplicação direta da fórmula de distância entre ponto e reta é a obtenção das equações das bissetrizes dos ângulos formados entre duas retas concorrentes.

Sejam as retas concorrentes r: $a_1x + b_1y + c_1 = 0$ e s: $a_2x + b_2y + c_2 = 0$ e P(x, y) um ponto genérico de qualquer das bissetrizes $\mathbf{i}_1$ e $\mathbf{i}_2$, cujas equações queremos determinar.

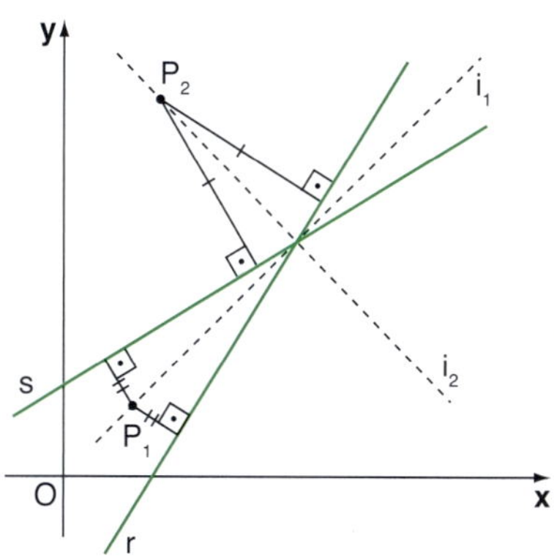

Banco de imagens/Arquivo da editora

Como **P** é equidistante de **r** e **s**, temos:

$$d_{P,r} = d_{P,s} \Rightarrow \frac{|a_1x + b_1y + c_1|}{\sqrt{a_1^2 + b_1^2}} = \frac{|a_2x + b_2y + c_2|}{\sqrt{a_2^2 + b_2^2}} \Rightarrow \frac{a_1x + b_1y + c_1}{\sqrt{a_1^2 + b_1^2}} =$$

$$= \pm \frac{a_2x + b_2y + c_2}{\sqrt{a_2^2 + b_2^2}} \Rightarrow \frac{a_1x + b_1y + c_1}{\sqrt{a_1^2 + b_1^2}} \pm \frac{a_2x + b_2y + c_2}{\sqrt{a_2^2 + b_2^2}} = 0$$

Essa igualdade representa as equações das bissetrizes dos ângulos formados entre **r** e **s**.

Exercício resolvido

21. Determine as equações das bissetrizes dos ângulos entre r: $3x + 4y - 12 = 0$ e s: $8x + 6y - 5 = 0$.

Solução:

$$\frac{3x + 4y - 12}{\sqrt{3^2 + 4^2}} \pm \frac{8x + 6y - 5}{\sqrt{8^2 + 6^2}} = 0 \Rightarrow \frac{3x + 4y - 12}{5} \pm \frac{8x + 6y - 5}{10} = 0 \Rightarrow$$

$$\Rightarrow 2(3x + 4y - 12) \pm (8x + 6y - 5) = 0 \Rightarrow 6x + 8y - 24 \pm (8x + 6y - 5) = 0 \Rightarrow$$

$$\Rightarrow \begin{cases} 6x + 8y - 24 + 8x + 6y - 5 = 0 \Rightarrow 14x + 14y - 29 = 0 \\ \text{ou} \\ 6x + 8y - 24 - 8x - 6y + 5 = 0 \Rightarrow 2x - 2y + 19 = 0 \end{cases}$$

Assim, as equações das bissetrizes são i_1: $14x + 14y - 29 = 0$ e i_2: $2x - 2y + 19 = 0$.

Como as bissetrizes de dois ângulos adjacentes suplementares são perpendiculares entre si, é aconselhável verificar a condição de perpendicularidade entre as bissetrizes encontradas. No caso, temos $m_1 = -1$, $m_2 = 1$ e $m_1 \cdot m_2 = -1$, o que comprova a perpendicularidade.

Exercícios

112. Ache as equações das bissetrizes dos ângulos formados entre as retas de equações $3x + 2y - \frac{1}{2} = 0$ e $4x - 6y + 3 = 0$.

113. Encontre as equações das bissetrizes dos ângulos formados entre as retas de equações $y = \frac{x}{2} + 3$ e $y = -\frac{x}{2} + \frac{1}{3}$.

114. É possível que tenhamos como bissetrizes dos ângulos formados entre duas retas as retas de equação $2x + y - 5 = 0$ e $2x - y + 5 = 0$? Por quê?

115. A que condições devem obedecer as coordenadas dos pontos equidistantes das retas $2x - 3y - 4 = 0$ e $3x + 2y + 4 = 0$?

116. São dadas as retas r: $4x - y + 1 = 0$, s: $x + 4y - 2 = 0$, t: $5x + 3y - 1 = 0$ e u: $3x - 5y + 3 = 0$.

a) Encontre as equações das bissetrizes dos ângulos formados entre **r** e **s**.

b) Encontre as equações das bissetrizes dos ângulos formados entre **t** e **u**.

c) Justifique a "coincidência" registrada entre os dados e as respostas dos itens anteriores.

117. Quais são as coordenadas do incentro do triângulo de vértices (0, 0), (3, 0) e (0, −4)?

118. (Fuvest-SP) Na figura a seguir, os pontos **A**, **B** e **C** são vértices de um triângulo retângulo, sendo $\hat{B}$ o ângulo reto. Sabendo-se que A = (0, 0), **B** pertence à reta $x - 2y = 0$ e P = (3, 4) é o centro da circunferência inscrita no triângulo ABC, determinar as coordenadas

a) do vértice **B**.

b) do vértice **C**.

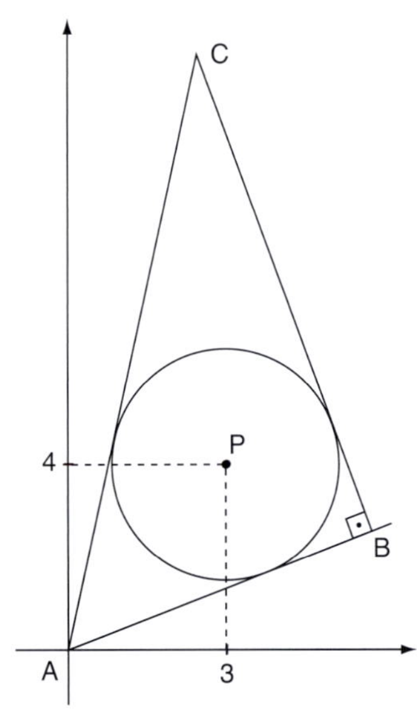

Um pouco mais sobre

Demonstração da fórmula da distância de um ponto a uma reta

Vamos determinar **d** (distância de **P** a **r**).

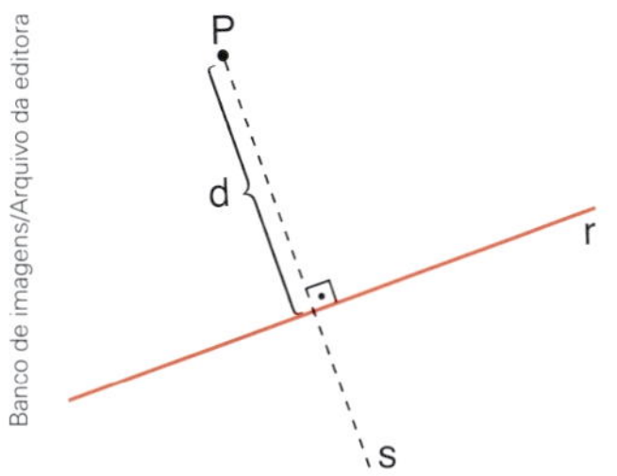

$P(x_0, y_0)$

$r: ax + by + c = 0$

1º passo: Determinamos a equação da reta perpendicular a **r** por **P**.

- Como $s \perp r$, $m_s = -\dfrac{1}{m_r} = -\dfrac{1}{\left(-\dfrac{a}{b}\right)} = \dfrac{b}{a}$.

- **s** passa por $P(x_0, y_0) \Rightarrow y - y_0 = \dfrac{b}{a} \cdot (x - x_0) \Rightarrow s: bx - ay + (ay_0 - bx_0) = 0$

2º passo: Determinamos as coordenadas de **P'**, projeção ortogonal de **P** sobre **r**. Devemos resolver o sistema, nas incógnitas **x** e **y**, formado pelas equações de **r** e de **s**:

$$\begin{cases} ax + by + c = 0 \\ bx - ay + (ay_0 - bx_0) = 0 \end{cases}$$

Somando a primeira equação multiplicada por **b** com a segunda equação multiplicada por $-a$, obtemos $y = \dfrac{a^2y_0 - bc - abx_0}{a^2 + b^2}$. Substituindo esse valor em qualquer uma das equações, obtemos o valor de **x**:

$$x = \frac{b^2x_0 - ac - aby_0}{a^2 + b^2}$$

3º passo: Calculamos a distância entre **P** e **P'**.

A distância de **P** a **r** é a distância entre $P(x_0, y_0)$ e $P'\left(\dfrac{b^2x_0 - ac - aby_0}{a^2 + b^2}, \dfrac{a^2y_0 - bc - abx_0}{a^2 + b^2}\right)$:

$$d = \sqrt{(\Delta x)^2 + (\Delta y)^2} = \sqrt{\left(\frac{b^2x_0 - ac - aby_0}{a^2 + b^2} - x_0\right)^2 + \left(\frac{a^2y_0 - bc - abx_0}{a^2 + b^2} - y_0\right)^2}$$

$$d = \sqrt{\left[\frac{a \cdot (-ax_0 - by_0 - c)}{a^2 + b^2}\right]^2 + \left[\frac{b \cdot (-ax_0 - by_0 - c)}{a^2 + b^2}\right]^2}$$

Lembrando que $\forall t \in \mathbb{R}$, $(-t)^2 = t^2$, e colocando $(ax_0 + by_0 + c)^2$ em evidência, temos:

$$d = \sqrt{\frac{(ax_0 + by_0 + c)^2 \cdot (a^2 + b^2)}{(a^2 + b^2)^2}} = \sqrt{\frac{(ax_0 + by_0 + c)^2}{a^2 + b^2}}$$

$$d = \frac{|ax_0 + by_0 + c|}{\sqrt{a^2 + b^2}}$$

Enem e vestibulares resolvidos

(Enem) Para uma feira de ciências, dois projéteis de foguetes, **A** e **B**, estão sendo construídos para serem lançados. O planejamento é que eles sejam lançados juntos, com o objetivo de o projétil **B** interceptar o **A** quando esse alcançar sua altura máxima. Para que isso aconteça, um dos projéteis descreverá uma trajetória parabólica, enquanto o outro irá descrever uma trajetória supostamente retilínea. O gráfico mostra as alturas alcançadas por esses projéteis em função do tempo, nas simulações realizadas.

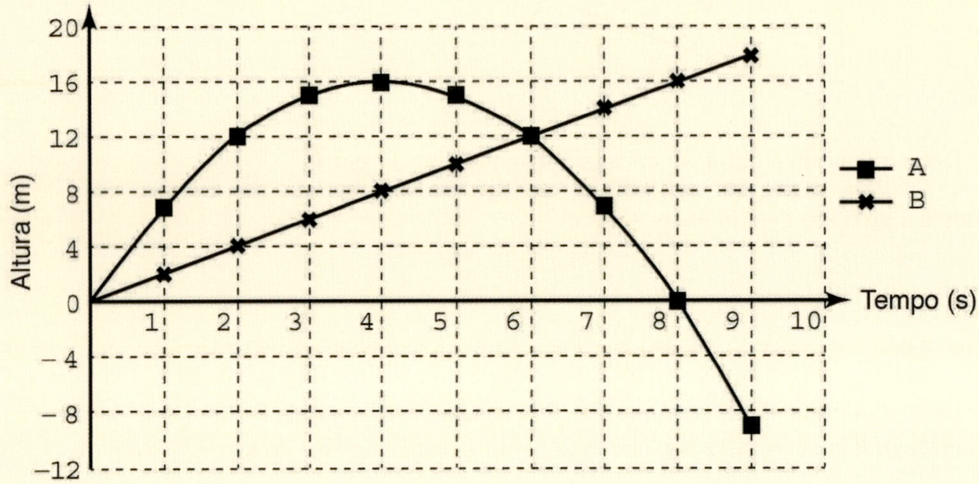

Reprodução/Enem, 2016.

Com base nessas simulações, observou-se que a trajetória do projétil **B** deveria ser alterada para que o objetivo fosse alcançado.

Para alcançar o objetivo, o coeficiente angular da reta que representa a trajetória de **B** deverá

a) diminuir em 2 unidades.

b) diminuir em 4 unidades.

c) aumentar em 2 unidades.

d) aumentar em 4 unidades.

e) aumentar em 8 unidades.

Resolução comentada

De acordo com o gráfico apresentado, a trajetória original do projétil **B** é representada por uma reta que passa pela origem e pelo ponto (2, 4). Com esses pontos, podemos calcular seu coeficiente angular:

$$\frac{4-0}{2-0} = \frac{4}{2} = 2$$

Observando o gráfico e considerando a simetria da parábola, percebemos que o projétil **A** atinge a altura máxima de 16 m 4 s depois de seu lançamento, o que corresponde ao ponto (4, 16) do gráfico. Para que a reta correspondente à nova trajetória do projétil **B** passe pela origem e por (4, 16), seu coeficiente angular deve ser:

$$\frac{16-0}{4-0} = \frac{16}{4} = 4$$

Assim, o coeficiente angular da reta que descreve a trajetória do projétil **B** deve mudar de 2 para 4, aumentando em duas unidades.

Alternativa *c*.

Exercícios complementares

1. (Uerj) Na região conhecida como Triângulo das Bermudas, localizada no oceano Atlântico, é possível formar um triângulo com um vértice sobre a cidade porto-riquenha de San Juan, outro sobre a cidade estadunidense de Miami e o terceiro sobre as ilhas Bermudas.

A figura abaixo mostra um sistema de coordenadas cartesianas ortogonais, com os vértices do triângulo devidamente representados. A escala utilizada é 1: 17 000 000, e cada unidade nos eixos cartesianos equivale ao comprimento de 1 cm.

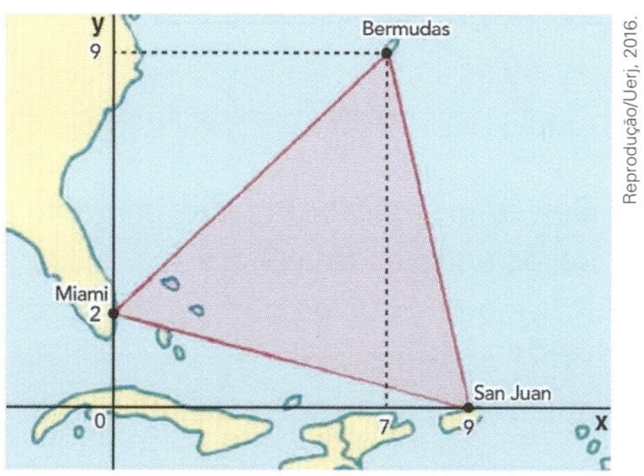

Adaptado de http:mundoestranho.abril.com.br

Calcule, em km^2, a área do Triângulo das Bermudas, conforme a representação plana da figura.

2. (UEM-PR) Considere as retas **r**, **s** e **t** no plano cujas equações são:

- r: $x + y = 1$,
- s: $2x + y = 0$,
- t: $x - 2y = 1$.

Sobre essas retas, assinale o que for correto [e indique a soma correspondente às alternativas corretas].

(01) A interseção das retas **r** e **s** é o ponto $(-1, 2)$, das retas **r** e **t** é o ponto $(1, 0)$ e das retas **s** e **t** é o ponto $\left(\frac{1}{5}, -\frac{2}{5}\right)$.

(02) As retas **s** e **t** são perpendiculares.

(04) O ponto de interseção das retas **r** e **t** está a uma distância igual a $\frac{2\sqrt{5}}{5}$ da reta **s**.

(08) A área do triângulo delimitado por essas retas é $\frac{6}{5}$.

(16) A tangente do ângulo agudo formado pelas retas **r** e **s** é 3.

3. No mapa abaixo têm-se representadas duas linhas de metrô de uma certa cidade: a linha verde, que liga as estações **R** e **S** em linha reta, e a linha vermelha, que liga as estações **T** e **U** em linha reta. As duas linhas têm em comum a estação central **V**. Na figura, em que a unidade de medida é o quilômetro, as retas suportes dessas linhas têm equações $4x - 5y = 0$ e $x + 2y - 13 = 0$. Determine:

a) as coordenadas das estações no mapa;

b) as distâncias reais da estação central **V** às outras quatro estações.

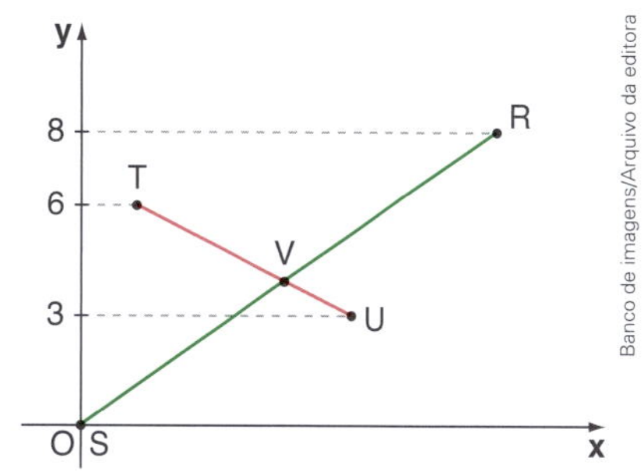

4. Uma pessoa deseja plantar grama em um terreno que, em um sistema de eixos em que a escala utilizada é de 1 : 10 e a unidade de comprimento é o metro, é representado pelos pontos do plano que satisfazem simultaneamente as inequações $y \geqslant 0$, $6x - 5y + 12 \geqslant 0$, $y \leqslant -\frac{x}{3} + 7$ e $5x + 2y \leqslant 40$. Determine quantos metros quadrados de grama serão necessários, no mínimo, para fazer a cobertura do terreno.

5. (PUC-RJ) Sejam os pontos $A = (0, 0)$ e $B = (3, 4)$.

a) Qual é a distância entre **A** e **B**?

b) Sabemos que a área do triângulo ABC é igual a 4 e que o vértice **C** pertence à reta de equação $x + y = 2$. Determine o ponto **C**.

6. Determine a equação da reta que passa pelos pontos **A** e **B** da figura:

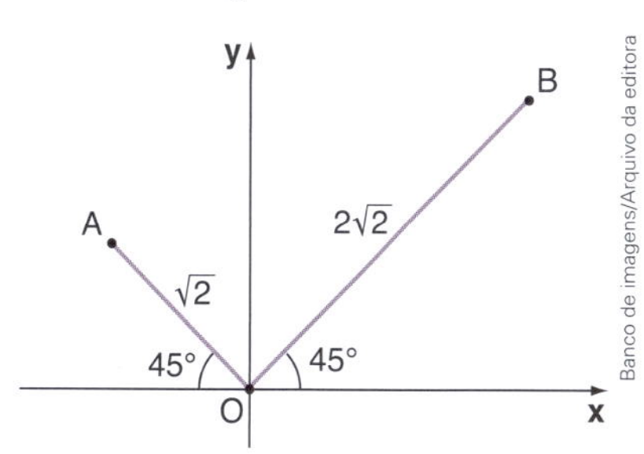

7. Represente, em um plano cartesiano, os pontos cujas coordenadas satisfazem:

a) a desigualdade $|x - y| \geq 3$

b) a desigualdade $|x - y| < 2$

8. (Unicamp-SP) Seja dada a reta $x - 3y + 6 = 0$ no plano xy.

a) Se **P** é um ponto qualquer desse plano, quantas retas do plano passam por **P** e formam um ângulo de 45° com a reta dada acima?

b) Para o ponto **P** com coordenadas (2, 5), determine as equações das retas mencionadas no item *a*.

9. (UFG-GO) No plano cartesiano, as retas **r** e **s**, de equações $2x - 3y + 3 = 0$ e $x + 3y - 1 = 0$, respectivamente, se intersectam em um ponto **C**. Considerando o ponto P(0, −4), determine as coordenadas de dois pontos, $A \in r$ e $B \in s$, de modo que o segmento $\overline{CP}$ seja uma mediana do triângulo ABC.

10. Em um triângulo ABC, temos:

- $\overline{AB} \subset r$, sendo r: $y = 3x$
- $\overline{AC} \subset s$, sendo s: $y = \frac{1}{3}x$
- $\overline{BC} \subset t$, sendo $t \parallel u$ e u: $x + y = 0$
- A área do triângulo ABC é 4.

Determine a equação da reta **t**.

11. (Uerj) Uma ferrovia foi planejada para conter um trecho retilíneo cujos pontos são equidistantes dos centros **A** e **B** de dois municípios. Em seu projeto de construção, utilizou-se o plano cartesiano, com coordenadas em quilômetros, em que A = (1, 2) e B = (7, 14). Observe o gráfico:

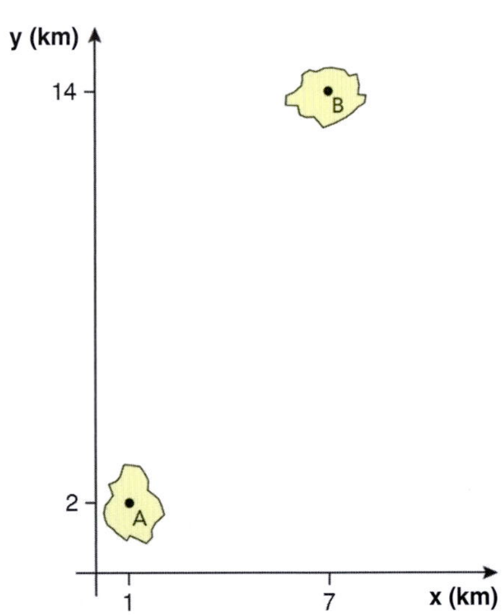

Determine, utilizando esse sistema referencial, a equação da reta suporte desse trecho retilíneo da ferrovia.

12. Determine a equação da reta **s**, simétrica de r: $x - y + 1 = 0$ em relação a t: $2x + y + 4 = 0$.

13. (Unifesp) Na figura, as retas **r**, **s** e **t** estão em um mesmo plano cartesiano. Sabe-se que **r** e **t** passam pela origem desse sistema, e que PQRS é um trapézio.

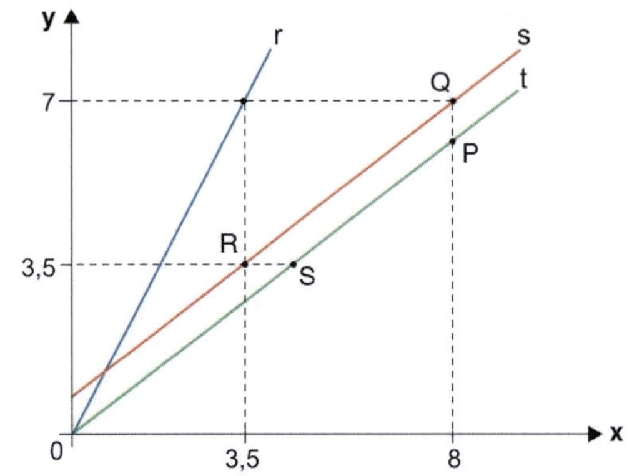

a) Determine as coordenadas do ponto de interseção entre as retas **r** e **s**.

b) Prove que os lados não paralelos do trapézio PQRS não possuem a mesma medida, ou seja, que o trapézio PQRS não é isósceles.

14. (Unifesp) Um tomógrafo mapeia o interior de um objeto por meio da interação de feixes de raios X com as diferentes partes e constituições desse objeto. Após atravessar o objeto, a informação do que ocorreu com cada raio X é registrada em um detector, o que possibilita, posteriormente, a geração de imagens do interior do objeto.

No esquema indicado na figura, uma fonte de raios X está sendo usada para mapear o ponto **P**, que está no interior de um objeto circular centrado na origem **O** de um plano cartesiano. O raio X que passa por **P** se encontra também nesse plano. A distância entre **P** e a origem **O** do sistema de coordenadas é igual a 6.

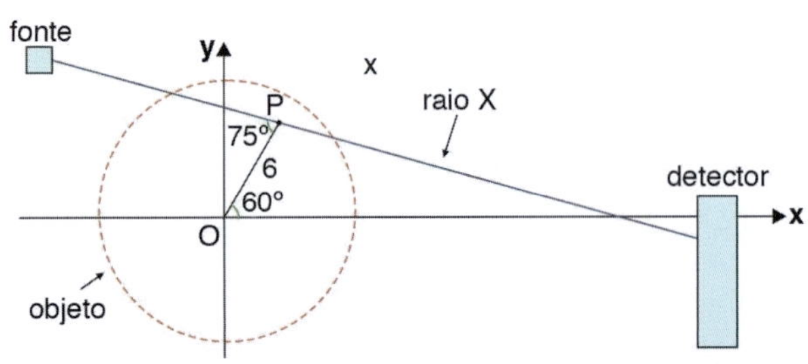

a) Calcule as coordenadas (x, y) do ponto **P**.

b) Determine a equação reduzida da reta que contém o segmento que representa o raio **X** da figura.

15. (Fuvest-SP) A reta **s** passa pela origem **O** e pelo ponto **A** do primeiro quadrante. A reta **r** é perpendicular à reta **s**, no ponto **A**, e intercepta o eixo **x** no ponto **B** e o eixo **y** no ponto **C**. Determine o coeficiente angular de **s** se a área do triângulo OBC for o triplo da área do triângulo OAB.

16. Dois lados de um paralelogramo ABCD estão contidos nas retas r: $2x + y - 3 = 0$ e s: $x + y - 2 = 0$. Sabendo que $A(-3, 4)$, obtenha as coordenadas de **B**, **C** e **D**.

17. Determine $y \in \mathbb{R}$ de modo que $P(2, y)$ seja interior ao triângulo definido pelas retas $2x - y - 7 = 0$, $4x - y - 11 = 0$ e $10x - 3y - 25 = 0$.

18. Em um pequeno município, a região de alcance de transmissão do sinal de uma operadora de telefonia celular está representada no plano cartesiano abaixo pelo quadrilátero ABCD reunido com o seu interior. A origem do sistema de coordenadas cartesianas coincide com o local onde está instalada a torre da operadora. A unidade de medida de comprimento considerada é o quilômetro.

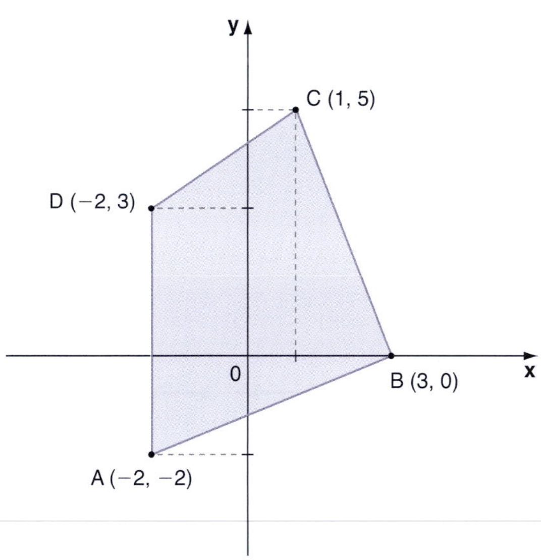

a) Qual é, em quilômetros quadrados, a área da região do município que recebe o sinal da operadora?

b) A casa de Juca está localizada em um ponto do 1º quadrante, equidistante de **B** e **C** e representada, no mapa, sobre a reta de equação $2x - y = 0$. A família de Juca recebe o sinal? A que distância da torre se encontra sua casa? Considere $\sqrt{5} \simeq 2{,}24$.

c) Sabe-se que, nesse plano cartesiano, o município encontra-se no interior da região limitada pelas retas horizontais $y - 5 = 0$ e $y + 4 = 0$ e pelas retas verticais $x - 5 = 0$ e $x + 3 = 0$. Escolhendo-se, ao acaso, um ponto qualquer do município, qual é a probabilidade de que ele receba o sinal da operadora?

19. (UFPR) Considere as retas **r** e **s** representadas no plano cartesiano abaixo.

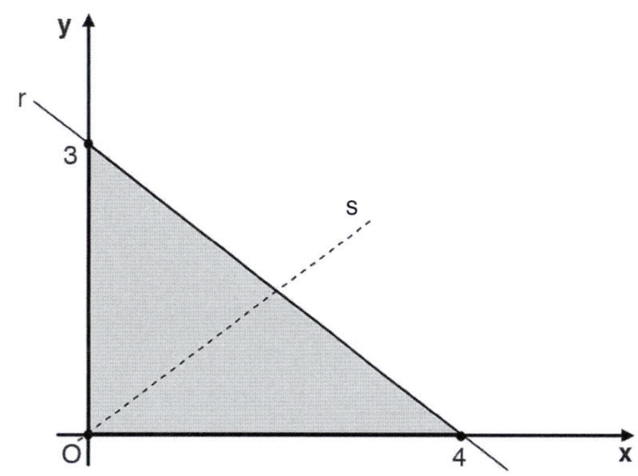

a) Escreva a equação da reta **r**.

b) Qual deve ser o coeficiente angular da reta **s**, de modo que ela divida o triângulo cinza em dois triângulos com áreas iguais? Justifique sua resposta.

20. (Unicamp-SP) Seja **r** a reta de equação cartesiana $x + 2y = 4$. Para cada número real **t** tal que $0 < t < 4$, considere o triângulo **T** de vértices em $(0, 0)$, $(t, 0)$ e no ponto **P** de abscissa $x = t$ pertencente à reta **r**, como mostra a figura abaixo.

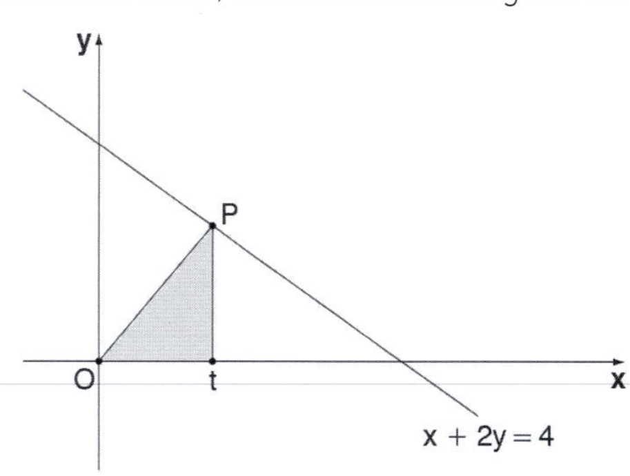

a) Para $0 < t < 4$, encontre a expressão para a função $A(t)$, definida pela área do triângulo **T**, e esboce o seu gráfico.

b) Seja **k** um número real não nulo e considere a função $g(x) = \frac{k}{x}$, definida para todo número real **x** não nulo. Determine o valor de **k** para o qual o gráfico da função **g** tem somente um ponto em comum com a reta **r**.

21. (Unicamp-SP) Na formulação de fertilizantes, os teores percentuais dos macronutrientes **N**, **P** e **K**, associados respectivamente a nitrogênio, fósforo e potássio, são representados por **x**, **y** e **z**.

a) Os teores de certo fertilizante satisfazem o seguinte sistema de equações lineares:

$$\begin{cases} 3x + y - z = 0{,}20 \\ 2y + z = 0{,}55 \\ z = 0{,}25 \end{cases}$$

Calcule **x** e **y** nesse caso.

b) Suponha que para outro fertilizante valem as relações $24\% \leqslant x + y + z \leqslant 54\%$, $x \geqslant 10\%$, $y \geqslant 20\%$ e $z = 10\%$. Indique no plano cartesiano abaixo a região de teores (x, y) admissíveis para tal fertilizante.

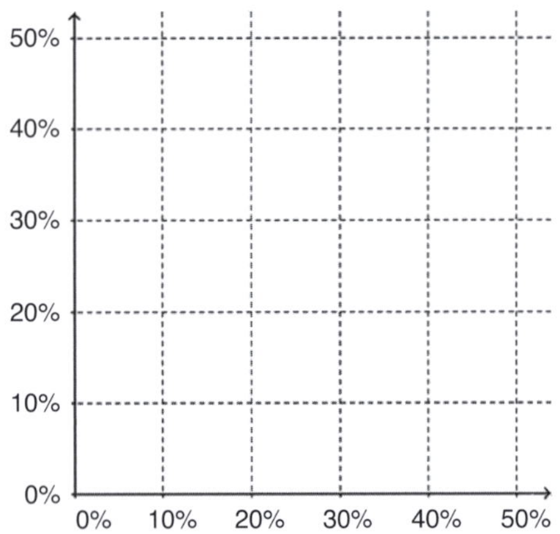

22. Determine a área da região limitada pelos pontos do plano cujas coordenadas satisfazem as desigualdades:

$$2 \leqslant |y| \leqslant 3 \text{ e } 1 \leqslant |x| \leqslant 2$$

23. (Unicamp-SP) As retas de equações $y = ax + b$ e $y = cx$ são ilustradas na figura abaixo.

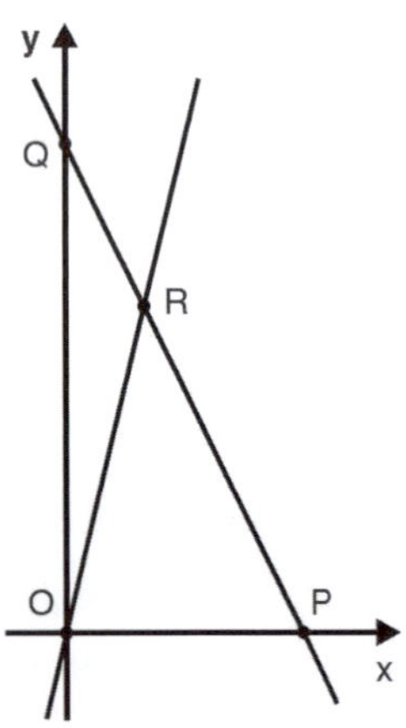

Sabendo que o coeficiente **b** é igual à média aritmética dos coeficientes **a** e **c**,

a) expresse as coordenadas dos pontos **P**, **Q** e **R** em termos dos coeficientes **a** e **b**;

b) determine **a**, **b** e **c** sabendo que a área do triângulo POR é o dobro da área do triângulo ORQ e que o triângulo OPQ tem área 1.

24. Seja ABC o triângulo de vértices A(2, 1), B(0, 3) e C(−1, 0). Toma-se um ponto **M** em $\overleftrightarrow{BC}$ tal que a área do triângulo AMB é o quádruplo da área do triângulo AMC. Obtenha as coordenadas de **M**.

25. Responda o item *a* e faça o que é pedido no item *b*.

a) Qual é a condição sobre **k** para que as retas de equações $x + y + 1 = 0$, $x + ky - 3 = 0$ e $2x + 4y - 1 = 0$ determinem um triângulo?

b) Para $k = 0$, obtenha a área do triângulo formado por essas retas.

26. (Uerj) Uma partícula parte do ponto A(2; 0), movimentando-se para cima (**C**) ou para a direita (**D**), com velocidade de uma unidade de comprimento por segundo no plano cartesiano.

O gráfico abaixo exemplifica uma trajetória dessa partícula, durante 11 segundos, que pode ser descrita pela sequência de movimentos CDCDCCDDDCC.

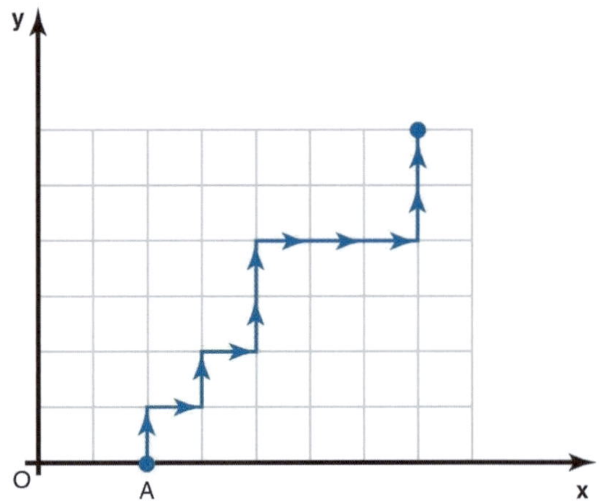

Admita que a partícula faça outra trajetória composta somente pela sequência de movimentos CDD, que se repete durante 5 minutos, partindo de **A**.

Determine a equação da reta que passa pela origem O(0, 0) e pelo último ponto dessa nova trajetória.

27. (Uerj)

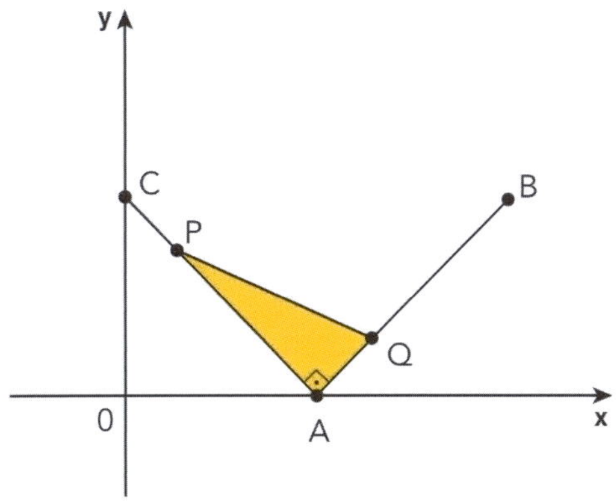

No gráfico acima, estão indicados os pontos A(1, 0), B(2, 1) e C(0, 1), que são fixos, e os pontos **P** e **Q**, que se movem simultaneamente. O ponto **P** se desloca no segmento de reta de **C** até **A**, enquanto o ponto **Q** se desloca de **A** até **B**. Nesses deslocamentos, a cada instante, a abscissa de **P** é igual à ordenada de **Q**.

Determine a medida da maior área que o triângulo PAQ pode assumir.

28. (Unicamp-SP) A figura abaixo exibe o gráfico da função $f(x) = \frac{1}{x}$, definida para todo número real $x > 0$. Os pontos **P** e **Q** têm abscissas $x = 1$ e $x = a$, respectivamente, onde **a** é um número real e $a > 1$.

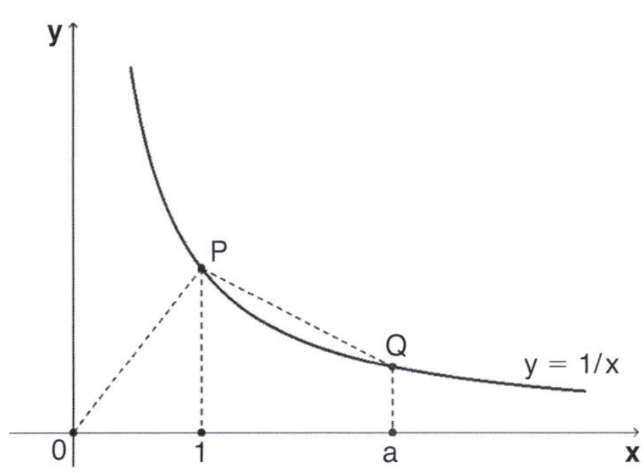

a) Considere o quadrilátero **T** com vértices em (0, 0), **P**, **Q** e (a, 0). Para $a = 2$, verifique que a área de **T** é igual ao quadrado da distância de **P** e **Q**.

b) Seja **r** a reta que passa pela origem e é ortogonal à reta que passa por **P** e **Q**. Determine o valor de **a** para o qual o ponto de interseção da reta **r** com o gráfico da função **f** tem ordenada $y = \frac{a}{2}$.

29. Entre todos os triângulos OAB, com o vértice O(0, 0) e **A** e **B**, respectivamente, pertencentes às retas $y = 1$ e $y = 3$ e alinhados com o ponto P(7, 0), determine aquele para o qual a soma dos quadrados das medidas dos lados é mínima.

30. (Fuvest-SP) Um caminhão deve transportar, em uma única viagem, dois materiais diferentes, **X** e **Y**, cujos volumes em m^3 são denotados por **x** e **y**, respectivamente. Sabe-se que todo o material transportado será vendido. A densidade desses materiais e o lucro por unidade de volume na venda de cada um deles são dados na tabela a seguir.

Material	Densidade	Lucro
X	125 kg/m³	R$ 120,00/m³
Y	400 kg/m³	R$ 240,00/m³

Para realizar esse transporte, as seguintes restrições são impostas:

I. o volume total máximo de material transportado deve ser de 50 m^3;

II. a massa total máxima de material transportado deve ser de 10 toneladas.

Considerando essas restrições:

a) esboce, no plano cartesiano preparado [abaixo], a região correspondente aos pares (x, y) de volumes dos materiais **X** e **Y** que podem ser transportados pelo caminhão;

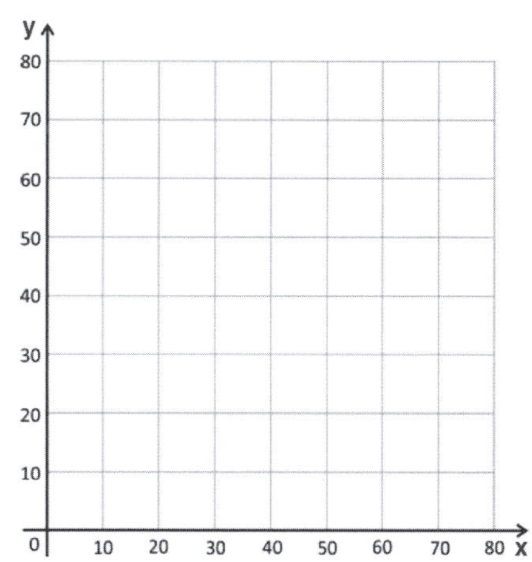

b) supondo que a quantidade transportada do material **Y** seja exatamente 10 m^3, determine a quantidade de material **X** que deve ser transportada para que o lucro total seja máximo;

c) supondo que a quantidade total de material transportado seja de 36 m^3, determine o par (x, y) que maximiza o lucro total.

31. (Ufes) Considere $a > 0$ e $m < 0$. Seja **r** a reta que passa pelo ponto $P\left(a, \frac{1}{a}\right)$ com coeficiente angular **m**.

a) Determine uma expressão para a área do triângulo formado por **r** e pelos eixos coordenados, em função de **m** e **a**.

b) Determine uma expressão de **m** em função de **a** tal que **r** intersecte o gráfico de $f(x) = \frac{1}{x}$ apenas no ponto **P**.

c) Para **m** obtido no item *b*, verifique que a área do triângulo formado por **r** e pelos eixos coordenados não depende de **a**.

32. (Fuvest-SP) Na figura a seguir, a reta **r** tem equação $y = 2\sqrt{2}x + 1$ no plano cartesiano Oxy. Além disso, os pontos B_0, B_1, B_2, B_3 estão na reta **r**, sendo $B_0 = (0, 1)$. Os pontos A_0, A_1, A_2, A_3 estão no eixo Ox, com $A_0 = O = (0, 0)$. O ponto D_i pertence ao segmento $\overline{A_iB_i}$ para $1 \leq i \leq 3$. Os segmentos $\overline{A_1B_1}$, $\overline{A_2B_2}$, $\overline{A_3B_3}$ são paralelos ao eixo Oy, os segmentos $\overline{B_0D_1}$, $\overline{B_1D_2}$, $\overline{B_2D_3}$ são paralelos ao eixo Ox, e a distância entre B_i e B_{i+1} é igual a 9, para $0 \leq i \leq 2$.

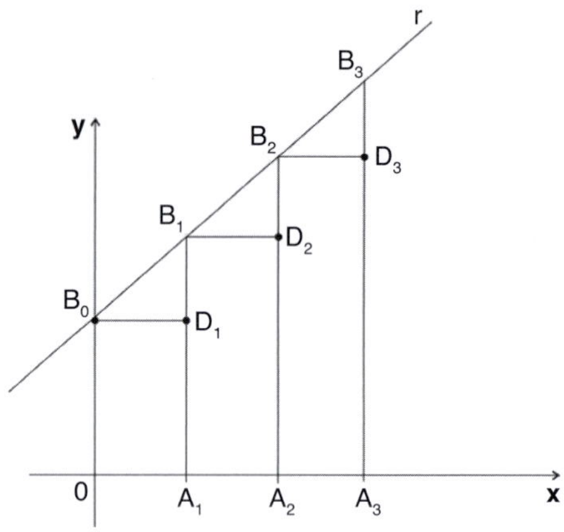

Nessas condições:

a) Determine as abscissas de A_1, A_2, A_3.

b) Sendo R_i o retângulo de base $\overline{A_iA_{i+1}}$ e altura $\overline{A_{i+1}D_{i+1}}$, para $0 \leq i \leq 2$, calcule a soma das áreas dos retângulos R_0, R_1, e R_2.

Testes

1. (UPE) No plano cartesiano, a reta s: $4x - 3y + 12 = 0$ intersecta o eixo das abscissas no ponto **A** e o eixo das ordenadas no ponto **B**. Nessas condições, qual é a distância entre os pontos **A** e **B**?

a) 5

b) $\sqrt{5}$

c) $2\sqrt{2}$

d) 2

e) $\sqrt{2}$

2. (Ufam) Considere as retas r: $2y - x = 10$ e s: $y + 2x = 5$.

É correto afirmar que:

a) As retas são paralelas.

b) As retas são perpendiculares.

c) As retas são concorrentes no ponto (5, 0).

d) As retas são concorrentes no ponto (−10, 0).

e) As retas são coincidentes.

3. (UFPR) Considere a reta **r** de equação $y = 2x + 1$. Qual das retas abaixo é perpendicular à reta **r** e passa pelo ponto P = (4, 2)?

a) $y = \frac{1}{2}x$

b) $y = -2x + 10$

c) $y = -\frac{1}{2}x + 5$

d) $y = -2x$

e) $y = -\frac{1}{2}x + 4$

4. (UFRGS-RS) No pentágono representado no sistema de coordenadas cartesianas abaixo, os vértices possuem coordenadas inteiras.

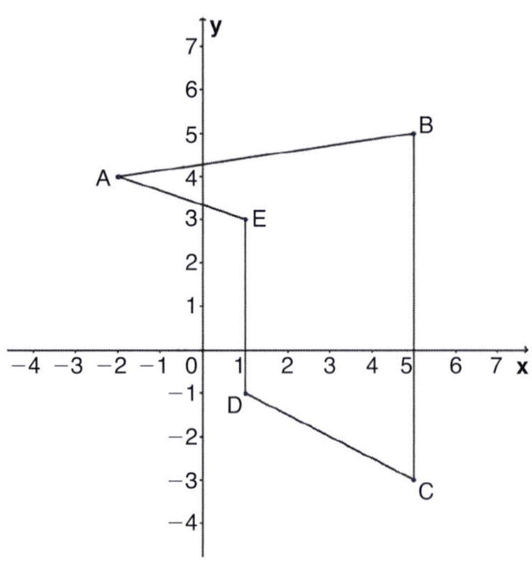

As retas suporte dos lados $\overline{AE}$ e $\overline{BC}$ intersectam-se no ponto:

a) $\left(5, \frac{4}{3}\right)$

b) $\left(5, \frac{5}{2}\right)$

c) $\left(5, \frac{5}{3}\right)$

d) $\left(5, \frac{5}{4}\right)$

e) $\left(5, \frac{6}{5}\right)$

5. (Unicamp-SP) No plano cartesiano, a reta de equação $2x - 3y = 12$ intersecta os eixos coordenados nos pontos **A** e **B**. O ponto médio do segmento $\overline{AB}$ tem coordenadas:

a) $\left(4, \frac{4}{3}\right)$

b) $(3, 2)$

c) $\left(4, -\frac{4}{3}\right)$

d) $(3, -2)$

6. (UFRGS-RS) As equações das retas representadas no sistema de coordenadas cartesianas abaixo são $2x + y - 3 = 0$, $5x - 4y - 8 = 0$ e $x - 3y + 3 = 0$.

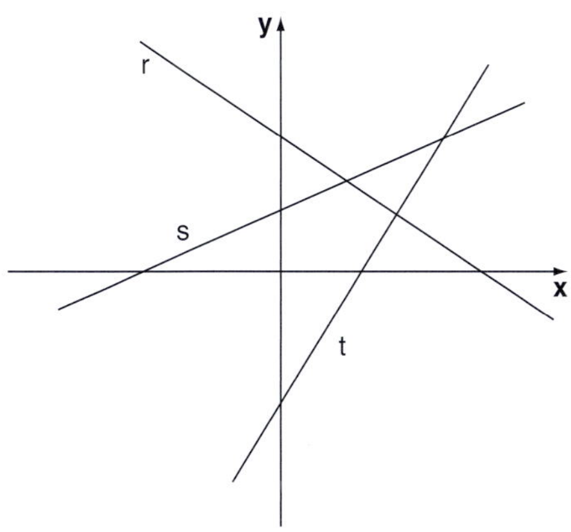

As equações de **r** e **s** são, respectivamente:

a) $2x + y - 3 = 0$ e $x - 3y + 3 = 0$.

b) $2x + y - 3 = 0$ e $5x - 4y - 8 = 0$.

c) $5x - 4y - 8 = 0$ e $x - 3y + 3 = 0$.

d) $x - 3y + 3 = 0$ e $2x + y - 3 = 0$.

e) $x - 3y + 3 = 0$ e $5x - 4y - 8 = 0$.

7. (ITA-SP) A área do quadrilátero definido pelos eixos coordenados e as retas $r: x - 3y + 3 = 0$ e $s: 3x + y - 21 = 0$, em unidades de área, é igual a:

a) $\frac{19}{2}$

b) 10

c) $\frac{25}{2}$

d) $\frac{27}{2}$

e) $\frac{29}{2}$

8. (FGV-SP) No plano cartesiano, a reta (**r**) de equação $y + kx = 2$ é perpendicular à reta (**s**) que passa pela origem e pelo ponto $(-5, 1)$.

O ponto de interseção das retas (**r**) e (**s**) tem abscissa:

a) $-\frac{5}{13}$

b) $-\frac{4}{13}$

c) $-\frac{3}{13}$

d) $-\frac{2}{13}$

e) $-\frac{1}{13}$

9. (PUC-RJ) O triângulo ABC da figura abaixo tem área 25 e vértices $A = (4, 5)$, $B = (4, 0)$ e $C = (c, 0)$.

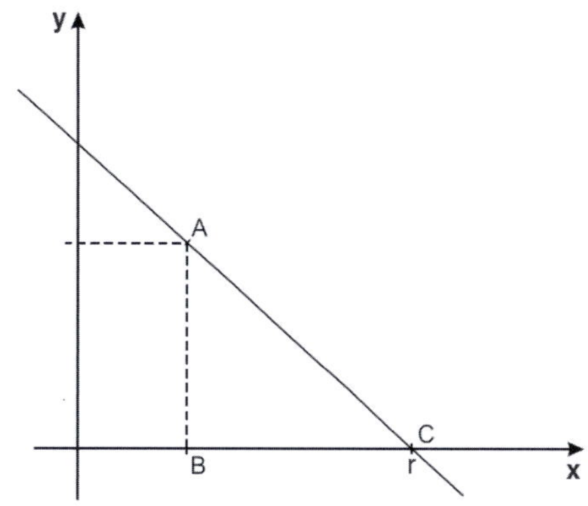

A equação da reta **r** que passa pelos vértices **A** e **C** é:

a) $y = -x + 7$

b) $y = -\frac{x}{3} + 5$

c) $y = -\frac{x}{2} + 5$

d) $y = -\frac{x}{2} + 7$

e) $y = \frac{x}{3} + 7$

10. (Ufscar-SP) O retângulo da figura tem como vértices os pontos $(1, 3)$, $(5, 3)$, $(5, -2)$ e $(1, -2)$.

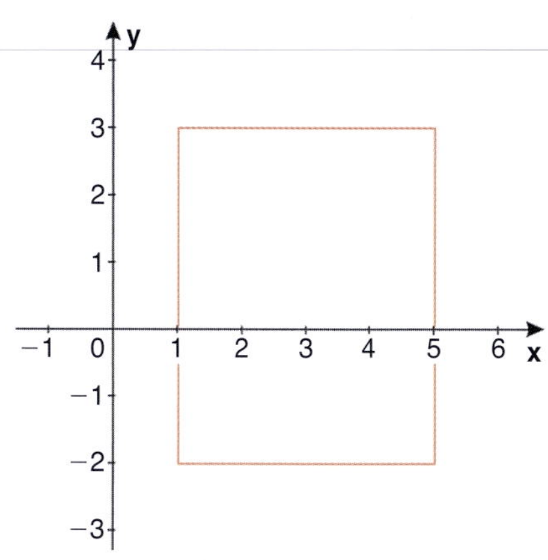

A equação da reta que passa pelo ponto (2, 0) e divide o retângulo em dois polígonos de mesma área é:

a) $x - 2y - 2 = 0$

b) $2x - 3y - 4 = 0$

c) $3x - 4y - 6 = 0$

d) $4x - 5y - 8 = 0$

e) $5x - 6y - 10 = 0$

11. (UFJF-MG) Dados os pontos $A = (1, 2)$, $B = (3, 5)$, $C = (1, 1)$ e $D = (2, 3)$, considere as afirmações

I. Os pontos **A**, **B** e **D** são colineares.

II. Uma reta perpendicular à reta determinada pelos pontos **A** e **B** tem coeficiente angular $m = \frac{-2}{3}$.

III. A distância do ponto **A** à reta determinada pelos pontos **B** e **C** é 10 unidades de comprimento.

É CORRETO afirmar que:

a) Apenas a afirmação II é verdadeira;

b) Apenas a afirmação III é verdadeira;

c) Apenas as afirmações I e II são verdadeiras;

d) Apenas as afirmações I e III são verdadeiras;

e) Apenas as afirmações II e III são verdadeiras.

12. (PUC-RJ) Sejam **r** e **s** as retas de equações $y = x - 2$ e $y = -\frac{x}{2} + \frac{5}{2}$, respectivamente, representadas no gráfico abaixo. Seja **A** o ponto de interseção das retas **r** e **s**. Sejam **B** e **C** os pontos de interseção de **r** e **s** com o eixo horizontal, respectivamente.

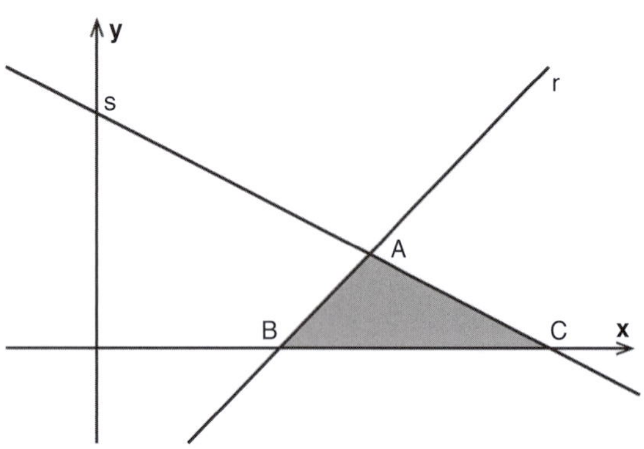

Reprodução/PUC-RJ, 2015.

A área do triângulo ABC vale:

a) 1,0

b) 1,5

c) 3,0

d) 4,5

e) 6,0

13. (UFSM-RS) A figura mostra um jogo de *videogame*, em que aviões disparam balas visando atingir o alvo. Quando o avião está no ponto (1, 2), dispara uma bala e atinge o alvo na posição (3, 0).

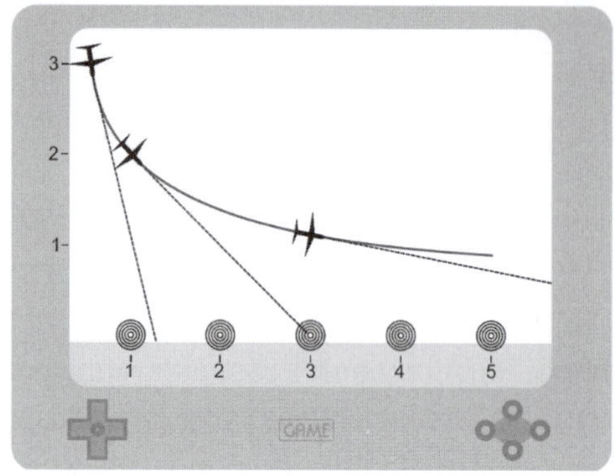

Reprodução/UFSM, 2013.

Sendo **r** a reta determinada pela trajetória da bala, observe as seguintes afirmativas:

I. O ponto $P\left(\frac{1}{2}, \frac{5}{2}\right)$ pertence a **r**.

II. A reta **r** é perpendicular à reta que passa pela origem e pelo ponto médio do segmento $\overline{AB}$, onde A(0, 3) e B(3, 0).

III. A reta **r** é paralela à reta s: $2x - 2y + 5 = 0$.

Está(ão) correta(s)

a) apenas I.

b) apenas I e II.

c) apenas III.

d) apenas II e III.

e) I, II e III.

14. (UFV- MG) Sejam **a** e **b** números reais tais que a reta de equação $(3b + 4a)x + 2y + b = 0$ é paralela ao eixo das abscissas e intersecta a bissetriz dos quadrantes pares no ponto de abscissa $x = -6$. O valor de **a** é:

a) −9

b) 6

c) −12

d) 9

e) 12

15. (UEPB) Um quadrilátero, cujos vértices são dados por E(−1, 0), F(−2, −2), G(−1, −4) e H(0, −2), possui área igual a:

a) 8 u.a.

b) 4 u.a.

c) 6 u.a.

d) 10 u.a.

e) 2 u.a.

16. (UEPB) A reta de equação $(x - 2)m + (m - 3)y + m - 4 = 0$, com **m** constante real, passa pelo ponto P(2, 0). Então, seu coeficiente angular é:

a) 4
b) −4
c) $\frac{1}{4}$
d) $-\frac{1}{4}$
e) 2

17. (Unifesp) Se **P** é o ponto de interseção das retas de equações $x - y - 2 = 0$ e $\frac{1}{2}x + y = 3$, a área do triângulo de vértices A(0, 3), B(2, 0) e **P** é:

a) $\frac{1}{3}$
b) $\frac{5}{3}$
c) $\frac{8}{3}$
d) $\frac{10}{3}$
e) $\frac{20}{3}$

18. (Enem) Nos últimos anos, a televisão tem passado por uma verdadeira revolução, em termos de qualidade de imagem, som e interatividade com o telespectador. Essa transformação se deve à conversão do sinal analógico para o sinal digital. Entretanto, muitas cidades ainda não contam com essa nova tecnologia. Buscando levar esses benefícios a três cidades, uma emissora de televisão pretende construir uma nova torre de transmissão, que envie sinal às antenas **A**, **B** e **C**, já existentes nessas cidades. As localizações das antenas estão representadas no plano cartesiano:

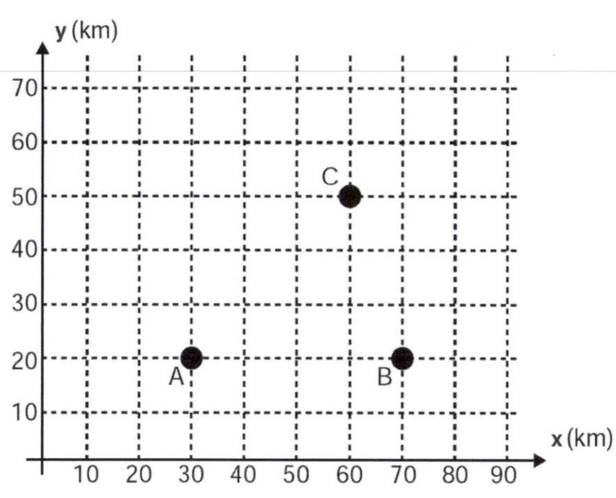

A torre deve estar situada em um local equidistante das três antenas.

O local adequado para a construção dessa torre corresponde ao ponto de coordenadas:

a) (65; 35)
b) (53; 30)
c) (45; 35)
d) (50; 20)
e) (50; 30)

19. (Uece) Em um plano, munido do sistema de coordenadas cartesianas usual, as equações $3x - 2y + 6 = 0$ e $3x + 4y - 12 = 0$ representam duas retas concorrentes. A medida da área da região limitada por essas retas e pelo eixo dos **x** é

a) 10 u.a.
b) 9 u.a.
c) 12 u.a.
d) 11. u.a.

u.a. ≡ unidade de área

20. (PUC-SP) Suponha que no plano cartesiano mostrado na figura abaixo, em que a unidade de medida nos eixos coordenados é o quilômetro, as retas **r** e **s** representam os trajetos percorridos por dois navios, N_1 e N_2, antes de ambos atracarem em um ilha, localizada no ponto **I**.

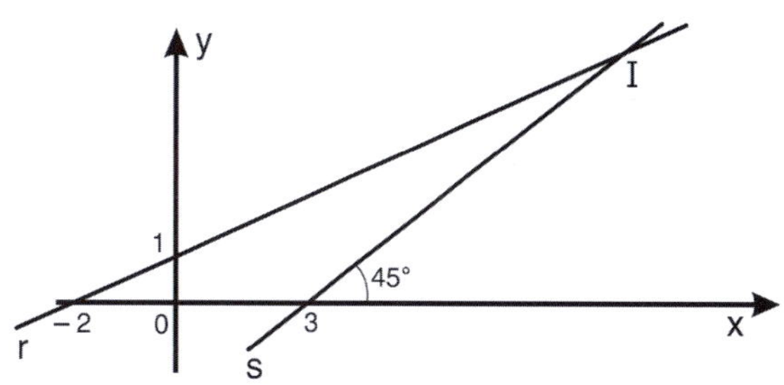

Considerando que, no momento em que N_1 e N_2 se encontravam atracados em **I**, um terceiro navio, N_3, foi localizado no ponto de coordenadas (26, 29), a quantos quilômetros N_3 distava de **I**?

a) 28
b) 30
c) 34
d) 36
e) 40

21. (FGV-SP) No plano cartesiano, considere o triângulo de vértices A(1, 4), B(4, 5) e C(6, 2).

A reta suporte da altura relativa ao lado $\overline{AC}$ intersecta o eixo **x** no ponto de abscissa:

a) 2
b) 2,2
c) 2,4
d) 2,6
e) 2,8

22. (FGV-SP) Observe as coordenadas cartesianas de cinco pontos: A(0, 100), B(0, −100), C(10, 100), D(10, −100), E(100, 0).

Se a reta de equação reduzida $y = mx + n$ é tal que $mn > 0$, então, dos cinco pontos dados anteriormente, o único que certamente não pertence ao gráfico dessa reta é:

a) A
b) B
c) C
d) D
e) E

23. (UFRGS-RS) Os pontos **A**, **B**, **C**, **D**, **E** e **F** determinam um hexágono regular ABCDEF de lado 1, tal que o ponto **A** tem coordenadas (1, 0) e o ponto **D** tem coordenadas (−1, 0), como na figura abaixo.

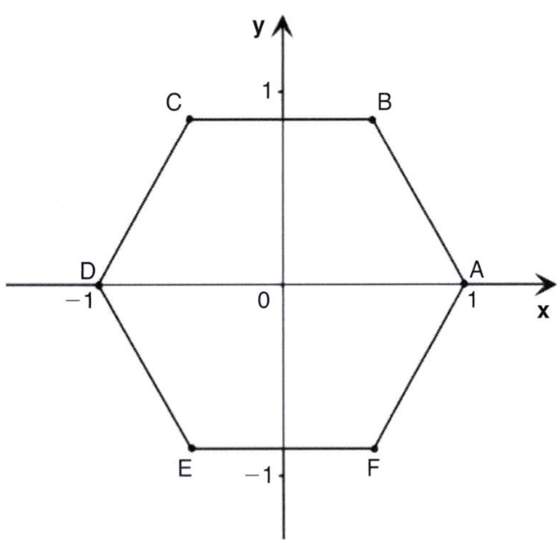

A equação da reta que passa pelos pontos **B** e **D** é

a) $y = \sqrt{3}x$.

b) $y = \dfrac{\sqrt{3}}{3}x + \dfrac{\sqrt{3}}{3}$.

c) $y = \dfrac{\sqrt{3}}{2}x + \dfrac{\sqrt{3}}{2}$.

d) $y = \dfrac{\sqrt{3}}{3}x - \dfrac{\sqrt{3}}{3}$.

e) $y = \dfrac{\sqrt{3}}{2}x - \dfrac{\sqrt{3}}{2}$.

24. (Enem) Uma região de uma fábrica deve ser isolada, pois nela os empregados ficam expostos a riscos de acidentes. Essa região está representada pela porção de cor cinza (quadrilátero de área **S**) na figura.

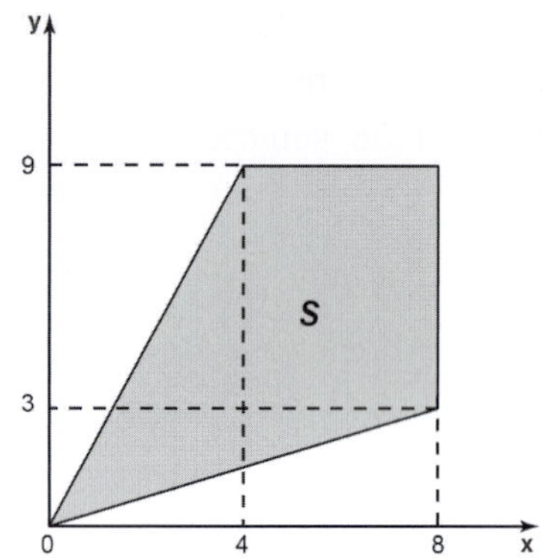

Para que os funcionários sejam orientados sobre a localização da área isolada, cartazes informativos serão afixados por toda a fábrica. Para confeccioná-los, um programador utilizará um *software* que permite desenhar essa região a partir de um conjunto de desigualdades algébricas.

As desigualdades que devem ser utilizadas no referido *software*, para o desenho da região de isolamento, são

a) $3y - x \leqslant 0$; $2y - x \geqslant 0$; $y \leqslant 8$; $x \leqslant 9$
b) $3y - x \leqslant 0$; $2y - x \geqslant 0$; $y \leqslant 9$; $x \leqslant 8$
c) $3y - x \geqslant 0$; $2y - x \leqslant 0$; $y \leqslant 9$; $x \leqslant 8$
d) $4y - 9x \leqslant 0$; $8y - 3x \geqslant 0$; $y \leqslant 8$; $x \leqslant 9$
e) $4y - 9x \leqslant 0$; $8y - 3x \geqslant 0$; $y \leqslant 9$; $x \leqslant 8$

25. (Mack-SP) Na figura, as retas **r** e **s** são paralelas.

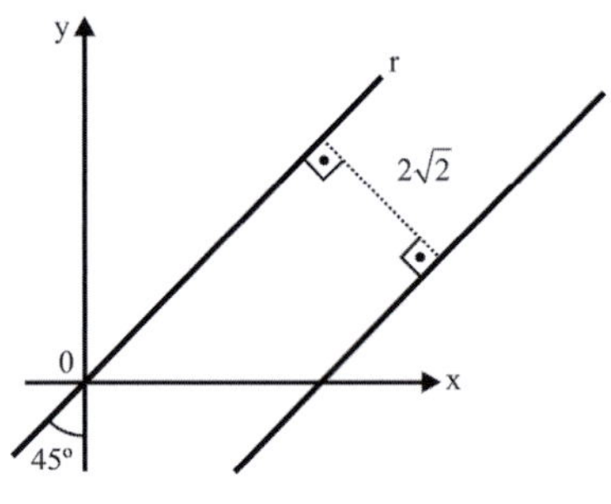

Se (x, y) é um ponto de **s**, então $x - y$ vale:

a) 2
b) $\sqrt{2}$
c) 4
d) $2\sqrt{2}$
e) $4\sqrt{2}$

26. (Ufam) Sejam A(−4, 2), B(−8, −8), C(0, 2) e D(4, 12) vértices consecutivos de um paralelogramo. A altura relativa ao lado $\overline{BC}$ deste paralelogramo é igual a:

a) $2\sqrt{29}$
b) $2\sqrt{41}$
c) $\dfrac{12}{\sqrt{41}}$
d) $\dfrac{20}{\sqrt{29}}$
e) $\dfrac{20}{\sqrt{41}}$

27. (Insper-SP) No plano cartesiano, a reta **r**, de coeficiente angular 10, intersecta o eixo **y** em um ponto de ordenada **a**. Já a reta **s**, de coeficiente angular 9, intersecta o eixo **y** em um ponto de ordenada **b**. Se as retas **r** e **s** intersectam-se em um ponto de abscissa 6, então:

a) $b = a$
b) $b = a - 9$
c) $b = a - 6$
d) $b = a + 9$
e) $b = a + 6$

28. (FGV-SP) Os pontos A(3, −2) e C(−1, 4) do plano cartesiano são vértices de um quadrado ABCD cujas diagonais são $\overline{AC}$ e $\overline{BD}$. A reta suporte da diagonal $\overline{BD}$ intersecta o eixo das ordenadas no ponto de ordenada:

a) $\frac{2}{3}$
b) $\frac{3}{5}$
c) $\frac{1}{2}$
d) $\frac{1}{3}$
e) 0

29. (UPE) Qual é a medida da área do quadrilátero limitado pelas retas (r) $y = 4$; (s) $3x - y - 2 = 0$; (t) $y = 1$ e (u) $3x + 2y - 20 = 0$?

a) 7,5
b) 9,0
c) 10,5
d) 11
e) 12

30. (ITA- SP) Considere os pontos $A = (0, -1)$, $B = (0, 5)$ e a reta r: $2x - 3y + 6 = 0$. Das afirmações a seguir:

I. d (A, r) = d (B, r).
II. **B** é simétrico de **A** em relação à reta **r**.
III. $\overline{AB}$ é a base de um triângulo equilátero ABC, de vértice $C(-3\sqrt{3}, 2)$ ou $C(3\sqrt{3}, 2)$.

é (são) verdadeira(s) apenas:

a) I.
b) II.
c) I e II.
d) I e III.
e) II e III.

31. (PUC-SP) Em um sistema cartesiano ortogonal, em que a unidade de medida nos eixos é o centímetro, considere:

- a reta **r**, traçada pelo ponto (2, 3) e paralela à bissetriz dos quadrantes ímpares;
- a reta **s**, traçada pelo ponto (2, 5) e perpendicular a **r**;
- o segmento $\overline{OA}$ em que **O** é a origem do sistema e **A** é a interseção de **r** e **s**.

Um ponto **M** é tomado sobre o segmento $\overline{OA}$ de modo que OM e MA correspondam às medidas da hipotenusa e de um dos catetos de um triângulo retângulo $\triangle$. Se o outro cateto de $\triangle$ mede 3 cm, a área de sua superfície, em centímetros quadrados, é:

a) 1,8
b) 2,4
c) 3,5
d) 4,2
e) 5,1

32. (Insper-SP) No plano cartesiano da figura, feito fora de escala, o eixo **x** representa uma estrada já existente, os pontos A(8, 2) e B(3, 6) representam duas cidades e a reta **r**, de inclinação 45°, representa uma estrada que será construída.

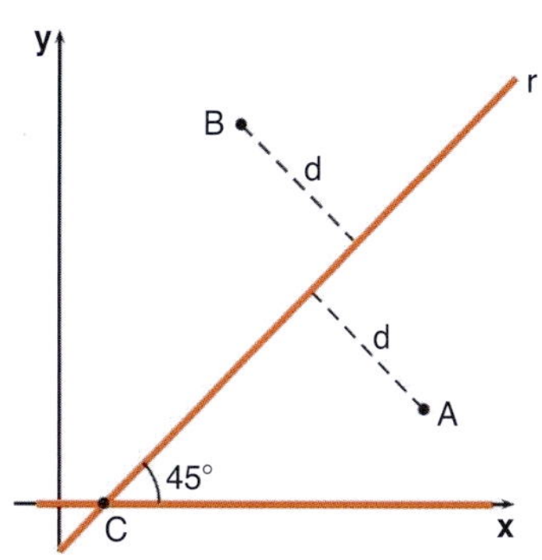

Para que as distâncias da cidade **A** e da cidade **B** até a nova estrada sejam iguais, o ponto **C**, onde a nova estrada intersecta a existente, deverá ter coordenadas:

a) $\left(\frac{1}{2}, 0\right)$
b) (1, 0)
c) $\left(\frac{3}{2}, 0\right)$
d) (2, 0)
e) $\left(\frac{5}{2}, 0\right)$

33. (Mack-SP)

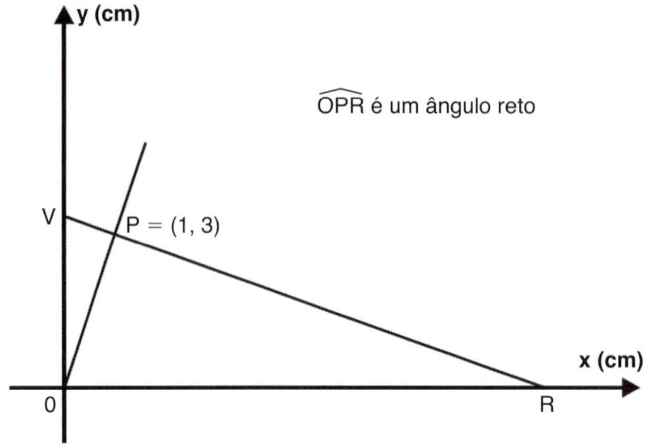

Na figura acima, a área, em cm^2, do triângulo ORV é:

a) $\frac{50}{3}$

b) $\frac{25}{3}$

c) $\frac{10}{3}$

d) $\frac{2}{3}$

e) $\frac{1}{3}$

34. (Ufscar-SP) Sabe-se, a respeito dos pontos **P**, **Q** e **R**, situados no sistema de coordenadas cartesianas ortogonais, que o ponto P(x, y) situa-se no 1º quadrante, o ponto **Q** é simétrico do ponto **P** em relação ao eixo **y** e que o ponto **R** é simétrico do ponto **Q** em relação à reta y = 1. Pode-se concluir, então, que as coordenadas do ponto **R** são:

a) $(-x, 1 - y)$

b) $(-x, 2 - y)$

c) $(0, y)$

d) $(x, 1 - y)$

e) $(x, y - 2)$

35. (FGV-SP) O ponto da reta $x - 3y = 5$ que é mais próximo ao ponto (1, 3) tem coordenadas cuja soma é:

a) 1,6

b) 1,2

c) 1,0

d) 1,4

e) 0,8

36. (UFRGS-RS) As retas de equações $y = ax$ e $y = -x + b$ interceptam-se em um único ponto cujas coordenadas são estritamente negativas.
Então, pode-se afirmar que

a) $a > 0$ e $b > 0$.

b) $a < 0$ e $b < 0$.

c) $a < -1$ e $b > 0$.

d) $a > 0$ e $b < 0$.

e) $a < -1$ e $b < 0$.

37. (UFRGS-RS) Os pontos A(1, 2), B(6, 2) e **C** são os vértices de um triângulo equilátero, sendo o segmento $\overline{AB}$ a base deste.

O seno do ângulo formado pelo eixo das abscissas e a reta suporte do lado $\overline{BC}$ no sentido anti-horário é:

a) $-\frac{1}{2}$

b) $-\frac{\sqrt{3}}{2}$

c) $\frac{1}{2}$

d) $\frac{\sqrt{2}}{2}$

e) $\frac{\sqrt{3}}{2}$

38. (FGV-SP) No plano cartesiano, a área do polígono determinado pelo sistema de inequações $\begin{cases} 0 \leq x \leq 3 \\ \frac{-4x + 12}{3} \leq y \leq 2x + 4 \end{cases}$ é igual a

a) 12.

b) 12,5.

c) 14.

d) 14,5.

e) 15.

39. (Fatec-SP) No plano cartesiano representado a seguir, o coeficiente angular da reta $\overleftrightarrow{OA}$ é 1, e a área do losango ABCO é $8\sqrt{2}$. Portanto, o valor de **p** é:

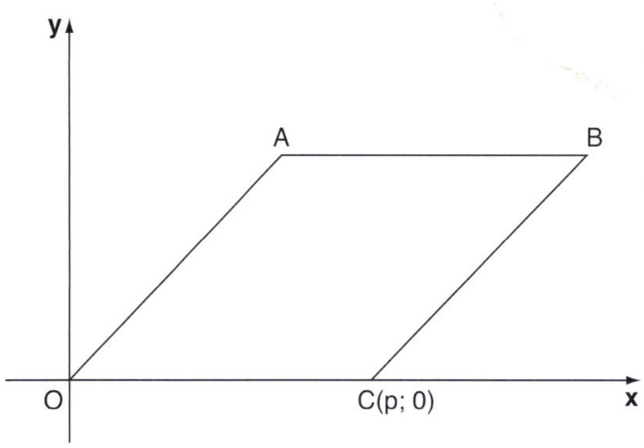

a) 2

b) 4

c) 6

d) 8

e) 10

40. (Uerj) Considere o gráfico a seguir, em que a área **S** é limitada pelos eixos coordenados, pela reta **r**, que passa por A(0, 4) e B(2, 0), e pela reta perpendicular ao eixo **x** no ponto $P(x_0, 0)$, sendo $0 \leq x_0 \leq 2$.

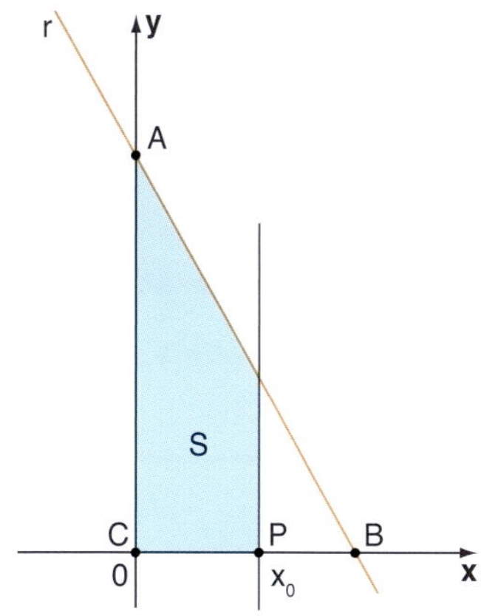

Para que a área **S** seja a metade da área do triângulo de vértices C(0, 0), **A** e **B**, o valor de $\mathbf{x_0}$ deve ser igual a:

a) $2 - \sqrt{2}$

b) $3 - \sqrt{2}$

c) $4 - 2\sqrt{2}$

d) $5 - 2\sqrt{2}$

41. (UEMG) Dadas as equações de reta r: $x + y - 6 = 0$ e s: $2x - y = 0$ em um dado plano cartesiano de centro **O**. As retas **r** e **s** são concorrentes no ponto **P** e a reta **r** intercepta o eixo das abscissas no ponto **Q**. O volume do sólido formado pela rotação da figura plana formada pelos pontos OPQ em torno do lado $\overline{OQ}$ é: (use $\pi = 3$)

a) $32\ cm^3$.

b) $64\ cm^3$.

c) $96\ cm^3$.

d) $88\ cm^3$.

42. (Unifesp) Num sistema cartesiano ortogonal, são dados os pontos A(1, 1), B(5, 1), C(6, 3) e D(2, 3), vértices de um paralelogramo, e a reta **r**, de equação r: $3x - 5y - 11 = 0$.

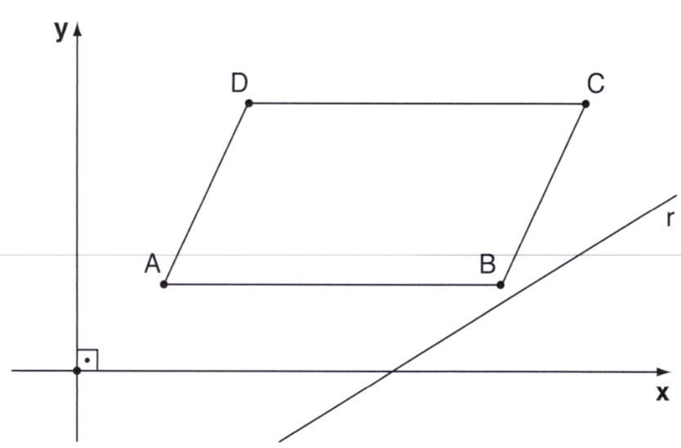

A reta **s**, paralela à reta **r**, que divide o paralelogramo ABCD em dois polígonos de mesma área terá por equação:

a) $3x - 5y - 5 = 0$

b) $3x - 5y = 0$

c) $6x - 10y - 1 = 0$

d) $9x - 15y - 2 = 0$

e) $12x - 20y - 1 = 0$

CAPÍTULO

3 A circunferência

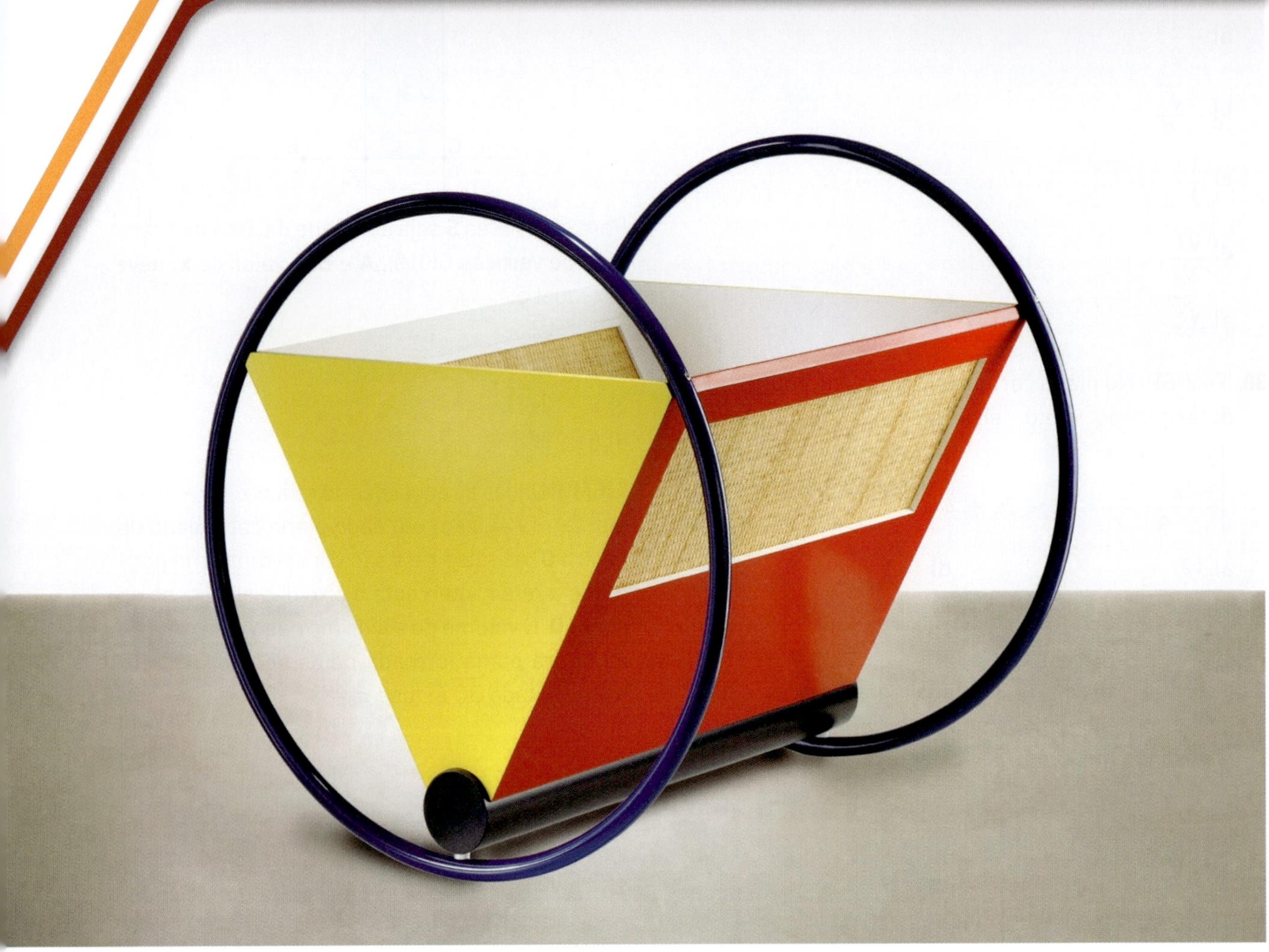

Tecta/Arquivo da Editora

A escola alemã Bauhaus (1919-1933) foi a principal expoente de vanguarda da arte moderna no século XX e produziu trabalhos em *design*, arquitetura e artes plásticas. O berço Bauhaus, parte de um conjunto de camas, foi inspirado no trabalho de Kandinsky, que relacionava cor e formato: amarelo para o triângulo, vermelho para o quadrado e azul para a circunferência. A circunferência no plano cartesiano é o tema deste capítulo.

Equação reduzida da circunferência

Uma circunferência λ com centro $C(x_C, y_C)$ e raio de medida **r** é o conjunto de todos os pontos $P(x, y)$ do plano que distam **r** de **C**:

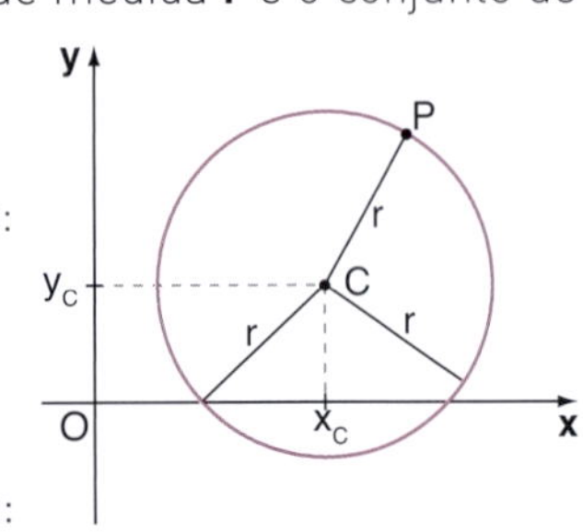

Banco de imagens/Arquivo da editora

$$d_{PC} = \sqrt{(x - x_C)^2 + (y - y_C)^2} = r$$

Elevando membro a membro ao quadrado, temos:

$$(x - x_C)^2 + (y - y_C)^2 = r^2$$

Essa é a **equação reduzida da circunferência**, em que:

- x_C e y_C são as coordenadas do centro **C** da circunferência;
- **r** é a medida do raio da circunferência;
- **x** e **y** são as coordenadas do ponto genérico **P** — um ponto que pode ocupar o lugar de qualquer ponto da circunferência, sempre distando **r** de **C**.

EXEMPLO 1

A equação reduzida da circunferência de centro C(0, 0) e raio de medida 3 é $(x - 0)^2 + (y - 0)^2 = 3^2$, isto é, $x^2 + y^2 = 9$.

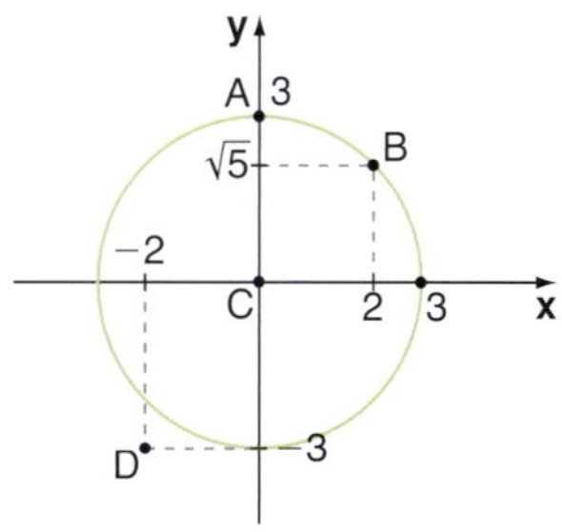

Banco de imagens/Arquivo da editora

Note que o ponto A(0, 3) pertence a essa circunferência, pois $(0 - 0)^2 + (3 - 0)^2 = 9$.
Da mesma forma, o ponto B(2, $\sqrt{5}$) também pertence, pois $2^2 + (\sqrt{5})^2 = 9$.
Já o ponto D(−2, −3) não pertence à circunferência, pois $(-2)^2 + (-3)^2 = 13 \neq 9$.

EXEMPLO 2

A equação reduzida da circunferência de centro C(3, 4) e raio de medida 5 é $(x - 3)^2 + (y - 4)^2 = 25$.

Note que os pontos A(0, 0) e B(3, −1) pertencem a essa circunferência, pois:

$$(0 - 3)^2 + (0 - 4)^2 = 25$$

e

$$(3 - 3)^2 + (-1 - 4)^2 = 25$$

O ponto D(4, 3) não pertence, pois $(4 - 3)^2 + (3 - 4)^2 \neq 25$.

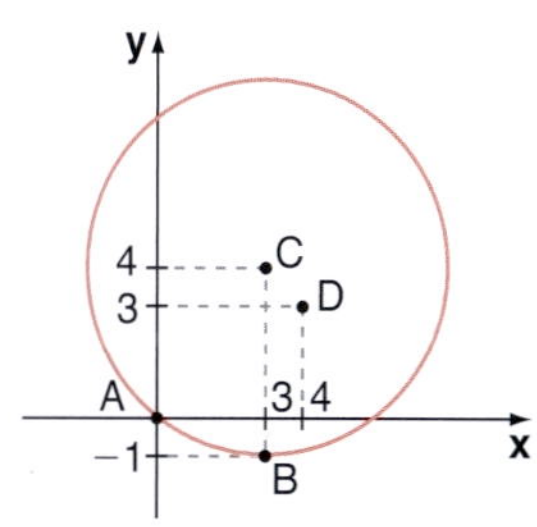

Banco de imagens/Arquivo da editora

Exercícios resolvidos

1. Qual é a equação reduzida da circunferência em que as extremidades de um diâmetro são A(4, 0) e B(0, 4)?

Solução:

O ponto médio de $\overline{AB}$ é o centro **C** da circunferência; então:

$$x_C = \frac{x_A + x_B}{2} = \frac{4 + 0}{2} = 2 \text{ e } y_C = \frac{y_A + y_B}{2} = \frac{0 + 4}{2} = 2$$

Portanto, **C** é (2, 2).

O raio **r** mede a metade da distância entre **A** e **B**:

$$r = \frac{1}{2} d_{AB} = \frac{1}{2}\sqrt{(4 - 0)^2 + (0 - 4)^2} = \frac{1}{2}\sqrt{32} = 2\sqrt{2}$$

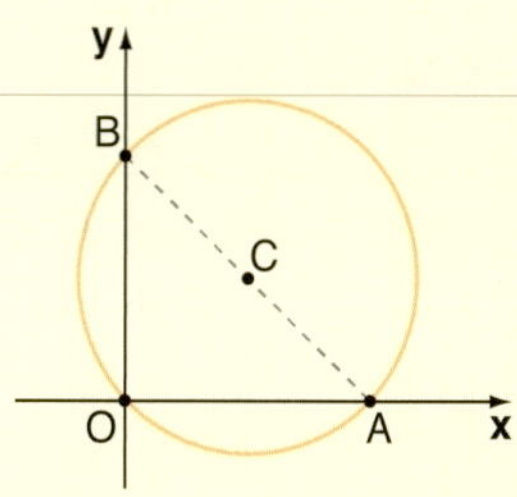

Banco de imagens/Arquivo da editora

A equação reduzida da circunferência é:

$$(x - 2)^2 + (y - 2)^2 = \left(2\sqrt{2}\right)^2, \text{ isto é,}$$

$$(x - 2)^2 + (y - 2)^2 = 8$$

2. Qual é a equação reduzida da circunferência que tem raio de medida 3, tangencia o eixo das abscissas no ponto A(4, 0) e está contida no quarto quadrante?

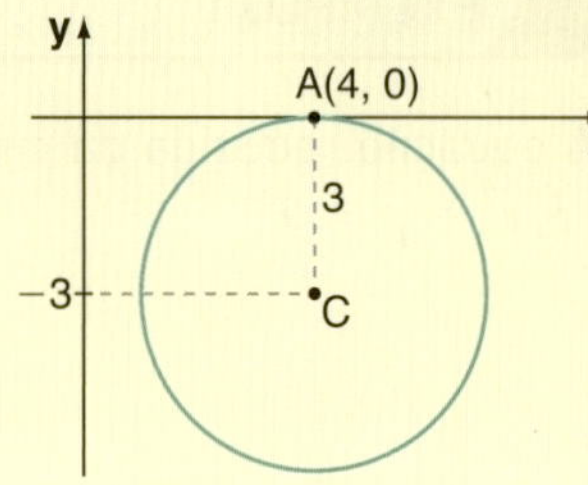

Banco de imagens/Arquivo da editora

Solução:

O centro da circunferência é C(4, −3), e seu raio mede 3. Então, a equação reduzida é:

$$(x - 4)^2 + (y + 3)^2 = 9$$

3. Obtenha a equação reduzida da circunferência que passa pelos pontos A(−3, 0), B(2, 5) e D(1, 6).

Solução:

Este exercício pode ser resolvido de dois modos:

1º modo

A equação reduzida é da forma $(x - x_C)^2 + (y - y_C)^2 = r^2$, em que precisamos determinar $\mathbf{x_C}$, $\mathbf{y_C}$ e **r**.

Como **A**, **B** e **D** pertencem à circunferência, suas coordenadas devem satisfazer sua equação, então:

$$\begin{cases} (-3 - x_C)^2 + (0 - y_C)^2 = r^2 \Rightarrow 9 + 6x_C + x_C^2 + y_C^2 = r^2 & (1) \\ (2 - x_C)^2 + (5 - y_C)^2 = r^2 \Rightarrow 4 - 4x_C + x_C^2 + 25 - 10y_C + y_C^2 = r^2 & (2) \\ (1 - x_C)^2 + (6 - y_C)^2 = r^2 \Rightarrow 1 - 2x_C + x_C^2 + 36 - 12y_C + y_C^2 = r^2 & (3) \end{cases}$$

Subtraindo (2) de (1), obtemos $x_C + y_C - 2 = 0$. (4)

Subtraindo (3) de (2), obtemos $-x_C + y_C - 4 = 0$. (5)

Resolvendo o sistema formado por (4) e (5), obtemos: $x_C = -1$ e $y_C = 3$.

Substituindo $\mathbf{x_C}$ e $\mathbf{y_C}$ por seus valores em (1), temos:

$$(-3 + 1)^2 + (0 - 3)^2 = r^2 \Rightarrow r^2 = 13$$

A equação reduzida dessa circunferência é:

$$(x + 1)^2 + (y - 3)^2 = 13$$

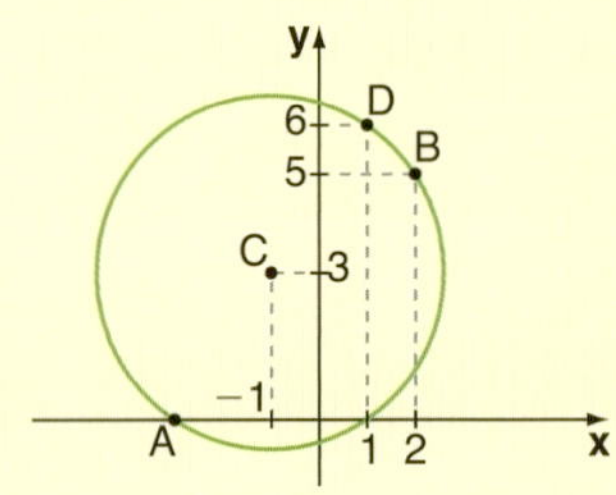

Banco de imagens/Arquivo da editora

2º modo

O centro $C(x_C, y_C)$ dista igualmente de **A** e **B**, portanto pertence à mediatriz **r** de $\overline{AB}$ (reta perpendicular a $\overline{AB}$ traçada pelo seu ponto médio **M**). Então:

$$x_M = \frac{x_A + x_B}{2} = \frac{-3 + 2}{2} = -\frac{1}{2},\ y_M = \frac{y_A + y_B}{2} = \frac{0 + 5}{2} = \frac{5}{2}$$

$$m_{AB} = \frac{\Delta y}{\Delta x} = \frac{5 - 0}{2 + 3} = 1 \Rightarrow m_r = -\frac{1}{m_{AB}} = -1$$

$$r: y - \frac{5}{2} = -1 \cdot \left(x + \frac{1}{2}\right) \Rightarrow x + y - 2 = 0 \quad (1)$$

Analogamente, o centro **C** pertence à mediatriz **s** de $\overline{BD}$ (reta perpendicular a $\overline{BD}$ traçada pelo seu ponto médio **N**). Então:

$$x_N = \frac{x_B + x_D}{2} = \frac{2 + 1}{2} = \frac{3}{2},\ y_N = \frac{y_B + y_D}{2} = \frac{5 + 6}{2} = \frac{11}{2}$$

$$m_{BD} = \frac{\Delta y}{\Delta x} = \frac{6 - 5}{1 - 2} = -1 \Rightarrow m_s = -\frac{1}{m_{BD}} = 1$$

$$s: y - \frac{11}{2} = 1 \cdot \left(x - \frac{3}{2}\right) \Rightarrow x - y + 4 = 0 \quad (2)$$

Resolvendo o sistema de equações (1) e (2), encontramos $x = -1$ e $y = 3$. Então, $C(-1, 3)$.

$$\text{raio: } CA = \sqrt{(-1 + 3)^2 + (3 - 0)^2} = \sqrt{13}$$

A equação reduzida dessa circunferência é $(x + 1)^2 + (y - 3)^2 = 13$.

Exercícios

1. Escreva a equação reduzida de cada circunferência descrita abaixo:

a) centro na origem e raio de medida 4.

b) centro C(−2, 5) e raio de medida 3.

c) centro C(3, −2) e raio de medida $\sqrt{7}$.

d) com diâmetro $\overline{AB}$, sendo A(2, −2) e B(6, 2).

2. Escreva a equação reduzida de cada circunferência de centro **C** a seguir:

a)

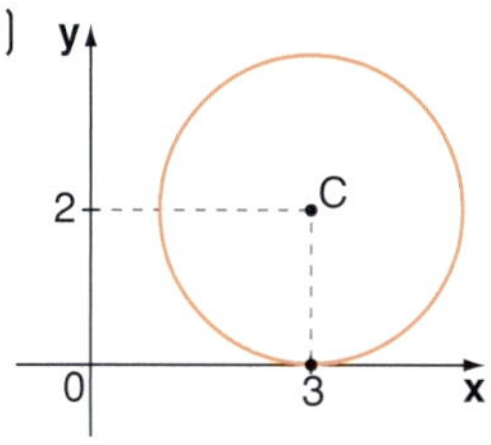

b)

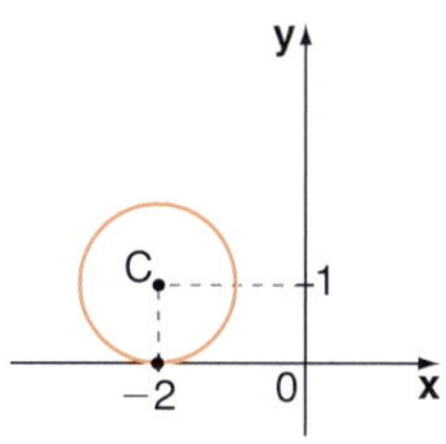

c)

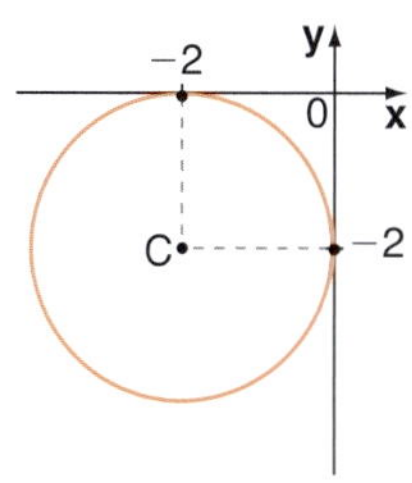

d)

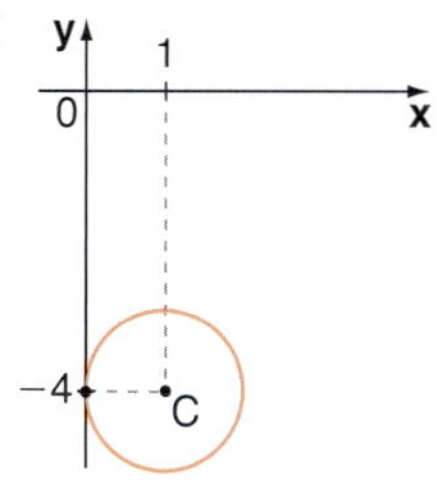

Ilustrações: Banco de imagens/Arquivo da editora

3. Há quatro circunferências que tangenciam os eixos coordenados e possuem raio unitário.

a) Quais são suas equações reduzidas?

b) Determine a área do quadrilátero que possui os vértices nos centros dessas circunferências.

4. Observe esta figura:

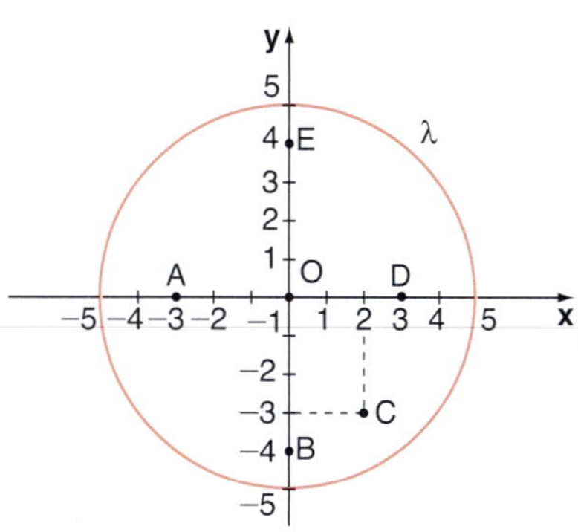

Banco de imagens/Arquivo da editora

Determine a equação reduzida da circunferência que:

a) tem centro **A** e passa por **O**;

b) é concêntrica com λ e passa por **A**;

c) tem diâmetro $\overline{BC}$;

d) tem centro **D** e passa por **E**.

5. Uma circunferência passa pela origem e tem centro em (−4, −3). Determine sua equação reduzida.

6. A circunferência λ encontra-se no 2º quadrante, seu raio mede 3 e λ tangencia os eixos coordenados.

a) Qual é a sua equação reduzida?

b) λ passa por (−2, 5)?

7. Sendo A(−2, −6) e B(2, 4), escreva a equação reduzida:

a) da circunferência de diâmetro $\overline{AB}$;

b) de outra circunferência que passa por **A** e **B**.

8. Determine os valores reais de **k** de modo que a circunferência de equação $(x - k)^2 + (y - 4)^2 = 25$ passe pelo ponto (2k, 0).

9. As retas r: y = 2x − 1 e s: 3x + 2y − 5 = 0 intersectam-se em um ponto **P** da circunferência λ, de centro (2, 4). Qual é o ponto diametralmente oposto a **P**?

10. Uma circunferência λ tem equação reduzida $(x - 5)^2 + (y - 1)^2 = 4$. Determine:

a) o ponto de λ mais distante do eixo das abscissas;

b) o ponto de λ mais distante do eixo das ordenadas.

11. Seja λ a circunferência de equação $(x - 3)^2 + y^2 = 5$ e seja P(a + 1, a − 1) um ponto de λ.

a) Calcule **a**.

b) Para o valor positivo de **a** encontrado, calcule o coeficiente angular da reta que passa por **P** e pelo centro de λ.

12. Determine a área de um quadrado circunscrito à circunferência de equação $(x - a)^2 + (y - b)^2 = 16$, em que **a** e **b** podem assumir quaisquer valores reais.

13. Qual é o ponto da circunferência $(x - 3)^2 + y^2 = 4$ mais distante do eixo **y**?

14. O centro de uma circunferência pertence à bissetriz dos quadrantes ímpares. Sabendo que os pontos (3, −1) e (7, 3) pertencem à circunferência, determine sua equação.

15. Em cada caso, verifique se os pontos **A**, **B** e **C** estão alinhados. A seguir, se possível, escreva a equação reduzida da circunferência à qual eles pertencem:

a) A(−1, 3), B(3, −1) e C(1, 5).

b) A(2, 6), B(−1, 0) e C(−3, −4).

16. Um campo oficial de futebol tem 120 m de comprimento e 90 m de largura. O campo é dividido em duas partes iguais e o centro **C** é marcado com um ponto na metade da linha de meio-campo. O círculo central tem 18,30 m de diâmetro (para facilitar os cálculos, aproxime esse valor para 18 m):

Inserindo-se um sistema de coordenadas cartesianas de origem **O**, com eixos Ox e Oy de sentidos positivos indicados na figura, e sendo a unidade de medida de comprimento o metro, é possível determinar equações de retas e circunferências.

a) Escreva a equação da reta que passa por **O** e **C**.

b) Escreva a equação da circunferência que representa o círculo central.

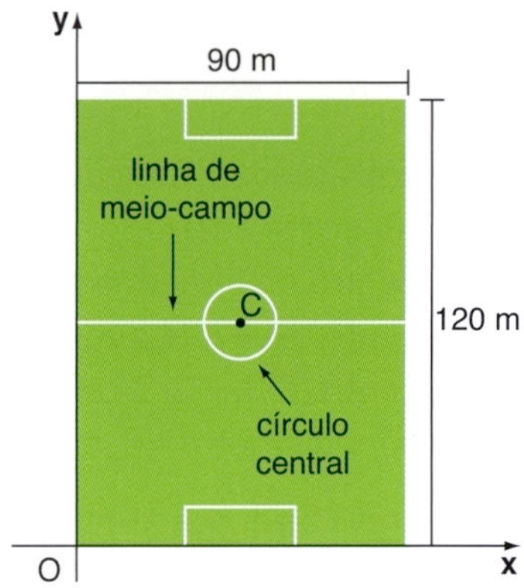

Banco de imagens/Arquivo da editora

Equação geral da circunferência

A partir da equação reduzida de uma circunferência, $(x - x_C)^2 + (y - y_C)^2 = r^2$, podemos desenvolver os produtos notáveis e obter uma equação equivalente. Temos:

$$x^2 - 2xx_C + x_C^2 + y^2 - 2yy_C + y_C^2 = r^2$$

Agrupando os termos convenientemente, obtemos:

$$x^2 + y^2 - 2x_Cx - 2y_Cy + (x_C^2 + y_C^2 - r^2) = 0$$

A equação destacada é conhecida como **forma geral da equação da circunferência** ou **equação geral da circunferência**, com centro (x_C, y_C) e raio de medida **r**.

A circunferência com centro em $(-1, 3)$ e cujo raio mede 4, por exemplo, tem equação reduzida $(x + 1)^2 + (y - 3)^2 = 16$; pode ser escrita como $x^2 + y^2 + 2x - 6y - 6 = 0$ na forma geral.

Dada a equação geral de uma circunferência, como podemos determinar seu centro e a medida de seu raio? Vamos conhecer agora dois métodos.

Método I: completando os quadrados

Para determinarmos o centro e a medida do raio da circunferência representada, por exemplo, pela equação $x^2 + y^2 - 6x - 4y - 23 = 0$ (ou mesmo saber se, de fato, a equação representa uma circunferência), utilizamos um processo prático que consiste em "completar quadrados" para podermos escrever a equação em sua forma reduzida:

- Agrupamos os termos em **x** e em **y** e isolamos o termo independente no 2º membro da igualdade $x^2 - 6x + y^2 - 4y = 23$ e escrevemos:

$$x^2 - 6x + \blacksquare + y^2 - 4y + \blacksquare = 23 + \blacksquare + \blacksquare$$

- Podemos notar que existem números reais que podem ser colocados no lugar do quadradinho azul e do quadradinho vermelho de modo a obter dois trinômios quadrados perfeitos (um em **x** e o outro em **y**).

  Esses números são 9 e 4, respectivamente, que também devem ser adicionados ao 2º membro da igualdade a fim de não alterá-la:

$$\underbrace{x^2 - 6x + 9}_{(x-3)^2} + \underbrace{y^2 - 4y + 4}_{(y-2)^2} = \underbrace{23 + 9 + 4}_{36}$$

  Assim, transformamos a equação geral da circunferência, $x^2 + y^2 - 6x - 4y - 23 = 0$, na equação reduzida $(x - 3)^2 + (y - 2)^2 = 36$ e, como sabemos, o centro é $(3, 2)$ e a medida do raio é 6.

Método II: analisando os coeficientes

Nem sempre, porém, uma equação da forma $Ax^2 + By^2 + Cxy + Dx + Ey + F = 0$, com coeficientes reais, representa uma circunferência. Vamos analisar as condições que os coeficientes dessa equação devem satisfazer para que ela represente uma circunferência. Inicialmente vamos dividir os dois membros da equação por $A \neq 0$:

$$x^2 + \frac{B}{A}y^2 + \frac{C}{A}xy + \frac{D}{A}x + \frac{E}{A}y + \frac{F}{A} = 0$$

Comparando com a equação geral da circunferência, $x^2 + y^2 - 2x_C x - 2y_C y + (x_C^2 + y_C^2 - r^2) = 0$, obtemos as relações:

- $\frac{B}{A} = 1 \Rightarrow A = B \neq 0$ (os coeficientes de x^2 e y^2 devem ser iguais, mas não nulos)
- $\frac{C}{A} = 0 \Rightarrow C = 0$ (não há termo em xy)
- $\frac{D}{A} = -2x_C \Rightarrow x_C = \frac{-D}{2A}$
- $\frac{E}{A} = -2y_C \Rightarrow y_C = \frac{-E}{2A}$
- $\frac{F}{A} = x_C^2 + y_C^2 - r^2 \Rightarrow r^2 = x_C^2 + y_C^2 - \frac{F}{A} \Rightarrow r^2 = \frac{D^2}{4A^2} + \frac{E^2}{4A^2} - \frac{4AF}{4A^2} \Rightarrow$
  $\Rightarrow r = \sqrt{\frac{D^2 + E^2 - 4AF}{4A^2}}$ com $D^2 + E^2 - 4AF > 0$.

São essas as relações que deverão ser satisfeitas para determinar se uma equação é realmente a equação de uma circunferência. Em caso afirmativo, elas servirão também para determinar as coordenadas do centro e a medida do raio.

EXEMPLO 3

Para verificar se a equação $x^2 + y^2 + 8x - 6y - 11 = 0$ representa uma circunferência e qual é ela, devemos testar as cinco condições:

- $A = B = 1 \neq 0$
- $C = 0$ (não há termo em xy)
- $x_C = \frac{-D}{2A} = \frac{-8}{2} = -4$
- $y_C = \frac{-E}{2A} = \frac{6}{2} = 3$

  } centro $C(-4, 3)$

- $r = \sqrt{\frac{D^2 + E^2 - 4AF}{4A^2}} = \sqrt{\frac{8^2 + (-6)^2 - 4 \cdot 1 \cdot (-11)}{4 \cdot 1^2}} = \sqrt{\frac{144}{4}} = 6$ (o raio mede 6)

Para conferir, vamos agora usar o método de completamento de quadrados:

$$x^2 + 8x + \blacksquare + y^2 - 6y + \blacksquare = 11 + \blacksquare + \blacksquare$$

$$x^2 + 8x + 16 + y^2 - 6y + 9 = 11 + 16 + 9$$

$$(x + 4)^2 + (y - 3)^2 = 36$$

Então, $(x + 4)^2 + (y - 3)^2 = 36$ é a equação reduzida da circunferência de centro $(-4, 3)$ e raio de medida 6.

EXEMPLO 4

No estudo das cinco condições a respeito da equação $x^2 + y^2 - 4x + 10y + 31 = 0$, temos:

- $A = B = 1 \neq 0$
- $C = 0$
- $\frac{-D}{2A} = \frac{4}{2} = 2$
- $\frac{-E}{2A} = \frac{-10}{2} = -5$
- $D^2 + E^2 - 4AF = (-4)^2 + 10^2 - 4 \cdot 1 \cdot 31 = 16 + 100 - 124 = -8 < 0$

Como não se verifica a quinta condição, não se trata de equação da circunferência. Conferindo, agora pelo método de completamento dos quadrados:

$$x^2 - 4x + \blacksquare + y^2 + 10y + \blacksquare = -31 + \blacksquare + \blacksquare$$

$$x^2 - 4x + 4 + y^2 + 10y + 25 = -31 + 4 + 25$$

$$(x - 2)^2 + (y + 5)^2 = -2 \quad (*)$$

o que é impossível, pois o primeiro membro de (*) é uma soma de quadrados, em $\mathbb{R}$, que é sempre maior ou igual a zero. Assim, a equação $x^2 + y^2 - 4x + 10y + 31 = 0$ representa o conjunto vazio.

Exercícios

17. Verifique se as equações abaixo representam circunferências. Em caso afirmativo, forneça o centro e a medida do raio da circunferência que cada uma representa.

a) $x^2 + y^2 - 10x - 2y + 17 = 0$

b) $x^2 + y^2 + 12x - 12y + 73 = 0$

c) $x^2 + y^2 + 2x + 6y = 0$

d) $x^2 + 2y^2 + 4x + 18y - 100 = 0$

e) $x^2 + 3y^2 - 4 = 0$

f) $x^2 + y^2 + 4x - 4y - 17 = 0$

g) $x^2 + y^2 - 20x + 99 = 0$

h) $(x - 1)^2 + (y + 3)^2 + 3 = 0$

i) $x^2 + y^2 + x + xy + y - 24 = 0$

18. Determine as coordenadas do centro e a medida do raio de cada circunferência:

a) $x^2 + y^2 - 6y = 0$

b) $x^2 + y^2 + 2x + 4y - 1 = 0$

c) $x^2 + y^2 - 4x + 6y + 4 = 0$

d) $2x^2 + 2y^2 + 16x - 32y + 134 = 0$

19. Transforme, conforme o caso, a forma geral da equação da circunferência em reduzida, ou vice-versa:

a) $2x^2 + 2y^2 + 4x - 8y + 9 = 0$

b) $(x - 4)^2 + (y + 2)^2 = 9$

c) $x^2 + y^2 - 5x - 9y + \frac{3}{2} = 0$

d) $(x + 1)^2 + (y + 2)^2 = \frac{1}{4}$

20. Escreva a equação geral da circunferência que passa:

a) pela origem e tem centro $C(-1, -4)$;

b) por $(-1, -4)$ e tem centro na origem.

21. Calcule a distância do ponto $P(4, 6)$ ao centro da circunferência de equação:

$$x^2 + y^2 - 2x - 4y - 3 = 0.$$

22. Determine os valores reais de **k** para que a equação $x^2 + y^2 - 2x + 10y - k + 28 = 0$ seja de uma circunferência.

23. Determine o maior valor inteiro de **k** de modo que $x^2 + y^2 + 6x + 14y + k = 0$ seja equação de uma circunferência.

24. Determine a equação geral da reta que passa pelos centros das circunferências de equações $(x + 2)^2 + (y - 1)^2 = 19$ e $x^2 + y^2 - (x + y + 1) = 0$.

25. Qual é a distância entre os centros das circunferências de equações $x^2 + y^2 + 2x - 6y - 12 = 0$ e $(x - 3)^2 + y^2 = 11$?

26. Determine o único valor real de **p** que faz com que as circunferências $\lambda_1: x^2 + y^2 + px - 6y - 17 = 0$ e $\lambda_2: x^2 + y^2 + 4x - (p + 2)y - 10 = 0$ sejam concêntricas. Qual é o centro comum de $\boldsymbol{\lambda_1}$ e $\boldsymbol{\lambda_2}$?

27. O centro de uma circunferência $\boldsymbol{\lambda}$ pertence à reta **r** de equação: $2x - y + 4 = 0$. Sabe-se que $\boldsymbol{\lambda}$ passa por (2, 2) e (−1, 5).

a) Determine a equação geral de $\boldsymbol{\lambda}$.

b) Represente **r** e $\boldsymbol{\lambda}$ em um mesmo plano cartesiano. Se desejar, use um quadriculado.

28. Dadas as circunferências $\lambda_1: x^2 + y^2 - 8x + 4y + 11 = 0$ e $\lambda_2: x^2 + y^2 + 6x - 4y + 12 = 0$, determine as coordenadas:

a) do ponto de maior abscissa de $\boldsymbol{\lambda_1}$;

b) do ponto de menor ordenada de $\boldsymbol{\lambda_2}$.

29. Determine o perímetro do quadrado inscrito na circunferência de equação:

$$(x - 1)^2 + (y - 3)^2 = 32$$

30. Em certa cidade, foi decretado o rodízio de carros como forma de reduzir os congestionamentos e a emissão de poluentes. Ficou estabelecido que a limitação ao uso dos carros ficaria restrita à região formada pelas vias que distassem até 8 quilômetros do marco zero da cidade.

Vamos representar essa cidade em um sistema de coordenadas cartesianas cuja origem é o marco zero da cidade, a unidade de medida de comprimento usada é o centímetro e a escala é de 1 : 20000.

A região de abrangência do rodízio é limitada por uma circunferência. Determine, nesse sistema de coordenadas,

a) a equação dessa circunferência;

b) a área da região de abrangência do rodízio.

Posições relativas entre ponto e circunferência

Todos os pontos de uma circunferência distam igualmente do centro e mantêm dele distância igual à medida do raio. Assim, dada uma circunferência de centro **C** e raio de medida **r**, se a distância de um ponto **P** qualquer do plano cartesiano a **C** é diferente de **r**, então **P** é externo ou interno à circunferência.

EXEMPLO 5

A circunferência $\lambda: (x - 3)^2 + (y - 1)^2 = 25$, de centro C(3, 1) e raio 5, passa pelo ponto P(−1, −2), pois:

$$(-1 - 3)^2 + (-2 - 1)^2 = 25$$

$\boldsymbol{\lambda}$ também passa por Q(7, 4), pois:

$$(7 - 3)^2 + (4 - 1)^2 = 25$$

Mas $\boldsymbol{\lambda}$ não passa pela origem **O**, pois:

$$(0 - 3)^2 + (0 - 1)^2 \neq 25$$

O ponto R(9, 2) também não pertence a $\boldsymbol{\lambda}$, já que:

$$(9 - 3)^2 + (2 - 1)^2 \neq 25$$

Observe que:

- $d_{OC} = \sqrt{(3 - 0)^2 + (1 - 0)^2} = \sqrt{10} < 5 = r$, e **O** é interno a $\boldsymbol{\lambda}$.
- $d_{RC} = \sqrt{(9 - 3)^2 + (2 - 1)^2} = \sqrt{37} > 5 = r$, e **R** é externo a $\boldsymbol{\lambda}$.

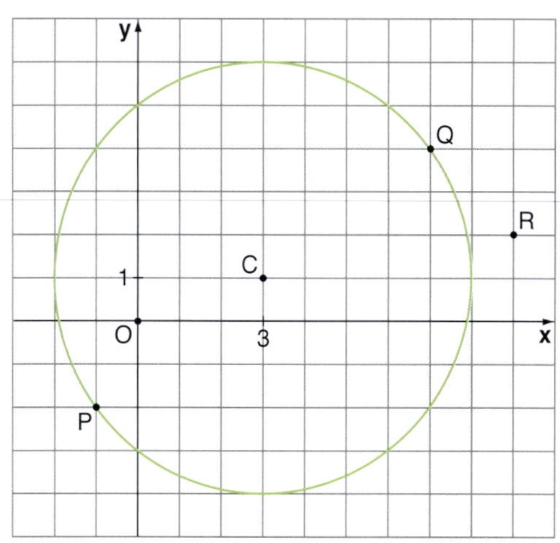

Banco de imagens/Arquivo da editora

Para uma circunferência $\boldsymbol{\lambda}$ de centro $C(x_C, y_C)$, raio de medida **r** e um ponto **P** qualquer do plano, distinto de **C**, compararemos $\mathbf{d_{PC}}$ com **r**.

Há três possibilidades:

- Se $d_{PC} = r$, então **P** pertence à circunferência.
- Se $d_{PC} > r$, então **P** é externo à circunferência.
- Se $d_{PC} < r$, então **P** é interno à circunferência.

Ilustrações: Banco de imagens/ Arquivo da editora

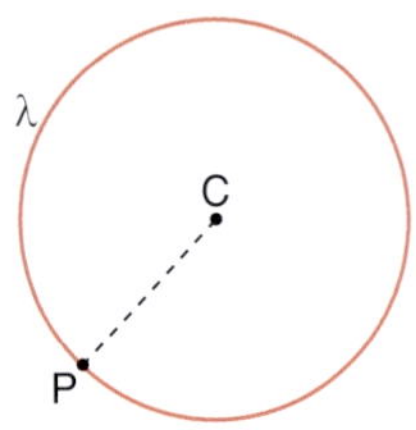

$d_{PC} = r \Rightarrow P \in \lambda$

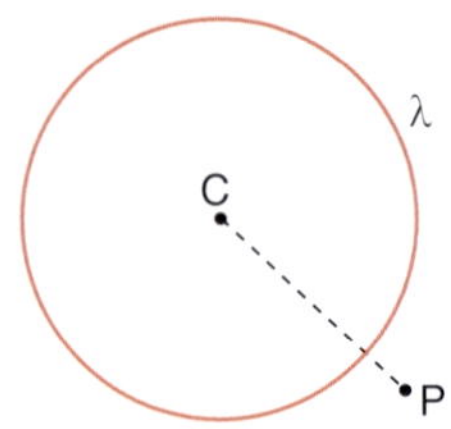

$d_{PC} > r \Rightarrow$ **P** é externo a $\boldsymbol{\lambda}$

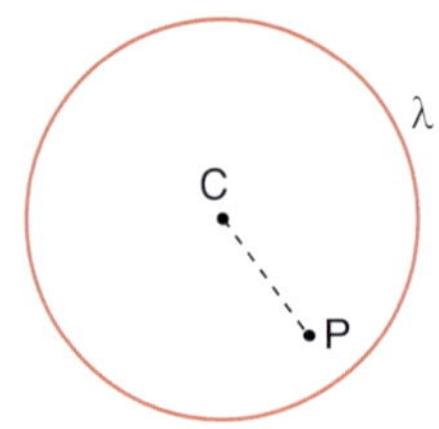

$d_{PC} < r \Rightarrow$ **P** é interno a $\boldsymbol{\lambda}$

No exemplo 5, em que foi dada a equação reduzida da circunferência, determinamos a posição de um ponto dado em relação à circunferência calculando a distância entre o centro e o ponto em questão e comparando-a com a medida do raio.

De modo geral, dados um ponto $P(x_0, y_0)$ e uma circunferência $\boldsymbol{\lambda}$ de centro **C** e equação $(x - x_C)^2 + (y - y_C)^2 = r^2$, temos:

- $P \in \lambda \Leftrightarrow d_{CP}^2 = r^2 \Leftrightarrow (x_0 - x_C)^2 + (y_0 - y_C)^2 = r^2 \Leftrightarrow$
  $\Leftrightarrow (x_0 - x_C)^2 + (y_0 - y_C)^2 - r^2 = 0$
- **P** externo a $\boldsymbol{\lambda} \Leftrightarrow d_{CP}^2 > r^2 \Leftrightarrow (x_0 - x_C)^2 + (y_0 - y_C)^2 > r^2 \Leftrightarrow$
  $\Leftrightarrow (x_0 - x_C)^2 + (y_0 - y_C)^2 - r^2 > 0$
- **P** interno a $\boldsymbol{\lambda} \Leftrightarrow d_{CP}^2 < r^2 \Leftrightarrow (x_0 - x_C)^2 + (y_0 - y_C)^2 < r^2 \Leftrightarrow$
  $\Leftrightarrow (x_0 - x_C)^2 + (y_0 - y_C)^2 - r^2 < 0$

EXEMPLO 6

Para determinar a posição relativa entre a circunferência de equação $x^2 + y^2 - 6x - 2y + 6 = 0$ e o ponto P(2, 1), podemos fazer:

$$2^2 + 1^2 - 6 \cdot 2 - 2 \cdot 1 + 6 = -3 < 0$$

concluindo que o ponto **P** é interno à circunferência.

Já o ponto Q(5, 1) pertence à circunferência, pois:

$$5^2 + 1^2 - 6 \cdot 5 - 2 \cdot 1 + 6 = 0$$

E o ponto R(6, 2) é externo a ela, pois:

$$6^2 + 2^2 - 6 \cdot 6 - 2 \cdot 2 + 6 = 6 > 0$$

Resumindo, dados um ponto $P(x_0, y_0)$ e a equação geral $Ax^2 + By^2 + Dx + Ey + F = 0$, com $A > 0$ e com todas as condições para que ela represente uma circunferência satisfeitas, basta substituirmos na equação as coordenadas do ponto dado e obtemos o valor numérico de **M** para $x = x_0$ e $y = y_0$, que indicaremos por $M_{(x_0, y_0)}$.

- Se $M_{(x_0, y_0)} = 0$, então **P** é ponto da circunferência.
- Se $M_{(x_0, y_0)} < 0$, então **P** é interno à circunferência.
- Se $M_{(x_0, y_0)} > 0$, então **P** é externo à circunferência.

Exercícios

31. Em relação à circunferência λ: $(x + 2)^2 + (y + 1)^2 = 9$, dê a posição dos pontos $A(-2, 2)$, $B(-5, 1)$, $D(-1, 2)$, $E(0, 1)$ e $F(-5, -1)$.

32. Dê a posição dos pontos $A(-1, 2)$, $B(3, 6)$, $O(0, 0)$, $D(-1, -4)$ e $E(3, 0)$ em relação à circunferência λ: $x^2 + y^2 - 6x + 8y = 0$.

33. O ponto $(3, -3)$ pertence à circunferência de equação $x^2 + y^2 - 2x - 4y + k = 0$. Determine o valor de **k**.

34. O ponto $(-3, k)$ pertence à circunferência λ de equação $x^2 + y^2 + 12x + 4y + 15 = 0$.

a) Determine os possíveis valores reais de **k**.

b) Considere o triângulo cujos vértices são o centro de λ e os pontos de abscissa -3 pelos quais passa λ. Qual é a área desse triângulo?

35. Para quais valores reais de **p** o ponto $(-3, p)$ é interno à circunferência de equação geral $x^2 + y^2 + 2x - 6y + 5 = 0$?

36. Para quais valores reais de **p** o ponto $(-1, p)$ não é interno à circunferência de equação geral $x^2 + y^2 - 7x + 2y - 11 = 0$?

37. Para que valores reais de **m** o ponto $(m, 0)$ é externo à circunferência de equação $x^2 + y^2 - 4x + 5y - 5 = 0$?

38. Considere a circunferência λ que passa por $P(-1, 4)$ e $P'(-3, -2)$, sendo **P'** diametralmente oposto a **P**. Qual é a posição do ponto $Q(-2, 4)$ em relação a λ?

39. Uma circunferência λ de centro $\left(\frac{k}{2}, \frac{k}{2}\right)$, em que $k \in \mathbb{R}_+^*$, tangencia os eixos coordenados, no 1º quadrante. Determine:

a) a equação reduzida de λ;

b) a posição da origem $(0, 0)$ em relação a λ;

c) a posição do ponto (k, k) em relação a λ;

d) a posição do ponto $\left(0, \frac{k}{2}\right)$ em relação a λ.

Inequações do 2º grau com duas incógnitas

Podemos aplicar o estudo sobre as posições relativas entre um ponto e uma circunferência. Com base na equação $(x - a)^2 + (y - b)^2 = r^2$, definimos a função $f(x, y) = (x - a)^2 + (y - b)^2 - r^2$ e estudamos inequações em que $f(x, y) > 0$ ou $f(x, y) < 0$, dado que $f(x, y) = 0$ define uma circunferência com coeficiente positivo de $\mathbf{x}^2$. Assim, o plano cartesiano fica dividido em três subconjuntos:

- subconjunto dos pontos (x, y) exteriores a λ, para os quais $(x - a)^2 + (y - b)^2 - r^2 > 0$, isto é, satisfazem a desigualdade $f(x, y) > 0$.
- subconjunto dos pontos (x, y) pertencentes a λ, para os quais $(x - a)^2 + (y - b)^2 - r^2 = 0$, isto é, satisfazem a igualdade $f(x, y) = 0$.
- subconjunto dos pontos (x, y) interiores a λ, para os quais $(x - a)^2 + (y - b)^2 - r^2 < 0$, isto é, satisfazem a desigualdade $f(x, y) < 0$.

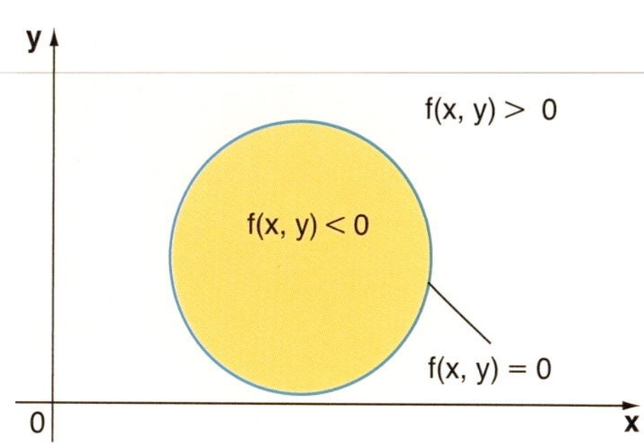

Banco de imagens/Arquivo da editora

Nos exercícios resolvidos a seguir, veremos como resolver graficamente inequações do 2º grau com duas incógnitas.

Exercícios resolvidos

4. Resolva graficamente a inequação $x^2 + y^2 < 4$.

Solução:

Temos $f(x, y) = x^2 + y^2 - 4$, e $f(x, y) = 0$ é a equação da circunferência λ de centro (0, 0) e raio 2.

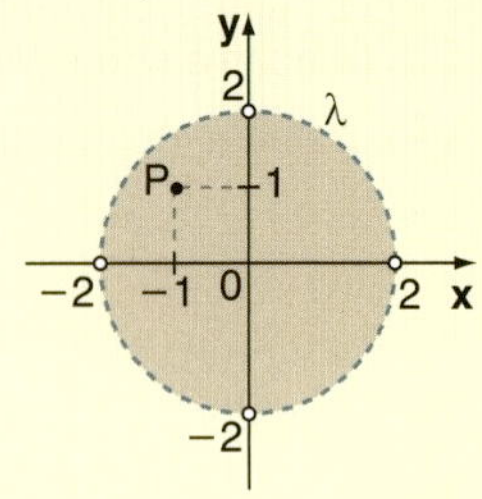

O conjunto de pontos que tornam $f(x, y) < 0$ é o conjunto dos pontos internos a λ.

Veja, por exemplo, o ponto P(−1, 1). Se $x = -1$ e $y = 1$, então $f(x, y) < 0$:

$$f(-1, 1) = (-1)^2 + 1^2 - 4 = -2 < 0$$

5. Qual é a solução gráfica da inequacão: $x^2 + y^2 - 2x + 6y + 6 \leqslant 0$?

Solução:

Organizamos os termos de f(x, y) da seguinte maneira:

$$f(x, y) = x^2 + y^2 - 2x + 6y + 6 = (x - 1)^2 - 1 + (y + 3)^2 - 9 + 6 =$$
$$= (x - 1)^2 + (y + 3)^2 - 4$$

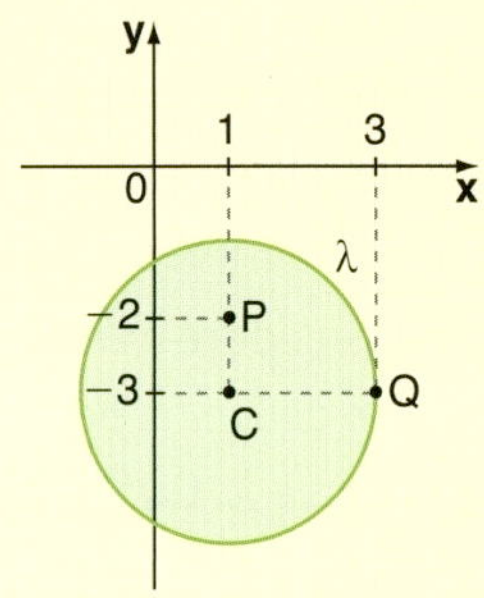

Então $f(x, y) = 0$ é a equação da circunferência λ de centro C(1, −3) e raio 2.

O conjunto dos pontos que tornam $f(x, y) \leqslant 0$ é o conjunto dos pontos interiores a λ reunidos com os pontos de λ.

Veja, por exemplo, o ponto P(1, −2). Suas coordenadas satisfazem $f(x, y) < 0$:

$$f(1, -2) = 1^2 + (-2)^2 - 2 \cdot 1 + 6 \cdot (-2) + 6 = -3 < 0$$

Já o ponto Q(3, −3) pertence à circunferência, pois, se $x = 3$ e $y = -3$, então $f(x, y) = 0$:

$$f(3, -3) = 3^2 + (-3)^2 - 2 \cdot 3 + 6 \cdot (-3) + 6 = 9 + 9 - 6 - 18 + 6 = 0$$

6. Represente graficamente o conjunto de pontos do plano que satisfazem a desigualdade $x^2 + y^2 + 2x - 2y - 2 \geqslant 0$.

Solução:

Considerando:

$$f(x, y) = x^2 + y^2 + 2x - 2y - 2 =$$
$$= (x + 1)^2 - 1 + (y - 1)^2 - 1 - 2 =$$
$$= (x + 1)^2 + (y - 1)^2 - 4$$

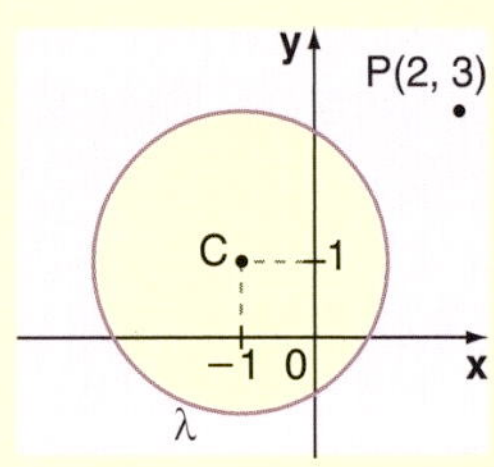

$f(x, y) = 0$ representa a circunferência λ de centro C(−1, 1) e raio 2.

O conjunto solução de $f(x, y) \geqslant 0$ é o conjunto de todos os pontos do plano, exceto os pontos internos a λ. Veja, por exemplo, o ponto P(2, 3). Suas coordenadas satisfazem $f(x, y) > 0$, pois:

$$f(2, 3) = 2^2 + 3^2 + 2 \cdot 2 - 2 \cdot 3 - 2 = 9 > 0$$

7. Resolva graficamente o sistema $\begin{cases} x^2 + y^2 \geqslant 1 \\ x^2 + y^2 < 4 \end{cases}$.

Solução:

O conjunto solução da inequação $x^2 + y^2 - 1 \geqslant 0$ é o conjunto dos pontos do plano cartesiano menos o conjunto dos pontos interiores à circunferência de centro na origem e raio de medida 1.

Veja a figura.

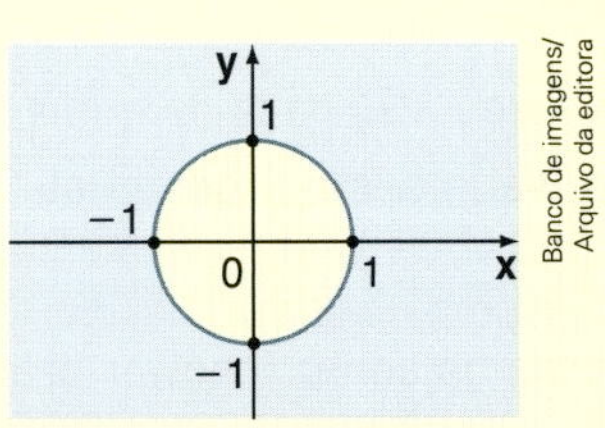

O conjunto solução da inequação $x^2 + y^2 - 4 < 0$ é o conjunto dos pontos internos à circunferência com centro na origem e raio de medida 2. Veja a figura abaixo.

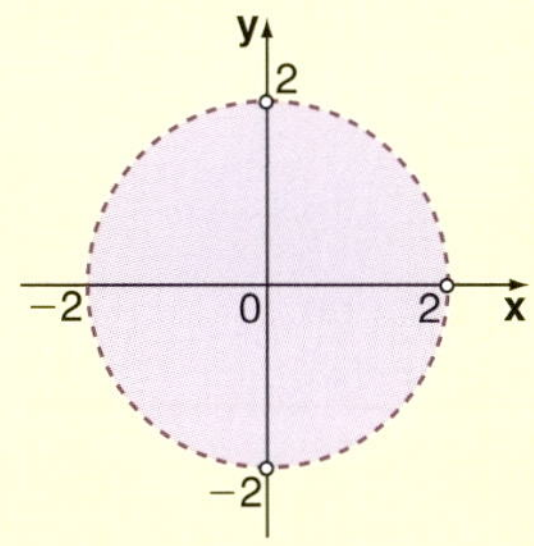

Banco de imagens/Arquivo da editora

Como as duas inequações devem ser simultaneamente satisfeitas, basta fazer a interseção dos dois conjuntos obtidos. A solução do sistema é a coroa circular colorida da figura abaixo.

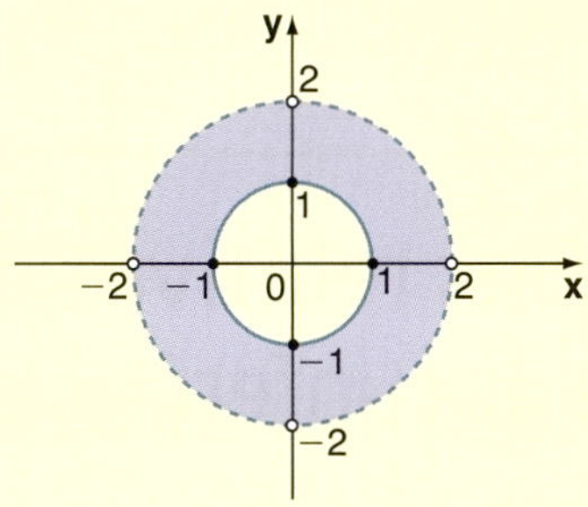

Banco de imagens/Arquivo da editora

Exercícios

40. Resolva graficamente as seguintes inequações:

a) $x^2 + y^2 \leqslant 1$

b) $x^2 + y^2 < 1$

c) $x^2 + y^2 \geqslant 1$

d) $x^2 + y^2 > 1$

41. Resolva graficamente as inequações:

a) $x^2 + y^2 + 4x - 2y + 1 > 0$

b) $x^2 + y^2 - 2x + 4y + 1 \leqslant 0$

c) $x^2 + y^2 + 2x - 4y + 1 \leqslant 0$

d) $x^2 + y^2 - 4x - 2y + 1 > 0$

42. Resolva graficamente os sistemas de inequações:

a) $\begin{cases} x^2 + y^2 > 4 \\ x^2 + y^2 \leqslant 9 \end{cases}$

b) $\begin{cases} x^2 + y^2 \geqslant 2 \\ x^2 + y^2 < 4 \end{cases}$

43. Apresente a solução gráfica do sistema:

$$\begin{cases} (x - 1)^2 + y^2 < 4 \\ x^2 + (y - 1)^2 \geqslant 4 \end{cases}$$

44. Em cada caso, caracterize, por meio de duas desigualdades, o conjunto sombreado:

a)

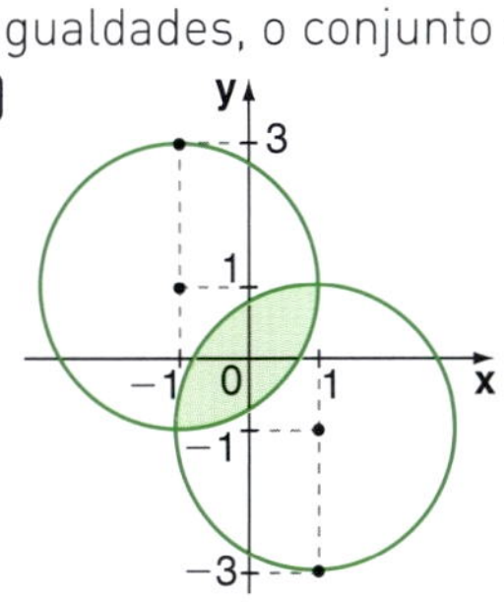

b)

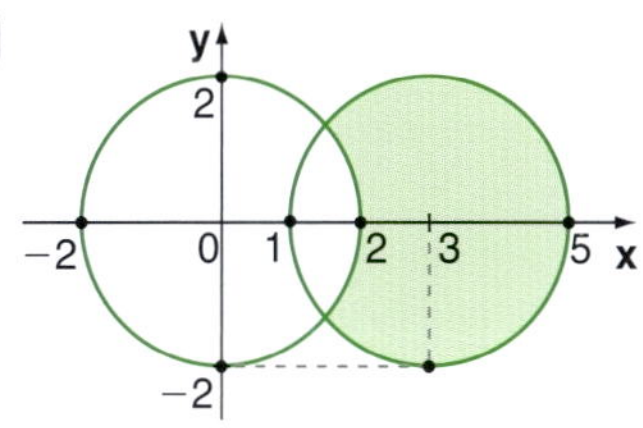

c)

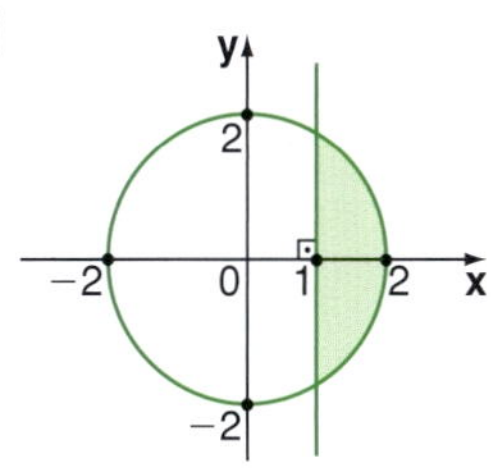

d)

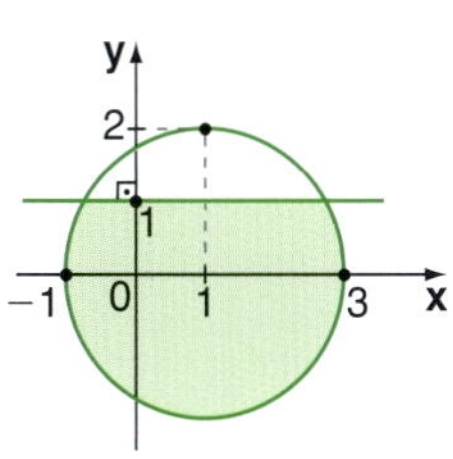

Ilustrações: Banco de imagens/Arquivo da editora

45. Resolva graficamente o sistema:

$$\begin{cases} 3x - y - 2 \leqslant 0 \\ x^2 + y^2 \leqslant 1 \end{cases}$$

46. Em cada item, represente, no plano cartesiano, a região de pontos **P** cujas coordenadas (x, y) satisfazem as condições dadas; em seguida, determine a área da região:

a) $x + y \leqslant 2$ e $x^2 + y^2 \leqslant 4$

b) $x + y \geqslant 2$ e $x^2 + y^2 \leqslant 4$

47. Representando a região central de um pequeno município em um sistema de coordenadas cartesianas, em que a unidade de medida de comprimento é o quilômetro, é possível localizar alguns pontos de referência da cidade por meio de suas coordenadas, como vemos a seguir.

Praça central: (0, 0); escola municipal: (−4, 0); posto de saúde: (0, −6).

O prefeito pretende construir um edifício residencial para suprir a carência habitacional do município. Esse edifício deve ser equidistante da escola e do posto de saúde.

Estudos preliminares feitos por técnicos de engenharia mostram que seria possível construir esse edifício em um ponto cuja distância à praça central poderia variar de 2 quilômetros, no mínimo, a 4 quilômetros, no máximo.

Caso o parecer dos técnicos seja confirmado, represente, nesse sistema de coordenadas, o conjunto de pontos que satisfazem, simultaneamente, a intenção do prefeito e o parecer, ou seja, o conjunto de pontos onde seria possível construir o edifício. Não se esqueça de fornecer as equações das retas e circunferências envolvidas.

Posições relativas entre reta e circunferência

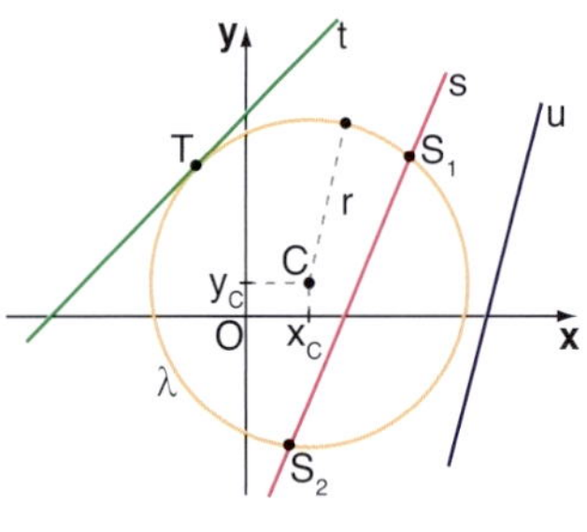

Banco de imagens/Arquivo da editora

Seja uma circunferência **λ** de centro $C(x_C, y_C)$ e raio **r**. No plano existem retas que intersectam a circunferência em dois pontos, retas que tocam a circunferência em apenas um ponto e outras que não intersectam a circunferência em ponto algum.

Essas retas são chamadas, respectivamente, **secantes**, **tangentes** e **externas à circunferência**.

Na figura:

- $s \cap \lambda = \{S_1, S_2\}$, e **s** é secante à circunferência;
- $t \cap \lambda = \{T\}$, e **t** é tangente à circunferência;
- $u \cap \lambda = \varnothing$, e **u** é externa à circunferência.

Vejamos, por meio de exercícios resolvidos, como analisar essas posições relativas, baseando-se na determinação da quantidade de pontos comuns à reta e à circunferência.

Exercícios resolvidos

8. Qual é a posição relativa de $r: x - y + 4 = 0$ e $\lambda: x^2 + y^2 - 2x - 4y - 4 = 0$?

Solução:

Vamos verificar se existem pontos de interseção entre elas.

Inicialmente, podemos isolar **y** na equação de **r**, obtendo $y = x + 4$.

Substituindo esse valor na equação da circunferência, temos:

$$x^2 + (x + 4)^2 - 2x - 4(x + 4) - 4 = 0 \Rightarrow x^2 + x^2 + 8x + 16 - 2x - 4x - 16 - 4 = 0 \Rightarrow x^2 + x - 2 = 0$$

Calculando o discriminante da equação $\Delta = 1 + 8 = 9$, vemos que ela possui duas raízes reais e distintas. Cada uma delas é a abscissa de um ponto de interseção entre **r** e **λ**. Assim, a reta é secante à circunferência.

Temos, então:

$$x = \frac{-1 \pm \sqrt{9}}{2} \Rightarrow \begin{cases} x = 1 \Rightarrow y = x + 4 = 1 + 4 = 5 \\ \text{ou} \\ x = -2 \Rightarrow y = x + 4 = -2 + 4 = 2 \end{cases}$$

Assim, $I_1(1, 5)$ e $I_2(-2, 2)$ são os pontos de interseção entre **r** e **λ**.

A representação gráfica abaixo confirma a resolução algébrica apresentada.

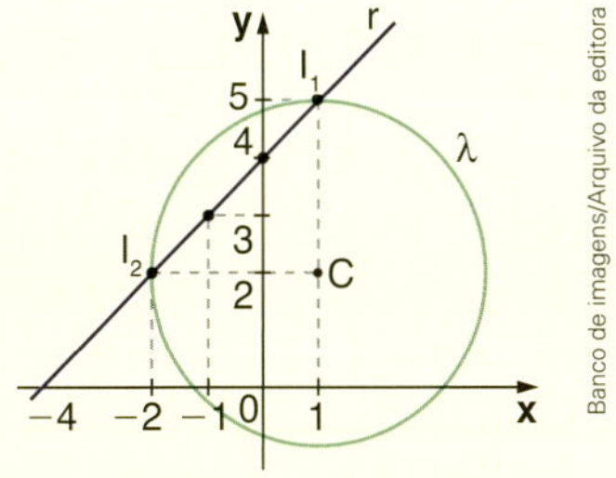

9. Qual é a posição relativa de r: $2x + y + 2 = 0$ e λ: $(x - 1)^2 + (y - 1)^2 = 5$?

Solução:

No estudo da posição relativa entre a reta **r** e a circunferência λ podemos repetir o raciocínio do *exercício resolvido* 8.

Isolamos **y** na equação da reta, $y = -2x - 2$, e substituímos na equação de λ:

$$(x - 1)^2 + (-2x - 2 - 1)^2 = 5$$
$$(x - 1)^2 + (-2x - 3)^2 = 5$$
$$x^2 - 2x + 1 + 4x^2 + 12x + 9 = 5$$
$$x^2 + 2x + 1 = 0, \text{ com } \Delta = 4 - 4 = 0$$

A equação possui apenas uma raiz real, que é a abscissa do único ponto comum a **r** e λ. Assim, a reta é tangente à circunferência.

Temos, então:

$$x^2 + 2x + 1 = 0 \Rightarrow x = \frac{-2}{2} = -1$$

Assim, $y = -2x - 2 = -2(-1) - 2 = 0$.

Logo, $I(-1, 0)$ é o ponto de tangência entre **r** e λ, como mostra o gráfico abaixo.

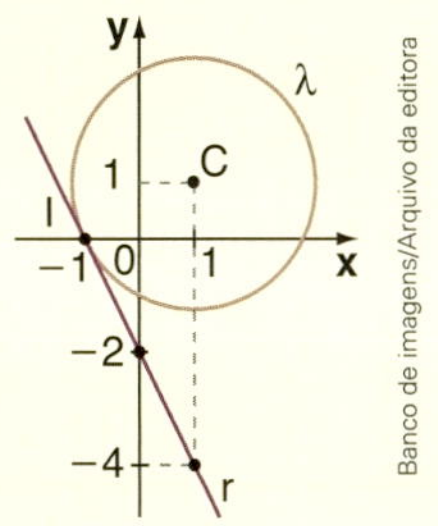

OBSERVAÇÃO

Observe que $r \perp \overleftrightarrow{CI}$:
Esta é uma propriedade de Geometria plana: toda reta tangente a uma circunferência é perpendicular ao raio no ponto de tangência.

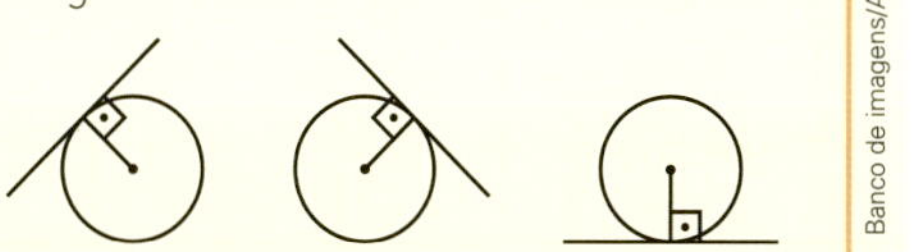

10. Qual é a posição relativa de r: $x - y - 3 = 0$ e λ: $x^2 + (y - 1)^2 = 4$?

Solução:

Para estudar a posição relativa entre elas, podemos isolar **y** na equação da reta e substituir esse valor na equação da circunferência, chegando a uma equação do 2º grau.

Substituindo $y = x - 3$, temos:

$$x^2 + (x - 3 - 1)^2 = 4$$
$$x^2 + (x - 4)^2 = 4$$
$$x^2 + x^2 - 8x + 16 - 4 = 0$$
$$x^2 - 4x + 6 = 0$$

Essa equação, por possuir discriminante negativo ($\Delta = -8 < 0$), não possui raízes reais. Assim, não há pontos de interseção entre **r** e λ, ou seja, a reta é externa à circunferência, como mostra o gráfico ao lado.

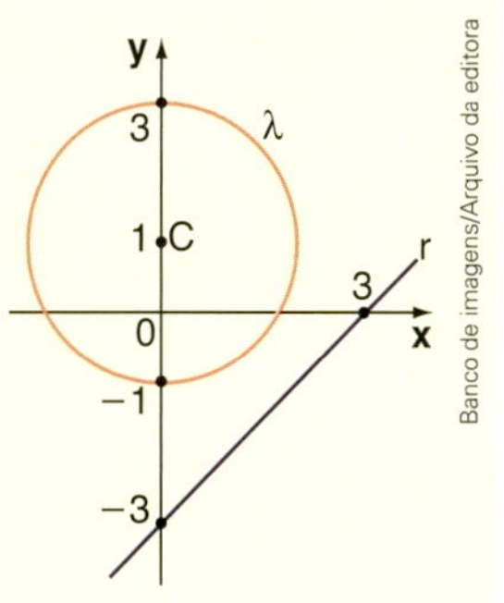

O quadro a seguir apresenta um resumo de como obter a posição relativa entre uma reta e uma circunferência.

Se substituirmos o valor de uma das variáveis (isolada na equação da reta) na equação da circunferência, obteremos uma equação do 2º grau (na outra variável).

Calculando o discriminante da equação obtida, poderemos ter:

- $\Delta > 0 \Rightarrow$ a reta e a circunferência são secantes (há dois pontos de interseção).
- $\Delta = 0 \Rightarrow$ a reta e a circunferência são tangentes (há um único ponto de interseção).
- $\Delta < 0 \Rightarrow$ a reta é externa à circunferência (não há ponto de interseção).

Para encontrar os eventuais pontos comuns, basta prosseguir na resolução da equação.

Exercícios

48. Em cada caso, dê a posição relativa entre **r** e λ:

a) $r: x - y = 0$ e $\lambda: x^2 + y^2 + 2x - 2y + 1 = 0$

b) $r: x - y + 1 = 0$ e $\lambda: (x + 1)^2 + (y - 2)^2 = 5$

c) $r: x + y - 2 = 0$ e $\lambda: x^2 + y^2 - 4x - 4y + 6 = 0$

d) $r: 2x - y - 1 = 0$ e $\lambda: (x - 3)^2 + (y + 1)^2 = 16$

49. Em cada caso, obtenha, se existir, os pontos de interseção entre a reta **r** e a circunferência λ:

a) $r: 3x + 4y - 35 = 0$ e $\lambda: x^2 + y^2 - 4x - 2y - 20 = 0$

b) $r: y = -\frac{x}{2} + \frac{3}{2}$ e $\lambda: x^2 + y^2 - 4x - 6y - 12 = 0$

c) $r: \begin{cases} x = 1 + t \\ y = 1 - t \end{cases}$ e $\lambda: x^2 + y^2 - 8x - 6y + 24 = 0$, em que $t \in \mathbb{R}$.

50. Sabendo que a reta **r** passa por (1, 0), verifique a posição de **r** em relação à circunferência de equação $x^2 + y^2 - 4x - 6y - 12 = 0$.

51. Determine os valores reais de **p** para que a reta de equação $2x - y + p = 0$ seja tangente à circunferência de equação $x^2 + y^2 - 4 = 0$.

52. Determine os valores reais de **k** de modo que a reta de equação $x + y + k = 0$ em relação à circunferência de equação $x^2 + y^2 - 4x - 6y - 5 = 0$ seja:

a) tangente; b) secante; c) externa.

53. Qual é o comprimento da corda cujas extremidades são os pontos de interseção de $r: 2x - y = 0$ e $\lambda: x^2 + y^2 = 4$?

Método alternativo

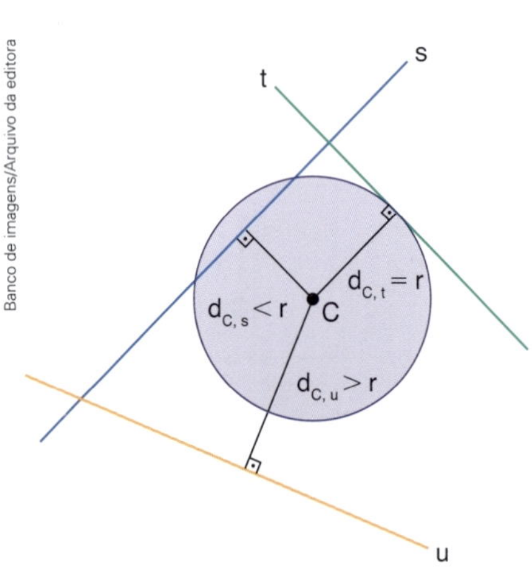

Existe outro processo, geralmente menos trabalhoso, para determinar a posição relativa de uma reta e uma circunferência. Por meio desse processo, uma vez conhecidos o centro e a medida do raio da circunferência, bem como a equação da reta, calcula-se a distância entre o centro da circunferência e a reta, comparando-a, em seguida, com a medida do raio.

Observemos a figura ao lado. Temos:

- $d_{C,s} < r \Leftrightarrow$ **s** é secante a λ.
- $d_{C,t} = r \Leftrightarrow$ **t** é tangente a λ.
- $d_{C,u} > r \Leftrightarrow$ **u** é externa a λ.

Exercícios resolvidos

11. Seja a circunferência λ: $x^2 + y^2 - 4x - 2y = 20$.
Dadas as retas f: $4x + 3y - 36 = 0$, g: $3x - y + 5 = 0$ e h: $x + y + 5 = 0$, verifique suas posições em relação a λ, calculando a distância entre cada uma delas e o centro **C** de λ.

Solução:

Completando os quadrados da equação da circunferência λ, encontramos C(2, 1) e r = 5.

- Quanto à reta **f**:

$$d_1 = d_{C,\,f} = \frac{|4 \cdot 2 + 3 \cdot 1 - 36|}{\sqrt{4^2 + 3^2}} = \frac{25}{5} = 5 = r$$

f é tangente à circunferência.

- Quanto à reta **g**:

$$d_2 = d_{C,\,g} = \frac{|3 \cdot 2 - 1 \cdot 1 + 5|}{\sqrt{3^2 + (-1)^2}} = \frac{10}{\sqrt{10}} = \sqrt{10} < 5 = r$$

g é secante à circunferência.

- Quanto à reta **h**:

$$d_3 = d_{C,\,h} = \frac{|1 \cdot 2 + 1 \cdot 1 + 5|}{\sqrt{1^2 + 1^2}} = \frac{8}{\sqrt{2}} = 4\sqrt{2} > 5 = r$$

h é externa à circunferência.

Observe no gráfico abaixo a posição da circunferência e das três retas:

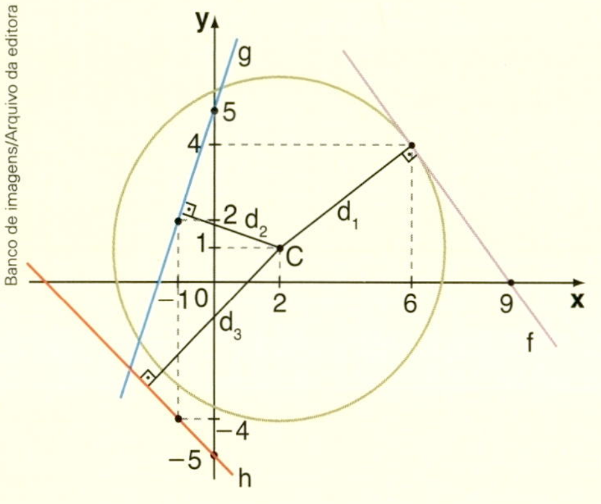

$$\lambda: \begin{cases} C(2, 1) \\ r = 5 \end{cases}$$

f:

x	y
6	4
9	0

g:

x	y
0	5
−1	2

h:

x	y
0	−5
−1	−4

12. Seja o feixe de retas paralelas dado por r: $2x + y + c = 0$, $c \in \mathbb{R}$, e a circunferência λ: $x^2 + y^2 - 2x - 10y + 21 = 0$ (centro C(1, 5) e raio de medida $\sqrt{5}$). Discuta, em função de **c**, a posição relativa de **r** e λ.

Solução:

Conforme os valores de **c**, as retas do feixe assumem diferentes posições em relação à circunferência.
Vamos calcular a distância **d** do centro **C** a uma reta genérica do feixe:

$$d = \frac{|2 \cdot 1 + 1 \cdot 5 + c|}{\sqrt{2^2 + 1^2}} = \frac{|7 + c|}{\sqrt{5}}$$

Há três possibilidades comparando-se essa distância com a medida do raio $(\sqrt{5})$ de λ:

- Para que a reta seja tangente à circunferência:

$$\frac{|7 + c|}{\sqrt{5}} = \sqrt{5} \Rightarrow |7 + c| = 5 \Rightarrow 7 + c = \pm 5 \Rightarrow c = -2 \text{ ou } c = -12$$

- Para que a reta seja secante à circunferência:

$$\frac{|7 + c|}{\sqrt{5}} < \sqrt{5} \Rightarrow |7 + c| < 5 \Rightarrow -5 < 7 + c < 5 \Rightarrow -12 < c < -2$$

- Para que a reta seja externa à circunferência:

$$\frac{|7 + c|}{\sqrt{5}} > \sqrt{5} \Rightarrow |7 + c| > 5 \Rightarrow \begin{cases} 7 + c > 5 \Rightarrow c > -2 \quad \text{ou} \\ 7 + c < -5 \Rightarrow c < -12 \end{cases}$$

Para alguns valores escolhidos para **c**, veja as posições das retas do feixe e da circunferência:

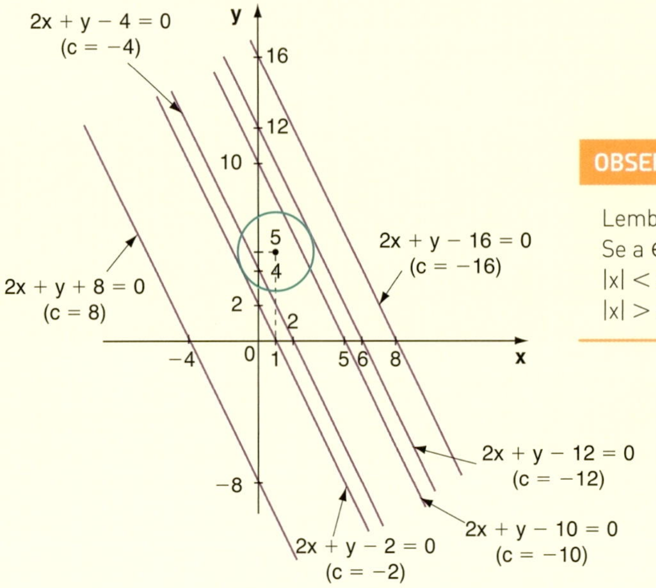

Banco de imagens/Arquivo da editora

OBSERVAÇÃO

Lembre-se de que:
Se $a \in \mathbb{R}_+^*$, temos:
$|x| < a \Rightarrow -a < x < a$
$|x| > a \Rightarrow x < -a$ ou $x > a$

Exercícios

54. Em cada caso, por meio do cálculo da distância entre o centro da circunferência **λ** e a reta **r**, apresente a posição de **r** em relação a **λ**:

a) r: $x + 2y + 3 = 0$ e λ: $x^2 + y^2 - 6x - 4y - 7 = 0$

b) r: $x - 2y - 3 = 0$ e λ: $\left(x + \frac{1}{2}\right)^2 + \left(y - \frac{1}{2}\right)^2 = \frac{5}{2}$

c) r: $3x + y - 4 = 0$ e λ: $(x - 3)^2 + (y - 5)^2 = 10$

d) r: $4x - 3y - 24 = 0$ e λ: $x^2 + y^2 - 24x + 4y + 99 = 0$

e) r: $x - 2 = 0$ e λ: $4x^2 + 4y^2 - 25 = 0$

55. Em cada caso, determine o comprimento da corda determinada pela reta **r** sobre a circunferência **λ**:

a) r: $x + y - 5 = 0$ e λ: $(x + 1)^2 + (y - 2)^2 = 16$

b) r: $3x - y = 0$ e λ: $(x - 3)^2 + (y - 4)^2 = 25$

56. Determine os valores reais de **k** de modo que a reta r: $3x - 4y - 18 = 0$ em relação à circunferência λ: $x^2 + y^2 - 2x + k = 0$ seja:

a) tangente; b) externa; c) secante.

57. A reta de equação $2x + 3y - 1 = 0$ passa pelo centro da circunferência de equação $(x + m)^2 + (y - 1)^2 = 200$. Encontre o valor real de **m** e a medida do diâmetro da circunferência.

58. Determine o ponto de λ: $(x - 4)^2 + (y - 2)^2 = 9$ mais próximo da reta r: $x + y + 11 = 0$.

59. Determine as equações das retas paralelas ao eixo das abscissas e tangentes à circunferência de equação $(x + 2)^2 + (y + 1)^2 = 16$.

60. Sejam **r** a reta de equação $y = x + 2$ e **λ** a circunferência de equação $x^2 + y^2 - 4x - 2y + a = 0$, em que **a** é uma constante real. Determine o maior valor de **a** de modo que ocorra interseção entre **r** e **λ**.

61. Obtenha a equação geral da circunferência de centro (1, 2) que tangencia a reta de equação $5x + 12y + 10 = 0$.

62. Na figura abaixo, sabe-se que Q(2, 5) é o ponto de ordenada máxima da circunferência de centro **C**.

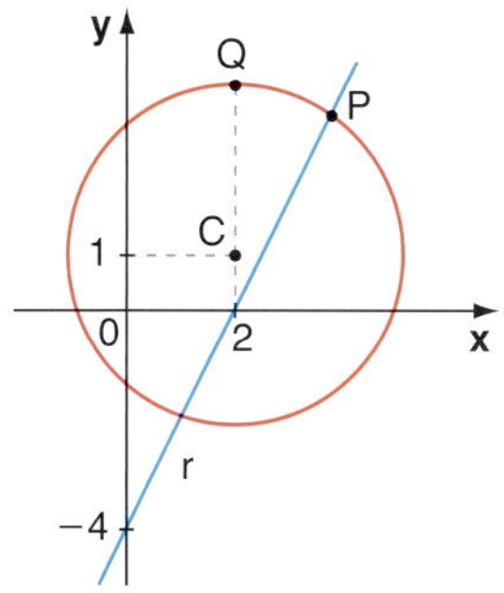

Banco de imagens/Arquivo da editora

a) Determine a soma das coordenadas de **P**.

b) Obtenha as equações das retas paralelas a **r** e tangentes a essa circunferência.

63. Dê o valor de $k \in \mathbb{R}$ para que a equação $x^2 + y^2 + 5x + 4y + k = 0$ seja a equação de uma circunferência e determine no eixo das abscissas uma corda de comprimento 3.

64. Determine as equações das retas tangentes a λ: $x^2 + y^2 - 4x - 6y - 12 = 0$ que são:

a) horizontais;

b) verticais;

c) perpendiculares a r: $3x - 4y = 0$.

65. Qual é a distância entre as retas tangentes à circunferência λ: $4x^2 + 4y^2 - 4x - 20y - 15 = 0$ que são paralelas a r: $6x - 8y + 15 = 0$?

66. Determine a equação reduzida da circunferência que passa por (3, 0) e (5, 0) e é tangente à reta de equação $y + 10 = 0$.

67. Encontre as equações das retas que tangenciam a circunferência $x^2 + y^2 - 4x - 12 = 0$ e formam ângulo de 60° com o eixo das abscissas, no seu sentido positivo.

68. Seja λ uma circunferência com centro sobre a reta $y = 3x$. Sendo λ tangente à reta de equação $y = x$ no ponto de ordenada 4, determine a equação de λ.

Interseção de circunferências

Dadas duas circunferências λ_1 e λ_2, achar a interseção de λ_1 com λ_2 é determinar os pontos P(x, y) que pertencem a ambas as curvas e que, portanto, satisfazem ao sistema formado por suas equações.

Por meio de exercícios resolvidos mostraremos como fazer isso.

Exercícios resolvidos

13. Obtenha a interseção das circunferências λ_1: $x^2 + (y - 2)^2 = 4$ e λ_2: $(x - 1)^2 + y^2 = 1$.

Solução:

Vamos resolver o sistema: $\begin{cases} x^2 + (y-2)^2 = 4 & (1) \\ (x-1)^2 + y^2 = 1 & (2) \end{cases}$

Subtraindo, membro a membro, (2) de (1), obtemos: $-4y + 2x = 0$ e, daí: $x = 2y$ (3).

Substituindo (3) em (1), temos:

$$(2y)^2 + (y-2)^2 = 4 \Rightarrow 5y^2 - 4y = 0 \Rightarrow \begin{cases} y = 0 \Rightarrow x = 0 \\ \text{ou} \\ y = \dfrac{4}{5} \Rightarrow x = \dfrac{8}{5} \end{cases}$$

Concluímos que as circunferências têm dois pontos em comum: P(0, 0) e $Q\left(\dfrac{8}{5}, \dfrac{4}{5}\right)$.

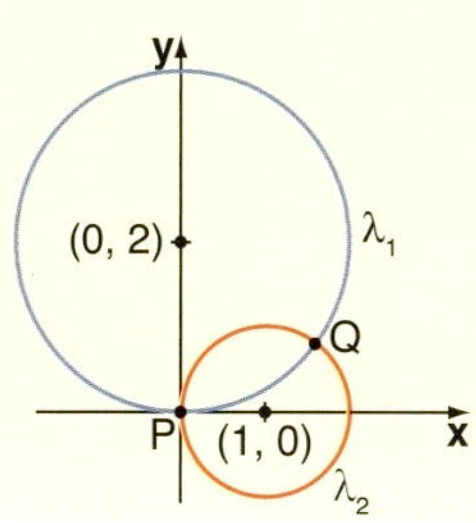

Banco de imagens/Arquivo da editora

$$\lambda_1 \cap \lambda_2 = \left\{(0, 0), \left(\dfrac{8}{5}, \dfrac{4}{5}\right)\right\}$$

14. Obtenha a interseção das circunferências λ_1: $x^2 + y^2 = 49$ e λ_2: $x^2 + y^2 - 6x - 8y + 21 = 0$.

Solução:

Vamos resolver o sistema: $\begin{cases} x^2 + y^2 = 49 & (1) \\ x^2 + y^2 - 6x - 8y + 21 = 0 & (2) \end{cases}$

Subtraindo, membro a membro, (2) de (1), obtemos:

$$6x + 8y - 21 = 49 \Rightarrow x = \frac{70 - 8y}{6} \quad (3)$$

Substituindo (3) em (1), temos:

$$\left(\frac{70 - 8y}{6}\right)^2 + y^2 = 49 \Rightarrow 100y^2 - 1\,120y + 3\,136 = 0 \Rightarrow (10y - 56)^2 = 0 \Rightarrow y = \frac{28}{5} \Rightarrow x = \frac{21}{5}$$

Concluímos que essas circunferências têm um único ponto comum: $P\left(\frac{21}{5}, \frac{28}{5}\right)$.

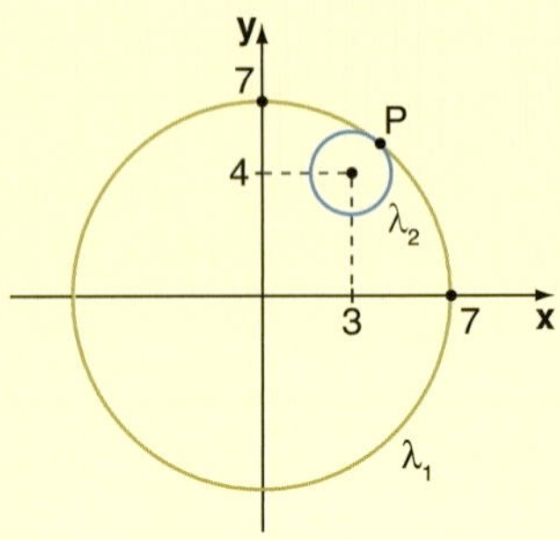

Banco de imagens/Arquivo da editora

$$\lambda_1 \cap \lambda_2 = \left\{\left(\frac{21}{5}, \frac{28}{5}\right)\right\}$$

Posições relativas entre duas circunferências

A posição relativa das circunferências λ_1 (com centro C_1 e raio de medida r_1) e λ_2 (com centro C_2 e raio de medida r_2) pode ser determinada comparando-se a distância C_1C_2 entre os centros com a soma $r_1 + r_2$ ou com o módulo da diferença $|r_1 - r_2|$ das medidas dos raios.

De acordo com a Geometria plana, são possíveis cinco casos distintos:

- 1º caso: λ_1 e λ_2 exteriores

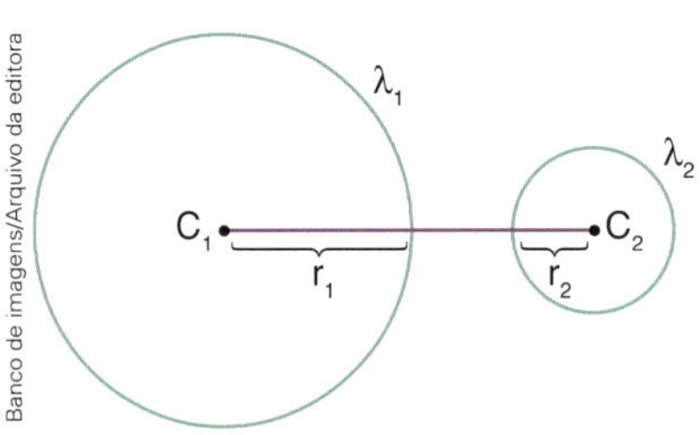

Banco de imagens/Arquivo da editora

$C_1C_2 > r_1 + r_2$

- 2º caso: λ_1 e λ_2 tangentes exteriores

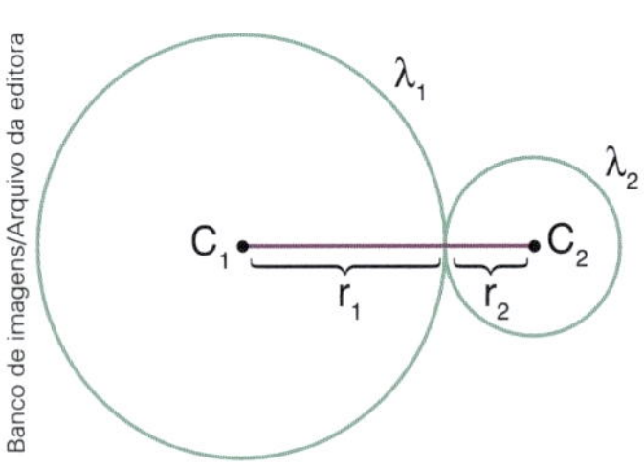

Banco de imagens/Arquivo da editora

$C_1C_2 = r_1 + r_2$

- $3^{\underline{o}}$ caso: $\boldsymbol{\lambda}_1$ e $\boldsymbol{\lambda}_2$ tangentes interiores

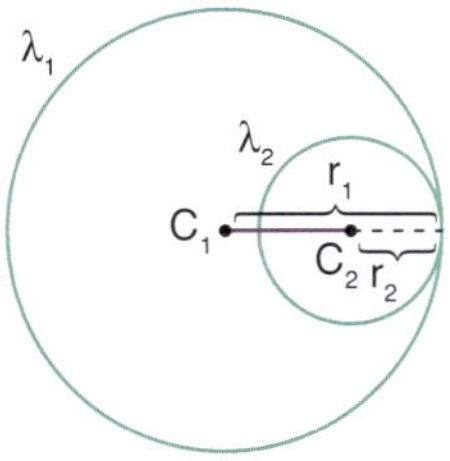

Banco de imagens/Arquivo da editora

$$C_1C_2 = |r_1 - r_2|$$

- $4^{\underline{o}}$ caso: $\boldsymbol{\lambda}_1$ e $\boldsymbol{\lambda}_2$ secantes

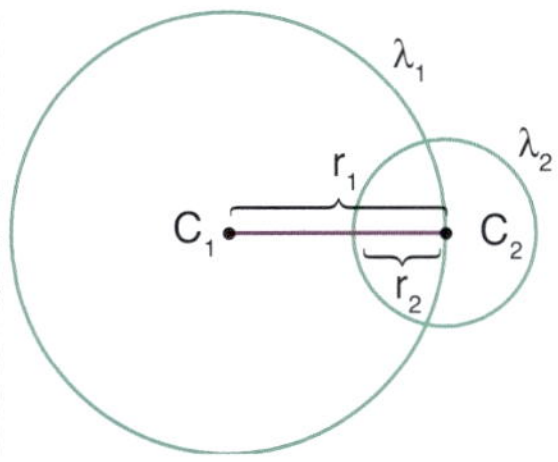

Banco de imagens/Arquivo da editora

$$|r_1 - r_2| < C_1C_2 < r_1 + r_2$$

Justificativa

Considere $r_1 > r_2$ e $\mathbf{P}_1$, $\mathbf{P}_2$ e $\mathbf{P}_3$ pontos de $\overleftrightarrow{C_1C_2}$, tais que $P_1 \in \lambda_1$ e é interno à $\boldsymbol{\lambda}_2$, $P_2 \in \lambda_2$ e é interno à $\boldsymbol{\lambda}_1$ e $P_3 \in \lambda_2$ e é externo à $\boldsymbol{\lambda}_1$. Temos:

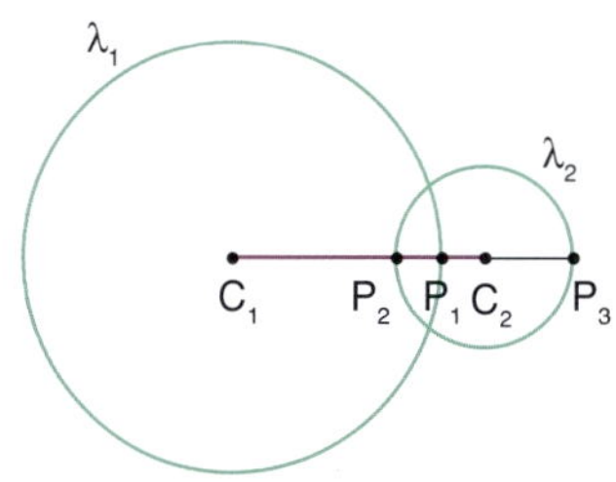

Banco de imagens/Arquivo da editora

- $C_1C_2 = C_1P_1 + C_2P_2 - P_1P_2 = r_1 + r_2 - P_1P_2$

  Como $P_1P_2 > 0$, segue que: $C_1C_2 < r_1 + r_2$ (1)
- $C_1C_2 = C_1P_1 + P_1P_3 - C_2P_3 = r_1 + P_1P_3 - r_2$

  Como $P_1P_3 > 0$, segue que: $C_1C_2 > r_1 - r_2$ (2)

De (1) e (2), temos que $r_1 - r_2 < C_1C_2 < r_1 + r_2$.

Podemos ter também $r_1 < r_2$ e, para esse caso, obter $r_2 - r_1 < C_1C_2 < r_1 + r_2$.

Assim, consideramos o módulo da diferença entre as medidas dos raios e podemos escrever:

$$|r_1 - r_2| < C_1C_2 < r_1 + r_2$$

- $5^{\underline{o}}$ caso: $\boldsymbol{\lambda}_1$ e $\boldsymbol{\lambda}_2$ uma interna à outra

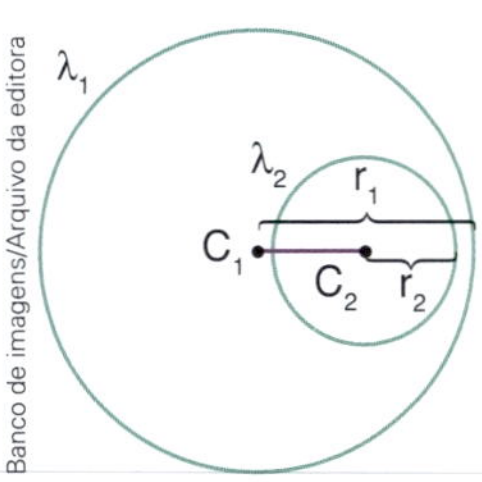

Banco de imagens/Arquivo da editora

$$0 \leqslant C_1C_2 < |r_1 - r_2|$$

Justificativa

Considere $r_1 > r_2$, $\boldsymbol{\lambda}_2$ interna a $\boldsymbol{\lambda}_1$, e $\mathbf{P}_1$ e $\mathbf{P}_2$ pontos de $\overleftrightarrow{C_1C_2}$, tais que $P_1 \in \lambda_1$, $P_2 \in \lambda_2$, $\mathbf{C}_2$ está entre $\mathbf{P}_1$ e $\mathbf{C}_1$ e $\mathbf{P}_2$ está entre $\mathbf{P}_1$ e $\mathbf{C}_2$.

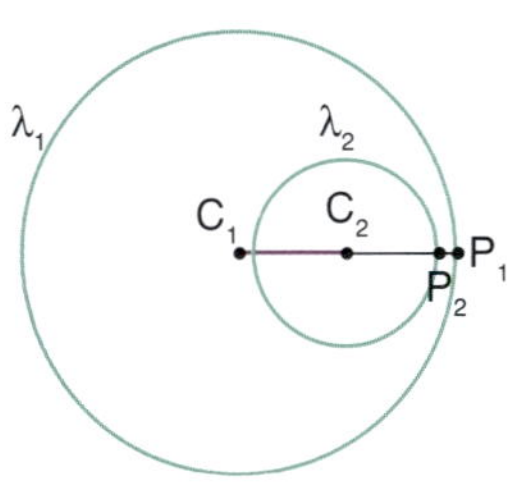

Banco de imagens/Arquivo da editora

Temos:

$C_1C_2 = C_1P_1 - C_2P_2 - P_1P_2$

$C_1C_2 = r_1 - r_2 - P_1P_2$

Como $P_1P_2 > 0$, temos que $C_1C_2 < r_1 - r_2$.

Também podemos ter λ_1 interna a λ_2, obtendo $C_1C_2 < r_2 - r_1$.

Assim, consideramos o módulo da diferença entre as medidas dos raios e podemos escrever:

$$0 \leqslant C_1C_2 < |r_1 - r_2|$$

Exercício resolvido

15. Qual é a posição das circunferências λ_1: $x^2 + y^2 = 49$ e λ_2: $x^2 + y^2 - 6x - 8y - 11 = 0$?

Solução:

λ_1 tem centro $C_1(0, 0)$ e raio de medida $r_1 = 7$ e λ_2 tem centro $C_2(3, 4)$ e raio de medida $r_2 = 6$.

$$C_1C_2 = \sqrt{(0-3)^2 + (0-4)^2} = 5$$

Comparemos C_1C_2 com a soma das medidas dos raios: $C_1C_2 = 5$ e $r_1 + r_2 = 13$. Notamos que $C_1C_2 < r_1 + r_2$ e concluímos que λ_1 e λ_2 não podem ser exteriores nem tangentes exteriormente.

Comparemos C_1C_2 com o módulo da diferença das medidas dos raios:

$$C_1C_2 = 5 \quad \text{e} \quad |r_1 - r_2| = 1$$

Notamos que $C_1C_2 > |r_1 - r_2|$ e concluímos que λ_1 e λ_2 não podem ser uma interna à outra nem tangentes interiormente. Então, por exclusão, λ_1 e λ_2 são secantes.

Exercícios

69. Obtenha os pontos de interseção das circunferências λ_1: $x^2 + y^2 = 100$ e λ_2: $x^2 + y^2 - 12x - 12y + 68 = 0$.

70. Dadas as circunferências λ_1: $x^2 + y^2 - 2x - 3 = 0$ e λ_2: $x^2 + y^2 + 2x - 4y + 1 = 0$, determine seus pontos de interseção.

71. Determine, em cada caso, a posição relativa de λ_1 e λ_2.

a) λ_1: $x^2 + y^2 = 16$ e λ_2: $x^2 + y^2 + 6x - 4y + 4 = 0$

b) λ_1: $x^2 + y^2 = 18$ e λ_2: $x^2 + y^2 + 20x - 10y + 124 = 0$

c) λ_1: $x^2 + y^2 - 4x - 6y + 12 = 0$ e λ_2: $x^2 + y^2 + 4x - 12y + 24 = 0$

d) λ_1: $x^2 + y^2 = 81$ e λ_2: $x^2 + y^2 - 6x + 8y + 9 = 0$

72. Obtenha as equações das circunferências de centro $C(2, -1)$ e tangentes à seguinte circunferência:

$$x^2 + y^2 + 4x - 6y - 3 = 0$$

73. (UFG-GO) Na figura abaixo, as circunferências $\mathbf{C_1}$ e $\mathbf{C_2}$ são tangentes entre si e ambas tangentes às retas de equações $y = \frac{\sqrt{3}}{3}x$ e $y = -\frac{\sqrt{3}}{3}x$.

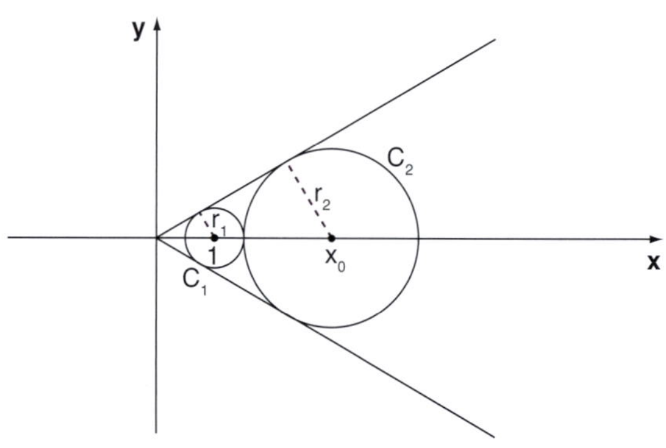

Determine a equação da circunferência $\mathbf{C_2}$, sabendo que o ponto $(1, 0)$ é o centro da circunferência $\mathbf{C_1}$.

Enem e vestibulares resolvidos

(Enem) A figura mostra uma criança brincando em um balanço no parque. A corda que prende o assento do balanço ao topo do suporte mede 2 metros. A criança toma cuidado para não sofrer um acidente, então se balança de modo que a corda não chegue a alcançar a posição horizontal.

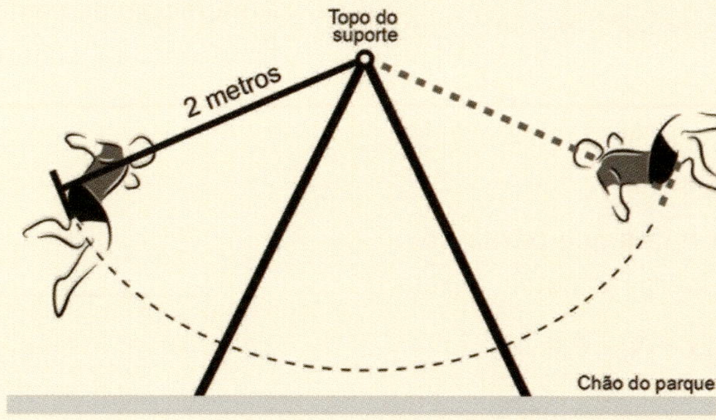

Reprodução/Enem, 2014.

Na figura, considere o plano cartesiano que contém a trajetória do assento do balanço, no qual a origem está localizada no topo do suporte do balanço, o eixo **X** é paralelo ao chão do parque, e o eixo **Y** tem orientação positiva para cima. A curva determinada pela trajetória do assento do balanço é parte do gráfico da função

a) $f(x) = -\sqrt{2 - x^2}$

b) $f(x) = \sqrt{2 - x^2}$

c) $f(x) = x^2 - 2$

d) $f(x) = -\sqrt{4 - x^2}$

e) $f(x) = \sqrt{4 - x^2}$

Resolução comentada

Considerando a situação descrita, deduzimos que a trajetória do balanço é parte do gráfico de uma circunferência de centro na origem (0, 0) e raio 2, como mostra a figura:

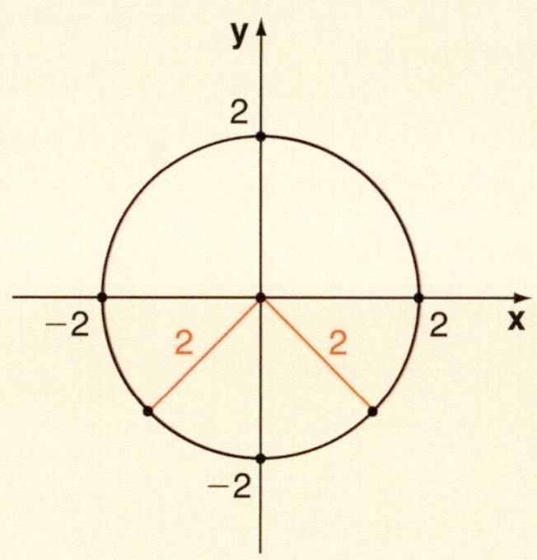

Banco de imagens/Arquivo da editora

Essa circunferência tem equação:

$$(y - 0)^2 + (x - 0)^2 = 2^2$$
$$y^2 + x^2 = 4$$

Portanto, temos:

$$f(x) = y = \pm\sqrt{4 - x^2}$$

Como a trajetória do balanço está abaixo do eixo **x**, ou seja, como $y < 0$, a função que descreve o movimento do balanço é:

$$f(x) = -\sqrt{4 - x^2}$$

Alternativa *d*.

Exercícios complementares

1. (UFSC) Em relação às proposições abaixo, é **CORRETO** afirmar que [indique a soma das alternativas corretas]:

(01) O ponto P(−1, 1) pertence à bissetriz dos quadrantes ímpares.

(02) Não existe $n \in \mathbb{N}$ tal que A(−2, n); B(4, −11) e C(1, −2) sejam colineares.

(04) A equação geral da reta **s** que passa pelo ponto A(4, 2) e é perpendicular à reta r: $\frac{x}{8} - \frac{y}{4} = 1$ é s: $-2x - y - 6 = 0$.

(08) A equação $4x^2 + 4y^2 + 4x + 8y + 9 = 0$ é de uma circunferência de centro $\left(-\frac{1}{2}, -1\right)$.

(16) A reta r: $4x + 3y - 15 = 0$ é secante à circunferência C: $x^2 + y^2 + 6x - 8y = 0$.

2. (UFPR) Considere a circunferência C: $x^2 + y^2 - 4x - 6y - 12 = 0$ e a reta r: $y = 2x + 1$.

a) Calcule as coordenadas do centro e a medida do raio da circunferência **C**.

b) Calcule as coordenadas dos pontos de interseção entre a circunferência **C** e a reta **r**.

3. (UFJF/Pism-MG) Considere a circunferência C: $(x - 1)^2 + (y + 3)^2 = 9$.

a) Determine se o ponto A = (4, −3) é interior, exterior ou pertencente à circunferência **C**.

b) Encontre o(s) valor(es) de **a** para que a circunferência **C** e a reta y = ax possuam dois pontos em comum.

4. (Unesp-SP) Considere o ponto P(0, −3) e a circunferência $x^2 + (y - 2)^2 = 4$.

a) Encontre uma equação da reta que passe por **P** e tangencie a circunferência num ponto **Q** de abscissa positiva.

b) Determine as coordenadas do ponto **Q**.

5. (UFPR) Uma reta passando pelo ponto P(16, −3) é tangente ao círculo $x^2 + y^2 = r^2$ em um ponto **Q**. Sabendo que a medida do segmento $\overline{PQ}$ é de 12 unidades, calcule:

a) a distância do ponto **P** à origem do sistema cartesiano;

b) a medida do raio **r** da circunferência.

6. A figura mostra a localização de uma emissora **A** de TV e uma pequena cidade **B**. Os sinais da emissora cobrem um círculo de raio **r** (em km) e centro **A**. O município de centro **B** tem forma aproximadamente circular com raio de 1 km.

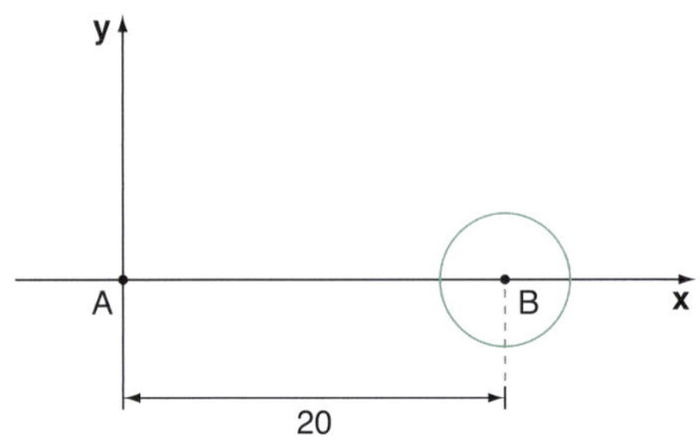

Banco de imagens/Arquivo da editora

Determine o menor valor de **r** para que os sinais de TV possam ser sintonizados por todos os moradores do município **B**.

7. (UFJF/Pism-MG) Considere os pontos P(2, 4), Q(−1, 0) e S (−5, 3).

a) Determine a equação da reta contendo o segmento $\overline{PQ}$, da reta contendo o segmento $\overline{PS}$ e da reta contendo o segmento $\overline{QS}$.

b) Considere o triângulo de vértices **P**, **Q** e **S**. O triângulo dado é retângulo? Justifique sua resposta.

c) Obtenha a equação da circunferência que contém os pontos **P**, **Q** e **S**.

8. (UFPE) Uma circunferência de raio 10 é tangente ao eixo das abscissas e à reta com equação y = x. Se a circunferência tem centro no ponto (a, b), situado no primeiro quadrante, determine o inteiro mais próximo de **a**.

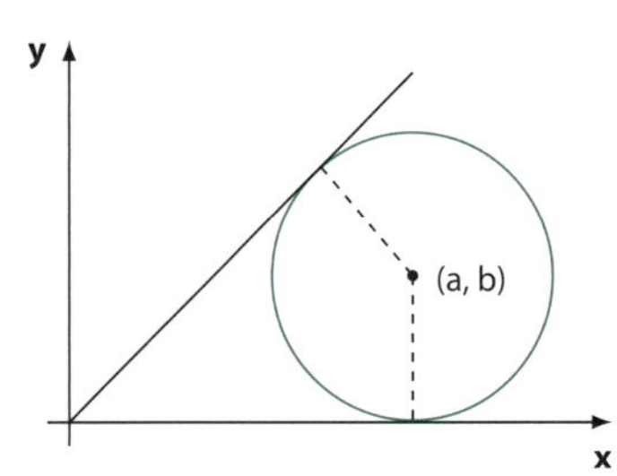

Reprodução/Arquivo da editora

9. (UEL-PR) Alice comprou um terreno de forma triangular e solicitou a um engenheiro civil que fizesse a planta da casa a ser construída, incluindo um gazebo e uma piscina na área de lazer. A proposta do engenheiro foi construir a casa em formato de **L**, um gazebo de forma trapezoidal e uma piscina com formato circular.

Considere a seguir, no plano cartesiano, a planta feita pelo engenheiro, na qual constam o esboço do terreno, da localização da casa, do gazebo e da piscina.

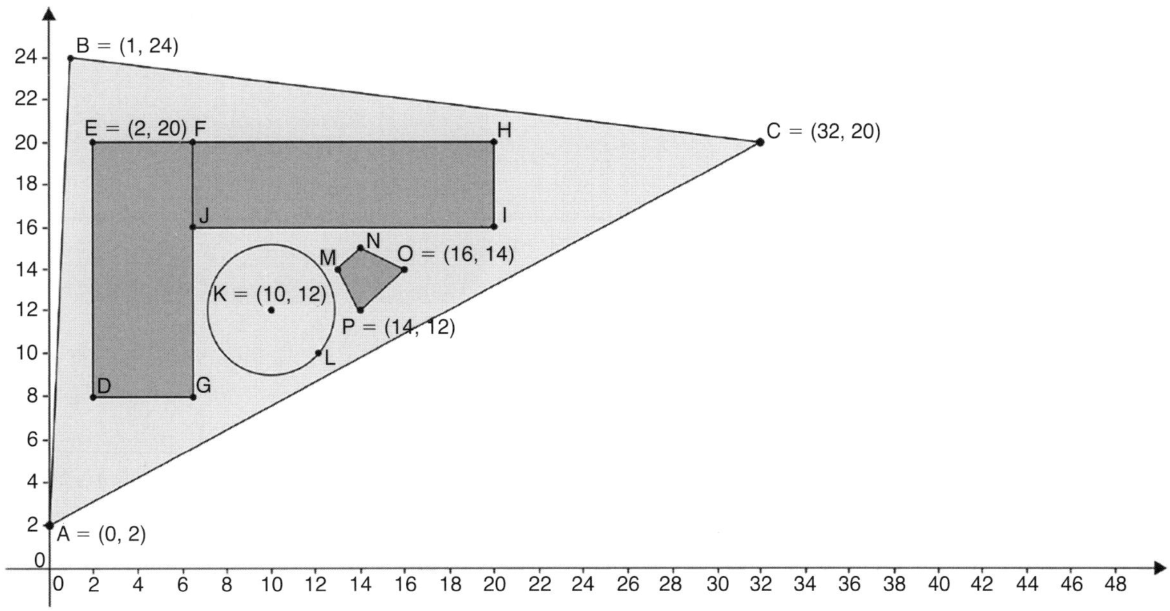

Considerando que as medidas apresentadas no esboço são dadas em metros, responda aos itens a seguir.

a) Determine a área representada pela região triangular ABC, em m^2, ocupada pelo terreno.

Justifique sua resposta apresentando os cálculos realizados na resolução deste item.

b) Considerando que o ponto **L** pertence à circunferência do círculo de centro **K** e que é o ponto de interseção das retas **t** e **s**, em que **t** é a reta determinada pelos pontos **P** e **Q** e **s** é a reta determinada pelos pontos **E** e **K**, determine a equação reduzida da circunferência de centro **K**, que representa a piscina no plano cartesiano.

Justifique sua resposta apresentando os cálculos realizados na resolução deste item.

10. (Ufop-MG) Um paralelogramo tem vértices nos pontos A(2, 1), B(5, 2), C(4, 4) e $D(x_D, y_D)$, sendo **A** e **C** vértices opostos.

Determine a equação da circunferência que tem centro no ponto **B** e passa pelo ponto **D**.

11. Dados os conjuntos

$$A = \{(x, y) \mid x^2 + y^2 \leq 4\}$$
$$B = \{(x, y) \mid x - y \leq k\}$$

Determine **k** para que **A** seja subconjunto de **B**.

12. Determine a área da superfície limitada pelos eixos coordenados e pela reta tangente à circunferência $x^2 + y^2 = 20$ no ponto $(2, -4)$.

13. Uma circunferência λ tem equação $x^2 + y^2 - 6x - 6y + 12 = 0$. Determine:

a) o ponto de λ mais próximo da origem;

b) o ponto de λ mais afastado da origem.

14. Dada a circunferência $(x - 3)^2 + y^2 = 25$ e a reta $x = k$; $k \in \mathbb{R}$, determine os valores de **k** para os quais a reta intersecta a circunferência em pontos distintos.

15. A equação $36x^2 + 36y^2 + 24x - 36y + k = 0$ representa uma circunferência de raio r = 1 cm e centro no ponto **C**.

a) Determine o valor de **k**.

b) Se **A** e **B** são os pontos onde a circunferência corta o eixo Oy, qual é a área do triângulo ABC em cm^2?

16. (UFSC) A figura 5 representa parte do mapa de uma cidade em que uma unidade linear do plano cartesiano corresponde a 1 km.

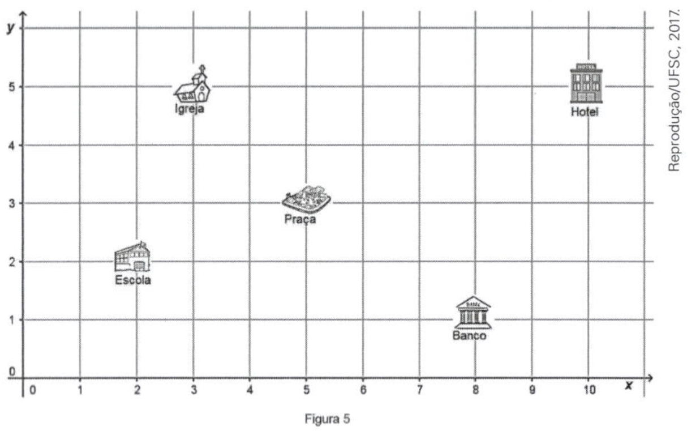

Figura 5

Com base nos dados da figura 5, é correto afirmar que [Indique a soma correspondente às alternativas corretas.]:

(01) A equação da reta que passa pela praça e pela igreja também passa pelo banco.

(02) A reta que passa pelo banco e é perpendicular à reta que passa pela igreja e pelo hotel tem equação $y = 8$.

(04) A equação da circunferência com centro na praça e que passa pela escola é

$x^2 + y^2 - 10x - 6y + 24 = 0$.

(08) A distância da escola ao hotel é de $\sqrt{73}$ km.

(16) A área do quadrilátero convexo formado pela escola, pelo banco, pelo hotel e pela igreja tem 23,5 km^2.

(32) O ponto da circunferência, com centro na praça e que passa pela escola, que fica mais próximo da igreja é (3, 4).

17. (UFSC) Assinale a(s) proposição(ões) correta(s) [e indique a soma].

Para a transmissão da Copa do Mundo de 2014 no Brasil, serão utilizadas câmeras que ficam suspensas por cabos de aço acima do campo de futebol, podendo, dessa forma, oferecer maior qualidade na transmissão. Suponha que uma dessas câmeras se desloque por um plano paralelo ao solo orientada através de coordenadas cartesianas. A figura a seguir representa o campo em escala reduzida, sendo que cada unidade de medida da figura representa 10 m no tamanho real.

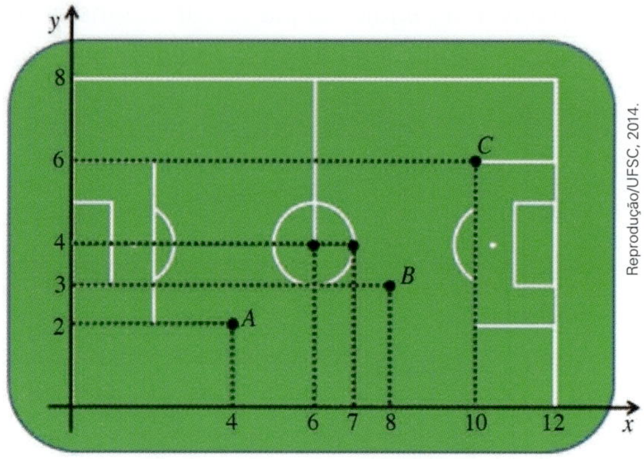

(01) A equação da circunferência que delimita o círculo central do campo na figura é $x^2 + y^2 - 12x - 8y + 51 = 0$.

(02) Se a câmera se desloca em linha reta de um ponto, representado na figura por A(4, 2), até outro ponto, representado na figura por C(10, 6), então a equação da reta que corresponde a essa trajetória na figura é $2x - 3y - 2 = 0$.

(04) Na figura, o ponto B(8, 3) está a uma distância de 8 unidades da reta que passa pelos pontos A(4, 2) e C(10, 6).

(08) Os pontos (7, 4), (4, 2) e (10, 6) não são colineares.

(16) No tamanho real, a área do círculo central do campo de futebol é igual a 100π m^2.

18. (UEPG-PR) A circunferência $\mathbf{C}_1$ tem equação $x^2 + y^2 - 4x - 6y + m = 0$ e a circunferência $\mathbf{C}_2$ tem centro em (−2, 6) e raio igual a 4. Sabendo que $\mathbf{C}_1$ e $\mathbf{C}_2$ são tangentes exteriormente, assinale o que for correto [e indique a soma].

(01) O ponto de tangência pertence ao 2º quadrante.

(02) $m > 10$

(04) A reta de equação $4x - 3y + 4 = 0$ é perpendicular à reta que passa pelos centros de $\mathbf{C}_1$ e $\mathbf{C}_2$.

(08) A circunferência $\mathbf{C}_1$ não intersecta os eixos coordenados.

(16) A distância entre os centros de $\mathbf{C}_1$ e $\mathbf{C}_2$ é 5.

19. (UFJF-MG) Considere a circunferência λ: $x^2 + y^2 - 4x - 6y - 3 = 0$ e a reta r: $x + y = 0$.

a) Determine a equação da reta que passa pelo centro da circunferência $\boldsymbol{\lambda}$ e é perpendicular à reta **r**.

b) Determine a equação da circunferência concêntrica à circunferência $\boldsymbol{\lambda}$ e tangente à reta **r**.

20. (UFPE) Uma circunferência está circunscrita ao triângulo com lados sobre as retas com equações x = 0, y = 0 e 4x + 3y = 24, conforme a ilustração ao lado. Encontre a equação da circunferência e indique a soma das coordenadas de seu centro e de seu raio.

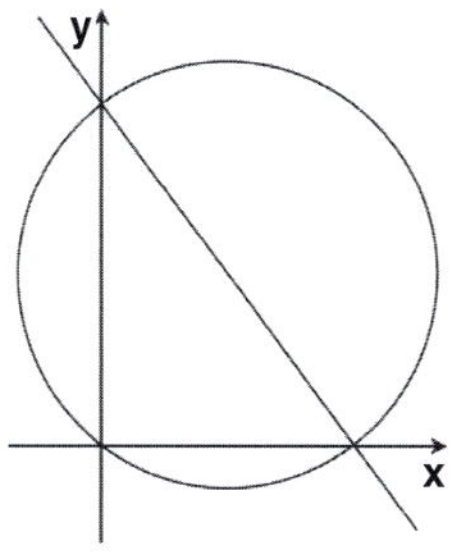

Reprodução/UFPE, 2011.

21. Em um treinamento militar, um míssil será lançado de uma base **B** para atingir o alvo **A**. Um extenso rio retilíneo separa a região em que se encontra a base **B** da região onde está o alvo **A**. A figura a seguir ilustra essa situação em um plano cartesiano representado na escala 1 : 20 000. A unidade de medida de comprimento é o metro.

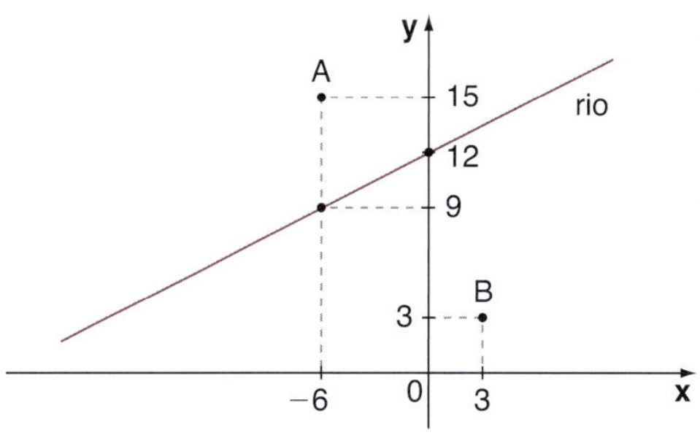

Banco de imagens/Arquivo da editora

a) Qual é a distância real entre a base **B** e o alvo **A**?

b) Sabendo que os efeitos de destruição do míssil podem ser sentidos até 200 quilômetros do alvo, qual é a relação que deve ser satisfeita pelas coordenadas de um ponto P(x, y) desse plano para que esses efeitos sejam sentidos em **P**?

c) Qual é a área da região afetada pelo míssil representada nesse sistema cartesiano?

d) No plano cartesiano, o rio pode ser representado pela reta que passa pelos pontos (−6, 9) e (0, 12). Qual é o ponto desse rio mais próximo do alvo? A que distância real do alvo ele se encontra? Considere $\sqrt{5} \simeq 2,24$ e indique o número inteiro mais próximo.

22. (UFPE) Na ilustração ao lado, temos a circunferência com equação $x^2 + y^2 + 6x + 8y = 75$ e a reta passando pela origem e pelo centro da circunferência.

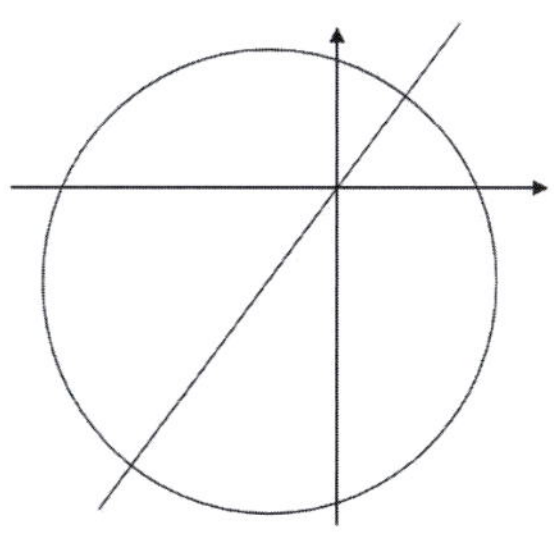
Reprodução/UFPE, 2011.

Determine o ponto da circunferência mais distante da origem e indique esta distância.

23. Sejam A(2, 4) e B(−2, −2) extremidades de uma corda de uma circunferência de raio 5. Obtenha a distância do centro da circunferência à corda $\overline{AB}$.

24. (UFU-MG) Numa região plana mapeada num sistema de coordenadas xOy, em que a unidade de medida nos eixos **x** e **y** é de 10 km, existem duas torres de telefonia $\mathbf{T}_1$ e $\mathbf{T}_2$. Suas áreas de cobertura são dadas, respectivamente, pelos pontos dos círculos delimitados pelas circunferências λ_1 de centro (0, 0) e λ_2 de centro $(4\sqrt{3}, 0)$, sendo que as torres se localizam em seus centros. Duas cidades **A** e **B** localizadas na interseção das duas circunferências possuem coordenadas $(2\sqrt{3}, 2)$ e $(2\sqrt{3}, -2)$, respectivamente. Nessas condições, elabore e execute um plano de resolução de maneira a determinar:

a) As distâncias da cidade **A** às torres $\mathbf{T}_1$ e $\mathbf{T}_2$.

b) A área, em km^2, da região de cobertura comum das duas torres (interseção dos círculos).

25. Sobre a reta de equação 2x − y + 4 = 0 está o centro de uma circunferência que passa por (2, 2) e (−1, 5). Escreva a equação reduzida dessa circunferência.

26. (Uerj) Um disco metálico de centro **O** e diâmetro AB = 4 dm, utilizado na fabricação de determinada peça, é representado pelo seguinte esquema:

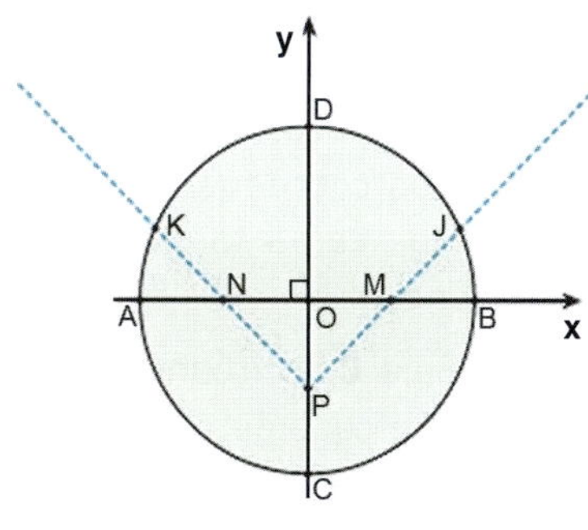

Reprodução/Uerj, 2014.

PJ, PK – cortes retilíneos
M – ponto médio do raio $\overline{OB}$
N – ponto médio do raio $\overline{AO}$
P – ponto médio do raio $\overline{OC}$
J – interseção da semirreta $\overrightarrow{PM}$ com a circunferência
K – interseção da semirreta $\overrightarrow{PN}$ com a circunferência

Calcule a distância entre os pontos **J** e **K**.

27. (UFG-GO) Considere duas circunferências no plano cartesiano descritas pelas equações $x^2 + y^2 = 10$ e $(x - x_0)^2 + (y - y_0)^2 = 1$. Determine o ponto $P(x_0, y_0)$ para que as duas circunferências sejam tangentes externas no ponto A(3, 1).

28. (UFPE) Cada um dos círculos limitados pelas circunferências de equações $x^2 + y^2 - 4x - 6y + 12 = 0$ e $x^2 + y^2 - 10x - 2y + 22 = 0$ fica dividido em duas regiões de mesma área por uma reta de equação $y = mx + n$. Encontre 3n.

29. (Unicamp-SP) Considere a família de retas no plano cartesiano descrita pela equação $(2 - p)x + (2p + 1)y + 8p + 4 = 0$, nas variáveis **r** e **y**, em que **p** é um parâmetro real.

a) Determine o valor do parâmetro **p** para que a reta correspondente intersecte perpendicularmente o eixo **y**. Encontre o ponto de interseção neste caso.

b) Considere a reta $x + 3y + 12 = 0$ dessa família para $p = 1$. Denote por **A** o seu ponto de interseção com o eixo **x** e por **O** a origem do plano cartesiano. Exiba a equação da circunferência em que o segmento $\overline{AO}$ é um diâmetro.

30. (Fuvest-SP) No plano cartesiano Oxy, a circunferência **C** tem centro no ponto $A = (-5, 1)$ e é tangente à reta **t** de equação $4x - 3y - 2 = 0$ em um ponto **P**. Seja ainda **Q** o ponto de interseção da reta **t** com o eixo Ox.

Assim:

a) Determine as coordenadas do ponto **P**.

b) Escreva uma equação para a circunferência **C**.

c) Calcule a área do triângulo APQ.

31. (UFG-GO) Dadas as circunferências de equações $x^2 + y^2 - 4y = 0$ e $x^2 + y^2 - 4x - 2y + 4 = 0$, em um sistema de coordenadas cartesianas,

a) esboce seus gráficos;

b) determine as coordenadas do ponto de interseção das retas tangentes comuns às circunferências.

32. (Unesp-SP) Seja **C** a circunferência de centro (2, 0) e raio 2, e considere **O** e **P** os pontos de interseção de **C** com eixo Ox. Sejam **T** e **S** pontos de **C** que pertencem, respectivamente, às retas **r** e **s**, que se intersectam no ponto **M**, de forma que os triângulos OMT e PMS sejam congruentes, como mostra a figura.

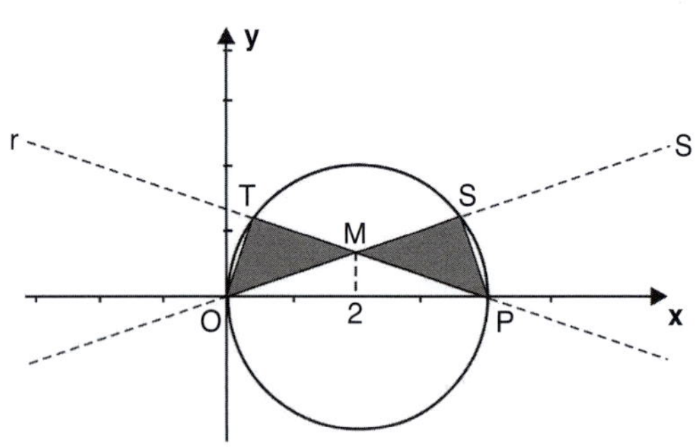

Reprodução/Unesp, 2006.

a) Dê a equação de **C** e, sabendo que a equação de s é $y = \frac{x}{3}$, determine as coordenadas de **S**.

b) Calcule as áreas do triângulo OMP e da região sombreada formada pela união dos triângulos OMT e PMS.

33. (Unicamp-SP) A circunferência de centro em (2, 0) e tangente ao eixo **y** é intersectada pela circunferência **C**, definida pela equação $x^2 + y^2 = 4$, e pela semirreta que parte da origem e faz ângulo de 30° com o eixo **x**, conforme a figura abaixo.

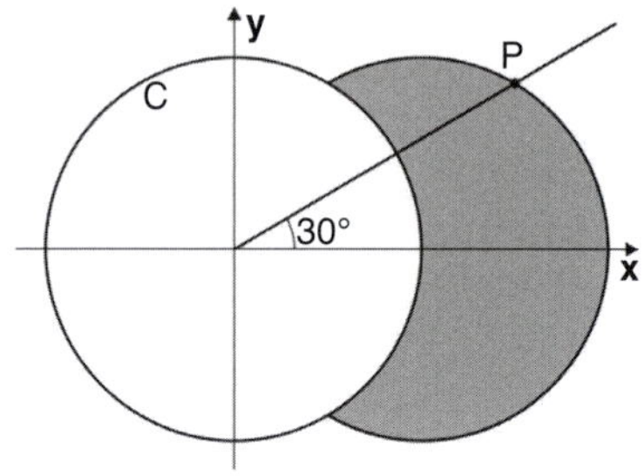

Reprodução/Unicamp, 2009.

a) Determine as coordenadas do ponto **P**.

b) Calcule a área da região sombreada.

34. (UFPE) Uma circunferência tem centro no primeiro quadrante, passa pelos pontos com coordenadas (0, 0) e (4, 0) e é tangente, internamente, à circunferência com equação $x^2 + y^2 = 64$. Abaixo, estão ilustradas as duas circunferências.

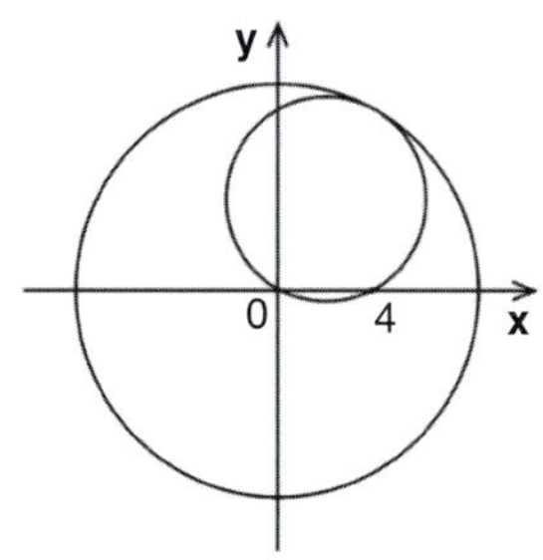

Reprodução/UFPE, 2013.

Indique o inteiro mais próximo da soma das coordenadas do ponto de interseção das duas circunferências.

35. (UFJF-MG) Na figura a seguir, temos um sistema de eixos cartesianos com origem em **O**. Nele, encontra-se representada uma circunferência tangente ao eixo das ordenadas e com centro C(−1, 0).

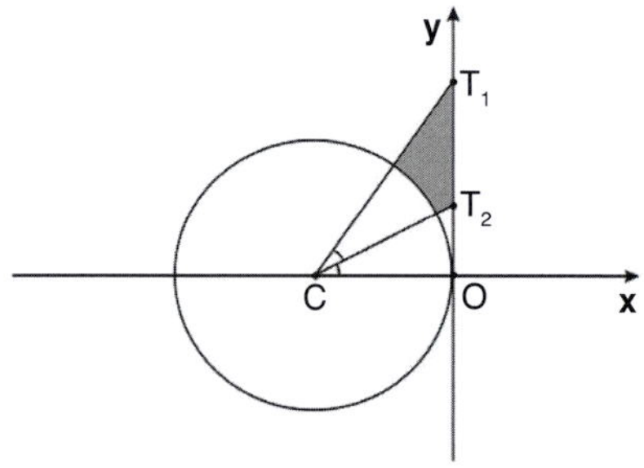

Reprodução/UFJF, 2008.

Sejam $\mathbf{T_1}$ e $\mathbf{T_2}$ pontos sobre o semieixo positivo das ordenadas, tais que $T_2\hat{C}T_1 = O\hat{C}T_2 = 30°$.

a) Determine o comprimento do segmento $\overline{OT_1}$.

b) Calcule o valor da área sombreada.

c) Encontre as equações das retas que passam pelo ponto $\mathbf{T_1}$ e são tangentes à circunferência dada.

36. (Fuvest-SP) No plano cartesiano Oxy, a circunferência **C** tem centro no ponto P = (2, 1), e a reta **t** é tangente a **C** no ponto Q = (−1, 5).

a) Determine o raio da circunferência **C**.

b) Encontre uma equação para a reta **t**.

c) Calcule a área do triângulo PQR, sendo **R** o ponto de interseção de **t** com o eixo Ox.

37. Obtenha a equação de uma circunferência que passa pelos pontos P(0, 12) e P'(5, 7) e é tangente exterior a $\lambda: x^2 + y^2 = 64$.

38. (ITA-SP) Determine a área da figura plana situada no primeiro quadrante e delimitada pelas curvas $(y - x - 2)\left(y + \frac{x}{2} - 2\right) = 0$ e $x^2 - 2x + y^2 - 8 = 0$.

Testes

1. (PUC-RS) Os pontos (3, 1) e (9, −7) são extremidades de um dos diâmetros da circunferência **c**. Então, a equação de **c** é:

a) $(x + 6)^2 + (y - 3)^2 = 5$

b) $(x + 6)^2 + (y - 3)^2 = 10$

c) $(x - 6)^2 + (y + 3)^2 = 10$

d) $(x - 6)^2 + (y - 3)^2 = 25$

e) $(x - 6)^2 + (y + 3)^2 = 25$

2. (UFRGS-RS) Observe, abaixo, o círculo representado no sistema de coordenadas cartesianas.

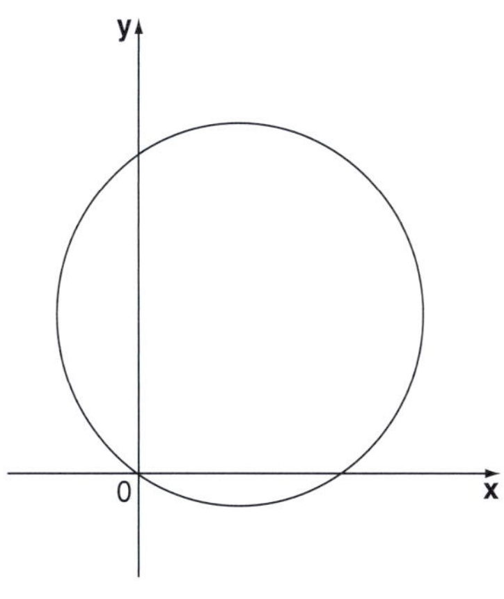

Uma das alternativas a seguir apresenta a equação desse círculo. Essa alternativa é:

a) $(x - 2)^2 + (y - 3)^2 = 10$

b) $(x + 2)^2 + (y + 3)^2 = 13$

c) $(x - 2)^2 + (y - 3)^2 = 13$

d) $(x - 2)^2 + y^2 = 10$

e) $x^2 + (y + 3)^2 = 13$

3. (Cefet- MG) Se a distância entre os centros das circunferências de equações $x^2 + y^2 - 4x + 16y + 55 = 0$ e $x^2 + y^2 + 8x + 12 = 0$ é a medida da diagonal de um quadrado, então sua área é igual a:

a) 40
b) 50
c) 60
d) 70
e) 80

4. (FGV-SP) No plano cartesiano, uma circunferência tem centro C(5, 3) e tangencia a reta de equação $3x + 4y - 12 = 0$.

A equação dessa circunferência é:

a) $x^2 + y^2 - 10x - 6y + 25 = 0$

b) $x^2 + y^2 - 10x - 6y + 36 = 0$

c) $x^2 + y^2 - 10x - 6y + 49 = 0$

d) $x^2 + y^2 + 10x + 6y + 16 = 0$

e) $x^2 + y^2 + 10x + 6y + 9 = 0$

5. (PUC-SP) Sejam $x + 2y - 1 = 0$ e $2x - y + 3 = 0$ as equações das retas suportes das diagonais de um quadrado que tem um dos vértices no ponto (−5, 3).

A equação da circunferência inscrita nesse quadrado é:

a) $x^2 + y^2 + 2x - 2y - 8 = 0$

b) $x^2 + y^2 + 2x + 2y - 8 = 0$

c) $x^2 + y^2 - 2x - 2y - 8 = 0$

d) $x^2 + y^2 + 4x - 2y - 10 = 0$

e) $x^2 + y^2 - 4x + 2y - 10 = 0$

6. (UEPB) As retas **r** e **s**, de equações cartesianas $3x - 4y - 8 = 0$ e $4y - 3x - 12 = 0$, respectivamente, são tangentes a um círculo **C**.

O perímetro de **C** em cm é:

a) 8π
b) 2π
c) 4π
d) 4
e) 16π

7. (UFRGS-RS) A área de um quadrado inscrito na circunferência de equação $x^2 - 2y + y^2 = 0$ é

a) $\frac{1}{2}$
b) 1
c) $\sqrt{2}$
d) 2
e) $2\sqrt{2}$

8. (Uern) Sejam duas circunferências C_1 e C_2, cujas equações são, respectivamente, iguais a $x^2 + y^2 + 6y + 5 = 0$ e $x^2 + y^2 - 12x = 0$. A distância entre os pontos **A** e **B** dessas circunferências, conforme indicada na figura, é:

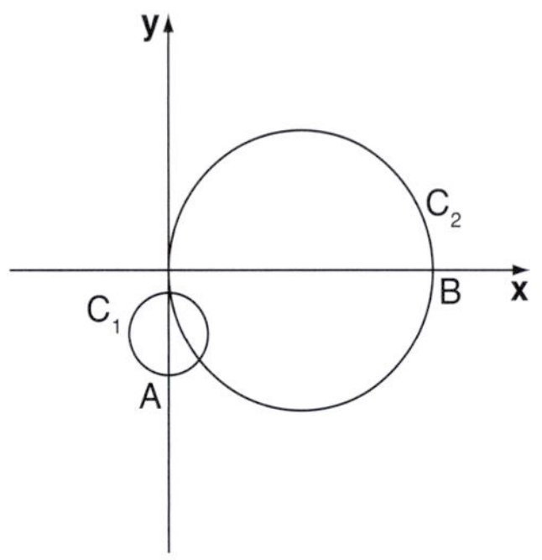

Reprodução/Uern, 2013.

a) 13 b) 14 c) 17 d) 19

9. (UPE) Em qual das alternativas a seguir o ponto **P** pertence à circunferência β?

a) $P(5, 6)$; β: $(x - 3)^2 + (y - 6)^2 = 4$
b) $P(1, 2)$; β: $(x - 2)^2 + (y - 2)^2 = 5$
c) $P(1, 5)$; β: $x^2 + y^2 - 8x + 6 = 0$
d) $P(1, 3)$; β: $(x + 1)^2 + (y - 2)^2 = 16$
e) $P(3, 1)$; β: $x^2 + y^2 - 4x + 2y + 2 = 0$

10. (FGV-SP) No plano cartesiano, qual dos pontos abaixo é exterior à circunferência de equação $x^2 + y^2 - 4x + 6y - 12 = 0$?

a) (0, 0) c) (2, 2) e) (1, 2)
b) (−1, −1) d) (2, 1)

11. (UFRGS-RS) A circunferência definida pela equação $x^2 + y^2 - 6x + 2y = 6$ está inscrita em um quadrado.
A medida da diagonal desse quadrado é

a) $\sqrt{2}$. b) $2\sqrt{2}$. c) $4\sqrt{2}$. d) $6\sqrt{2}$. e) $8\sqrt{2}$.

12. (PUC-SP) Na figura tem-se a representação de λ, circunferência de centro **C** e tangente aos eixos coordenados nos pontos **A** e **B**.

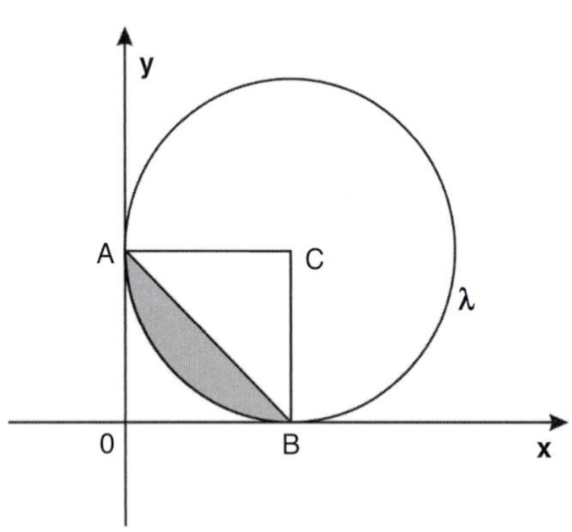

Reprodução/PUC-SP, 2016.

Se a equação de λ é $x^2 + y^2 - 8x - 8y + 16 = 0$, então a área da região hachurada, em unidades de superfície, é

a) $8 \cdot (\pi - 2)$ c) $4 \cdot (\pi - 2)$
b) $8 \cdot (\pi - 4)$ d) $4 \cdot (\pi - 4)$

13. (PUC-SP) A circunferência λ: $x^2 + x^2 - 4x - 10y + 13 = 0$, de centro **C**, e a reta r: $x + y - 11 = 0$ se interceptam nos pontos **P** e **Q**. A área do triângulo PCQ, em unidades de área, é

a) 6 c) 8
b) 7 d) 9

14. (Ufam) Considerando $\pi \simeq 3$, a área da região formada pelos pontos do plano tais que $y - x \leqslant -2$ e $x^2 + y^2 \leqslant 4$ é igual a:

a) 1 c) 6 e) 11
b) 2 d) 10

15. (UFRGS-RS) Considere as circunferências definidas por $(x - 3)^2 + (y - 2)^2 = 16$ e $(x - 10)^2 + (y - 2)^2 = 9$, representadas no mesmo plano cartesiano.
As coordenadas do ponto de interseção entre as circunferências são:

a) (7, 2) d) (16, 9)
b) (2, 7) e) (4, 3)
c) (10, 3)

16. (FGV-SP) No plano cartesiano, há duas retas paralelas à reta de equação $3x + 4y + 60 = 0$ e que tangenciam a circunferência $x^2 + y^2 = 4$.
Uma delas intersecta o eixo **y** no ponto de ordenada:

a) 2,9 c) 2,7 e) 2,5
b) 2,8 d) 2,6

17. (Cefet-MG) Em um plano, uma reta que passa pelo ponto P(8, 10) tangencia a circunferência $x^2 + y^2 - 4x - 6y - 3 = 0$ no ponto **A**. A medida do segmento $\overline{PA}$, em unidades de comprimento, é:

a) $\sqrt{12}$ d) $\sqrt{69}$
b) $\sqrt{34}$ e) $\sqrt{85}$
c) $\sqrt{45}$

18. (UFSJ-MG) A reta r: $y = 3x - 3$ e a circunferência λ: $x^2 + (y - 2)^2 = 5$ se intersectam nos pontos **A** e **B**. O comprimento do segmento $\overline{AB}$ e as coordenadas do seu ponto médio são, respectivamente:

a) $\sqrt{5}$ unidades de comprimento e (0, −3).
b) $\sqrt{5}$ unidades de comprimento e (1, 0).
c) $\sqrt{10}$ unidades de comprimento e (2, 3).
d) $\sqrt{10}$ unidades de comprimento e $\left(\frac{3}{2}, \frac{3}{2}\right)$.

19. (Enem) Durante uma aula de Matemática, o professor sugere aos alunos que seja fixado um sistema de coordenadas cartesianas (x, y) e representa na lousa a descrição de cinco conjuntos algébricos, I, II, III, IV e V, como se segue:

I. é a circunferência de equação $x^2 + y^2 = 9$;
II. é a parábola de equação $y = -x^2 - 1$, com **x** variando de -1 a 1;
III. é o quadrado formado pelos vértices $(-2, 1)$, $(-1, 1)$, $(-1, 2)$ e $(-2, 2)$;
IV. é o quadrado formado pelos vértices $(1, 1)$, $(2, 1)$, $(2, 2)$ e $(1, 2)$;
V. é o ponto $(0, 0)$.

A seguir, o professor representa corretamente os cinco conjuntos sobre uma mesma malha quadriculada, composta de quadrados com lados medindo uma unidade de comprimento, cada, obtendo uma figura.

Qual destas figuras foi desenhada pelo professor?

a)

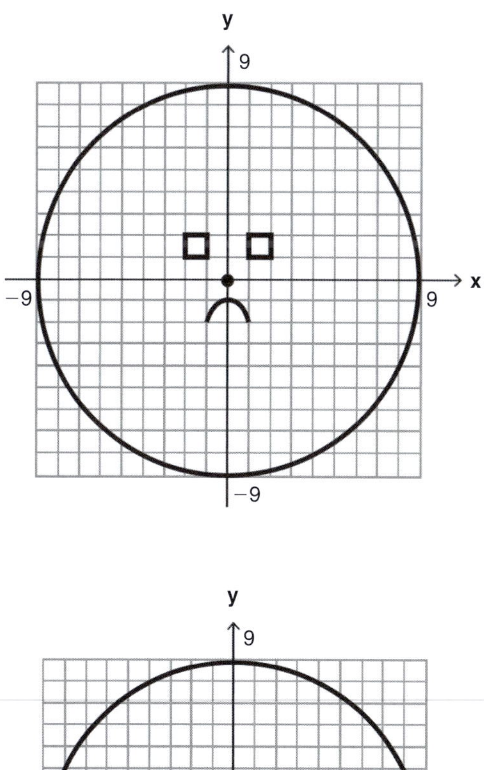

b)

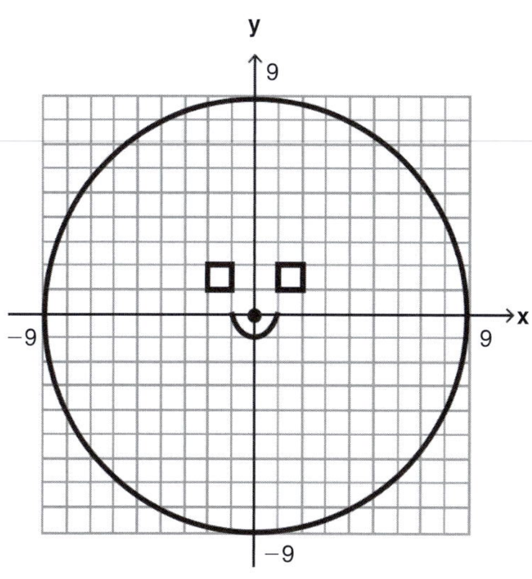

c)

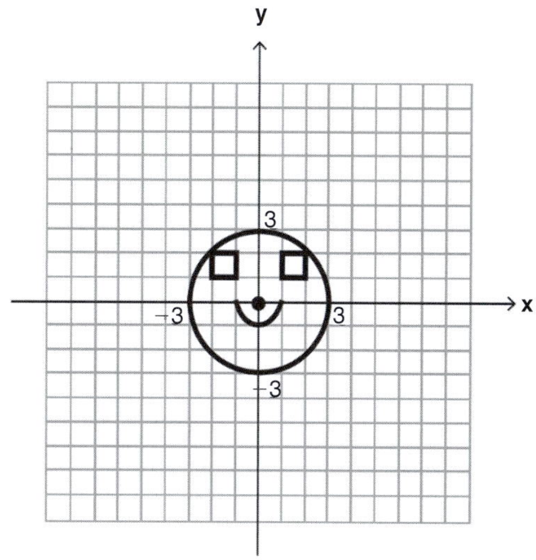

d)

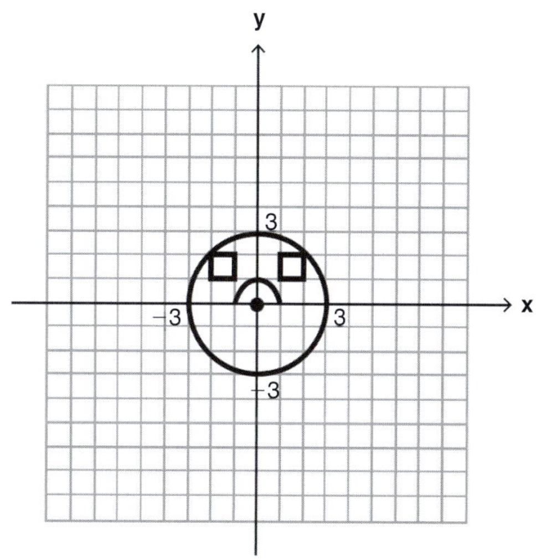

e)

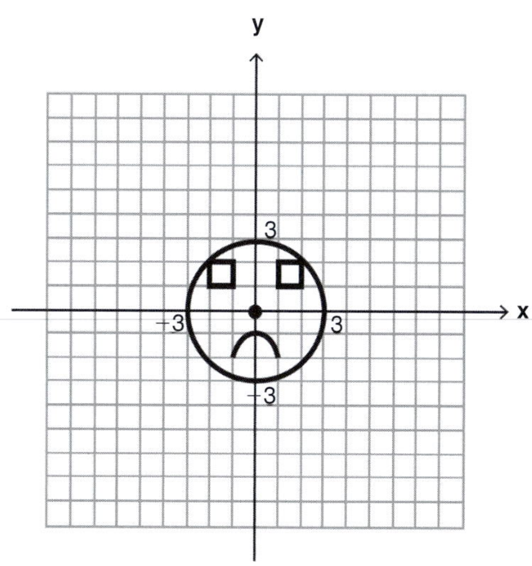

Ilustrações: Reprodução/Enem, 2013.

20. (Mack-SP) Considere a região do plano dado pelos pontos (x, y) tais que $x^2 + y^2 \leqslant 2x$ e $x^2 + y^2 \leqslant 2y$. Fazendo $\pi \simeq 3$, a área dessa região é:

a) 1 b) 0,5 c) 2 d) 1,5 e) 2,5

21. (Unioeste-PR) A área da região do plano formada pelos pontos (x, y) tais que $x^2 + y^2 - 4x \leq 0$ e $x - y - 2 > 0$, em unidades de área, é igual a:

a) $\frac{\pi}{2}$
b) π
c) 2π
d) 3π
e) 4π

22. (Fuvest-SP) No plano cartesiano Oxy, a circunferência **C** é tangente ao eixo Ox no ponto de abscissa 5 e contém o ponto (1, 2). Nessas condições, o raio de **C** vale:

a) $\sqrt{5}$
b) $2\sqrt{5}$
c) 5
d) $3\sqrt{5}$
e) 10

23. (UFRGS-RS) Um círculo tangencia a reta **r**, como na figura abaixo.

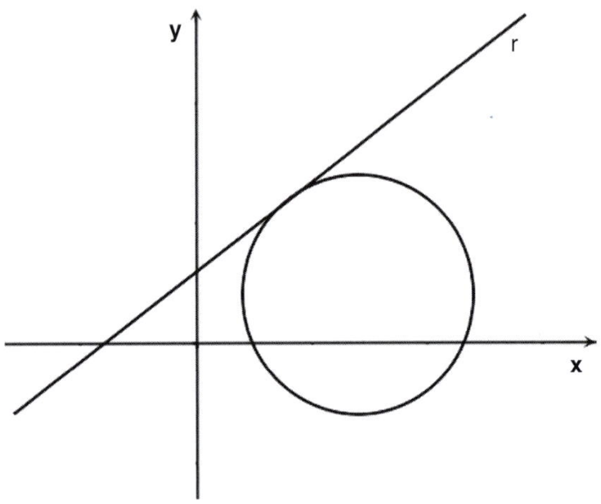

O centro do círculo é o ponto (7, 2) e a reta **r** é definida pela equação $3x - 4y + 12 = 0$. A equação do círculo é:

a) $(x - 7)^2 + (y - 2)^2 = 25$
b) $(x + 7)^2 + (y + 2)^2 = 25$
c) $(x - 7)^2 + (y + 2)^2 = 36$
d) $(x - 7)^2 + (y - 2)^2 = 36$
e) $(x + 7)^2 + (y - 2)^2 = 36$

24. (PUC-RS) Uma circunferência de centro em P(c, c), com $c \neq 0$, tangencia o eixo das abscissas e o eixo das ordenadas. Sua equação é:

a) $x^2 + y^2 = c^2$
b) $(x - c)^2 + y^2 = c^2$
c) $x^2 + (y - c)^2 = c^2$
d) $(x - c)^2 + (y - c)^2 = c$
e) $(x - c)^2 + (y - c)^2 = c^2$

25. (Cefet-MG) No plano cartesiano, duas retas **r** e **s** se intersectam num ponto S(x, 0) e tangenciam a circunferência $x^2 + y^2 = 10$ nos pontos P(3, p) e Q(3, q), respectivamente. Os pontos **P**, **Q**, **S** e **O**, sendo **O** o centro da circunferência, determinam um quadrilátero cuja área, em unidades de área, é:

a) $\frac{5}{3}$
b) $\frac{10}{3}$
c) $\frac{\sqrt{10}}{3}$
d) $\frac{5\sqrt{10}}{9}$
e) $\frac{20\sqrt{10}}{9}$

26. (Fuvest-SP) São dados, no plano cartesiano, o ponto **P** de coordenadas (3, 6) e a circunferência **C** de equação $(x - 1)^2 + (y - 2)^2 = 1$. Uma reta **t** passa por **P** e é tangente a **C** em um ponto **Q**. Então a distância de **P** a **Q** é:

a) $\sqrt{15}$
b) $\sqrt{17}$
c) $\sqrt{18}$
d) $\sqrt{19}$
e) $\sqrt{20}$

27. (Fuvest-SP) A equação $x^2 + 2x + y^2 + my = n$, em que **m** e **n** são constantes, representa uma circunferência do plano cartesiano. Sabe-se que a reta $y = -x + 1$ contém o centro da circunferência e a intersecta no ponto (−3, 4). Os valores de **m** e **n** são, respectivamente:

a) −4 e 3
b) 4 e 5
c) −4 e 2
d) −2 e 4
e) 2 e 3

28. (Unifor-CE) Considere os pontos médios de todas as cordas de comprimento 12 da circunferência de equação $x^2 + y^2 + 10x - 16y - 11 = 0$. A reunião desses pontos determina a circunferência de equação:

a) $x^2 + y^2 + 10x + 16y + 25 = 0$
b) $x^2 + y^2 - 10x + 16y + 25 = 0$
c) $x^2 + y^2 + 10x - 16y + 25 = 0$
d) $x^2 + y^2 - 10x + 8y + 25 = 0$
e) $x^2 + y^2 + 10x - 8y + 25 = 0$

29. (UFJF-MG) Considere uma circunferência $\mathbf{c}_1$ de equação $x^2 + y^2 + 8x - 2y - 83 = 0$. Seja agora uma circunferência $\mathbf{c}_2$ de centro em O(13, −2) que passa pelo ponto P(9, 0). A área da figura plana formada pelos pontos internos à circunferência $\mathbf{c}_1$, e externos à circunferência $\mathbf{c}_2$, em unidades de área, é:

a) 20π
b) 80π
c) 100π
d) 120π
e) 200π

30. (EsPCEx-SP) Sejam dados a circunferência $\lambda: x^2 + y^2 + 4x + 10y + 25 = 0$ e o ponto **P**, que é simétrico de $(-1, 1)$ em relação ao eixo das abscissas. Determine a equação da circunferência concêntrica a **λ** e que passa pelo ponto **P**.

a) $\lambda: x^2 + y^2 + 4x + 10y + 16 = 0$
b) $\lambda: x^2 + y^2 + 4x + 10y + 12 = 0$
c) $\lambda: x^2 + y^2 + 4x - 5y + 16 = 0$
d) $\lambda: x^2 + y^2 - 4x - 5y + 12 = 0$
e) $\lambda: x^2 - y^2 - 4x - 10y + 17 = 0$

31. (Ufam) Com relação às circunferências $C_1: x^2 + y^2 - 12x - 8y + 36 = 0$ e $C_2: x^2 + y^2 - 12x - 6y + 41 = 0$, é **CORRETO** afirmar que:

a) $\mathbf{C_1}$ e $\mathbf{C_2}$ são concêntricas.
b) $\mathbf{C_1}$ e $\mathbf{C_2}$ possuem um ponto de interseção.
c) $\mathbf{C_1}$ e $\mathbf{C_2}$ possuem dois pontos de interseção.
d) $\mathbf{C_2}$ é externa a $\mathbf{C_1}$.
e) $\mathbf{C_2}$ é interna a $\mathbf{C_1}$.

32. (Uece) No plano, com o sistema de coordenadas cartesianas usual, se a circunferência $x^2 + y^2 + 8x - 6y + 16 = 0$ possui **n** interseções com os eixos coordenados, então o valor de **n** é

a) 2. b) 1. c) 3. d) 4.

33. (Mack-SP) Vitória-régia é uma planta aquática típica da região amazônica. Suas folhas são grandes e têm formato circular, com uma capacidade notável de flutuação, graças aos compartimentos de ar em sua face inferior.

Em um belo dia, um sapo estava sobre uma folha de vitória-régia, cuja borda obedece à equação $x^2 + y^2 + 2x + y + 1 = 0$, apreciando a paisagem ao seu redor. Percebendo que a folha que flutuava à sua frente era maior e mais bonita, resolveu pular para essa folha, cuja borda é descrita pela equação $x^2 + y^2 - 2x - 3y + 1 = 0$.

A distância linear mínima que o sapo deve percorrer em um salto para não cair na água é:

a) $2(\sqrt{2} - 1)$ c) $2\sqrt{2}$ e) $\sqrt{5}$
b) 2 d) $\sqrt{2} - 2$

34. (UFRGS-RS) Construídas no mesmo sistema de coordenadas cartesianas, as inequações $x^2 + y^2 < 4$ e $y < x + 1$ delimitam uma região no plano. O número de pontos que estão no interior dessa região e possuem coordenadas inteiras é:

a) 5 c) 7 e) 9
b) 6 d) 8

35. (FGV-SP) No plano cartesiano, a equação da reta tangente ao gráfico de $x^2 + y^2 = 25$ pelo ponto (3, 4) é

a) $4x + 3y - 25 = 0$.
b) $4x + 3y - 5 = 0$.
c) $4x + 5y - 9 = 0$.
d) $3x + 4y - 25 = 0$.
e) $3x + 4y - 5 = 0$.

36. (Uneb-BA)

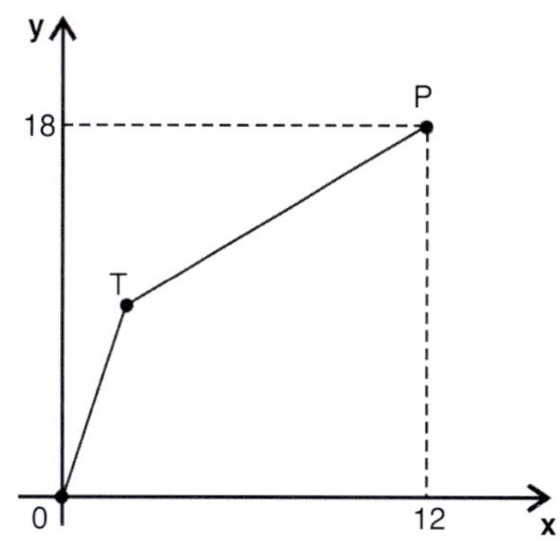

Uma cidade **P** está situada 12 km ao leste e 18 km ao norte da cidade **Q**, como indicado na figura. Uma companhia telefônica quer posicionar uma torre retransmissora de modo que sua distância à cidade **P** seja o dobro da distância até a cidade **Q**.

Então, o lugar geométrico de um ponto **T** que represente uma possível localização da torre, na figura, é

a) uma reta paralela ao eixo das abscissas.
b) uma reta paralela ao eixo das ordenadas.
c) uma parábola com vértice no ponto (2, 3).
d) uma circunferência de centro $C = (-4, -6)$ e raio $r = 4\sqrt{13}$.
e) uma circunferência de centro $C = (4, 6)$ e raio $r = 4\sqrt{13}$.

37. (FICSAE-SP) Os pontos **B** e **F** são extremidades da circunferência de equação $x^2 + y^2 = 81$ e o segmento $\overline{DE}$ é tangente à circunferência dada no ponto C(0, 9).

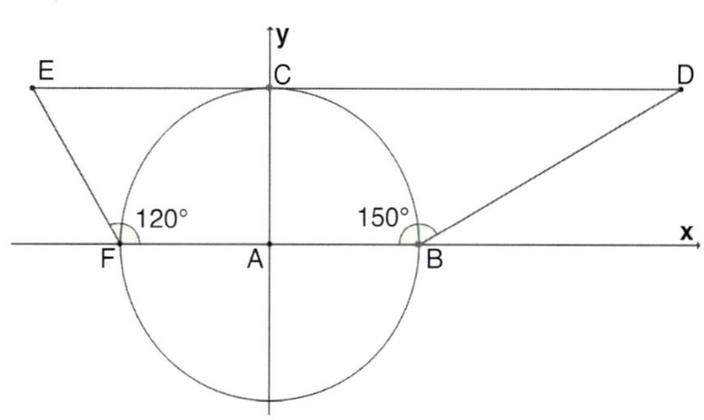

No trapézio BDEF o ângulo **F** mede 120° e o ângulo **B** mede 150°, conforme mostra a figura. A área do trapézio BDEF vale

a) $27(3\sqrt{3} - 1)$
c) $27(2\sqrt{3} + 3)$
b) $54(2\sqrt{3} - 1)$
d) $54(\sqrt{3} + 3)$

38. (Fuvest-SP) Duas circunferências com raios 1 e 2 têm centros no primeiro quadrante do plano cartesiano e ambas tangenciam os dois eixos coordenados. Essas circunferências se interceptam em dois pontos distintos de coordenadas (x_1, y_1) e (x_2, y_2).
O valor de $(x_1 + y_1)^2 + (x_2 + y_2)^2$ é igual a

a) $\frac{5}{2}$ b) $\frac{7}{2}$ c) $\frac{9}{2}$ d) $\frac{11}{2}$ e) $\frac{13}{2}$

39. (Fuvest-SP) No plano cartesiano, um círculo de centro P = (a, b) tangencia as retas de equações y = x e x = 0. Se **P** pertence à parábola de equação $y = x^2$ e $a > 0$, a ordenada **b** do ponto **P** é igual a

a) $2 + 2\sqrt{2}$
d) $5 + 2\sqrt{2}$
b) $3 + 2\sqrt{2}$
e) $6 + 2\sqrt{2}$
c) $4 + 2\sqrt{2}$

40. (ITA-SP) Seja **C** uma circunferência tangente simultaneamente às retas r: $3x + 4y - 4 = 0$ e s: $3x + 4y - 19 = 0$. A área do círculo determinado por **C** é igual a:

a) $\frac{5\pi}{7}$
c) $\frac{3\pi}{2}$
e) $\frac{9\pi}{4}$
b) $\frac{4\pi}{5}$
d) $\frac{8\pi}{3}$

41. (FGV-SP) O número de pares ordenados (x, y), com **x** e **y** inteiros, que satisfazem a desigualdade $x^2 + y^2 - 8x + 11 \leq 0$ é igual a

a) 24.
c) 19.
e) 13.
b) 21.
d) 18.

42. (UFRGS-RS) Na figura abaixo, o círculo está inscrito no triângulo equilátero.

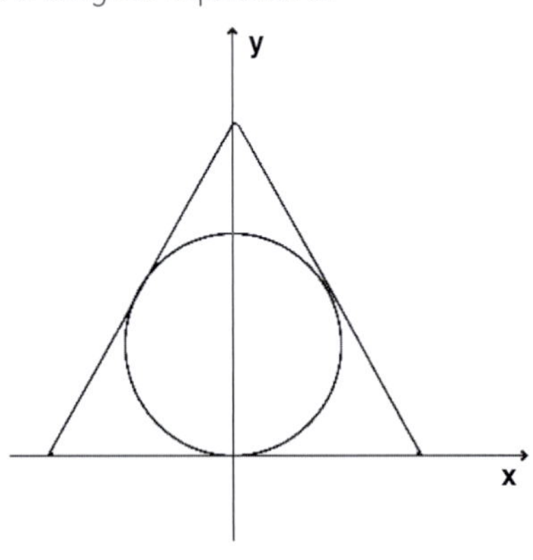

Se a equação do círculo é $x^2 + y^2 = 2y$, então o lado do triângulo mede

a) 2
c) 3
e) $4\sqrt{3}$
b) $2\sqrt{3}$
d) 4

43. (Insper-SP) No plano cartesiano ortogonal de origem O(0, 0) estão representadas:

- uma circunferência **λ**, tangente à reta **r** em **T** e ao eixo das ordenadas;
- o triângulo retângulo OAT, com A(6, 0) e um ângulo externo de medida 120°.

Sabe-se, ainda, que **r** passa pela origem do plano.

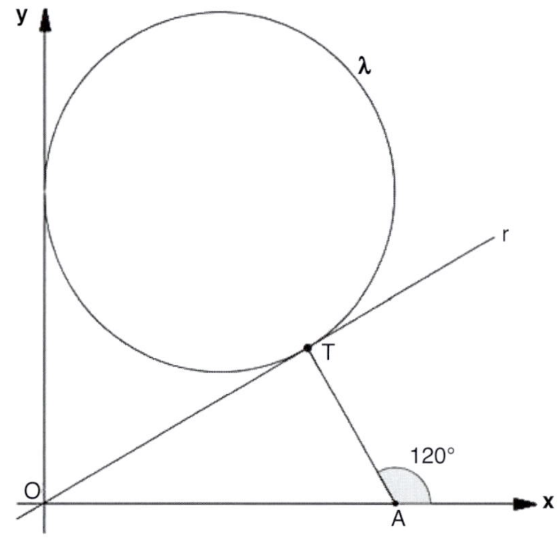

Nas condições dadas, o raio de **λ** tem medida igual a

a) $\frac{5}{2}$.
c) 3.
e) $\frac{2\sqrt{6}}{3}$.
b) $2\sqrt{2}$.
d) $\frac{3\sqrt{6}}{2}$.

44. (UPE) No sistema cartesiano, seja a circunferência **C** de equação $x^2 + y^2 + 6x - 2y = -6$.
Qual a equação da circunferência **C'** simétrica de **C** em relação à origem do sistema?

a) $x^2 + y^2 - 6x + 2y = 4$
b) $x^2 + y^2 - 6x - 2y = -4$
c) $x^2 + y^2 + 6x + 2y = -4$
d) $x^2 + y^2 - 6x + 2y = -6$
e) $x^2 + y^2 + 6x + 2y = -6$

45. (Uece) Em um plano, munido do sistema de coordenadas cartesianas usual, as equações $x^2 + y^2 - 10\sqrt{3}x - 25 = 0$ e $x^2 + y^2 + 10\sqrt{3}x - 25 = 0$ representam circunferências. Cada uma dessas circunferências limita uma área no plano. O comprimento da linha que contorna a união das áreas limitadas por cada uma destas circunferências é

a) $\frac{200\pi}{3}$ u.c.

b) $\frac{80\pi}{3}$ u.c.

c) $\frac{50\pi}{3}$ u.c.

d) $\frac{100\pi}{3}$ u.c.

u.c. ≡ unidade de comprimento

(Insper-SP) Texto para as questões 46 e 47

Uma máquina cortadora a *laser* é capaz de executar duas funções: cortar e gravar. Cortar significa aplicar o *laser* com intensidade e por tempo suficientes para que a placa de material seja atravessada; gravar significa aplicar o *laser* brevemente sobre o material, de modo que sua superfície seja levemente queimada e assuma coloração mais escura que a do material.

Uma gráfica oferece os serviços dessa máquina a seus clientes, cobrando da seguinte forma:

- R$ 0,20 por cm^2 de gravação
- R$ 0,50 por cm de corte

O material fica por conta do cliente, que deve levar a placa em tamanho compatível com a cortadora.

46. A dona de uma sorveteria decidiu fazer um enfeite no formato de um picolé, como mostra a figura a seguir.

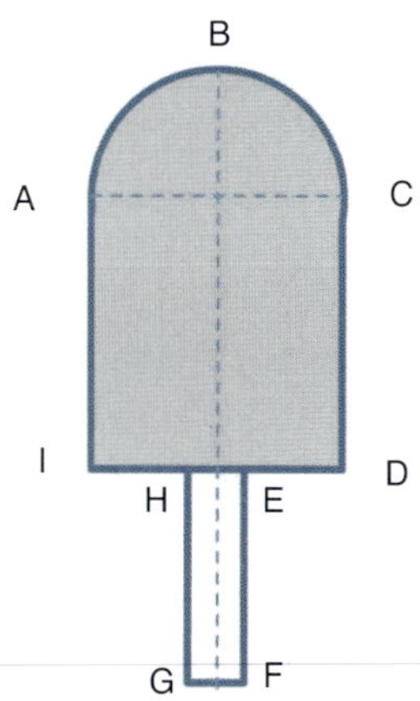

Reprodução/Insper, 2016.

Sabe-se que:

- $\overset{\frown}{ABC}$ é um arco de circunferência de diâmetro $\overline{AC}$;
- ACDI é um retângulo tal que DI = 10 cm e AI = 15 cm;
- EFGH é um retângulo tal que o lado $\overline{HE}$ está contido no segmento $\overline{DI}$ e os pontos médios de $\overline{HE}$ e $\overline{DI}$ coincidem.
- HE = 2 cm e HG = 10 cm.

Para obter tal enfeite, a máquina precisou executar serviços tanto de corte quanto de gravação. A partir da placa de madeira que a dona da sorveteria levou, cortou-se o contorno da figura (que exclui o segmento $\overline{HE}$) e gravou-se a região destacada em cinza.

Considerando-se $\pi = 3$, o valor cobrado para executar tal serviço deve ser igual a

a) R$ 20,00.
b) R$ 35,00.
c) R$ 37,50.
d) R$ 75,00.
e) R$ 77,00.

47. Um cliente deseja executar um serviço que envolve tanto corte quanto gravação. Para isso, coloca a figura em um plano cartesiano e escreve equações e inequações que a descrevem.

O contorno que será cortado é dado pelas seguintes equações:

$x^2 + y^2 = 4$, com $x \in [-2, 2]$ e $y \geq 0$

$y = -x - 2$, com $x \in [-2, 0]$

$y = x - 2$, com $x \in [0, 2]$

Já a região gravada é descrita pelas seguintes inequações:

$x^2 + y^2 \leq 1$, com $x \geq 0$ e $y \geq 0$

$1 \leq x^2 + y^2 \leq 4$, com $x \leq 0$ e $y \geq 0$

Dentre as alternativas a seguir, a que melhor representa o serviço executado é

a)
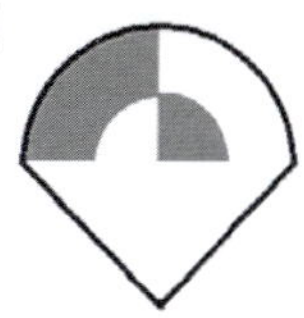

b)
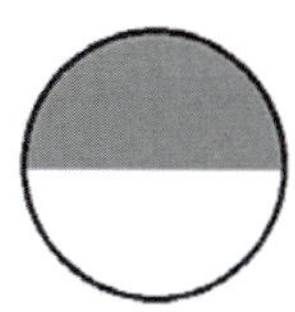

c)

d)
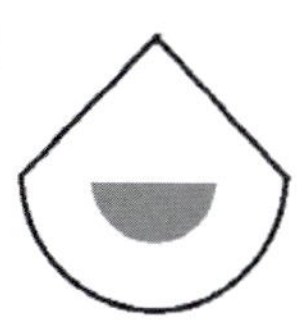

e)
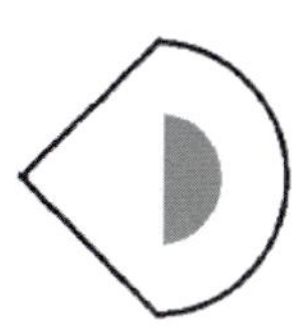

Ilustrações: Reprodução/Insper, 2016.

CAPÍTULO

4 As cônicas

Dan Breckwoldt/Shutterstock

O Royal Albert Hall é uma das mais famosas casas de espetáculo de Londres. Entretanto, desde sua abertura, o formato elipsoidal do teto causava um grande problema de acústica que só foi corrigido 98 anos depois de sua inauguração: a redoma concentrava e ampliava o som vindo do palco, causando fortes ecos. O elipsoide é um sólido gerado a partir da revolução da elipse, uma das cônicas estudadas neste capítulo.

Introdução

Consideremos duas retas **e** e **g** concorrentes em **V** e não perpendiculares.

Com a reta **e** fixa, pelo ponto **V** façamos **g** girar 360° em torno de **e**, mantendo constante o ângulo de medida θ formado por elas. A reta **g** gera uma superfície denominada **superfície cônica de duas folhas**. A reta **e** é chamada **eixo da superfície** e a reta **g** é chamada **geratriz** dessa superfície.

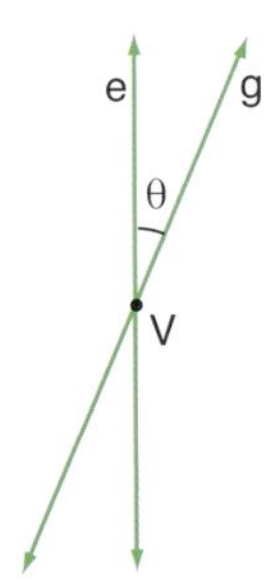

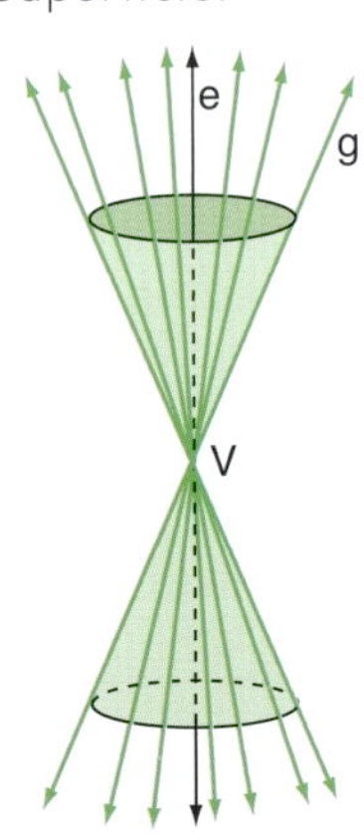

Ilustrações: Banco de imagens/Arquivo da editora

Apolônio de Perga, cerca de 200 a.C., iniciou o estudo das curvas obtidas quando se seciona uma superfície cônica por um plano α. Dependendo da posição desse plano α, diferentes seções podem ser obtidas.

Sheila Terry/SPL/Latinstock/coleção particular

Apolônio de Perga demonstrando suas teorias matemáticas em Alexandria. Gravura de C. Laplante, data desconhecida.

Se o plano α é perpendicular à reta **e**, a seção obtida é uma **circunferência**. Em particular, se α passa por **V**, a seção obtida é um ponto.

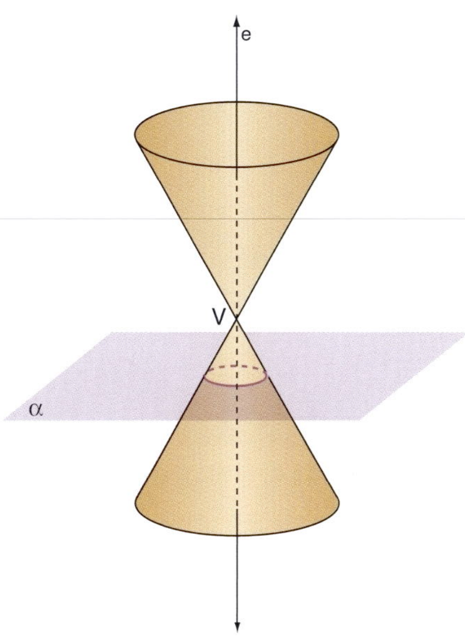

Se o plano α é oblíquo à reta **e**, mas corta apenas uma das folhas da superfície cônica, a seção obtida é uma **elipse**.

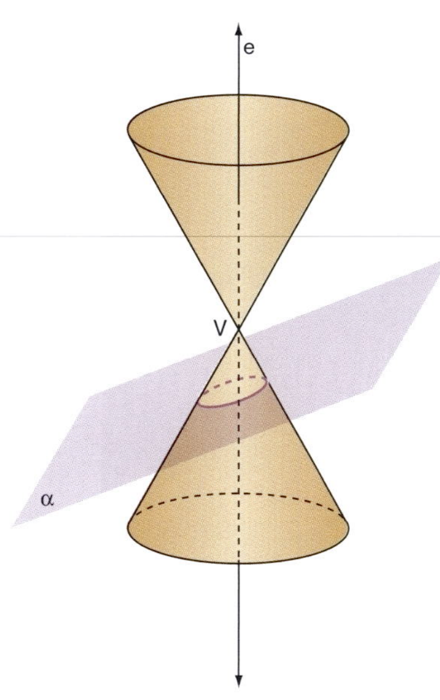

Ilustrações: Banco de imagens/Arquivo da editora

Se o plano α é paralelo a uma geratriz **g** da superfície cônica, a seção obtida é uma **parábola**.

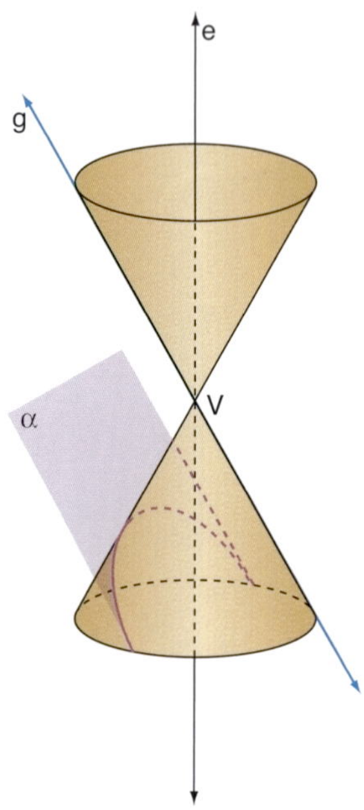

Ilustrações: Banco de imagens/Arquivo da editora

Se o plano α é paralelo à reta **e** ou oblíquo a ela e corta as duas folhas da superfície cônica, a seção obtida é uma **hipérbole**.

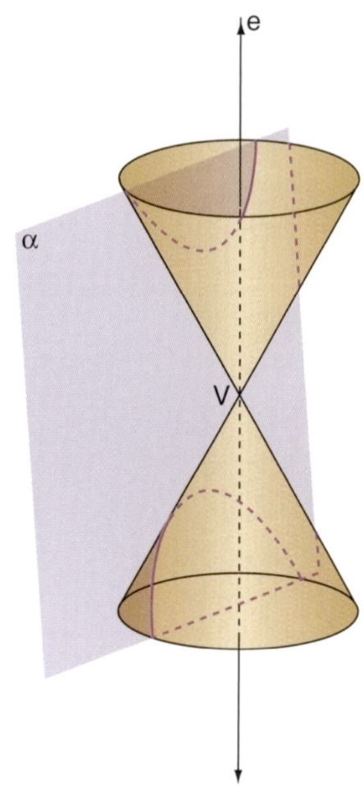

Neste capítulo faremos um estudo inicial da elipse, da hipérbole e da parábola, denominadas, juntamente com a circunferência, **seções cônicas**.

Elipse

Observe as fotos abaixo. Seus contornos lembram a cônica que passaremos a estudar: a elipse.

jiawangkun/Shutterstock

Parque The Ellipse (A elipse), na cidade de Washington, EUA.

Jon Schulte/Shutterstock

O contorno destacado da cuba de louça nos remete a uma elipse.

O que é elipse?

Dados dois pontos distintos $\mathbf{F_1}$ e $\mathbf{F_2}$, pertencentes a um plano α, seja 2c a distância entre eles e **O** o ponto médio de $\overline{F_1F_2}$. **Elipse** é o conjunto de todos os pontos de α cuja soma das distâncias a $\mathbf{F_1}$ e a $\mathbf{F_2}$ é igual à constante 2a (2a > 2c):

$$\{P \in \alpha \mid PF_1 + PF_2 = 2a\}$$

Assim, temos:

$$QF_1 + QF_2 = 2a$$
$$RF_1 + RF_2 = 2a$$
$$SF_1 + SF_2 = 2a$$
$$A_1F_1 + A_1F_2 = 2a$$
$$B_1F_1 + B_1F_2 = 2a$$
$$A_2F_1 + A_2F_2 = 2a$$
$$B_2F_1 + B_2F_2 = 2a$$

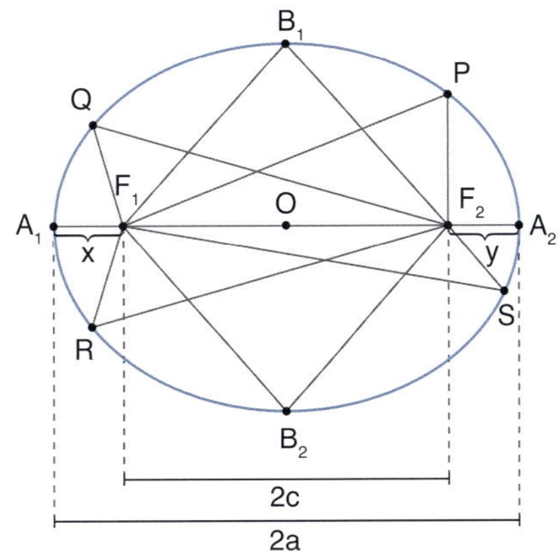

Banco de imagens/Arquivo da editora

Notemos que $A_1A_2 = 2a$, pois:

$$A_1F_1 + A_1F_2 = A_2F_2 + A_2F_1$$

então:

$$x + (x + 2c) = y + (y + 2c)$$

Portanto, $x = y$.

Daí:

$$A_1A_2 = A_1F_1 + F_1F_2 + F_2A_2 = x + 2c + y = 2(x + c) = 2a$$

OBSERVAÇÃO

Note que o ponto **O** é também ponto médio de $\overline{A_1A_2}$:
$A_1O = x + c$
$A_2O = y + c$
Como $x = y$, então $A_1O = A_2O$.

Observe a figura a seguir para compreender o traçado de uma elipse.

Tina Chambers/Doring Kindersley/Getty Images

Um barbante de comprimento 2a + 2c é fixado em dois pregos distantes 2c um do outro (observe que 2a > 2c). Mantendo o barbante esticado, desloca-se a ponta do lápis. A curva que ele descreverá será uma elipse.

Elementos principais

$\mathbf{F_1}$ e $\mathbf{F_2}$: focos

O: centro

$\overline{A_1A_2}$: eixo maior

$\overline{B_1B_2}$: eixo menor

$\overline{A_1A_2}$ e $\overline{B_1B_2}$ são perpendiculares entre si.

2c: distância focal

2a: medida do eixo maior

2b: medida do eixo menor

$\frac{c}{a}$: excentricidade (*)

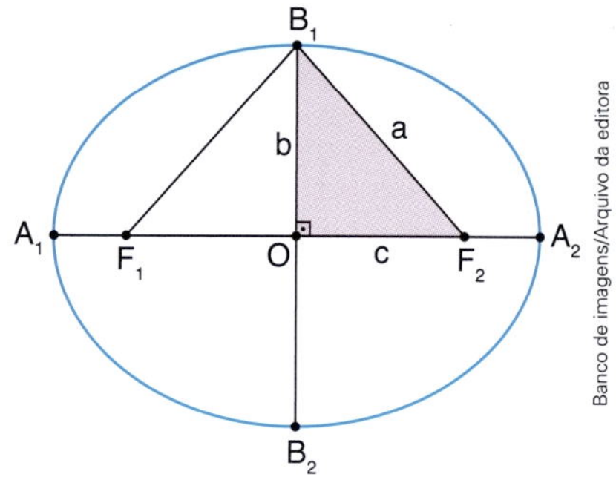

OBSERVAÇÃO

Note que a medida de $\overline{B_1F_2}$ é igual a **a**: $\mathbf{B_1}$ pertence à elipse, então $B_1F_1 + B_1F_2 = 2a$.

$\mathbf{B_1}$ pertence à mediatriz de $\overline{F_1F_2}$, então $B_1F_1 = B_1F_2$.

Desse modo, $B_1F_1 = B_1F_2 = a$.

(*) Veja, na seção *Aplicações* das páginas 138 e 139, o infográfico "As órbitas dos planetas".

Numa elipse, a medida do semieixo maior **a**, a medida do semieixo menor **b** e a metade da distância focal **c** verificam a relação:

$$a^2 = b^2 + c^2$$

que decorre do teorema de Pitágoras aplicado ao triângulo retângulo OF_2B_1.

Equação reduzida (I)

Tomemos um sistema cartesiano ortogonal tal que:

$$\overline{A_1A_2} \subset Ox \text{ e } \overline{B_1B_2} \subset Oy$$

É fácil verificar que os focos são os pontos:

$$F_1(-c, 0) \text{ e } F_2(c, 0)$$

Chama-se **equação reduzida da elipse** a equação que o ponto genérico da curva, P(x, y), verifica.

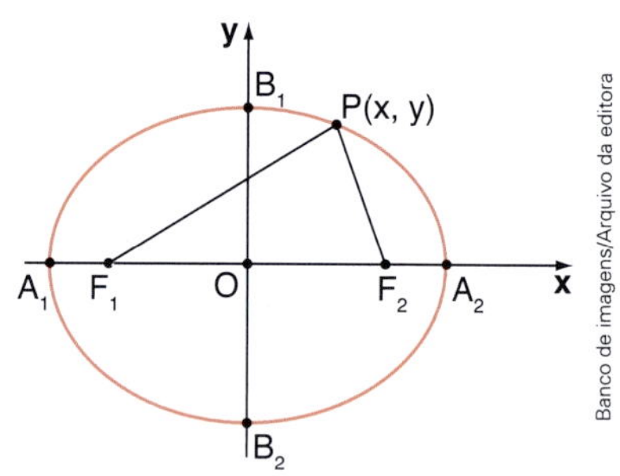

$$P \in \text{elipse} \Leftrightarrow PF_1 + PF_2 = 2a$$

Vamos deduzi-la.

$$\sqrt{(x+c)^2 + (y-0)^2} + \sqrt{(x-c)^2 + (y-0)^2} = 2a \Rightarrow$$
$$\Rightarrow \sqrt{(x+c)^2 + y^2} = 2a - \sqrt{(x-c)^2 + y^2}$$

Elevando os dois membros ao quadrado e desenvolvendo, temos:

$$(x+c)^2 + y^2 = 4a^2 - 4a\sqrt{(x-c)^2 + y^2} + (x-c)^2 + y^2 \Rightarrow$$
$$\Rightarrow x^2 + 2cx + c^2 + y^2 = 4a^2 - 4a\sqrt{(x-c)^2 + y^2} + x^2 - 2cx + c^2 + y^2 \Rightarrow$$
$$4cx - 4a^2 = -4a\sqrt{(x-c)^2 + y^2} \Rightarrow a\sqrt{(x-c)^2 + y^2} = a^2 - cx$$

Elevando os dois membros ao quadrado novamente, temos:

$$a^2(x-c)^2 + a^2y^2 = (a^2 - cx)^2 \Rightarrow$$
$$\Rightarrow a^2x^2 - 2a^2cx + a^2c^2 + a^2y^2 = a^4 - 2a^2cx + c^2x^2 \Rightarrow$$
$$\Rightarrow a^2x^2 - c^2x^2 + a^2y^2 = a^4 - a^2c^2 \Rightarrow$$
$$\Rightarrow (a^2 - c^2)x^2 + a^2y^2 = a^2(a^2 - c^2) \Rightarrow$$
$$\Rightarrow b^2x^2 + a^2y^2 = a^2b^2$$

e, dividindo os dois membros da igualdade por a^2b^2, resulta:

$$\frac{x^2}{a^2} + \frac{y^2}{b^2} = 1$$

Equação reduzida (II)

Analogamente, se a elipse apresenta $\overline{A_1A_2} \subset Oy$ e $\overline{B_1B_2} \subset Ox$, temos:

$$PF_1 + PF_2 = 2a$$

$$\sqrt{(x-0)^2 + (y+c)^2} + \sqrt{(x-0)^2 + (y-c)^2} = 2a$$

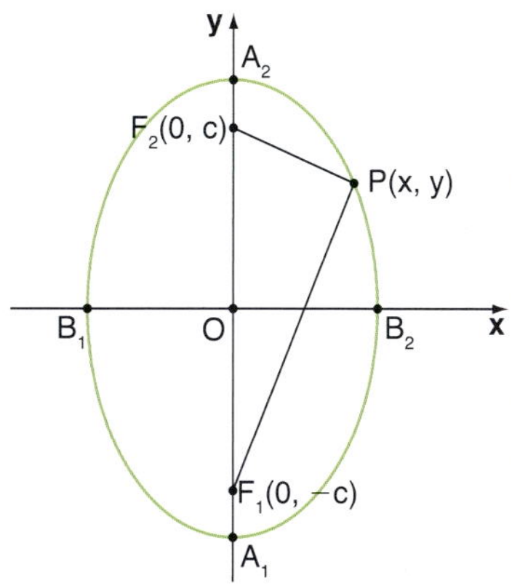

Banco de imagens/Arquivo da editora

e, repetindo o raciocínio anterior, decorre novamente a equação da elipse:

$$\frac{y^2}{a^2} + \frac{x^2}{b^2} = 1$$

EXEMPLO 1

Uma elipse com eixo maior de medida 8 e distância focal de medida 6 apresenta:

$$\left.\begin{matrix} a = 4 \\ c = 3 \end{matrix}\right\} \Rightarrow b^2 = a^2 - c^2 = 16 - 9 = 7 \Rightarrow b = \sqrt{7}$$

Se o eixo maior da elipse estiver contido no eixo **x**, a posição da elipse é a indicada na figura, isto é:

$$\overline{A_1A_2} \subset Ox \text{ e } \overline{B_1B_2} \subset Oy$$

então sua equação é:

$$\frac{x^2}{16} + \frac{y^2}{7} = 1$$

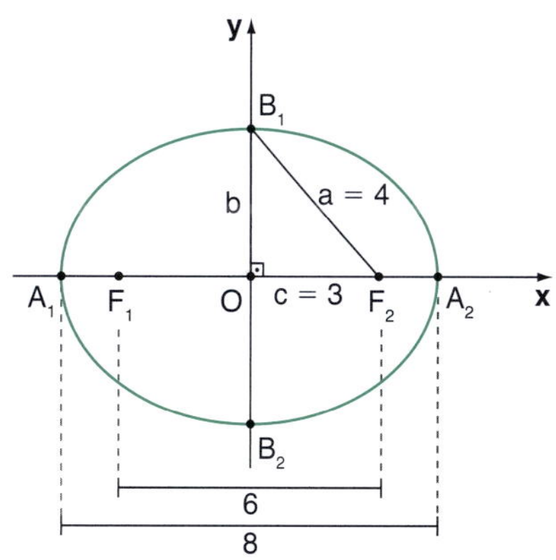

Banco de imagens/Arquivo da editora

EXEMPLO 2

Uma elipse com eixo maior de medida 8 e eixo menor de medida $2\sqrt{7}$, com $\overline{A_1A_2} \subset Oy$ e $\overline{B_1B_2} \subset Ox$, isto é, na posição indicada na figura, tem equação:

$$\frac{y^2}{16} + \frac{x^2}{7} = 1$$

ou ainda:

$$\frac{x^2}{7} + \frac{y^2}{16} = 1$$

Como $a^2 = b^2 + c^2$, temos $c^2 = 16 - (\sqrt{7})^2 \Rightarrow c = 3$.

Como $\overline{A_1A_2} \subset Oy$, os focos dessa elipse são $F_1(0, -3)$ e $F_2(0, 3)$.

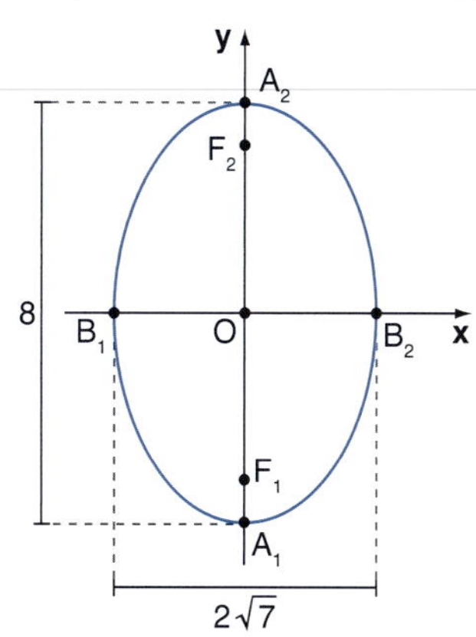

Banco de imagens/Arquivo da editora

Exercícios

1. Determine as equações das elipses seguintes.

a) 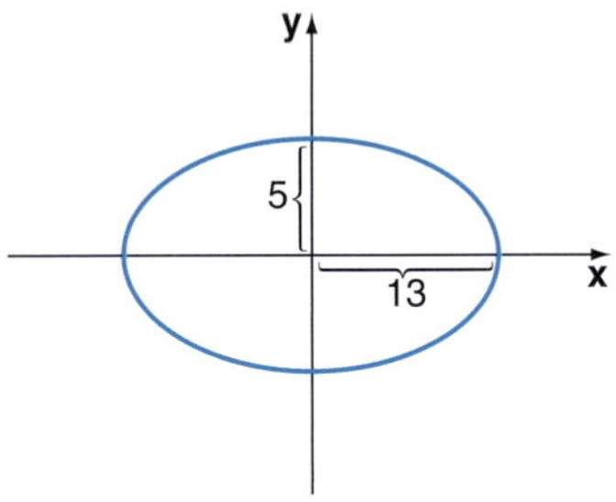

b) 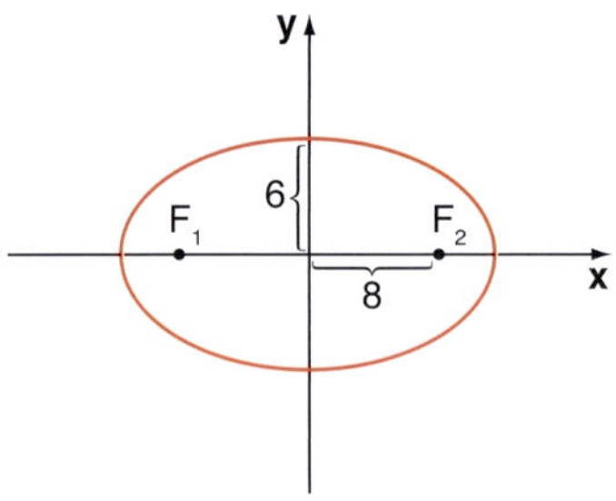

c) 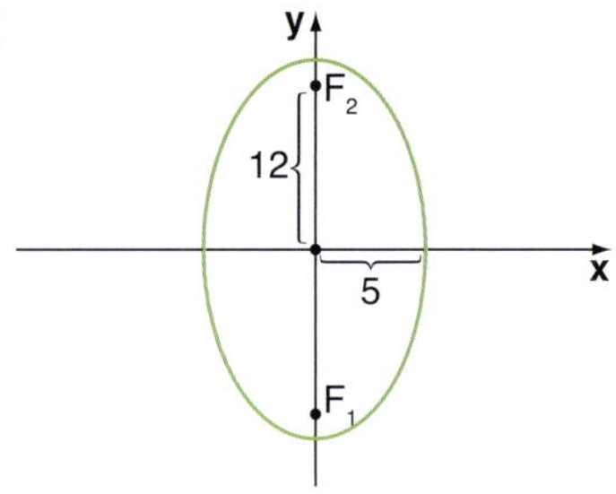

Ilustrações: Banco de imagens/Arquivo da editora

2. Determine as coordenadas dos focos de cada elipse do exercício anterior.

3. Determine a equação da elipse cujos focos são $F_1(-12, 0)$ e $F_2(12, 0)$ e que contém o ponto $P\left(12, \frac{27}{5}\right)$.

4. Calcule a distância focal e a excentricidade da elipse λ: $x^2 + 3y^2 = 6$.

5. Determine a equação da elipse com centro na origem, que passa pelo ponto $P(1, \sqrt{6})$ e tem um foco $F_1(0, -2)$.

6. Determine a equação da elipse cujos focos são os pontos $F_1(2, 0)$ e $F_2(-2, 0)$, sendo 6 cm a medida de seu eixo menor.

7. Encontre as coordenadas dos focos da elipse de equação $9x^2 + 16y^2 = 4$.

8. Represente no plano cartesiano a elipse cuja equação é $x^2 + 2y^2 = 4$ e obtenha as coordenadas dos focos.

9. Qual é a equação do conjunto dos pontos $P(x, y)$ cuja soma das distâncias a $F_1(0, -1)$ e $F_2(0, 1)$ é 8?

10. Os pontos $A(3, 0)$ e $B(x, y)$ pertencem a uma elipse cujos focos são $F_1(-2, 0)$ e $F_2(2, 0)$. Calcule o perímetro do triângulo BF_1F_2.

Translação de sistema

Sejam $P(x, y)$ e $O'(x_0, y_0)$ dois pontos referidos a um sistema cartesiano xOy.

Se x'O'y' é um sistema tal que x' // x, y' // y e **x'**, **y'** têm respectivamente o mesmo sentido positivo de **x**, **y**, dizemos que x'O'y' foi obtido por uma translação de xOy.

Vamos estabelecer uma relação entre as coordenadas de **P** nos sistemas x'O'y' e xOy.

No eixo Ox, temos: $OP_1 = OO'_1 + O'_1P_1 \Rightarrow$ $x = x_0 + x'$

No eixo Oy, temos: $OP_2 = OO'_2 + O'_2P_2 \Rightarrow$ $y = y_0 + y'$

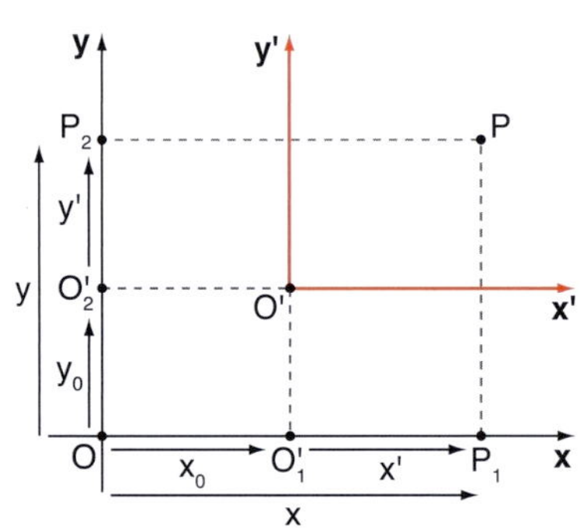

Banco de imagens/Arquivo da editora

EXEMPLO 3

Consideremos a reta de equação $x + y - 8 = 0$. Eis alguns pontos que pertencem a essa reta:

$$A(1, 7), B(2, 6), C(3, 5), D(4, 4), E(5, 3), F(6, 2)$$

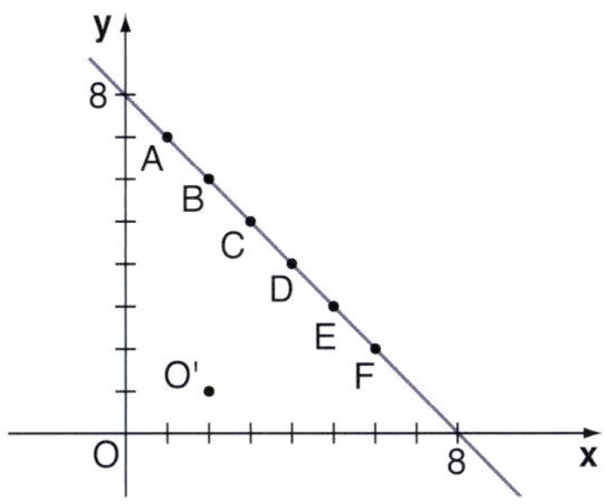

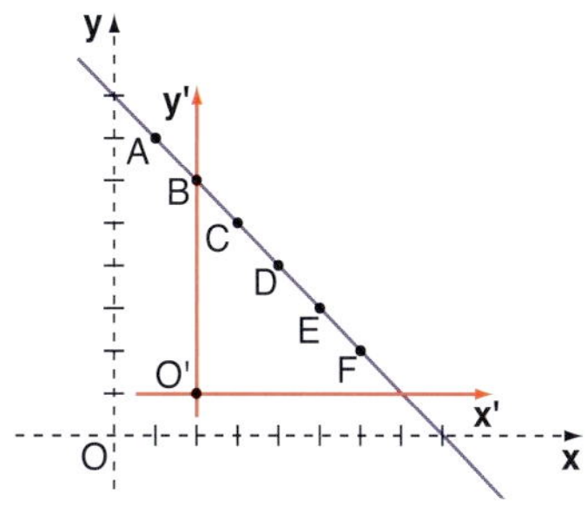

Ilustrações: Banco de imagens/Arquivo da editora

Se é dada uma translação no sistema xOy, de modo que a nova origem seja O'(2, 1), todos os pontos citados mudam de coordenadas, obedecendo à lei:

$$\underset{\text{(nova)}}{x'} = \underset{\text{(antiga)}}{x} - \underset{\text{(origem } \mathbf{O'}\text{)}}{2}$$
$$y' = y - 1$$

Em relação ao sistema x'O'y' temos as novas coordenadas para os pontos **A** a **F**:

$$A(-1, 6), B(0, 5), C(1, 4), D(2, 3), E(3, 2), F(4, 1)$$

A equação da reta no sistema x'O'y' é obtida a partir de $x + y - 8 = 0$, fazendo $x = x' + 2$ e $y = y' + 1$. Assim:

$$x + y - 8 = 0 \Rightarrow (x' + 2) + (y' + 1) - 8 = 0 \Rightarrow x' + y' - 5 = 0$$

EXEMPLO 4

Consideremos a circunferência de equação $x^2 + y^2 = 4$. Seu centro no sistema xOy é (0, 0) e seu raio é 2.

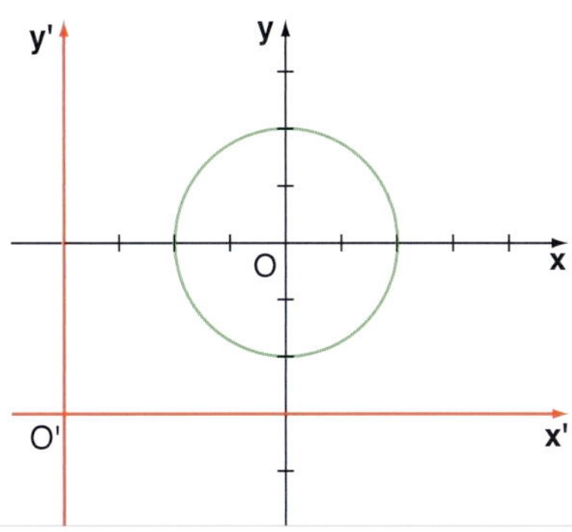

Banco de imagens/Arquivo da editora

Se é dada uma translação no sistema xOy, de modo que a nova origem seja O'(−4, −3), todos os pontos mudam de coordenadas, obedecendo à lei:

$$\underset{\text{(nova)}}{x'} = \underset{\text{(antiga)}}{x} + 4 \quad \text{e} \quad \underset{\text{(nova)}}{y'} = \underset{\text{(antiga)}}{y} + 3$$

A equação da circunferência em relação ao sistema x'O'y' pode ser obtida a partir de $x^2 + y^2 = 4$.
Assim:

$$x^2 + y^2 = 4$$
$$(x' - 4)^2 + (y' - 3)^2 = 4$$

Elipses com centro fora da origem e eixos paralelos aos eixos x e y

Se uma elipse tem centro no ponto $O'(x_0, y_0)$ e $\overline{A_1A_2} // Ox$, sua equação em relação ao sistema auxiliar $x'O'y'$ é:

$$\frac{(x')^2}{a^2} + \frac{(y')^2}{b^2} = 1$$

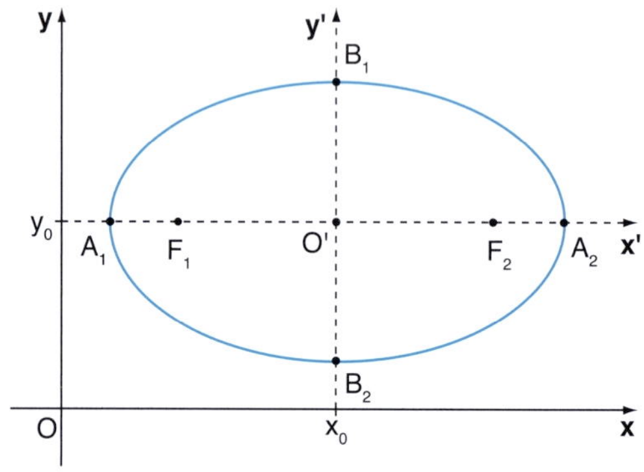

Portanto, de acordo com as "fórmulas" da translação vistas, sua equação relativamente ao sistema xOy é:

$$\frac{(x - x_0)^2}{a^2} + \frac{(y - y_0)^2}{b^2} = 1$$

Analogamente, se uma elipse tem centro no ponto $O'(x_0, y_0)$ e $\overline{A_1A_2} // Oy$, sua equação relativamente ao sistema xOy é:

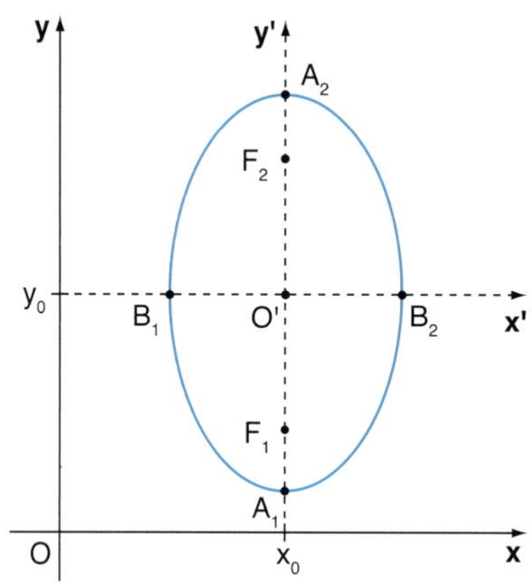

$$\frac{(y - y_0)^2}{a^2} + \frac{(x - x_0)^2}{b^2} = 1$$

EXEMPLO 5

Uma elipse que tem centro no ponto O'(3, 5), semieixo maior a = 2 e semieixo menor b = 1 apresenta a equação:

$$\frac{(x - 3)^2}{4} + \frac{(y - 5)^2}{1} = 1 \text{ (se o eixo maior é paralelo ao eixo } \mathbf{x}\text{)} \quad \text{I}$$

ou

$$\frac{(x - 3)^2}{1} + \frac{(y - 5)^2}{4} = 1 \text{ (se o eixo maior é paralelo ao eixo } \mathbf{y}\text{)} \quad \text{II}$$

› Observe os dois gráficos dessas elipses traçados com auxílio do GeoGebra.

elipse I

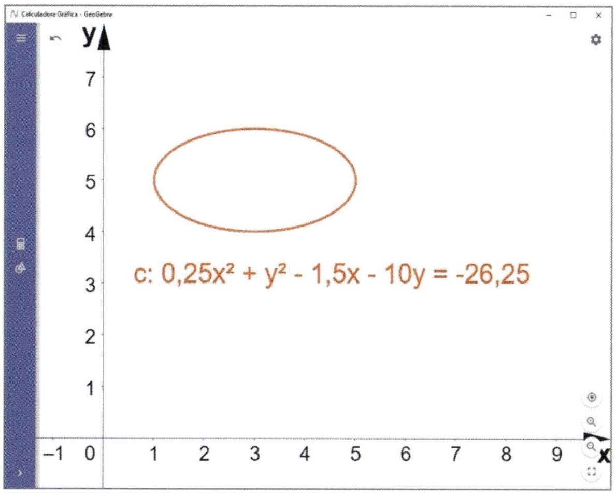

elipse II

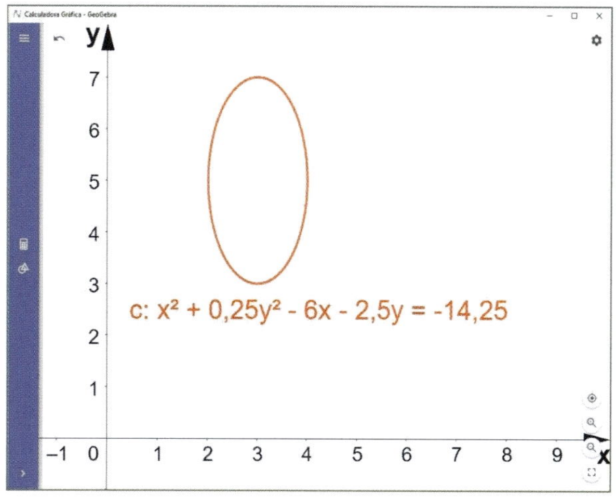

Fotos: Reprodução/GeoGebra Classic 5.0

Exercícios

11. Determine as equações das elipses seguintes.

a)

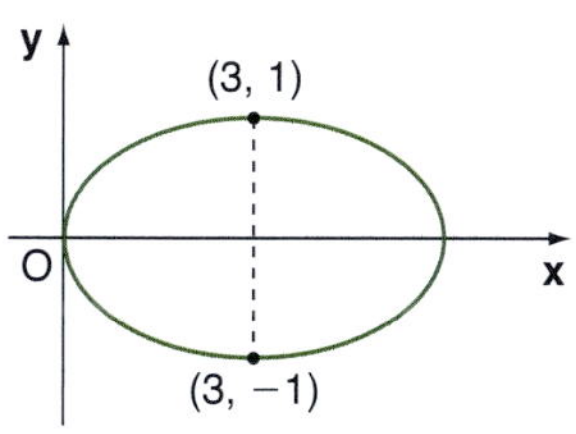

b)

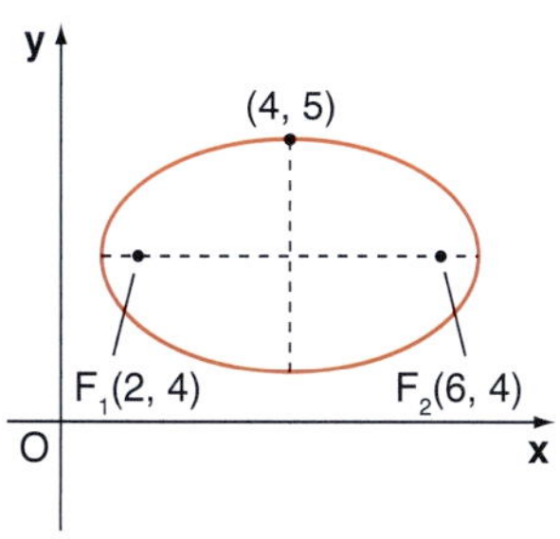

c)

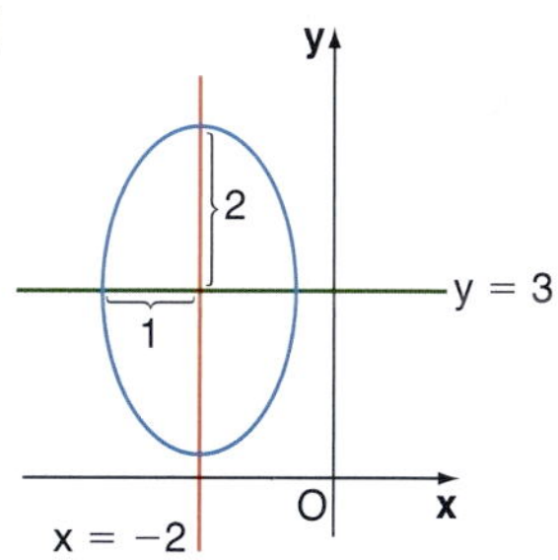

Ilustrações: Banco de imagens/Arquivo da editora

12. Determine as coordenadas dos focos das elipses dos itens *a* e *c* do exercício anterior.

13. O ponto C(−3, −2) é o centro de uma elipse tangente aos eixos coordenados. Se os eixos de simetria da elipse são paralelos aos eixos coordenados, escreva a equação da elipse.

14. Determine a equação da elipse cujo centro é C(−2, −1), a qual passa pelos pontos A(−1, −1) e B(−2, −3), tendo os seus eixos paralelos aos eixos coordenados.

15. A metade do eixo maior de uma elipse mede 5 cm e a distância focal é de 4 cm, sendo (2, 1) o centro dessa elipse. Se o eixo menor é paralelo ao eixo coordenado Ox, escreva a equação reduzida dessa elipse.

16. Determine os focos da cônica de equação:

$$\frac{(x-3)^2}{169} + \frac{(y-2)^2}{144} = 1$$

As órbitas dos planetas

O modelo heliocêntrico

O movimento dos planetas e a configuração do Sistema Solar podem ser relacionados por um **modelo heliocêntrico**, proposto inicialmente pelo astrônomo Aristarco de Samos (310 a.C.-230 a.C.) e retomado, entre outros, pelo astrônomo polonês Nicolau Copérnico (1473-1543). Copérnico era um astrônomo com grande inclinação para a Matemática e, entre outras realizações, acreditava que a Terra é um planeta como todos os outros e que gira em órbita circular ao redor do Sol (supostamente imóvel). Copérnico ordenou os planetas considerando sua distância em relação ao Sol e concluiu que, quanto mais próximo do Sol está um planeta, maior é sua velocidade orbital. A teoria heliocêntrica de Copérnico (considerada mais simples que a de Cláudio Ptolomeu, que perdurou por toda a Idade Média) derrubou a crença de que o homem era o centro da criação do Universo.

Jean-Leon Huens.Copernicus theorised that the Earth was the center of the universe, 1974 National Geographic Society/Corbis/Latinstock

O astrônomo polonês Nicolau Copérnico e a sua representação do Modelo Heliocêntrico, em que as órbitas dos planetas em torno do Sol são **circulares**.

Terra

- Período de revolução (intervalo de tempo para que o planeta dê uma volta completa em torno do Sol): 365 dias e 4 horas.
- Diâmetro: 12 800 km (pouco maior que o diâmetro de Vênus).
- A atmosfera terrestre nos protege contra pequenos corpos celestes externos (meteoros, por exemplo), que, em sua maioria, se queimam por meio do atrito com o ar antes de colidirem com a superfície terrestre.
- Excentricidade de sua órbita: **0,0167 = 1,67%**

Mercúrio

- Período de revolução: 88 dias terrestres.
- Diâmetro: 4 878 km
- Excentricidade de sua órbita: **0,206 = 20,6%**

Marte

- Período de revolução: 690 dias terrestres.
- Diâmetro: 6 800 km
- Excentricidade de sua órbita: **0,093 = 9,3%**
- Marte e os planetas mais próximos do Sol (Terra, Vênus e Mercúrio) são chamados de **planetas sólidos**.

O Sol

- Ocupa posição correspondente a um dos focos das órbitas elípticas dos planetas.
- Seriam necessários 1 300 000 planetas com o mesmo diâmetro da Terra para preencher o interior de uma esfera do tamanho do Sol.
- A temperatura em sua superfície é de aproximadamente 6 000 °C.

Vênus

- Período de revolução: 225 dias terrestres.
- Diâmetro: 12 000 km
- Excentricidade de sua órbita: **0,0068 = 0,68%**

Casa Paulistana de Comunicação

As órbitas elípticas

Em 1546 (três anos após a morte de Copérnico), nasceu o astrônomo Tycho Brahe, que, usando instrumentos projetados e fabricados por ele mesmo, registrou as posições de planetas e estrelas com precisão admirável para a época (em que não existiam os telescópios). Brahe contratou, em 1600, um matemático alemão chamado Johannes Kepler (1571-1630), na época com 29 anos, para ajudá-lo na análise das informações coletadas. Com a morte de Brahe em 1601, Kepler deu continuidade à análise dos dados e determinou que a trajetória dos planetas em relação ao Sol não tinha o formato de uma circunferência e, sim, de uma **elipse**. No ano de 1609, Kepler enuncia a lei das órbitas elípticas: "A órbita de cada planeta é uma elipse com o Sol posicionado em um dos focos". Uma consequência dessa lei é que a distância do Sol a um planeta varia ao longo do seu movimento orbital (sendo mínima quando o planeta ocupa o periélio e máxima quando ocupa o afélio). Foram as descobertas de Galileu Galilei (1564-1642) que proporcionaram grande quantidade de evidências, consolidando o sistema heliocêntrico.

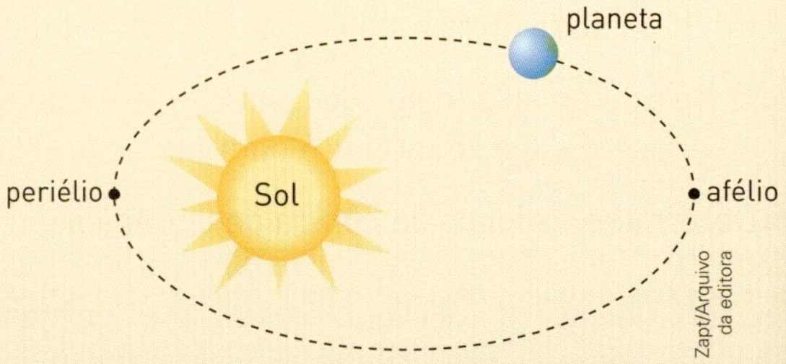

Zapt/Arquivo da editora

A excentricidade

As órbitas elípticas ocupam diferentes planos no espaço e têm diferentes tamanhos e formas. Para entender o aspecto dessas órbitas, é necessário entender o conceito de **excentricidade**.

Se uma elipse tem eixo maior de medida 2a e distância focal 2c, sua excentricidade (ou "achatamento") é dada por:

$$e = \frac{2c}{2a} = \frac{c}{a}$$

Como $c < a$, vemos que **e** é sempre um número pertencente ao intervalo $]0, 1[$, isto é, $0 < e < 1$. Elipses que têm excentricidade próxima de 0 são pouco achatadas e têm forma muito próxima à de uma circunferência. Elipses que têm excentricidade próxima de 1 são bem achatadas.

Observe, na ilustração ao lado, as seis elipses, de diferentes excentricidades, tendo todas um eixo maior com medida igual a 2 cm.

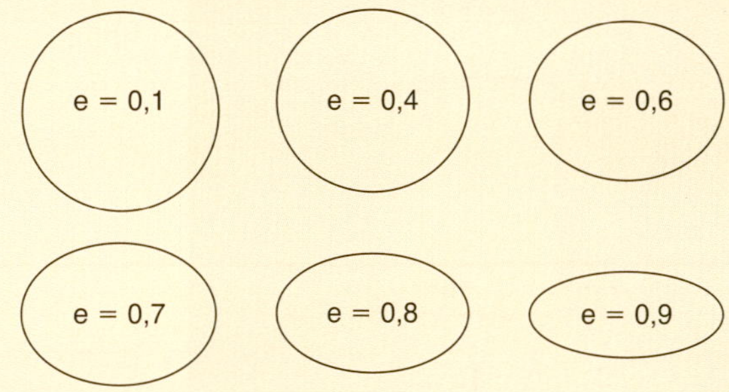

Com base em medições, os astrônomos calcularam as excentricidades das órbitas dos planetas, mostradas neste infográfico. Observe, no infográfico, que, embora as órbitas dos planetas sejam elipses, de modo geral suas excentridades são tão pequenas que elas se parecem com círculos.

Júpiter

- É o maior planeta do Sistema Solar (diâmetro da ordem de 142 984 km).
- Período de revolução: 12 anos terrestres.
- Júpiter e os planetas mais distantes do Sol (Saturno, Urano e Netuno) são chamados de **planetas gasosos**.
- Excentricidade de sua órbita: **0,048 = 4,8%**

Saturno

- Esse planeta é visivelmente achatado nos polos. Dessa forma, o seu diâmetro (medido na Linha do Equador) é da ordem de 119 300 km.
- Período de revolução: 29 anos e 6 meses terrestres.
- O sistema de anéis faz de Saturno um objeto celeste singular no Sistema Solar. Esses anéis são formados por poeira e gelo.
- Excentricidade de sua órbita: **0,056 = 5,6%**

NASA/JPL/Space Science Institute

Urano

- Diâmetro: 51 800 km
- Período de revolução: 84 anos terrestres.
- Excentricidade de sua órbita: **0,0461 = 4,61%**

AUSÊNCIA DE PROPORÇÃO

CORES FANTASIA

Netuno

- Se Netuno fosse um planeta oco, ele poderia conter, em seu interior, aproximadamente 60 planetas com o mesmo diâmetro da Terra.
- Diâmetro: 49 500 km
- Período de revolução 165 anos.
- Excentricidade de sua órbita: **0,0097 = 0,97%**

Fontes de pesquisa: *Movimento dos Planetas: Tycho, Kepler e Galileo.* Disponível em: <astro.if.ufrgs.br/movplan2/movplan2.htm>; SARAIVA, M. F. O.; OLIVEIRA FILHO, K. S.; MÜLLER, A. M. *O modelo heliocêntrico de Copérnico.* Disponível em: <if.ufrgs.br/fis02001/aulas/Aula5-122.pdf>. Acesso em: 22 ago. 2018.

Carlos Luzivari/Acervo da editora

Hipérbole

Você já deve ter observado o que acontece quando se acende um abajur em um ambiente escuro: na parede, é possível visualizar duas regiões iluminadas. Seus contornos têm a forma da seção cônica que passaremos a estudar: a hipérbole.

Veja agora a foto abaixo, que mostra um conhecido ponto turístico de Brasília: a Catedral Metropolitana.

Projetada por Oscar Niemeyer, ela apresenta dezesseis pilares dispostos ao longo de um círculo. Os contornos desses pilares lembram hipérboles.

061 Filmes/Shutterstock

Catedral Metropolitana de Brasília (DF).

O que é hipérbole?

Dados dois pontos distintos $\mathbf{F_1}$ e $\mathbf{F_2}$, pertencentes a um plano α, seja 2c a distância entre eles e **O** o ponto médio do segmento $\overline{F_1F_2}$. **Hipérbole** é o conjunto dos pontos de α cuja diferença (em valor absoluto) das distâncias a $\mathbf{F_1}$ e a $\mathbf{F_2}$ é igual à constante 2a (com $0 < 2a < 2c$):

$$\{P \in \alpha \mid |PF_1 - PF_2| = 2a\}$$

Assim, temos:

$$|QF_1 - QF_2| = 2a$$
$$|RF_1 - RF_2| = 2a$$
$$|SF_1 - SF_2| = 2a$$
$$|A_1F_1 - A_1F_2| = 2a$$
$$|A_2F_1 - A_2F_2| = 2a$$

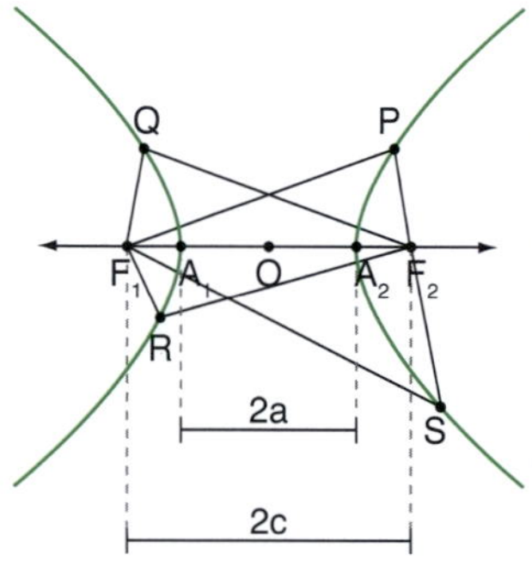

Banco de imagens/Arquivo da editora

Observe a figura abaixo. Vamos mostrar que m = n.

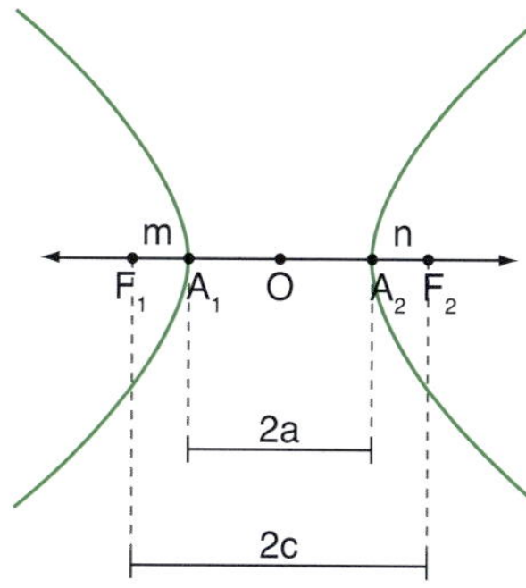

Banco de imagens/Arquivo da editora

De fato:

$$|A_2F_1 - A_2F_2| = 2a \Rightarrow A_2F_1 - A_2F_2 = 2a \Rightarrow$$
$$\Rightarrow (2c - n) - n = 2a$$

então: $c = a + n$ (1)

$$|A_1F_2 - A_1F_1| = 2a \Rightarrow A_1F_2 - A_1F_1 = 2a \Rightarrow$$
$$\Rightarrow (2c - m) - m = 2a$$

então: $c = a + m$ (2)

De (1) e (2), resulta m = n.

OBSERVAÇÃO

O ponto **O** também é ponto médio do segmento $\overline{A_1A_2}$: $\mathbf{A_1}$ pertence à hipérbole, então:

$A_1F_2 - A_1F_1 = 2a \Rightarrow$
$\Rightarrow (A_1A_2 + n) - m =$
$= 2a \Rightarrow 2a + n - m =$
$= 2a \Rightarrow n = m$

Como $OF_1 = OF_2$, decorre:
$m + A_1O = OA_2 + n \Rightarrow$
$\Rightarrow m + A_1O = OA_2 + m \Rightarrow$
$\Rightarrow A_1O = OA_2$

Elementos principais

$\mathbf{F_1}$ e $\mathbf{F_2}$: focos

O: centro

$\overline{A_1A_2}$: eixo real ou transverso

2c: distância focal, em que $c = OF_1 = OF_2$

2a: medida do eixo real, em que $a = OA_1 = OA_2$

$\frac{c}{a}$: excentricidade

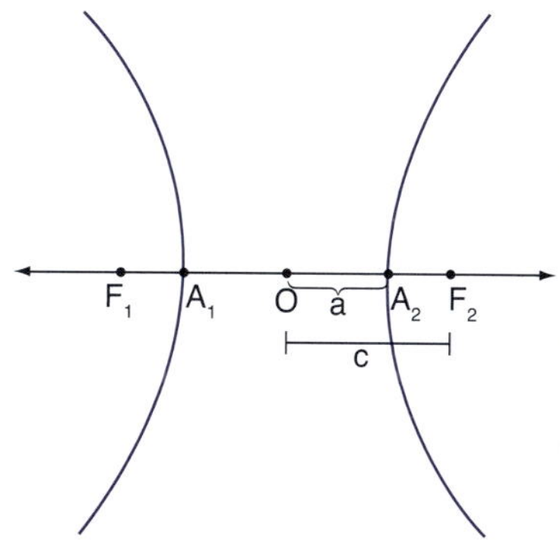

Banco de imagens/Arquivo da editora

Equação reduzida (I)

Tomemos um sistema cartesiano ortogonal tal que $\overline{F_1F_2}$ esteja contido no eixo **x** e a reta perpendicular a esse segmento, passando por **O** (ponto médio de $\overline{F_1F_2}$) seja o eixo **y**. O eixo real é $\overline{A_1A_2}$ e sua medida é 2a. Os focos são os pontos $F_1(-c, 0)$ e $F_2(c, 0)$.

$$P \in \text{hipérbole} \Leftrightarrow |PF_1 - PF_2| = 2a$$

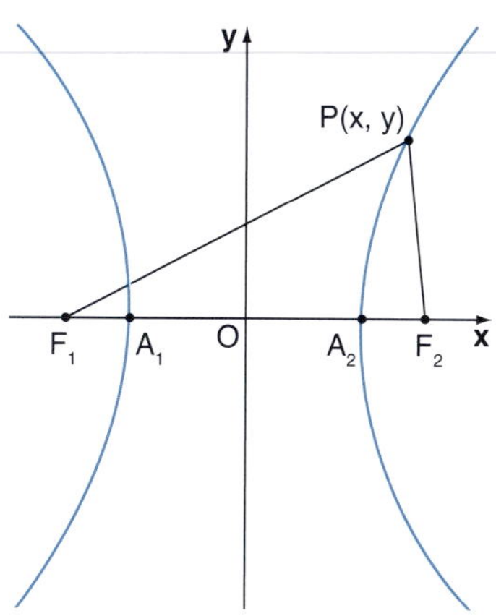

Banco de imagens/Arquivo da editora

Chama-se **equação reduzida da hipérbole** a equação que o ponto genérico da hipérbole, $P(x, y)$, verifica.

Vamos deduzi-la:

$$|PF_1 - PF_2| = 2a \Rightarrow$$
$$\Rightarrow \sqrt{(x + c)^2 + (y - 0)^2} - \sqrt{(x - c)^2 + (y - 0)^2} = \pm 2a$$
$$\Rightarrow \sqrt{(x + c)^2 + y^2} = \sqrt{(x - c)^2 + y^2} \pm 2a$$

Elevando os dois membros ao quadrado e desenvolvendo, temos:

$$(x + c)^2 + y^2 = (x - c)^2 + y^2 \pm 4a\sqrt{(x - c)^2 + y^2} + 4a^2 \Rightarrow$$
$$\Rightarrow 4cx - 4a^2 = \pm 4a\sqrt{(x - c)^2 + y^2} \Rightarrow$$
$$\Rightarrow cx - a^2 = \pm a\sqrt{(x - c)^2 + y^2}$$

Elevando os dois membros ao quadrado novamente, temos:

$$(cx - a^2)^2 = a^2 \cdot (x - c)^2 + a^2y^2 \Rightarrow$$
$$\Rightarrow c^2x^2 - 2a^2cx + a^4 = a^2x^2 - 2a^2cx + a^2c^2 + a^2y^2 \Rightarrow$$
$$\Rightarrow (c^2 - a^2)x^2 - a^2y^2 = a^2(c^2 - a^2)$$

Chamando $c^2 - a^2 = b^2$ (observe que $a < c \Rightarrow c^2 - a^2 > 0$), temos:

$$b^2x^2 - a^2y^2 = a^2b^2$$

Dividindo membro a membro por a^2b^2, resulta na equação reduzida da hipérbole:

$$\frac{x^2}{a^2} - \frac{y^2}{b^2} = 1$$

Observe que, se $x = 0$, temos:

$$\frac{0}{a^2} - \frac{y^2}{b^2} = 1 \Rightarrow \frac{y^2}{b^2} = -1 \Rightarrow y^2 = -b^2$$

Como $b \in \mathbb{R}_+^*$, temos $y \notin \mathbb{R}$. Desse modo, não há pontos em comum entre a hipérbole e o eixo **y**. Os pontos $B_1(0, b)$ e $B_2(0, -b)$ não pertencem à hipérbole mas determinam o segmento $\overline{B_1B_2}$ de medida $2b$, que é chamado **eixo imaginário da hipérbole**.

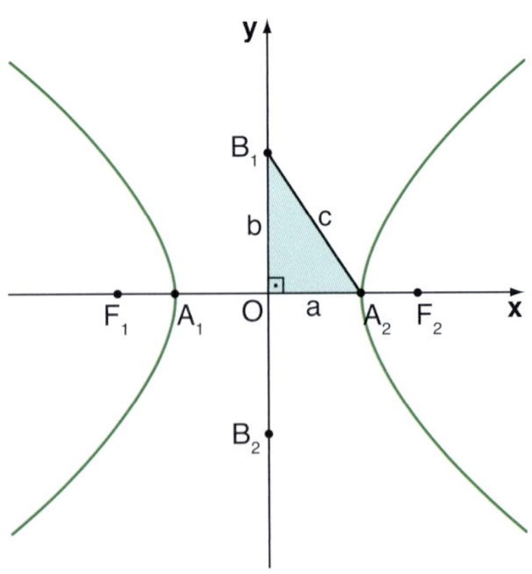

Banco de imagens/Arquivo da editora

$\overline{B_1B_2}$: eixo imaginário

$B_1B_2 = 2b$: medida do eixo imaginário

Relação notável: $c^2 = a^2 + b^2$

Traçando por $\mathbf{A_1}$ e $\mathbf{A_2}$ retas verticais e traçando por $\mathbf{B_1}$ e $\mathbf{B_2}$ retas horizontais, obtemos o retângulo CDEF, cujos vértices são as interseções dessas retas.

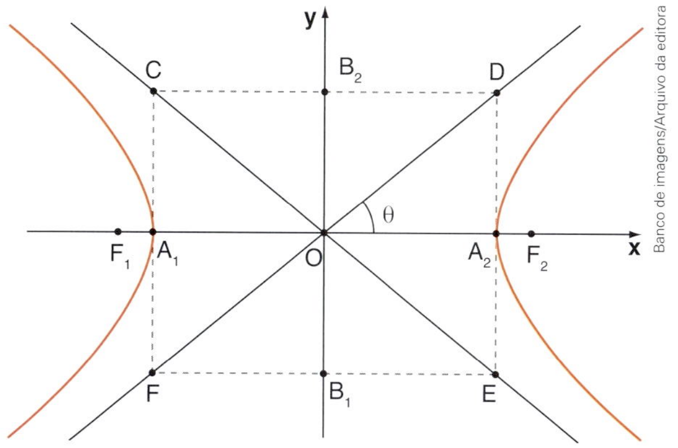

A reta suporte da diagonal $\overline{DF}$ passa por O(0, 0) e tem coeficiente angular igual a $\text{tg}\,\theta = \dfrac{b}{a}$.

Sua equação reduzida é $y = \dfrac{b}{a}x$.

Analogamente, a equação da reta suporte da diagonal $\overline{CE}$ é $y = -\dfrac{b}{a}x$.

As retas de equações $y = \pm\dfrac{b}{a}x$ são chamadas **assíntotas** da hipérbole.

As assíntotas não intersectam a hipérbole, mas, à medida que tomamos pontos da hipérbole muito afastados do centro **O** (para a esquerda de **O** ou à direita de **O**), o traçado da hipérbole "aproxima-se" das assíntotas.

Equação reduzida (II)

Analogamente ao que vimos, se a hipérbole apresenta eixo real $\overline{A_1A_2} \subset Oy$ e eixo imaginário $\overline{B_1B_2} \subset Ox$, temos:

$$F_1(0, -c) \text{ e } F_2(0, c), \text{ em que } c > 0$$

Se P(x, y) pertence à hipérbole, então:

$|PF_1 - PF_2| = 2a \Rightarrow PF_1 - PF_2 = \pm 2a \Rightarrow$

$\Rightarrow \sqrt{(x-0)^2 + (y+c)^2} - \sqrt{(x-0)^2 + (y-c)^2} = \pm 2a$

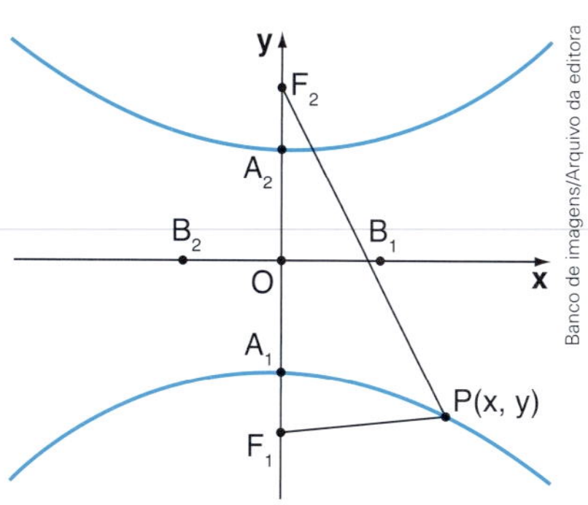

Daí obtemos a equação da hipérbole: $\dfrac{y^2}{a^2} - \dfrac{x^2}{b^2} = 1$

As assíntotas têm equações $y = \pm\dfrac{a}{b}x$.

EXEMPLO 6

Uma hipérbole com eixo real de medida 8 e distância focal igual a 10 apresenta:

$$b^2 = c^2 - a^2 = 25 - 16 = 9$$

Se o eixo real da hipérbole estiver contido no eixo **x**, a posição da hipérbole é a indicada na figura, isto é, $\overline{A_1A_2} \subset Ox$ e $\overline{B_1B_2} \subset Oy$, então sua equação é:

$$\frac{x^2}{16} - \frac{y^2}{9} = 1$$

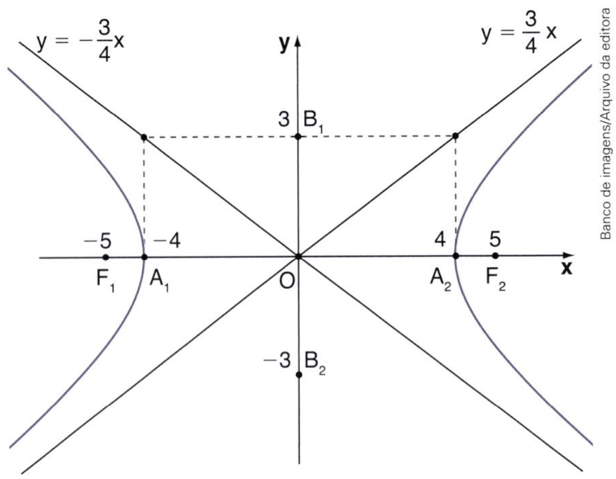

As assíntotas dessa hipérbole têm equações $y = \pm\frac{3}{4}x$.

EXEMPLO 7

Uma hipérbole com eixo real de medida 8 e distância focal igual a 10, na posição indicada na figura, isto é, $\overline{A_1A_2} \subset Oy$ e $\overline{B_1B_2} \subset Ox$, tem equação:

$$\frac{y^2}{16} - \frac{x^2}{9} = 1$$

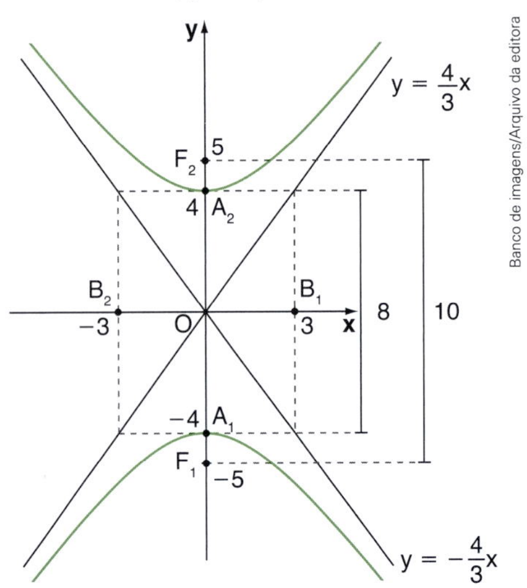

Essa equação, evidentemente, não é equivalente à equação da hipérbole do exemplo 6: $\frac{x^2}{16} - \frac{y^2}{9} = 1$

As assíntotas dessa hipérbole têm equações $y = \pm\frac{4}{3}x$.

Exercícios

17. Em cada caso, determine as equações das hipérboles seguintes e de suas assíntotas:

a)

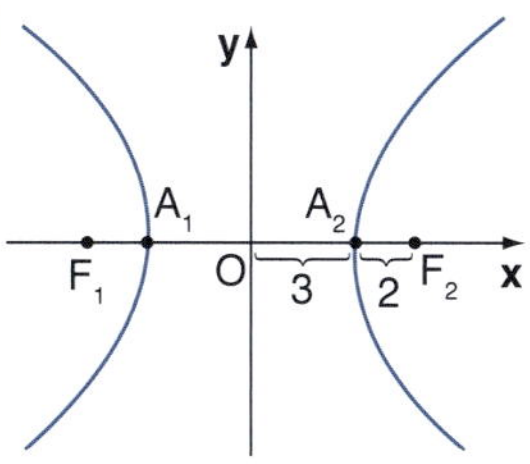

b)

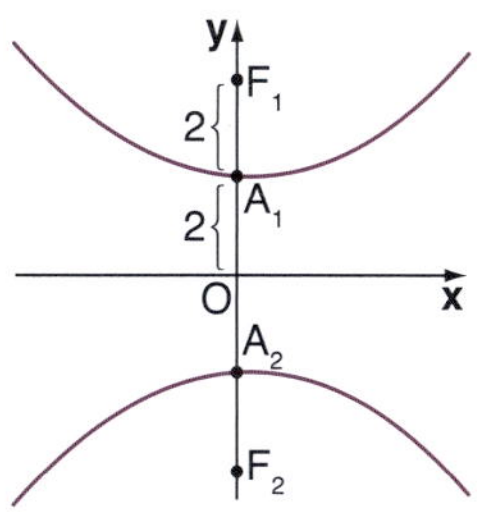

Ilustrações: Banco de imagens/Arquivo da editora

18. Determine as coordenadas dos focos de cada hipérbole do exercício anterior.

19. Obtenha a distância focal da hipérbole cuja equação é $\frac{x^2}{2} - \frac{y^2}{7} = 1$. Quais são as equações das assíntotas?

20. Faça o que se pede:

a) Calcule a excentricidade da hipérbole cuja equação é $\frac{y^2}{12} - \frac{x^2}{4} = 1$.

b) Represente essa hipérbole e suas assíntotas no plano cartesiano.

21. Construa os gráficos das cônicas $\lambda: x^2 - y^2 = 1$ e $\lambda': y^2 - x^2 = 1$. Seus gráficos são coincidentes?

22. Determine as coordenadas dos focos da hipérbole cuja equação é $3x^2 - y^2 = 300$.

Hipérboles com centro fora da origem

Se uma hipérbole tem centro no ponto $O'(x_0, y_0)$ e $\overline{A_1A_2}$ // Ox, sua equação em relação ao sistema auxiliar x'O'y' é:

$$\frac{(x')^2}{a^2} - \frac{(y')^2}{b^2} = 1$$

Portanto, sua equação relativamente ao sistema xOy é:

$$\frac{(x - x_0)^2}{a^2} - \frac{(y - y_0)^2}{b^2} = 1$$

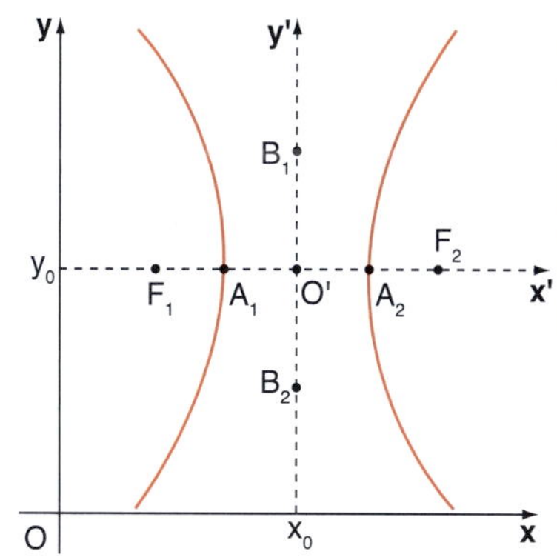

Banco de imagens/Arquivo da editora

Observe a hibérbole a seguir, que tem centro no ponto $O'(x_0, y_0)$ e $\overline{A_1A_2}$ // Oy.

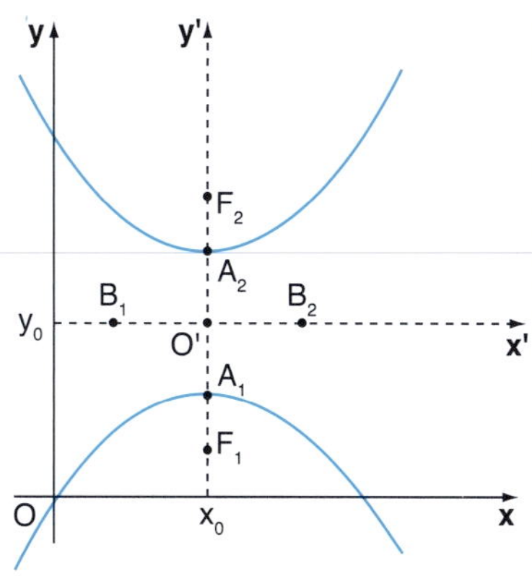

Banco de imagens/Arquivo da editora

Analogamente, sua equação relativamente ao sistema xOy é:

$$\frac{(y - y_0)^2}{a^2} - \frac{(x - x_0)^2}{b^2} = 1$$

EXEMPLO 8

Uma hipérbole que tem centro no ponto O'(−2, −3), semieixo real a = 5 e semieixo imaginário b = 6 apresenta equação:

$$\frac{(x+2)^2}{25} - \frac{(y+3)^2}{36} = 1 \text{ (se o eixo real é paralelo ao eixo } \mathbf{x}\text{) (I)}$$

ou:

$$\frac{(y+3)^2}{25} - \frac{(x+2)^2}{36} = 1 \text{ (se o eixo real é paralelo ao eixo } \mathbf{y}\text{) (II)}$$

Veja, a seguir, as hipérboles de equações (I) e (II) construídas com auxílio do GeoGebra.

hipérbole (I)

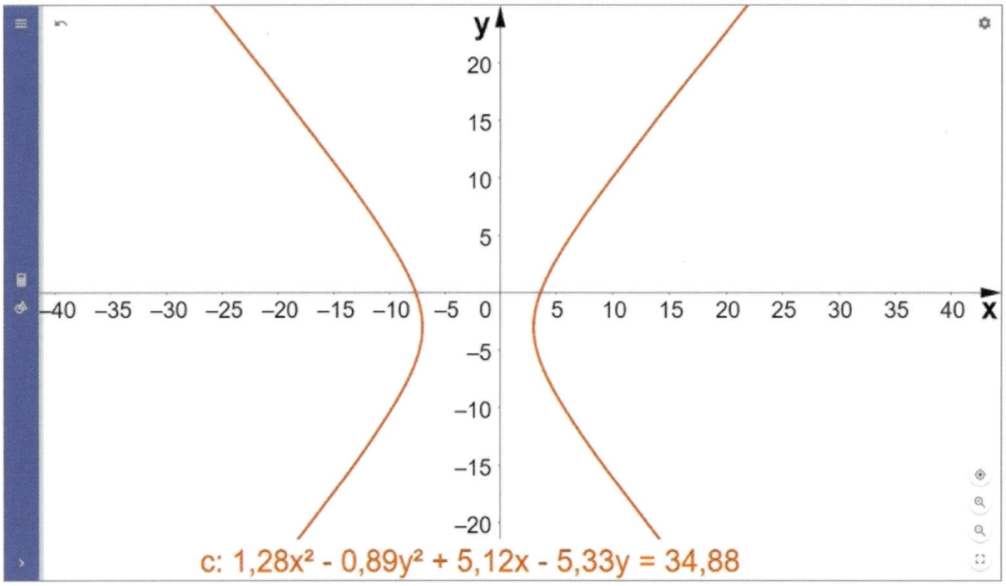

hipérbole (II)

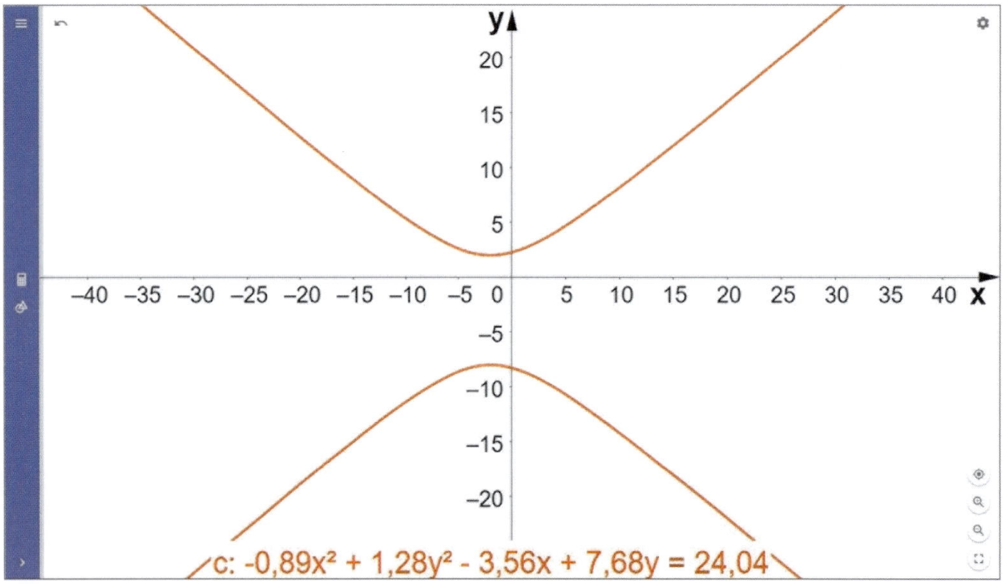

Exercícios

23. Determine as equações das hipérboles abaixo:

a) 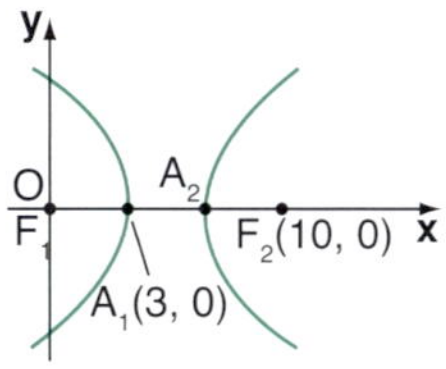

b) 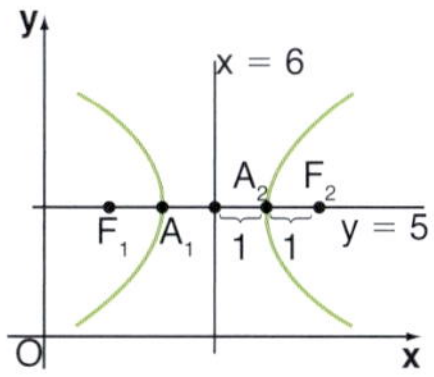

Ilustrações: Banco de imagens/Arquivo da editora

24. Quais são as coordenadas dos focos de cada hipérbole do exercício anterior?

25. Obtenha os focos da hipérbole cuja equação é $\dfrac{(x+1)^2}{13} - \dfrac{(y+2)^2}{3} = 1$.

26. Qual é a distância focal da hipérbole cuja equação é $\dfrac{(y-7)^2}{2} - \dfrac{(x+9)^2}{47} = 1$?

27. Qual é a excentricidade da hipérbole cuja equação é $\dfrac{(x-2)^2}{16} - \dfrac{y^2}{20} = 1$? Faça um esboço dessa cônica no plano cartesiano.

Hipérboles e funções recíprocas

OBSERVAÇÃO

Dizemos que uma hipérbole é **equilátera** se sua equação apresenta $a = b$.

Vamos determinar a equação de uma hipérbole especial com as seguintes características:

- focos $F_1(-m, -m)$ e $F_2(m, m)$, com $m \in \mathbb{R}_+^*$, ambos na bissetriz dos quadrantes ímpares;
- hipérbole equilátera, ou seja, com $a = b$.

Sabemos que a distância focal será:

$2c = F_1F_2 = \sqrt{(m+m)^2 + (m+m)^2} = 2m\sqrt{2}$

Como $c^2 = a^2 + b^2$ e $a = b$, temos:

$(m\sqrt{2})^2 = a^2 + a^2 \Rightarrow 2m^2 = 2a^2 \Rightarrow a = m$ (medida do semieixo real)

Um ponto $P(x, y)$ pertencente a essa hipérbole deve verificar a condição:

$$|PF_1 - PF_2| = 2a$$

Então:

$\sqrt{(x+m)^2 + (y+m)^2} - \sqrt{(x-m)^2 + (y-m)^2} = \pm 2m \Rightarrow$

$\Rightarrow \sqrt{(x+m)^2 + (y+m)^2} = \pm 2m + \sqrt{(x-m)^2 + (y-m)^2}$

Elevando os dois membros ao quadrado, temos:

$(x+m)^2 + (y+m)^2 = 4m^2 \pm 4m\sqrt{(x-m)^2 + (y-m)^2} +$

$+ (x-m)^2 + (y-m)^2 \Rightarrow 4xm + 4ym =$

$= 4m^2 \pm 4m\sqrt{(x-m)^2 + (y-m)^2} \Rightarrow$

$\Rightarrow x + y - m = \pm\sqrt{(x-m)^2 + (y-m)^2}$

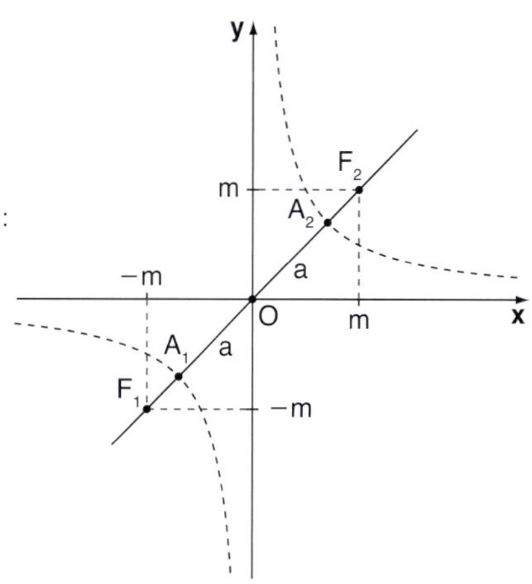

Ilustrações: Banco de imagens/Arquivo da editora

Elevando os dois membros ao quadrado novamente e fazendo as simplificações, chegamos finalmente a:

$$xy = \frac{m^2}{2}$$

que é a equação da hipérbole.

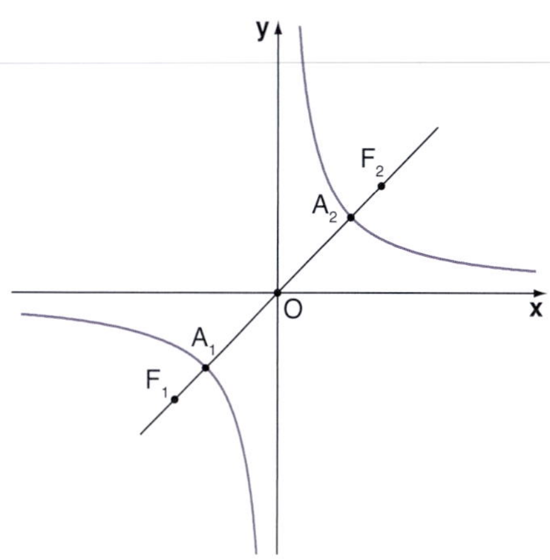

Se chamarmos a constante $\dfrac{m^2}{2}$ de **k**, a equação da hipérbole será $xy = k$. Observe que essa equação pode ser vista como $y = \dfrac{k}{x}$, portanto, a hipérbole é simplesmente o gráfico dessa função.

Observe, como exemplo, o gráfico da função recíproca $y = \frac{6}{x}$, construído com auxílio do GeoGebra.

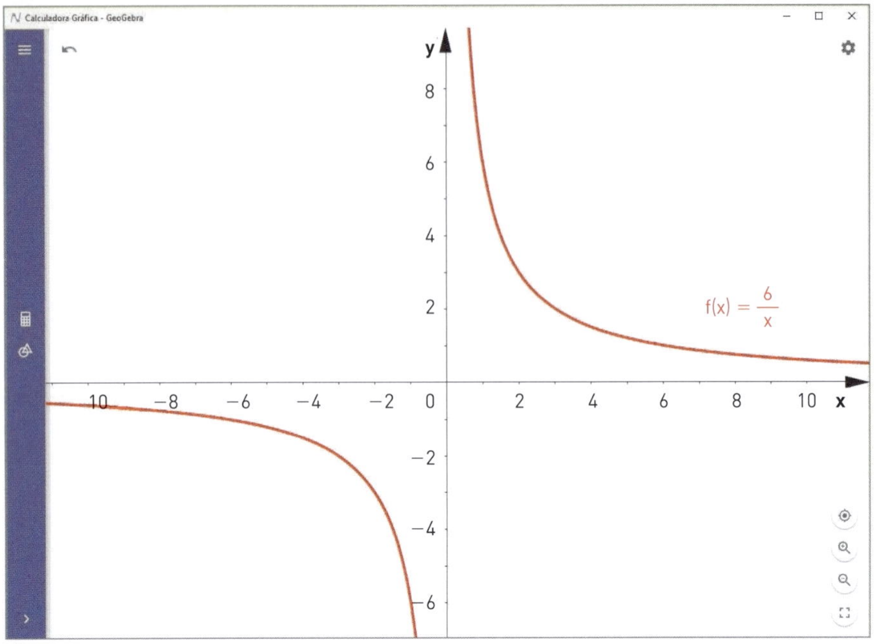

Reprodução/GeoGebra Classic 5.0

Do estudo de funções temos que o gráfico de uma função definida por $y = \frac{k}{x}$ (com $k \neq 0$), chamada de função recíproca, é uma hipérbole. Agora, temos a comprovação disso.

Se duas grandezas **x** e **y** são inversamente proporcionais, isto é, se $x \cdot y = k$, o gráfico da função que relaciona os valores de **x** com os valores de **y** são os pontos de uma hipérbole.

Parábola

A curva que descreve, por exemplo, o movimento de uma bala lançada por um canhão é chamada **parábola**.

O movimento com trajetória parabólica já era estudado por Galileu Galilei no século XVI. Observe abaixo uma ilustração elaborada por esse cientista.

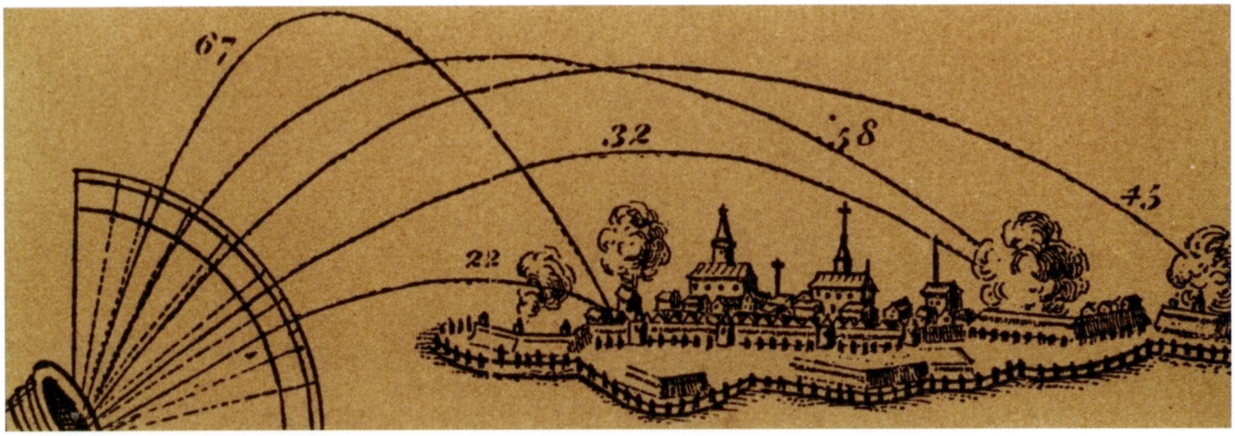

Banco de imagens/Arquivo da editora

// Gravura que mostra trajetórias parabólicas de balas de canhão. Os números, próximos a cada parábola, indicam a inclinação do canhão em relação à direção horizontal.

As fotos seguintes mostram cartões-postais de duas cidades brasileiras. Na primeira, vemos as fontes de água do parque do Ibirapuera, em São Paulo. Na segunda, a ponte Juscelino Kubitschek, em Brasília.

Rosa Maria Fiuza Sciullo Faria/Shutterstock

Lago do parque Ibirapuera, São Paulo (SP).

Daniel Wiedemann/Shutterstock

Ponte Juscelino Kubitschek, Brasília (DF).

As imagens que acabamos de ver nos remetem a formas que se assemelham a parábolas. O gráfico de uma função do 2º grau é uma parábola. Façamos agora o estudo detalhado dessa seção cônica.

O que é parábola?

Dados um ponto **F** pertencente a um plano α e uma reta **d** contida em α, com $F \notin d$, seja **p** a distância entre o ponto **F** e a reta **d**. **Parábola** é o conjunto dos pontos de α que estão à mesma distância de **F** e de **d**:

$$\{P \in \alpha \mid PF = PP'\}$$

Assim, temos:

$$VF = VV'$$
$$PF = PP'$$
$$QF = QQ'$$
$$RF = RR'$$
$$SF = SS'$$

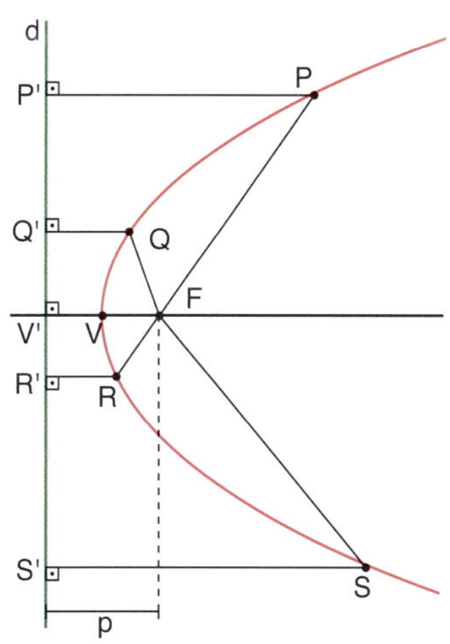

Banco de imagens/Arquivo da editora

Elementos principais

F: foco

d: diretriz

p: parâmetro

V: vértice

$\overleftrightarrow{VF}$: eixo de simetria (é a reta que passa por **F** e é perpendicular à diretriz)

Relação notável: $VF = \dfrac{p}{2}$, pois $VF = VV'$.

Equação reduzida (I)

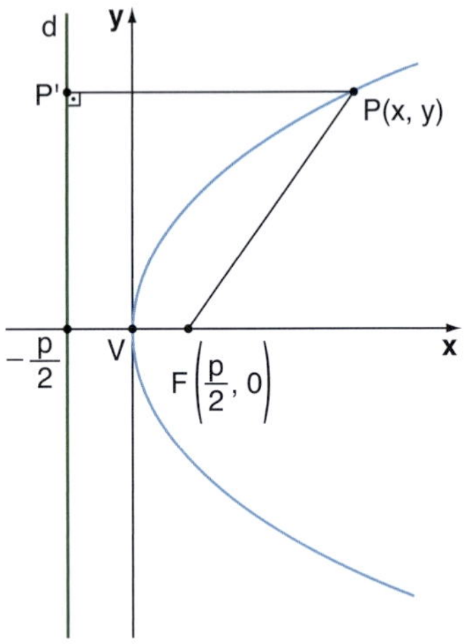

Banco de imagens/Arquivo da editora

Tomemos um sistema cartesiano ortogonal com origem no vértice da parábola e eixo das abscissas passando pelo foco. Como a distância entre **F** e **d** é **p**, temos que $F\left(\frac{p}{2}, 0\right)$, e a diretriz **d** tem equação:

$$x = -\frac{p}{2}$$

Nessas condições, chama-se **equação reduzida da parábola** a equação que o ponto genérico da curva P(x, y) verifica. Vamos deduzi-la.

$$P \in \text{parábola} \Leftrightarrow PF = PP'$$

Então:

$$\sqrt{\left(x - \frac{p}{2}\right)^2 + (y - 0)^2} = \sqrt{\left(x + \frac{p}{2}\right)^2 + (y - y)^2}$$

Elevando os dois membros ao quadrado e desenvolvendo, obtemos:

$$\left(x - \frac{p}{2}\right)^2 + y^2 = \left(x + \frac{p}{2}\right)^2 \Rightarrow x^2 - px + \frac{p^2}{4} + y^2 = x^2 + px + \frac{p^2}{4}$$

Simplificando, resulta:

$$y^2 = 2px$$

Equação reduzida (II)

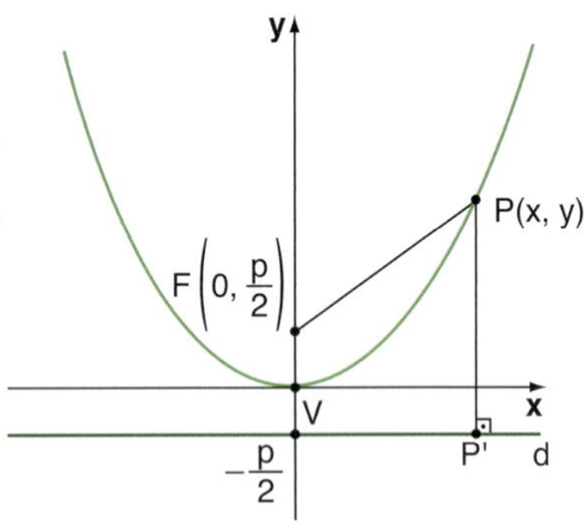

Banco de imagens/Arquivo da editora

Analogamente ao que já vimos, se a parábola apresentar vértice na origem e foco no eixo das ordenadas, temos:

$$PF = PP'$$

$$\sqrt{(x - 0)^2 + \left(y - \frac{p}{2}\right)^2} = \sqrt{(x - x)^2 + \left(y + \frac{p}{2}\right)^2}$$

Daí, decorre a equação da parábola:

$$x^2 = 2py$$

EXEMPLO 9

Uma parábola com parâmetro p = 3, vértice **V** na origem e foco **F** no eixo Ox tem equação:

$y^2 = 6x$, se **F** está à direita de **V** ou $y^2 = -6x$, se **F** está à esquerda de **V**

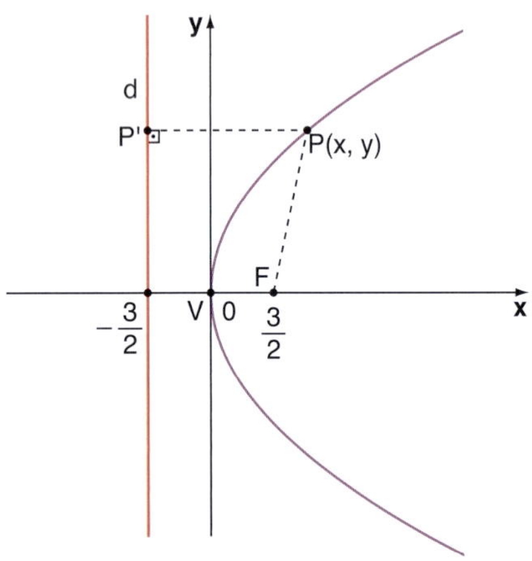

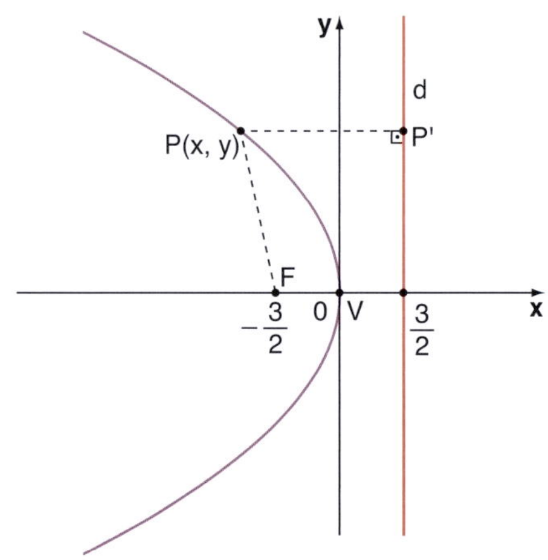

Ilustrações: Banco de imagens/Arquivo da editora

Observe que:

- Se **F** está à direita de **V**, temos: $P'\left(-\frac{3}{2}, y\right)$ e $F\left(\frac{3}{2}, 0\right)$

$$d_{PP'} = d_{PF} \Rightarrow \sqrt{\left(x + \frac{3}{2}\right)^2 + (y - y)^2} = \sqrt{\left(x - \frac{3}{2}\right)^2 + y^2} \Rightarrow \cancel{x^2} + 3x + \cancel{\frac{9}{4}} = \cancel{x^2} - 3x + \cancel{\frac{9}{4}} + y^2 \Rightarrow y^2 = 6x$$

- Se **F** está à esquerda de **V**, temos: $P'\left(\frac{3}{2}, y\right)$ e $F\left(-\frac{3}{2}, 0\right)$

$$d_{PP'} = d_{PF} \Rightarrow \sqrt{\left(x - \frac{3}{2}\right)^2 + (y - y)^2} = \sqrt{\left(x + \frac{3}{2}\right)^2 + y^2} \Rightarrow \cancel{x^2} - 3x + \cancel{\frac{9}{4}} = \cancel{x^2} + 3x + \cancel{\frac{9}{4}} + y^2 \Rightarrow y^2 = -6x$$

EXEMPLO 10

Uma parábola com parâmetro $p = 3$, vértice **V** na origem e foco **F** no eixo dos **y** tem equação:

$x^2 = 6y$, se **F** está acima de **V** ou $x^2 = -6y$, se **F** está abaixo de **V**

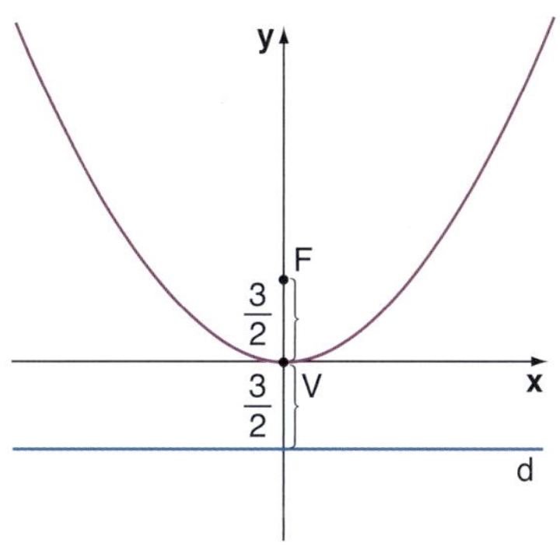

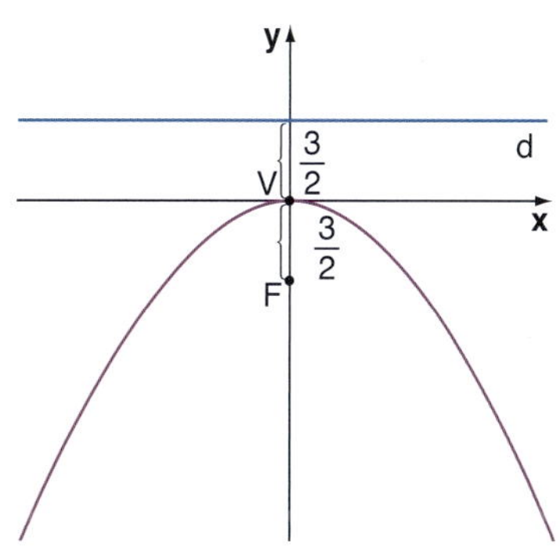

Ilustrações: Banco de imagens/Arquivo da editora

OBSERVAÇÃO

Considerando esses últimos exemplos (9 e 10), apenas as parábolas do exemplo 10 podem ser gráficos de funções de $\mathbb{R}$ em $\mathbb{R}$.

Somente as parábolas que têm eixo de simetria vertical podem representar gráficos de funções. Nessas, para cada valor real de **x** existe um único valor correspondente de **y**.

Exercícios

28. Determine as equações das parábolas seguintes:

a) 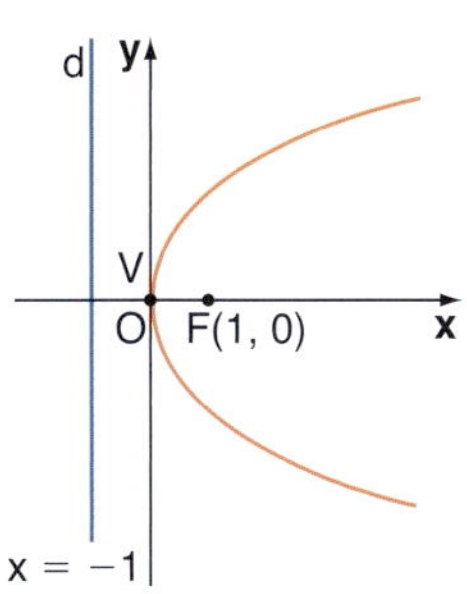

b) 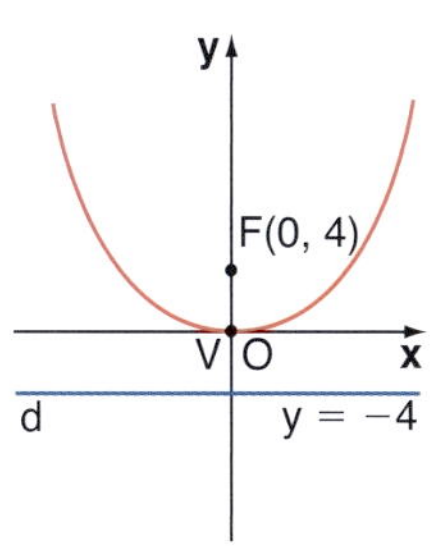

c) 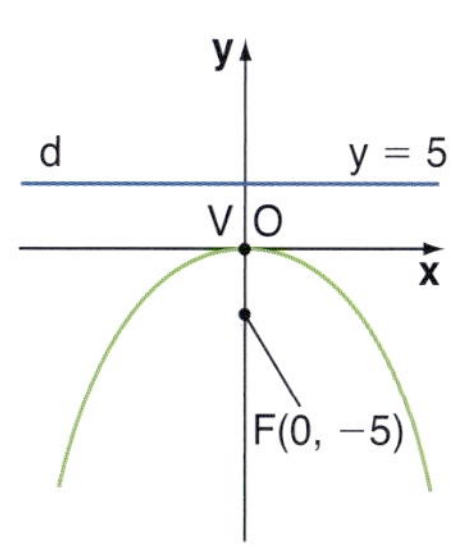

Ilustrações: Banco de imagens/Arquivo da editora

29. Qual é a equação da diretriz da parábola de equação $2x^2 - 7y = 0$?

30. Determine as coordenadas do foco **F** e a equação da diretriz da parábola de equação $y^2 - 16x = 0$.

31. Em cada caso, obtenha as coordenadas do foco, a equação da diretriz e represente graficamente a parábola dada por:

a) $y^2 = -16x$ b) $x^2 = 2y$ c) $y^2 = x$

32. Uma parábola tem vértice na origem, eixo de simetria coincidente com o eixo das abscissas e passa pelo ponto $P(4, -7)$. Qual é sua equação?

Parábolas com vértice fora da origem

Se uma parábola tem vértice no ponto $V(x_0, y_0)$ e $\overleftrightarrow{VF} // Ox$, sua equação em relação ao sistema auxiliar $x'Vy'$ é:

$$(y')^2 = 2px'$$

Portanto, sua equação relativamente ao sistema xOy é:

$$(y - y_0)^2 = 2p(x - x_0)$$

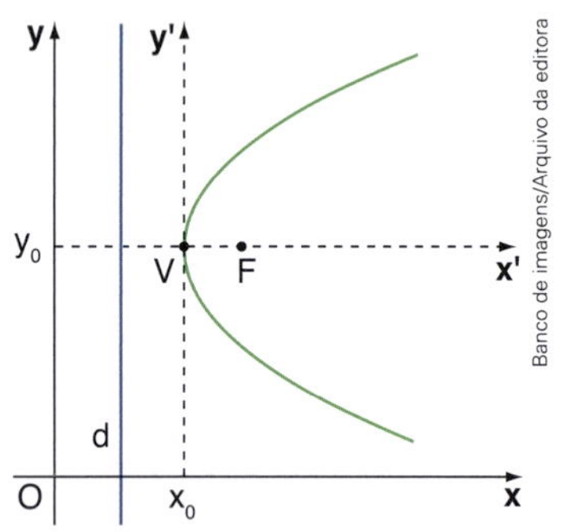

Banco de imagens/Arquivo da editora

Analogamente, se uma parábola tem vértice no ponto $V(x_0, y_0)$ e $\overleftrightarrow{VF} // Oy$, sua equação relativamente ao sistema xOy é:

$$(x - x_0)^2 = 2p(y - y_0)$$

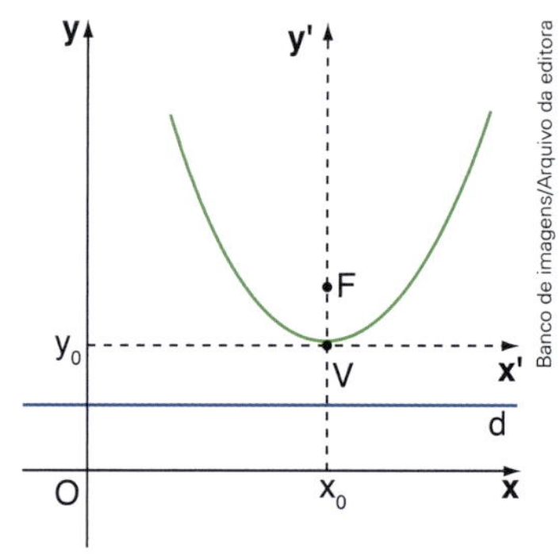

Banco de imagens/Arquivo da editora

EXEMPLO 11

Uma parábola de parâmetro $p = 2$, vértice $V(4, 2)$ e eixo de simetria $\overleftrightarrow{VF}$ paralelo ao eixo Ox tem equação:

$(y - 2)^2 = 4(x - 4)$ (I) se **F** está à direita de **V**

ou

$(y - 2)^2 = -4(x - 4)$ (II) se **F** está à esquerda de **V**

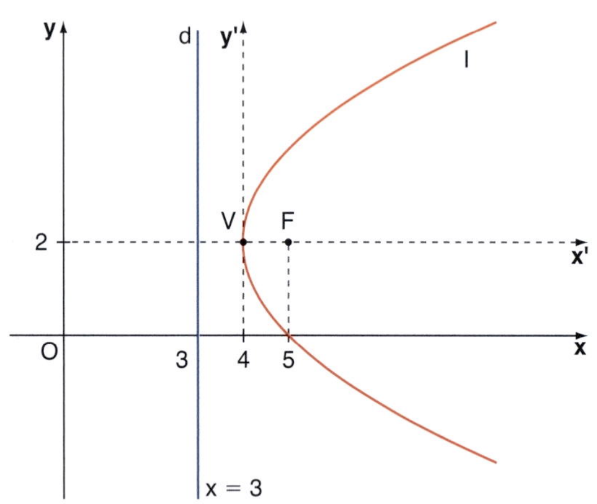

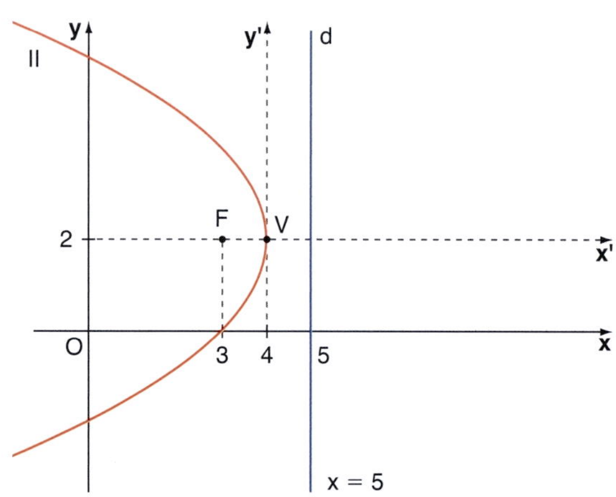

Ilustrações: Banco de imagens/Arquivo da editora

Observe as parábolas I e II construídas com o GeoGebra.

Fotos: Reprodução/GeoGebra Classic 5.0

parábola I

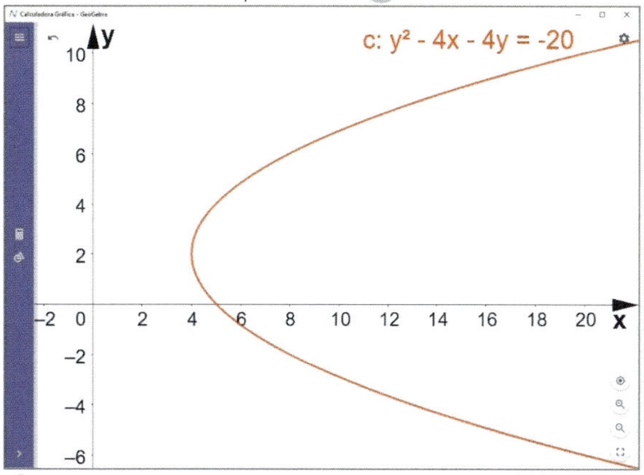

parábola II

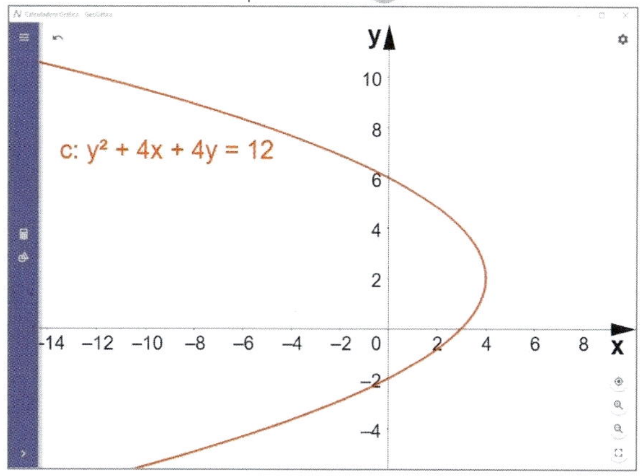

EXEMPLO 12

Uma parábola de parâmetro $p = 5$, vértice $V(3, 1)$ e eixo de simetria $\overleftrightarrow{VF}$ paralelo ao eixo Oy tem equação:

$(x - 3)^2 = 10(y - 1)$ III ou $(x - 3)^2 = -10(y - 1)$ IV

se **F** está acima de **V** | se **F** está abaixo de **V**

Ilustrações: Banco de imagens/Arquivo da editora

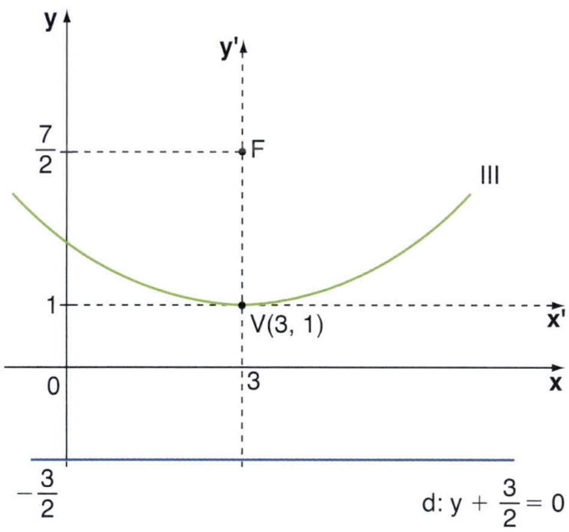

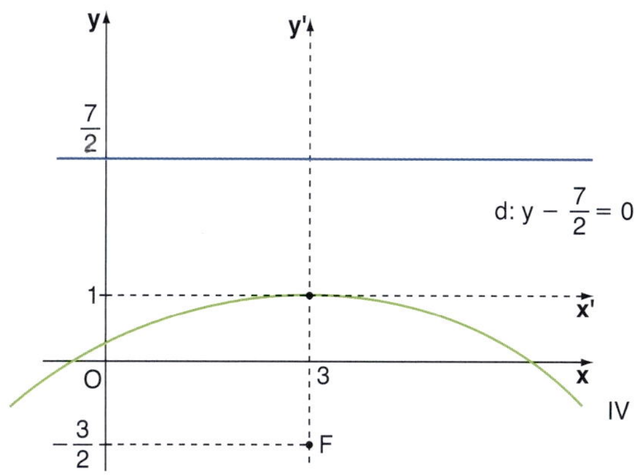

Observe as parábolas III e IV construídas com o GeoGebra.

parábola III

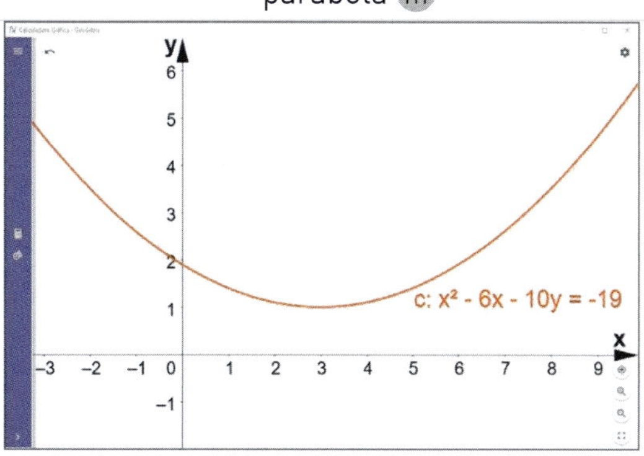

parábola IV

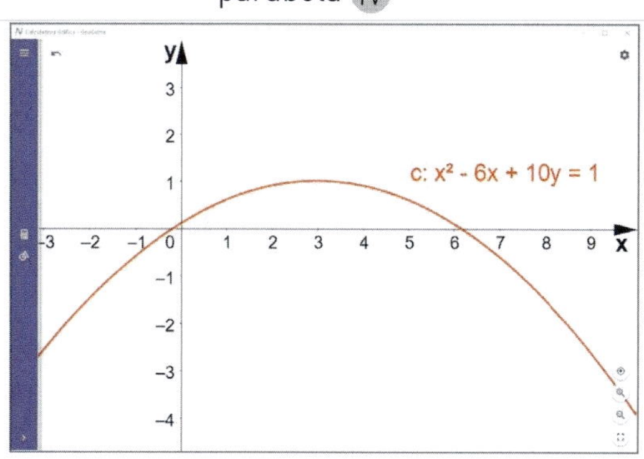

Fotos: Reprodução/GeoGebra Classic 5.0

Exercícios

33. Determine a equação de cada parábola representada a seguir:

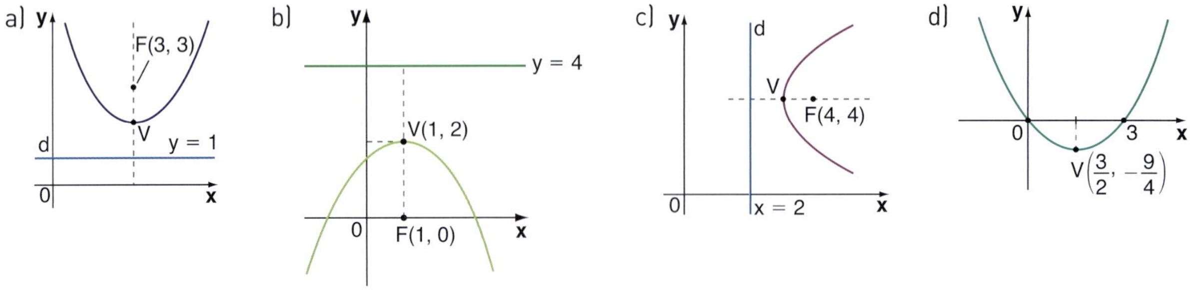

Ilustrações: Banco de imagens/Arquivo da editora

34. Determine o foco e o vértice da parábola λ: $(y + 3)^2 = 12(x - 2)$.

35. Escreva a equação da diretriz da parábola representada pela equação $y = -(x + 5)^2$.

36. Determine as coordenadas do vértice da parábola cuja equação é $y^2 - 7x - 6y + 9 = 0$.

37. Obtenha a equação da parábola cuja diretriz é d: $x = -2$ e cujo foco é $F(6, 0)$.

38. Qual é a equação do conjunto dos pontos $P(x, y)$ que são equidistantes da reta d: $y = 3$ e do ponto $F(-2, -3)$?

39. Dê a equação da parábola simétrica relativamente ao eixo dos **y** e que passa pelos pontos de interseção da reta de equação $x + y = 0$ com a circunferência de equação $x^2 + y^2 - 8y = 0$.

Parábolas e funções quadráticas

Note que uma parábola com equação $x^2 = 2py$ tem eixo de simetria vertical coincidente com o eixo das ordenadas. Então, para cada valor real atribuído a **x** existe um único valor correspondente de **y**. Assim, a lei $y = \frac{1}{2p}x^2$ define uma função cujo gráfico é precisamente a parábola. Isso já foi visto no estudo de funções e agora é comprovado. Por exemplo, as funções $y = x^2$ $\left(\text{em que } p = \frac{1}{2}\right)$, $y = 3x^2$ $\left(\text{em que } p = \frac{1}{6}\right)$ e $y = -4x^2$ $\left(\text{em que } p = -\frac{1}{8}\right)$ têm gráficos que são parábolas com vértice na origem.

Observe que uma parábola de equação $(x - x_0)^2 = 2p(y - y_0)$ possui vértice $V(x_0, y_0)$ e eixo de simetria vertical. Podemos escrevê-la na forma:

$$x^2 - 2x_0x + x_0^2 = 2py - 2py_0$$

ou ainda:

$y = \frac{1}{2p}x^2 - \frac{x_0}{p} \cdot x + \frac{x_0^2 + 2py_0}{2p}$, que corresponde à lei de uma função quadrática.

No estudo de funções, vimos que a função quadrática $y = ax^2 + bx + c$ (com $a \neq 0$) tem por gráfico uma parábola, o que agora foi comprovado ao verificar que: $a = \frac{1}{2p}$, $b = -\frac{x_0}{p}$ e $c = \frac{x_0^2 + 2py_0}{2p}$.

Por exemplo, a função dada por $y = 2x^2 - 5x + 8$ tem por gráfico uma parábola com $2 = \frac{1}{2p}$, $-5 = -\frac{x_0}{p}$ e $8 = \frac{x_0^2 + 2py_0}{2p}$, ou seja, $p = \frac{1}{4}$, $x_0 = \frac{5}{4}$ e $y_0 = \frac{39}{8}$; $V\left(\frac{5}{4}, \frac{39}{8}\right)$ e $F\left(\frac{5}{4}, 5\right)$.

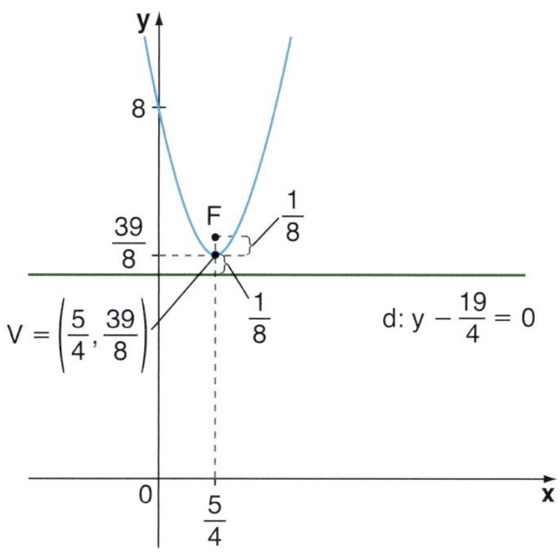

Banco de imagens/Arquivo da editora

Reconhecimento de uma cônica pela equação

Elipses

Comparemos as equações das elipses:

$\frac{(x - x_0)^2}{a^2} + \frac{(y - y_0)^2}{b^2} = 1$ (elipse com eixo maior horizontal)	$\frac{(y - y_0)^2}{a^2} + \frac{(x - x_0)^2}{b^2} = 1$ (elipse com eixo maior vertical)

Concluímos que:

- uma equação do 2º grau nas incógnitas **x** e **y** representa uma elipse com eixo maior paralelo a Ox ou Oy se for redutível à forma:

$$\frac{(x - x_0)^2}{k_1} + \frac{(y - y_0)^2}{k_2} = 1, \text{ com } k_1 > 0, k_2 > 0 \text{ e } k_1 \neq k_2$$

- se $k_1 > k_2$, $k_1 = a^2$ e $k_2 = b^2$, então o eixo maior é horizontal;
- se $k_1 < k_2$, $k_1 = b^2$ e $k_2 = a^2$, então o eixo maior é vertical;
- (x_0, y_0) é o centro da elipse.

OBSERVAÇÃO

Na equação apresentada, admitimos $k_1 \neq k_2$. Vejamos o porquê:

Se $k_1 = k_2$, segue a equação: $\frac{(x - x_0)^2}{k_1} + \frac{(y - y_0)^2}{k_1} = 1 \Rightarrow (x - x_0)^2 + (y - y_0)^2 = k_1$, que é a equação de outra seção cônica: uma circunferência de centro (x_0, y_0) cujo raio mede $\sqrt{k_1}$.

Se tivéssemos $k_1 = a^2 = b^2$ em uma elipse, teríamos $c^2 = a^2 - b^2 = 0 \Rightarrow c = 0$ e a excentricidade seria $\frac{c}{a} = 0$, ou seja, teríamos uma circunferência. (Veja também o texto da seção *Aplicações*.)

Exercícios resolvidos

1. Caracterize a cônica representada pela equação $4x^2 + 9y^2 = 36$ e esboce seu gráfico.

Solução:

Dividindo os dois membros da equação por 36, temos:

$$\frac{4x^2}{36} + \frac{9y^2}{36} = \frac{36}{36} \Rightarrow \frac{x^2}{9} + \frac{y^2}{4} = 1$$

Portanto, a cônica é uma elipse com centro na origem e eixo maior horizontal tal que:

$$\left.\begin{array}{l} a^2 = 9 \\ b^2 = 4 \end{array}\right\} \Rightarrow c = \sqrt{a^2 - b^2} = \sqrt{5}$$

Os focos são $F_1(-\sqrt{5}, 0)$ e $F_2(\sqrt{5}, 0)$.

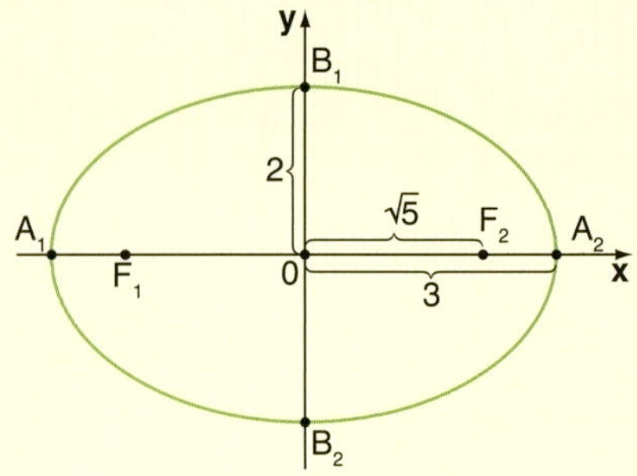

Banco de imagens/Arquivo da editora

2. Qual é a distância entre os focos da cônica cuja equação é $9x^2 + 4y^2 = 36$?

Solução:

Temos:

$$9x^2 + 4y^2 = 36 \Rightarrow \frac{x^2}{4} + \frac{y^2}{9} = 1$$

A cônica é uma elipse com centro (0, 0) e eixo maior vertical tal que:

$$\left.\begin{array}{l} a^2 = 9 \\ b^2 = 4 \end{array}\right\} \Rightarrow c = \sqrt{a^2 - b^2} = \sqrt{5}$$

Portanto, os focos são:

$$F_1(0, -\sqrt{5}) \text{ e } F_2(0, \sqrt{5})$$

e a distância entre eles é $2c = 2\sqrt{5}$.

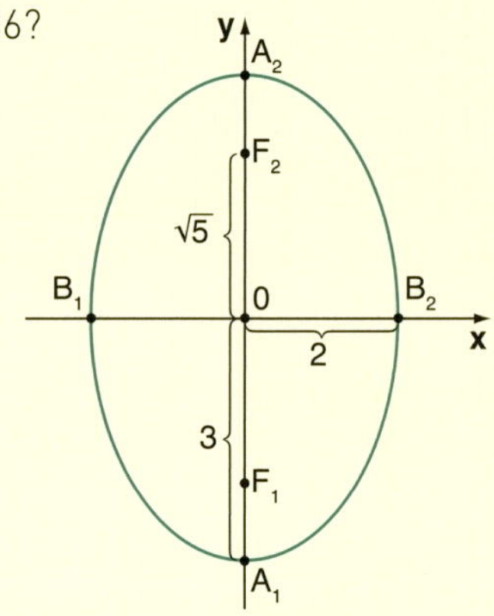

Banco de imagens/Arquivo da editora

3. Qual é a cônica representada pela equação $9x^2 + 16y^2 - 90x - 160y + 481 = 0$? Esboce seu gráfico.

Solução:

Vamos identificar a cônica com sua equação genérica $\frac{(x - x_0)^2}{k_1} + \frac{(y - y_0)^2}{k_2} = 1$, isto é:

$$k_2x^2 + k_1y^2 - 2k_2x_0x - 2k_1y_0y + (k_2x_0^2 + k_1y_0^2 - k_1k_2) = 0$$

Temos coeficientes respectivamente iguais aos da equação dada, portanto:

$$k_2 = 9, \quad k_1 = 16, \quad 2k_2x_0 = 90, \quad 2k_1y_0 = 160, \quad k_2x_0^2 + k_1y_0^2 - k_1k_2 = 481$$

Daí, temos:

$$k_1 = 16, \qquad k_2 = 9, \qquad x_0 = 5, \qquad y_0 = 5$$

Como $k_1 > k_2 > 0$, a equação representa uma elipse com eixo maior horizontal e centro (5, 5), sendo $a^2 = 16$ e $b^2 = 9$.

A equação reduzida dessa elipse é:

$$\frac{(x - 5)^2}{16} + \frac{(y - 5)^2}{9} = 1$$

A equação reduzida dessa elipse pode ser obtida de outro modo.

Vamos completar quadrados:

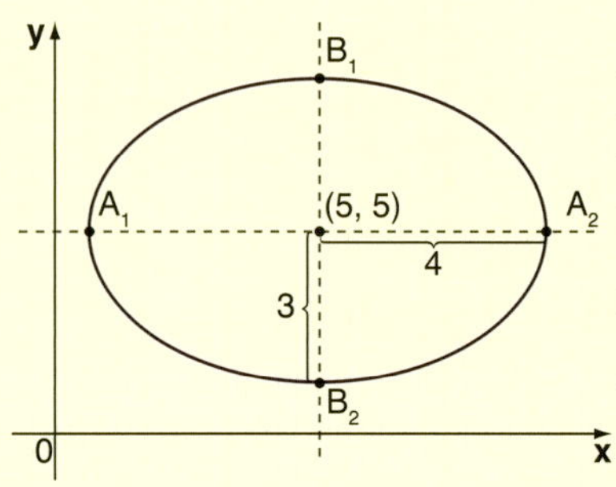

Banco de imagens/Arquivo da editora

$$9x^2 - 90x + 16y^2 - 160y + 481 = 0$$

$$9(x^2 - 10x + \blacksquare) + 16(y^2 - 10y + \blacksquare) + 481 = 0$$

$$9 \cdot (x^2 - 10x + 25) + 16 \cdot (y^2 - 10y + 25) + 481 = 0 + 9 \cdot 25 + 16 \cdot 25$$

$$9 \cdot (x - 5)^2 + 16 \cdot (y - 5)^2 = 144$$

$$\frac{(x - 5)^2}{16} + \frac{(y - 5)^2}{9} = 1$$

Hipérboles

Comparemos as equações das hipérboles:

$$\frac{(x - x_0)^2}{a^2} + \frac{(y - y_0)^2}{-b^2} = 1$$
(hipérbole com eixo real horizontal)

$$\frac{(x - x_0)^2}{-b^2} + \frac{(y - y_0)^2}{a^2} = 1$$
(hipérbole com eixo real vertical)

Concluímos que:

- uma equação do 2º grau nas incógnitas **x** e **y** representa uma hipérbole com eixo real paralelo a Ox ou Oy se for redutível à forma:

$$\frac{(x - x_0)^2}{k_1} + \frac{(y - y_0)^2}{k_2} = 1$$

em que $\mathbf{k_1}$ e $\mathbf{k_2}$ têm sinais contrários:

- se $k_1 > 0$ e $k_2 < 0$, então $k_1 = a^2$ e $k_2 = -b^2$ e o eixo real é horizontal;
- se $k_1 < 0$ e $k_2 > 0$, então $k_1 = -b^2$ e $k_2 = a^2$ e o eixo real é vertical;
- (x_0, y_0) é o centro da hipérbole.

Exercícios resolvidos

4. Caracterize a cônica representada pela equação $4x^2 - 9y^2 = 36$ e esboce seu gráfico.

Solução:

Temos:

$$4x^2 - 9y^2 = 36 \Rightarrow \frac{x^2}{9} - \frac{y^2}{4} = 1$$

Portanto, a cônica é uma hipérbole com centro (0, 0) e eixo real horizontal. Temos:

$$\left.\begin{array}{l} a^2 = 9 \Rightarrow a = 3 \\ b^2 = 4 \Rightarrow b = 2 \end{array}\right\} \Rightarrow c = \sqrt{13}$$

Seus focos são: $F_1(-\sqrt{13}, 0)$ e $F_2(\sqrt{13}, 0)$

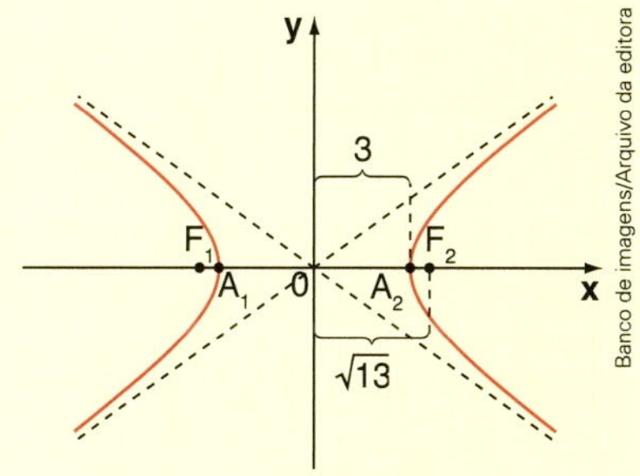

5. Determine os focos da cônica cuja equação é $x^2 - y^2 = 1$ e esboce seu gráfico.

Solução:

A partir da equação dada, podemos escrever:

$$x^2 - y^2 = 1 \Rightarrow \frac{x^2}{1} - \frac{y^2}{1} = 1$$

A cônica é uma hipérbole com centro (0, 0) e eixo real horizontal tal que:

$$\left.\begin{array}{l} a^2 = 1 \\ b^2 = 1 \end{array}\right\} \Rightarrow c = \sqrt{a^2 + b^2} = \sqrt{2}$$

Portanto, os focos são:

$$F_1(-\sqrt{2}, 0) \text{ e } F_2(\sqrt{2}, 0)$$

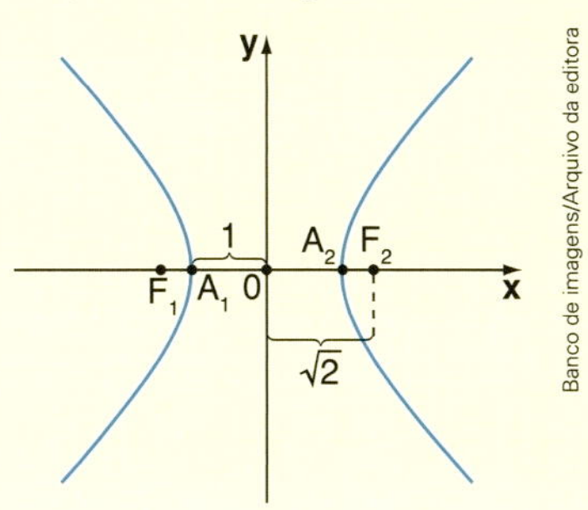

6. Qual é a cônica representada pela equação $4x^2 - y^2 - 32x + 8y + 52 = 0$?

Solução:

Este exercício pode ser resolvido de dois modos:

1º modo

Desenvolvendo a equação geral $\frac{(x - x_0)^2}{k_1} + \frac{(y - y_0)^2}{k_2} = 1$, obtemos: $\frac{x^2 - 2xx_0 + x_0^2}{k_1} + \frac{y^2 - 2yy_0 + y_0^2}{k_2} = 1 \Rightarrow$

$\Rightarrow k_2x^2 - 2k_2x_0x + k_2x_0^2 + k_1y^2 - 2k_1y_0y + k_1y_0^2 - k_1k_2 = 0$

Comparando com a equação $4x^2 - y^2 - 32x + 8y + 52 = 0$, temos:

$$\begin{cases} k_2 = 4 \\ k_1 = -1 \\ -2x_0k_2 = -32 \Rightarrow -2x_0 \cdot 4 = -32 \Rightarrow x_0 = 4 \\ -2y_0k_1 = 8 \Rightarrow -2y_0 \cdot (-1) = 8 \Rightarrow y_0 = 4 \\ k_2x_0^2 + k_1y_0^2 - k_1k_2 = 52 \text{ (Note que } 64 - 16 + 4 = 52) \end{cases}$$

Como $k_1 < 0$ e $k_2 > 0$, a equação representa uma hipérbole com eixo real vertical e centro (4, 4), sendo $a^2 = 4$ e $b^2 = 1$.

A equação reduzida é:

$$\frac{(y - 4)^2}{4} - \frac{(x - 4)^2}{1} = 1$$

2º modo

Vamos completar os quadrados:

$$4(x^2 - 8x + \blacksquare) - (y^2 - 8y + \blacksquare) = -52$$

$$4 \cdot (x^2 - 8x + 16) - (y^2 - 8y + 16) = -52 + 4 \cdot 16 + (-16)$$

$$4 \cdot (x - 4)^2 - (y - 4)^2 = -4$$

Dividindo os dois membros por −4, obtemos:

$$\frac{(y - 4)^2}{4} - \frac{(x - 4)^2}{1} = 1$$

Parábolas

Desenvolvendo as equações das parábolas $(y - y_0)^2 = 2p(x - x_0)$ e $(x - x_0)^2 = 2p(y - y_0)$, obtemos respectivamente:

$$x = \frac{1}{2p} \cdot y^2 - \frac{y_0}{p} \cdot y + \frac{y_0^2 + 2px_0}{2p}$$

(parábola com eixo de simetria horizontal)

e

$$y = \frac{1}{2p} \cdot x^2 - \frac{x_0}{p} \cdot x + \frac{x_0^2 + 2py_0}{2p}$$

(parábola com eixo de simetria vertical)

Comparando as duas equações, concluímos que:

- uma equação do 2º grau nas incógnitas **x** e **y** representa uma parábola com eixo paralelo a Ox ou Oy se for redutível a uma das formas:

  $x = ay^2 + by + c$ (com $a \neq 0$) (1)

  ou

  $y = ax^2 + bx + c$ (com $a \neq 0$) (2)

- Se redutível à forma (1), então a parábola tem eixo de simetria horizontal e $a = \frac{1}{2p}$, $b = -\frac{y_0}{p}$ e $c = \frac{y_0^2 + 2px_0}{2p}$.

- Se redutível à forma (2), então a parábola tem eixo de simetria vertical e

$a = \frac{1}{2p}$, $b = -\frac{x_0}{p}$ e $c = \frac{x_0^2 + 2py_0}{2p}$.

- (x_0, y_0) é o vértice da parábola.

Exercícios resolvidos

7. Qual é a cônica representada pela equação $y^2 = 6x$? Esboce seu gráfico.

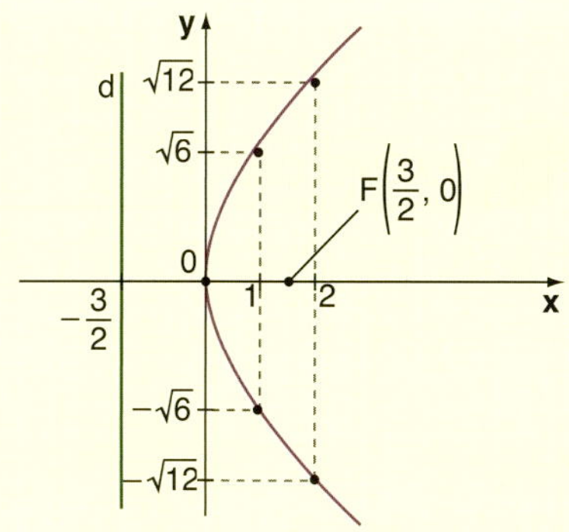

Banco de imagens/Arquivo da editora

Solução:

Temos:

$$y^2 = 6x \Rightarrow y^2 = 2 \cdot 3 \cdot x$$

Portanto, a cônica é uma parábola com vértice na origem, eixo de simetria horizontal e parâmetro $p = 3$.

8. Caracterize a cônica representada pela equação $x = \frac{1}{4}y^2 - \frac{1}{2}y + \frac{5}{4}$ e esboce seu gráfico.

Solução:

A equação representa uma parábola com eixo de simetria horizontal.

Comparando-a com a equação genérica:

$x = \frac{1}{2p} \cdot y^2 - \frac{y_0}{p} \cdot y + \frac{y_0^2 + 2px_0}{2p}$, decorre:

$$\frac{1}{2p} = \frac{1}{4}, \frac{y_0}{p} = \frac{1}{2}, \frac{y_0^2 + 2px_0}{2p} = \frac{5}{4}$$

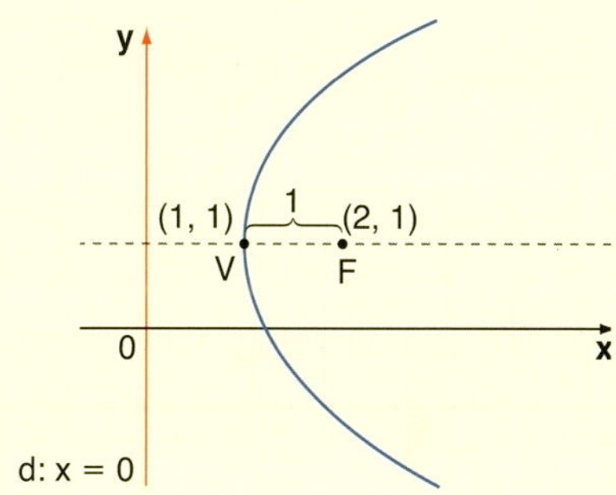

Banco de imagens/Arquivo da editora

Daí, obtemos: $p = 2$, $y_0 = 1$, $x_0 = 1$

Assim, a parábola tem vértice $(1, 1)$ e parâmetro $p = 2$.

A equação reduzida dessa parábola é: $(y - 1)^2 = 4 \cdot (x - 1)$

Outro modo de obter a equação reduzida é completar quadrados:

$$x = \frac{1}{4}y^2 - \frac{1}{2}y + \frac{5}{4} \Rightarrow x = \frac{1}{4} \cdot (y^2 - 2y + \blacksquare) + \frac{5}{4} \Rightarrow x = \frac{1}{4} \cdot (y^2 - 2y + 1) + \frac{5}{4} - \frac{1}{4} \cdot 1 \Rightarrow$$

$$\Rightarrow x = \frac{1}{4} \cdot (y - 1)^2 + 1 \Rightarrow x - 1 = \frac{1}{4} \cdot (y - 1)^2 \Leftrightarrow (y - 1)^2 = 4 \cdot (x - 1)$$

Exercício

40. Caracterize a cônica representada pela equação em cada item a seguir.

a) $5x^2 + 8y^2 = 10$

b) $9x^2 + 25y^2 - 36x + 50y - 164 = 0$

c) $5x^2 - 4y^2 + 30x + 16y + 49 = 0$

d) $y^2 - 4x - 6y + 13 = 0$

e) $x^2 - 4x - 12y = 32$

f) $9x^2 + 5y^2 + 54x - 30y + 81 = 0$

Interseções de cônicas

É regra geral na Geometria analítica que, dadas duas curvas $f(x, y) = 0$ e $g(x, y) = 0$, a interseção delas é o conjunto dos pontos que satisfazem o sistema:

$$\begin{cases} f(x, y) = 0 \\ g(x, y) = 0 \end{cases}$$

Já aplicamos esse conceito para achar a interseção de duas retas, de uma reta e uma circunferência e de duas circunferências. O mesmo conceito se aplica para obter a interseção de uma reta e uma cônica, de duas cônicas, etc.

EXEMPLO 13

Vamos determinar os pontos comuns à reta $r: x - y = 0$ e à parábola $\lambda: y = x^2$.

Para isso, devemos resolver o sistema de equações:

$$\begin{cases} x = y & (1) \\ y = x^2 & (2) \end{cases}$$

Substituindo (1) em (2), resulta:

$$y = y^2 \Rightarrow y^2 - y = 0 \Rightarrow \begin{cases} y = 0 \Rightarrow x = 0 \\ \text{ou} \\ y = 1 \Rightarrow x = 1 \end{cases}$$

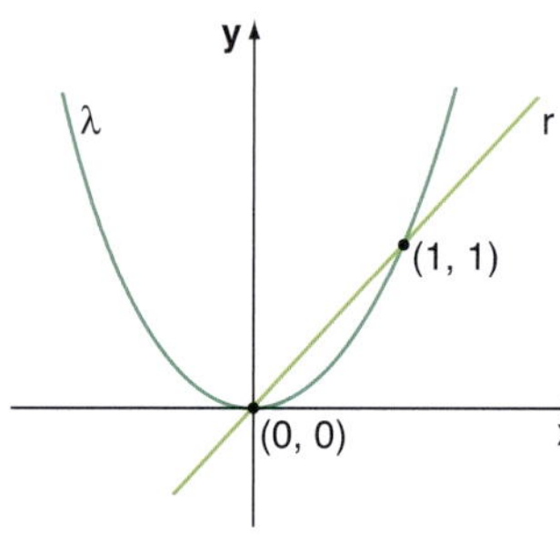

Assim, temos: $r \cap \lambda = \{(0, 0), (1, 1)\}$.

Exercícios

41. Obtenha a interseção da parábola $\lambda: y^2 = x$ com a elipse $\lambda': x^2 + 5y^2 = 6$.

42. Determine o conjunto dos pontos em que a hipérbole de equação $4y^2 - x^2 = 1$ intersecta a circunferência de equação $x^2 + y^2 = 9$.

43. Quantos pontos comuns têm a circunferência de equação $x^2 + y^2 - 2x - 4 = 0$ e a parábola de equação $2x^2 - 4x - y + 2 = 0$?

44. Calcule o comprimento da corda que a reta $r: y = x$ define na elipse $\lambda: 9x^2 + 25y^2 = 225$.

45. Calcule a distância entre os pontos de interseção das curvas de equações $x^2 + y = 10$ e $x + y = 10$.

46. (UFMG) Considere a parábola de equação $y = 8x - 2x^2$ e a reta que contém os pontos (4, 0) e (0, 8). Sejam **A** e **B** os pontos de interseção entre a reta e a parábola. Determine a equação da mediatriz do segmento $\overline{AB}$.

47. Determine $m \in \mathbb{R}$ de modo que a reta de equação $y = x + m$ intersecte a elipse $\frac{x^2}{4} + y^2 = 1$.

48. Calcule o valor do coeficiente angular $m \in \mathbb{R}$ para que a reta de equação $y = mx + 2$ e a parábola de equação $y^2 = 4x$ tenham interseção não vazia.

49. Observe a figura a seguir.

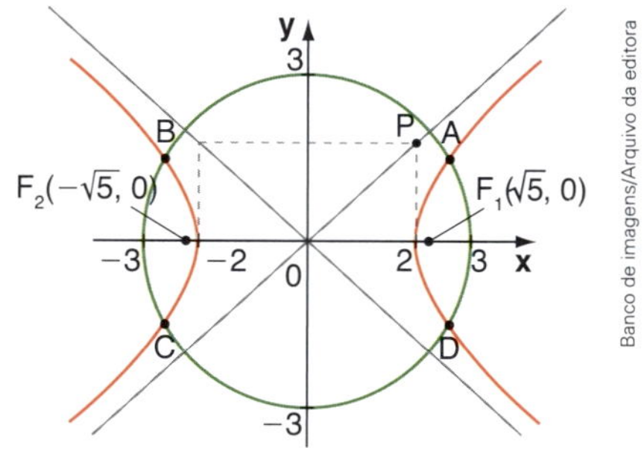

Com base nos dados da figura, determine:

a) as coordenadas de **A**, **B**, **C** e **D**.

b) a ordenada de **P**.

50. Quantos pontos têm em comum a circunferência de equação $x^2 + y^2 - 4y + 3 = 0$ e a parábola de equação $3x^2 - y + 1 = 0$?

Enem e vestibulares resolvidos

(Uerj) Um holofote situado na posição $(-5, 0)$ ilumina uma região elíptica de contorno $x^2 + 4y^2 = 5$, projetando sua sombra numa parede representada pela reta $x = 3$, conforme ilustra a figura abaixo.

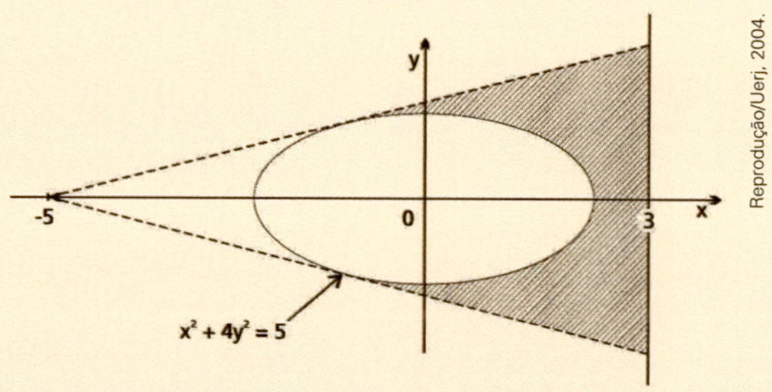

Considerando o metro como unidade dos eixos, o comprimento da sombra projetada é de:

a) 2
b) 3
c) 4
d) 5

Resolução comentada

As retas tangentes à elipse conduzidas pelo ponto $(-5, 0)$ têm equações dadas por: $y - 0 = m \cdot (x + 5)$. Como essas retas só intersectam a curva em um ponto, o sistema a seguir apresenta uma única solução:

$$\begin{cases} y = m \cdot (x + 5) & (1) \\ x^2 + 4y^2 = 5 & (2) \end{cases}$$

Substituindo (1) em (2), temos:

$x^2 + 4 \cdot m^2 \cdot (x + 5)^2 = 5 \Rightarrow (1 + 4m^2) \cdot x^2 + 40m^2 \cdot x + (100m^2 - 5) = 0.$

Para ter uma única solução, $\Delta = 0$, ou seja:

$(40m^2)^2 - 4 \cdot (1 + 4m^2) \cdot (100m^2 - 5) = 0$

$1\,600\ m^4 - 4 \cdot (400m^4 + 80m^2 - 5) = 0$

$-320m^2 + 20 = 0 \Rightarrow m = \pm\frac{1}{4}$

Para a reta crescente, temos $m > 0$ e obtemos a equação $y = \frac{1}{4}(x + 5)$, que intersecta a reta $x = 3$ no ponto de ordenada $y = \frac{1}{4} \cdot (3 + 5) = \frac{1}{4} \cdot 8 = 2$. Por simetria, a reta decrescente tem $m < 0$ e intersecta a reta $x = 3$ no ponto de ordenada -2, e assim a sombra tem comprimento $2 + 2 = 4$.

Alternativa *c*.

Exercícios complementares

1. (Unesp-SP) A figura mostra um plano cartesiano no qual foi traçada uma elipse com eixos paralelos aos eixos coordenados.

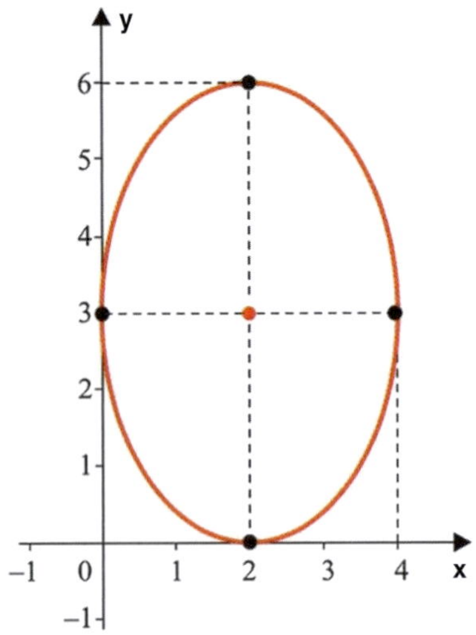

Valendo-se das informações contidas nesta representação, determine a equação reduzida da elipse.

2. Os pontos A(3, 0) e B(x, y) estão sobre uma elipse cujos focos são $F_1(-2, 0)$ e $F_2(2, 0)$. Calcule o perímetro do triângulo BF_1F_2.

3. (UEM-PR) Um aluno desenhou, em um plano cartesiano, duas cônicas (elipse ou hipérbole), uma de excentricidade 0,8 e outra de excentricidade 2,4 tendo ambas como foco o par de pontos (−12, 0) e (12, 0).
Assinale o que for correto [indique a soma].

(01) A cônica de excentricidade 0,8 é uma hipérbole.

(02) A cônica de excentricidade 2,4 passa pelo ponto (5, 0).

(04) As cônicas descritas possuem quatro pontos em comum.

(08) $\frac{x^2}{225} + \frac{y^2}{81} = 1$ é uma equação para a cônica de excentricidade 0,8.

(16) A cônica de excentricidade 0,8 passa pelo ponto (0, 9).

4. Sejam **k** um número real positivo e $F_1(3, 0)$ e $F_2(-3, 0)$ os focos da elipse de equação $16x^2 + ky^2 = 16k$. Sabendo que **P** é um ponto dessa elipse, cuja distância ao foco $\mathbf{F_1}$ mede 4 unidades de comprimento, calcule a distância de **P** ao foco $\mathbf{F_2}$.

5. Obtenha a equação da mediatriz do segmento cujas extremidades são os vértices das parábolas de equações $y = x^2 + 2x$ e $y = -x^2 + 6x$.

6. Os focos de uma elipse são $F_1(0, -6)$ e $F_2(0, 6)$. Os pontos A(0, 9) e B(x, 3), com $x > 0$, estão na elipse. Qual é a área do triângulo com vértices **B**, $\mathbf{F_1}$ e $\mathbf{F_2}$?

7. Dada a função **f**, definida no conjunto dos números reais por $f(x) = 4x - x^2$:

a) determine as coordenadas (x', y') da interseção, distinta da origem, da reta de equação $y = 3x$ com o gráfico de **f**;

b) dê a equação da reta que passa pela origem e que tem, com o gráfico de **f**, uma interseção (x'', y'') simétrica de (x', y') em relação à reta de equação $x = 2$.

8. Seja a cônica de equação λ: $2x^2 + 3y^2 = 6$.

a) Caracterize-a, determinando seus focos, seu centro e as medidas dos eixos.

b) Obtenha a equação das retas tangentes a λ que são paralelas à reta r: $y = x$. Faça o gráfico da cônica e das retas tangentes.

9. Obtenha a equação da parábola que tem eixo de simetria vertical e passa pelos pontos A(0, 0), B(3, 3) e C(−6, 30).

10. (Ufes) Determine a equação da parábola que passa pelo ponto P(18, 12), tem foco no ponto F(2, 0), diretriz paralela ao eixo Oy e contida no semiplano $x < 0$.

11. Encontre as equações das retas tangentes à parábola $y^2 = x$ que passam por (−2, 0).

12. Dada a parábola de equação $x = y^2 + 10y + 27$, determine as coordenadas do

a) vértice;

b) foco;

c) ponto de interseção da parábola com o eixo **x**.

13. (Unifesp) Chamando de **y'** e **y''** as equações das parábolas geradas quando a curva $y = 2x^2 - 12x + 16$ é refletida pelos eixos **x** e **y**, respectivamente, determine:

a) a distância entre os vértices das parábolas definidas por **y'** e **y''**.

b) **y'** e **y''**.

14. (UFPE) A seguir, estão ilustradas partes dos gráficos das parábolas **A** e **B**, com equações respectivas $y = -x^2 + 8x - 13$ e $y = x^2 - 4x - 3$.

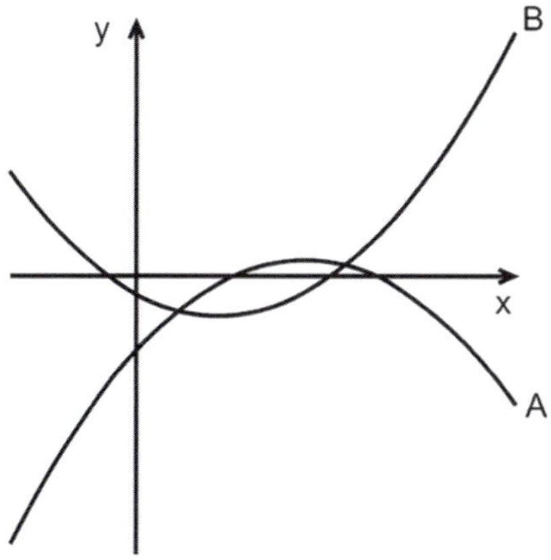

Reprodução/UFPE, 2014.

Analise as proposições abaixo, acerca dessa configuração, e identifique as verdadeiras.

a) Um dos pontos de interseção das parábolas **A** e **B** tem coordenadas $(1, -6)$.

b) O vértice da parábola **A** é o ponto $(4, 2)$.

c) A reta que passa pelos pontos de interseção das parábolas **A** e **B** tem equação $y = 2x - 6$.

d) A distância entre os vértices das parábolas **A** e **B** é $\sqrt{102}$.

e) A parábola **B** intersecta o eixo das ordenadas no ponto com coordenadas $(0, -3)$.

15. (Fuvest-SP)

a) Determine os pontos **A** e **B** do plano cartesiano nos quais os gráficos de $y = \frac{12}{x} - 1$ e $x + y - 6 = 0$ se intersectam.

b) Sendo **O** a origem, determine o ponto **C** no quarto quadrante que satisfaz $A\hat{O}B = A\hat{C}B$ e que pertence à reta $x = 2$.

16. (UFBA) No sistema de coordenadas cartesianas, as curvas **E** e **C** satisfazem as seguintes propriedades:

- Para qualquer ponto $Q(x, y)$ de **E**, a soma das distâncias de $Q(x, y)$ a $F_1\left(-\sqrt{3}, 0\right)$ e de $Q(x, y)$ a $F_2\left(\sqrt{3}, 0\right)$ é constante e igual a 4 u.c.
- **C** é uma parábola com vértice na interseção de **E** com o semieixo positivo Oy e passa por F_2.

Com base nessas informações, determine os pontos de interseção de **E** e **C**.

17. (Uerj) O logotipo de uma empresa é formado por duas circunferências concêntricas tangentes a uma elipse, como mostra a figura abaixo.

Banco de imagens/Arquivo da editora

A elipse tem excentricidade 0,6 e seu eixo menor mede 8 unidades. A área da região por ela limitada é dada por $a \cdot b \cdot \pi$, em que **a** e **b** são as medidas dos seus semieixos. Calcule a área da região colorida.

18. (Fuvest-SP) Considere a circunferência λ de equação cartesiana $x^2 + y^2 - 4y = 0$ e a parábola α de equação $y = 4 - x^2$.

a) Determine os pontos pertencentes à interseção de λ com α.

b) Desenhe [...] a circunferência λ e a parábola α. Indique, no seu desenho, o conjunto dos pontos $(x; y)$ que satisfazem, simultaneamente, as inequações $x^2 + y^2 - 4y \leqslant 0$ e $y \geqslant 4 - x^2$.

19. (Fuvest-SP) No plano cartesiano Oxy, considere a parábola **P** de equação $y = -4x^2 + 8x + 12$ e a reta **r** de equação $y = 3x + 6$. Determine:

a) os pontos **A** e **B**, de interseção da parábola **P** com o eixo coordenado Ox, bem como o vértice **V** da parábola **P**.

b) o ponto **C**, de abscissa positiva, que pertence à interseção de **P** com a reta **r**.

c) a área do quadrilátero de vértices **A**, **B**, **C** e **V**.

20. (UFBA) Considere uma elipse e uma hipérbole no plano cartesiano, ambas com centro na origem e eixos de simetria coincidindo com os eixos coordenados. Sabendo que os pontos $(3, 0)$ e $\left(\sqrt{\frac{15}{2}}, 1\right)$ pertencem à elipse e que os pontos $\left(\sqrt{2}, 0\right)$ e $(2, 1)$ pertencem à hipérbole, determine os pontos de interseção dessas cônicas.

21. (ITA-SP) Sabe-se que uma elipse de equação $\frac{x^2}{a^2} + \frac{y^2}{b^2} = 1$ tangencia internamente a circunferência de equação $x^2 + y^2 = 5$ e que a reta de equação $3x + 2y = 6$ é tangente à elipse no ponto **P**. Determine as coordenadas de **P**.

22. (Unesp-SP) Os pontos **A** e **C** são interseções de duas cônicas, dadas pelas equações $x^2 + y^2 = 7$ e $y = x^2 - 1$, como mostra a figura fora de escala. Sabendo que tg $49° \simeq \frac{2 \cdot \sqrt{3}}{3}$ e tomando o ponto $B\left(0, -\sqrt{7}\right)$, determine a medida aproximada do ângulo $A\hat{B}C$, em graus.

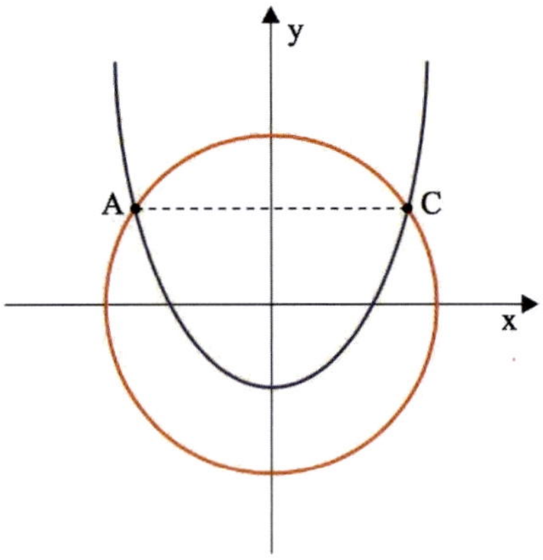

23. (Ufes) Uma *reta tangente a uma parábola* é uma reta não paralela ao eixo da parábola que intercepta a parábola em um único ponto. Dizemos que essa reta é *tangente à parábola* nesse ponto ou que ela *tangencia a parábola* nesse ponto. Assim, considere a parábola $y = 1 + (x - 5)^2$.

Determine

a) as retas tangentes à parábola que passam pelo ponto (0, 10);

b) os pontos onde essas retas tangenciam a parábola;

c) as distâncias desses pontos ao foco da parábola.

Testes

1. (Unesp-SP) A equação da elipse de focos $F_1 = (-2, 0)$ e $F_2 = (2, 0)$ e eixo maior igual a 6 é dada por:

a) $\frac{x^2}{10} + \frac{y^2}{20} = 1$

b) $\frac{x^2}{9} + \frac{y^2}{5} = 1$

c) $\frac{x^2}{9} + \frac{y^2}{15} = 1$

d) $\frac{x^2}{6} + \frac{y^2}{15} = 1$

e) $\frac{x^2}{4} + \frac{y^2}{25} = 1$

2. (PUC-RS) Os pontos $A(-1, y_1)$ e $B(2, y_2)$ pertencem ao gráfico da parábola dada por $y = x^2$. A equação da reta que passa por **A** e **B** é:

a) $x - y + 2 = 0$

b) $x - y - 2 = 0$

c) $3x - y + 4 = 0$

d) $3x - y - 4 = 0$

e) $3x + y - 10 = 0$

3. (Ufam) Uma parábola com foco $F = \left(0, -\frac{7}{2}\right)$ e vértice $V = (0, 0)$, então a equação da parábola é igual a:

a) $y = 14x^2$

b) $y = -14x^2$

c) $y = -\frac{x^2}{14}$

d) $y = \frac{x^2}{14}$

e) $y = x^2 - 14$

4. (UEL-PR) O vértice, o foco e a reta diretriz da parábola de equação $y = x^2$ são dados por:

a) Vértice: (0, 0); foco: $\left(0, \frac{1}{4}\right)$; reta diretriz: $y = -\frac{1}{4}$.

b) Vértice: (0, 0); foco: $\left(0, \frac{1}{2}\right)$; reta diretriz: $y = -\frac{1}{2}$.

c) Vértice: (0, 0); foco: (0, 1); reta diretriz: $y = -1$.

d) Vértice: (0, 0); foco: (0, −1); reta diretriz: $y = 1$.

e) Vértice: (0, 0); foco: (0, 2); reta diretriz: $y = -2$.

5. (UFRGS-RS) Dadas as funções **f** e **g**, definidas respectivamente por $f(x) = x^2 - 4x + 3$ e $g(x) = -x^2 - 4x - 3$ e representadas no mesmo sistema de coordenadas cartesianas, a distância entre seus vértices é:

a) 4

b) 5

c) $\sqrt{5}$

d) $\sqrt{10}$

e) $2\sqrt{5}$

6. (Ufam) A distância da origem para um dos focos da hipérbole cuja equação é dada por $x^2 - 3y^2 - 4x + 7 = 0$ é igual a:

a) $2\sqrt{2}$

b) $\sqrt{2}$

c) $2\sqrt{3}$

d) $\sqrt{3}$

e) 2

7. (IFCE) A equação $36x^2 + 36y^2 - 36x + 24y - 131 = 0$ representa uma cônica. É correto afirmar-se que essa cônica é uma:

a) elipse de centro (0, 1).

b) circunferência de centro $\left(\frac{1}{2}, \frac{1}{3}\right)$.

c) hipérbole.

d) parábola.

e) circunferência de comprimento 4π unidades de comprimento.

8. (PUC-SP) Num sistema de eixos cartesianos ortogonais, as interseções das curvas de equações $y = x^2$ e $x + y - 2 = 0$ são as extremidades de um diâmetro de uma circunferência cuja equação é:

a) $x^2 + y^2 - 5x + y + 2 = 0$

b) $x^2 + y^2 + 5x + y - 2 = 0$

c) $x^2 + y^2 + x + 5y + 2 = 0$

d) $x^2 + y^2 - x + 5y - 2 = 0$

e) $x^2 + y^2 + x - 5y + 2 = 0$

9. (ITA-SP) A distância focal e a excentricidade da elipse com centro na origem e que passa pelos pontos (1, 0) e (0, −2) são, respectivamente:

a) $\sqrt{3}$ e $\frac{1}{2}$

b) $\frac{1}{2}$ e $\sqrt{3}$

c) $\frac{\sqrt{3}}{2}$ e $\frac{1}{2}$

d) $\sqrt{3}$ e $\frac{\sqrt{3}}{2}$

e) $2\sqrt{3}$ e $\frac{\sqrt{3}}{2}$

10. (FGV-SP) No plano cartesiano, há dois pontos **R** e **S** pertencentes à parábola da equação $y = x^2$ e que estão alinhados com os pontos A(0, 3) e B(4, 0). A soma das abscissas dos pontos **R** e **S** é:

a) −0,45

b) −0,55

c) −0,65

d) −0,75

e) −0,85

11. (UEL-PR) Seja a parábola de equação $y = 3x^2 + 4$. As equações das retas tangentes ao gráfico da parábola que passam pelo ponto P = (0, 1) são:

a) $y = 5x + 1$ e $y = -5x + 1$

b) $y = 6x + 1$ e $y = -6x + 1$

c) $y = \frac{3x}{2} + 1$ e $y = -\frac{3x}{2} + 1$

d) $y = \frac{5x}{4} + 1$ e $y = -\frac{5x}{4} + 1$

e) $y = 5x - 1$ e $y = -5x - 1$

12. (Mack-SP) Considere os pontos **A** e **B**, do primeiro quadrante, em que a curva $x^2 + y^2 = 40$ encontra a curva $x \cdot y = 12$. A equação da reta $\overleftrightarrow{AB}$ é:

a) $x + y - 8 = 0$

b) $x - y - 8 = 0$

c) $2x + y - 8 = 0$

d) $x - 2y + 8 = 0$

e) $x + 3y - 8 = 0$

13. (Uece) A reta $y = x + 2$ intersecta o gráfico da função $f: \mathbb{R} \to \mathbb{R}$, definida por $f(x) = x^2$, nos pontos $X = (x_1, y_1)$ e $W = (x_2, y_2)$. Se $Y = (x_2, 0)$ e $Z = (x_1, 0)$, então a medida da área do quadrilátero XWYZ, em unidades de área (u.a.), é:

a) $\frac{11}{2}$ u.a.

b) $\frac{13}{2}$ u.a.

c) $\frac{15}{2}$ u.a.

d) $\frac{17}{2}$ u.a.

14. (Uema) Uma família da cidade de Cajapió-MA comprou uma antena parabólica e o técnico a instalou acima do telhado. A antena projetou uma sombra na parede do vizinho, que está reproduzida abaixo, coberta com uma folha quadriculada.

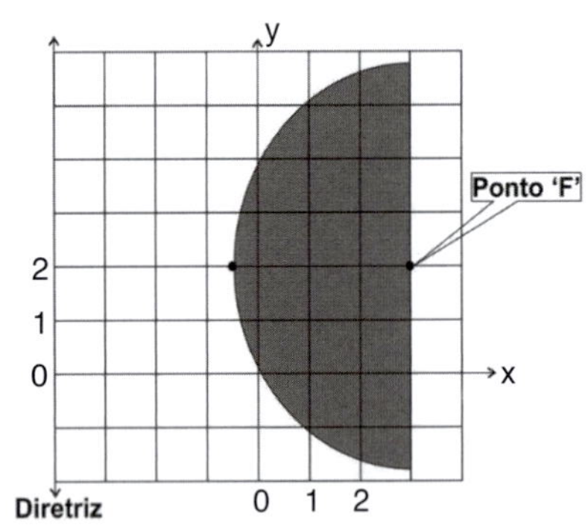

Note que a figura projetada na parede é uma cônica. Considerando as medidas mostradas e o sistema cartesiano contido na folha quadriculada, a equação que representa a cônica será:

a) $(y - 2)^2 = 7(2x + 1)$
b) $(y + 2)^2 = 7(2x + 1)$
c) $(y - 3)^2 = 12(x + 1)$
d) $(y - 2)^2 = -7\left(2x - \frac{1}{7}\right)$
e) $(y + 3)^2 = \frac{12}{7}(x - 1)$

15. (Uerj) Uma parábola tem equação $y = 2x^2 - 4x + 3$. Sabendo-se que a reta que tangencia a parábola no ponto **P** de abscissa 2 passa por Q (0, −5), a equação reduzida da reta tangente é:

a) $y = 2x + 5$
b) $y = 4x + 5$
c) $y = 2x - 3$
d) $y = 4x - 5$

16. (Ufam) A distância entre um dos focos da elipse $\frac{x^2}{20} + \frac{y^2}{4} = 1$ e o centro da circunferência $x^2 + (y - 4)^2 = 4$ é igual a:

a) $3\sqrt{2}$

b) $3\sqrt{3}$

c) $4\sqrt{2}$

d) $4\sqrt{3}$

e) $5\sqrt{3}$

17. (Mack-SP) Com relação às equações das elipses $25x^2 + 16y^2 + 150x + 256y - 351 = 0$ e $16x^2 + 25y^2 - 96x - 200y + 144 = 0$, podemos afirmar que

a) as elipses têm centros coincidentes.
b) as elipses têm a mesma distância focal.
c) as elipses têm a mesma excentricidade.
d) as elipses têm focos sobre o eixo das abscissas.
e) o eixo maior de uma delas é o dobro do eixo menor da outra.

18. (EsPCEx-SP) Sobre a curva $9x^2 + 25y^2 - 36x + 50y - 164 = 0$, assinale a alternativa correta.

a) Seu centro é (−2, 1).
b) A medida do seu eixo maior é 25.
c) A medida do seu eixo menor é 9.
d) A distância focal é 4.
e) Sua excentricidade é 0,8.

19. (PUC-MG) A reta $x + y - 2 = 0$ intersecta a curva de equação $x + y^2 - 2y = 0$ nos pontos distintos A = (a, b) e B = (c, d). Nessas condições, o valor de b + d é:

a) 2
b) 3
c) 4
d) 5

20. (FGV-SP) O comprimento do segmento determinado pelos pontos de interseção das parábolas de equações $y = x^2 - 8x + 3$ e $y = -4x^2 + 2x + 3$ é:

a) $2\sqrt{37}$

b) $3\sqrt{41}$

c) $\frac{7}{2}\sqrt{43}$

d) $\frac{5}{2}\sqrt{39}$

e) $4\sqrt{45}$

21. (Mack-SP) Dadas as cônicas das equações:

I $x^2 + y^2 - 2x + 8y + 8 = 0$ e

II $4x^2 + y^2 - 8x + 8y + 16 = 0$,

assinale a alternativa incorreta.

a) Os gráficos de I e II são, respectivamente, uma circunferência e uma elipse.
b) As duas cônicas têm centro no mesmo ponto.
c) As duas cônicas se intersectam em dois pontos distintos.
d) O gráfico da equação I é uma circunferência de raio 3.
e) O gráfico da equação II é uma elipse com centro $C = (1, -4)$.

22. (Uerj) Observe o sistema

$$\begin{cases} y = \dfrac{1}{x} \\ x^2 + y^2 = r^2 \end{cases}$$

O menor valor inteiro de **r** para que o sistema acima apresente quatro soluções reais é[1]:

a) 1
b) 2
c) 3
d) 4

[1]Considere apenas valores positivos de **r**.

23. (UFPB) Em certo sistema marítimo de navegação, duas estações de rádio, localizadas na costa, nos pontos **A** e **B**, transmitem simultaneamente sinais de rádio para qualquer embarcação que se encontre no mar, na área de alcance dessas estações. Sendo **P** o ponto onde está localizada uma embarcação que recebe esses sinais, o computador de bordo da embarcação calcula a diferença, PA − PB, das distâncias da embarcação a cada uma das estações.

Um navio que estava ancorado no mar recebeu o sinal da estação localizada em **B** e, 120 microssegundos (μs) depois, recebeu o sinal da estação localizada em **A**, conforme a figura a seguir.

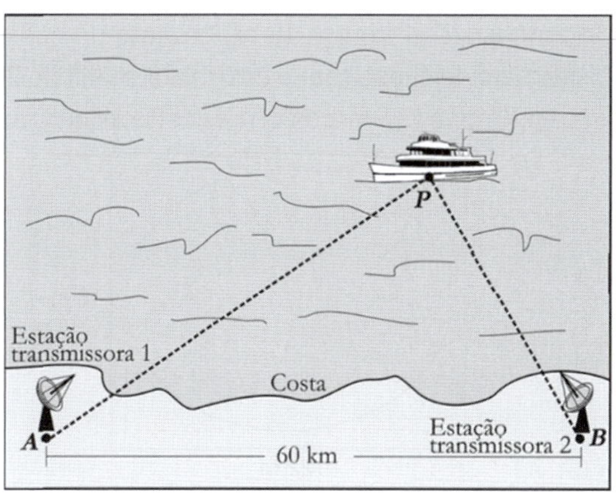

Reprodução/UFPB, 2010.

Considere as estações de rádio e o ponto **P** onde esse navio estava ancorado como pontos de um plano cartesiano, onde a unidade de comprimento é o quilômetro e A(−30, 0) e B(30, 0).

Nesse contexto, é correto afirmar que a hipérbole com focos nos pontos **A** e **B** e que contém o ponto **P** tem como equação a expressão:

Dados:
- $1s = 10^6$ μs
- A velocidade do sinal de rádio é de 300 000 km/s.

a) $\dfrac{x^2}{324} - \dfrac{y^2}{576} = 1$

b) $\dfrac{x^2}{361} - \dfrac{y^2}{676} = 1$

c) $\dfrac{x^2}{576} - \dfrac{y^2}{324} = 1$

d) $\dfrac{x^2}{676} - \dfrac{y^2}{361} = 1$

e) $\dfrac{x^2}{289} - \dfrac{y^2}{625} = 1$

24. (UEL-PR) Existem pessoas que nascem com problemas de saúde relacionados ao consumo de leite de vaca. A pequena Laura, filha do Sr. Antônio, nasceu com este problema. Para solucioná-lo, o Sr. Antônio adquiriu uma cabra que pasta em um campo retangular medindo 20 m de comprimento e 16 m de largura. Acontece que as cabras comem tudo o que aparece à sua frente, invadindo hortas, jardins e chácaras vizinhas. O Sr. Antônio resolveu amarrar a cabra em uma corda presa pelas extremidades nos pontos **A** e **B** que estão 12 m afastados um do outro. A cabra tem uma argola na coleira por onde é passada a corda, de tal modo que ela possa deslizar livremente por toda a extensão da corda. Observe a figura e responda a questão a seguir.

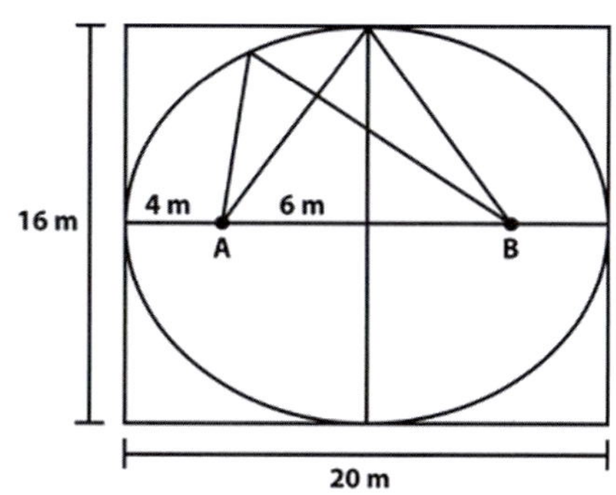

Reprodução/UEL, 2007.

Qual deve ser o comprimento da corda para que a cabra possa pastar na maior área possível, dentro do campo retangular?

a) 10 m
b) 15 m
c) 20 m
d) 25 m
e) 30 m

25. (Unicamp-SP) Seja **a** um número real. Considere as parábolas de equações cartesianas $y = x^2 + 2x + 2$ e $y = 2x^2 + ax + 3$. Essas parábolas não se intersectam se e somente se:

a) $|a| = 2$
b) $|a| < 2$
c) $|a - 2| < 2$
d) $|a - 2| \geqslant 2$

26. (Uece) Em um plano, munido do sistema de coordenadas cartesianas usual, o conjunto dos pontos equidistantes da reta $x - 1 = 0$ e do ponto (3, 0) representa uma:

a) circunferência cuja medida do raio é igual a 1.
b) parábola cuja equação é $y^2 - 4x + 8 = 0$.
c) elipse cuja equação é $x^2 + 3y^2 = 1$.
d) parábola cuja equação é $x^2 - 4y + 8 = 0$.

27. (Unesp-SP) Suponha que um planeta **P** descreva uma órbita elíptica em torno de uma estrela **O**, de modo que, considerando um sistema de coordenadas cartesianas ortogonais, sendo a estrela **O** a origem do sistema, a órbita possa ser descrita aproximadamente pela equação $\frac{x^2}{100} + \frac{y^2}{25} = 1$, com **x** e **y** em milhões de quilômetros. A figura representa a estrela **O**, a órbita descrita pelo planeta e sua posição no instante em que o ângulo $P\hat{O}A$ mede $\frac{\pi}{4}$.

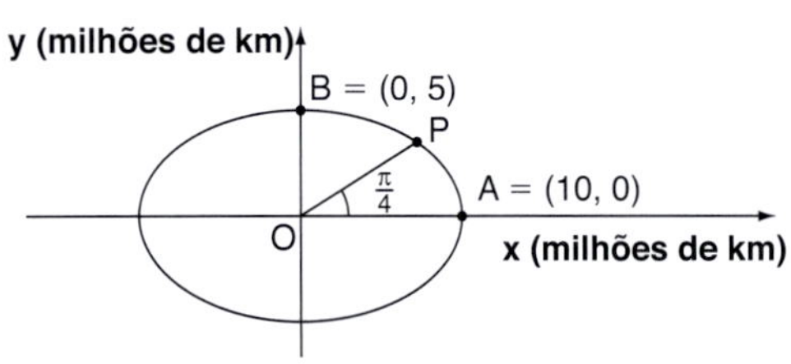

(figura fora de escala)

Banco de imagens/Arquivo da editora

A distância, em milhões de km, do planeta **P** à estrela **O**, no instante representado na figura, é:

a) $2\sqrt{5}$
b) $2\sqrt{10}$
c) $5\sqrt{2}$
d) $10\sqrt{2}$
e) $5\sqrt{10}$

28. (UFMA) No plano cartesiano, como se vê na figura a seguir, uma parábola intersecta a circunferência $x^2 + y^2 = 1$ nos pontos **A** e **B**, e passa pela origem do sistema de coordenadas. Além disso, o eixo de simetria da parábola é perpendicular ao eixo **x**. Se o segmento $\overline{AB}$ é o lado de um triângulo equilátero inscrito na circunferência, qual é a equação da parábola?

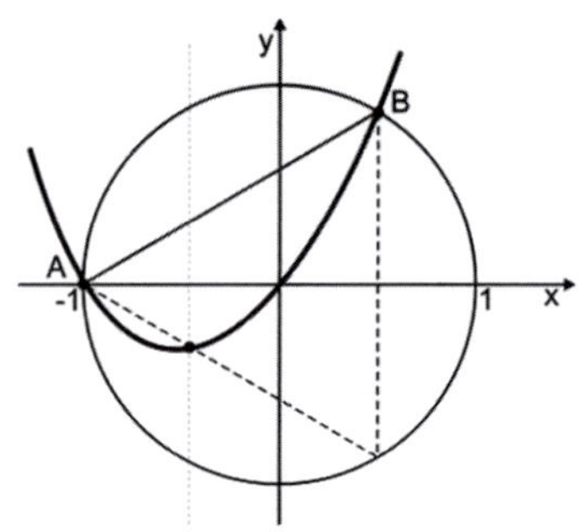

Reprodução/UFMA, 2008.

a) $y = \frac{2\sqrt{3}}{3}(x^2 + x)$

b) $y = \frac{2\sqrt{3}}{3}(x^2 - x)$

c) $y = \frac{\sqrt{3}}{2}(x^2 + x)$

d) $y = \frac{\sqrt{3}}{2}(x^2 - x)$

e) $y = \frac{2\sqrt{3}}{3}x^2$

29. (UFRN) Um arquiteto projetou, para um salão de dimensões 22 m por 18 m, um teto de gesso em formato de elipse com o eixo maior medindo 20 m e o eixo menor, 16 m, conforme ilustra a figura abaixo.

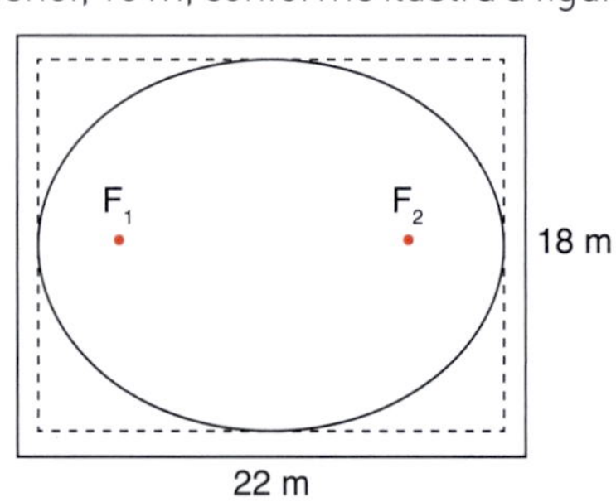

Reprodução/Arquivo da editora

O aplicador do gesso afirmou que saberia desenhar a elipse, desde que o arquiteto informasse as posições dos focos.

Para orientar o aplicador do gesso, o arquiteto informou que, na direção do eixo maior, a distância entre cada foco e a parede mais próxima é de:

a) 3 m

b) 4 m

c) 5 m

d) 6 m

30. (Epcar-MG) Sobre a circunferência de menor raio possível que circunscreve a elipse de equação $x^2 + 9y^2 - 8x - 54y + 88 = 0$ é correto afirmar que:

a) tem raio igual a 1.

b) tangencia o eixo das abscissas.

c) é secante ao eixo das ordenadas.

d) intersecta a reta de equação $4x - y = 0$.

31. (IME-RJ) Uma elipse cujo centro encontra-se na origem e cujos eixos são paralelos ao sistema de eixos cartesianos possui comprimento da semidistância focal igual a $\sqrt{3}$ e excentricidade igual a $\frac{\sqrt{3}}{2}$. Considere que os pontos **A**, **B**, **C** e **D** representam as interseções da elipse com as retas de equações $y = x$ e $y = -x$.

A área do quadrilátero ABCD é:

a) 8

b) 16

c) $\frac{16}{3}$

d) $\frac{16}{5}$

e) $\frac{16}{7}$

32. (UFPB) A secretaria de infraestrutura de um município contratou um arquiteto para fazer o projeto de uma praça. Na figura a seguir, está o esboço do projeto proposto pelo arquiteto: uma praça de formato retangular medindo 80 m × 120 m, onde deverá ser construído um jardim em forma de elipse na parte central.

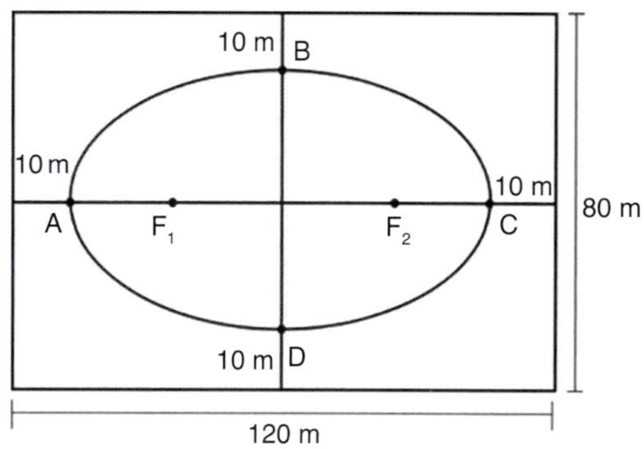

Reprodução / UFPB, 2013.

Estão destacados na figura os segmentos $\overline{AC}$ e $\overline{BD}$, que são, respectivamente, o eixo maior e menor da elipse, bem como os pontos $\mathbf{F_1}$ e $\mathbf{F_2}$, que são os focos da elipse onde deverão ser colocados dois postes de iluminação.

Com base nessas informações, conclui-se que a distância entre os postes de iluminação será, aproximadamente, de:

a) 68 m

b) 72 m

c) 76 m

d) 80 m

e) 84 m

33. (Unesp-SP) A figura mostra a representação de algumas das ruas de nossas cidades. Essas ruas possuem calçadas de 1,5 m de largura, separadas por uma pista de 7 m de largura. Vamos admitir que:

I. os postes de iluminação projetam sobre a rua uma área iluminada na forma de uma elipse de excentricidade 0,943;

II. o centro dessa elipse encontra-se verticalmente abaixo da lâmpada, no meio da rua;

III. o eixo menor da elipse, perpendicular à calçada, tem exatamente a largura da rua (calçada e pista).

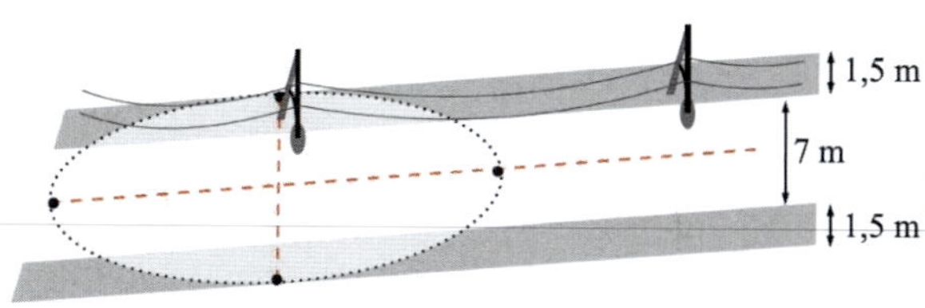

Reprodução / Unesp, 2010.

Se desejarmos que as elipses se tangenciem nas extremidades dos eixos maiores, a distância, em metros, entre dois postes consecutivos deverá ser de aproximadamente:

Dado: $0,943^2 \simeq 0,889$ e $\sqrt{0,111} \simeq 0,333$.

a) 35

b) 30

c) 25

d) 20

e) 15

CAPÍTULO

5 Estatística básica

Don Pablo/Shutterstock

Ao classificarmos em ordem de frequência as palavras que aparecem em uma obra como um livro ou uma revista, a lei de Zipf, na sua forma mais simples, permite estimar a frequência de uma palavra como inversamente proporcional a uma potência da sua classificação. Estudaremos, neste capítulo, o conceito de frequência e outros tópicos de Estatística.

Entenda o papel da Estatística

Os levantamentos estatísticos de pesquisas que têm relação direta com o cotidiano das pessoas costumam ser amplamente divulgados nos meios de comunicação, como TV, jornais, internet, revistas, etc., pois envolvem temas como hábitos de consumo, eleições, comportamento, saúde, desenvolvimento humano, economia, entre outros.

Antes de apresentar as etapas de um levantamento estatístico, vamos ver no infográfico da página seguinte uma situação em que é possível entender o papel da Estatística.

1

O dono de uma academia de ginástica com 4 mil alunos matriculados deseja conhecer um pouco mais sobre seus alunos e o grau de satisfação deles com a academia. Esse estudo é fundamental para que se possa decidir estratégias de investimento e propaganda.

2

Para isso, ele encomendou uma pesquisa a um instituto especializado, que planejará a pesquisa, a coleta, a apuração e a organização de dados, fará a análise inferencial desses dados e divulgará os resultados.

3

No início da pesquisa, o instituto estabeleceu o conjunto de pessoas que poderiam oferecer as informações da pesquisa: todos os alunos matriculados na academia. Cada uma dessas pessoas tem uma característica em comum – ser aluno da academia.

4

Para reduzir o custo e o tempo da pesquisa, o instituto selecionou uma pequena parcela (amostra) de 90 dos alunos matriculados na academia. Essas pessoas formam um subconjunto inicial do conjunto de todos os alunos matriculados.

5

Para garantir a confiabilidade dos dados da pesquisa, o instituto enumerou todos os alunos matriculados, atribuindo um número a cada um. Em seguida, por meio de um dispositivo aleatório (sem critério de seleção), sorteou 90 números, que correspondem aos alunos que farão parte da amostra e fornecerão as informações investigadas sobre o grau de satisfação com a academia.

6

Os alunos da amostra responderão os questionários elaborados pelo instituto por meio, por exemplo, de contato telefônico. Depois de coletadas as informações da amostra, os profissionais do instituto deverão apurar e contabilizar os dados brutos, organizando-os de maneira que o dono da academia possa ter uma visão clara, simples e objetiva dos resultados.

7

Por fim, o instituto de pesquisa precisa levantar as características investigadas de todos os alunos com base nos resultados obtidos na amostra, estimando os erros provenientes da amostragem. Com essas informações, o dono da academia pode identificar problemas e fazer melhorias em seu negócio.

Alex Silva/Arquivo da editora

Pesquisas estatísticas

Chamamos de **universo estatístico** ou **população** o conjunto de pessoas ou elementos que podem oferecer as informações que serão investigadas. No exemplo da pesquisa sobre o grau de satisfação dos alunos com a academia, a população é composta de 4 000 pessoas, todas matriculadas na academia.

Diego Herculano/Fotoarena

A análise estatística do mercado consumidor é fundamental para o lançamento de novos produtos.

Em geral, em uma pesquisa, é inviável coletar informações de todos os elementos do universo estatístico, devido, principalmente, ao elevado custo operacional e ao longo tempo de execução. Por isso, seleciona-se uma parcela (parte ou subconjunto) da população, à qual damos o nome de **amostra**. A escolha de uma amostra é complexa e depende de vários fatores. A amostra da população deve ser representativa e, assim, ter características similares às da população de onde foi retirada.

No exemplo inicial, a amostra era um subconjunto dos alunos matriculados na academia composto de 90 pessoas.

Podemos enumerar diversas situações em que se faz presente um planejamento estatístico:

- Um jornal de grande circulação na Bahia encomenda uma pesquisa a um instituto especializado a fim de conhecer a intenção de voto do baiano na próxima eleição para governador do estado. Observe que, nesse caso, a população (ou universo estatístico) da qual será escolhida a amostra é o conjunto de todos os eleitores que votam no estado da Bahia.
- A Secretaria de Saúde da prefeitura de Belo Horizonte deseja conhecer os hábitos sexuais dos jovens de 12 a 17 anos do município, visando criar campanhas de prevenção à aids e a outras doenças sexualmente transmissíveis. Para isso, encomenda uma pesquisa a um órgão especializado. Nesse caso, a população é formada por todos os jovens de 12 a 17 anos que residem em Belo Horizonte e dela será escolhida a amostra.
- Uma indústria fabricante de circuitos elétricos para computadores realiza testes de controle de qualidade para verificar a eficiência dos circuitos que ela produz ao longo de uma semana. Para isso, testa, por meio de uma amostra, a ocorrência ou não de defeitos nos circuitos nessa semana. Observe que, nessa situação, o universo estatístico é formado por todos os circuitos elétricos produzidos pela empresa na semana.

Aplicações

Os censos demográficos

A Estatística também é utilizada para levantar informações sobre uma população inteira, como ocorre, por exemplo, nos censos demográficos.

Até 1872 não eram feitos levantamentos específicos de contagem do número de habitantes no Brasil. Havia apenas relatórios preparados com outras finalidades, como os de temática religiosa, os dos funcionários da Colônia enviados às autoridades de Portugal ou, ainda, os levantamentos militares realizados pela Coroa portuguesa visando à defesa do território.

O primeiro censo demográfico nacional, realizado em 1872, foi intitulado Recenseamento da População do Império do Brasil. Outros três ocorreram em 1890, 1900 e 1920.

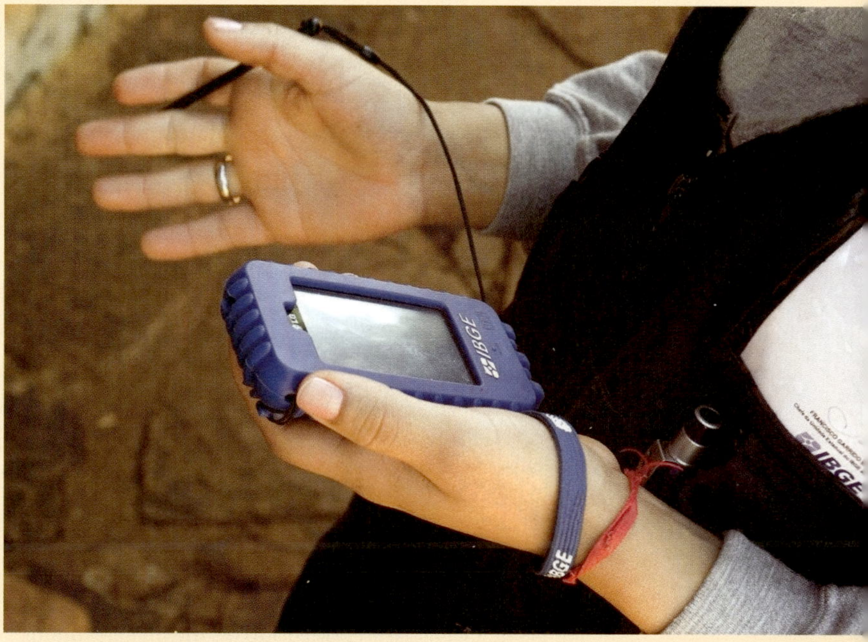

Edson Grandisoli/Pulsar Imagens

// Equipamento de trabalho usado pelo agente do Censo em 2010.

Em 1935 foi criado o Instituto Brasileiro de Geografia e Estatística (IBGE), que implantou a periodicidade decenal e ampliou a abrangência temática dos questionários, introduzindo questões de cunho socioeconômico, como emprego, mão de obra, rendimentos, fecundidade, etc.

Os censos coletam informações indispensáveis para a definição de políticas públicas estaduais e municipais e para a tomada de decisões de investimentos, tanto no âmbito público como no privado. Entre os principais usos dos resultados censitários, podemos citar:

- acompanhar as taxas de crescimento, a distribuição geográfica e a evolução de características da população;
- identificar áreas que requerem investimentos prioritários em saúde, saneamento básico, habitação, energia, educação, transporte, assistência ao idoso, etc.;
- identificar áreas carentes em projetos sociais;
- fornecer informações precisas à União para o repasse de verbas para estados e municípios;
- analisar o perfil da mão de obra nos municípios e transmitir essas informações às organizações sindicais e profissionais, favorecendo decisões acertadas de investimentos do setor privado.

A sociedade brasileira cada vez mais necessita de informações detalhadas e geograficamente específicas. Assim, é importante que, no próximo Censo, cada cidadão receba bem os entrevistadores do IBGE e responda corretamente aos questionários.

No *site* do IBGE, no *link* <https://teen.ibge.gov.br/teen-sobre-o-ibge/o-que-e-censo.html>, podemos encontrar mais detalhes sobre a história dos censos no Brasil e sobre o último Censo de 2010, como metodologia, temas e subtemas, variáveis investigadas, etc.

Fonte de pesquisa: IBGE, Censos demográficos. Disponível em: <memoria.ibge.gov.br/sinteses-historicas/historicos-dos-censos/censos-demograficos.html>. Acesso em: 22 ago. 2018.

Etapas da pesquisa estatística

A pesquisa estatística é composta das seguintes etapas:

I. Planejamento:

O planejamento é uma das fases mais importantes de uma pesquisa; nela são definidos os objetivos da pesquisa (identificando as características que devem ser observadas ou medidas), o tipo de pesquisa (se será realizada com questionários ou entrevistas, por exemplo), a população, como a amostra será obtida e o planejamento de coleta de dados.

II. Coleta de dados:

A coleta de dados é a fase em que os dados são obtidos. Essa é uma fase mais procedimental na pesquisa.

III. Apuração ou contagem dos dados:

Em geral, os dados coletados não se apresentam devidamente organizados; por isso, é necessário contá-los e agrupá-los. Um recurso comumente utilizado nessa fase é a organização dos dados em tabelas.

IV. Exposição dos dados:

A exposição, ou apresentação, dos dados pode ser feita por meio de tabelas e gráficos. É comum também associarmos medidas, como a média, que resumem o conjunto de dados.

V. Interpretação dos dados:

A última fase do levantamento estatístico é a interpretação ou análise dos dados. É uma fase que exige muito cuidado e atenção, na qual as conclusões da pesquisa são deduzidas a partir da análise dos dados coletados. Esse estudo é conhecido como **inferência estatística** e mostra, por exemplo, com que margem de erro os resultados da amostra podem ser estendidos a toda a população.

Considerando as etapas gerais dos procedimentos em uma pesquisa estatística, vamos, neste capítulo, enfocar principalmente a análise descritiva e quantitativa de um conjunto de dados, representando-os em forma de gráficos ou tabelas e associando a eles algumas medidas.

Amostragem

Uma das principais características do planejamento estatístico (etapa I) de uma pesquisa é a definição do tipo de amostragem que será utilizado, isto é, como será obtida a amostra na pesquisa. Há vários métodos de seleção da amostra. Vamos conhecer a seguir dois dos métodos mais utilizados em pesquisas.

No exemplo sobre o grau de satisfação dos alunos matriculados na academia, a forma de selecionar a amostra é conhecida como **amostragem aleatória simples** e nela cada elemento da população tem a mesma probabilidade de participar da amostra. Essa técnica de amostragem é, em geral, um método simples de escolher uma amostra e bastante utilizado em pesquisas.

Outro método de amostragem também usado com frequência em pesquisas é a **amostragem proporcional estratificada**.

Esse método é usado quando o universo estatístico está subdividido em estratos (ou subpopulações) sem elementos comuns. Dentro de cada estrato, supõe-se que o objeto de estudo apresenta comportamento relativamente homogêneo.

Assim, de cada estrato retiramos uma amostra aleatória simples cujo tamanho é proporcional ao número de elementos do estrato.

Por exemplo, suponha que se pretenda coletar informações sobre os estágios dos 500 alunos do curso de Administração de Empresas de uma faculdade, dos quais 360 são do curso matutino e 140 são do noturno. Observe que o universo estatístico já se encontra dividido em dois estratos. Se a amostra tiver 50 elementos, deverão ser sorteados 36 do curso matutino e 14 do noturno.

A amostragem aleatória simples e a amostragem proporcional estratificada são exemplos de métodos probabilísticos, isto é, métodos que permitem ao pesquisador calcular os erros provenientes de se usar uma amostra para tirar conclusões de toda a população, ao contrário de métodos em que os elementos da amostra são escolhidos intencionalmente ou por conveniência.

Variável

Vamos voltar à situação apresentada no início do capítulo.

Suponha que cada entrevistado da amostra selecionada pelo instituto teve de responder às seguintes questões:

1) Qual é a sua idade?
2) Qual é o seu estado civil?
3) Em qual período do dia você geralmente vai à academia? ( ) Manhã. ( ) Tarde. ( ) Noite.
4) Geralmente, quantas vezes por semana você vai à academia?
5) Com relação às instalações da academia (salas de treinamento, vestiário, área de convivência e lanchonete), você: (R) reprova (AR) aprova com ressalvas (A) aprova
6) Em uma escala de 1 a 5 (em que 1 significa péssimo e 5 significa excelente), como você avalia os aparelhos de musculação?
7) Em uma escala de 1 a 5, como você avalia o suporte, a orientação e o acompanhamento dos professores?
8) Qual o valor atual da sua mensalidade?
9) Atualmente, você considera a possibilidade de trocar de academia? ( ) Sim. ( ) Não.

Essas questões devem ser respondidas por todos os elementos da amostra e permitirão levantar os dados necessários para a análise. Cada um dos itens investigados pela pesquisa é denominado **variável**.

Variáveis como: "estado civil" (2), "período de treino" (3), "avaliação das instalações" (5) e "possibilidade de troca de academia" (9) apresentam como resposta um atributo, qualidade, característica ou preferência do entrevistado. Variáveis dessa natureza são classificadas como **qualitativas**. Considerando, por exemplo, a variável "estado civil", dizemos que "solteiro", "casado", "divorciado" e "viúvo" são respostas, realizações ou valores assumidos por essa variável.

Já as variáveis "idade" (1), "frequência semanal" (4), "avaliação dos aparelhos" (6), "avaliação dos professores" (7) e "valor da mensalidade" (8) apresentam como resposta um número obtido por contagem ou mensuração. As variáveis desse tipo são classificadas como **quantitativas**.

No quadro abaixo têm-se, como exemplo, os dados de 25 questionários aplicados nessa pesquisa, já organizados a partir dos dados brutos coletados.

Idade	Estado civil	Período de treino	Frequência semanal	Avaliação das instalações	Avaliação dos aparelhos	Avaliação dos professores	Valor da mensalidade (em reais)	Possibilidade de troca de academia
27	solteiro	manhã	4	AR	4	4	240	não
38	casado	noite	2	AR	5	4	90	não
34	divorciado	noite	3	A	2	3	112	sim
22	casado	tarde	2	A	5	4	284	não
18	solteiro	manhã	3	A	4	4	130	não
35	casado	manhã	2	A	5	5	110	sim
30	casado	noite	3	A	5	5	106	não
41	solteiro	noite	4	R	4	5	104	não
52	viúvo	tarde	5	A	3	5	140	não
28	solteiro	manhã	2	AR	4	4	70	sim
29	casado	noite	3	AR	5	4	160	sim
45	solteiro	noite	4	R	4	4	120	não
31	casado	manhã	3	AR	5	5	92	sim
32	divorciado	tarde	1	A	2	2	128	não
20	solteiro	manhã	6	AR	4	5	188	sim
22	casado	manhã	2	A	5	5	144	não
38	casado	noite	3	A	5	4	116	não
34	casado	noite	3	R	5	4	272	sim
21	solteiro	manhã	1	AR	4	4	96	não
25	divorciado	noite	5	AR	2	3	82	sim
28	casado	noite	2	A	5	4	116	não
32	casado	noite	4	A	5	4	90	sim
43	solteiro	tarde	3	R	3	3	158	sim
28	casado	noite	5	A	4	4	78	não
51	viúvo	manhã	4	AR	5	4	164	não

Tabelas de frequência

A organização dos dados em tabelas possibilita uma leitura rápida e condensada dos resultados obtidos em uma pesquisa.

Para cada variável estudada, contamos o número de vezes que cada um de seus valores (realizações) ocorre. O número obtido é chamado **frequência absoluta** e pode ser indicado por **Fa**.

EXEMPLO 1

Considerando as realizações (ou, mais informalmente, as respostas) da variável "estado civil", vamos obter suas respectivas frequências absolutas:

Solteiro: → Fa = 8

Casado: → Fa = 12

Viúvo: → Fa = 2

Divorciado: → Fa = 3

Observe que a soma das frequências absolutas deve ser igual ao número total de dados disponíveis. De fato, $8 + 12 + 2 + 3 = 25$.

Em geral, quando os resultados de uma pesquisa são divulgados em jornais e revistas, os valores correspondentes às frequências absolutas são acompanhados do número total de dados obtidos, a fim de tornar a análise dos dados mais significativa. Por exemplo, em uma pesquisa eleitoral, a informação "2 705 pessoas vão votar no candidato **X**" só tem consistência se conhecermos o número total de pessoas entrevistadas. No exemplo da pesquisa sobre o grau de satisfação com a academia, no início do capítulo, algum tempo depois o instituto poderia repetir a pesquisa sobre a avaliação da academia e definir uma amostra com um número maior de entrevistados. Para comparar os resultados obtidos nas duas amostras, seria preciso levar em consideração que eles têm "tamanhos" diferentes.

Definimos, desse modo, para cada realização ou valor assumido por uma variável, a **frequência relativa** (indicaremos por **Fr**) como a razão entre a frequência absoluta (Fa) e o número total de dados (**n**), isto é:

$$Fr = \frac{Fa}{n}$$

Observe que, para cada valor assumido pela variável, $0 \leqslant Fa \leqslant n$.

Desse modo, temos que $\frac{0}{n} \leqslant \frac{Fa}{n} \leqslant \frac{n}{n}$, isto é, $0 \leqslant Fr \leqslant 1$. Por esse motivo, é comum expressar a frequência relativa em porcentagem.

OBSERVAÇÃO

Note que a soma das frequências relativas das realizações (ou valores assumidos) por uma variável é igual a 1.

De fato, podemos supor que uma variável assuma **k** valores distintos, $\mathbf{a}_1, \mathbf{a}_2, ..., \mathbf{a}_k$, com frequências absolutas respectivamente iguais a $\mathbf{n}_1, \mathbf{n}_2 ..., \mathbf{n}_k$, com $n_1 + n_2 + ... + n_k = n$. As frequências relativas correspondentes a $\mathbf{a}_1, \mathbf{a}_2, ..., \mathbf{a}_k$ são respectivamente iguais a $\frac{n_1}{n}, \frac{n_2}{n}, ... \frac{n_k}{n}$.

Somando, obtemos $\frac{n_1}{n} + \frac{n_2}{n} + ... + \frac{n_k}{n} = \frac{n_1 + n_2 + ... + n_k}{n} = \frac{n}{n} = 1$

EXEMPLO 2

Vamos construir a tabela de frequências completa para a variável "estado civil".

Estado civil dos alunos da academia

Estado civil	Frequência absoluta (Fa)	Frequência relativa (Fr)
Solteiro	8	$\frac{8}{25} = 0{,}32$ ou 32%
Casado	12	$\frac{12}{25} = 0{,}48$ ou 48%
Viúvo	2	$\frac{2}{25} = 0{,}08$ ou 8%
Divorciado	3	$\frac{3}{25} = 0{,}12$ ou 12%
Total	**25**	**1,00 ou 100%**

Dados elaborados pelo autor.

A construção das tabelas de frequência para as variáveis "período de treino", "frequência semanal", "avaliação das instalações", "avaliação dos aparelhos", "avaliação dos professores" e "possibilidade de troca de academia" segue o mesmo procedimento.

Para as demais variáveis quantitativas, no entanto, é possível perceber que, praticamente, não há repetição de valores. Por exemplo, quando observamos os valores assumidos pela variável "valor da mensalidade", notamos que eles variam de 70 a 284 reais. Construir uma tabela usando os 25 valores, cada um ocorrendo, em geral, uma única vez, seria impensável, pois não resumiria os dados colhidos. Nesse caso, podemos agrupar os dados em **classes** ou **intervalos de valores**.

Vejamos, no exemplo seguinte, um procedimento comum para a construção das classes (ou intervalos). Para isso, vamos definir para uma variável quantitativa a **amplitude da amostra**, ou seja, a diferença entre o maior e o menor valor obtido.

EXEMPLO 3

Vamos obter os intervalos para a distribuição dos valores referentes às mensalidades, a fim de construirmos uma tabela de frequências que resuma os dados obtidos:

- Calculamos a amplitude da amostra:

$$\text{R\$ } 284{,}00 - \text{R\$ } 70{,}00 = \text{R\$ } 214{,}00$$

- Escolhemos o número de intervalos que serão usados; nesse exemplo, vamos usar 4 intervalos para distribuir as mensalidades.
- Dividimos a amplitude da amostra por 4:
  R$ 214,00 ÷ 4 = R$ 53,50, que será arredondado para R$ 54,00 — esse valor representará o **comprimento de cada intervalo** (ou, ainda, a amplitude de cada intervalo).
- Assim, o primeiro intervalo "começa" em R$ 70,00 (menor valor) e "vai" até R$ 124,00 (pois 70 + 54 = = 124). Convencionaremos que esse intervalo é fechado à esquerda e aberto à direita, isto é, trata-se do intervalo real [70, 124[, que será representado pela notação:
  $70 \vdash 124$
- O segundo intervalo será $124 \vdash 178$ (pois 124 + 54 = 178); o terceiro será $178 \vdash 232$ (pois 178 + 54 = = 232) e o quarto e último intervalo será $232 \vdash 286$ (pois 232 + 54 = 286).

Observe a tabela de frequências correspondente:

Valor da mensalidade paga pelos alunos da academia

Mensalidade (em reais)	Frequência absoluta (Fa)	Frequência relativa (Fr)
$70 \vdash 124$	14	$\frac{14}{25} = 0{,}56$ ou 56%
$124 \vdash 178$	7	$\frac{7}{25} = 0{,}28$ ou 28%
$178 \vdash 232$	1	$\frac{1}{25} = 0{,}04$ ou 4%
$232 \vdash 286$	3	$\frac{3}{25} = 0{,}12$ ou 12%
Total	**25**	**1,00 ou 100%**

Dados elaborados pelo autor.

OBSERVAÇÃO

Dependendo da natureza dos dados, podemos ter um número maior ou menor de intervalos (ou classes). É importante, entretanto, evitar intervalos de amplitude muito grande ou muito pequena, a fim de que não haja comprometimento na análise.

Exercícios

1. A prefeitura de uma estância turística deseja obter informações sobre os hotéis da região. Para isso, sorteou uma amostra de vinte estabelecimentos, que responderam às seguintes questões:

I. Qual é o valor da diária para um casal?
II. O hotel oferece café da manhã incluído no valor da diária?
III. Quantos funcionários trabalham no estabelecimento?
IV. Há piscina no estabelecimento?
V. Qual é o número de quartos de hospedagem?
VI. Qual dos itens seguintes melhor caracteriza o hotel: turístico, turístico superior, superior ou luxo?

Cada um dos objetos de estudo investigado corresponde a uma variável. Classifique as variáveis em qualitativas ou quantitativas.

2. Em uma pesquisa feita em um curso pré-vestibular, foram sorteados, aleatoriamente, 50 nomes de uma relação de 2475 alunos regularmente matriculados. Os estudantes responderam a um questionário no qual constavam, entre outras, as seguintes perguntas:

1. Qual é a área de carreira universitária pretendida?
2. Você cursou o Ensino Médio em escola particular, pública municipal ou pública estadual?
3. Qual é a sua renda mensal familiar?
4. Quantos irmãos você tem?
5. Qual é a sua disciplina favorita?
6. Quantas vezes você já fez cursinho?
7. Você trabalha/exerce alguma atividade remunerada?
8. Qual é o tempo aproximado gasto para vir ao cursinho?

a) Determine a população dessa pesquisa.
b) Qual é o tamanho da população e da amostra?
c) Entre os itens do questionário, destaque os que correspondem a variáveis qualitativas.
d) Em relação às perguntas 1, 5 e 6 do questionário, dê exemplos de possíveis respostas, isto é, possíveis valores assumidos pela variável.

3. Os governos dos estados do Rio de Janeiro e do Espírito Santo pretendem lançar uma campanha conjunta de prevenção à dengue em áreas rurais. Para isso, pretende-se conhecer previamente os hábitos de prevenção dos moradores. Decidiu-se, então, realizar uma pesquisa de campo, visitando um certo número de domicílios dessas áreas, escolhidas por amostragem, e coletando as informações desejadas.

a) Qual é o universo estatístico nessa pesquisa?
b) Quais perguntas seriam pertinentes de se fazer nessa pesquisa?

4. Em certa cidade, haverá 2º turno para eleições municipais. A cidade possui 1 764 835 eleitores registrados. Uma pesquisa feita com 2 650 eleitores sobre a intenção de voto para prefeito revelou que 1 715 pretendem votar no candidato **A**, 691 no candidato **B**, 141 estão indecisos e 103 irão votar em branco ou anular o voto.

a) Qual é a variável investigada na pesquisa? Classifique-a. Quais são as realizações ("respostas") dessa variável?

b) Qual é o tamanho da população e o da amostra?

c) Construa uma tabela de frequências para representar os dados da pesquisa.

Para as questões 5 a 9, use o quadro da página 176 deste capítulo.

5. Faça uma tabela de frequências para a variável "avaliação das instalações".

6. Faça uma tabela de frequências para a variável "frequência semanal".

7. Considerando a variável "possibilidade de trocar de academia", determine:

a) a frequência absoluta correspondente à resposta "sim";

b) a frequência relativa correspondente à resposta "não".

8. Faça uma tabela de frequências para a variável "idade", agrupando os dados em 5 classes de valores. Faça os arredondamentos a fim de trabalhar com valores inteiros nos intervalos.

9. O dono da academia esperava que ao menos 80% dos alunos avaliassem os professores como ótimos (nota 4) ou excelentes (nota 5). Os dados da amostra confirmam essa expectativa? Apresente os cálculos necessários que justificam a resposta.

10. A tabela seguinte refere-se aos resultados de uma pesquisa, realizada com 400 adolescentes, a respeito de seu lazer preferido.

Lazer preferido entre adolescentes

Lazer	Frequência absoluta (Fa)	Frequência relativa (Fr)	Porcentagem (%)
Instrumento musical	a	0,06	b
Internet	92	c	d
Esporte	e	f	9
Sair à noite	180	g	h
Outros	i	j	k
Total	**400**	**1,00**	**100**

Dados elaborados pelo autor.

Quais são os valores de **a**, **b**, **c**, **d**, **e**, **f**, **g**, **h**, **i**, **j** e **k**?

11. Na tabela abaixo, estão representados os resultados de um levantamento realizado com 180 pessoas, na praça de alimentação de um *shopping center*, sobre seus gastos em uma refeição.

Gastos com alimentação

Gastos (em reais)	Número de pessoas
5 ⊢ 10	63
10 ⊢ 15	x + 54
15 ⊢ 20	2x
20 ⊢ 25	$\frac{x}{2}$

Dados elaborados pelo autor.

a) Qual é o valor de **x**?

b) Que porcentagem do total de entrevistados gasta de R$ 20,00 a R$ 25,00 por refeição?

c) Que porcentagem do total de entrevistados gasta menos de R$ 15,00 por refeição?

12. Realizou-se uma pesquisa sobre a renda mensal dos trabalhadores de um aeroporto. Por amostragem, foram sorteados 25 funcionários que informaram seus salários, como mostra a relação seguinte (valores em reais):

3 240 — 1 170 — 2 160 — 4 140 — 2 304 —
1 728 — 3 564 — 1 044 — 2 340 — 846 —
3 960 — 1 710 — 2 790 — 1 440 — 1 584 —
1 980 — 1 206 — 2 916 — 2 610 — 1 656 —
1 512 — 1 062 — 1 350 — 972 — 4 860

Construa uma tabela de frequências para representar esses valores, agrupando-os em 5 intervalos – faça o arredondamento necessário a fim de trabalhar com números inteiros.

13. As notas obtidas por 30 alunos de uma turma em uma prova de inglês estão relacionadas abaixo:

6,5 — 3,2 — 9,3 — 4,2 — 7,4 — 1,2 — 8,6 — 3,5 — 8,0 — 3,8 — 1,7 — 4,2 — 2,1 — 4,8 — 5,4 — 3,3 — 3,2 — 6,4 — 9,1 — 5,3 — 1,9 — 4,5 — 5,5 — 6,1 — 7,0 — 2,1 — 6,2 — 5,6 — 4,8 — 4,7

a) Agrupe as notas em seis classes de intervalo, cada uma com amplitude 1,5, a partir da nota 1,0, e faça uma tabela de frequências.

b) Usando os dados agrupados, determine a porcentagem de alunos com nota maior ou igual a 7.

Aplicações

Matemática, informática e trabalho

Construindo tabelas de frequência usando planilhas eletrônicas

Consideremos a situação seguinte:

Uma grande indústria deseja conhecer os hábitos de seus funcionários com relação à prática de atividade física. Para isso, uma empresa especializada foi contratada para planejar e conduzir uma pesquisa. Foram selecionados, por amostragem, vários funcionários que responderam, entre outras, a seguinte questão: "Atualmente, qual é a atividade física que você pratica com maior regularidade?". Cada funcionário indicou um único esporte.

Foram obtidas as seguintes respostas:

- futebol: 53 funcionários;
- caminhada: 84 funcionários;
- musculação: 35 funcionários;
- vôlei: 11 funcionários;
- corrida: 27 funcionários;
- pilates: 5 funcionários;
- não praticam atividade física: 65 funcionários.

Já aprendemos a construir uma tabela de frequências para representar e organizar o conjunto de dados. Vamos, agora, construir a tabela usando programas de planilhas eletrônicas de uso amplamente difundido no mundo do trabalho.

Veja, a seguir, a reprodução da tela de uma planilha eletrônica de uso livre.

Campo de fórmulas

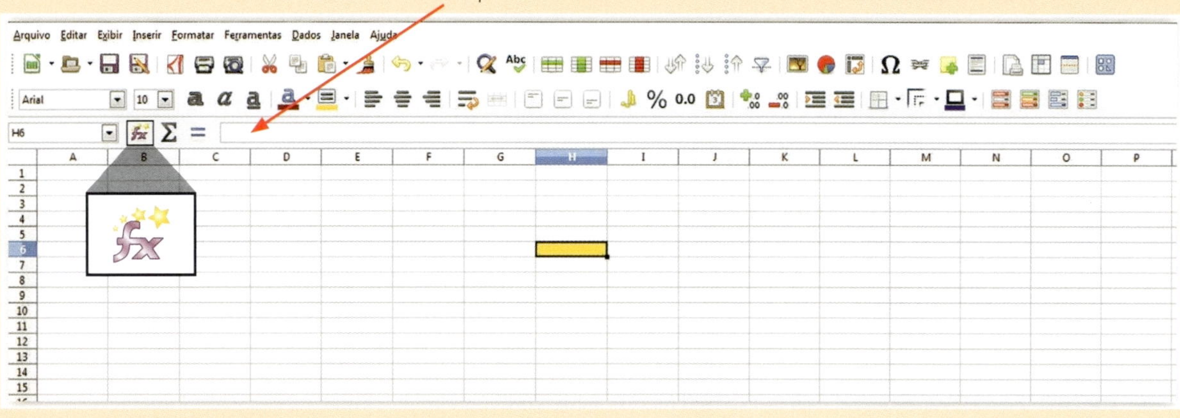

Colaboradores do LibreOffice

Na imagem acima é possível visualizar 15 linhas (numeradas de 1 a 15) e 16 colunas (de **A** até **P**). Para cada cruzamento linha × coluna, obtemos uma célula. Observe que a célula H6 aparece destacada.

Bastante útil na construção de tabelas e planilhas é o campo de fórmulas, indicado pela seta em vermelho, logo ao lado do símbolo *fx*.

Vamos, inicialmente, inserir os dados obtidos na pesquisa.

O primeiro passo é escolher uma célula qualquer (no exemplo C3) para inserir a variável em estudo: Atividade física. Nas células C4 a C10 digitamos as possíveis respostas ou realizações dessa variável.

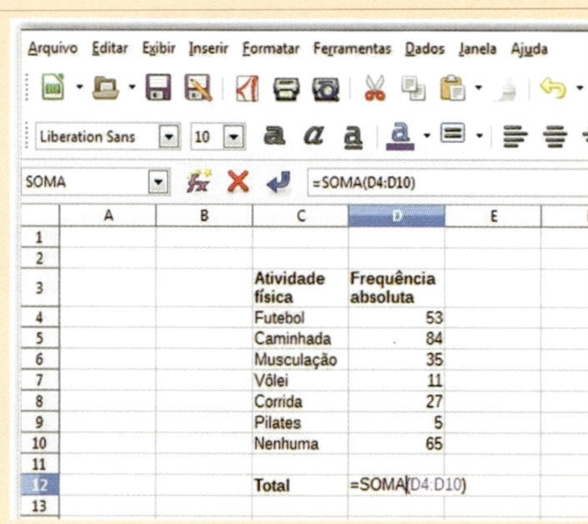

Colaboradores do LibreOffice

Ao lado da variável, na célula D3, digitamos "Frequência absoluta" e, de D4 a D10, inserimos os valores correspondentes.

Para se obter o total, é preciso selecionar a célula D12 e, em seguida, digitar, no campo de fórmulas, = soma (D4 : D10). Serão somados os valores das células D4 a D10, obtendo-se o valor 280, que ficará "guardado" na célula D12.

- Inserimos, na célula E3, "Frequência relativa".

Selecionamos a célula E4 e, no campo de fórmulas, digitamos = D4/280 (a divisão é indicada por /).

Aparecerá, na célula E4, o valor 0,189285714.

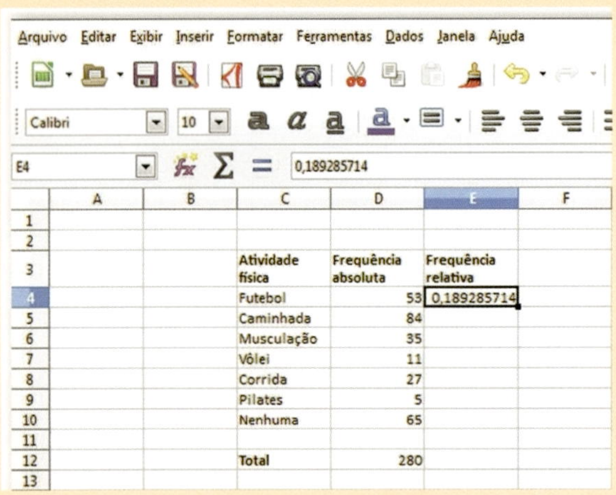

Colaboradores do LibreOffice

	A	B	C	D	E	F
1						
2						
3			Atividade física	Frequência absoluta	Frequência relativa	
4			Futebol	53	0,189285714	
5			Caminhada	84		
6			Musculação	35		
7			Vôlei	11		
8			Corrida	27		
9			Pilates	5		
10			Nenhuma	65		
11						
12			Total	280		
13						

Para que o cálculo da frequência relativa seja feito com todos os valores das células D5 a D10, procedemos da seguinte maneira:

- clicamos no ponto inferior direito da célula E4;
- arrastamos, com o *mouse*, até a célula E10;
- gradativamente, aparecerão os valores desejados da frequência relativa, como vemos abaixo:

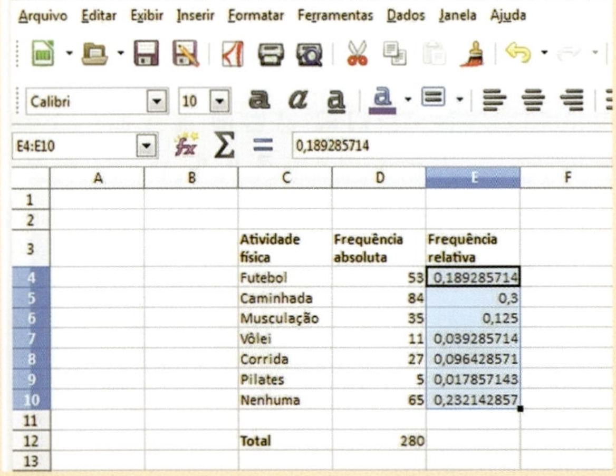

Colaboradores do LibreOffice

	A	B	C	D	E	F
1						
2						
3			Atividade física	Frequência absoluta	Frequência relativa	
4			Futebol	53	0,189285714	
5			Caminhada	84	0,3	
6			Musculação	35	0,125	
7			Vôlei	11	0,039285714	
8			Corrida	27	0,096428571	
9			Pilates	5	0,017857143	
10			Nenhuma	65	0,232142857	
11						
12			Total	280		
13						

- Inserimos, na célula F3, "Porcentagem".

Selecionamos a célula F4 e, no campo de fórmulas, digitamos = E4*100 (a multiplicação é indicada por *).

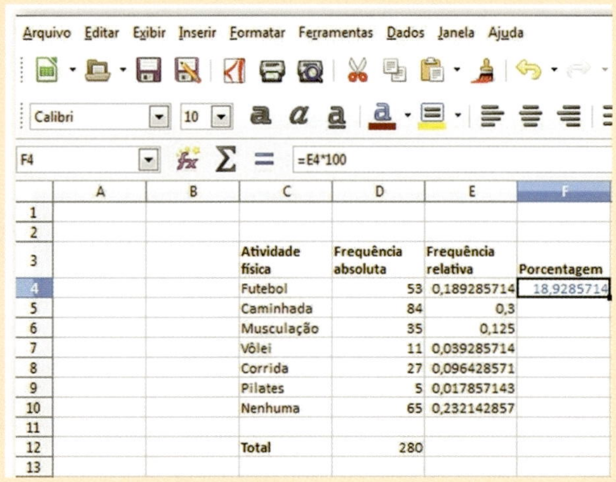

Colaboradores do LibreOffice

	A	B	C	D	E	F
1						
2						
3			Atividade física	Frequência absoluta	Frequência relativa	Porcentagem
4			Futebol	53	0,189285714	18,9285714
5			Caminhada	84	0,3	
6			Musculação	35	0,125	
7			Vôlei	11	0,039285714	
8			Corrida	27	0,096428571	
9			Pilates	5	0,017857143	
10			Nenhuma	65	0,232142857	
11						
12			Total	280		
13						

Para que o cálculo da porcentagem seja feito com todos os valores das células E5 a E10, procedemos de modo análogo ao cálculo da frequência relativa: clicamos no ponto inferior direito da célula F4; arrastamos, com o *mouse*, até a célula F10. Aparecerão os valores desejados da porcentagem, conforme vemos na imagem abaixo, que mostra a tabela de frequências completa.

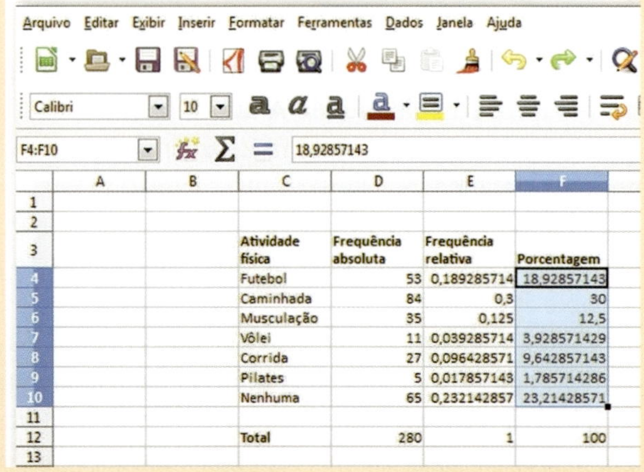

Colaboradores do LibreOffice

	A	B	C	D	E	F
1						
2						
3			Atividade física	Frequência absoluta	Frequência relativa	Porcentagem
4			Futebol	53	0,189285714	18,92857143
5			Caminhada	84	0,3	30
6			Musculação	35	0,125	12,5
7			Vôlei	11	0,039285714	3,928571429
8			Corrida	27	0,096428571	9,642857143
9			Pilates	5	0,017857143	1,785714286
10			Nenhuma	65	0,232142857	23,21428571
11						
12			Total	280	1	100
13						

Representações gráficas

A representação gráfica constitui um importante recurso para reunião, análise e interpretação de um conjunto de dados.

Os vários tipos de gráficos estão presentes em diversos veículos de comunicação (jornais, revistas, internet), sendo associados aos mais variados assuntos do nosso dia a dia.

Sua importância está ligada sobretudo à possibilidade de facilitar e tornar mais rápida a absorção das informações por parte do leitor. Além disso, o recurso gráfico permite aos veículos de comunicação a elaboração de diversas ilustrações, que tornam a leitura mais atraente.

Neste capítulo, estudaremos cinco tipos de representações gráficas: gráfico de barras, histograma, gráfico de setores, gráfico de linhas e pictograma.

Gráfico de barras

O gráfico abaixo mostra uma prospecção da população mundial e sua distribuição nos continentes (separando o continente americano em América do Norte e América Latina/Caribe).

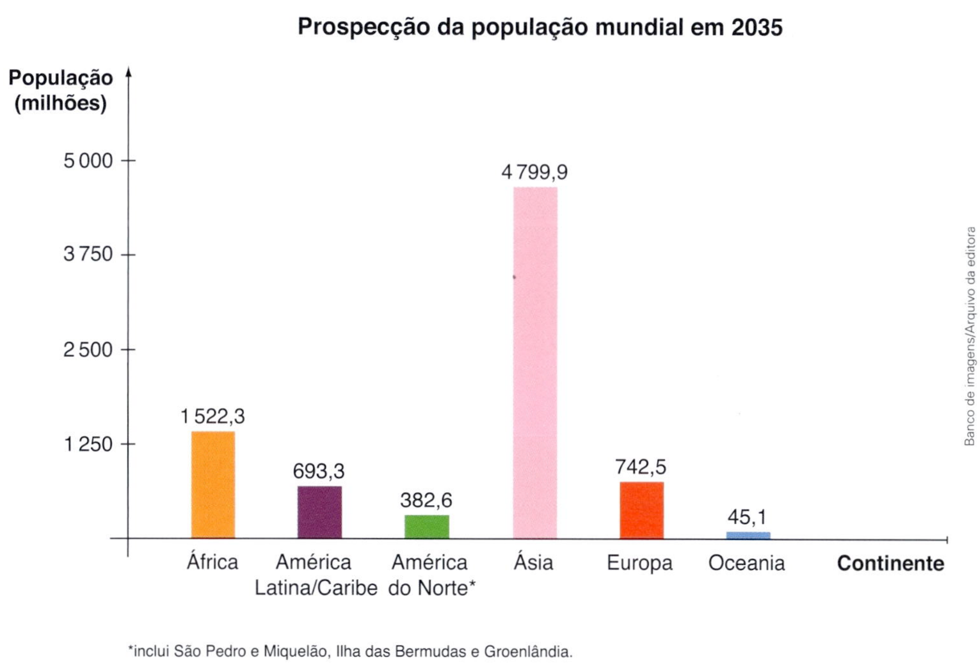

Fonte: United Nations, Department of Economic and Social Affairs, Population Division (2017). *World Population Prospects: The 2017 Revision, custom data acquired via website*. Disponível em: <https://esa.un.org/unpd/wpp/DataQuery/>. Acesso em: 22 ago. 2018.

Para cada continente está representada uma barra vertical, cuja medida do comprimento é proporcional ao número de habitantes do continente. Essa representação gráfica recebe o nome de **gráfico de barras verticais**.

Da observação do gráfico podemos extrair algumas informações, por exemplo:

- Em 2017, a prospecção da população mundial para 2035 era de 8 185,7 milhões de habitantes (pois $1\,522{,}3 + 693{,}3 + 382{,}6 + 4\,799{,}9 + 742{,}5 + 45{,}1 = 8\,185{,}7$), ou seja, aproximadamente 8 bilhões e 186 milhões de habitantes.

- A soma das prospecções das populações no continente americano (693,3 + + 382,6 = 1075,9) superava a prospecção da população da Europa, mas não superava a prospecção da população da África.
- A razão entre as prospecções das populações dos dois continentes mais populosos era próxima de 3,2, pois 4799,9 : 1522,3 ≃ 3,153; já a razão entre a prospecção da população da Ásia e a da Oceania (continentes mais e menos populosos, respectivamente) é próxima de 106, pois 4799,9 : 45,1 ≃ 106,427.

É comum também utilizar a representação gráfica por meio de barras horizontais, como mostra o gráfico seguinte:

Principais países emissores de turistas para o Brasil (2016)

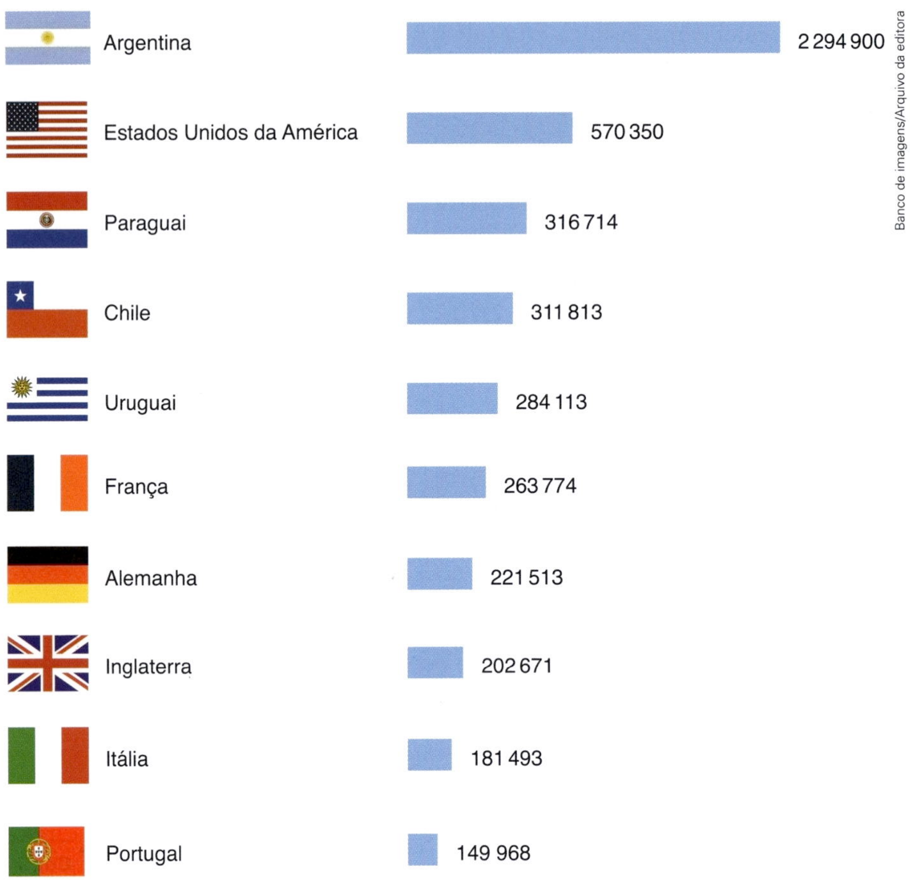

Fonte de pesquisa: Departamento de Polícia Federal e Ministério do Turismo. Principais países emissores de turistas para o Brasil – 2015/2016. Disponível em: <www.dadosefatos.turismo.gov.br/dadosefatos/estatisticas_indicadores/principais_emissores_turistas/>. Acesso em: 22 ago. 2018.

Histograma

O **histograma** é uma representação gráfica muito semelhante ao gráfico de barras verticais. Em geral, ele é usado para representar os valores assumidos por uma variável quantitativa quando estes estão agrupados em classes de intervalos.

O histograma é um gráfico formado por retângulos contíguos, isto é, que estão em contato entre si (os retângulos se "encostam"). A base de cada retângulo corresponde a um segmento cujas extremidades são os limites de cada classe de intervalo, e a altura de cada retângulo é proporcional à frequência (absoluta, relativa ou em porcentagem) da classe correspondente.

EXEMPLO 4

A altura de 80 alunos de uma escola de Ensino Médio está distribuída de acordo com a tabela abaixo.

Altura dos alunos do Ensino Médio

Altura (metros)	Frequência absoluta (Fa)	Frequência relativa (Fr)
1,60 ⊢ 1,65	4	0,05 ou 5,0%
1,65 ⊢ 1,70	12	0,15 ou 15,0%
1,70 ⊢ 1,75	18	0,225 ou 22,5%
1,75 ⊢ 1,80	26	0,325 ou 32,5%
1,80 ⊢ 1,85	10	0,125 ou 12,5%
1,85 ⊢ 1,90	8	0,10 ou 10,0%
1,90 ⊢ 1,95	2	0,025 ou 2,5%
Total	**80**	**1,000 ou 100,0%**

Dados elaborados pelo autor.

Utilizando os dados da tabela, construímos o histograma seguinte:

Altura dos alunos do Ensino Médio

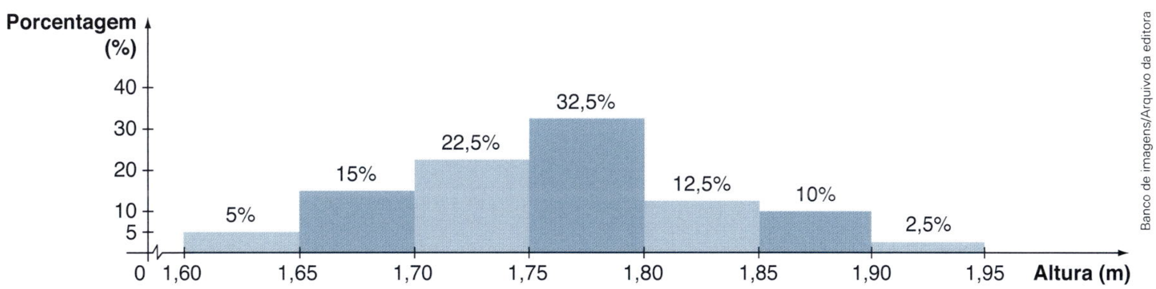

Dados elaborados pelo autor.

A análise do histograma permite afirmar que:

- a classe que reúne a maior porcentagem de alunos corresponde ao intervalo de 1,75 m a 1,80 m;
- 75% dos alunos dessa escola têm altura menor que 1,80 m (observe que somamos: 5% + 15% + + 22,5% + 32,5%);
- o intervalo de 1,65 m a 1,90 m concentra 92,5% das alturas dos alunos da escola.

Gráfico de setores

O gráfico ao lado mostra a distribuição aproximada da população brasileira, dividida em zona rural e zona urbana, segundo dados do último Censo demográfico (2010).

Esta representação gráfica é conhecida como **gráfico de setores**, ou, informalmente, por gráfico de *pizza*.

Para construir o gráfico, dividiu-se o círculo em duas partes, ou melhor, em dois setores circulares, cujas medidas dos ângulos centrais são diretamente proporcionais às frequências correspondentes a cada setor (no caso, a frequência é dada pela porcentagem). Podemos obter tais medidas por meio, por exemplo, de uma regra de três:

Distribuição da população brasileira (2010)

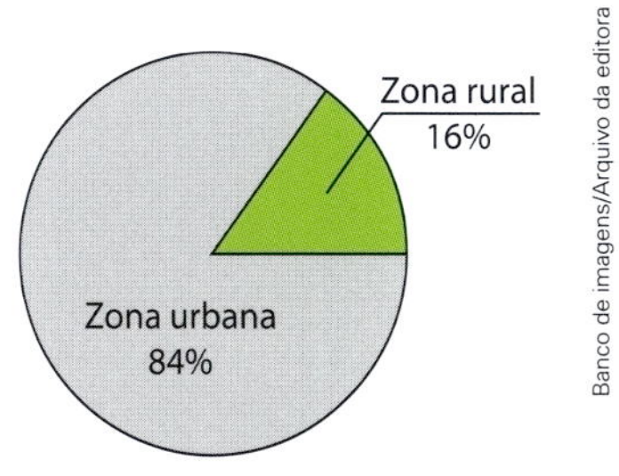

Fonte: IBGE, Censo Demográfico 2010.

OBSERVAÇÃO

Também poderíamos determinar a população da zona rural calculando $360° - 302{,}4° = 57{,}6°$.

- Zona urbana:

$$\begin{array}{lcl} 100\% & \text{———} & 360° \\ 84\% & \text{———} & x \end{array} \Rightarrow x = 302{,}4° = 302°\ 24'$$

- Zona rural:

$$\begin{array}{lcl} 100\% & \text{———} & 360° \\ 16\% & \text{———} & y \end{array} \Rightarrow y = 57{,}6° = 57°\ 36'$$

O gráfico de setores pode ser construído com o auxílio de um transferidor ou de um *software* computacional.

Suponhamos que, de modo geral, a variável em estudo assuma **k** valores distintos. O processo de construção do gráfico de setores consiste em dividir um círculo em **k** partes (setores circulares) proporcionais às frequências das realizações observadas. Mais precisamente, as medidas dos ângulos dos setores circulares são proporcionais às porcentagens (ou frequências, em geral) de ocorrência das realizações da variável.

Gráfico de linhas

O gráfico a seguir mostra a variação do número de óbitos por dengue no estado de São Paulo, de 2001 a 2018*. Combater a dengue é um grande desafio para nossa sociedade!

Mortes por dengue no estado de São Paulo

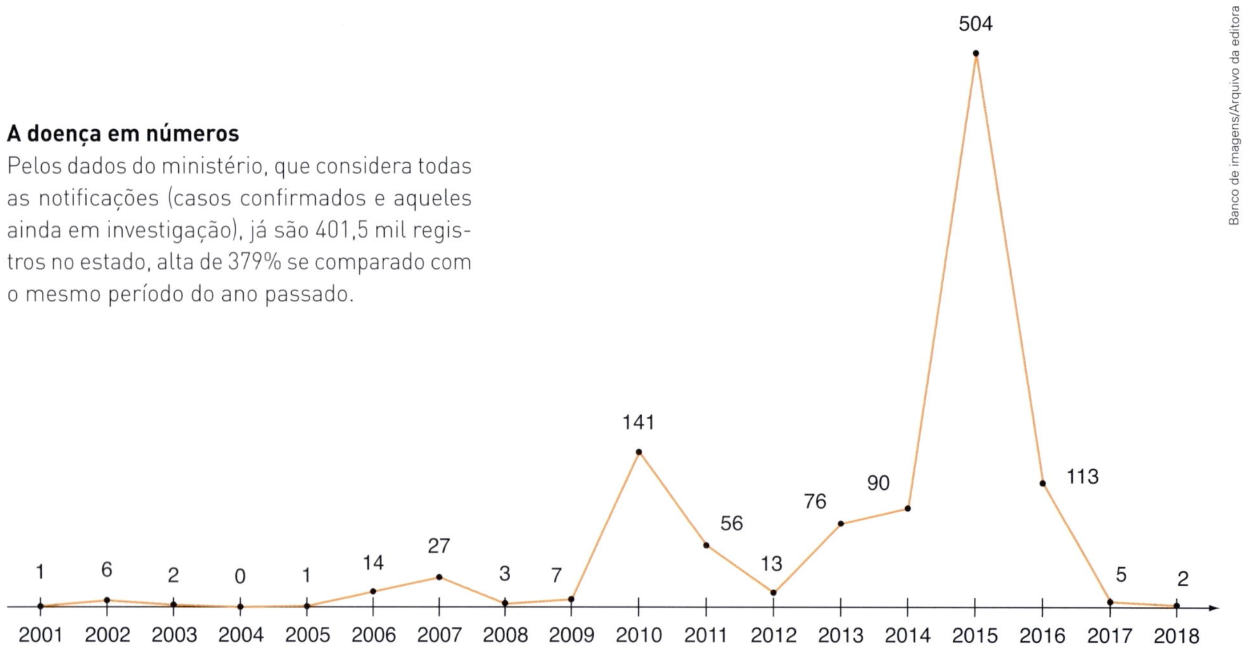

* Dados até abril de 2018.

Fonte: Secretaria de Vigilância em Saúde – Ministério da Saúde, abril de 2018.

A cada ano do período considerado está associado um número correspondente ao número de mortes por dengue, estabelecendo-se uma função entre essas duas grandezas (tempo, em anos, e número de mortes).

Unindo os pontos obtidos por segmentos de reta consecutivos, obtemos o **gráfico de linhas**. O uso do gráfico de linhas é especialmente útil quando se quer representar os valores assumidos por uma variável quantitativa no decorrer do tempo.

A leitura do gráfico nos permite concluir que:

- de 2012 a 2015, o número de óbitos por dengue cresceu;
- em todos os anos, a partir de 2005, houve mortes por dengue no estado de São Paulo;
- em 2015 o aumento do número de mortes foi 460%, em comparação com o número de mortes por dengue em 2014 (observe que 460% de 90 é igual a 414 e 90 + 414 = 504).

Pictograma

Pictograma é uma representação gráfica em que são usadas figuras ou imagens que guardam relação com o assunto que está sendo tratado. As representações pictóricas possuem forte apelo visual, chamando prontamente a atenção e despertando a curiosidade do leitor, e, por isso, são amplamente utilizadas nos mais variados veículos de comunicação.

Uma pizzaria inaugurada há 6 meses pretende divulgar, como estratégia de *marketing*, o crescimento de suas vendas no semestre, como mostra a tabela seguinte:

Mês	Março	Abril	Maio	Junho	Julho	Agosto
Pizzas vendidas	400	600	900	1 200	1 450	1 750

O dono da pizzaria sugeriu que os resultados fossem apresentados em um pictograma a fim de chamar a atenção dos clientes.

Observe o pictograma:

***Pizzas* vendidas no último semestre**

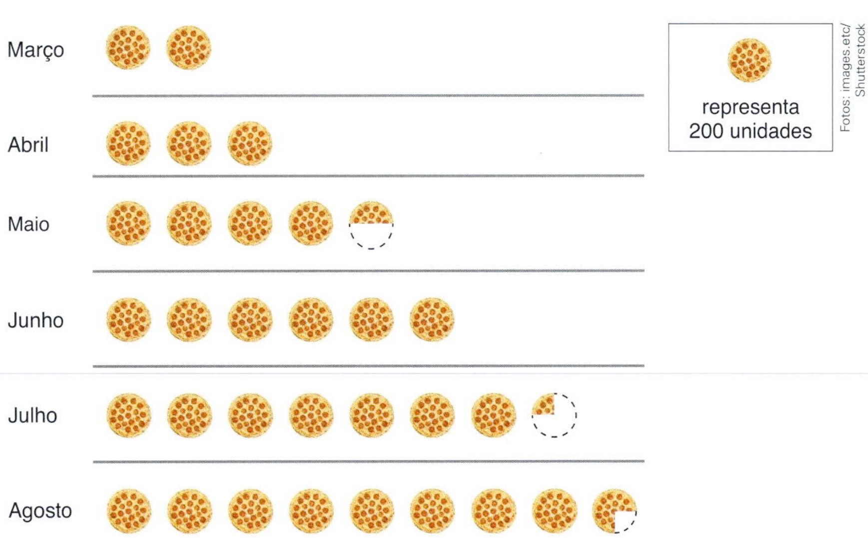

Dados elaborados pelo autor.

É interessante notar os fracionamentos das *pizzas* desse pictograma: a *pizza* pela metade representa 100 unidades (maio); $\frac{1}{4}$ da pizza representa 50 unidades (julho) e $\frac{3}{4}$ da *pizza* representa 150 unidades (agosto).

Exercícios

14. Analise o gráfico a seguir.

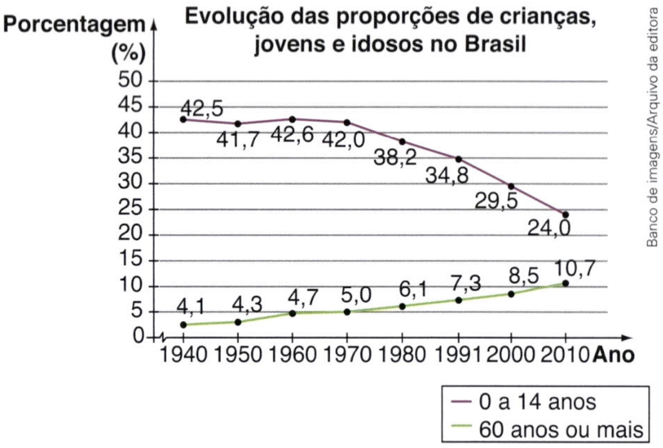

Fonte: IBGE, Censo demográfico 1940-2010. Disponível em: <seriesestatisticas.ibge.gov.br/series.aspx?no=10&op=0&vcodigo=POP22&t=populacao-grupos-idade-populacao-presente-residente>. Acesso em: 22 ago. 2018.

Com base no gráfico, classifique as afirmações em verdadeiras (**V**) ou falsas (**F**):

a) O percentual de jovens de até 14 anos vem caindo desde 1940.

b) A máxima diferença entre os percentuais de jovens de até 14 anos e adultos com 60 anos ou mais foi registrada no Censo de 1960.

c) Se a população brasileira em 2010 era de aproximadamente 190 milhões, então mais de 40 milhões de habitantes tinham até 14 anos.

d) Se o Censo de 2000 indicava uma população de 14 450 000 idosos no Brasil, então a população brasileira ultrapassava a barreira dos 175 milhões de pessoas.

15. A tabela seguinte informa o número de inscrições confirmadas, por região, no Enem de 2017.

Número de inscrições confirmadas no Enem em 2017

Região	Inscritos
Centro-Oeste	510 515
Norte	708 958
Sul	667 550
Nordeste	2 009 504
Sudeste	2 238 891
Total	**6 135 418**

Fonte: Balanço das inscrições Enem 2017. Disponível em: <http://download.inep.gov.br/educacao_basica/enem/downloads/2017/apresentacao_dados_inscricoes_enem_2017.pdf>. Acesso em: 22 ago. 2018.

a) Represente esses dados em um gráfico de setores, indicando, para cada região, o respectivo percentual em relação ao total de alunos. Faça os arredondamentos necessários para usar números inteiros.

b) Considerando o gráfico obtido no item *a*, determine a medida aproximada (use um número inteiro de graus) dos ângulos dos setores correspondentes à região Sudeste e à região Norte.

16. O gráfico seguinte mostra a evolução mensal da balança comercial brasileira de abril de 2014 a abril de 2015. A balança comercial é a diferença (nesta ordem) entre as exportações e as importações de um país em um determinado período.

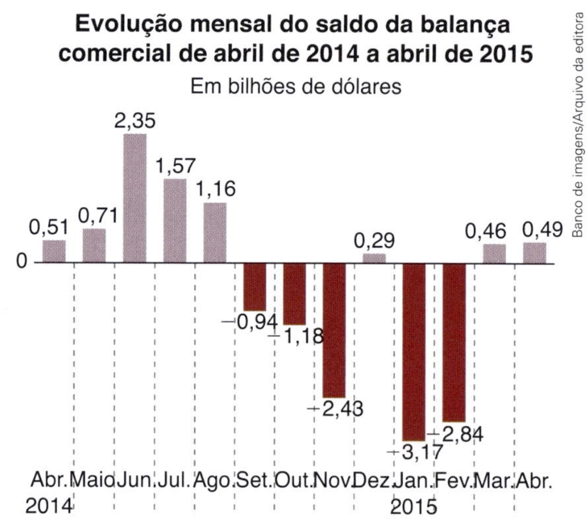

Fonte: *O Estado de São Paulo*, 5 maio 2015.

a) Em que meses as importações brasileiras superaram as exportações?

b) Se, em abril de 2015, as exportações totalizaram 15,156 bilhões de dólares, determine o total das importações nesse mês.

c) Em qual data do período considerado a diferença entre as exportações e importações (nessa ordem) foi máxima?

d) Considerando os meses de janeiro e fevereiro de 2015, determine, em bilhões de dólares, o aumento do saldo da balança comercial brasileira.

e) Representando por **x** o valor (em bilhões de dólares) das importações em fevereiro de 2015, qual é o valor das exportações nesse mesmo mês?

17. Em uma escola, os alunos devem optar por um, e somente um, dos três idiomas: inglês, espanhol ou francês.

A distribuição da escolha de 180 alunos está indicada pelo gráfico a seguir.

Idioma escolhido pelos alunos

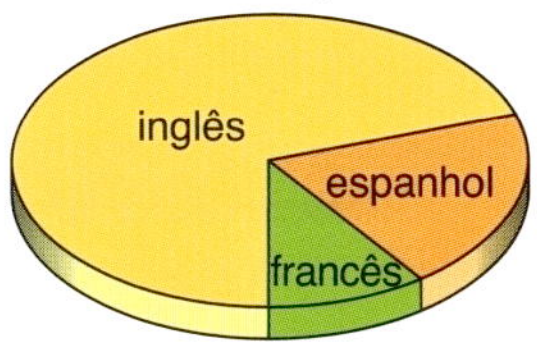

Banco de imagens/Arquivo da editora

Dados elaborados pelo autor.

Sabendo que o ângulo do setor representado pelos alunos que escolheram inglês mede 252° e que apenas 18 alunos optaram por estudar francês, determine:

a) a medida do ângulo do setor correspondente a francês.

b) o número de alunos que optaram por espanhol e a medida do ângulo correspondente.

18. Na tabela seguinte vemos o número de medalhas de ouro conquistadas pelo Brasil nos Jogos Olímpicos, desde os jogos de 1948, em Londres, até os de 2016, no Rio de Janeiro.

Medalhas de ouro conquistadas pelo Brasil nos Jogos Olímpicos

Ano	Medalhas de ouro	Ano	Medalhas de ouro
1948	0	1984	1
1952	1	1988	1
1956	1	1992	2
1960	0	1996	3
1964	0	2000	0
1968	0	2004	5
1972	0	2008	3
1976	0	2012	3
1980	2	2016	7

Fonte: Comitê Olímpico do Brasil. *Medalhas do time Brasil*. Disponível em: <https://www.cob.org.br/pt/time-brasil/brasil-nos-jogos/medalhas-do-time-brasil>. Acesso em: 22 ago. 2018.

a) Considerando a variável "número de medalhas de ouro em Jogos Olímpicos", construa uma tabela de frequências.

b) Represente esse conjunto de dados em um gráfico de barras.

19. No pictograma seguinte está representada a quantidade de gols marcados em uma liga de futebol durante os anos de 2013 a 2018.

Gols marcados

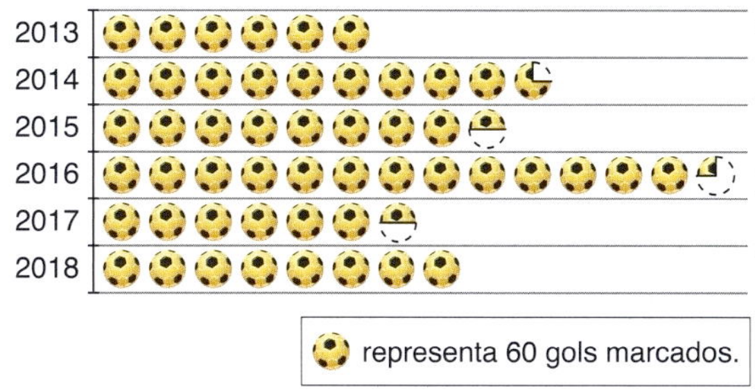

Banco de imagens/Arquivo da editora

Dados elaborados pelo autor.

Determine:

a) a diferença entre o número de gols marcados em 2014 e em 2017.

b) o número total de gols marcados na liga nesses seis anos.

c) a média do número de gols marcados na liga nesses seis anos (a média é a razão entre o total de gols marcados e o número de anos considerados).

20. No quadro abaixo, são apresentadas as temperaturas, hora a hora, em uma cidade da serra Gaúcha em um dia de inverno no período de meia-noite (0h) às 13h.

Hora	Temperatura
0:00	1 °C
1:00	−2 °C
2:00	−1 °C
3:00	−3 °C
4:00	−5 °C
5:00	−4 °C
6:00	−1 °C
7:00	1 °C
8:00	2 °C
9:00	4 °C
10:00	4 °C
11:00	6 °C
12:00	9 °C
13:00	10 °C

a) Qual é a amplitude térmica registrada nesse período?

b) Qual dos gráficos – setores, pictograma ou linhas – é mais indicado para representar esse conjunto de dados? Faça a representação gráfica correspondente.

O enunciado a seguir refere-se às questões 21 e 22.

O Índice de Desenvolvimento Humano Municipal (IDHM) é uma medida composta de indicadores de três dimensões do desenvolvimento humano: longevidade, educação e renda. O índice varia de 0 a 1; quanto mais próximo de 1, maior o desenvolvimento humano. O IDHM brasileiro segue as mesmas três dimensões do IDH Global, mas vai além: adequa a metodologia global ao contexto brasileiro e à disponibilidade de indicadores nacionais. Na tabela seguinte, estão relacionados os índices de todos os estados brasileiros, inclusive o Distrito Federal.

IDHM – Unidades da Federação – 2010

Estado	IDHM	Estado	IDHM	Estado	IDHM
Acre	0,663	Maranhão	0,639	Rio de Janeiro	0,761
Alagoas	0,631	Mato Grosso	0,725	Rio Grande do Norte	0,684
Amapá	0,708	Mato Grosso do Sul	0,729	Rio Grande do Sul	0,746
Amazonas	0,674	Minas Gerais	0,731	Rondônia	0,690
Bahia	0,660	Pará	0,646	Roraima	0,707
Ceará	0,682	Paraíba	0,658	Santa Catarina	0,774
Distrito Federal	0,824	Paraná	0,749	São Paulo	0,783
Espírito Santo	0,740	Pernambuco	0,673	Sergipe	0,665
Goiás	0,735	Piauí	0,646	Tocantins	0,699

Fonte: *Atlas do Desenvolvimento Humano no Brasil 2013* (com dados do Censo 1991, 2000 e 2010). Disponível em: <www.pnud.org.br/atlas/ranking/Ranking-IDHm-UF-2010.aspx>. Acesso em: 22 ago. 2018.

21. Faça o que se pede:

a) Construa o histograma correspondente ao IDHM dos estados brasileiros usando 5 intervalos de mesma amplitude (considere duas casas decimais para o valor da amplitude de cada intervalo).

b) Utilizando o gráfico construído no item anterior, determine o percentual de estados cujo IDHM é maior ou igual a 0,751.

22. Faça o que se pede:

a) Agrupe os valores do IDHM em intervalos de amplitude 0,1; a partir de 0,6, faça uma tabela de frequências e construa um histograma.

b) A partir do item *a*, determine a porcentagem de estados brasileiros (incluindo o Distrito Federal) que têm IDHM igual ou maior que 0,7.

23. O gráfico ao lado informa a distribuição, em certo mês, do número de faltas ao trabalho, por funcionário de uma empresa.

Se essa empresa possui 2400 funcionários, determine:

a) o número de funcionários que não faltaram ao trabalho nesse mês.

b) o número de funcionários que tiveram pelo menos duas faltas no mês.

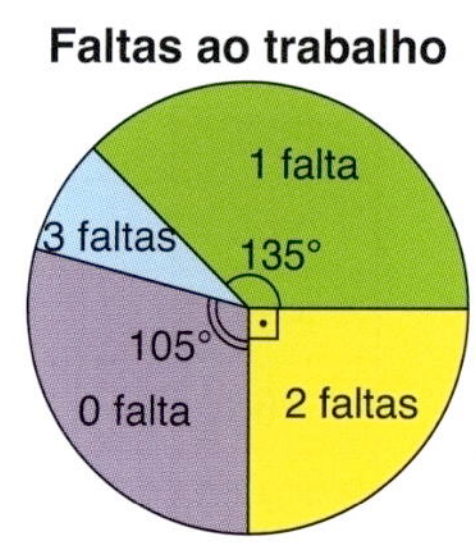

Banco de imagens/Arquivo da editora

Dados elaborados pelo autor.

24. No pictograma abaixo está representada a queda na área desmatada anualmente em uma floresta de certo país, devido à maior fiscalização dos órgãos governamentais, no período de 2014 a 2018.

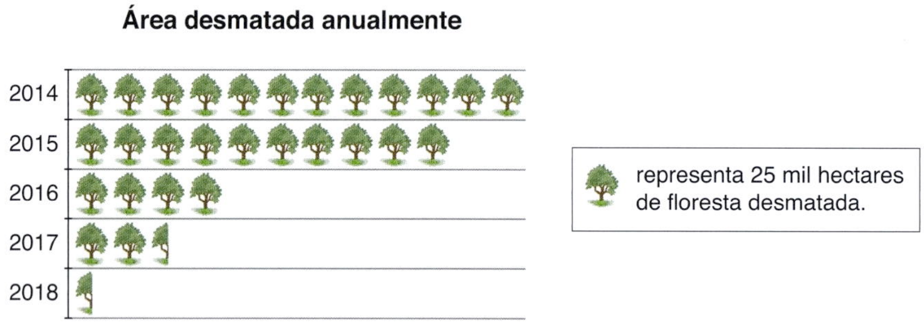

Banco de imagens/Arquivo da editora

Dados elaborados pelo autor.

Sabendo que 1 hectare equivale a 10^4 m^2, determine:

a) a área, em km^2, correspondente à superfície de floresta desmatada em 2015 e em 2017.

b) a queda percentual da área desmatada em 2016, em comparação a 2015.

c) a queda percentual da área desmatada em 2018, em comparação a 2014.

d) o número inteiro de campos de futebol equivalente à área de floresta desmatada em 2018, tomando como base um campo de futebol de 100 m de comprimento por 70 m de largura.

25. O gráfico informa a produção e o consumo de arroz registrados no Brasil desde 1999 e suas projeções até o biênio 2021/2022.

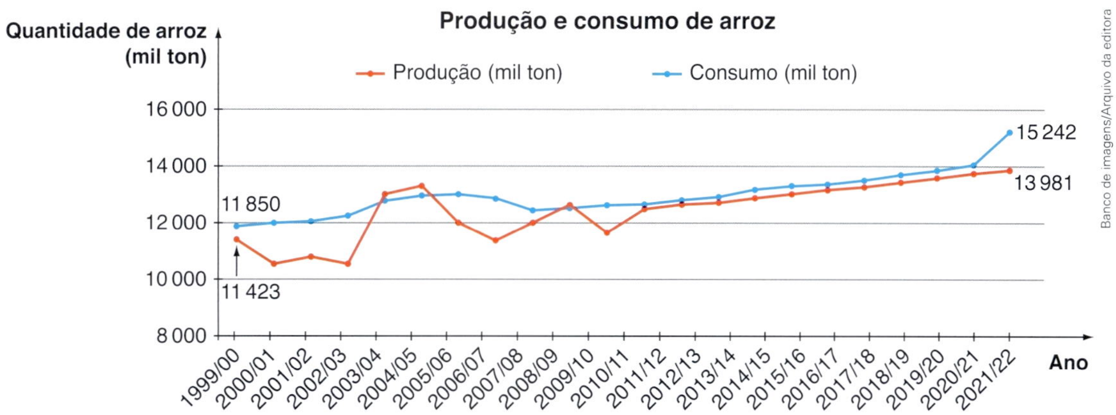

Fonte: Ministério da Agricultura, Pecuária e Abastecimento – Projeções do agronegócio Brasil. Disponível em: <www.agricultura.gov.br/assuntos/politica-agricola/todas-publicacoes-de-politica-agricola/projecoes-do-agronegocio/>. Acesso em: 22 ago. 2018.

Analise as afirmações seguintes, classificando-as em verdadeiras (**V**) ou falsas (**F**):

a) A projeção para o consumo de arroz no Brasil revela tendência de estabilidade a partir de 2010.

b) As projeções para a produção e o consumo de arroz no Brasil mostram que deverá haver necessidade de importação ou uso de estoques para suprir a demanda interna.

c) Em nenhum período considerado no gráfico a produção supera o consumo de arroz.

d) Do primeiro ao último biênio considerado, a produção de arroz terá crescido mais de 10%.

e) Do primeiro ao último biênio considerado, o consumo de arroz no Brasil terá aumentado em 3392 toneladas.

26. Em uma pesquisa realizada com 150 trabalhadores, foram levantadas várias informações, como o tempo (em anos) que o trabalhador está em seu emprego atual.

Os resultados estão apresentados na seguinte tabela de frequências:

Tempo (em anos)	Frequência absoluta	Frequência relativa	Porcentagem (%)
1	45	d	h
2	48	e	i
3	a	f	20
4	b	g	j
5 ou mais	c	0,16	k
Total	**150**	**1,00**	**100**

Grupo de pessoas discutindo negócios.

a) Qual é o valor de e + f + g?

b) Quantos funcionários estão há pelo menos 3 anos no atual emprego?

c) Qual é o valor de h + k?

d) Se esse conjunto de dados fosse representado em um gráfico de setores, qual seria a medida aproximada do ângulo central do setor correspondente aos trabalhadores com 2 anos no emprego atual?

27. O gráfico ao lado ilustra o resultado de uma pesquisa sobre a aprovação da administração do prefeito de uma cidade um ano após sua posse. Sabe-se que foram ouvidas 480 pessoas.

a) Quantas pessoas aprovam a administração do prefeito?

b) Quais as medidas dos ângulos dos setores desse gráfico?

c) Supondo que as mulheres representam 60% entre os que aprovam e 45% entre os que reprovam, determine a diferença entre o número de homens que aprovam e o número de homens que reprovam a administração desse prefeito.

Aprovação da administração do prefeito

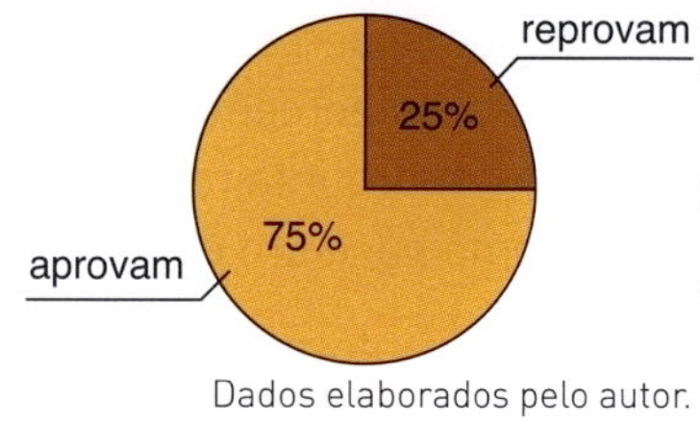

Dados elaborados pelo autor.

Banco de imagens/Arquivo da editora

28. O gráfico abaixo apresenta o volume de água economizado (em L/s) pela população da Grande São Paulo durante a crise hídrica iniciada em 2014.

Volume de água economizado na Grande São Paulo (em litros por segundo)

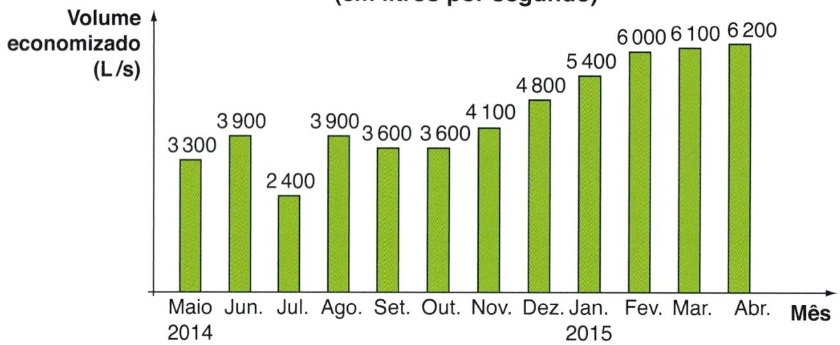

Banco de imagens/Arquivo da editora

Fonte: O Estado de S. Paulo. Disponível em: <sao-paulo.estadao.com.br/noticias/geral,1-ano-de-bonus-da-agua-rende-o-equivalente-a-uma-guarapiranga,1684965>. Acesso em: 22 ago. 2018.

a) Qual é a diferença entre o maior e o menor volume de água economizado por mês, em L/s, no período considerado?

b) Considerando que o mês de abril tem 30 dias, determine o volume total de água economizado em abril de 2015.

c) Se um estudante tivesse que apresentar esse conjunto de dados usando outro gráfico, escolhido entre os gráficos de setores ou de linhas, qual deles melhor o representaria? Por quê?

29. O gráfico comparativo abaixo mostra o crescimento do número de documentos lavrados em cartório que comprovam abusos e crimes virtuais, tais como vazamento de fotos e vídeos íntimos, perfis falsos, difamação, entre outros.

Número de documentos lavrados em cartório referentes a abuso e crimes virtuais

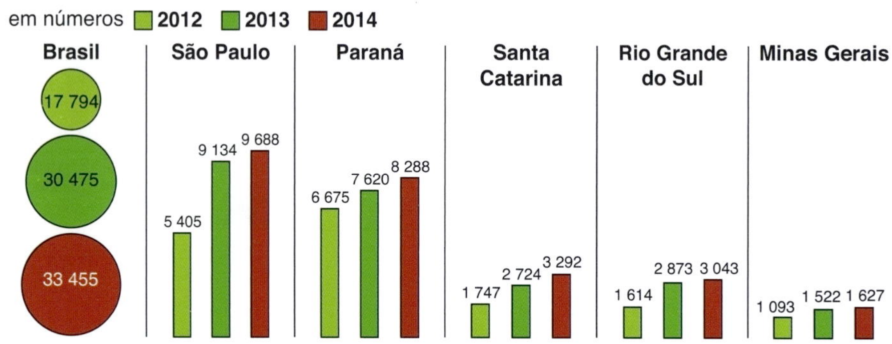

Banco de imagens/Arquivo da editora

Fonte: *O Estado de S. Paulo*, 18 maio 2015.

Com base nos dados, analise as afirmações seguintes classificando-as em verdadeira (**V**) ou falsa (**F**) e justificando as falsas.

a) Em 2014, São Paulo registrava mais de $\frac{1}{3}$ do total de ocorrências do país.
b) Entre os estados listados, Santa Catarina registrou o maior aumento percentual do número de documentos lavrados em 2014, na comparação com 2013.
c) O aumento percentual ao qual se refere o item *b*, para Santa Catarina, é maior que 25%.
d) Considerando o número total de ocorrências na região Sul em 2014, é correto afirmar que o Paraná concentrava mais de 50% desse total.
e) Para o estado de Minas Gerais, é possível dizer que o aumento no número de documentos nos três anos considerados é aproximadamente linear.

30. De acordo com os resultados da Pesquisa Nacional por Amostra de Domicílios Contínua (PNAD contínua), no primeiro trimestre de 2017, o número de pessoas potencialmente ativas para exercer alguma atividade de trabalho no Brasil foi estimado em 103,12 milhões. Destes, 88,95 milhões de pessoas estão ocupadas.

Distribuição da população ocupada segundo as categorias de posição na ocupação – 1º trimestre de 2017

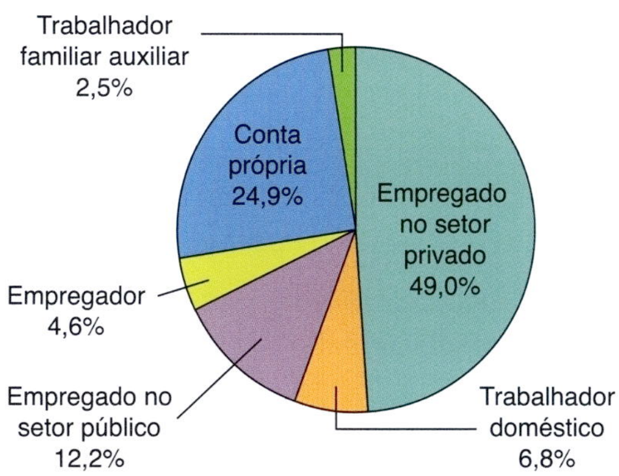

Trabalhadores domésticos – 1º trimestre de 2017

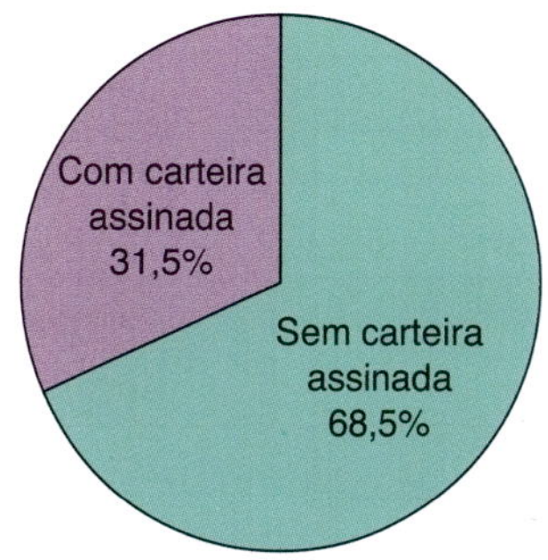

Ilustrações: Banco de imagens/Arquivo da editora

Fonte: IBGE, PNAD Contínua. Disponível em: <https://agenciadenoticias.ibge.gov.br/media/com_mediaibge/arquivos/9c203fb877041b6c5db7f8c927207046.pdf>. Acesso em: 22 ago. 2018.

Considerando os gráficos anteriores, determine:
a) o número inteiro correspondente à medida, em graus, do ângulo do setor "trabalhador familiar auxiliar".
b) o número aproximado de trabalhadores do setor privado.
c) o percentual aproximado dos trabalhadores domésticos que trabalham sem carteira assinada em relação ao total de pessoas ocupadas.
d) o número de trabalhadores domésticos.
e) a diferença entre as medidas dos ângulos dos setores correspondentes aos trabalhadores domésticos sem e com carteira assinada.

31. Na tabela a seguir estão registrados os números (arredondados) de operações (pousos e decolagens) realizadas por aviões comerciais nos cinco principais aeroportos de certo país, em determinado período.

Número de pousos e decolagens

Aeroporto	I	II	III	IV	V
Número de operações	7500	10500	13500	4500	6750

Dados elaborados pelo autor.

a) Construa um pictograma para representar os dados, utilizando desenhos da vista superior de aviões (lembre-se de que o avião tem formato simétrico, sendo facilmente possível representar sua metade).
b) Se esse conjunto de dados fosse representado em um gráfico de setores, qual seria a medida aproximada do ângulo correspondente ao aeroporto II?

32. Na tabela seguinte constam as taxas de realização de trabalho voluntário nos estados brasileiros em 2017.

Taxa de realização de trabalho voluntário em 2017 nos estados brasileiros

Estado	%	Estado	%
Acre	4,7	Paraíba	3,5
Alagoas	2,1	Paraná	5,8
Amapá	5,6	Pernambuco	1,9
Amazonas	5,8	Piauí	2,0
Bahia	4,4	Rio de Janeiro	3,1
Ceará	3,4	Rio Grande do Norte	4,0
Distrito Federal	5,3	Rio Grande do Sul	4,7
Espírito Santo	5,4	Rondônia	5,3
Goiás	5,2	Roraima	3,3
Maranhão	2,7	Santa Catarina	5,0
Mato Grosso	5,0	São Paulo	4,6
Mato Grosso do Sul	4,3	Sergipe	2,3
Minas Gerais	5,0	Tocantins	4,2
Pará	6,4		

Fonte: IBGE. Disponível em: <https://www.ibge.gov.br/estatisticas-novoportal/sociais/trabalho/17270-pnad-continua.html?edicao=20636&t=resultados>. Acesso em: 22 ago. 2018.

a) Construa uma tabela de frequências, agrupando os dados em cinco classes de amplitude 1, a partir do valor 1,0.

b) Faça um histograma para representar esses valores, usando o item anterior.

33. No pictograma abaixo estão representadas as populações das duas maiores regiões metropolitanas de um certo país. Cada  representa 1,5 milhão de habitantes.

População

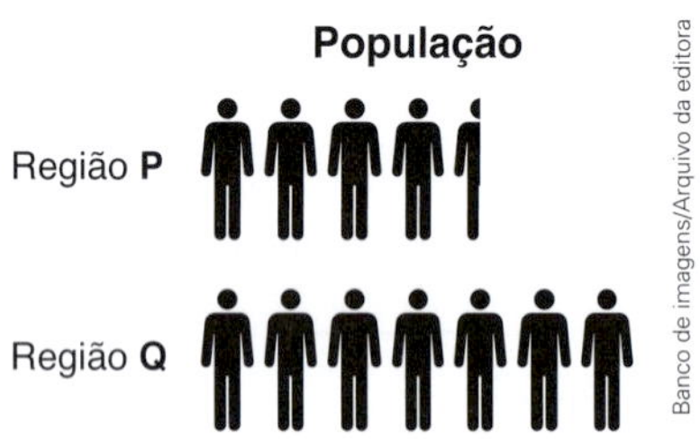

Dados elaborados pelo autor.

a) Determine as populações das regiões **P** e **Q**.

b) Sabendo que a área de **P** é de 135 000 km², obtenha sua densidade demográfica.

34. Foi realizada uma pesquisa com 1800 consumidores para conhecer o grau de satisfação do cliente em relação aos serviços prestados por sua companhia de telefonia celular.

Os resultados são mostrados no gráfico de setores seguinte:

Pesquisa de satisfação

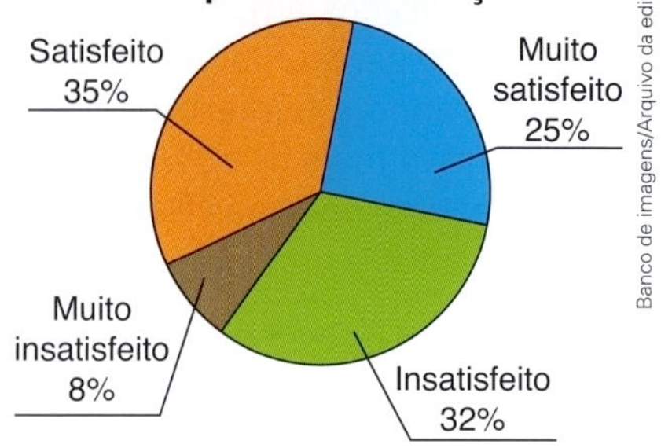

Dados elaborados pelo autor.

a) Determine, para cada setor representado, a medida do ângulo central.

b) Qual é o número de consumidores entrevistados satisfeitos com os serviços prestados?

c) Se $\frac{5}{12}$ do número de consumidores insatisfeitos tivessem respondido "satisfeitos", qual seria o acréscimo, em graus, da medida do ângulo do setor "satisfeitos"? Admita que não haja outras alterações nas respostas.

35. Os resultados de uma pesquisa realizada com um certo número de consumidores são mostrados ao lado.

Seu plano de celular é pré-pago ou pós-pago?

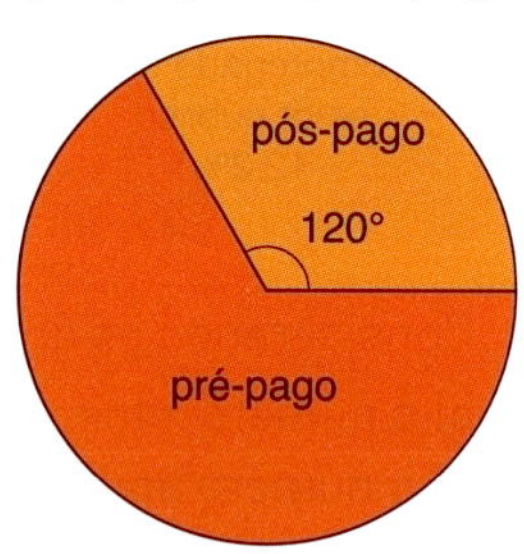

Dados elaborados pelo autor.

Para os que responderam "pré-pago" foi feita a seguinte pergunta:

Você acessa a internet pelo seu aparelho?

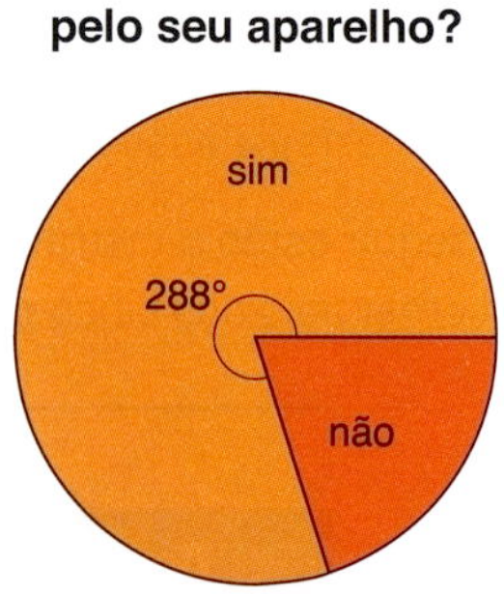

Dados elaborados pelo autor.

Ilustrações: Banco de imagens/Arquivo da editora

Com base nos gráficos, determine o percentual de consumidores em relação ao total de entrevistados na pesquisa que:

a) possuem plano de celular pós-pago.

b) possuem plano de celular pré-pago e não acessam a internet por meio do aparelho.

Aplicações

As pesquisas eleitorais

No Brasil ocorrem eleições a cada dois anos, e, em decorrência dessa regularidade, os brasileiros se habituaram a acompanhar pela mídia as pesquisas eleitorais, encomendadas a institutos especializados, no período de eleições.

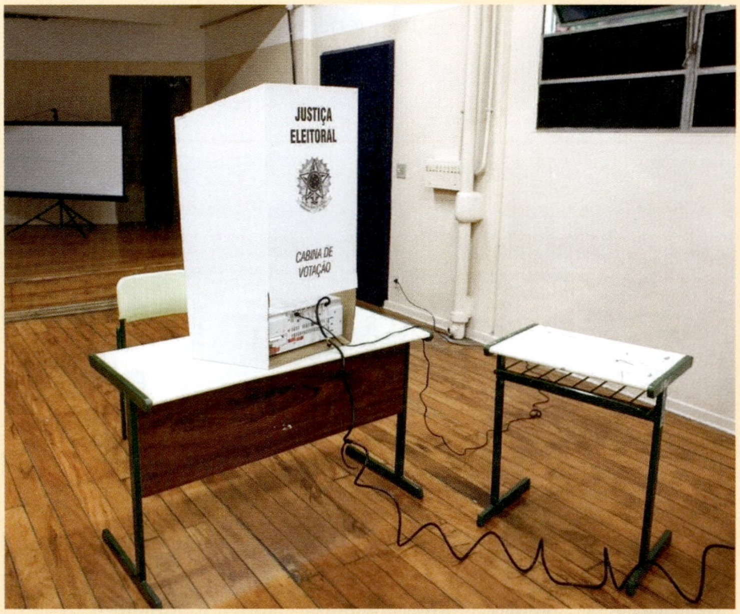

Alexandre Tokitaka/Pulsar Imagens

Cabina de votação com urna eletrônica, dispositivo que armazena as escolhas dos eleitores e agiliza o processo de apuração dos votos.

Como já sabemos, para colher as informações necessárias, usam-se amostras e, a partir dos resultados obtidos na amostra, características de todos os eleitores são estimadas, fazendo uso dos conceitos de **margem de erro** e do **nível de confiança**.

O conceito de margem de erro é mais popular. Imagine que uma pesquisa eleitoral aponte que a porcentagem de eleitores que irão votar no candidato **X** é de 30%, por exemplo. Considerar uma margem de erro de 2,5 pontos percentuais para mais ou para menos significa dizer que o intervalo $[30 - 2,5; 30 + 2,5] = [27,5; 32,5]$ *provavelmente* contém a verdadeira proporção de eleitores do candidato **X** em toda a população.

O termo "provavelmente" está relacionado a um conceito bem menos divulgado na mídia e praticamente desconhecido pela população brasileira: é o nível de confiança da pesquisa, que está associado aos intervalos de confiança. Em pesquisas eleitorais, costuma-se usar um nível de confiança de 95%. O que isso significa?

Imagine que, com outra amostra de mesmo tamanho dessa população, fosse realizada outra pesquisa nas mesmas condições que a anterior. Suponha que essa outra pesquisa tenha apontado um percentual de 28,5% para o candidato **X**; com a margem de erro da pesquisa, construímos o intervalo $I_2 = [28,5 - 2,5; 28,5 + 2,5] = [26; 31]$ que provavelmente contém a verdadeira proporção de eleitores de **X** na população. Com uma terceira amostra, obteríamos, analogamente, um intervalo I_3 e assim por diante.

Considerando 100 diferentes amostras de mesmo tamanho dessa população, teríamos 100 intervalos:

$$I_1, I_2, I_3, \dots, I_{100}$$

O nível de confiança de 95% significa que 95 desses 100 intervalos contêm a verdadeira proporção de eleitores que votam no candidato **X**, em toda a população.

Assim, quando dispomos de uma informação como "o candidato **X** atingiu 30% das intenções de voto, em uma pesquisa cuja margem de erro é de 2,5 pontos percentuais, com nível de 95% de confiança", é importante ter em mente que não é 100% certeza que o intervalo [27,5; 32,5] contém o verdadeiro percentual de eleitores do candidato **X** na população. Há 5% de chance de o intervalo não conter o verdadeiro percentual. Abre-se, desse modo, a possibilidade de um erro estatístico, inerente à natureza da pesquisa eleitoral.

Fontes de pesquisa: CINTRA, A. O.; AMORIM, M. C. M. *Erro em pesquisa eleitoral*. Disponível em: <http://bd.camara.gov.br/bd/bitstream/handle/bdcamara/2165/erro_pesquisa_cintraeamorim.pdf?sequence=2>. Acesso em: 22 ago. 2018.; BUSSAB, O. W.; MORETTIN, P. A. *Estatística básica*. São Paulo: Saraiva, 2004; ROCHA, L. C. Malfeitos nas pesquisas políticas. Disponível em: <http://www.edmaralvarenga.com/Documents/ART%20-%20Malfeitos%20nas%20Pesquisas%20Politicas.pdf>. Acesso em: 22 ago. 2018.

Medidas de centralidade e dispersão

Considere um levantamento feito, no mês de janeiro, sobre as temperaturas máximas diárias na cidade de Brasília. Já vimos que os dados referentes aos 31 valores medidos da temperatura podem ser representados em uma tabela de frequência ou em alguma representação gráfica.

Alamy/Fotoarena

Vista do Eixo Monumental, avenida localizada em Brasília (DF).

Vamos, agora, estabelecer para esses dados algumas medidas (números reais) que sejam representativas, isto é, que resumam e caracterizem o conjunto de todas as temperaturas máximas registradas.

Há dois tipos de medidas:

- **medidas de centralidade** (ou de **tendência central** ou de **posição**): por meio de determinado valor, que revela uma tendência central para as temperaturas máximas, representaremos os 31 valores medidos. Vamos estudar três medidas de centralidade: a **média**, a **mediana** e a **moda**.
- **medidas de dispersão** (ou de **variabilidade**): de modo geral, essas medidas indicam se, em um conjunto de dados, os valores estão concentrados (menos dispersos, menos espalhados) ou não (mais dispersos, mais espalhados) em torno de um valor central (geralmente a média). As medidas de dispersão permitirão comparar dois conjuntos de dados quanto ao grau de homogeneidade, indicando em qual deles há maior (ou menor) variabilidade, isto é, em qual deles os dados variam mais (ou menos).

  Vamos estudar quatro medidas de dispersão: a **amplitude**, a **variância**, o **desvio padrão** e o **desvio médio**.

Para simplificar a notação que será usada neste capítulo, vamos introduzir um importante símbolo da linguagem matemática: o somatório, indicado pela letra grega Σ (lê-se: "sigma"). Ele representa aqui a soma de um número finito de parcelas que têm alguma característica comum. Acompanhe os exemplos seguintes:

- O símbolo $\sum_{i=1}^{4} i^2$ (lê-se: "somatório (ou soma) de i^2, para **i** variando de 1 até 4") significa que devemos atribuir para **i**, sucessivamente, os valores 1, 2, 3 e 4, calcular os respectivos valores numéricos da expressão i^2 e adicionar os valores encontrados, isto é:

$$\sum_{i=1}^{4} i^2 = \underbrace{1^2}_{i=1} + \underbrace{2^2}_{i=2} + \underbrace{3^2}_{i=3} + \underbrace{4^2}_{i=4} = 1 + 4 + 9 + 16 = 30$$

- Para calcularmos o valor de $\sum_{n=0}^{2}\left(\frac{1}{n+1}\right)$ é preciso atribuir a **n** os valores 0, 1 e 2 e adicionar os resultados obtidos:

$$n = 0 \Rightarrow \frac{1}{0+1} = 1$$

$$n = 1 \Rightarrow \frac{1}{1+1} = \frac{1}{2}$$

$$n = 2 \Rightarrow \frac{1}{2+1} = \frac{1}{3}$$

$$\sum_{n=0}^{2}\left(\frac{1}{n+1}\right) = 1 + \frac{1}{2} + \frac{1}{3} = \frac{11}{6}$$

Medidas de centralidade

Média aritmética

Observe a imagem a seguir: nela estão representados seis suportes para copos descartáveis, distribuídos em um centro de convenções, onde será realizado um evento. A quantidade de copos em cada suporte está indicada abaixo.

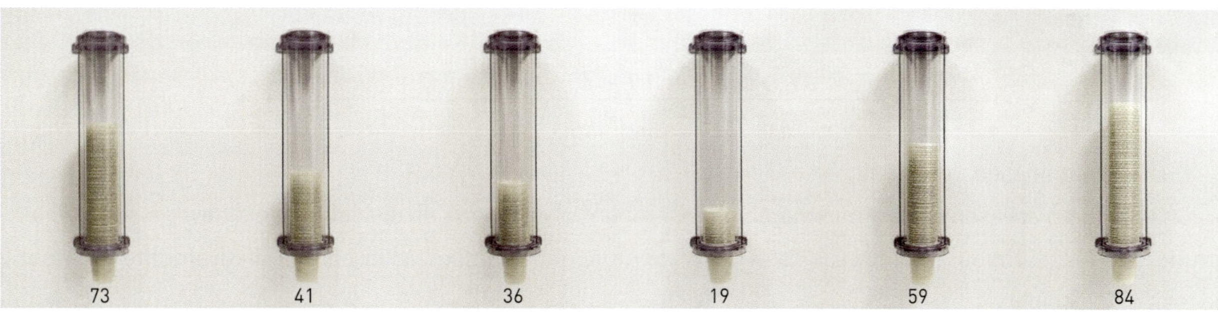

Fernando Favoretto/Criar Imagem

// Suportes para copos descartáveis.

Se todos os copos fossem retirados dos suportes e distribuídos igualmente entre o número de suportes, qual seria a quantidade de copos descartáveis em cada um?

- Devemos, inicialmente, adicionar a quantidade de copos:

$$73 + 41 + 36 + 19 + 59 + 84 = 312$$

- Dividimos a soma encontrada pela quantidade de suportes (seis):

$$312 : 6 = 52$$

Cada suporte ficará com 52 copos.

O valor encontrado (52) representa a **média aritmética** entre os números 73, 41, 36, 19, 59 e 84.

Definição

Sejam $\mathbf{x}_1$, $\mathbf{x}_2$, ..., $\mathbf{x}_n$ a relação dos valores assumidos por determinada variável quantitativa **x**. Definimos **média aritmética** (indica-se por $\overline{\mathbf{x}}$) como a razão entre a soma de todos esses valores e o número total de valores:

$$\overline{x} = \frac{x_1 + x_2 + ... + x_n}{n}$$

Usando o símbolo de somatório para representar o numerador dessa expressão, escrevemos:

$$\overline{x} = \frac{1}{n} \cdot \sum_{i=1}^{n} x_i$$

Ao calcularmos a média de uma relação de valores assumidos por uma variável, obtemos um número real que pode ou não coincidir com algum dos valores assumidos pela variável.

EXEMPLO 5

Os valores seguintes referem-se às notas obtidas por um aluno em oito disciplinas do Ensino Médio em certo bimestre do ano letivo:

7,5 — 6,0 — 4,2 — 3,9 — 4,8 — 6,2 — 8,0 — 5,4

Vamos calcular a média aritmética desses valores:

$$\overline{x} = \frac{\sum_{i=1}^{8} x_i}{8} = \frac{7{,}5 + 6{,}0 + 4{,}2 + 3{,}9 + 4{,}8 + 6{,}2 + 8{,}0 + 5{,}4}{8} = \frac{46}{8} = 5{,}75$$

Qual é o significado desse valor?

Caso o aluno apresentasse a mesma nota (desempenho) em todas as disciplinas, ela deveria ser 5,75 a fim de que fosse obtida a pontuação total de 46 pontos, que é a soma dos pontos efetivamente obtidos nessas oito disciplinas.

Observe que em nenhuma disciplina o aluno obteve a nota média, que é 5,75. Nesse caso, a média aritmética não coincide com qualquer uma das notas obtidas pelo aluno.

Suponhamos agora que, no bimestre seguinte, ele tenha obtido as seguintes notas nas mesmas oito disciplinas:

6,6 — 7,2 — 7,8 — 6,4 — 5,9 — 6,0 — 6,5 — 4,8

A média aritmética $\overline{\mathbf{x}}$ desses valores é:

$$\overline{\mathbf{x}} = \frac{6{,}6 + 7{,}2 + 7{,}8 + 6{,}4 + 5{,}9 + 6{,}0 + 6{,}5 + 4{,}8}{8} = \frac{51{,}2}{8} = 6{,}4$$

Nessa situação, a média obtida coincide com uma das notas obtidas pelo aluno.

Exercício resolvido

1. A média dos salários de quinze funcionários de uma loja de autopeças é R$ 1323,00. Se forem contratados mais dois funcionários, com salários de R$ 1315,00 e R$ 1450,00, qual será a nova média salarial da loja?

Solução:

A média inicial ($\overline{\mathbf{x}}$) de salários é 1323. Temos:

$1323 = \dfrac{\Sigma \text{ salários}}{15} \Rightarrow \Sigma \text{ salários} = 1323 \cdot 15 = 19845$. Assim, antes das contratações, a soma de todos os salários dessa loja era de R$ 19845,00.

A soma dos salários, em reais, após a admissão dos dois funcionários será:

$$\Sigma' = 19845 + 1315 + 1450 = 22610$$

e a nova média ($\overline{\mathbf{x}'}$) de salários, também em reais, será:

$$\overline{x'} = \frac{\Sigma' \text{ salários}}{17} = \frac{22610}{17} = 1330$$

A nova média salarial passará a ser de R$ 1330,00.

Média aritmética ponderada

Considere o seguinte problema:

Em um espetáculo musical, foram vendidos 1200 ingressos cujos valores dependiam do setor escolhido no teatro, como mostra o quadro abaixo:

Setor	Número de ingressos vendidos	Preço unitário do ingresso
Pista	720	R$ 50,00
Andar superior	400	R$ 150,00
Camarote	80	R$ 300,00

Qual foi o valor médio do ingresso pago nesse espetáculo?

Consideremos que a variável em estudo é o preço do ingresso. Fazendo a leitura do quadro, notamos que foram vendidos 720 ingressos a R$ 50,00 cada; 400 ingressos a R$ 150,00 cada e 80 ingressos a R$ 300,00 cada.

Assim, o preço médio ($\overline{p}$) do ingresso, em reais, é:

$$\overline{p} = \frac{\overbrace{50 + 50 + \ldots + 50}^{720 \text{ parcelas}} + \overbrace{150 + 150 + \ldots + 150}^{400 \text{ parcelas}} + \overbrace{300 + \ldots + 300}^{80 \text{ parcelas}}}{720 + 400 + 80} \Rightarrow$$

$$\Rightarrow \overline{p} = \frac{720 \cdot 50 + 400 \cdot 150 + 80 \cdot 300}{1200} \Rightarrow$$

$$\Rightarrow \overline{p} = \frac{36\,000 + 60\,000 + 24\,000}{1200} = \frac{120\,000}{1200} = 100$$

A média obtida para o valor do ingresso, nesse problema, é chamada média aritmética ponderada dos valores R$ 50,00, R$ 150,00 e R$ 300,00, em que o fator de ponderação (também chamado de peso) corresponde à quantidade de ingressos vendidos em cada setor.

OBSERVAÇÃO

Se a quantidade de ingressos vendidos em cada setor (pista, andar superior e camarote) fosse a mesma, o preço médio do ingresso, em reais, seria:

$$\frac{50 + 150 + 300}{3} = $$
$$= \frac{500}{3} \simeq 166,67$$

Observe, nesse exemplo, que a média obtida não coincide com qualquer um dos preços de ingresso disponíveis para compra. O valor obtido para a média R$ 100,00 é um valor teórico cujo significado é: se todos os 1200 ingressos tivessem sido vendidos pelo mesmo valor, este deveria ser de R$ 100,00, a fim de que fosse obtida a arrecadação de R$ 120 000,00.

De modo geral, consideremos uma relação de valores formada pelos elementos $\mathbf{x_1}, \mathbf{x_2}, \ldots, \mathbf{x_k}$, com frequências absolutas respectivamente iguais a $\mathbf{n_1}, \mathbf{n_2}, \ldots, \mathbf{n_k}$.

A **média aritmética ponderada** desses valores é:

$$\overline{x} = \frac{x_1 \cdot n_1 + x_2 \cdot n_2 + \ldots + x_k \cdot n_k}{n_1 + n_2 + \ldots + n_k} = \frac{\sum_{i=1}^{k} (x_i \cdot n_i)}{n_1 + n_2 + \ldots + n_k}$$

Podemos também expressar $\overline{\mathbf{x}}$ em termos da frequência relativa de cada $\mathbf{x_i}$ (com i = 1, 2, ..., k), a saber, $f_i = \dfrac{n_i}{n_1 + n_2 + \ldots + n_k}$.

Vamos escrever, convenientemente, a expressão obtida para $\overline{x}$:

$$\overline{x} = x_1 \cdot \underbrace{\frac{n_1}{n_1 + n_2 + \ldots + n_k}}_{= f_1} + x_2 \cdot \underbrace{\frac{n_2}{n_1 + n_2 + \ldots + n_k}}_{= f_2} + \ldots + x_k \cdot \underbrace{\frac{n_k}{n_1 + n_2 + \ldots + n_k}}_{= f_k}$$

Assim, obtemos:

$$\overline{x} = x_1 \cdot f_1 + x_2 \cdot f_2 + \ldots + x_k \cdot f_k = \sum_{i=1}^{k} (x_i \cdot f_i)$$

EXEMPLO 6

Foi realizada uma pesquisa socioeconômica com duzentas pessoas de uma cidade para investigar alguns itens de conforto presentes na residência de cada entrevistado. Na tabela de frequências seguinte, constam os resultados referentes ao número de aparelhos de TV por domicílio. Perceba que nessa pesquisa não houve respostas que indicassem mais de 4 TVs por residência.

Número de aparelhos de TV	Frequência absoluta	Frequência relativa
0	9	$\frac{9}{200}$ = 0,045 ou 4,5%
1	93	$\frac{93}{200}$ = 0,465 ou 46,5%
2	60	$\frac{60}{200}$ = 0,30 ou 30%
3	22	$\frac{22}{200}$ = 0,11 ou 11%
4	16	$\frac{16}{200}$ = 0,08 ou 8%
Total	**200**	**1,00 ou 100%**

Qual é o número médio de TVs por domicílio?

A variável em estudo é o "número de TVs por domicílio" e ela assume os seguintes valores: 0, 1, 2, 3 e 4. Devemos, então, calcular a média aritmética ponderada desses valores usando como pesos a frequência absoluta, a frequência relativa na forma decimal ou a frequência relativa na forma percentual.

- frequência absoluta:

Nesse caso, $\overline{x} = \dfrac{0 \cdot 9 + 1 \cdot 93 + 2 \cdot 60 + 3 \cdot 22 + 4 \cdot 16}{9 + 93 + 60 + 22 + 16} \Rightarrow \overline{x} = \dfrac{93 + 120 + 66 + 64}{200} = 1{,}715$

- frequência relativa:

Nesse caso, $\overline{x} = \dfrac{0 \cdot 0{,}045 + 1 \cdot 0{,}465 + 2 \cdot 0{,}30 + 3 \cdot 0{,}11 + 4 \cdot 0{,}08}{\underbrace{0{,}045 + 0{,}465 + 0{,}30 + 0{,}11 + 0{,}08}_{=1}} \Rightarrow$

$\Rightarrow \overline{x} = 0 + 0{,}465 + 0{,}60 + 0{,}33 + 0{,}32 = 1{,}715$

- frequência relativa (na forma percentual):

Nesse caso, $\overline{x} = \dfrac{0 \cdot 4{,}5\% + 1 \cdot 46{,}5\% + 2 \cdot 30\% + 3 \cdot 11\% + 4 \cdot 8\%}{\underbrace{4{,}5\% + 46{,}5\% + 30\% + 11\% + 8\%}_{=100\%}} \Rightarrow$

$\Rightarrow \overline{x} = \dfrac{46{,}5\% + 60\% + 33\% + 32\%}{100\%} = 1{,}715$

Observe, novamente, que a média aritmética é um valor teórico, não coincidindo, nesse exemplo, com um valor assumido pela variável em estudo.

Exercícios

36. Em cada caso, calcule a média aritmética dos valores:

a) 23 — 20 — 22 — 21 — 28 — 20

b) 7 — 9 — 9 — 9 — 7 — 8 — 8 — 9 — 9 — 9

c) 0,1 — 0,1 — 0,1 — 0,1 — 0,2 — 0,2

d) 4 — 4,5 — 4,5 — 5,0 — 5,0 — 5,5 — 6,5 — 5,0

e) 3 — 3 — 3 — 3 — 3 — 3 — 3

37. Em um edifício residencial com 54 apartamentos, 36 condôminos pagam taxa de condomínio de R$ 270,00; para os demais, essa taxa é de R$ 360,00. Qual é o valor da taxa média de condomínio nesse edifício?

38. Seja $a \in \mathbb{R}$. A média aritmética entre **a**, 8, 2a, 9 e (a + 1) é 6,8. Qual é o valor de **a**?

39. Um grupo **A** de 20 recém-nascidos tem massa média de 2,8 kg; um grupo **B** de 30 recém-nascidos tem massa média de 2,6 kg. Juntando os recém-nascidos dos grupos **A** e **B**, qual é o valor esperado para a média de massas?

40. A média aritmética de uma lista formada por vinte números é 12. Qual será a nova média se:

a) acrescentarmos o número 33 a essa lista?

b) retirarmos o número 50 dessa lista?

c) acrescentarmos o número 63 a essa lista e retirarmos o 51?

41. Em uma fábrica, a média salarial dos homens é R$ 1 408,00; para as mulheres a média salarial é R$ 1 632,00. Sabe-se, também, que a média geral de salários nessa fábrica é R$ 1 475,20.

a) Sem fazer cálculos, responda: Há mais mulheres ou homens trabalhando na fábrica?

b) Determine as quantidades de mulheres e de homens sabendo que elas diferem de 32.

42. A tabela seguinte informa a quantidade de cartões amarelos distribuídos, por um árbitro, em uma partida de futebol nos jogos por ele apitados durante uma temporada:

Distribuição de cartões amarelos

Número de cartões	0	1	2	3	4
Frequência absoluta	30	18	7	3	2

Dados elaborados pelo autor.

a) Quantos jogos o árbitro apitou na temporada?

b) Qual é o número médio de cartões amarelos distribuídos por partida?

c) Se esse conjunto de dados fosse representado em um gráfico de setores, qual seria a medida do ângulo do setor correspondente aos jogos nos quais foi distribuído um único cartão?

43. Em um concurso público foram aprovados 80 candidatos, cuja média de notas foi 74,5 (em 100 pontos possíveis). A média das 40 menores notas dos candidatos aprovados foi 67,0. Qual foi a média das 40 maiores notas dos aprovados?

44. Um professor calculou a média aritmética das notas dos 40 alunos que submeteu a uma prova e obteve como resultado o valor de 5,5. Na hora de devolver as provas, verificou que havia cometido erro em duas delas. Na primeira, a nota correta era 9,5 em vez de 6,5 e, na segunda, a nota correta era de 5,5 em vez de 3,5. Feita a correção, de quanto foi acrescida a média das notas?

45. Em um concurso, para o cálculo da nota final do candidato, adotam-se pesos nas provas, como mostra o quadro abaixo:

Prova	Peso
Redação	4
Matemática	3
Conhecimentos gerais	2

A nota final mínima para aprovação nesse concurso é 8,5.

a) Um candidato **X** obteve 7,5, 9,0 e 9,5 nas provas de Redação, Matemática e Conhecimentos gerais, respectivamente. Ele foi aprovado?

b) O candidato **Y** obteve 8,3 na Redação e 7,5 em Conhecimentos gerais. Qual é a nota mínima que ele deveria obter em Matemática, a fim de que fosse aprovado no concurso? Sabe-se que as notas do concurso são atribuídas de 0,1 em 0,1.

46. Em uma padaria trabalham 12 funcionários cujos cargos e salários estão descritos a seguir.

Cargos e salários

Cargo	Salário mensal	Número de funcionários
Gerente	R$ 2 800,00	1
Atendente	R$ 1 050,00	5
Padeiro	R$ 1 300,00	2
Confeiteiro	R$ 1 000,00	1
Caixa	R$ 1 200,00	3

Dados elaborados pelo autor.

a) Qual é o valor da folha de pagamento dessa padaria?

b) Qual é a média salarial nessa padaria?

c) O proprietário da padaria quer contratar dois seguranças especializados, mas sabe que a média salarial da padaria não pode ultrapassar R$ 1 300,00. Qual é o maior salário que pode ser oferecido a cada um dos candidatos ao cargo de segurança?

47. Realizou-se uma pesquisa entre famílias de uma cidade para levantar informações sobre o número de filhos. Foram entrevistadas 400 famílias, e os dados obtidos estão representados no gráfico de setores abaixo.

Número de filhos

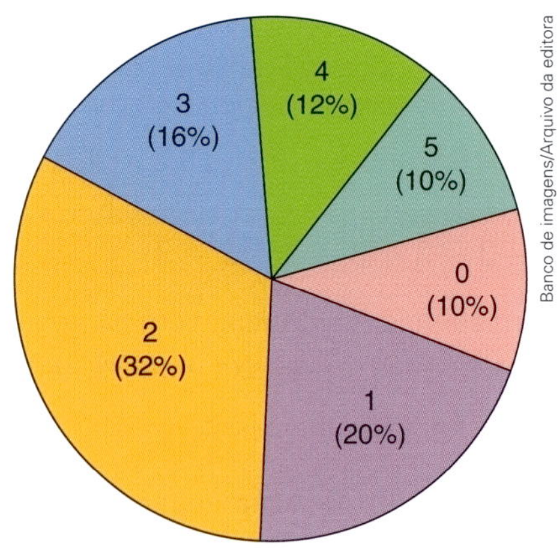

Dados elaborados pelo autor.

a) Quantas famílias da amostra têm três ou mais filhos?

b) Qual é a média de filhos das famílias dessa amostra?

48. Um professor de economia dá aula em 4 turmas: **A**, **B**, **C**, **D**. Na tabela da página seguinte, encontram-se os resultados obtidos pelas turmas no exame final, bem como a quantidade de alunos por turma.

Notas

Turma	Número de alunos	Média das notas
A	30	6,2
B	35	7,2
C	55	5,4
D	?	5,0

Dados elaborados pelo autor.

a) Considerando as turmas **A**, **B** e **C**, determine a média das notas obtidas nesse exame pelos alunos dessas 3 turmas reunidas.

b) O professor não se lembra, ao certo, o número de alunos da turma **D**, mas ele sabe que a média geral das notas das 4 turmas reunidas não ultrapassou 5,8. Quantos alunos, no mínimo, podem pertencer à turma **D**?

49. O gráfico abaixo mostra a frequência relativa dos salários dos 40 funcionários (em salários mínimos) de uma pequena empresa:

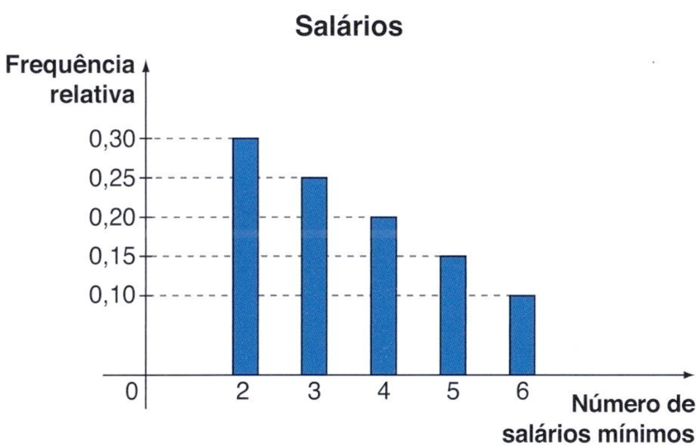

Banco de imagens/Arquivo da editora

Dados elaborados pelo autor.

Sabendo que, no segundo semestre de 2018, o salário mínimo no Brasil era de R$ 954,00, verifique se são verdadeiras ou falsas as afirmações seguintes, justificando.

a) O salário médio nessa empresa era de 3,5 salários mínimos.

b) A folha de pagamento dos salários dessa empresa era maior que R$ 105 000,00.

c) Se cada funcionário recebesse um aumento de R$ 100,00 no salário, a média de salários dos funcionários dessa empresa ultrapassaria R$ 3 200,00.

d) Se todos os funcionários que recebem dois salários mínimos passassem a receber três salários mínimos, o salário médio da empresa passaria a ser maior do que R$ 3 800,00.

50. Para um torneio de basquete foram convocados 12 jogadores para compor a seleção nacional. O time titular, com 5 jogadores, tinha altura média de 2,04 metros e o time reserva, com os demais, tinha altura média de 2,01 metros. Às vésperas do jogo de estreia, um titular se contundiu e foi substituído por um reserva. Com isso, a altura média do time titular aumentou 2 cm e a do time reserva diminuiu 1,5 cm. A seleção disputou o torneio com 11 jogadores.

a) Qual a altura do jogador titular que se contundiu?

b) Qual a altura do jogador reserva que substituiu o titular contundido?

51. Ao deixar um hotel *resort* na praia, os hóspedes são convidados a responder um questionário de avaliação do hotel. Ao final do questionário, pede-se uma nota de 0 a 5 (5 corresponde ao máximo de satisfação) para o hotel. Durante o 1º mês de uma temporada, os 2 000 questionários recebidos apontavam uma nota média de 3,9 para o hotel.

Alamy/Fotoarena

Cadeiras na praia em Costa del Sol, Espanha.

a) Qual é o número mínimo de questionários que devem ser respondidos, além dos que já foram, para que a nota média de avaliação do hotel passe a ser 4,6?

b) É possível que a média do hotel passe a ser de 5,0 no bimestre, considerando os formulários que serão preenchidos no 2º mês? Em caso afirmativo, determine o número mínimo de questionários a serem preenchidos.

52. A média aritmética de cinquenta números reais, $\mathbf{x_1}, \mathbf{x_2}, \mathbf{x_3}, ..., \mathbf{x_{49}}, \mathbf{x_{50}}$, é igual a 120.
Qual é a média aritmética dos números reais $x_1 + 1, x_2 + 2, x_3 + 3, ..., x_{49} + 49$ e $x_{50} + 50$?

Mediana

Ulrich Niehoff/Imagebroker RM/Diomedia

Hidrômetro, aparelho que mede o consumo de água nos imóveis.

Considere o consumo mensal de água, em metros cúbicos, de uma residência nos nove primeiros meses de um ano:

$$33 - 31 - 34 - 32 - 34 - 32 - 102 - 34 - 30$$

Calculando a média mensal de consumo, obtemos:

$$\overline{x} = \frac{33 + 31 + 34 + 32 + 34 + 32 + 102 + 34 + 30}{9} = \frac{362}{9} \simeq 40{,}2$$

O valor encontrado para a média, 40,2 m^3, não representa, com fidelidade, uma medida de tendência central: o consumo mensal dessa residência aponta para um valor entre 30 e 35 metros cúbicos; além disso, dos 9 valores registrados, 8 são menores que a média e "distantes", ao menos, 6 unidades dela e apenas 1 valor é maior que a média, estando muito distante dela.

Nessa situação, a média foi afetada por um valor muito discrepante do consumo, que destoa dos demais: o valor de 102 m^3 registrado em um mês pode ser explicado por um vazamento de água em alguma válvula ou torneira ou esse consumo atípico pode ser devido a uma hospedagem temporária na casa (parentes de outra cidade, por exemplo).

Desse modo, é importante conhecermos outra medida de centralidade, além da média, a fim de fazermos uma análise mais completa para interpretar e caracterizar o conjunto de dados. Essa outra medida de centralidade é a **mediana**.

Colocando em ordem crescente os valores de consumo da relação anterior, obtemos:

4 valores menores ← | → 4 valores maiores

$$30 - 31 - 32 - 32 - \boxed{33} - 34 - 34 - 34 - 102$$

O valor destacado, 33, separa o conjunto de dados em duas partes: na primeira, {30, 31, 32, 32}, todos os valores são menores que 33 e na outra, {34, 34, 34, 102}, todos os valores são maiores que 33.

O valor 33 m^3 é chamado mediana e representa, nesse exemplo, uma medida de centralidade mais fiel ao conjunto de dados.

Definição

Sejam $x_1 \leq x_2 \leq ... \leq x_n$ os **n** valores ordenados assumidos por uma variável quantitativa **X**, em um conjunto de observações.

Define-se a **mediana** (indicaremos por **Me**) por meio da relação:

$$Me = \begin{cases} x_{\left(\frac{n+1}{2}\right)}, \text{ se } \mathbf{n} \text{ for ímpar} \\ \dfrac{x_{\left(\frac{n}{2}\right)} + x_{\left(\frac{n}{2}+1\right)}}{2}, \text{ se } \mathbf{n} \text{ for par} \end{cases}$$

A definição garante que a mediana seja um valor central que divide o conjunto de dados em dois subconjuntos com o mesmo número de elementos. Em um subconjunto, todos os elementos são menores que a mediana ou iguais a ela; no outro subconjunto, todos os elementos são maiores que a mediana ou iguais a ela.

EXEMPLO 7

O controle de qualidade de uma indústria forneceu o seguinte número de peças defeituosas (por lote de 100 unidades):

6 — 4 — 9 — 6 — 3 — 8 — 1 — 4 — 5 — 6

Vamos determinar a mediana do número de peças defeituosas. Para isso, ordenamos esses valores:

1 — 3 — 4 — 4 — **5 — 6** — 6 — 6 — 8 — 9 (*)

Como n = 10 é par, pela definição a mediana será dada pela média aritmética entre o 5º e o 6º valores de (*), isto é:

$$Me = \frac{x_5 + x_6}{2} = \frac{5 + 6}{2} = 5,5$$

Note que, em (*), temos cinco valores menores que 5,5 (1 — 3 — 4 — 4 — 5) e cinco valores maiores que 5,5 (6 — 6 — 6 — 8 — 9).

Moda

Após fazer um levantamento das idades dos alunos de uma de suas turmas do 3º ano do Ensino Médio, uma professora construiu a tabela de frequência ao lado.

Idades	Número de alunos
16	4
17	28
18	7
19	5

Entre os valores assumidos pela variável "idade": 16, 17, 18 ou 19, constatamos que o valor 17 ocorreu mais vezes: 28 dos 44 alunos têm 17 anos.

Dizemos, então, que a **moda** das idades nesse conjunto de dados é igual a 17.

A **moda** de uma relação de valores (indica-se **Mo**) é o valor que ocorre mais vezes na relação, isto é, aquele que possui maior frequência absoluta.

EXEMPLO 8

Vamos encontrar a moda dos seguintes conjuntos de valores:

a) 5 — 8 — 11 — 8 — 3 — 4 — 8

A moda é Mo = 8, pois há três valores iguais a 8.

b) 2 — 3 — 9 — 3 — 4 — 2 — 6

Há duas modas: 2 e 3. Dizemos, então, que se trata de uma **distribuição de frequências bimodal**.

c) 1 — 3 — 4 — 6 — 9 — 11 — 2

Nesse caso, todos os valores aparecem com a mesma frequência unitária. Assim, não há moda nessa distribuição.

OBSERVAÇÃO

Média, mediana e moda são as três medidas de tendência central mais usuais que podem ser associadas a um conjunto de dados. Cada uma delas possui, como vimos, interpretação e significado próprios. Dependendo da natureza dos dados, uma ou outra dessas medidas pode ser mais adequada para uma representação quantitativa. Entretanto, a análise dos dados se torna mais completa quando conhecemos os valores das três medidas.

Exercício resolvido

2. Na tabela seguinte está representada a evolução do agronegócio no Brasil, expresso como porcentagem do Produto Interno Bruto (PIB), no período de 2007 a 2017.

Agronegócio no Brasil

Ano	2007	2008	2009	2010	2011	2012	2013	2014	2015	2016	2017
Porcentagem de participação em relação ao PIB brasileiro	22,7%	22,8%	21,5%	21,6%	21,0%	19,4%	19,2%	19,1%	20,5%	22,8%	21,6%

Fonte: Centro de Estudos Avançados em Economia Aplicada – Esalq/USP. Disponível em: <cepea.esalq.usp.br/pib/>. Acesso em: 22 ago. 2018.

Calcule as três medidas de centralidade associadas a esse conjunto de dados, interpretando-as.

Solução:

- Média aritmética:

$$\frac{22{,}7 + 22{,}8 + 21{,}5 + 21{,}6 + 21{,}0 + 19{,}4 + 19{,}2 + 19{,}1 + 20{,}5 + 22{,}8 + 21{,}6}{11} = \frac{232{,}2}{11} \simeq 21{,}11\%$$

O valor encontrado para a média indica o percentual teórico de participação do agronegócio no PIB caso todos os anos apresentassem o mesmo percentual.

- Moda:

Há duas modas: 21,6% e 22,8%, ou seja, a distribuição de frequências é bimodal. Isso significa que qualquer outro percentual da relação de valores se repete menos vezes que os valores 21,6% e 22,8%. Note que 21,6% e 22,8% aparecem 2 vezes entre os dados.

- Mediana:

É preciso colocar os percentuais em ordem crescente:

$$19{,}1 - 19{,}2 - 19{,}4 - 20{,}5 - 21{,}0 - \boxed{21{,}5} - 21{,}6 - 21{,}6 - 22{,}7 - 22{,}8 - 22{,}8$$

Como o número de valores é ímpar (n = 11), a mediana é igual ao valor da sexta posição da relação acima, isto é, a mediana é 21,5%.

Concluímos que, dos 11 percentuais listados, 5 são inferiores a 21,5% e 5 são superiores a 21,5%.

Exercícios

53. Calcule a média $(\overline{M})$, a mediana (Me) e a moda (Mo) para cada conjunto de valores:

a) 2 – 2 – 3 – 3 – 3 – 4 – 4 – 4 – 4

b) 16 – 18 – 18 – 17 – 19 – 18

c) 1 – 5 – 3 – 2 – 4

d) 11 – 8 – 15 – 19 – 6 – 15 – 13 – 21

e) 44 – 43 – 42 – 43 – 45 – 44 – 40 – 41 – 49 – 46

54. Os dados ordenados abaixo referem-se ao tempo de espera (em minutos) de 10 pessoas que foram atendidas em um posto de saúde durante uma manhã:

1 – 5 – 8 – 9 – **x** – 16

18 – **y** – 23 – 26

Sabendo que o tempo médio de espera foi de 14 minutos e o tempo mediano foi de 15 minutos, determine os valores de **x** e de **y**.

55. Uma pesquisa realizada com 3 000 pessoas de certa região pretende levantar alguns aspectos socioeconômicos. Um dos itens do questionário era: "Qual é o número de banheiros em sua residência?". As respostas e a porcentagem em que ocorreram encontram-se a seguir.

Número de banheiros	Porcentagem
1	42%
2	37%
3	16%
4	5%

a) Qual é o número de entrevistados cuja residência possui até dois banheiros?

b) Calcule a média, a moda e a mediana para os dados coletados.

56. Na tabela seguinte constam os valores dos dez maiores PIBs das Américas em 2016.

PIB nas Américas em 2016

País	PIB (em bilhões de dólares)
Estados Unidos	18 624
Brasil	1 796
Canadá	1 536
México	1 047
Argentina	545,5
Venezuela	482,4
Colômbia	282,5
Chile	247,0
Peru	192,2
Equador	98,6

Fonte: Banco Mundial. Disponível em: <www.worldbank.org/en/country>. Acesso em: 22 ago. 2018.

a) Calcule a média e a mediana dos dados apresentados. Por que a média é bem maior que a mediana?

b) Em que condição a média ficaria mais próxima da mediana? Faça os cálculos necessários.

57. Uma empresa paga, anualmente, um bônus de fim de ano para seus funcionários. Neste ano, a empresa já pagou bônus a 40 dos seus 50 funcionários, como mostra a tabela seguinte:

Bônus de fim de ano

Número de funcionários	Valor do bônus (em reais)
8	300
14	600
18	1 000

Dados elaborados pelo autor.

a) Qual é a mediana dos valores já pagos de bônus pela empresa?

b) Sabe-se que os dez funcionários restantes receberão bônus de 600 ou 1 000 reais. Qual é o número de funcionários que devem receber bônus de R$ 600,00 para que a mediana dos 50 valores seja R$ 800,00?

58. Um corretor de imóveis relacionou, ao longo de dois anos de trabalho, a quantidade de imóveis comercializados (venda ou locação) mensalmente. Os resultados encontram-se a seguir:

Imóveis comercializados por mês	Número de meses
0	8
1	4
2	11
3	1

a) Quais são os valores da média, da mediana e da moda da variável em questão?

b) Se nos cinco meses subsequentes não for comercializado imóvel algum, qual será a mediana dos 29 valores?

59. Em maio de 2015, uma onda de calor matou mais de mil pessoas na Índia. No gráfico da página seguinte, constam as temperaturas máximas registradas no mês de maio na capital Nova Délhi, além do recorde registrado em 29 de maio de 1944.

Temperatura máxima registrada no mês de maio em diferentes anos em Nova Délhi (em °C)

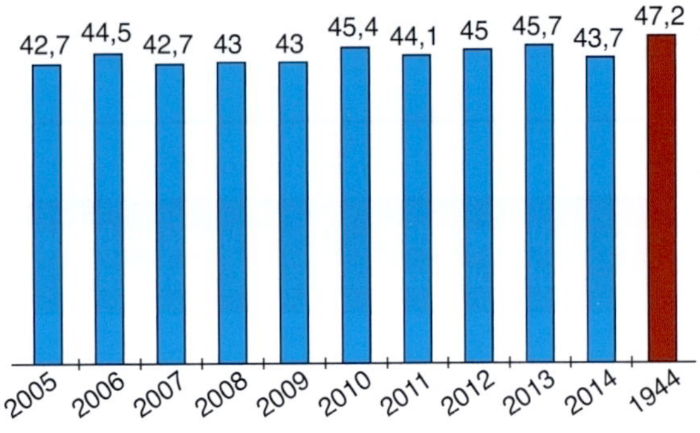

Banco de imagens/Arquivo da editora

Fonte: *O Estado de S. Paulo*, 28 maio 2015.

a) Considerando a relação dos valores das temperaturas máximas de 2005 a 2014, determine a média, a moda e a mediana.

b) Qual deveria ter sido a temperatura máxima registrada em maio de 2015 a fim de que a média das temperaturas máximas registradas nesses onze anos subisse 0,12 °C em relação à média do item *a*?

60. Um dado foi lançado 18 vezes consecutivas e os resultados obtidos encontram-se no esquema a seguir.

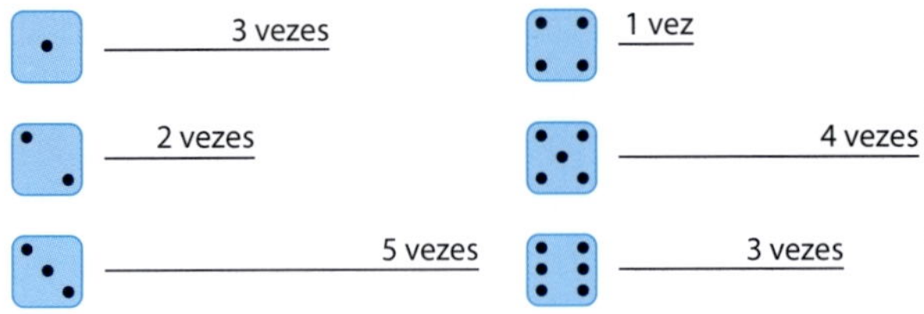

Banco de imagens/Arquivo da editora

a) Calcule a média, a mediana e a moda da distribuição de frequências das faces obtidas nos lançamentos.

b) Decidiu-se lançar o dado mais 7 vezes. Sabendo que o 19º, 20º e o 21º lançamentos do dado resultaram, cada um, na face 4, é possível que a mediana da nova distribuição de frequências, considerando 25 lançamentos, seja 3,5? E 5? Em caso afirmativo, determine as condições para que isso seja possível.

c) Nas condições do item *b*, existe a possibilidade de que a mediana da distribuição de frequências dos 25 lançamentos seja igual a 4? Em caso afirmativo, dê um exemplo de uma distribuição de frequências que satisfaz essa mediana, explicitando as possibilidades para os quatro últimos lançamentos.

Medidas de dispersão (ou variabilidade)

ivandan/Shutterstock

Decolagem de avião comercial.

Procurando uma companhia aérea para as viagens de negócios dos funcionários de sua pequena empresa, um empresário obteve, na internet, os percentuais mensais de pontualidade dos voos de duas companhias aéreas, **A** e **B**, no período de sete meses anteriores à data de sua pesquisa. Os resultados encontram-se a seguir:

Companhia \ Mês	1	2	3	4	5	6	7
A	86%	92%	91%	95%	90%	89%	94%
B	93%	92%	90%	91%	90%	93%	88%

Inicialmente, ele calculou a média dos percentuais de pontualidade das duas companhias:

- companhia **A**:

$$\frac{86\% + 92\% + 91\% + 95\% + 90\% + 89\% + 94\%}{7} = \frac{637\%}{7} = 91\%$$

- companhia **B**:

$$\frac{93\% + 92\% + 90\% + 91\% + 90\% + 93\% + 88\%}{7} = \frac{637\%}{7} = 91\%$$

Conhecendo apenas o valor das médias das duas companhias, ele sabia que seria difícil optar por alguma. Surgiu, então, a ideia de saber qual companhia aérea apresentava desempenho mais regular, isto é, aquela cujos índices de pontualidade variassem menos.

Observando os valores da tabela, o empresário concluiu, sem muita convicção, que a companhia **B** era a mais regular.

A situação acima descrita mostra a necessidade de conhecermos as **medidas de dispersão** (ou variabilidade), que permitem quantificar a variabilidade de um conjunto de dados.

Vamos estabelecer quatro medidas de dispersão: a **amplitude**, a **variância**, o **desvio padrão** e o **desvio absoluto médio**.

Amplitude

A **amplitude** de uma relação de valores assumidos por uma variável quantitativa é o número real dado pela diferença entre o maior e o menor valores registrados (nesta ordem).

No exemplo das companhias aéreas, temos:

- companhia **A**: A amplitude é igual a 95% − 86% = 9%
- companhia **B**: A amplitude é igual a 93% − 88% = 5%

Como a amplitude dos dados mensais da companhia **B** é menor que a amplitude dos dados mensais da companhia **A**, conclui-se que a companhia **B** é a mais regular, isto é, seus índices oscilaram menos do que os da outra companhia.

Definiremos agora três medidas de variabilidade que quantificam a dispersão (espalhamento) dos dados em relação à média.

OBSERVAÇÃO

A amplitude de um conjunto de dados é uma medida de variabilidade fácil de ser calculada e, em geral, eficaz na análise da dispersão dos dados e na comparação da variabilidade de dois conjuntos de valores.

Variância

Sejam $\mathbf{x_1}, \mathbf{x_2}, \ldots, \mathbf{x_n}$ a relação de valores assumidos por uma variável quantitativa $\mathbf{X}$ e $\overline{\mathbf{x}}$ a média aritmética desses valores.

Para cada $\mathbf{x_i}$ (i = 1, 2, ... , n), calculamos o quadrado da diferença entre esse valor e a média, ou seja, $(x_i - \overline{x})^2$, que é chamado desvio quadrático.

A **variância** – indica-se por **Var X** ou σ^2 (lê-se: sigma ao quadrado) – é a média aritmética dos desvios quadráticos, isto é:

$$\sigma^2 = \frac{(x_1 - \overline{x})^2 + (x_2 - \overline{x})^2 + \ldots + (x_n - \overline{x})^2}{n}$$

Usando a notação de somatório, escrevemos:

$$\sigma^2 = \frac{\sum_{i=1}^{n} (x_i - \overline{x})^2}{n}$$

Observe que, em qualquer situação, σ^2 é um número real não negativo, pois o numerador da expressão é uma soma de quadrados em $\mathbb{R}$ e **n** é um número natural.

Vamos calcular a variância dos dados referentes aos percentuais mensais de pontualidade das duas companhias (para facilitar, omitiremos nos cálculos os símbolos de %):

Companhia A

Mês	x_i	$(x_i - \overline{x})^2$
1	86	$(86 - 91)^2$
2	92	$(92 - 91)^2$
3	91	$(91 - 91)^2$
4	95	$(95 - 91)^2$
5	90	$(90 - 91)^2$
6	89	$(89 - 91)^2$
7	94	$(94 - 91)^2$

$$\sigma_A^2 = \frac{(86 - 91)^2 + (92 - 91)^2 + ... + (94 - 91)^2}{7}$$

$$\sigma_A^2 = \frac{(-5)^2 + 1^2 + 0^2 + 4^2 + (-1)^2 + (-2)^2 + 3^2}{7} =$$

$$= \frac{25 + 1 + 0 + 16 + 1 + 4 + 9}{7} = \frac{56}{7} = 8$$

Companhia B

Mês	x_i	$(x_i - \overline{x})^2$
1	93	$(93 - 91)^2$
2	92	$(92 - 91)^2$
3	90	$(90 - 91)^2$
4	91	$(91 - 91)^2$
5	90	$(90 - 91)^2$
6	93	$(93 - 91)^2$
7	88	$(88 - 91)^2$

$$\sigma_B^2 = \frac{(93 - 91)^2 + (92 - 91)^2 + ... + (88 - 91)^2}{7}$$

$$\sigma_B^2 = \frac{2^2 + 1^2 + (-1)^2 + 0^2 + (-1)^2 + 2^2 + (-3)^2}{7} =$$

$$= \frac{4 + 1 + 1 + 0 + 1 + 4 + 9}{7} = \frac{20}{7} \simeq 2,86$$

Como a variância em **B** é menor que a variância em **A** ($\sigma_B^2 = 2,86 < \sigma_A^2 = 8$), concluímos que a companhia **B** é mais regular, isto é, os percentuais mensais de pontualidade de **B** estão menos dispersos em relação à média do que os percentuais mensais de **A**.

OBSERVAÇÕES

- Vejamos o que aconteceria com o valor da variância se na definição, no lugar dos desvios quadráticos, usássemos apenas os desvios $(x_i - \overline{x})$, isto é, se tivéssemos $\frac{(x_1 - \overline{x}) + (x_2 - \overline{x}) + ... + (x_n - \overline{x})}{n}$:

  A variância seria igual a zero: $\sum_{i=1}^{n} (x_i - \overline{x}) = (x_1 - \overline{x}) + (x_2 - \overline{x}) + ... + (x_n - \overline{x}) = \underbrace{(x_1 + x_2 + ... + x_n)}_{\text{soma de todos os valores}} - \underbrace{(\overline{x} + \overline{x} + ... + \overline{x})}_{\textbf{n} \text{ parcelas}}$

  Como $\overline{x} = \frac{x_1 + x_2 + ... + x_n}{n}$, temos que $x_1 + x_2 + ... + x_n = n \cdot \overline{x}$, donde: $\sum_{i=1}^{n} (x_i - \overline{x}) = n \cdot \overline{x} - n \cdot \overline{x} = 0$. Desse modo, teríamos $\sigma^2 = \frac{1}{n} \cdot 0 = 0$.

- A variância é definida como uma soma de quadrados (média dos desvios quadráticos), sendo, portanto, uma medida cuja unidade é quadrática. Por exemplo, se estivéssemos estudando a altura dos alunos de uma turma, a altura média seria expressa em metros (m), porém a variância seria expressa em metros ao quadrado (m²), o que geraria uma incompatibilidade em relação às unidades, pois metro é a unidade de medida de comprimento e metro quadrado é unidade de área. Para uniformizá-las, definiremos o desvio padrão.

Desvio padrão

Seja $\mathbf{x}_1, \mathbf{x}_2, \ldots, \mathbf{x}_n$ a relação dos valores assumidos por uma variável **X**. Chamamos **desvio padrão** de **X**, e indicamos por **DP(X)** ou σ, a raiz quadrada da variância de **X**:

$$\sigma = \sqrt{\frac{(x_1 - \overline{x})^2 + (x_2 - \overline{x})^2 + \ldots + (x_n - \overline{x})^2}{n}}$$

Vamos calcular o desvio padrão dos percentuais de pontualidade das companhias aéreas:

- companhia **A**: ${\sigma_A}^2 = 8 \Rightarrow \sigma_A = \sqrt{8} \simeq 2,82$
- companhia **B**: ${\sigma_B}^2 = 2,86 \Rightarrow \sigma_B = \sqrt{2,86} \simeq 1,69$

Exercício resolvido

3. Em um levantamento realizado em 100 jogos de futebol de um torneio foram colhidos os seguintes dados:

Gols por partida	0	1	2	3	4	5
Frequência de jogos	28	26	31	9	4	2

Calcule o desvio padrão do número de gols marcados por partida.

Solução:

É importante lembrar que a variável em estudo é "número de gols marcados por partida", e ela assume os valores 0, 1, 2, 3, 4 e 5 com frequências absolutas respectivamente iguais a 28, 26, 31, 9, 4 e 2.

Calculemos a média ($\overline{\mathbf{x}}$) desses valores. Temos a seguinte média de gols/partida:

$$\overline{x} = \frac{0 \cdot 28 + 1 \cdot 26 + 2 \cdot 31 + 3 \cdot 9 + 4 \cdot 4 + 5 \cdot 2}{28 + 26 + 31 + 9 + 4 + 2} = \frac{141}{100} = 1,41$$

Calculemos, agora, os desvios quadráticos de cada valor que a variável assume com relação à média:

$$\underbrace{(0 - 1,41)^2}_{1,9881}; \underbrace{(1 - 1,41)^2}_{0,1681}; \underbrace{(2 - 1,41)^2}_{0,3481}; \underbrace{(3 - 1,41)^2}_{2,5281}; \underbrace{(4 - 1,41)^2}_{6,7081} \text{ e } \underbrace{(5 - 1,41)^2}_{12,8881}$$

Levando em conta as frequências absolutas, temos que a variância (σ^2) é dada por:

$$\sigma^2 = \frac{28 \cdot 1,9881 + 26 \cdot 0,1681 + 31 \cdot 0,3481 + 9 \cdot 2,5281 + 4 \cdot 6,7081 + 2 \cdot 12,8881}{100}$$

$$\sigma^2 \simeq \frac{55,67 + 4,37 + 10,79 + 22,75 + 26,83 + 25,77}{100} = \frac{146,18}{100} = 1,4618$$

Daí, o desvio padrão é $\sigma \simeq \sqrt{1,4618} \simeq 1,21$ gol/partida.

Exercícios

61. Para cada conjunto de valores, calcule a amplitude (**a**), a variância (σ^2) e o desvio padrão (σ):

a) 3 — 3 — 4 — 4 — 4 — 6
b) 1 — 2 — 3 — 4 — 5
c) 15 — 22 — 18 — 20 — 21 — 23 — 14
d) 31 — 31 — 31 — 31 — 31 — 31 — 31 — 31
e) 5 — 6 — 6 — 7 — 7 — 7 — 8 — 8 — 8 — 8

62. Um grupo de 12 estudantes passou um dia de verão em um parque aquático. Seus gastos com alimentação são dados a seguir (valores em reais):

24 — 16 — 30 — 20 — 28 — 30 — 20 —
40 — 18 — 16 — 30 — 16

A partir dos valores dados, obtenha:

a) a variância;
b) o desvio padrão;
c) a amplitude.

63. A quantidade de erros de digitação por página de uma pesquisa escolar com quarenta páginas é dada a seguir:

Erro por página	0	1	2
Número de páginas	28	8	4

a) Determine as medidas de centralidade (média, mediana e moda) correspondentes à quantidade de erros.
b) Determine as medidas de dispersão (variância e desvio padrão) correspondentes.

64. Um professor de inglês está interessado em comparar o desempenho de suas quatro turmas de um mesmo curso. Para isso, considerou a média final dos cinco alunos de cada turma:

Turma A	3	5	7	5	5
Turma B	6	6	4	4	5
Turma C	9	1	6	5	4
Turma D	7	8	5	2	3

a) Calcule a amplitude das notas de cada turma e use esses valores para ordená-las, da que apresenta as notas mais regulares à que apresenta notas menos regulares.
b) Compare os desvios padrões das turmas **C** e **D**, indicando aquela com aproveitamento mais regular dos alunos.
c) Use o desvio padrão para comparar as turmas **A** e **B** quanto à regularidade das notas finais dos alunos.

65. Nas tabelas a seguir estão representadas as taxas de analfabetismo de pessoas com 15 anos ou mais, expressas em porcentagem, dos estados das regiões Centro-Oeste e Sudeste em 2016:

Taxas de analfabetismo

Região Centro-Oeste	
Distrito Federal	2,6%
Goiás	6,5%
Mato Grosso	6,5%
Mato Grosso do Sul	6,3%

Região Sudeste	
São Paulo	2,8%
Rio de Janeiro	2,7%
Minas Gerais	6,2%
Espírito Santo	6,2%

Fonte: IBGE, PNAD Contínua. Disponível em: <https://agenciadenoticias.ibge.gov.br/media/com_mediaibge/arquivos/8b9eafcfed9d8742b0a8eaa5fce7ae94.pdf>. Acesso em: 22 ago. 2018.

Qual região apresenta o conjunto de valores mais homogêneo? Para responder, calcule o desvio padrão das taxas de analfabetismo em cada região.

66. No quadro seguinte constam as notas que Pedro e Paulo tiraram nas cinco avaliações que fizeram em um curso de Informática.

Pedro	7,0	4,5	5,5	5,0	3,0
Paulo	5,0	5,5	3,0	4,0	7,5

Calcule a variância das notas de cada aluno, indicando qual deles obteve desempenho mais homogêneo.

67. Os salários dos 20 funcionários que trabalham em um certo setor de uma indústria estão apresentados na tabela:

Salários da indústria

Salários (em reais)	Número de funcionários
1 200,00	10
1 440,00	6
2 400,00	4

Dados elaborados pelo autor.

a) Calcule a média ($\mathbf{\overline{x}}$) e o desvio padrão (σ) dos salários.

b) Suponha que sejam contratados cinco funcionários, cada um com salário de R$ 1 500,00. A média salarial dos 25 funcionários que trabalharão nesse setor vai aumentar, diminuir ou permanecer constante? Por quê?

68. Os valores seguintes representam os resultados obtidos por 12 estudantes em um experimento cujo objetivo era calcular, em milímetros, uma determinada distância:

8,7 — 8,5 — 9,2 — 8,8 — 8,9 — 8,6 — 8,7 — 8,6 — 8,4 — 8,7 — 8,6 — 8,7

O professor considerou aceitáveis os resultados pertencentes ao intervalo $[\overline{x} - \sigma, \overline{x} + \sigma]$, em que $\mathbf{\overline{x}}$ é a média e σ o desvio padrão dos dados acima.

Quantos alunos não tiveram seu resultado considerado aceitável?

69. Para preencher uma vaga de emprego, os 5 candidatos finalistas foram submetidos a 3 provas (Redação, Raciocínio quantitativo e Inglês) e uma dinâmica de grupo. As notas obtidas pelos candidatos encontram-se no quadro seguinte:

	Redação	Raciocínio quantitativo	Inglês	Dinâmica de grupo
Candidato A	6,5	8,0	7,0	6,0
Candidato B	7,0	5,0	7,0	7,5
Candidato C	7,0	4,5	5,0	7,0
Candidato D	6,0	6,0	6,0	7,0
Candidato E	7,5	4,0	8,5	7,5

A escolha do candidato obedecerá ao seguinte critério:

1º) O candidato deverá apresentar nota média maior ou igual a 6,5, considerando as provas e a dinâmica.

2º) Se houver mais de um candidato com nota média maior ou igual a 6,5, será selecionado o que apresentar melhor desempenho na dinâmica.

3º) Persistindo o empate, será escolhido o candidato que apresentar desempenho mais regular nas três provas.

Qual foi o candidato selecionado para essa vaga?

70. Na tabela seguinte constam os percentuais de atraso nos voos de uma companhia aérea, no primeiro semestre de certo ano, segundo os destinos:

Percentual de atraso em voos

Voos nacionais	Voos internacionais com até 5 horas de duração	Voos internacionais com mais de 5 horas de duração
12%	8%	7%

Dados elaborados pelo autor.

Preocupada com os índices apresentados, a companhia fez uma campanha para diminuir os percentuais de atraso nos voos em cada um dos três destinos. Os índices projetados para o segundo semestre são de 9% para voos nacionais e 4% para voos internacionais com até 5 horas de duração. Qual deverá ser o valor projetado para o percentual de atraso nos voos internacionais com mais de 5 horas de duração, a fim de que a redução seja atingida, e o desvio padrão dos três índices do 2º semestre seja igual ao desvio padrão dos três índices do 1º semestre?

Desvio médio

Outra medida de dispersão, geralmente menos usual que a variância (e o desvio padrão), é o **desvio médio absoluto**, ou, simplesmente, **desvio médio**.

Sejam $\mathbf{x}_1, \mathbf{x}_2, \dots, \mathbf{x}_n$ os valores assumidos por uma variável quantitativa **X** e $\bar{\mathbf{x}}$ a média aritmética desses valores. O desvio médio (indicaremos por **DM**) é definido por:

$$DM = \frac{|x_1 - \bar{x}| + |x_2 - \bar{x}| + \dots + |x_n - \bar{x}|}{n} = \frac{1}{n} \cdot \sum_{i=1}^{n} |x_i - \bar{x}|$$

Observe que DM representa a média aritmética dos desvios entre $\mathbf{x}_i$ (i = 1, 2, ..., n) e $\bar{\mathbf{x}}$, expressos pelo módulo da diferença entre um valor que a variável assume ($\mathbf{x}_i$) e a média ($\bar{\mathbf{x}}$).

EXEMPLO 9

As temperaturas mínimas diárias de duas cidades da serra catarinense, em uma mesma semana de inverno, estão representadas abaixo.

	Segunda	Terça	Quarta	Quinta	Sexta
Cidade A	−1 °C	0 °C	2 °C	−1 °C	−3 °C
Cidade B	−1 °C	−2 °C	1 °C	1 °C	−2 °C

Vamos usar o desvio médio para decidir em qual cidade as temperaturas oscilaram menos em relação à média semanal.

- Para a cidade **A**, temos:

$$\bar{x} = \frac{-1 + 0 + 2 + (-1) + (-3)}{5} = -\frac{3}{5} = -0{,}6$$

$$DM = \frac{|-1 - (-0{,}6)| + |0 - (-0{,}6)| + |2 - (-0{,}6)| + |-1 - (-0{,}6)| + |-3 - (-0{,}6)|}{5}$$

$$DM = \frac{|-0{,}4| + |0{,}6| + |2{,}6| + |-0{,}4| + |-2{,}4|}{5} = \frac{0{,}4 + 0{,}6 + 2{,}6 + 0{,}4 + 2{,}4}{5} = 1{,}28$$

- Para a cidade **B**, temos:

$$\bar{x} = \frac{(-1) + (-2) + 1 + 1 + (-2)}{5} = -\frac{3}{5} = -0{,}6$$

$$DM = \frac{|-1 - (-0{,}6)| + |-2 - (-0{,}6)| + |1 - (-0{,}6)| + |1 - (-0{,}6)| + |-2 - (-0{,}6)|}{5}$$

$$DM = \frac{|-0{,}4| + |-1{,}4| + |1{,}6| + |1{,}6| + |-1{,}4|}{5} = \frac{0{,}4 + 1{,}4 + 1{,}6 + 1{,}6 + 1{,}4}{5} = 1{,}28$$

Coincidentemente, as duas cidades apresentaram igual temperatura mínima média e igual desvio médio, o que nos mostra que não houve diferença na média das dispersões das temperaturas (em torno da média) para as duas cidades, considerando o desvio médio como medida.

Para "desempatar", poderíamos, por exemplo, calcular a amplitude das temperaturas nas duas cidades: cidade **A**: 2 °C − (−3 °C) = 5 °C; cidade **B**: 1 °C − (−2 °C) = 3 °C. Concluiríamos, desse modo, que em **B** os dados estão menos dispersos (ou variam menos), formando um conjunto mais homogêneo.

Exercícios

71. Calcule o desvio médio para cada um dos seguintes conjuntos de dados:

a) 2 — 4 — 6

b) 2 — 3 — 5 — 4 — 8 — 8

c) 20 — 25 — 15 — 35 — 30

72. Um país hipotético é formado por duas regiões, **A** e **B**, cada uma com cinco cidades com o mesmo número de habitantes. Foi feito um levantamento para saber o grau de satisfação da população de cada cidade em relação à respectiva administração regional. No quadro, constam notas de 0 a 10 para medir a satisfação dos habitantes:

Região A	7,0	4,5	5,5	5,0	3,0
Região B	5,0	8,5	3,0	1,0	7,5

Calcule o desvio médio absoluto para cada região, determinando em qual delas as opiniões são menos divergentes.

73. Na tabela seguinte, encontram-se os valores de uma gratificação dada aos funcionários de uma pequena empresa no fim do ano:

Gratificação de fim de ano

Gratificação (em reais)	Número de funcionários
200,00	8
450,00	12
800,00	5
1 500,00	3
2 500,00	2

Dados elaborados pelo autor.

Calcule o desvio médio das gratificações recebidas, arredondando os valores obtidos para o número inteiro mais próximo.

Medidas de centralidade e dispersão para dados agrupados

Os salários dos 23 funcionários de um estabelecimento comercial estão representados na tabela seguinte:

Salários

Salários (em reais)	Número de funcionários
1 000 ⊢ 2 500	4
2 500 ⊢ 4 000	12
4 000 ⊢ 5 500	7

Dados elaborados pelo autor.

Qual é a média salarial dos funcionários desse estabelecimento?

Quando a variável em estudo apresenta seus valores agrupados em classes ou intervalos, não dispomos de informações para saber como esses valores estão distribuídos em cada faixa.

Para que se possa calcular a média (e outras medidas de centralidade e dispersão) desses valores, costuma-se fazer a suposição de que, em cada intervalo, os valores estão distribuídos de forma simétrica em relação ao **ponto médio** (indicado por $\mathbf{x}_i$) do intervalo. Ao considerar, por exemplo, o primeiro intervalo, 1 000 ⊢ 2 500 $\left(\text{cujo ponto médio é } \frac{1\,000 + 2\,500}{2} = 1\,750\right)$, uma possível distribuição simétrica dos quatro salários é dada a seguir.

Salários: R$ 1 125,00; R$ 1 500,00; R$ 2 000,00 e R$ 2 375,00

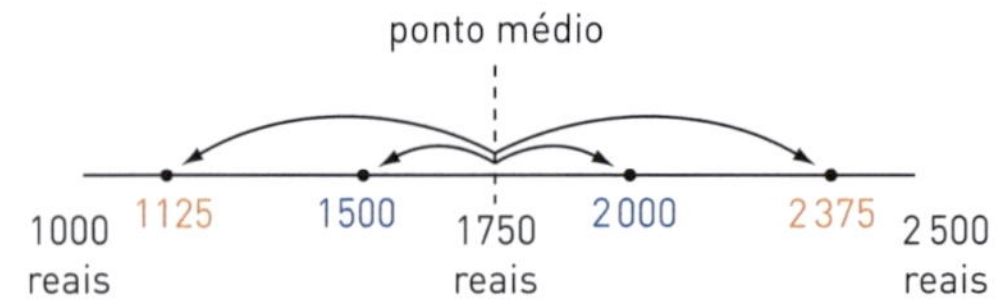

Observe que há uma compensação entre valores equidistantes dos extremos do intervalo (1 000 e 2 500), de modo que a média de cada par desses valores coincide com o ponto médio $\mathbf{x}_i$. Vejamos: 1 125 e 2 375 são equidistantes dos extremos do intervalo; a média entre eles é $\frac{1125 + 2375}{2} = 1750 = x_i$.

O mesmo raciocínio se aplica ao par de valores 1 500 e 2 000.

Na prática, essa suposição é equivalente a admitir que todos os quatro salários desse intervalo são iguais a R$ 1 750,00, que é o ponto médio.

Estendendo esse raciocínio aos demais intervalos, é possível calcular a média salarial dos funcionários desse estabelecimento:

Salários (em reais)	Ponto médio do intervalo	Número de funcionários
1 000 ⊢ 2 500	1 750	4
2 500 ⊢ 4 000	3 250	12
4 000 ⊢ 5 500	4 750	7

$$\overline{x} = \frac{1750 \cdot 4 + 3250 \cdot 12 + 4750 \cdot 7}{4 + 12 + 7} = \frac{79\,250}{23} \simeq 3\,445{,}65$$

Arredondando para o inteiro mais próximo, temos que a média salarial dos funcionários do estabelecimento é R$ 3 446,00.

Cálculo do desvio padrão

O cálculo das medidas de dispersão (variância e desvio padrão) em relação à média está apoiado na mesma suposição: dentro de cada intervalo, os valores distribuem-se de forma simétrica em torno do ponto médio ($\mathbf{x}_i$). Na prática, admitimos que todos os valores do intervalo coincidem com $\mathbf{x}_i$.

Salários (em reais)	Ponto médio do intervalo (x_i)	Desvio quadrático $(x_i - \overline{x})^2$	Número de funcionários
1 000 ⊢ 2 500	1 750	$(1750 - 3446)^2$	4
2 500 ⊢ 4 000	3 250	$(3250 - 3446)^2$	12
4 000 ⊢ 5 500	4 750	$(4750 - 3446)^2$	7

A variância (σ^2), como sabemos, é a média aritmética desses desvios, ponderada pelas respectivas frequências absolutas (número de funcionários) de cada intervalo:

$$\sigma^2 = \frac{4 \cdot (1750 - 3446)^2 + 12 \cdot (3250 - 3446)^2 + 7 \cdot (4750 - 3446)^2}{23}$$

$$\sigma^2 = \frac{11\,505\,664 + 460\,992 + 11\,902\,912}{23} = \frac{23\,869\,568}{23} \simeq 1\,037\,807$$

Desse modo, a variância dos salários é 1 037 807 $(\text{reais})^2$ e o desvio padrão dos salários é:

$$\sigma = \sqrt{1\,037\,807\ (\text{reais})^2} \simeq 1\,018{,}73 \text{ reais}$$

Determinação da classe modal

Definimos **classe modal** como a classe que apresenta maior frequência absoluta. No exemplo, a classe modal é 2 500 ⊢ 4 000, pois há 12 valores pertencentes a esse intervalo (as outras frequências são menores: 4 e 7).

Cálculo da mediana

Lembremos, inicialmente, que a mediana de uma relação de valores é um valor que separa essa relação em duas partes com a mesma quantidade de valores, sendo que, em uma das partes, todos os valores são menores ou iguais à mediana e, na outra parte, todos os valores são maiores ou iguais à mediana.

Observe, no histograma seguinte, as porcentagens aproximadas de cada intervalo:

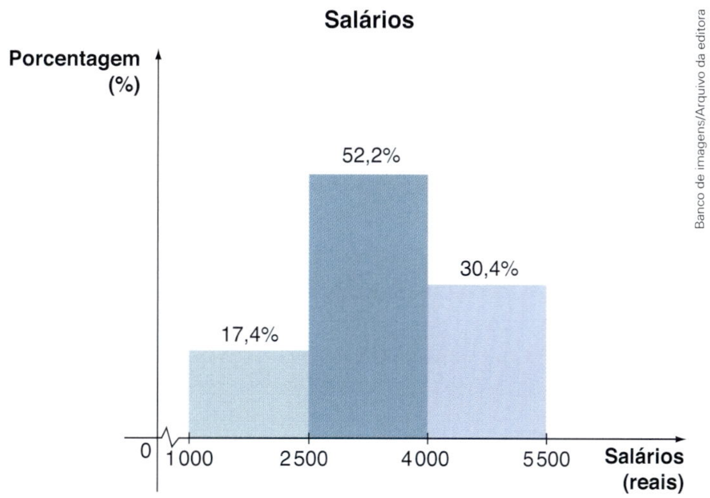

Dados elaborados pelo autor.

Da leitura do gráfico, notamos que:

- ao final do primeiro intervalo encontram-se 17,4% do total de valores;
- ao final dos dois primeiros intervalos, encontram-se acumulados 69,6% do total de valores (17,4% + + 52,2% = 69,6%).

Com base nas observações anteriores, concluímos que a mediana se encontra no segundo intervalo. Do limite inferior do primeiro intervalo (1 000) até a mediana concentram-se 50% do total de valores (17,4% + 32,6% = 50%).

Observando que, no segundo intervalo, o retângulo roxo e o retângulo destacado com fio vermelho possuem a mesma altura, temos que a área de cada um desses retângulos (expressa como porcentagem da área total sob o histograma) é diretamente proporcional à medida de sua base, isto é:

$$\frac{Me - 2\,500}{32,6\%} = \frac{4\,000 - 2\,500}{52,2\%} \Rightarrow$$

$$\Rightarrow Me \simeq 3\,436,78$$

Logo, a mediana é aproximadamente 3 436,78 reais.

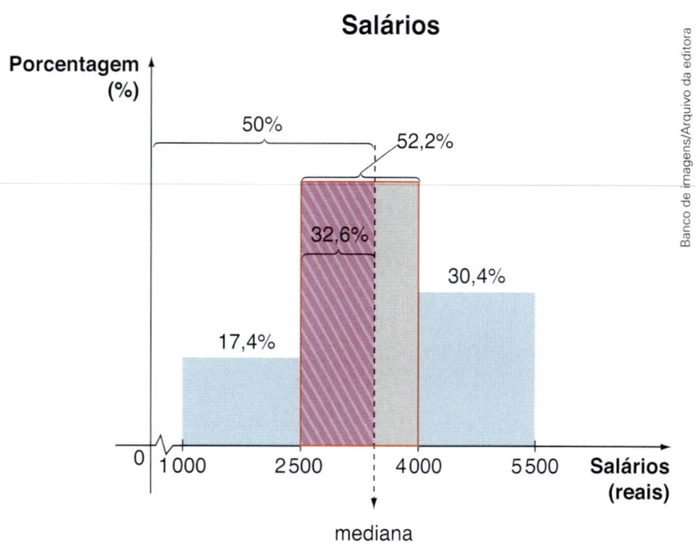

Dados elaborados pelo autor.

Exercício resolvido

4. Durante 60 dias, anotou-se o número de cartas entregues, diariamente, em um edifício residencial. Os resultados são mostrados na tabela e no histograma seguintes.

Cartas entregues, por dia, no edifício

Número de cartas	Frequência absoluta	Porcentagem (%)
20 ⊢ 30	5	8,3
30 ⊢ 40	9	15
40 ⊢ 50	20	33,3
50 ⊢ 60	18	30
60 ⊢ 70	8	13,3

Dados elaborados pelo autor.

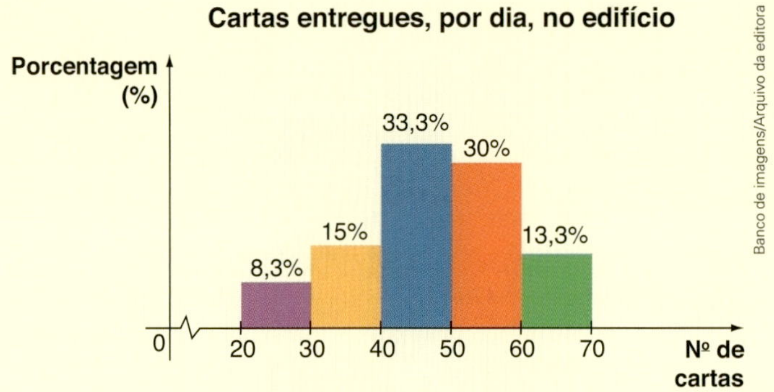

Dados elaborados pelo autor.

Determine as três medidas de centralidade correspondentes ao número de cartas diariamente entregues no edifício.

Solução:

- Média ($\overline{x}$):

Usando os pontos médios de cada intervalo, temos:

$$\overline{x} = \frac{25 \cdot 5 + 35 \cdot 9 + 45 \cdot 20 + 55 \cdot 18 + 65 \cdot 8}{5 + 9 + 20 + 18 + 8} = \frac{2850}{60} = 47,5$$

- Mediana (Me):

A mediana encontra-se na 3ª classe (de 40 a 50), pois a porcentagem acumulada ao final das três primeiras classes já ultrapassa 50% (8,3% + 15% + 33,3% = 56,6%). Ao final das duas primeiras classes, a porcentagem de observações acumulada é de 8,3% + 15% = 23,3%. Isso mostra que do valor 40 até a mediana estão concentradas 50% − 23,3% = = 26,7% das observações. Podemos então estabelecer a seguinte proporção:

$$\frac{50 - 40}{33,3\%} = \frac{Me - 40}{26,7\%} \Rightarrow Me \simeq 48$$

33,3%: porcentagem referente ao intervalo 40 ⊢ 50

26,7%: porcentagem referente ao intervalo 40 ⊢ Me (retângulo colorido)

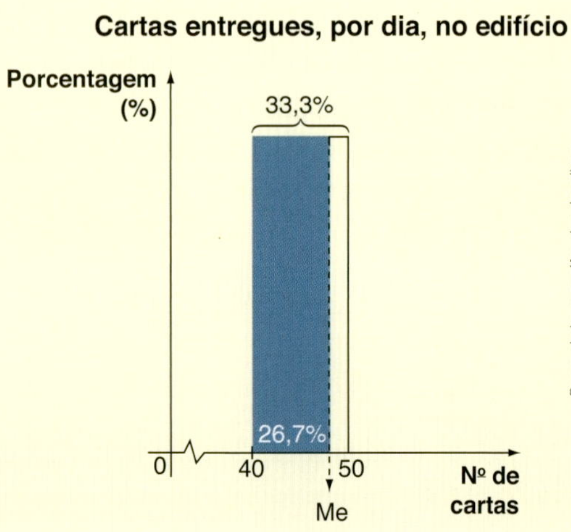

Dados elaborados pelo autor.

- Classe modal:

A classe modal corresponde ao intervalo que reúne a maior porcentagem de valores. Nesse caso, a classe modal é o intervalo [40; 50[.

Exercícios

74. No gráfico ao lado está representada a distribuição de bonificações de fim de ano concedidas aos funcionários de um estabelecimento comercial.

a) Qual é o número de funcionários do estabelecimento?

b) Qual é o valor médio das bonificações?

c) Qual é a classe modal das bonificações?

d) Escolhido ao acaso um funcionário desse estabelecimento, qual é a probabilidade de que ele tenha recebido ao menos R$ 700,00 de bonificação?

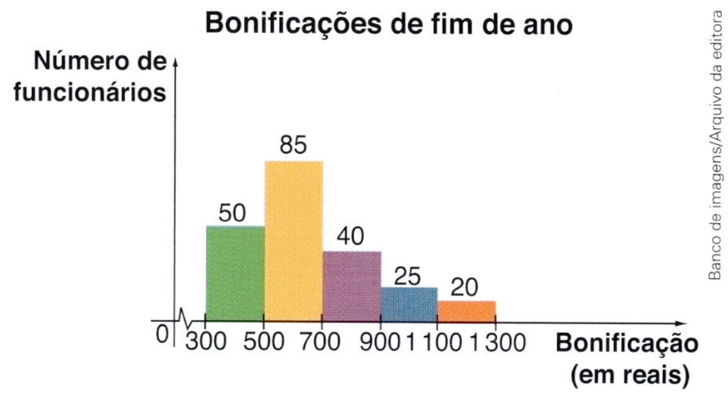

Dados elaborados pelo autor.

75. No histograma ao lado estão representadas as massas de 200 clientes que se hospedaram durante uma semana em um *spa*:

a) Quantos hóspedes tinham menos de 120 kg?

b) Qual a massa média desses clientes?

c) Qual a massa mediana desses clientes?

d) Qual o desvio padrão das massas dessa distribuição?

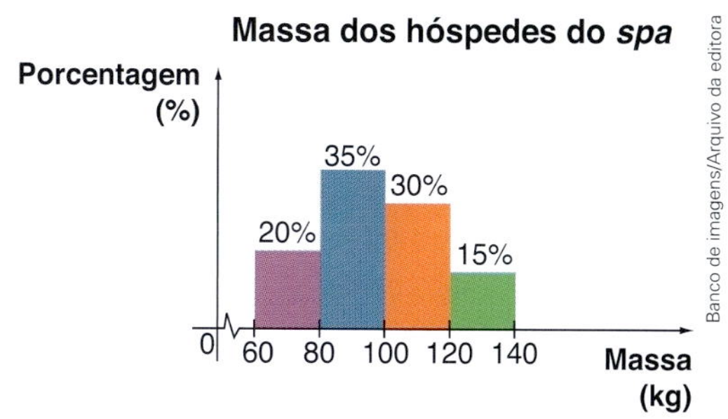

Dados elaborados pelo autor.

76. Na tabela seguinte constam os valores doados em um dia, na arrecadação de uma campanha beneficente:

Campanha beneficente

Doações (em reais)	Número de doações
5 a 15	1 250
16 a 26	1 083
27 a 37	762
38 a 48	541
49 a 59	509
60 a 70	321

Dados elaborados pelo autor.

a) Qual é a menor quantia que pode ter sido arrecadada nesse dia?

b) Qual é a maior quantia que pode ter sido arrecadada nesse dia?

77. Uma companhia de ônibus registrou a taxa de ocupação (em %) de suas viagens entre Goiânia e Brasília durante 40 dias. Os resultados são mostrados a seguir:

43 — 66 — 54 — 75 — 78 — 61 — 48 — 50 — 53 — 60 — 60 — 86 — 61 — 60 — 55 — 62 — 45 — 57 — 61 — 40 — 32 — 49 — 52 — 48 — 69 — 70 — 68 — 80 — 82 — 79 — 39 — 48 — 84 — 76 — 36 — 61 — 91 — 81 — 65 — 55

a) Considerando classes de amplitude 10 a partir de 32%, construa um histograma correspondente.

b) Calcule a taxa média, a taxa mediana e a classe modal de ocupação, considerando os dados agrupados.

c) Qual é o desvio padrão da taxa de ocupação, considerando os dados agrupados?

78. As temperaturas máximas diárias registradas no mês de janeiro em uma cidade estão dadas na tabela seguinte:

Temperaturas máximas diárias registradas em janeiro

Temperatura máxima	Número de dias
25 °C ⊢ 28 °C	9
28 °C ⊢ 31 °C	11
31 °C ⊢ 34 °C	7
34 °C ⊢ 37 °C	4
Total	**31**

Dados elaborados pelo autor.

Determine:

a) a média, a mediana e a classe modal das temperaturas;

b) a variância e o desvio padrão das temperaturas.

79. Um provedor de internet mediu o tempo (em minutos) de uso diário da rede por seus assinantes, por meio de uma amostragem. Com os dados obtidos na pesquisa construiu-se o seguinte histograma:

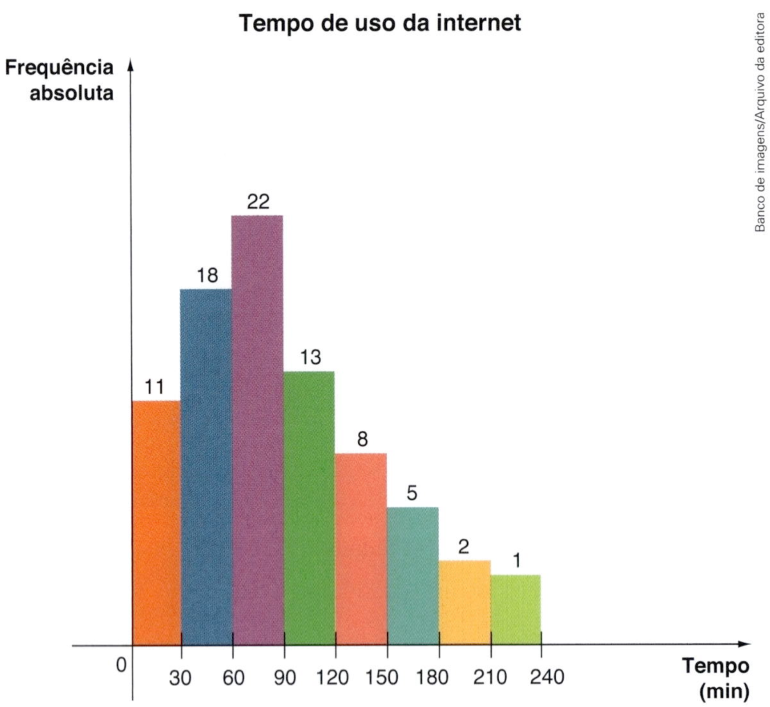

Dados elaborados pelo autor.

a) Que porcentagem do total de assinantes fica entre meia hora e uma hora e meia na rede?

b) Qual é a média e a mediana do tempo de uso da internet?

c) A partir do histograma anterior, faça outro histograma agrupando os tempos de hora em hora. Calcule média, mediana e desvio padrão.

Enem e vestibulares resolvidos

(Enem) Uma loja que vende sapatos recebeu diversas reclamações de seus clientes relacionadas à venda de sapatos de cor branca ou preta. Os donos da loja anotaram as numerações dos sapatos com defeito e fizeram um estudo estatístico com o intuito de reclamar com o fabricante.

A tabela contém a média, a mediana e a moda desses dados anotados pelos donos.

Estatísticas sobre as numerações dos sapatos com defeito

	Média	Mediana	Moda
Numerações dos sapatos com defeito	36	37	38

Para quantificar os sapatos pela cor, os donos representaram a cor branca pelo número 0 e a cor preta pelo número 1. Sabe-se que a média da distribuição desses zeros e uns é igual a 0,45.

Os donos da loja decidiram que a numeração dos sapatos com maior número de reclamações e a cor com maior número de reclamações não serão mais vendidas.

A loja encaminhou um ofício ao fornecedor dos sapatos, explicando que não serão mais encomendados os sapatos de cor

a) branca e os de número 38.

b) branca e os de número 37.

c) branca e os de número 36.

d) preta e os de número 38.

e) preta e os de número 37.

Resolução comentada

Como a moda vale 38, isto significa que 38 é a numeração em que houve a maior quantidade de sapatos com defeito.

Sendo **A** a quantidade de sapatos com defeito da cor branca e **B** a quantidade de sapatos com defeito da cor preta, temos:

$$\frac{A \cdot 0 + B \cdot 1}{A + B} = 0{,}45$$

$$B = 0{,}45(A + B)$$

$$B = 0{,}45A + 0{,}45B$$

$$0{,}55B = 0{,}45A$$

$$A = \frac{55}{45}B$$

Como $\frac{55}{45} > 1$, temos $A > B$ e, assim, pode-se concluir que não serão mais encomendados sapatos da cor branca e de número 38.

Alternativa *a*.

Exercícios complementares

1. Em uma excursão, verificou-se que a média das idades dos participantes era 57,9 anos. A média de idade dos homens era 55 anos e das mulheres 60 anos.
Determine a porcentagem de homens e de mulheres no grupo.

2. (Unicamp-SP) A *pizza* é, sem dúvida, o alimento preferido de muitos paulistas. Estima-se que o consumo diário no Brasil seja de 1,5 milhão de *pizzas*, sendo o Estado de São Paulo responsável por 53% desse consumo. O gráfico a seguir exibe a preferência do consumidor paulista em relação aos tipos de *pizza*.

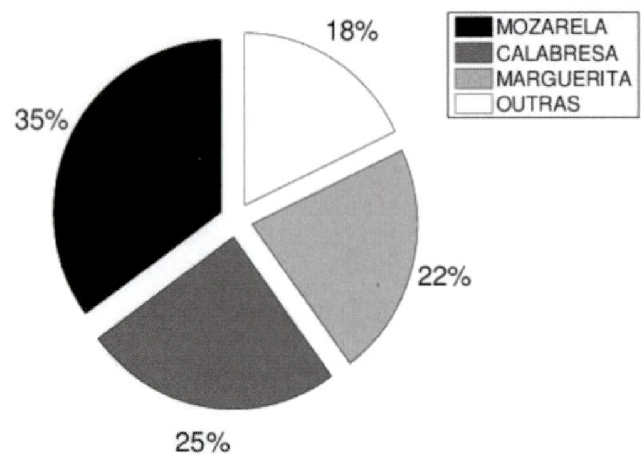

a) Se não for considerado o consumo do Estado de São Paulo, quantas *pizzas* são consumidas diariamente no Brasil?
b) Quantas *pizzas* de mozarela e de calabresa são consumidas diariamente no Estado de São Paulo?

3. (UFU-MG) Em um hipermercado, o salário mensal de um repositor de mercadorias corresponde a 50% do salário de um supervisor, enquanto o salário de um caixa é R$ 600,00 inferior ao salário do supervisor. Sabe-se que o hipermercado possui 2 supervisores, 20 caixas e 38 repositores, gastando mensalmente R$ 86 400,00 com o pagamento do salário desses funcionários.
Elabore e execute uma resolução de maneira a determinar:
a) O salário mensal, em reais, do repositor de mercadorias.
b) Qual deveria ser o salário mensal, em reais, do repositor para que a média salarial dos salários de um repositor, um supervisor e um caixa seja elevada em R$ 100,00, sem que haja alterações nos salários do caixa ou do supervisor.

4. (UFPE) Em quatro meses do ano, um hotel tem 85% da sua capacidade preenchida. Nos oito meses restantes, a média de ocupação é de 55%. Indique a média de ocupação percentual do hotel ao longo do ano.

5. (Unicamp-SP) O peso médio (média aritmética de pesos) dos 100 alunos de uma academia de ginástica é igual a 75 kg. O peso médio dos homens é 90 kg e o das mulheres é 65 kg.
a) Quantos homens frequentam a academia?
b) Se não são considerados os 10 alunos mais pesados, o peso médio cai de 75 kg para 72 kg. Qual é o peso médio desses 10 alunos?

Nota do autor: neste exercício, a palavra "peso" indica, na verdade, em quilograma, a massa dos alunos da academia.

6. (Uerj) Técnicos do órgão de trânsito recomendaram velocidade máxima de 80 km/h no trecho de uma rodovia onde ocorrem muitos acidentes. Para saber se os motoristas estavam cumprindo as recomendações, foi instalado um radar móvel no local. O aparelho registrou os seguintes resultados percentuais relativos às velocidades dos veículos ao longo de trinta dias, conforme o gráfico abaixo:

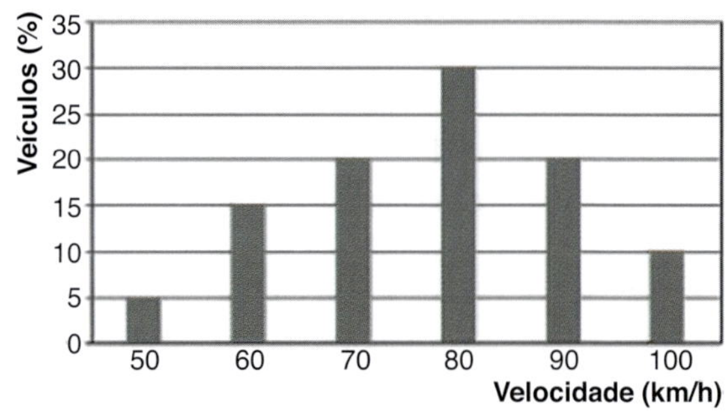

Determine a média de velocidade, em km/h, dos veículos que trafegaram no local nesse período.

7. (UFPR) Para calcular a nota final de seus alunos, um professor de Matemática utiliza a média aritmética das notas obtidas em seis provas.
Suponha que a média das notas de um estudante, nas quatro primeiras provas desse professor, foi 8,7.
a) Se esse estudante obtiver as notas 8,0 e 8,2 nas duas próximas provas, qual será a média nas seis provas?
b) Qual deverá ser a média nas duas provas seguintes, para que esse estudante obtenha média final 9,0 nas seis provas?

8. (Uerj) Na tabela abaixo, estão indicados os preços do rodízio de *pizzas* de um restaurante.

Dias da semana	Valor unitário do rodízio (R$)
Segunda-feira, terça-feira, quarta-feira e quinta-feira	18,50
Sexta-feira, sábado e domingo	22,00

Considere um cliente que foi a esse restaurante todos os dias de uma mesma semana, pagando um rodízio em cada dia.

Determine o valor médio que esse cliente pagou, em reais, pelo rodízio nessa semana.

9. O gráfico representa o resultado de uma pesquisa realizada com 1 200 pessoas sobre intenção de compras no Natal.

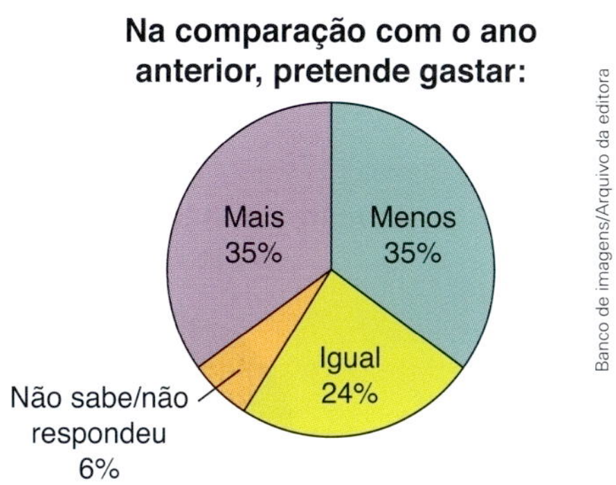

a) Determine as medidas dos ângulos representados.

b) Quantas pessoas pretendiam gastar o mesmo que no ano anterior?

c) Se 3 em cada 4 pessoas que pretendiam gastar o mesmo que no ano anterior resolvessem gastar mais, qual seria a medida do ângulo do setor correspondente a "mais"? Admita que não haja outras mudanças.

(Uerj) Utilize as informações a seguir para responder aos exercícios 10 e 11.

Após serem medidas as alturas dos alunos de uma turma, elaborou-se o seguinte histograma:

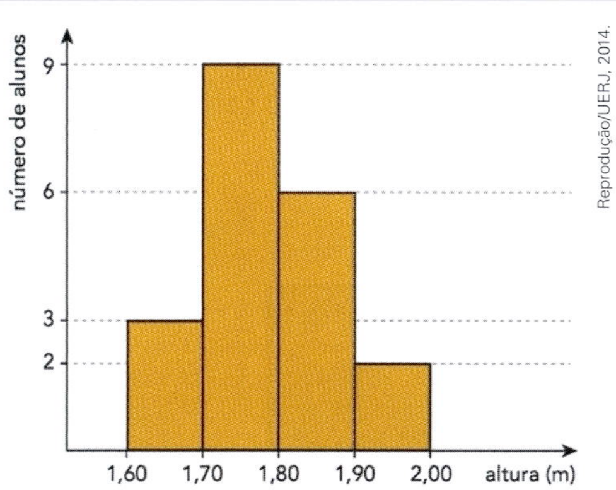

10. Sabe-se que, em um histograma, se uma reta vertical de equação $x = x_0$ divide ao meio a área do polígono formado pelas barras retangulares, o valor de $\mathbf{x_0}$ corresponde à mediana da distribuição dos dados representados.

Calcule a mediana das alturas dos alunos representadas no histograma.

11. Os dados do histograma também podem ser representados em um gráfico de setores. Observe:

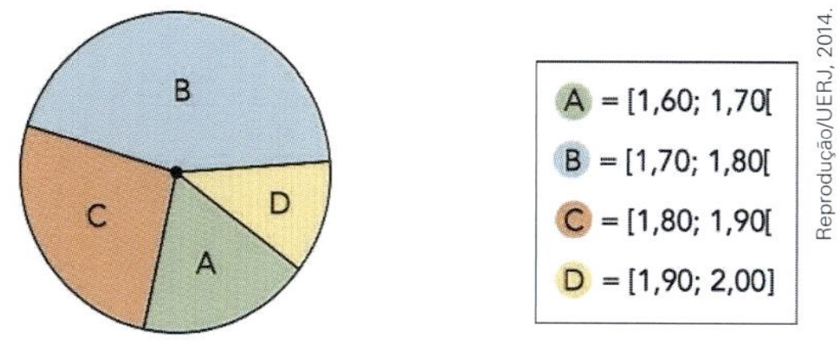

Calcule o maior ângulo central, em graus, desse gráfico de setores.

12. Com base nos gráficos a seguir, verifique se as afirmações da página seguinte são verdadeiras ou falsas. Justifique suas respostas.

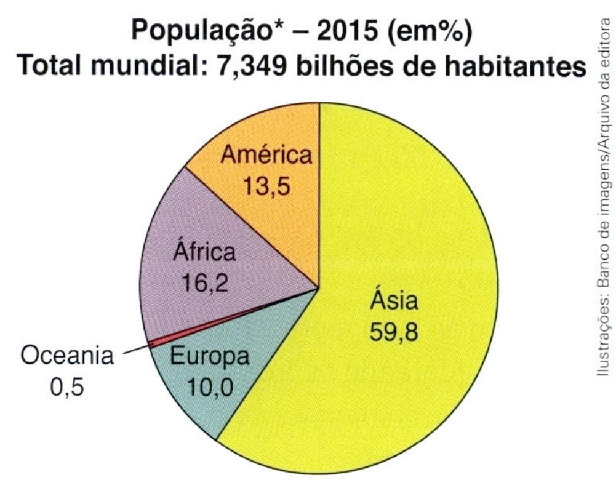

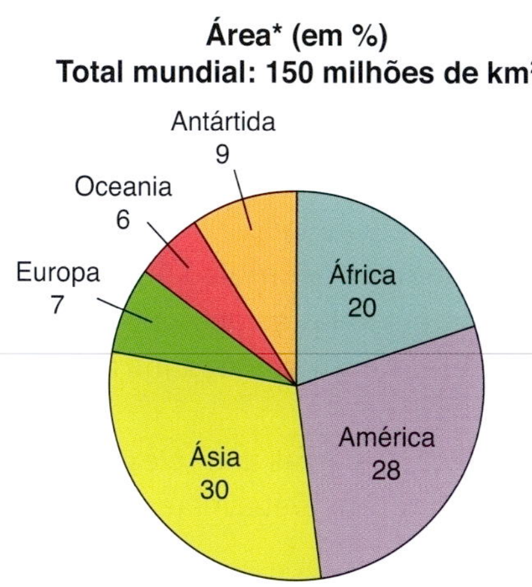

*Distribuição nos continentes.

Fontes de pesquisa: World population prospects: the 2015 revision. Disponível em: <esa.un.org/unpd/wpp/dvd/Files/1_indicators5%20 (Standartd)/EXCEL_FilES/1_Population/WPP2015_POP_F01_1_TOTAL_POPULATiON_BOTH_SEXES.XLS>. Acesso em: 22 ago. 2018; The world factbook. Disponível em: <www.cia.gov/library/publications/resources/the-world-factbook/>. Acesso em: 22 ago. 2018.

a) Em 2015, de cada 5 pessoas da Terra, praticamente 3 moravam na Ásia.

b) A Europa possui área inferior a 9 milhões de km^2.

c) Em 2015, as densidades demográficas dos continentes americano e africano praticamente coincidiam.

d) Em 2015, a densidade demográfica da Oceania era inferior a 5 habitantes por km^2.

e) Em 2015, apenas a Ásia possuía população superior a 1 bilhão de habitantes.

f) Se a população asiática fosse 10% maior, sua densidade demográfica também seria 10% maior.

13. (Unesp-SP) Os gráficos indicam a diversificação de aplicações para um investimento, por grau de risco, sugeridas por cada um dos bancos **A**, **B** e **C**.

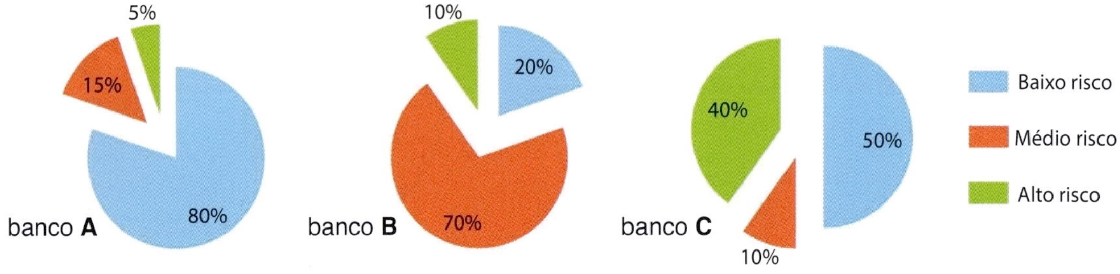

Reprodução/Unesp, 2016.

Um investidor decidiu aplicar um capital de R$ 6 000,00, em partes que foram distribuídas pelos três bancos, seguindo a diversificação do grau de risco sugerida por cada banco. O capital foi distribuído da seguinte forma:

- total de R$ 1 000,00 no banco **A** (considerando os três graus de risco juntos);
- R$ 2 700,00 em investimentos de baixo risco (nos três bancos juntos);
- R$ 1 850,00 em investimentos de médio risco (nos três bancos juntos);
- R$ 1 450,00 em investimentos de alto risco (nos três bancos juntos).

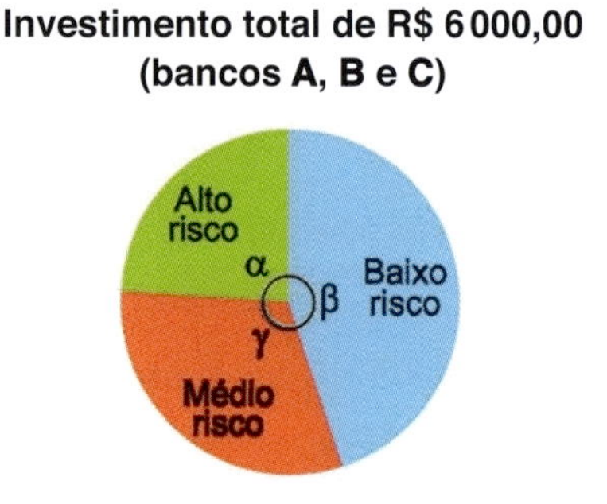

Reprodução/Unesp, 2016.

O gráfico ao lado representa a diversificação da aplicação, por grau de risco, juntando os três bancos.

Calcule os montantes de capital que foram investidos nos bancos **B** e **C**, e as medidas dos ângulos α, β e γ, indicados no gráfico.

14. (Unicamp-SP) O Código de Trânsito Brasileiro classifica as infrações, de acordo com sua natureza, em leves, médias, graves e gravíssimas. A cada tipo corresponde uma pontuação e uma multa em reais, conforme a tabela ao lado.

Infração	Pontuação	Multa*
Leve	3 pontos	R$ 53,00
Média	4 pontos	R$ 86,00
Grave	5 pontos	R$ 128,00
Gravíssima	7 pontos	R$ 192,00

*Valores arredondados.

a) Um condutor acumulou 13 pontos em infrações. Determine todas as possibilidades quanto à quantidade e à natureza das infrações cometidas por esse condutor.

b) O gráfico de barras abaixo exibe a distribuição de 1 000 infrações cometidas em certa cidade, conforme a sua natureza. Determine a soma das multas aplicadas.

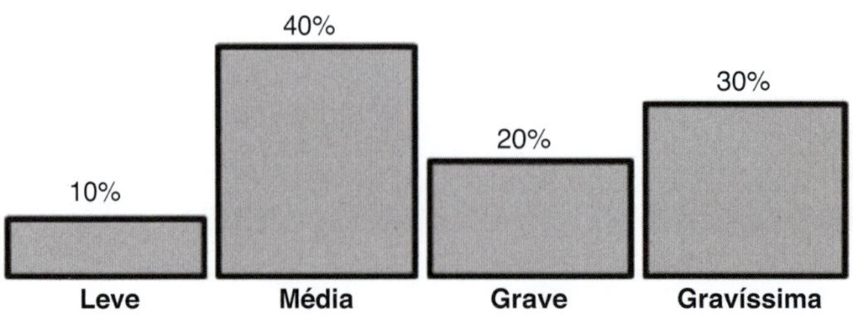

Reprodução/Unicamp, 2015.

15. (Unicamp-SP) O gráfico de barras abaixo exibe a distribuição da idade de um grupo de pessoas.

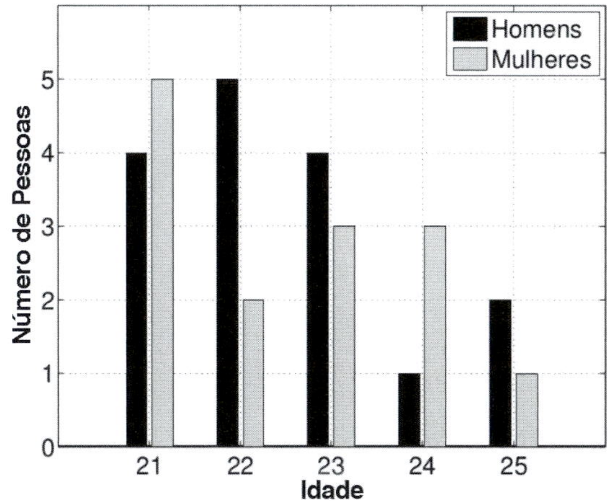

Reprodução/Unicamp, 2016.

a) Mostre que, nesse grupo, a média de idade dos homens é igual à média de idade das mulheres.

b) Escolhendo ao acaso um homem e uma mulher desse grupo, determine a probabilidade de que a soma de suas idades seja igual a 49 anos.

16. (UFRJ) A altura média de um grupo de quinhentos e três recrutas é de 1,81 m. Sabe-se também que nem todos os recrutas do grupo têm a mesma altura.

Diga se cada uma das afirmações a seguir é verdadeira, falsa ou se os dados são insuficientes para uma conclusão. Em cada caso, justifique sua resposta.

a) "Há, no grupo em questão, pelo menos um recruta que mede mais de 1,81 m e pelo menos um que mede menos de 1,81 m".

b) "Há, no grupo em questão, mais de um recruta que mede mais de 1,81 m e mais de um que mede menos de 1,81 m".

17. (UFG-GO) O gráfico a seguir representa, em um semicírculo, como foi a evolução do Ideb (Índice de Desenvolvimento da Educação Básica) de 2011 em comparação ao Ideb de 2007, considerando-se as 2 700 escolas públicas brasileiras que obtiveram as menores notas em 2007.

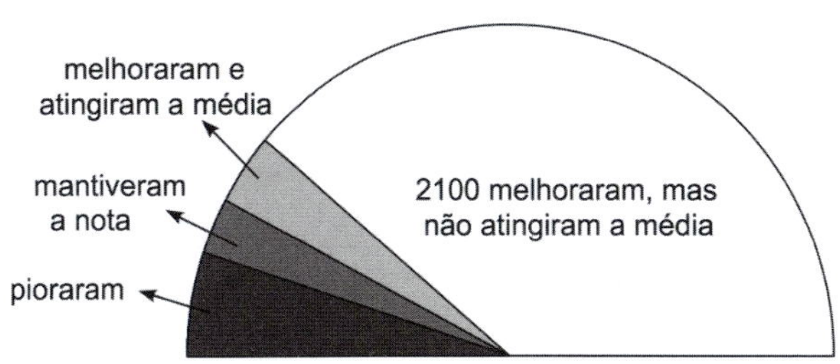

Reprodução/UFG, 2013.

FOLHA DE S. PAULO. Em 4 anos, 15% das piores escolas não se recuperaram. São Paulo, 2 out. 2012, p. C4. (Adaptado)

Pelo gráfico, sabe-se que as escolas que melhoraram, mas não atingiram a média nacional, são representadas pelo setor circular determinado por um ângulo de 140°, e que os setores circulares que indicam as escolas que mantiveram a mesma nota e as que pioraram correspondem a $\frac{2}{35}$ e $\frac{1}{7}$, respectivamente, da área do setor circular que indica as escolas que tiveram melhora, mas não atingiram a média nacional. Diante do exposto, determine o número das escolas que melhoraram e atingiram a média, das que mantiveram a nota e das que pioraram.

18. Um grupo de funcionários de uma empresa foi hospitalizado por causa de uma intoxicação alimentar adquirida no almoço de fim de ano. No gráfico, está representada a porcentagem de funcionários internados de acordo com o número de dias de internação:

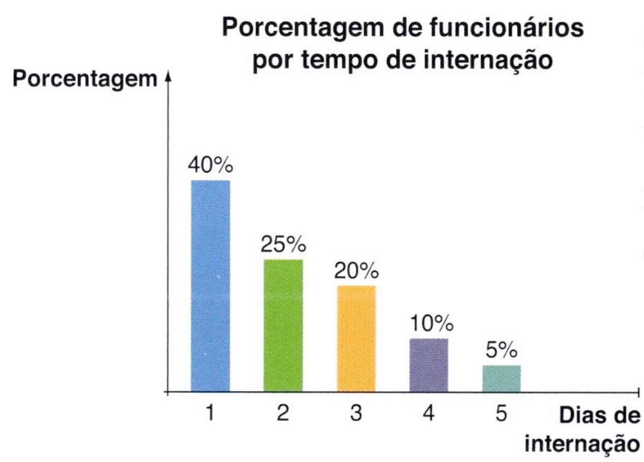

Banco de imagens/Arquivo da editora

Dados elaborados pelo autor.

a) Determine o número médio e o número mediano de dias de internação.

b) Se 2 em cada 5 funcionários foram hospitalizados e 90 funcionários não foram hospitalizados, determine quantos funcionários ficaram internados três dias.

19. Sejam $\mathbf{x}_1$, $\mathbf{x}_2$, ..., $\mathbf{x}_n$ os n valores assumidos por uma variável quantitativa. O que acontece com a média $(\overline{x})$ e com a variância (σ^2) desses valores quando cada $\mathbf{x}_i$ (para i = 1, 2, ..., n) é:

a) aumentado de duas unidades?

b) multiplicado por 2?

c) reduzido em 20%?

20. (FGV-SP) Em um depósito há caixas grandes e pequenas. Cada caixa grande pesa 70 kg e cada caixa pequena pesa 40 kg. Sabe-se que 70% das caixas são grandes e 30% são pequenas.

a) Qual é o peso médio dessas caixas?

b) Se há no depósito 40 caixas distribuídas como descrito, e se essas caixas devem ser transportadas por um elevador que pode transportar, no máximo, 360 kg, determine quantas viagens, no mínimo, serão necessárias para transportar todas as caixas. Justifique.

Nota do autor: neste exercício, a palavra "peso" indica, na verdade, em quilograma, a massa das caixas.

21. A média aritmética de um conjunto formado por **n** valores diminui três unidades quando o número 93 é retirado do conjunto. Se for adicionado o número 81 ao conjunto original, a média aumenta uma unidade em relação à média inicial.

a) Qual é o valor de **n**?

b) Qual é a soma dos elementos originais do conjunto?

22. Na tabela seguinte, encontramos os valores correspondentes ao percentual da população que vive em áreas urbanas nos continentes assim definidos:

Continente	População urbana (%)
África	40
América do Norte	80
América Central	81
América do Sul	83
Ásia	48
Europa	73
Oceania	71

Fonte: *Almanaque Abril*, 2015.

a) Calcule a média dos valores da tabela anterior expressando o resultado com uma casa decimal. O valor encontrado representa a média dos percentuais da população da Terra?

b) Use os dados da tabela seguinte para justificar a resposta do item anterior.

Continente	Porcentagem aproximada da população mundial
África	15,7
América do Norte	6,7
América Central	1,2
América do Sul	5,7
Ásia	59,7
Europa	10,5
Oceania	0,5

c) Agrupe os continentes em três categorias, de modo que em cada categoria haja mais de um continente e o desvio padrão seja o menor possível. Faça os cálculos necessários, usando apenas os valores do item *a* e arredonde os cálculos para o inteiro mais próximo.

23. Os números 3, 6, 2, 8, 12, 3, 5 e 2 fazem parte de uma relação de onze números inteiros positivos (não obrigatoriamente distintos) menores que 15. Verifique se as afirmações seguintes são verdadeiras ou falsas e justifique em seu caderno:

a) A média máxima possível para a relação dos onze números é menor que 7,5.

b) A média mínima possível para a relação dos onze números é igual a 4.

c) A mediana de todos os valores da relação não pode ser igual a 2.

d) A mediana de todos os valores da relação pode assumir cinco valores distintos.

e) Se a mediana de todos os valores da relação for igual a 6, a média geral não pode ser maior que 5.

f) Se a média de todos os valores da relação for igual a 5 e um dos três números restantes for igual a 10, então a mediana da relação pode ser igual a 3.

24. (Unicamp-SP) As mensalidades dos planos de saúde são estabelecidas por faixa etária. A tabela abaixo fornece os valores das mensalidades do plano "Geração Saúde". Sabendo que o salário mínimo nacional vale, hoje, R$ 465,00, responda às perguntas a seguir.

Faixa etária	Mensalidades (R$)
Até 15 anos	120,00
De 16 a 30 anos	180,00
De 31 a 45 anos	260,00
De 46 a 60 anos	372,00
61 anos ou mais	558,00

a) O gráfico em formato de *pizza* a seguir mostra o comprometimento do rendimento mensal de uma pessoa que recebe 8 salários mínimos por mês e aderiu ao plano de saúde "Geração Saúde". Em cada fatia do gráfico, estão indicados o item referente ao gasto e o ângulo correspondente, em graus. Determine a que faixa etária pertence essa pessoa.

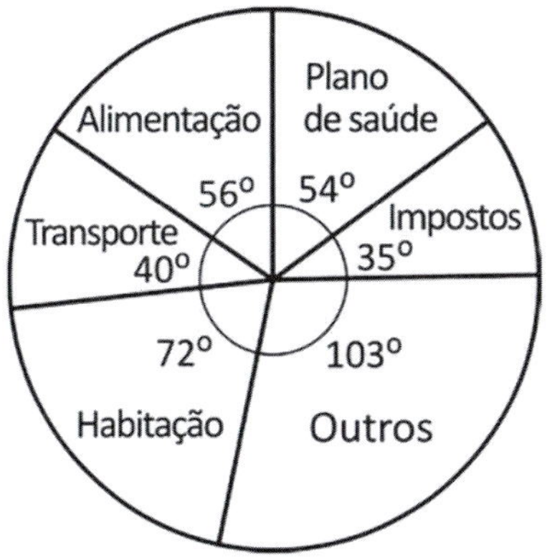

Reprodução/Unicamp, 2010.

b) O comprometimento do rendimento mensal de uma pessoa com o plano de saúde "Geração Saúde" varia de acordo com o salário que ela recebe. Suponha que **x** seja a quantidade de salários mínimos recebida mensalmente por uma pessoa que tem 56 anos, e que C(x) seja a função que fornece o comprometimento salarial, em porcentagem, com o plano de saúde. Note que **x** não precisa ser um número inteiro. Determine a expressão de C(x) para $x \geq 1$ e trace a curva correspondente a essa função no gráfico abaixo.

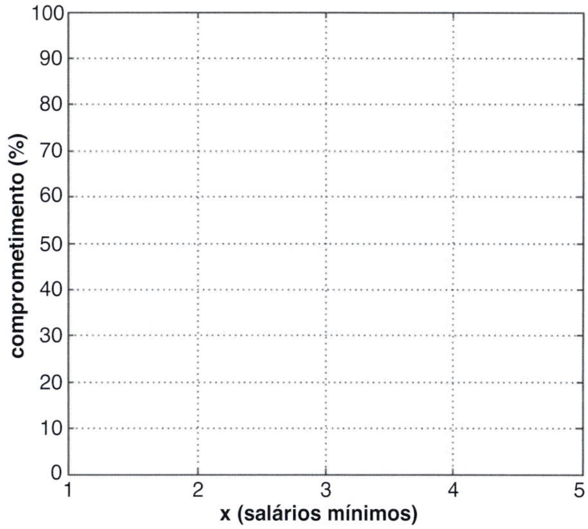

Reprodução/Unicamp, 2010.

Testes

1. (Enem) Uma pesquisa de mercado foi realizada entre os consumidores das classes sociais **A**, **B**, **C** e **D** que costumam participar de promoções tipo sorteio ou concurso. Os dados comparativos, expressos no gráfico, revelam a participação desses consumidores em cinco categorias: via Correios (juntando embalagens ou recortando códigos de barra), via internet (cadastrando-se no *site* da empresa/marca promotora), via mídias sociais (redes sociais), via SMS (mensagem por celular) ou via rádio/TV.

Participação em promoções do tipo sorteio ou concurso em uma região

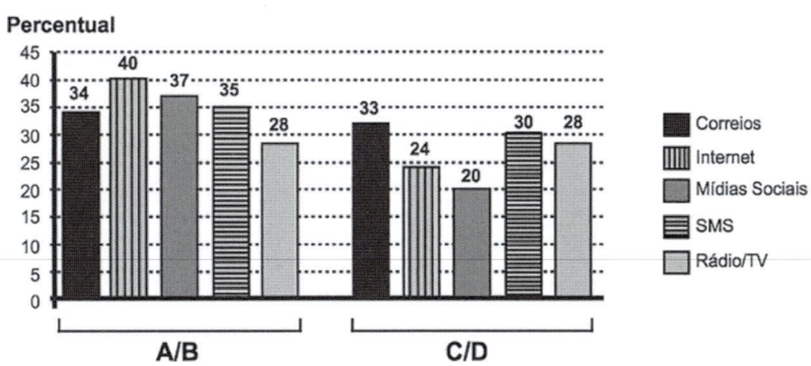

Reprodução/Enem, 2015.

Uma empresa vai lançar uma promoção utilizando apenas uma categoria nas classes **A** e **B** (**A/B**) e uma categoria nas classes **C** e **D** (**C/D**).

De acordo com o resultado da pesquisa, para atingir o maior número de consumidores das classes **A/B** e **C/D**, a empresa deve realizar a promoção, respectivamente, via

a) Correios e SMS.
b) internet e Correios.
c) internet e internet.
d) internet e mídias sociais.
e) rádio/TV e rádio/TV.

2. (Enem) Em uma seletiva para a final dos 100 metros livres de natação, numa olimpíada, os atletas, em suas respectivas raias, obtiveram os seguintes tempos:

Raia	Tempo (segundo)
1	20,90
2	20,90
3	20,50
4	20,80
5	20,60
6	20,60
7	20,90
8	20,96

A mediana dos tempos apresentados no quadro é

a) 20,70.
b) 20,77.
c) 20,80.
d) 20,85.
e) 20,90.

3. (Ufam) A tabela a seguir foi adaptada do relatório Educação para Todos no Brasil o qual exibe dados referentes à mortalidade infantil por nascidos vivos.

Ano	Mortalidade
2000	27,4
2001	26,3
2002	24,9
2003	23,9
2004	22,6
2005	21,4
2006	20,7
2007	20,0
2008	17,6
2009	16,8
2010	16,0
2011	15,3

Fonte: http://portal.mec.gov.br/index.php?option=com_docman&view =download&alias=15774-ept-relatorio-06062014&Itemid=30192

Com base na tabela anterior, a mediana e a média da mortalidade infantil por mil nascidos vivos no período de 2000 a 2011 são respectivamente:

a) 22,05 e 21,075
b) 22,05 e 22,075
c) 22,075 e 22,05
d) 21,05 e 22,075
e) 21,05 e 21,075

4. (Enem) Um concurso é composto por cinco etapas. Cada etapa vale 100 pontos. A pontuação final de cada candidato é a média de suas notas nas cinco etapas. A classificação obedece à ordem decrescente das pontuações finais. O critério de desempate baseia-se na maior pontuação na quinta etapa.

Candidato	Média nas quatro primeiras etapas	Pontuação na quinta etapa
A	90	60
B	85	85
C	80	95
D	60	90
E	60	100

A ordem de classificação final desse concurso é

a) A, B, C, E, D.
b) B, A, C, E, D.
c) C, B, E, A, D.
d) C, B, E, D, A.
e) E, C, D, B, A.

5. (UPE) As idades dos atletas que participaram da Seleção Brasileira Masculina de Basquete, convocados para a preparação dos Jogos Olímpicos 2016, variaram de 24 a 36 anos, como se pode observar na tabela a seguir:

Idade (anos)	Número de atletas
24	3
26	1
28	1
30	1
32	1
33	4
35	1
36	2

De acordo com a tabela, a média, a mediana e a moda dessas idades são, respectivamente:

a) 30,5; 32,5 e 33
b) 31; 32 e 33
c) 31,5; 31 e 33
d) 30,5; 31 e 24
e) 31; 24 e 33

6. (Enem) O polímero de PET (Politereftalato de Etileno) é um dos plásticos mais reciclados em todo o mundo devido à sua extensa gama de aplicações, entre elas, fibras têxteis, tapetes, embalagens, filmes e cordas. Os gráficos mostram o destino do PET reciclado no Brasil, sendo que, no ano de 2010, o total de PET reciclado foi de 282 kton (quilotoneladas).

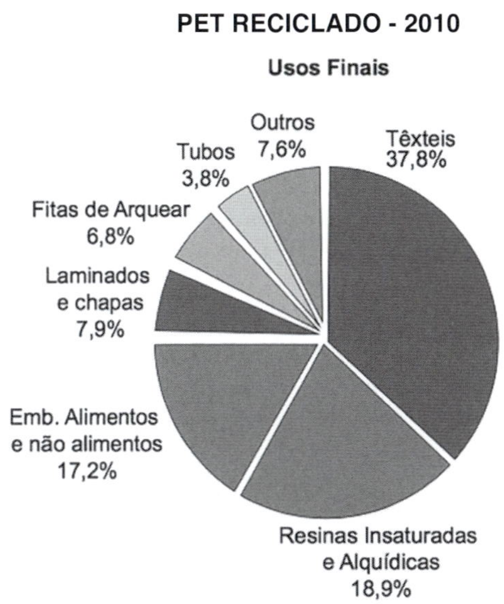

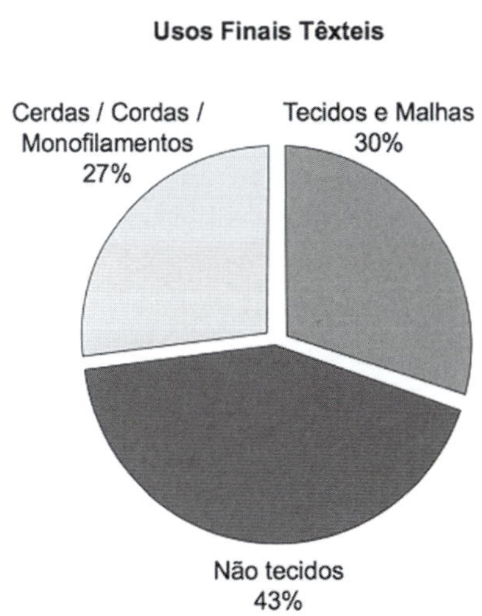

Disponível em: www.abipet.org.br.
Acesso em: 12 jul. 2012 (adaptado).

De acordo com os gráficos, a quantidade de embalagens PET recicladas destinadas à produção de tecidos e malhas, em kton, é mais aproximada de

a) 16,0.
b) 22,9.
c) 32,0.
d) 84,6.
e) 106,6.

7. (Ulbra-RS) Preocupada com a sua locadora, Maria aplicou uma pesquisa, com um grupo de 200 clientes escolhidos de forma aleatória, sobre a quantidade de filmes que estes locaram no primeiro semestre de 2011. Os dados coletados estão apresentados na tabela a seguir:

Número de filmes alugados

Número de filmes	Frequência
0	25
1	30
2	55
3	90
Total	200

A média, a moda e a mediana destes dados são, respectivamente, as seguintes:

a) 2,05; 3; 2
b) 1,5; 2; 3
c) 1,5; 3; 3
d) 1,5; 3; 2
e) 2,05; 2; 3

8. (Enem) Marco e Paulo foram classificados em um concurso. Para classificação no concurso, o candidato deveria obter média aritmética na pontuação igual ou superior a 14. Em caso de empate na média, o desempate seria em favor da pontuação mais regular. No quadro a seguir são apresentados os pontos obtidos nas provas de Matemática, Português e Conhecimentos Gerais, a média, a mediana e o desvio padrão dos dois candidatos.

Dados dos candidatos no concurso

	Marco	Paulo
Matemática	14	8
Português	15	19
Conhecimentos gerais	16	18
Média	15	15
Mediana	15	18
Desvio padrão	0,32	4,97

O candidato com pontuação mais regular, portanto mais bem classificado no concurso, é:

a) Marco, pois a média e a mediana são iguais.
b) Marco, pois obteve menor desvio padrão.
c) Paulo, pois obteve a maior pontuação na tabela, 19 em português.
d) Paulo, pois obteve maior mediana.
e) Paulo, pois obteve maior desvio padrão.

9. (UFJF/Pism-MG) O gráfico a seguir apresenta a variação da cotação do dólar dos EUA em 12 dias úteis seguidos do mês de setembro de 2015.

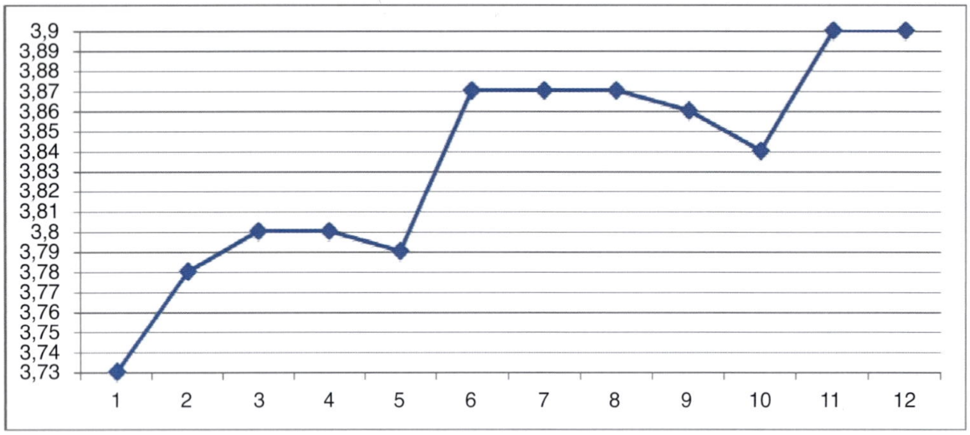

Reprodução/UFJF, 2015.

Fonte: http://www4.bcb.gov.br/pec/taxas/port/ptaxnpesq.asp?id=txcotacao. Acesso em: 1º out. 2015 (adaptado).

Calculando a média, a moda e a mediana da amostra de cotações do dólar nesse período, podemos afirmar que:

a) Média $<$ Mediana $<$ Moda

b) Média $<$ Moda $=$ Mediana

c) Mediana $<$ Média $<$ Moda

d) Mediana $<$ Moda $<$ Média

e) Moda $=$ Mediana $<$ Média

10. (Enem) Uma pessoa está disputando um processo de seleção para uma vaga de emprego em um escritório. Em uma das etapas desse processo, ela tem de digitar oito textos. A quantidade de erros dessa pessoa, em cada um dos textos digitados, é dada na tabela.

Nessa etapa do processo de seleção, os candidatos serão avaliados pelo valor da mediana do número de erros.

A mediana dos números de erros cometidos por essa pessoa é igual a

Texto	Número de erros
I	2
II	0
III	2
IV	2
V	6
VI	3
VII	4
VIII	5

a) 2,0.

b) 2,5.

c) 3,0.

d) 3,5.

e) 4,0.

11. (UFPR) O Centro de Estudos, Resposta e Tratamento de Incidentes de Segurança no Brasil (CERT.br) é responsável por tratar incidentes de segurança em computadores e redes conectadas à Internet no Brasil. A tabela ao lado apresenta o número de mensagens não solicitadas (spams) notificadas ao CERT.br no ano de 2015, por trimestre. Qual dos gráficos abaixo representa os dados dessa tabela?

Trimestre	Notificações
4º T	135.335
3º T	171.523
2º T	154.866
1º T	249.743

a)

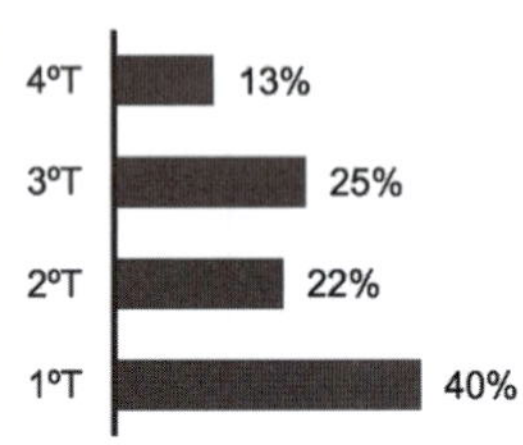

b)

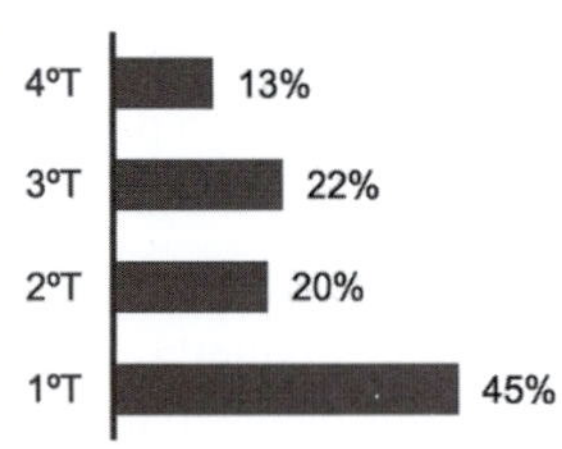

c)

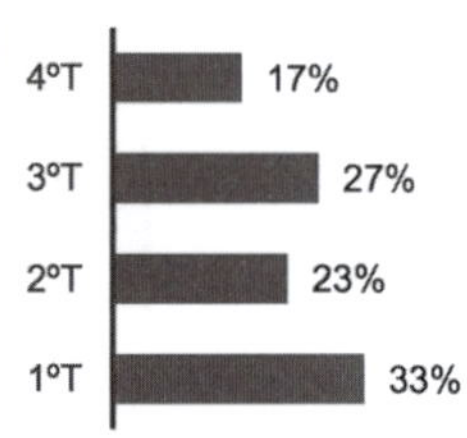

d)

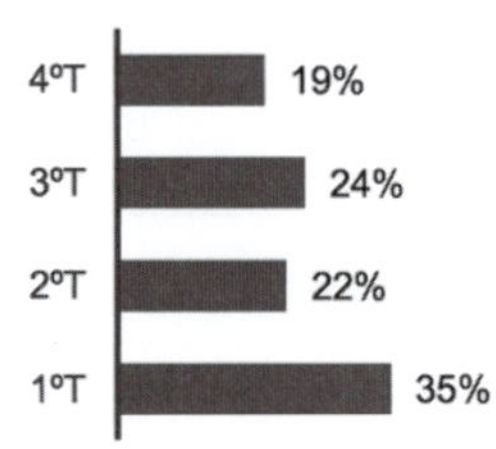

e)

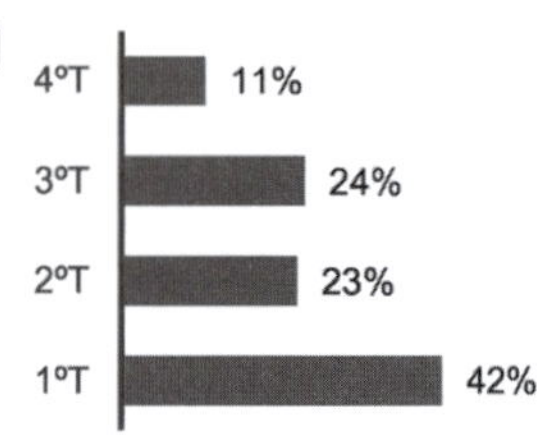

Ilustrações: Reprodução/UFPR, 2016.

12. (Enem) Um posto de saúde registrou a quantidade de vacinas aplicadas contra febre amarela nos últimos cinco meses:

- 1º mês: 21;
- 2º mês: 22;
- 3º mês: 25;
- 4º mês: 31;
- 5º mês: 21.

No início do primeiro mês, esse posto de saúde tinha 228 vacinas contra febre amarela em estoque. A política de reposição do estoque prevê a aquisição de novas vacinas, no início do sexto mês, de tal forma que a quantidade inicial em estoque para os próximos meses seja igual a 12 vezes a média das quantidades mensais dessas vacinas aplicadas nos últimos cinco meses.

Para atender essas condições, a quantidade de vacinas contra febre amarela que o posto de saúde deve adquirir no início do sexto mês é

a) 156.
b) 180.
c) 192.
d) 264.
e) 288.

13. (Enem) Uma empresa registrou seu desempenho em determinado ano por meio do gráfico, com dados mensais do total de vendas e despesas.

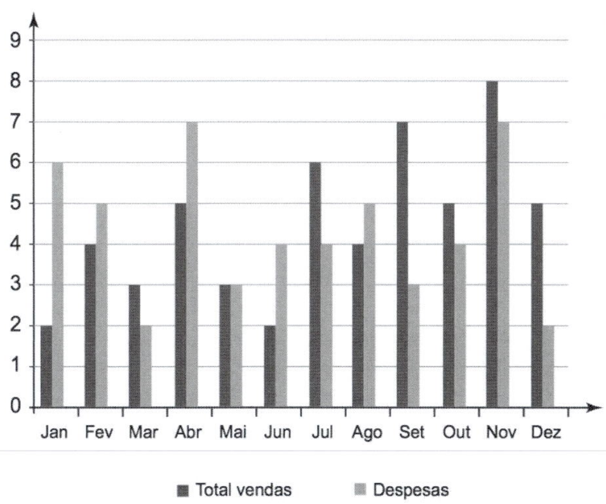

Reprodução/Enem, 2016.

O lucro mensal é obtido pela subtração entre o total de vendas e despesas, nesta ordem.

Quais os três meses do ano em que foram registrados os maiores lucros?

a) Julho, setembro e dezembro.
b) Julho, setembro e novembro.
c) Abril, setembro e novembro.
d) Janeiro, setembro e dezembro.
e) Janeiro, abril e junho.

14. (Unicamp-SP) A figura abaixo exibe, em porcentagem, a previsão da oferta de energia no Brasil em 2030, segundo o Plano Nacional de Energia.

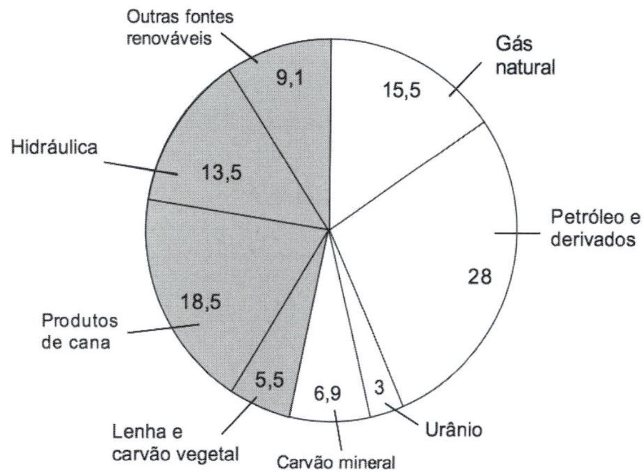

Reprodução/Unicamp, 2014.

Segundo o plano, em 2030, a oferta total de energia do país irá atingir 557 milhões de tep (toneladas equivalentes de petróleo). Nesse caso, podemos prever que a parcela oriunda de fontes renováveis, indicada em cinza na figura, equivalerá a:

a) 178,240 milhões de tep.
b) 297,995 milhões de tep.
c) 353,138 milhões de tep.
d) 259,562 milhões de tep.

15. (UFU-MG) Uma pesquisa com 27 crianças, realizada por psicólogos em um ambiente hospitalar, avalia a redução dos custos hospitalares mensais individuais em função do bem-estar emocional promovido pela vivência de atividades artísticas.

Redução do custo mensal (por criança) em reais	Número de crianças
700,00	8
900,00	5
1400,00	1
2000,00	7
2400,00	5
3000,00	1

Com base nos dados descritos na tabela, a soma da média e da mediana correspondente à distribuição de redução dos custos mencionada é igual a:

a) 2900
b) 3400
c) 3200
d) 3700

16. (Enem) O gráfico apresenta o comportamento de emprego formal surgido, segundo o CAGED, no período de janeiro de 2010 a outubro de 2010.

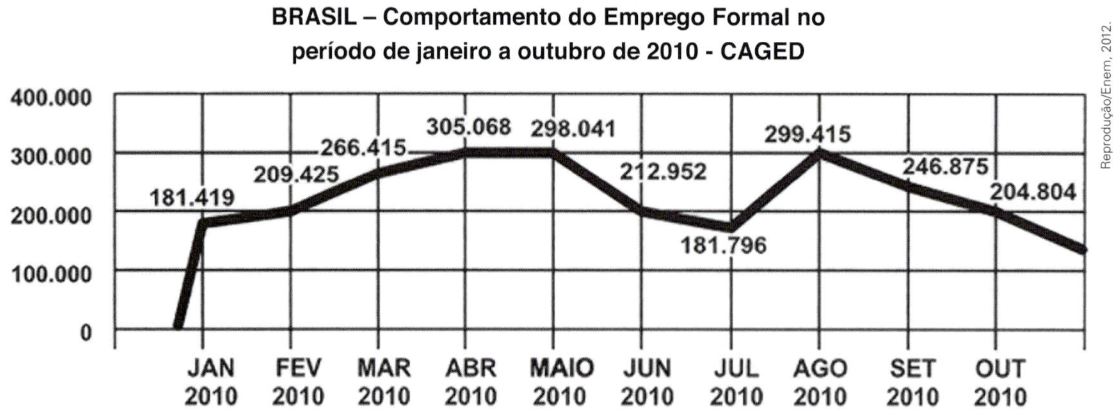

Disponível em: www.mte.gov.br. Acesso em: 28 fev. 2012 (adaptado).

Com base no gráfico, o valor da parte inteira da mediana dos empregos formais surgidos no período é:

a) 212 952
b) 229 913
c) 240 621
d) 255 496
e) 298 041

17. (UPE) O quadro abaixo mostra o número de gols marcados em cada uma das partidas do grupo do Brasil na primeira fase da Copa do Mundo de 2014.

Partida	Gols marcados
Brasil × Croácia	4
México × Camarões	1
Brasil × México	0
Croácia × Camarões	4
Camarões × Brasil	5
Croácia × México	4

O desvio médio de gols marcados por partida nos jogos desse grupo foi de, aproximadamente,

a) 3,0
b) 2,0
c) 1,7
d) 1,5
e) 1,2

18. (Ufam) Certa empresa do Distrito Industrial de Manaus possui funcionários com a distribuição de salários em conformidade com a tabela a seguir:

Salário × 1000 (em R$)	Nº de funcionários
1	7
2	8
3	1
5	7
7	7
14	1
Total	**31**

Então, em R$, a média aritmética e mediana dos salários dessa empresa são respectivamente:

a) 3 mil e 7 mil
b) 4 mil e 3 mil
c) 4 mil e 5 mil
d) 5 mil e 7 mil
e) 7 mil e 3 mil

19. (Enem) Em uma cidade, o número de casos de dengue confirmados aumentou consideravelmente nos últimos dias. A prefeitura resolveu desenvolver uma ação contratando funcionários para ajudar no combate à doença, os quais orientarão os moradores a eliminarem criadouros do mosquito *Aedes aegypti*, transmissor da dengue. A tabela apresenta o número atual de casos confirmados por região da cidade.

Região	Casos confirmados
Oeste	237
Centro	262
Norte	158
Sul	159
Noroeste	160
Leste	278
Centro-Oeste	300
Centro-Sul	279

A prefeitura optou pela seguinte distribuição dos funcionários a serem contratados:

I. 10 funcionários para cada região da cidade cujo número de casos seja maior que a média dos casos confirmados.

II. 7 funcionários para cada região da cidade cujo número de casos seja menor ou igual à média dos casos confirmados.

Quantos funcionários a prefeitura deverá contratar para efetivar a ação?

a) 59 b) 65 c) 68 d) 71 e) 80

20. (Unesp-SP) Considere os dados aproximados, obtidos em 2010, do Censo realizado pelo IBGE.

Idade (anos)	Nº de pessoas
De 0 a 17	56 300 000
De 18 a 24	23 900 000
De 25 a 59	90 000 000
60 ou mais	20 600 000
Total	**190 800 000**

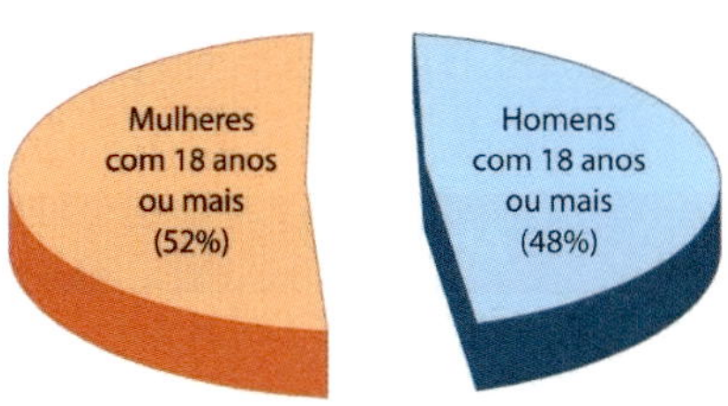

Reprodução/Enem, 2014.

A partir das informações, é correto afirmar que o número aproximado de mulheres com 18 anos ou mais, em milhões, era:

a) 70 b) 52 c) 55 d) 59 e) 65

21. (Insper-SP) Para fazer parte do time de basquete de uma escola, é necessário ter, no mínimo, 11 anos. A média das idades dos cinco jogadores titulares desse time é 13 anos, sendo que o mais velho deles tem 17 anos. Dessa forma, o segundo mais velho do time titular pode ter, no máximo,

a) 17 anos.
b) 16 anos.
c) 15 anos.
d) 14 anos.
e) 13 anos.

22. (FGV-SP) Um professor de matemática aplica três provas em seu curso (**P_1**, **P_2**, **P_3**) cada uma valendo de 0 a 10 pontos. A nota final do aluno é a média aritmética ponderada das três provas, sendo que o peso da prova **P_n** é igual a **n^2**. Para ser aprovado na matéria, o aluno tem que ter nota final maior ou igual a 5,4. De acordo com esse critério, um aluno será aprovado nessa disciplina, independentemente das notas tiradas nas duas primeiras provas, se tirar na **P_3**, no mínimo , nota

a) 7,6.
b) 7,9.
c) 8,2.
d) 8,4.
e) 8,6.

23. (Enem) A diretoria de uma empresa de alimentos resolve apresentar para seus acionistas uma proposta de novo produto. Nessa reunião, foram apresentadas as notas médias dadas por um grupo de consumidores que experimentaram o novo produto e dois produtos similares concorrentes (**A** e **B**).

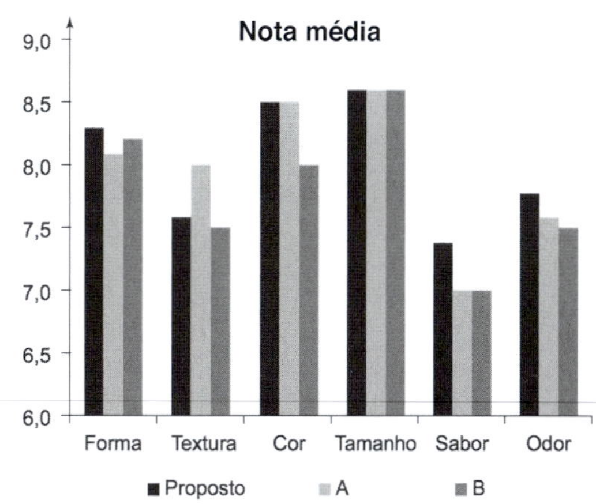

Reprodução/Enem, 2016.

A característica que dá maior vantagem relativa ao produto proposto e que pode ser usada, pela diretoria, para incentivar a sua produção é a

a) textura.
b) cor.
c) tamanho.
d) sabor.
e) odor.

24. (IFSP) Numa sala de 50 alunos, todos colecionam gibis. Foi feita uma pesquisa da quantidade que cada aluno possui e chegou-se aos dados indicados na seguinte tabela:

Quantidade de alunos	Quantidade de gibis
10	30
15	40
20	50
5	60

A média de gibis dos alunos dessa sala é:

a) 34
b) 39
c) 44
d) 49
e) 54

25. (Enem) Existem hoje, no Brasil, cerca de 2 milhões de pessoas que sofrem de epilepsia. Há diversos meios de tratamento para a doença, como indicado no gráfico:

A doença em números
2 milhões de brasileiros sofrem de epilepsia

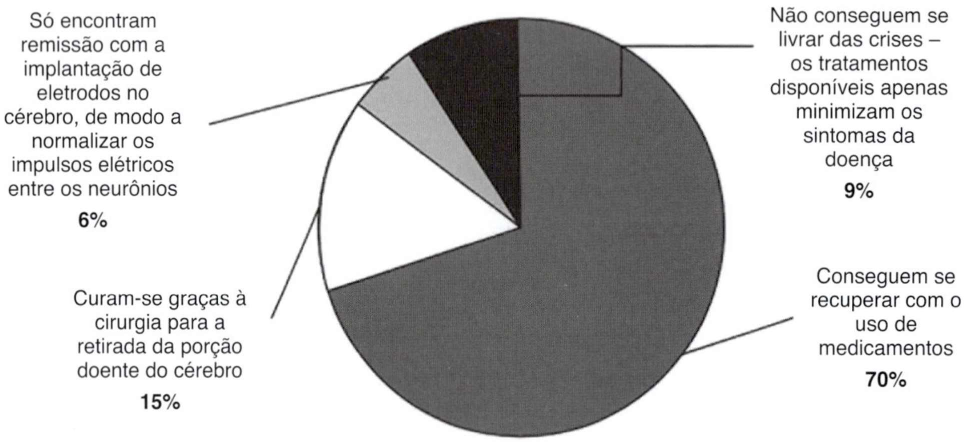

Reprodução/Enem, 2013.

Fonte: *Veja*, São Paulo, 18 abr. 2010 (adaptado).

Considere um estado do Brasil onde 400 000 pessoas sofrem de epilepsia. Nesse caso, o número de pessoas que conseguem se recuperar com o uso de medicamentos, ou se curar a partir da cirurgia para retirada da porção doente do cérebro, é aproximadamente:

a) 42 000
b) 60 000
c) 220 000
d) 280 000
e) 340 000

26. (Enem) A permanência de um gerente em uma empresa está condicionada à sua produção no semestre. Essa produção é avaliada pela média do lucro mensal do semestre. Se a média for, no mínimo, de 30 mil reais, o gerente permanece no cargo, caso contrário, ele será despedido. O quadro mostra o lucro mensal, em milhares de reais, dessa empresa, de janeiro a maio do ano em curso.

Janeiro	Fevereiro	Março	Abril	Maio
21	35	21	30	38

Qual deve ser o lucro mínimo da empresa no mês de junho, em milhares de reais, para o gerente continuar no cargo no próximo semestre?

a) 26
b) 29
c) 30
d) 31
e) 35

27. (Insper-SP) O gráfico abaixo representa o número de gols marcados (barras em cinza) e o número de gols sofridos (barras em preto) por uma equipe de futebol de salão nos 10 jogos de um campeonato.

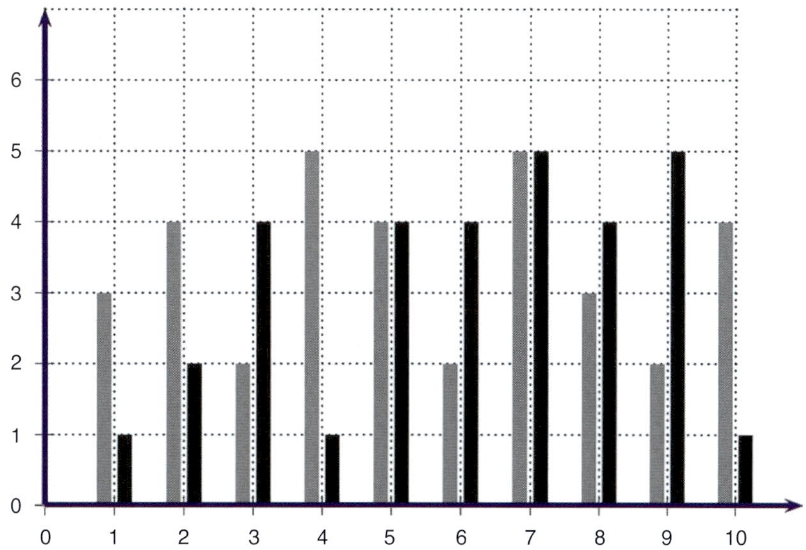

Em cada partida, o saldo de gols da equipe é dado pela diferença entre os gols marcados e os gols sofridos. A média dos saldos de gols da equipe nesses dez jogos é igual a:

a) −0,3 b) −0,1 c) 0 d) 0,1 e) 0,3

28. (Enem) O cultivo de uma flor rara só é viável se do mês do plantio para o mês subsequente o clima da região possuir as seguintes peculiaridades:

- a variação do nível de chuvas (pluviosidade), nesses meses, não for superior a 50 mm;
- a temperatura mínima, nesses meses, for superior a 15 °C;
- ocorrer, nesse período, um leve aumento não superior a 5 °C na temperatura máxima.

Um floricultor, pretendendo investir no plantio dessa flor em sua região, fez uma consulta a um meteorologista que lhe apresentou o gráfico com as condições previstas para os 12 meses seguintes nessa região.

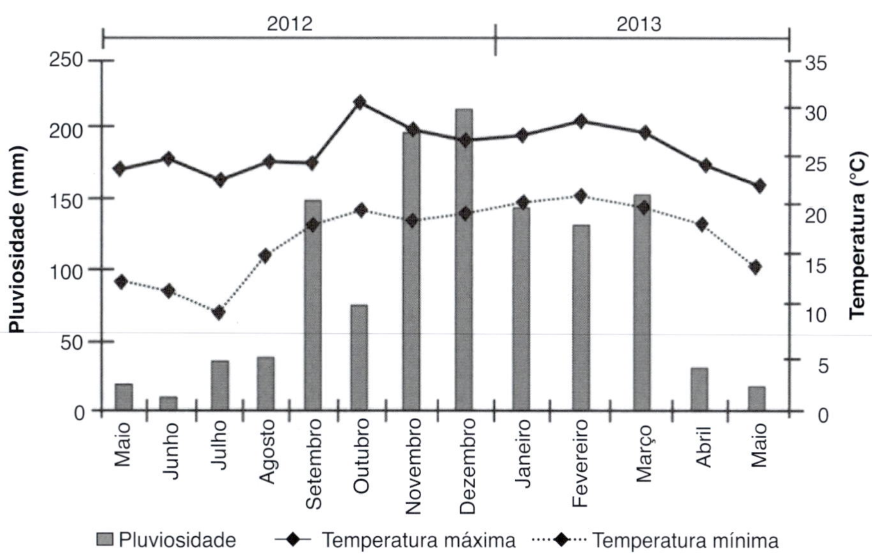

Com base nas informações do gráfico, o floricultor verificou que poderia plantar essa flor rara.

O mês escolhido para o plantio foi

a) janeiro.
b) fevereiro.
c) agosto.
d) novembro.
e) dezembro.

29. (Insper-SP) No início do ano, os administradores de uma empresa determinaram como meta que, ao longo dos 12 meses do ano, a média aritmética dos faturamentos mensais deveria ser de R$ 420 000,00. O gráfico seguinte mostra o faturamento dessa empresa nos meses de janeiro a outubro desse ano.

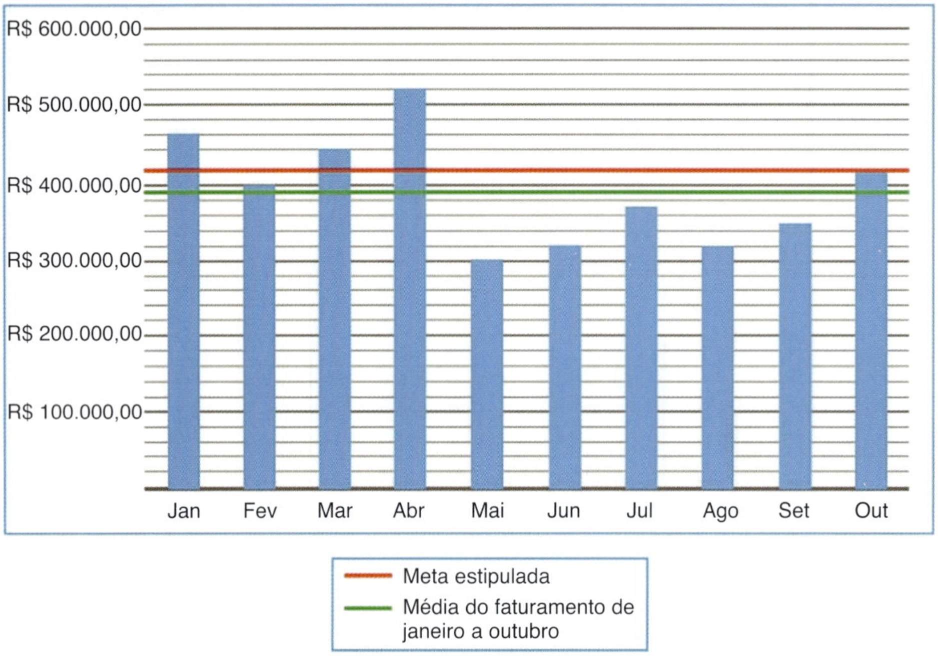

Reprodução/Insper, 2017.

Dado que a média do faturamento de janeiro a outubro foi de R$ 390 000,00, para atingir a meta estipulada no início do ano, é necessário que o faturamento dos meses de novembro e dezembro atinjam, em média,

a) R$ 570 000,00. b) R$ 480 000,00. c) R$ 450 000,00. d) R$ 510 000,00. e) R$ 540 000,00.

30. (UPE)

O Instagram é uma rede social, lançada em outubro de 2010. Nela, é possível o compartilhamento de fotos e vídeos que permitem aos seus usuários aplicar filtros digitais e inseri-los em uma variedade de outras redes sociais, como o **Facebook** e o **Twitter**, por exemplo. Esse serviço rapidamente ganhou popularidade e já possui 100 milhões de usuários ativos.

Disponível em: http://blog.instagram.com. Acessado em: 03/06/2015. (Adaptado).

Com base nessas informações, analise o infográfico ao lado:

Reprodução/UPE, 2016.

Disponível em: https://joserenatogimenez.files.wordpress.com/2013/11/infograficoinstagram.jpg (acessado em: 03/08/15).

No momento da pesquisa, de acordo com esse infográfico, analise as afirmativas a seguir:

I. O número de usuários do sexo masculino representava $\frac{9}{20}$ do total de usuários ativos/mês.

II. Por ser a maioria dos usuários jovens, eram considerados jovens no Instagram apenas as pessoas que se encontravam na faixa etária dos 18 aos 24 anos.

III. A razão entre o número de fotos/dia e o número de ativos/mês era $\frac{2}{5}$.

IV. O número de usuários ativos/mês a partir dos 45 anos de idade era de 500 mil.

Está CORRETO o que se afirma, apenas, em

a) I e II.
b) I e III.
c) II e III.
d) II e IV.
e) III e IV.

31. (Enem) Foi realizado um levantamento nos 200 hotéis de uma cidade, no qual foram anotados os valores, em reais, das diárias para um quarto padrão de casal e a quantidade de hotéis para cada valor de diária. Os valores das diárias foram: A = R$ 200,00; B = R$ 300,00; C = R$ 400,00; e D = R$ 600,00. No gráfico, as áreas representam as quantidades de hotéis pesquisados, em porcentagem, para cada valor da diária.

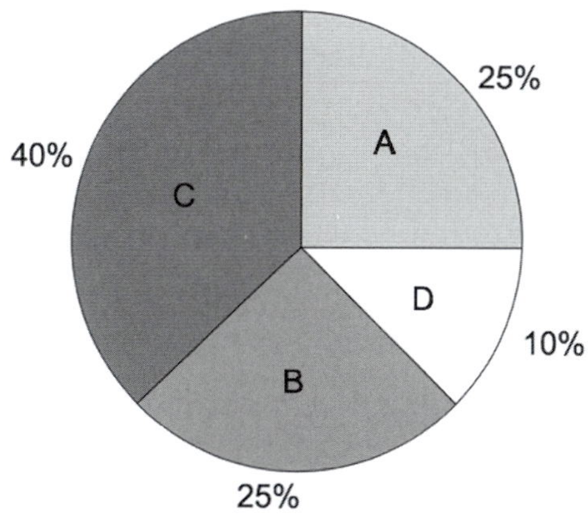

Reprodução/Enem, 2013.

O valor mediano da diária, em reais, para o quarto padrão de casal nessa cidade, é:

a) 300,00
b) 345,00
c) 350,00
d) 375,00
e) 400,00

32. (FGV-SP) A média mínima para um aluno ser aprovado em certa disciplina de uma escola é 6. A distribuição de frequências das médias dos alunos de uma classe, nessa disciplina, é dada abaixo:

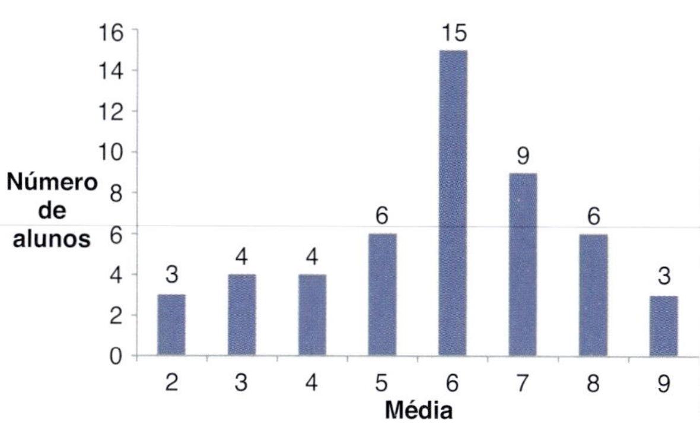

Reprodução/FGV, 2014.

A porcentagem de alunos aprovados foi:

a) 62%
b) 63%
c) 64%
d) 65%
e) 66%

33. (Uneb-BA) Os dados na sequência (1, 1, 2, 2, 2, 3, 4, 4, 5, 6) correspondem às respostas obtidas quando dez pessoas foram indagadas sobre o número de livros que haviam lido no último semestre de 2015.

Sendo **x**, **y** e **z**, respectivamente, a média aritmética, a mediana e a moda desses dados, pode-se afirmar que

a) $x \leqslant y \leqslant z$
b) $y \leqslant x \leqslant z$
c) $y \leqslant z \leqslant x$
d) $z \leqslant x \leqslant y$
e) $z \leqslant y \leqslant x$

34. (Enem)

Segundo dados apurados no Censo 2010, para uma população de 101,8 milhões de brasileiros com 10 anos ou mais de idade e que teve algum tipo de rendimento em 2010, a renda média mensal apurada foi de R$ 1 202,00. A soma dos rendimentos mensais dos 10% mais pobres correspondeu a apenas 1,1% do total de rendimentos dessa população considerada, enquanto que a soma dos rendimentos mensais dos 10% mais ricos corresponde a 44,5% desse total.

Disponível em: www.estadao.com.br. Acesso em: 16 nov. 2011 (adaptado).

Qual foi a diferença, em reais, entre a renda média mensal de um brasileiro que estava na faixa dos 10% mais ricos e de um brasileiro que estava na faixa dos 10% mais pobres?

a) 240,00
b) 548,11
c) 1 723,67
d) 4 026,67
e) 5 216,58

35. (Fuvest-SP) Cada uma das cinco listas dadas é a relação de notas obtidas por seis alunos de uma turma em uma certa prova. Assinale a única lista na qual a média das notas é maior do que a mediana.

a) 5, 5, 7, 8, 9, 10
b) 4, 5, 6, 7, 8, 8
c) 4, 5, 6, 7, 8, 9
d) 5, 5, 5, 7, 7, 9
e) 5, 5, 10, 10, 10, 10

36. (Uerj) Observe no gráfico o número de médicos ativos registrados no Conselho Federal de Medicina (CFM) e o número de médicos atuantes no Sistema Único de Saúde (SUS), para cada mil habitantes, nas cinco regiões do Brasil.

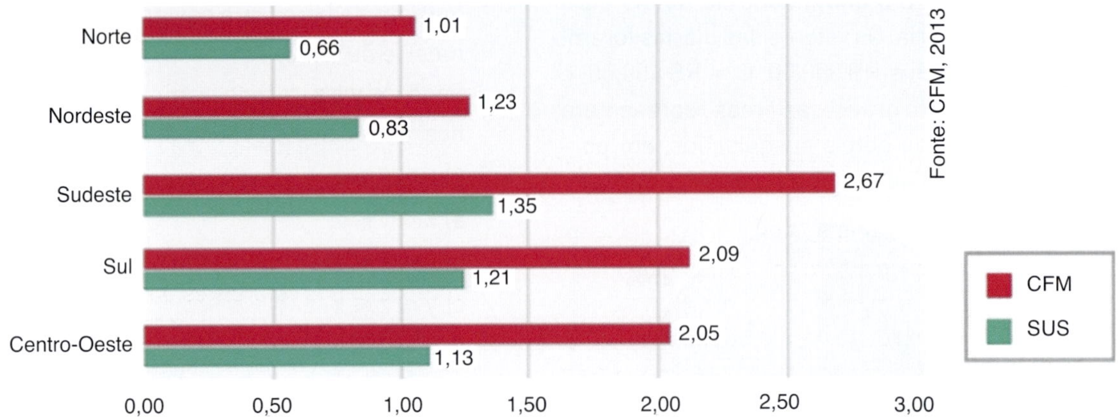

O SUS oferece 1,0 médico para cada grupo de **x** habitantes.

Na região Norte, o valor de **x** é aproximadamente igual a:

a) 660

b) 1 000

c) 1 334

d) 1 515

37. (UFRGS-RS) O gráfico a seguir representa a população economicamente ativa de homens e mulheres no Brasil de 2003 a 2015.

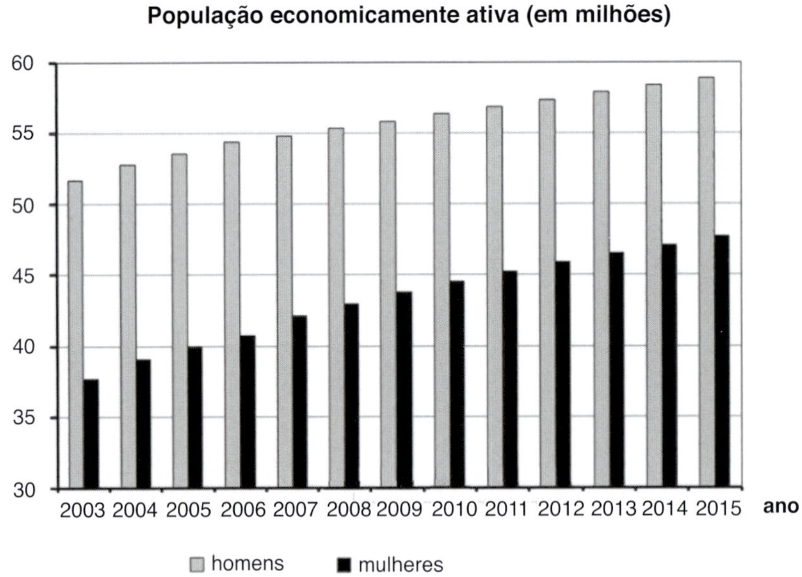

Fonte: Organização das Nações Unidas para Alimentação e Agricultura

Com base nos dados do gráfico, é correto afirmar que,

a) no ano de 2009, a população economicamente ativa de mulheres era cerca de 50% da população economicamente ativa de homens.

b) de 2003 a 2015, em termos percentuais, a população economicamente ativa de homens cresceu mais do que a de mulheres.

c) em relação a 2005, a população economicamente ativa de mulheres em 2011 cresceu cerca de 5%.

d) de 2003 a 2015, em termos percentuais, a população economicamente ativa de mulheres cresceu mais do que a de homens.

e) em relação a 2007, a população economicamente ativa de homens em 2015 cresceu cerca de 3%.

38. (FGV-SP) Para $1 < x < y < x + y$, seja $S = \{1, x, y, x + y\}$. A diferença entre a média e a mediana dos elementos de **S**, nessa ordem, é igual a

a) $\frac{1}{2}$
b) $\frac{1}{4}$
c) $\frac{1 + 4y}{2}$
d) $\frac{x + y}{4}$
e) $\frac{1 + x - 2y}{4}$

39. (Enem) Um produtor de café irrigado em Minas Gerais recebeu um relatório de consultoria estatística, constando, entre outras informações, o desvio padrão das produções de uma safra dos talhões de sua propriedade. Os talhões têm a mesma área de 30 000 m^2 e o valor obtido para o desvio padrão foi de 90 kg/talhão. O produtor deve apresentar as informações sobre a produção e a variância dessas produções em sacas de 60 kg por hectare (10 000 m^2). A variância das produções dos talhões expressa em $(sacas/hectares)^2$ é:

a) 20,25
b) 4,50
c) 0,71
d) 0,50
e) 0,25

40. (PUC-RJ) Foi feita uma pesquisa sobre a qualidade do doce de abóbora da empresa Bora-Bora. Cada entrevistado dava ao produto uma nota de 0 a 10. Na primeira etapa da pesquisa foram entrevistados 1 000 consumidores e a média das notas foi igual a 7. Após a realização da segunda etapa da pesquisa, constatou-se que a média das notas dadas pelos entrevistados nas duas etapas foi igual a 8. O número de entrevistados na segunda etapa foi, no mínimo, igual a:

a) 300
b) 400
c) 500
d) 700
e) 850

41. Observe, no gráfico, a distribuição da população brasileira, de acordo com os dados obtidos nos censos demográficos de 1940 a 2010.

Populações rural e urbana no Brasil (em milhões de pessoas)

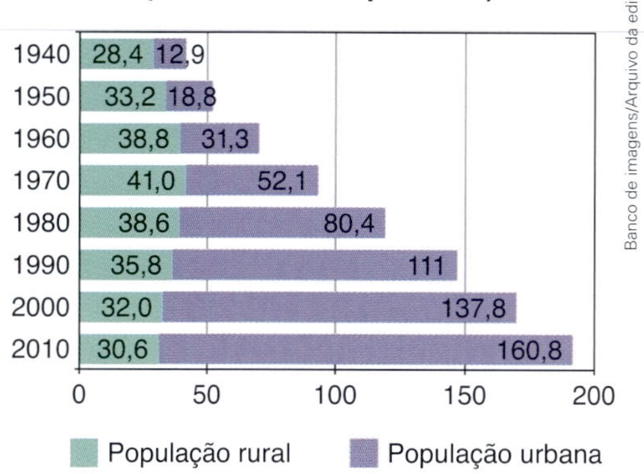

Fonte: Censo 2010.

Verifique se são verdadeiras ou falsas as afirmações a seguir:

a) O gráfico mostra um processo de urbanização crescente no Brasil.
b) Em 1980 a população rural brasileira correspondia a mais de 25% do total da população.
c) Se, em 1970, um brasileiro fosse escolhido ao acaso, a probabilidade de ele viver na zona rural era de 41%.
d) A razão entre a população urbana e a população rural praticamente triplicou de 1980 a 2000.
e) Se os dados referentes ao Censo de 2000 fossem exibidos em um gráfico de setores, a medida do ângulo correspondente à população urbana seria maior que 270°.
f) Considerando a série numérica formada pelos valores da população rural, temos que a média é maior que a mediana.

42. (Enem) Um pesquisador está realizando várias séries de experimentos com alguns reagentes para verificar qual o mais adequado para a produção de um determinado produto. Cada série consiste em avaliar um dado reagente em cinco experimentos diferentes. O pesquisador está especialmente interessado naquele reagente que apresentar a maior quantidade dos resultados de seus experimentos acima da média encontrada para aquele reagente. Após a realização de cinco séries de experimentos, o pesquisador encontrou os seguintes resultados:

	Reagente				
	1	2	3	4	5
Experimento 1	1	0	2	2	1
Experimento 2	6	6	3	4	2
Experimento 3	6	7	8	7	9
Experimento 4	6	6	10	8	10
Experimento 5	11	5	11	12	11

Levando-se em consideração os experimentos feitos, o reagente que atende às expectativas do pesquisador é o:

a) 1
b) 2
c) 3
d) 4
e) 5

43. (UPE) Ao realizar o levantamento das famílias de uma pequena cidade do interior, cujos filhos são beneficiários de algum programa social, um pesquisador obteve os seguintes dados:

Beneficiados em Programa Social

Número de filhos	Quantidade de famílias
5	03
4	07
3	21
2	28
1	23
0	18
Total	**100**

Com base nessas informações, é CORRETO afirmar que o desvio-padrão do número de filhos dessa amostra é de, aproximadamente:

a) 1,4
b) 1,8
c) 2,0
d) 2,5
e) 6,7

44. (Enem) O procedimento de perda rápida de "peso" é comum entre os atletas dos esportes de combate. Para participar de um torneio, quatro atletas da categoria até 66 kg, Peso-Pena, foram submetidos a dietas balanceadas e atividades físicas. Realizaram três "pesagens" antes do início do torneio. Pelo regulamento do torneio, a primeira luta deverá ocorrer entre o atleta mais regular e o menos regular quanto aos "pesos". As informações com base nas pesagens dos atletas estão no quadro.

Atleta	1ª pesagem (kg)	2ª pesagem (kg)	3ª pesagem (kg)	Média	Mediana	Desvio padrão
I	78	72	66	72	72	4,90
II	83	65	65	71	65	8,49
III	75	70	65	70	70	4,08
IV	80	77	62	73	77	7,87

Após as três "pesagens", os organizadores do torneio informaram aos atletas quais deles se enfrentariam na primeira luta.

A primeira luta foi entre os atletas

a) I e III.
b) I e IV.
c) II e III.
d) II e IV.
e) III e IV.

45. (Enem)

O gráfico mostra a média de produção diária de petróleo no Brasil, em milhão de barris, no período de 2004 a 2010.

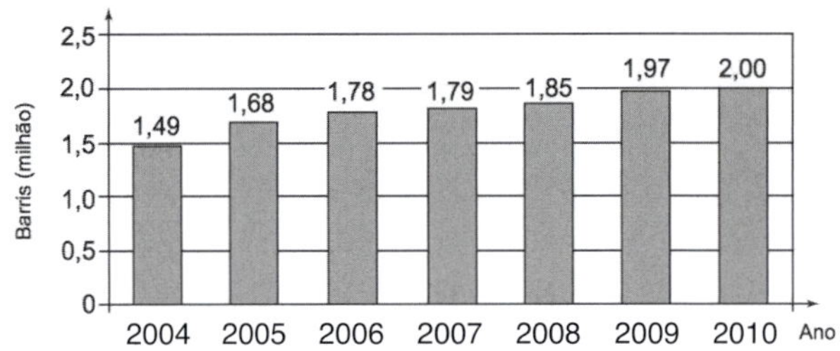

Estimativas feitas naquela época indicavam que a média de produção diária de petróleo no Brasil, em 2012, seria 10% superior à média dos três últimos anos apresentados no gráfico.

Disponível em: http://blogs.estadao.com.br. Acesso em: 2 ago. 2012.

Se essas estimativas tivessem sido confirmadas, a média de produção diária de petróleo no Brasil, em milhão de barris, em 2012, teria sido igual a

a) 1,940.
b) 2,134.
c) 2,167.
d) 2,420.
e) 6,402.

46. (UPE) A revendedora de automóveis Carro Bom iniciou o dia com os seguintes automóveis para venda:

Automóvel	Nº de automóveis	Valor unitário (R$)
Alfa	10	30 000
Beta	10	20 000
Gama	10	10 000

A tabela mostra que, nesse dia, o valor do estoque é de R$ 600 000,00 e o valor médio do automóvel é de R$ 20 000,00. Se, nesse dia, foram vendidos somente cinco automóveis do modelo Gama, então, ao final do dia, em relação ao início do dia:

a) o valor do estoque bem como o valor médio do automóvel eram menores.
b) o valor do estoque era menor, e o valor médio do automóvel, igual.
c) o valor do estoque era menor, e o valor médio do automóvel, maior.
d) o valor do estoque bem como o valor médio do automóvel eram maiores.
e) o valor do estoque era maior, e o valor médio do automóvel, menor.

47. (Enem) Preocupada com seus resultados, uma empresa fez um balanço dos lucros obtidos nos últimos sete meses, conforme dados do quadro.

Mês	I	II	III	IV	V	VI	VII
Lucro (em milhões de reais)	37	33	35	22	30	35	25

Avaliando os resultados, o conselho diretor da empresa decidiu comprar, nos dois meses subsequentes, a mesma quantidade de matéria-prima comprada no mês em que o lucro mais se aproximou da média dos lucros mensais dessa empresa nesse período de sete meses.

Nos próximos dois meses, essa empresa deverá comprar a mesma quantidade de matéria-prima comprada no mês

a) I. b) II. c) IV. d) V. e) VII.

48. (Epcar-MG) As seis questões de uma prova eram tais que as quatro primeiras valiam 1,5 ponto cada, e as duas últimas valiam 2 pontos cada.

Cada questão, ao ser corrigida, era considerada certa ou errada. No caso de certa, era atribuída a ela o total de pontos que valia e, no caso de errada, a nota 0 (zero).

Ao final da correção de todas as provas, foi divulgada a seguinte tabela:

Nº da questão	Percentual de acertos
1	40%
2	50%
3	10%
4	70%
5	5%
6	60%

A média aritmética das notas de todos os que realizaram tal prova é:

a) 3,7
b) 3,85
c) 4
d) 4,15

49. (Enem) Um vendedor de assinaturas de TV a cabo teve, nos 7 primeiros meses do ano, uma média mensal de 84 assinaturas vendidas. Devido a uma reestruturação da empresa, foi exigido que todos os vendedores tivessem, ao final do ano, uma média mensal de 99 assinaturas vendidas. Diante disso, o vendedor se viu forçado a aumentar sua média mensal de vendas nos 5 meses restantes do ano.

Qual deverá ser a média mensal de vendas do vendedor, nos próximos 5 meses, para que ele possa cumprir a exigência da sua empresa?

a) 91
b) 105
c) 114
d) 118
e) 120

50. (Insper-SP) Uma empresa tem 15 funcionários e a média dos salários deles é igual a R$ 4 000,00. A empresa é dividida em três departamentos, sendo que:

- A média dos salários dos 6 funcionários administrativos é igual a R$ 3 750,00.
- A média dos salários dos 4 funcionários de desenvolvimento de produto é igual a: R$ 4 125,00.

A média dos salários dos outros funcionários, do departamento comercial, é igual a:

a) R$ 3 800,00
b) R$ 3 900,00
c) R$ 4 000,00
d) R$ 4 100,00
e) R$ 4 200,00

51. (FGV-SP) Uma sala de aula é constituída por 10% de mulheres e 90% de homens. Em uma prova valendo de 0 a 100 pontos, todas as mulheres tiraram a mesma nota, a média aritmética das notas dos homens foi 83 e a média aritmética das notas de toda a classe foi 84. Nessas condições, cada mulher da sala fez um total de pontos igual a:

a) 90
b) 91
c) 92
d) 93
e) 94

52. (UFPR) Em um grupo de 6 pessoas, a média das idades é 17 anos, a mediana é 16,5 anos e a moda é 16 anos. Se uma pessoa de 24 anos se juntar ao grupo, a média e a mediana das idades do grupo passarão a ser, respectivamente:

a) 17 anos e 17 anos.
b) 18 anos e 17 anos.
c) 18 anos e 16,5 anos.
d) 20,5 anos e 16,5 anos.
e) 20,5 anos e 20,25 anos.

53. (Enem) Uma empresa de alimentos oferece três valores diferentes de remuneração a seus funcionários, de acordo com o grau de instrução necessário para cada cargo. No ano de 2013, a empresa teve uma receita de 10 milhões de reais por mês e um gasto mensal com a folha salarial de R$ 400 000,00, distribuídos de acordo com o gráfico 1. No ano seguinte, a empresa ampliará o número de funcionários, mantendo o mesmo valor salarial para cada categoria. Os demais custos da empresa permanecerão constantes de 2013 para 2014. O número de funcionários em 2013 e 2014, por grau de instrução, está no gráfico 2.

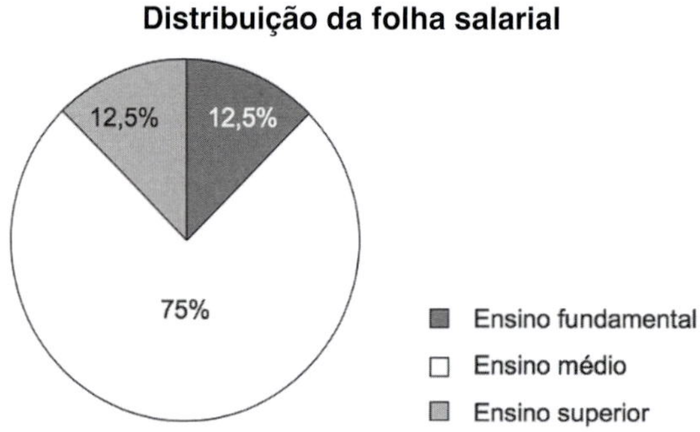

Gráfico 1

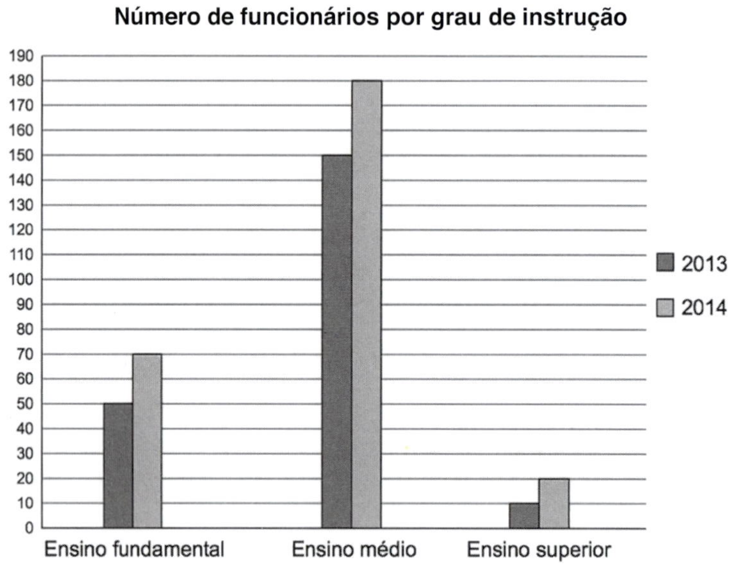

Gráfico 2

Qual deve ser o aumento na receita da empresa para que o lucro mensal em 2014 seja o mesmo de 2013?

a) R$ 114 285,00
b) R$ 130 000,00
c) R$ 160 000,00
d) R$ 210 000,00
e) R$ 213 333,00

54. (Enem) Ao iniciar suas atividades, um ascensorista registra tanto o número de pessoas que entram quanto o número de pessoas que saem do elevador em cada um dos andares do edifício onde ele trabalha. O quadro apresenta os registros do ascensorista durante a primeira subida do térreo, de onde partem ele e mais três pessoas, ao quinto andar do edifício.

Número de pessoas	Térreo	1º andar	2º andar	3º andar	4º andar	5º andar
que entram no elevador	4	4	1	2	2	2
que saem do elevador	0	3	1	2	0	6

Com base no quadro, qual é a moda do número de pessoas no elevador durante a subida do térreo ao quinto andar?

a) 2
b) 3
c) 4
d) 5
e) 6

55. (Uneb-BA)

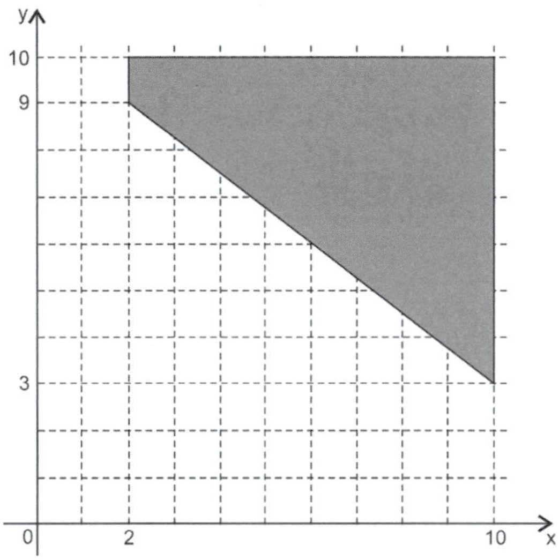

A nota final de um concurso composto por duas provas é calculada através da média ponderada entre as pontuações, **x** e **y**, obtidas na primeira e na segunda provas, respectivamente.

Sabendo-se que a nota final mínima para aprovação é 6,0 e que a área sombreada na figura cobre apenas os pontos (x, y) correspondentes à pontuação que garante a aprovação do candidato que a obteve, pode-se afirmar que os pesos das provas são, respectivamente, iguais a

a) 2 e 4
b) 3 e 4
c) 2 e 5
d) 3 e 7
e) 4 e 6

56. (Fuvest-SP) Em uma classe com 14 alunos, 8 são mulheres e 6 são homens. A média das notas das mulheres no final do semestre ficou 1 ponto acima da média da classe. A soma das notas dos homens foi metade da soma das notas das mulheres. Então, a média das notas dos homens ficou mais próxima de

a) 4,3
b) 4,5
c) 4,7
d) 4,9
e) 5,1

57. (UPE) A margem de erro em uma pesquisa eleitoral é inversamente proporcional à raiz quadrada do tamanho da amostra. Se, em uma pesquisa com 8 100 eleitores, a margem de erro é de 4%, em uma pesquisa com 25 600 eleitores, ela será de

a) 2,25%
b) 2,50%
c) 2,80%
d) 3,00%
e) 3,50%

58. (Unesp-SP) Em ocasiões de concentração popular, frequentemente lemos ou escutamos informações desencontradas a respeito do número de participantes. Exemplo disso foram as informações divulgadas sobre a quantidade de manifestantes em um dos protestos na capital paulista, em junho [de 2014]. Enquanto a Polícia Militar apontava a participação de 30 mil pessoas, o Datafolha afirmava que havia, ao menos, 65 mil.

(www.folha.com.br)

Tomando como base a foto, admita que:

(1) a extensão da rua plana e linear tomada pela população seja de 500 metros;

(2) o gráfico forneça o número médio de pessoas por metro quadrado nas diferentes seções transversais da rua;

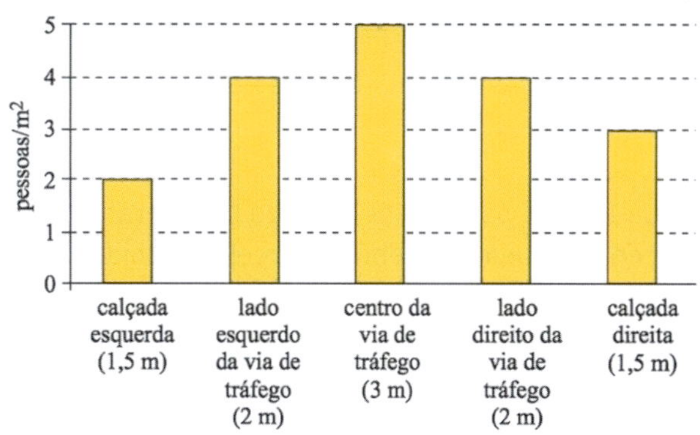

(3) a distribuição de pessoas por m^2 em cada seção transversal da rua tenha sido uniforme em toda a extensão da manifestação.

Nessas condições, o número estimado de pessoas na foto seria de:

a) 19 250
b) 5 500
c) 7 250
d) 38 500
e) 9 250

59. (Enem) A distribuição de salários pagos em uma empresa pode ser analisada destacando-se a parcela do total da massa salarial que é paga aos 10% que recebem os maiores salários. Isso pode ser representado na forma de um gráfico formado por dois segmentos de reta, unidos em um ponto **P**, cuja abscissa tem valor igual a 90, como ilustrado na figura.

No eixo horizontal do gráfico tem-se o percentual de funcionários, ordenados de forma crescente pelos valores de seus salários, e no eixo vertical tem-se o percentual do total da massa salarial de todos os funcionários.

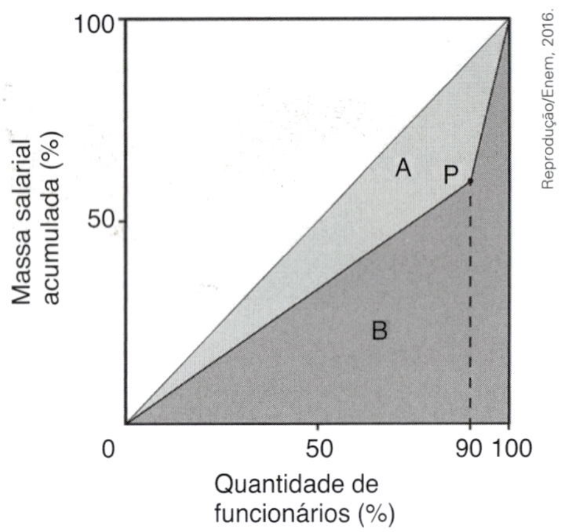

O Índice de Gini, que mede o grau de concentração de renda de um determinado grupo, pode ser calculado pela razão $\frac{A}{A + B}$ em que **A** e **B** são as medidas das áreas indicadas no gráfico.

A empresa tem como meta tornar seu Índice de Gini igual ao do país, que é 0,3. Para tanto, precisa ajustar os salários de modo a alterar o percentual que representa a parcela recebida pelos 10% dos funcionários de maior salário em relação ao total da massa salarial.

Disponível em: www.ipea.gov.br.
Acesso em: 4 maio 2016 (adaptado).

Para atingir a meta desejada, o percentual deve ser

a) 40%
b) 20%
c) 60%
d) 30%
e) 70%

60. (Enem) Os candidatos **K**, **L**, **M**, **N** e **P** estão disputando uma única vaga de emprego em uma empresa e fizeram provas de português, matemática, direito e informática. A tabela apresenta as notas obtidas pelos cinco candidatos.

Candidatos	Português	Matemática	Direito	Informática
K	33	33	33	34
L	32	39	33	34
M	35	35	36	34
N	24	37	40	35
P	36	16	26	41

Segundo o edital de seleção, o candidato aprovado será aquele para o qual a mediana das notas obtidas por ele nas quatro disciplinas for a maior.
O candidato aprovado será:

a) K
b) L
c) M
d) N
e) P

61. (FGV-SP) Considere o conjunto dos 51 primeiros múltiplos positivos de 3. Seja μ sua média e **M** sua mediana.
Podemos afirmar que

a) $\mu = 75$
b) $M = 77$
c) $\mu = M$
d) $|\mu - M| = 0,5$
e) $\mu = \sqrt{M^2 + 1}$

(Insper-SP) Texto para questões 62 e 63.

Sejam **x** e **y** dois números reais positivos. Definimos as seguintes médias:

- média aritmética, denotada por MA (x, y), calculada como a metade da soma entre **x** e **y**;
- média geométrica, denotada por MG (x, y), calculada como a raiz quadrada do produto entre **x** e **y**;
- média harmônica, denotada por MH (x, y), calculada como o inverso da média aritmética entre os inversos de **x** e **y**.

62. Em um concurso público, o critério de classificação é obter nota final maior ou igual a 10, em uma escala de 0 a 16.

A nota final é calculada como a média geométrica entre duas notas: a da prova de conhecimentos gerais e a da prova de conhecimentos específicos, ambas na mesma escala de 0 a 16.

As provas são aplicadas em dias diferentes, sendo a primeira de conhecimentos gerais. De acordo com o critério descrito, existe uma nota mínima a ser atingida nessa prova, caso contrário o candidato estará automaticamente desclassificado, independentemente da nota que venha a tirar na prova de conhecimentos específicos.

O valor dessa nota mínima é

a) 0
b) 5,75
c) 6,00
d) 6,25
e) 10,00

63. Sejam **a** e **b** dois números reais e positivos tais que MH (a, b) = A. O valor de **a** em função de **b** e a condição que se deve impor sobre o valor de **b** para que isso aconteça são, respectivamente,

a) $\frac{Ab}{2b - A}$ e $b > \frac{A}{2}$.

b) $\frac{Ab}{2b - A}$ e $b < \frac{A}{2}$.

c) $\frac{A}{2}$ e $b > \frac{1}{A}$.

d) $\frac{A}{2}$ e $b < \frac{1}{A}$.

e) $a = 2A - b$ e $b > 0$.

64. (UFBA) Sendo a média aritmética de três números inteiros positivos distintos igual a 60, pode-se afirmar (indique a soma):

(01) Pelo menos um dos números é menor que 60.

(02) Nenhum dos números é maior que 177.

(04) Se os três números formam uma progressão aritmética, então um dos números é igual a 60.

(08) Se um dos números é igual a 60, então o produto dos três números é menor que 216 000.

(16) Se os três números são primos, então um deles é igual a 2.

(32) Se o máximo divisor comum dos três números é igual a 18, então os números são 36, 54 e 90.

65. (UnB-DF)

Número de lançamento de foguetes com satélites – 2001 a 2010

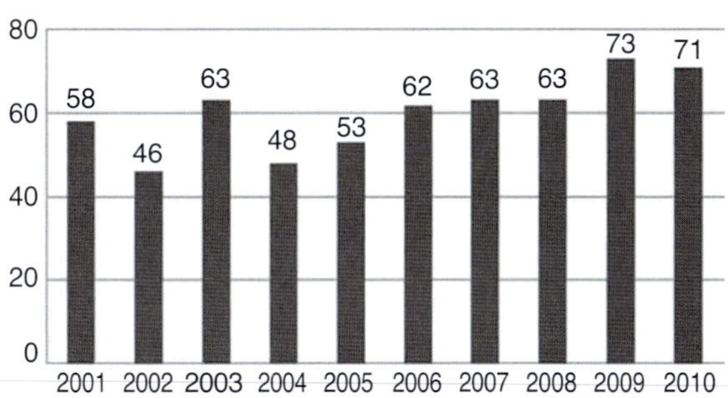

Reprodução/UNB, 2014.

O gráfico acima apresenta o número de foguetes que contêm satélites lançados para fora da atmosfera terrestre, no período de 2001 a 2010. Com base na sequência dos dez valores correspondentes aos números de lançamentos anuais apresentados nesse gráfico, julgue os itens de I a III e assinale a opção correta no item IV.

I. Considerando-se que os números de lançamentos de foguetes com satélites em 1998, 1999, 2000, 2001 e 2002 estejam em progressão aritmética, conclui-se que, nesse quinquênio, o número total de lançamentos foi superior a 348.

II. O valor da moda da referida sequência numérica é inferior ao da média.

III. O valor da mediana da referida sequência numérica é inferior a 63.

IV. O valor do desvio padrão – σ – da mencionada sequência numérica é:

a) $\sigma < 8{,}3$
b) $8{,}3 \leq \sigma < 8{,}6$
c) $8{,}6 \leq \sigma < 8{,}9$
d) $\sigma > 8{,}9$

66. (UnB-DF)

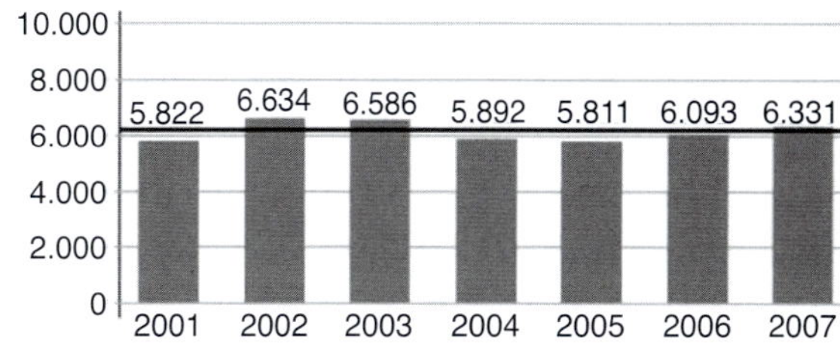

Reprodução/UNB, 2013.

O gráfico acima mostra a quantidade de internações de usuários de drogas com até 19 anos de idade, no Brasil, no período de 2001 a 2007. O número médio de internações no período, indicado pela linha em negrito, foi igual a 6 167.

A partir dessas informações, julgue os itens de I a III e faça o que se pede no item IV.

I. Se, no gráfico, fossem acrescentados dados de forma que os dados de 2006, 2007, 2008 e 2009 estivessem em progressão aritmética, então, em 2009, o número de internações de usuários de drogas com até 19 anos de idade seria igual a 6 807.

II. O crescimento do número de internações em 2007, em comparação com 2005, foi superior a 11%.

III. A mediana da série de valores apresentados no gráfico é inferior à média.

IV. Assinale a opção que apresenta a expressão que permite determinar-se corretamente o desvio padrão – **R** – da série de dados indicados no gráfico.

a) $7R^2 = 345^2 + 467^2 + 419^2 + 275^2 + 356^2 + 74^2 + 164^2$

b) $7R = \sqrt{345} + \sqrt{467} + \sqrt{419} + \sqrt{275} + \sqrt{356} + \sqrt{74} + \sqrt{164}$

c) $6\,167R^2 = 5\,822^2 + 6\,634^2 + 6\,586^2 + 5\,892^2 + 5\,811^2 + 6\,093^2 + 6\,331^2$

d) $6\,167R = \sqrt{5\,822} + \sqrt{6\,634} + \sqrt{6\,586} + \sqrt{5\,892} + \sqrt{5\,811} + \sqrt{6\,093} + \sqrt{6\,331}$

Respostas

Capítulo 1 – O ponto

Exercícios

1.

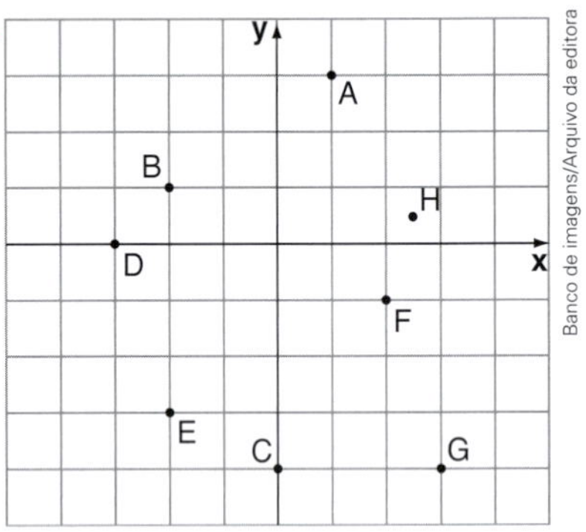

2. H(2, 4); I(−2, −4); J(1, 1); K(3, 0); L(−1, 4); M(−3, −2); N(1, −3); O(0, 0).

3. a) **E**, **G**.
   b) **A**, **L**.
   c) **C**, **I**.
   d) **H**
   e) **B**, **K**.
   f) **D**, **F**, **J**.
   g) **E**, **I**.
   h) **A**

4. a) Positivo.
   b) Negativo.
   c) Positivo.
   d) Nulo.

5. −3 ou 3.

6. a) 4º quadrante.
   b) 3º quadrante.
   c) 4º quadrante.
   d) 2º quadrante.

7. A(3, 0); B(0, 3); C(−3, 0); D(0, −3); E(5, 0); F(0, 5); G(−5, 0); H(0, −5)

8. $\{m \in \mathbb{R} \mid m < 0\}$

9. $m = n = 5$

10. $a = b = 3$

11. A(0, 0); B(5, 12); C(15, 12); D(20, 0)

12. Demonstração; $\overline{BC}$

13. $A(-3\sqrt{2}, 0)$; $B(0, 3\sqrt{2})$; $C(3\sqrt{2}, 0)$; $D(0, -3\sqrt{2})$

14. a) $\sqrt{17}$ u.c.
    b) $5\sqrt{2}$ u.c.
    c) 5 u.c.
    d) $\sqrt{130}$ u.c.
    e) 7 u.c.
    f) $\sqrt{34}$ u.c.
    g) 10 u.c.
    h) 4 u.c.
    i) 4 u.c.

15. $5 + \sqrt{34} + \sqrt{53}$ u.c.

16. 7 ou 1.

17. O ponto **D**.

18. −3

19. $2\sqrt{5} + 2\sqrt{10} + 10\sqrt{2}$ u.c.

20. $2\sqrt{13}$ u.c.

21. Demonstração; $3\sqrt{2} + 2\sqrt{17}$ u.c.

22. Q(5, 5)

23. P(0, 9)

24. Triângulo escaleno.

25. $P\left(\frac{11}{2}, 0\right)$

26. $m = 7$

27. $P(1 + \sqrt{3}, 1 + \sqrt{3})$ ou $P(1 - \sqrt{3}, 1 - \sqrt{3})$.

28. Qualquer ponto P(x, y) tal que $5x - 3y + 5 = 0$.
    Por exemplo: $\left(0, \frac{5}{3}\right)$; (2, 5); (−1, 0); $\left(-\frac{8}{5}, -1\right)$; etc.

29. a) $\left(\frac{3}{2}, 3\right)$.
    b) $\left(\frac{5}{2}, 1\right)$.
    c) $\left(-2, \frac{1}{2}\right)$.
    d) (0, 0).
    e) (7, 3).
    f) (3, −1).

30. 1 u.c.

31. $\sqrt{74}$

32. (1, 7)

33. Demonstração.

34. (−2, 0) e (0, 4).

35. a) $\left(\frac{4}{3}, -3\right)$

b) $\sqrt{34}$ u.c., $\sqrt{10}$ u.c. e 4 u.c.

36. A(−1, 0); B(3, 4) e C(7, −8).

37. a) (−2, 0)

b) 5 u.c.

38. a) (−2, −3)

b) (−2, 3)

c) (2, 3)

d) (4, −5)

39. a) $(0, 2\sqrt{7})$

b) 4 u.c.

c) $\left(2, \frac{2\sqrt{7}}{3}\right)$; $\frac{8}{3}$.

40. $\left(-9, \frac{1}{2}\right)$; (−5, 2) e $\left(-1, \frac{7}{2}\right)$.

41. (−4, 6); 68 u.a.

42. a) $C(2, -2\sqrt{3})$

b) $4\sqrt{3}$ cm^2

43. $A\left(-\frac{31}{5}, -\frac{18}{5}\right)$

44. a) Sim.

b) Não.

c) Não.

d) Sim.

e) Sim.

f) Não.

45. m = 4

46. Qualquer (x, y) que satisfaça a relação 2x − y − 1 = = 0. Por exemplo: (0, −1); (1, 1); (−1, −3); (2, 3); etc.

47. Sim.

48. Sim.

49. k ≠ 12

50. a) $5x_p + 2y_p = -10$

b) (−2, 0)

51. a) Não.

b) Sim.

52. $\left(\frac{17}{5}, \frac{19}{5}\right)$

53. −2

54. a) A(0, 0); B(α, 0); C(α, β); D(0, β).

b) $\left(\frac{\alpha}{2}, \frac{\beta}{2}\right)$

c) Demonstração.

55. $\left(0, \frac{19}{5}\right)$

Exercícios complementares

1. (3, 2) e (7, −3)

2. (−3, −4) ou (−4, 3)

3. A(2, 0); B(−1, 4); C(1, −3)

4. A(0,0); B(−4,0); $C(-6, -2\sqrt{3})$; $D(-4, -4\sqrt{3})$; $E(0, -4\sqrt{3})$; $F(2, -2\sqrt{3})$

5. Até o ponto (−6, 1).

6. $\frac{3}{4}$

7. Demonstração.

8. P(2, 5)

9. a) C(−2, 4) e D(−4, 2) ou C'(0, −2) e D'(2, 0).

Em ambos os casos:

$\ell = 2\sqrt{2}$ u.c.; d = 4 u.c. e A = 8 u.a.

b) C(0, 0) e D(−2, 2).

$\ell = 2$ u.c.; d = $2\sqrt{2}$ u.c. e A = 4 u.a.

10. $B(2\sqrt{3}, 2)$ e $C(2\sqrt{3}, -2)$ ou $B(2\sqrt{3}, 2)$ e C(0, 4).

11. 22 u.a.

12. O ponto é $(400 + 250\sqrt{2}; 600 + 250\sqrt{2})$; a distância é 1 500 m.

13. A(−1, −14) ou A(3, 6)

14. Demonstração.

15. P'(−3, 4)

16. Antes: (8, 6); Depois: $(2 + 6\sqrt{2}, 0)$

17. (3, 2)

18. $\{x \in \mathbb{R} \mid -1 \leqslant x \leqslant 6\}$

19. $\left(\frac{17}{5}, \frac{17}{5}\right)$ ou $\left(-\frac{17}{9}, \frac{17}{9}\right)$

20. P2(10, 0); T(5, 5)

21. a) **F**; b) **F**; c) **F**; d) **V**; e) **F**

22. 13:29

23. a) $c = 2$

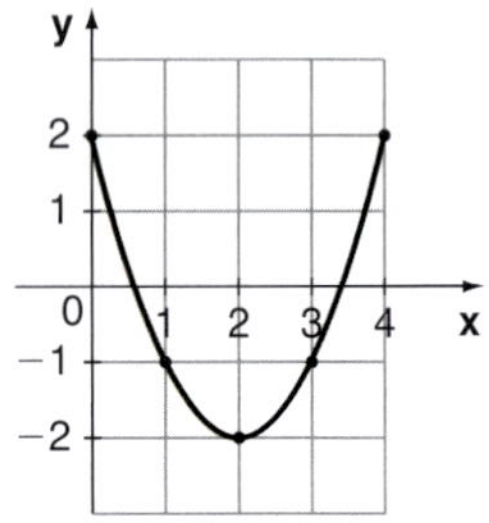

Banco de imagens/Arquivo da editora

b) $a = 1 - \sqrt{3}$ e $b = 1 + \sqrt{3}$

24. a) G(0,3)

b) Fábio: 140 m; Gabriel: 72 m

c) $\left(\frac{7}{2}, \frac{7}{2}\right)$

Testes

1. d.

2. a.

3. d.

4. a.

5. a.

6. b.

7. b.

8. e.

9. e.

10. e.

11. a.

12. a.

13. b.

14. c.

15. e.

16. c.

17. b.

18. d.

19. d.

20. d.

21. a.

22. d.

23. e.

24. c.

Capítulo 2 – A reta

Exercícios

1. a) $-x + 2y - 4 = 0$ ou $x - 2y + 4 = 0$

b) $-3x - y - 1 = 0$ ou $3x + y + 1 = 0$

c) $-5x + \frac{1}{2}y - 4 = 0$ ou $10x - y + 8 = 0$

d) $-x + 3y + 9 = 0$ ou $x - 3y - 9 = 0$

2. **A**, **C** e **D**.

3. a)

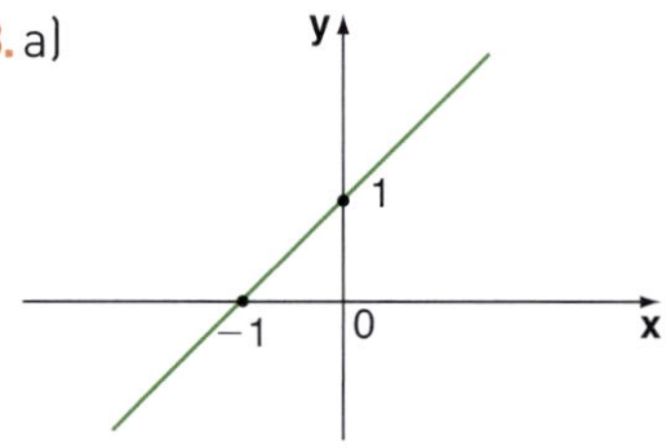

b)

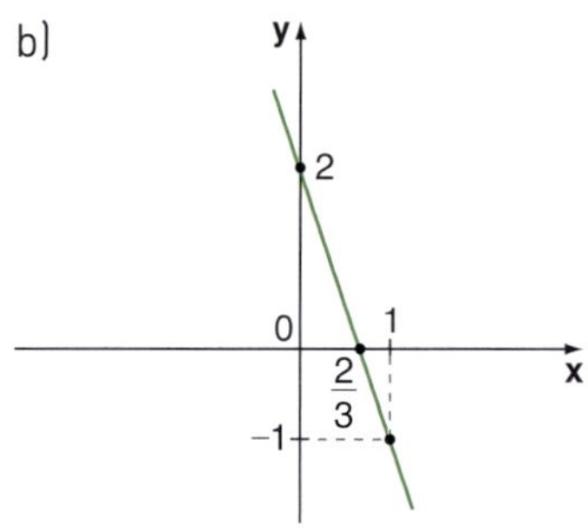

c)

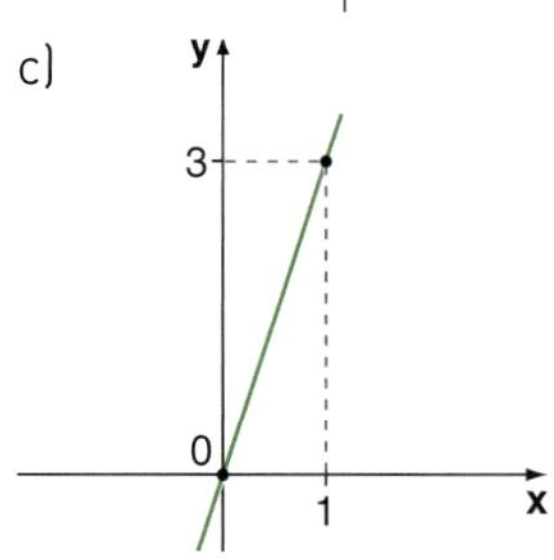

d)

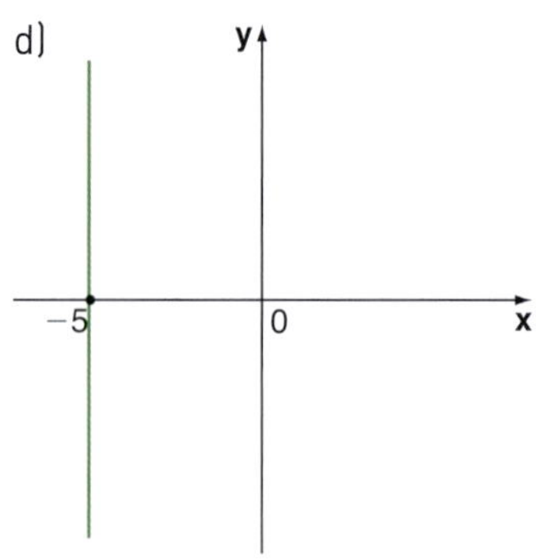

e)

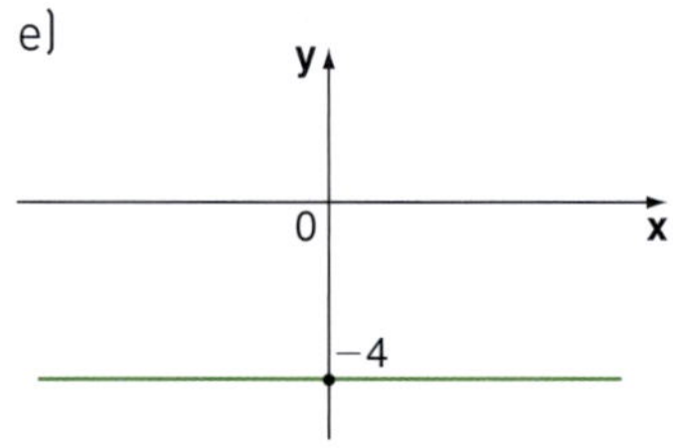

Ilustrações: Banco de imagens/Arquivo da editora

f) 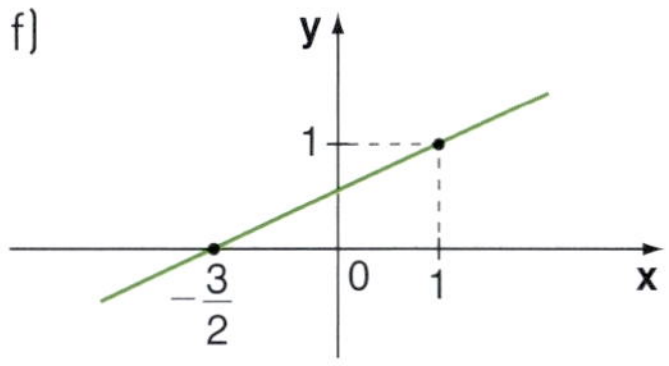

Banco de imagens/ Arquivo da editora

4. a) **t**
b) **s**
c) **r**
d) **u**

5. a) $3x + 7y + 1 = 0$
b) Não. Não.

6. $x - 2 = 0$

7. $y - 5 = 0$

8. a) $y = 5x$
b) -9
c) $5x - y = 0$

9. r: $y - 4 = 0$
s: $x + 1 = 0$
t: $4x + y = 0$

10. a) $h = -1{,}6x + 8$
b) 22 h
c) 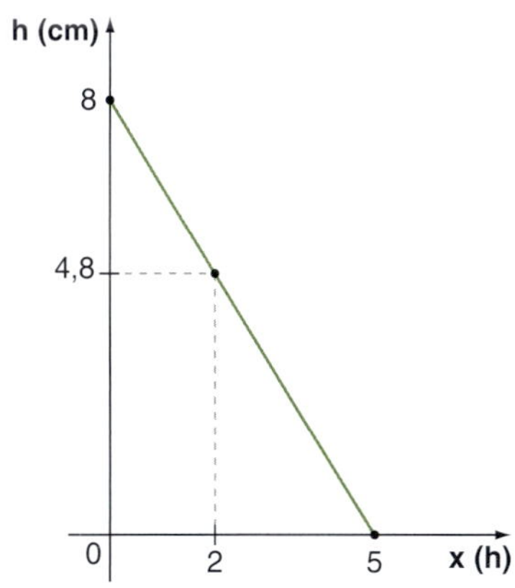

Banco de imagens/Arquivo da editora

d) $1{,}6x + y - 8 = 0$, com $x \geqslant 0$ e $y \geqslant 0$.

11. $g(x) = -\frac{16}{5}x + 4$

12. $y = 0$; $3x - y = 0$; $x + y - 4 = 0$

13. $(3, 4)$ ou $(-2, -1)$.

14. a) $\left(-\frac{3}{2}, 3\right)$
b) $\left(-\frac{1}{2}, \frac{5}{2}\right)$
c) $\left(\frac{2}{3}, \frac{1}{3}\right)$

15. a) $P(-3, 2)$
b) $\sqrt{13}$ u.c.

16. a) Concorrentes.
b) Coincidentes.
c) Paralelas distintas.
d) Paralelas distintas.

17. 1

18. Sim. $(1, -1)$

19. $p = 2$

20. a) $f(x) = \frac{-3x + 11}{2}$
$g(x) = 2x - 13$
b) $-\frac{17}{2}$
c) $P\left(\frac{37}{7}, -\frac{17}{7}\right)$
d) $\frac{289}{84}$ u.a.

21. a) Empresa I: $6\,000x - y + 240\,000 = 0$
Empresa II: $5\,000x - y + 400\,000 = 0$
b) Empresa I: R$ 240 000,00
Empresa II: R$ 400 000,00
c) Empresa I: R$ 6 000,00
Empresa II: R$ 5 000,00
d) Empresa I: R$ 840 000,00
Empresa II: R$ 900 000,00
e) 160 quilômetros

22. $\left(\frac{9}{5}, \frac{3}{5}\right)$, $\left(\frac{7}{3}, \frac{1}{3}\right)$, $(2, 1)$

23. 1; $(2, 0)$

24. $\left(\frac{12}{23}, \frac{41}{23}\right)$

25. a) Retângulo isósceles.
b) Perímetro: $2(2 + \sqrt{2})$ u.c.; área: 2 u.a.

26. $C(1, 1)$; $3 + \sqrt{2} + \sqrt{5}$ u.c.

27. a) 45°
b) α tal que $\text{tg}\ \alpha = 2$.
c) 0°

28. a) $\frac{1}{2}$
b) $y = \frac{1}{2}x$ (reduzida)
$x - 2y = 0$ (geral)

29. a) $y = \sqrt{3}x - 3$

b) $y = -x\sqrt{3} + 2$

c) $y = \frac{\sqrt{3}}{3}x + \left(1 - \frac{\sqrt{3}}{3}\right)$

d) $y = -x + 1$

30. a) $y = 3x - 1$

b) $y = x + 3$

c) $y = -x + 3$

d) $y = -\frac{1}{5}x - \frac{13}{5}$

31. a) $\frac{1}{2}$

b) $-\frac{1}{3}$

c) -2

d) Não existe.

e) 0

f) 3

32. a) 0,9 b) $m = 0{,}9 \cdot V$ c) 0,9 g/cm^3

33. Se P(2, 5) ou P(−2, −5), $y = \frac{5x}{2}$; se P(−2, 5) ou P(2, −5), $y = -\frac{5x}{2}$.

34. a) $4x - 3y = 0$

b) $y = -\frac{4}{3}x + 8$

c) $x - 3 = 0$

35. $\overleftrightarrow{AB}: y = -x\sqrt{3}$

$\overleftrightarrow{BC}: y = x\sqrt{3} - 3\sqrt{3}$

$\overleftrightarrow{AC}: y = 0$

36. a) $\frac{\sqrt{3}}{3}$

b) $y = -\frac{\sqrt{3}}{3}x + \left(1 + \frac{7\sqrt{3}}{3}\right)$

37. a) $A(2, 0)$; $B(\sqrt{2}, \sqrt{2})$; $C(0, 2)$; $D(-\sqrt{2}, \sqrt{2})$; $E(-2, 0)$; $F(-\sqrt{2}, -\sqrt{2})$; $G(0, -2)$ e $H(\sqrt{2}, -\sqrt{2})$.

b) $x - y = 0$

c) -1

d) $1 + \sqrt{2}$

38. $x - 3y + 5 = 0$

39. a) $y = x - 4$

b) $y = -x - 5$

c) $y = x\sqrt{3} + 3$

d) $y = -\frac{1}{3}$

40. $y - 2 = m(x - 3)$; com $m \in \mathbb{R}$ ou $x - 3 = 0$.

41. $y - 3 = m(x + 1)$; $m \in \mathbb{R}$ ou $x + 1 = 0$.

a) $4x + 3y - 5 = 0$

b) $2x + y - 1 = 0$

c) $3x + y = 0$

d) $\sqrt{3}x - y + 3 + \sqrt{3} = 0$

42. a)

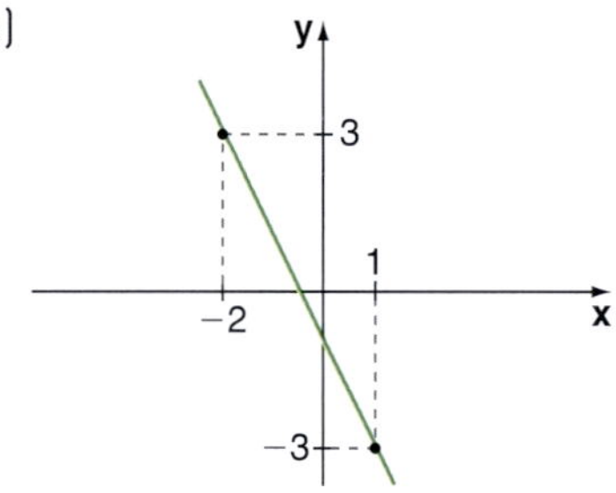

Banco de imagens/Arquivo da editora

b) Coeficiente angular: −2
Coeficiente linear: −1

c) $-\frac{1}{2}$

43.

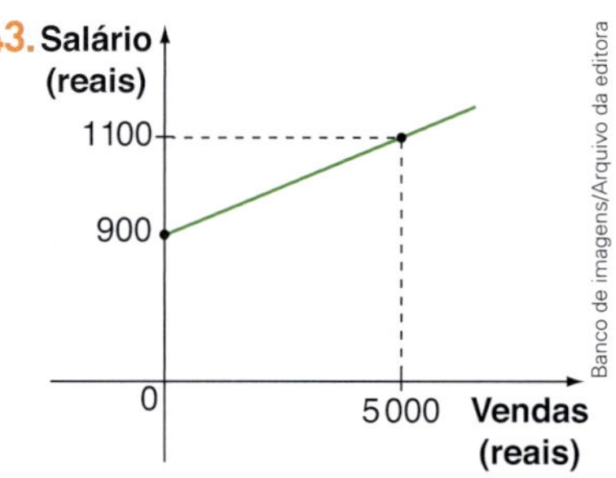

Banco de imagens/Arquivo da editora

$0{,}04x - y + 900 = 0$, com $x \geqslant 0$.

44. $f(2) = 1$; $f(-1) = 10$.

45. $f(x) = -3x + 5$

46. a) 153 reais.

b) 85

c) Plano **A**: $3{,}2x - y = 0$; $x \geqslant 0$ e $y \geqslant 0$
Plano **B**: $1{,}4x - y + 153 = 0$; $x \geqslant 0$ e $y \geqslant 0$

d) Plano **B**: 1,4; Plano **A**: 3,2

47. a) Paralelas distintas.

b) Concorrentes.

c) Coincidentes (ou paralelas coincidentes).

d) Paralelas distintas.

48. $y = -3x$

49. a) $k = -\frac{9}{2}$

b) $k \neq -\frac{9}{2}$

c) Não existe $k \in \mathbb{R}$.

50. a) $3x - y + 1 = 0$
b) $2x + 5y - 8 = 0$
c) $x + y + 4 = 0$
d) $y - 5 = 0$

51. a) -3
b) 2

52. $x + y - 7 = 0$

53. Demonstração.

54. $(0, 3)$; $\left(\frac{3}{2}, \frac{15}{4}\right)$; $\left(\frac{7}{2}, \frac{3}{4}\right)$.

55. a) $x - 2y + 7 = 0$
b) $\sqrt{5}$ u.c.

56. $\frac{8 + \sqrt{34}}{2}$ u.c.

57. $4x - 3y + p = 0$, com $p \in \mathbb{R} - \{-1\}$.

58. A representação gráfica é o par de retas paralelas distintas:

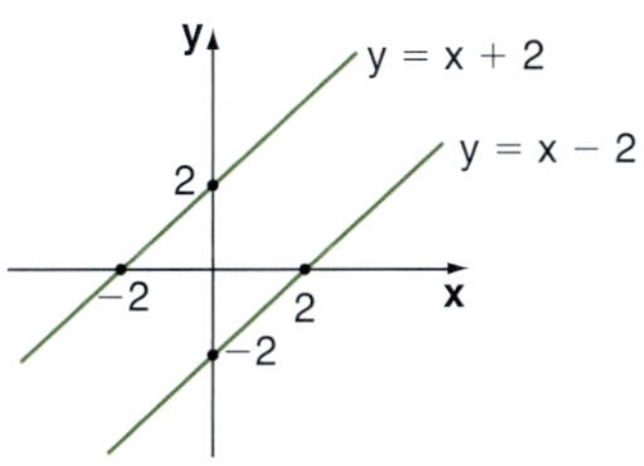

Banco de imagens/Arquivo da editora

59. a) $y = x\sqrt{3}$
b) $y = x\sqrt{3} - 8\sqrt{3}$
c) $y - 2\sqrt{3} = 0$

60. **r** e **t**.

61. a) $y = -\frac{1}{3}x - \frac{7}{3}$
b) $y = -\frac{5}{2}x + 2$

62. $m = 10$

63. a) Concorrentes não perpendiculares.
b) Perpendiculares.
c) Paralelas distintas.
d) Perpendiculares.
e) Paralelas distintas.

64. a) $3x + 2y - 9 = 0$
b) Resposta pessoal.

65. a) $\left(-\frac{2}{3}, \frac{5}{3}\right)$
b) $(-1, 1)$

66. a) $\left(-\frac{18}{13}, \frac{14}{13}\right)$
b) $\left(-\frac{62}{13}, \frac{80}{13}\right)$

67. $\overleftrightarrow{AD}: y = -\frac{2}{3}x + \frac{8}{3}$

$\overleftrightarrow{BC}: y = -\frac{2}{3}x + 7$

68. $m = -\frac{1}{2}$ e $n = -2$.

69. $k \neq 2$ e $k \neq -3$.

70. a) Demonstração; $\sqrt{65}$
b) Demonstração; $\sqrt{65}$

71. $6x + y + 3 = 0$

72. $y = \frac{3}{4}x + 3$ ou $y = \frac{3}{4}x - 3$.

73. a) **V**
b) **V**
c) **F**
d) **F**

74. $A(0, 3)$; $B(4, 0)$; $C(1, -4)$; $D(-3, -1)$

75. a) $\frac{x}{-2} + \frac{y}{3} = 1$
b) $-3x + 2y - 6 = 0$

76. Geral: $3x + 2y - 1 = 0$

Reduzida: $y = -\frac{3}{2}x + \frac{1}{2}$

Segmentária: $\frac{x}{\frac{1}{3}} + \frac{y}{\frac{1}{2}} = 1$

77. $\frac{x}{4} + \frac{y}{-8} = 1$

78. a) $6 + \sqrt{26}$ u.c.
b) $\frac{5}{2}$ u.a.

79. Resposta pessoal.

80. $(2, -1)$

81. a) Concorrentes.
b) Paralelas distintas.

82. $y = 2x$

83. $(-2, 7)$

84. a) $\frac{\sqrt{10}}{2}$ u.c.

b) $\frac{17}{5}$ u.c.

c) $\sqrt{29}$ u.c.

d) 0 u.c.

85. $\frac{\sqrt{106}}{2}$ u.c.

86. $\frac{17\sqrt{10}}{20}$ u.c.

87. a) Os três pontos equidistam de **r**.

b) $r \parallel \overleftrightarrow{PQ}$

88. $\frac{29\sqrt{2}}{10}$ u.c.

89. Perímetro: $4\sqrt{5}$ u.c.; área: 5 u.a.

90. a) $100\sqrt{5}$ m $\simeq 223{,}6$ m

b) 480 m

c) $\left(\frac{92}{25}, \frac{81}{25}\right)$

d) 280 m

91. $x - y + 2 = 0$ ou $x - y - 2 = 0$.

92. $5x + 12y + 18 = 0$

93. a) 11 u.a.

b) $\frac{21}{2}$ u.a.

c) $\frac{39}{8}$ u.a.

d) $\frac{41}{2}$ u.a.

94. 38 u.a.

95. a) $y = 2x$

b) 5 u.a.

96. 9 u.a.

97. $\frac{121}{65}$ u.a.

98. $x - 2y + 8 = 0$

99. 4 u.a.

100. a) $r\alpha$, incluindo **r**.

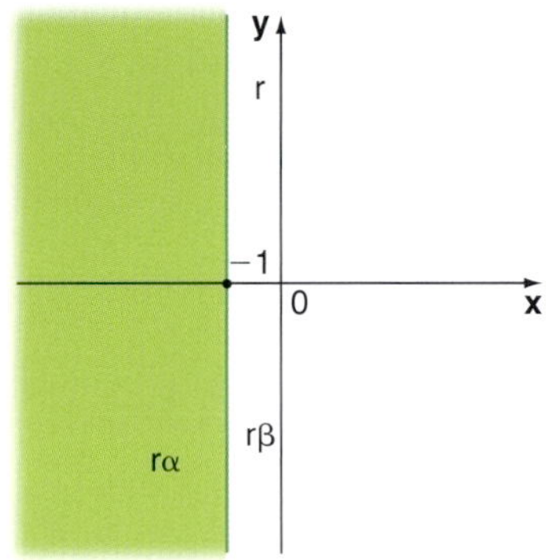

b) $r\alpha$, excluindo **r**.

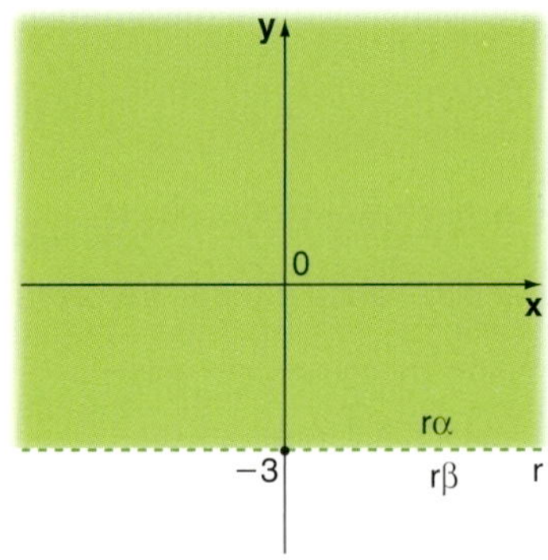

c) $r\alpha$, incluindo **r**.

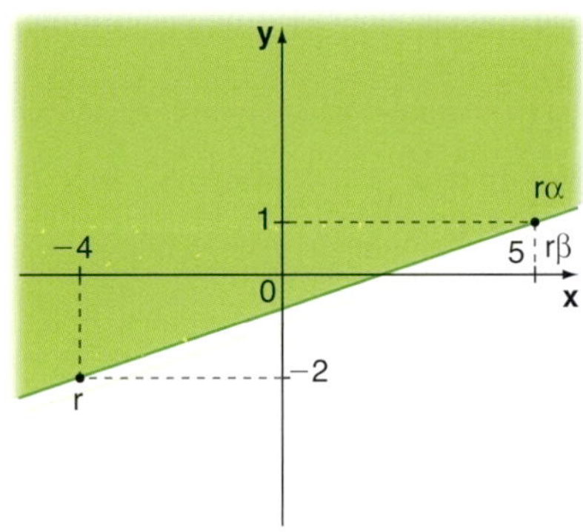

d) $r\alpha$, excluindo **r**.

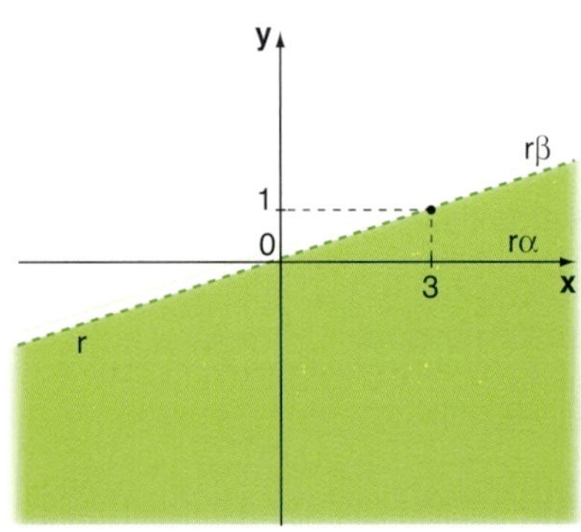

e) $r\alpha$, incluindo **r**.

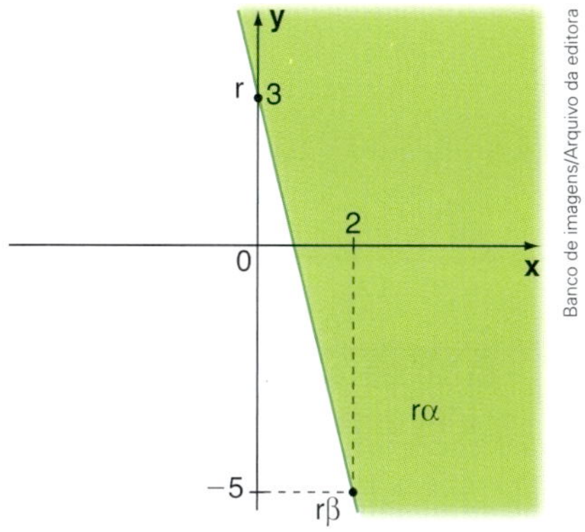

101. a) $y - 2 > 0$
b) $2x - 3 \leqslant 0$
c) $4x + 3y - 12 \leqslant 0$
d) $x - 3y + 2 < 0$
e) $3x - y \geqslant 0$

102. a)

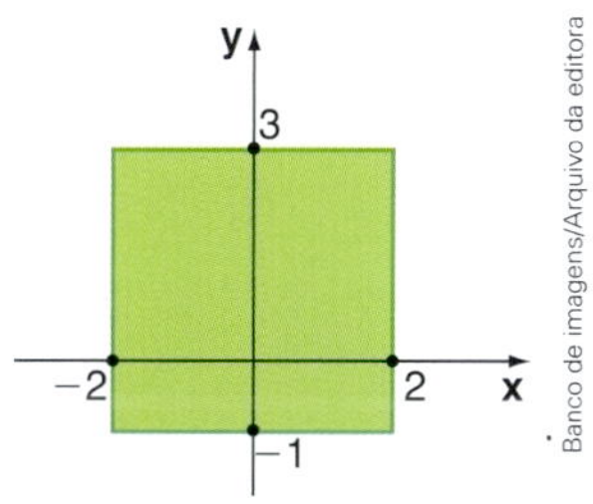

b) 16 u.a.

103. $3(2 + \sqrt{2})$ u.c.

104.

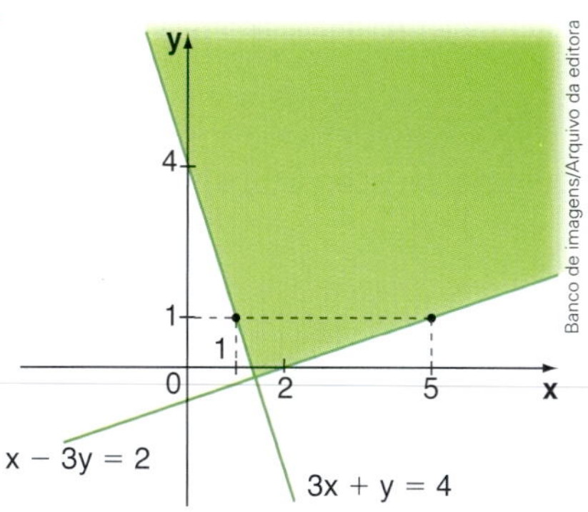

105. Perímetro: $(4 + \sqrt{2})$ u.c.
Área: 1,5 u.a.

106. a) 45°
b) $\text{arc tg } \frac{1}{7}$

107. $\text{arc tg } \frac{1}{12}$ e $\text{arc tg } 3$

108. a) $\theta = \text{arc tg } \frac{2}{3}$
b) $\theta = 30°$

109. ± 8

110. $x\sqrt{3} - 3y + 1 = 0$

111. $k = 4$ ou $k = -\frac{9}{4}$

112. $5x - y + 1 = 0$ e $x + 5y - 2 = 0$

113. $3x + 8 = 0$ e $3y - 5 = 0$

114. Não, pois as retas do par não são perpendiculares entre si.

115. $5x - y = 0$ ou $x + 5y + 8 = 0$

116. a) $5x + 3y - 1 = 0$ e $3x - 5y + 3 = 0$
b) $4x - y + 1 = 0$ e $x + 4y - 2 = 0$
c) $r \perp s$

117. $(1, -1)$

118. a) $(6, 3)$
b) $(2, 11)$

Exercícios Complementares

1. 1 112 650 km^2

2. (01) + (02) + (04) + (08) = (15)

3. a) R(10, 8); S(0, 0) ; T(1, 6) ; U(7, 3) e V(5, 4)
b) $RV = SV = \sqrt{41}$ km; $TV = 2\sqrt{5}$ km e $UV = \sqrt{5}$ km

4. 3 650 m^2

5. a) 5 u.c.
b) $C\left(-\frac{2}{7}, \frac{16}{7}\right)$ ou C(2, 0).

6. $x - 3y + 4 = 0$

7. a)

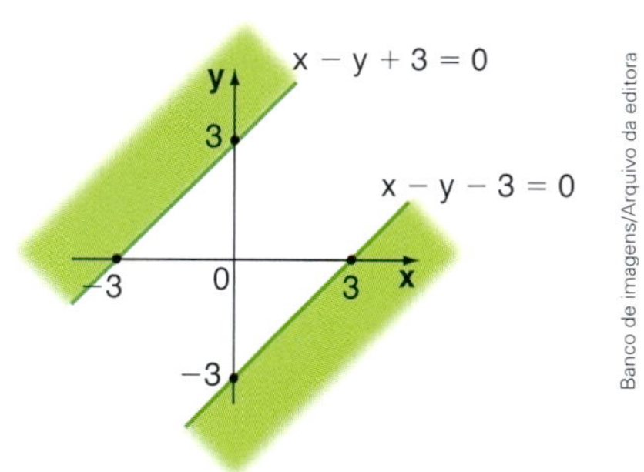

b) 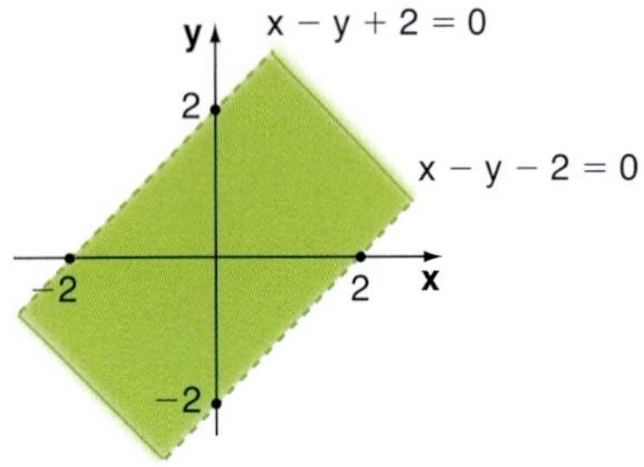

8. a) Duas

b) $2x - y + 1 = 0$ ou $x + 2y - 12 = 0$.

9. $A\left(-\frac{28}{3}, -\frac{47}{9}\right)$ e $B\left(\frac{28}{3}, -\frac{25}{9}\right)$.

10. $t: x + y + 4 = 0$ ou $t: x + y - 4 = 0$.

11. $x + 2y - 20 = 0$

12. $x - 7y - 3 = 0$

13. a) $\left(\frac{7}{11}, \frac{14}{11}\right)$

b) Demonstração.

14. a) $P(3, 3\sqrt{3})$

b) $y = (\sqrt{3} - 2)x + 6$

15. $\frac{\sqrt{2}}{2}$

16. $B(-4, 6)$; $C(1, 1)$; $D(2, -1)$

17. $-3 < y < -\frac{5}{3}$

18. a) $22\ km^2$

b) Sim; 2,38 km, aproximadamente.

c) $\frac{11}{36}$

19. a) $3x + 4y - 12 = 0$

b) $\frac{3}{4}$

20. a) $A(t) = -\frac{t^2}{4} + t$, para $0 < t < 4$.

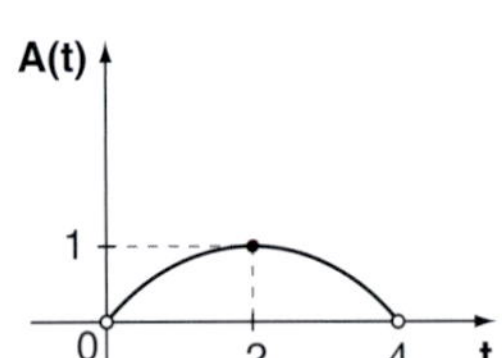

b) $k = 2$

21. a) $x = 0,10$ e $y = 0,15$

b) 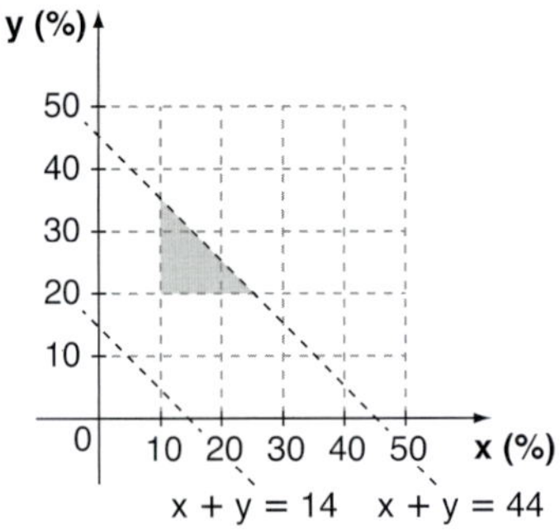

22. 4 u.a.

23. a) $P\left(-\frac{b}{a}, 0\right)$; $Q(0, b)$ e $R\left(\frac{b}{2b - 2a}, \frac{2b^2 - ab}{2b - 2a}\right)$

b) $a = -8$; $b = 4$; $c = 16$

24. $M\left(-\frac{4}{3}, -1\right)$ ou $M\left(-\frac{4}{5}, \frac{3}{5}\right)$

25. a) $k \neq 1$, $k \neq 2$ e $k \neq \frac{11}{3}$.

b) $\frac{121}{16} = 7,5625$ u.a.

26. $y = \frac{50}{101}x$

27. $\frac{1}{4}$ u.a.

28. a) Demonstração. $A_T = \frac{5}{4}$; $d_{PQ} = \sqrt{\frac{5}{4}}$

b) $a = 4$

29. É o triângulo de vértices $O(0, 0)$, $A(5, 1)$ e $B(1, 3)$.

30. a) 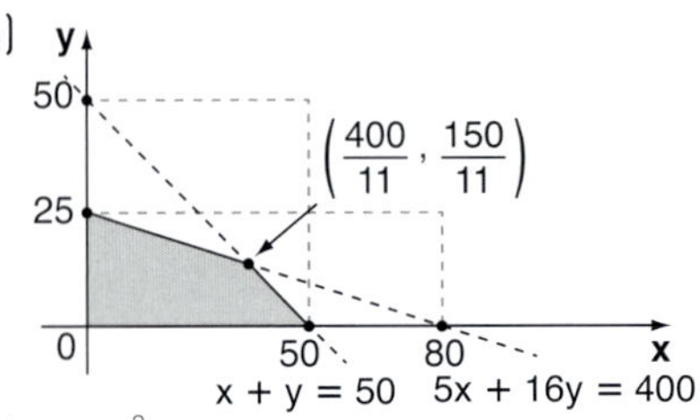

b) $40\ m^3$

c) $(16, 20)$

31. a) $A = \frac{1}{2} \cdot \left(\frac{1}{a} - ma\right) \cdot \left(a - \frac{1}{ma}\right)$

b) $m = -\frac{1}{a^2}$

c) Demonstração; a área é igual a 2 u.a.

32. a) Abscissa de $\mathbf{A}_1$: 3; abscissa de $\mathbf{A}_2$: 6; abscissa de $\mathbf{A}_3$: 9

b) $(9 + 54\sqrt{2})$ u.a.

Testes

1. a.

2. b.

3. e.

4. c.

5. d.

6. a.

7. d.

8. a.

9. d.

10. a.

11. a.

12. b.

13. b.

14. d.

15. b.

16. b.

17. d.

18. e.

19. a.

20. b.

21. a.

22. e.

23. b.

24. e.

25. c.

26. e.

27. e.

28. d.

29. c.

30. d.

31. b.

32. c.

33. a.

34. b.

35. d.

36. d.

37. e.

38. e.

39. b.

40. a.

41. c.

42. c.

Capítulo 3 – A circunferência

Exercícios

1. a) $x^2 + y^2 = 16$
b) $(x + 2)^2 + (y - 5)^2 = 9$
c) $(x - 3)^2 + (y + 2)^2 = 7$
d) $(x - 4)^2 + y^2 = 8$

2. a) $(x - 3)^2 + (y - 2)^2 = 4$
b) $(x + 2)^2 + (y - 1)^2 = 1$
c) $(x + 2)^2 + (y + 2)^2 = 4$
d) $(x - 1)^2 + (y + 4)^2 = 1$

3. a) $(x - 1)^2 + (y - 1)^2 = 1$
$(x + 1)^2 + (y - 1)^2 = 1$
$(x + 1)^2 + (y + 1)^2 = 1$
$(x - 1)^2 + (y + 1)^2 = 1$
b) 4 u.a.

4. a) $(x + 3)^2 + y^2 = 9$
b) $x^2 + y^2 = 9$
c) $(x - 1)^2 + \left(y + \frac{7}{2}\right)^2 = \frac{5}{4}$
d) $(x - 3)^2 + y^2 = 25$

5. $(x + 4)^2 + (y + 3)^2 = 25$

6. a) $(x + 3)^2 + (y - 3)^2 = 9$
b) Não.

7. a) $x^2 + (y + 1)^2 = 29$
b) Resposta pessoal. Exemplo: $(x - 5)^2 + (y + 3)^2 = 58$.

8. $k = 3$ ou $k = -3$.

9. (3, 7)

10. a) (5, 3)
b) (7, 1)

11. a) $a = 0$ ou $a = 3$.
b) 2

12. 64 u.a.

13. (5, 0)

14. $(x - 3)^2 + (y - 3)^2 = 16$

15. a) Não alinhados; $(x - 2)^2 + (y - 2)^2 = 10$.
b) Alinhados; não há circunferência.

16. a) $4x - 3y = 0$
b) $(x - 45)^2 + (y - 60)^2 = 81$

17. a) $C(5, 1)$ e $r = 3$.
b) Não.
c) $C(-1, -3)$ e $r = \sqrt{10}$.
d) Não.
e) Não.
f) $C(-2, 2)$ e $r = 5$.
g) $C(10, 0)$ e $r = 1$.
h) Não.
i) Não.

18. a) $C(0, 3)$ e $r = 3$.
b) $C(-1, -2)$ e $r = \sqrt{6}$.
c) $C(2, -3)$ e $r = 3$.
d) $C(-4, 8)$ e $r = \sqrt{13}$.

19. a) $(x + 1)^2 + (y - 2)^2 = \frac{1}{2}$
b) $x^2 + y^2 - 8x + 4y + 11 = 0$
c) $\left(x - \frac{5}{2}\right)^2 + \left(y - \frac{9}{2}\right)^2 = 25$
d) $x^2 + y^2 + 2x + 4y + \frac{19}{4} = 0$

20. a) $x^2 + y^2 + 2x + 8y = 0$
b) $x^2 + y^2 - 17 = 0$

21. 5

22. $k > 2$

23. $k = 57$

24. $x + 5y - 3 = 0$

25. 5

26. $p = 4$; $(-2, 3)$.

27. a) $x^2 + y^2 + 2x - 4y - 4 = 0$
b)

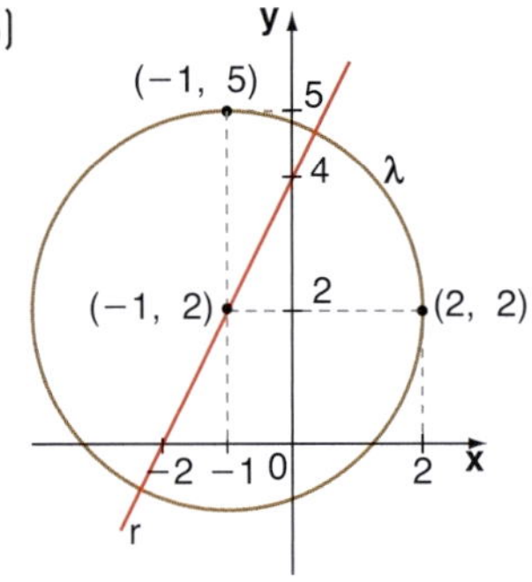

Banco de imagens/Arquivo da editora

28. a) (7, −2)
b) (−3, 1)

29. 32

30. a) $x^2 + y^2 = 1600$
b) $1\,600\pi$ cm^2

31. **A** e **F** pertencem a λ; **B** e **D** são externos a λ; **E** é interno a λ.

32. $O \in \lambda$; **A** e **B** são externos a λ; **D** e **E** são internos a λ.

33. $k = -24$

34. a) $k = 2$ ou $k = -6$.
b) 12 u.a.

35. $2 < p < 4$

36. $p \leq -3$ ou $p \geq 1$.

37. $m < -1$ ou $m > 5$.

38. Interno.

39. a) $\left(x - \frac{k}{2}\right)^2 + \left(y - \frac{k}{2}\right)^2 = \frac{k^2}{4}$
b) Externo.
c) Externo.
d) O ponto pertence a λ.

40. a)

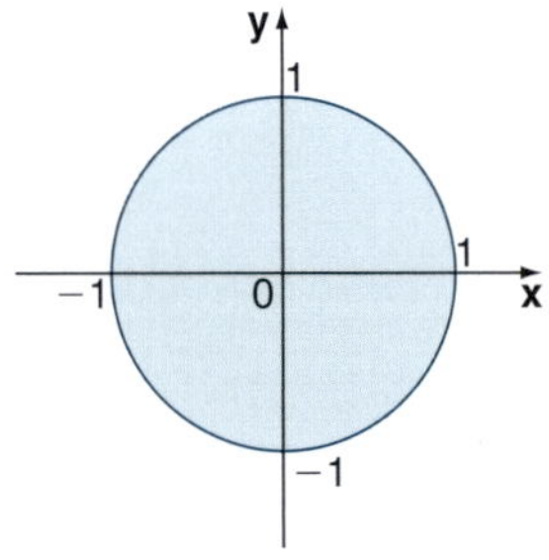

Banco de imagens/Arquivo da editora

b)

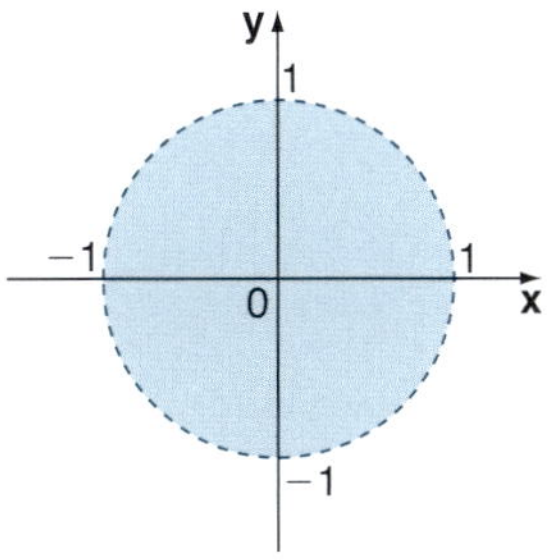

c)

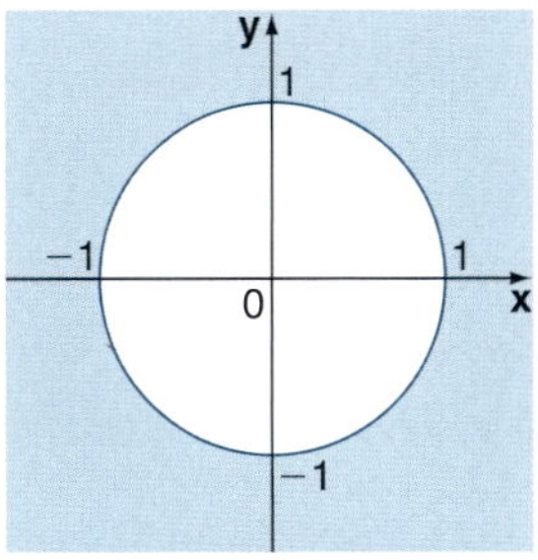

d)

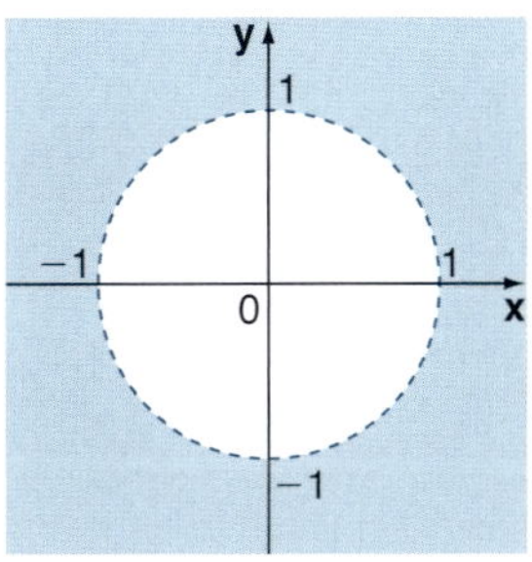

Ilustrações: Banco de imagens/Arquivo da editora

41. a)

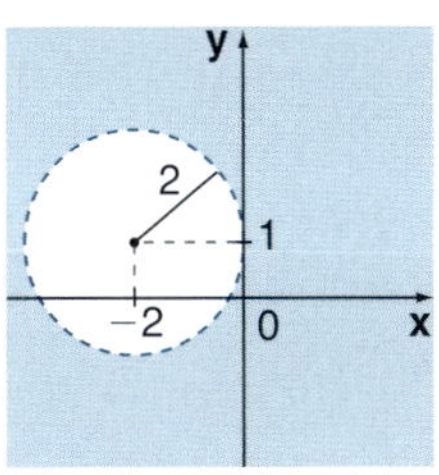

b)

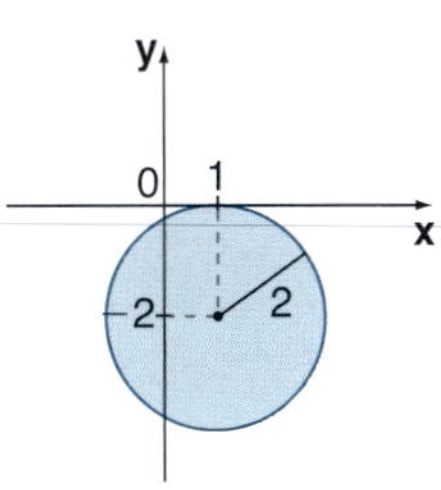

c)

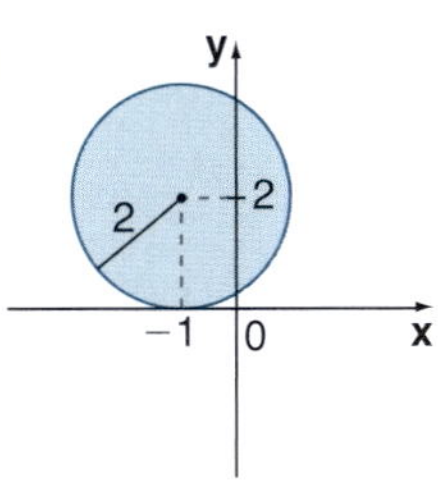

Ilustrações: Banco de imagens/Arquivo da editora

d)

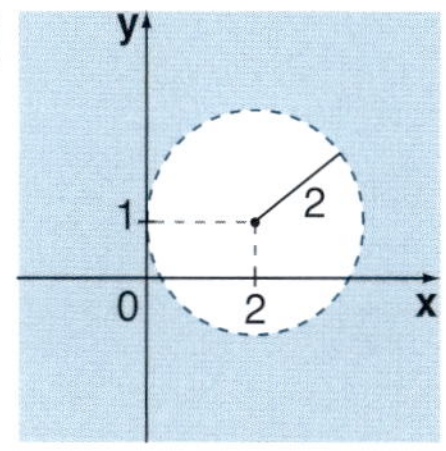

42. a)

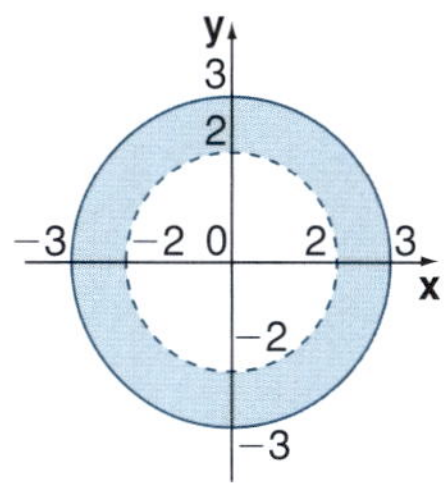

b)

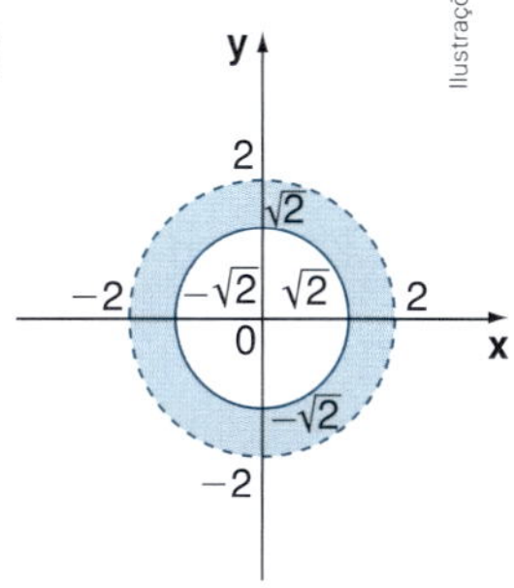

Ilustrações: Banco de imagens/Arquivo da editora

43.

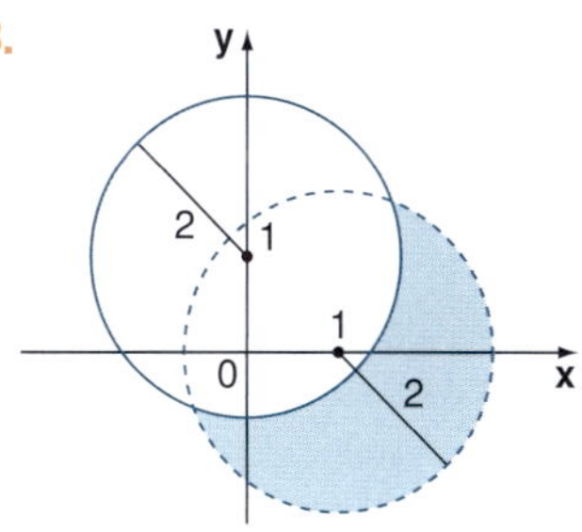

Banco de imagens/Arquivo da editora

44. a) $\begin{cases} (x+1)^2 + (y-1)^2 \leqslant 4 \\ (x-1)^2 + (y+1)^2 \leqslant 4 \end{cases}$

b) $\begin{cases} x^2 + y^2 \geqslant 4 \\ (x-3)^2 + y^2 \leqslant 4 \end{cases}$

c) $\begin{cases} x^2 + y^2 \leqslant 4 \\ x \geqslant 1 \end{cases}$

d) $\begin{cases} (x-1)^2 + y^2 \leqslant 4 \\ y \leqslant 1 \end{cases}$

45.

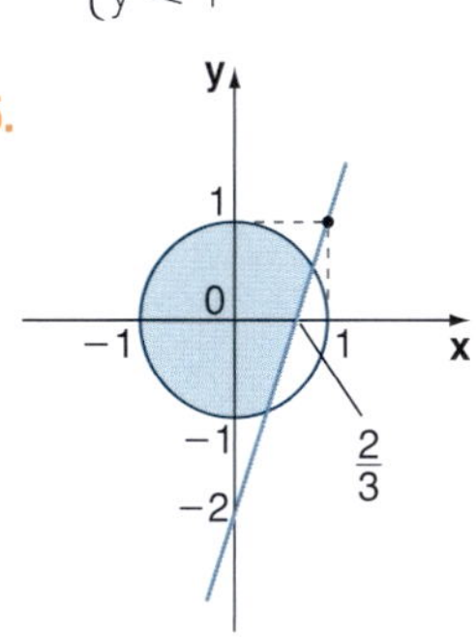

Banco de imagens/Arquivo da editora

46. a)

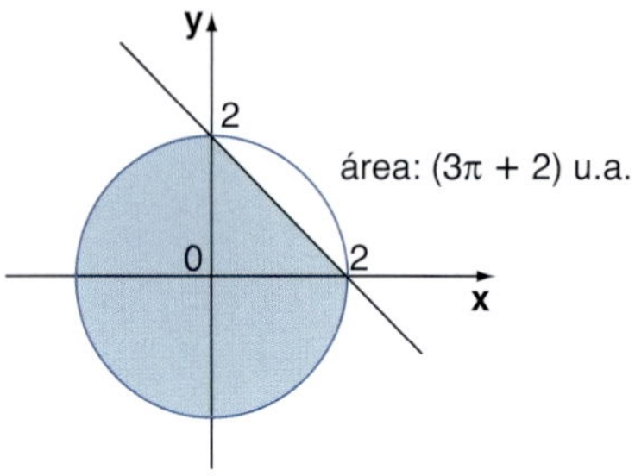

b)

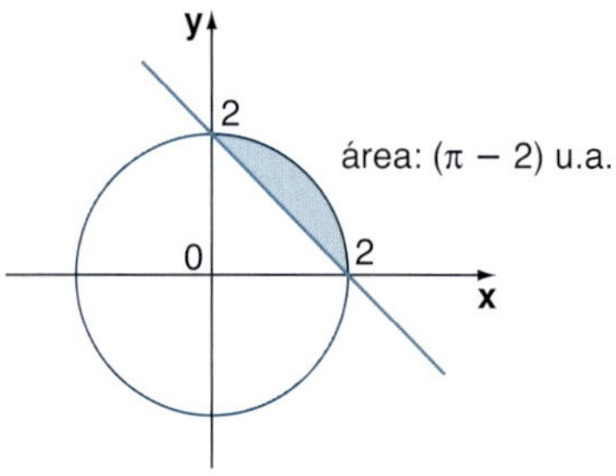

Ilustrações: Banco de imagens/Arquivo da editora

47.

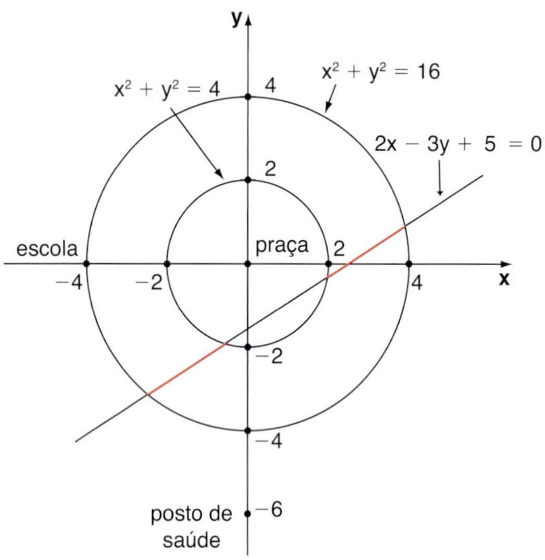

Banco de imagens/Arquivo da editora

48. a) Exteriores.
b) Secantes.
c) Tangentes.
d) Secantes.

49. a) (5, 5)
b) (5, −1) e (−3, 3).
c) Não há.

50. Secante.

51. $p = \pm 2\sqrt{5}$

52. a) $k = -11$ ou $k = 1$.
b) $-11 < k < 1$
c) $k < -11$ ou $k > 1$.

53. 4

54. a) Tangente.
b) Externa.
c) Tangente.
d) Secante.
e) Secantes.

55. a) $4\sqrt{2}$
b) $3\sqrt{10}$

56. a) $k = -8$
b) $-8 < k < 1$
c) $k < -8$

57. $m = 1$ e $2r = 20\sqrt{2}$.

58. $\left(4 - \frac{3}{\sqrt{2}}, 2 - \frac{3}{\sqrt{2}}\right)$

59. $y - 3 = 0$ e $y + 5 = 0$.

60. $\frac{1}{2}$

61. $x^2 + y^2 - 2x - 4y - 4 = 0$

62. a) $\frac{16 + 3\sqrt{79}}{5}$
b) $2x - y + 3 \cdot (\sqrt{5} - 1) = 0$ e
$2x - y + 3 \cdot (-\sqrt{5} - 1) = 0$

63. $k = 4$

64. a) $y + 2 = 0$ e $y - 8 = 0$.
b) $x + 3 = 0$ e $x - 7 = 0$.
c) $4x + 3y + 8 = 0$ e $4x + 3y - 42 = 0$.

65. $\sqrt{41}$

66. $(x - 4)^2 + \left(y + \frac{99}{20}\right)^2 = \frac{10\,201}{400}$

67. $\sqrt{3}x - y - 2\sqrt{3} + 8 = 0$ e $\sqrt{3}x - y - 2\sqrt{3} - 8 = 0$.

68. $(x - 2)^2 + (y - 6)^2 = 8$

69. (6, 8) e (8, 6)

70. (−1, 0) e (1, 2)

71. a) Secantes.
b) Exteriores.
c) Tangentes exteriormente.
d) Tangentes interiormente.

72. $(x - 2)^2 + (y + 1)^2 = 16 \cdot (\sqrt{2} - 1)^2$ e
$(x - 2)^2 + (y + 1)^2 = 16 \cdot (\sqrt{2} + 1)^2$.

73. $(x - 3)^2 + y^2 = \frac{9}{4}$

Exercícios complementares

1. (16)

2. a) $C(2, 3)$ e $r = 5$

b) $\left(\frac{17}{5}, \frac{39}{5}\right)$ e $(-1, -1)$

3. a) Pertencente

b) $\left\{a \in \mathbb{R} \,\middle|\, a < 0 \text{ ou } a > \frac{3}{4}\right\}$

4. a) $y = \frac{\sqrt{21}}{2}x - 3$

b) $Q\left(\frac{2\sqrt{21}}{5}, \frac{6}{5}\right)$

5. a) $\sqrt{265}$

b) 11

6. 21 km

7. a) $\overleftrightarrow{PQ}: y = \frac{4}{3}x + \frac{4}{3}$

$\overleftrightarrow{PS}: y = \frac{1}{7}x + \frac{26}{7}$

$\overleftrightarrow{QS}: y = -\frac{3}{4}x - \frac{3}{4}$

b) Sim; $\overleftrightarrow{PQ} \perp \overleftrightarrow{QS}$

c) $\left(x + \frac{3}{2}\right)^2 + \left(y - \frac{7}{2}\right)^2 = \frac{25}{2}$

8. 24

9. a) $343\ m^2$

b) $(x - 10)^2 + (y - 12)^2 = 8$

10. $(x - 5)^2 + (y - 2)^2 = 17$

11. $k \geqslant 2\sqrt{2}$

12. 25 u.a.

13. a) $(3 - \sqrt{3}, 3 - \sqrt{3})$

b) $(3 + \sqrt{3}, 3 + \sqrt{3})$

14. $-2 < k < 8$

15. a) -23

b) $\frac{2\sqrt{2}}{9}\ cm^2$

16. $(04) + (08) + (16) = (28)$

17. $(01) + (02) + (16) = (19)$

18. $(02) + (04) + (08) + (16) = (30)$

19. a) $x - y + 1 = 0$

b) $(x - 2)^2 + (y - 3)^2 = \frac{25}{2}$

20. $(x - 3)^2 + (y - 4)^2 = 25$

21. a) 300 km

b) $(x + 6)^2 + (y - 15)^2 \leqslant 100$

c) $100\pi\ m^2$

d) $\left(-\frac{18}{5}, \frac{51}{5}\right)$; 107,52 km; inteiro mais próximo: 108

22. $(-9, -12)$; $d = 15$

23. $2\sqrt{3}$

24. a) $d_{AT_1} = d_{AT_2} = 40$ km

b) $\frac{800}{3} \cdot \left(2\pi - 3\sqrt{3}\right)\ km^2$

25. $(x + 1)^2 + (y - 2)^2 = 9$

26. $\left(1 + \sqrt{7}\right)$ dm

27. $\left(\frac{3 + 3\sqrt{10}}{\sqrt{10}}, \frac{1 + \sqrt{10}}{\sqrt{10}}\right)$

28. 13

29. a) $p = 2$; $(0, -4)$

b) $(x + 6)^2 + y^2 = 36$

30. a) $P(-1, -2)$

b) $(x + 5)^2 + (y - 1)^2 = 25$

c) $\frac{25}{4}$ u.a.

31. a)

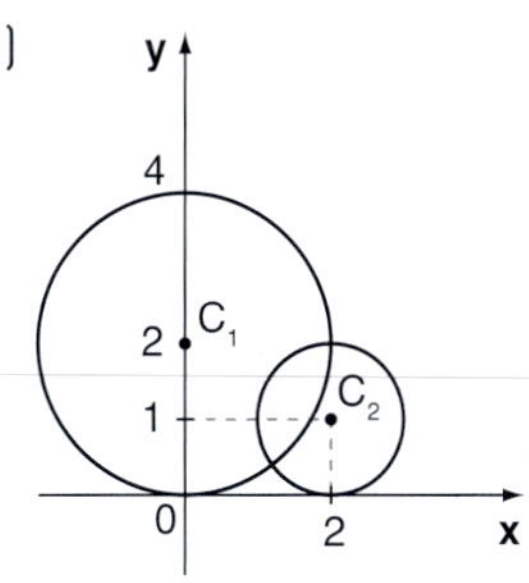

Banco de imagens/Arquivo da editora

b) $(4, 0)$

32. a) $(x - 2)^2 + y^2 = 4$; $\left(\frac{18}{5}, \frac{6}{5}\right)$

b) Área $\triangle OMP$: $\frac{4}{3}$ u.a.

Área sombreada: $\frac{32}{15}$ u.a.

33. a) $P(3, \sqrt{3})$

b) $\frac{4\pi}{3} + 2\sqrt{3}$ u.a.

34. 11

35. a) $\sqrt{3}$

b) $\frac{\sqrt{3}}{3} - \frac{\pi}{12}$

c) $y = \frac{\sqrt{3}}{3}x + \sqrt{3}$ ou $x = 0$.

36. a) 5

b) $3x - 4y + 23 = 0$

c) $\frac{125}{6}$ u.a.

37. $(x - 5)^2 + (y - 12)^2 = 25$

38. $\frac{3}{2} \cdot \left(\frac{3\pi}{2} - 1\right)$ u.a.

Testes

1. e.
2. c.
3. b.
4. a.
5. a.
6. c.
7. d.
8. a.
9. a.
10. e.
11. e.
12. c.
13. c.
14. a.
15. a.
16. e.
17. d.
18. d.
19. e.
20. b.
21. c.
22. c.
23. a.
24. e.
25. b.
26. d.
27. a.
28. c.
29. c.
30. b.
31. e.
32. b.
33. a.
34. a.
35. d.
36. d.
37. d.
38. c.
39. b.
40. e.
41. b.
42. b.
43. c.
44. d.
45. d.
46. d.
47. a.

Capítulo 4 – As cônicas

Exercícios

1. a) $\frac{x^2}{169} + \frac{y^2}{25} = 1$

b) $\frac{x^2}{100} + \frac{y^2}{36} = 1$

c) $\frac{x^2}{25} + \frac{y^2}{169} = 1$

2. a) $(-12, 0)$ e $(12, 0)$.

b) $(-8, 0)$ e $(8, 0)$.

c) $(0, -12)$ e $(0, 12)$.

3. $\frac{x^2}{225} + \frac{y^2}{81} = 1$

4. Distância focal: 4 u.c.

Excentricidade: $\frac{\sqrt{6}}{3}$

5. $\frac{x^2}{4} + \frac{y^2}{8} = 1$

6. $\frac{x^2}{13} + \frac{y^2}{9} = 1$

7. $\left(-\frac{\sqrt{7}}{6}, 0\right)$ e $\left(\frac{\sqrt{7}}{6}, 0\right)$.

8. $F_1(\sqrt{2}, 0)$ e $F_2(-\sqrt{2}, 0)$.

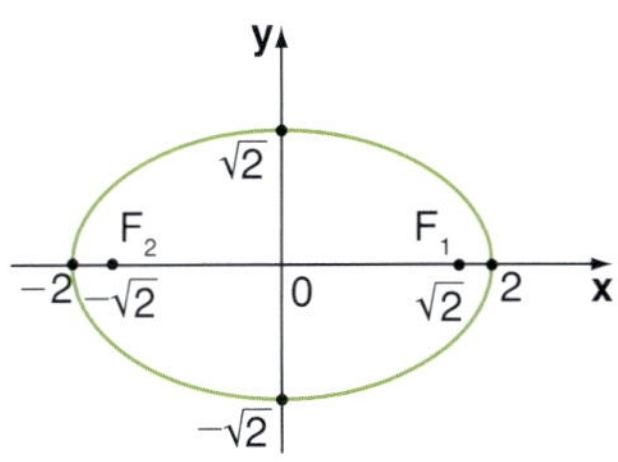

Banco de imagens/Arquivo da editora

9. $16x^2 + 15y^2 = 240$ ou $\frac{x^2}{15} + \frac{y^2}{16} = 1$.

10. 10 u.c.

11. a) $\frac{(x-3)^2}{9} + \frac{y^2}{1} = 1$

b) $\frac{(x-4)^2}{5} + \frac{(y-4)^2}{1} = 1$

c) $\frac{(x+2)^2}{1} + \frac{(y-3)^2}{4} = 1$

12. Item *a*: $(3 - 2\sqrt{2}, 0)$ e $(3 + 2\sqrt{2}, 0)$.

Item *c*: $(-2, 3 + \sqrt{3})$ e $(-2, 3 - \sqrt{3})$.

13. $\frac{(x+3)^2}{9} + \frac{(y+2)^2}{4} = 1$

14. $\frac{(x+2)^2}{1} + \frac{(y+1)^2}{4} = 1$

15. $\frac{(x-2)^2}{9} + \frac{(y-1)^2}{25} = 1$

16. $(-2, 2)$ e $(8, 2)$.

17. a) Hipérbole: $\frac{x^2}{9} - \frac{y^2}{16} = 1$

Assíntotas: $y = \frac{4}{3}x$ e $y = -\frac{4}{3}x$.

b) Hipérbole: $\frac{y^2}{4} - \frac{x^2}{12} = 1$

Assíntotas: $y = \frac{\sqrt{3}}{3}x$ e $y = -\frac{\sqrt{3}}{3}x$.

18. a) $(-5, 0)$ e $(5, 0)$.

b) $(0, -4)$ e $(0, 4)$.

19. 6 u.c.; $y = \pm\frac{\sqrt{14}}{2}x$

20. a) $\frac{2\sqrt{3}}{3}$

b)

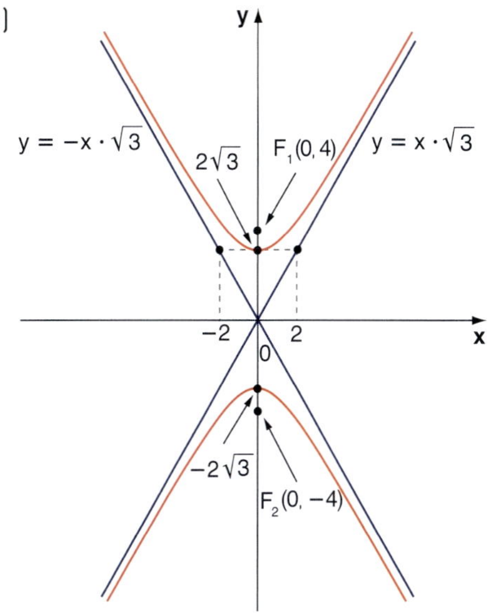

Banco de imagens/Arquivo da editora

21.

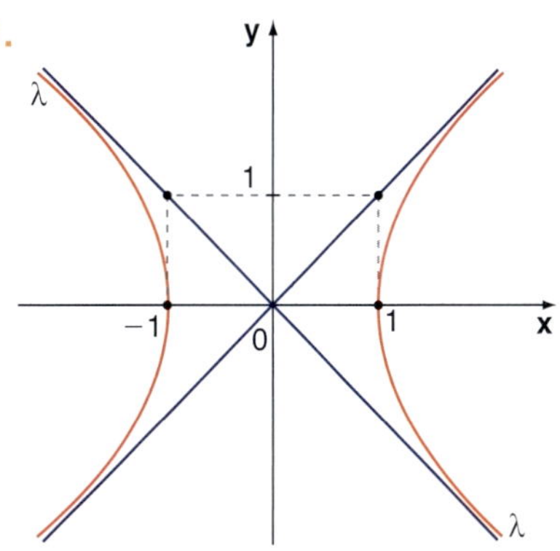

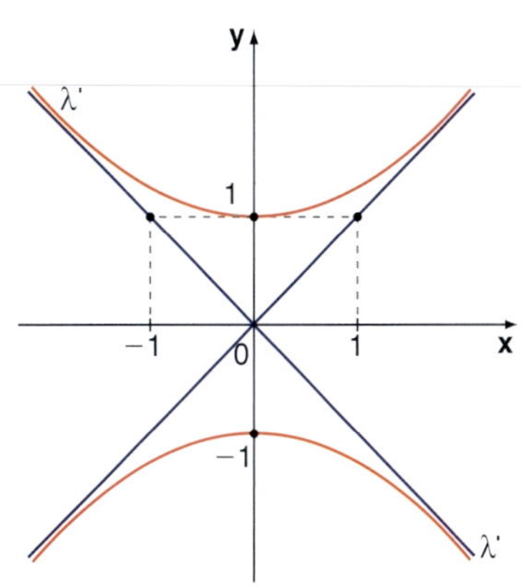

Ilustrações: Banco de imagens/Arquivo da editora

Não.

22. $(-20, 0)$ e $(20, 0)$.

23. a) $\dfrac{(x-5)^2}{4} - \dfrac{y^2}{21} = 1$

b) $\dfrac{(x-6)^2}{1} - \dfrac{(y-5)^2}{3} = 1$

24. a) $(0, 0)$ e $(10, 0)$.

b) $(4, 5)$ e $(8, 5)$.

25. $(-5, -2)$ e $(3, -2)$.

26. 14 u.c.

27. $\dfrac{3}{2}$

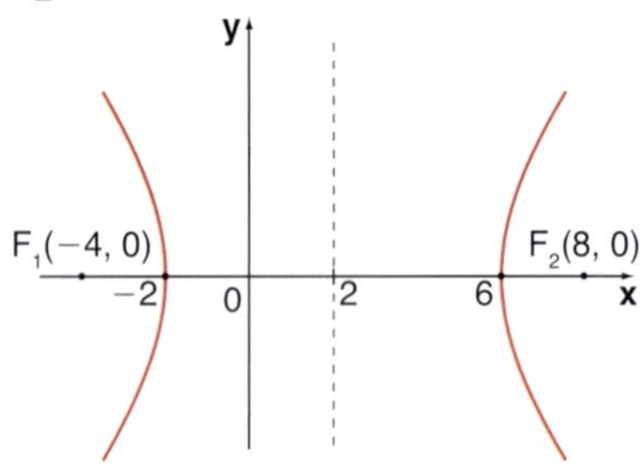

Banco de imagens/Arquivo da editora

28. a) $y^2 = 4x$

b) $x^2 = 16y$

c) $x^2 = -20y$

29. $y = -\dfrac{7}{8}$

30. $F(4, 0)$ e $d: x + 4 = 0$.

31. a) $F(-4, 0)$; $d: x - 4 = 0$

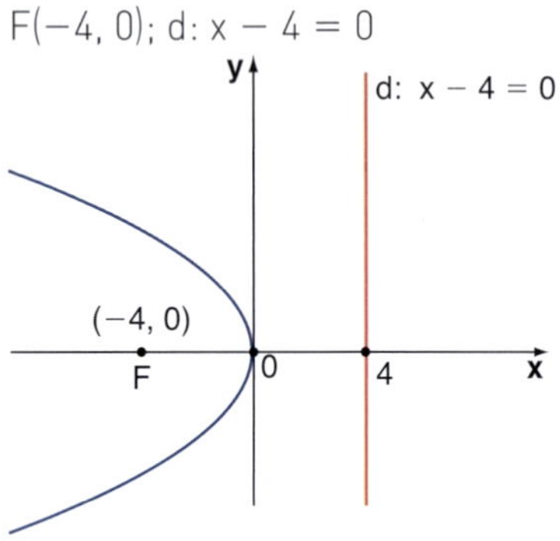

Banco de imagens/Arquivo da editora

b) $F\left(0, \dfrac{1}{2}\right)$; $d: y + \dfrac{1}{2} = 0$

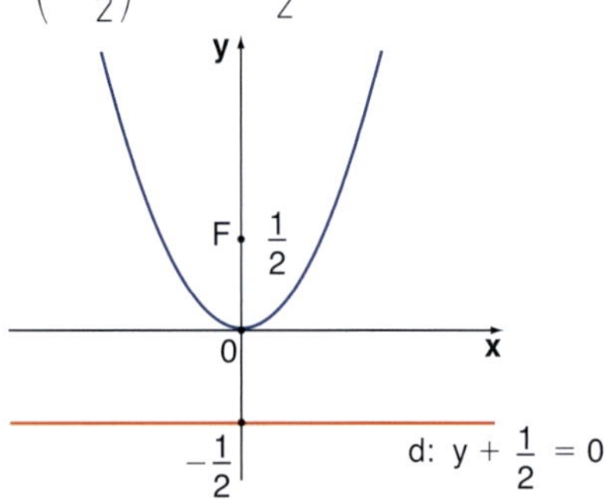

Banco de imagens/Arquivo da editora

c) $F\left(\dfrac{1}{4}, 0\right)$; $d: x + \dfrac{1}{4} = 0$

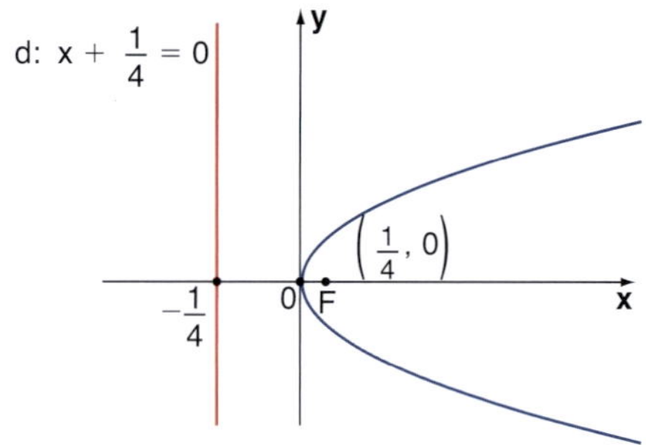

Banco de imagens/Arquivo da editora

32. $y^2 = \dfrac{49x}{4}$

33. a) $(x-3)^2 = 4(y-2)$

b) $(x-1)^2 = -8(y-2)$

c) $(y-4)^2 = 4(x-3)$

d) $\left(x - \dfrac{3}{2}\right)^2 = y + \dfrac{9}{4}$

34. $F(5, -3)$ e $V(2, -3)$.

35. $y = \dfrac{1}{4}$

36. $V(0, 3)$

37. $y^2 = 16 \cdot (x - 2)$

38. $(x+2)^2 = -12 \cdot y$

39. $x^2 = 4y$

40. a) Elipse: $a = \sqrt{2}$; $b = \dfrac{\sqrt{5}}{2}$; $C(0, 0)$

b) Elipse: $a = 5$; $b = 3$; $C(2, -1)$

c) Hipérbole: $a = \sqrt{5}$; $b = 2$; $C(-3, 2)$

d) Parábola: $p = 2$; $V(1, 3)$; $F(2, 3)$

e) Parábola: $p = 6$; $V(2, -3)$; $F(2, 0)$

f) Elipse: $a = 3$; $b = \sqrt{5}$; $C(-3, 3)$

41. $(1, 1)$ e $(1, -1)$.

42. $\{(-\sqrt{7}, -\sqrt{2}), (\sqrt{7}, -\sqrt{2}), (-\sqrt{7}, \sqrt{2}), (\sqrt{7}, \sqrt{2})\}$

43. Dois pontos: $(2, 2)$ e $(0, 2)$.

44. $\dfrac{30\sqrt{17}}{17}$ u.c.

45. $\sqrt{2}$ u.c.

46. $2x - 4y + 7 = 0$

47. $-\sqrt{5} \leq m \leq \sqrt{5}$

48. $m \leq \dfrac{1}{2}$

49. a) $A(2\sqrt{2}, 1)$; $B(-2\sqrt{2}, 1)$; $C(-2\sqrt{2}, -1)$ e $D(2\sqrt{2}, -1)$.
b) 1

50. 3

Exercícios complementares

1. $\frac{(x-2)^2}{4} + \frac{(y-3)^2}{9} = 1$

2. 10 u.c.

3. (02) + (04) + (08) + (16) = (30)

4. 6 u.c.

5. $2x + 5y - 22 = 0$

6. $12\sqrt{10}$ u.a.

7. a) (1, 3)
b) $y = x$

8. a) Elipse; C(0, 0)
$F_1(-1, 0)$; $F_2(1, 0)$; $2a = 2\sqrt{3}$ e $2b = 2\sqrt{2}$
b) t_1: $x - y + \sqrt{5} = 0$
t_2: $x - y - \sqrt{5} = 0$

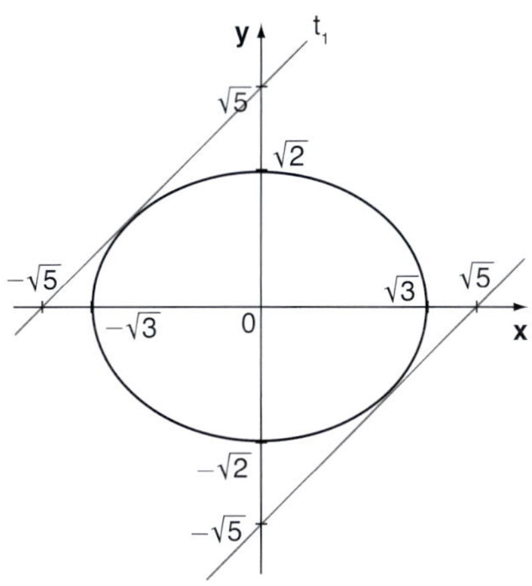

Banco de imagens/Arquivo da editora

9. $\left(x - \frac{3}{4}\right)^2 = \frac{3}{2} \cdot \left(y + \frac{3}{8}\right)$

10. $y = 8x^2$

11. t_1: $y = \frac{\sqrt{2}}{4}(x + 2)$

t_2: $y = -\frac{\sqrt{2}}{4}(x + 2)$

12. a) (2, −5)
b) $\left(\frac{9}{4}, -5\right)$
c) (27, 0)

13. a) $2\sqrt{13}$ u.c.
b) $y' = -2x^2 + 12x - 16$
$y'' = 2x^2 + 12x + 16$

14. a) **V** b) **F** c) **F** d) **F** e) **V**

15. a) A(3, 3) e B(4, 2). b) $C(2, 1-\sqrt{5})$

16. (0, 1), $\left(\frac{\sqrt{15}}{2}, -\frac{1}{4}\right)$ e $\left(-\frac{\sqrt{15}}{2}, -\frac{1}{4}\right)$.

17. 21π u.a.

18. a) $(\sqrt{3}, 1)$, $(-\sqrt{3}, 1)$, (0, 4)
b)

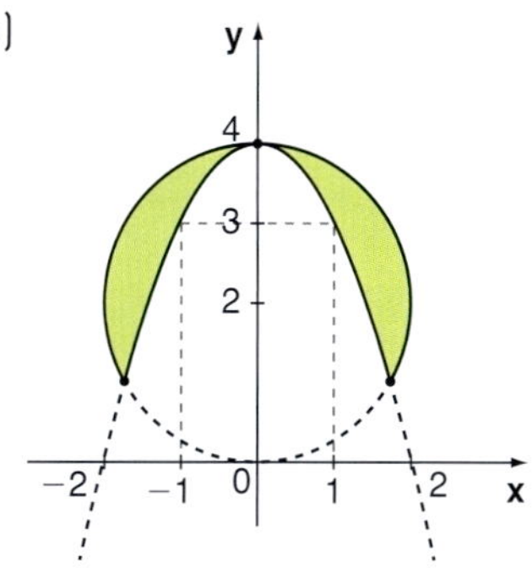

Banco de imagens/Arquivo da editora

19. a) A(3, 0), B(−1, 0) e V(1, 16).
b) C(2, 12)
c) 36 u.a.

20. $(-\sqrt{6}, -\sqrt{2})$; $(-\sqrt{6}, \sqrt{2})$; $(\sqrt{6}, -\sqrt{2})$; $(\sqrt{6}, \sqrt{2})$

21. $P\left(\frac{8}{9}, \frac{5}{3}\right)$

22. 41°

23. a) $y = -18x + 10$ ou $y = -2x + 10$.
b) (−4, 82) e (4, 2).
c) $\frac{325}{4}$ u.c. e $\frac{5}{4}$ u.c., respectivamente.

Testes

1. b.
2. a.
3. c.
4. a.
5. e.
6. a.
7. e.
8. e.
9. e.
10. d.
11. b.

12. a.
13. c.
14. a.
15. d.
16. c.
17. c.
18. e.
19. b.
20. a.
21. c.
22. b.
23. a.
24. c.
25. c.
26. b.
27. b.
28. a.
29. c.
30. b.
31. d.
32. d.
33. b.

Capítulo 5 – Estatística básica

Exercícios

1. São qualitativas: II, IV e VI.
   São quantitativas: I, III e V.

2. a) Todos os alunos regularmente matriculados nesse curso pré-vestibular.
   b) População: 2475 alunos.
   Amostra: 50 alunos.
   c) Perguntas: 1, 2, 5, 7.
   d) Pergunta 1: exatas, humanas, biológicas.
   Pergunta 5: Física, Química, Matemática, História, Filosofia, etc.
   Pergunta 6: 0, 1, 2, 3, ...

3. a) Todos os domicílios situados em áreas rurais dos estados de RJ e ES.
   b) Possíveis perguntas: "Você costuma deixar água parada em algum lugar da casa?" ou "Já houve algum caso de dengue na região onde mora?" ou "Você sabe como é transmitida a dengue?".

4. a) Intenção de voto para prefeito: variável qualitativa. Realizações: candidato **A**, candidato **B**, indeciso, branco ou nulo.
   b) População: 1 764 835
   Amostra: 2 650
   c)

Intenção de voto	Frequência absoluta (Fa)	Frequência relativa (Fr)
candidato **A**	1 715	0,647 ou 64,7%
candidato **B**	691	0,261 ou 26,1%
Indecisos	141	0,053 ou 5,3%
Brancos ou nulos	103	0,039 ou 3,9%
Total	**2 650**	**1,00 ou 100%**

5.

Avaliação das instalações	Frequência absoluta (Fa)	Frequência relativa (Fr)
Aprova com ressalva	9	$\frac{9}{25} = 0{,}36$ ou 36%
Aprova	12	$\frac{12}{25} = 0{,}48$ ou 48%
Reprova	4	$\frac{4}{25} = 0{,}16$ ou 16%
Total	**25**	**1,00 ou 100%**

6.

Frequência semanal/vezes na semana	Frequência absoluta (Fa)	Frequência relativa (Fr)
1	2	$\frac{2}{25} = 0{,}08$ ou 8%
2	6	$\frac{6}{25} = 0{,}24$ ou 24%
3	8	$\frac{8}{25} = 0{,}32$ ou 32%
4	5	$\frac{5}{25} = 0{,}20$ ou 20%
5	3	$\frac{3}{25} = 0{,}12$ ou 12%
6	1	$\frac{1}{25} = 0{,}04$ ou 4%
Total	**25**	**1,00 ou 100%**

7. a) 10
b) $\frac{15}{25} = 0,60$

8.

Idade	Frequência absoluta (Fa)	Frequência relativa (Fr)
18 ⊢ 25	5	0,20 ou 20%
25 ⊢ 32	8	0,32 ou 32%
32 ⊢ 39	7	0,28 ou 28%
39 ⊢ 46	3	0,12 ou 12%
46 ⊢ 53	2	0,08 ou 8%
Total	**25**	**1,00 ou 100%**

9. Sim; 84% dos entrevistados avaliam os professores como bons ou ótimos.

10. a = 24; b = 6%; c = 0,23; d = 23%; e = 36; f = 0,09; g = 0,45; h = 45%; i = 68; j = 0,17; k = 17%.

11. a) 18
b) 5%
c) 75%

12.

Renda mensal (em reais)	Frequência absoluta (Fa)	Frequência relativa (Fr)
846 ⊢ 1 649	10	$\frac{10}{25} = 0,40$ ou 40%
1 649 ⊢ 2 452	7	$\frac{7}{25} = 0,28$ ou 28%
2 452 ⊢ 3 255	4	$\frac{4}{25} = 0,16$ ou 16%
3 255 ⊢ 4 058	2	$\frac{2}{25} = 0,08$ ou 8%
4 058 ⊢ 4 861	2	$\frac{2}{25} = 0,08$ ou 8%
Total	**25**	**1,00 ou 100%**

13. a)

Nota	Fa	Fr
1,0 ⊢ 2,5	5	$0,1\overline{6}$ ou $16,\overline{6}$%
2,5 ⊢ 4,0	5	$0,1\overline{6}$ ou $16,\overline{6}$%
4,0 ⊢ 5,5	8	$0,2\overline{6}$ ou $26,\overline{6}$%
5,5 ⊢ 7,0	6	0,20 ou 20%
7,0 ⊢ 8,5	3	0,10 ou 10%
8,5 ⊢ 10,0	3	0,10 ou 10%
Total	**30**	**1,00 ou 100%**

b) 20%

14. a) F
b) F
c) V
d) F

15. a)

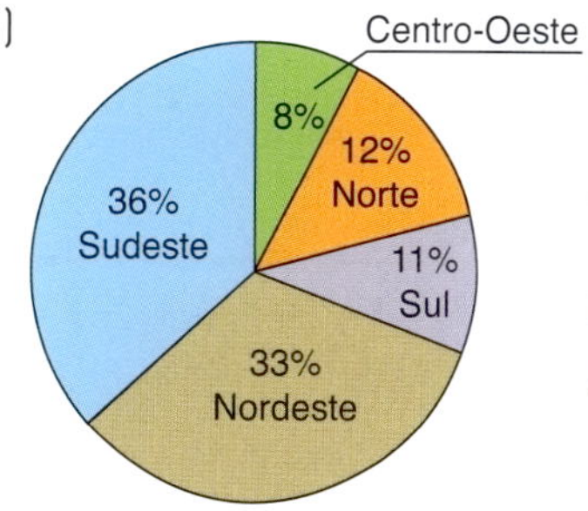

Banco de imagens/Arquivo da editora

b) Sudeste: 130°; Norte: 43°.

16. a) Setembro 2014, outubro 2014, novembro 2014, janeiro 2015 e fevereiro 2015.
b) 14,666 bilhões de dólares.
c) Junho de 2014.
d) 0,33 bilhão de dólares.
e) x − 2,84

17. a) 36°
b) 36 alunos; 72°.

18. a)

Número de medalhas de ouro	Frequência absoluta (Fa)	Frequência relativa (Fr) aproximada
0	7	0,389 ou 38,9%
1	4	0,222 ou 22,2%
2	2	0,111 ou 11,1%
3	3	0,167 ou 16,7%
5	1	0,056 ou 5,6%
7	1	0,056 ou 5,6%
Total	**18**	**1,000 ou 100%**

b)

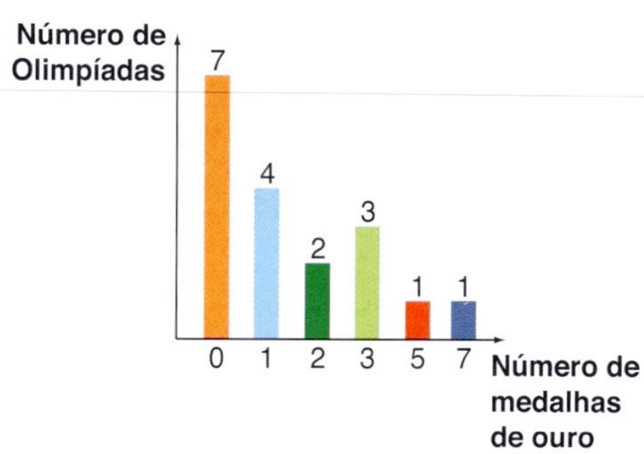

Banco de imagens/Arquivo da editora

19. a) 195
b) 3 120 gols
c) 520 gols

20. a) 10 − (−5) °C = 15 °C

b) Gráfico de linhas, pois é necessário representar a variação da temperatura no decorrer do tempo.

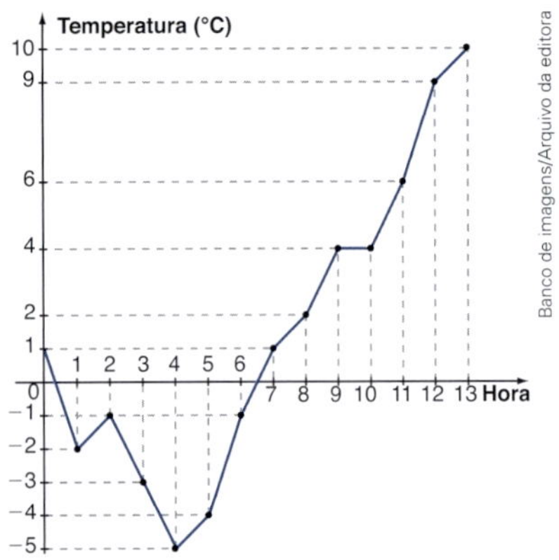

21. a)

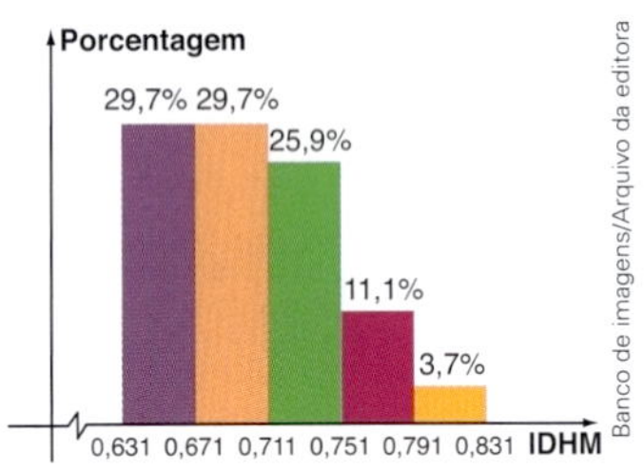

b) 14,8%

22. a)

IDHM	Frequência absoluta (Fa)	Frequência relativa (Fr) aproximada
0,6 ⊢ 0,7	14	0,51852 ou 51,9%
0,7 ⊢ 0,8	12	0,44444 ou 44,4%
0,8 ⊢ 0,9	1	0,03703 ou 3,7%
Total	**27**	**1,00 ou 100%**

b)

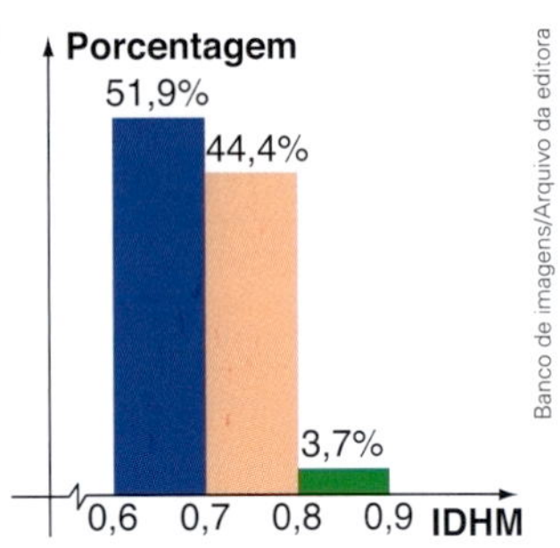

c) Aproximadamente 48,1%.

23. a) 700 funcionários.

b) 800 funcionários.

24. a) 2015: 2 500 km^2; 2017: 625 km^2.

b) 60%

c) 95,83%

d) Aproximadamente 17 857.

25. a) **F**

b) **V**

c) **F**

d) **V**

e) **F**

26. a) 0,54

b) 57

c) 46%

d) Aproximadamente 115°.

27. a) 360

b) 90° e 270°.

c) 78

28. a) 3 800 litros por segundo.

b) Aproximadamente 16,1 bilhões de litros.

c) Gráficos de linhas, pois os valores do volume de água economizado variam no decorrer do tempo.

29. a) **F**; $9\,688 < \frac{1}{3}$ de 33 455.

b) **V**

c) **F**; aumento aproximado de 20%.

d) **V**

e) **F**; a taxa média de variação em 2012-2013 é maior que o quádruplo da taxa em 2013-2014.

30. a) 9

b) 43,58 milhões

c) 4,66%

d) 6,0486 milhões

e) 133,2° = 133° 12'

31. a) A resposta é pessoal. Uma boa sugestão é considerar que cada avião representa 1 500 operações.

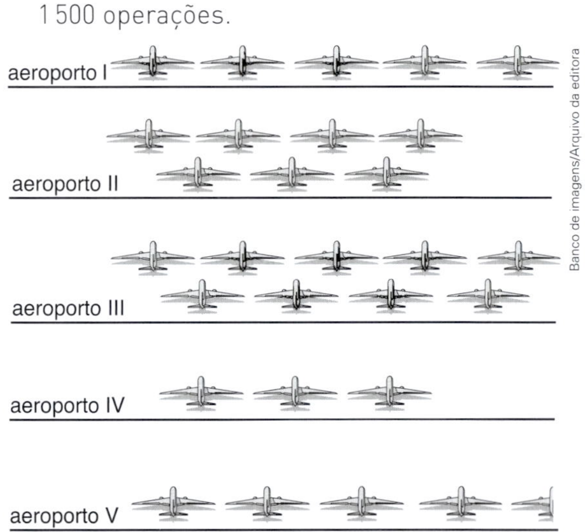

b) 88,5° = 88° 30'

32. a) Na tabela foram feitos arredondamentos de até 4 casas decimais.

Taxa de realização de trabalho voluntário	Frequência absoluta	Frequência relativa aproximada
1 ⊢ 2	1	0,0370 = 3,70%
2 ⊢ 3	4	0,1481 = 14,81%
3 ⊢ 4	4	0,1481 = 14,81%
4 ⊢ 5	7	0,2593 = 25,93%
5 ⊢ 6	10	0,3704 = 37,04%
6 ⊢ 7	1	0,0370 = 3,70%
Total	**27**	**1,0000 = 100%**

b) 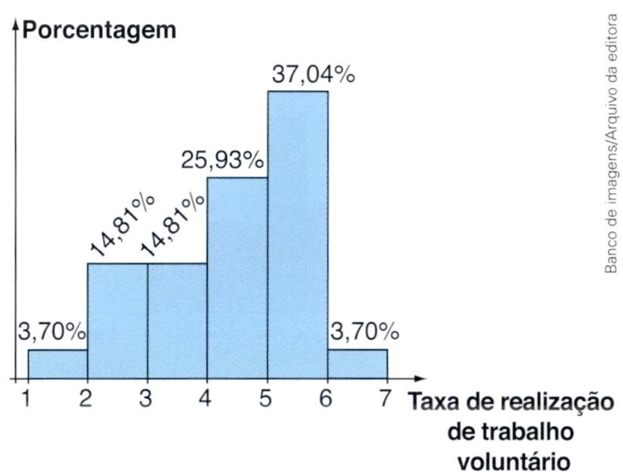

33. a) Região **P**: 6 750 000 habitantes.
Região **Q**: 10 500 000 habitantes.
b) 50 habitantes/km^2

34. a) Muito insatisfeito: 28° 48'
Insatisfeito: 115° 12'
Satisfeito: 126°
Muito satisfeito: 90°
b) 630
c) 48°

35. a) $33,\overline{3}\%$
b) $13,\overline{3}\%$

36. a) $22,\overline{3}$
b) 8,4
c) 0,1333...
d) 5
e) 3

37. R$ 300,00

38. a = 4

39. 2,68 kg

40. a) 13
b) 10
c) 12,6

41. a) Homens.
b) 24 mulheres e 56 homens.

42. a) 60
b) Aproximadamente 0,82.
c) 108°

43. 82

44. 0,125

45. a) Não.
b) 9,5

46. a) R$ 15 250,00
b) R$ 1270,83
c) R$ 1475,00

47. a) 152
b) 2,3 filhos.

48. a) 6,125
b) 49

49. a) **V**
b) **V**; a folha de pagamento era de R$ 133 560,00.
c) **V**; a média salarial seria R$ 3 439,00.
d) **F**; o salário médio seria R$ 3 625,20.

50. a) 2 m
b) 2,10 m

51. a) 3 500
b) Não.

52. 145,5

53. a) $\overline{M} = 3,\overline{2}$; Me = 3; Mo = 4.
b) $\overline{M} = 17,\overline{6}$; Me = 18; Mo = 18.
c) $\overline{M} = 3$; Me = 3; não há moda.
d) $\overline{M} = 13,5$; Me = 14; Mo = 15.
e) $\overline{M} = 43,7$; Me = 43,5; há duas modas: 43 e 44.

54. x = 14 e y = 20.

55. a) 2 370
b) Média: 1,84 banheiro.
Moda: 1 banheiro.
Mediana: 2 banheiros.

56. a) Média: 2 485,12 bilhões de dólares.
Mediana: 513,95 bilhões de dólares.
A média foi "influenciada" por um valor discrepante: o PIB norte-americano.
b) Eliminando o PIB dos Estados Unidos; a nova média é aproximadamente 691,91 bilhões de dólares.

57. a) R$ 600,00
b) 3

58. a) Média: aproximadamente 1,21.
Mediana: 1,5
Moda: 2
b) 1

59. a) Média: 43,98 °C.
Mediana: 43,9 °C.
Há duas modas: 42,7 °C e 43 °C.
b) 45,3 °C

60. a) Média: $3,\overline{5}$
Mediana: 3
Moda: 3
b) Não; não.
c) Sim; resposta pessoal.

61. a) $\sigma^2 = 1$; $\sigma = 1$; a = 3.
b) $\sigma^2 = 2$; $\sigma \simeq 1,41$; a = 4.
c) $\sigma^2 = 10,286$; $\sigma \simeq 3,21$; a = 9.
d) $\sigma^2 = 0$; $\sigma = 0$; a = 0.
e) $\sigma^2 = 1$; $\sigma = 1$; a = 3.

62. a) $53,\overline{3}$ (reais)^2
b) Aproximadamente 7,30 reais.
c) 24 reais.

63. a) M = 0,4 erro/página
Me = 0 erro/página
Mo = 0 erro/página
b) $\sigma^2 = 0,44$; $\sigma \simeq 0,66$.

64. a) **A**: 4; **B**: 2; **C**: 8 e **D**: 6.
A ordem é: B – A – D – C
b) $\sigma_C \simeq 2,61$; $\sigma_D \simeq 2,28$
Mais regular: **D**
c) $\sigma_A \simeq 1,26$; $\sigma_B \simeq 0,89$
Mais regular: **B**

65. Região Centro-Oeste, pois σ(Sudeste) $\simeq$ 1,72 e σ(Centro-Oeste) $\simeq$ 1,66.

66. Pedro: $\sigma^2 = 1,7$
Paulo: $\sigma^2 = 2,3$
Mais homogêneo: Pedro.

67. a) $\overline{x}$ = 1 512 reais
σ = 456 reais
b) Diminuir, pois os salários dos novos funcionários são inferiores ao salário médio dos 20 funcionários antigos.

68. 4 alunos.

69. Candidato **B**.

70. 5%

71. a) $\frac{4}{3}$ b) 2   c) 6

72. Região **A**: DM = 1
Região **B**: DM = 2,4
Na região **A**.

73. 444 reais.

74. a) 220
b) Aproximadamente R$ 690,90.
c) De R$ 500,00 a R$ 700,00.
d) Aproximadamente 38,64%.

75. a) 170
b) 98 kg
c) Aproximadamente 97,1 kg.
d) Aproximadamente 19,4 kg.

76. a) R$ 108 911,00
b) R$ 153 571,00

77. a)
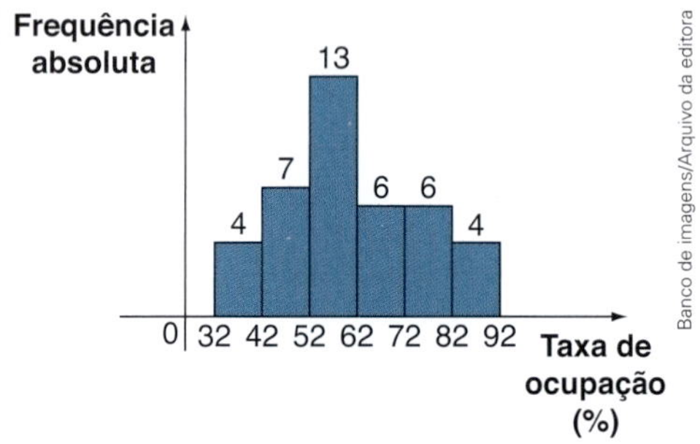

b) Taxa média: 60,75%
Taxa mediana: 58,92%
Classe modal: 52% ⊢ 62%
c) 14,44%

78. a) Média: aproximadamente 30,08 °C.
Mediana: aproximadamente 29,77 °C.
Classe modal: 28 °C ⊢ 31 °C
b) Variância: aproximadamente 8,95 (°C)^2; desvio padrão: aproximadamente 2,99 °C.

79. a) 50%
b) $\overline{x} \simeq$ 81,4 min
Me = 75 min
c)
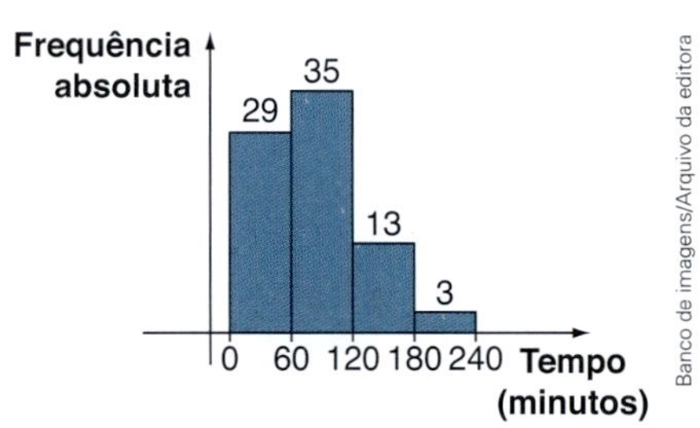

$\overline{x}$ = 82,5 minutos; Me $\simeq$ 78,9 minutos; $\sigma \simeq$ 48,7 minutos.

Exercícios complementares

1. Homens: 42% e mulheres: 58%

2. a) 705 000
b) Mozarela: 278 250; calabresa 198 750

3. a) R$ 1 200,00 b) R$ 1 500,00

4. 65%

5. a) 40
b) 102 kg

6. 77,5 km/h

7. a) 8,5
b) 9,6

8. R$ 20,00

9. a) 126°, 126°, 86° 24' e 21° 36'
b) 288
c) Aproximadamente 191°

10. $1,\overline{7}$ m

11. 162°

12. a) **V**
b) **F**; a área é 10,5 milhões km^2.
c) **F**; América: 23,6 habitantes/km^2 e África: 39,7 habitantes/km^2
d) **V**
e) **F**; a África possuía 1,19 bilhão de habitantes.
f) **V**

13. Banco **B**: R$ 2 000,00; Banco **C**: R$ 3 000,00
$\alpha = 87°$; $\beta = 162°$; $\gamma = 111°$

14. a) 4 possibilidades: 1 leve e 2 graves ou 2 leves e 1 gravíssima ou 3 leves e 1 média ou 2 médias e 1 grave.
b) R$ 122 900,00

15. a) Verificação; ambas são iguais a 22,5 anos.
b) $\frac{1}{32}$

16. a) Verdadeiro
b) Nada se pode concluir.

17. Melhoraram e atingiram a média: 180 escolas; mantiveram a nota: 120 escolas; pioraram: 300 escolas.

18. a) Número médio: 2,15 dias; número mediano: 2 dias.
b) 12

19. a) A média aumenta de duas unidades; a variância não se altera.
b) A média fica multiplicada por 2; a variância fica multiplicada por 4.
c) A média é reduzida em 20%; a variância é reduzida em 36%.

20. a) 61 kg
b) 7 viagens

21. a) n = 8
b) 576

22. a) 68%. Não; é preciso levar em conta que os continentes apresentam populações diferentes.
b) A média dos percentuais de população urbana ponderada pelas porcentagens de população mundial é, aproximadamente, 54,02%.
c) Categoria 1: África e Ásia; $\sigma_1 = 4$
Categoria 2: Oceania e Europa ; $\sigma_2 = 1$
Categoria 3: Américas; $\sigma_3 = 1$

23. a) **F**
b) **V**
c) **V**
d) **F**
e) **F**
f) **V**

24. a) 61 anos ou mais
b) $C(x) = \frac{80}{x}$

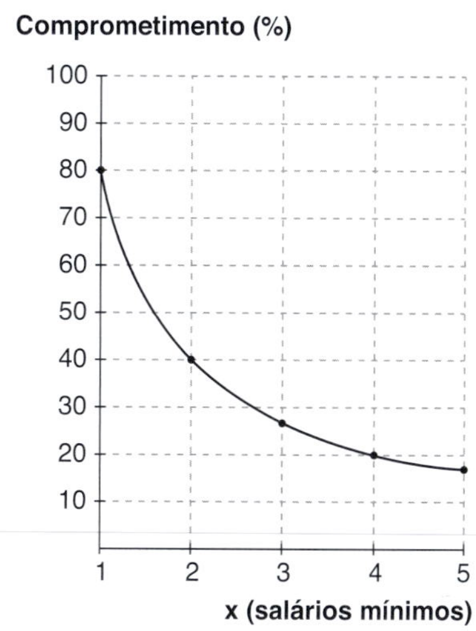

Banco de imagens/Arquivo da editora

Testes

1. b.

2. d.

3. e.

4. b.

5. a.

6. c.

7. a.

8. b.

9. a.

10. b.

11. d.

12. b.

13. a.

14. d.

15. a.

16. b.

17. c.

18. b.

19. d.

20. a.

21. c.

22. d.

23. d.

24. c.

25. e.

26. e.

27. e.

28. a.

29. a.

30. b.

31. c.

32. e.

33. e.

34. e.

35. d.

36. d.

37. d.

38. b.

39. e.

40. c.

41. a) **V**
b) **V**
c) **F**
d) **F**
e) **V**
f) **V**

42. b.

43. a.

44. c.

45. b.

46. c.

47. d.

48. b.

49. e.

50. e.

51. d.

52. b.

53. b.

54. d.

55. b.

56. c.

57. a.

58. a.

59. a.

60. d.

61. c.

62. d.

63. a.

64. (01) + (02) + (04) + (08) + (16) = (31)

65. I. **V**
II. **F**
III. **V**
IV. *b*

66. I. **V**
II. **F**
III. **V**
IV. *a*

Significado das siglas dos vestibulares

Acafe-SC: Associação Catarinense das Fundações Educacionais, Santa Catarina

Aman-RJ: Academia Militar das Agulhas Negras, Rio de Janeiro

Cefet-AM: Centro Federal de Educação Tecnológica do Amazonas

Cefet-MG: Centro Federal de Educação Tecnológica de Minas Gerais

CPAEN: Concurso Público de Admissão à Escola Naval

Efomm-RJ: Escola de Formação de Oficiais da Marinha Mercante

Enem: Exame Nacional do Ensino Médio

Epcar-MG: Escola Preparatória de Cadetes do Ar, Minas Gerais

EsPCEx-SP: Escola Preparatória de Cadetes do Exército, São Paulo

ESPM-SP: Escola Superior de Propaganda e Marketing, São Paulo

Famerp-SP: Faculdade de Medicina de São José do Rio Preto, São Paulo

Fatec-SP: Faculdade de Tecnologia, São Paulo

FEI-SP: Centro Universitário da Faculdade de Engenharia Industrial, São Paulo

FGV-RJ: Fundação Getúlio Vargas, Rio de Janeiro

FGV-SP: Fundação Getúlio Vargas, São Paulo

FICSAE-SP: Faculdade Israelita de Ciências da Saúde Albert Einstein, São Paulo

Fuvest-SP: Fundação Universitária para o Vestibular, São Paulo

Ifal: Instituto Federal de Alagoas

IFCE: Instituto Federal de Educação, Ciência e Tecnologia do Ceará

IFSC: Instituto Federal de Educação, Ciência e Tecnologia de Santa Catarina

IFSP: Instituto Federal de Educação, Ciência e Tecnologia de São Paulo

IME-RJ: Instituto Militar de Engenharia, Rio de Janeiro

Insper-SP: Instituto de Ensino e Pesquisa, São Paulo

ITA-SP: Instituto Tecnológico de Aeronáutica, São Paulo

Mack-SP: Universidade Presbiteriana Mackenzie, São Paulo

Obmep: Olimpíada Brasileira de Matemática das Escolas Públicas

PUC-MG: Pontifícia Universidade Católica de Minas Gerais

PUC-PR: Pontifícia Universidade Católica do Paraná

PUC-RJ: Pontifícia Universidade Católica do Rio de Janeiro

PUC-RS: Pontifícia Universidade Católica do Rio Grande do Sul

PUC-SP: Pontifícia Universidade Católica de São Paulo

UCS-RS: Universidade de Caxias do Sul, Rio Grande do Sul

Udesc: Universidade do Estado de Santa Catarina

UEA-AM: Universidade do Estado do Amazonas

Uece: Universidade Estadual do Ceará

UEG-GO: Universidade Estadual de Goiás

UEL-PR: Universidade Estadual de Londrina, Paraná

Uema: Universidade Estadual do Maranhão

UEMG: Universidade Estadual de Minas Gerais

UEM-PR: Universidade Estadual de Maringá, Paraná

Uepa: Universidade do Estado do Pará

UEPB: Universidade Estadual da Paraíba

UEPG-PR: Universidade Estadual de Ponta Grossa, Paraná

Uerj: Universidade do Estado do Rio de Janeiro

Uern: Universidade do Estado do Rio Grande do Norte

Uespi: Universidade Estadual do Piauí

UFABC–SP: Universidade Federal do ABC, São Paulo

Ufam: Universidade Federal do Amazonas

UFBA: Universidade Federal da Bahia

UFC-CE: Universidade Federal do Ceará

UFCG–PB: Universidade Federal de Campina Grande, Paraíba

Ufes: Universidade Federal do Espírito Santo

UFF-RJ: Universidade Federal Fluminense, Rio de Janeiro

UFG-GO: Universidade Federal de Goiás

UFJF-MG: Universidade Federal de Juiz de Fora, Minas Gerais

UFJF/Pism-MG: Universidade Federal de Juiz de Fora/ Programa de Ingresso Seletivo Misto, Minas Gerais

Ufla-MG: Universidade Federal de Lavras, Minas Gerais

UFMA: Universidade Federal do Maranhão

UFMG: Universidade Federal de Minas Gerais

UFMS: Universidade Federal de Mato Grosso do Sul

Ufop-MG: Universidade Federal de Ouro Preto, Minas Gerais

UFPA: Universidade Federal do Pará

UFPB: Universidade Federal da Paraíba

UFPE: Universidade Federal de Pernambuco

Ufpel-RS: Universidade Federal de Pelotas, Rio Grande do Sul

UFPI: Universidade Federal do Piauí

UFPR: Universidade Federal do Paraná

UFRGS-RS: Universidade Federal do Rio Grande do Sul

UFRJ: Universidade Federal do Rio de Janeiro

UFRN: Universidade Federal do Rio Grande do Norte

UFSC: Universidade Federal de Santa Catarina

Ufscar-SP: Universidade Federal de São Carlos, São Paulo

UFSJ-MG: Universidade Federal de São João del-Rei, Minas Gerais

UFSM-RS: Universidade Federal de Santa Maria, Rio Grande do Sul

UFTM-MG: Universidade Federal do Triângulo Mineiro, Minas Gerais

UFU-MG: Universidade Federal de Uberlândia, Minas Gerais

UFV-MG: Universidade Federal de Viçosa, Minas Gerais

UnB-DF: Universidade de Brasília, Distrito Federal

Uneb-BA: Universidade do Estado da Bahia

Unesp-SP: Universidade Estadual Paulista "Júlio de Mesquita Filho", São Paulo

Unicamp-SP: Universidade Estadual de Campinas, São Paulo

Unifesp: Universidade Federal de São Paulo

Unifor-CE: Fundação Edson Queiroz Universidade de Fortaleza, Ceará

Unioeste-PR: Universidade Estadual do Oeste do Paraná

UPE: Universidade de Pernambuco

UPF-RS: Universidade de Passo Fundo, Rio Grande do Sul

Vunesp: Fundação para o Vestibular da Unesp, São Paulo